CALCULUS

대학에서 배우는 개정판

수학 I·II

수학교재편찬위원회 지음

KYOWOO

서문

이 교재는 통상적으로 미적분학이라는 이름으로 개설되는 대학교 1학년 교양과목 수업에서 사용하기 위한 목적으로 저술하였다. 대학마다 희망하는 교재의 구성 내용, 내용의 난이도는 다소 차이가 있겠으나 본 교재에서는 함수, 극한, 연속은 학생들이 충분히 알고 있다는 가정 하에, 미분계수와 도함수, 원시함수와 적분, 그리고 그의 응용을 주로 다루었으며, 교재의 구성 흐름에 있어서 필요하다고 생각되는 함수, 극한, 연속에 관한 내용들은 교재 중간에 추가로 언급하여 보충하였다. 또한 전체적인 구성으로는 일변수 함수와 벡터함수, 이변수 함수에 관한 미적분으로 나누어 저술하였다. 또한 요즘 대학생들은 고등학교 교과과정에서 접할 기회가 없었던 내용인 행렬과 벡터, 수열에 관한 내용을 맨 앞에서 다루어 줌으로써 미적분학을 좀 더 수월하게 공부할 수 있도록 구성하였다.

내용적인 측면에서는 수학적인 개념이나 증명을 자세히 다루기보다는, 자연과학이나 공학 분야에 어떤 응용이 있으며, 이를 위해 수학적 개념이 어떻게 적용되는 지를 공부함으로써 미적분학을 어렵게 느끼는 이공계 학생들에게 조금이라도 수학을 쉽게 이해하는 데 도움을 줄 수 있기를 바라는 마음으로 저술하였다.

그럼에도 불구하고 대학에서 공부하는 미적분학이 이공계 대학생에게 어렵게 느껴지는 것은 어쩔 수 없는 일이라 여겨진다. 학생들이 느꼈을 어려움을 줄이기 위해서, 이러한 사실을 잘 알고 있으며 다년간 대학에서 미적분학을 직접 강의하고 대학생들을 지도해 온 우리 집필진은 각자가 경험하면서 터득한 노하우를 바탕으로, 이해를 돕기 위한 적절한 그래프를 추가하였으며 내용과 관련된 기초 지식도 교재 중간에 따로 추가하였고, 선별된 다량의 예제들을 수록하였다. 또한 각 절의 끝에 엄선된 연습문제를 제공함으로써 학생들이 스스로 본문에서 학습한 내용을 확인해 보고 점검해 볼 수 있도록 하였다.

이 교재의 분량은 두 학기를 강의하는 수업에 맞춰서 저술하였다. 하지만 강의하는 교수자와 수강하는 학습자에 따라 양을 조절해서 각자의 강의에 최적화된 강의계획서를 작성해서 사용해 주기를 바란다. 또한 책을 저술하는 과정에서 발생한 오류에 대해서도 너그러운 양해가 있기를 바란다. 이 교재가 강의를 수강하는 이공계 학생이나 미적분학이 필요한 여러 전공의 학생에게 조금이나마 도움이 될 수 있기를 바란다.

마지막으로 이 교재가 만들어질 수 있도록 애써주신 모든 분께 감사드리며, 특히 출간할 수 있도록 많이 도와주시고 노력을 아끼지 않으신 교우사의 모든 분께도 감사의 마음을 전합니다.

CONTENTS

대학에서 배우는 수학 I

대학에서 배우는

수학 II

대학에서 배우는

수학 I

01 행렬

02 벡터

03 수열과 급수

04 도함수와 미분법

05 도함수의 활용

Chapter 01 행렬

일반적으로 독립변수가 하나만 있는 문제를 해결하기 위해 함수 $y=f(x)$의 형태로 표현하고 이에 대한 미적분을 공부하였다. 이제부터는 독립변수가 여러 개인 문제에 관심을 가져보자. 왜냐하면 어떤 문제에서는 구하여야 할 값들이 여러 개일 수도 있고, 또한 여러 개의 값이 변할 때 그 변화율로부터 문제를 풀어야 할 경우도 있으며, 또한 평면에서의 곡선뿐만 아니라 공간에서의 일반적인 곡선이나 곡면에 관한 문제를 만날 수 있기 때문이다. 이러한 경우에 함수는 $y=f(x_1,x_2,\cdots,x_n)$과 같은 형태로 표현해야 한다. 여기서 $x_1,x_2,\cdots,x_n$이 독립변수이고, y는 함숫값을 나타내는 종속변수이다.

이 장에서는 우선 이와 같은 형태의 함수로부터 만들어지는 일차방정식에 대하여 자세히 공부하자. 즉, 문제로부터 구하고자 하는 값은 n개이며, 이를 구하기 위해 방정식을 만들었을 때, 일차식으로 구성되는 경우를 공부한다.

1.1 행렬의 정의와 연산

이 장의 개요에서 말한 것과 같은 일차방정식은 구하고자 하는 미지수가 $n(\geq 2)$개인 경우 하나의 식만으로는 문제의 답을 정확히 구할 수 없다. 따라서 n개의 식을 포함하는 연립방정식을 구성해야 할 필요가 있다.

행렬의 정의

이 논의에 앞서, 우선 새로운 개념을 하나 도입하고자 한다. 여러 개의 수를 직사각형의 형태로 배열한 행렬이라는 형태인데, 예를 들어 $\begin{pmatrix} 1 & 2 \\ 3 & 4 \end{pmatrix}$와 같이 배열한 형태를 생각해 보면, 4개의 수를 사각형 형태로 배열하였으며, 가로줄과 세로줄로 구분하여 나타낸다. 일반적으로 다음과 같이 표현하고 A라 할 때,

$$A=\begin{pmatrix} a_{11} & a_{12} & \cdots & a_{1n} \\ a_{21} & a_{22} & \cdots & a_{2n} \\ \vdots & \vdots & \ddots & \vdots \\ a_{m1} & a_{m2} & \cdots & a_{mn} \end{pmatrix}$$

이를 행렬(matrix) A라 읽고, 가로줄은 행(row), 세로줄은 열(column)이라 정의한다. 즉, 행렬 A는 m개의

행과 n개의 열로 구성된다고 표현하고, 간단히 $A=(a_{ij})$, $(1 \le i \le m, 1 \le j \le n)$ 또는 $A=(a_{ij})_{m\times n}$와 같이 나타낸다. 여기서 $m\times n$을 행렬의 크기(size)라 하고, 'm 곱하기 n'이라 읽는다.

또한, a_{ij}를 행렬 A의 i번째 행 j번째 열의 원소(entry) 또는 성분(component)이라 한다.

참고

행렬을 정의하기 전에 행렬식에 대한 정의가 먼저 등장하였는데 이는 선형연립방정식 문제를 풀기 위한 도구로 사용되었다. 이후 행렬 표현이 등장하였고, 좀 더 다양한 문제를 행렬을 활용하여 해결할 수 있게 되었다.

예제 1.1.1 행렬 $A=\begin{pmatrix} 1 & 2 \\ -4 & 3 \\ 5 & 2 \end{pmatrix}$에 대하여 다음 질문에 답하라.

(a) 행렬 A의 크기를 구하라.
(b) $A=(a_{ij})$라 할 때, 각각의 성분을 나타내라.

풀이

(a) 행렬 A는 행의 개수가 3개이고 열의 개수가 2이므로 행렬 크기는 3×2이다.
(b) $a_{11}=1$, $a_{12}=2$, $a_{21}=-4$, $a_{22}=3$, $a_{31}=5$, $a_{32}=2$이다.

행렬의 연산

비록 행렬이 실수는 아니지만, 수처럼 계산하고 문제를 풀기 위해 사용하려면, 우선 행렬에 맞추어진 연산이 필요하다. 서로 다른 행렬을 구별하기 위해서 먼저 두 행렬이 같다는 의미의 상등(=)을 정의해 보자.

정의 1.1.1 행렬의 상등

행렬 A, B에 대하여 $A=(a_{ij})$, $B=(b_{ij})$라 할 때, 두 행렬의 크기가 $m\times n$으로 동일하고, 모든 i, j에 대하여 $a_{ij}=b_{ij}$일 때 두 행렬은 상등(서로 같다)이라고 하고, $A=B$라고 적는다.

이제 행렬에 대한 합, 상수배, 차 그리고 곱의 연산도 정의해 보자.

정의 1.1.2 행렬의 합

크기가 $m\times n$으로 같은 두 행렬 A, B에 대하여, 행렬 합 $A+B$는 다음과 같이 정의한다.

$$A+B=\begin{pmatrix} a_{11} & a_{12} & \cdots & a_{1n} \\ a_{21} & a_{22} & \cdots & a_{2n} \\ \vdots & \vdots & \ddots & \vdots \\ a_{m1} & a_{m2} & \cdots & a_{mn} \end{pmatrix}+\begin{pmatrix} b_{11} & b_{12} & \cdots & b_{1n} \\ b_{21} & b_{22} & \cdots & b_{2n} \\ \vdots & \vdots & \ddots & \vdots \\ b_{m1} & b_{m2} & \cdots & b_{mn} \end{pmatrix}$$

$$=\begin{pmatrix} a_{11}+b_{11} & a_{12}+b_{12} & \cdots & a_{1n}+b_{1n} \\ a_{21}+b_{21} & a_{22}+b_{22} & \cdots & a_{2n}+b_{2n} \\ \vdots & \vdots & \ddots & \vdots \\ a_{m1}+b_{m1} & a_{m2}+b_{m2} & \cdots & a_{mn}+b_{mn} \end{pmatrix}$$

두 행렬 $A=(a_{ij})$와 $B=(b_{ij})$의 합 $A+B$는 같은 위치의 성분끼리 더하여 얻어지므로, 간단히 $A+B=(a_{ij}+b_{ij})$와 같이 나타낼 수 있으며 이 또한 같은 크기의 행렬이다.

예제 1.1.2 $A=\begin{pmatrix} 1 & 2 \\ 3 & 4 \\ 2 & -1 \end{pmatrix}$, $B=\begin{pmatrix} 2 & -3 \\ 2 & 1 \\ 5 & 4 \end{pmatrix}$에 대하여 행렬의 합을 계산하라.

풀이

$$A+B=\begin{pmatrix} 1 & 2 \\ 3 & 4 \\ 2 & -1 \end{pmatrix}+\begin{pmatrix} 2 & -3 \\ 2 & 1 \\ 5 & 4 \end{pmatrix}=\begin{pmatrix} 1+2 & 2-3 \\ 3+2 & 4+1 \\ 2+5 & -1+4 \end{pmatrix}=\begin{pmatrix} 3 & -1 \\ 5 & 5 \\ 7 & 3 \end{pmatrix}$$

행렬 연산에는 다음과 같은 특별한 연산이 있다. 수의 연산에서는 같은 수를 여러 번 더하면, 즉 $a+a+\cdots+a=na$가 되어 수의 곱셈으로 표현이 되지만, 행렬은 수가 아니므로, 이에 대한 연산을 다음과 같이 따로 정의한다.

정의 1.1.3 행렬의 상수배

행렬 $A=(a_{ij})_{m\times n}$과 상수 c에 대하여, 행렬 A의 상수배 cA는 다음과 같이 정의한다.

$$cA=c\begin{pmatrix} a_{11} & a_{12} & \cdots & a_{1n} \\ a_{21} & a_{22} & \cdots & a_{2n} \\ \vdots & \vdots & \ddots & \vdots \\ a_{m1} & a_{m2} & \cdots & a_{mn} \end{pmatrix}=\begin{pmatrix} ca_{11} & ca_{12} & \cdots & ca_{1n} \\ ca_{21} & ca_{22} & \cdots & ca_{2n} \\ \vdots & \vdots & \ddots & \vdots \\ ca_{m1} & ca_{m2} & \cdots & ca_{mn} \end{pmatrix}$$

이 연산도 $cA=c(a_{ij})=(ca_{ij})$와 같이 간단히 나타낼 수 있으며, 각 성분에 모두 상수 c를 곱하여 구한 행렬이 된다.

예제 1.1.3 $A=\begin{pmatrix}1 & 2\\ 3 & 4\\ 2 & -1\end{pmatrix}$ 에 대하여 $3A$ 를 구하라.

풀이

$3A=3\begin{pmatrix}1 & 2\\ 3 & 4\\ 2 & -1\end{pmatrix}=\begin{pmatrix}3 & 6\\ 9 & 12\\ 6 & -3\end{pmatrix}$ 이다.

위에서 정의한 행렬의 합과 상수배를 활용하면 크기가 같은 두 행렬 A, B에 대하여, 행렬의 차를 다음과 같이 정의할 수 있다.

$$A-B=A+(-1)B=(a_{ij})+(-1)(b_{ij})=(a_{ij}-b_{ij})$$

예제 1.1.4 주어진 행렬 $A=\begin{pmatrix}1 & 2\\ 3 & 4\\ 2 & -1\end{pmatrix}$, $B=\begin{pmatrix}2 & -3\\ 2 & 1\\ 5 & 4\end{pmatrix}$에 대하여 $5A-3B$를 계산하라.

풀이

$5A-3B=5\begin{pmatrix}1 & 2\\ 3 & 4\\ 2 & -1\end{pmatrix}-3\begin{pmatrix}2 & -3\\ 2 & 1\\ 5 & 4\end{pmatrix}=\begin{pmatrix}-1 & 19\\ 9 & 17\\ -5 & -17\end{pmatrix}$ 이다.

이제 행렬의 곱셈을 정의하려고 한다. 행렬의 사용 목적에 부합하기 위해서는 행렬의 곱은 좀 더 복잡하게 정의되어야만 한다.

먼저, 다음과 같이 행렬을 행 또는 열을 사용하여 표현해보자. 주어진 $m\times n$ 행렬 $A=\begin{pmatrix}a_{11} & a_{12} & \cdots & a_{1n}\\ a_{21} & a_{22} & \cdots & a_{2n}\\ \vdots & \vdots & \ddots & \vdots\\ a_{m1} & a_{m2} & \cdots & a_{mn}\end{pmatrix}$에 대하여 각 행을 A_1, A_2, $\cdots$, A_m, 각 열을 A^1, A^2, $\cdots$, A^n이라 놓으면, $A=\begin{pmatrix}a_{11} & a_{12} & \cdots & a_{1n}\\ a_{21} & a_{22} & \cdots & a_{2n}\\ \vdots & \vdots & \ddots & \vdots\\ a_{m1} & a_{m2} & \cdots & a_{mn}\end{pmatrix}=\begin{pmatrix}A_1\\ A_2\\ \vdots\\ A_m\end{pmatrix}$ $=(A^1\ A^2\ \cdots\ A^n)$로 표현할 수 있다. 여기서 각 A_i는 $1\times n$행렬이며, 각 A^j는 $m\times 1$행렬이다.

이제 두 행렬 A, B에 대하여 A가 $m\times p$행렬이고, B가 $p\times n$행렬이라 하자. 그리고 행렬 A의 i번째 행 $A_i=(a_{i1}\ a_{i2}\ \cdots\ a_{ip})$과 행렬 B의 j번째 열 $B^j=\begin{pmatrix}b_{1j}\\ b_{2j}\\ \vdots\\ b_{pj}\end{pmatrix}$에 대하여 다음과 같이 연산을 정의해 보자.

$$A_i B^j = (a_{i1}\ a_{i2}\ \cdots\ a_{ip})\begin{pmatrix} b_{1j} \\ b_{2j} \\ \vdots \\ b_{pj} \end{pmatrix} = a_{i1}b_{1j} + a_{i2}b_{2j} + \cdots + a_{ip}b_{pj}$$

이 연산이 잘 정의되기 위해서는 A_i와 B^j의 원소의 개수가 일치해야 하며 A_i의 각 성분과 B^j의 각 성분이 차례대로 곱한 것을 모두 더하는 연산임을 확인할 수 있다. 이는 행렬 A의 한 행인 A_i의 원소의 개수가 행렬 A의 열의 개수인 p이고, 또한 행렬 B의 한 열인 B^j의 원소의 개수가 행렬 B의 행의 개수인 p이다. 이를 기반으로 행렬의 곱은 다음과 같이 정의할 수 있다.

정의 1.1.4 행렬의 곱

행렬 A가 $m \times p$행렬이고, 행렬 B가 $p \times n$행렬일 때,

$$A = \begin{pmatrix} a_{11} & a_{12} & \cdots & a_{1p} \\ a_{21} & a_{22} & \cdots & a_{2p} \\ \vdots & \vdots & \ddots & \vdots \\ a_{m1} & a_{m2} & \cdots & a_{mp} \end{pmatrix} = \begin{pmatrix} A_1 \\ A_2 \\ \vdots \\ A_m \end{pmatrix},\ B = \begin{pmatrix} b_{11} & b_{12} & \cdots & b_{1n} \\ b_{21} & b_{22} & \cdots & b_{2n} \\ \vdots & \vdots & \ddots & \vdots \\ b_{p1} & b_{p2} & \cdots & b_{pn} \end{pmatrix} = (B^1\ B^2\ \cdots\ B^n)$$라 하면, 행렬 곱

$A \times B$ (간단히 AB)는 다음과 같이 정의한다.

$$AB = \begin{pmatrix} a_{11} & a_{12} & \cdots & a_{1p} \\ a_{21} & a_{22} & \cdots & a_{2p} \\ \vdots & \vdots & \ddots & \vdots \\ a_{m1} & a_{m2} & \cdots & a_{mp} \end{pmatrix}\begin{pmatrix} b_{11} & b_{12} & \cdots & b_{1n} \\ b_{21} & b_{22} & \cdots & b_{2n} \\ \vdots & \vdots & \ddots & \vdots \\ b_{p1} & b_{p2} & \cdots & b_{pn} \end{pmatrix} = \begin{pmatrix} A_1 \\ A_2 \\ \vdots \\ A_m \end{pmatrix}(B^1\ B^2\ \cdots\ B^n)$$

$$= \begin{pmatrix} A_1B^1 & A_1B^2 & \cdots & A_1B^n \\ A_2B^1 & A_2B^2 & \cdots & A_2B^n \\ \vdots & \vdots & \ddots & \vdots \\ A_mB^1 & A_mB^2 & \cdots & A_mB^n \end{pmatrix}$$

이 때 앞 행렬 A의 i번째 행 A_i와 뒤 행렬 B의 j번째 열 B^j의 곱 A_iB^j는 앞에서 정의한 연산에 의해 계산되며, 이 값이 새로 만들어지는 행렬 C의 i번째 행 j번째 열 원소 c_{ij}이고, 두 행렬 A와 B의 곱으로 이루어진 행렬 $AB = C = (c_{ij})$는 $m \times n$의 크기를 가진다.

$$\underset{(m\times p)}{A}\ \underset{(p\times n)}{B} = \underset{(m\times n)}{C}$$

A의 열 p와 B의 행 p가 일치

예제 1.1.5 주어진 두 행렬 $A = \begin{pmatrix} 1 & 2 \\ 4 & 3 \end{pmatrix}$, $B = \begin{pmatrix} 2 \\ 5 \end{pmatrix}$에 대하여 행렬 곱 AB와 BA에 대하여 계산이 가능한 경우를 판단해 보고, 가능하다면 곱을 계산하라.

풀이

AB는 $(2\times 2)(2\times 1) = (2\times 1)$행렬이므로 곱이 가능하고,

$$AB = \begin{pmatrix} 1 & 2 \\ 4 & 3 \end{pmatrix}\begin{pmatrix} 2 \\ 5 \end{pmatrix} = \begin{pmatrix} 1\times 2 + 2\times 5 \\ 4\times 2 + 3\times 5 \end{pmatrix} = \begin{pmatrix} 12 \\ 23 \end{pmatrix}$$

이다. 그런데 BA는 $(2\times 1)(2\times 2)$로 행렬 B의 열의 개수 1과 A의 행의 개수 2가 일치하지 않으므로 곱 연산이 가능하지 않다.

행렬의 나눗셈 연산은 정의하지 않는다. 하지만 이에 관한 개념은 나중에 살펴볼 것이다. 이제 행렬 연산의 정의에 따라 연산의 대수적 성질들을 살펴보도록 하자.

정리 1.1.5 교환법칙

(a) 행렬의 합 연산은 교환법칙이 성립한다. 즉, 임의의 $m\times n$행렬 A, B에 대하여

$$A + B = B + A$$

이 성립한다. 즉,

$$A + B = (a_{ij}) + (b_{ij}) = (a_{ij} + b_{ij}) = (b_{ij} + a_{ij}) = (b_{ij}) + (a_{ij}) = B + A$$

(b) 행렬의 곱 연산은 교환법칙이 성립하지 않는다. 일반적으로 $AB \neq BA$이다.

예제 1.1.6 행렬 $A = \begin{pmatrix} 1 & 3 \\ 4 & 1 \end{pmatrix}$이고, $B = \begin{pmatrix} 3 & 2 \\ 1 & 1 \end{pmatrix}$일 때,

(a) $A + B$와 $B + A$를 계산하고 두 값을 비교하라.
(b) AB와 BA를 계산하고 비교하라.

풀이

(a) $A + B = \begin{pmatrix} 1 & 3 \\ 4 & 1 \end{pmatrix} + \begin{pmatrix} 3 & 2 \\ 1 & 1 \end{pmatrix} = \begin{pmatrix} 4 & 5 \\ 5 & 2 \end{pmatrix}$이고, $B + A = \begin{pmatrix} 3 & 2 \\ 1 & 1 \end{pmatrix} + \begin{pmatrix} 1 & 3 \\ 4 & 1 \end{pmatrix} = \begin{pmatrix} 4 & 5 \\ 5 & 2 \end{pmatrix}$이므로,
$A + B = B + A$가 성립한다.

(b) $AB = \begin{pmatrix} 1 & 3 \\ 4 & 1 \end{pmatrix}\begin{pmatrix} 3 & 2 \\ 1 & 1 \end{pmatrix} = \begin{pmatrix} 6 & 5 \\ 13 & 9 \end{pmatrix}$이지만, $BA = \begin{pmatrix} 3 & 2 \\ 1 & 1 \end{pmatrix}\begin{pmatrix} 1 & 3 \\ 4 & 1 \end{pmatrix} = \begin{pmatrix} 11 & 11 \\ 5 & 4 \end{pmatrix}$이므로 $AB \neq BA$이다.

특별한 행렬들

이제 연산을 수월하게 하기 위해서 특별한 형태의 행렬을 소개하고, 행렬 연산에 대한 더 많은 성질을 공부해 보자.

(a) 정사각행렬 : 행과 열의 개수가 같은 행렬로서 행렬 A가 $n \times n$의 정사각형 모양의 행렬이면, 이를 A_n이라 표기하고, n차 정사각행렬 또는 간단히 정사각행렬이라 부른다.

(b) 상삼각행렬 : 삼각형 모양의 행렬은 없다. 하지만 정사각행렬로서 대각원소들 (즉, a_{ii}의 원소들)을 기준으로 그 아래쪽의 성분이 모두 0인 행렬을 상삼각행렬이라 부르며, 다음과 같은 형태를 이룬다.

$$\begin{pmatrix} a_{11} & a_{12} & a_{13} & \cdots & a_{1n} \\ 0 & a_{22} & a_{23} & \cdots & a_{2n} \\ 0 & 0 & a_{33} & \cdots & a_{3n} \\ \vdots & \vdots & \vdots & \ddots & \vdots \\ 0 & 0 & 0 & \cdots & a_{nn} \end{pmatrix}$$

(c) 하삼각행렬 : 정사각행렬로서 대각원소들을 기준으로 그 위쪽의 성분이 모두 0인 행렬을 하삼각행렬이라 부르며, 다음과 같은 형태를 이룬다.

$$\begin{pmatrix} a_{11} & 0 & 0 & \cdots & 0 \\ a_{21} & a_{22} & 0 & \cdots & 0 \\ a_{31} & a_{32} & a_{33} & \cdots & 0 \\ \vdots & \vdots & \vdots & \ddots & \vdots \\ a_{n1} & a_{n2} & a_{n3} & \cdots & a_{nn} \end{pmatrix}$$

(d) 대각행렬 : 정사각행렬로서 대각선에 있지 않은 모든 원소들이 $a_{ij} = 0 \ (i \neq j)$인 행렬을 대각행렬이라 부른다. 대각원소만을 나타내어 표기하기도 하며 다음과 같은 형태를 이룬다.

$$diag(a_{11}, a_{22}, \cdots a_{nn}) = \begin{pmatrix} a_{11} & 0 & 0 & \cdots & 0 \\ 0 & a_{22} & 0 & \cdots & 0 \\ 0 & 0 & a_{33} & \cdots & 0 \\ \vdots & \vdots & \vdots & \ddots & \vdots \\ 0 & 0 & 0 & \cdots & a_{nn} \end{pmatrix}$$

(e) 영행렬 : 모든 성분이 0인 행렬을 영행렬(zero matrix)이라 부른다. 영행렬은 행렬의 합 연산에 대한 항등원의 역할을 한다. 모든 크기에 해당하는 영행렬이 존재하므로 크기를 첨자로 나타내어 다음과 같이 표기한다.

$$O=\begin{pmatrix} 0 & 0 & \cdots & 0 \\ 0 & 0 & \cdots & 0 \\ \vdots & \vdots & \ddots & \vdots \\ 0 & 0 & \cdots & 0 \end{pmatrix}=(0)_{m\times n}$$

(f) 단위행렬 : n차 정사각행렬의 대각선의 원소가 모두 1이고 나머지 원소는 모두 0으로 이루어진 행렬을 단위행렬(unit matrix) 또는 항등행렬(identity matrix)이라 하고, $I_n=\begin{pmatrix} 1 & 0 & \cdots & 0 \\ 0 & 1 & \cdots & 0 \\ \vdots & \vdots & \ddots & \vdots \\ 0 & 0 & \cdots & 1 \end{pmatrix}$으로 표기한다.

지금까지 살펴본 다양한 행렬의 정의와 행렬의 연산을 활용하여 행렬의 성질을 아래와 같이 정리할 수 있다.

정리 1.1.6 행렬의 성질

행렬 A, B, C와 상수 c, d에 대하여 합과 곱, 상수배에 관한 다음 성질을 만족한다. 단, 모든 행렬 연산은 연산이 가능한 행렬임을 가정한다.

(a) $A+B=B+A$ (덧셈의 교환법칙)

(b) $(A+B)+C=A+(B+C)$ (덧셈의 결합법칙)

(c) $A+O=O+A=A$ (덧셈의 항등원)

(d) $A+(-A)=(-A)+A=O$ (덧셈의 역원)

(e) $c(A+B)=cA+cB$ (스칼라 곱의 분배법칙)
$(c+d)A=cA+dA$

(f) $A(BC)=(AB)C$ (곱셈의 결합법칙)

(g) $A(B+C)=AB+AC$ (곱셈의 분배법칙)
$(A+B)C=AC+BC$

(h) $c(AB)=(cA)B=A(cB)$ (스칼라와 행렬의 곱에 관한 결합법칙)
$(ab)A=a(bA)=b(aA)$

(i) $AI=IA=A$ (곱셈의 항등원)

숫자 연산 기호가 가진 성질이 행렬 연산 기호가 가진 성질과 유사하지만, 행렬의 특성상 행렬성분이 숫자이니까 공통점이 존재할 뿐이다. 따라서 행렬 성질 중 특별한 성질은 따로 확인해 둘 필요가 있다. 다음 예제도 그 한 예이다.

예제 1.1.7 영행렬이 아닌 두 행렬의 곱이 영행렬일 수 있다. 즉, $AB=O$이지만, $A\neq O$, $B\neq O$인 행렬이 존재한다. 예를 들어 보자.

풀이

$A=\begin{pmatrix}1&2\\0&0\end{pmatrix}$이고 $B=\begin{pmatrix}4\\-2\end{pmatrix}$일 때, $AB=\begin{pmatrix}4-4\\0+0\end{pmatrix}=\begin{pmatrix}0\\0\end{pmatrix}$이다.

여기서 조금 특이하지만, 아주 유용한 행렬을 하나 정의한다.

정의 1.1.7 전치행렬

$m\times n$행렬 A의 원소 a_{ij}가 i번째 행 j번째 열의 원소일 때, $b_{ij}=a_{ji}$를 원소로 하는 $n\times m$ 행렬 $B=(b_{ij})$를 A의 전치행렬(transpose matrix)이라 하고, A^T로 표기한다. 다시 말하면, 어떤 행렬의 전치행렬은 주어진 행렬의 행과 열을 서로 바꾼 행렬이다.

$$A=\begin{pmatrix}a_{11}&a_{12}&\cdots&a_{1n}\\a_{21}&a_{22}&\cdots&a_{2n}\\\vdots&\vdots&\ddots&\vdots\\a_{m1}&a_{m2}&\cdots&a_{mn}\end{pmatrix}_{m\times n} \text{ 의 전치행렬 } A^T=\begin{pmatrix}a_{11}&a_{21}&\cdots&a_{m1}\\a_{12}&a_{22}&\cdots&a_{m2}\\\vdots&\vdots&\ddots&\vdots\\a_{1n}&a_{2n}&\cdots&a_{mn}\end{pmatrix}_{n\times m}$$

예제 1.1.8 주어진 행렬 $A=\begin{pmatrix}1&2\\3&4\\2&-1\end{pmatrix}$에 대하여 전치행렬 A^T를 구하라.

풀이

$A^T=\begin{pmatrix}1&3&2\\2&4&-1\end{pmatrix}$이다.

정리 1.1.8 전치행렬의 성질

행렬 A, B와 상수 k에 대하여 다음이 성립한다.

(a) $(A^T)^T=A$

(b) $(A+B)^T=A^T+B^T$

(c) $(AB)^T=B^TA^T$

(d) $(kA)^T=kA^T$

예제 1.1.9 $A=\begin{pmatrix}1&2\\3&4\\2&-1\end{pmatrix}$, $B=\begin{pmatrix}2&2&5\\-3&1&4\end{pmatrix}$에 대하여, 다음 연산이 가능하면 값을 구하고, 가능하지 않다면 이유를 적어라.

(a) $A+B$ (b) $A+B^T$
(c) AB (d) AB^T

풀이

(a) A는 (3×2)행렬이고, B는 (2×3)행렬이므로 $A+B$는 연산이 가능하지 않다.

(b) A는 (3×2)행렬이고, B^T는 (3×2)행렬이므로 $A+B^T$는 (3×2)행렬이고,

$$A+B^T=\begin{pmatrix}1&2\\3&4\\2&-1\end{pmatrix}+\begin{pmatrix}2&-3\\2&1\\5&4\end{pmatrix}=\begin{pmatrix}3&-1\\5&5\\7&3\end{pmatrix}$$ 이다.

(c) A는 (3×2)행렬이고, B는 (2×3)행렬이므로 $A\times B$는 (3×3)행렬이고,

$$\begin{aligned}AB&=\begin{pmatrix}1&2\\3&4\\2&-1\end{pmatrix}\begin{pmatrix}2&2&5\\-3&1&4\end{pmatrix}\\&=\begin{pmatrix}1\times2+2\times(-3)&1\times2+2\times1&1\times5+2\times4\\3\times2+4\times(-3)&3\times2+4\times1&3\times5+4\times4\\2\times2+(-1)\times(-3)&2\times2-1\times1&2\times5-1\times4\end{pmatrix}\\&=\begin{pmatrix}-4&4&13\\-6&10&31\\7&3&6\end{pmatrix}\end{aligned}$$

(d) A는 (3×2)행렬이고, B^T는 (3×2)행렬이므로 AB^T는 연산이 가능하지 않다.

정의 1.1.9 대칭행렬과 교대행렬

정사각행렬 A가 $A^T=A$를 만족하면 A를 대칭행렬(symmetric matrix)라 하며, 이때 행렬의 원소는 $a_{ij}=a_{ji}$을 만족한다.
정사각행렬 A가 $A^T=-A$를 만족하면 A를 교대행렬(skew symmetric matrix) 또는 반대칭행렬이라 하며, 이때 행렬의 원소는 $a_{ij}=-a_{ji}$을 만족한다. 따라서 대각원소들은 모두 0이어야 한다.

예제 1.1.10 다음에서 대칭행렬과 교대행렬을 찾아라.

(a) $\begin{pmatrix}1&2\\2&3\end{pmatrix}$ (b) $\begin{pmatrix}1&2\\-2&3\end{pmatrix}$ (c) $\begin{pmatrix}0&2\\-2&0\end{pmatrix}$

풀이

(a) 대칭행렬이다.
(b) 대칭행렬도 교대행렬도 아니다.
(c) 교대행렬이다.

연습문제 1.1

[1~5] 행렬의 크기를 적어라.

1. $\begin{pmatrix} 3 & 7 & 8 \\ 1 & 12 & -4 \end{pmatrix}$

2. (-5)

3. $\begin{pmatrix} 5 & 2 \\ -1 & 9 \\ 3 & 7 \end{pmatrix}$

4. $\begin{pmatrix} 3 & 3 & 5 \\ 2 & -1 & 1 \\ 0 & 1 & 2 \end{pmatrix}$

5. $(4\ 8)$

[6~9] 두 개의 행렬이 상등이 되는지 확인하고, 상등이 성립할 수 있는 경우 x, y 값을 찾거나 상등이 성립하지 않는 이유를 적어라.

6. $(5\ x)$와 $\begin{pmatrix} 5 \\ y \end{pmatrix}$

7. $\begin{pmatrix} 1 & 7 \\ x & 8 \end{pmatrix}$와 $\begin{pmatrix} 1 & y \\ 8 & 3 \end{pmatrix}$

8. $(1\ 2\ x)$와 $(y\ 2\ 3)$

9. $\begin{pmatrix} 1 & 2 \\ 3 & x \end{pmatrix}$와 $\begin{pmatrix} 1 & 2 \\ 3 & x^2-2 \end{pmatrix}$

[10~15] 다음 행렬에 대해 해당되는 이름을 적어라.
[항등행렬, 상삼각행렬, 하삼각행렬, 대각행렬, 대칭행렬, 정사각행렬]

10. $\begin{pmatrix} 1 & 0 \\ 0 & -6 \end{pmatrix}$

11. $\begin{pmatrix} 0 & 3 & 6 \\ 3 & 0 & -5 \\ 6 & -5 & 0 \end{pmatrix}$

12. $\begin{pmatrix} 2 & 3 \\ 3 & 5 \end{pmatrix}$

13. $\begin{pmatrix} 1 & 0 & 0 \\ 0 & 1 & 0 \\ 0 & 0 & 1 \end{pmatrix}$

14. $\begin{pmatrix} 8 & 0 & 0 \\ 0 & 2 & 0 \\ 0 & 0 & -7 \end{pmatrix}$

15. $\begin{pmatrix} 1 & 2 \\ 1 & 2 \end{pmatrix}$

[16~18] 다음 행렬에 대해 전치행렬의 크기를 추측해 보고, 직접 계산해서 확인하라.

16. $\begin{pmatrix} 4 & 2 & -2 & 3 \\ 1 & 1 & -1 & -1 \\ 5 & 8 & 0 & 3 \end{pmatrix}$

17. $\begin{pmatrix} 4 & 7 \\ -5 & 9 \end{pmatrix}$

18. $\begin{pmatrix} 3 \\ 9 \\ -5 \end{pmatrix}$

[19~22] 행렬의 합, 상수배, 차 연산을 계산하라.

19. $\begin{pmatrix} 4 & 3 & -8 \\ 1 & 0 & 9 \end{pmatrix} + \begin{pmatrix} 5 & 0 & 9 \\ 1 & 7 & -3 \end{pmatrix}$

20. $3\begin{pmatrix} 9 & -2 & 3 \\ 1 & 2 & 1 \end{pmatrix}$

21. $\begin{pmatrix} 5 & -1 \\ 4 & 0 \\ 8 & 2 \end{pmatrix} - \begin{pmatrix} 9 & 2 \\ 1 & 2 \\ 3 & 2 \end{pmatrix}$

22. $3\begin{pmatrix} 2 & -4 & 6 \\ 2 & 2 & -5 \\ 1 & 1 & -4 \end{pmatrix} + 4\begin{pmatrix} 1 & 1 & -1 \\ 2 & 2 & -1 \\ 3 & 3 & -1 \end{pmatrix}$

[23~24] 행렬의 곱을 계산한 결과의 크기를 예측해보고 직접 계산해서 확인하라.

23. $(5\ 8\ 2)\begin{pmatrix} 1 \\ 3 \\ 7 \end{pmatrix}$

24. $\begin{pmatrix} 1 \\ 3 \\ 7 \end{pmatrix}(5\ 8\ 2)$

[25~28] 행렬의 곱 중 계산이 가능한 경우를 찾고 가능한 경우 계산하라. 그렇지 않은 경우는 이유를 적어라.

25. $\begin{pmatrix} 3 & 2 \\ 4 & 1 \end{pmatrix}\begin{pmatrix} 2 & 1 \\ -6 & 2 \end{pmatrix}$

26. $\begin{pmatrix} 3 & 2 \\ 4 & 1 \end{pmatrix}\begin{pmatrix} 2 & 1 & 5 \\ -6 & 2 & -7 \end{pmatrix}$

27. $\begin{pmatrix} 2 & 1 & 5 \\ -6 & 2 & -7 \end{pmatrix}\begin{pmatrix} 3 & 2 \\ 4 & 1 \end{pmatrix}$

28. $\begin{pmatrix} 4 & 2 & -2 & 3 \\ 1 & 1 & -1 & -1 \\ 5 & 8 & 0 & 3 \end{pmatrix}\begin{pmatrix} 1 & 3 \\ 4 & -9 \\ 1 & 0 \\ 0 & 1 \end{pmatrix}$

[29~34] 다음 행렬에 대한 덧셈의 항등원을 적고 확인하라. 존재하지 않는 경우 존재하지 않는 이유를 적어라.

29. $(4\ 2)$

30. $\begin{pmatrix} 4 & 2 & -2 & 3 \\ 1 & 1 & -1 & -1 \\ 5 & 8 & 0 & 3 \end{pmatrix}$

31. $\begin{pmatrix} 2 & 1 \\ -6 & 2 \end{pmatrix}$

32. (9)

33. $\begin{pmatrix} 4 \\ 3 \\ 2 \end{pmatrix}$

34. $\begin{pmatrix} 1 & 0 & 1 \\ 0 & -1 & 3 \\ 2 & 1 & 5 \end{pmatrix}$

[35~40] 다음 행렬에 대해 곱셈의 항등원을 적고 확인하라. 존재하지 않는 경우 존재하지 않는 이유를 적어라.

35. $(4\ 2)$

36. $\begin{pmatrix} 4 & 2 & -2 & 3 \\ 1 & 1 & -1 & -1 \\ 5 & 8 & 0 & 3 \end{pmatrix}$

37. $\begin{pmatrix} 2 & 1 \\ -6 & 2 \end{pmatrix}$

38. (9)

39. $\begin{pmatrix} 4 \\ 3 \\ 2 \end{pmatrix}$

40. $\begin{pmatrix} 1 & 0 & 1 \\ 0 & -1 & 3 \\ 2 & 1 & 5 \end{pmatrix}$

[41~46] 다음 행렬에 대해 덧셈의 역원을 적고 확인하라. 존재하지 않는 경우 존재하지 않는 이유를 적어라.

41. $(4\ 2)$

42. $\begin{pmatrix} 4 & 2 & -2 & 3 \\ 1 & 1 & -1 & -1 \\ 5 & 8 & 0 & 3 \end{pmatrix}$

43. $\begin{pmatrix} 2 & 1 \\ -6 & 2 \end{pmatrix}$

44. (9)

45. $\begin{pmatrix} 4 \\ 3 \\ 2 \end{pmatrix}$

46. $\begin{pmatrix} 1 & 0 & 1 \\ 0 & -1 & 3 \\ 2 & 1 & 5 \end{pmatrix}$

47. $A+3B=\begin{pmatrix} 4 & -6 \\ 2 & 9 \end{pmatrix}$이고, $3A-5B=\begin{pmatrix} 1 & -1 \\ 4 & 0 \end{pmatrix}$일 때, 이차정사각행렬 A, B를 구하라.

[48~49] $AB=\begin{pmatrix} -4 & 7 \\ 0 & 8 \end{pmatrix}$이고 $AC=\begin{pmatrix} 1 & 2 \\ 2 & -1 \end{pmatrix}$라 할 때 다음 질문에 답하라.

48. $B+C=\begin{pmatrix} 3 & 0 \\ 0 & 3 \end{pmatrix}$일 때 이차정사각행렬 A를 구하라.

49. $B-C=\begin{pmatrix} -2 & 0 \\ 0 & -2 \end{pmatrix}$일 때 이차정사각행렬 A를 구하라.

50. $A=\begin{pmatrix} 2 & 4 & -4 \\ 3 & 1 & 0 \\ 8 & 1 & -1 \end{pmatrix}$이고 $B=\begin{pmatrix} 1 & 1 & 1 \\ 2 & 2 & 2 \\ 3 & 3 & 3 \end{pmatrix}$일 때 등식 $X+4A=2(3A-B)$을 만족하는 행렬 X를 구하라.

1.2 행렬식

이 절에서는 행렬에 관한 아주 유용한 특성 중 하나인 행렬식을 공부하고자 한다. 이는 행렬과 관련한 방정식의 성질을 논의할 때 매우 간단하면서도 강력한 도구로 사용한다. 행렬식은 정사각행렬인 경우에만 정의되며, 1.3절에서 행렬 A의 역행렬의 존재유무를 파악하는데 활용되거나 1.4절에서 선형연립방정식의 해의 형태 중 유일해가 존재함을 판단하는데 활용 될 수 있다.

정사각행렬 A에 대하여, A의 **행렬식**은 기호로 $|A|$, $\det A$와 같이 나타내거나, 행렬식 기호 $|\quad|$안에 원소를 나열해서 표현한다. 먼저 간단한 형태의 행렬에 대하여 행렬식의 값을 알아보자.

정의 1.2.1

주어진 행렬 A에 대하여, 행렬식의 값은 다음과 같다.

(a) $A=(a)$가 1×1행렬일 때, $\det A=|a|=a$이다.

(b) $A=\begin{pmatrix} a_{11} & a_{12} \\ a_{21} & a_{22} \end{pmatrix}$가 2×2행렬일 때, $\det A=\begin{vmatrix} a_{11} & a_{12} \\ a_{21} & a_{22} \end{vmatrix}=a_{11}a_{22}-a_{12}a_{21}$이다.

(c) $A=\begin{pmatrix} a_{11} & a_{12} & a_{13} \\ a_{21} & a_{22} & a_{23} \\ a_{31} & a_{32} & a_{33} \end{pmatrix}$가 3×3행렬일 때,

$$\begin{aligned}\det A &= \begin{vmatrix} a_{11} & a_{12} & a_{13} \\ a_{21} & a_{22} & a_{23} \\ a_{31} & a_{32} & a_{33} \end{vmatrix} \\ &= a_{11}a_{22}a_{33}-a_{11}a_{23}a_{32}-a_{12}a_{21}a_{33}+a_{12}a_{23}a_{31}+a_{13}a_{21}a_{32}-a_{13}a_{22}a_{31} \\ &= a_{11}(a_{22}a_{33}-a_{23}a_{32})-a_{12}(a_{21}a_{33}-a_{23}a_{31})+a_{13}(a_{21}a_{32}-a_{22}a_{31})\end{aligned}$$

일반적인 n차 정사각행렬 A의 행렬식을 정의해 보자. 여기서 $n\geqq 2$ 이다.

정의 1.2.2 행렬식

A가 n차 정사각행렬일 때, A의 행렬식은 다음과 같이 정의한다.

$$A=\begin{pmatrix} a_{11} & a_{12} & \cdots & a_{1n} \\ a_{21} & a_{22} & \cdots & a_{2n} \\ \vdots & \vdots & \ddots & \vdots \\ a_{n1} & a_{n2} & \cdots & a_{nn} \end{pmatrix}\text{일 때,}$$

$$\begin{aligned}\det A = |A| &= \begin{vmatrix} a_{11} & a_{12} & \cdots & a_{1n} \\ a_{21} & a_{22} & \cdots & a_{2n} \\ \vdots & \vdots & \ddots & \vdots \\ a_{n1} & a_{n2} & \cdots & a_{nn} \end{vmatrix} \\ &= (-1)^{i+1}a_{i1}M_{i1}+(-1)^{i+2}a_{i2}M_{i2}+\cdots+(-1)^{i+n}a_{in}M_{in} \\ &= (-1)^{1+j}a_{1j}M_{1j}+(-1)^{2+j}a_{2j}M_{2j}+\cdots+(-1)^{n+j}a_{nj}M_{nj}\end{aligned}$$

여기서 i와 j는 1부터 n사이의 임의의 값이 사용되며, 각 M_{ij}는 행렬 A에서 제 i행과 제 j열을 제거하여 얻어진 부분행렬의 행렬식으로, 이를 행렬 A의 a_{ij}에 해당하는 소행렬식(minor), 또는 (i,j)-소행렬식이라 한다.

이 정의에 따라 $n=2$, 3인 경우의 행렬식을 구하여 보면, 앞의 정의 1.2.1의 경우와 일치함을 알 수 있다. 예를 들어, $n=3$인 경우 정의 1.2.2에서 $i=1$을 적용하여 계산하면 다음과 같다.

$$\begin{aligned}|A| &= a_{11}M_{11} - a_{12}M_{12} + a_{13}M_{13} \\ &= a_{11}\begin{vmatrix} a_{22} & a_{23} \\ a_{32} & a_{33} \end{vmatrix} - a_{12}\begin{vmatrix} a_{21} & a_{23} \\ a_{31} & a_{33} \end{vmatrix} + a_{13}\begin{vmatrix} a_{21} & a_{22} \\ a_{31} & a_{32} \end{vmatrix} \\ &= a_{11}(a_{22}a_{33} - a_{23}a_{32}) - a_{12}(a_{21}a_{33} - a_{23}a_{31}) + a_{13}(a_{21}a_{32} - a_{22}a_{31})\end{aligned}$$

이 때 a_{ij}에 해당하는 소행렬식 M_{ij}에 $i+j$의 값에 따라 부호 $(-1)^{i+j}$를 곱한 것을 a_{ij}에 해당하는 여인수(cofactor) 또는 여인자라 정의하며, 기호로는 C_{ij}로 표기한다. 즉

$$\begin{aligned}C_{ij} &= (-1)^{i+j}M_{ij} \\ &= (-1)^{i+j}\begin{vmatrix} a_{11} & \cdots & a_{1(j-1)} & a_{1(j+1)} & \cdots & a_{1n} \\ \vdots & \vdots & \vdots & \vdots & \cdots & \vdots \\ a_{(i-1)1} & \cdots & a_{(i-1)(j-1)} & a_{(i-1)(j+1)} & \cdots & a_{(i-1)n} \\ a_{(i+1)1} & \cdots & a_{(i+1)(j-1)} & a_{(i+1)(j+1)} & \cdots & a_{(i+1)n} \\ \vdots & \vdots & \vdots & \vdots & \vdots & \vdots \\ a_{n1} & \cdots & a_{n(j-1)} & a_{n(j+1)} & \cdots & a_{nn} \end{vmatrix}\end{aligned}$$

이고, 행렬식은 다음과 같이 다시 쓸 수 있다.

$$\begin{aligned}\det A = |A| &= a_{i1}C_{i1} + a_{i2}C_{i2} + \cdots + a_{in}C_{in} && (i\text{행을 기준으로 여인수 전개}) \\ &= a_{1j}C_{1j} + a_{2j}C_{2j} + \cdots + a_{nj}C_{nj} && (j\text{열을 기준으로 여인수 전개})\end{aligned}$$

어떤 행을 기준으로 여인수 전개를 하거나, 어떤 열을 기준으로 여인수 전개를 해도 항상 똑같은 값이 구해지므로, 이 값으로 행렬식을 정의한다.

예제 1.2.1 행렬 $A = \begin{pmatrix} 2 & 3 \\ -4 & 1 \end{pmatrix}$에 대하여,

(a) 소행렬식 M_{11}, M_{12}, M_{21}, M_{22} 을 구하라.
(b) 여인수 C_{11}, C_{12}, C_{21}, C_{22} 를 구하라.
(c) (b)를 활용하여 행렬식 $|A|$를 구하라.

풀이

(a) $M_{11}=|1|=1$, $M_{12}=|-4|=-4$, $M_{21}=|3|=3$, $M_{22}=|2|=2$ 이다.

(b) $C_{11}=(-1)^{1+1}M_{11}=1$, $C_{12}=(-1)^{1+2}M_{12}=-(-4)=4$, $C_{21}=(-1)^{2+1}M_{21}=-3$, $C_{22}=(-1)^{2+2}M_{22}=2$ 이다.

(c) $|A|=2C_{11}+3C_{12}=2\cdot 1+3\cdot 4=14$

예제 1.2.2 $\det A=\begin{vmatrix}1&2&1\\3&2&1\\1&3&3\end{vmatrix}$ **에 대하여, 첫 번째 행을 기준으로 여인수 전개를 하고, 두 번째 열을 기준으로 여인수 전개한 후 두 개의 값을 비교해 보라.**

풀이

첫 번째 행을 기준으로 전개하면,

$$\det A=\begin{vmatrix}1&2&1\\3&2&1\\1&3&3\end{vmatrix}=(-1)^{1+1}1\begin{vmatrix}2&1\\3&3\end{vmatrix}+(-1)^{1+2}2\begin{vmatrix}3&1\\1&3\end{vmatrix}+(-1)^{1+3}1\begin{vmatrix}3&2\\1&3\end{vmatrix}$$

$$=1(6-3)-2(9-1)+1(9-2)=-6$$

이고, 두 번째 열을 기준으로 전개하면,

$$\det A=\begin{vmatrix}1&2&1\\3&2&1\\1&3&3\end{vmatrix}=(-1)^{1+2}2\begin{vmatrix}3&1\\1&3\end{vmatrix}+(-1)^{2+2}2\begin{vmatrix}1&1\\1&3\end{vmatrix}+(-1)^{3+2}3\begin{vmatrix}1&1\\3&1\end{vmatrix}$$

$$=-2(9-1)+2(3-1)-3(1-3)=-6$$

이고 두 값은 같다.

여인수가 가지는 부호는 행과 열의 합의 값에 따라 교대로 부호가 바뀌는데 다음과 같이 표현할 수 있다.

(a) 3×3행렬인 경우

$$\begin{pmatrix}+&-&+\\-&+&-\\+&-&+\end{pmatrix}$$

(b) 4×4행렬인 경우

$$\begin{pmatrix}+&-&+&-\\-&+&-&+\\+&-&+&-\\-&+&-&+\end{pmatrix}$$

예제 1.2.3 주어진 행렬 $\begin{pmatrix} 1 & 2 & 4 & 5 \\ 3 & 2 & 0 & 1 \\ 5 & 1 & 3 & 3 \\ 1 & 1 & 2 & 1 \end{pmatrix}$에 대하여 행렬식을 계산하라.

풀이

제 1행을 기준으로 여인수 전개를 하면,

$$\begin{vmatrix} 1 & 2 & 4 & 5 \\ 3 & 2 & 0 & 1 \\ 5 & 1 & 3 & 3 \\ 1 & 1 & 2 & 1 \end{vmatrix} = 1\begin{vmatrix} 2 & 0 & 1 \\ 1 & 3 & 3 \\ 1 & 2 & 1 \end{vmatrix} - 2\begin{vmatrix} 3 & 0 & 1 \\ 5 & 3 & 3 \\ 1 & 2 & 1 \end{vmatrix} + 4\begin{vmatrix} 3 & 2 & 1 \\ 5 & 1 & 3 \\ 1 & 1 & 1 \end{vmatrix} - 5\begin{vmatrix} 3 & 2 & 0 \\ 5 & 1 & 3 \\ 1 & 1 & 2 \end{vmatrix} = 58 \text{ 이다.}$$

2차 행렬식 또는 3차 행렬식은 $n(\geq 4)$차 행렬식을 여인수 전개를 활용하여 계산할 때 계산과정의 마무리에서 나오는 형태이므로 여인수 전개가 아닌 좀 더 쉬운 방법의 계산을 생각해 볼 필요가 있다.

(a) 2×2 행렬

$\begin{vmatrix} a & b \\ c & d \end{vmatrix} = ad - bc$이고, 그림으로 표현하면 다음과 같다.

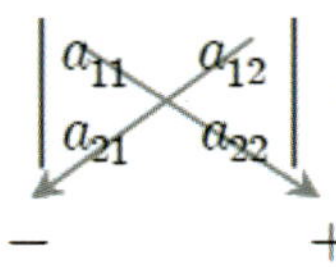

$= a_{11}a_{22} - a_{12}a_{21}$

(b) 3×3 행렬

$$\begin{vmatrix} a_{11} & a_{12} & a_{13} \\ a_{21} & a_{22} & a_{23} \\ a_{31} & a_{32} & a_{33} \end{vmatrix} = \left|\begin{matrix} a_{11} & a_{12} & a_{13} \\ a_{21} & a_{22} & a_{23} \\ a_{31} & a_{32} & a_{33} \end{matrix}\right|\begin{matrix} a_{11} & a_{12} \\ a_{21} & a_{22} \\ a_{31} & a_{32} \end{matrix}$$

$$= a_{11}a_{22}a_{33} + a_{12}a_{23}a_{31} + a_{13}a_{21}a_{32} - (a_{13}a_{22}a_{31} + a_{11}a_{23}a_{32} + a_{12}a_{21}a_{33})$$

이렇게 계산하는 방법을 사루스 방법(Sarrus method)이라 한다. 그림으로 표현하면 다음과 같다.

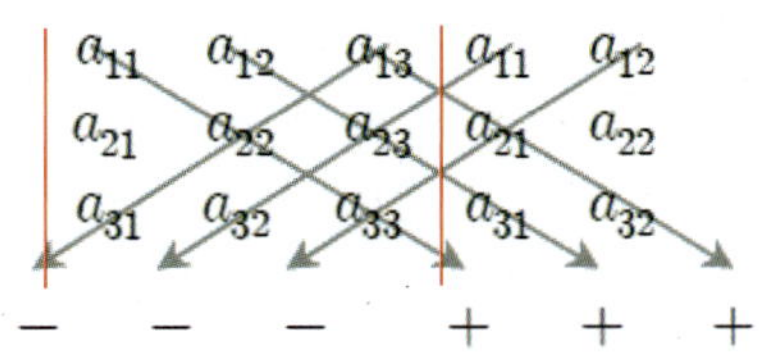

단, 이러한 사루스 방법은 3차 행렬식에서만 적용이 가능하다.

예제 1.2.4 $A=\begin{pmatrix}1&2&1\\3&2&1\\1&3&3\end{pmatrix}$에 대하여 사루스 방법을 활용하여 행렬식의 값을 구하라.

풀이

$$|A|=(1\cdot2\cdot3+2\cdot1\cdot1+1\cdot3\cdot3)-(1\cdot2\cdot1+1\cdot1\cdot3+2\cdot3\cdot3)$$
$$=(6+2+9)-(2+3+18)=17-23=-6$$

행렬식의 성질

A를 $n\times n$ 정사각행렬이라 할 때, A의 행렬식은 정의 1.2.2에 따라 계산할 수 있지만, 행렬의 크기가 커질수록 계산이 복잡하고 계산량이 많아서 어려움을 겪을 수도 있다. 따라서 행렬식의 성질을 적절히 사용한다면, 계산을 쉽게 할 수 있는 형태로 고칠 수 있거나, 계산량을 현저히 줄일 수 있다. 먼저 행렬식의 성질을 정리해 보자.

[성질 1] 행렬 A의 전치행렬 A^T의 행렬식의 값은 A의 행렬식과 같다.
즉, 행을 중심으로 여인수 전개를 하거나 열을 중심으로 여인수 전개를 할 경우 행렬식의 값은 유일하게 정의되므로, $|A|=|A^T|$이 성립한다.

예제 1.2.5 $A=\begin{pmatrix}1&2\\5&4\end{pmatrix}$일 때, A와 A^T의 행렬식의 값을 구하라.

풀이

$$\det A=\begin{vmatrix}1&2\\5&4\end{vmatrix}=1(4)-2(5)=-6$$
$$\det A^T=\begin{vmatrix}1&5\\2&4\end{vmatrix}=1(4)-5(2)=-6$$

[성질 2] 두 개의 행(또는 열)이 같으면, $\det A=0$이다. 즉, 두 개의 같은 행 (또는 열)을 제외한 행 (또는 열)을 중심으로 전개하면 결국 같은 행 (또는 열)에 대한 소행렬식의 합과 차로 정리되는데, 각각의 소행렬식은 $\begin{vmatrix}a&b\\a&b\end{vmatrix}=ab-ba=0$이 성립한다.

예제 1.2.6 $A=\begin{pmatrix}2&1&2\\4&5&3\\2&1&2\end{pmatrix}$일 때 행렬식의 값을 구하라.

풀이

두 번째 행을 중심으로 여인수 전개를 하면

$$A=\begin{vmatrix}2&1&2\\4&5&3\\2&1&2\end{vmatrix}=-4\begin{vmatrix}1&2\\1&2\end{vmatrix}+5\begin{vmatrix}2&2\\2&2\end{vmatrix}-3\begin{vmatrix}2&1\\2&1\end{vmatrix}=0\text{이다.}$$

[성질 3] 행렬 A에 대하여 행렬식의 어떤 행 (또는 열)의 각 원소에 같은 수 k를 곱하여 얻은 행렬을 B라 하면, $|B|=k|A|$이다. 또한, A가 $n\times n$행렬이면, $|kA|=k^n|A|$이 성립한다. 여기서 i번째 행에 k배를 하는 연산을 기호로 kR_i로 표기하여 나타내기도 한다.

예제 1.2.7 $A=\begin{pmatrix}2&3\\-1&1\end{pmatrix}$일 때, 다음 질문에 답하라.

(a) $5A$를 구한 후, $|5A|$를 구하라.
(b) $|A|$를 구한 후, $5^2|A|$의 값을 구하라.

풀이

(a) $5A=5\begin{pmatrix}2&3\\-1&1\end{pmatrix}=\begin{pmatrix}10&15\\-5&5\end{pmatrix}$이고, 따라서 $|5A|=50+75=125$이다.

(b) $|A|=\begin{vmatrix}2&3\\-1&1\end{vmatrix}=2+3=5$이고, $5^2|A|=25\cdot 5=125$이다.

[성질 4] $n\times n$ 행렬 A의 한 행(열)에 있는 모든 원소가 0이면 $|A|=0$이다.

예제 1.2.8 주어진 행렬 $A=\begin{pmatrix}1&2&0\\1&3&0\\7&-1&0\end{pmatrix}$의 행렬식을 구하라.

풀이

$$|A|=0\begin{vmatrix}1&3\\7&-1\end{vmatrix}-0\begin{vmatrix}1&2\\7&-1\end{vmatrix}+0\begin{vmatrix}1&2\\1&3\end{vmatrix}=0\text{이다.}$$

[성질 5] 주어진 행렬 A의 i번째 행(또는 열)을 A_i라 할 때, $A_i=B_i+C_i$로 표현할 수 있다면,

$$\begin{vmatrix} A_1 \\ \vdots \\ B_i + C_i \\ \vdots \\ A_n \end{vmatrix} = \begin{vmatrix} A_1 \\ \vdots \\ B_i \\ \vdots \\ A_n \end{vmatrix} + \begin{vmatrix} A_1 \\ \vdots \\ C_i \\ \vdots \\ A_n \end{vmatrix}$$ 이다.

증명 i번째 행을 중심으로 행렬식을 전개하면, 좌변과 우변의 값이 동일함을 확인할 수 있다. ■

예제 1.2.9 주어진 행렬식 $\begin{vmatrix} a & b & c \\ d & e & f \\ g & h & i \end{vmatrix} = k$일 때 $\begin{vmatrix} 2a & 6b & 2c \\ d & 3e & f \\ g-d & 3h-3e & i-f \end{vmatrix}$의 값을 구하라.

풀이

$$\begin{vmatrix} 2a & 6b & 2c \\ d & 3e & f \\ g-d & 3h-3e & i-f \end{vmatrix} = 2\begin{vmatrix} a & 3b & c \\ d & 3e & f \\ g-d & 3h-3e & i-f \end{vmatrix} = 2\left(\begin{vmatrix} a & 3b & c \\ d & 3e & f \\ g & 3h & i \end{vmatrix} - \begin{vmatrix} a & 3b & c \\ d & 3e & f \\ d & 3e & f \end{vmatrix}\right) = 2 \cdot 3\begin{vmatrix} a & b & c \\ d & e & f \\ g & h & i \end{vmatrix} = 6k$$ 이다.

예제 1.2.10 주어진 행렬 $A = \begin{pmatrix} 1 & 2 & 3 \\ 4 & 5 & 6 \\ 7 & 8 & 9 \end{pmatrix}$의 행렬식 $|A|$값을 구하라.

풀이

$$\begin{vmatrix} 1 & 2 & 3 \\ 4 & 5 & 6 \\ 7 & 8 & 9 \end{vmatrix} = \begin{vmatrix} 1 & 2 & 3 \\ 4 & 5 & 6 \\ 4+3 & 5+3 & 6+3 \end{vmatrix} = \begin{vmatrix} 1 & 2 & 3 \\ 4 & 5 & 6 \\ 4 & 5 & 6 \end{vmatrix} + \begin{vmatrix} 1 & 2 & 3 \\ 4 & 5 & 6 \\ 3 & 3 & 3 \end{vmatrix} = 0 + \begin{vmatrix} 1 & 2 & 3 \\ 4 & 5 & 6 \\ 3 & 3 & 3 \end{vmatrix}$$

$$= \begin{vmatrix} 1 & 2 & 3 \\ 1+3 & 2+3 & 3+3 \\ 3 & 3 & 3 \end{vmatrix} = \begin{vmatrix} 1 & 2 & 3 \\ 1 & 2 & 3 \\ 3 & 3 & 3 \end{vmatrix} + \begin{vmatrix} 1 & 2 & 3 \\ 3 & 3 & 3 \\ 3 & 3 & 3 \end{vmatrix} = 0$$

[성질 6] 정사각행렬 A의 한 행(또는 열)의 k배를 다른 행(또는 열)에 더하여 얻은 행렬을 B라 할 때, $|A| = |B|$이다. 이때 i행의 k배를 j행에 더하는 연산을 $kR_i + R_j \to R_j$로 표기한다. 여기에서 $i \neq j$이다.

증명

주어진 행렬 A의 i번째 행을 A_i라 할 때, $|A| = \begin{vmatrix} A_1 \\ \vdots \\ A_i \\ \vdots \\ A_j \\ \vdots \\ A_n \end{vmatrix}$ 이고, 이 때 i번째 행에 k배를 한 것을 j행에 더한

행렬식은 성질 5에 의해

$$\begin{vmatrix} A_1 \\ \vdots \\ A_i \\ \vdots \\ kA_i + A_j \\ \vdots \\ A_n \end{vmatrix} = \begin{vmatrix} A_1 \\ \vdots \\ A_i \\ \vdots \\ kA_i \\ \vdots \\ A_n \end{vmatrix} + \begin{vmatrix} A_1 \\ \vdots \\ A_i \\ \vdots \\ A_j \\ \vdots \\ A_n \end{vmatrix} = 0 + \begin{vmatrix} A_1 \\ \vdots \\ A_i \\ \vdots \\ A_j \\ \vdots \\ A_n \end{vmatrix} = |A|$$ 이다.

■

예제 1.2.11 행렬 $A = \begin{pmatrix} 1 & 2 \\ 4 & 5 \end{pmatrix}$의 행렬식을 구하라.

풀이

$|A| = \begin{vmatrix} 1 & 2 \\ 4 & 5 \end{vmatrix}$에서 첫 번째 행에 -4배를 해서 두 번째 행에 더하는 연산 즉, $-4R_1 + R_2 \to R_2$을 하면,

$|A| = \begin{vmatrix} 1 & 2 \\ 4 & 5 \end{vmatrix} = \begin{vmatrix} 1 & 2 \\ 0 & -3 \end{vmatrix} = -3$ 이다.

[성질 7] 정사각행렬 A의 임의의 두 행(또는 두 열)을 서로 바꾸어 만든 행렬을 B라 할 때, $|B| = -|A|$이다. 이때 i행과 j행을 바꾸는 연산을 $R_i \leftrightarrow R_j$로 표기한다.

증명

$$\begin{vmatrix} A_1 \\ \vdots \\ A_i + A_j \\ \vdots \\ A_j + A_i \\ \vdots \\ A_n \end{vmatrix} = \begin{vmatrix} A_1 \\ \vdots \\ A_i \\ \vdots \\ A_j + A_i \\ \vdots \\ A_n \end{vmatrix} + \begin{vmatrix} A_1 \\ \vdots \\ A_j \\ \vdots \\ A_j + A_i \\ \vdots \\ A_n \end{vmatrix} = \begin{vmatrix} A_1 \\ \vdots \\ A_i \\ \vdots \\ A_j \\ \vdots \\ A_n \end{vmatrix} + \begin{vmatrix} A_1 \\ \vdots \\ A_i \\ \vdots \\ A_i \\ \vdots \\ A_n \end{vmatrix} + \begin{vmatrix} A_1 \\ \vdots \\ A_j \\ \vdots \\ A_j \\ \vdots \\ A_n \end{vmatrix} + \begin{vmatrix} A_1 \\ \vdots \\ A_j \\ \vdots \\ A_i \\ \vdots \\ A_n \end{vmatrix}$$ 이고, 성질 2에 의하면

$$\begin{vmatrix} A_1 \\ \vdots \\ A_i + A_j \\ \vdots \\ A_j + A_i \\ \vdots \\ A_n \end{vmatrix} = 0$$ 이므로 $$\begin{vmatrix} A_1 \\ \vdots \\ A_i \\ \vdots \\ A_j \\ \vdots \\ A_n \end{vmatrix} + \begin{vmatrix} A_1 \\ \vdots \\ A_i \\ \vdots \\ A_i \\ \vdots \\ A_n \end{vmatrix} + \begin{vmatrix} A_1 \\ \vdots \\ A_j \\ \vdots \\ A_j \\ \vdots \\ A_n \end{vmatrix} + \begin{vmatrix} A_1 \\ \vdots \\ A_j \\ \vdots \\ A_i \\ \vdots \\ A_n \end{vmatrix} = 0$$ 이다. 따라서

$$\begin{vmatrix} A_1 \\ \vdots \\ A_i \\ \vdots \\ A_j \\ \vdots \\ A_n \end{vmatrix} = -\begin{vmatrix} A_1 \\ \vdots \\ A_j \\ \vdots \\ A_i \\ \vdots \\ A_n \end{vmatrix}$$ 이 성립한다.

■

예제 1.2.12 두 행렬 $A = \begin{pmatrix} 1 & 2 \\ 3 & 5 \end{pmatrix}$와 $B = \begin{pmatrix} 3 & 5 \\ 1 & 2 \end{pmatrix}$의 행렬식을 구해서 값을 비교하라.

풀이

$|A| = \begin{vmatrix} 1 & 2 \\ 3 & 5 \end{vmatrix} = 5-6 = -1$인데 $|B| = \begin{vmatrix} 3 & 5 \\ 1 & 2 \end{vmatrix} = 6-5 = 1$이므로 두 행렬식의 값은 부호차이가 생긴다.
즉, $|B| = -|A|$이다.

[성질 8] 정사각행렬 A와 B에 대하여 $|AB| = |A||B|$이다.

예제 1.2.13 행렬 $A = \begin{pmatrix} -1 & 3 \\ 3 & 5 \end{pmatrix}$와 $B = \begin{pmatrix} 7 & 5 \\ 1 & 1 \end{pmatrix}$에 대하여 다음 질문에 답하라.

(a) $|A|$와 $|B|$를 구한 후 $|A||B|$를 구하라.
(b) AB를 계산하고, $|AB|$의 값을 구하라.

풀이

(a) $|A| = \begin{vmatrix} -1 & 3 \\ 3 & 5 \end{vmatrix} = -5-9 = -14$이고, $|B| = \begin{vmatrix} 7 & 5 \\ 1 & 1 \end{vmatrix} = 7-5 = 2$이다. 따라서 $|A||B| = -28$이다.

(b) $AB = \begin{pmatrix} -1 & 3 \\ 3 & 5 \end{pmatrix}\begin{pmatrix} 7 & 5 \\ 1 & 1 \end{pmatrix} = \begin{pmatrix} -7+3 & -5+3 \\ 21+5 & 15+5 \end{pmatrix} = \begin{pmatrix} -4 & -2 \\ 26 & 20 \end{pmatrix}$이고, $|AB| = -80+52 = -28$이다.

[성질 9] 상삼각행렬 또는 하삼각행렬의 행렬식은 대각선의 원소들의 곱이다.

예제 1.2.14 상삼각행렬 $A = \begin{pmatrix} 1 & 4 & 5 \\ 0 & 3 & 2 \\ 0 & 0 & 1 \end{pmatrix}$의 행렬식을 구하라.

풀이

행렬 A의 1열을 중심으로 전개하여 행렬식을 구하면,

$$\begin{vmatrix} 1 & 4 & 5 \\ 0 & 3 & 2 \\ 0 & 0 & 1 \end{vmatrix} = 1\begin{vmatrix} 3 & 2 \\ 0 & 1 \end{vmatrix} - 0\begin{vmatrix} 4 & 5 \\ 0 & 1 \end{vmatrix} + 0\begin{vmatrix} 4 & 5 \\ 3 & 2 \end{vmatrix} = 1\begin{vmatrix} 3 & 2 \\ 0 & 1 \end{vmatrix} = 1 \cdot 3 \cdot 1 = 3$$

이므로 주대각원소의 곱으로 표현된다.

예제 1.2.15 행렬식 $\left|\begin{pmatrix}0&0&3\\0&4&2\\4&5&6\end{pmatrix}\begin{pmatrix}1&4&5\\0&3&2\\0&0&1\end{pmatrix}\right|$ 을 구하라.

풀이

$\left|\begin{pmatrix}0&0&3\\0&4&2\\4&5&6\end{pmatrix}\begin{pmatrix}1&4&5\\0&3&2\\0&0&1\end{pmatrix}\right| = \begin{vmatrix}0&0&3\\0&4&2\\4&5&6\end{vmatrix}\begin{vmatrix}1&4&5\\0&3&2\\0&0&1\end{vmatrix} = (3\,(-4)\cdot 4)\,(1\cdot 3\cdot 1) = -144$ 이다.

[성질 10] 대각행렬의 행렬식은 대각선 원소들의 곱이다.

예제 1.2.16 행렬 $\begin{pmatrix}1&0&0\\0&3&0\\0&0&-7\end{pmatrix}$의 행렬식을 구하라.

풀이

$\begin{vmatrix}1&0&0\\0&3&0\\0&0&-7\end{vmatrix} = 1\cdot 3\cdot(-7) = -21$ 이다.

기본 행 연산과 행렬식

행렬식 성질을 활용하여 가급적 한 행(또는 열)의 성분이 0이 많이 포함되거나 상삼각행렬 또는 하삼각행렬의 형태를 가지게 되면 행렬식 계산이 훨씬 수월해진다. 따라서 다음 세 가지 형태의 기본 행 연산을 통해 가급적 정사각행렬의 행렬식을 상삼각행렬의 행렬식 형태로 변환시키거나 또는 행렬 내 성분이 0이 많아지도록 하려 한다.

1) 행렬 A의 한 행 (또는 한 열)에 k배를 하는 경우 kR_i (또는 kC_j)라 표기하고, 이러한 행 연산에 의한 행렬을 B라 하면 $|B| = k|A|$가 성립한다.

2) 행렬 A의 두 행 (또는 두 열)을 서로 바꾸는 경우 $R_i \leftrightarrow R_j$ (또는 $C_i \leftrightarrow C_j$)라 표기하고, 이러한 행 연산에 의한 행렬을 B라 하면 $|B| = -|A|$가 성립한다.

3) 행렬 A의 i번째 행 (또는 열)에 상수 k를 곱한 후 j번째 행 (또는 열)의 원소와 더한 후 j번째 행 (또는 열)에 놓는 경우 $kR_i + R_j \rightarrow R_j$ (또는 $kC_i + C_j \rightarrow C_j$)로 표기하고, 이러한 행 연산에 의한 행렬을 B라 하면 $|B| = |A|$가 성립한다.

예제 1.2.17 행렬식 $\begin{vmatrix} 1&2&4&5\\3&2&0&1\\5&1&3&3\\1&1&2&1 \end{vmatrix}$ 을 계산하기 위해 기본행연산을 활용해서 상삼각행렬로 만든 후 값을 구하라.

풀이

$$\begin{vmatrix} 1&2&4&5\\3&2&0&1\\5&1&3&3\\1&1&2&1 \end{vmatrix} \underset{①}{=} \begin{vmatrix} 1&2&4&5\\0&-4&-12&-14\\0&-9&-17&-22\\0&-1&-2&-4 \end{vmatrix} \underset{②}{=} (-2)\begin{vmatrix} 1&2&4&5\\0&2&6&7\\0&9&17&22\\0&1&2&4 \end{vmatrix} \underset{③}{=} 2\begin{vmatrix} 1&2&4&5\\0&1&2&4\\0&9&17&22\\0&2&6&7 \end{vmatrix}$$

① $-3R_1+R_2 \rightarrow R_2$, $-5R_1+R_3 \rightarrow R_3$, $-R_1+R_4 \rightarrow R_4$

② 2번째 행에서 (-2)를 앞으로, 3번째, 4번째 행에서 (-1)을 앞으로

③ $R_2 \leftrightarrow R_4$

$$\underset{④}{=} 2\begin{vmatrix} 1&2&4&5\\0&1&2&4\\0&0&-1&-14\\0&0&2&-1 \end{vmatrix} \underset{⑤}{=} (-2)\begin{vmatrix} 1&2&4&5\\0&1&2&4\\0&0&1&14\\0&0&2&-1 \end{vmatrix} \underset{⑥}{=} (-2)\begin{vmatrix} 1&2&4&5\\0&1&2&4\\0&0&1&14\\0&0&0&-29 \end{vmatrix}$$

④ $-9R_2+R_3 \rightarrow R_3$, $-2R_2+R_4 \rightarrow R_4$

⑤ 3번째 행에서 (-1)을 앞으로

⑥ $-2R_3+R_4 \rightarrow R_4$

$$= (-2)\cdot 1^3 \cdot (-29) = 58$$

연습문제 1.2

[1~9] 다음 행렬식을 계산하라. 단, 계산이 가능하지 않은 경우는 이유를 적어라.

1. $\begin{vmatrix} 4&2\\7&-4 \end{vmatrix}$

2. $\begin{vmatrix} 4&2&-2&3\\1&1&-1&-1\\5&8&0&3 \end{vmatrix}$

3. $\begin{vmatrix} 2&1&-4\\-6&2&5\\1&2&1 \end{vmatrix}$

4. $|-9|$

5. $\begin{vmatrix} 4\\3\\2 \end{vmatrix}$

6. $|0\ \ 0|$

7. $\begin{vmatrix} 0&0\\0&0 \end{vmatrix}$

8. $\begin{vmatrix} 1&0&0\\0&1&0\\0&0&1 \end{vmatrix}$

9. $\begin{vmatrix} 1&0\\0&1 \end{vmatrix}$

[10~13] 행렬 $A = \begin{pmatrix} 4&-7\\3&-6 \end{pmatrix}$에 대하여 다음 주어진 소행렬식 M_{ij}을 구하라.

10. M_{11}

11. M_{12}

12. M_{21}

13. M_{22}

[14~17] 행렬 $A = \begin{pmatrix} 4&-7\\3&-6 \end{pmatrix}$에 대하여 다음 주어진 여인수 C_{ij}을 구하라.

14. C_{11}

15. C_{12}

16. C_{21}

17. C_{22}

[18~23] 행렬식의 성질을 활용하여 다음 행렬식을 계산하고 활용한 행렬식의 성질을 적어라.

18. $\begin{vmatrix} 2 & 0 \\ 0 & 2 \end{vmatrix}$

19. $\begin{vmatrix} 1 & 0 & 0 \\ 0 & 2 & 0 \\ 0 & 0 & 3 \end{vmatrix}$

20. $\begin{vmatrix} 4 & 4 & 3 \\ -1 & 9 & -8 \\ -1 & 9 & -8 \end{vmatrix}$

21. $\begin{vmatrix} 2 & 5 \\ 0 & 0 \end{vmatrix}$

22. $\begin{vmatrix} 8 & 3 & 4 \\ 1 & 2 & 5 \\ 2 & 4 & 10 \end{vmatrix}$

23. $\begin{vmatrix} 1 & 2 & 1 \\ 3 & 3 & 7 \\ 2 & 1 & 6 \end{vmatrix}$

24. 다음 행렬식을 행렬식의 성질을 활용하여 계산하고 특징을 찾아라.

(a) $\begin{vmatrix} 4 & 5 \\ 6 & 7 \end{vmatrix}$ (b) $\begin{vmatrix} 4 & 5 & 6 \\ 7 & 8 & 9 \\ 10 & 11 & 12 \end{vmatrix}$ (c) $\begin{vmatrix} 4 & 5 & 6 & 7 \\ 8 & 9 & 10 & 11 \\ 12 & 13 & 14 & 15 \\ 16 & 17 & 18 & 19 \end{vmatrix}$

25. 행렬식 $\begin{vmatrix} 2 & 5 & 4 \\ 3 & 2 & 7 \\ -4 & 1 & 5 \end{vmatrix}$ 의 값과 같은 행렬식을 찾아라.

(a) $\begin{vmatrix} 2 & 3 & -4 \\ 5 & 2 & 1 \\ 4 & 7 & 5 \end{vmatrix}$ (b) $\begin{vmatrix} 3 & 2 & 7 \\ -4 & 1 & 5 \\ 2 & 5 & 4 \end{vmatrix}$

(c) $\begin{vmatrix} 3 & 2 & 7 \\ -3 & 2 & 6 \\ 4 & 7 & 6 \end{vmatrix}$ (d) $\begin{vmatrix} 3 & 2 & -4 \\ 2 & 5 & 1 \\ 7 & 4 & 5 \end{vmatrix}$

26. 다음 행렬식 중 사루스 방식을 사용할 수 있는 행렬식을 찾고 계산하라.

(a) $\begin{vmatrix} 1 & 2 \\ 5 & 4 \end{vmatrix}$ (b) $\begin{vmatrix} 2 & 7 & 6 \\ 3 & 4 & 2 \\ 1 & 2 & 5 \end{vmatrix}$ (c) $\begin{vmatrix} 2 & 3 & 1 & 4 \\ 4 & 2 & 0 & 1 \\ 2 & 5 & 7 & 2 \\ 1 & 1 & 3 & 1 \end{vmatrix}$

[27~35] $n \ge 2$에 대하여 $n \times n$의 크기를 가진 행렬 A의 행렬식 값이 k 일 때 다음 행렬의 행렬식 값을 적어라.

27. A^T

28. $(A^T)^T$

29. A의 두 행을 바꾼 행렬

30. A의 두 열을 바꾼 행렬

31. A의 2행의 각각의 원소에 -7을 곱한 행렬

32. A의 2열의 각각의 원소에 3을 곱한 행렬

33. $5A$

34. A의 첫 번째 행의 원소에 3배를 해서 두 번째 행의 원소에 더해서 만든 행렬

35. A의 두 번째 열의 원소에 -4배를 해서 첫 번째 열의 원소에 더해서 만든 행렬

[36~43] 정사각행렬 A와 B에 대하여 $|A| = 3$, $|B| = -5$일 때 다음 행렬의 행렬식을 계산하라. 단, O는 영행렬이고 I는 n차 단위행렬이다.

36. AB

37. BA

38. A^{-1}

39. B^{-1}

40. $(AB)^{-1}$

41. $(BA)^{-1}$

42. AO

43. AI

[44~46] 다음 질문에 답하라.

44. 두 개의 행렬식을 계산하고 비교하라.

(a) $\begin{vmatrix} 1 & 2 \\ 0 & 3 \end{vmatrix}$ (b) $\begin{vmatrix} 2 & 1 \\ 3 & 0 \end{vmatrix}$

45. 두 개의 행렬식을 계산하고 비교하라.

(a) $\begin{vmatrix} 1 & 2 & 3 \\ 0 & 4 & 5 \\ 0 & 0 & 6 \end{vmatrix}$ (b) $\begin{vmatrix} 3 & 2 & 1 \\ 5 & 4 & 0 \\ 6 & 0 & 0 \end{vmatrix}$

46. 두 개의 행렬식을 계산하고 비교하라.

(a) $\begin{vmatrix} 1 & 2 & 3 & 4 \\ 0 & 5 & 6 & 7 \\ 0 & 0 & 8 & 9 \\ 0 & 0 & 0 & 10 \end{vmatrix}$ (b) $\begin{vmatrix} 4 & 3 & 2 & 1 \\ 7 & 6 & 5 & 0 \\ 9 & 8 & 0 & 0 \\ 10 & 0 & 0 & 0 \end{vmatrix}$

[47~48] 행렬식 $\begin{vmatrix} 2 & 6 \\ -1 & 7 \end{vmatrix}$에 대하여 다음 질문에 답하라.

47. 여인수 전개를 활용하여 계산하라.

48. 기본행연산을 활용하여 상삼각행렬의 형태로 표현하고 행렬식 값을 구하라.

[49~50]

행렬식 $\begin{vmatrix} 1 & 0 & 1 \\ 0 & -1 & 3 \\ 2 & 1 & 5 \end{vmatrix}$ 에 대하여 다음 질문에 답하라.

49. 여인수 전개를 활용하여 계산하라.

50. 기본행연산을 활용하여 상삼각행렬의 형태로 표현하고 행렬식 값을 구하라.

[51~52]

주어진 행렬식 $\begin{vmatrix} 1 & 0 & 1 & 7 \\ 0 & -1 & 3 & 8 \\ 2 & 1 & 5 & 0 \\ -1 & 3 & -4 & 6 \end{vmatrix}$ 에 대하여 다음 질문에 답하라.

51. 여인수 전개를 활용하여 계산하라.

52. 기본행연산을 활용하여 상삼각행렬의 형태로 표현하고 행렬식 값을 구하라.

[53~54]

행렬 $\begin{pmatrix} 4 & 7 \\ -5 & 9 \end{pmatrix}$에 대하여 다음 질문에 답하라.

53. 행렬의 행렬식을 계산하라.

54. 행렬의 전치행렬을 표현한 후 행렬식을 계산하라.

1.3 역행렬

행렬은 합, 차, 상수배, 곱 연산을 정의할 수 있는데 여기에 나눗셈 연산은 정의하지 않는다. 다만, 행렬의 합 연산에서 행렬 A의 덧셈에 대한 역원으로 $-A$를 정의할 수 있듯이, 행렬의 곱 연산에서 행렬 A의 곱셈에 대한 역원으로서 A^{-1}에 대한 정의를 생각해 볼 수 있다. 즉, $A \div B = A \times \frac{1}{B}$ 의 연산기호는 사용하지 않지만, 임의의 0이 아닌 수 b에 대한 역원 $\frac{1}{b}$처럼 행렬에서 곱에 대한 역원을 생각해 보자.

정의 1.3.1

n차 정사각행렬 A에 대하여, $AB = BA = I_n$을 만족하는 n차 정사각행렬 B가 존재하면, 행렬 A를 가역행렬(invertible matrix) 또는 정칙행렬(non-singular matrix)이라 하고, 위 식을 만족하는 행렬 B를 A의 역행렬(inverse matrix), 즉 $B = A^{-1}$이라 한다. 즉, $AA^{-1} = A^{-1}A = I_n$이다.

n차 정사각행렬 A가 정칙행렬이 아니면, A를 특이행렬(singular matrix)이라 한다. 따라서 특이행렬 A는 역행렬을 갖지 않는다.

2×2 행렬 A의 역행렬을 생각해 보자. 행렬 $A = \begin{pmatrix} a & b \\ c & d \end{pmatrix}$라 놓고 역행렬 A^{-1}을 생각해보자. $AX = I$가

성립하는 $X=\begin{pmatrix} x & y \\ z & w \end{pmatrix}$를 찾기 위해 $\begin{pmatrix} a & b \\ c & d \end{pmatrix}\begin{pmatrix} x & y \\ z & w \end{pmatrix}=\begin{pmatrix} 1 & 0 \\ 0 & 1 \end{pmatrix}$이라 하면, 두 개의 선형연립방정식 $\begin{cases} ax+bz=1 \\ cx+dz=0 \end{cases}$과 $\begin{cases} ay+bw=0 \\ cy+dw=1 \end{cases}$로 표현할 수 있다. 두 개의 연립방정식의 해를 구하면

$$x=\frac{d}{ad-bc},\ y=-\frac{b}{ad-bc},\ z=-\frac{c}{ad-bc},\ w=\frac{a}{ad-bc}$$

이다. 따라서 행렬 $A=\begin{pmatrix} a & b \\ c & d \end{pmatrix}$에 대하여 $|A|=ad-bc\neq 0$일 때, 역행렬이 존재하며 역행렬은

$$A^{-1}=\frac{1}{ad-bc}\begin{pmatrix} d & -b \\ -c & a \end{pmatrix}$$

이다. 그리고 $AA^{-1}=A^{-1}A=I$임을 확인할 수 있다.

예제 1.3.1 $A=\begin{pmatrix} 3 & 4 \\ -1 & 5 \end{pmatrix}$에 대하여 역행렬을 구하라.

풀이

$A^{-1}=\frac{1}{19}\begin{pmatrix} 5 & -4 \\ 1 & 3 \end{pmatrix}$이다.

이제 일반적인 경우에 대해 생각해 보자. n차 정사각행렬 A에 대하여 i행과 j열을 제거한 $(n-1)\times(n-1)$ 크기의 소행렬을 A_{ij}라 하고, 소행렬식 $M_{ij}=|A_{ij}|$ 그리고 여인수 $C_{ij}=(-1)^{i+j}M_{ij}$ 라 하면, 행렬 A에 대응하는 수반행렬 $adj\ A$ 을 정의할 수 있다.

$$adj\ A=(C_{ij})^T=\begin{pmatrix} C_{11} & C_{12} & \cdots & C_{1n} \\ C_{21} & C_{22} & \cdots & C_{2n} \\ \vdots & \vdots & \cdots & \vdots \\ C_{n1} & C_{n2} & \cdots & C_{nn} \end{pmatrix}^T$$

행렬식의 성질에서 살펴보았듯, 행렬의 어떤 행이나 어떤 열을 중심으로 여인수 전개를 해도 행렬식 값은 유일하다. 즉, $1\leq i, j\leq n$에 대하여

$$a_{i1}C_{j1}+a_{i2}C_{j2}+\ \cdots\ +a_{in}C_{jn}=\begin{cases} |A| & (i=j) \\ 0 & (i\neq j) \end{cases}$$

이 성립하므로, $A\,(adj\,A) = (a_{ij})\,(C_{ij})^T = \begin{pmatrix} a_{11} & a_{12} & \cdots & a_{1n} \\ a_{21} & a_{22} & \cdots & a_{2n} \\ \vdots & \vdots & \cdots & \vdots \\ a_{n1} & a_{n2} & \cdots & a_{nn} \end{pmatrix} \begin{pmatrix} C_{11} & C_{12} & \cdots & C_{1n} \\ C_{21} & C_{22} & \cdots & C_{2n} \\ \vdots & \vdots & \cdots & \vdots \\ C_{n1} & C_{n2} & \cdots & C_{nn} \end{pmatrix}^T$

$$= \begin{pmatrix} a_{11} & a_{12} & \cdots & a_{1n} \\ a_{21} & a_{22} & \cdots & a_{2n} \\ \vdots & \vdots & \cdots & \vdots \\ a_{n1} & a_{n2} & \cdots & a_{nn} \end{pmatrix} \begin{pmatrix} C_{11} & C_{21} & \cdots & C_{n1} \\ C_{12} & C_{22} & \cdots & C_{n2} \\ \vdots & \vdots & \cdots & \vdots \\ C_{1n} & C_{2n} & \cdots & C_{nn} \end{pmatrix} = \begin{pmatrix} |A| & 0 & \cdots & 0 \\ 0 & |A| & 0 & 0 \\ \vdots & \vdots & \cdots & \vdots \\ 0 & 0 & \cdots & |A| \end{pmatrix} = |A|\,I_n$$

이고, 따라서 $|A| \neq 0$일 때, $A\,(\frac{1}{|A|}\,adj\,A) = I_n$이 성립하므로, A에 대한 역행렬 A^{-1}은 다음과 같이 정의할 수 있다.

정의 1.3.2 역행렬

정사각행렬 A에 대하여 $|A| \neq 0$이면, 역행렬은 존재하고,

$$A^{-1} = \frac{1}{|A|}\,(adj\,A) = \frac{1}{|A|} \begin{pmatrix} C_{11} & C_{21} & \cdots & C_{n1} \\ C_{12} & C_{22} & \cdots & C_{n2} \\ \vdots & \vdots & \cdots & \vdots \\ C_{1n} & C_{2n} & \cdots & C_{nn} \end{pmatrix}$$

이다, 여기서 $C_{ij} = (-1)^{i+j} M_{ij}$ 는 성분 a_{ij}에 대응하는 여인수를 의미한다.

일반적으로 모든 행렬에 대해 역행렬이 존재하는 것은 아니다. 먼저 정사각행렬의 경우에 역행렬을 생각할 수 있고, n차 정사각행렬 A에 대하여 행렬식 $|A|$이 0이 아닌 경우 존재함을 확인할 수 있다. 또한 행렬 A에 대하여 역행렬이 존재할 경우, 역행렬은 유일하게 존재한다.

정리 1.3.3 역행렬 성질

가역행렬 A, B와 상수 $k \neq 0$에 대하여

(a) $(A^{-1})^{-1} = A$

(b) $(kA)^{-1} = \frac{1}{k} A^{-1}$

(c) $(AB)^{-1} = B^{-1}A^{-1}$

따라서 $(ABC)^{-1} = (A(BC))^{-1} = (BC)^{-1}A^{-1} = C^{-1}B^{-1}A^{-1}$이다.

(d) $(A^T)^{-1} = (A^{-1})^T$

증명 (a) $AA^{-1}=A^{-1}A=I$이므로 $(A^{-1})^{-1}=A$ 이다.

(b) $(kA)(\frac{1}{k}A^{-1})=I$이므로 $(kA)^{-1}=\frac{1}{k}A^{-1}$ 이다.

(c) $(AB)(B^{-1}A^{-1})=A(BB^{-1})A^{-1}=AIA^{-1}=I$이고 $(B^{-1}A^{-1})(AB)=I$ 또한 성립하므로 $(AB)^{-1}=B^{-1}A^{-1}$이다. 마찬가지 방법으로 $(ABC)^{-1}=C^{-1}B^{-1}A^{-1}$이 성립한다.

(d) A^T의 역행렬을 구해보면,

$$A^T(A^{-1})^T=(A^{-1}A)^T=I_n^T=I_n,\ (A^{-1})^TA^T=(AA^{-1})^T=I_n^T=I_n$$

이므로 $(A^T)^{-1}=(A^{-1})^T$ 이다. ■

예제 1.3.2 $A=\begin{pmatrix}1&5&4\\-2&3&1\\2&-1&6\end{pmatrix}$에 대하여 수반행렬 $adj\ A$를 구하라.

풀이

$C_{11}=(-1)^{1+1}\begin{vmatrix}3&1\\-1&6\end{vmatrix}=19,\ C_{12}=(-1)^{1+2}\begin{vmatrix}-2&1\\2&6\end{vmatrix}=14,$

$C_{13}=(-1)^{1+3}\begin{vmatrix}-2&3\\2&-1\end{vmatrix}=-4,\ C_{21}=(-1)^{2+1}\begin{vmatrix}5&4\\-1&6\end{vmatrix}=-34,$

$C_{22}=(-1)^{2+2}\begin{vmatrix}1&4\\2&6\end{vmatrix}=-2,\ C_{23}=(-1)^{2+3}\begin{vmatrix}1&5\\2&-1\end{vmatrix}=11,$

$C_{31}=(-1)^{3+1}\begin{vmatrix}5&4\\3&1\end{vmatrix}=-7,\ C_{32}=(-1)^{3+2}\begin{vmatrix}1&4\\-2&1\end{vmatrix}=-9,\ C_{33}=(-1)^{3+3}\begin{vmatrix}1&5\\-2&3\end{vmatrix}=13$

이므로 $adj\ A=\begin{pmatrix}19&14&-4\\-34&-2&11\\-7&-9&13\end{pmatrix}^T=\begin{pmatrix}19&-34&-7\\14&-2&-9\\-4&11&13\end{pmatrix}$이다.

예제 1.3.3 $A=\begin{pmatrix}1&5&4\\-2&3&1\\2&-1&6\end{pmatrix}$에 대하여 역행렬의 존재여부를 살피고, 존재하면 역행렬 A^{-1}을 구하라.

풀이

A에 대한 행렬식 $|A|=73$이어서 0이 아니므로, 역행렬은 존재한다. 구체적으로 역행렬

$A^{-1}=\frac{1}{|A|}adj\,A=\frac{1}{73}\begin{pmatrix}19&-34&-7\\14&-2&-9\\-4&11&13\end{pmatrix}$이다.

참고

A가 정사각행렬일 때 수반행렬은 항상 존재하지만, 역행렬이 항상 존재하는 것은 아니다. 즉, 수반행렬이 존재해도 역행렬이 존재하지 않는 경우는 존재한다.

예제 1.3.4 행렬 $A=\begin{pmatrix}3&2\\4&5\end{pmatrix}$와 $B=\begin{pmatrix}-1&3\\4&5\end{pmatrix}$에 대하여 다음을 구하라.

(a) $(AB)^{-1}$　　　(b) $B^{-1}A^{-1}$

풀이

(a) $AB=\begin{pmatrix}3&2\\4&5\end{pmatrix}\begin{pmatrix}-1&3\\4&5\end{pmatrix}=\begin{pmatrix}5&19\\16&37\end{pmatrix}$이므로, $(AB)^{-1}=-\frac{1}{119}\begin{pmatrix}37&-19\\-16&5\end{pmatrix}$이다.

(b) $B^{-1}=-\frac{1}{17}\begin{pmatrix}5&-3\\-4&-1\end{pmatrix}$이고, $A^{-1}=\frac{1}{7}\begin{pmatrix}5&-2\\-4&3\end{pmatrix}$이므로

$B^{-1}A^{-1}=\left(-\frac{1}{17}\begin{pmatrix}5&-3\\-4&-1\end{pmatrix}\right)\left(\frac{1}{7}\begin{pmatrix}5&-2\\-4&3\end{pmatrix}\right)=-\frac{1}{119}\begin{pmatrix}37&-19\\-16&5\end{pmatrix}$이다.

예제 1.3.5 정사각행렬 A가 역행렬 A^{-1}을 가질 때, $|A^{-1}|=\frac{1}{|A|}$ 임을 보이라.

풀이

$I_n=AA^{-1}$이므로 $|I_n|=|AA^{-1}|=|A||A^{-1}|$이고, 따라서 $1=|A||A^{-1}|$이므로, $|A^{-1}|=\frac{1}{|A|}$이 성립한다.

연습문제 1.3

[1~8] 다음 행렬에 대해 곱셈의 역원인 역행렬의 존재여부를 판단하라.

1. $(4\ 2)$

2. $\begin{pmatrix}4&2&-2&3\\1&1&-1&-1\\5&8&0&3\end{pmatrix}$

3. $\begin{pmatrix}2&1\\-6&2\end{pmatrix}$

4. $\begin{pmatrix}4&8\\1&2\end{pmatrix}$

5. $\begin{pmatrix}1&0\\0&1\end{pmatrix}$

6. $\begin{pmatrix}4\\3\\2\end{pmatrix}$

7. $\begin{pmatrix}1&0&1\\0&-1&3\\2&1&5\end{pmatrix}$

8. $\begin{pmatrix}1&3&0\\0&3&9\\0&1&3\end{pmatrix}$

[9~10] 행렬 $A=\begin{pmatrix}4&6\\2&3\end{pmatrix}$에 대하여 다음 질문에 답하라.

9. 행렬식을 구하고, 역행렬의 존재여부를 판단하라.

10. 존재하는 경우 수반행렬 $adj\,A$과 역행렬 A^{-1}을 구하라.

[11~12] 행렬 $A=\begin{pmatrix}9&-3\\4&-1\end{pmatrix}$에 대하여 다음 질문에 답하라.

11. 행렬식을 구하고, 역행렬의 존재여부를 판단하라.

12. 존재하는 경우 수반행렬 $adj\,A$과 역행렬 A^{-1}을 구하라.

[13~14] 행렬 $A=\begin{pmatrix}1 & 5 & 3\\ -4 & 2 & -2\\ 3 & 8 & 1\end{pmatrix}$에 대하여 다음 질문에 답하라.

13. 행렬식을 구하고, 역행렬의 존재여부를 판단하라.

14. 존재하는 경우 수반행렬 $adj\,A$과 역행렬 A^{-1}을 구하라.

[15~16] 행렬 $A=\begin{pmatrix}-1 & 4 & 1\\ 5 & 2 & 0\\ 3 & 10 & 2\end{pmatrix}$에 대하여 다음 질문에 답하라.

15. 행렬식을 구하고, 역행렬의 존재여부를 판단하라.

16. 존재하는 경우 수반행렬 $adj\,A$과 역행렬 A^{-1}을 구하라.

[17~20] 다음 행렬의 수반행렬을 구하라.

17. $\begin{pmatrix}-6 & 3\\ 2 & -5\end{pmatrix}$

18. $\begin{pmatrix}8 & 0\\ 7 & 2\end{pmatrix}$

19. $\begin{pmatrix}4 & -8 & 1\\ 2 & 0 & 2\\ 4 & 5 & -7\end{pmatrix}$

20. $\begin{pmatrix}-8 & 1 & 1\\ 4 & 3 & 9\\ -1 & -1 & -2\end{pmatrix}$

[21~24] 다음 행렬의 역행렬을 구하라.

21. $\begin{pmatrix}-6 & 3\\ 2 & -5\end{pmatrix}$

22. $\begin{pmatrix}-6 & 1\\ 5 & 9\end{pmatrix}$

23. $\begin{pmatrix}4 & -8 & 1\\ 2 & 0 & 2\\ 4 & 5 & -7\end{pmatrix}$

24. $\begin{pmatrix}-8 & 1 & 1\\ 4 & 3 & 9\\ -1 & -1 & -2\end{pmatrix}$

25. 명제가 참인지 거짓인지 판단하고 참이면 간단하게 증명을 거짓이면 반례를 들어라.
"행렬 A의 수반행렬 $adj\,A$이 존재하면 역행렬 A^{-1}은 항상 존재한다."

[26~27] 행렬 A, B의 행렬식 값이 $|A|=5$, $|B|=9$일 때, 다음 질문에 답하라.

26. 행렬 AB의 역행렬의 행렬식 값을 구하라.

27. 행렬 AB의 전치행렬의 역행렬의 행렬식 값을 구하라.

[28~29] 행렬 A, B, C의 행렬식 값은 $|A|=5$, $|B|=9$, $|C|=-3$일 때, 다음 질문에 답하라.

28. 행렬 ABC의 역행렬의 행렬식 값을 구하라.

29. 행렬 ABC의 전치행렬의 역행렬의 행렬식 값을 구하라.

[30~31] $A=\begin{pmatrix}4 & -1\\ 9 & 2\end{pmatrix}$, $B=\begin{pmatrix}1 & 5\\ -4 & 8\end{pmatrix}$에 대하여 다음 질문에 답하라.

30. 주어진 등식 $2X-(A+B)X=I$을 만족하는 행렬 X를 구하라.

31. 주어진 등식 $2X-X(A+B)=I$을 만족하는 행렬 X를 구하라.

32. 행렬 $\begin{pmatrix}a & 8\\ 9 & a-1\end{pmatrix}$의 역행렬이 존재하기 위한 실수 a의 조건을 구하라.

33. 행렬 $A=\begin{pmatrix}4 & 7\\ 3 & -6\end{pmatrix}$에 대하여 $(3A)^{-1}$를 구하라.

[34~36] 행렬 $A=\begin{pmatrix}4 & 5\\ -1 & 2\end{pmatrix}$, $B=\begin{pmatrix}8 & 2\\ -9 & 1\end{pmatrix}$일 때 다음 질문에 답하라.

34. $(A^{-1}B)^{-1}$을 구하라.

35. $(AB^{-1})^{-1}B$을 구하라.

36. $(BA^{-1})^{-1}B$를 구하라.

37. 행렬 $A=\begin{pmatrix}1 & a\\ 3 & 5\end{pmatrix}$라 하자. 모든 실수 k에 대하여 행렬 $A-kI$의 역행렬이 존재하게 하는 상수 a의 값의 범위를 구하라.

1.4 역행렬을 활용한 선형연립방정식 해법

다음과 같은 형태의 연립방정식을 생각해 보자.

$$\begin{aligned} a_{11}x_1 + a_{12}x_2 + \cdots + a_{1n}x_n &= b_1 \\ a_{21}x_1 + a_{22}x_2 + \cdots + a_{2n}x_n &= b_2 \\ &\vdots \\ a_{m1}x_1 + a_{m2}x_2 + \cdots + a_{mn}x_n &= b_m \end{aligned}$$

각 변수 x_i가 1차로 이루어지고 a_{ij}인 상수를 계수로 가진 형태이므로 일차연립방정식 또는 선형연립방정식이라 한다. 이러한 연립방정식의 해 $x_1, \cdots, x_n$는 계수 a_{ij}의 형태에 따라 유일해를 갖거나 무한히 많은 해를 가질 수도 있으며 또는 해가 없는 경우도 있다.

이와 같은 성질을 조사하기 위해 선형연립방정식을 행렬과 그 연산을 활용하여 표현해 보면,

$$\begin{pmatrix} a_{11} & a_{12} & \cdots & a_{1n} \\ a_{21} & a_{22} & \cdots & a_{2n} \\ \vdots & \vdots & \ddots & \vdots \\ a_{m1} & a_{m2} & \cdots & a_{mn} \end{pmatrix} \begin{pmatrix} x_1 \\ x_2 \\ \vdots \\ x_n \end{pmatrix} = \begin{pmatrix} b_1 \\ b_2 \\ \vdots \\ b_m \end{pmatrix} \Leftrightarrow AX = B$$

와 같이 되고, 이때 행렬 A를 선형연립방정식의 계수행렬(coefficients matrix), B를 상수행렬이라 한다.

또한, 상수행렬 $B = \begin{pmatrix} b_1 \\ b_2 \\ \vdots \\ b_m \end{pmatrix}$의 형태에 따라 두 가지로 분류한다. $B = O$인 경우 제차(또는 동차 homogeneous) 선형연립방정식이라 하고, $B \neq O$인 경우 비제차(또는 비동차 nonhomogeneous) 선형연립방정식이라 한다.

특히, 식의 개수와 변수의 개수가 n개로 동일한 선형연립방정식의 경우 $AX = B$의 형태로 바꾸면,

$$\begin{pmatrix} a_{11} & a_{12} & \cdots & a_{1n} \\ a_{21} & a_{22} & \cdots & a_{2n} \\ \vdots & \vdots & \ddots & \vdots \\ a_{n1} & a_{n2} & \cdots & a_{nn} \end{pmatrix} \begin{pmatrix} x_1 \\ x_2 \\ \vdots \\ x_n \end{pmatrix} = \begin{pmatrix} b_1 \\ b_2 \\ \vdots \\ b_n \end{pmatrix}$$

이고, 계수행렬 A는 정사각행렬의 형식을 갖는다. 이때 A의 역행렬이 존재하는 경우, 유일해 $X = A^{-1}B$의 형태를 갖는다. 이 절에서는 행렬 A의 역행렬을 계산한 후 $A^{-1}B$에 대입하거나 또는 크래머 공식에 대입해서 근을 찾는 방법을 알아보자.

예제 1.4.1 주어진 선형연립방정식 $\begin{cases} 4x-2y+3z=1 \\ x-4y+3z=-5 \end{cases}$ 에 대하여 $AX=B$ 의 형태로 바꾼 후, 유일해가 존재하는 경우 연립방정식의 해를 구하라.

풀이

선형연립방정식은 $\begin{pmatrix} 4 & -2 & 3 \\ 1 & -4 & 3 \end{pmatrix}\begin{pmatrix} x \\ y \\ z \end{pmatrix}=\begin{pmatrix} 1 \\ -5 \end{pmatrix}$ 이고, 계수행렬 $A=\begin{pmatrix} 4 & -2 & 3 \\ 1 & -4 & 3 \end{pmatrix}$가 정사각행렬이 아니므로 A^{-1}이 정의되지 않는 경우이다. 유일해가 존재하지 않는다.

예제 1.4.2 선형연립방정식 $\begin{cases} x-y+2z=5 \\ x-z=2 \\ y-3z=1 \end{cases}$ 에 대하여 $AX=B$ 의 형태로 바꾼 후, 유일해가 존재하는 경우 연립방정식의 해를 구하라.

풀이

선형연립방정식은 $\begin{pmatrix} 1 & -1 & 2 \\ 1 & 0 & -1 \\ 0 & 1 & -3 \end{pmatrix}\begin{pmatrix} x \\ y \\ z \end{pmatrix}=\begin{pmatrix} 5 \\ 2 \\ 1 \end{pmatrix}$ 이고, 계수행렬 $A=\begin{pmatrix} 1 & -1 & 2 \\ 1 & 0 & -1 \\ 0 & 1 & -3 \end{pmatrix}$의 행렬식 $|A|=\begin{vmatrix} 1 & -1 & 2 \\ 1 & 0 & -1 \\ 0 & 1 & -3 \end{vmatrix}=0$이므로 역행렬이 존재하지 않는다. 따라서 유일해를 갖지 않는다.

예제 1.4.3 선형연립방정식 $\begin{cases} 2x-2y+3z=4 \\ x-4y+3z=-5 \\ 3x+y+4z=0 \end{cases}$ 에 대하여 $AX=B$의 형태로 바꾼 후, 유일해가 존재하는 경우 연립방정식의 해를 구하라.

풀이

선형연립방정식은 $\begin{pmatrix} 2 & -2 & 3 \\ 1 & -4 & 3 \\ 3 & 1 & 4 \end{pmatrix}\begin{pmatrix} x \\ y \\ z \end{pmatrix}=\begin{pmatrix} 4 \\ -5 \\ 0 \end{pmatrix}$ 이고, 계수행렬 $A=\begin{pmatrix} 2 & -2 & 3 \\ 1 & -4 & 3 \\ 3 & 1 & 4 \end{pmatrix}$의 역행렬이 $A^{-1}=-\frac{1}{9}\begin{pmatrix} -19 & 11 & 6 \\ 5 & -1 & -3 \\ 13 & -8 & -6 \end{pmatrix}$ 이므로 $X=-\frac{1}{9}\begin{pmatrix} -19 & 11 & 6 \\ 5 & -1 & -3 \\ 13 & -8 & -6 \end{pmatrix}\begin{pmatrix} 4 \\ -5 \\ 0 \end{pmatrix}=\begin{pmatrix} 131/9 \\ -25/9 \\ -92/9 \end{pmatrix}$로 유일해가 존재한다.

크래머 공식(Cramer's rule)

계수행렬 A에 대하여 역행렬이 존재하는 선형연립방정식의 유일해 $X=A^{-1}B$를 다음과 같이 역행렬 공식을 사용하여 다시 적어 보자.

$$X=\begin{pmatrix} x_1 \\ x_2 \\ \vdots \\ \vdots \\ x_n \end{pmatrix} = \frac{1}{|A|}\begin{pmatrix} C_{11} & C_{21} & \cdots & C_{n1} \\ C_{12} & C_{22} & \cdots & C_{n2} \\ \vdots & \vdots & \cdots & \vdots \\ \vdots & \vdots & \cdots & \vdots \\ C_{1n} & C_{2n} & \cdots & C_{nn} \end{pmatrix}\begin{pmatrix} b_1 \\ b_2 \\ \vdots \\ \vdots \\ b_n \end{pmatrix} = \frac{1}{|A|}\begin{pmatrix} b_1C_{11}+b_2C_{21}+\cdots+b_nC_{n1} \\ b_1C_{12}+b_2C_{22}+\cdots+b_nC_{n2} \\ \vdots \\ \vdots \\ b_1C_{1n}+b_2C_{2n}+\cdots+b_nC_{nn} \end{pmatrix}$$ 이고,

즉, $$x_j = \frac{b_1C_{1j}+b_2C_{2j}+\cdots+b_nC_{nj}}{|A|} = \frac{1}{|A|}\begin{vmatrix} a_{11} & \cdots & a_{1(j-1)} & b_1 & a_{1(j+1)} & \cdots & a_{1n} \\ a_{21} & \cdots & a_{2(j-1)} & b_2 & a_{2(j+1)} & \cdots & a_{2n} \\ \vdots & \cdots & \vdots & \vdots & \vdots & \cdots & \vdots \\ a_{n1} & \cdots & a_{n(j-1)} & b_n & a_{n(j+1)} & \cdots & a_{nn} \end{vmatrix}$$

j번째 열

이다. 여기서, $j=1,\cdots,n$에 대하여 $A_j=\begin{pmatrix} a_{11} & \cdots & a_{1(j-1)} & b_1 & a_{1(j+1)} & \cdots & a_{1n} \\ a_{21} & \cdots & a_{2(j-1)} & b_2 & a_{2(j+1)} & \cdots & a_{2n} \\ \vdots & \cdots & \vdots & \vdots & \vdots & \cdots & \vdots \\ a_{n1} & \cdots & a_{n(j-1)} & b_n & a_{n(j+1)} & \cdots & a_{nn} \end{pmatrix}$라 놓으면, 행렬 A_j의 원소는 j열만 행렬 A의 j열 대신 상수행렬로 바꾼 형태임을 알 수 있다. 따라서, 행렬 A_j의 원소 b_i에 대한 여인수 C_{ij}와 행렬 A의 원소 a_{ij}에 대한 여인수 C_{ij}가 동일하다.

정의 1.4.1 크래머 공식

n차 정사각행렬 A에 대하여 $|A| \neq 0$이면, 선형연립방정식 $AX=B$는 다음과 같은 형태의 유일해를 가진다.

$$x_1=\frac{|A_1|}{|A|},\ x_2=\frac{|A_2|}{|A|},\ \cdots,\ x_n=\frac{|A_n|}{|A|}$$

여기서 A_j는 j열에 상수행렬 B를 대입한 형태의 행렬이다.

크래머 공식을 활용하면 A의 역행렬 A^{-1}을 구하지 않고서, 단지 행렬식만 계산함으로써 해를 구할 수 있다.

예제 1.4.4 선형연립방정식 $\begin{cases} 4x-y=1 \\ x+3y=-5 \end{cases}$를 크래머 공식을 활용하여 계산하라.

풀이

선형연립방정식은 $\begin{pmatrix} 4 & -1 \\ 1 & 3 \end{pmatrix}\begin{pmatrix} x \\ y \end{pmatrix} = \begin{pmatrix} 1 \\ -5 \end{pmatrix}$이고, 계수행렬 $A=\begin{pmatrix} 4 & -1 \\ 1 & 3 \end{pmatrix}$의 행렬식 $|A|=13$이다. $A_1=\begin{pmatrix} 1 & -1 \\ -5 & 3 \end{pmatrix}$에 대한 $|A_1|=-2$, $A_2=\begin{pmatrix} 4 & 1 \\ 1 & -5 \end{pmatrix}$에 대한 $|A_2|=-21$이므로 주어진 선형연립방정식은 $x=-\frac{2}{13}$, $y=-\frac{21}{13}$을 유일해로 갖는다.

예제 1.4.5 선형연립방정식 $\begin{cases} 2x-2y+3z=4 \\ x-4y+3z=-5 \\ 3x+y+4z=0 \end{cases}$ 을 크래머 공식을 활용하여 계산하라.

풀이

선형연립방정식은 $\begin{pmatrix} 2 & -2 & 3 \\ 1 & -4 & 3 \\ 3 & 1 & 4 \end{pmatrix}\begin{pmatrix} x \\ y \\ z \end{pmatrix}=\begin{pmatrix} 4 \\ -5 \\ 0 \end{pmatrix}$ 이고, 계수행렬 $A=\begin{pmatrix} 2 & -2 & 3 \\ 1 & -4 & 3 \\ 3 & 1 & 4 \end{pmatrix}$ 의 행렬식은 $|A|=-9$ 이다.

$A_1=\begin{pmatrix} 4 & -2 & 3 \\ -5 & -4 & 3 \\ 0 & 1 & 4 \end{pmatrix}$ 에 대한 $|A_1|=-131$, $A_2=\begin{pmatrix} 2 & 4 & 3 \\ 1 & -5 & 3 \\ 3 & 0 & 4 \end{pmatrix}$ 에 대한 $|A_2|=25$, $A_3=\begin{pmatrix} 2 & -2 & 4 \\ 1 & -4 & -5 \\ 3 & 1 & 0 \end{pmatrix}$ 에 대한 $|A_3|=92$ 이므로, 주어진 선형연립방정식은

$x=\frac{131}{9}$, $y=-\frac{25}{9}$, $z=-\frac{92}{9}$ 를 유일해로 갖는다.

:연습문제 1.4

[1~4] 선형연립방정식을 행렬의 표현으로 고쳐 적어라.

1. $\begin{cases} 4x-7y=3 \\ 5x+2y=-1 \end{cases}$

2. $\begin{cases} x+6y+3z=2 \\ 4x-5y+z=7 \\ -2x+z=0 \end{cases}$

3. $\begin{cases} x+2y+3z+4w=1 \\ -8x+3z=7 \\ 2x+4z-5w=1 \end{cases}$

4. $\begin{cases} 3x+5y-z=1 \\ x+2y+3z+4w=0 \\ -2x+7y+w=9 \\ 5x+7y+z-w=3 \end{cases}$

[5~7] 선형연립방정식 $\begin{cases} x+6y=7 \\ -3x+2y=-4 \end{cases}$ 에 대하여 다음 질문에 답하라.

5. 선형연립방정식을 $AX=B$의 형태로 표현하라.

6. 행렬식 $|A|$을 계산하고 선형연립방정식의 해를 추측하라.

7. 유일해를 갖는 경우 행렬 X를 구하고, 그렇지 않다면 해를 예상하라.

[8~10] 선형연립방정식 $\begin{cases} 6x+4y=5 \\ 3x+2y=-2 \end{cases}$ 에 대하여 다음 질문에 답하라.

8. 선형연립방정식을 $AX=B$의 형태로 표현하라.

9. 행렬식 $|A|$을 계산하고 주어진 선형연립방정식의 해를 추측하라.

10. 유일해를 갖는 경우 행렬 X를 구하고 그렇지 않다면 해를 예상하라.

[11~13] 선형연립방정식 $\begin{cases} 4x+16y=-8 \\ 2x+8y=-4 \end{cases}$ 에 대하여 다음 질문에 답하라.

11. 선형연립방정식을 $AX=B$의 형태로 표현하라.

12. 행렬식 $|A|$을 계산하고 주어진 선형연립방정식의 해를 추측하라.

13. 유일해를 갖는 경우 행렬 X를 구하고 그렇지 않다면 해를 예상하라.

14. 선형연립방정식 $\begin{cases} x+6y=0 \\ 2x+ay=0 \end{cases}$이 $x=0, y=0$ 이외의 해를 갖지 않도록 실수 a의 값을 구하라.

15. 선형연립방정식 $\begin{cases} 4x+ay=0 \\ 2x+by=0 \end{cases}$이 $x=0, y=0$ 이외의 해를 갖도록 실수 a, b의 조건을 구하라.

16. 선형연립방정식 $\begin{cases} x+2y-4z=0 \\ ax-y+3z=0 \\ -x+4y+z=0 \end{cases}$ 이 $x=0, y=0, z=0$이외의 해를 갖지 않도록 실수 a의 값을 구하라.

17. 선형연립방정식 $\begin{cases} x-y-z=0 \\ x+3y+z=0 \\ 2x+ay-4z=0 \end{cases}$ 이 $x=0, y=0, z=0$이외의 해를 갖도록 실수 a의 값을 구하라.

[18~27] 선형연립방정식의 해를 역행렬을 이용하여 구하라.

18. $\begin{cases} 4x+9y=1 \\ 5x-2y=-4 \end{cases}$

19. $\begin{cases} 6x+y=0 \\ 2x+7y=-3 \end{cases}$

20. $\begin{cases} 4x-5y=-1 \\ 2x+7y=3 \end{cases}$

21. $\begin{cases} 3x+y=-3 \\ 5x-4y=2 \end{cases}$

22. $\begin{cases} x+y+z=1 \\ 2x-3y+5z=-3 \\ 7x+y-z=2 \end{cases}$

23. $\begin{cases} x+2y-3z=-4 \\ 2x+5y-6z=1 \\ 3x+2y+4z=2 \end{cases}$

24. $\begin{cases} y+3z=-1 \\ x+5z=1 \\ 4x+7z=2 \end{cases}$

25. $\begin{cases} x+4y+8z=0 \\ 2y-9z=1 \\ 4x+y-3z=9 \end{cases}$

26. $\begin{cases} x+y+3z-4w=1 \\ -x+6y+2z+w=9 \\ 2x+5y+w=4 \\ 5x+z+3w=-2 \end{cases}$

27. $\begin{cases} 2x+6y-z=7 \\ x+y+3w=-2 \\ 3y+7z-w=2 \\ 5x+3y+z-w=0 \end{cases}$

[28~37] 선형연립방정식의 해를 크래머법칙을 활용하여 구하라.

28. $\begin{cases} -3x+5y=1 \\ x+4y=2 \end{cases}$

29. $\begin{cases} 5x+4y=2 \\ x-6y=8 \end{cases}$

30. $\begin{cases} 9x+2y=1 \\ -x+7y=5 \end{cases}$

31. $\begin{cases} -4x+y=0 \\ x+4y=9 \end{cases}$

32. $\begin{cases} x+3y-z=9 \\ x+3y+5z=2 \\ x-z=2 \end{cases}$

33. $\begin{cases} 4x+y-3z=9 \\ -x+5y+6z=8 \\ x+2y+4z=7 \end{cases}$

34. $\begin{cases} 2y-3z=1 \\ 3x+7z=-1 \\ 4x-z=6 \end{cases}$

35. $\begin{cases} 6x+y+8z=7 \\ x+2y-9z=-1 \\ y+z=3 \end{cases}$

36. $\begin{cases} -x+2y+z+8w=0 \\ x+y+z+w=-2 \\ 2x+y+5z=-1 \\ 3x+4z+w=8 \end{cases}$

37. $\begin{cases} 2x+y-z-w=1 \\ x+2y+z+w=2 \\ y+7z-4w=0 \\ x+4y+6z-w=1 \end{cases}$

1.5 가우스 소거법 및 가우스 요르단 소거법

일차연립방정식 $\begin{cases} 3x+4y=1 \\ x-5y=3 \end{cases}$의 해를 구하기 위하여 가감법을 적용하는 과정을 살펴보자. 먼저 방정식의 순서를 바꾸면,

$$\begin{cases} x-5y=3 \\ 3x+4y=1 \end{cases}$$

이고, 첫 번째 방정식에 (-3)배를 곱한 것을 두 번째 식에 더하면,

$$\begin{cases} 1x - 5y = 3 \\ 0x + 19y = -8 \end{cases}$$

이다. 이제 두 번째 식에는 변수가 하나밖에 없으므로 식에 $\frac{1}{19}$를 곱하면, $y = -\frac{8}{19}$이고, 다시 역순으로 대입법을 활용하면, 주어진 선형연립방정식은 유일해 $x = \frac{17}{19}$, $y = -\frac{8}{19}$를 가진다.

위에서 해를 구하기 위해 사용한 연산을 정리해 보면 다음과 같다.

① 방정식에 0이 아닌 상수를 곱한다.
② 방정식의 순서를 바꾼다.
③ 하나의 방정식에 0이 아닌 상수를 곱하여 다른 방정식에 더한다.

그런데 앞에 제시된 연립방정식과 $\begin{cases} 3a + 4b = 1 \\ a - 5b = 3 \end{cases}$와 비교해 보면, 해가 동일하고 구하는 과정도 같은 방법을 사용할 수 있다. 즉, 연립방정식 문제는 사용하는 변수에 관계없이 변수 앞의 계수와 상수에 의해 해가 결정된다. 이러한 성질을 활용하여 연립방정식을 계수와 상수만을 활용한 표현 방법을 찾아보자.

계수행렬 A의 오른쪽에다 추가적으로 상수행렬 B를 첨가하여 만들어보면 다음과 같은 형태의 행렬 표현을 할 수 있는데 이를 첨가행렬(augmented matrix)이라 하고, $(A|B)$로 표기하고, 행렬 A와 행렬 B사이는 점선으로 구분한다.

$$(A|B) = \begin{pmatrix} a_{11} & a_{12} & \cdots & a_{1n} & \vdots & b_1 \\ a_{21} & a_{22} & \cdots & a_{2n} & \vdots & b_2 \\ \vdots & \vdots & \ddots & \vdots & \vdots & \vdots \\ a_{m1} & a_{m2} & \cdots & a_{mn} & \vdots & b_m \end{pmatrix}$$

앞의 선형연립방정식 $\begin{cases} 3x + 4y = 1 \\ x - 5y = 3 \end{cases}$를 첨가행렬의 형태로 고쳐서 풀이과정을 다시 살펴보자. 먼저 첨가행렬의 형식으로 바꾸면,

$$\begin{pmatrix} 3 & 4 & \vdots & 1 \\ 1 & -5 & \vdots & 3 \end{pmatrix}$$

이다. 이전에 제시된 풀이 순서를 그대로 적용하기 위해, 먼저 행의 순서를 바꾸고,

$$\begin{pmatrix} 1 & -5 & \vdots & 3 \\ 3 & 4 & \vdots & 1 \end{pmatrix}$$

다시 첫 번째 행에 (-3)배를 한 것을 두 번째 행에 더한 후 두 번째 행에 적으면,

$$\begin{pmatrix} 1 & -5 & \vdots & 3 \\ 0 & 19 & \vdots & -8 \end{pmatrix}$$

이다. 두 번째 행에 $\frac{1}{19}$를 곱해서 정리하면,

$$\begin{pmatrix} 1 & -5 & \vdots & 3 \\ 0 & 1 & \vdots & -\frac{8}{19} \end{pmatrix}$$

이고. x와 y를 활용해서 다시 적어보면, $\begin{cases} x - 5y = 3 \\ 0x + y = -\frac{8}{19} \end{cases}$ 이므로 위의 풀이에서 찾은 형태와 동일하고, 다시 역대입법을 활용하면, x와 y를 찾을 수 있다. 첨가행렬에 사용한 연산을 기본 행 연산이라 하고, 정리해 보면 다음과 같다.

첨가행렬에 적용하는 기본 행 연산

1) 첨가행렬 A의 한 행에 k배를 하는 경우 kR_i로 표기하고, 이러한 행 연산에 의해 새로운 첨가행렬 B를 구할 수 있다.
2) 첨가행렬 A의 두 행을 서로 바꾸는 경우 $R_i \leftrightarrow R_j$라 표기하고, 이러한 행 연산에 의해 새로운 첨가행렬 B를 구할 수 있다.
3) 첨가행렬 A의 i번째 행에 상수 k를 곱한 후 j번째 행의 원소와 더한 후 j번째 행을 바꾸는 경우 $kR_i + R_j \rightarrow R_j$로 표기하고, 이러한 행 연산에 의해 새로운 첨가행렬 B를 구할 수 있다.

하나의 행렬에 대하여 기본 행 연산을 통하여 다른 행렬을 얻을 때, 두 개 행렬을 행동치(row equivalent)라 하고 행동치 행렬을 얻기 위한 기본 행 연산을 수행하는 절차를 행축소(row reduction)라 한다. 또한 이때 행렬의 각 행에서 0이 아닌 가장 처음 나타나는 수를 행렬에서의 선행자(leading one)라 한다. 행동치나 행축소를 통한 연립방정식은 같은 문제를 의미한다.

가우스 소거법(Gaussian elimination)

가우스 소거법은 주어진 선형연립방정식을 기본 행 연산(elementary row operation)을 통해 동일한 해를 갖는 선형연립방정식으로 변환하는 방법을 의미하는데 여기서 첨가행렬의 형식을 활용하게 되면, 행 사다리꼴 형태를 가지고 이를 간단히 REF(row-echelon form)라 한다. 행 사다리꼴 특징을 살펴보면, 다음과 같다.

(1) 각 행에서 처음으로 나타나는 0이 아닌 성분은 1이다. 그 행의 선행자(leading one)는 1이다.

(2) 모두가 0은 아닌 행이 두 행 이상 존재할 경우, 가장 왼쪽에 0이 아닌 수가 먼저 나타나는 행을 위에 적고 그 다음 행은 윗 행에 비해 오른쪽에서 0이 아닌 수가 처음 나타나게 한다.

(3) 0으로만 이루어진 행들(존재하는 경우)은 행렬의 아래쪽에 나타낸다.

가우스 소거법을 활용해서 새롭게 구한 연립방정식은 다시 역대입법(아래 식부터 윗 식으로 값을 찾아 가는 과정)을 적용하면, 해를 계산할 수 있다.

예제 1.5.1 행렬 $A=\begin{pmatrix} 1 & 2 & -2 & 3 \\ 4 & 1 & 2 & 2 \\ -1 & 3 & 4 & 5 \\ 7 & 2 & 3 & 1 \end{pmatrix}$를 행사다리꼴로 바꾸어라.

풀이

$$\begin{pmatrix} 1 & 2 & -2 & 3 \\ 4 & 1 & 2 & 2 \\ -1 & 3 & 4 & 5 \\ 7 & 2 & 3 & 1 \end{pmatrix} \xleftrightarrow[①]{} \begin{pmatrix} 1 & 2 & -2 & 3 \\ 0 & -7 & 10 & -10 \\ 0 & 5 & 2 & 8 \\ 0 & -12 & 17 & -20 \end{pmatrix} \xleftrightarrow[②③]{} \begin{pmatrix} 1 & 2 & -2 & 3 \\ 0 & 1 & -\frac{10}{7} & \frac{10}{7} \\ 0 & 0 & \frac{64}{7} & \frac{6}{7} \\ 0 & 0 & -\frac{1}{7} & -\frac{20}{7} \end{pmatrix}$$

① $-4R_1+R_2 \to R_2$, $R_1+R_3 \to R_3$, $-7R_1+R_4 \to R_4$

② $-\frac{1}{7}R_2$

③ $-5R_2+R_3 \to R_3$, $12R_2+R_4 \to R_4$

$$\xleftrightarrow[④⑤⑥]{} \begin{pmatrix} 1 & 2 & -2 & 3 \\ 0 & 1 & -\frac{10}{7} & \frac{10}{7} \\ 0 & 0 & 1 & 20 \\ 0 & 0 & 32 & 3 \end{pmatrix} \xleftrightarrow[⑦]{} \begin{pmatrix} 1 & 2 & -2 & 3 \\ 0 & 1 & -\frac{10}{7} & \frac{10}{7} \\ 0 & 0 & 1 & 20 \\ 0 & 0 & 0 & -637 \end{pmatrix} \xleftrightarrow[⑧]{} \begin{pmatrix} 1 & 2 & -2 & 3 \\ 0 & 1 & -\frac{10}{7} & \frac{10}{7} \\ 0 & 0 & 1 & 20 \\ 0 & 0 & 0 & 1 \end{pmatrix}$$

④ $\frac{7}{2}R_3$

⑤ $-7R_4$

⑥ $R_3 \leftrightarrow R_4$

⑦ $-32R_3+R_4 \to R_4$

⑧ $-\frac{1}{637}R_4$

예제 1.5.2 연립방정식 $\begin{cases} x+3y+5z=2 \\ 4x+2y+7z=-3 \\ 9x+8y+3z=1 \end{cases}$ 을 첨가행렬로 바꾸고, 가우스 소거법을 활용하여 해를 구하라.

풀이

$$\begin{pmatrix} 1 & 3 & 5 & \vdots & 2 \\ 4 & 2 & 7 & \vdots & -3 \\ 9 & 8 & 3 & \vdots & 1 \end{pmatrix} \underset{①}{\longleftrightarrow} \begin{pmatrix} 1 & 3 & 5 & \vdots & 2 \\ 0 & -10 & -13 & \vdots & -11 \\ 0 & -19 & -42 & \vdots & -17 \end{pmatrix} \underset{②}{\longleftrightarrow} \begin{pmatrix} 1 & 3 & 5 & \vdots & 2 \\ 0 & 1 & \frac{13}{10} & \vdots & \frac{11}{10} \\ 0 & 1 & \frac{42}{19} & \vdots & \frac{17}{19} \end{pmatrix}$$

① $\begin{matrix} -4R_1+R_2 \to R_2 \\ -9R_1+R_3 \to R_3 \end{matrix}$ ② $\begin{matrix} -\frac{1}{10}R_2 \\ -\frac{1}{19}R_3 \end{matrix}$

$$\underset{③}{\longleftrightarrow} \begin{pmatrix} 1 & 3 & 5 & \vdots & 2 \\ 0 & 1 & \frac{13}{10} & \vdots & \frac{11}{10} \\ 0 & 0 & \frac{173}{190} & \vdots & -\frac{39}{190} \end{pmatrix} \underset{④}{\longleftrightarrow} \begin{pmatrix} 1 & 3 & 5 & \vdots & 2 \\ 0 & 1 & \frac{13}{10} & \vdots & \frac{11}{10} \\ 0 & 0 & 1 & \vdots & -\frac{39}{173} \end{pmatrix}$$ 이다.

③ $-R_2+R_3 \to R_3$ ④ $\frac{190}{173}R_3$

따라서 $\begin{cases} x+3y+5z=2 \\ y+\frac{13}{10}z=\frac{11}{10} \\ z=-\frac{39}{173} \end{cases}$ 이므로, $z=-\frac{39}{173}$, $y=\frac{11}{10}-\frac{13}{10}z=\frac{241}{173}$ 이고,

$x=2-3y-5z=-\frac{182}{173}$ 이다.

예제 1.5.3 연립방정식 $\begin{cases} x+y+2z=-1 \\ x+2y+z=0 \\ -x-4y+z=-2 \end{cases}$ 을 첨가행렬 형식으로 바꾸고, 가우스 소거법을 활용하여 해를 구하라.

풀이

$$\begin{pmatrix} 1 & 1 & 2 & \vdots & -1 \\ 1 & 2 & 1 & \vdots & 0 \\ -1 & -4 & 1 & \vdots & -2 \end{pmatrix} \underset{①}{\longleftrightarrow} \begin{pmatrix} 1 & 1 & 2 & \vdots & -1 \\ 0 & 1 & -1 & \vdots & 1 \\ 0 & -3 & 3 & \vdots & -3 \end{pmatrix} \underset{②}{\longleftrightarrow} \begin{pmatrix} 1 & 1 & 2 & \vdots & -1 \\ 0 & 1 & -1 & \vdots & 1 \\ 0 & 0 & 0 & \vdots & 0 \end{pmatrix}$$ 이므로

① $\begin{matrix} -R_1+R_2 \to R_2 \\ R_1+R_3 \to R_3 \end{matrix}$ ② $3R_2+R_3 \to R_3$

$\begin{cases} x+y+2z=-1 \\ 0x+y-z=1 \end{cases}$ 이고, $z=t\ (t \in \mathbb{R})$ 라 놓으면 $y=t+1$, $x=-3t-2$ 로 주어진 연립방정식의 해로서 무수히 많은 근이 존재한다.

예제 1.5.4 연립방정식 $\begin{cases} x+y+2z=-1 \\ x+2y+z=0 \\ -x-4y+z=2 \end{cases}$ 을 첨가행렬 형식으로 바꾸고, 가우스 소거법을 활용하여 해를 구하라.

풀이

$$\left(\begin{array}{ccc|c} 1 & 1 & 2 & -1 \\ 1 & 2 & 1 & 0 \\ -1 & -4 & 1 & 2 \end{array}\right) \underset{①}{\longleftrightarrow} \left(\begin{array}{ccc|c} 1 & 1 & 2 & -1 \\ 0 & 1 & -1 & 1 \\ 0 & -3 & 3 & 1 \end{array}\right) \underset{②}{\longleftrightarrow} \left(\begin{array}{ccc|c} 1 & 1 & 2 & -1 \\ 0 & 1 & -1 & 1 \\ 0 & 0 & 0 & 4 \end{array}\right)$$ 이므로

① $\begin{array}{c} -R_1+R_2 \rightarrow R_2 \\ R_1+R_3 \rightarrow R_3 \end{array}$ ② $3R_2+R_3 \rightarrow R_3$

$\begin{cases} x+y+2z=-1 \\ 0x+y-z=1 \\ 0x+0y+0z=4 \end{cases}$ 이고, 여기서 $0x+0y+0z=4$는 근이 존재하지 않으므로 주어진 연립방정식의 해는 없다.

위 예제 1.5.3과 예제 1.5.4의 경우 연립방정식을 $AX=B$의 형태로 고친 후 역행렬을 활용하여 해를 구할 수 없다. 따라서 가우스 소거법은 연립방정식의 다양한 해의 형태에 관계없이 문제를 해결할 수 있는 장점을 가진다. 그런데 가우스 소거법의 경우 역대입법을 활용하여 해를 찾을 수 있었는데 이 과정을 좀 더 간소하게 하기 위해서 사용하는 방법을 확인해 보자.

가우스 요르단 소거법(Gauss-Jordan elimination)

가우스 소거법을 활용한 첨가행렬이 행사다리꼴(row-echelon form)이라면, 아래 행부터 윗 행의 순서로 기본 행 연산을 시행해서 기약 행사다리꼴(reduced row-echelon form)로 표현하는 과정을 가우스 요르단 소거법이라 한다. 즉, 가우스 소거법의 규칙에 한 가지 성질을 추가한다.

(4) 선행자 1을 포함하는 각각의 열의 다른 원소는 모두 0이다.

가우스 요르단 소거법을 한 후에는 가우스 소거법에서 시행한 역대입법이 필요가 없다. 그런데, 기약 행사다리꼴은 행 사다리꼴이지만, 행 사다리꼴이어도 기약 행사다리꼴이 아닌 경우는 존재한다.

예제 1.5.5 주어진 첨가행렬이 행 사다리꼴인지, 기약 행사다리꼴인지 구분하라.

(a) $\begin{pmatrix} 1 & 3 & 0 & 4 \\ 0 & 1 & 2 & 1 \\ 0 & 0 & 1 & 0 \end{pmatrix}$ (b) $\begin{pmatrix} 1 & 0 & 0 & 0 & 0 \\ 0 & 1 & 0 & -1 & 0 \\ 0 & 0 & 1 & 0 & 3 \end{pmatrix}$ (c) $\begin{pmatrix} 1 & 0 & 0 \\ 0 & 0 & 1 \\ 0 & 1 & 0 \end{pmatrix}$

풀이

(a) 행사다리꼴이지만, 기약행사다리꼴은 아니다.

(b) 행사다리꼴이면서 기약행사다리꼴이다.

(c) 행사다리꼴도 아니고, 기약행사다리꼴도 아니다.

예제 1.5.6 첨가행렬 $\begin{pmatrix} 1 & 1 & 2 & \vdots & -1 \\ 1 & 2 & 1 & \vdots & 0 \\ -1 & -4 & 1 & \vdots & -2 \\ 1 & -2 & 5 & \vdots & -4 \end{pmatrix}$을 가우스 요르단 소거법을 활용하여 기약 행사다리꼴로 변형하라.

풀이

$$\begin{pmatrix} 1 & 1 & 2 & \vdots & -1 \\ 1 & 2 & 1 & \vdots & 0 \\ -1 & -4 & 1 & \vdots & -2 \\ 1 & -2 & 5 & \vdots & -4 \end{pmatrix} \underset{①②③}{\longleftrightarrow} \begin{pmatrix} 1 & 1 & 2 & \vdots & -1 \\ 0 & 1 & -1 & \vdots & 1 \\ 0 & -3 & 3 & \vdots & -3 \\ 0 & -3 & 3 & \vdots & -3 \end{pmatrix} \underset{④⑤}{\longleftrightarrow} \begin{pmatrix} 1 & 1 & 2 & \vdots & -1 \\ 0 & 1 & -1 & \vdots & 1 \\ 0 & 0 & 0 & \vdots & 0 \\ 0 & 0 & 0 & \vdots & 0 \end{pmatrix}$$

①②③ $-R_1+R_2 \to R_2$, $R_1+R_3 \to R_3$, $-R_1+R_4 \to R_4$　　④⑤ $3R_2+R_3 \to R_3$, $3R_2+R_4 \to R_4$

$$\underset{⑥}{\longleftrightarrow} \begin{pmatrix} 1 & 0 & 3 & \vdots & -2 \\ 0 & 1 & -1 & \vdots & 1 \\ 0 & 0 & 0 & \vdots & 0 \\ 0 & 0 & 0 & \vdots & 0 \end{pmatrix}$$ 이면, 기약행사다리꼴이다.

⑥ $-R_2+R_1 \to R_1$

예제 1.5.7 연립방정식 $\begin{cases} x+y+2z=-1 \\ x+2y+z=0 \\ -x-4y+z=-2 \end{cases}$ 을 첨가행렬 형식으로 바꾸고, 가우스 요르단 소거법을 활용하여 해를 구하라.

풀이

$$\begin{pmatrix} 1 & 1 & 2 & \vdots & -1 \\ 1 & 2 & 1 & \vdots & 0 \\ -1 & -4 & 1 & \vdots & -2 \end{pmatrix} \underset{①}{\longleftrightarrow} \begin{pmatrix} 1 & 1 & 2 & \vdots & -1 \\ 0 & 1 & -1 & \vdots & 1 \\ 0 & -3 & 3 & \vdots & -3 \end{pmatrix} \underset{②}{\longleftrightarrow} \begin{pmatrix} 1 & 1 & 2 & \vdots & -1 \\ 0 & 1 & -1 & \vdots & 1 \\ 0 & 0 & 0 & \vdots & 0 \end{pmatrix}$$

① $-R_1+R_2 \to R_2$, $R_1+R_3 \to R_3$　　② $3R_2+R_3 \to R_3$

$$\underset{③}{\longleftrightarrow} \begin{pmatrix} 1 & 0 & 3 & \vdots & -2 \\ 0 & 1 & -1 & \vdots & 1 \\ 0 & 0 & 0 & \vdots & 0 \end{pmatrix}$$ 이므로

③ $-R_2+R_1 \to R_1$

$\begin{cases} x+3z=-2 \\ y-z=1 \end{cases}$ 이고, $z=t, y=t+1, x=-3t-2$ $(t \in \mathbb{R})$의 형태로 주어진 연립방정식의 해를 표현할 수 있다.

즉, 무수히 많은 해가 존재한다.

예제 1.5.8 연립방정식 $\begin{cases} 2x-2y+3z=4 \\ x-4y+3z=-5 \\ 3x+y+4z=0 \end{cases}$ 을 첨가행렬로 바꾼 후 가우스 요르단 소거법을 활용하여 해를 구하라.

풀이

$$\begin{pmatrix} 2 & -2 & 3 & \vdots & 4 \\ 1 & -4 & 3 & \vdots & -5 \\ 3 & 1 & 4 & \vdots & 0 \end{pmatrix} \underset{①}{\longleftrightarrow} \begin{pmatrix} 1 & -4 & 3 & \vdots & -5 \\ 2 & -2 & 3 & \vdots & 4 \\ 3 & 1 & 4 & \vdots & 0 \end{pmatrix} \underset{②}{\longleftrightarrow} \begin{pmatrix} 1 & -4 & 3 & \vdots & -5 \\ 0 & 6 & -3 & \vdots & 14 \\ 0 & 13 & -5 & \vdots & 15 \end{pmatrix}$$

① $R_1 \leftrightarrow R_2$　② $-2R_1+R_2 \to R_2$, $-3R_1+R_3 \to R_3$

$$\underset{③}{\longleftrightarrow} \begin{pmatrix} 1 & -4 & 3 & \vdots & -5 \\ 0 & 1 & -\frac{1}{2} & \vdots & \frac{7}{3} \\ 0 & 13 & -5 & \vdots & 15 \end{pmatrix} \underset{④}{\longleftrightarrow} \begin{pmatrix} 1 & -4 & 3 & \vdots & -5 \\ 0 & 1 & -\frac{1}{2} & \vdots & \frac{7}{3} \\ 0 & 0 & \frac{3}{2} & \vdots & -\frac{46}{3} \end{pmatrix} \underset{⑤}{\longleftrightarrow} \begin{pmatrix} 1 & -4 & 3 & \vdots & -5 \\ 0 & 1 & -\frac{1}{2} & \vdots & \frac{7}{3} \\ 0 & 0 & 1 & \vdots & -\frac{92}{9} \end{pmatrix}.$$

③ $\frac{1}{6}R_2$　④ $-13R_2+R_3 \to R_3$　⑤ $\frac{2}{3}R_3$

$$\underset{⑥}{\longleftrightarrow} \begin{pmatrix} 1 & -4 & 3 & \vdots & -5 \\ 0 & 1 & 0 & \vdots & -\frac{25}{9} \\ 0 & 0 & 1 & \vdots & -\frac{92}{9} \end{pmatrix} \underset{⑦}{\longleftrightarrow} \begin{pmatrix} 1 & 0 & 3 & \vdots & -\frac{145}{9} \\ 0 & 1 & 0 & \vdots & -\frac{25}{9} \\ 0 & 0 & 1 & \vdots & -\frac{92}{9} \end{pmatrix} \underset{⑧}{\longleftrightarrow} \begin{pmatrix} 1 & 0 & 0 & \vdots & \frac{131}{9} \\ 0 & 1 & 0 & \vdots & -\frac{25}{9} \\ 0 & 0 & 1 & \vdots & -\frac{92}{9} \end{pmatrix}.$$ 이다.

⑥ $\frac{1}{2}R_3+R_2 \to R_2$　⑦ $4R_2+R_1 \to R_1$　⑧ $-3R_3+R_1 \to R_1$

따라서 $x=\frac{131}{9}$, $y=-\frac{25}{9}$, $z=-\frac{92}{9}$ 이다.

예제 1.5.8를 살펴보면, $\begin{cases} 2x-2y+3z=4 \\ x-4y+3z=-5 \\ 3x+y+4z=0 \end{cases}$ 을 첨가행렬로 바꾼 후 기약행사다리꼴의 형태로 나타내면,

$\begin{pmatrix} 1 & 0 & 0 & \vdots & \frac{131}{9} \\ 0 & 1 & 0 & \vdots & -\frac{25}{9} \\ 0 & 0 & 1 & \vdots & -\frac{92}{9} \end{pmatrix}$ 이고 해 x, y, z는 $\begin{pmatrix} 1 & 0 & 0 & \vdots & x \\ 0 & 1 & 0 & \vdots & y \\ 0 & 0 & 1 & \vdots & z \end{pmatrix}$ 임을 확인할 수 있다.

마지막 해가 적힌 첨가행렬의 형태를 보면 가우스 요르단 소거법의 과정을 활용하여 정사각행렬 A의 역행렬 A^{-1}을 계산하는 방법을 생각할 수 있다. 먼저 계수행렬을 동일하게 갖는 서로 다른 두 개의 선형연립방정식에 대해 생각해 보자. 예를 들어 $\begin{cases} x+2y=3 \\ 3x-y=-1 \end{cases}$ 와 $\begin{cases} x+2y=1 \\ 3x-y=5 \end{cases}$ 이라 놓고, 각각 첨가행렬의 형식으로 바

꾸어 보면, $\begin{pmatrix}1 & 2 & \vdots & 3 \\ 3 & -1 & \vdots & -1\end{pmatrix}$과 $\begin{pmatrix}1 & 2 & \vdots & 1 \\ 3 & -1 & \vdots & 5\end{pmatrix}$로 나타낼 수 있다. 그런데 이 두 개의 서로 다른 연립방정식의 해를 구하기 위한 기본 행 연산 과정을 구체적으로 살펴보면, 동일한 방법을 적용할 수 있다. 따라서 아래와 같은 첨가행렬의 형식을 정의하자.

$$\begin{pmatrix}1 & 2 & \vdots & 3 & \vdots & 1 \\ 3 & -1 & \vdots & -1 & \vdots & 5\end{pmatrix}$$

그리고 가우스 요르단 소거법을 사용하기 위해, 먼저 $-3R_1 + R_2 \rightarrow R_2$ 에 의하여

$$\begin{pmatrix}1 & 2 & \vdots & 3 & \vdots & 1 \\ 0 & -7 & \vdots & -10 & \vdots & 2\end{pmatrix}$$

으로 바꾸고, $-\frac{1}{7}R_2$ 에 의하여

$$\begin{pmatrix}1 & 2 & \vdots & 3 & \vdots & 1 \\ 0 & 1 & \vdots & \frac{10}{7} & \vdots & -\frac{2}{7}\end{pmatrix}$$

이다. 다시 $-2R_2 + R_1 \rightarrow R_1$ 을 하면,

$$\begin{pmatrix}1 & 0 & \vdots & \frac{1}{7} & \vdots & \frac{11}{7} \\ 0 & 1 & \vdots & \frac{10}{7} & \vdots & -\frac{2}{7}\end{pmatrix}$$

을 찾을 수 있는데 이 때, $\begin{cases} x = \frac{1}{7} \\ y = \frac{10}{7} \end{cases}$은 첫 번째 선형연립방정식의 해이고, $\begin{cases} x = \frac{11}{7} \\ y = -\frac{2}{7} \end{cases}$는 두 번째 선형연립방정식의 해이다.

이러한 원리를 정사각행렬 A의 역행렬을 찾는데 적용해 보자. 2×2 행렬을 예로 들어 보면, $A = \begin{pmatrix}a & b \\ c & d\end{pmatrix}$일 때, 역행렬 $A^{-1} = \begin{pmatrix}x & y \\ z & w\end{pmatrix}$라 하면,

$$AA^{-1} = \begin{pmatrix}ax+bz & ay+bw \\ cx+dz & cy+dw\end{pmatrix} = \begin{pmatrix}1 & 0 \\ 0 & 1\end{pmatrix}$$

이므로 A^{-1}의 첫 번째 열과 두 번째 열은 각각 다음과 같은 두 개의 선형연립방정식의 해의 형태를 의미한다.

$$\begin{cases} ax+bz=1 \\ cx+dz=0 \end{cases} \qquad \begin{cases} ay+bw=0 \\ cy+dw=1 \end{cases}$$

그런데 계수행렬이 동일하므로, 위에서 제시한 방법을 적용하면 해 $\begin{pmatrix} x \\ z \end{pmatrix}$와 $\begin{pmatrix} y \\ w \end{pmatrix}$를 계산하기 위한 첨가행렬은

$$(A|I_2)=\begin{pmatrix} a & b & \vdots & 1 & \vdots & 0 \\ c & d & \vdots & 0 & \vdots & 1 \end{pmatrix}$$

이 되고, 기본행연산을 적용하여 계수행렬 A를 기약행사다리꼴로 고쳐서,

$$\begin{pmatrix} 1 & 0 & \vdots & x & \vdots & y \\ 0 & 1 & \vdots & z & \vdots & w \end{pmatrix}$$

와 같이 표현하면 바뀐 첨가행렬은 $I_2=\begin{pmatrix} 1 & 0 \\ 0 & 1 \end{pmatrix}$와 각각의 해 $\begin{pmatrix} x \\ z \end{pmatrix}$와 $\begin{pmatrix} y \\ w \end{pmatrix}$이다. 그런데 여기서 $\begin{pmatrix} x & y \\ z & w \end{pmatrix}=A^{-1}$ 이므로

$$\begin{pmatrix} 1 & 0 & \vdots & x & y \\ 0 & 1 & \vdots & z & w \end{pmatrix}=(I_2|A^{-1})$$

로 바꾸어 표현할 수 있다. 즉, 첨가행렬 $(A|I_2)$에 대하여 가우스 요르단 소거법을 적용하여 계수행렬이 I_2로 바뀔 경우, 오른쪽에 만들어지는 행렬은 A의 역행렬 A^{-1}임을 알 수 있다. 그렇지만, 모든 정사각행렬 A가 역행렬이 존재하는 것은 아니므로, $(A|I_2)$가 항상 $(I_2|A^{-1})$로 변형되는 것은 아니다.

일반적으로 n차 정사각행렬 A에 대해서도 같은 방법을 적용할 수 있는데 $(A|I_n)$이 가우스 요르단 소거법에 의해 계수행렬 A가 단위행렬로 바뀌는 경우 $(I_n|A^{-1})$이 성립하고, 그렇지 않으면, A의 역행렬이 존재하지 않는다.

예제 1.5.9 행렬 $A=\begin{pmatrix} 2 & 5 \\ -3 & 4 \end{pmatrix}$에 대하여 가우스 요르단 소거법을 활용하여 역행렬이 존재하면 구하라.

풀이

$$(A\mid I_2)=\begin{pmatrix} 2 & 5 & \vdots & 1 & 0 \\ -3 & 4 & \vdots & 0 & 1 \end{pmatrix} \underset{①}{\longleftrightarrow} \begin{pmatrix} 1 & \frac{5}{2} & \vdots & \frac{1}{2} & 0 \\ -3 & 4 & \vdots & 0 & 1 \end{pmatrix} \underset{②}{\longleftrightarrow} \begin{pmatrix} 1 & \frac{5}{2} & \vdots & \frac{1}{2} & 0 \\ 0 & \frac{23}{2} & \vdots & \frac{3}{2} & 1 \end{pmatrix}$$

① $\frac{1}{2}R_1$ ② $3R_1+R_2 \to R_2$

$$\underset{③}{\longleftrightarrow}\left(\begin{array}{cc:cc} 1 & \frac{5}{2} & \frac{1}{2} & 0 \\ 0 & 1 & \frac{3}{23} & \frac{2}{23} \end{array}\right)\underset{④}{\longleftrightarrow}\left(\begin{array}{cc:cc} 1 & 0 & \frac{4}{23} & -\frac{5}{23} \\ 0 & 1 & \frac{3}{23} & \frac{2}{23} \end{array}\right)$$ 이므로 $A^{-1}=\begin{pmatrix} \frac{4}{23} & -\frac{5}{23} \\ \frac{3}{23} & \frac{2}{23} \end{pmatrix}$ 이다.

③ $\frac{2}{23}R_2$ ④ $-\frac{5}{2}R_2+R_1 \to R_1$

예제 1.5.10 행렬 $A=\begin{pmatrix} 1 & 3 & -1 \\ -2 & 5 & 0 \\ 4 & 10 & 3 \end{pmatrix}$ 에 대하여 가우스 요르단 소거법을 활용하여 역행렬이 존재하면 구하라.

풀이

$$(A : I_3)=\left(\begin{array}{ccc:ccc} 1 & 3 & -1 & 1 & 0 & 0 \\ -2 & 5 & 0 & 0 & 1 & 0 \\ 4 & 10 & 3 & 0 & 0 & 1 \end{array}\right)\underset{①②}{\longleftrightarrow}\left(\begin{array}{ccc:ccc} 1 & 3 & -1 & 1 & 0 & 0 \\ 0 & 11 & -2 & 2 & 1 & 0 \\ 0 & -2 & 7 & -4 & 0 & 1 \end{array}\right)$$

①② $2R_1+R_2 \to R_2$, $-4R_1+R_3 \to R_3$

$$\underset{③}{\longleftrightarrow}\left(\begin{array}{ccc:ccc} 1 & 3 & -1 & 1 & 0 & 0 \\ 0 & 1 & -\frac{2}{11} & \frac{2}{11} & \frac{1}{11} & 0 \\ 0 & -2 & 7 & -4 & 0 & 1 \end{array}\right)\underset{④}{\longleftrightarrow}\left(\begin{array}{ccc:ccc} 1 & 3 & -1 & 1 & 0 & 0 \\ 0 & 1 & -\frac{2}{11} & \frac{2}{11} & \frac{1}{11} & 0 \\ 0 & 0 & \frac{73}{11} & -\frac{40}{11} & \frac{2}{11} & 1 \end{array}\right)$$

③ $\frac{1}{11}R_2$ ④ $2R_2+R_3 \to R_3$

$$\underset{⑤}{\longleftrightarrow}\left(\begin{array}{ccc:ccc} 1 & 3 & -1 & 1 & 0 & 0 \\ 0 & 1 & -\frac{2}{11} & \frac{2}{11} & \frac{1}{11} & 0 \\ 0 & 0 & 1 & -\frac{40}{73} & \frac{2}{73} & \frac{11}{73} \end{array}\right)\underset{⑥}{\longleftrightarrow}\left(\begin{array}{ccc:ccc} 1 & 3 & -1 & 1 & 0 & 0 \\ 0 & 1 & 0 & \frac{6}{73} & \frac{7}{73} & \frac{2}{73} \\ 0 & 0 & 1 & -\frac{40}{73} & \frac{2}{73} & \frac{11}{73} \end{array}\right)$$

⑤ $\frac{11}{73}R_3$ ⑥ $\frac{2}{11}R_3+R_2 \to R_2$

$$\underset{⑦}{\longleftrightarrow}\left(\begin{array}{ccc:ccc} 1 & 3 & 0 & \frac{33}{73} & \frac{2}{73} & \frac{11}{73} \\ 0 & 1 & 0 & \frac{6}{73} & \frac{7}{73} & \frac{2}{73} \\ 0 & 0 & 1 & -\frac{40}{73} & \frac{2}{73} & \frac{11}{73} \end{array}\right)\underset{⑧}{\longleftrightarrow}\left(\begin{array}{ccc:ccc} 1 & 0 & 0 & \frac{15}{73} & -\frac{19}{73} & \frac{5}{73} \\ 0 & 1 & 0 & \frac{6}{73} & \frac{7}{73} & \frac{2}{73} \\ 0 & 0 & 1 & -\frac{40}{73} & \frac{2}{73} & \frac{11}{73} \end{array}\right)=(I_3 \mid A^{-1})$$

⑦ $R_3+R_1 \to R_1$ ⑧ $-3R_2+R_1 \to R_1$

이므로 $A^{-1}=\begin{pmatrix} \frac{15}{73} & -\frac{19}{73} & \frac{5}{73} \\ \frac{6}{73} & \frac{7}{73} & \frac{2}{73} \\ -\frac{40}{73} & \frac{2}{73} & \frac{11}{73} \end{pmatrix}$ 이다.

예제 1.5.11 행렬 $A=\begin{pmatrix}-2 & 1 & 1\\ 1 & -2 & 1\\ 1 & 1 & -2\end{pmatrix}$에 대하여, 가우스 요르단 소거법을 활용하여 역행렬이 존재하면 구하라.

풀이

$$(A \vdots I_3)=\left(\begin{array}{ccc|ccc}-2 & 1 & 1 & 1 & 0 & 0\\ 1 & -2 & 1 & 0 & 1 & 0\\ 1 & 1 & -2 & 0 & 0 & 1\end{array}\right)\underset{①}{\longleftrightarrow}\left(\begin{array}{ccc|ccc}1 & -2 & 1 & 0 & 1 & 0\\ -2 & 1 & 1 & 1 & 0 & 0\\ 1 & 1 & -2 & 0 & 0 & 1\end{array}\right)$$

① $R_1 \leftrightarrow R_2$

$$\underset{②③}{\longleftrightarrow}\left(\begin{array}{ccc|ccc}1 & -2 & 1 & 0 & 1 & 0\\ 0 & -3 & 3 & 1 & 2 & 0\\ 0 & 3 & -3 & 0 & -1 & 1\end{array}\right)\underset{④}{\longleftrightarrow}\left(\begin{array}{ccc|ccc}1 & -2 & 1 & 0 & 1 & 0\\ 0 & 1 & -1 & -\frac{1}{3} & -\frac{2}{3} & 0\\ 0 & 3 & -3 & 0 & -1 & 1\end{array}\right)$$

②③ $2R_1+R_2 \to R_2$, $-R_1+R_3 \to R_3$　　④ $-\frac{1}{3}R_2$

$$\underset{⑤}{\longleftrightarrow}\left(\begin{array}{ccc|ccc}1 & -2 & 1 & 0 & 1 & 0\\ 0 & 1 & -1 & -\frac{1}{3} & -\frac{2}{3} & 0\\ 0 & 0 & 0 & 1 & 1 & 1\end{array}\right)\underset{⑥}{\longleftrightarrow}\left(\begin{array}{ccc|ccc}1 & 0 & -1 & -\frac{2}{3} & -\frac{1}{3} & 0\\ 0 & 1 & -1 & -\frac{1}{3} & -\frac{2}{3} & 0\\ 0 & 0 & 0 & 1 & 1 & 1\end{array}\right)$$ 이다.

⑤ $-3R_2+R_3 \to R_3$　　⑥ $2R_2+R_1 \to R_1$

그런데 더 이상 가우스 요르단 소거법을 적용할 수 없고, 즉, 계수행렬 A가 I_3 형태로 바뀔 수 없으므로, 행렬 A의 역행렬은 존재하지 않는다.

연습문제 1.5

[1~4] 선형연립방정식을 첨가행렬의 표현으로 고쳐 적어라.

1. $\begin{cases}4x-7y=3\\ 5x+2y=-1\end{cases}$

2. $\begin{cases}x+6y+3z=2\\ 4x-5y+z=7\\ -2x+z=0\end{cases}$

3. $\begin{cases}x+2y+3z+4w=1\\ -8x+3z=7\\ 2x+4z-5w=1\end{cases}$

4. $\begin{cases}3x+5y-z=1\\ x+2y+3z+4w=0\\ -2x+7y+w=9\\ 5x+7y+z-w=3\end{cases}$

[5~13] 다음 행렬이 행사다리꼴 형태인지 기약행사다리꼴 형태인지 판단하라.

5. $\begin{pmatrix}1 & 3\\ 0 & 1\end{pmatrix}$

6. $\begin{pmatrix}1 & 0\\ 0 & 1\end{pmatrix}$

7. $\begin{pmatrix}1 & 2 & 0\\ 0 & 1 & 7\end{pmatrix}$

8. $\begin{pmatrix}1 & 0 & 4 & 0\\ 0 & 1 & 0 & 7\end{pmatrix}$

9. $\begin{pmatrix}1 & 0\\ 0 & 1\\ 0 & 4\end{pmatrix}$

10. $\begin{pmatrix}1 & 1 & 1\\ 0 & 1 & 1\\ 0 & 0 & 1\end{pmatrix}$

11. $\begin{pmatrix} 1 & -8 & 0 & 7 \\ 0 & 0 & 1 & 0 \\ 0 & 0 & 0 & 1 \end{pmatrix}$

12. $\begin{pmatrix} 1 & 0 & 0 & 1 & 0 \\ 0 & 1 & 0 & 0 & 1 \\ 0 & 0 & 1 & 0 & 1 \end{pmatrix}$

13. $\begin{pmatrix} 1 & 0 & 0 & 1 & 0 \\ 0 & 1 & 0 & 0 & 1 \\ 0 & 0 & 1 & 0 & 0 \end{pmatrix}$

[14~19] 다음 행렬의 역행렬을 가우스 요르단 소거법을 활용하여 구하라.

14. $\begin{pmatrix} -4 & 3 \\ 1 & -5 \end{pmatrix}$

15. $\begin{pmatrix} -6 & 7 \\ 6 & 5 \end{pmatrix}$

16. $\begin{pmatrix} 2 & -4 \\ -3 & 8 \end{pmatrix}$

17. $\begin{pmatrix} 1 & -2 & 5 \\ 2 & 1 & 7 \\ 3 & -2 & 9 \end{pmatrix}$

18. $\begin{pmatrix} -3 & 4 & 2 \\ 1 & 2 & 7 \\ -1 & -4 & 8 \end{pmatrix}$

19. $\begin{pmatrix} -9 & 0 & 1 \\ 5 & 3 & -4 \\ -1 & -2 & 2 \end{pmatrix}$

[20~23] 선형연립방정식 $\begin{cases} -2x-y=8 \\ 3x+2y=1 \end{cases}$을 첨가행렬 $\left(\begin{array}{cc|c} -2 & -1 & 8 \\ 3 & 2 & 1 \end{array}\right)$의 형태로 고쳤을 때 다음 질문에 답하라.

20. $-\frac{1}{2}R_1 \to R_1$의 기본행연산을 수행하였을 때의 첨가행렬 표현을 구하라.

21. 20번을 통해 얻은 첨가행렬에서 행사다리꼴 형태의 첨가행렬을 구하라.

22. 21번을 통해 얻은 첨가행렬에서 기본행연산을 통해 기약행사다리꼴 형태의 첨가행렬을 구하라.

23. 22번을 통해 얻은 첨가행렬을 활용해서 선형연립방정식 $\begin{cases} -2x-y=8 \\ 3x+2y=1 \end{cases}$의 해를 구하라.

[24~28] 선형연립방정식 $\begin{cases} x+2y+z=7 \\ -x+y-z=3 \\ 2x+4z=1 \end{cases}$을 첨가행렬 $\left(\begin{array}{ccc|c} 1 & 2 & 1 & 7 \\ -1 & 1 & -1 & 3 \\ 2 & 0 & 4 & 1 \end{array}\right)$의 형태로 고쳤을 때 다음 질문에 답하라.

24. $R_1+R_2 \to R_2$의 기본행연산을 수행하였을 때의 첨가행렬 표현을 구하라.

25. 24번을 통해 얻은 첨가행렬에서 $-2R_1+R_3 \to R_3$의 기본행연산을 수행하였을 때의 첨가행렬 표현을 구하라.

26. 25번을 통해 얻은 첨가행렬에서 기본행연산을 통해 행사다리꼴 형태의 첨가행렬을 구하라.

27. 26번을 통해 얻은 첨가행렬에서 기본행연산을 통해 기약행사다리꼴 형태의 첨가행렬을 구하라.

28. 27번을 통해 얻은 첨가행렬을 활용해서 선형연립방정식 $\begin{cases} x+2y+z=7 \\ -x+y-z=3 \\ 2x+4z=1 \end{cases}$의 해를 구하라.

[29~34] 선형연립방정식의 해를 가우스 소거법을 이용하여 구하라.

29. $\begin{cases} x+8y=-1 \\ 2x+5y=9 \end{cases}$

30. $\begin{cases} 4x+3y=2 \\ 5x+7y=0 \end{cases}$

31. $\begin{cases} 3x+y+4z=-1 \\ 2x-3y+5z=-3 \\ x+y-7z=2 \end{cases}$

32. $\begin{cases} -x+2y-3z=-4 \\ x+2y-6z=1 \\ 3x+2y+4z=2 \end{cases}$

33. $\begin{cases} 4x-y-z=5 \\ x+y-z=7 \\ -5x+6y-3z=0 \end{cases}$

34. $\begin{cases} x+3y-2z=1 \\ x+y+4w=-2 \\ -2y+5z-w=0 \\ 2x+3y+z+w=1 \end{cases}$

[35~40] 선형연립방정식의 해를 가우스 요르단 소거법을 이용하여 구하라.

35. $\begin{cases} x+3y=-1 \\ 6x-7y=2 \end{cases}$

36. $\begin{cases} 6x+y=0 \\ 2x+7y=-3 \end{cases}$

37. $\begin{cases} x+4y+3z=-1 \\ 2x-3y+5z=-3 \\ -x+7y+8z=1 \end{cases}$

38. $\begin{cases} x-2y-3z=-4 \\ 2x+3y-4z=1 \\ 3x+4y+5z=-2 \end{cases}$

39. $\begin{cases} x+2y+3z=1 \\ 2x+3y+4z=9 \\ 3x+4y+5z=8 \end{cases}$

40. $\begin{cases} -2x-y-5z=7 \\ 3x+y+5w=-2 \\ 2y+6z+w=1 \\ x+2y+z-w=-8 \end{cases}$

1.6 고유값 문제

n차 정사각행렬 A을 포함하는 방정식 $AX=\lambda X$에 대해 생각해 보면, $X=O$인 경우 주어진 식을 항상 만족하므로 자명해(trivial solution) 라 한다. 이 절에서는 주어진 방정식에서 행렬 A에 대하여 영이 아닌 해인 비자명해(nontrivial solution) X가 존재하기 위한 상수 λ의 조건을 살펴보자. 그리고 상수 λ를 활용하여 행렬의 거듭제곱 문제를 계산하는 효율적인 방법에 대해 알아보자.

$AX=\lambda X$ 즉, $(A-\lambda I_n)X=O$에서 $X\neq O$인 해가 존재하기 위해서는 계수행렬 $A-\lambda I_n$의 역행렬이 존재하지 않는 특이행렬의 조건을 만족해야 한다. 따라서 $A-\lambda I_n$의 행렬식 값이 0이여야 하므로, $\det(A-\lambda I_n)=0$으로부터 λ의 조건을 찾아야 하는데, 이를 고유값 문제라 한다.

정의 1.6.1 특성방정식과 고유값, 고유벡터

n차 정사각행렬 A에 대하여

$$\det(A-\lambda I_n)=0$$

를 행렬 A에 대한 특성방정식(characteristic equation)이라 하고, 방정식의 근 λ를 행렬 A의 고유값(eigenvalue)이라 하고, λ에 대응하는 방정식 $AX=\lambda X$을 만족하는 O이 아닌 해 X를 행렬 A의 λ에 대응하는 고유벡터(eigenvector)라 한다.

예제 1.6.1 행렬 $A=\begin{pmatrix} 3 & -1 \\ -2 & 2 \end{pmatrix}$의 특성방정식과 고유값을 구하라.

풀이

$|A-\lambda I_2|=\begin{vmatrix} 3-\lambda & -1 \\ -2 & 2-\lambda \end{vmatrix}=(3-\lambda)(2-\lambda)-2=0$이라 놓으면, $\lambda^2-5\lambda+4=0$이 행렬 A의 특성방정식이고, $\lambda^2-5\lambda+4=(\lambda-1)(\lambda-4)=0$이므로 $\lambda=1$과 $\lambda=4$가 행렬 A의 고유값이다.

예제 1.6.2 행렬 $A = \begin{pmatrix} 4 & 1 \\ -1 & 2 \end{pmatrix}$ 의 의 특성방정식과 고유값을 구하라.

풀이

$|A-\lambda I_2| = \begin{vmatrix} 4-\lambda & 1 \\ -1 & 2-\lambda \end{vmatrix} = (4-\lambda)(2-\lambda)+1=0$ 이라 놓으면, $\lambda^2-6\lambda+9=0$ 이 행렬 A 의 특성방정식이고, $\lambda^2-6\lambda+9=(\lambda-3)^2=0$ 이므로 $\lambda=3$ 이 행렬 A 의 고유값이다.

예제 1.6.3 행렬 $A = \begin{pmatrix} 3 & -1 \\ -2 & 2 \end{pmatrix}$ 의 고유값 $\lambda = 1$ 일 때 $AX = \lambda X$ 를 만족하는 O 아닌 해 X 를 구하라.

풀이

$\begin{pmatrix} 3 & -1 \\ -2 & 2 \end{pmatrix}\begin{pmatrix} x \\ y \end{pmatrix} = 1\begin{pmatrix} x \\ y \end{pmatrix}$ 라 하면, $\begin{cases} 3x-y=x \\ -2x+2y=y \end{cases}$ 이므로 $X=\begin{pmatrix} t \\ 2t \end{pmatrix} = t\begin{pmatrix} 1 \\ 2 \end{pmatrix}$, $(t \neq 0)$ 이다.

예제 1.6.4 행렬 $A = \begin{pmatrix} 1 & 2 & 2 \\ 2 & 3 & -2 \\ -5 & 3 & 8 \end{pmatrix}$ 의 특성방정식과 고유값을 구하라.

풀이

$|A-\lambda I_3| = \begin{vmatrix} 1-\lambda & 2 & 2 \\ 2 & 3-\lambda & -2 \\ -5 & 3 & 8-\lambda \end{vmatrix} = -\lambda^3+12\lambda^2-47\lambda+60$ 이므로 행렬 A 의 특성방정식은 $-\lambda^3+12\lambda^2-47\lambda+60=0$ 이고 $-(\lambda-3)(\lambda-4)(\lambda-5)=0$ 이므로 고유값 $\lambda=3,4,5$ 이다.

정리 1.6.2 고유값의 성질

n 차 정사각행렬 A 의 고유값이 $\lambda_1, \lambda_2, \cdots, \lambda_n$ 이라 할 때 다음과 같은 성질을 만족한다.

(a) 행렬 A 의 고유값들의 합은 A 의 대각선의 합인 $trace\ A$ 와 같다.

$$\lambda_1 + \lambda_2 + \cdots + \lambda_n = trace\ A$$

(b) 행렬 A 의 고유값들의 곱은 A 의 행렬식 값과 같다.

$$\lambda_1 \lambda_2 \cdots \lambda_n = |A|$$

(c) 행렬 A 가 고유값 0 을 가지면 A 는 특이행렬이고, 역으로 A 가 특이행렬이면, 행렬 A 는 고유값 0 을 갖는다.

(d) 행렬 A 의 역행렬이 존재한다면, A^{-1} 의 고유값은 $\frac{1}{\lambda_1}, \frac{1}{\lambda_2}, \cdots, \frac{1}{\lambda_n}$ 이다.

(e) 상삼각행렬, 하삼각행렬, 대각행렬의 고유값은 주 대각선 원소이다.

증명 (c) 적어도 하나의 $i\ (1 \le i \le n)$에 대하여 $\lambda_i = 0$이면, 성질 (b)에 의하여 $\lambda_1 \lambda_2 \cdots \lambda_n = |A| = 0$이고, 역으로 A가 특이행렬, 즉 역행렬이 존재하지 않으면 행렬식 값이 0이므로 적어도 하나의 $i\ (1 \le i \le n)$에 대하여 $\lambda_i = 0$이다.

(d) 행렬 A가 역행렬을 가지므로 A는 0이 아닌 고유값 λ를 갖는다, $AX = \lambda X$라 놓고 양변에 A^{-1}을 곱하면, $A^{-1}(AX) = A^{-1}(\lambda X)$이므로 $X = \lambda(A^{-1}X)$이다. 따라서 $A^{-1}X = \frac{1}{\lambda}X$가 성립하고 A^{-1}은 $\frac{1}{\lambda}$를 고유값으로 갖는다.

(e) $A = \begin{pmatrix} a_{11} & a_{12} & a_{13} & \cdots & a_{1n} \\ 0 & a_{22} & a_{23} & \cdots & a_{2n} \\ 0 & 0 & a_{33} & \cdots & a_{3n} \\ \vdots & \vdots & \vdots & \ddots & \vdots \\ 0 & 0 & 0 & \cdots & a_{nn} \end{pmatrix}$인 상삼각행렬이면,

$$|A - \lambda I_n| = \begin{vmatrix} a_{11}-\lambda & a_{12} & a_{13} & \cdots & a_{1n} \\ 0 & a_{22}-\lambda & a_{23} & \cdots & a_{2n} \\ 0 & 0 & a_{33}-\lambda & \cdots & a_{3n} \\ \vdots & \vdots & \vdots & \ddots & \vdots \\ 0 & 0 & 0 & \cdots & a_{nn}-\lambda \end{vmatrix} = (a_{11}-\lambda)(a_{22}-\lambda)\cdots(a_{nn}-\lambda)$$
이므로 고유값은

$a_{11}, a_{22}, \cdots, a_{nn}$으로 대각원소들이다. 하삼각행렬과 대각행렬도 마찬가지 방법을 적용한다. ■

정사각행렬 A의 고유값을 활용해서 A의 거듭제곱 문제를 좀 더 효율적으로 계산하는 방법을 살펴보자. 양의 정수 n에 대하여 $A^n = AA \cdots A$는 A를 n번 곱한 기호로 A의 n제곱 (n거듭제곱)이라 한다.

정리 1.6.3 케일리-해밀턴 (Cayley-Hamilton) 정리

$n \times n$ 행렬 A는 자신의 특성방정식을 만족한다. 다시 말하면, $n \times n$ 행렬 A의 특성방정식을

$$|A - \lambda I_n| = (-1)^n \lambda^n + c_{n-1}\lambda^{n-1} + c_{n-2}\lambda^{n-2} + \cdots + c_1\lambda + c_0 = 0$$

이라 하면, 행렬 A가

$$(-1)^n A^n + c_{n-1}A^{n-1} + c_{n-2}A^{n-2} + \cdots + c_1 A + c_0 I_n = O$$

을 만족한다.

예제 1.6.5 행렬 $A = \begin{pmatrix} 4 & 2 \\ 3 & -1 \end{pmatrix}$에 대하여 특성방정식을 구하고, 케일리-해밀턴 정리를 만족하는지 확인해 보아라.

풀이

$\begin{vmatrix} 4-\lambda & 2 \\ 3 & -1-\lambda \end{vmatrix} = (4-\lambda)(-1-\lambda) - 6 = \lambda^2 - 3\lambda - 10 = 0$이므로 행렬 A에 대한 특성방정식은 $\lambda^2 - 3\lambda - 10 = 0$이다.

여기서 $A^2-3A-10I_2=O$가 성립함을 확인해 보자.

$A^2=\begin{pmatrix}4&2\\3&-1\end{pmatrix}\begin{pmatrix}4&2\\3&-1\end{pmatrix}=\begin{pmatrix}22&6\\9&7\end{pmatrix}$이고, $3A+10I_2=3\begin{pmatrix}4&2\\3&-1\end{pmatrix}+10\begin{pmatrix}1&0\\0&1\end{pmatrix}=\begin{pmatrix}22&6\\9&7\end{pmatrix}$이므로 주어진 방정식을 만족한다.

케일리-해밀턴 정리를 활용하여 $A=\begin{pmatrix}4&2\\3&-1\end{pmatrix}$의 거듭제곱 A^n을 계산해 보자. A의 특성방정식 $\lambda^2-3\lambda-10=0$에 대응하는 행렬 A와 관련된 방정식 $A^2-3A-10I_2=O$을 A^2에 관하여 표현하면, $A^2=3A+10I_2$이므로,

$$\begin{aligned}A^3&=A^2A=(3A+10I_2)A=3A^2+10A=3(3A+10I_2)+10A\\&=19A+30I_2\end{aligned}$$

$$\begin{aligned}A^4&=A^3A=(19A+30I_2)A=19A^2+30A=19(3A+10I_2)+30A\\&=87A+190I_2\end{aligned}$$

이다. 즉, 모든 자연수 $n=1,2,\cdots$에 대하여 $A^n=aA+bI_2$인 a와 b로 표현할 수 있다.

행렬 A의 특성방정식 $\lambda^2-3\lambda-10=0$에서 $\lambda^2=3\lambda+10$ 이므로,

$$\begin{aligned}\lambda^3&=\lambda^2\lambda=(3\lambda+10)\lambda=3\lambda^2+10\lambda=3(3\lambda+10)+10\lambda\\&=19\lambda+30\end{aligned}$$

$$\begin{aligned}\lambda^4&=\lambda^3\lambda=(19\lambda+30)\lambda=19\lambda^2+30\lambda=19(3\lambda+10)+30\lambda\\&=87\lambda+190\end{aligned}$$

이고, 따라서 모든 자연수 $n=1,2,\cdots$에 대하여 $\lambda^n=a\lambda+b$에 대응하는 상수 a,b는 $A^n=aA+bI_2$를 만족하는 상수 a, b와 동일하다. 그런데 $\lambda^n=a\lambda+b$은 A의 특성방정식 $\lambda^2-3\lambda-10=0$의 두 근 $\lambda=-2$와 $\lambda=5$일 때는 항상 성립한다.

따라서 $\lambda=-2$와 $\lambda=5$를 $\lambda^n=a\lambda+b$에 대입해서 연립방정식

$$\begin{cases}(-2)^n=(-2)a+b\\5^n=5a+b\end{cases}$$

을 풀면, $a=\dfrac{1}{7}(5^n-(-2)^n)$이고, $b=\dfrac{1}{7}(2\cdot5^n+5\cdot(-2)^n)$이고 여기서 구한 상수 a와 b를 이용하면,

$$A^n = \frac{1}{7}(5^n - (-2)^n)A + \frac{1}{7}(2\cdot 5^n + 5\cdot(-2)^n)I_2$$
$$= \begin{pmatrix} \frac{1}{7}(6\cdot 5^n + (-2)^n) & \frac{1}{7}(2\cdot 5^n + (-2)^{n+1}) \\ \frac{1}{7}(3\cdot 5^n - 3(-2)^n) & \frac{1}{7}(5^n + 6\cdot(-2)^n) \end{pmatrix}$$

으로 표현할 수 있다.

예를 들어 $n = 4$ 인 경우

$$A^4 = \begin{pmatrix} \frac{1}{7}(6\cdot 5^4 + (-2)^4) & \frac{1}{7}(2\cdot 5^4 + (-2)^5) \\ \frac{1}{7}(3\cdot 5^4 - 3(-2)^4) & \frac{1}{7}(5^4 + 6\cdot(-2)^4) \end{pmatrix} = \begin{pmatrix} 538 & 174 \\ 261 & 103 \end{pmatrix}$$

이다. 이 값은 행렬 A 를 4번 거듭제곱 계산한 것과 일치한다.

예제 1.6.6 케일리-해밀턴 정리를 활용하여, 행렬 $A = \begin{pmatrix} 1 & -2 & 2 \\ -2 & 1 & -2 \\ 2 & 2 & 1 \end{pmatrix}$ 에 대하여 A^n 을 계산하라.

풀이

특성방정식 $|A - \lambda I_3| = -\lambda^3 + 3\lambda^2 + \lambda - 3 = -(\lambda+1)(\lambda-1)(\lambda-3) = 0$ 이므로 방정식의 근 $\lambda = -1, 1, 3$ 이다.
행렬 A 에 관한 거듭제곱을 $A^n = aA^2 + bA + cI_3$ 라 하면, 대응하는 고유값에 관한 식은 $\lambda^n = a\lambda^2 + b\lambda + c$ 이다.
$\lambda = -1, 1, 3$ 을 각각 대입하면,

$$\begin{cases} (-1)^n = a(-1)^2 + b(-1) + c \\ 1^n = a + b + c \\ 3^n = a\cdot 3^2 + b\cdot 3 + c \end{cases}$$

이므로 $a = \frac{(-1)^n - 2 + 3^n}{8}$, $b = \frac{-(-1)^n + 1}{2}$, $c = \frac{3(-1)^n + 6 - 3^n}{8}$ 이다. 따라서
$A^n = \frac{(-1)^n - 2 + 3^n}{8}A^2 + \frac{-(-1)^n + 1}{2}A + \frac{3(-1)^n + 6 - 3^n}{8}I_3$ 이다.

:연습문제 1.6

[1~4] 행렬의 고유값과 고유벡터를 구하라.

1. $\begin{pmatrix} 1 & 1 \\ -2 & 4 \end{pmatrix}$

2. $\begin{pmatrix} 2 & 0 \\ 1 & 3 \end{pmatrix}$

3. $\begin{pmatrix} 1 & 4 \\ 2 & 3 \end{pmatrix}$

4. $\begin{pmatrix} -3 & 4 \\ 4 & 3 \end{pmatrix}$

[5~8] 행렬의 고유값과 고유벡터를 구하라.

5. $\begin{pmatrix} 0 & -6 & 2 \\ 0 & 4 & 25 \\ 0 & 0 & 9 \end{pmatrix}$

6. $\begin{pmatrix} 1 & 2 & 1 \\ 2 & 1 & 1 \\ 1 & 1 & 2 \end{pmatrix}$

7. $\begin{pmatrix} 2 & 2 & -2 \\ 2 & -1 & 4 \\ -2 & 4 & -1 \end{pmatrix}$

8. $\begin{pmatrix} 2 & 1 & 3 \\ 0 & 2 & 0 \\ 0 & 0 & 2 \end{pmatrix}$

[9~13] 행렬 A에 대하여 케일리 해밀턴 공식을 활용하여 A^3을 계산하라.

9. $\begin{pmatrix} 1 & 3 \\ 3 & 1 \end{pmatrix}$

10. $\begin{pmatrix} 4 & 0 \\ 2 & 0 \end{pmatrix}$

11. $\begin{pmatrix} 3 & 1 \\ 8 & 1 \end{pmatrix}$

12. $\begin{pmatrix} 1 & 1 & 5 \\ 0 & 1 & -1 \\ 0 & 0 & 9 \end{pmatrix}$

13. $\begin{pmatrix} -3 & 0 & 0 \\ 1 & 2 & 0 \\ -1 & -4 & 8 \end{pmatrix}$

14. 행렬 $\begin{pmatrix} 10 & 15 & 0 \\ 2 & 4 & 0 \\ 3 & 6 & 6 \end{pmatrix}$에 대하여 케일리 해밀턴 공식을 활용하여 A^{-1}을 구하라.

Chapter 02 벡터

일변수 함수 $y=f(x)$는 독립변수 하나와 종속변수 하나로 정의되는 함수로 그래프를 표현할 때에도 2차원 평면이면 충분하였으며, 함수에 따라 평면 곡선으로 표현됨을 알 수 있었다.

앞으로는 여러 변수를 사용하는 함수를 공부하게 될 것이다. 이러한 변수들은 각각을 다룰 수도 있지만 한꺼번에 묶어서 벡터라는 새로운 개념을 사용하여 다루는 것이 더 편리할 수도 있다. 일변수와 마찬가지로 이 벡터(또는 여러 변수)와 함숫값을 쌍으로 묶어서 그래프를 표현할 때도 이러한 벡터개념은 필요할 것이다. 즉, 이변수 함수 $z=f(x,y)$를 예로 보면, 독립변수 x와 y가 묶여서 (x,y)와 같은 벡터가 되기도 하며, 함숫값까지 묶어서 (x,y,z)와 같은 벡터에 의해 그래프가 정의되게 한다.

이 장에서는 이러한 벡터의 개념과 이에 대한 연산을 소개하며 3차원 공간에 놓여있는 직선과 평면을 표현하는 방법을 공부한다.

2.1 벡터의 정의와 선형연산

이제까지는 주로 2차원 평면에 대해 다루었다. 여기서는 앞으로 배우게 될 이변수 함수를 시각화 할 수 있는 3차원 공간을 다루기 위해 필요한 3차원 벡터와 좌표계를 소개한다. 또한, 3차원 공간에서 벡터들의 연산을 정의하고 성질을 알아본다.

평면에서 좌표를 도입하는 것과 마찬가지로, 삼차원 공간에 좌표를 도입하면 공간에 놓여있는 직선과 평면을 벡터의 연산을 사용하며 방정식으로 표현할 수 있다.

3차원 좌표계

먼저 3차원 좌표계에 대해서 알아보자.

정의 2.1.1 좌표축과 좌표평면

공간에서 점 O를 지나고 서로 수직인 세 직선을 각각 x, y, z축이라 한다.
두 직선 x축과 y축을 포함하는 평면을 xy평면, y축과 z축을 포함하는 평면을 yz평면, x축과 z축을 포함하는 평면을 xz평면이라 한다.

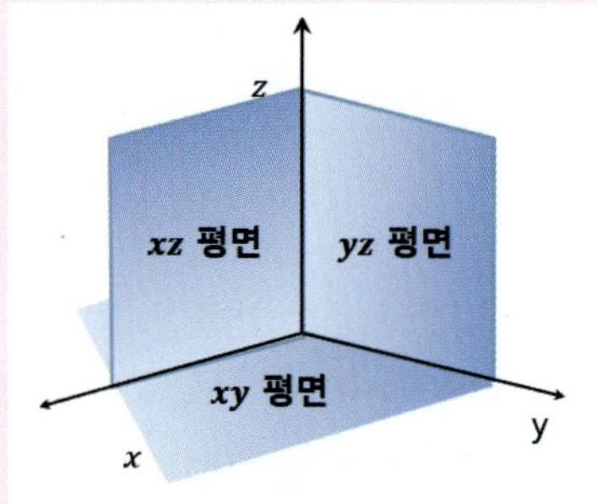

[그림 2.1]

좌표축과 좌표평면에 의해 정의되는 공간을 좌표공간이라 하는데 3개의 축과 평면에 의한 공간을 3차원 좌표공간, 특히 좌표축이 서로 직교하는 경우, 3차원 직교좌표공간이라 한다. 이 공간상의 점을 표현하는 방법에 대해 알아본다.

x, y, z축의 양의 방향은 오른손 법칙으로 결정한다.

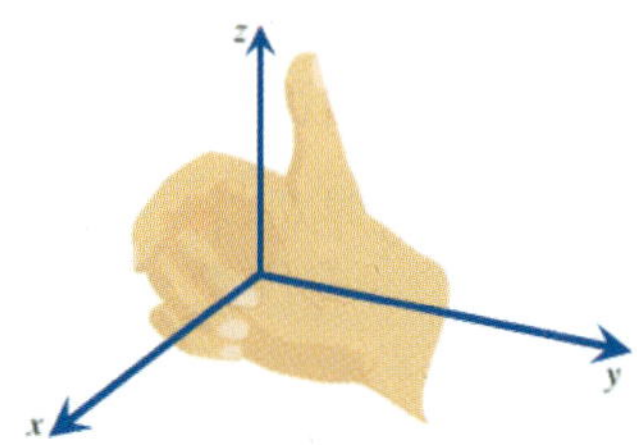

[그림 2.2]

정의 2.1.2 **좌표**

공간에 있는 임의의 점 P에 대하여, 점 P로부터 각각 yz평면, xz평면, xy평면까지의 거리를 a, b, c라 하자. 이때, (a, b, c)를 점 P의 좌표라 하고,

$$P(a, b, c)$$

와 같이 나타낸다. 즉, a는 x좌표, b는 y좌표, c는 z좌표라 한다.

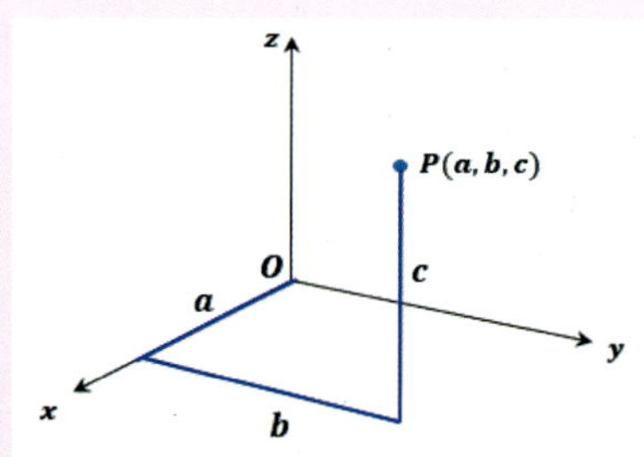

[그림 2.3]

$P(a, b, c)$는 [그림 2.4]에 나타낸 직육면체를 결정한다. P에서 xy평면에 수선을 내리면 xy 평면으로 P의 사영(projection)이라 부르는 좌표가 $(a, b, 0)$인 점 Q를 얻는다. 마찬가지로 $R(0, b, c)$와 $S(a, 0, c)$는 각각 yz평면과 xz평면으로 P의 사영이다.

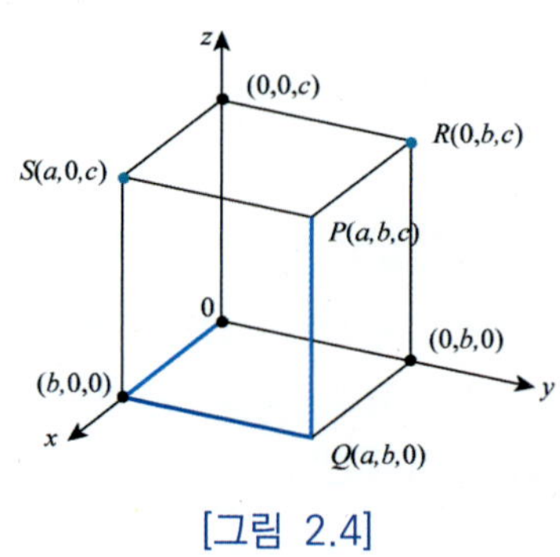

[그림 2.4]

3차원 공간에 있는 모든 점을 좌표로 나타낸 집합 $\mathbb{R}^3 = \{(x, y, z) | x, y, z \in \mathbb{R}\}$을 3차원 직교좌표계라 하고, 마찬가지로, $\mathbb{R}^2 = \{(x, y) | x, y \in \mathbb{R}\}$은 2차원 직교좌표계라 한다.

2차원 해석 기하학에서 x, y에 관한 방정식의 그래프는 $\mathbb{R}^2$의 곡선이다. 3차원 해석 기하학에서 x, y, z에 관한 방정식은 $\mathbb{R}^3$의 **곡면**을 표현한다.

예제 2.1.1 $(2, 5, 5)$와 $(4, -2, -7)$을 $\mathbb{R}^3$에 나타내어라.

풀이

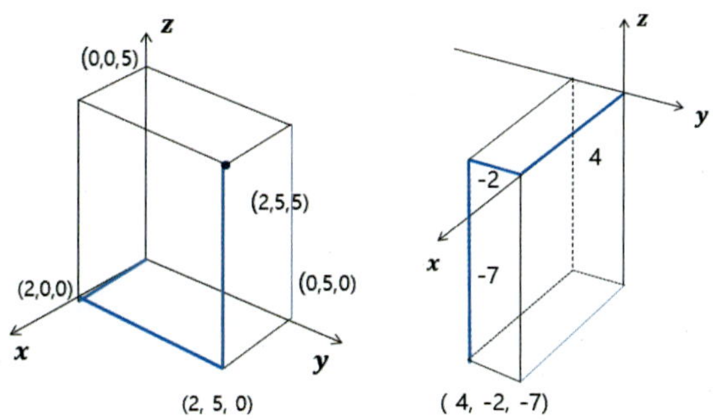

[그림 2.5]

예제 2.1.2 다음 방정식이 표현하는 것이 무엇인지 나타내어 보아라.

(a) $\mathbb{R}^3$의 $x = 2$ (b) $\mathbb{R}^2$의 $x = 2$

풀이

(a) $\{(2, y, z) \mid y, z \in \mathbb{R}\} = \{(x, y, z) | x = 2\}$

방정식 $x = 2$ 은 x좌표가 2인 $\mathbb{R}^3$안의 모든 점들의 집합인 $\{(x, y, z) \mid x = 2\}$을 나타낸다. yz평면에서 2 단위만큼 위에 있고, yz평면과 평행한 수평면이다.

(b) $\{(2, y) | y \in \mathbb{R}\}$

방정식 $x = 2$은 x좌표가 2인 $\mathbb{R}^2$안의 모든 점들의 집합인 $\{(x, y) \mid x = 2\}$을 나타낸다. x축 위에 원점에서 2 단위만큼 위에 있고, y축과 평행한 수직선이다.

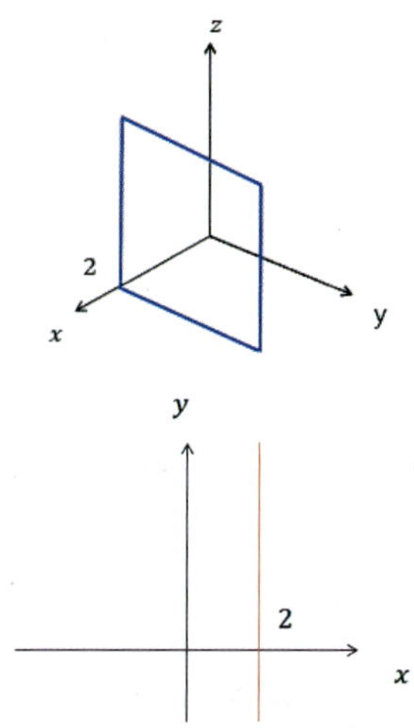

[그림 2.6]

2차원과 3차원에서 두 점사이의 거리 공식

2차원 평면에서 두 점 $P_1(x_1, y_1), P_2(x_2, y_2)$ 사이의 거리를 구하는 공식은 다음과 같다.

$$|P_1P_2| = \sqrt{(x_2-x_1)^2+(y_2-y_1)^2}$$

3차원 공간에서 두 점 $P_1(x_1, y_1, z_1), P_2(x_2, y_2, z_2)$ 사이의 거리를 구하는 공식은 다음과 같다.

$$|P_1P_2| = \sqrt{(x_2-x_1)^2+(y_2-y_1)^2+(z_2-z_1)^2}$$

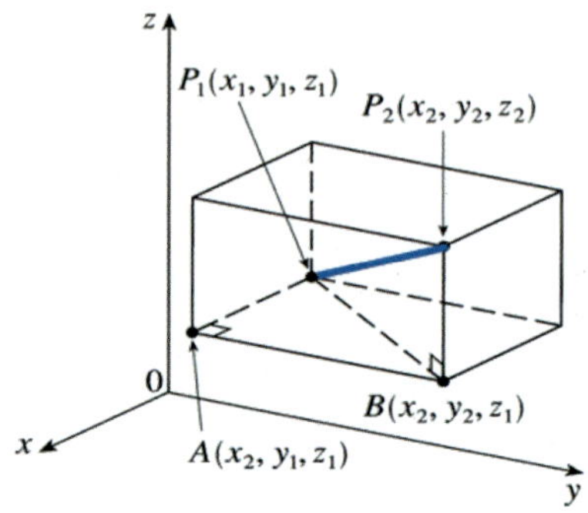

[그림 2.7]

예제 2.1.3 점 $P(3, -2, 7)$부터 점 $Q(1, -5, 5)$까지의 거리를 구하라.

풀이

$|PQ| = \sqrt{(1-3)^2+(-5+2)^2+(5-7)^2} = \sqrt{4+9+4} = \sqrt{17}$

예제 2.1.4 반지름이 r 이고 중심이 $C(a, b, c)$인 구면의 방정식을 구하라.

풀이

구의 중심 $C(a, b, c)$로부터 거리가 r 인 위치에 있는 점 $P(x, y, z)$ 전체의 집합으로 $|PC| = r$ 으로 놓으면

$$|PC| = r \Leftrightarrow |PC|^2 = r^2$$

$$|PC|^2 = (x-a)^2+(y-b)^2+(z-c)^2 = r^2$$

구면의 방정식은 다음과 같다.

$$(x-a)^2+(y-b)^2+(z-c)^2 = r^2$$

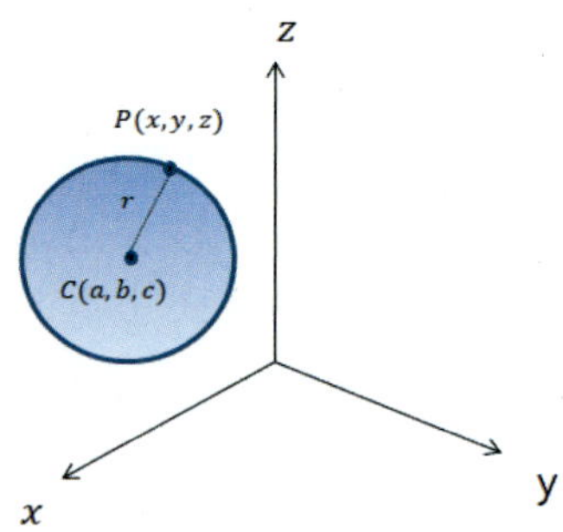

[그림 2.8]

예제 2.1.5 구면의 방정식 $x^2+y^2+z^2-4x-8y+2z = 4$의 중심과 반지름을 구하라.

풀이

$$(x^2-4x+4)+(y^2-8y+16)+(z^2+2z+1) = 4+4+16+1,$$

$$(x-2)^2+(y-4)^2+(z+1)^2=25$$

중심은 $(2, 4, -1)$이고, 반지름은 5이다.

벡터의 정의와 선형연산

수학과 공학 등에서 주로 사용하는 두 개의 양인 스칼라와 벡터를 구별한다. 스칼라(scalar)[1]는 크기를 가진다면, 벡터[2](vector)는 크기와 방향을 가진다. 예를 들어, 스칼라(scalar)는 크기를 나타내는 양으로 길이, 거리, 속력, 온도, 실수 등으로 방향에 무관하고, 벡터(vector)는 크기와 방향을 함께 나타내는 양으로 위치, 변위, 속도, 힘, 가속도 등이 해당된다. 스칼라를 표현하기 위해서는 일반적인 수가 사용된다. 이 단원에서 스칼라(scalar)는 실수로 제한한다. 따라서, k가 스칼라이면,

$$k \in \mathbb{R}$$

로 나타낸다.

벡터(vector)를 표현하는 방법으로 화살표로 나타낸다. 화살표의 길이는 벡터의 크기를 나타내고, 화살표의 방향은 벡터의 방향을 가리킨다. 벡터는 굵은 글씨의 문자($\mathbf{v}$) 또는 위에 화살표를 붙인 문자 $(\vec{v})$로 나타낸다. 시점에서 시작하여 종점을 향하는 화살표로 벡터를 표현한다. 예를 들어 시점이 A이고 종점을 B라 하면 $\mathbf{v} = \overrightarrow{AB} = \vec{v}$로 표현한다.

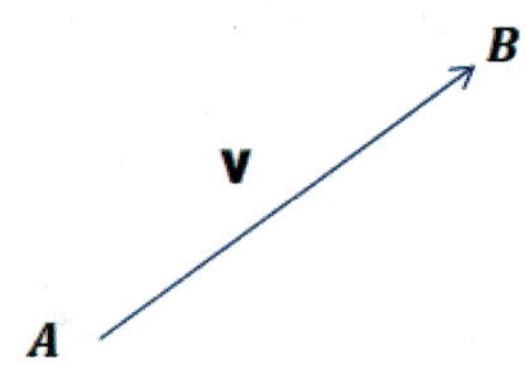

[그림 2.9]

벡터 $\mathbf{v}$는 크기와 방향에 의해서만 정의되므로 [그림 2.10]에서와 같이 시점이 다르지만 크기와 방향이 같은 벡터는 모두 같은 벡터이다.

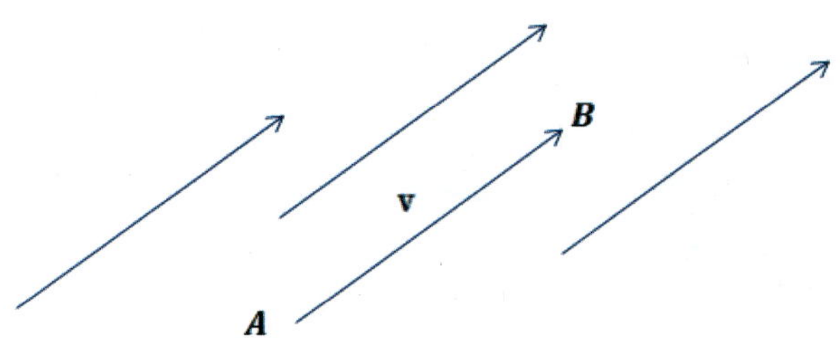

[그림 2.10]

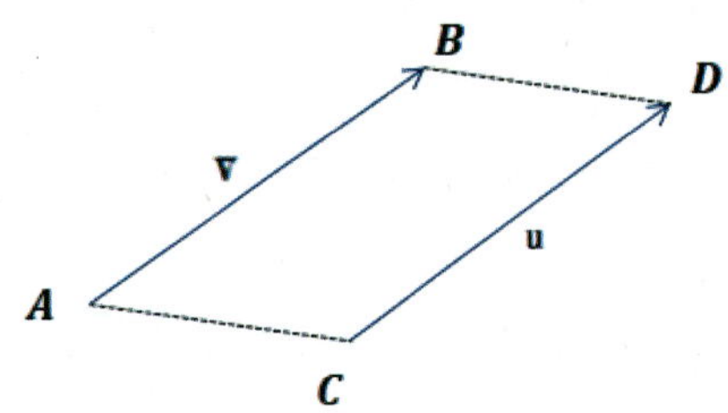

[그림 2.11]

1) 개체 내부의 긴장으로 생긴 추진력.
2) 한 점에서 다른 점을 향하는 방향을 가진 선분으로 표시되는 양 ≪힘 · 속도 · 가속도 등을 나타냄≫.

길이와 방향이 같은 두 벡터 v와 u를 상등(또는 같다)라 하고 v = u라 표현한다.[그림 2.11]

길이가 0인 벡터를 O(또는 $\vec{0}$)으로 표기하고 크기가 0이고 유일하게 방향이 없는 벡터인데 이 벡터를 영벡터(zero vector)라 한다.

정의 2.1.3 벡터의 합(vector addition)과 스칼라배(scalar multiple)

두 벡터 a, b와 스칼라 $k \in \mathbb{R}$에 대하여, 두 벡터의 합 a + b, k에 의한 a의 스칼라배 ka를 다음과 같이 정의한다.

(a) [벡터의 합] 벡터 합 a + b는 a의 종점과 b의 시점을 일치시켰을 때, a의 시점에서 b의 종점까지를 나타내는 벡터이다.

[삼각형 법칙] 벡터 a, b와 a + b는 삼각형모양이므로 이것을 삼각형 법칙(Triangle Law)이라 부른다. [그림 2.12]에서와 같다.

[평행사변형 법칙] 두 벡터 a, b로 a와 동일한 시점을 갖는 b의 또 다른 복사본을 그린다. 이 때 a + b는 a와 b를 변으로 갖는 평행사변형의 대각선과 같다. 이것을 평행사변형 법칙(Parallelogram Law)이라고 부른다. [그림 2.13]

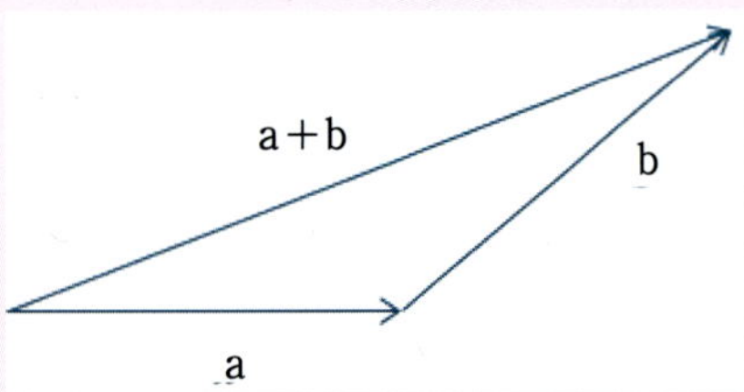

[그림 2.12]

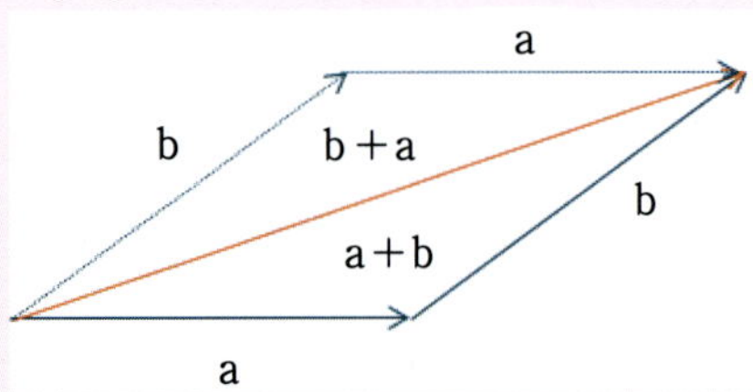

[그림 2.13]

(b) [벡터의 스칼라배] 스칼라배 ka는 k에 따라 다음과 같이 정의한다.
$k > 0$이면 a와 방향이 같고 길이가 k배인 벡터이다.
$k < 0$이면 a와 정반대의 방향이고 길이가 $|k|$배인 벡터이다.
$k = 0$이면 길이가 0인 벡터이다.

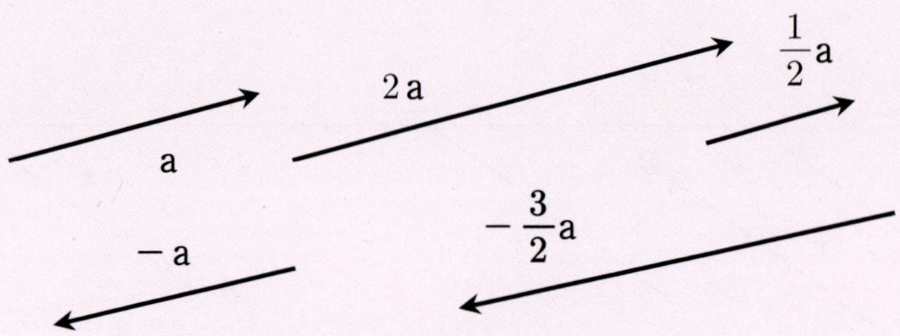

[그림 2.14]

영이 아닌 두 벡터에 대하여, 한 벡터가 다른 벡터의 스칼라 배이면 두 벡터는 평행(parallel)이라 한다.

두 벡터 a와 b가 평행 ⇔ a = kb 또는 b = ka (k는 0이 아닌 적당한 실수)

벡터 a에 대하여, −a를 a의 음벡터(negative vector)라 정의하며 a와 길이는 같지만 방향은 반대인 벡터이다. 따라서, $-\mathrm{a}=(-1)\mathrm{a}$ 이다. 음벡터는 임의의 벡터 a에 대하여 $\mathrm{a}+(-1)\mathrm{a}=0$ 이 성립한다.

벡터의 차 $\mathrm{a}-\mathrm{b}$는 음벡터 $-\mathrm{b}$와 벡터 a 합을 이용하여 다음을 뜻한다.

$$\mathrm{a}-\mathrm{b} = \mathrm{a}+(-\mathrm{b})$$

먼저 b의 음벡터 −b를 그린 다음 평행사변형 법칙[그림 2.15(a)]를 이용해서 이를 a에 더해 $\mathrm{a}-\mathrm{b}$를 작도할 수 있다. 다른 방법으로 $\mathrm{a}=\mathrm{b}+(\mathrm{a}-\mathrm{b})$이므로, b에 $\mathrm{a}-\mathrm{b}$를 더해서 a를 얻는다. 따라서 [그림 2.15(b)]와 같이 삼각형 법칙을 이용해서 $\mathrm{a}-\mathrm{b}$를 작도할 수 있다. a와 b의 시점을 일치시켰을 때, b의 종점에서 시작하여 a의 종점에서 끝나는 벡터가 된다.

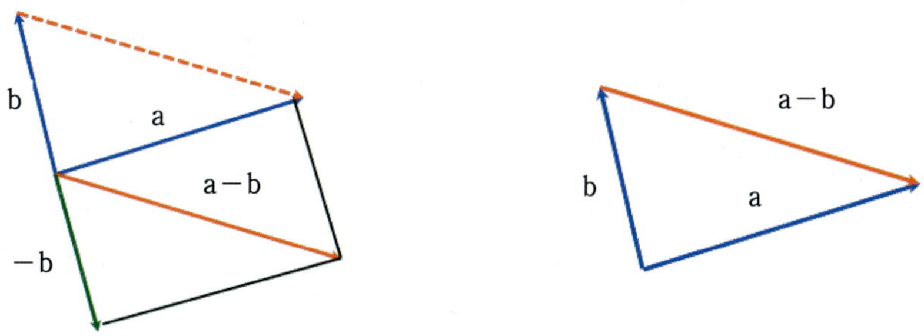

(a) 평행사변형 법칙 활용 (b) 삼각형법칙 활용

[그림 2.15]

예제 2.1.6 다음 벡터 a와 b가 [그림 2.16]과 같을 때, $\mathrm{b}-\frac{1}{2}\mathrm{a}$를 그려라.

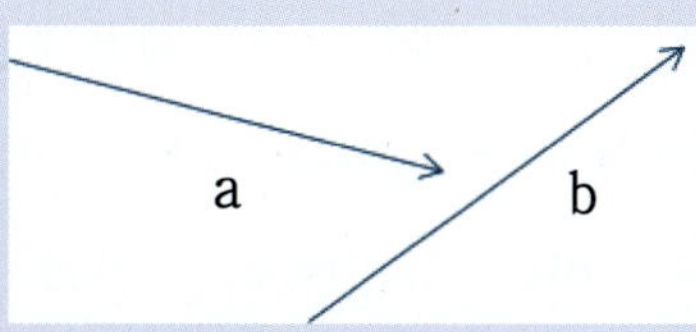

[그림 2.16]

풀이

벡터의 차의 정의를 이용하여 벡터 a를 길이가 $\frac{1}{2}$인 벡터 $\frac{1}{2}\mathrm{a}$의 시점과 벡터 b의 시점을 일치시킨 후 벡터 $\frac{1}{2}\mathrm{a}$의 종점에서 벡터 b의 종점을 연결한 벡터로 그릴 수 있다.

[그림 2.17]에서 보는 것처럼 $\mathrm{b}-\frac{1}{2}\mathrm{a}$를 그린다.

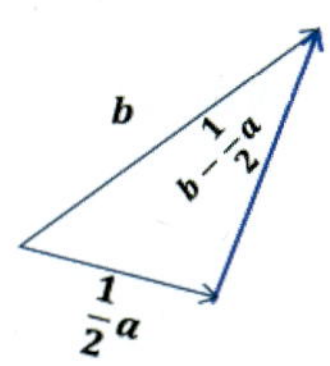

[그림 2.17]

벡터의 성분

벡터를 좌표계에 도입하여 좌표로 표현하는 방법에 대해 알아보자. 벡터를 좌표로 표현하게 되면, 좌표에 의해 방향도 나타내며 크기도 계산에 의해 구할 수 있으며 합과 차, 스칼라배를 좌표로 나타낼 수 있다.

정의 2.1.4 성분, 위치벡터

벡터 a의 시점을 직교좌표계의 원점 O와 일치시키고 종점을 임의의 점 P로 잡았을 때 종점을 2차원 공간에서 $P(a_1, a_2)$, 3차원 공간에서 $P(a_1, a_2, a_3)$라 하면 벡터 $\overrightarrow{OP}$는 벡터 a를 나타낸다. 이들 좌표를 a의 성분이라 하고 다음과 같이 쓴다.

$$\mathbf{a} = < a_1, a_2 >, \quad \mathbf{a} = < a_1, a_2, a_3 >$$

이때, $\overrightarrow{OP}$를 점 P의 위치벡터라 한다.[그림 2.18]

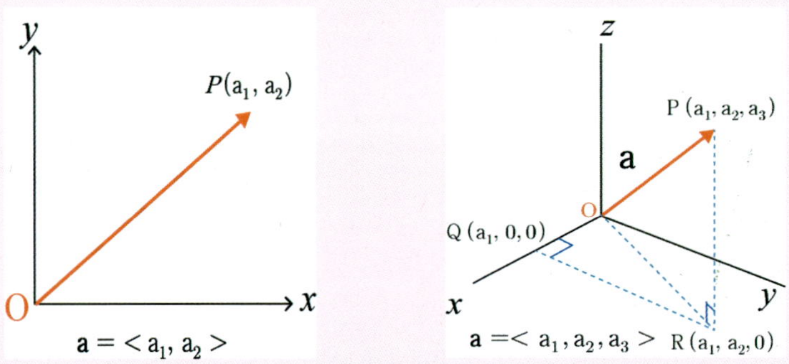

[그림 2.18]

3차원에서 벡터 $\mathbf{a} = \overrightarrow{OP} =< a_1, a_2, a_3 >$은 점 $P(a_1, a_2, a_3)$의 위치벡터이다.

시점이 $A(x_1, y_1, z_1)$이고 종점이 $B(x_2, y_2, z_2)$인 $\overrightarrow{AB}$를 생각해 보자. 여기서 $\overrightarrow{OP}$와 $\overrightarrow{AB}$은 동치인 벡터이다. 그러면 $x_1 + a_1 = x_2$, $y_1 + a_2 = y_2$, $z_1 + a_3 = z_2$이다. 따라서, $a_1 = x_2 - x_1$, $a_2 = y_2 - y_1$, $a_3 = z_2 - z_1$이다. 그러면 다음 결과를 얻는다.

주어진 점 $A(x_1, y_1, z_1)$와 $B(x_2, y_2, z_2)$에 대해 $\overrightarrow{AB}$ 형태를 갖는 벡터 a는 다음과 같다.

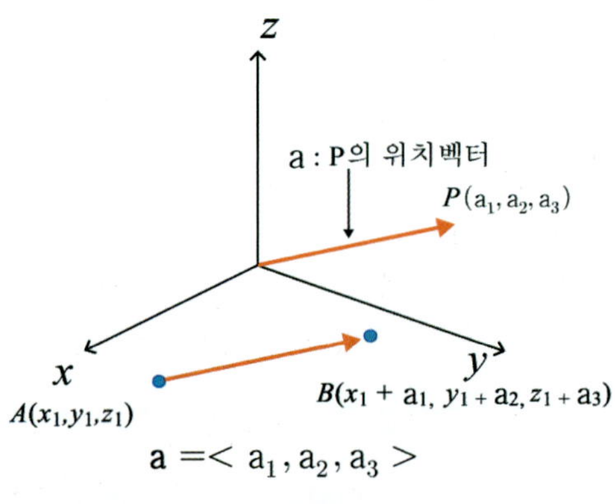

[그림 2.19]

예제 2.1.7 두 점 $A(4, -2, 0)$, $B(-3, 2, 4)$ 일 때, 벡터 $\overrightarrow{AB}$ 를 구하라.

풀이

$\overrightarrow{AB} = <(-3)-4, 2-(-2), 4-0> = <-7, 4, 4>$

점 $P(a_1, a_2, a_3)$에 대한 $\overrightarrow{OP}$ 의 선분의 길이를 벡터 $\mathrm{v} = \overrightarrow{OP} = <a_1, a_2, a_3>$의 크기 또는 길이로 정의하며 $\|\mathrm{v}\|$ 또는 $|\mathrm{v}|$로 나타낸다.($\|\ \|$는 norm 이라 읽고, $|\ |$는 절댓값 기호가 아니다) 선분 OP 의 길이는 거리 구하는 공식에 의하여

$$|\mathrm{v}| = \sqrt{a_1^2 + a_2^2 + a_3^2}$$

이다.

3차원 공간에서 시점이 $A(a_1, a_2, a_3)$이고 끝점이 $B(b_1, b_2, b_3)$인, 벡터 $\overrightarrow{AB}$ 의 크기를 구하면, 벡터 $\overrightarrow{AB} = <b_1 - a_1, b_2 - a_2, b_3 - a_3>$이다. 이 때, 두 점 사이의 거리 공식을 활용하면,

$$|\overrightarrow{AB}| = \sqrt{(b_1 - a_1)^2 + (b_2 - a_2)^2 + (b_3 - a_3)^2}$$

예제 2.1.8 (a) 시점이 $A(1, 2, 3)$, 종점이 $B(-4, 5, 2)$인 벡터를 구하라.
(b) (a)에서 구한 벡터 $\overrightarrow{AB}$의 크기를 구하라.

풀이

(a) 두 점을 이은 $\overrightarrow{AB}$ 를 벡터 a 라 하면 다음과 같다.

$$\mathrm{a} = <-4-1, 5-2, 2-3> = <-5, 3, -1>$$

(b) 벡터 $\mathrm{a} = <-5, 3, -1>$이므로 a의 크기는

$$|\mathrm{a}| = \sqrt{(-5)^2 + 3^2 + (-1)^2} = \sqrt{25+9+1} = \sqrt{35}$$

이다.

이제 좌표로 표현한 벡터들의 합, 차 그리고 스칼라배에 대한 정의를 알아보자.

두 벡터의 합은 벡터들의 같은 위치에 있는 성분끼리 더하고, 벡터에 스칼라배를 하기 위해 각 성분에 그 스칼라를 곱한다.

정의 2.1.5

$\mathbb{R}^3$의 벡터 $\mathbf{a} = < a_1, a_2, a_3 >$, $\mathbf{b} = < b_1, b_2, b_3 >$, 스칼라 $k \in \mathbb{R}$에 대하여, 두 벡터의 합 $\mathbf{a}+\mathbf{b}$, 스칼라배 $k\mathbf{a}$를 다음과 같이 정의한다.

(a) $\mathbf{a}+\mathbf{b} = < a_1, a_2, a_3 > + < b_1, b_2, b_3 > = < a_1+b_1, a_2+b_2, a_3+b_3 >$

(b) $k\mathbf{a} = k < a_1, a_2, a_3 > = < ka_1, ka_2, ka_3 >$

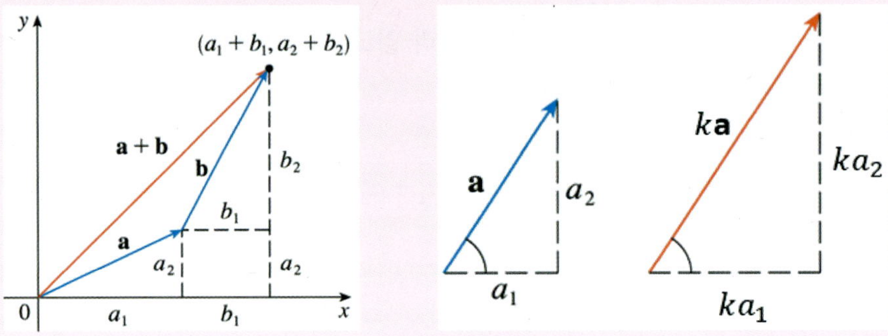

[그림 2.20]

예제 2.1.9 $\mathbf{a} = < 1,5,4 >$, $\mathbf{b} = < -1,0,6 >$ 일 때, $|\mathbf{b}|$, $\mathbf{a}+\mathbf{b}$, $\mathbf{a}-\mathbf{b}$, $3\mathbf{a}$, $3\mathbf{a}+4\mathbf{b}$를 각각 구하라.

풀이

$$|\mathbf{b}| = \sqrt{(-1)^2+0^2+6^2} = \sqrt{37}$$

$\mathbf{a}+\mathbf{b} = < 1,5,4 > + < -1,0,6 > = < 1-1, 5+0, 4+6 > = < 0,5,10 >$

$\mathbf{a}-\mathbf{b} = < 1,5,4 > - < -1,0,6 > = < 1-(-1), 5-0, 4-6 > = < 2,5,-2 >$

$3\mathbf{a} = 3 < 1,5,4 > = < 3,15,12 >$

$3\mathbf{a}+4\mathbf{b} = 3 < 1,5,4 > + 4 < -1,0,6 > = < 3,15,12 > + < -4,0,24 >$

$= < 3-4, 15+0, 12+24 > = < -1,15,36 >$

모든 2차원 벡터의 집합을 $V_2 = \{< a_1, a_2 > | a_1, a_2 \in \mathbb{R}\}$, 모든 3차원 벡터의 집합을 $V_3 = \{< a_1, a_2, a_3 > | a_1, a_2, a_3 \in \mathbb{R}\}$이다. $n-$순서쌍으로 $\mathbf{a} = < a_1, a_2, \cdots, a_n >$을 n차원 벡터라 한다. 여기서 $a_1, a_2, \cdots, a_n$은 실수이고 $\mathbf{a}$의 성분이라 한다. 2차원을 V_2, 3차원을 V_3, n차원을 V_n으로 나타낸다.

합과 스칼라배를 성분을 이용해서 정의해 보고, 벡터 연산의 성질을 확인해보자.

정리 2.1.6 벡터 연산 성질

$\mathbb{R}^3$의 벡터 $\mathrm{a} = < a_1, a_2, a_3 >$, $\mathrm{b} = < b_1, b_2, b_3 >$, $\mathrm{c} = < c_1, c_2, c_3 >$와 스칼라 $k, l \in \mathbb{R}$에 대하여 다음이 성립한다.

(a) $\mathrm{a}+\mathrm{b}=\mathrm{b}+\mathrm{a}$
(b) $\mathrm{a}+(\mathrm{b}+\mathrm{c})=(\mathrm{a}+\mathrm{b})+\mathrm{c}$
(c) $\mathrm{a}+0=\mathrm{a}$
(d) $\mathrm{a}+(-\mathrm{a})=0$
(e) $k(\mathrm{a}+\mathrm{b}) = k\mathrm{a}+k\mathrm{b}$
(f) $(k+l)\mathrm{a} = k\mathrm{a}+l\mathrm{a}$
(g) $(kl)\mathrm{a} = k(l\mathrm{a}) = l(k\mathrm{a})$
(h) $1\mathrm{a} = \mathrm{a}$

증명 (a)

$$\begin{aligned}\mathrm{a}+\mathrm{b} &= < a_1, a_2, a_3 > + < b_1, b_2, b_3 > \\ &= < a_1+b_1, a_2+b_2, a_3+b_3 > \\ &= < b_1+a_1, b_2+a_2, b_3+a_3 > \\ &= \mathrm{b}+\mathrm{a}\end{aligned}$$

(b)

$$\begin{aligned}(\mathrm{a}+\mathrm{b})+\mathrm{c} &= (< a_1, a_2, a_3 > + < b_1, b_2, b_3 >) + < c_1, c_2, c_3 > \\ &= < a_1+b_1, a_2+b_2, a_3+b_3 > + < c_1, c_2, c_3 > \\ &= < a_1+b_1+c_1, a_2+b_2+c_2, a_3+b_3+c_3 > \\ &= < a_1, a_2, a_3 > + < b_1+c_1, b_2+c_2, b_3+c_3 > \\ &= < a_1, a_2, a_3 > + (< b_1, b_2, b_3 > + < c_1, c_2, c_3 >) \\ &= \mathrm{a}+(\mathrm{b}+\mathrm{c})\end{aligned}$$

■

(b)의 내용을 그림으로 설명하면, [그림 2.21]에서 보는 것처럼, 벡터 a와 벡터 b의 합은 삼각형 법칙에 의해 $\mathrm{a}+\mathrm{b}$, 벡터 b와 벡터 c의 합은 $\mathrm{b}+\mathrm{c}$이다. 벡터$(\mathrm{a}+\mathrm{b})$와 c는 벡터의 합에 의해 $(\mathrm{a}+\mathrm{b})+\mathrm{c}$이고, 벡터 a와 $(\mathrm{b}+\mathrm{c})$는 $\mathrm{a}+(\mathrm{b}+\mathrm{c})$ 이다. 벡터 $\overrightarrow{PQ}$는 $\mathrm{a}+\mathrm{b}$에 c를 더한 것, 또는 a에 $\mathrm{b}+\mathrm{c}$를 더한 것과 같다.

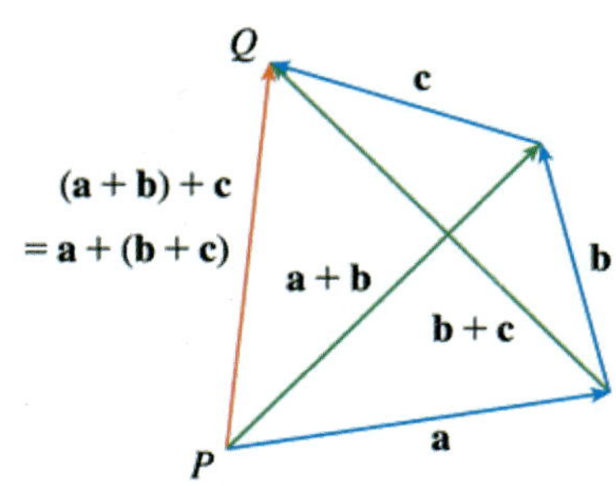

[그림 2.21]

정의 2.1.7 단위 벡터

길이가 1인 벡터를 단위 벡터라 한다.

정의 2.1.8 표준 기저 벡터(기본단위 벡터)

2차원 평면 $\mathbb{R}^2$ 에서 기본적인 단위벡터 $\mathbf{i} = <1,0>$과 $\mathbf{j} = <0,1>$으로 정의한다.

3차원 공간 $\mathbb{R}^3$ 에서 기본적인 단위 벡터를 정의하자.

$$\mathbf{i} = <1,0,0>,\ \mathbf{j} = <0,1,0>,\ \mathbf{k} = <0,0,1>$$

은 단위 벡터이고, 서로 직교한다.

이와 같은 단위 벡터 $\mathbf{i}, \mathbf{j}, \mathbf{k}$ 를 표준 기저 벡터 또는 기본 단위 벡터라 한다.

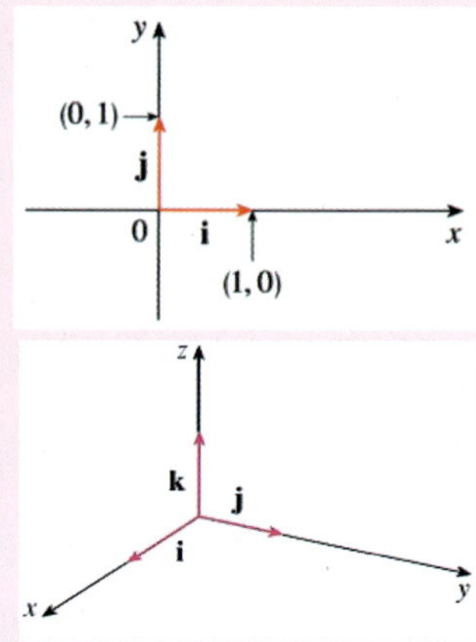

[그림 2.22]

따라서 $\mathbb{R}^3$에 있는 임의의 벡터 $\mathbf{a} = <a_1, a_2, a_3>$에 대하여,

$$\begin{aligned}\mathbf{a} = <a_1, a_2, a_3> &= a_1 <1,0,0> + a_2 <0,1,0> + a_3 <0,0,1> \\ &= a_1\mathbf{i} + a_2\mathbf{j} + a_3\mathbf{k}\end{aligned}$$

와 같이 표기 할 수 있다. 즉, 단위벡터 $\mathbf{i}, \mathbf{j}, \mathbf{k}$에 의해 표현할 수 있다. 2차원에서는 다음과 같이 쓸 수 있다. [그림 2.23]

$$\mathbf{a} = <a_1, a_2> = a_1\mathbf{i} + a_2\mathbf{j}$$

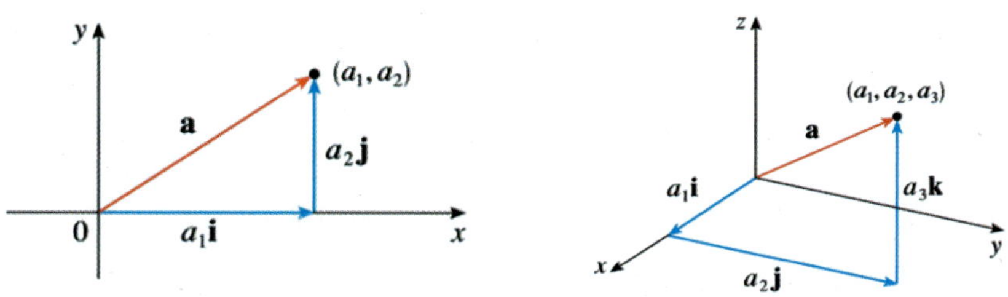

$\mathbf{a} = a_1\mathbf{i} + a_2\mathbf{j}$ $\mathbf{a} = a_1\mathbf{i} + a_2\mathbf{j} + a_3\mathbf{k}$

[그림 2.23]

이제 $\mathbf{a}$가 영벡터가 아닐 때 벡터 $\mathbf{a}$에 대하여

$$|\mathbf{u}| = \left| \frac{\mathbf{a}}{|\mathbf{a}|} \right| = 1$$

이므로

a와 방향이 같은 단위 벡터는 다음과 같다.

$$u = \frac{a}{|a|}$$

예제 2.1.10 벡터 $a = 2i - 4j - 3k$, $b = 3i - 2j - k$ 일 때, 다음을 구하라.

(a) $2a + 3b$를 i, j, k의 식으로 나타내라.
(b) 벡터 a에 평행한 단위 벡터를 구하라.
(c) $2a - b$를 구하라.

풀이

(a) $2a + 3b = 2(2i - 4j - 3k) + 3(3i - 2j - k) = 4i - 8j - 6k + 9i - 6j - 3k = 13i - 14j - 9k$

(b) $|a| = \sqrt{4+16+9} = \sqrt{29}$ 이므로

$$\frac{a}{|a|} = \frac{1}{\sqrt{29}}(2i - 4j - 3k) = \frac{2}{\sqrt{29}}i - \frac{4}{\sqrt{29}}j - \frac{3}{\sqrt{29}}k$$

(c) $2a - b = 2(2i - 4j - 3k) - (3i - 2j - k) = i - 6j - 5k$

연습문제 2.1

[1~2] 다음에서 $\mathbb{R}^3$에서 점 P의 위치벡터를 P라 할 때, 유향선분 $\overrightarrow{OP}$를 그리라.

1. $P(1, 3, 1)$
2. $P(-2, -3, -5)$

[3~5] 점 $(-3, 6, 5)$에 대한 물음이다.

3. 점 $(-3, 6, 5)$의 xy평면, yz평면, xz평면으로의 사영을 표시하라.
4. 원점과 점 $(-3, 6, 5)$가 내부를 통해 마주보는 꼭짓점이고 면들은 좌표 평면과 평행인 직육면체를 그려라.
5. 이 직육면체의 모든 꼭짓점을 표시하고, 대각선의 길이를 찾아라.
6. 방정식 $x + y = 3$으로 표현되는 $\mathbb{R}^3$의 곡면을 설명하고 이를 그림으로 나타내라.

[7~9] 중심이 $C(2, -4, 3)$이고 반지름이 r인 구면의 방정식에 대한 물음이다. 각 평면에 접하는 구면의 방정식을 구하라.

7. xy평면
8. yz평면

9. xz평면

10. 세 좌표평면 xy평면, yz평면, xz평면은 공간을 여덟 개의 부분으로 나누는데 양의 x, y, z축으로 결정되는 공간을 제1팔분공간이라 한다. 중심이 $(1, 2, 3)$이고 제1팔분공간에 포함되는 가장 큰 구면의 방정식을 찾아라.

[11~12] 다음 방정식을 표현하는 $\mathbb{R}^3$의 영역을 설명하라.

11. $z = -2$

12. $1 \le x^2 + y^2 + z^2 \le 4 \ , z \ge 0$

13. 두 점 $A(-2, 4, 3), B(5, 1, -2)$로 부터의 거리가 같은 점 전체의 집합을 나타내는 방정식을 찾아라. 이 집합을 설명하라.

[14~15] $\overrightarrow{AB}$ 로 표현되는 벡터 a를 찾아라. $\overrightarrow{AB}$ 및 시점이 원점인 이와 동치인 벡터를 그리라.

14. $A(1, -2), B(2, 3)$

15. $A(0, 1, 3), B(3, -1, 2)$

[16~20] 시점 $P(1, -2, 0)$ 와 종점 $Q(4, 5, -3)$를 가진 벡터 a 에 대하여 다음을 구하라.

16. 벡터 a 를 구하라.

17. 벡터 a 의 크기를 구하라.

18. 벡터 a 와 같은 방향을 가지는 단위벡터를 구하라.

19. 벡터 a 와 반대 방향을 가지는 단위벡터를 구하라.

20. 벡터 a 를 표준기저벡터를 활용하여 표현하라.

[21~23] $\mathrm{a}+\mathrm{b}$, $3\mathrm{a}+2\mathrm{b}$, $|\mathrm{a}|$, $|\mathrm{a}-\mathrm{b}|$를 찾아라.

21. $\mathrm{a} = \langle 1, 2, 3 \rangle, \mathrm{b} = \langle 2, 0, -1 \rangle$

22. $\mathrm{a} = 2\mathrm{i} - 5\mathrm{j} + \mathrm{k}, \mathrm{b} = -\mathrm{i} + \mathrm{k}$

23. $\mathrm{a} = \mathrm{i} + 3\mathrm{j}, \mathrm{b} = -2\mathrm{j} - 5\mathrm{k}$

[24~26] 벡터 $\mathrm{a} = \langle 3, 4, -1 \rangle$, $\mathrm{b} = \langle -1, 0, 6 \rangle$, $\mathrm{c} = \langle 1, 4, -3 \rangle$에 대하여 다음을 구하라.

24. $(\mathrm{a}+\mathrm{b})+\mathrm{c}$, $\mathrm{a}+(\mathrm{b}+\mathrm{c})$를 구하고, 두 벡터의 결과가 같음을 확인하라.(벡터의 성질)

25. $4(\mathrm{a}+\mathrm{b})-2\mathrm{c}$, $2(2\mathrm{a}+2\mathrm{b}-\mathrm{c})$를 구하고, 두 벡터의 결과가 같음을 확인하라. (벡터의 성질)

26. $(3\mathrm{a}-5\mathrm{b})$를 구하고 그 크기 $|3\mathrm{a}-5\mathrm{b}|$를 구하라.

27. $\mathrm{a} = 5\mathrm{i} - 2\mathrm{j} + 3\mathrm{k}$ 와 방향이 같은 단위벡터를 찾아라.

28. $\mathrm{a} = \langle -3, 8, 2 \rangle$ 와 방향이 같지만 길이가 2인 벡터를 찾아라.

2.2 내적

앞 절에서는 벡터들의 합, 차와 스칼라배에 대한 정의를 알아보았다. 벡터들의 곱셈은 정의하지 않는다. 다만, 다음과 같은 벡터들의 특별한 연산인 내적은 2.2절에서, 외적은 2.3절에서 살펴보자.

두 벡터 a와 b의 내적은 벡터들의 대응하는 성분들끼리 곱의 합으로 정의된 스칼라로 내적(inner product) 또는 스칼라 곱(scalar product) 이라 한다. 모든 차원에서 정의한다.

정의 2.2.1 내적

$\mathbb{R}^3$에 있는 임의의 벡터 $\mathbf{a} = < a_1, a_2, a_3 >$, $\mathbf{b} = < b_1, b_2, b_3 >$에 대하여, $\mathbf{a} \cdot \mathbf{b} = a_1b_1 + a_2b_2 + a_3b_3$ 을 a 와 b 의 내적(inner product)이라 한다.

예제 2.2.1 다음 내적을 구하라.

(a) $< 1, 2 > \cdot < 3, 4 > = 1 \cdot 3 + 2 \cdot 4 = 3 + 8 = 11$

(b) $(\mathbf{i} - 2\mathbf{j} + 3\mathbf{k}) \cdot (4\mathbf{i} - 2\mathbf{j} + 4\mathbf{k}) = 1(4) + (-2)(-2) + 3(4) = 20$

(c) $\mathbf{i} \cdot \mathbf{j} = \mathbf{j} \cdot \mathbf{k} = \mathbf{k} \cdot \mathbf{i} = 0$

(d) $\mathbf{i} \cdot \mathbf{i} = \mathbf{j} \cdot \mathbf{j} = \mathbf{k} \cdot \mathbf{k} = 1$

다음과 같은 내적의 성질을 살펴보면, 곱셈 연산과 비슷한 점을 발견할 수 있지만, 이에 대한 항등원이나 역원 등을 정의할 수 없으므로, 곱셈이라 부르지 않는다.

정리 2.2.2 내적의 성질

$\mathbf{a} = < a_1, a_2, a_3 >$, $\mathbf{b} = < b_1, b_2, b_3 >$, $\mathbf{c} = < c_1, c_2, c_3 >$은 벡터이고, k 는 스칼라라 할 때, 다음과 같은 성질이 성립한다.

(a) $\mathbf{a} \cdot \mathbf{b} = \mathbf{b} \cdot \mathbf{a}$

(b) $\mathbf{a} \cdot (\mathbf{b} + \mathbf{c}) = \mathbf{a} \cdot \mathbf{b} + \mathbf{a} \cdot \mathbf{c}$

(c) $\mathbf{a} \cdot (k\mathbf{b}) = (k\mathbf{a}) \cdot \mathbf{b} = k(\mathbf{a} \cdot \mathbf{b})$

(d) $\mathbf{a} \cdot \mathbf{a} = |\mathbf{a}|^2$

증명 (a)

$$\begin{aligned}\mathbf{a} \cdot \mathbf{b} &= < a_1, a_2, a_3 > \cdot < b_1, b_2, b_3 > = a_1b_1 + a_2b_2 + a_3b_3 \\ &= b_1a_1 + b_2a_2 + b_3a_3 = < b_1, b_2, b_3 > \cdot < a_1, a_2, a_3 > \\ &= \mathbf{b} \cdot \mathbf{a}\end{aligned}$$

(b)

$$\begin{aligned}\mathbf{a} \cdot (\mathbf{b} + \mathbf{c}) &= < a_1, a_2, a_3 > \cdot (< b_1, b_2, b_3 > + < c_1, c_2, c_3 >) \\ &= < a_1, a_2, a_3 > \cdot < b_1 + c_1, b_2 + c_2, b_3 + c_3 > \\ &= a_1(b_1 + c_1) + a_2(b_2 + c_2) + a_3(b_3 + c_3) \\ &= a_1b_1 + a_1c_1 + a_2b_2 + a_2c_2 + a_3b_3 + a_3c_3 \\ &= (a_1b_1 + a_2b_2 + a_3b_3) + (a_1c_1 + a_2c_2 + a_3c_3) \\ &= \mathbf{a} \cdot \mathbf{b} + \mathbf{a} \cdot \mathbf{c}\end{aligned}$$

(c) $\mathbf{a} \cdot (k\mathbf{b}) = < a_1, a_2, a_3 > \cdot < kb_1, kb_2, kb_3 > = ka_1b_1 + ka_2b_2 + ka_3b_3$

$$= < ka_1, ka_2, ka_3 > \cdot < b_1, b_2, b_3 >$$

$$= (k\mathbf{a}) \cdot \mathbf{b}$$

$(k\mathbf{a}) \cdot \mathbf{b} = k(\mathbf{a} \cdot \mathbf{b})$은 비슷한 방법으로 증명하면 성립함을 확인할 수 있다.

(d) $\mathbf{a} \cdot \mathbf{a} = < a_1, a_2, a_3 > \cdot < a_1, a_2, a_3 > = a_1^2 + a_2^2 + a_3^2 = |\mathbf{a}|^2$ ■

예제 2.2.2 $\mathbf{a} = < a_1, a_2, a_3 >$일 때, $\mathbf{a} \cdot \mathbf{i}$ 를 구하라.

풀이

$\mathbf{a} \cdot \mathbf{i} = < a_1, a_2, a_3 > \cdot < 1, 0, 0 > = a_1$

벡터의 내적이라는 연산은 곱셈으로 정의된 연산이 아니고, $\mathbf{a} \cdot \mathbf{b}$에서 $\mathbf{b}$를 적절히 사용하면, 벡터 $\mathbf{a}$의 성분을 구할 때 사용할 수 있음을 알 수 있다. $\mathbf{a} \cdot \mathbf{i}$는 벡터 $\mathbf{a}$의 첫 번째 성분을 알게 해준다.

정리 2.2.3

두 벡터 $\mathbf{a}$ 와 $\mathbf{b}$ 의 사잇각을 $\theta(0 \le \theta \le \pi)$ 라 할 때, 다음이 성립한다.

$$\mathbf{a} \cdot \mathbf{b} = |\mathbf{a}||\mathbf{b}|\cos\theta$$

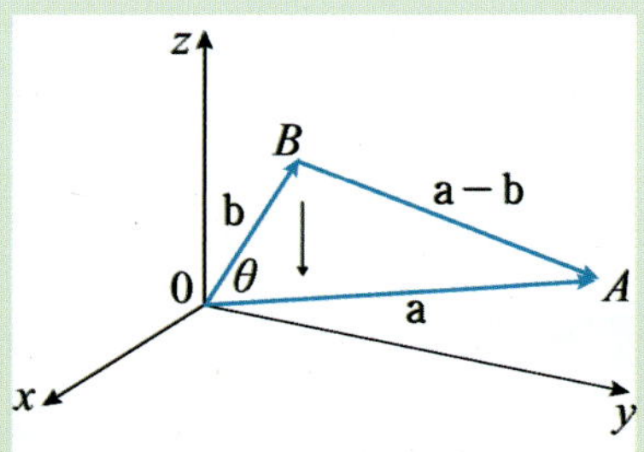

[그림 2.24]

증명 코사인 제2법칙으로부터

$$|\mathbf{a}-\mathbf{b}|^2 = |\mathbf{a}|^2 + |\mathbf{b}|^2 - 2|\mathbf{a}||\mathbf{b}|\cos\theta \quad (1)$$

을 얻을 수 있다.

내적의 성질에 의해

$$|\mathbf{a}-\mathbf{b}|^2 = (\mathbf{a}-\mathbf{b}) \cdot (\mathbf{a}-\mathbf{b}) = \mathbf{a} \cdot \mathbf{a} - \mathbf{a} \cdot \mathbf{b} - \mathbf{b} \cdot \mathbf{a} + \mathbf{b} \cdot \mathbf{b} = |\mathbf{a}|^2 - 2\mathbf{a} \cdot \mathbf{b} + |\mathbf{b}|^2 \quad (2)$$

이다.

식 (1)과 (2)에 의해

$$|\mathrm{a}|^2+|\mathrm{b}|^2-2|\mathrm{a}||\mathrm{b}|\cos\theta = |\mathrm{a}|^2-2\mathrm{a}\cdot\mathrm{b}+|\mathrm{b}|^2$$

$$\mathrm{a}\cdot\mathrm{b} = |\mathrm{a}||\mathrm{b}|\cos\theta$$ ■

예제 2.2.3 벡터 a 의 길이가 3, b 의 길이가 5이고, 두 벡터 사이의 각이 $\frac{\pi}{3}$ 일 때, a • b 을 구하라.

풀이

$|\mathrm{a}|=3$, $|\mathrm{b}|=5$, $\mathrm{a}\cdot\mathrm{b} = |\mathrm{a}||\mathrm{b}|\cos\theta = (3)(5)\cos\frac{\pi}{3} = \frac{15}{2}$

정리 2.2.3으로부터 다음 정리를 얻는다.

따름정리 2.2.4

θ가 0이 아닌 두 벡터 a와 b 사이의 각이면 다음이 성립한다.

$$\frac{\mathrm{a}\cdot\mathrm{b}}{|\mathrm{a}||\mathrm{b}|} = \cos\theta$$

예제 2.2.4 $\mathrm{a}=2\mathrm{i}+2\mathrm{j}-\mathrm{k}$, $\mathrm{b}=6\mathrm{i}-3\mathrm{j}-\mathrm{k}$ 일 때 두 벡터의 사잇각을 구하라.

풀이

$|\mathrm{a}| = \sqrt{4+4+1} = 3$, $|\mathrm{b}| = \sqrt{36+9+1} = \sqrt{46}$

$\mathrm{a}\cdot\mathrm{b} = 2(6)+2(-3)+(-1)(-1) = 12-6+1 = 7$

$$\cos\theta = \frac{\mathrm{a}\cdot\mathrm{b}}{|\mathrm{a}||\mathrm{b}|} = \frac{7}{3\sqrt{46}}$$

여기서 $\cos\theta = \frac{7}{3\sqrt{46}}$에 해당하는 각을 찾아보면, $\theta \approx 70^\circ$ 이다.

정리 2.2.5

0이 아닌 두 벡터 a 와 b 가 수직일 필요충분조건은 $\mathrm{a}\cdot\mathrm{b}=0$이다.

증명 $\frac{\mathrm{a}\cdot\mathrm{b}}{|\mathrm{a}||\mathrm{b}|} = \cos\theta$이므로 $\theta = \frac{\pi}{2}$ 대입하면, $\mathrm{a}\cdot\mathrm{b} = |\mathrm{a}||\mathrm{b}|\cos\frac{\pi}{2} = |\mathrm{a}||\mathrm{b}|0 = 0$ 이다.

역으로, $\mathrm{a}\cdot\mathrm{b}=0$ 이면 $\cos\theta=0$ 이므로, $\theta = \frac{\pi}{2}$이다. ■

따라서 영이 아닌 두 벡터를 내적해서 값이 0인 경우, 두 벡터가 직교함을 판단할 수 있다. 두 벡터의 내적을 활용하여 수직뿐 아니라 예각 또는 둔각의 위치관계도 파악할 수 있다. 영이 아닌 두 벡터 a와 b의 사잇각 θ는 0에서 π이고, $a \cdot b = |a||b|\cos\theta$이므로

(a) $a \cdot b > 0$이면 $\cos\theta > 0$이어서 두 벡터는 예각이고,

(b) $a \cdot b < 0$이면 $\cos\theta < 0$이어서 두 벡터는 둔각이고,

(c) $a \cdot b = 0$이면 $\cos\theta = 0$이어서 두 벡터는 직교한다.

또한, $a \cdot b = |a||b|$일 때 두 벡터는 같은 방향으로 평행이고, $a \cdot b = -|a||b|$인 경우 두 벡터는 반대 방향으로 평행이다.

예제 2.2.5 $a = i - 3j - ck$, $b = -2i + 6j + 5k$ 일 때 두 벡터가 수직이 될 수 있도록 c값을 찾아라.

풀이

$a \cdot b = 0$ 이므로 $a \cdot b = (1)(-2) + (-3)(6) + (-c)5 = 0$.
$-2 - 18 - 5c = 0, 5c = -20, c = -4$ 이다.

내적을 활용한 벡터의 사영에 대해 살펴보자.

두 벡터 $a = \overrightarrow{OA}$, $b = \overrightarrow{OB}$ 의 사잇각을 θ ($0 \le \theta \le \pi$)라 할 때, 벡터 b의 종점에서 a의 연장선에 내린 수선의 발을 H라 하자. 벡터 $c = \overrightarrow{OH}$ 를 a 위로의 b의 벡터 사영(vector projection)이라고 정의하고 $\text{proj}_a b = \overrightarrow{OH}$로 표기한다.

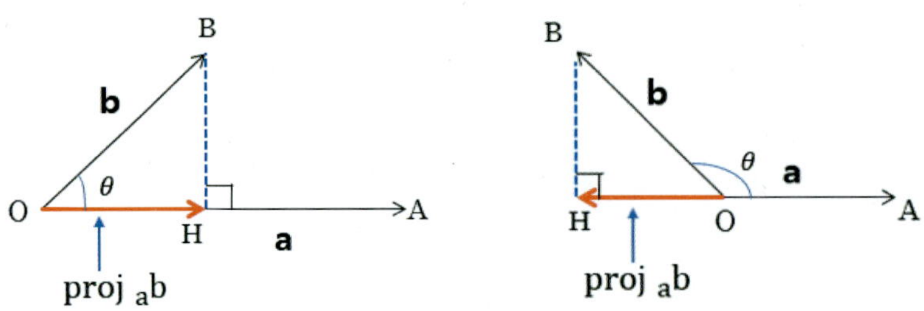

[그림 2.25]

$\text{proj}_a b$ 는 다음과 같이 계산할 수 있다.

$$\text{proj}_a b = (|b|\cos\theta)\frac{a}{|a|}$$

이 때, $|\mathrm{b}|\cos\theta$를 a 위로의 b의 스칼라 사영(scalar projection)이라 정의하고, $\mathrm{comp_a b} = |\mathrm{b}|\cos\theta$ 로 표기한다. 여기서, $\frac{\pi}{2} < \theta \le \pi$ 일 때 이 값이 음수임에 주의하자.

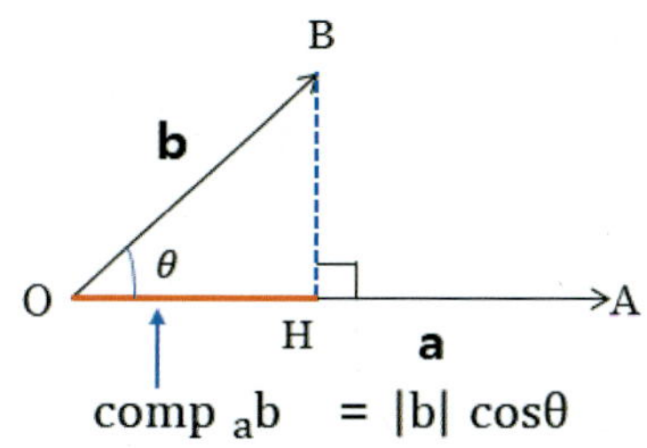

[그림 2.26]

정의 2.2.6 **벡터 사영과 스칼라 사영**

두 벡터 a와 b에 대하여 사잇각을 $\theta\,(0 \le \theta \le \pi)$라 하자.

a 위로의 b의 스칼라 사영 : $\mathrm{comp_a b} = |\mathrm{b}|\cos\theta = \dfrac{(\mathrm{a}\cdot\mathrm{b})}{|\mathrm{a}|}$

a 위로의 b의 벡터 사영 : $\mathrm{proj_a b} = |\mathrm{b}|\cos\theta\,\dfrac{\mathrm{a}}{|\mathrm{a}|} = \left(\dfrac{\mathrm{a}\cdot\mathrm{b}}{|\mathrm{a}|}\right)\dfrac{\mathrm{a}}{|\mathrm{a}|}$

예제 2.2.6 $\mathrm{a} = <4, -1, 2>$, $\mathrm{b} = <2, -1, 3>$에 대하여 $\mathrm{comp_a b}$, $\mathrm{proj_a b}$ 를 구하라.

풀이

$$|\mathrm{a}| = \sqrt{16+1+4} = \sqrt{21},$$

$$\mathrm{comp_a b} = \frac{\mathrm{b}\cdot\mathrm{a}}{|\mathrm{a}|} = \frac{<2,-1,3>\cdot<4,-1,2>}{\sqrt{21}} = \frac{8+1+6}{\sqrt{21}} = \frac{15}{\sqrt{21}}$$

이므로,

$$\begin{aligned}\mathrm{proj_a b} &= \left(\frac{\mathrm{a}\cdot\mathrm{b}}{|\mathrm{a}|}\right)\frac{\mathrm{a}}{|\mathrm{a}|}\\ &= \mathrm{comp_a b}\,\frac{\mathrm{a}}{|\mathrm{a}|}\\ &= \frac{15}{\sqrt{21}}\,\frac{<4,-1,2>}{\sqrt{21}}\\ &= \left\langle\frac{60}{21}, -\frac{15}{21}, \frac{30}{21}\right\rangle = \left\langle\frac{20}{7}, -\frac{5}{7}, \frac{10}{7}\right\rangle\end{aligned}$$

:연습문제 2.2

[1~4] 다음 식 중에서 연산이 가능한지 가능하지 않은지 이유를 설명하라.

1. $(\mathrm{a}-\mathrm{b}) \cdot \mathrm{c}$
2. $\mathrm{a} \cdot (\mathrm{b} \cdot \mathrm{c})$
3. $|\mathrm{a}+\mathrm{b}| \cdot \mathrm{c}$
4. $\mathrm{a}(\mathrm{b} \cdot \mathrm{c})$

[5~9] a • b를 구하라.

5. $\mathrm{a} = < 1, 2, -3 >$, $\mathrm{b} = < 2, 5, -1 >$
6. $\mathrm{a} = 2\mathrm{i}+\mathrm{j}+\mathrm{k}$, $\mathrm{b} = -\mathrm{i}-\mathrm{j}-3\mathrm{k}$
7. $\mathrm{a} = -4\mathrm{i}+3\mathrm{k}$, $\mathrm{b} = 2\mathrm{j}-9\mathrm{k}$
8. $|\mathrm{a}| = 5$, $|\mathrm{b}| = 2$, a와 b 사이의 각은 $\frac{2\pi}{3}$
9. $|\mathrm{a}| = 5$, $|\mathrm{b}| = \sqrt{7}$, a와 b 사이의 각은 $\frac{\pi}{6}$

[10~11] 다음 두 벡터 사이의 각을 찾아라.

10. $\mathrm{a} = < 2, -3, 1 >$, $\mathrm{b} = < 1, 0, 0 >$
11. $\mathrm{a} = \mathrm{i}+\mathrm{j}-2\mathrm{k}$, $\mathrm{b} = \mathrm{i}-3\mathrm{k}$

[12~14] 벡터 $\mathrm{a} = < 3, 4, -1 >$, $\mathrm{b} = < -1, 0, 6 >$, $\mathrm{c} = < 1, 4, -3 >$ 에 대하여 다음을 구하라.

12. a • b, b • a 를 구하고, 두 벡터의 결과가 같음을 확인하라. (내적의 성질)
13. 내적을 활용하여 두 벡터 a와 b의 사잇각을 구하고, 두 벡터의 위치관계를 설명하라. (예각, 직각, 둔각)
14. $(4\mathrm{a}-3\mathrm{c}) \cdot \mathrm{b}$를 내적의 성질 a • b와 b • c를 활용해 정리한 후 구하라.

[15~18] 다음 두 벡터가 서로 수직인지 평행인지 어느 것도 아닌지 결정하라.

15. $\mathrm{a} = < -2, 1, 0 >$, $\mathrm{b} = < 2, 4, 6 >$
16. $\mathrm{a} = -6\mathrm{i}+6\mathrm{j}-2\mathrm{k}$, $\mathrm{b} = -4\mathrm{i}-2\mathrm{j}+\mathrm{k}$
17. $\mathrm{a} = < -4, 8, 12 >$, $\mathrm{b} = < 3, -6, -9 >$
18. $\mathrm{a} = \alpha\mathrm{i}+\beta\mathrm{j}-\gamma\mathrm{k}$, $\mathrm{b} = \gamma\mathrm{j}+\beta\mathrm{k}$
19. $\mathrm{a} = \mathrm{i}-3\mathrm{j}-c\mathrm{k}$, $\mathrm{b} = -2\mathrm{i}+6\mathrm{j}+5\mathrm{k}$ 는 $c=($　　$)$일 때 평행이고, $c=($　　$)$일 때 직교한다. 괄호 안에 알맞은 수를 써라.
20. $\mathrm{a} = < 3, a, -1 >$, $\mathrm{b} = < -1, 0, b >$가 서로 수직 관계가 되도록 **내적을 활용**하여 a와 b의 값을 구하라.
21. $\mathrm{a} = < 3, a, -1 >$, $\mathrm{b} = < -1, 0, b >$가 서로 **평행** 관계가 되도록 a와 b의 값을 구하라.
22. 다음의 세 점을 꼭짓점으로 갖는 삼각형은 직각삼각형임을 보이라.

$$A(3, 1, 2),\ B(7, 0, 1),\ C(2, 3, -4)$$

[23~24] 세 점 $A(1, 0, 0)$, $B(2, 0, -1)$, $C(1, 4, 3)$에 대하여, 다음 물음에 답하여라.

23. $\overrightarrow{AB}$ 와 $\overrightarrow{AC}$ 가 이루는 각을 구하라.
24. $\overrightarrow{AB}$ 위로 $\overrightarrow{AC}$ 의 벡터 사영을 구하라.

[25~26] 두 벡터 $\mathrm{a} = < 2, -1, 3 >$, $\mathrm{b} = < 0, 2, 1 >$에 대하여, 다음 물음에 답하라.

25. $\mathrm{proj}_{\mathrm{a}}\mathrm{b}$
26. $\mathrm{comp}_{\mathrm{a}}\mathrm{b}$
27. 벡터 $\mathrm{a} = 2\mathrm{i}-\mathrm{j}+\mathrm{k}$, $\mathrm{b} = -\mathrm{j}+\mathrm{k}$ 일 때, b 위로의 $\mathrm{a}+\mathrm{b}$ 의 벡터 사영을 구하라.

28. y의 어떤 값에 대해 두 벡터 $< -6, y, 2 >$와 $< y, y^2, y >$는 서로 수직인가?

29. $\mathbf{i}-\mathbf{j}$ 와 $\mathbf{i}+\mathbf{k}$에 모두 수직인 단위 벡터를 찾아라.

30. 두 벡터 $\mathbf{a} = < 1, 1, 1 >$와 $\mathbf{b} = < -2, 2, -1 >$에 동시에 수직인 벡터 중 z-성분이 1인 벡터 $\mathbf{v}$를 구하라.

31. 주어진 두 벡터 $< 2, -1, 3 >$, $< 0, 2, 1 >$에 모두 수직인 단위 벡터를 구하라.

32. 벡터 $\mathrm{orth}_{\mathbf{a}}\mathbf{b} = \mathbf{b} - \mathrm{proj}_{\mathbf{a}}\mathbf{b}$가 $\mathbf{a}$에 수직임을 보이라. 이를 $\mathbf{b}$의 직교사영(orthogonal projection)이라 한다.

[33~36] 두 벡터 $\mathbf{a} = -\mathbf{j}+\mathbf{k}$, $\mathbf{b} = 2\mathbf{i}-2\mathbf{j}+\mathbf{k}$에 대하여 다음을 구하라.

33. $\mathbf{a}$와 $\mathbf{b}$에 수직인 단위벡터

34. $\mathrm{comp}_{\mathbf{a}}\mathbf{b}$

35. $\mathrm{proj}_{\mathbf{a}}\mathbf{b}$

36. $\mathbf{a}$에 수직인 $\mathbf{b}$의 직교사영을 구하라.

37. 두 직선 $2x+y=7$, $3x-y=3$사이의 예각을 구하라.

[38~39] $\mathbf{a} = 2\mathbf{i}+\mathbf{k}$에 대하여 다음을 구하라.

38. $\mathrm{comp}_{\mathbf{a}}\mathbf{b} = 3$인 벡터 $\mathbf{b}$

39. $\mathrm{proj}_{\mathbf{a}}\mathbf{b}$

40. 영이 아닌 벡터 $\mathbf{a} = < a_1, a_2, a_3 >$가 x, y, z축의 양의 방향과 이루는 각을 각각 α, β, γ $(0 \le \alpha, \beta, \gamma \le \pi)$ 라 하자. 이 각들을 $\mathbf{a}$의 방향각(direction angle)이라 하고, 방향각의 코사인 $\cos\alpha$, $\cos\beta$, $\cos\gamma$ 의 값을 벡터 $\mathbf{a}$의 방향코사인(direction cosine) 이라 한다. 다음을 증명하라.

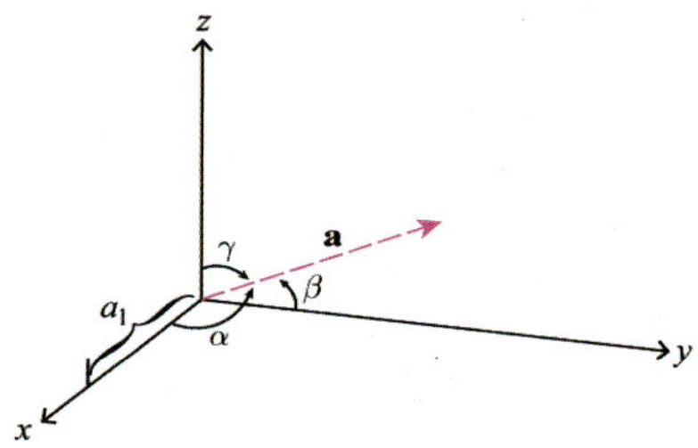

(1) $\cos\alpha = \dfrac{a_1}{|\mathbf{a}|}$, $\cos\beta = \dfrac{a_2}{|\mathbf{a}|}$, $\cos\gamma = \dfrac{a_3}{|\mathbf{a}|}$

(2) $\cos^2\alpha + \cos^2\beta + \cos^2\gamma = 1$

(3) $\mathbf{a} = |\mathbf{a}| < \cos\alpha, \cos\beta, \cos\gamma >$

[41~44] 다음 벡터의 방향각과 방향코사인을 구하라.

41. $\mathbf{a} = < 1, 2, -2 >$

42. $\mathbf{a} = < 2, 3, 4 >$

43. $\mathbf{a} = < 2, 1, 2 >$

44. $\mathbf{a} = < 2, 2, 2 >$ $(2 > 0)$

45. $\mathbb{R}^2$에서 벡터 $\mathbf{a}$가 x축의 양의 방향과 이루는 각이 $\dfrac{\pi}{3}$이고, 그 크기가 $|\mathbf{a}| = 4$일 때 $\mathbf{a}$를 성분으로 나타내라.

46. $\mathbb{R}^3$에서 벡터 $\mathbf{a}$가 x축과 y축의 양의 방향과 이루는 각이 $\dfrac{\pi}{4}$, $\dfrac{\pi}{3}$이고, 그 크기가 $|\mathbf{a}| = 1$일 때 $\mathbf{a}$를 성분으로 나타내라. (단, $\mathbf{a}$의 z축의 양의 방향과 이루는 각은 구간 $[0, \pi]$에 있는 각을 말한다)

47. $\mathbb{R}^3$에서 벡터 $\mathbf{a}$가 x축과 y축의 양의 방향과 이루는 각이 $\dfrac{\pi}{3}$이고, 그 크기가 $|\mathbf{a}| = 4$일 때 $\mathbf{a}$를 성분으로 나타내라. (단, $\mathbf{a}$의 z축 성분은 양의 값을 가진다.)

2.3 외적

이 절에서는 벡터의 또 하나의 특별한 연산인 외적에 대해 알아본다.

정의 2.3.1

$\mathbb{R}^3$에 있는 $\mathbf{0}$ 이 아닌 두 벡터 $\mathbf{a} = < a_1, a_2, a_3 >$, $\mathbf{b} = < b_1, b_2, b_3 >$ 에 대하여, $\mathbf{a}$ 와 $\mathbf{b}$ 의 외적(vector product)을

$$\mathbf{a} \times \mathbf{b} = < a_2 b_3 - a_3 b_2 ,\ a_3 b_1 - a_1 b_3 ,\ a_1 b_2 - a_2 b_1 >$$

라 정의하자.

앞 절에서 배운 행렬식의 정의를 통해 좀 더 쉽게 표현할 수 있다.

$$\begin{aligned}\mathbf{a} \times \mathbf{b} &= < a_2 b_3 - a_3 b_2 ,\ a_3 b_1 - a_1 b_3 ,\ a_1 b_2 - a_2 b_1 > \\ &= (a_2 b_3 - a_3 b_2)\mathbf{i} + (a_3 b_1 - a_1 b_3)\mathbf{j} + (a_1 b_2 - a_2 b_1)\mathbf{k} \\ &= \begin{vmatrix} a_2 & a_3 \\ b_2 & b_3 \end{vmatrix}\mathbf{i} - \begin{vmatrix} a_1 & a_3 \\ b_1 & b_3 \end{vmatrix}\mathbf{j} + \begin{vmatrix} a_1 & a_2 \\ b_1 & b_2 \end{vmatrix}\mathbf{k} = \begin{vmatrix} \mathbf{i} & \mathbf{j} & \mathbf{k} \\ a_1 & a_2 & a_3 \\ b_1 & b_2 & b_3 \end{vmatrix}\end{aligned}$$

$\mathbf{a} \times \mathbf{b} = \begin{vmatrix} \mathbf{i} & \mathbf{j} & \mathbf{k} \\ a_1 & a_2 & a_3 \\ b_1 & b_2 & b_3 \end{vmatrix}$ 로 놓을 수 있다. 비록 $\mathbf{i}, \mathbf{j}, \mathbf{k}$ 는 수가 아닌 벡터이지만 앞의 계산에서 보는 것처럼, 수처럼 행렬식을 계산하여 최종적으로 벡터를 표현하게 해준다.

참고

내적은 모든 차원의 벡터에서 정의되지만, 외적은 3차원 벡터에서만 정의한다. 내적의 결과는 스칼라 이고, 외적의 결과는 벡터이다.

예제 2.3.1 $\mathbf{a} =< 1,2,3 >$, $\mathbf{b} =< 1,-1,2 >$ 의 외적 $\mathbf{a} \times \mathbf{b}$ 와 $\mathbf{b} \times \mathbf{a}$ 를 구하고 결과를 비교하라.

풀이

$$\mathbf{a} \times \mathbf{b} = \begin{vmatrix} \mathbf{i} & \mathbf{j} & \mathbf{k} \\ 1 & 2 & 3 \\ 1 & -1 & 2 \end{vmatrix} = \begin{vmatrix} 2 & 3 \\ -1 & 2 \end{vmatrix}\mathbf{i} - \begin{vmatrix} 1 & 3 \\ 1 & 2 \end{vmatrix}\mathbf{j} + \begin{vmatrix} 1 & 2 \\ 1 & -1 \end{vmatrix}\mathbf{k}$$

$$= (4 - (-3))\mathbf{i} - (2 - 3)\mathbf{j} + (-1 - 2)\mathbf{k}$$

$$= 7\mathbf{i} + \mathbf{j} - 3\mathbf{k}$$

$$\mathrm{b}\times\mathrm{a} = \begin{vmatrix} \mathrm{i} & \mathrm{j} & \mathrm{k} \\ 1 & -1 & 2 \\ 1 & 2 & 3 \end{vmatrix} = \begin{vmatrix} -1 & 2 \\ 2 & 3 \end{vmatrix}\mathrm{i} - \begin{vmatrix} 1 & 2 \\ 1 & 3 \end{vmatrix}\mathrm{j} + \begin{vmatrix} 1 & -1 \\ 1 & 2 \end{vmatrix}\mathrm{k}$$

$$= (-3-4)\mathrm{i} - (3-2)\mathrm{j} + (2-(-1))\mathrm{k}$$

$$= -7\mathrm{i} - \mathrm{j} + 3\mathrm{k}$$

$\mathrm{a}\times\mathrm{b} \neq \mathrm{b}\times\mathrm{a}$이므로 외적은 교환법칙이 성립하지 않는다. 그렇지만, $\mathrm{a}\times\mathrm{b} = -\mathrm{b}\times\mathrm{a}$임을 확인할 수 있다.

이제 a와 b의 외적이 나타내는 의미를 살펴보자.

정리 2.3.2

0이 아닌 두 벡터 $\mathrm{a} = < a_1, a_2, a_3 >$와 $\mathrm{b} = < b_1, b_2, b_3 >$의 사잇각을 θ $(0 \le \theta \le \pi)$라 하면,

$$|\mathrm{a}\times\mathrm{b}| = |\mathrm{a}||\mathrm{b}|\sin\theta$$

이다.

내적은 교환법칙이 성립한다.
$\mathrm{a} \cdot \mathrm{b} = \mathrm{b} \cdot \mathrm{a}$

증명 $|\mathrm{a}\times\mathrm{b}|^2 = (a_2b_3 - a_3b_2)^2 + (a_3b_1 - a_1b_3)^2 + (a_1b_2 - a_2b_1)^2$

$$= (a_1^2 + a_2^2 + a_3^2)(b_1^2 + b_2^2 + b_3^2) - (a_1b_1 + a_2b_2 + a_3b_3)^2$$

$$= |\mathrm{a}|^2|\mathrm{b}|^2 - (\mathrm{a}\cdot\mathrm{b})^2$$

$\mathrm{a}\cdot\mathrm{b} = |\mathrm{a}||\mathrm{b}|\cos\theta$ 을 이용하면,

$$|\mathrm{a}\times\mathrm{b}|^2 = |\mathrm{a}|^2|\mathrm{b}|^2 - |\mathrm{a}|^2|\mathrm{b}|^2\cos^2\theta$$

$$= |\mathrm{a}|^2|\mathrm{b}|^2(1-\cos^2\theta)$$

$$= |\mathrm{a}|^2|\mathrm{b}|^2\sin^2\theta$$

그런데, $|\mathrm{a}\times\mathrm{b}|$는 양의 값을 가지므로

$$|\mathrm{a}\times\mathrm{b}| = |\mathrm{a}||\mathrm{b}|\sin\theta$$

이다. ■

[그림 2.27]은 위의 정리를 기하학적으로 설명할 수 있다. a 와 b를 시점이 같은 유향선분으로 표현하면, 밑면의 길이가 $|\mathrm{a}|$ 이고, 높이가 $|\mathrm{b}|\sin\theta$ 일 때, 평행사변형의 넓이 S는 다음과 같다.

$$S = |\mathrm{a}|(|\mathrm{b}|\sin\theta) = |\mathrm{a}\times\mathrm{b}|$$

그러므로 외적 a×b 의 크기는 a 와 b로 정의되는 평행사변형의 넓이와 같다.

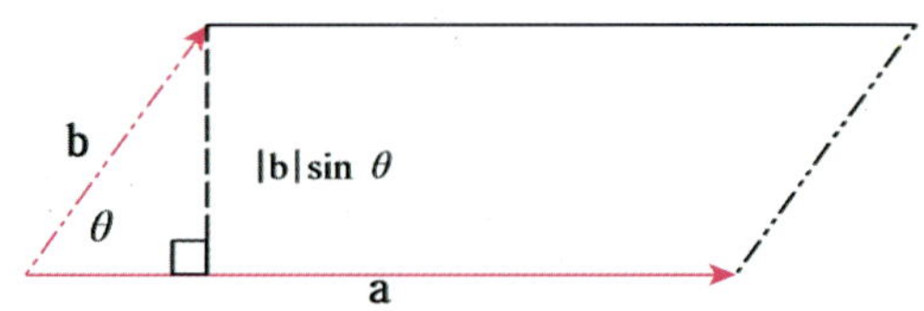

[그림 2.27]

예제 2.3.2 $\mathrm{a} = \mathrm{i} - 2\mathrm{j} + 2\mathrm{k}$, $\mathrm{b} = 3\mathrm{i} + \mathrm{j} - 4\mathrm{k}$ 일 때, a 와 b 에 의해 결정되는 평행사변형의 넓이를 구하라.

풀이

$$\mathrm{a}\times\mathrm{b} = \begin{vmatrix} \mathrm{i} & \mathrm{j} & \mathrm{k} \\ 1 & -2 & 2 \\ 3 & 1 & -4 \end{vmatrix} = \begin{vmatrix} -2 & 2 \\ 1 & -4 \end{vmatrix}\mathrm{i} - \begin{vmatrix} 1 & 2 \\ 3 & -4 \end{vmatrix}\mathrm{j} + \begin{vmatrix} 1 & -2 \\ 3 & 1 \end{vmatrix}\mathrm{k}$$

$$= (8-2)\mathrm{i} - ((-4)-6)\mathrm{j} + (1+6)\mathrm{k}$$

$$= 6\mathrm{i} + 10\mathrm{j} + 7\mathrm{k}$$

$$|\mathrm{a}\times\mathrm{b}| = \sqrt{6^2 + 10^2 + (7)^2} = \sqrt{36+100+49} = \sqrt{185}$$

외적의 정의로부터 다음 성질들을 얻는다.

정리 2.3.3

0이 아닌 두 벡터 $\mathrm{a} = < a_1, a_2, a_3 >$, $\mathrm{b} = < b_1, b_2, b_3 >$라 하자.

(a) $\mathrm{a}\times\mathrm{a} = 0$

(b) a× b 는 a와 b에 모두 수직이다,

증명

(a) $$\mathrm{a}\times\mathrm{a} = \begin{vmatrix} \mathrm{i} & \mathrm{j} & \mathrm{k} \\ a_1 & a_2 & a_3 \\ a_1 & a_2 & a_3 \end{vmatrix} = \begin{vmatrix} a_2 & a_3 \\ a_2 & a_3 \end{vmatrix}\mathrm{i} - \begin{vmatrix} a_1 & a_3 \\ a_1 & a_3 \end{vmatrix}\mathrm{j} + \begin{vmatrix} a_1 & a_2 \\ a_1 & a_2 \end{vmatrix}\mathrm{k}$$

$$= \mathrm{i}(0) + \mathrm{j}(0) + \mathrm{k}(0)$$

$$= 0$$

(b) $(\mathrm{a}\times\mathrm{b})\perp\mathrm{a}$ 과 $(\mathrm{a}\times\mathrm{b})\perp\mathrm{b}$를 보인다.

$(\mathrm{a}\times\mathrm{b})\perp\mathrm{a}$ 은 내적의 성질에 의해 $(\mathrm{a}\times\mathrm{b})\cdot\mathrm{a} = 0$ 임을 보인다.

$$(\mathrm{a}\times\mathrm{b})\cdot\mathrm{a} = [(a_2b_3 - a_3b_2)\mathrm{i} - (a_1b_3 - a_3b_1)\mathrm{j} + (a_1b_2 - a_2b_1)\mathrm{k}]\cdot(a_1\mathrm{i} + a_2\mathrm{j} + a_3\mathrm{k})$$

$$= a_1(a_2b_3 - a_3b_2) - a_2(a_1b_3 - a_3b_1) + a_3(a_1b_2 - a_2b_1)$$

$$= a_1a_2b_3 - a_1b_2a_3 - a_1a_2b_3 + b_1a_2a_3 + a_1b_2a_3 - b_1a_2a_3$$

$= 0$

유사하게, $(\mathbf{a}\times\mathbf{b})\perp\mathbf{b} \Leftrightarrow (\mathbf{a}\times\mathbf{b})\cdot\mathbf{b}=0$ 을 보이면 된다. ■

위의 결과에 의하여 a×b는 a와 b에 모두 수직이다. 즉, a×b는 a와 b에 의해 만들어지는 평면에 수직이다.

두 벡터 $\mathbf{a} = < a_1, a_2, a_3 >$, $\mathbf{b} = < b_1, b_2, b_3 >$에 대하여 외적 a×b를 다시 정의할 수 있다.

a×b는 a와b에 의해 만들어지는 평면에 수직이고, a×b 의 크기는 a와b로 정의되는 평행사변형의 넓이와 같다는 성질을 활용하면,

(a) 외적 a×b 의 크기 : a와b 로 정의되는 평행사변형의 넓이

(b) 외적 a×b 의 방향 : 오른손 법칙에 따르는 방향

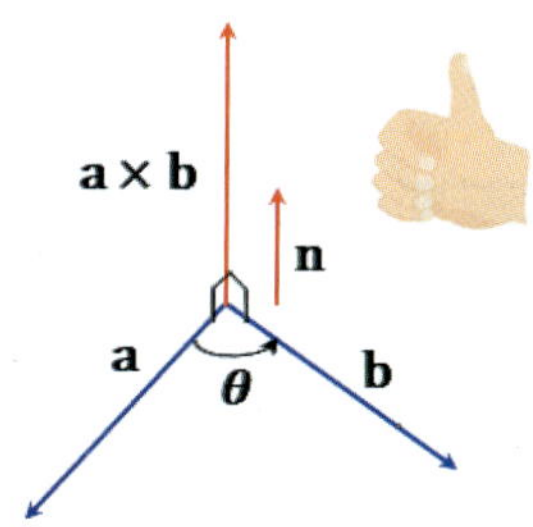

[그림 2.28]

a×b는 하나의 벡터이므로 a와 b에 의해 만들어지는 평면에 수직인 두 개의 벡터 중 오른손 법칙에 따르는 방향을 가진다. 따라서, a×b 와 b×a 는 정반대 방향이다[그림 2.28].

예제 2.3.3 세 점 $P(1,3,2)$, $Q(-2,1,2)$, $R(1,-2,3)$에 대하여, 다음 물음에 답하라.

(a) 세 점을 지나는 평면에 수직인 벡터를 구하라.
(b) $\triangle PQR$의 넓이를 구하라.

풀이

(a) 벡터 $\overrightarrow{PQ}\times\overrightarrow{PR}$은 두 벡터 $\overrightarrow{PQ}$와 $\overrightarrow{PR}$에 모두 직교하므로 점 P, Q, R을 지나는 평면에 직교한다.

$\overrightarrow{PQ} = < -3, -2, 0 >$, $\overrightarrow{PR} = < 0, -5, 1 >$의 벡터들의 외적을 구하면,

$$\overrightarrow{PQ}\times\overrightarrow{PR} = \begin{vmatrix} \mathbf{i} & \mathbf{j} & \mathbf{k} \\ -3 & -2 & 0 \\ 0 & -5 & 1 \end{vmatrix} = -2\mathbf{i} + 3\mathbf{j} + 15\mathbf{k} \text{ 이다.}$$

따라서, $< -2, 3, 15 >$는 세 점을 지나는 평면에 수직이다. 또한, $< 2, -3, -15 >$와 같이 이 벡터에 영이 아닌 임의의 스칼라 배, $3 < 2, -3, -15 > = < 6, -9, -45 >$ 역시 평면에 수직이다.

(b) (a)에서 구한 $\overrightarrow{PQ}\times\overrightarrow{PR}$을 이용한다.
이웃하는 두 변 $\overrightarrow{PQ}$와 $\overrightarrow{PR}$인 평행사변형의 넓이는 다음과 같이 외적의 크기와 같다.

$$|\overrightarrow{PQ} \times \overrightarrow{PR}| = |-2\mathbf{i} + 3\mathbf{j} + 15\mathbf{k}| = \sqrt{4+9+225} = \sqrt{238}$$

$\triangle PQR$의 넓이의 $\overrightarrow{PQ}$와 $\overrightarrow{PR}$을 두 변으로 하는 평행사변형 넓이의 절반이므로 $\dfrac{\sqrt{238}}{2}$이다.

정리 2.3.4

영이 아닌 두 벡터 $\mathbf{a}$와 $\mathbf{b}$가 서로 평행일 필요충분조건은 $\mathbf{a} \times \mathbf{b} = \mathbf{0}$ 이다.

증명 영이 아닌 두 벡터의 외적 $\mathbf{a} \times \mathbf{b} = 0$이라면 그 크기가 0이므로

$$|\mathbf{a} \times \mathbf{b}| = |\mathbf{a}||\mathbf{b}| \sin\theta = 0 \Leftrightarrow \sin\theta = 0 \Leftrightarrow \theta = 0 \text{ 또는 } \theta = \pi$$

이다. 두 벡터의 사잇각이 0이면 겹치는 경우이고, π이면 반대방향으로 겹치는 경우이다. 따라서, 영이 아닌 두 벡터가 평행일 필요충분조건은 $\mathbf{a} \times \mathbf{b} = \mathbf{0}$ 이다. ■

외적에 관한 여러 가지 성질을 정리해 보자.

정리 2.3.5

$\mathbf{a} = < a_1, a_2, a_3 >$, $\mathbf{b} = < b_1, b_2, b_3 >$, $\mathbf{c} = < c_1, c_2, c_3 >$은 벡터이고, k는 스칼라라 하자.

(a) $\mathbf{a} \times \mathbf{b} = -(\mathbf{b} \times \mathbf{a})$

(b) $(k\mathbf{a}) \times \mathbf{b} = k(\mathbf{a} \times \mathbf{b}) = \mathbf{a} \times (k\mathbf{b})$

(c) $\mathbf{a} \times (\mathbf{b} + \mathbf{c}) = (\mathbf{a} \times \mathbf{b}) + (\mathbf{a} \times \mathbf{c})$

(d) $(\mathbf{a} + \mathbf{b}) \times \mathbf{c} = (\mathbf{a} \times \mathbf{c}) + (\mathbf{b} \times \mathbf{c})$

(e) $\mathbf{a} \cdot (\mathbf{b} \times \mathbf{c}) = (\mathbf{a} \times \mathbf{b}) \cdot \mathbf{c}$ [스칼라 삼중곱]

(f) $(\mathbf{a} \times \mathbf{b}) \times \mathbf{c} = (\mathbf{a} \cdot \mathbf{c})\mathbf{b} - (\mathbf{b} \cdot \mathbf{c})\mathbf{a}$ [벡터 삼중곱]

(g) $\mathbf{a} \times (\mathbf{b} \times \mathbf{c}) = (\mathbf{a} \cdot \mathbf{c})\mathbf{b} - (\mathbf{a} \cdot \mathbf{b})\mathbf{c}$ [벡터 삼중곱]

증명 이런 성질들은 벡터를 성분으로 나타내고 외적의 정의를 이용해서 증명 할 수 있다. 성질(a), (e)를 제외하고, 나머지 증명은 연습문제로 남긴다.

(a) $$\mathbf{a} \times \mathbf{b} = \begin{vmatrix} \mathbf{i} & \mathbf{j} & \mathbf{k} \\ a_1 & a_2 & a_3 \\ b_1 & b_2 & b_3 \end{vmatrix} = -\begin{vmatrix} \mathbf{i} & \mathbf{j} & \mathbf{k} \\ b_1 & b_2 & b_3 \\ a_1 & a_2 & a_3 \end{vmatrix} = -(\mathbf{b} \times \mathbf{a})$$

(e) $$(\mathbf{a} \times \mathbf{b}) \cdot \mathbf{c} = \mathbf{c} \cdot (\mathbf{a} \times \mathbf{b}) = < c_1, c_2, c_3 > \cdot \begin{vmatrix} \mathbf{i} & \mathbf{j} & \mathbf{k} \\ a_1 & a_2 & a_3 \\ b_1 & b_2 & b_3 \end{vmatrix}$$

$$= < c_1, c_2, c_3 > \cdot < \begin{vmatrix} a_2 & a_3 \\ b_2 & b_3 \end{vmatrix}, -\begin{vmatrix} a_1 & a_3 \\ b_1 & b_3 \end{vmatrix}, \begin{vmatrix} a_1 & a_2 \\ b_1 & b_2 \end{vmatrix} >$$

$$= \begin{vmatrix} c_1 & c_2 & c_3 \\ a_1 & a_2 & a_3 \\ b_1 & b_2 & b_3 \end{vmatrix} = (-1)\begin{vmatrix} a_1 & a_2 & a_3 \\ c_1 & c_2 & c_3 \\ b_1 & b_2 & b_3 \end{vmatrix} = \begin{vmatrix} a_1 & a_2 & a_3 \\ b_1 & b_2 & b_3 \\ c_1 & c_2 & c_3 \end{vmatrix}$$

$$= \mathrm{a} \cdot \begin{vmatrix} \mathrm{i} & \mathrm{j} & \mathrm{k} \\ b_1 & b_2 & b_3 \\ c_1 & c_2 & c_3 \end{vmatrix} = \mathrm{a} \cdot (\mathrm{b} \times \mathrm{c})$$

이다. ■

스칼라 삼중곱은 아래와 같이 행렬식으로 쓸 수 있고, 계산 할 수 있다.

$$\mathrm{a} \cdot (\mathrm{b} \times \mathrm{c}) = \begin{vmatrix} a_1 & a_2 & a_3 \\ b_1 & b_2 & b_3 \\ c_1 & c_2 & c_3 \end{vmatrix} = \begin{vmatrix} b_1 & b_2 & b_3 \\ c_1 & c_2 & c_3 \\ a_1 & a_2 & a_3 \end{vmatrix} = \begin{vmatrix} c_1 & c_2 & c_3 \\ a_1 & a_2 & a_3 \\ b_1 & b_2 & b_3 \end{vmatrix} = (\mathrm{a} \times \mathrm{b}) \cdot \mathrm{c}$$

예제 2.3.4 표준 기저 벡터 i, j, k 에 대하여, 다음이 성립함을 확인하라.

$$\mathrm{i} \times \mathrm{j} = \mathrm{k}, \quad \mathrm{j} \times \mathrm{k} = \mathrm{i}, \quad \mathrm{k} \times \mathrm{i} = \mathrm{j}$$

$$\mathrm{j} \times \mathrm{i} = -\mathrm{k}, \quad \mathrm{k} \times \mathrm{j} = -\mathrm{i}, \quad \mathrm{i} \times \mathrm{k} = -\mathrm{j}$$

풀이

$\mathrm{i} \times \mathrm{j} = \begin{vmatrix} \mathrm{i} & \mathrm{j} & \mathrm{k} \\ 1 & 0 & 0 \\ 0 & 1 & 0 \end{vmatrix} = \begin{vmatrix} 0 & 0 \\ 1 & 0 \end{vmatrix}\mathrm{i} - \begin{vmatrix} 1 & 0 \\ 0 & 0 \end{vmatrix}\mathrm{j} + \begin{vmatrix} 1 & 0 \\ 0 & 1 \end{vmatrix}\mathrm{k} = \mathrm{k}$ 이다.

$\mathrm{j} \times \mathrm{k} = \mathrm{i}$, $\mathrm{k} \times \mathrm{i} = \mathrm{j}$도 유사하게 보일 수 있다.

또한, $\mathrm{j} \times \mathrm{i} = \begin{vmatrix} \mathrm{i} & \mathrm{j} & \mathrm{k} \\ 0 & 1 & 0 \\ 1 & 0 & 0 \end{vmatrix} = \begin{vmatrix} 1 & 0 \\ 0 & 0 \end{vmatrix}\mathrm{i} - \begin{vmatrix} 0 & 0 \\ 1 & 0 \end{vmatrix}\mathrm{j} + \begin{vmatrix} 0 & 1 \\ 1 & 0 \end{vmatrix}\mathrm{k} = -\mathrm{k}$ 이다.

$\mathrm{k} \times \mathrm{j} = -\mathrm{i}$, $\mathrm{i} \times \mathrm{k} = -\mathrm{j}$도 성립한다.

따라서 외적은 교환법칙이 성립하지 않는다.

외적에 관한 결합법칙도 성립하지 않는다. 왜냐하면,

$$\mathrm{i} \times (\mathrm{i} \times \mathrm{j}) = \mathrm{i} \times \mathrm{k} = -\mathrm{j}$$

$$(\mathbf{i}\times\mathbf{i})\times\mathbf{j} = \mathbf{0}\times\mathbf{j} = \mathbf{0}$$

이것을 일반적으로 정리해 보면, $\mathbf{a}\times(\mathbf{b}\times\mathbf{c}) \neq (\mathbf{a}\times\mathbf{b})\times\mathbf{c}$ 이다.

예제 2.3.5 $\mathbf{a} = \langle 2, -1, 6 \rangle$, $\mathbf{b} = \langle -3, 5, 1 \rangle$, $\mathbf{c} = \langle 0, 1, 2 \rangle$에 대하여 $\mathbf{a}\cdot(\mathbf{b}\times\mathbf{c}) = (\mathbf{a}\times\mathbf{b})\cdot\mathbf{c}$ 임을 확인하라.

풀이

$$\mathbf{a}\times\mathbf{b} = \begin{vmatrix} \mathbf{i} & \mathbf{j} & \mathbf{k} \\ 2 & -1 & 6 \\ -3 & 5 & 1 \end{vmatrix} = (-1-30)\mathbf{i}-(2+18)\mathbf{j}+(10-3)\mathbf{k} = -31\mathbf{i}-20\mathbf{j}+7\mathbf{k}$$

$$(\mathbf{a}\times\mathbf{b})\cdot\mathbf{c} = (-31\mathbf{i}-20\mathbf{j}+7\mathbf{k})\cdot(\mathbf{j}+2\mathbf{k}) = (-20+14) = -6$$

$$\mathbf{b}\times\mathbf{c} = \begin{vmatrix} \mathbf{i} & \mathbf{j} & \mathbf{k} \\ -3 & 5 & 1 \\ 0 & 1 & 2 \end{vmatrix} = (10-1)\mathbf{i}-(-6)\mathbf{j}+(-3)\mathbf{k} = 9\mathbf{i}+6\mathbf{j}-3\mathbf{k}$$

$$\mathbf{a}\cdot(\mathbf{b}\times\mathbf{c}) = (2\mathbf{i}-\mathbf{j}+6\mathbf{k})\cdot(9\mathbf{i}+6\mathbf{j}+(-3)\mathbf{k}) = 18-6-18 = -6$$

스칼라 삼중곱의 기하학적 해석은 다음과 같다.

세 벡터 $\mathbf{a}$, $\mathbf{b}$, $\mathbf{c}$ 를 세 모서리로 갖는 평행육면체의 부피는 스칼라의 삼중곱의 절댓값과 같다.

$$V = |\mathbf{a}\cdot(\mathbf{b}\times\mathbf{c})|$$

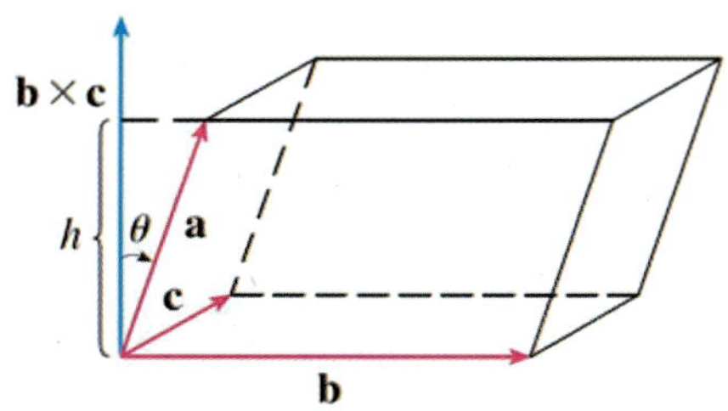

[그림 2.29]

부피 V = 밑면적(S) × 높이 (h)이다.

$S = |\mathbf{b}\times\mathbf{c}|$, $\mathbf{b}\times\mathbf{c}$ 는 밑면에 수직이고, $\mathbf{a}$와 $\mathbf{b}\times\mathbf{c}$의 사잇각을 θ라 하면,

$h = |\mathbf{a}||\cos\theta|$ ($\frac{\pi}{2} < \theta$ 일 때 $\cos\theta$ 대신에 $|\cos\theta|$)이므로,

$$\begin{aligned} V &= Sh \\ &= |\mathbf{b}\times\mathbf{c}||\mathbf{a}||\cos\theta| \\ &= |\mathbf{a}\cdot(\mathbf{b}\times\mathbf{c})| \end{aligned}$$

예제 2.3.6 벡터 $\mathbf{a} = \langle -4, 2, 4 \rangle$, $\mathbf{b} = \langle 2, 1, -2 \rangle$, $\mathbf{c} = \langle -3, 4, 1 \rangle$로 결정되는 평행육면체의 부피를 구하라.

풀이

$$a \cdot (b \times c) = \begin{vmatrix} -4 & 2 & 4 \\ 2 & 1 & -2 \\ -3 & 4 & 1 \end{vmatrix}$$

$$= -4\begin{vmatrix} 1 & -2 \\ 4 & 1 \end{vmatrix} - 2\begin{vmatrix} 2 & -2 \\ -3 & 1 \end{vmatrix} + 4\begin{vmatrix} 2 & 1 \\ -3 & 4 \end{vmatrix}$$

$$= -36 + 8 + 44 = 16$$

예제 2.3.7 $a = < 2, 3, 1 >$, $b = < 1, -1, 0 >$, $c = < 7, 3, 2 >$가 동일 평면에 있음을 보이라.

풀이

세 벡터 a, b, c를 세 모서리로 갖는 평행육면체의 부피는 스칼라의 삼중곱을 이용한다.

$$a \cdot (b \times c) = \begin{vmatrix} 2 & 3 & 1 \\ 1 & -1 & 0 \\ 7 & 3 & 2 \end{vmatrix}$$

$$= 2\begin{vmatrix} -1 & 0 \\ 3 & 2 \end{vmatrix} - 3\begin{vmatrix} 1 & 0 \\ 7 & 2 \end{vmatrix} + \begin{vmatrix} 1 & -1 \\ 7 & 3 \end{vmatrix}$$

$$= 2(-2) - 3(2) + (3+7) = 0$$

a, b, c로 결정되는 평행육면체의 부피가 0이므로, 세 개의 벡터는 동일한 평면에 있다.

:연습문제 2.3

[1~9] 다음 식 중에서 연산이 가능한지 가능하지 않은지 이유를 설명하고 연산이 가능할 때는 벡터인지 스칼라인지 말하라.

1. $(a+b)\times c$
2. $a\times(b \cdot c)$
3. $(a\times b)\cdot c$
4. $a\cdot(b\times c)$
5. $(a\cdot b)\times c$
6. $|a-b|\times c$
7. $(a\cdot c)\times(b\cdot c)$
8. $(a\times b)\times c$
9. $a\cdot(b\cdot c)$

[10~13] 행렬식이 아니라 외적의 성질을 활용하여 다음 벡터를 구하라.

10. $(i\times j)\times k$
11. $k\times(i-2j)$
12. $(j-k)\times(k-i)$
13. $(i+j)\times(i-j)$

[14~19] 외적 $a\times b$, $b\times a$ 를 구하라.

14. $a = < 2, 1, -1 >$, $b = < 0, 1, 3 >$
15. $a = < 1, 2, -2 >$, $b = < 3, 0, 1 >$
16. $a = 2i - j + 6k$, $b = -3i + 5j + k$
17. $a = j + 7k$, $b = 2i - j + 4k$
18. $a = i - \sin t\, j + \cos t\, k$, $b = t\, i + \cos t\, j + \sin t\, k$

19. $\mathrm{a} = < t^2, t^2, 1 >, \mathrm{b} = < t, 1, \frac{1}{t} >$

[20~25] 14~19번에서 찾은 외적 a×b이 a와 b에 모두 수직임을 확인하라.

20. $\mathrm{a} = < 2, 1, -1 >$, $\mathrm{b} = < 0, 1, 3 >$

21. $\mathrm{a} = < 1, 2, -2 >$, $\mathrm{b} = < 3, 0, 1 >$

22. $\mathrm{a} = 2\mathrm{i} - \mathrm{j} + 6\mathrm{k}$, $\mathrm{b} = -3\mathrm{i} + 5\mathrm{j} + \mathrm{k}$

23. $\mathrm{a} = \mathrm{j} + 7\mathrm{k}$, $\mathrm{b} = 2\mathrm{i} - \mathrm{j} + 4\mathrm{k}$

24. $\mathrm{a} = \mathrm{i} - \sin t\,\mathrm{j} + \cos t\,\mathrm{k}$, $\mathrm{b} = t\,\mathrm{i} + \cos t\,\mathrm{j} + \sin t\,\mathrm{k}$

25. $\mathrm{a} = < t^2, t^2, 1 >, \mathrm{b} = < t, 1, \frac{1}{t} >$

26. $|\mathrm{a}| = 4$, $|\mathrm{b}| = 5$이고, 두 벡터의 사잇각이 $\frac{\pi}{4}$일 때, $|\mathrm{a} \times \mathrm{b}|$를 구하라.

27. 정리 2.3.5의 성질 (b), (c), (d)를 증명하라.

28. 정리 2.3.5의 성질(f) $(\mathrm{a} \times \mathrm{b}) \times \mathrm{c} = (\mathrm{a} \cdot \mathrm{c})\mathrm{b} - (\mathrm{b} \cdot \mathrm{c})\mathrm{a}$를 증명하라.

29. 정리 2.3.5의 성질 (g)를 증명하라.

30. 세 점 $P(1,0,1), Q(-2,1,3), R(4,2,5)$에 대하여, 세 점을 포함하는 평면에 수직인 벡터를 찾고, 삼각형 PQR의 넓이를 구하라.

31. 점 $A(1, 4, 6), B(-2, 5, -1), C(1, -1, 1)$을 지나는 평면에 수직인 단위벡터를 모두 구하라.

32. $\mathrm{a} \cdot \mathrm{b} = 1$이고 $\mathrm{a} \times \mathrm{b} = \mathrm{i} - \mathrm{j} - \mathrm{k}$ 일 때, a와 b의 사잇각의 각의 크기를 구하라.

33. $\mathrm{a} \times \mathrm{b} = < 4, -3, 6 >$이고 $\mathrm{c} = < 2, 4, -1 >$일 때, $(4\mathrm{b}) \cdot (\mathrm{a} \times \mathrm{c})$를 구하라.

34. $\mathrm{a} = < 3, a, -1 >$와 $\mathrm{b} = < -1, 0, b >$가 서로 평행관계가 되도록 외적을 활용하여 a와 b의 값을 구하라.

35. $\mathrm{a} = < 3, 4, -1 >$와 $\mathrm{b} = < -1, 0, 6 >$에 의해 만들어지는 평행사변형의 넓이를 구하고, 두 벡터의 사잇각 θ에 대한 $\sin\theta$를 구하라.

36. 네 꼭짓점이 $A(1, 2, 3), B(1, 3, 6), C(3, 8, 6), D(3, 7, 3)$인 평행사변형의 넓이를 찾아라.

[37~38] 다음 세 점 A, B, C를 포함하는 평면에 수직인 영이 아닌 벡터를 찾아라.

37. $A(1, 2, 4)$, $B(1, -1, 3)$, $C(-1, -1, 2)$

38. $A(1, 0, 0)$, $B(2, 0, -1)$, $C(1, 4, 3)$

[39~40] 37~38번에서 제시한 점 A, B, C를 꼭짓점으로 하는 삼각형의 넓이를 구하라.

39. $A(1, 2, 4)$, $B(1, -1, 3)$, $C(-1, -1, 2)$

40. $A(1, 0, 0)$, $B(2, 0, -1)$, $C(1, 4, 3)$

[41~42] 다음 세 벡터에 의하여 결정되는 평행육면체의 부피를 구하라.

41. $\langle 6, 3, -1 \rangle$, $\langle 0, 2, 4 \rangle$, $\langle 4, -2, 5 \rangle$

42. $\langle 1, 2, 3 \rangle$, $\langle -1, 1, 2 \rangle$, $\langle 2, 1, 4 \rangle$

[43~44] 이웃하는 세 변이 PQ, PR과 PS인 평행육면체의 부피를 구하라.

43. $P(2, 0, -1), Q(4, 1, 0), R(3, -1, 1), S(2, -2, 2)$

44. $P(4, -3, 1)$, $Q(6, -4, 7)$, $R(1, 2, 2)$, $S(4, -2, 3)$

45. $\mathrm{a} = < 4, 6, 0 >, \mathrm{b} = < -2, 6, -6 >, \mathrm{c} = < \frac{5}{2}, 3, \frac{1}{2} >$가 동일 평면에 있음을 보이라.

46. 스칼라 삼중곱을 활용하여 네 점 $A(1,3,2)$, $B(3,-1,6)$, $C(5,2,0)$, $D(3,6,-4)$가 같은 평면위에 있는지 결정하라.

47. $\mathrm{a} = < 2, -1, 6 >, \mathrm{b} = < -3, 5, 1 >$, $\mathrm{c} = < 0, 1, 2 >$에 대하여 $\mathrm{a} \times (\mathrm{b} \times \mathrm{c})$을 구하라.

48. $\mathbb{R}^3$에서 점 P는 직선 L위에 있지 않고, 점Q, R은 직선 L위에 있다고 하자. 점 P에서 직선 L까지의 거리 D가 다음과 같음을 보이라.

$$D = \frac{|\mathrm{a} \times \mathrm{b}|}{|\mathrm{a}|}$$

여기서, $\mathrm{a} = \overrightarrow{QR}$, $\mathrm{b} = \overrightarrow{QP}$ 이다.

2.4 직선과 평면의 방정식

벡터와 그 연산을 이용하여 3차원 공간에서 직선과 평면의 방정식을 표현하는 방법을 알아보자.

직선의 방정식

xy평면에 있는 직선은 직선 위에 있는 한 점과 직선의 방향인 기울기가 주어질 때 결정된다. 마찬가지로 삼차원 공간에 있는 직선은 직선 위에 있는 점과 직선의 방향이 주어질 때 결정된다.

먼저, 공간에서의 직선의 방정식을 알아보자.

삼차원 공간에 있는 직선 L은 L위에 있는 한 점과 L의 방향을 알면 유일하게 결정된다. 직선 L은 한 점 $P_0(x_0, y_0, z_0)$를 지나고 영이 아닌 벡터 $\mathbf{a} = < a_1, a_2, a_3 >$에 평행한 직선이다. 직선 L을 구하기 위해 직선 위의 임의의 한 점을 $P(x, y, z)$라 할 때, 점 P_0와 P를 연결한 벡터 $\overrightarrow{P_0P}$는 벡터 $\mathbf{a}$와 평행하므로 다음 식이 성립한다.

$$\overrightarrow{P_0P} = t\mathbf{a}, \ (t \in \mathbb{R})$$

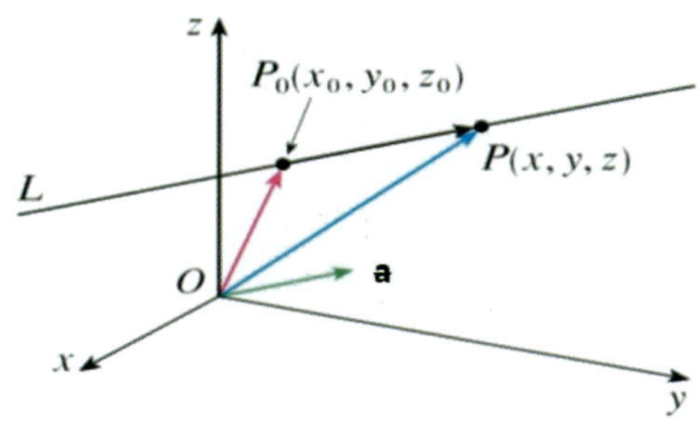

[그림 2.30]

직선 L의 방정식을 다음과 같이 세 가지로 나타낼 수 있다.

(a) 벡터방정식

점 P_0와 P를 연결한 위치벡터를 각각 $\mathbf{p}_0$와 $\mathbf{p}$라 하면

$$\overrightarrow{P_0P} = \overrightarrow{OP} - \overrightarrow{OP_0} = \mathbf{p} - \mathbf{p}_0 = t\mathbf{a}$$

이므로, 직선 위의 점 P에 해당하는 위치벡터 $\mathbf{p}$는 다음 방정식에 의해 나타낸다.

$$\mathbf{p} = \mathbf{p}_0 + t\mathbf{a}, \ (t \in \mathbb{R}) \qquad (1)$$

즉, 다시 표현하면, 직선의 벡터방정식은 다음과 같다.

$$\begin{aligned} < x, y, z > &= < x_0, y_0, z_0 > + t < a_1, a_2, a_3 > \\ &= < x_0 + ta_1, y_0 + ta_2, z_0 + ta_3 > \end{aligned}$$

(b) 매개방정식

직선의 벡터방정식을 다시 표현하면,

$$<x, y, z> \;=\; <x_0 + ta_1, y_0 + ta_2, z_0 + ta_3>$$

이다. 두 벡터가 같기 위한 필요충분조건은 대응하는 성분들이 같아야 하므로 $t \in \mathbb{R}$일 때, 이를 x, y, z 각각에 대해 표현하면 매개방정식을 얻는다.

$$\begin{cases} x = x_0 + ta_1 \\ y = y_0 + ta_2 \\ z = z_0 + ta_3 \end{cases}, \; (t \in \mathbb{R}) \tag{2}$$

(c) 대칭방정식

매개방정식을 t에 대해 정리하여,

$$x - x_0 = ta_1, \quad y - y_0 = ta_2, \quad z - z_0 = ta_3$$

매개변수 t를 소거하면

$$\frac{x - x_0}{a_1} = \frac{y - y_0}{a_2} = \frac{z - z_0}{a_3}, \quad (a_1 a_2 a_3 \neq 0) \tag{3}$$

와 같은 직선의 방정식을 얻는다.

직선과 평행한 벡터 **a**$= <a_1, a_2, a_3>$를 직선 L의 방향벡터, a_1, a_2, a_3를 방향수라 하고, **a**에 평행인 임의의 벡터를 사용할 수 있으므로, a_1, a_2, a_3 에 비례하는 임의의 세 수를 L의 방향수로 사용할 수 있다.

여기서, (2)에서 방향수 중 하나인 $a_1 = 0$이면, $\begin{cases} x = x_0 \\ y = y_0 + ta_2 \\ z = z_0 + ta_3 \end{cases}$이고, 이것을 대칭방정식으로 표현하면 다음과 같다.

$$x = x_0, \quad \frac{y - y_0}{a_2} = \frac{z - z_0}{a_3}, \; (a_2 a_3 \neq 0) \tag{4}$$

이때 직선 L의 수직평면 $x = x_0$에 포함된 직선이다.

예제 2.4.1 (a) 점$(1, 2, 3)$을 지나고 벡터 $4\mathrm{i}-2\mathrm{j}+5\mathrm{k}$에 평행한 직선의 벡터방정식, 매개방정식, 대칭방정식을 구하라.
(b) 이 직선에 있는 서로 다른 두 점을 찾아라.

풀이

(a) 벡터방정식을 구하면,

$$\mathrm{p} = \langle x, y, z \rangle = \langle 1, 2, 3 \rangle + t \langle 4, -2, 5 \rangle$$
$$= \langle 1+4t,\ 2-2t,\ 3+5t \rangle \ ,\ t \in \mathbb{R}$$

또는 $\mathrm{p} = \langle x, y, z \rangle = (1+4t)\mathrm{i} + (2-2t)\mathrm{j} + (3+5t)\mathrm{k}$, $t \in \mathbb{R}$ 이다.

매개방정식은 다음과 같다.

$$\begin{cases} x = 1+4t \\ y = 2-2t\ , \quad t \in \mathbb{R} \\ z = 3+5t \end{cases}$$

매개방정식을 t에 대해 정리하면 대칭방정식을 찾을 수 있다.

$$\frac{x-1}{4} = \frac{2-y}{2} = \frac{z-3}{5}$$

(b) (a)에서 구한 매개방정식을 활용한다. $t=1$을 택하면, $x=5, y=0, z=8$이고, $t=-1$을 택하면, $x=-3$, $y=4$, $z=-2$ 이다.

직선의 벡터, 매개, 대칭방정식은 유일하지 않다. 점이나 평행인 방향벡터를 다르게 택하면 방정식은 바뀐다. 예를 들어, 예제 2.4.1에서 (a)의 점을 $(5, 0, 8)$을 택하면, 이 직선의 벡터방정식 $\boldsymbol{p} = (5+4t)\mathrm{i} + (-2t)\mathrm{j} + (8+5t)\mathbf{k}$, $\mathrm{t} \in \mathbb{R}$이다. 점$(1, 2, 3)$을 그대로 두고 직선의 방향벡터와 평행인 벡터 $8\mathrm{i}-4\mathrm{j}+10\mathbf{k}$을 택하면, $\mathrm{p} = (1+8t)\mathrm{i} + (2-4t)\mathrm{j} + (3+10t)\mathbf{k}$ 이 된다. 그렇지만, 결국 직선의 모든 점은 일치하는 유일한 직선을 의미한다.

예제 2.4.2 점$(4, 3, 2)$을 지나고 직선의 방향벡터가 $2\mathrm{i}-\mathrm{j}$인 직선의 대칭방정식을 구하라.

풀이

$$\frac{x-4}{2} = 3-y,\ z=2$$

예제 2.4.3 (a) 두 점 $A(1, 3, -4)$와 $B(2, -2, 0)$을 잇는 직선의 대칭방정식을 찾아라.
(b) (a)에서 구한 직선은 yz 평면과 어느 점에서 교차하는가?

풀이

(a) 두 점을 지나는 직선의 방향벡터를 계산해보면,

$$\overrightarrow{AB} = <2-1, -2-3, 0-(-4)> = <1, -5, 4>$$

이고, 한 점 $A(1,3,-4)$를 택하면, 대칭방정식은 다음과 같다.

$$\frac{x-1}{1} = \frac{y-3}{-5} = \frac{z+4}{4}$$

(b) yz평면은 $x=0$으로 표현할 수 있는데 위에서 계산한 직선의 식에 대입해 보면, 다음과 같다.

$$-1 = \frac{y-3}{-5} = \frac{z+4}{4}$$

따라서, $y=8$, $z=-8$이고, 즉, 이 직선은 yz평면과 점$(0,8,-8)$에서 교차한다.

점 $P_0(x_0, y_0, z_0)$과 $P_1(x_1, y_1, z_1)$을 지나는 직선 L의 방향수는 $x_1-x_0, y_1-y_0, z_1-z_0$ 이다. 따라서, L의 대칭 방정식은 다음과 같다.

$$\frac{x-x_0}{x_1-x_0} = \frac{y-y_0}{y_1-y_0} = \frac{z-z_0}{z_1-z_0}$$

3차원 직선의 방정식은 모든 차원의 직선의 방정식으로 확장할 수 있다.

공간에서 두 직선의 위치관계

공간에서 두 개의 직선을 다음과 같이 정의하자.

$$L_1 : x = x_0 + a_1 t,\ y = y_0 + a_2 t,\ z = z_0 + a_3 t$$
$$L_2 : x = x_1 + b_1 s,\ y = y_1 + b_2 s,\ z = z_1 + b_3 s \qquad t, s \in \mathbb{R}$$

여기서 벡터 $\mathbf{v}_1 = <a_1, a_2, a_3>$, $\mathbf{v}_2 = <b_1, b_2, b_3>$는 직선 L_1, L_2의 방향벡터이다.

(a) $\mathbf{v}_1$과 $\mathbf{v}_2$가 평행하면, 즉, $\mathbf{v}_1 = k\mathbf{v}_2$ (k는 실수)이면, 두 직선은 서로 평행하다.

(b) $\mathbf{v}_1 = k\mathbf{v}_2$ (k는 실수)인 k가 존재하지 않으면 두 직선은 만나거나 꼬인 위치에 있다.

참고

공간상에서는 두 직선이 교차하지 않고, 평행하지 않는 경우가 있는데 이러한 경우 두 직선을 꼬인 위치에 있다고 한다. 여기서 두 직선은 같은 평면에 있지 않다.

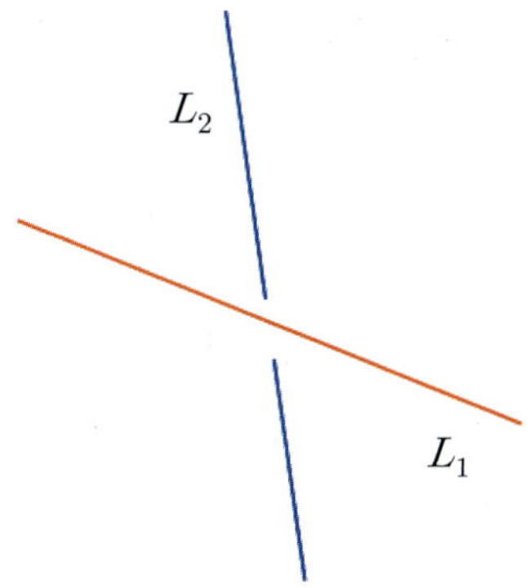

[그림 2.31]

예제 2.4.4 다음 두 직선이 만나는지 평행인지 판정하고, 만나면 교점을 찾아라.

$L_1 : x = 5 - 12t\,,\ y = 3 + 9t,\ z = 1 - 3t$
$L_2 : x = 3 + 8s\,,\ y = -6s\,,\ z = 7 + 2s$

풀이

L_1의 방향벡터는 $\mathbf{v}_1 = <-12, 9, -3>$, L_2의 방향벡터는 $\mathbf{v}_2 = <8, -6, 2>$이다.

$<-12, 9, -3> = -\frac{3}{2} < 8, -6, 2>$이 성립한다. 그러므로, 두 직선은 평행이다.

예제 2.4.5 다음 두 직선이 만나는지 평행인지 판정하고, 만나면 교점을 찾아라.

$$L_1 : \frac{x-1}{2} = \frac{y-3}{2} = 2 - z$$
$$L_2 : x - 2 = 6 - y = \frac{z+2}{3}$$

풀이

두 직선은 평행이 아니다. L_1의 방향벡터 $\mathbf{v}_1 = <2, 2, -1>$과 L_2의 방향벡터 $\mathbf{v}_2 = <1, -1, 3>$는 평행이 아니기 때문이다. (대응하는 성분들이 비례하지 않는다.) L_1과 L_2의 교점이 있다면, 다음을 만족시키는 t, s 의 값이 존재한다.

$$1 + 2t = 2 + s,\ 3 + 2t = 6 - s,\ 2 - t = -2 + 3s$$

위의 방정식을 풀면 $t = 1, s = 1$를 얻는다. 교점은 $(3, 5, 1)$이다.

예제 2.4.6 다음 두 직선 $\frac{3-x}{2}=\frac{y+2}{-5}=\frac{z-1}{4}$ 와 $\frac{x}{3}=\frac{y-4}{4}=\frac{z+3}{6}$의 위치관계를 판정하라.

풀이

두 직선의 방향벡터는 각각 $v_1=<-2,-5,4>$ $v_2=<3,4,6>$이다.
방향벡터 v_1, v_2의 성분들이 비례하지 않기 때문에 평행이 아니다.
두 직선이 교점을 가진다면, t, s값이 존재하여

$$\frac{3-x}{2}=\frac{y+2}{-5}=\frac{z-1}{4}=t,\quad \frac{x}{3}=\frac{y-4}{4}=\frac{z+3}{6}=s$$

$$\begin{aligned} 3-2t &= 3s \\ -5t-2 &= 4s+4 \\ 4t+1 &= 6s-3 \end{aligned}$$

을 만족해야 한다.
첫째 방정식과 둘째 방정식을 풀면, $t=-\frac{30}{7}$, $s=\frac{27}{7}$이고, 셋째 방정식을 만족하지 못한다. 세 방정식을 만족하는 t, s의 값은 없다. 두 직선은 만나지 않는다.
그러므로 꼬인위치이다.

평면의 방정식

$\mathbb{R}^3$에서의 평면의 방정식을 벡터와 그 연산을 활용해서 표현할 수 있다. 평면에 평행인 한 벡터는 평면의 방향을 나타내기에는 불충분하다. 그러나 평면에 수직인 벡터는 평면의 방향을 나타낸다. 평면은 평면 위의 한 점 $P_0(x_0, y_0, z_0)$와 평면에 수직인 영이 아닌 벡터 $n=<a,b,c>$으로 결정된다. 이 때, n을 평면의 법선벡터(normal vector)라 한다.

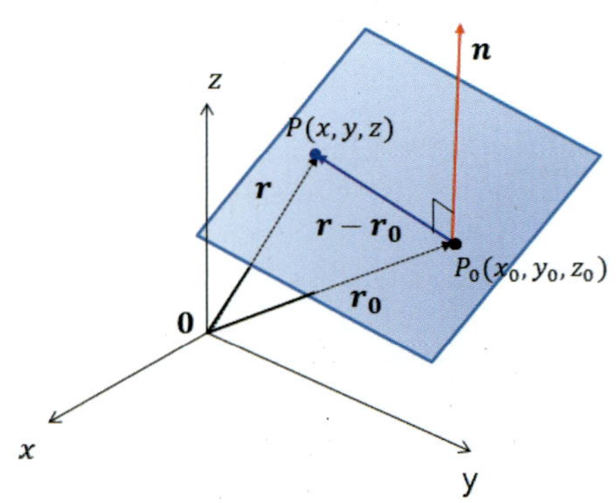

[그림 2.32]

평면 위의 임의의 한 점을 $P(x, y, z)$라 할 때, 점 P_0와 P를 연결한 벡터 $\overrightarrow{P_0P}$는 벡터 n과 수직이므로 다음 식이 성립한다.

$$n \cdot \overrightarrow{P_0P}=0$$

이를 성분벡터에 의해 표현하면,

$$<a, b, c> \cdot <x-x_0, y-y_0, z-z_0> = 0$$

이므로, 다음과 같은 방정식을 얻는다.

$$a(x-x_0)+b(y-y_0)+c(z-z_0)=0 \tag{5}$$

식 (5)를 법선벡터가 $\mathrm{n}=<a,b,c>$이고, $P_0(x_0, y_0, z_0)$를 지나는 평면의 방정식(equation of the plane)이라 한다.

여기서, 식 (5)를 정리하면, $d=-(ax_0+by_0+cz_0)$이라 할 때,

$$ax+by+cz+d=0$$

으로 나타낼 수 있다.

예제 2.4.7 점 $P(3,0,7)$을 지나고 법선벡터 $\mathrm{n}=<4,-1,1>$에 수직인 평면의 방정식을 구하라.

풀이

평면의 방정식 (5)를 이용하면

$$4(x-3)-(y-0)+(z-7)=0$$

이다. 정리하면, $4x-y+z=19$ 이다.

예제 2.4.8 세 점 $P(1,1,-1)$, $Q(2,0,2)$, $R(0,3,1)$을 지나는 평면의 방정식을 구하라.

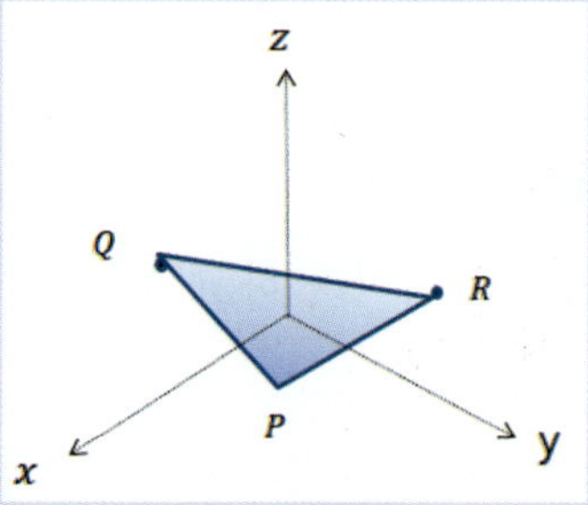

[그림 2.33]

풀이

평면의 방정식을 구하기 위해서 구하고자 하는 평면의 법선벡터와 그 평면을 지나는 한 점만 있으면 된다. 벡터의 외적 $\overrightarrow{PQ}\times\overrightarrow{PR}$ 은 구하려는 평면에 수직인 법선벡터 n이 된다.

$\overrightarrow{PQ}=<1,-1,3>$, $\overrightarrow{PR}=<-1,2,2>$

$$\overrightarrow{PQ}\times\overrightarrow{PR}=\begin{vmatrix} i & j & k \\ 1 & -1 & 3 \\ -1 & 2 & 2 \end{vmatrix}=(-2-6)i-(2+3)j+(2-1)k$$

$$=-8i-5j+1k$$

점 $P(1,1,-1)$이 이 평면에 있으므로 평면의 방정식은

$$-8(x-1)-5(y-1)+1(z+1)=0$$

즉, $8x+5y-z-14=0$ 이다.

정리 2.4.1

점 $P_1(x_1, y_1, z_1)$에서 평면 $\pi : ax+by+cz+d=0$까지의 거리 D에 관한 식은 다음과 같다.

$$D=\frac{|ax_1+by_1+cz_1+d|}{\sqrt{a^2+b^2+c^2}}$$

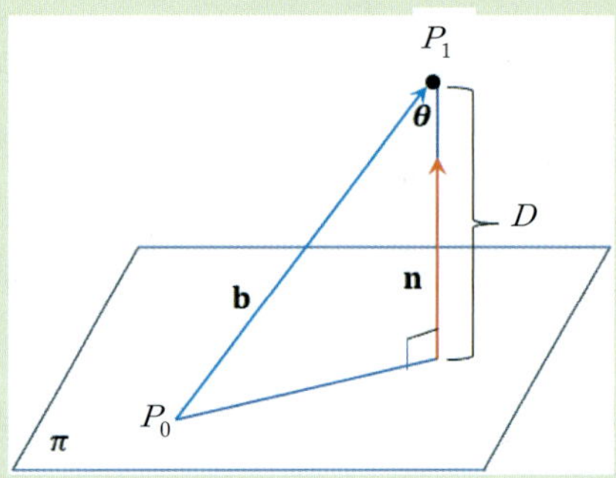

[그림 2.34]

증명 벡터의 정사영을 이용하여 증명한다.

$P_0(x_0, y_0, z_0)$을 평면 위의 임의의 점이라 하고 평면의 법선벡터는 $n=<a,b,c>$이다.

P_1에서 평면까지의 거리를 D라 하면,

$$D=|\text{proj}_n b|=|\text{comp}_n b|=|b\cdot u|,\ (u=\frac{n}{|n|})$$

이다.

$$b=\overrightarrow{P_0P_1}=<x_1-x_0, y_1-y_0, z_1-z_0>$$

$$u=\frac{n}{|n|}=\frac{<a,b,c>}{\sqrt{a^2+b^2+c^2}}$$

이고, 점 P_0는 평면 위에 있으므로 $ax_0+by_0+cz_0=-d$ 이다. 그러므로 다음이 성립한다.

$$\begin{aligned}\mathbf{b}\bullet\mathbf{n} &= a(x_1-x_0)+b(y_1-y_0)+c(z_1-z_0)\\ &= ax_1+by_1+cz_1-(ax_0+by_0+cz_0)\\ &= ax_1+by_1+cz_1+d\end{aligned}$$

이다. 따라서, 거리 D는 다음과 같다.

$$D=|\mathbf{b}\bullet\mathbf{u}|=\left|\frac{\mathbf{b}\bullet\mathbf{n}}{|\mathbf{n}|}\right|=\frac{|ax_1+by_1+cz_1+d|}{\sqrt{a^2+b^2+c^2}}$$ ■

예제 2.4.9 점$(3,-1,2)$에서 평면 $x+3y-z=6$에 이르는 거리 D를 구하라.

풀이

정리 2.4.1에 의해 거리D는 다음과 같다.

$$D=\frac{|3+3(-1)-2-6|}{\sqrt{1+3^2+(-1)^2}}=\frac{8}{\sqrt{11}}.$$

공간에서 두 평면의 위치관계

삼차원 공간상에 두 개의 평면을 다음과 같이 정의하자.

$$\pi_1:a_1x+a_2y+a_3z+d_1=0$$
$$\pi_2:b_1x+b_2y+b_3z+d_2=0$$

여기서 벡터 $\mathbf{n}_1=<a_1,a_2,a_3>$, $\mathbf{n}_2=<b_1,b_2,b_3>$는 평면 π_1,π_2 의 법선벡터이다.

(a) $\mathbf{n}_1$과 $\mathbf{n}_2$가 평행하면, 즉, $\mathbf{n}_1=k\mathbf{n}_2$ (k는 실수)이면, 두 평면은 서로 평행하다.

(b) $\mathbf{n}_1=k\mathbf{n}_2$ (k는 실수)인 k가 존재하지 않으면 두 평면은 만난다.

참고

두 평면이 평행하지 않고 한 직선을 포함하고 만나는 경우, 두 평면 사이의 각을 계산할 수 있는데 법선벡터 사이의 예각으로 정의한다.

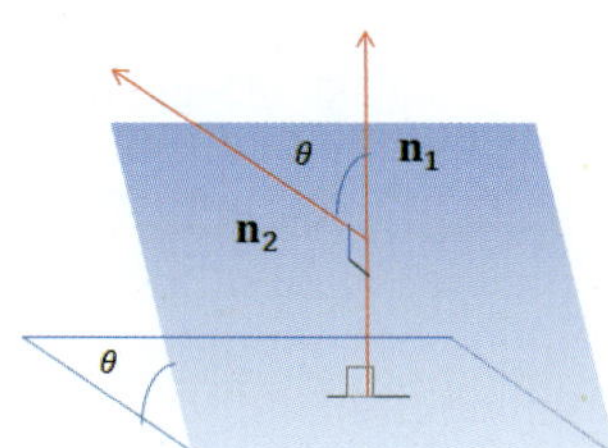

[그림 2.35]

예제 2.4.10 평면 $x+2y-3z=2$와 $3x+6y-9z=7$가 평행함을 보이라.

풀이

평면 $x+2y-3z=2$의 법선벡터는 $\mathbf{n}_1 = <1, 2, -3>$이고, 평면 $3x+6y-9z=7$의 법선벡터는 $\mathbf{n}_2 = <3, 6, -9>$이다. 그런데 $\mathbf{n}_2 = 3\mathbf{n}_1$이므로 두 개의 평면은 서로 평행하다.

예제 2.4.11 매개방정식 $x=1+2t$, $y=-3t$, $z=4+t$ 로 주어진 직선이 평면 $3x+4y-z=13$과 만나는 점을 구하라.

풀이

주어진 매개방정식을 평면의 방정식에 대입한다.

$$3(1+2t)+4(-3t)-(4+t)=13$$

$-7t=14$ 이므로 $t=-2$이다. $t=-2$를 직선의 방정식에 대입하면 직선과 평면이 만나는 교점은 $(-3, 6, 2)$이다.

예제 2.4.12 다음 두 평면에 대하여

$$\pi_1 : 2x+y-2z=5$$
$$\pi_2 : 3x-6y-2z=15$$

(a) 두 평면이 만나는 교선의 방정식을 구하라.
(b) 두 평면이 이루는 각을 구하라.

풀이

(a) **(방법 1)** 두 평면의 법선벡터가 다음과 같다.

$$\mathbf{n}_1 = <2, 1, -2>, \quad \mathbf{n}_2 = <3, -6, -2>$$

이 직선 위에 있는 임의의 한 점을 구하기 위하여 $y=0$ 이라 하면, 연립방정식

$$3x-2z=15, \quad 2x-2z=5$$

를 얻는다. 이를 풀면, $x=10$, $z=\frac{15}{2}$이므로 점$(10, 0, \frac{15}{2})$은 교선 위에 있는 점이다. 구하려는 직선의 방향 벡터 $\mathbf{v}$는 두 평면의 법선 벡터의 외적과 같으므로

$$\mathbf{v} = \begin{vmatrix} \mathbf{i} & \mathbf{j} & \mathbf{k} \\ 3 & -6 & -2 \\ 2 & 1 & -2 \end{vmatrix} = (12+2)\mathbf{i}-((-6)+4)\mathbf{j}+(3+12)\mathbf{k}$$

$$= 14\mathbf{i}+2\mathbf{j}+15\mathbf{k}$$

이다.

따라서, 직선의 방정식은

$$\frac{x-10}{14}=\frac{y}{2}=\frac{2z-15}{30}$$

이다.

(방법 2)

교선은 두 평면의 공통 직선이므로 두 식을 연립으로 풀면, $x=10+7y$을 π_1에 $y=-2x+2z+5$을 π_2에 각각 대입하면,

$$15y-2z=-15,\quad 15x-14z=45$$

이다.

위 두 식을 z에 대해 정리하면,

$$z=\frac{15y+15}{2}=\frac{15x-45}{14}$$

이다. 따라서 두 평면의 교선의 방정식은 다음과 같다.

$$\frac{x-3}{14}=\frac{y+1}{2}=\frac{z}{15}$$

(b) 두 평면은 한 직선에서 만나므로 두 평면 사이의 각은 법선벡터 사이의 예각으로 구할 수 있다. 먼저 두 평면의 법선벡터를 계산해 보면, 각각 $\mathrm{n}_1=<2,\ 1,\ -2>$, $\mathrm{n}_2=<3,\ -6,\ -2>$이다. 두 평면 사이의 각을 θ라 할 때,

$$\cos\theta=\frac{\mathrm{n}_1\cdot\mathrm{n}_2}{|\mathrm{n}_1||\mathrm{n}_2|}=\frac{<2,1,-2>\ \cdot\ <3,-6,-2>}{\sqrt{4+1+4}\ \sqrt{9+36+4}}$$

$$=\frac{6-6+4}{(3)(7)}=\frac{4}{21}$$

이고, 해당하는 각 $\theta\approx 79^\circ$ 이다.

연습문제 2.4

1. 다음 명제의 참과 거짓을 결정하라.

(a) 한 직선과 평행한 두 직선은 평행하다.

(b) 한 직선과 수직인 두 직선은 평행하다.

(c) 한 평면과 평행한 두 평면은 평행하다.

(d) 한 평면과 수직인 두 평면은 평행하다.

(e) 한 평면과 평행한 두 직선은 평행하다.

(f) 한 평면에 수직인 두 직선은 서로 평행이다.

(g) 선형방정식 $Ax+By+Cz+D=0$은 공간의 직선을 나타낸다.

(h) $<-3,1,-2>$는 평면 $6x-2y+4z=1$과 평행이다.

[2~5] 다음 직선의 방정식을 찾아라.

2. $(2,1,-4)$를 지나고 벡터 $3\mathbf{i}-5\mathbf{j}+6\mathbf{k}$에 평행인 직선

3. $(1,-1,3)$을 지나고 평면 $x-2y+5z=1$에 수직인 직선

4. 점$(1,15,-11)$을 지나고 직선 $x=-2+3t$, $y=7-2t$, $z=4+10t$ 에 평행인 직선

5. $(1,3,2)$과 $(2,1,-3)$을 지나는 직선

6.

(a) 점$(1,3,0)$을 지나고 직선 $x+2=\frac{1}{2}y=z-3$ 에 평행인 직선의 매개방정식을 구하라.

(b) (a)에서 구한 직선이 좌표평면과 만나는 점을 구하라.

7. 점 $(1,3,2)$를 지나고 평면 $x+3y-2z=7$에 평행이며 직선 $x=3+2t$, $y=4-5t$, $z=1+4t$에 수직인 직선의 매개 방정식을 구하라.

[8~10] 다음 두 직선 L_1과 L_2가 평행인지 꼬여 있는지, 또는 만나는지를 판별하여라. 만나는 경우에는 그 교점을 구하라.

8.
$$L_1 : x=\frac{y-1}{2}=\frac{z-2}{3}$$
$$L_2 : \frac{x-3}{-4}=\frac{y-2}{-3}=\frac{z-1}{2}$$

9. $L_1 : x=-6t, y=1+9t, z=-3t$
$L_2 : x=1+2s, y=4-3s, z=s$

10. $L_1 : x=t+2,\ y=3-2t,\ z=1-3t$
$L_2 : x=s+3,\ y=-4+3s,\ z=2-7s$

[11~18] 다음 평면의 방정식을 구하라.

11. 점$(-1,\frac{1}{2},3)$을 지나고 벡터 $-2\mathbf{i}+\mathbf{j}+5\mathbf{k}$에 수직인 평면

12. 점$(1,-1,1)$을 지나고 직선 $x=3t, y=2-t$, $z=3+4t$ 에 수직인 평면

13. 원점을 지나고 평면 $5x-y-z=6$에 평행인 평면

14. 세 점 $(1,0,1)$, $(1,1,0)$, $(0,1,1)$을 지나는 평면

15. 직선 $x=1+t, y=2-t, z=4-3t$를 포함하고, 평면 $5x+2y+z=1$에 평행인 평면

16. 점 $(1,2,3)$을 지나고 직선 $x=3t,\ y=1+t$, $z=2-t$를 포함한 평면

17. 점 $(4,0,-6)$과 직선 $2x=3y=-6z$를 포함하는 평면

18. 점$(-1,2,1)$을 지나고 두 평면 $x+y-z=2$와 $2x-y+3z=1$의 교선을 포함한 평면

19. 직선 $\frac{x-1}{2}=2-y=-\frac{z}{3}$ 이 평면 $2x-3y+2z=-7$ 과 만나는 점을 구하라.

[20~21] 다음 두 평면이 평행인지, 수직인지를 판별하여라. 어느 것도 아닌 경우에는 그 사이의 각을 구하라.

20. $x+4y-3z=1$, $-3x+6y+7z=0$

21. $x+y+z=1, x-y+z=1$

22. 두 평면 $\alpha : x = -y+3$, $\beta : 2x-y=2+z$ 사이의 각을 θ라 할 때, $\cos\theta$를 구하라.

23. $x+2y+z=1$, $3x-z=1$에 대하여 다음을 구하라.

(a) 평면들의 교선의 대칭방정식

(b) 평면사이의 각을 θ라 할 때, $\sin^2\frac{\theta}{2}$

24. $3x-2y+z=1$, $2x+y-3z=3$에 대하여 다음을 구하라.

(a) 평면들의 교선의 대칭방정식

(b) 두 평면 사이의 각

25. 두 직선 $x=3+t$, $y=4t$, $z=-2-2t$와 $x-1=\frac{y-1}{4}=\frac{3-z}{2}$를 포함하는 평면의 방정식을 구하라.

26. 직선 $x=2t$, $y=-1-3t$, $z=1-2t$과 평면 $6x-4y+12z=3$ 사이의 거리를 구하라.

27. 두 평면 $x+y-z=2$와 $2x-y+3z=1$의 교선을 포함하고 평면 $2x+3y+z=1$과 수직인 평면의 방정식을 구하라.

28. 두 평면 $\pi_1 : x-z=1$와 $\pi_2 : y+2z=3$의 교선을 포함하는 평면 중 평면 $\pi_3 : x+y-2z=1$와 수직인 평면 π의 방정식을 구하라.

29. 다음 두 직선에 관하여 물음에 답하라.

$$L_1 : \frac{x-5}{3}=\frac{y-6}{2}=z-2,$$
$$L_2 : x=6t+2,\ y=4t-3,\ z=2t+1$$

(a) 두 직선이 평행인지 꼬여있는지 일치하는지, 또는 만나는지 판별하라.

(b) 두 직선이 만나는 경우 그 교점을 구하고 평행하거나 꼬여있는 경우에는 두 직선 사이의 거리를 구하라.

30. 다음 두 직선에 대하여 물음에 답하라.

$$L_1 : x=1-2t, y=3+t, z=5+3t$$
$$L_2 : x=2-4s, y=1+2s, z=2+s$$

(a) 두 직선의 위치 관계는 어떠한가? 이유를 들어서 밝혀라.

(b) 두 직선 사이의 최단 거리를 찾아라.

31. 점 $(1,7,5)$와 $(-2,0,3)$으로부터 같은 거리에 있는 점 전체로 이루어진 평면의 방정식을 찾아라.

32. $P(1,2,3)$, $Q(2,5,-1)$, $R(1,4,3)$에 대하여 다음 질문에 답하라.

(a) 세 점으로 이루어진 삼각형이 존재한다면 삼각형의 넓이를 구하라.

(b) (a)를 활용하여 세 점을 지나는 평면의 방정식을 구하라.

(c) 원점을 시점으로 하고, P, Q, R을 종점으로 하는 세 벡터에 의해 이루어지는 평행육면체가 존재하는가? 존재여부를 판단할 수 있는 방법을 제시하고, 구체적인 계산과정을 적어라.

33. 2.3절의 연습문제 48번에 있는 공식을 이용해서 점 $P(1,1,1)$에서 다음 직선 L에 이르는 거리 D를 구하라.

$$L : x=1-2t,\ y=3+t,\ z=3t\quad (t\in\mathbb{R})$$

Chapter 03 수열과 급수

수열로 정의하는 무한개의 항의 합을 무한급수라 하는데 이러한 무한급수는 함수를 무한급수의 합으로 표현한 뉴턴의 생각에서 유래한다. 예를 들어, 도형의 넓이를 구하기 위해서 뉴턴은 함수를 무한급수로 표현한 다음 그 각각의 항을 적분하는 방법을 사용하였다. 또 수리물리학과 화학에서 중요하게 다루는 베셀 함수와 같은 다양한 함수가 무한급수의 합으로 정의된다. 그러므로 무한수열과 무한급수의 수렴성은 중요한 역할을 하게 된다.

이 장에서는 수열과 급수의 개념을 먼저 정의해 보고, 수열이나 급수가 다루는 항의 개수가 무한인 경우 어떠한 조건에서 수렴하는지 수렴 또는 발산을 판단하는 다양한 방법을 공부한다.

3.1 수열과 급수

이 절에서는 급수의 바탕이 되는 수열에 대해 정의해 보고, 특징을 가지고 있는 몇 가지 수열에 대해 살펴본다. 그리고 수열의 합으로 정의하는 급수의 개념과 성질을 알아보고 몇 가지 형태의 급수를 정의해 본다.

수열의 정의

다음과 같이 일정한 순서로 쓰여진 수의 나열

$$a_1, a_2, a_3, \cdots, a_n, \cdots$$

을 수열(sequence)이라 하고 a_1는 첫째 항, a_2는 둘째 항, 그리고 일반적으로 a_n은 n번째 항 또는 그 수열의 일반항이라 한다. 일반항이 a_n인 수열을 간단히 $\{a_n\}$으로 표현한다. 이 때 항의 개수가 유한개인 수열을 유한수열, 그리고 무한히 많은 항으로 이루어진 수열은 무한수열이라고 한다. 각각의 양의 정수 n에 대응하는 수 a_n이 존재하므로 수열은 정의역이 양의 정수들의 집합인 함수 f로 정의할 수 있으므로 $a_n = f(n)$으로 표기 가능하다.

예를 들어, 일반항이 $a_n = 4n - 3$인 수열의 첫째항부터 5항까지를 구하면

$$a_1 = 4\times1-3=1,\ a_2=4\times2-3=5,\ a_3=4\times3-3=9$$
$$a_4=4\times4-3=13,\ a_5=4\times5-3=17$$

이고, 따라서 수열 $\{a_n\}$의 첫째항부터 제5항까지 나열하면 1,5,9,13,17이다.

수열 $\{a_n\}$과 $\{b_n\}$이 상등이기 위해서는 모든 n에 대하여 $a_n=b_n$이 성립해야 한다.

예제 3.1.1 $a_1=1, a_2=1, a_n=a_{n-1}+a_{n-2}\,(n\geq3)$으로 정의된 피보나치 수열 $\{a_n\}$에 대하여 3항부터 8항까지를 구하라.

풀이

$a_3=2, a_4=3, a_5=5, a_6=8, a_7=13, a_8=21$

등차수열과 등비수열

정의 3.1.1 등차수열

첫째항 a_1에 차례로 일정한 수 d를 더하여 각 항이 얻어질 때

$$a_{n+1}=a_n+d,\quad \text{즉}\ a_{n+1}-a_n=d\quad (n=1,2,3\cdots)$$

인 관계가 이루어지고 이 수열을 등차수열, 더하는 일정한 수 d를 공차라 한다.

정의 3.1.2 등차수열의 일반항

첫째항이 a, 공차가 d인 등차수열의 일반항 a_n 은

$$a_n=a+(n-1)d,\quad (n=1,2,3,\cdots)$$

예제 3.1.2 다음 수열의 첫째항과 공차를 구하라.

$2,7,12,17,\cdots$

풀이

첫째항이 2이고 공차가 5인 등차수열이다.

예제 3.1.3 첫째항이 3, 공차가 -2인 등차수열 $\{a_n\}$의 일반항을 구하라.

풀이

$a_n = 3 + (n-1)(-2) = -2n + 5$

예제 3.1.4 첫째항이 -2, 제11항이 58인 등차수열의 공차와 일반항을 구하라.

풀이

공차를 d, 일반항을 a_n이라고 하면, $a_{11} = -2 + (11-1)d = 58$이고 따라서 공차 $d = 6$ 그리고 일반항 $a_n = -2 + (n-1) \times 6 = 6n - 8$이다.

각 항의 역수들이 등차수열을 이룰 때, 원래의 수열을 조화수열이라고 한다.

예제 3.1.5 조화수열 $6, 3, 2, \frac{3}{2}, \cdots$의 일반항을 구하라.

풀이

역수인 $\frac{1}{6}, \frac{1}{3}, \frac{1}{2}, \frac{2}{3}, \cdots$이 등차수열을 이루므로 $\frac{1}{6}n$의 역수인 $\frac{6}{n}$이 조화수열의 일반항이다.

정의 3.1.3 등비수열

첫째항 a_1에 차례로 일정한 수 r를 곱하여 각 항이 얻어질 때

$$a_{n+1} = ra_n \quad 즉, \ \frac{a_{n+1}}{a_n} = r \quad (n = 1, 2, 3 \cdots)$$

인 관계가 이루어지고 이 수열을 등비수열, 곱하는 일정한 수 r를 공비라 한다.

정의 3.1.4 등비수열의 일반항

첫째항이 a, 공비가 r인 등비수열의 일반항 a_n은

$$a_n = ar^{n-1}, \qquad (n = 1, 2, 3, \cdots)$$

예제 3.1.6 수열 $-\frac{1}{3}, \frac{1}{9}, x, \frac{1}{81}, \cdots$ 이 등비수열이 되도록 하는 공비와 x 값을 구하라.

풀이

$a_2 = ra_1$이므로 $\frac{1}{9} = -\frac{1}{3}r$이다. 따라서 $r = -\frac{1}{3}$이고 $x = \frac{1}{9}r = -\frac{1}{27}$이다.

예제 3.1.7 주어진 조건을 가진 등비수열에 대하여 다음 질문에 답하라.

(a) 첫째항이 3, 공비가 2인 등비수열의 제10항

(b) 제4항이 125, 제10항이 $\frac{125}{64}$인 등비수열의 공비와 일반항

풀이

(a) $a_{10} = ar^9 = 3 \cdot 2^9 = 1536$

(b) 첫째항을 a라 하고 공비를 r이라 하면 일반항은 $a_n = ar^{n-1}$이다. $a_4 = ar^3 = 125$이고, $a_{10} = ar^9 = \frac{125}{64}$이므로

$\frac{a_{10}}{a_4} = r^6 = \frac{1}{64}$이므로 $r = \frac{1}{2}$ 또는 $r = -\frac{1}{2}$이고 이에 대응하는 첫째항 $a = 1000$이거나 $a = -1000$이다.

따라서 $a_n = 1000(\frac{1}{2})^{n-1}$ 또는 $a_n = -1000(-\frac{1}{2})^{n-1}$이다.

단조수열

정의 3.1.5 단조수열

$n \geq 1$인 모든 n에 대하여 $a_n < a_{n+1}$이면 수열 $\{a_n\}$은 증가수열이고 $n \geq 1$인 모든 n에 대하여 $a_n > a_{n+1}$이면 수열 $\{a_n\}$은 감소수열이라 한다. 수열 $\{a_n\}$이 증가수열이거나 감소수열이면, 단조수열이라고 한다.

예제 3.1.8 수열 $\left\{\frac{3}{n+5}\right\}$이 감소수열임을 보이라.

풀이

$n \geq 1$인 모든 n에 대하여 $\frac{3}{n+5} > \frac{3}{(n+1)+5} > \frac{3}{n+6}$이므로, 수열 $\left\{\frac{3}{n+5}\right\}$은 감소수열이다.

예제 3.1.9 수열 $a_n = \dfrac{n}{n^2+1}$이 감소수열임을 보이라.

풀이

모든 $n \ge 1$에 대하여 $a_{n+1} < a_n$임을 보이자. 즉,

$$\frac{n+1}{(n+1)^2+1} < \frac{n}{n^2+1}$$

임을 보이기 위해 양변에 상대분모를 곱한 부등식 $(n+1)(n^2+1) < n\{(n+1)^2+1\}$이 성립하는지 확인해 보면,

$$n((n+1)^2+1)-(n+1)(n^2+1) = n^2+n-1 = n(n+1)-1 \ge 1$$

이므로 $a_{n+1} < a_n$이 성립한다. 따라서 수열 $\{a_n\}$은 감소수열이다.

함수의 미분을 활용하여 감소수열임을 보이면 편리하다. $a_n = f(n)$이라 하고 정의역을 실수로 확장해서 함수 $f(x) = \dfrac{x}{x^2+1}$을 생각해보자. $x > 1$일 때

$$f'(x) = \frac{x^2+1-2x^2}{(x^2+1)^2} = \frac{1-x^2}{(x^2+1)^2} < 0$$

이다. 따라서 구간 $(1, \infty)$에서 f는 감소함수이고, 따라서 모든 $n \ge 1$에 대하여 $f(n) > f(n+1)$이 성립한다. 즉 수열 $\{a_n\}$은 감소수열이다.

유계수열

정의 3.1.6 유계수열

어떤 실수 M이 있어서 $n \ge 1$인 모든 n에 대하여 $a_n \le M$이 성립하면, 수열$\{a_n\}$은 **위로 유계**라 한다. 어떤 실수 m이 있어서 $n \ge 1$인 모든 n에 대하여 $a_n \ge m$이 성립하면, 수열$\{a_n\}$은 **아래로 유계**라 한다. 또한, 위로 유계이면서 동시에 아래로 유계이면 수열$\{a_n\}$은 **유계수열**이라 한다.

예제 3.1.10 $n \ge 1$인 모든 n에 대하여 다음 수열이 위로 유계, 아래로 유계 또는 유계수열인지 구별하라.

(a) $a_n = n$

(b) $a_n = \dfrac{n}{n+1}$

풀이

(a) $a_n = n$은 $n \ge 1$인 모든 n에 대하여 $a_n \ge 1$이므로 아래로 유계이지만 위로 유계는 아니다.

(b) $a_n = \frac{n}{n+1}$은 $n \ge 1$인 모든 n에 대하여 $0 < \frac{n}{n+1} < \frac{n+1}{n+1} = 1$이므로 아래로 유계이면서 동시에 위로 유계인 유계수열이다.

급수의 정의

수열 $a_1, a_2, a_3, \cdots, a_n, \cdots$에서 첫째항부터 제$n$항까지의 합을 다음과 같이 기호 $\sum$를 이용하여 나타낼 수 있다.

$$\sum_{k=1}^{n} a_k = a_1 + a_2 + \cdots + a_n$$

k 대신 다른 문자를 사용해서 $\sum_{i=1}^{n} a_i$ 혹은 $\sum_{j=1}^{n} a_j$ 등으로 나타낼 수 있다. $\sum$는 알파벳 S에 해당하는 그리스 문자로서 시그마(sigma)라고 읽는다.

이 때 n개의 항인 유한개의 항을 더하면 **유한급수**, 무한개의 항을 더하면 **무한급수**라 한다. 특히, $\sum_{k=1}^{n} a_k = s_n$으로 표기한다.

예제 3.1.11 다음 합을 $\sum$을 이용하여 표현하라.

(a) $2+4+8+\cdots+2^n$　　(b) $3+3+3+3+3$　　(c) $1^2+3^2+5^2+\cdots+121^2$

풀이

(a) $\sum_{k=1}^{n} 2^k$　　(b) $\sum_{k=1}^{5} 3$　　(c) $\sum_{k=1}^{61} (2k-1)^2$

합의 기호 $\sum$의 몇 가지 성질을 정리해보면 다음과 같다.

정리 3.1.7 급수의 합, 차와 상수배

$\{a_n\}$과 $\{b_n\}$은 임의의 수열이고 c는 상수일 때, 다음 성질을 만족한다.

(a) $\sum_{k=1}^{n} (a_k \pm b_k) = \sum_{k=1}^{n} a_k \pm \sum_{k=1}^{n} b_k$

(b) $\sum_{k=1}^{n} ca_k = c\sum_{k=1}^{n} a_k$ (c는 상수)

(c) $\sum_{k=1}^{n} c = cn$ (c는 상수)

증명

(a) $\sum_{k=1}^{n}(a_k \pm b_k) = (a_1 \pm b_1) + (a_2 \pm b_2) + \cdots + (a_n \pm b_n)$

$$= (a_1 + a_2 + \cdots + a_n) \pm (b_1 + b_2 + \cdots + b_n) = \sum_{k=1}^{n} a_k \pm \sum_{k=1}^{n} b_k$$

(b) $\sum_{k=1}^{n} ca_k = ca_1 + ca_2 + \cdots + ca_n = c(a_1 + a_2 + \cdots + a_n) = c\sum_{k=1}^{n} a_k$

(c) $\sum_{k=1}^{n} c = c + c + \cdots + c = cn$ ■

예제 3.1.12 $\sum_{k=1}^{10} a_k = 2$이고, $\sum_{k=1}^{10} a_k^2 = 5$일 때 $\sum_{k=1}^{10}(a_k+2)^2$의 값을 구하라.

풀이

$$\sum_{k=1}^{10}(a_k+2)^2 = \sum_{k=1}^{10}(a_k^2+4a_k+4) = \sum_{k=1}^{10} a_k^2 + 4\sum_{k=1}^{10} a_k + \sum_{k=1}^{10} 4 = 5 + 4 \cdot 2 + 40 = 53$$

자연수 거듭제곱의 합의 공식을 알아보자.

성질 3.1.8 합의 공식

n이 자연수일 때 다음 합의 공식을 만족한다.

(a) $\sum_{k=1}^{n} k = \frac{n(n+1)}{2}$

(b) $\sum_{k=1}^{n} k^2 = \frac{n(n+1)(2n+1)}{6}$

(c) $\sum_{k=1}^{n} k^3 = \left\{\frac{n(n+1)}{2}\right\}^2$

증명

(a) $1+2+\cdots+(n-1)+n=s$라 하면,
$n+(n-1)+\cdots+2+1=s$가 성립한다.
대응하는 순서대로 두 식을 합하면,
$(1+n)+(2+(n-1))+\cdots+((n-1)+2)+(n+1)=2s$이므로
$s=\sum_{k=1}^{n}k=\frac{n(n+1)}{2}$이다.

(b) 항등식 $(x+1)^3-x^3=3x^2+3x+1$이므로 x에 $1,2,\cdots,n$을 대입하면,

$$\begin{aligned}&2^3-1^3=3\cdot 1^2+3\cdot 1+1\\&3^3-2^3=3\cdot 2^2+3\cdot 2+1\\&\vdots\\&(n+1)^3-n^3=3\cdot n^2+3\cdot n+1\end{aligned}$$

이므로 이 n개의 식을 더하면

$$(n+1)^3-1^3=3(1^2+2^2+\cdots+n^2)+3(1+2+\cdots+n)+n\cdot 1$$

이다. 즉,

$$3\sum_{k=1}^{n}k^2=(n+1)^3-1-3\left\{\frac{n(n+1)}{2}\right\}-n=\frac{n(n+1)(2n+1)}{2}$$

이므로 $\sum_{k=1}^{n}k^2=\frac{n(n+1)(2n+1)}{6}$이 성립한다.

(c) 항등식 $(x+1)^4-x^4=4x^3+6x^2+4x+1$이므로 x에 $1,2,\cdots,n$을 대입하고 n개의 식을 더하고 정리하면
$\sum_{k=1}^{n}k^3=\left\{\frac{n(n+1)}{2}\right\}^2$이 성립한다. ■

예제 3.1.13 다음 합을 구하라.

(a) $\sum_{k=1}^{10}(2k+1)$　(b) $\sum_{k=1}^{10}(k+1)(2k-1)$　(c) $\sum_{k=3}^{7}k^2$

풀이

(a) $\sum_{k=1}^{10}(2k+1)=2\sum_{k=1}^{10}k+\sum_{k=1}^{10}1=2\cdot\frac{10(10+1)}{2}+10=120$

(b) $\sum_{k=1}^{10}(k+1)(2k-1)=\sum_{k=1}^{10}(2k^2+k-1)=2\sum_{k=1}^{10}k^2+\sum_{k=1}^{10}k-\sum_{k=1}^{10}1=815$

(c) $\sum_{k=3}^{7}k^2=\sum_{k=1}^{7}k^2-\sum_{k=1}^{2}k^2=\frac{7\cdot 8\cdot 15}{6}-\frac{2\cdot 3\cdot 5}{6}=135$

등차수열 합과 등비수열 합

정리 3.1.9 **등차수열의 합**

첫째항이 a이고 공차가 d인 등차수열에서 첫째항부터 제n항까지의 합 s_n은

(a) 첫째항이 a, 제n항이 l일 때 $s_n = \dfrac{n(a+l)}{2}$

(b) 첫째항이 a, 공차가 d일 때 $s_n = \dfrac{n[2a+(n-1)d]}{2}$

예제 3.1.14 주어진 조건을 가진 등차수열에 대하여 다음 질문에 답하라.

(a) 첫째항이 11, 끝항이 -14이고 항수가 6개인 등차수열의 합 s_6

(b) 첫째항이 3, 공차가 4인 등차수열의 처음 7개 항의 합 s_7

풀이

(a) $s_6 = \dfrac{6(11+(-14))}{2} = -9$

(b) $s_7 = \dfrac{7[2\cdot 3+(7-1)4]}{2} = 105$

정리 3.1.10 **등비수열의 합**

첫째항이 a이고 공비가 r인 등비수열의 첫째항부터 제n항까지의 합 s_n은

(a) $r \neq 1$일 때 $s_n = \dfrac{a(1-r^n)}{1-r} = \dfrac{a(r^n-1)}{r-1}$

(b) $r = 1$일 때 $s_n = na$

예제 3.1.15 첫째항이 9이고 공비가 $-\dfrac{2}{3}$인 등비수열의 처음 4개 항의 합을 구하라.

풀이

$$s_4 = \frac{9\left(1-(-\frac{2}{3})^4\right)}{1-(-\frac{2}{3})} = \frac{13}{3}$$

예제 3.1.16 처음 n항까지의 합 $s_n = 10^n - 1$인 수열의 일반항 a_n을 구하라.

풀이

$a_n = s_n - s_{n-1} = (10^n - 1) - (10^{n-1} - 1) = 9 \cdot 10^{n-1}$ $(n \geq 2)$이고 $a_1 = s_1 = 9$이므로 $a_n = 9 \cdot 10^{n-1}$ $(n \geq 1)$이다.

예제 3.1.17 연이율이 r이고 1년마다 복리로 매년 초에 a원씩 적립할 때 n년째 연말의 원리합계를 구하라.

풀이

a원을 저금하여 1년 후에는 원금과 1년간의 이자를 합한 $a + ar = a(1+r)$이 적립되고, 2년째에는 1년간의 원리합계와 당해 1년간의 이자를 합한

$$(a(1+r))(1+r) = a(1+r)^2$$

이 적립된다. 따라서 n년째에는 $a(1+r)^n$의 금액이 적립되므로 총 n년간 원리합계는

$$S_n = a(1+r) + a(1+r)^2 + \cdots + a(1+r)^n$$

이고 따라서 초항이 $a(1+r)$이고 공비가 $(1+r)$인 등비수열의 n항까지 합이므로

$$s_n = \frac{a(1+r)\{(1+r)^n - 1\}}{(1+r) - 1} = \frac{a(1+r)\{(1+r)^n - 1\}}{r}$$

이 성립한다.

예제 3.1.18 다음 합을 구하라.

(a) $\displaystyle\sum_{k=1}^{5} (3^k + 2)$ (b) $\displaystyle\sum_{k=1}^{n} \frac{1}{k(k+2)}$

풀이

(1) $\displaystyle\sum_{k=1}^{5}(3^k+2) = \sum_{k=1}^{5} 3^k + \sum_{k=1}^{5} 2 = \frac{3(3^5-1)}{3-1} + 10 = 373$

(2) $\displaystyle\sum_{k=1}^{n} \frac{1}{2}\left(\frac{1}{k} - \frac{1}{k+2}\right) = \frac{1}{2}\sum_{k=1}^{n}\left(\frac{1}{k} - \frac{1}{k+2}\right) = \frac{1}{2}\left(1 + \frac{1}{2} - \frac{1}{n+1} - \frac{1}{n+2}\right)$

$$= \frac{n(3n+5)}{4(n+1)(n+2)}$$

연습문제 3.1

[1~6] 처음 몇 개 항에 나타나는 규칙이 계속된다고 가정하고, 다음 수열의 일반항 a_n과 10번째 항 a_{10}을 구하라.

1. $\frac{3}{5}, -\frac{4}{25}, \frac{5}{125}, -\frac{6}{625}, \frac{7}{3125}, \cdots$

2. $\frac{1}{2}, \frac{2}{3}, \frac{3}{4}, \frac{4}{5}, \frac{5}{6}, \cdots$

3. $-\frac{1}{4}, \frac{2}{9}, -\frac{3}{16}, \frac{4}{25}, \cdots$

4. $\frac{1}{2}, -\frac{4}{3}, \frac{9}{4}, -\frac{16}{5}, \frac{25}{6}, \cdots$

5. $\frac{1}{5}, \frac{1}{7}, \frac{1}{9}, \frac{1}{11}, \frac{1}{13}, \cdots$

6. $1, -\frac{1}{2}, \frac{1}{4}, -\frac{1}{8}, \frac{1}{16}, -\frac{1}{32}, \cdots$

[7~11] 다음과 같이 정의된 수열의 처음 다섯 항을 나열하라.

7. $a_n = \frac{n}{3n-1} \quad (n \geq 1)$

8. $a_1 = \sqrt{3}\,,\ a_{n+1} = \sqrt{3+a_n} \quad (n \geq 1)$

9. $a_1 = 2\,,\ a_{n+1} = \frac{1}{3-a_n} \quad (n \geq 1)$

10. $a_1 = 1\,,\ a_{n+1} = \frac{1}{1+a_n} \quad (n \geq 1)$

11. $a_1 = 1\,,\ a_{n+1} = 1 + \frac{1}{1+a_n} \quad (n \geq 1)$

[12~15] 다음 등차수열의 일반항 a_n과 첫째항부터 n항까지의 합 s_n을 구하고, 처음 10개의 합 s_{10}을 구하라.

12. $4, -1, -6, -11, \cdots$

13. $1, 1, 1, 1, \cdots$

14. $-12, -8, -4, 0, \cdots$

15. $3, 5, 7, 9, 11, \cdots$

[16~19] 다음 등비수열의 일반항 a_n과 첫째항부터 n항까지의 합 s_n을 구하고, 처음 10개의 합 s_{10}을 구하라.

16. $-\frac{1}{3}, \frac{1}{9}, -\frac{1}{27}, \frac{1}{81}, \cdots$

17. $\sqrt{3}, 3, 3\sqrt{3}, 9, \cdots$

18. $6, 18, 54, \cdots$

19. $250, -125, \frac{125}{2}, -\frac{125}{4}, \cdots$

20. 첫째항부터 n항까지의 합 $s_n = n^2 + 2n - 1$인 수열 $\{a_n\}$에 대하여 일반항을 구하고, $a_1 + a_3 + a_5$의 값을 구하라.

21. 세 수 $x-2, x^2-1, 2x+5$가 이 순서대로 등차수열을 이룰 때 x의 값을 구하라.

22. 네 수 $\frac{1}{4}, x, y, \frac{1}{13}$이 조화수열을 이룰 때 $\frac{1}{x} + \frac{1}{y}$을 구하라.

23. 등비수열을 이루는 세 수의 합이 26이고 곱이 216일 때, 이 세 수를 구하라.

24. 첫째 항이 2이고 공비가 2인 등비수열 $\{a_n\}$에 대하여 다음 합을 구하라.

$$\log_2 a_1 + \log_2 a_2 + \cdots + \log_2 a_{10}$$

[25~32] 다음 수열이 증가수열 또는 감소수열인지 또는 어느 것도 아닌지 판정하라. 또한 유계인지 판단하라.

25. $a_n = \frac{n}{2^n}$

26. $a_n = \left(1 + \frac{1}{n}\right)^n$

27. $a_n = \dfrac{n}{\ln(n+2)}$

28. $a_n = \dfrac{1}{3n+2}$

29. $a_n = \dfrac{2n-3}{n+5}$

30. $a_n = (-1)^n n$

31. $a_n = (-1)^n \dfrac{1}{n+1}$

32. $a_n = n + \dfrac{1}{n}$

[33~37] 다음 급수의 합을 구하라.

33. $1^2 + 5^2 + 9^2 + \cdots + 29^2$

34. $\dfrac{1}{3^2-1} + \dfrac{1}{5^2-1} + \dfrac{1}{7^2-1} + \cdots + \dfrac{1}{19^2-1}$

35. $\dfrac{1}{\sqrt{3}+1} + \dfrac{1}{\sqrt{4}+\sqrt{2}} + \dfrac{1}{\sqrt{5}+\sqrt{3}} + \cdots + \dfrac{1}{\sqrt{50}+\sqrt{48}}$

36. $\dfrac{1}{2} + \dfrac{2}{2^2} + \dfrac{3}{2^3} + \cdots + \dfrac{10}{2^{10}}$

37. $1 \cdot 3 + 2 \cdot 5 + 3 \cdot 7 + \cdots + 10 \cdot 21$

[38~40] 다음 급수의 합을 구하라.

38. $\sum_{k=1}^{n} (5k - 6k^2)$

39. $\sum_{k=1}^{n} (3k-1)(3k+1)$

40. $\sum_{k=1}^{n} \dfrac{6}{(3k-1)(3k+5)}$

3.2 수열의 극한

수열 $\{a_n\}$에서 항의 갯수인 n이 커질수록 일반항 a_n이 어떻게 변하는지 살펴보자. 예를 들어 수열 $\left\{\dfrac{1}{n}\right\}$은 n이 커질수록 0에 한없이 가까워짐을 알 수 있다. 반면에 수열 $\{(-1)^n\}$은 n이 커지더라도 어느 특정한 값으로 다가가지 않음을 알 수 있다. 이처럼 수열은 항의 갯수 n이 늘어날수록 특정한 값에 한없이 가까워지는 경우도 있고 그렇지 않은 경우도 있다.

수열의 극한

수열 $\{a_n\}$에서 n이 충분히 크게 증가할 때 어떤 값 l에 한없이 가까워지는 경우, 수열 $\{a_n\}$은 l에 수렴한다(converge)고 하고 다음 기호로 나타낸다.

$$\lim_{n\to\infty} a_n = l \quad \text{또는} \quad n\to\infty \text{일 때 } a_n \to l$$

여기서 l을 수열 $\{a_n\}$의 극한값(limit)이라 한다. 반면에 n값이 증가할 때 수열 $\{a_n\}$이 일정한 값에 수렴하지 않는 경우 그러한 수열 $\{a_n\}$은 발산한다(diverge)고 한다.

수열 $\{a_n\}$이 일정한 값에 수렴하지 않는 즉, 발산하는 형태는 다양하다. 예를 들어 수열 $\{(-1)^n\}$과 같이 -1과 1을 반복하는 경우는 진동한다고 한다. 또는 수열 $\{n^2\}$처럼 n이 커질수록 n^2이 계속 증가하는 경우는 양의 무한대로 발산한다고 하며, 수열 $\{-n^2\}$의 경우처럼 n이 커질수록 수열값이 계속 감소하는 경우는 음의 무한대로 발산한다고 하고 기호 표현은 다음과 같다.

$$\lim_{n\to\infty} n^2 = \infty, \qquad \lim_{n\to\infty}(-n^2) = -\infty$$

수열 $\{a_n\}$은 함수로 표현하는 경우 $f(n)=a_n$이라 놓을 수 있으므로 함수의 극한과 수열의 극한을 연관 지을 수 있고, 다음 정리가 성립한다. 이것을 그래프로 그려 예시해 놓은 것이 다음 그림이다.

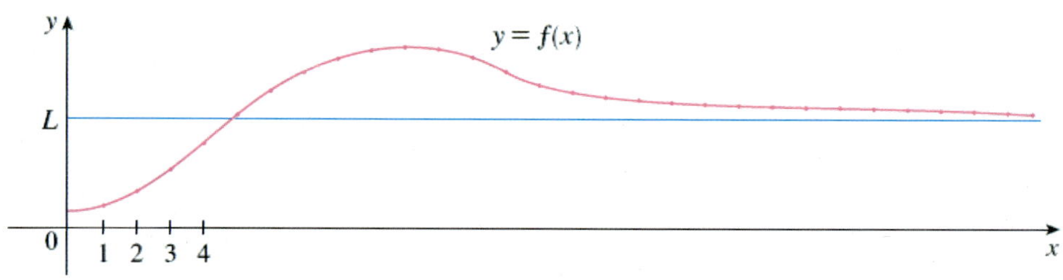

[그림 3.1]

정리 3.2.1 함수의 극한과 수열의 극한

$\lim_{x\to\infty} f(x) = L$ 이고, 정수 n에 대하여 $f(n)=a_n$이면 $\lim_{n\to\infty} a_n = L$ 이다.

예를 들어 $r>0$이면 함수 $f(x)=x^r$ 은 $(0,\infty)$에서 끊임없이 증가하는 함수이므로 $\lim_{x\to\infty}\frac{1}{x^r}=0$이다.

따라서 $r>0$이면 $\lim_{n\to\infty}\frac{1}{n^r}=0$이 성립한다.

주어진 수열의 극한이 계산가능할 때 두 개의 수열에 대한 사칙연산을 생각해 보자. 수열 $\{a_n\}$과 $\{b_n\}$이 각각

$$\begin{gathered} 1.1,\ 1.01,\ 1.001,\ 1.0001,\ \cdots \\ 2.1,\ 2.01,\ 2.001,\ 2.0001,\ \cdots \end{gathered}$$

이라 하면 $\lim_{n\to\infty} a_n = 1$이고 $\lim_{n\to\infty} b_n = 2$이다. 이 때 수열 $\{a_n + b_n\}$을 생각해 보면,

$$3.2,\ 3.02,\ 3.002,\ 3.0002,\ \cdots$$

이므로 $\lim_{n\to\infty}(a_n+b_n)=3$이다. 따라서

$$\lim_{n\to\infty}(a_n+b_n)=\lim_{n\to\infty}a_n+\lim_{n\to\infty}b_n$$

이 성립한다. 일반적으로 성립하는 수열의 극한 성질을 확인해보자.

정리 3.2.2 수열의 극한

$\{a_n\}$과 $\{b_n\}$이 수렴하는 수열이고 c는 상수라고 할 때, 다음 성질을 만족한다.

(a) $\lim_{n\to\infty}(a_n+b_n)=\lim_{n\to\infty}a_n+\lim_{n\to\infty}b_n$

(b) $\lim_{n\to\infty}(a_n-b_n)=\lim_{n\to\infty}a_n-\lim_{n\to\infty}b_n$

(c) $\lim_{n\to\infty}c\,a_n=c\lim_{n\to\infty}a_n$

(d) $\lim_{n\to\infty}(a_n b_n)=\lim_{n\to\infty}a_n\cdot\lim_{n\to\infty}b_n$

(e) $\lim_{n\to\infty}\dfrac{a_n}{b_n}=\dfrac{\lim_{n\to\infty}a_n}{\lim_{n\to\infty}b_n}$ (단, $\lim_{n\to\infty}b_n\neq 0$)

$a_n=f(n)$, $b_n=g(n)$이라 하고 $y=f(x)$와 $y=g(x)$의 함수형태로 정의역을 확장하자.
$\lim_{x\to a}f(x)$와 $\lim_{x\to a}g(x)$가 수렴하고, c는 상수라고 할 때 수열의 극한 관련 성질이 함수의 극한에서도 유지된다.

예제 3.2.1 $\lim_{n\to\infty}\dfrac{n}{n+1}$을 구하라.

풀이

$$\lim_{n\to\infty}\frac{n}{n+1}=\lim_{n\to\infty}\frac{1}{1+\frac{1}{n}}=\frac{\lim_{n\to\infty}1}{\lim_{n\to\infty}1+\lim_{n\to\infty}\frac{1}{n}}=\frac{1}{1+0}=1$$

예제 3.2.2 $\lim_{n\to\infty}(\sqrt{n^2+4n}-n)$을 구하라.

풀이

$$\lim_{n\to\infty}(\sqrt{n^2+4n}-n)=\lim_{n\to\infty}\frac{(\sqrt{n^2+4n}-n)(\sqrt{n^2+4n}+n)}{\sqrt{n^2+4n}+n}$$
$$=\lim_{n\to\infty}\frac{(n^2+4n)-n^2}{\sqrt{n^2+4n}+n}=\lim_{n\to\infty}\frac{4}{\sqrt{1+\frac{4}{n}}+1}=2$$

연속함수를 수렴하는 수열에 적용하는 경우 성립하는 수열의 극한 성질을 살펴보자. 여기서 연속함수란 그래프로 보면 정의역내에서 끊어지지 않은 곡선을 의미한다.

정리 3.2.3 연속함수와 수열의 극한

$\lim_{n\to\infty}a_n=L$ 이고 함수 f가 L 에서 연속이면 $\lim_{n\to\infty}f(a_n)=f(\lim_{n\to\infty}a_n)=f(L)$이다.

성질 3.2.4 $\lim_{n\to\infty}a_n^p=\left[\lim_{n\to\infty}a_n\right]^p$ (단, $p>0, a_n>0$)

예제 3.2.3 $\lim_{n\to\infty}\sin\left(\frac{\pi}{n}\right)$을 구하라.

풀이

사인함수는 $x=0$에서 연속이므로, $\lim_{n\to\infty}\sin(\frac{\pi}{n})=\sin(\lim_{n\to\infty}\frac{\pi}{n})=\sin 0=0$ 이 성립한다.

수열의 조임정리

정리 3.2.5 수열의 조임정리

어떤 수 n_0보다 큰 모든 자연수 n에 대하여, $a_n\le b_n\le c_n$이고, $\lim_{n\to\infty}a_n=\lim_{n\to\infty}c_n=L$이면

$\lim_{n\to\infty}b_n=L$이 성립한다.

조임정리는 샌드위치 정리 또는 압축정리라고도 부른다.

성질 3.2.6 $\lim_{n\to\infty}|a_n|=0$이면, $\lim_{n\to\infty}a_n=0$이다.

증명 모든 자연수 n에 대하여 부등식 $-|a_n|\le a_n\le |a_n|$이 성립하고, $\lim_{n\to\infty}|a_n|=0$이면 $\lim_{n\to\infty}(-|a_n|)=0$ 이므로 조임정리에 의하여 $\lim_{n\to\infty}a_n=0$가 성립한다. ■

예제 3.2.4 $\lim_{n\to\infty}\frac{(-1)^n}{n}$이 존재하면 구하라.

풀이

$\left|\frac{(-1)^n}{n}\right|=\frac{1}{n}$ 이고 $\lim_{n\to\infty}\frac{1}{n}=0$ 이므로 조임정리에 의하여 $\lim_{n\to\infty}\frac{(-1)^n}{n}=0$이다.

예제 3.2.5 수열 $a_n=\frac{n!}{n^n}$의 수렴여부를 판단하라. (단, $n!=1\cdot 2\cdot 3\cdots n$)

풀이

$a_n=\frac{1\cdot 2\cdot 3\cdots n}{n\cdot n\cdot n\cdots n}=\frac{1}{n}\left(\frac{2\cdot 3\cdots n}{n\cdot n\cdots n}\right)$이므로 $0<a_n<\frac{1}{n}$이 성립한다. $\lim_{n\to\infty}\frac{1}{n}=0$이므로 조임정리에 의해 $\lim_{n\to\infty}\frac{n!}{n^n}=0$이 성립한다.

등비수열의 극한

예제 3.2.6 수열 $\{r^n\}$이 수렴하는 r을 구하라.

풀이

지수함수 $y=a^x$의 그래프를 살펴보면 $a>1$인 경우 끊임없이 증가하는 그래프이므로 x값 중 자연수 값에 대한 함수값을 살펴보면 $\lim_{n\to\infty}a^n=\infty$이다. 그리고 $0<a<1$ 인 경우 x 값이 커질수록, 그래프가 x 축에 가까워지므로 자연수 n 에 대하여 $\lim_{n\to\infty}a^n=0$ 이다. 따라서 $a=r$이라 하면

$$\lim_{n\to\infty}r^n=\begin{cases}\infty, & r>1\\ 0, & 0<r<1\end{cases}$$

이다. $r=1$인 경우와 $r=0$인 경우 $\lim_{n\to\infty}1^n=1$이고, $\lim_{n\to\infty}0^n=0$이다.

만약 $-1<r<0$이면 $0<|r|<1$이므로 $\lim_{n\to\infty}|r^n|=\lim_{n\to\infty}|r|^n=0$이다. 따라서 성질 3.2.6에 의해 $\lim_{n\to\infty}r^n=0$이다. 그리고 $r\le -1$이면 $\{r^n\}$은 진동하면서 발산한다.

정리 3.2.7 등비수열의 극한

수열 $\{r^n\}$은 $-1<r\le 1$인 경우 수렴하고, 그 이외의 경우는 발산한다. 수렴하는 경우에 다음이 성립한다.

$$\lim_{n\to\infty} r^n = \begin{cases} 0, & -1<r<1 \\ 1, & r=1 \end{cases}$$

단조수렴 정리

정리 3.2.8 단조수렴 정리

수열이 유계이고 단조이면, 수렴한다.

단조수렴정리의 증명은 제시하지 않는다. 그런데 이 사실을 직관적으로 확인해 보면, 만약 수열 $\{a_n\}$이 증가하고 모든 n에 대하여 $a_n\le M$이면 항들은 한쪽으로 몰리게 되며 어떤 수 L에 점점 더 가까이 가게 된다.

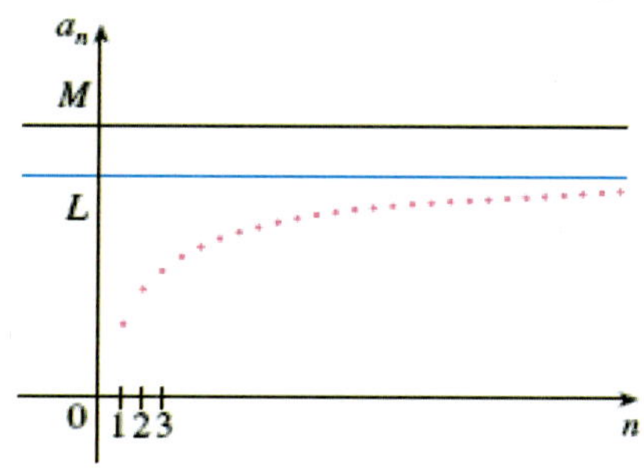

[그림 3.2]

성질 3.2.9

(a) 유계인 수열이 반드시 수렴하는 것은 아니다. 예를 들어 수열 $a_n=(-1)^n$은 $-1\le a_n\le 1$이어서 유계수열이지만 발산한다.
(b) 단조수열이 반드시 수렴하는 것은 아니다. 예를 들어 수열 $b_n=n$은 증가인 단조수열이지만 양의 무한대로 발산한다.

예제 3.2.7 다음 수열의 수렴여부를 판단하라.

$$a_1=2,\ a_{n+1}=\frac{1}{2}(a_n+6),\quad n=1,2,3,\cdots$$

풀이

이 수열의 처음 몇 항을 계산해보면

$$a_1=2,\qquad a_2=\frac{1}{2}(2+6)=4,\qquad a_3=\frac{1}{2}(4+6)=5,$$
$$a_4=\frac{1}{2}(5+6)=5.5,\qquad a_5=5.75,\qquad a_6=5.875,$$
$$a_7=5.9375,\qquad a_8=5.96875,\qquad a_9=5.984375$$

이어서 수열이 증가하면서 점점 6에 가까워짐을 짐작할 수 있다.

수학적 귀납법을 사용해서 $\{a_n\}$이 증가수열임을 보이자.

$n=1$일 때 $2=a_1<a_2=4$로서 성립하고, $n=k\ (k\geq 1)$일 때 $a_k<a_{k+1}$이 성립한다고 가정하자. 그러면 $\frac{1}{2}(a_k+6)<\frac{1}{2}(a_{k+1}+6)$ 즉, $a_{k+1}<a_{k+2}$가 성립하므로 모든 $n\geq 1$에 대하여 $\{a_n\}$은 증가수열이다.

이제 $\{a_n\}$이 유계수열임을 살펴보자. 먼저 $a_1=2<6$이고, $n=k\ (k\geq 1)$에 대하여 $a_k<6$이라고 가정하자. $a_{k+1}=\frac{1}{2}(a_k+6)<\frac{1}{2}(6+6)=6$이므로 수학적 귀납법에 의하여 모든 $n\geq 1$에 대하여 $\{a_n\}$은 유계수열임을 알 수 있다.

따라서 수열 $\{a_n\}$은 증가하며 위로 유계이므로 단조수렴정리에 의해서 이 수열은 수렴한다. 이 수열의 수렴값을 L 즉, $\lim\limits_{n\to\infty}a_n=L$이라 놓으면 $\lim\limits_{n\to\infty}a_n=\lim\limits_{n\to\infty}a_{n+1}$이 성립하므로

$$\lim_{n\to\infty}a_{n+1}=\lim_{n\to\infty}\frac{1}{2}(a_n+6)=\frac{1}{2}(\lim_{n\to\infty}a_n)+3=\frac{L}{2}+3$$

이고 따라서 $L=\frac{L}{2}+3$ 즉, $L=6$이다.

예제 3.2.8 수열 $a_n=\left(1+\frac{1}{n}\right)^n$이 증가수열이고 유계수열임을 보이라.

풀이

모든 자연수 n에 대하여 $1<a_n$이고,

$$\left(1+\frac{1}{n}\right)^n=1+{}_nC_1\left(\frac{1}{n}\right)^1+{}_nC_2\left(\frac{1}{n}\right)^2+\cdots+{}_nC_n\left(\frac{1}{n}\right)^n$$

인데 ${}_nC_k=\dfrac{n(n-1)\cdots(n-(k-1))}{k!}\leq n\dfrac{n^{k-1}}{2^{k-1}}=n\left(\dfrac{n}{2}\right)^{k-1}\quad(k\geq 1)$이므로

$$\left(1+\frac{1}{n}\right)^n=1+{}_nC_1\left(\frac{1}{n}\right)^1+{}_nC_2\left(\frac{1}{n}\right)^2+\cdots+{}_nC_n\left(\frac{1}{n}\right)^n$$
$$\leq 1+1+\frac{1}{2}+\frac{1}{2^2}+\frac{1}{2^{n-1}}<3$$

이 성립한다. 따라서 수열 $\{a_n\}$은 유계수열이다.

수열 $\{a_n\}$은 증가수열임을 보이기 위해 먼저 다음과 같은 수열을 정의해 보자.

$b_1=1$ 그리고 나머지 n개의 항 $b_2=b_3=\cdots=b_{n+1}=1+\frac{1}{n}$라 하고, $n+1$개 항의 산술평균과 기하평균을 생각하면,

$$\frac{b_1+\cdots+b_{n+1}}{n+1}=\frac{1+n\left(1+\frac{1}{n}\right)}{n+1}=1+\frac{1}{n+1}$$

이고

$$(b_1\times\cdots\times b_{n+1})^{\frac{1}{n+1}}=\left(\left(1+\frac{1}{n}\right)^n\right)^{\frac{1}{n+1}}=\left(1+\frac{1}{n}\right)^{\frac{n}{n+1}}$$

이므로 부등식

$1+\frac{1}{n+1}>\left(1+\frac{1}{n}\right)^{\frac{n}{n+1}}$이 성립한다. 따라서 $\left(1+\frac{1}{n+1}\right)^{n+1}>\left(1+\frac{1}{n}\right)^n$이므로 수열 $\{a_n\}$은 증가수열이다.

참고

예제 3.2.8에서 제시한 수열 $a_n=\left(1+\frac{1}{n}\right)^n$은 증가수열이고 위로 유계수열이므로 수렴하는데 그 수렴값은 초월수이다. 이 수렴값을 기호 e를 사용하여 표기하는데, $e=2.7182\cdots$의 값을 가진다.

연습문제 3.2

[1~20] 다음 수열의 수렴 여부를 판단하라. 수렴하면 극한을 찾아라.

1. $a_n=\frac{n+1}{n^2+5n}$

2. $a_n=\frac{2n^2+3n+1}{6n^2-5n}$

3. $a_n=\tan\left(\frac{n\pi}{2+6n}\right)$

4. $a_n=\frac{n^2}{\sqrt{n^3+2n}}$

5. $a_n=\frac{(-1)^n}{\sqrt{n+1}}$

6. $a_n=\sin\frac{n}{2}$

7. $a_n=\tan^{-1}\left(\frac{1+n}{\sqrt{3}n}\right)$

8. $a_n=\ln(n+3)-\ln(4n+1)$

9. $a_n=2+(0.4)^n$

10. $a_n=\frac{4^{n+2}}{6^n}$

11. $a_n=\frac{3^n-5^n}{4^n}$

12. $a_n=\frac{4^{n+1}+5^{n+1}}{4^n+5^n}$

13. $a_n = \dfrac{n}{\sqrt{n+4}-2}$

14. $a_n = n^2 3^{-n}$

15. $a_n = \dfrac{\sin^2 n}{e^n}$

16. $a_n = \dfrac{4^n}{3^n + 10}$

17. $a_n = \dfrac{n^2 \cos n}{n^3 + 1}$

18. $a_n = \left(1 + \dfrac{1}{3n}\right)^n$

19. $a_n = \left(1 + \dfrac{1}{n^2}\right)^n$

20. $a_n = \left(1 - \dfrac{1}{3n}\right)^n$

21. 수열 $\{a_n\}$이 $a_1 = \sqrt{3}$이고 $a_{n+1} = \sqrt{3 + a_n}$으로 정의되어 있을 때, 수학적 귀납법을 활용하여 $\{a_n\}$이 증가하고 위로 유계됨을 보이라. 그리고 수열의 극한을 찾아라.

22. 수열 $\{a_n\}$이 $a_1 = 1$이고 $a_{n+1} = 3 - \dfrac{1}{a_n}$으로 정의되어 있을 때, 수학적 귀납법을 활용하여 $\{a_n\}$이 증가하고 위로 유계됨을 보이라. 그리고 수열의 극한을 찾아라.

23. 수열 $\{a_n\}$이 $a_1 = 2$이고 $a_{n+1} = \dfrac{1}{3 - a_n}$으로 정의되어 있을 때, 수학적 귀납법을 활용하여 $\{a_n\}$이 감소수열이면서 유계수열임을 보이라. 그리고 수열의 극한을 찾아라.

3.3 무한급수

하나의 수를 무한소수로 표현할 수 있는데 이러한 수의 표현을 다시 무한개의 합으로 표현이 가능하다. 예를 들어

$$\pi = 3.14159\,26535\,89793\,23846\,26433\,83279\,50288\cdots$$

를 무한개의 합으로 표현해보면,

$$\pi = 3 + \frac{1}{10} + \frac{4}{10^2} + \frac{1}{10^3} + \frac{5}{10^4} + \frac{9}{10^5} + \frac{2}{10^6} + \frac{6}{10^7} + \frac{5}{10^8} + \cdots$$

이다. 여기서 "⋯"는 끊임없이 계속 더하고 있음을 의미하고, 더 많은 항들을 더할수록 π의 참값에 더 근사적인 값을 얻을 수 있다.

수열 $\{a_n\}$의 항들이 무한개가 정의되는 경우 무한수열이라 하는데 이러한 무한수열의 모든 항들을 더하면 다음과 같이 표현할 수 있다.

$$a_1 + a_2 + a_3 + \cdots + a_n + \cdots$$

이러한 무한개의 항의 합을 무한급수 또는 간단하게 급수라고 정의하며 기호로 다음과 같이 나타낸다.

$$\sum_{n=1}^{\infty} a_n \text{ 또는 } \sum a_n$$

그런데 이렇게 무한개의 항을 합한 값은 계산이 가능한지 생각해 볼 수 있는데 예를 들어

$$1+2+3+\cdots+n+\cdots$$

의 경우는 항들을 차례대로 더하면

$$1, 3, 6, 10, 15, 21, \cdots$$

이 되어서 n값이 커질수록 합은 계속 증가하게 된다. 또한,

$$\frac{1}{2}+\frac{1}{4}+\frac{1}{8}+\frac{1}{16}+\frac{1}{32}+\frac{1}{64}+\cdots+\frac{1}{2^n}+\cdots$$

의 경우에도 항들을 차례대로 더하면

$$\frac{1}{2}, \frac{3}{4}, \frac{7}{8}, \frac{15}{16}, \frac{31}{32}, \frac{63}{64}, \cdots$$

이 되어서 n값이 커질수록 합이 증가하게 된다. 그런데 두 개의 수열의 무한개의 합은 하나는 수렴하고 하나는 발산하게 되는데 이렇게 무한개의 합을 더할 때 하나의 값으로 수렴하는 경우와 그렇지 않은 경우에 대해 판단할 수 있는 방법에 대해 생각해보자.

무한급수

$$s_1 = a_1$$
$$s_2 = a_1 + a_2$$
$$s_3 = a_1 + a_2 + a_3$$

의 형태로 놓으면 부분합 s_n은 일반적으로 다음과 같이 정의한다.

$$s_n = a_1 + a_2 + a_3 + \cdots + a_n = \sum_{i=1}^{n} a_i$$

이 부분합들은 어떤 새로운 수열 $\{s_n\}$을 형성하며 이것이 수렴하는 경우도 있고, 발산하는 경우도 있다. 만약 $\lim_{n\to\infty} s_n = s$의 형태로 수열 $\{s_n\}$이 일정한 수 s로 수렴하면 이 값을 무한급수 $\sum a_n$의 합이라 부른다.

정의 3.3.1 무한급수의 합

급수 $\sum_{n=1}^{\infty} a_n = a_1 + a_2 + a_3 + \cdots$에 대하여 그 n번째 부분합 s_n을 다음과 같이 정의하자.

$$s_n = \sum_{i=1}^{n} a_i = a_1 + a_2 + \cdots + a_n$$

만약 수열 $\{s_n\}$이 수렴하고 그 극한값 $\lim_{n\to\infty} s_n = s$가 실수로서 존재하면, 급수 $\sum a_n$이 수렴한다고 하고 다음과 같이 표현하고 수 s를 급수의 합이라 한다.

$$a_1 + a_2 + a_3 + \cdots + a_n + \cdots = s \quad \text{또는} \quad \sum_{n=1}^{\infty} a_n = s$$

이와 다르게 수열 $\{s_n\}$이 발산하는 경우 이 급수 $\sum_{n=1}^{\infty} a_n$은 발산한다고 한다.

급수의 합은 그 부분합 수열의 극한으로 정의하므로 $\sum_{n=1}^{\infty} a_n = \lim_{n\to\infty} \sum_{i=1}^{n} a_i$로 다시 표현할 수 있다.

예제 3.3.1 급수 $\sum_{n=1}^{\infty} \frac{1}{n(n+1)}$이 수렴함을 보이고 급수의 합을 구하라.

풀이

급수의 부분합을 생각해보면,

$$s_n = \sum_{i=1}^{n} \frac{1}{i(i+1)} = \frac{1}{1\cdot 2} + \frac{1}{2\cdot 3} + \frac{1}{3\cdot 4} + \cdots + \frac{1}{n(n+1)}$$

이고 $\frac{1}{i(i+1)} = \frac{1}{i} - \frac{1}{i+1}$이므로 부분합은 항별로 서로 상쇄되어 다음과 같이 표현가능하다.

$$\begin{aligned} s_n &= \sum_{i=1}^{n} \frac{1}{i(i+1)} = \sum_{i=1}^{n} \left(\frac{1}{i} - \frac{1}{i+1}\right) \\ &= \left(1 - \frac{1}{2}\right) + \left(\frac{1}{2} - \frac{1}{3}\right) + \left(\frac{1}{3} - \frac{1}{4}\right) + \cdots + \left(\frac{1}{n} - \frac{1}{n+1}\right) \\ &= 1 - \frac{1}{n+1} \end{aligned}$$

그러므로 $\lim_{n\to\infty} s_n = \lim_{n\to\infty}\left(1 - \frac{1}{n+1}\right) = 1 - 0 = 1$이다. 따라서 이 급수는 수렴하며 그 합 $\sum_{n=1}^{\infty} \frac{1}{n(n+1)} = 1$이다.

유한개의 항은 급수의 수렴 또는 발산에 영향을 끼치지 않는다. 예를 들어 다음 급수가 수렴한다는 사실을 밝힐 수 있다고 가정하자.

$$\sum_{n=4}^{\infty}\frac{n}{n^3+1}$$

$n=1$부터 시작하면 다음과 같다.

$$\sum_{n=1}^{\infty}\frac{n}{n^3+1}=\frac{1}{2}+\frac{2}{9}+\frac{3}{28}+\sum_{n=4}^{\infty}\frac{n}{n^3+1}$$

그러므로 전체 급수 $\sum_{n=1}^{\infty}\frac{n}{n^3+1}$은 수렴한다. 반대로 전체 급수 $\sum_{n=1}^{\infty}\frac{n}{n^3+1}$이 수렴하면 $\sum_{n=4}^{\infty}\frac{n}{n^3+1}$도 수렴하게 된다. 즉, 급수 $\sum_{n=N+1}^{\infty}a_n$이 수렴(또는 발산)하면 다음 전체 급수 $\sum_{n=1}^{\infty}a_n$도 수렴(또는 발산)한다.

$$\sum_{n=1}^{\infty}a_n=\sum_{n=1}^{N}a_n+\sum_{n=N+1}^{\infty}a_n$$

급수의 형태 중 몇 가지 특별한 형태의 급수의 수렴 발산을 살펴보도록 하자.

기하급수

예제 3.3.2 다음 기하급수가 수렴하는 r의 범위를 구하라.

$$a+ar+ar^2+ar^3+\cdots+ar^{n-1}+\cdots=\sum_{n=1}^{\infty}ar^{n-1},\quad a\neq 0$$

풀이

$r=1$이면 $s_n=a+a+a+\cdots+a=na$이므로 $n\to\infty$일 때 s_n은 발산한다. $r\neq 1$인 경우

$$\begin{aligned} s_n &= a+ar+ar^2+\cdots+ar^{n-1} \\ rs_n &= \quad\;\; ar+ar^2+\cdots+ar^{n-1}+ar^n \end{aligned}$$

에서 $s_n-rs_n=a-ar^n$이므로 $s_n=\dfrac{a(1-r^n)}{1-r}$이 성립한다.

이 때 $-1<r<1$인 경우 $n\to\infty$일 때 $r^n\to 0$이므로 $\lim_{n\to\infty} s_n = \frac{a}{1-r}$이고, $r>1$인 경우에는 $n\to\infty$일 때 $r^n\to\infty$이므로 s_n값 또한 $a>0$ 일 때는 양의 무한대로 발산하고, $a<0$ 일 때는 음의 무한대로 발산한다.

또한 $r<-1$인 경우 r^n이 n에 따라 부호를 바꿔가면서 $|r^n|\to\infty$가 성립하므로 s_n도 수렴하지 않는다. $r=-1$ 인 경우에도 s_n은 진동하며 발산한다. 따라서 기하급수 $\sum_{n=1}^{\infty} ar^{n-1}$은 $|r|<1$인 경우에만 수렴하고 그 외의 경우에는 발산한다.

정리 3.3.2 기하급수 판정법

기하급수 $\sum_{n=1}^{\infty} ar^{n-1} = a+ar+ar^2+\cdots$는 $|r|<1$인 경우에만 수렴하며, 그 합은 다음과 같다.

$$\sum_{n=1}^{\infty} ar^{n-1} = \frac{a}{1-r}, \qquad |r|<1$$

만약, $|r| \geq 1$이면 기하급수는 발산한다.

예제 3.3.3 다음 기하급수가 수렴하는지 판단하고 수렴하면 수렴값을 구하라.

$$5-\frac{10}{3}+\frac{20}{9}-\frac{40}{27}+\cdots$$

풀이

첫째항은 5이고 공비 $r=-\frac{2}{3}$이다. $|r|=\left|-\frac{2}{3}\right|<1$ 이므로, 기하급수 판정법에 의해 주어진 기하급수는 수렴하고 그 수렴값은 $\frac{5}{1-\left(-\frac{2}{3}\right)}=\frac{5}{\frac{5}{3}}=3$이다.

예제 3.3.4 급수 $\sum_{n=1}^{\infty} 2^{2n}3^{1-n}$의 수렴여부를 판단하라.

풀이

$\sum_{n=1}^{\infty} \frac{4^n}{3^{n-1}} = \sum_{n=1}^{\infty} 4\left(\frac{4}{3}\right)^{n-1}$는 공비 $r=\frac{4}{3}>1$인 기하급수이므로, 기하급수 판정법에 의해 급수는 발산한다.

조화급수

예제 3.3.5 $\sum_{n=1}^{\infty}\frac{1}{n}=1+\frac{1}{2}+\frac{1}{3}+\frac{1}{4}+\cdots$는 조화급수라 하는데 이 급수가 발산함을 보이라.

풀이

조화급수의 경우는 부분합 $s_1, s_2, s_3, \cdots$이 한없이 커짐을 보이면 된다.

$$
\begin{aligned}
s_2 &= 1+\frac{1}{2} \\
s_4 &= 1+\frac{1}{2}+\left(\frac{1}{3}+\frac{1}{4}\right) > 1+\frac{1}{2}+\left(\frac{1}{4}+\frac{1}{4}\right) = 1+\frac{2}{2} \\
s_8 &= 1+\frac{1}{2}+\left(\frac{1}{3}+\frac{1}{4}\right)+\left(\frac{1}{5}+\frac{1}{6}+\frac{1}{7}+\frac{1}{8}\right) > 1+\frac{1}{2}+\left(\frac{1}{4}+\frac{1}{4}\right)+\left(\frac{1}{8}+\frac{1}{8}+\frac{1}{8}+\frac{1}{8}\right) \\
&= 1+\frac{1}{2}+\frac{1}{2}+\frac{1}{2} = 1+\frac{3}{2} \\
s_{16} &= 1+\frac{1}{2}+\left(\frac{1}{3}+\frac{1}{4}\right)+\left(\frac{1}{5}+\cdots+\frac{1}{8}\right)+\left(\frac{1}{9}+\cdots+\frac{1}{16}\right) \\
&> 1+\frac{1}{2}+\left(\frac{1}{4}+\frac{1}{4}\right)+\left(\frac{1}{8}+\cdots+\frac{1}{8}\right)+\left(\frac{1}{16}+\cdots+\frac{1}{16}\right) = 1+\frac{1}{2}+\frac{1}{2}+\frac{1}{2}+\frac{1}{2} \\
&= 1+\frac{4}{2}
\end{aligned}
$$

따라서 $s_{2^n} > 1+\frac{n}{2}$가 성립하므로 $n\to\infty$일 때 $\left(1+\frac{n}{2}\right)\to\infty$이므로 $\lim_{n\to\infty} s_{2^n} = \infty$ 이다. 그런데 $\{s_{2^n}\}$은 수열 $\{s_n\}$의 부분수열이고, 부분수열이 발산하면 전체수열 또한 발산하므로 조화급수 $\sum_{n=1}^{\infty}\frac{1}{n} = \lim_{n\to\infty} s_n = \infty$ 즉, 양의 무한대로 발산한다.

$\sum_{n=1}^{\infty}\frac{1}{n}$이 발산함을 판정한 이 방법을 **조화급수 판정법**이라 한다.

급수의 연산

정리 3.3.3 무한급수의 연산

급수 $\sum_{n=1}^{\infty} a_n$과 $\sum_{n=1}^{\infty} b_n$이 수렴한다고 할 때 다음이 성립한다. 단, c는 임의상수이다.

(a) $\sum_{n=1}^{\infty}(a_n+b_n) = \sum_{n=1}^{\infty} a_n + \sum_{n=1}^{\infty} b_n$

(b) $\sum_{n=1}^{\infty} ca_n = c\sum_{n=1}^{\infty} a_n$

(c) $\sum_{n=1}^{\infty}(a_n-b_n) = \sum_{n=1}^{\infty} a_n - \sum_{n=1}^{\infty} b_n$

증명 (a) 수렴하는 급수의 성질은 수렴하는 수열에서 성립하는 극한법칙으로부터 유도할 수 있다. $s_n = \sum_{i=1}^{n} a_i$, $s = \sum_{n=1}^{\infty} a_n$, $t_n = \sum_{i=1}^{n} b_i$, $t = \sum_{n=1}^{\infty} b_n$이라 하자. 급수 $\sum (a_n + b_n)$의 n번째 부분합을 $u_n = \sum_{i=1}^{n} (a_i + b_i)$ 라 놓으면

$$\begin{aligned}\lim_{n\to\infty} u_n &= \lim_{n\to\infty} \sum_{i=1}^{n} (a_i + b_i) = \lim_{n\to\infty} \left(\sum_{i=1}^{n} a_i + \sum_{i=1}^{n} b_i\right) \\ &= \lim_{n\to\infty} \sum_{i=1}^{n} a_i + \lim_{n\to\infty} \sum_{i=1}^{n} b_i = \lim_{n\to\infty} s_n + \lim_{n\to\infty} t_n\end{aligned}$$

이다. 따라서 $\sum (a_n + b_n)$은 수렴하고 그 합은 다음과 같다.

$$\sum_{n=1}^{\infty} (a_n + b_n) = \lim_{n\to\infty} u_n = s + t = \sum_{n=1}^{\infty} a_n + \sum_{n=1}^{\infty} b_n$$

(b), (c)도 (a)의 증명과 비슷한 방법으로 증명이 가능하다. ■

예제 3.3.6 급수 $\sum_{n=1}^{\infty} \left(\frac{3}{n(n+1)} + \frac{1}{2^n}\right)$의 합을 구하라.

풀이

급수 $\sum_{n=1}^{\infty} \frac{1}{n(n+1)} = \sum_{n=1}^{\infty} \left(\frac{1}{n} - \frac{1}{n+1}\right)$에 의하여 서로 상쇄되고 그 합은 1이다. 그리고 $\sum_{n=1}^{\infty} \frac{1}{2^n} = \sum_{n=1}^{\infty} \left(\frac{1}{2}\right)^n$은 무한 등비급수이므로 초항이 $\frac{1}{2}$이고 공비가 $\frac{1}{2}$에 대응하는 합의 공식에 의하면 $\sum_{n=1}^{\infty} \frac{1}{2^n} = \frac{\frac{1}{2}}{1-\frac{1}{2}} = 1$이 성립한다. 따라서 주어진 급수는 수렴하며 그 합은 다음과 같다.

$$\sum_{n=1}^{\infty} \left(\frac{3}{n(n+1)} + \frac{1}{2^n}\right) = 3\sum_{n=1}^{\infty} \frac{1}{n(n+1)} + \sum_{n=1}^{\infty} \frac{1}{2^n} = 3 \cdot 1 + 1 = 4$$

수열의 극한과 급수의 수렴

급수 $\sum_{n=1}^{\infty} a_n$ 에서 생각할 수 있는 수열은 일반항 a_n 으로 이루어진 수열 $\{a_n\}$과 부분합 s_n으로 이루어진 수열 $\{s_n\}$의 두 가지 형태를 생각할 수 있다. 급수의 합의 존재성을 부분합 수열의 극한, 일반항 수열의 극한

과 관련지을 수 있는데 $\sum_{n=1}^{\infty} a_n$ 이 수렴하면 부분합의 수열 $\{s_n\}$의 극한값은 s (급수의 합)이고, 일반항 a_n의 수열의 극한값은 0이다.

정리 3.3.4 급수의 수렴과 수열의 극한

급수 $\sum_{n=1}^{\infty} a_n$이 수렴하면, $\lim_{n\to\infty} a_n = 0$이다.

증명 $s_n = a_1 + a_2 + \cdots + a_n$이라 하면 $a_n = s_n - s_{n-1}$이다. 그리고 급수 $\sum_{n=1}^{\infty} a_n$이 수렴하면 수열 $\{s_n\}$이 급수의 합 s로 수렴한다. 따라서 다음이 성립한다.

$$\lim_{n\to\infty} a_n = \lim_{n\to\infty} (s_n - s_{n-1}) = \lim_{n\to\infty} s_n - \lim_{n\to\infty} s_{n-1} = s - s = 0$$ ■

일반적으로 정리 3.3.4의 역은 성립하지 않는다. $\lim_{n\to\infty} a_n = 0$이라 하더라도 급수 $\sum_{n=1}^{\infty} a_n$ 이 수렴하지 않을 수 있다. 예를 들어 $\lim_{n\to\infty} \frac{1}{n} = 0$이지만, $\sum_{n=1}^{\infty} \frac{1}{n}$은 발산한다.

발산 판정법

정리 3.3.4의 대우를 활용하면 급수의 발산을 판정하는 방법을 찾을 수 있다. 이 판정법을 발산 판정법이라 한다.

정리 3.3.5 발산 판정법

$\lim_{n\to\infty} a_n$이 존재하지 않거나 또는 $\lim_{n\to\infty} a_n = A \neq 0$이면 급수 $\sum_{n=1}^{\infty} a_n$은 발산한다.

예제 3.3.7 급수 $\sum_{n=1}^{\infty} \frac{n^2}{5n^2+4}$이 발산함을 보이라.

풀이

$\lim_{n\to\infty} \frac{n^2}{5n^2+4} = \frac{1}{5} \neq 0$이므로 발산판정법에 의하여 급수 $\sum_{n=1}^{\infty} \frac{n^2}{5n^2+4}$은 발산한다.

연습문제 3.3

[1~17] 다음 급수의 수렴 여부를 판정하라. 수렴판정법을 적고, 수렴하면 그 합을 찾아라.

1. $\sum_{n=1}^{\infty} \frac{1}{3n}$

2. $\sum_{n=1}^{\infty} \frac{(-3)^{n+1}}{4^n}$

3. $\sum_{n=1}^{\infty} \frac{\pi^n}{3^{n+1}}$

4. $\sum_{n=1}^{\infty} \frac{n-1}{4n+1}$

5. $\sum_{n=1}^{\infty} \frac{n(n+3)}{(n+2)^2}$

6. $\sum_{n=1}^{\infty} \cos\frac{1}{n^2}$

7. $\sum_{n=1}^{\infty} \arctan n$

8. $\sum_{n=1}^{\infty} \frac{7+3^n}{4^n}$

9. $\sum_{n=1}^{\infty} \frac{1-5^n}{4^n}$

10. $\sum_{n=1}^{\infty} \frac{1}{(n+1)(n+2)}$

11. $\sum_{n=1}^{\infty} \frac{2}{(2n-1)(2n+1)}$

12. $\sum_{n=1}^{\infty} \frac{3}{(3n-1)(3n+2)}$

13. $\sum_{n=1}^{\infty} (\sqrt{n+4}-\sqrt{n})$

14. $\sum_{n=1}^{\infty} \frac{n}{\ln n}$

15. $\sum_{n=1}^{\infty} \ln\frac{n}{n+1}$

16. $\frac{1}{3}+\frac{2}{9}+\frac{1}{27}+\frac{2}{81}+\frac{1}{243}+\cdots$

17. $\sum_{n=1}^{\infty} (-1)^n n$

18. 순환소수 $0.2222\cdots$를 무한급수로 표현한 후 분수로 나타내라.

19. 순환소수 $0.464646\cdots$를 무한급수로 표현한 후 분수로 나타내라.

[20~21] 다음 급수가 수렴하는 x값을 찾아라. x의 그런 값에 대해 급수의 합을 찾아라.

20. $\sum_{n=1}^{\infty} \frac{(x+3)^n}{5^n}$

21. $\sum_{n=1}^{\infty} 2^n(x-1)^n$

22. 급수 $\sum_{n=1}^{\infty} \frac{1}{n^2}$의 부분합이 증가수열이고 그 합이 2보다 작은 유계임을 보이고, 따라서 $\sum_{n=1}^{\infty} \frac{1}{n^2}$은 수렴함을 보이라.

23. 22번 문제를 활용하여 $\sum_{n=1}^{\infty} \left(\frac{1}{(-3)^n}+\frac{5}{n^2}\right)$이 수렴함을 보이라.

24. 조화급수 $\sum_{n=1}^{\infty} \frac{1}{n}$이 발산함을 활용하여 $\sum_{n=1}^{\infty} \frac{1}{n!}$이 발산함을 보이라.

25. 조화급수 $\sum_{n=1}^{\infty} \frac{1}{n}$이 발산함을 활용하여 $\sum_{n=1}^{\infty} \left(1+\frac{1}{n}\right)$이 발산함을 보이라.

3.4 무한급수의 여러 가지 판정법

지금까지 알려진 급수의 수렴 발산을 활용하여 새로운 급수의 수렴 판정 방법을 살펴보자.

비교 판정법

급수 $\sum_{n=1}^{\infty}\frac{1}{2^n+1}$는 기하급수 $\sum_{n=1}^{\infty}\frac{1}{2^n}$과 비슷한데 이 기하급수는 공비가 $\frac{1}{2}$이므로 수렴이다. 급수 $\sum_{n=1}^{\infty}\frac{1}{2^n+1}$도 이 급수의 형태와 매우 비슷하기 때문에 수렴을 추측할 수 있는데, 다음 부등식을 생각해보자.

$$\frac{1}{2^n+1}<\frac{1}{2^n}\quad(n\geq 1)$$

급수 $\sum_{n=1}^{\infty}\frac{1}{2^n+1}$의 각 항들이 기하급수의 항들보다 더 작기 때문에 모든 부분합들이 기하급수의 합인 $\frac{\frac{1}{2}}{1-\frac{1}{2}}=1$보다 더 작다라는 추측이 가능하다. 따라서, 수열 $\left\{\frac{1}{2^n+1}\right\}$의 부분합 수열 $\{s_n\}$은 유계인 증가수열이므로 수렴한다. 그리고 이 급수의 합은 기하급수의 합보다 작거나 같음을 알 수 있다.

정리 3.4.1 비교 판정법

급수 $\sum_{n=1}^{\infty}a_n$과 $\sum_{n=1}^{\infty}b_n$의 모든 항들이 양수라고 하자.

(a) 만약 $\sum_{n=1}^{\infty}b_n$이 수렴하고 모든 n에 대하여 $a_n\leq b_n$이면, $\sum_{n=1}^{\infty}a_n$도 수렴한다.

(b) 만약 $\sum_{n=1}^{\infty}b_n$이 발산하고 모든 n에 대하여 $a_n\geq b_n$이면, $\sum_{n=1}^{\infty}a_n$도 발산한다.

증명 $s_n=\sum_{i=1}^{n}a_i$, $t_n=\sum_{i=1}^{n}b_i$이라 하면 두 급수의 항은 모두 양수이므로 수열 $\{s_n\}$과 $\{t_n\}$은 증가하는 수열이다.

(a) $\sum_{n=1}^{\infty}b_n$이 t로 수렴하면 $n\to\infty$일 때 $t_n\to t$이므로 모든 n에 대하여 $t_n\leq t$가 성립한다. 그런데 $a_i\leq b_i$ 이므로 모든 $s_n\leq t_n$로서 수열 $\{s_n\}$은 위로 유계인 수열이다. 그리고 a_n의 모든 항들이 양수이므로

수열 $\{s_n\}$이 증가수열이다. 따라서 단조수렴정리에 의해 수열 $\{s_n\}$은 수렴한다. 즉, $\sum a_n$은 수렴한다.

(b) $\sum_{n=1}^{\infty} b_n$이 발산하고 $\{t_n\}$이 증가수열이므로, 따라서 $t_n \to \infty$가 성립한다. 그런데 $a_i \geq b_i$이므로 $s_n \geq t_n$ 이고 따라서 $s_n \to \infty$이다. 즉, $\sum_{n=1}^{\infty} a_n$은 발산한다. ■

예제 3.4.1 급수 $\sum_{n=1}^{\infty} \frac{\ln n}{n}$의 수렴 여부를 판단하라.

풀이

$n \geq 3$이면 $\ln n > 1$이므로 $\frac{\ln n}{n} > \frac{1}{n}$이 성립한다. 그런데 $\sum_{n=1}^{\infty} \frac{1}{n}$이 발산하므로 비교 판정법에 의해 $\sum_{n=1}^{\infty} \frac{\ln n}{n}$도 발산한다.

참고

또 다른 풀이로 $\sum_{n=1}^{\infty} \frac{\ln n}{n}$는 적분 판정법을 활용해서 발산을 판정할 수 있다. 함수 $f(x) = \frac{\ln x}{x}$는 $x > 1$에서 양수이고 연속이다. 또한 $f'(x) = \frac{x(1/x) - \ln x}{x^2} = \frac{1 - \ln x}{x^2}$이므로 $x > e$일 때 감소하므로, 적분판정법을 적용할 수 있다.

$$\int_1^{\infty} \frac{\ln x}{x}\, dx = \lim_{t \to \infty} \int_1^{t} \frac{\ln x}{x}\, dx = \lim_{t \to \infty} \frac{(\ln x)^2}{2} \Big]_1^t = \lim_{t \to \infty} \frac{(\ln t)^2}{2} = \infty$$

이고, 따라서 적분 판정법에 의하여 급수 $\sum_{n=1}^{\infty} \frac{\ln n}{n}$도 발산한다.

적분 판정법

함수 f는 $[1, \infty)$에서 연속이고 양수이며 감소한다고 하자. $a_n = f(n)$이라 하면 급수 $\sum_{n=1}^{\infty} a_n$이 수렴하기 위한 필요충분조건은 이상적분 $\int_1^{\infty} f(x)dx$가 수렴하는 것이다.

(a) $\int_1^{\infty} f(x)\,dx$가 수렴하면 $\sum_{n=1}^{\infty} a_n$은 수렴한다.

(b) $\int_1^{\infty} f(x)dx$가 발산하면 $\sum_{n=1}^{\infty} a_n$은 발산한다.

비교 판정법을 적용할 때 주의할 점은 판정하려고 하는 급수의 항들이 수렴함을 알고 있는 항들보다 더 작거나, 아니면 발산함을 알고 있는 급수의 항들보다 더 커야 한다. 만약 판정하려 하는 급수의 항들이 수렴함을 알고 있는 급수의 항들보다 더 크거나 발산함을 알고 있는 급수의 항들보다 더 작으면, 비교 판정법을 적용할 수 없다.

극한비교 판정법

급수 $\sum_{n=1}^{\infty}\frac{1}{2^n-1}$의 각 항은 $\frac{1}{2^n-1}>\frac{1}{2^n}$이 성립하지만, 비교판정법에서는 이 부등식이 전혀 쓸모가 없다. 왜냐하면 $\sum_{n=1}^{\infty}\frac{1}{2^n}$은 수렴하지만 그렇다고 각 항별 $\frac{1}{2^n}$보다 더 큰 항들로 이루어진 $\sum_{n=1}^{\infty}\frac{1}{2^n-1}$의 수렴 또는 발산을 보장할 수 없기 때문이다. 그렇지만 급수 $\sum_{n=1}^{\infty}\frac{1}{2^n-1}$이 $\sum_{n=1}^{\infty}\frac{1}{2^n}$와 매우 가깝기 때문에 수렴을 추측해 볼 수 있고 이를 다음 판정법에는 적용가능하다.

정리 3.4.2 극한비교 판정법

급수 $\sum_{n=1}^{\infty}a_n$과 $\sum_{n=1}^{\infty}b_n$의 모든 항들이 양수라고 하자. 만약

$$\lim_{n\to\infty}\frac{a_n}{b_n}=c$$

이고 c가 유한한 수이고, $c>0$이면 두 급수는 동시에 수렴하거나 발산한다.

증명 m과 M은 양수로 $m<c<M$을 만족한다고 하자. $\frac{a_n}{b_n}$은 n값이 커질수록 c에 가까워지므로 적당한 정수 N에 대하여 $n>N$인 모든 n에 대해서

$$m<\frac{a_n}{b_n}<M \quad 즉,\ mb_n<a_n<Mb_n$$

이 성립한다. 이 때 $\sum_{n=1}^{\infty}b_n$이 수렴하면 $\sum_{n=1}^{\infty}Mb_n$도 수렴하므로 비교 판정법에 의하여 $\sum_{n=1}^{\infty}a_n$도 수렴한다.

또한 $\sum_{n=1}^{\infty}a_n$이 수렴하면 $\sum_{n=1}^{\infty}mb_n$도 수렴하고 따라서 $\sum_{n=1}^{\infty}b_n$도 동시에 수렴하게 된다.

마찬가지 방법으로 $\sum_{n=1}^{\infty} a_n$이 발산하면 비교 판정법에 의하여 $\sum_{n=1}^{\infty} Mb_n$ 도 발산하고 따라서 $\sum_{n=1}^{\infty} b_n$도 발산한다. 또한 $\sum_{n=1}^{\infty} b_n$이 발산하면 $\sum_{n=1}^{\infty} mb_n$도 발산하므로 $\sum_{n=1}^{\infty} a_n$도 동시에 발산하게 된다. ■

예제 3.4.2 급수 $\sum_{n=1}^{\infty} \frac{1}{2^n - 1}$의 수렴 여부를 판단하라.

풀이

$a_n = \frac{1}{2^n - 1}$, $b_n = \frac{1}{2^n}$이라 하면

$$\lim_{n\to\infty}\frac{a_n}{b_n} = \lim_{n\to\infty}\frac{1/(2^n-1)}{1/2^n} = \lim_{n\to\infty}\frac{2^n}{2^n-1} = \lim_{n\to\infty}\frac{1}{1-1/2^n} = 1 > 0$$

이고 $\sum_{n=1}^{\infty}\frac{1}{2^n}$은 기하급수 판정법에 의하여 수렴하므로 극한비교 판정법에 의하여 $\sum_{n=1}^{\infty}\frac{1}{2^n-1}$ 또한 수렴한다.

예제 3.4.3 $\sum_{n=1}^{\infty}\frac{1}{n^2}$의 수렴 여부를 판단하라.

풀이

급수 $\sum_{n=1}^{\infty}\frac{1}{n(n+1)}$은 부분합이 서로 상쇄되어 $\lim_{n\to\infty}(1-\frac{1}{n+1}) = 1$로서 수렴한다. 수열 $\frac{1}{n^2}$은 $\frac{1}{n(n+1)}$과 유사한 형태이므로 두 수열을 비교해보면

$$\lim_{n\to\infty}\frac{1/n(n+1)}{1/n^2} = \lim_{n\to\infty}\frac{n^2}{n(n+1)} = \lim_{n\to\infty}\frac{1}{1+\frac{1}{n}} = 1 > 0$$

으로 0이 아닌 극한값이 존재한다. 따라서 $\sum_{n=1}^{\infty}\frac{1}{n(n+1)}$이 수렴하므로 극한비교 판정법에 의하여 $\sum_{n=1}^{\infty}\frac{1}{n^2}$ 또한 수렴한다.

p 급수 판정법

$\sum_{n=1}^{\infty}\frac{1}{n^2}$이 수렴하고 $\sum_{n=1}^{\infty}\frac{1}{n}$이 발산한다는 사실을 비롯하여 급수 $\sum_{n=1}^{\infty}\frac{1}{n^p}$에 대하여 p 값에 따라 수렴과 발산

을 판정할 수 있다. 여기서 급수 $\sum_{n=1}^{\infty} \frac{1}{n^p}$의 형태를 p급수라 하고 p값에 따라 수렴과 발산을 판정하는 것을 p급수 판정법이라 한다. 이 판정법은 다음과 같이 정리할 수 있다.

정리 3.4.3 **p급수 판정법**

p급수 $\sum_{n=1}^{\infty} \frac{1}{n^p}$에 대하여 $p>1$일 때 수렴하고, $p \leq 1$일 때 발산한다.

증명 $p<0$일 때 $\lim_{n\to\infty} \frac{1}{n^p} = \infty$이고, $p=0$일 때 $\lim_{n\to\infty} \frac{1}{n^p} = 1$이므로 발산 판정법에 의해 주어진 급수는 발산한다.

$p=1$인 경우 $\sum_{n=1}^{\infty} \frac{1}{n}$은 조화급수 판정법에 의하여 발산하고, $\sum_{n=1}^{\infty} \frac{1}{n^2}$은 예제 3.4.3에 의하여 수렴한다.

$p>2$인 경우 $n^2<n^p$ $(n \geq 1)$이므로 $\frac{1}{n^2} > \frac{1}{n^p} > 0$이 성립하고 따라서 비교 판정법에 의하여 $\sum_{n=1}^{\infty} \frac{1}{n^p}$는 수렴한다.

또한 적분 판정법에 의하여 $0<p<1$인 경우 $\sum_{n=1}^{\infty} \frac{1}{n^p}$는 발산하고, $1<p<2$인 경우 $\sum_{n=1}^{\infty} \frac{1}{n^p}$는 수렴한다. ■

$p>0$일 때 $f(x) = \frac{1}{x^p}$는 $[1, \infty)$에서 연속이고 양수이며 감소한다. 그런데

$$\int_1^{\infty} \frac{1}{x^p}dx = \lim_{t\to\infty} \int_1^t \frac{1}{x^p}dx = \lim_{t\to\infty} \frac{1}{1-p} x^{1-p} \Big]_1^t = \frac{1}{1-p} \lim_{t\to\infty} (t^{1-p}-1)$$

이므로 $0<p<1$인 경우는 발산하고 $1<p<2$인 경우는 수렴한다. 따라서 적분판정법에 의하여, $0<p<1$인 경우 $\sum_{n=1}^{\infty} \frac{1}{n^p}$는 발산하고, $1<p<2$인 경우 $\sum_{n=1}^{\infty} \frac{1}{n^p}$는 수렴한다.

예제 3.4.4 급수 $\sum_{n=1}^{\infty} \frac{5}{2n^2+4n+3}$의 수렴 여부를 판단하라.

풀이

n값이 커질수록 분모에서 지배적인 항은 $2n^2$이므로 주어진 급수를 $\sum_{n=1}^{\infty} \frac{5}{2n^2}$과 비교해보면 다음과 같이 각 항별

부등식이 성립한다.

$$\frac{5}{2n^2+4n+3} < \frac{5}{2n^2}$$

두 급수의 항이 모두 양수이고 $\sum_{n=1}^{\infty}\frac{5}{2n^2}=\frac{5}{2}\sum_{n=1}^{\infty}\frac{1}{n^2}$이어서 p급수 판정법에 의하여 수렴하므로 $\sum_{n=1}^{\infty}\frac{5}{2n^2+4n+3}$은 비교 판정법에 의하여 수렴한다.

교대급수 판정법

지금까지 다룬 판정법들은 항이 모두 양수인 경우에만 적용할 수 있다. 지금부터는 항이 모두 양수가 아닌 급수의 수렴 또는 발산을 판정하는 방법을 생각해보자.

다음과 같이 급수의 항이 양수와 음수가 교대로 번갈아 나오는 형태를 교대급수라 한다.

$$1-\frac{1}{2}+\frac{1}{3}-\frac{1}{4}+\frac{1}{5}-\frac{1}{6}+\cdots=\sum_{n=1}^{\infty}(-1)^{n-1}\frac{1}{n}$$

$$-\frac{1}{2}+\frac{2}{3}-\frac{3}{4}+\frac{4}{5}-\frac{5}{6}+\frac{6}{7}-\cdots=\sum_{n=1}^{\infty}(-1)^{n}\frac{n}{n+1}$$

이러한 교대급수 중 수렴하는 경우만 판단하는 판정법을 교대급수 판정법이라 한다.

정리 3.4.4 교대급수 판정법

$$\sum_{n=1}^{\infty}(-1)^{n-1}b_n = b_1-b_2+b_3-b_4+b_5-b_6+\cdots\ ,\ b_n>0$$

이 두 조건을 만족하면 이 교대급수는 수렴한다.

(1) 모든 n에 대하여 $b_{n+1} \le b_n$

(2) $\lim_{n\to\infty} b_n = 0$

증명 부분합을 s_n이라 할 때 짝수째 부분합을 생각해 보면

$b_2 \le b_1$이므로 $s_2 = b_1 - b_2 \ge 0$이고,

$b_4 \le b_3$이므로 $s_4 = s_2 + (b_3 - b_4) \ge s_2$이다.

일반적으로 $b_{2n} \leq b_{2n-1}$이므로 $s_{2n} = s_{2n-2} + (b_{2n-1} - b_{2n}) \geq s_{2n-2}$이다. 그러므로 다음이 성립한다.

$$0 \leq s_2 \leq s_4 \leq s_6 \leq \cdots \leq s_{2n} \leq \cdots$$

그런데

$$s_{2n} = b_1 - (b_2 - b_3) - (b_4 - b_5) - \cdots - (b_{2n-2} - b_{2n-1}) - b_{2n}$$

의 형태로 다시 표현 가능하고 이때 괄호 안의 수가 모두 양수이므로 모든 n에 대하여 $s_{2n} \leq b_1$이다. 그러므로 짝수째 부분합의 수열 $\{s_{2n}\}$은 증가하고 위로 유계이므로 단조수열정리에 의하여

$$\lim_{n\to\infty} s_{2n} = s$$

로 수렴한다. 이제 홀수째 부분합의 극한을 생각해 보면

$$\lim_{n\to\infty} s_{2n+1} = \lim_{n\to\infty} (s_{2n} + b_{2n+1}) = \lim_{n\to\infty} s_{2n} + \lim_{n\to\infty} b_{2n+1} = s + 0 = s$$

짝수째와 홀수째 부분합이 모두 같은 값 s로 수렴하므로 $\lim_{n\to\infty} s_n = s$가 성립한다.

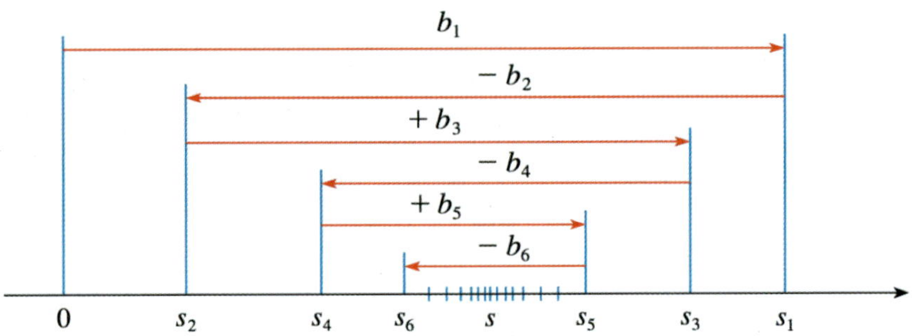

[그림 3.3]

■

예제 3.4.5 다음 교대조화급수의 수렴여부를 판단하라.

$$1 - \frac{1}{2} + \frac{1}{3} - \frac{1}{4} + \cdots = \sum_{n=1}^{\infty} \frac{(-1)^{n-1}}{n}$$

풀이

교대급수이므로 두 가지 조건을 만족하면 수렴한다. 모든 n에 대하여 $\frac{1}{n+1} < \frac{1}{n}$을 만족하고 $\lim_{n\to\infty} \frac{1}{n} = 0$이 성립하므로 교대급수 판정법에 의하여 $\sum_{n=1}^{\infty} \frac{(-1)^{n-1}}{n}$은 수렴한다.

예제 3.4.6 급수 $\sum_{n=1}^{\infty}\frac{(-1)^n 3n}{4n-1}$ 의 수렴여부를 판단하라.

풀이

주어진 급수는 교대급수이지만 $\lim_{n\to\infty}\frac{3n}{4n-1}=\frac{3}{4}\neq 0$이므로 교대급수 판정법을 적용할 수 없다.

$a_n=\frac{(-1)^n 3n}{4n-1}$이라 할 때

$$\lim_{n\to\infty}a_{2n}=\lim_{n\to\infty}\frac{(-1)^{2n}3(2n)}{4(2n)-1}=\frac{3}{4}\text{ 이고 }\lim_{n\to\infty}a_{2n+1}=\lim_{n\to\infty}\frac{(-1)^{2n+1}3(2n+1)}{4(2n+1)-1}=-\frac{3}{4}$$

이므로 $\lim_{n\to\infty}a_n$은 존재하지 않는다. 따라서 발산 판정법에 의하여 이 급수는 발산한다.

예제 3.4.7 급수 $\sum_{n=1}^{\infty}(-1)^{n+1}\frac{n^2}{n^3+1}$ 의 수렴 여부를 판단하라.

풀이

주어진 급수는 교대급수이다.

$$\lim_{n\to\infty}\frac{n^2}{n^3+1}=\lim_{n\to\infty}\frac{\frac{1}{n}}{1+\frac{1}{n^3}}=0$$

을 만족하므로 교대급수 판정법을 적용하기 위한 또 하나의 조건을 살펴보자.

$b_n=\frac{n^2}{n^3+1}$에 대하여

$$b_n-b_{n+1}=\frac{n^2}{n^3+1}-\frac{(n+1)^2}{(n+1)^3+1}=\frac{n^4+(n^2-1)(2n+1)}{(n^3+1)\{(n+1)^3+1\}}>0$$

이 성립하므로, 수열 $\{b_n\}$은 감소수열이다. 따라서 교대급수 판정법에 의해 이 급수는 수렴한다.

수열 $\{b_n\}$의 증가, 감소여부를 판단하기 위해 관련된 함수 $f(x)=\frac{x^2}{x^3+1}$의 도함수를 생각해보자.

$$f'(x)=\frac{x(2-x^3)}{(x^3+1)^2}$$

이고 양수인 x에서 감소여부를 확인해야 하는데 $x>\sqrt[3]{2}$에서 $f'(x)<0$이므로 $n\geq 2$일 때 $f(n+1)<f(n)$ 즉, $b_{n+1}<b_n$이 성립한다. 따라서 수열 $\{b_n\}$이 감소한다고 판단할 수 있다.

절대수렴 판정법

급수 $\sum_{n=1}^{\infty} a_n$이 주어졌을 때 그에 대응하여 원래 급수의 항에 절대값을 항으로 취한 다음 급수를 생각해 보자.

$$\sum_{n=1}^{\infty}|a_n| = |a_1|+|a_2|+|a_3|+\cdots$$

정의 3.4.5 절대수렴

급수 $\sum_{n=1}^{\infty} a_n$에 대하여 만약 절댓값들의 급수 $\sum_{n=1}^{\infty} |a_n|$이 수렴하면, 급수 $\sum_{n=1}^{\infty} a_n$은 **절대수렴**한다고 한다.

만약 급수 $\sum_{n=1}^{\infty} a_n$의 모든 항들이 양수이면 $\sum_{n=1}^{\infty} a_n$이 수렴하는 경우 $\sum_{n=1}^{\infty} a_n$은 절대수렴 또한 성립한다.

예제 3.4.8 급수 $\sum_{n=1}^{\infty} \frac{(-1)^{n-1}}{n^2}$의 절대수렴 여부를 판단하라.

풀이

급수 $\sum_{n=1}^{\infty} \frac{(-1)^{n-1}}{n^2}$의 항마다 절대값을 취한 급수 $\sum_{n=1}^{\infty} \left|\frac{(-1)^{n-1}}{n^2}\right| = \sum_{n=1}^{\infty} \frac{1}{n^2}$는 수렴하므로 $\sum_{n=1}^{\infty} \frac{(-1)^{n-1}}{n^2}$은 절대수렴한다.

예제 3.4.9 급수 $\sum_{n=1}^{\infty} \frac{(-1)^{n-1}}{n}$의 절대수렴 여부를 판단하라.

풀이

급수 $\sum_{n=1}^{\infty} \frac{(-1)^{n-1}}{n}$의 항마다 절댓값을 취한 급수 $\sum_{n=1}^{\infty} \left|\frac{(-1)^{n-1}}{n}\right| = \sum_{n=1}^{\infty} \frac{1}{n}$는 조화급수 판정법에 의하여 발산한다.

따라서 급수 $\sum_{n=1}^{\infty} \frac{(-1)^{n-1}}{n}$는 절대수렴하지 않는다.

위 예제를 살펴보면 급수 $\sum_{n=1}^{\infty} \frac{(-1)^{n-1}}{n}$는 수렴하지만 (교대급수 판정법에 의해) 절대수렴하지 않는 경우가 있음을 알 수 있다.

정의 3.4.6 조건부수렴

급수 $\sum_{n=1}^{\infty} a_n$이 수렴하지만 절대수렴하지 않을 때, $\sum_{n=1}^{\infty} a_n$은 **조건부수렴**한다고 한다.

$\sum_{n=1}^{\infty} \frac{(-1)^{n-1}}{n}$는 조건부수렴의 예이다. 그런데 급수 $\sum_{n=1}^{\infty} a_n$는 절대수렴하면 $\sum_{n=1}^{\infty} a_n$는 항상 수렴한다.

정리 3.4.7 절대수렴 판정법

급수 $\sum_{n=1}^{\infty} a_n$이 절대수렴하면 이 급수 $\sum_{n=1}^{\infty} a_n$는 수렴한다.

증명

부등식 $0 \le a_n + |a_n| \le 2|a_n|$이 성립한다. 급수 $\sum_{n=1}^{\infty} a_n$이 절대수렴하므로 $\sum_{n=1}^{\infty} |a_n|$이 수렴하고 따라서 $2\sum_{n=1}^{\infty} |a_n|$도 수렴한다. 그러므로 비교 판정법에 의해 $\sum_{n=1}^{\infty} (a_n + |a_n|)$도 수렴하고 따라서

$$\sum_{n=1}^{\infty} a_n = \sum_{n=1}^{\infty} [(a_n + |a_n|) - |a_n|] = \sum_{n=1}^{\infty} (a_n + |a_n|) - \sum_{n=1}^{\infty} |a_n|$$

이고 $\sum_{n=1}^{\infty} a_n$은 수렴한다. ■

예제 3.4.10 다음 급수의 수렴, 발산을 판단하라.

$$\sum_{n=1}^{\infty} \frac{\cos n}{n^2} = \frac{\cos 1}{1^2} + \frac{\cos 2}{2^2} + \frac{\cos 3}{3^2} + \frac{\cos 4}{4^2} + \cdots$$

풀이

이 급수의 항들은 양수항과 음수항으로 이루어져 있지만 교대로 번갈아 나타나는 교대급수는 아니다. 처음 항은 양수, 그 다음 세 개는 음수, 그 다음 세 개는 양수 등의 형태로 음수와 양수가 불규칙하게 바뀐다. 급수의 항에 모두 절댓값을 붙이면

$$\sum_{n=1}^{\infty}\left|\frac{\cos n}{n^2}\right| = \sum_{n=1}^{\infty}\frac{|\cos n|}{n^2}$$

이고, $|\cos n| \le 1$ 이므로 다음 부등식이 성립한다.

$$0 \le \frac{|\cos n|}{n^2} \le \frac{1}{n^2}$$

$\sum_{n=1}^{\infty}\frac{1}{n^2}$이 수렴하므로 비교 판정법에 의해 $\sum_{n=1}^{\infty}\left|\frac{\cos n}{n^2}\right|$이 수렴하고 $\sum_{n=1}^{\infty}\frac{\cos n}{n^2}$은 절대수렴한다. 그러면 절대수렴 판정법에 의해 $\sum_{n=1}^{\infty}\frac{\cos n}{n^2}$은 수렴한다.

다음 판정법은 급수의 절대수렴 여부를 판정하는데 매우 유용하다.

비율 판정법과 근 판정법

정리 3.4.8 비율 판정법

급수 $\sum_{n=1}^{\infty} a_n$에 대하여 다음이 성립한다.

(a) $\lim_{n\to\infty}\left|\frac{a_{n+1}}{a_n}\right| = L < 1$일 때 급수 $\sum_{n=1}^{\infty} a_n$은 절대수렴한다 (이에 따라 수렴한다)

(b) $\lim_{n\to\infty}\left|\frac{a_{n+1}}{a_n}\right| = L > 1$ 또는 $\lim_{n\to\infty}\left|\frac{a_{n+1}}{a_n}\right| = \infty$일 때 급수 $\sum_{n=1}^{\infty} a_n$은 발산한다.

(c) $\lim_{n\to\infty}\left|\frac{a_{n+1}}{a_n}\right| = 1$일 때 비율 판정법으로 결정할 수 없다. 즉, $\sum_{n=1}^{\infty} a_n$의 수렴과 발산에 대해 어떠한 결론도 내릴 수 없다.

증명 (a) 주어진 급수를 수렴하는 등비급수와 비교해 본다. $L < 1$이므로 적당한 수 r이 존재해서 $L < r < 1$이 성립한다. $\lim_{n\to\infty}\left|\frac{a_{n+1}}{a_n}\right| = L$이고 $L < r$이므로, 적당한 정수 N이 존재해서

$$n \ge N\text{이면 } \left|\frac{a_{n+1}}{a_n}\right| < r \text{ 즉, } |a_{n+1}| < r|a_n|$$

이고, 그러므로 n에 $N, N+1, N+2$ 등을 대입하면

$$\begin{aligned}&|a_{N+1}| < |a_N| r\\&|a_{N+2}| < |a_{N+1}| r < |a_N| r^2\\&|a_{N+3}| < |a_{N+2}| r < |a_{N+1}| r^2 < |a_N| r^3\\&\quad\vdots\end{aligned}$$

이고 일반적으로 다음 부등식이 성립한다.

$$|a_{N+k}| < |a_N| r^k \qquad (k \geqq 1)$$

그러면

$$\begin{aligned}\sum_{n=N+1}^{\infty} |a_n| = \sum_{k=1}^{\infty} |a_{N+k}| &= |a_{N+1}| + |a_{N+2}| + |a_{N+3}| + \cdots\\&< |a_N| r + |a_N| r^2 + |a_N| r^3 + \cdots\end{aligned}$$

이고 $|a_N| r + |a_N| r^2 + |a_N| r^3 + \cdots$ 의 형태는 공비가 $0 < r < 1$인 무한등비급수이므로 수렴한다. 따라서 비교 판정법에 의해 급수 $\sum_{n=1}^{\infty} |a_n|$은 수렴하고, (유한개의 항은 수렴여부에 영향을 끼치지 않는다.) $\sum_{n=1}^{\infty} a_n$은 절대수렴한다.

(b) n이 커질수록 $\left|\dfrac{a_{n+1}}{a_n}\right|$의 수렴값 L이 1보다 큰 값으로 수렴하거나 무한대로 발산하게 되는 경우 적당한 정수 N이 존재해서

$$n \geq N\text{이면 } \left|\frac{a_{n+1}}{a_n}\right| > 1 \text{ 즉, } |a_{n+1}| > |a_n|$$

이 성립하므로

$$\lim_{n\to\infty} a_n \neq 0$$

이고 발산 판정법에 의해 $\sum_{n=1}^{\infty} a_n$은 발산한다.

(c) $\lim_{n\to\infty}\left|\dfrac{a_{n+1}}{a_n}\right| = 1$이면 이 판정법이 어떠한 정보도 주지 못한다는 사실을 말하고 있다. 급수 $\sum_{n=1}^{\infty} \dfrac{1}{n^2}$과 $\sum_{n=1}^{\infty} \dfrac{1}{n}$을 비교해보자. 수렴하는 급수 $\sum_{n=1}^{\infty} \dfrac{1}{n^2}$에 대해

$$\lim_{n\to\infty}\left|\frac{a_{n+1}}{a_n}\right| = \lim_{n\to\infty}\frac{1/(n+1)^2}{1/n^2} = \lim_{n\to\infty}\frac{1}{\left(1+\dfrac{1}{n}\right)^2} = 1$$

이고 발산하는 급수 $\sum_{n=1}^{\infty} \frac{1}{n}$ 또한,

$$\lim_{n\to\infty}\left|\frac{a_{n+1}}{a_n}\right| = \lim_{n\to\infty}\frac{1/(n+1)}{1/n} = \lim_{n\to\infty}\frac{1}{1+\frac{1}{n}} = 1$$

이다. 따라서 $\lim_{n\to\infty}\left|\frac{a_{n+1}}{a_n}\right| = 1$이면 급수 $\sum_{n=1}^{\infty} a_n$은 수렴할 수도 있고 발산할 수도 있다. 이런 경우에 비율 판정법을 적용할 수 없고 다른 판정법을 적용해야 한다. ■

예제 3.4.11 급수 $\sum_{n=1}^{\infty}(-1)^n\frac{n^3}{3^n}$의 절대수렴 여부를 판정하라

풀이

수열 $a_n = (-1)^n\frac{n^3}{3^n}$에 대하여 비율 판정법을 적용해 보면

$$\lim_{n\to\infty}\left|\frac{a_{n+1}}{a_n}\right| = \lim_{n\to\infty}\left|\frac{\frac{(-1)^{n+1}(n+1)^3}{3^{n+1}}}{\frac{(-1)^n n^3}{3^n}}\right| = \lim_{n\to\infty}\frac{3^n}{3^{n+1}}\cdot\frac{(n+1)^3}{n^3}$$
$$= \lim_{n\to\infty}\frac{1}{3}\left(\frac{n+1}{n}\right)^3 = \lim_{n\to\infty}\frac{1}{3}\left(1+\frac{1}{n}\right)^3 = \frac{1}{3} < 1$$

그러므로 비율 판정법에 의해 주어진 급수는 절대 수렴한다.

예제 3.4.12 급수 $\sum_{n=1}^{\infty}\frac{n^n}{n!}$의 수렴여부를 판정하라.

풀이

수열 $a_n = \frac{n^n}{n!}$에 대하여

$$\lim_{n\to\infty}\left|\frac{a_{n+1}}{a_n}\right| = \lim_{n\to\infty}\frac{(n+1)^{n+1}}{(n+1)!}\cdot\frac{n!}{n^n} = \lim_{n\to\infty}\frac{(n+1)(n+1)^n}{(n+1)n!}\cdot\frac{n!}{n^n}$$
$$= \lim_{n\to\infty}\left(\frac{n+1}{n}\right)^n = \lim_{n\to\infty}\left(1+\frac{1}{n}\right)^n = e$$

이고 $e > 1$이므로 비율 판정법에 의하여 급수 $\sum_{n=1}^{\infty}\frac{n^n}{n!}$는 발산한다.

다음 판정법 또한 절대수렴을 판정하는데 유리하고 특히 항의 형태가 거듭제곱의 형태를 가질 경우에 적용한다.

정리 3.4.9 근 판정법

급수 $\sum_{n=1}^{\infty} a_n$에 대하여 다음이 성립한다.

(a) $\lim_{n\to\infty} \sqrt[n]{|a_n|} = L < 1$일 때 급수 $\sum_{n=1}^{\infty} a_n$은 절대수렴한다 (이에 따라 수렴한다)

(b) $\lim_{n\to\infty} \sqrt[n]{|a_n|} = L > 1$ 또는 $\lim_{n\to\infty} \sqrt[n]{|a_n|} = \infty$일 때 급수 $\sum_{n=1}^{\infty} a_n$은 발산한다.

(c) $\lim_{n\to\infty} \sqrt[n]{|a_n|} = 1$일 때 근판정법으로 결정할 수 없다. 즉, $\sum_{n=1}^{\infty} a_n$의 수렴과 발산에 대해 어떠한 결론도 내릴 수 없다.

급수 $\sum_{n=1}^{\infty} a_n$에 대하여 $\lim_{n\to\infty}\left|\frac{a_{n+1}}{a_n}\right| = 1$이면 근 판정법에서도 $\lim_{n\to\infty}\sqrt[n]{|a_n|} = 1$이므로 둘 중 어느 하나에서 급수 $\sum_{n=1}^{\infty} a_n$에 대하여 결론을 내릴 수 없으면 나머지 다른 판정법으로도 결론을 내릴 수 없다.

예제 3.4.13 급수 $\sum_{n=1}^{\infty}\left(\frac{2n+3}{3n+2}\right)^n$의 수렴여부를 판정하라

풀이

수열 $a_n = \left(\frac{2n+3}{3n+2}\right)^n$에 대하여

$$\lim_{n\to\infty}\sqrt[n]{|a_n|} = \lim_{n\to\infty}\sqrt[n]{\left(\frac{2n+3}{3n+2}\right)^n} = \lim_{n\to\infty}\frac{2n+3}{3n+2} = \frac{2}{3} < 1$$

이고 따라서 근 판정법에 의하여 급수 $\sum_{n=1}^{\infty}\left(\frac{2n+3}{3n+2}\right)^n$는 절대수렴하고 또한 수렴한다.

연습문제 3.4

[1~10] 다음 급수를 비교판정법 또는 극한비교판정법을 활용하여 수렴 여부를 판단하라.

1. $\sum_{n=1}^{\infty} \frac{1}{5^n+1}$

2. $\sum_{n=1}^{\infty} \frac{1}{\sqrt[4]{n+1}}$

3. $\sum_{n=1}^{\infty} \frac{1}{n^2+n+1}$

4. $\sum_{n=2}^{\infty} \frac{\sqrt{n}}{n^2+1}$

5. $\sum_{n=1}^{\infty} \frac{n+2}{n^n}$

6. $\sum_{n=1}^{\infty} \frac{n^2-1}{3n^4+1}$

7. $\sum_{n=1}^{\infty} \frac{n^{-\frac{4}{3}}}{\ln 2n}$

8. $\sum_{n=1}^{\infty} \frac{2+(-1)^n}{n\sqrt{n}}$

9. $\sum_{n=1}^{\infty} \frac{1+\sin n}{9^n}$

10. $\sum_{n=1}^{\infty} \sin\left(\frac{1}{n}\right)$

[11~13] 다음 급수의 수렴 여부를 판단하라.

11. $\sum_{n=1}^{\infty} \frac{(-1)^n}{3n+1}$

12. $\sum_{n=1}^{\infty} (-1)^n \frac{\sqrt{n}}{1+2\sqrt{n}}$

13. $\sum_{n=1}^{\infty} (-1)^{n-1} \frac{n^2}{2n^2-1}$

[14~25] 다음 급수가 절대수렴하는지, 조건부수렴하는지, 발산하는지 판단하라.

14. $\sum_{n=1}^{\infty} \frac{n^2}{5^n}$

15. $\sum_{n=1}^{\infty} \frac{(-4)^n}{n!}$

16. $\sum_{n=1}^{\infty} (-1)^{n-1} \frac{1}{\sqrt{n+2}}$

17. $\sum_{n=1}^{\infty} (-1)^n \frac{1}{2n\sqrt{n}}$

18. $\sum_{n=1}^{\infty} \frac{\sin 4n}{2^n}$

19. $\sum_{n=1}^{\infty} \frac{n!}{3^n}$

20. $\sum_{n=1}^{\infty} (-1)^n \frac{\arctan n}{n^3}$

21. $\sum_{n=1}^{\infty} \frac{(-1)^n}{n\ln n}$

22. $\sum_{n=1}^{\infty} (-1)^{n+1} \frac{\ln 4n}{n^2}$

23. $\sum_{n=1}^{\infty} \left(\frac{n^2+1}{2n^2+3}\right)^n$

24. $\sum_{n=1}^{\infty} \left(1+\frac{1}{n}\right)^{n^2}$

25. $\sum_{n=1}^{\infty} \frac{n^{30}}{2^n}$

[26~29] 다음 급수의 수렴 또는 발산 여부를 비율판정법으로 판단할 수 있는지를 적고, 판단이 가능한 경우 발산 또는 절대수렴 여부를 적어라.

26. $\sum_{n=1}^{\infty} \frac{1}{(n+1)^3}$

27. $\sum_{n=1}^{\infty} \frac{n+1}{4^n}$

28. $\sum_{n=1}^{\infty} \frac{(-4)^{n-1}}{\sqrt{n}}$

29. $\sum_{n=1}^{\infty} \frac{\sqrt{n}}{3+n^2}$

Chapter 04 도함수와 미분법

이제는 함수에 의해 정의된 어떤 양의 변화를 살펴보는 방법을 공부한다. 뉴턴의 물리학으로부터 파생된 미분학이나, 라이프니츠의 수학에서 파생된 미분학은 공학뿐만 아니라, 경제학과 경영학 등 사회과학 전반에서도 폭넓게 이용되고 있다. 어떤 양이 시간에 따라 변하는 값으로 주어졌을 때, 그 값의 변화량은 시간이 얼마나 지났는지에 따라서 달라질 것이다. 따라서 시간의 변화에 상관없이 움직이는 물체의 위치, 시시각각으로 변하는 시장의 가격 등 변하는 양을 더 상세히 분석하기 위한 도구로서 미분의 개념이 활용된다.

순간변화율, 즉 미분계수는 어느 특정한 순간, 시간의 변화가 아주 작을 때 이러한 변화율이 어느 특정한 값으로 가까워지는지를 살펴보는 것이다. 고등학교에서 공부한 함수의 극한을 바탕으로 먼저 주어진 점에서 함수의 미분계수와 미분가능성을 정의한다. 이렇게 구한 미분계수로부터, 미분가능한 각 점에 그 점에서의 미분계수를 대응시키는 새로운 함수인 도함수를 정의할 것이다. 우리가 함수를 미분한다고 하는 말은 그 함수의 도함수를 구한다는 의미이다. 따라서 함수들의 도함수를 구하는 것은 미분학을 공부하는 데 있어서 매우 기본적인 사항이다. 우선 우리가 잘 알고 있는 기본함수, 예를 들면, 다항함수, 유리함수, 무리함수의 도함수를 구해볼 것이다. 또한, 그 들의 합과 차, 상수배, 곱, 몫의 미분법 등 도함수를 계산하는데 필요한 여러 가지 방법을 알아본다. 다양한 삼각함수의 미분법, 합성함수의 미분법, 즉 연쇄법칙, 음함수의 미분법, 역함수의 미분법들을 공부한다. 더 나아가, 지수함수, 로그함수, 역삼각함수의 미분법과 그 활용을 공부한다.

4.1 변화율과 접선

이 절에서는 하나의 양이, 또 다른 양의 변화에 따라, 어떻게 변하는지에 관심을 가지고 살펴보는 것으로 미분학의 공부를 시작한다. 미분학의 중심개념은 접선의 기울기와 속도와 같은 자연적인 파생물인 미분계수이다. 이 미분계수의 개념을 소개하기 전에 먼저, 곡선의 접선을 구하는 문제와 이동하는 물체의 속도를 구하는 문제를 공부한다. 이 문제의 기본이 되는 요소는 변화율과 특정한 형태의 극한 표현이다. 먼저 변화율부터 살펴보기로 한다.

변화율

변하는 값 y가 또 다른 변하는 값 x에 의해 표현할 수 있는 어떤 양이라 할 때, y는 x에 대한 함수인

$y=f(x)$로 정의된다고 하자. 독립변수 x의 값이 $x=x_1$에서부터 $x=x_2$까지 변한다고 하면, 이때 x의 변화량(또는 차분(difference))은

$$\Delta x = x_2 - x_1$$

이고, 이에 따른 종속변수 y의 변화량(또는 차분)은

$$\Delta y = f(x_2) - f(x_1)$$

이 된다. 그리고 이 두 차분의 몫(quotient)

$$\frac{\Delta y}{\Delta x} = \frac{f(x_2)-f(x_1)}{x_2-x_1}$$

를 구간 $[x_1, x_2]$에서 x에 관한 y의 평균변화율이라 하고, [그림 4.1]에서 보는 것처럼, 두 점 $P(x_1,f(x_1))$과 $Q(x_2,f(x_2))$를 연결하는 할선 PQ의 기울기로 설명될 수 있다.

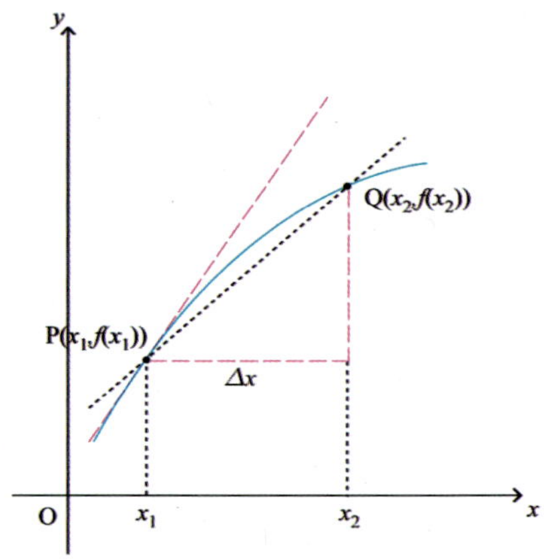

[그림 4.1]

예제 4.1.1 함수 $f(x) = x^3 - x$의 구간 $[1, 3]$에서 평균변화율을 구하라.

풀이

$f(1) = 0$이고 $f(3) = 24$이므로, 평균변화율은 $\dfrac{f(3)-f(1)}{3-1} = \dfrac{24-0}{2} = 12$이다.

함수 $f(x)$의 평균변화율을 이제부터는 한 점 $x=a$를 기준으로 표현하는 방법을 알아보기 위해, 다음과 같이 정의한다. 한 점 $x=a$를 기준으로 함수 $f(x)$의 평균변화율을 다음과 같이 정의한다.

정의 4.1.1 평균변화율

함수 $y = f(x)$가 정의되었다고 하자. x의 값이 $x = a$에서부터 $x = a + h$까지 변할 때, 함숫값 $y = f(x)$의 변화량을 x의 변화량으로 나눈 몫, 즉

$$\frac{f(a+h)-f(a)}{h}$$

을 함수 f의 구간 $[a,\ a+h]$에서 평균변화율(average rate of change)이라 한다.

할선(secant line)은 '자르다'라는 의미의 라틴어 secant에서 유래되었으며, 원둘레나 곡선을 둘 이상의 점에서 자른 직선을 말한다.

점 $x=a$에서 함수 $y=f(x)$의 평균변화율과 극한의 개념을 활용하여 순간변화율을 정의한다.

정의 4.1.2 순간변화율

함수 $y=f(x)$가 정의되었다고 하자. 점 $x=a$에서 아주 작은 변화량 Δx에 대하여 $\Delta x \to 0$일 때 평균변화율의 극한, 즉

$$\lim_{\Delta x \to 0} \frac{\Delta y}{\Delta x} = \lim_{\Delta x \to 0} \frac{f(a+\Delta x)-f(a)}{\Delta x}$$

을 f의 $x=a$에서 순간변화율(instantaneous rate of change)이라 한다.

앞에서 설명했던 평균변화율을 다시 생각해보자. 즉, $x=x_1$에서부터 $x=x_2$까지 변할 때의 평균변화율에서 $\Delta x = x_2 - x_1$이 0에 가까워지는 것은 x_2가 x_1에 가까워짐을 의미하므로, 이를 이용하여 $x=x_1$에서의 순간변화율을 다음과 같이 다시 쓸 수 있다.

$$\lim_{\Delta x \to 0} \frac{\Delta y}{\Delta x} = \lim_{x_2 \to x_1} \frac{f(x_2)-f(x_1)}{x_2 - x_1}$$

이 평균변화율의 $\Delta x \to 0$일 때 극한을 **$x=x_1$에서 y의 순간변화율**이라 한다. [그림 4.1]의 경우, $Q \to P$일 때 할선 PQ의 기울기의 극한이 $x=x_1$에서 $f(x)$의 순간변화율에 해당하며 이는 다음에 설명할 접선의 기울기이다. 다시 말해, f의 $x=x_1$에서 순간변화율은 점 P에서 f의 접선의 기울기가 된다.

접선

이제 접선 문제를 다시 살펴볼 것이며, 여기서는 순간변화율을 이용하여 문제를 해결해 볼 것이다. 곡선 C를 정의하는 함수를 $y=f(x)$라 할 때, 곡선 C에 있는 점 $P(a, f(a))$에서 접선의 방정식을 구하기 위해, 가까운 점 $Q(x, f(x))$ (단, $x \neq a$)를 택하고, 두 점을 잇는 할선 PQ의 기울기 m_{PQ}를 계산하면

$$m_{PQ} = \frac{f(x)-f(a)}{x-a}$$

이다.

x를 a에 더 가까운 값으로 하면, 점 Q는 곡선 C를 따라 점 P에 더욱 가까워진다. 이때 할선의 기울기 m_{PQ}가 특정한 실숫값 m에 가까워지면, 극한

$$m = \lim_{Q \to P} m_{PQ}$$

가 존재하여, 극한값 m은 곡선 C의 점 P에서 접선의 기울기가 된다. 왜냐하면, 접선은 Q가 P에 접근할 때 할선 PQ의 극한이기 때문이다[그림 4.2(b) 참조].

정리 4.1.3

곡선 $y = f(x)$에 있는 점 $P(a, f(a))$에서 접선은 극한

$$m = \lim_{x \to a} \frac{f(x) - f(a)}{x - a}$$

가 존재할 때 점 P를 지나며 기울기가 m인 직선을 나타낸다. 즉 곡선 $y = f(x)$의 $x = a$에서 접선의 방정식은

$$y = m(x-a) + f(a)$$
$$y - f(a) = m(x-a)$$

이다.

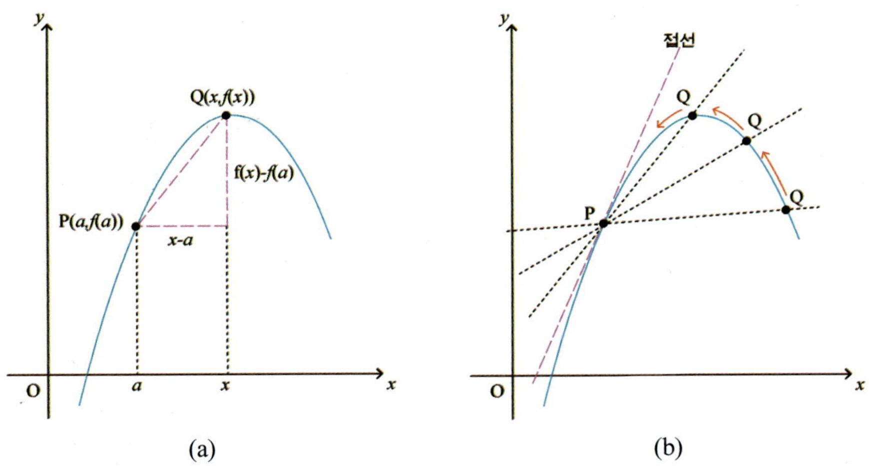

[그림 4.2]

예제 4.1.2 포물선 $y = \sqrt{x}$ 의 점 $P(4, 2)$에서 접선의 방정식을 구하라.

풀이

$a = 4$, $f(x) = \sqrt{x}$ 로 놓으면, 구하는 접선의 기울기 m은

$$\begin{aligned} m &= \lim_{x \to 4} \frac{f(x) - f(4)}{x - 4} = \lim_{x \to 4} \frac{\sqrt{x} - \sqrt{4}}{x - 4} \\ &= \lim_{x \to 4} \frac{x - 4}{(x-4)(\sqrt{x}+2)} \\ &= \lim_{x \to 4} \frac{1}{\sqrt{x}+2} \\ &= \frac{1}{4} \end{aligned}$$

이므로, 점$(4, 2)$에서 접선의 방정식은

$$y - 2 = \frac{1}{4}(x - 4) \quad \text{즉,} \quad y = \frac{1}{4}x + 1$$

이다.

함수 $y = f(x)$에 의해 정의되는 곡선 C에 있는 한 점 P에서 접선의 기울기를 간단히 줄여서 점 P에서 곡선 C의 기울기, 또는 곡선 $y = f(x)$의 $x = a$에서 기울기라고 부른다. 점 P의 근방을 충분히 확대하면, 곡선 C는 직선과 매우 흡사하게 보여진다. 이에 대한 설명으로써, [그림 4.3]을 보면 예제 4.1.2에서의 곡선 $y = \sqrt{x}$를 관찰한 것으로, 점 $(1, 1)$을 중심으로 곡선을 더 확대할수록 포물선의 일부가 마치 직선처럼 보이는 것을 확인할 수 있다.

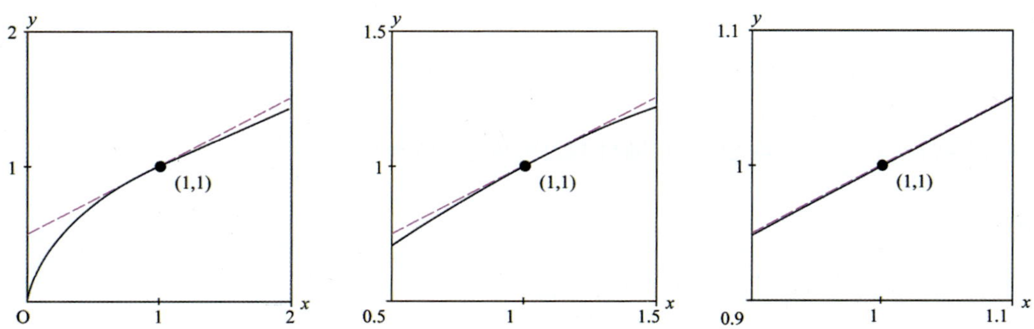

[그림 4.3]

이제는 접선의 기울기를 표현하는 또 다른 방법을 알아보자. $h = x - a$라 놓으면 $x = a + h$이 되어, 할선 PQ의 기울기 m_{PQ}는

$$m_{PQ} = \frac{f(a+h) - f(a)}{h}$$

라고 쓸 수 있다. 여기서 $h > 0$일 때에는 점 Q가 점 P의 오른쪽에 있고, $h < 0$일 때에는 점 Q가 점 P의 왼쪽에 있음을 알 수 있다. 또한 $h = x - a$로부터 x가 a에 가까워지면 h는 0에 가까워짐을 알 수 있고, 따라서 곡선 $y = f(x)$의 $x = a$에서 접선의 기울기 m은

$$m = \lim_{h\to 0}\frac{f(a+h) - f(a)}{h}$$

와 같이 표현됨을 알 수 있다.

예제 4.1.3 곡선 $y = x^2 - 3x + 4$의 $x = 1$에서 접선의 방정식을 구하라.

풀이

$x = 1,\ f(x) = x^2 - 3x + 4$일 때, 접선의 기울기 m은

$$\begin{aligned} m = \lim_{h\to 0}\frac{f(1+h)-f(1)}{h} &= \lim_{h\to 0}\frac{(1+h)^2-3(1+h)+4-2}{h} \\ &= \lim_{h\to 0}\frac{-h+h^2}{h} \\ &= \lim_{h\to 0}(-1+h) = -1 \end{aligned}$$

이다. $x=1$에서 $f(1)=2$이므로, 곡선 $y = f(x)$의 $x=1$에서 접선의 방정식은

$$y - 2 = -1(x-1) \quad 즉 \quad y = -x+3$$

이다.

예제 4.1.4 쌍곡선 $y = \dfrac{2}{x+1}$의 점 $(1, 1)$에서 접선의 방정식을 구하라.

풀이

점 $(1,1)$에서 $f(x) = \dfrac{2}{x+1}$의 접선의 기울기 m은

$$m = \lim_{h\to 0}\frac{f(1+h)-f(1)}{h}$$

$$= \lim_{h\to 0}\frac{\dfrac{2}{1+h+1}-1}{h}$$

$$= \lim_{h\to 0}\frac{\dfrac{2-(2+h)}{2+h}}{h}$$

$$= \lim_{h \to 0}\left(-\frac{h}{h(2+h)}\right) = -\frac{1}{2}$$

이므로, 쌍곡선 $y = f(x)$의 점 $(1,1)$에서 접선의 방정식은

$$y - 1 = -\frac{1}{2}(x-1) \quad \text{즉} \quad y = -\frac{1}{2}x + \frac{3}{2}$$

이다[그림 4.4 참조].

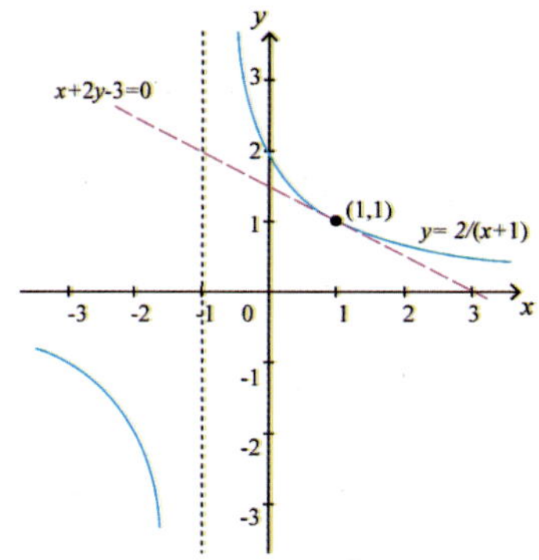

[그림 4.4]

곡선 $y = f(x)$의 점 $(a, f(a))$에서 접선의 기울기를 구하는 방법을 응용하면, 그 점에서의 법선의 방정식도 구할 수 있다.

예제 4.1.5 예제 4.1.3에서의 함수 $y = x^2 - 3x + 4$ 위의 점 $(1, 2)$에서 법선의 방정식을 구하라.

풀이

예제 4.1.3에서 곡선 $y = x^2 - 3x + 4$의 점 $(1,2)$에서 접선의 기울기가 -1이므로 법선의 기울기는 1이고, 따라서 법선의 방정식은

$$y - 2 = (x - 1) \qquad \text{즉} \quad y = x + 1$$

이다.

평면 곡선에 있는 한 점에서 법선(normal line)이란 곡선에 있는 한 점을 지나고 그 점에서의 접선에 수직인(즉 기울기가 접선의 기울기의 역에 음의 부호를 갖는) 직선을 의미한다.

속도

일반적으로 s를 시간 t에서 원점으로부터 물체의 움직인 위치라 하고, 물체는 운동방정식 $s = f(t)$에 의해 직선을 따라 움직인다고 하자. 이 운동을 나타내는 함수 $s = f(t)$를 물체의 위치함수(position function)라 한다. 이 운동하는 물체의 속도를 구하는 문제는 순간변화율로 해결할 수 있다. $t = a$에서부터 $t = a + h$까지 변할 때, 시간의 변화량 즉 소요시간은 h이며, 위치의 변화량 즉 이동거리는 $f(a+h) - f(a)$이다.

h의 절댓값이 충분히 작은 값일 때, 구간 $[a, a+h]$ 또는 $[a+h, a]$에서 평균속도 $\dfrac{f(a+h)-f(a)}{h}$의 $h \to 0$일 때 극한, 즉 함수 $f(t)$의 $t=a$에서 순간변화율을 속도(velocity) 또는 순간속도라 정의하고, 기호로는 $v(a)$라 한다. 즉,

$$v(a) = \lim_{h \to 0} \frac{f(a+h)-f(a)}{h}$$

이고, 속도의 크기 $|v(a)|$를 속력(speed)이라 한다. 시간 t에 따라 직선 위를 움직이는 물체의 위치함수 $s=f(t)$가 주어졌을 때, $t=a$에서 속도 $v(a)$가 함수 $s=f(t)$의 $t=a$에서 순간변화율임을 의미한다.

예제 4.1.6 공을 수직방향으로 위로 던졌을 때, t초 후에 지상으로부터 공의 높이가 $s(t) = 48t - 16t^2$ (m)라 하자. $t = 0, 1, 3$일 때 각각 공의 속도를 구하라.

풀이

일반적으로 공을 수직방향으로 위로 던졌을 때, $t=a$에서 속도 $v(a)$는

$$\begin{aligned} v(a) &= \lim_{h \to 0} \frac{s(a+h)-s(a)}{h} = \lim_{h \to 0} \frac{48(a+h)-16(a+h)^2-48a+16a^2}{h} \\ &= \lim_{h \to 0}(48-32a-16h) = 48-32a \end{aligned}$$

이다. 따라서 $v(0) = 48$, $v(1) = 16$, $v(3) = -48$ (m/s)이다. 여기서 속도가 양이면 공이 위로 올라가고 속도가 음이면 아래로 떨어짐을 의미한다.

예제 4.1.7 지상 245m 높이의 위치에서 공이 자유낙하 한다고 가정하자.

(a) 낙하를 시작한 지 5초 후의 공의 속도를 구하라.
(b) 공이 땅에 닿을 때의 속도를 구하라.

풀이

시각 $t=a$초 후의 속도를 구하기 위하여 운동방정식 $s = f(t) = 4.9t^2$(m)을 이용하자. $t=a$에서 속도 $v(a)$는

$$\begin{aligned} v(a) &= \lim_{h \to 0} \frac{f(a+h)-f(a)}{h} = \lim_{h \to 0} \frac{4.9(a+h)^2-4.9a^2}{h} \\ &= \lim_{h \to 0} \frac{4.9(a^2+2ah+h^2-a^2)}{h} \end{aligned}$$

$$= \lim_{h \to 0} \frac{4.9(2ah + h^2)}{h}$$
$$= \lim_{h \to 0} [4.9(2a + h)] = 9.8a \text{ (m/s)}$$

이다. 따라서

(a) 5초 후의 속도는 $v(5) = (9.8)(5) = 49$ (m/s)이다.

(b) 지상 245m 높이에서 자유낙하 하였으므로, $s(t_1) = 245$인 $t = t_1$일 때 공이 땅에 닿는다. t_1을 구하면

$$4.9t_1^2 = 245 \quad \text{즉 } t_1 = \sqrt{\frac{245}{4.9}} = 5\sqrt{2} \text{ (초)}$$

이다. 그러므로 공이 땅에 떨어질 때의 속도 $v(t_1)$은

$$v(t_1) = 9.8t_1 = 9.8 \cdot 5\sqrt{2} = 49\sqrt{2} \text{ (m/s)}$$

이다.

연습문제 4.1

[1~2] 주어진 두 점의 평균변화율을 구하라.

1. $A = (-5, 0), \quad B = (3, 4)$

2. $A = (2, 4), \quad B = (a, b)$

[3~8] x의 값이 1부터 3까지 변할 때, 다음 함수의 평균변화율을 구하라.

3. $y = x^2 - 2x$

4. $y = 3\sqrt{x}$

5. $y = \dfrac{1}{x+2}$

6. $y = \dfrac{1}{x}$

7. $y = e^x$

8. $y = \ln x$

[9~13] $x = 1$에서 다음 함수의 순간변화율을 구하라.

9. $y = x^2 - 2x$

10. $y = 3\sqrt{x}$

11. $y = \dfrac{1}{x+2}$

12. $y = \dfrac{1}{x}$

13. $y = e^x$

[14~18] 주어진 점에서 주어진 곡선에 대한 접선의 방정식을 구하라.

14. $(2, -4)$, $y = 4x - 3x^2$

15. $(2, 2)$, $f(x) = x^3 - 3x$

16. $x = 1$인 점에서 $y = x^5$

17. $x = 1$인 점에서 $y = \dfrac{1}{x+2}$

18. $x = 0$인 점에서 $y = x^2 - 3x - 1$

19. (a) $x = a$인 점에서 곡선 $y = 3 + 4x^2 - 2x^3$에 대한 접선의 기울기를 구하라.

(b) 두 점 $(1, 5)$와 $(2, 3)$에서 곡선

$y = 3 + 4x^2 - 2x^3$에 대한 접선의 방정식을 구하라.

20. $F(x) = x^3 - 5x + 1$일 때, $x = 1$에서 F의 순간변화율을 구하고, 이를 이용하여 점 $(1, -3)$에서 곡선 $y = x^3 - 5x + 1$의 접선을 구하라.

21. 공을 초속 10미터의 속도로 공중으로 던졌을 때, t초 후의 높이는 $y = 10t - 4.9t^2$으로 주어진다. 여기서 단위는 미터이다. $t = 2$초일 때 공의 속도를 구하라.

22. 물체가 운동방정식 $s = f(t) = t^2 - 6t - 5$를 따르는 곡선 위를 움직인다. 이때 s의 단위는 미터이고, t의 단위는 초이다. $t = 2$일 때의 속도를 구하라.

23. $x = 2$인 점에서 곡선 $y = f(x)$에 대한 접선의 방정식이 $y = 4x - 5$일 때, $x = 2$에서 함숫값 $f(2)$와 순간변화율을 구하라.

4.2 미분계수와 도함수

앞 절에서 어느 특정한 점의 근방에서 평균변화율을 알아보고, 극한을 사용하여 순간변화율을 공부하였는데, 미분학에서는 이 순간변화율을 미분계수라 부르기로 한다. 또한, 함수의 정의역에 있는 점에서 미분계수의 값(존재한다면)을 대응시켜 정의한 새 함수를 도함수라 한다.

미분계수

4.1절에서 접선의 기울기 또는 속도를 구하기 위하여 극한을 사용하여 순간변화율을 정의하였는데, 이 극한 개념을 표현하기 위한 용어를 도입한다.

정의 4.2.1 미분계수, 미분가능하다

함수 $y = f(x)$가 $x = a$의 근방에서 연속이라 하자. 다음과 같은 극한

$$\lim_{h \to 0} \frac{f(a+h) - f(a)}{h}$$

이 존재할 때, 이 극한을 함수 $f(x)$의 $x = a$에서 미분계수(derivative at a)라 하고, 기호로는 $f'(a)$로 나타낸다. 즉

$$f'(a) = \lim_{h \to 0} \frac{f(a+h) - f(a)}{h}$$

이다. 미분계수 $f'(a)$가 존재하면, 함수 $f(x)$는 $x = a$에서 미분가능하다(differentiable at a)고 한다. 또한, 함수 f가 구간 I에 속하는 모든 점에서 미분가능하면, 함수 f는 구간 I에서 미분가능하다(differentiable on I)고 말한다. 함수 f가 정의역 D에서 미분가능하면, 간단히 함수 f를 미분가능한 함수(differentiable function)라 한다.

참고

앞에서 논의한 것처럼, 극한을 달리 표현해보면, $x=a+h$로 치환함으로써 미분계수 $f'(a)$는 다음과 같이 표현할 수 도 있다.

$$f'(a)=\lim_{x\to a}\frac{f(x)-f(a)}{x-a}$$

정의 4.2.1로부터 극한을 이용하여 함수의 주어진 점에서 미분계수를 구해 보자.

예제 4.2.1 함수 $f(x)=x^2-4x+5$의 $x=a$에서 미분계수를 구하라.

풀이

정의로부터 임의의 a에 대하여, 다음 극한

$$\begin{aligned}f'(a)&=\lim_{h\to 0}\frac{f(a+h)-f(a)}{h}\\&=\lim_{h\to 0}\frac{[(a+h)^2-4(a+h)+5]-[a^2-4a+5]}{h}\\&=\lim_{h\to 0}\frac{a^2+2ah+h^2-4a-4h+5-a^2+4a-5}{h}\\&=\lim_{h\to 0}\frac{2ah+h^2-4h}{h}\\&=\lim_{h\to 0}(2a+h-4)=2a-4\end{aligned}$$

가 존재하므로, $x=a$에서 미분계수는 $f'(a)=2a-4$이다.

함수 $f(x)$의 $x=a$에서 미분계수 $f'(a)$는 정의에 의하면 기하학적으로 f의 그래프의 점 $(a, f(a))$에서 접선의 기울기로 설명될 수 있다. 즉, 곡선 $y=f(x)$의 점 $P(a, f(a))$에서 접선의 기울기는 미분계수 $f'(a)$와 같으므로 정리 4.1.3을 다음과 같이 다시 쓸 수 있다.

정리 4.2.2

함수 $y=f(x)$의 미분계수 $f'(a)$가 존재하면, 곡선 $y=f(x)$의 점 $(a, f(a))$에서 접선은 점 $(a, f(a))$를 지나고, 미분계수 $f'(a)$를 기울기로 갖는 직선이다. 즉, 곡선 $y=f(x)$의 $x=a$에서 접선의 방정식(equation of tangent line)은

$$y-f(a)=f'(a)(x-a)$$

이다.

이제, 접선의 방정식을 구하기 위해 필요한 접선의 기울기는 미분계수를 계산함으로써 쉽게 얻을 수 있다.

예제 4.2.2 **포물선 $y = x^2 - 4x + 5$의 점 $(1, 2)$에서 접선의 방정식을 구하라.**

풀이

예제 4.2.1에서 $f(x) = x^2 - 4x + 5$의 $x = a$에서 미분계수는 $f'(a) = 2a - 4$임을 알고 있다. 따라서 점 $(1, 2)$에서 접선의 기울기는 $f'(1) = 2(1) - 4 = -2$이고, 접선의 방정식은

$$y - 2 = (-2)(x - 1) \quad \text{즉} \quad y = -2x + 4$$

이다[그림 4.5 참고].

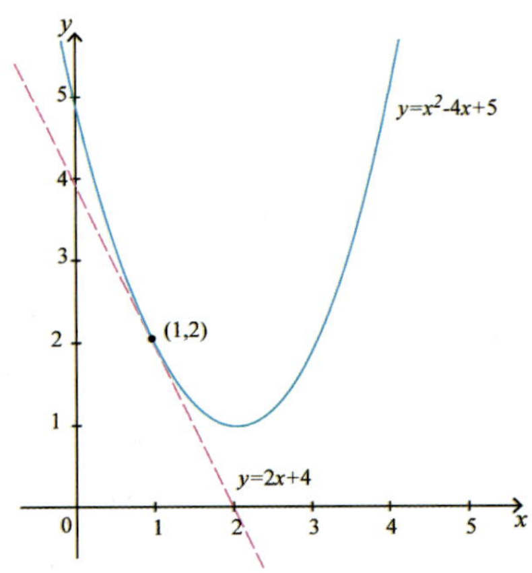

[그림 4.5]

이제 정의를 사용하여 함수로부터 미분계수가 존재하는 구간에 대해 살펴보자.

예제 4.2.3 **정의를 이용하여 함수 $f(x) = x^2 - 3x$의 미분계수가 존재하는 구간과 미분계수를 구하라.**

풀이

모든 실수 $a \in \mathbb{R}$에 대하여, 다음 극한

$$\lim_{h \to 0} \frac{f(a+h) - f(a)}{h} = \lim_{h \to 0} \frac{(a+h)^2 - 3(a+h) - a^2 + 3a}{h} = \lim_{h \to 0} \frac{2ah + h^2 - 3h}{h}$$

$$= \lim_{h \to 0} (2a + h - 3) = 2a - 3$$

이 존재하므로, f는 모든 실수에서 미분가능하다. 따라서 미분계수가 존재하는 구간은 실수 전체 집합 $\mathbb{R}$이고, 각 실수 a에서 미분계수는 $f'(a) = 2a - 3$이다. 또한, 함수 $f(x)$는 미분가능한 함수이다.

예제 4.2.4 $f(x)=\dfrac{1-x}{2+x}$ **일 때, 미분가능한 모든 점을 구하고, 그 점에서 미분계수를 구하라.**

풀이

함수 f의 정의역은 $x \neq -2$인 모든 실수의 집합이다. 정의역에 속하는 모든 a에 대해, 다음 극한

$$\lim_{h\to 0}\frac{f(a+h)-f(a)}{h}=\lim_{h\to 0}\frac{\dfrac{1-(a+h)}{2+(a+h)}-\dfrac{1-a}{2+a}}{h}$$

$$=\lim_{h\to 0}\frac{\dfrac{(2+a)(1-a-h)-(1-a)(2+a+h)}{(2+a+h)(2+a)}}{h}$$

$$=\lim_{h\to 0}\frac{-3h}{h(2+a+h)(2+a)}$$

$$=\lim_{h\to 0}\frac{-3}{(2+a+h)(2+a)}=-\frac{3}{(2+a)^2}$$

이 존재하므로, 정의역 $\mathbb{R}\setminus\{-2\}$에 속하는 모든 a에서 미분가능하고, $x=a$에서 미분계수는 $f'(a)=-\dfrac{3}{(2+a)^2}$ 이다.

앞의 예제에서 살펴본 함수들은 모두가 정의역의 모든 점에서 미분 가능하였다. 이를 일반화시켜서 말할 수 있을지에 대해 생각해보자. 하지만 실제로는 함수 중에 미분가능하지 않은 점, 즉 미분계수가 존재하지 않는 점이 있을 수 있다. 미분계수가 극한에 의해 정의되었으므로, 극한의 개념을 이용하여 미분계수가 존재하기 위한 필요충분조건을 찾을 수 있다. 이를 위해 다음과 같은 용어를 정의하자.

$h>0$이면서 $h\to 0$일 때, 즉, $h\to 0^+$일 때, 우극한 $\displaystyle\lim_{h\to 0^+}\frac{f(a+h)-f(a)}{h}$가 존재하면, 이 극한을 함수 $f(x)$의 $x=a$에서 우미분계수(right-hand derivative at a)라 하고, 기호로는 $f_+'(a)$로 나타낸다. 마찬가지로, $h\to 0^-$일 때, 즉, $h<0$이면서 $h\to 0$일 때, 좌극한 $\displaystyle\lim_{h\to 0^-}\frac{f(a+h)-f(a)}{h}$가 존재하면, 이 극한을 함수 $f(x)$의 $x=a$에서 좌미분계수(left-hand derivative at a)라 하고, 기호로는 $f_-'(a)$로 나타낸다.

따라서 극한의 성질로부터 $f(x)$가 $x=a$에서 미분가능할 필요충분조건은 우미분계수 $f_+'(a)$와 좌미분계수 $f_-'(a)$가 모두 존재하고, 이 두 값이 $f_+'(a)=f_-'(a)$임을 알 수 있다. 더 나아가, 미분계수 $f'(a)$가 존재하는 경우에, $f'(a)=f_+'(a)=f_-'(a)$ 이다. 이로부터 $f_+'(a)$ 또는 $f_-'(a)$가 존재하지 않거나, 이 두 값이

모두 존재하더라도 $f_+'(a) \neq f_-'(a)$이면, $f(x)$가 $x = a$에서 미분가능하지 않다고 말할 수 있다. 다음 예제에서 살펴보자.

예제 4.2.5 함수 $f(x) = |x|$가 미분가능한 점을 모두 구하고, 그 점에서 미분계수를 구하라.

풀이

모든 실수 $a \in \mathbb{R}$에 대하여, $x = a$에서 미분계수를 구해 보자.

1) $a > 0$이면,
$|a| = a$이고, 또한 $a + h > 0$이 되도록 절댓값의 크기가 충분히 작은 h를 택할 수 있으며, 이때 $|a + h| = a + h$이다. 따라서

$$\lim_{h \to 0} \frac{|a+h| - |a|}{h} = \lim_{h \to 0} \frac{(a+h) - a}{h} = \lim_{h \to 0} \frac{h}{h} = \lim_{h \to 0} 1 = 1$$

이므로, $x = a$에서 $f(x)$는 미분가능하고, 미분계수는 $f'(a) = 1$이다.

2) $a < 0$이면,
비슷한 방법으로, $|a| = -a$이고 또한 $a + h < 0$이 되도록 절댓값의 크기가 충분히 작은 h를 정할 수 있고, 이때 $|a + h| = -(a + h)$이다. 따라서

$$\lim_{h \to 0} \frac{|a+h| - |a|}{h} = \lim_{h \to 0} \frac{-(a+h) - (-a)}{h} = \lim_{h \to 0} \frac{-h}{h} = \lim_{h \to 0} (-1) = -1$$

이므로, $x = a$에서 $f(x)$는 미분가능하고, 미분계수는 $f'(a) = -1$이다.

3) $a = 0$이면,
$x = 0$에서는

$$\frac{f(0+h) - f(0)}{h} = \frac{|0+h| - |0|}{h} = \frac{|h|}{h}$$

이므로 우미분계수는

$$f_+'(0) = \lim_{h \to 0^+} \frac{|h|}{h} = \lim_{h \to 0^+} \frac{h}{h} = \lim_{h \to 0^+} 1 = 1$$

이고, 좌미분계수는

$$f_-'(0) = \lim_{h \to 0^-} \frac{|h|}{h} = \lim_{h \to 0^-} \frac{-h}{h} = \lim_{h \to 0^-} (-1) = -1$$

이다. 두 값이 존재하지만 $f_+'(0) \neq f_-'(0)$이므로 $f'(0)$은 존재하지 않는다. 따라서 함수 $f(x)$는 $x = 0$에서는 미분가능하지 않다.

그러므로 1), 2)와 3)으로부터 함수 $f(x)$가 미분가능한 모든 점들의 집합은 0을 제외한 실수 전체의 집합 $\mathbb{R} \setminus \{0\}$이다. 이에 속하는 원소 a에서 미분계수는

$$f'(a)=\begin{cases}1, & a>0\\ -1, & a<0\end{cases}$$

이다.

참고

함수 $f(x)=|x|$가 $x=0$에서 미분계수 $f'(0)$가 존재하지 않는다는 것은 곡선 $y=|x|$는 점 $(0,0)$에서 접선을 갖지 않음을 의미한다.

함수 $f(x)$의 $x=a$에서 미분계수를 정의할 때에 함수가 $x=a$에서 연속임을 가정하였다. 그렇다면 함수의 연속과 미분가능에는 어떤 관계가 있는 것일까? 다음은 이 두 성질 사이의 관련성을 말해 주는 매우 중요한 정리를 소개한다.

정리 4.2.3

함수 $f(x)$가 $x=a$에서 미분가능하면, $f(x)$는 $x=a$에서 연속이다.

증명 함수 $f(x)$가 $x=a$에서 미분가능하다고 가정하자. 이제 함수 $f(x)$가 $x=a$에서 연속임을 보여야 하는데, 연속의 정의에 의하여 $\lim_{x\to a} f(x)=f(a)$를 보이면 충분하다. 주어진 함수 $f(x)$는 가정에 의해 $x=a$에서 미분가능하므로, 미분계수

$$f'(a)=\lim_{x\to a}\frac{f(x)-f(a)}{x-a}$$

가 존재한다. 따라서 극한법칙에 의해

$$\begin{aligned}\lim_{x\to a} f(x) &= \lim_{x\to a}\left\{f(a)+\frac{f(x)-f(a)}{x-a}(x-a)\right\}\\ &= \lim_{x\to a} f(a)+\lim_{x\to a}\frac{f(x)-f(a)}{x-a}\cdot\lim_{x\to a}(x-a)\\ &= f(a)+f'(a)\cdot 0=f(a)\end{aligned}$$

이다. 그러므로 함수 $f(x)$는 $x=a$에서 연속이다. ■

정리 4.2.3의 역은 성립하지 않는다. 즉, 주어진 한 점에서 연속이지만 그 점에서 미분가능하지 않는 함수들이 존재한다. 예를 들어, 예제 4.2.5에서 살펴본 절댓값 함수 $f(x)=|x|$는 $x=0$에서 미분가능하지 않다.

그러나,

$$\lim_{x\to 0} f(x) = 0 = f(0)$$

이므로 함수 $f(x)$는 원점 $x = 0$에서 연속이다.

미분가능하지 않은 경우

함수 $f(x)$가 주어졌을 때, 정의역 D에 속하는 원소 중에서도 미분가능하지 않은, 즉 미분계수가 존재하지 않는 점이 있음을 알았다. 함수 $f(x)$가 $x=a$에서 미분계수가 존재하지 않으면, $x=a$에서 미분불가능하다라고 한다.

여기서는 함수가 미분가능하지 않은 세 가지 경우를 살펴볼 것이다.

(a) 첫 번째 경우는 함수의 그래프가 꺾인 점을 가지는 경우이다.

예제 4.2.5에서 함수 $f(x)=|x|$는 $x=0$에서 미분가능하지 않음을 보았고, [그림 4.6(a)]는 함수 $f(x)=|x|$의 그래프가 $x=0$일 때 갑자기 꺾여 짐을 보여준다. 일반적으로, 함수 f의 그래프가 '꺾인 점'을 가지면 그 점들에서 접선을 갖지 못하고 f는 그 점에서 미분가능하지 않다. 왜냐하면, 함수 f의 그래프가 $x=a$일 때, 꺾이면 $f_+{}'(a) \neq f_-{}'(a)$ 이기 때문이다[그림 4.6(a) 참조].

(b) 두 번째 경우는 함수가 불연속점을 갖는 경우이다.

정리 4.2.3은 함수가 미분가능하지 않은 점에 대한 다른 예를 제시한다. 정리 4.2.3의 대우 명제는 만약 $f(x)$가 $x=a$에서 연속이 아니면, 함수 $f(x)$는 $x=a$에서 미분가능하지 않음을 말해 준다. 따라서 불연속점(예를 들어, 도약 불연속점)에서 f는 미분가능하지 않다[그림 4.6(b) 참조].

(c) 세 번째 경우는 $x=a$에서 곡선이 수직접선(vertical tangent)을 갖는 경우이다.

함수 $f(x)$가 $x=a$에서 연속이고

$$\lim_{x\to a} |f'(x)| = \infty$$

인 경우로, 이런 경우에는 $x \to a$일 때 접선들이 점점 더 가파르게 되어, $x=a$에서 수직접선을 가진다고 한다. [그림 4.6(c)와 4.6(d)]는 이것이 일어날 수 있는 두 가지 경우를 보여준다.

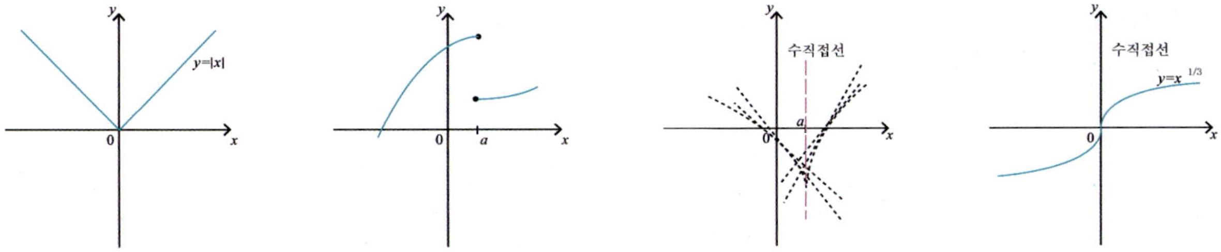

(a) $y=|x|$ (b) 불연속점 (c) 수직접선 (d) 수직접선

[그림 4.6]

그래픽 계산기나 컴퓨터를 활용할 수 있다면 시각적으로 좀 더 빠르게 미분가능성을 확인할 수 있다. 만약 함수 $f(x)$가 $x=a$에서 미분가능하면, 점 $(a, f(a))$를 중심으로 근접 확대할 때 그래프는 곧게 펴지고 점점 더 직선처럼 보인다. 이러한 특별한 예를 [그림 4.3과 그림 4.7(a)]에서 볼 수 있다. 그러나 [그림 4.6(c)]에서와 같은 점에서는 아무리 근접 확대하더라도, [그림 4.7(b)]에서 보는 것처럼, 뾰족 점이나 꺾인 점을 제거할 수가 없다.

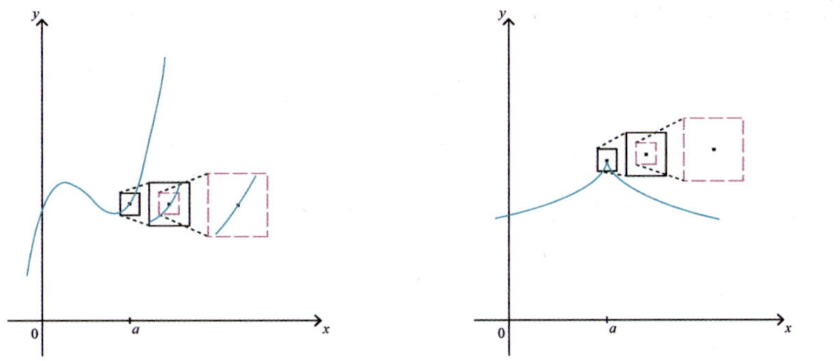

(a) f가 a에서 미분가능하다 (b) f가 a에서 미분가능하지 않다

[그림 4.7]

예제 4.2.6 **함수 $f(x) = \sqrt[3]{x^2}$는 $x = 0$에서 수직접선을 가짐을 보이라.**

증명 $x=0$에서 미분계수를 구하자.

$$f'(0)=\lim_{x\to 0}\frac{f(x)-f(0)}{x-0}=\lim_{x\to 0}\frac{x^{2/3}-0}{x}=\lim_{x\to 0}\frac{1}{\sqrt[3]{x}}=\pm\infty$$

그러므로 $f(x)$는 $x = 0$에서 수직접선을 갖는다. ■

도함수

이제 주어진 함수 f로부터 새로운 함수를 하나 정의하려고 한다. 함수 f는 정의역 D의 모든 점에서 항상 미분가능한 것은 아니다. 따라서 정의역 D의 원소 중에서 미분가능한 점들만의 집합을 D'이라 하자. D'을 새로운 정의역으로 하여, D'의 모든 a에 그 점에서 미분계수 $f'(a)$를 대응시키는 새로운 함수를 정의할 수 있는데, 이를 함수 f의 도함수(derivative function)라 한다. 즉, f가 D'에서 미분가능할 때, 도함수 f'은 D'의 모든 원소 x에 대하여

$$f'(x) = \lim_{h \to 0} \frac{f(x+h) - f(x)}{h}$$

와 같이 정의되는 함수이다. 이것은 한 점 a에서 함수 f의 미분계수

$$f'(a) = \lim_{h \to 0} \frac{f(a+h) - f(a)}{h}$$

로부터 a를 x로 바꿔 얻은 관계식을 뜻한다.

정의 4.2.4 도함수

함수 $f(x)$에 대하여, 정의역 D에 속하는 점으로써 미분계수를 갖는 점들을 모두 모은 집합을 D'이라 하자. 이때 D'을 정의역으로 하여 D'의 모든 원소 x에 대하여 미분계수 $f'(x)$를 대응시켜 주는, 즉

$$(f')(x) = f'(x) = \lim_{h \to 0} \frac{f(x+h) - f(x)}{h}$$

로 정의된 함수 $f' : D' \to \mathbb{R}$를 함수 f의 도함수(derivative function)라 한다.

도함수 f'은 정의에서 알 수 있듯이, f로부터 자연스럽게 '유도(derived)'되므로 f의 도함수(derivative function)라 부른다. f'의 정의역은 $f'(a)$가 존재하는 모든 a들의 집합이므로, 당연히 원래 함수 f의 정의역의 부분집합이다.

f의 도함수(導函數) : 한자를 풀이하면 도함수의 뜻이 좀 더 명확해진다. 도(導)의 뜻은 '이끌다'라는 뜻이다. 도함수란 본래의 함수에서 어떤 목적을 위해서 변형된, 유도된 또는 파생된 함수를 의미한다.

예제 4.2.7 $f(x) = \sqrt{x}$ 일 때, $f(x)$의 도함수 $f'(x)$를 구하라. 이때, 도함수 $f'(x)$의 정의역을 구하라.

풀이

먼저 함수 f의 정의역은 $[0, \infty)$임을 유의하자. 정의역의 원소에 대해 미분계수를 정의를 사용하여 계산하면, 다음과 같이 두 단계로 나누어서 계산한다.

(a) $x > 0$일 때,

$$\begin{aligned}\lim_{h\to0}\frac{f(x+h)-f(x)}{h} &= \lim_{h\to0}\left(\frac{\sqrt{x+h}-\sqrt{x}}{h}\cdot\frac{\sqrt{x+h}+\sqrt{x}}{\sqrt{x+h}+\sqrt{x}}\right)\\ &= \lim_{h\to0}\frac{1}{\sqrt{x+h}+\sqrt{x}}\\ &= \frac{1}{2\sqrt{x}}\end{aligned}$$

(b) $x = 0$일 때,

$$\lim_{h\to0^+}\frac{f(0+h)-f(0)}{h} = \lim_{h\to0^+}\frac{\sqrt{h}}{h} = +\infty$$

이므로, $x > 0$에서만 미분계수가 존재하고, 따라서 f'의 정의역은 $(0, \infty)$이고, f의 정의역 $[0, \infty)$의 진부분집합이다. 이때 도함수는 $f'(x) = \dfrac{1}{2\sqrt{x}}$이다.

예제 4.2.7의 결과가 합당하다는 것을 체크 해보기 위해서, [그림 4.8]에서 보는 것처럼 함수 f와 도함수 f'의 그래프를 같이 살펴보자. x의 값이 0에 가까워질 때, 함수 $f(x) = \sqrt{x}$ 의 값은 0에 가까워지고, 이때 도함수 $f'(x) = \dfrac{1}{2\sqrt{x}}$ 의 값은 매우 커진다. 이것은 [그림 4.8(a)]에서 $(0, 0)$ 부근에서는 접선이 y축과 나란할 정도로 매우 가파르다는 뜻이고, [그림 4.8(b)]에서 0의 바로 오른쪽에서 $f'(x)$의 값이 매우 커짐을 의미한다. x가 양숫값으로 매우 클 때, $f'(x)$의 값은 매우 작은 양숫값을 나타내는데, 이것은 f의 그래프의 오른쪽 먼 쪽에서는 더 편평한 접선을 가짐을 의미한다.

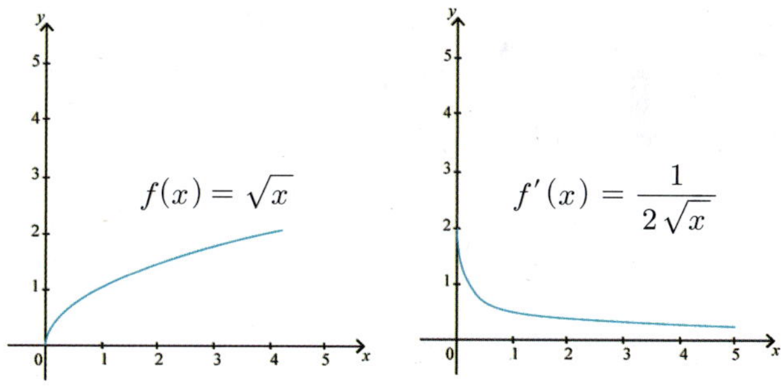

(a) (b)

[그림 4.8]

미적분학을 공부할 때 필요한 다양한 함수들의 도함수는 다음 절에서부터 구해 볼 것이다. 일반적으로 도함수의 정의역은 특별한 언급이 없다면 함수의 모든 미분가능한 점들의 집합임에 주의하자.

이제까지는 함수식으로 정의된 함수에 대한 미분계수와 도함수를 살펴보았다. 이제는 그래프로 정의된 함수에서 미분계수와 도함수를 어떻게 알 수 있을까에 대해서 살펴보도록 하자.

예제 4.2.8 함수 f가 [그림 4.9]과 같은 그래프에 의해 정의되었다고 하자. 이때 함수 f의 도함수 f'의 그래프를 개략적으로 그려라.

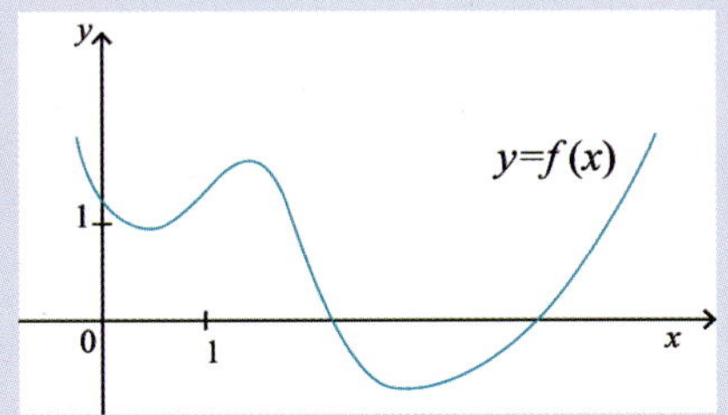

[그림 4.9]

풀이

점 $P(x, f(x))$에서 접선을 그리고, 그것의 기울기를 계산함으로써 임의의 x에서 도함수의 값을 계산할 수 있다. 예를 들어, [그림 4.10(a)]에서 $x=5$일 때, 점 P에서 접선을 그리고 그것의 기울기가 약 $\frac{3}{2}$임을 계산하여 $f'(5) \approx 1.5$를 얻었다. 따라서 도함수 f'의 그래프에서 점 $P'(5, 1.5)$를 표시할 수 있다. 이 과정을 여러 점에서 반복하면, [그림 4.10(b)]에서 보여주는 그래프를 얻는다. 점 A, B와 C에서 모든 접선은 수평이 되므로, 도함수 $f'(x)$의 값은 그 점에 해당하는 x의 값에서 0이 되며, 따라서 도함수 f'의 그래프는 점 A, B와 C에 해당하는 x축의 점 A', B'과 C'에서 x축과 만남을 알 수 있다. 점 A와 B사이에서 접선은 양의 기울기를 가지므로, 도함수 $f'(x)$는 점 A'과 B'사이에서 양의 값을 가진다. 그러나 점 B와 C 사이에서 접선은 음의 기울기를 가지므로, 도함수 $f'(x)$는 점 B'과 C'사이에서는 음의 값을 가진다. 이와 같이 도함수 f'의 개략적인 그래프를 그릴 수 있다.

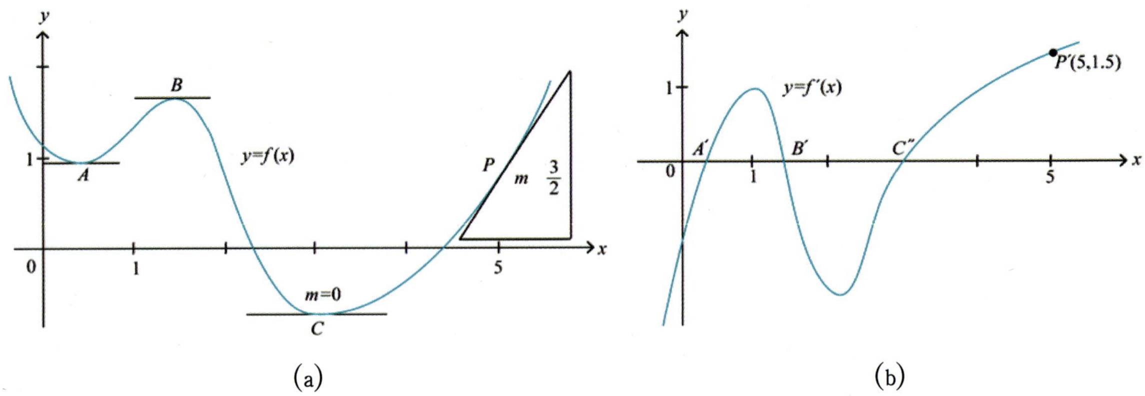

[그림 4.10]

예제 4.2.9 $f(x) = x^3 - x$일 때 $f'(x)$를 구하고, f와 f'의 그래프를 비교 설명하라.

풀이

정의를 이용하여 도함수를 계산할 때, 극한을 계산하는 동안에는 변수가 h이고 x는 상수로 생각한다는 것을 유의하자. 각 $x \in \mathbb{R}$에 대하여

$$\lim_{h\to 0}\frac{f(x+h)-f(x)}{h} = \lim_{h\to 0}\frac{(x+h)^3-(x+h)-x^3+x}{h}$$

$$= \lim_{h\to 0}\frac{3x^2h+3xh^2+h^3-h}{h} = 3x^2-1$$

이므로 도함수는 $f'(x) = 3x^2 - 1$이다. 한편, [그림 4.11]에서 두 함수 f와 f'의 그래프를 그려보면, f가 수평접선을 가질 때 $f'(x) = 0$이고, 접선이 양의 기울기를 가질 때 $f'(x)$는 양의 값을 가진다.

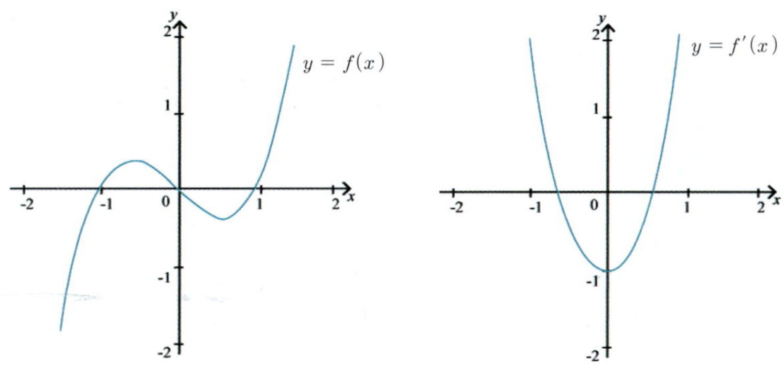

[그림 4.11]

도함수의 기호

독립변수가 x이고 종속변수가 y임을 나타내는 함수의 전통적인 기호 $y = f(x)$를 사용하는 경우에, 도함수를 나타내는 여러 가지 기호들은 다음과 같다.

$$f'(x),\quad y',\quad \frac{dy}{dx},\quad \frac{df}{dx},\quad \frac{d}{dx}f(x),\quad Df(x),\quad D_x f(x),\quad \cdots$$

기호 D와 $\frac{d}{dx}$는 함수 f에 대한 미분법(differentiation)의 연산을 의미하기도 하므로, 미분연산자(differential operator)라 부른다. 여기서 미분법은 도함수를 계산하는 과정을 의미하는데, 간단히 '미분한다(differentiate)'고 말하기도 한다.

기호 $\frac{d}{dx}$, $\frac{dy}{dx}$는 독일의 라이프니츠가 처음 사용하였다. 앞으로 $\frac{d}{dx}$, $\frac{dy}{dx}$는 각각 $d\ dx$(디 디엑스)와 $dy\ dx$(디와이 디엑스)로 읽는다. 특히 차분 기호와 함께 사용할 때, 이 기호는 매우 유용하고 효율적으로 보인다. 라이프니츠의 기호를 사용하여 도함수의 정의를 다음과 같이 나타낼 수 있다.

$$\frac{dy}{dx} = \lim_{\Delta x \to 0} \frac{\Delta y}{\Delta x}$$

도함수 $f'(x)$의 $x = a$에서의 값 $f'(a)$와 같은 의미를 라이프니츠의 기호를 이용하여 표현할 때, 기호

$$\left.\frac{dy}{dx}\right|_{x=a} \quad \text{또는} \quad \left.\frac{dy}{dx}\right]_{x=a}$$

를 사용한다.

연습문제 4.2

[1~3] 제시된 도함수 정의를 이용하여, 주어진 함수의 도함수를 구하라. 함수의 정의역과 그것의 도함수의 정의역을 구하라.

$$f'(x) = \lim_{h \to 0} \frac{f(x+h) - f(x)}{h}$$

1. $f(x) = x^3 + x$

2. $f(x) = \frac{1}{x}$

3. $f(x) = \sqrt{x+1}$

[4~6] 제시된 미분계수의 정의를 이용하여 $x = a$에서 주어진 함수의 미분계수를 구하라.

$$f'(a) = \lim_{x \to a} \frac{f(x) - f(a)}{x - a}$$

4. $f(x) = 3 - x^2$, $a = -1$

5. $f(x) = \frac{1}{x}$, $a = 2$

6. $g(x) = \sqrt{1+2x}$, $a = 0$

7. 함수 $f(x)$가 $f(1) = 2$, $f'(1) = 4$를 만족할 때, $\lim_{x \to 1} \frac{(f(x))^2 - 4}{x^2 - 1}$의 값을 구하라.

8. (a) $f(x) = x|x|$의 그래프를 그려라.

   (b) $f(x)$가 미분가능한 x의 값을 구하라.

9. 다음을 증명하라.

   (a) 미분가능한 우(짝)함수의 도함수는 기(홀)함수이다.

   (b) 미분가능한 기(홀)함수의 도함수는 우(짝)함수이다.

10. 물체가 운동방정식 $s = f(t) = t^3 + 2t^2 - 3t + 7$를 따라 곡선 위를 움직인다. 이 때 s의 단위는 미터이고, t의 단위는 초이다. $t = 3$일 때의 속도를 구하라.

11. 다음 극한은 각각 어떤 수 a에서 어떤 함수 f의 미분계수를 나타낸다. $f(x)$와 a를 구하고 그 이유를 말하라.

$$\lim_{h \to 0} \frac{(1+h)^{10}-1}{h}$$

12. $f'(1)$이 존재하는지 존재하지 않는지 결정하라.

$$f(x) = \begin{cases} x^2 + x, & (x \le 1) \\ 3x - 1, & (x > 1) \end{cases}$$

13. $f'(0)$이 존재하는지 존재하지 않는지 결정하라.

$$f(x) = \begin{cases} x \sin \frac{1}{x}, & (x \ne 0) \\ 0, & (x = 0) \end{cases}$$

14. $x = 1$에서 다음 함수 f가 미분가능하기 위한 k값을 찾아라.

$$f(x) = \begin{cases} x^3, & (x \le 1) \\ 3x + k, & (x > 1) \end{cases}$$

4.3 기본 미분법

함수의 도함수를 구할 때, 앞 절에서 배운 도함수의 정의를 이용하여 항상 극한 계산을 해야만 한다면, 많은 독자는 반복되는 지루한 계산으로 인해 미분학을 공부하는 데 있어서 피곤함을 호소할 수 있다. 게다가 함수에 따라서는 극한 계산이 쉽지만은 않을 수도 있으므로, 특별한 기교가 필요한 경우도 발생한다. 이 절에서는 정의를 직접 사용하지 않고서도, 도함수를 쉽게 구할 수 있는 몇 가지 법칙들을 살펴보고자 한다.

상수함수의 도함수

모든 함수 중에서 가장 간단한 형태인 상수함수 $f(x) = c$의 도함수를 구하는 것으로부터 시작하자. 이 함수의 그래프는 x축과 나란한 수평직선 $y = c$이므로, 모든 점에서 기울기가 0이다. 따라서 상수함수의 도함수는 $f'(x) = 0$이 됨을 쉽게 알 수 있다. 수학적으로 정확한 증명은 다음 정리에서 살펴보자.

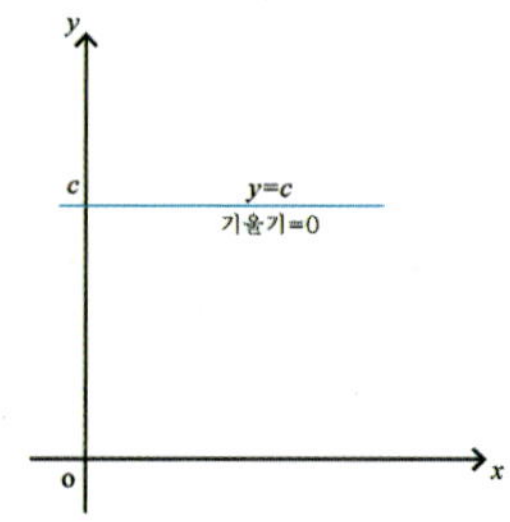

[그림 4.12]

정리 4.3.1 상수함수의 도함수

실수 c에 대하여, 상수함수 $f(x) = c$의 도함수는

$$f'(x) = \frac{d}{dx} c = 0$$

이다.

증명 상수함수 $f(x)=c$를 생각할 때, 각 $x\in\mathbb{R}$에 대하여,

$$\lim_{h\to0}\frac{f(x+h)-f(x)}{h}=\lim_{h\to0}\frac{c-c}{h}=0$$

이므로 $f'(x)$가 존재하고 $f'(x)=0$이다. ■

거듭제곱함수의 도함수

n이 양의 정수일 때, 거듭제곱함수 $f(x)=x^n$에 대하여 살펴보자. 만약 $n=1$이면 함수 $f(x)=x$의 그래프는 직선 $y=x$이고, 또한 모든 점에서 직선의 기울기는 1이다. 따라서

$$\frac{d}{dx}(x)=1$$

임을 알 수 있다. 이에 대한 수학적으로 정확한 증명은 도함수의 정의로부터 쉽게 확인할 수 있다.

또한 도함수의 정의를 이용하면 다음 도함수들도 쉽게 확인할 수 있다.

$$\frac{d}{dx}(x^2)=2x,\qquad \frac{d}{dx}(x^3)=3x^2$$

이제 함수 $f(x)=x^4$에 대하여, 도함수 정의를 이용하여 $f'(x)$를 직접 구해 보자.

$$\begin{aligned}\lim_{h\to0}\frac{f(x+h)-f(x)}{h}&=\lim_{h\to0}\frac{(x+h)^4-x^4}{h}\\&=\lim_{h\to0}\frac{x^4+4x^3h+6x^2h^2+4xh^3+h^4-x^4}{h}\\&=\lim_{h\to0}\frac{4x^3h+6x^2h^2+4xh^3+h^4}{h}\\&=\lim_{h\to0}(4x^3+6x^2h+4xh^2+h^3)=4x^3\end{aligned}$$

이므로

$$f'(x)=\frac{d}{dx}(x^4)=4x^3$$

이다. 이 몇 가지 식들로부터 어떤 규칙이 발견됨을 알 수 있다. n이 양의 정수일 때, 거듭제곱함수의 도함수

가 $\frac{d}{dx}(x^n) = nx^{n-1}$임을 추측하는 것은 합당해 보인다. 이 결과로부터 다음 정리를 말할 수 있다. 이에 대한 수학적 증명은 두 가지 방법으로 소개한다.

정리 4.3.2 거듭제곱함수의 미분법

양의 정수 n에 대하여, 거듭제곱함수 $f(x) = x^n$의 도함수는

$$f'(x) = \frac{d}{dx}(x^n) = nx^{n-1}$$

이다.

증명 두 가지 방법으로 증명할 것이다.

(방법 1) - 인수분해이용

실수 t, x와 양의 정수 n에 대하여 다음 인수분해 식

$$t^n - x^n = (t-x)(t^{n-1} + t^{n-2}x + \cdots + tx^{n-2} + x^{n-1})$$

이 성립하므로, 각 $x \in \mathbb{R}$에 대하여, 함수 $f(x) = x^n$의 도함수는 정의와 위의 인수분해 식을 이용하면

$$\begin{aligned}\lim_{t\to x}\frac{f(t)-f(x)}{t-x} &= \lim_{t\to x}\frac{t^n-x^n}{t-x}\\ &= \lim_{t\to x}\frac{(t-x)(t^{n-1}+t^{n-2}x+\cdots+tx^{n-2}+x^{n-1})}{t-x}\\ &= \lim_{t\to x}(t^{n-1}+t^{n-2}x+\cdots+tx^{n-2}+x^{n-1}) = nx^{n-1}\end{aligned}$$

를 얻는다. 그러므로 모든 실수 $x \in \mathbb{R}$에 대하여 $f'(x)$가 존재하고, 도함수는 $f'(x) = nx^{n-1}$이다. ■

(방법 2) - 이항전개 이용

각 $x \in \mathbb{R}$에 대하여, 함수 $f(x) = x^n$의 도함수는 정의와 이항전개를 이용하면

$$\begin{aligned}\lim_{h\to 0}\frac{f(x+h)-f(x)}{h} &= \lim_{h\to 0}\frac{(x+h)^n-x^n}{h}\\ &= \lim_{h\to 0}\frac{\left[x^n+nx^{n-1}h+\frac{n(n-1)}{2}x^{n-2}h^2+\cdots+nxh^{n-1}+h^n\right]-x^n}{h}\\ &= \lim_{h\to 0}\frac{nx^{n-1}h+\frac{n(n-1)}{2}x^{n-2}h^2+\cdots+nxh^{n-1}+h^n}{h}\end{aligned}$$

$$= \lim_{h \to 0}\left[nx^{n-1} + \frac{n(n-1)}{2}x^{n-2}h + \cdots + nxh^{n-2} + h^{n-1} \right]$$

$$= nx^{n-1}$$

와 같이 계산된다. 따라서 모든 실수 $x \in \mathbb{R}$에 대하여 $f'(x)$가 존재하고, 도함수는 $f'(x) = nx^{n-1}$이다. ■

(1) 이항전개 $(x+y)^n = x^n + nx^{n-1}y + \cdots + \binom{n}{k}x^{n-k}y^k + \cdots + y^n$,

여기서 $\binom{n}{k} = {}_nC_k = \dfrac{n!}{k!(n-k)!}$이다.

(2) 인수분해 $x^n - y^n = (x-y)(x^{n-1} + x^{n-2}y + \cdots + xy^{n-2} + y^{n-1})$

참고

정리 4.3.2에서는 n이 양의 정수에 대해서만 언급하였지만, 실제로는 n이 모든 실수에 대해 성립한다. n이 음수인 경우는 몫의 미분법(정리 4.3.3)을 배운 후 정리 4.3.4에서 증명할 것이다. 또한 n이 실수인 경우는 로그미분법(정리 4.7.6 참조)을 배운 후에 정리 4.7.7에서 증명할 것이지만, 이 절에서는 증명 없이 사용할 것이다.

미분법을 적용하여 다음 함수의 도함수를 쉽게 구할 수 있다.

예제 4.3.1 다음 함수의 도함수를 구하라.

(a) $f(x) = 4$ (b) $y = t^4$ (c) $f(x) = x^{100}$

풀이

(a) $f(x) = 4$일 때, $f'(x) = 0$이다.

(b) $y = t^4$일 때, $\dfrac{dy}{dt} = 4t^3$이다.

(c) $f(x) = x^{100}$일 때, $f'(x) = 100x^{99}$이다.

미분법

함수들이 덧셈, 뺄셈, 상수배, 곱셈 또는 나눗셈과 같은 연산에 의하여 새로운 함수로 정의된다면, 그의 도함수는 연산 이전의 함수의 도함수를 구한 후, 그 도함수의 연산에 의해 계산될 수 있다. 또한 미분가능한 함수의 상수배의 도함수는 그 함수의 도함수의 상수배와 같다.

정리 4.3.3 미분법(differentiation formula)

상수 c와 미분가능한 함수 $f(x)$와 $g(x)$에 대하여, 함수의 합, 차, 상수배, 곱, 몫도 미분가능하며, 그 도함수는 다음과 같다.

(a) 합의 미분법 : $(f+g)'(x) = f'(x) + g'(x)$

(b) 차의 미분법 : $(f-g)'(x) = f'(x) - g'(x)$

(c) 상수배의 미분법 : $(cf)'(x) = cf'(x)$

(d) 곱의 미분법 : $(fg)'(x) = f'(x)g(x) + f(x)g'(x)$

(e) 몫의 미분법 : $\left(\dfrac{f}{g}\right)'(x) = \dfrac{f'(x)g(x) - f(x)g'(x)}{(g(x))^2}$ (단, $g(x) \neq 0$)

증명 조건으로부터 $f'(x) = \lim_{h\to 0}\dfrac{f(x+h)-f(x)}{h}$이고, $g'(x) = \lim_{h\to 0}\dfrac{g(x+h)-g(x)}{h}$이다. 또한, 극한법칙을 이용하여 증명할 수 있다.

(a) $F(x) = (f+g)(x) = f(x) + g(x)$라 하면, 각 $x \in \mathbb{R}$에 대하여,

$$\begin{aligned}\lim_{h\to 0}\frac{F(x+h)-F(x)}{h} &= \lim_{h\to 0}\frac{[f(x+h)+g(x+h)]-[f(x)+g(x)]}{h}\\ &= \lim_{h\to 0}\left[\frac{f(x+h)-f(x)}{h} + \frac{g(x+h)-g(x)}{h}\right]\\ &= \left[\lim_{h\to 0}\frac{f(x+h)-f(x)}{h}\right] + \left[\lim_{h\to 0}\frac{g(x+h)-g(x)}{h}\right]\\ &= f'(x) + g'(x)\end{aligned}$$

이므로 $F'(x)$가 존재하고 $F'(x) = f'(x) + g'(x)$이다. 즉

$$(f+g)'(x) = f'(x) + g'(x)$$

이다. ■

(b) 차의 미분법은 합의 미분법 (a)와 같은 방법으로 증명할 수 있다.

(c) $G(x) = (cf)(x) = cf(x)$라 하면, 각 $x \in \mathbb{R}$에 대하여,

$$\lim_{h\to 0}\frac{G(x+h)-G(x)}{h}=\lim_{h\to 0}\frac{cf(x+h)-cf(x)}{h}$$

$$=\lim_{h\to 0}c\left[\frac{f(x+h)-f(x)}{h}\right]$$

$$=c\left[\lim_{h\to 0}\frac{f(x+h)-f(x)}{h}\right]$$

$$=cf'(x)$$

이므로 $G'(x)$가 존재하고 $G'(x)=cf'(x)$이다. 즉

$$(cf)'(x)=cf'(x)$$

이다. ■

(d) $F(x)=(fg)(x)=f(x)g(x)$라 하면, 각 $x\in\mathbb{R}$에 대하여,

$$\lim_{h\to 0}\frac{F(x+h)-F(x)}{h}=\lim_{h\to 0}\frac{f(x+h)g(x+h)-f(x)g(x)}{h}$$

$$=\lim_{h\to 0}\frac{f(x+h)g(x+h)-f(x)g(x+h)+f(x)g(x+h)-f(x)g(x)}{h}$$

$$=\lim_{h\to 0}\left[\frac{f(x+h)-f(x)}{h}\cdot g(x+h)+f(x)\cdot\frac{g(x+h)-g(x)}{h}\right]$$

$$=\lim_{h\to 0}\frac{f(x+h)-f(x)}{h}\cdot\lim_{h\to 0}g(x+h)+\lim_{h\to 0}f(x)\cdot\lim_{h\to 0}\frac{g(x+h)-g(x)}{h}$$

$$=f'(x)g(x)+f(x)g'(x)$$

이므로 $F'(x)$가 존재하고 $F'(x)=f'(x)g(x)+f(x)g'(x)$이다. 즉

$$(fg)'(x)=f'(x)g(x)+f(x)g'(x)$$

이다. 여기서 $\lim_{h\to 0}f(x)=f(x)$이고, $\lim_{h\to 0}g(x+h)=g(x)$임을 이용하였다. ■

(e) $F(x)=\left(\frac{f}{g}\right)(x)=\frac{f(x)}{g(x)}$라 하면, $g(x)\neq 0$인 각 $x\in\mathbb{R}$에 대하여, $g(x)$가 미분가능하므로 $0<|h|<\delta$에서 $g(x+h)\neq 0$을 만족하는 양수 $\delta>0$를 택할 수 있으므로, 다음과 같은 극한을 구할 수 있다.

$$\lim_{h\to 0}\frac{F(x+h)-F(x)}{h} = \lim_{h\to 0}\frac{\dfrac{f(x+h)}{g(x+h)}-\dfrac{f(x)}{g(x)}}{h}$$

$$= \lim_{h\to 0}\frac{f(x+h)g(x)-f(x)g(x+h)}{hg(x+h)g(x)}$$

$$= \lim_{h\to 0}\frac{f(x+h)g(x)-f(x)g(x)+f(x)g(x)-f(x)g(x+h)}{hg(x+h)g(x)}$$

$$= \lim_{h\to 0}\frac{g(x)\cdot\dfrac{f(x+h)-f(x)}{h}-f(x)\cdot\dfrac{g(x+h)-g(x)}{h}}{g(x+h)g(x)}$$

$$= \frac{\lim\limits_{h\to 0}g(x)\cdot\lim\limits_{h\to 0}\dfrac{f(x+h)-f(x)}{h}-\lim\limits_{h\to 0}f(x)\cdot\lim\limits_{h\to 0}\dfrac{g(x+h)-g(x)}{h}}{\lim\limits_{h\to 0}g(x+h)\cdot\lim\limits_{h\to 0}g(x)}$$

$$= \frac{g(x)f'(x)-f(x)g'(x)}{(g(x))^2}$$

이므로 $F'(x)$가 존재하고 $F'(x)=\dfrac{f'(x)g(x)-f(x)g'(x)}{(g(x))^2}$ 이다. 즉

$$\left(\frac{f}{g}\right)'(x) = \frac{f'(x)g(x)-f(x)g'(x)}{(g(x))^2}$$

이다. ■

참고

(1) 합의 공식과 차의 공식은 유한 개의 함수에 대해서도 성립한다. 예를 들어, 세 개의 함수 f, g와 h에 대하여 적용하면,

$$(f\pm g\pm h)' = \{(f\pm g)\pm h\}' = (f\pm g)'\pm h' = f'\pm g'\pm h'$$

이 된다.

(2) 곱의 미분법을 말로 설명하면, 두 함수의 곱의 도함수는 앞의 함수의 도함수에 뒤의 함수를 곱하고, 앞의 함수에 뒤의 함수의 도함수를 곱하여 이들을 더한 것과 같다.

(3) 몫의 미분법을 말로 설명하면, 몫의 도함수는 분모에 분자의 도함수를 곱하고 분자에 분모의 도함수를 곱하여 빼고, 그 결과를 분모의 제곱으로 나눈 것과 같다.

라이프니츠도 실수를 하다! 라이프니츠도 처음에는 두 함수 곱의 도함수를 각 도함수들의 곱 $(fg)' = f'g'$으로 예상하였다. 그러나 이러한 예상은 다음 예제를 살펴보면 잘못된 것임을 알 수 있다. 함수 $f(x) = x$와 $g(x) = x^2$에 대하여, $(fg)(x) = x^3$이므로 $(fg)'(x) = 3x^2$이다. 하지만 각 도함수는 $f'(x) = 1$과 $g'(x) = 2x$이므로 두 곱은 $f'(x)g'(x) = 2x$이다. 따라서 $(fg)' \neq f'g'$이다. 이와 같은 실수에도 불구하고 곧 바로 라이프니츠는 정확한 곱의 미분법을 구했다.

정리 4.3.3의 미분법을 이용하여 다음 함수의 도함수를 쉽게 구했다.

예제 4.3.2 다음 함수의 도함수를 구하라.

(a) $f(x) = 2x^5$

(b) $f(x) = x^4 - 8x^2 + x - 4$

(c) $y = x^4 + 8x^3 - x^2 - 6x + 4$

풀이

(a) $y = 2x^5$일 때, $y' = (2x^5)' = 2(x^5)' = 2 \cdot 5x^4 = 10x^4$

(b) $f(x) = x^4 - 8x^2 + x - 4$일 때,

$$f'(x) = (x^4)' - 8(x^2)' + (x)' - (4)' = 4x^3 - 16x + 1 - 0 = 4x^3 - 16x + 1$$

(c)
$$\begin{aligned} \frac{d}{dx}(x^4 + 8x^3 - x^2 - 6x + 4) &= \frac{d}{dx}(x^4) + 8\frac{d}{dx}(x^3) - \frac{d}{dx}(x^2) - 6\frac{d}{dx}(x) + \frac{d}{dx}(4) \\ &= 4x^3 + 8(3x^2) - (2x) - 6(1) + 0 \\ &= 4x^3 + 24x^2 - 2x - 6 \end{aligned}$$

다음 예제는 곱과 몫으로 표현된 함수로 곱의 미분법과 몫의 미분법을 이용하여 도함수를 구할 수 있다.

예제 4.3.3 다음 함수를 미분하라.

(a) $g(t) = (t^3 + t - 4)(t^2 - 3t + 9)$

(b) $y = \dfrac{x^2 - 2x + 4}{x + 1}$

풀이

(a) **(방법 1)** 곱의 미분법을 적용하여 도함수를 구한다.

$$g'(t) = (t^3+t-4)'(t^2-3t+9) + (t^3+t-4)(t^2-3t+9)'$$
$$= (3t^2+1)(t^2-3t+9) + (t^3+t-4)(2t-3)$$
$$= (3t^4-9t^3+27t^2+t^2-3t+9) + (2t^4-3t^3+2t^2-3t-8t+12)$$
$$= 5t^4 - 12t^3 + 30t^2 - 14t + 21$$

(방법 2) 먼저, 함수 $g(t)$를 전개한 후 미분한다. 함수 $g(t)$를 전개하면 다음과 같다.

$$g(t) = (t^5 - 3t^4 + 9t^3) + (t^3 - 3t^2 + 9t) + (-4t^2 + 12t - 36)$$
$$= t^5 - 3t^4 + 10t^3 - 7t^2 + 21t - 36$$

미분하면

$$g'(t) = 5t^4 - 12t^3 + 30t^2 - 14t + 21$$

이다.

(b) 몫의 미분법을 적용하여 도함수를 구한다.

$$y' = \frac{(x^2-2x-4)'(x+1) - (x^2-2x+4)(x+1)'}{(x+1)^2}$$
$$= \frac{(2x-2)(x+1) - (x^2-2x+4)}{(x+1)^2}$$
$$= \frac{2x^2-2-x^2+2x-4}{(x+1)^2} = \frac{x^2+2x-6}{(x+1)^2}$$

다음 예제는 곱의 미분법을 직접 이용하는 것보다 인자를 먼저 곱하여 식을 간단히 한 후 미분하는 것이 더 편할 수 있다.

예제 4.3.4 다음 함수를 미분하라.

$$y = \sqrt{x}(2x-1)$$

풀이

(방법 1) $x > 0$일 때, 곱의 미분법을 적용하여 다음을 얻는다.

$$y' = \frac{d}{dx}[\sqrt{x}(2x-1)]$$
$$= \left(\frac{d}{dx}\sqrt{x}\right)\cdot(2x-1) + \sqrt{x}\cdot\left(\frac{d}{dx}(2x-1)\right)$$

$$= \frac{1}{2}x^{-\frac{1}{2}} \cdot (2x-1) + \sqrt{x} \cdot 2 \quad = \frac{6x-1}{2\sqrt{x}}$$

(방법 2) 먼저 미분할 함수를 전개한 다음에 미분한다.

$$y' = \frac{d}{dx}\left[\sqrt{x}(2x-1)\right] = \frac{d}{dx}(2x\sqrt{x} - \sqrt{x}) \;= \frac{d}{dx}\left(2x^{\frac{3}{2}} - x^{\frac{1}{2}}\right)$$

$$= 2 \cdot \frac{3}{2}x^{\frac{1}{2}} - \frac{1}{2}x^{-\frac{1}{2}} = 3\sqrt{x} - \frac{1}{2\sqrt{x}} \;= \frac{6x-1}{2\sqrt{x}}$$

$$\frac{d}{dx}\sqrt{x} = \frac{d}{dx}x^{\frac{1}{2}} = \frac{1}{2}x^{-\frac{1}{2}} = \frac{1}{2\sqrt{x}}$$

(예제 4.2.7 참조)

예제 4.3.5 $h(x) = x^2 f(x)$이고 $f(4) = -2,\, f'(4) = 1$이면, $h'(4)$은 얼마인가?

풀이

곱의 미분법을 적용하면,

$$h'(x) = \frac{d}{dx}(x^2 f(x)) = \left(\frac{d}{dx}(x^2)\right) \cdot f(x) + x^2 \cdot \left(\frac{d}{dx}f(x)\right)$$

$$= 2x \cdot f(x) + x^2 \cdot f'(x)$$

이므로 $h'(4) = 2 \cdot 4 \cdot f(4) + 4^2 \cdot f'(4) = 8 \cdot (-2) + 16 \cdot 1 = 0$이다.

이 절에 제시된 함수들은 정의역에서 미분 가능함을 보여준다. 더욱이 몫의 미분법과 다른 미분법의 공식들은 임의의 유리함수의 도함수를 계산할 수 있게 한다. 다음 예제를 보자.

예제 4.3.6 $y = \dfrac{x^2 + x - 2}{x^3 + 6}$에 대하여 y'을 구하라.

풀이

유리함수이므로, 몫의 미분법을 적용하면 다음과 같이 도함수를 구할 수 있다.

$$y' = \frac{\left(\frac{d}{dx}(x^2+x-2)\right) \cdot (x^3+6) - (x^2+x-2) \cdot \left(\frac{d}{dx}(x^3+6)\right)}{(x^3+6)^2}$$

$$= \frac{(2x+1)(x^3+6) - (x^2+x-2)(3x^2)}{(x^3+6)^2}$$

$$= \frac{(2x^4+x^3+12x+6) - (3x^4+3x^3-6x^2)}{(x^3+6)^2}$$

$$= \frac{-x^4-2x^3+6x^2+12x+6}{(x^3+6)^2}$$

분수함수를 미분할 때 언제나 몫의 공식을 사용할 필요는 없다. 때때로 분수함수를 미분하기 쉬운 간단한 형태로 변형하면 된다. 예를 들어, 함수

$$F(x) = \frac{3x^2 + 2\sqrt{x}}{x}$$

를

$$F(x) = 3x + 2x^{-\frac{1}{2}}$$

으로 고치면 도함수를 쉽게 구할 수 있다.

예제 4.3.7 곡선 $y = x^4 - 6x^2 + 4$에서 접선이 수평이 되는 점을 구하라.

풀이

수평접선은 기울기(도함수)가 0일 때 나타난다. 먼저 도함수를 구하면

$$\frac{dy}{dx} = \frac{d}{dx}(x^4 - 6x^2 + 4) = 4x^3 - 12x + 0 = 4x(x^2 - 3)$$

이며, 기울기가 $y' = 0$이 되는 x의 값은 $x = 0$ 또는 $x = \pm\sqrt{3}$이다. 그러므로 $x = 0$, $x = \sqrt{3}$, $x = -\sqrt{3}$에 해당하는 점에서 주어진 곡선은 수평접선을 갖는다. 이에 해당하는 곡선의 점은 $(0, 4)$, $(\sqrt{3}, -5)$와 $(-\sqrt{3}, -5)$이다.

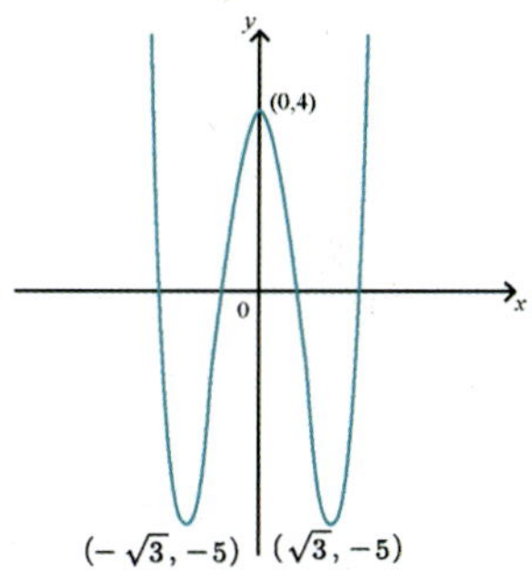

[그림 4.13]

몫의 미분법을 적용하면 정리 4.3.2에서 소개한 거듭제곱함수의 미분법을 지수가 음의 정수인 경우까지 확장할 수가 있다.

정리 4.3.4

거듭제곱함수의 미분법(음의 정수에 대하여) 양의 정수 n에 대하여

$$\frac{d}{dx}(x^{-n}) = -nx^{-n-1}$$

이다.

증명 양의 정수 n에 대하여, 함수 $f(x)=x^{-n}$은 $\frac{1}{x^n}$과 같으므로, 이에 대해 몫의 미분법을 적용하여 도함수를 구한다.

$$\begin{aligned}\frac{d}{dx}(x^{-n}) &= \frac{d}{dx}\left(\frac{1}{x^n}\right) = \frac{\left(\frac{d}{dx}(1)\right)\cdot x^n - 1\cdot\left(\frac{d}{dx}(x^n)\right)}{(x^n)^2}\\ &= \frac{0\cdot x^n - 1\cdot nx^{n-1}}{x^{2n}}\\ &= \frac{-nx^{n-1}}{x^{2n}} = -nx^{-n-1}\end{aligned}$$

그러므로 n이 양의 정수일 때 도함수는 $\frac{d}{dx}(x^{-n}) = -nx^{-n-1}$ 이다. ■

정리 4.3.4를 적용하여 다음 도함수를 구할 수 있다.

예제 4.3.8 다음 함수의 도함수를 구하라.

(a) $y=\frac{1}{x}$ (b) $y=\frac{6}{t^3}$

풀이

(a) $y=\frac{1}{x}$이면 $\frac{dy}{dx}=\frac{d}{dx}(x^{-1})=-x^{-2}=-\frac{1}{x^2}$이다.

(b) $\frac{d}{dt}\left(\frac{6}{t^3}\right)=6\frac{d}{dt}(t^{-3})=6(-3)t^{-4}=-\frac{18}{t^4}$이다.

지금까지는 지수 n이 양 또는 음의 정수일 때 거듭제곱함수의 미분법이 성립함을 알았다. 만약 $n=0$이면 $x^0=1$이고, 이것은 상수함수이므로 도함수 0을 갖는다. 그러므로 거듭제곱함수의 미분법은 임의의 정수 n에 대하여 성립한다. 만약 지수가 분수라면 어떻게 될까? 실제로 예제 4.2.7에서

$$\frac{d}{dx}\sqrt{x}=\frac{1}{2\sqrt{x}}$$

임을 보았는데, 이는

$$\frac{d}{dx}\left(x^{\frac{1}{2}}\right) = \frac{1}{2}x^{-\frac{1}{2}}$$

와 같이 나타낼 수도 있다. 이것은 거듭제곱함수의 미분법이 $n = \frac{1}{2}$인 경우에서도 성립함을 말한다. 이는 지수 n이 유리수에서도 성립함을 유추할 수 있고, 확장하여 거듭제곱함수의 미분공식이 임의의 실수 n에 대하여 성립함을 알 수 있다. 이것은 로그미분법을 이용해 정리 4.7.7에서 증명한다. 증명없이 일반적인 형태를 서술한다.

정리 4.3.5

거듭제곱함수의 미분법(실수에 대하여) 임의의 실수 n에 대하여

$$\frac{d}{dx}\left(x^{n}\right) = nx^{n-1}$$

이다.

이제 임의의 지수에 대해서도, 거듭제곱함수의 도함수를 구해보자.

예제 4.3.9 다음 함수의 도함수를 구하라.

(a) $f(x) = x^{\pi}$ (b) $y = \frac{1}{\sqrt[3]{x^2}}$

풀이

(a) $f(x) = x^{\pi}$일 때, $f'(x) = \pi x^{\pi - 1}$이다.

(b) $y = \frac{1}{\sqrt[3]{x^2}}$일 때, $\frac{dy}{dx} = \frac{d}{dx}(x^{-\frac{2}{3}}) = -\frac{2}{3}x^{-\left(\frac{2}{3}\right)-1} = -\frac{2}{3}x^{-\frac{5}{3}}$ 이다.

예제 4.3.10 함수 $f(t) = \sqrt{t}(a+bt)$를 미분하라.

풀이

(방법 1) 곱의 미분법을 이용하여, 도함수를 구한다.

$$f'(t) = \left(\frac{d}{dt}(a+bt)\right) \cdot \sqrt{t} + (a+bt) \cdot \frac{d}{dt}(\sqrt{t})$$

$$= b \cdot \sqrt{t} + (a+bt) \cdot \frac{1}{2} t^{-\frac{1}{2}}$$

$$= b\sqrt{t} + \frac{a+bt}{2\sqrt{t}} = \frac{a+3bt}{2\sqrt{t}}$$

(방법 2) 먼저, 미분할 함수를 $f(t) = a\sqrt{t} + bt\sqrt{t} = at^{\frac{1}{2}} + bt^{\frac{3}{2}}$으로 전개 후 미분하면,

$$f'(t) = \frac{1}{2}at^{-\frac{1}{2}} + \frac{3}{2}bt^{\frac{1}{2}}$$

이다. 두 방법 모두 같은 도함수가 구해진다.

이제 우리는 미분공식을 배움으로 인해 도함수의 정의를 이용하지 않고 좀 더 편리하고 쉽게 접선 또는 법선도 구할 수 있다.

예제 4.3.11 곡선 $y = \frac{\sqrt{x}}{(1+x^2)}$의 점 $\left(1, \frac{1}{2}\right)$에서 접선과 법선의 방정식을 구하라.

풀이

몫의 미분법을 적용하여 도함수를 구한다.

$$\frac{dy}{dx} = \frac{\left(\frac{d}{dx}(\sqrt{x})\right) \cdot (1+x^2) - \sqrt{x} \cdot \left(\frac{d}{dx}(1+x^2)\right)}{(1+x^2)^2}$$

$$= \frac{\frac{1}{2\sqrt{x}}(1+x^2) - \sqrt{x}(2x)}{(1+x^2)^2}$$

$$= \frac{(1+x^2) - 4x^2}{2\sqrt{x}(1+x^2)^2} = \frac{1-3x^2}{2\sqrt{x}(1+x^2)^2}$$

따라서 점 $\left(1, \frac{1}{2}\right)$에서 접선의 기울기는

$$\left.\frac{dy}{dx}\right|_{x=1} = \frac{1 - 3 \cdot 1^2}{2\sqrt{1}(1+1^2)^2} = -\frac{1}{4}$$

이다. 점-기울기 공식을 이용하면, 점 $\left(1, \frac{1}{2}\right)$에서 접선의 방정식은 다음과 같다.

$$y - \frac{1}{2} = -\frac{1}{4}(x-1) \quad \text{즉} \quad y = -\frac{1}{4}x + \frac{3}{4}$$

또한, 점 $\left(1, \frac{1}{2}\right)$에서 법선의 기울기는 $-\frac{1}{4}$의 음의 역수, 즉 4이다. 그러므로 법선의 방정식은 다음과 같다.

$$y - \frac{1}{2} = 4(x-1) \quad 즉 \quad y = 4x - \frac{7}{2}$$

예제 4.3.12 쌍곡선 $xy = 12$의 어떤 점에서 접선이 직선 $3x + y = 0$과 평행한가?

풀이

$xy = 12$이므로 $y = \frac{12}{x}$ $(x \neq 0)$와 같이 쓸 수 있다. 따라서

$$\frac{dy}{dx} = 12\frac{d}{dx}(x^{-1}) = 12(-x^{-2}) = -\frac{12}{x^2}$$

이다. 이제 곡선의 어떤 점의 x좌표를 a라 하자. 그러면 이 점에서 접선의 기울기는 $-\frac{12}{a^2}$이고, 이 접선은 직선 $3x + y = 0$, 즉 $y = -3x$와 평행하기 위해서는 기울기가 서로 같아야 하므로, 접선의 기울기는 -3이어야 한다.

즉,

$$-\frac{12}{a^2} = -3,\ a^2 = 4 \quad 즉 \quad a = \pm 2$$

이고, 따라서 구하는 점은 $(2, 6)$ 또는 $(-2, -6)$이다.

지금까지 배운 미분법을 요약하면 아래와 같다.

[미분법 요약] 상수 c, 실수 n과 미분가능한 함수 f와 g에 대하여 다음이 성립한다.

$$\frac{d}{dx}(c) = 0, \qquad \frac{d}{dx}(x^n) = nx^{n-1}, \qquad (cf)' = cf'$$

$$(f \pm g)' = f' \pm g', \qquad (fg)' = f'g + fg', \qquad \left(\frac{f}{g}\right)' = \frac{f'g - fg'}{g^2}$$

고계 도함수

함수 f가 미분가능한 함수이면 도함수 f'도 역시 함수이고, 따라서 f'도 그 자신의 도함수 $(f')' = f''$을 가질 수 있다. 이 새로운 함수 f''은 f의 도함수의 도함수이고, 이것을 f의 **2계 도함수**라고 한다. 라이프니츠 기호를 써서 $y = f(x)$의 2계 도함수는

$$\frac{d}{dx}\left(\frac{dy}{dx}\right)=\frac{d^2y}{dx^2}$$

로 쓴다.

예제 4.3.13 $f(x)=x^3-x$**일 때 이계 도함수** $f''(x)$**를 구하라.**

풀이

우선 도함수를 구하면, $f'(x)=3x^2-1$이다. 이를 한 번 더 미분하여 2계도함수를 구한다.

$$f''(x)=(f')'(x)=(3x^2-1)'=6x$$

일반적으로, 2계 도함수는 변화율의 변화율로 설명할 수 있다. 가장 잘 알려진 예는 가속도이며, 다음과 같이 정의한다.

$s=s(t)$를 직선상에서 움직이는 물체의 위치함수라 하면, 1계 도함수는 시간의 함수로서 물체의 속도를 나타냄을 알고 있다.

$$v(t)=s'(t)=\frac{ds}{dt}$$

시간에 관한 속도의 순간변화율을 물체의 가속도 $a(t)$라 부른다. 따라서 가속도 함수는 속도함수의 도함수이고, 그러므로 위치함수의 2계 도함수이다.

$$a(t)=v'(t)=s''(t)$$

또는 라이프니츠 기호로

$$a,\quad \frac{dv}{dt},\quad \frac{d^2s}{dt^2}$$

와 같이 나타낸다.

3계 도함수 f'''은 2계 도함수의 도함수이다. 즉, $f'''=(f'')'$이다. 따라서 $f'''(x)$는 곡선 $y=f''(x)$의 기울기 또는 $f''(x)$의 변화율로 설명될 수 있다. $y=f(x)$라면, 3계 도함수에 대한 또 다른 기호로는

$$y''',\ f'''(x),\ \frac{d}{dx}\left(\frac{d^2y}{dx^2}\right),\ \frac{d^3y}{dx^3},\ D^3f(x)$$

등이 있다. 이러한 미분과정은 계속될 수 있으며, 4계 도함수는 f''''로 표현될 수도 있지만 잘 쓰지 않고, 보통 $f^{(4)}$로 나타낸다. 일반적으로 n계 도함수는 $f^{(n)}$으로 나타내고, 이것은 $y=f(x)$를 n번 미분함으로써 얻어진다. $y=f(x)$일 때, n계 도함수를 다음과 같이 표시한다.

$$y^{(n)}\ ,\ f^{(n)}(x)\ ,\ \frac{d}{dx}\left(\frac{d^{(n-1)}y}{dx^{(n-1)}}\right)\ ,\ \frac{d^ny}{dx^n}\ ,\ D^nf(x)$$

즉, $y=f(x)$가 n번 미분가능 함수일 때

$$y',\ \ f'(x),\ \ \frac{dy}{dx},\ \ Dy\ :\ \text{1계 도함수}$$

$$y'',\ \ f''(x),\ \ \frac{d^2y}{dx^2},\ D^2y:\ \text{2계 도함수}$$

$$\vdots$$

$$y^{(n)},\ f^{(n)}(x),\ \frac{d^ny}{dx^n},\ D^ny:\ n\text{계 도함수}$$

이제 다음 함수의 고계 도함수를 구해보자.

예제 4.3.14 $f(x)=x^3-x$일 때 $f'''(x)$와 $f^{(4)}(x)$를 구하라.

풀이

예제 4.3.13에서 함수 f의 2계 도함수는 $f''(x)=6x$임을 확인하였다. 2계 도함수의 그래프는 $y=6x$이므로 기울기가 6인 직선이다. 도함수 $f'''(x)$는 $f''(x)$의 기울기이므로 모든 x에 대해

$$f'''(x)=6$$

이다. f'''은 상수함수이고 그래프는 x축에 평행하다. $f^{(4)}(x)$는 $f'''(x)$의 기울기이므로, 모든 x에 대해

$$f^{(4)}(x)=0$$

이다.

예제 4.3.15 $y=\dfrac{1}{x}$의 n계 도함수를 구하라.

풀이

먼저 함수 $y=x^{-1}$의 도함수를 구하고,

$$y' = -x^{-2}$$

이로부터 계속 반복하여 미분하면 다음과 같이 고계 도함수를 구할 수 있다.

$$y'' = (y')' = (-1)(-2)x^{-3} = (-1)^2 2! x^{-3}$$

$$y^{(3)} = (y'')' = (-1)(-2)(-3)x^{-4} = (-1)^3 3! x^{-4}$$

$$\vdots$$

이를 일반화하면, n계 도함수는 $y^{(n)} = \dfrac{(-1)^n n!}{x^{n+1}}$이다.

2계 도함수의 또 다른 응용으로서 f''이 f의 그래프에 어떤 정보를 주는지는 5.5절에서 살펴볼 것이다.

연습문제 4.3

[1~6] 다음 함수를 미분하라.

1. $V(r) = \dfrac{4}{3}\pi r^3$

2. $y = x^{-\frac{2}{5}}$

3. $f(x) = \dfrac{x^3}{3} - 2x$

4. $g(x) = x^2 + 2x + 10$

5. $g(x) = 1 - x + 2x^2 - 3x^3$

6. $h(x) = \dfrac{x^3}{2} - \dfrac{x^2}{3} + 4$

[7~12] 다음 함수를 미분하라.

7. $V(x) = (2x^3 + 3)(x^4 - 2x)$

8. $f(x) = (x^3 + 2x + 1)(x^4 + 3x^3 + 2x + 1)$

9. $y = \dfrac{2x + 4}{3x - 1}$

10. $y = \dfrac{x^3 + 5x^2 + 1}{x^3}$

11. $F(y) = \left(\dfrac{1}{y^2} - \dfrac{3}{y^4}\right)(y + 5y^3)$

12. $y = \dfrac{t^2}{3t^2 - 2t + 1}$

13. 다음 함수 f와 g는 $x = 0$에서 미분가능한 x에 관한 함수이다. $f(0) = 5$, $f'(0) = 3$, $g(0) = -2$, $g'(0) = 4$일 때, $x = 0$에서 다음 도함수의 값을 찾아라.

(a) $\dfrac{d}{dx}(fg)$ (b) $\dfrac{d}{dx}\left(\dfrac{f}{g}\right)$

(c) $\dfrac{d}{dx}\left(\dfrac{g}{f}\right)$ (d) $\dfrac{d}{dx}(7f - 4g)$

14. $f(5) = 1$, $f'(5) = 6$, $g(5) = -3$이고, $g'(5) = 2$라 하자. 다음의 값을 구하라.

(a) $(fg)'(5)$ (b) $\left(\dfrac{f}{g}\right)'(5)$

(c) $\left(\dfrac{g}{f}\right)'(5)$

[15~17] 각 주어진 점에서 각 곡선에의 접선의 방정식을 구하라.

15. $x = 1, \quad y = x + \sqrt{x}$

16. $x = 1, \quad y = \dfrac{x^3 + 1}{2x}$

17. $x = -1, \quad y = \dfrac{x^4 + 2}{x^2}$

18. 점 $(2,3)$에서 $y = x^3 - 3x + 1$의 법선의 방정식을 구하라.

19. 다음 식을 미분하라.

$$f(x) = \frac{x}{x + \dfrac{c}{x}}, \quad (c\text{: 상수})$$

20. 곡선 $y = \dfrac{x}{x+1}$의 접선 중 점 $(2,1)$을 지나는 접선은 몇 개인가? 이 접선들이 어느 점에서 곡선과 접하는가?

21. $y = \sqrt{x}\,(x^4 + x + 1)(2x - 3)$을 미분하라.

22. $f(x) = \dfrac{1}{3x^3}$일 때 $f^{(n)}(x)$에 대한 공식을 구하라.

23. 어떤 물체의 운동방정식이 아래와 같이 주어져 있다(단, s와 t의 단위는 각각 m와 초이다).

$$s = t^4 - 4t^3 + 2$$

(a) 가속도가 0이 되는 시각을 구하라.

(b) 이 시각에서 변위와 속도를 구하라.

4.4 삼각함수의 미분법

삼각함수는 실제 현상을 모형화하는데 중요한 도구로 사용되어진다. 특히, 진동, 파동, 탄력 운동에서와 같이 주기적인 현상으로 나타나는 값들은 삼각함수를 이용해 표현하기에 적합하다.

시작하기에 앞서 삼각함수를 상기해보자. 모든 실수 x에 대하여

$$f(x) = \sin x$$

로 정의되는 함수를 표현할 경우, x의 단위는 라디안이다. 그리고 다른 기본 삼각함수들($\cos$, $\tan$, $\csc$, $\sec$, $\cot$)에 대하여도 같은 방법으로 표현한다. 모든 삼각함수는 정의역의 모든 점에서 연속이다.

이 절에서는 6개의 기본 삼각함수의 도함수를 구하는 방법을 공부할 것이다. 먼저 사인함수와 코사인함수의 도함수를 구해 보자.

정리 4.4.1 사인함수와 코사인함수의 미분법

사인함수와 코사인함수의 도함수는 다음과 같다.

(a) $\dfrac{d}{dx}(\sin x) = \cos x$ (b) $\dfrac{d}{dx}(\cos x) = -\sin x$

증명 (a) 도함수의 정의 4.2.4로부터 사인함수 $f(x)=\sin x$의 도함수를 구하면 다음을 얻는다.

$$f'(x)=\lim_{h\to 0}\frac{f(x+h)-f(x)}{h}$$

$$=\lim_{h\to 0}\frac{\sin(x+h)-\sin x}{h}$$

$$=\lim_{h\to 0}\frac{(\sin x\cos h+\cos x\sin h)-\sin x}{h}$$

$$=\lim_{h\to 0}\frac{\sin x(\cos h-1)+\cos x\sin h}{h}$$

$$=\lim_{h\to 0}\left(\sin x\cdot\frac{\cos h-1}{h}\right)+\lim_{h\to 0}\left(\cos x\cdot\frac{\sin h}{h}\right)$$

$$=\sin x\cdot 0+\cos x\cdot 1=\cos x$$

따라서 사인함수의 도함수는 $f'(x)=\cos x$이다. ■

(1) 삼각함수 합차공식

$$\sin(\alpha\pm\beta)=\sin\alpha\cos\beta\pm\cos\alpha\sin\beta$$
$$\cos(\alpha\pm\beta)=\cos\alpha\cos\beta\mp\sin\alpha\sin\beta$$

(2) $\lim_{h\to 0}\frac{\sin h}{h}=1,\ \lim_{h\to 0}\frac{\cos h-1}{h}=0$

(b) 도함수의 정의로부터 코사인함수 $f(x)=\cos x$의 도함수를 구하면 다음을 얻는다.

$$f'(x)=\lim_{h\to 0}\frac{f(x+h)-f(x)}{h}$$

$$=\lim_{h\to 0}\frac{\cos(x+h)-\cos x}{h}$$

$$=\lim_{h\to 0}\frac{-2\sin\left(x+\frac{h}{2}\right)\cdot\sin\frac{h}{2}}{h}$$

$$=-\lim_{h\to 0}\left[\sin\left(x+\frac{h}{2}\right)\cdot\frac{\sin\frac{h}{2}}{\frac{h}{2}}\right]=-\lim_{h\to 0}\sin\left(x+\frac{h}{2}\right)\cdot\lim_{h\to 0}\frac{\sin\frac{h}{2}}{\frac{h}{2}}$$

$$=-\sin x\cdot 1=-\sin x$$

따라서 코사인함수의 도함수는 $f'(x)=-\sin x$이다. ■

삼각함수성질

$$\cos A-\cos B=-2\sin\frac{A+B}{2}\cdot\sin\frac{A-B}{2}$$

예제 4.4.1 다음 함수를 미분하라.

(a) $y = 4\sin\theta - 3\cos\theta$ (b) $y = x\cos x$ (c) $y = \dfrac{\sin x}{x}$

풀이

(a) 정리 4.4.1를 적용하면, $y' = 4(\sin\theta)' - 3(\cos\theta)' = 4\cos\theta + 3\sin\theta$이다.

(b) 곱의 미분법과 정리 4.4.1(b)를 적용하면,

$$\frac{dy}{dx} = \frac{d}{dx}(x)\cdot\cos x + x\cdot\frac{d}{dx}(\cos x) = \cos x - x\sin x$$

(c) 몫의 미분법과 정리 4.4.1(a)를 적용하면,

$$y' = \frac{(\sin x)'\cdot x - \sin x\cdot(x)'}{x^2} = \frac{x\cos x - \sin x}{x^2}$$

사인함수와 코사인함수의 도함수를 이용하여 탄젠트함수의 도함수를 구할 수 있다.

정리 4.4.2 탄젠트함수의 미분법

탄젠트함수의 도함수는 다음과 같다.

$$\frac{d}{dx}(\tan x) = \sec^2 x$$

증명 탄젠트함수의 도함수는 정의를 이용하여 구할 수도 있지만, 몫의 미분법과 정리 4.4.1을 이용하면 좀 더 쉽게 구할 수 있다.

$$y = \tan x = \frac{\sin x}{\cos x}$$

이므로

$$\begin{aligned}\frac{d}{dx}(\tan x) &= \frac{d}{dx}\left(\frac{\sin x}{\cos x}\right)\\ &= \frac{\frac{d}{dx}(\sin x)\cdot\cos x - \sin x\cdot\frac{d}{dx}(\cos x)}{\cos^2 x} && \text{(몫의 미분법)}\\ &= \frac{\cos x\cos x - \sin x(-\sin x)}{\cos^2 x} && \text{(정리 4.4.1)}\end{aligned}$$

$$= \frac{\cos^2 x + \sin^2 x}{\cos^2 x} = \frac{1}{\cos^2 x} = \sec^2 x$$

그러므로 탄젠트함수의 도함수는 $\frac{d}{dx}(\tan x) = \sec^2 x$이다. ■

나머지 기본 삼각함수에 대해서도 도함수를 구하면 다음과 같다.

정리 4.4.3 나머지 삼각함수의 미분법

시컨트함수, 코시컨트함수, 코탄젠트함수의 도함수는 다음과 같다.

(a) $\frac{d}{dx}(\sec x) = \sec x \tan x$ (b) $\frac{d}{dx}(\csc x) = -\csc x \cot x$

(c) $\frac{d}{dx}(\cot x) = -\csc^2 x$

증명 (b)와 (c)의 증명은 연습문제로 남기고, 여기서는 (a)만 증명한다.

(a) 시컨트함수의 도함수는 몫의 미분법과 정리 4.4.1을 적용하여 다음과 같이 구할 수 있다.

$$\begin{aligned}\frac{d}{dx}(\sec x) &= \frac{d}{dx}\left(\frac{1}{\cos x}\right)\\ &= \frac{\frac{d}{dx}(1)\cdot\cos x - 1\cdot\frac{d}{dx}(\cos x)}{\cos^2 x}\\ &= \frac{\sin x}{\cos^2 x} = \frac{1}{\cos x}\cdot\frac{\sin x}{\cos x} = \sec x \tan x\end{aligned}$$

■

삼각함수와 연관된 함수들의 도함수를 구해 보자.

예제 4.4.2 함수 $f(x) = x^2 \sec x$일 때 $f'(x)$를 구하라.

풀이

삼각함수와 다항함수의 곱으로 이루어져 있으므로 곱의 미분법과 삼각함수의 미분법(정리 4.4.3)을 적용하여 다음과 같이 도함수를 구한다.

$$\begin{aligned}f'(x) &= \frac{d}{dx}(x^2)\cdot\sec x + x^2\cdot\frac{d}{dx}(\sec x)\\ &= 2x\cdot\sec x + x^2\cdot\sec x\tan x\\ &= (2x + x^2\tan x)\sec x\end{aligned}$$

예제 4.4.3 함수 $f(x)=\csc x\cot x$일 때 $f'(x)$를 구하라.

풀이

두 삼각함수의 곱으로 이루어진 함수이므로, 곱의 미분법과 삼각함수의 미분법(정리 4.4.3)을 적용하면 도함수를 구할 수 있다.

$$\begin{aligned}\frac{d}{dx}f(x) &= \left(\frac{d}{dx}\csc x\right)\cdot\cot x+\csc x\cdot\left(\frac{d}{dx}\cot x\right)\\ &= -\csc x\cot x\cdot\cot x+\csc x\cdot(-\csc^2 x)\\ &= -\csc x\cot^2 x-\csc^3 x\end{aligned}$$

6개의 기본 삼각함수의 도함수를 요약 정리하면 다음과 같다.

요약 삼각함수의 미분법

$$\frac{d}{dx}(\sin x)=\cos x,\qquad \frac{d}{dx}(\sec x)=\sec x\tan x$$

$$\frac{d}{dx}(\cos x)=-\sin x,\qquad \frac{d}{dx}(\csc x)=-\csc x\cot x$$

$$\frac{d}{dx}(\tan x)=\sec^2 x,\qquad \frac{d}{dx}(\cot x)=-\csc^2 x$$

예제 4.4.4 함수 $f(x)=\dfrac{\sec x}{1+\tan x}$를 미분하라. x의 어떤 점에서 f의 그래프가 수평접선을 갖는가?

풀이

몫의 미분법과 삼각함수의 미분법을 적용하여, $f(x)$의 도함수를 구한다.

$$\begin{aligned}f'(x) &= \frac{\left(\frac{d}{dx}(\sec x)\right)\cdot(1+\tan x)-\sec x\cdot\left(\frac{d}{dx}(1+\tan x)\right)}{(1+\tan x)^2}\\ &= \frac{\sec x\tan x\,(1+\tan x)-\sec x\sec^2 x}{(1+\tan x)^2}\\ &= \frac{\sec x\,(\tan x+\tan^2 x-\sec^2 x)}{(1+\tan x)^2}\\ &= \frac{\sec x(\tan x-1)}{(1+\tan x)^2}\end{aligned}$$

함수 f가 수평접선을 가지는 점 $x=a$에서는 $f'(a)=0$이어야 한다. 그런데 $\sec a$는 0이 될 수 없으므로, $\tan a=1$이어야 한다. $\tan a=1$이 되는 a는, 모든 정수 n에 대하여, $a=n\pi+\dfrac{\pi}{4}$이다.

예제 4.4.5 $f(x)=\sin x$의 14계 도함수를 구하라.

풀이

$f(x)=\sin x$의 n계 도함수를 차례대로 구해보면 다음과 같은 순서로 도함수가 나타난다.

$$f'(x)=\cos x$$
$$f''(x)=-\sin x$$
$$f'''(x)=-\cos x$$
$$f^{(4)}(x)=\sin x$$
$$f^{(5)}(x)=\cos x$$
$$\vdots$$

여기서 도함수들은 4를 주기로 매 반복 순환하고 있음을 볼 수 있으며, 특히 n이 4의 배수일 때 원래의 함수인 $f^{(n)}(x)=\sin x$이다. 그러므로 4의 배수인 12계 도함수는

$$f^{(12)}(x)=\sin x$$

이며, 14계 도함수는 이로부터 두 번 더 미분하여 구하면

$$f^{(14)}(x)=-\sin x$$

이다.

예제 4.4.6 $y=\cos x$의 n계 도함수를 구하라.

풀이

$y=\cos x$의 n계 도함수들을 차례대로 구해보면 다음과 같은 순서로 도함수가 나타난다.

$$y'=-\sin x=\cos\left(x+\frac{\pi}{2}\right)$$
$$y''=-\cos x=\cos\left(x+\frac{2\pi}{2}\right)$$
$$y'''=\sin x=\cos\left(x+\frac{3\pi}{2}\right)$$
$$y^{(4)}=\cos x=\cos\left(x+\frac{4\pi}{2}\right)$$
$$y^{(5)}=-\sin x=\cos\left(x+\frac{5\pi}{2}\right)$$
$$\vdots$$

여기서 규칙을 찾아보면 n계 도함수는 $y^{(n)}=\cos\left(x+\frac{n\pi}{2}\right)$이다.

연습문제 4.4

[1~7] 다음 함수의 도함수를 구하라.

1. $y = 1 + 2x - \cos x$
2. $y = 2\sin x + \tan x$
3. $f(x) = \dfrac{1}{x} - 5\sin x$
4. $y = x^2 \sec x$
5. $y = 4 - x\sin x$
6. $y = \dfrac{x}{2} - x\tan x$
7. $h(\theta) = \theta\csc\theta - \cot\theta$

[8~12] 다음 함수의 도함수를 구하라.

8. $y = \dfrac{3}{\sin x}$
9. $y = \dfrac{x}{1 - \sin x}$
10. $y = \dfrac{\cot x}{1 + \cot x}$
11. $y = \dfrac{\sin x}{1 - \cos x}$
12. $y = \dfrac{x}{\cos x}$

[13~17] 다음 함수의 2계 도함수를 구하라.

13. $y = 1 + 2x - \cos x$
14. $y = x^2 \sec x$
15. $y = \dfrac{\cot x}{1 + \cot x}$
16. $y = \dfrac{x}{2} - x\tan x$
17. $y = 4 - x\sin x$
18. $\dfrac{d}{dx}(\csc x) = -\csc x \cot x$ 임을 증명하라.
19. $\dfrac{d}{dx}(\cot x) = -\csc^2 x$ 임을 증명하라.
20. $f(t) = t\cos t$ 일 때 $f'''(0)$을 구하라.
21. $f(x) = x + 2\sin x$ 의 그래프에서 수평인 접선을 갖는 점을 구하라.
22. 점 $\left(\dfrac{\pi}{6}, 1\right)$에서 곡선 $y = 4\sin^2 x$의 접선의 방정식을 구하라.

[23~24] 다음 극한을 구하라.

23. $\displaystyle\lim_{x \to 0} \frac{\sin 3x}{x}$
24. $\displaystyle\lim_{\theta \to 0} \frac{\sin\theta}{\theta + \tan\theta}$
25. 다음 극한은 각각 어떤 수 a에서 어떤 함수 f의 미분계수를 나타낸다. $f(x)$와 a를 결정하라.

$$\lim_{h \to 0} \frac{\cos(\pi + h) + 1}{h}$$

26. 10ft짜리 사다리가 수직 벽에 기대어 있다. θ를 사다리의 꼭대기와 벽이 이루는 각이라고 하고, x를 사다리의 아래 끝에서 벽까지의 거리라 하자. 만약 사다리의 아래 끝이 벽으로부터 미끄러진다면 $\theta = \dfrac{\pi}{3}$일 때 θ에 대한 x의 순간변화율을 구하라.
27. 중심각 θ에 대응하는 길이 s인 원 호와 길이 d인 현에 대하여 $\displaystyle\lim_{\theta \to 0^+} \frac{s}{d}$를 구하라.

4.5 연쇄 법칙

이 절에서는 합성함수의 도함수를 구하는 방법을 설명하고자 한다. 다음과 같은 함수 $f(x)=\cos x$와 $g(x)=x^2-1$에 대하여, 각각의 도함수는 앞에서 배운 미분법을 적용하면 쉽게 구할 수 있다. 그렇다면 이 두 함수의 합성함수 $h=f\circ g$, 즉 $h(x)=f(g(x))=\cos(x^2-1)$의 도함수는 어떻게 하면 쉽게 구할 수 있을까?

일반적으로 합성함수 $h(x)=(f\circ g)(x)=f(g(x))$는 두 함수의 합성에 의해 정의되는 함수이므로, 합성의 결과로 나타나는 함수를 미분하여 도함수를 구할 수도 있겠지만, 앞의 예처럼 도함수를 쉽게 구할 수 없는 경우도 있다. 이런 경우에 $h(x)$를 직접 미분하지 않고서 두 함수의 도함수 $f'(x)$와 $g'(x)$를 이용하여 $h(x)$의 도함수를 구하는 법칙을 알아본다. 이러한 미분법, 즉 합성함수의 미분법을 연쇄 법칙(chain rule)이라 한다. 연쇄 법칙은 미분법 중에서 가장 유용하게 사용하는 방법 중의 하나이다.

정리 4.5.1 연쇄 법칙(chain rule)

합성함수 $h=f\circ g$가 $h(x)=f(g(x))$로 정의된 합성함수라 하자. 만일 함수 g가 x에서 미분가능하고, 함수 f가 $g(x)$에서 미분가능하면, 함수 h는 x에서 미분가능하고, 이때 도함수는 다음과 같다.

$$h'(x)=((f\circ g)(x))'=f'(g(x))\cdot g'(x)$$

이를 라이프니츠 기호로 나타내면, $y=f(u)$와 $u=g(x)$가 모두 미분가능한 함수이면, $y=f(g(x))=f(u)=h(x)$는 미분가능하며 다음이 성립한다.

$$\frac{dy}{dx}=\frac{dy}{du}\frac{du}{dx}$$

연쇄 법칙의 증명에 대한 설명 - 여기서는 연쇄 법칙을 정확히 증명하는 대신에, 증명하는 과정에 대해서만 간략히 설명하고자 한다.

함수 $u=g(x)$로부터 x의 변화량 Δx에 대응하는 u의 변화량을 Δu라고 하자. 즉

$$\Delta u=g(x+\Delta x)-g(x)$$

이다. 그러면 함수 $y=f(u)$로부터, 이 Δu에 대응하는 y의 변화량은

$$\Delta y=f(u+\Delta u)-f(u)$$

이다. 또한, 극한 법칙을 적용하면 다음과 같은 관계식을 얻는다.

$$\frac{dy}{dx} = \lim_{\Delta x \to 0} \frac{\Delta y}{\Delta x}$$

$$= \lim_{\Delta x \to 0} \left[\frac{\Delta y}{\Delta u} \cdot \frac{\Delta u}{\Delta x} \right] \quad (\Delta u\text{로 분모 분자를 나눔})$$

$$= \lim_{\Delta x \to 0} \frac{\Delta y}{\Delta u} \cdot \lim_{\Delta x \to 0} \frac{\Delta u}{\Delta x}$$

그런데 함수 g가 연속이므로 $\Delta x \to 0$일 때, $\Delta u \to 0$이다. 따라서 $\Delta x \to 0$일 때 극한을 취하면 다음 두 극한은 각각 도함수로 나타난다.

$$\lim_{\Delta u \to 0} \frac{\Delta y}{\Delta u} \cdot \lim_{\Delta x \to 0} \frac{\Delta u}{\Delta x} = \frac{dy}{du} \cdot \frac{du}{dx}$$

이와 같은 증명과정에서 유일하게 오류가 발생될 수 있는데, 앞에서 Δu로 분모와 분자를 나누는 과정에서 $\Delta u = 0$($\Delta u \to 0$인데, 정확히 0일 수도 있기 때문에)일 수도 있다는 것이고, 물론 0으로 나누는 연산은 논리적으로 참이 될 수 없다. 그럼에도 불구하고 이 추론으로부터 적어도 연쇄 법칙이 옳다는 것을 알 수 있게 해준다.

이제 연쇄 법칙을 적용하여, 합성함수의 형태로 정의된 여러 종류의 함수들을 미분해보자.

예제 4.5.1 함수 $h(x) = \cos(x^2 - 1)$에 대하여, 도함수 $h'(x)$를 구하라.

풀이

$f(u) = \cos u$와 $g(x) = x^2 - 1$라 하자. 그러면 주어진 함수는 두 함수의 합성함수, 즉 $h(x) = (f \circ g)(x) = f(g(x))$이다. 이제 두 함수의 도함수를 구하면

$$f'(u) = \frac{d}{du}\cos u = -\sin u \text{와 } g'(x) = \frac{d}{dx}(x^2 - 1) = 2x$$

이므로, 연쇄 법칙을 적용하여, 다음과 같이 도함수를 구한다.

$$h'(x) = f'(g(x))g'(x) = -\sin(x^2 - 1) \cdot 2x$$

예제 4.5.2 함수 $F(x) = \sqrt{x^2 + 3}$에 대하여, 도함수 $F'(x)$를 구하라.

풀이

$u = x^2 + 3$, $y = \sqrt{u}$ 라고 하면, 이 두 함수의 합성함수인 $F(x)$에 대하여 연쇄 법칙을 적용하면

$$F'(x) = \frac{dy}{du}\frac{du}{dx} = \frac{1}{2\sqrt{u}}(2x) = \frac{1}{2\sqrt{x^2+3}}(2x)$$

이므로, 함수 $F(x)$의 도함수는 다음과 같다.

$$F'(x) = \frac{x}{\sqrt{x^2+3}}$$

참고

함수 $y = f(g(x))$에 연쇄 법칙을 적용하기 위해 이 공식을 사용하고자 할 때는 밖으로부터 안으로 계산하는 것으로 생각하여 암기한다. 합성함수의 형태에서 f를 외부함수라 하고, g를 내부함수라 부르기로 약속하자. 그러면 연쇄 법칙 공식은 '외부함수 f를 $u = g(x)$에서 미분한 도함수에 내부 함수 g의 도함수를 곱한 것'이라고 말할 수 있다.

$$\frac{d}{dx}\underbrace{f}_{\text{외부함수}}\underbrace{(g(x))}_{\text{내부 함수에서 계산됨}} = \underbrace{f'}_{\text{외부 함수의 도함수}}\underbrace{(g(x))}_{\text{내부 함수에서 계산됨}} \cdot \underbrace{g'(x)}_{\text{내부 함수의 도함수}}$$

예제 4.5.3 다음 함수를 미분하라.

(a) $y = \tan(x^2)$ (b) $y = \sin^2 x$

풀이

(a) $y = \tan(x^2)$이면 외부 함수는 탄젠트함수 $\tan u$이고 내부 함수는 제곱 함수 x^2이다. 연쇄 법칙을 적용하면 다음을 얻는다.

$$y' = \frac{dy}{dx} = \frac{dy}{du}\frac{du}{dx} = (\sec^2 u)(2x)$$

따라서 도함수는 $y' = 2x \cdot \sec^2(x^2)$ 이다.

(b) $y = \sin^2 x = (\sin x)^2$이므로 외부 함수는 제곱 함수 u^2이고 내부 함수는 사인함수 $\sin x$이다. 연쇄 법칙을 적용하면 다음을 얻는다.

$$y' = \frac{dy}{dx} = \frac{dy}{du}\frac{du}{dx} = (2u)(\cos x)$$

따라서 도함수는 $y' = 2\sin x \cdot \cos x = \sin 2x$이다.

이제 특별한 형태로서, 외부 함수 f가 거듭제곱함수인 경우에 대하여, 연쇄 법칙을 생각해보자. $y = [g(x)]^n$이라고 하면, $u = g(x)$에 대하여 $y = f(u) = u^n$으로 쓸 수 있다. 이제 연쇄 법칙과 거듭제곱함수의 미분법을 적용하면 다음 결과를 얻는다.

$$\frac{dy}{dx} = \frac{dy}{du}\frac{du}{dx} = nu^{n-1}\frac{du}{dx} = n[g(x)]^{n-1} \cdot g'(x)$$

정리 4.5.2 일반적인 거듭제곱함수의 미분법

임의의 실수 n에 대하여, 만일 함수 $u = g(x)$가 미분가능하면,

$$\frac{d}{dx}(u^n) = nu^{n-1}\frac{du}{dx} \quad \text{또는} \quad \frac{d}{dx}[g(x)]^n = n[g(x)]^{n-1} \cdot g'(x)$$

이 성립한다.

예제 4.5.4 함수 $y = (x^2+2)^{50}$을 미분하라.

풀이

$n = 50$, $u = f(x) = x^2+2$이라 하면, 정리 4.5.2에 의해

$$\frac{dy}{dx} = \frac{d}{dx}(x^2+2)^{50} = 50(x^2+2)^{49}\frac{d}{dx}(x^2+2)$$

$$= 50(x^2+2)^{49} \cdot 2x = 100x(x^2+2)^{49}$$

이 성립한다. 따라서 도함수는 $y' = 100x(x^2+2)^{49}$이다.

예제 4.5.5 함수 $f(x) = \dfrac{1}{\sqrt[3]{x^2+x+1}}$일 때 $f'(x)$를 구하라.

풀이

먼저 f를 다음과 같이 변형해 보자.

$$f(x) = \frac{1}{\sqrt[3]{x^2+x+1}} = (x^2+x+1)^{-\frac{1}{3}}$$

이제 $n = -1/3$, $u = f(x) = x^2+x+1$이라 하고, 정리 4.5.2을 적용하면

$$f'(x) = -\frac{1}{3}(x^2+x+1)^{-\frac{4}{3}}\frac{d}{dx}(x^2+x+1)$$

$$= -\frac{1}{3}(x^2+x+1)^{-\frac{4}{3}}(2x+1)$$

이 성립하므로, 도함수는 $f'(x) = -\frac{1}{3}(x^2+x+1)^{-\frac{4}{3}}(2x+1)$이다.

예제 4.5.6 함수 $h(x) = \left(\frac{3x+2}{2x-1}\right)^5$을 미분하라.

풀이

연쇄 법칙(거듭제곱함수 미분공식) 및 몫의 미분법을 함께 적용하면, 다음과 같이 도함수를 얻는다.

$$\begin{aligned} h'(x) &= 5\left(\frac{3x+2}{2x-1}\right)^4 \cdot \frac{d}{dx}\left(\frac{3x+2}{2x-1}\right) && \text{(연쇄법칙)} \\ &= 5\left(\frac{3x+2}{2x-1}\right)^4 \cdot \frac{3(2x-1)-(3x+2)\cdot 2}{(2x-1)^2} && \text{(몫의 미분법)} \\ &= 5\left(\frac{3x+2}{2x-1}\right)^4 \cdot \frac{-7}{(2x-1)^2} \\ &= -35\frac{(3x+2)^4}{(2x-1)^6} \end{aligned}$$

예제 4.5.7 함수 $y = (3x^4 - \sec x)^{205}$을 미분하라.

풀이

연쇄 법칙(거듭제곱함수 미분공식)을 적용하면, 다음과 같이 도함수를 얻는다.

$$\begin{aligned} \frac{dy}{dx} &= \frac{d}{dx}(3x^4 - \sec x)^{205} \\ &= 205(3x^4-\sec x)^{204} \cdot \frac{d}{dx}(3x^4-\sec x) \\ &= 205(3x^4-\sec x)^{204} \cdot (12x^3 - \sec x \tan x) \\ &= 205(12x^3-\sec x\tan x)(3x^4-\sec x)^{204} \end{aligned}$$

이므로 도함수는

$$\frac{dy}{dx} = 205(12x^3-\sec x\tan x)(3x^4-\sec x)^{204}$$

이다.

예제 4.5.8 함수 $y=(2x^3+4x-5)^3(2x-3)^4$을 미분하라.

풀이

곱의 미분법과 연쇄법칙(거듭제곱함수 미분공식)을 적용하여 다음과 같이 도함수를 구할 수 있다.

$$\begin{aligned}\frac{dy}{dx} &= \left(\frac{d}{dx}(2x^3+4x-5)^3\right)\cdot(2x-3)^4+(2x^3+4x-5)^3\cdot\frac{d}{dx}(2x-3)^4\\ &= 3(2x^3+4x-5)^2\cdot\left(\frac{d}{dx}(2x^3+4x-5)\right)\cdot(2x-3)^4\\ &\quad +(2x^3+4x-5)^3\cdot 4(2x-3)^3\cdot\frac{d}{dx}(2x-3)\\ &= 3(2x^3+4x-5)^2(6x^2+4)(2x-3)^4+(2x^3+4x-5)^3 4(2x-3)^3 2\\ &= (2x^3+4x-5)^2(2x-3)^3\{3(6x^2+4)(2x-3)+8(2x^3+4x-5)\}\\ &= (2x^3+4x-5)^2(2x-3)^3(52x^3-54x^2+56x-76)\end{aligned}$$

이므로 도함수는

$$y'=\frac{dy}{dx}=(2x^3+4x-5)^2(2x-3)^3(52x^3-54x^2+56x-76)$$

이다.

예제 4.5.9 함수 $y=f(2x^2-1)$이고 $f'(x)=\dfrac{1}{x+1}$일 때, $\dfrac{dy}{dx}$를 구하라.

풀이

함수 f가 어떤 함수인지는 모르지만, 그에 대한 도함수가 주어져 있으므로, 연쇄법칙을 적용하여 다음과 같이 도함수를 구할 수 있다.

$$\begin{aligned}\frac{dy}{dx} &= f'(2x^2-1)\cdot(2x^2-1)'\\ &= f'(2x^2-1)\cdot(4x)\\ &= \frac{1}{(2x^2-1)+1}(4x)\\ &= \frac{2}{x}\end{aligned}$$

연쇄 법칙으로 도함수를 구함으로써, 합성함수의 미분계수도 구할 수 있으며, 또한 접선의 기울기 및 접선의 방정식도 구할 수 있게 된다.

예제 4.5.10 함수 $f(x) = \sqrt{\sin x} \cdot g(x)$이고, $g\left(\frac{\pi}{6}\right) = \sqrt{2}$, $g'\left(\frac{\pi}{6}\right) = \sqrt{\frac{3}{2}}$ 일 때, $f'\left(\frac{\pi}{6}\right)$의 값을 구하라.

풀이

연쇄 법칙을 적용하여 함수 $f(x) = \sqrt{\sin x} \cdot g(x)$를 미분하면

$$f'(x) = \frac{\cos x}{2\sqrt{\sin x}} \cdot g(x) + \sqrt{\sin x} \cdot g'(x)$$

이다. $x = \frac{\pi}{6}$을 대입하면

$$f'\left(\frac{\pi}{6}\right) = \frac{\frac{\sqrt{3}}{2}}{2\sqrt{\frac{1}{2}}} \cdot g\left(\frac{\pi}{6}\right) + \sqrt{\frac{1}{2}} \cdot g'\left(\frac{\pi}{6}\right)$$

이다. $g\left(\frac{\pi}{6}\right) = \sqrt{2}$, $g'\left(\frac{\pi}{6}\right) = \sqrt{\frac{3}{2}}$ 이므로, 다음을 얻는다.

$$f'\left(\frac{\pi}{6}\right) = \frac{\sqrt{6}}{4} \cdot \sqrt{2} + \frac{1}{\sqrt{2}} \cdot \frac{\sqrt{3}}{\sqrt{2}} = \frac{\sqrt{3}}{2} + \frac{\sqrt{3}}{2} = \sqrt{3}$$

예제 4.5.11 $f'(3) = -1$이고 곡선 $g(x) = 4 - \tan^2 x$일 때, $x = \frac{\pi}{4}$에서 곡선 $h(x) = f(g(x))$의 접선의 기울기를 구하라.

풀이

연쇄 법칙을 적용하여 함수 $h(x) = f(g(x))$을 x에 대해 미분하면

$$\frac{dh}{dx} = f'(g(x)) \cdot g'(x)$$

이므로, $x = \frac{\pi}{4}$에서 접선의 기울기는

$$\left.\frac{dh}{dx}\right|_{x=\frac{\pi}{4}} = f'\left(g\left(\frac{\pi}{4}\right)\right) \cdot g'\left(\frac{\pi}{4}\right) = f'(3) \cdot g'\left(\frac{\pi}{4}\right)$$

이다. 또한 함수 $g(x)$의 도함수는 $g'(x) = -2\tan x \sec^2 x$ 이므로,

$$g'\left(\frac{\pi}{4}\right) = -4$$

이다. $f'(3) = -1$과 함께 대입하면 접선의 기울기는

$$\left.\frac{dh}{dx}\right|_{x=\frac{\pi}{4}} = f'(3)g'\left(\frac{\pi}{4}\right) = (-1) \cdot (-4) = 4$$

이다.

여러 개의 함수로 이루어진 합성함수를 미분하는 경우에 연쇄 법칙을 마치 고리 모양으로 적용하게 되는데, 이러한 이유로 이 법칙을 '연쇄 법칙'이라고 부르게 된 것이다. 미분가능한 함수 f, g, h에 대하여 $y = f(u)$, $u = g(x)$ 그리고 $x = h(t)$라고 하자. t에 대한 y의 도함수를 계산하기 위하여 연쇄 법칙을 두 번 적용하면 다음과 같다.

$$\frac{dy}{dt} = \frac{dy}{dx}\frac{dx}{dt} = \frac{dy}{du}\frac{du}{dx}\frac{dx}{dt}$$

예제 4.5.12 함수 $f(x) = \cos(\sin(\sec x))$을 미분하라.

풀이

함수 f는 세 함수의 합성으로 정의되어 있다. 여기서 외부 함수는 코사인함수이고, 중간 함수는 사인함수이며, 내부 함수는 시컨트함수이다. 따라서 연쇄법칙을 두 번 적용하면 다음과 같은 도함수를 얻는다.

$$\begin{aligned} f'(x) &= -\sin(\sin(\sec x)) \cdot \frac{d}{dx}\sin(\sec x) && \text{(외부함수에 연쇄 법칙 적용)} \\ &= -\sin(\sin(\sec x)) \cdot \cos(\sec x) \cdot \frac{d}{dx}\sec x && \text{(중간함수에 연쇄 법칙 적용)} \\ &= -\sin(\sin(\sec x)) \cdot \cos(\sec x) \cdot \sec x \tan x \end{aligned}$$

예제 4.5.13 함수 $y = \sqrt{\csc t^2}$ 을 미분하라.

풀이

여기서 외부 함수는 제곱근 함수 $\sqrt{u}$ 이고, 중간 함수는 코시컨트함수 $u = \csc x$이며, 내부 함수는 제곱 함수 $x = t^2$이다. 따라서 연쇄 법칙을 두 번 적용하면 도함수는

$$\begin{aligned} \frac{dy}{dt} &= \frac{1}{2\sqrt{\csc t^2}} \cdot \frac{d}{dt}(\csc t^2) && (\sqrt{u}\text{에 연쇄 법칙 적용}) \\ &= \frac{1}{2\sqrt{\csc t^2}} \cdot (-\csc t^2 \cot t^2) \cdot \frac{d}{dt}(t^2) && (\csc x\text{에 연쇄 법칙 적용}) \\ &= \frac{-t\csc t^2 \cot t^2}{\sqrt{\csc t^2}} \end{aligned}$$

을 얻는다.

연습문제 4.5

[1~12] 주어진 함수의 도함수를 구하라.

1. $y = \sqrt{x^2 + 6x + 3}$

2. $F(x) = \sqrt[4]{1 + 2x + x^3}$

3. $y = (2x - 5)^4(8x^2 - 5)^{-3}$

4. $y = (x^4 + 3x^3 - 3x^2 + 4x - 5)^5$

5. $y = \sin(3x + 1)$

6. $y = x^2 \cos 2x$

7. $y = \tan(2x - x^4)$

8. $y = \cot^2(\sin\theta)$

9. $y = \sec(\tan(2x + 1))$

10. $y = \sec\left(\dfrac{1}{x^2 + x}\right)$

11. $y = \csc\sqrt{\dfrac{1}{x^2 + x}}$

12. $f(x) = \sin^2 x + \cos^2 x$

[13~14] 주어진 함수의 2계 도함수를 구하라.

13. $y = \cot(2x - 5)$

14. $y = 8\tan\left(\dfrac{\theta}{2}\right)$

15. 함수 g가 미분가능일 때, 다음 함수의 도함수를 구하라.

(a) $f(x) = g(x^2 - 3x)$

(b) $f(x) = g(g(x) - 4x)$

16. $f(2) = 3$, $f'(2) = -3$일 때, $x = 2$에서 $\dfrac{d}{dx}\left(\dfrac{f(x)}{x}\right)$의 값을 구하라.

17. $f(2x) = x^2$일 때, $f'(x)$를 구하라.

18. $F(x) = f(g(x))$이고, $g(3) = 6$, $g'(3) = 4$, $f'(3) = 2$, $f'(6) = 7$이라고 할 때, $F'(3)$을 구하라.

19. 진동하는 물체의 변위가 $s(t) = 10 + \dfrac{1}{4}\sin(10\pi t)$ (s와 t의 단위는 각각 cm, 초이다)로 주어진다. t초 후의 물체의 속도를 구하라.

20. (a) 양의 정수 n에 대하여 $\dfrac{d}{dx}(\sin^n x\cos nx) = n\sin^{n-1}x\cos(n+1)x$임을 증명하라.

(b) (a)에서와 같이 $y = \cos^n x\cos nx$의 도함수에 대한 공식을 구하라.

21. $y = f(u)$, $u = g(x)$이고 f와 g는 두 번 미분 가능할 때, 다음이 성립함을 보여라.

$$\frac{d^2y}{dx^2} = \frac{d^2y}{du^2}\left(\frac{du}{dx}\right)^2 + \frac{dy}{du}\frac{d^2u}{dx^2}$$

22. 함수 g는 두 번 미분가능하고 $f(x) = g(\sqrt{x})$이라 할 때, f''을 g, g'과 g''의 식으로 나타내라.

23. $y = (x^3 + 1)^{\frac{2}{3}}$일 때 y''를 구하라.

4.6 음함수 미분법

어떤 값 y가 또 하나의 값 x와의 대응 관계를 함수로 정의하고자 할 때, 지금까지는 주로 $y=f(x)$의 꼴을 사용하였다. 이제 함수를 정의하는 또 한 가지의 표현인 $F(x,y)=0$의 꼴에 대한 방법을 배우려고 한다. x의 값으로부터 직접 연산에 의해 y의 값을 표현하는 $y=f(x)$의 꼴 대신에, y가 x의 직접 연산으로 표현하는 것이 어려운 경우나, 또는 불가능한 경우에는 $F(x,y)=0$의 꼴이 자주 이용된다. 전자의 함수 표현법을 양(explicit) 함수 표현법이라 하고, 후자와 같이 표현되는 경우는 함수가 '음(implicit)함수적으로 정의되었다'라고 한다.

예를 들어, 음함수적으로 정의된 곡선 $x^3+y^3=6xy$의 그래프는 거의 모든 점에서 접선의 기울기를 갖는다. [그림 4.14]에서 보는 것처럼, 이 곡선의 그래프는 점 O와 A를 제외한 모든 점에서 잘 정의된 접선의 기울기를 가지며, 또한 이 곡선은 함수의 정의를 만족하지는 못하지만 3개의 함수에 의해 분리(split)될 수 있음을 알 수 있다. [그림 4.15] 참조. 그러나 이처럼 여러 개의 분리된 함수를 구할 수 없다든지 하는 이유로 도함수를 바로 구할 수 없을 때는, 주어진 식에 포함된 y를 x에 관한 미분가능한 함수로 가정하고 식의 양변을 x로 미분하여 도함수를 구할 수 있다. 이렇게 구한 도함수 $\dfrac{dy}{dx}$는 때로는 x와 y 두 변수로 표현될 수 있고, 이와 같이 도함수를 구하는 방법을 음함수 미분법(implicit differentiation)이라 한다. 단, 여기서 도함수는 음함수적으로 정의될 수도 있다.

$x^3+y^3=6xy$ 데카르트의 엽선(folium of Descartes)

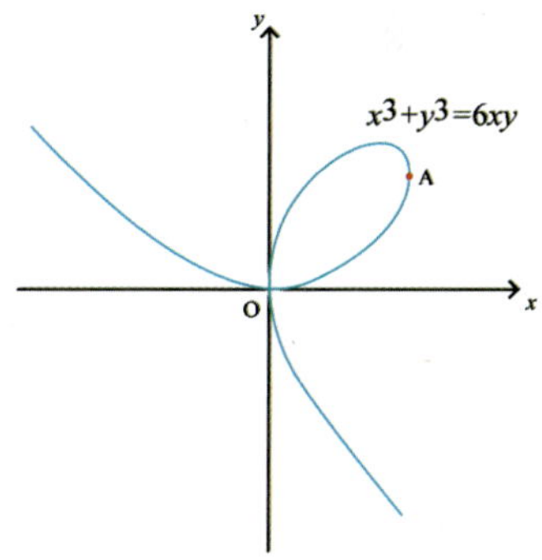

[그림 4.14]

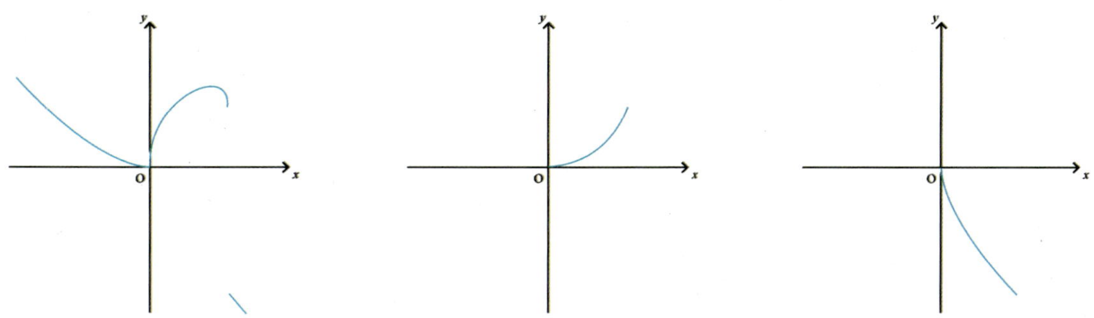

[그림 4.15]

음함수 미분법을 설명하기 전에, 먼저 예제를 통하여 음함수적으로 정의된 함수의 도함수를 구하자.

예제 4.6.1 음함수적으로 정의된 포물선 $y^2 = x$로부터 도함수 $\frac{dy}{dx}$를 구하라.

풀이

(방법 1) - 분리된 함수를 구하여 - 양함수 미분법으로

식 $y^2 = x$는 2개의 미분가능한 함수로 분리될 수 있다. 이 함수들을 구하면 $y_1 = \sqrt{x}$과 $y_2 = -\sqrt{x}$이다. $x \geq 0$에서 정의된 이 두 함수는 각각 $y_1 \geq 0$일 때와 $y_2 \leq 0$일 때의 함수를 나타내며, 또한 이는 미분가능하므로 각각의 도함수를 구하면

$$\frac{dy_1}{dx} = \frac{1}{2\sqrt{x}}, \quad \frac{dy_2}{dx} = -\frac{1}{2\sqrt{x}}$$

이 된다.

(방법 2) - 식을 바로 미분하여-음함수 미분법으로

만약 이처럼 분리된 함수들을 정확히 구하지 못한다고 가정할 때에도 도함수 $\frac{dy}{dx}$를 구하는 방법이 있다. 이를 위하여 먼저 y를 x에 관하여 미분가능하다고 가정하여야 한다. 이제 연쇄법칙을 적용하여 주어진 식의 양변을 x에 관하여 미분하면, 다음을 얻는다.

$$2y\frac{dy}{dx} = 1, \quad 즉 \quad \frac{dy}{dx} = \frac{1}{2y}$$

이 도함수는 변수 y에 의해 표현되었다. 일반적인 도함수처럼 x에 관한 식으로 표현해 보면, y값의 부호에 따라 다음과 같이 표현될 수 있다.

$$\frac{dy}{dx} = \frac{1}{2y} = \begin{cases} \frac{1}{2y_1} = \frac{1}{2\sqrt{x}}, & (y > 0) \\ \frac{1}{2y_2} = -\frac{1}{2\sqrt{x}}, & (y < 0) \end{cases}$$

앞의 예제에서 살펴본 것처럼, 음함수 미분법에서는 식을 y에 관한 함수로 표현하지 않고, 식을 그대로 두고 미분한다. 이때 사용되는 미분법은 연쇄법칙과 매우 연관되어 있으며, 특히 정리 4.5.2에서 살펴본 거듭제곱함수의 미분법을 음함수 미분법에 맞추어서 다음과 같이 다시 정리할 수 있다.

정리 4.6.1

y를 x에 관하여 미분가능하다고 가정하자. y의 함수 y^n을 x에 관하여 미분하면, 다음을 얻는다.

$$\frac{d}{dx}(y^n) = ny^{n-1} \cdot \frac{dy}{dx}$$

증명 y^n은 x에 관하여 바로 미분할 수 없으므로, 연쇄법칙을 적용하여 y에 관하여 먼저 미분한 다음에, y를 x에 관하여 미분함으로써, 다음을 얻는다.

$$\frac{d}{dx}(y^n) = \frac{d}{dy}(y^n) \cdot \frac{dy}{dx} = ny^{n-1} \cdot \frac{dy}{dx}$$ ■

일반적으로, y의 함수를 x에 관하여 미분할 때, x의 함수를 미분하는 방법으로 y에 관하여 미분하고, $\frac{dy}{dx}$, 즉 y'을 곱하면 된다.

정리 4.6.1을 이용하면 거듭제곱함수 $f(x)=x^n$의 미분법에서 n이 유리수일 때도 성립함을 쉽게 증명할 수 있다.

정리 4.6.2 거듭제곱함수의 미분법 : 지수가 유리수일 때

r이 임의의 유리수라 하자. 다음 도함수 공식이 성립한다.

$$\frac{d}{dx}(x^r) = rx^{r-1}$$

증명 임의의 유리수 r은 서로 소인 $n \in \mathbb{Z}$과 $m \in \mathbb{N}$에 의해 $r = \frac{n}{m}$으로 표현할 수 있다. $y = x^r$이라 하면, 다음과 같이 음함수적으로 표현할 수 있다.

$$y = x^{\frac{n}{m}}, \quad \text{즉 } y^m = x^n$$

따라서 정리 4.6.1과 거듭제곱 미분법을 이용하여, 양변을 x에 관하여 미분하면

$$my^{m-1} \cdot \frac{dy}{dx} = nx^{n-1}$$

이 성립한다. 양변에 xy를 곱한 후, $\frac{dy}{dx}$에 관하여 풀어 주면

$$my^m x \cdot \frac{dy}{dx} = nx^n y, \text{ 즉 } \frac{dy}{dx} = \frac{n}{m}\frac{y}{x}$$

이므로, 다음과 같이 도함수를 얻는다.

$$\frac{dy}{dx} = rx^{r-1}$$

이는 임의의 유리수 r에 대해서도 거듭제곱함수의 미분법이 성립함을 말해준다. ■

예제 4.6.2 음함수적으로 정의된 식 $x^3 + xy^3 = xy + 1$에서 $\dfrac{dy}{dx}$를 구하라.

풀이

y를 x에 관하여 미분가능하다고 가정하고 식의 양변을 x에 관하여 미분하면

$$\frac{d}{dx}(x^3 + xy^3) = \frac{d}{dx}(xy+1),\ \text{즉}\quad \frac{d}{dx}(x^3) + \frac{d}{dx}(xy^3) = \frac{d}{dx}(xy) + \frac{d}{dx}(1)$$

이다. 여기서 xy^3과 xy는 두 함수의 곱이므로 곱의 미분법과 정리 4.6.1을 적용하면 다음을 얻는다.

$$3x^2 + y^3 \cdot \frac{d}{dx}(x) + x \cdot \frac{d}{dx}(y^3) = y \cdot \frac{d}{dx}(x) + x \cdot \frac{d}{dx}(y) + 0$$

$$3x^2 + y^3 + x \cdot 3y^2 \cdot \frac{dy}{dx} = y + x \cdot \frac{dy}{dx}$$

이 식으로부터 도함수 $\dfrac{dy}{dx}$를 구하면 다음과 같다.

$$x(3y^2 - 1)\frac{dy}{dx} = y - y^3 - 3x^2$$

$$\frac{dy}{dx} = \frac{y - y^3 - 3x^2}{x(3y^2 - 1)}$$

예제 4.6.3 (a) 음함수적으로 정의된 원 $x^2 + y^2 = 25$에서 $\dfrac{dy}{dx}$를 구하라.

(b) 원 위의 점 $(3, 4)$에서 접선의 방정식을 구하라.

풀이

(a) 식 $x^2 + y^2 = 25$의 양변을 x에 관하여 미분한다.

$$\frac{d}{dx}(x^2 + y^2) = \frac{d}{dx}(25), \qquad \text{즉} \qquad \frac{d}{dx}(x^2) + \frac{d}{dx}(y^2) = 0$$

좌변의 두 번째 항에 정리 4.6.1을 적용하면

$$\frac{d}{dx}(y^2) = \frac{d}{dy}(y^2) \cdot \frac{dy}{dx} = 2y \cdot \frac{dy}{dx}$$

이고, 따라서

$$2x + 2y\frac{dy}{dx} = 0$$

을 얻는다. 도함수 $\dfrac{dy}{dx}$는

$$\frac{dy}{dx} = -\frac{x}{y}$$

이다.

(b) 점 $(3,4)$에서 기울기는 $\left.\frac{dy}{dx}\right|_{\substack{x=3\\y=4}} = -\frac{3}{4}$이고, 접선의 방정식은

$$y-4 = -\frac{3}{4}(x-3) \text{ 즉 } 3x+4y=25$$

이다.

예제 4.6.4 **(a) 음함수적으로 정의된 데카르트 엽선 $x^3+y^3=6xy$에서 도함수 y'을 구하라.**
(b) 데카르트 엽선 위의 점$(3,3)$에서 접선의 방정식을 구하라.
(c) 엽선은 일사분면의 어느 점에서 수평 접선을 가지는가?

풀이

(a) $x^3+y^3=6xy$에서 y를 x에 관한 미분가능한 함수로 보고 양변을 x에 관하여 미분한다. 이때, $6xy$에는 곱의 미분법을, y^3에는 정리 4.6.1을 적용하면,

$$3x^2+3y^2y' = 6y+6xy', \quad \text{즉} \quad x^2+y^2y'=2y+2xy'$$

이 된다. 이제 y'에 관하여 정리하면,

$$(y^2-2x)y' = 2y-x^2$$

이 되어, 도함수는 다음과 같이 구해진다.

$$y' = \frac{2y-x^2}{y^2-2x}$$

(b) 점 $(3,3)$에서 접선의 기울기는 (a)에서 구한 도함수 y'에 $x=y=3$을 대입하여

$$\left.\frac{dy}{dx}\right|_{(x,y)=(3,3)} = \frac{2\cdot 3-3^2}{3^2-2\cdot 3} = -1$$

이고 [그림 4.16 참조], 점 $(3,3)$에서 접선의 방정식은

$$y-3 = -1(x-3) \quad \text{즉} \quad x+y=6$$

이다.

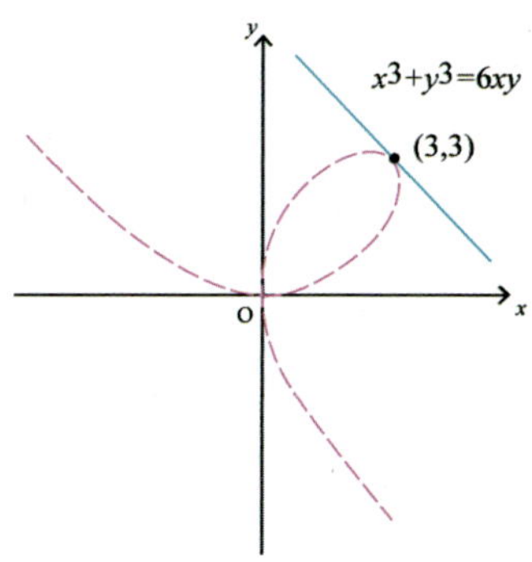

[그림 4.16]

(c) 수평접선은 기울기가 $y'=0$일 때 발생한다. (a)에서 구한 도함수 y'를 이용하면 분모는 $y^2-2x \neq 0$이면서, 분자는 $2y-x^2=0$일 때 $y'=0$임을 알 수 있다. 분자가 만족해야 하는 $2y-x^2=0$, 즉 $y=\frac{1}{2}x^2$을 주어진 엽선의 방정식에 대입하면

$$x^3+\left(\frac{1}{2}x^2\right)^3 = 6x\left(\frac{1}{2}x^2\right)$$

을 얻는데, 이를 계산하면 $x^6 = 16x^3$이 된다. 이때 $x > 0$이므로, $x^3 = 16$이다. 즉 $x = \sqrt[3]{16}$이고, 이때 $y = \frac{1}{2}\sqrt[3]{16^2} = \sqrt[3]{32}$이다. 따라서 수평접선을 갖는 일사분면의 점은 $(\sqrt[3]{16}, \sqrt[3]{32})$이다[그림 4.17 참조].

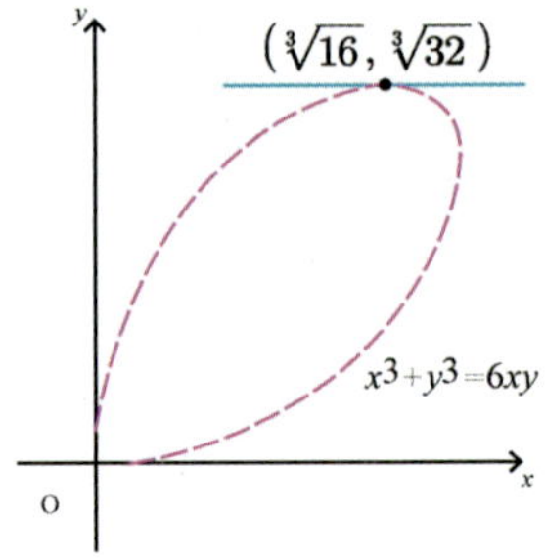

[그림 4.17]

y^n꼴이 아닌 일반적인 y의 함수에 대해서도 연쇄법칙을 적용하면 음함수 미분법으로 도함수를 구할 수 있다.

예제 4.6.5 음함수적으로 정의된 $5y^2 + \cos y = x^2$에서 $\frac{dy}{dx}$를 구하라.

풀이

양변을 x에 관하여 미분하면

$$\frac{d}{dx}(5y^2 + \cos y) = \frac{d}{dx}(x^2), \quad \text{즉} \quad 5\frac{d}{dx}(y^2) + \frac{d}{dx}(\cos y) = 2x$$

y^2과 마찬가지로 y의 함수 $\cos y$도 x에 관하여 미분하기 위해 연쇄 법칙을 적용하면 다음을 얻는다.

$$5\left(2y \cdot \frac{dy}{dx}\right) + (-\sin y) \cdot \frac{dy}{dx} = 2x, \quad \text{즉} \quad (10y - \sin y)\frac{dy}{dx} = 2x$$

따라서 도함수는 다음과 같다.

$$\frac{dy}{dx} = \frac{2x}{(10y - \sin y)}$$

예제 4.6.6 음함수적으로 정의된 $\sin(x+y) = y^2 \cos x$에서 $\frac{dy}{dx}$를 구하라.

풀이

y를 x에 관하여 미분가능하다고 보고 x에 관하여 양변을 미분하면

$$\cos(x+y) \cdot \left(1 + \frac{dy}{dx}\right) = \left(2y \cdot \frac{dy}{dx}\right) \cdot \cos x + y^2 \cdot (-\sin x)$$

를 얻는다. 이제 $\frac{dy}{dx}$에 관하여 정리하면

$$\cos(x+y)+y^2\sin x=(2y\cos x)\frac{dy}{dx}-\cos(x+y)\frac{dy}{dx}$$

을 얻고, 따라서 도함수는 다음과 같다.

$$\frac{dy}{dx}=\frac{y^2\sin x+\cos(x+y)}{2y\cos x-\cos(x+y)}$$

음함수 미분법으로 구한 도함수를 또 한 번 미분하여 2계 도함수를 구할 수 있다. 이 경우에도 역시 음함수 미분법을 적용할 수도 있다.

예제 4.6.7 $3x^2+y^2=2$일 때, $\frac{d^2y}{dx^2}$를 음함수 미분법을 사용하여 구하라.

풀이

음함수 미분법을 사용하여 $3x^2+y^2=2$의 양변을 x에 관하여 미분하면, $6x+2y\frac{dy}{dx}=0$이므로

$$\frac{dy}{dx}=-\frac{6x}{2y}=-\frac{3x}{y}$$

이다. 2계 도함수 $\frac{d^2y}{dx^2}$를 구하기 위해 도함수 $\frac{dy}{dx}$를 한 번 더 미분한다. 몫의 미분법과 연쇄 법칙을 적용하면 다음을 얻는다.

$$\frac{d^2y}{dx^2}=-\frac{3\cdot y-3x\cdot\frac{dy}{dx}}{y^2}$$

여기서 도함수 자리에 $\frac{dy}{dx}=-\frac{3x}{y}$를 대입하면, 2계 도함수는 다음과 같다.

$$\frac{d^2y}{dx^2}=-\frac{3y-3x\left(-\frac{3x}{y}\right)}{y^2}=-\frac{3y^2+9x^2}{y^3}=-\frac{3(3x^2+y^2)}{y^3}$$

이때 x와 y는 $3x^2+y^2=2$를 만족하므로 간단히 하면

$$\frac{d^2y}{dx^2}=-\frac{6}{y^3}$$

이다.

예제 4.6.8 $x^4 + y^4 = 16$일 때 y''을 구하라.

풀이

y는 x에 관한 미분가능한 함수로 보고, 양변을 x에 관하여 미분하면

$$4x^3 + 4y^3 y' = 0$$

을 얻는다. 이것을 y'에 관하여 풀면

$$y' = -\frac{x^3}{y^3}$$

이다. y''을 구하기 위하여, 몫의 미분법을 적용하여 도함수 y'을 한 번 더 미분하자.

$$y'' = \frac{d}{dx}\left(-\frac{x^3}{y^3}\right) = -\frac{y^3 \cdot \frac{d}{dx}(x^3) - x^3 \cdot \frac{d}{dx}(y^3)}{(y^3)^2}$$

$$= -\frac{y^3 \cdot 3x^2 - x^3(3y^2 \cdot y')}{y^6}$$

여기에 앞에서 구한 $y' = -\frac{x^3}{y^3}$을 대입하면

$$y'' = -\frac{3x^2y^3 - 3x^3y^2\left(-\frac{x^3}{y^3}\right)}{y^6} = -\frac{3x^2(y^4 + x^4)}{y^7}$$

이다. 이때 x와 y는 $x^4 + y^4 = 16$을 만족하므로 간단히 하면

$$y'' = -\frac{3x^2(16)}{y^7} = -48\frac{x^2}{y^7}$$

이다.

:연습문제 4.6

1. 음함수 미분법을 이용하여 $\frac{dy}{dx}$를 구하라.

$$x^2 + y^2 = 1$$

2. 접선의 기울기가 -1인 곡선 $x^2y^2 + xy = 2$ 위의 점을 구하라.

3. 쌍곡선 $\frac{x^2}{a^2} - \frac{y^2}{b^2} = 1$ 위의 점 (x_0, y_0)에서 접선의 방정식을 구하라.

[4~8] 다음 주어진 점에서 곡선의 접선의 방정식을 구하라.

4. $y^2 = x^3 + 3x^2$, $(1, -2)$

5. $x^2y - 5xy^2 + 6 = 0$, $(3, 1)$: 쌍곡선

6. $x^2 + xy + y^2 = 3$, $(1, 1)$: 쌍곡선

7. $x^2 + y^2 = (2x^2 + 2y^2 - x)^2$, $\left(0, \frac{1}{2}\right)$: 심장형

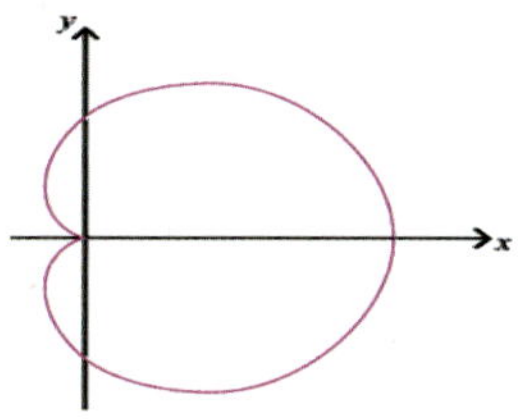

8. $2(x^2 + y^2)^2 = 25(x^2 - y^2)$, $(3, 1)$: 2엽장미 또는 염주형

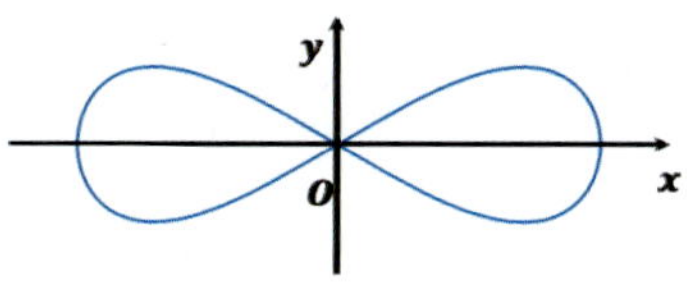

9. $-10 + f(x) + x^2[f(x)]^3 = 0$이고 $f(1) = 2$일 때, $f'(1)$을 구하라.

[10~27] 음함수 미분법을 이용하여 $\frac{dy}{dx}$를 구하라.

10. $xy + 2x + 3x^2 = 4$

11. $x^3 + x^2y + 4y^2 = 6$

12. $2x^3 + x^2y - xy^3 = 2$

13. $x^2y + xy^2 = 3x$

14. $x^2y + xy^2 = 6$

15. $y^5 + x^2y^3 = 1 + x^4y$

16. $\sqrt{xy} = 1 + x^2y$

17. $y^4 + x^2y^2 + yx^4 = y + 1$

18. $x^2 = \frac{x + y}{x - y}$

19. $\frac{1}{y} + \frac{1}{x} = 2$

20. $\frac{1}{x} - \frac{1}{y} = 1$

21. $x^2y^2 + x\sin y = 4$

22. $4\cos x \sin y = 1$

23. $\sin(x^2y^2) = x$

24. $\cos(xy) = x$

25. $\cos(xy) = 1 + \sin y$

26. $\tan\left(\frac{x}{y}\right) = x + y$

27. $xy = \cot(xy)$

[28~29] 음함수 미분법을 이용하여 y''을 구하라.

28. $9x^2 + y^2 = 9$

29. $x^3 + y^3 = 1$

30. 염주형 곡선 $2(x^2 + y^2)^2 = 25(x^2 - y^2)$에서 수평 접선을 갖는 점들을 구하라.

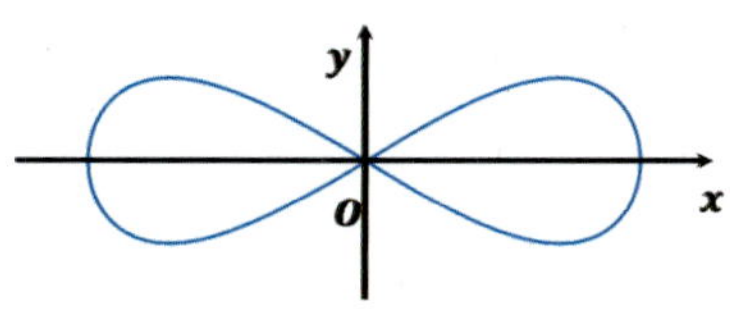

4.7 역함수 미분법, 지수함수, 로그함수 미분법

이 절에서는 함수의 역함수를 간단히 정의해 보고 함수 f의 역함수인 f^{-1}의 도함수를 역함수를 구하지 않고서 f로부터 바로 구하는 방법인 역함수 미분법에 대해 알아본다. 또한, 지수함수의 도함수를 구하는 방법과 그의 역함수인 로그함수의 도함수를 구하는 방법에 대해 알아본다. 이를 활용하여 곱과 몫이 매우 복잡하게 결합된 함수의 도함수를 쉽게 구할 수 있는 로그 미분법도 공부한다.

역함수 미분법

먼저 역함수 미분법에 대해 알아볼 것이다. 하지만 그전에 함수에 대하여 역함수를 구하고, 그 역함수의 도함수를 구하는 예제를 먼저 살펴보자.

1. 일대일 함수, 단사함수

함수 $f: X \to Y$ 에서 정의역 X에 속하는 두 원소 $x_1,\ x_2$ 에 대하여 '$x_1 \neq x_2$ 이면 $f(x_1) \neq f(x_2)$'가 성립할 때, 함수 f를 일대일 함수(one-to-one)라 한다. 또한, 일대일 함수는 단사(injective) 함수라고도 한다.

2. 위로의 함수, 전사함수

함수 $f: X \to Y$에서 공역 Y의 모든 원소 y에 대하여 $y = f(x)$인 정의역의 원소 x가 존재할 때, 함수 f를 X에서 Y위로의 함수(function from X onto Y)라 한다. 간단히 위로의 함수(onto function) 또는 전사(surjective) 함수라 한다.

3. 일대일 대응함수, 전단사 함수

함수 $f: X \to Y$가 일대일(단사) 함수이면서 위로의(전사) 함수일 때, 함수 f를 일대일 대응함수 또는 전단사(bijective) 함수라 한다.

정의 4.7.1

f가 정의역이 X이며 치역이 Y인 일대일 대응(전단사)함수라고 하자. 그러면 f의 역함수(inverse function) f^{-1}는 정의역이 Y이고 치역이 X이며 Y에 있는 임의의 y에 대해 다음과 같이 정의된다.

$$f^{-1}(y) = x \Leftrightarrow f(x) = y$$

f^{-1}의 정의역 = f의 치역
f^{-1}의 치역 = f의 정의역

참고

일대일 대응(전단사) 함수 f의 역함수를 구하는 방법

1단계 $y=f(x)$로 놓는다.
2단계 x를 y의 항으로(가능하다면) 이 방정식을 푼다.
3단계 f^{-1}를 x의 함수로 표현하기 위해, x와 y를 서로 바꾼다.
이 결과로 얻은 함수식이 $y=f^{-1}(x)$이다.

여기서 f^{-1}의 그래프는 직선 $y=x$에 대해 f의 그래프를 대칭 이동시켜 얻는다.

예제 4.7.1 $x \geq 0$에서 $f(x) = x^2$의 역함수 $f^{-1}(x)$를 구하고 두 함수의 도함수를 구하라.

풀이

함수 $f(x)=x^2$은 전단사함수가 아니지만, 정의역을 $x \geq 0$으로 제한하면 치역이 $y \geq 0$인 전단사함수이다. 이에 대한 역함수를 구하면, 먼저 $y=x^2$이라 놓고, 이를 x에 대하여 풀면 $x=\pm\sqrt{y}$이지만 $x \geq 0$이므로, $x=\sqrt{y}$이다. 이제 x와 y을 서로 맞바꿔 주면 $y=\sqrt{x}$이다. 즉 f의 역함수는 $f^{-1}(x)=\sqrt{x}$이다. 따라서 두 함수의 도함수는 다음과 같다.

$$\frac{df}{dx} = 2x, \quad \frac{df^{-1}}{dx} = \frac{1}{2\sqrt{x}} \qquad (x > 0)$$

이 예제로부터 역함수의 도함수와 원함수의 도함수 사이의 관계를 유추해 볼 수 있으며, 실제로 다음과 같은 관계가 성립함을 알게 될 것이며, 이를 역함수 미분법이라 한다.

정리 4.7.2 역함수 미분법

f는 미분가능한 전단사함수로 역함수는 f^{-1}이라 하자. 그러면 역함수 f^{-1}는 $f'(f^{-1}(a)) \neq 0$를 만족하는 모든 a에서 미분가능하고 다음이 성립한다.

$$(f^{-1})'(a) = \frac{1}{f'(f^{-1}(a))}$$

소거 방정식(cancellation equation)

함수 f는 정의역이 X이고 치역이 Y인 전단사함수로 역함수는 f^{-1}라 하자. f와 f^{-1}를 합성하면 다음과 같은 식이 성립한다.

X에 속하는 모든 x에 대하여 $f^{-1}(f(x)) = x$
Y에 속하는 모든 x에 대하여 $f(f^{-1}(x)) = x$

증명 (방법 1) - 정의 이용

f^{-1}의 도함수를 다음과 같이 도함수의 정의를 이용하여 구해 보자.

$$(f^{-1})'(a) = \lim_{x \to a} \frac{f^{-1}(x) - f^{-1}(a)}{x - a}$$

만일 $y = f^{-1}(x)$이라 하면, $f(y) = x$이다. 즉

$$y = f^{-1}(x) \quad \Leftrightarrow \quad f(y) = x$$

그리고 함수 f가 전단사함수이므로, f의 치역(f^{-1}의 정의역)에 속하는 원소 $x = a$에 대하여 $f(b) = a$, 즉, $f^{-1}(a) = b$인 f의 정의역(f^{-1}의 치역)의 원소 $y = b$가 존재한다.

또한, 조건으로부터 $f(y)$가 $y = b$에서 미분가능하므로, $y = b$에서 연속이고 그의 역함수 $f^{-1}(x)$도 $x = a$에서 연속이다. 이로부터 $x \to a$일 때 $f^{-1}(x) \to f^{-1}(a)$이다. 다시 말해 $y \to b$이다. 앞에서 열거한 사실들을 이용하여 다음과 같이 극한을 새롭게 표현하고 계산하여 도함수를 구한다.

$$\begin{aligned}(f^{-1})'(a) &= \lim_{x \to a} \frac{f^{-1}(x) - f^{-1}(a)}{x - a} \\ &= \lim_{y \to b} \frac{y - b}{f(y) - f(b)} = \lim_{y \to b} \frac{1}{\dfrac{f(y) - f(b)}{y - b}} \\ &= \frac{1}{\displaystyle\lim_{y \to b} \frac{f(y) - f(b)}{y - b}} = \frac{1}{f'(b)}\end{aligned}$$

그러므로 $(f^{-1})'(a) = \dfrac{1}{f'(f^{-1}(a))}$이다. ■

(방법 2) - 연쇄법칙 이용

역함수에 의한 소거방정식 $f(f^{-1}(x)) = x$로부터, 연쇄법칙을 적용하여 양변을 x에 관하여 미분하면 다음을 얻는다.

$$f'(f^{-1}(x)) \cdot (f^{-1})'(x) = 1$$

만약 $f'(f^{-1}(x)) \neq 0$이면, 다음이 성립한다.

$$(f^{-1})'(x) = \frac{1}{f'(f^{-1}(x))}$$

여기서 x에 $f'(f^{-1}(a)) \neq 0$를 만족하는 a를 대입하면

$$(f^{-1})'(a) = \frac{1}{f'(f^{-1}(a))}$$

이다. ■

참고

정리 4.7.2의 공식에서 a를 대신하여 x로 바꾸면, 다음을 얻는다.

$$(f^{-1})'(x) = \frac{1}{f'(f^{-1}(x))}$$

또한, 여기서 $y = f^{-1}(x)$라고 놓으면, $f(y) = x$이고, 위의 식을 라이프니츠의 기호로 표현하여 다음과 같이 조금은 더 이해하기 쉬운 꼴의 식을 얻는다.

$$\frac{dy}{dx} = \frac{1}{\frac{dx}{dy}}$$

예제 4.7.2 $f(x) = x^3 - 2$**이라 하자. 역함수 미분법을 이용해 역함수** $f^{-1}(x)$**의 도함수를 구하라.**

풀이

함수 f에 대한 역함수를 구하면, $f^{-1}(x) = \sqrt[3]{x+2}$ 임을 쉽게 알 수 있다. 하지만, 이를 사용하지 않고, 정리 4.7.2을 적용하면, 역함수의 도함수는

$$(f^{-1})'(x) = \frac{1}{f'(f^{-1}(x))}$$

이다. 이를 적용하기 위해, 먼저 함수 f의 도함수 $f'(x) = 3x^2$를 구하고, 또한 $f^{-1}(x) = y$이라 놓으면, $f(y) = x$이므로, 이에 따른 y를 구하면 $y = \sqrt[3]{x+2}$ 임을 알 수 있다. 이를 대입하면 다음과 같은 역함수의 도함수를 구할 수 있다.

$$(f^{-1})'(x) = \frac{1}{f'(f^{-1}(x))} = \frac{1}{f'(y)} = \frac{1}{3y^2} = \frac{1}{3\sqrt[3]{(x+2)^2}}$$

앞의 예제에서 보듯이 함수 $f(x)$의 역함수를 구하였으므로 그의 도함수를 구하여보면 같은 결과가 얻어짐을 바로 알 수 있다. 그렇지만 역함수의 미분법을 적용하면 도함수를 구하는 작업이 간편해 짐을 알 수 있다. 다시 말해, 역함수를 구한 후에 직접 미분하게 되면 꽤 복잡한 과정임을 알 수 있다. 이제는 역함수를 구하기 조차도 어려운 함수에 대하여, 역함수 미분법을 사용하여 역함수의 함숫값을 알 수 있는 경우에 대해 미분계수를 구하는 방법을 다음 예제에서 살펴보고자 한다.

예제 4.7.3 $f(x) = x^3 + x + 3$**일 때,** $(f^{-1})'(3)$**을 구하라.**

풀이

함수 $f(x) = x^3 + x + 3$의 역함수를 찾는 것은 매우 어렵다. 하지만, 여기서 $f(x)$는 미분가능한 전단사함수임을 알

수 있으므로, 정리 4.7.2을 적용하면, 역함수 f^{-1}의 $x=3$에서 미분계수는

$$(f^{-1})'(3) = \frac{1}{f'(f^{-1}(3))}$$

이다. 또한, 함수 f의 도함수는 $f'(x)=3x^2+1$이다. (이때 주의할 점은 $f'(3)$을 구하는 것이 아니라는 것이다.) 그리고, $f^{-1}(3)$의 값은 특별히 $f(0)=3$임을 쉽게 알 수 있으므로, $f^{-1}(3)=0$이다. $f'(0)=1$이므로, 따라서 $(f^{-1})'(3)=\dfrac{1}{f'(0)}=1$이다.

역함수의 미분법에서 흔히 하는 실수로 $f^{-1}(3)$을 구하지 않고 바로 $f'(3)$을 계산하는 경우가 종종 발생한다.

예제 4.7.4 $f(x)=2x+\cos x$**일 때,** $(f^{-1})'(1)$**을 구하라.**

풀이

$f'(x)=2-\sin x>0$이므로 f는 증가함수이다. 따라서 함수 f가 미분가능한 전단사함수이지만, f의 역함수 f^{-1}를 찾기는 매우 어렵다. 그래서 역함수의 미분법을 적용하면 다음을 얻는다.

$$(f^{-1})'(1) = \frac{1}{f'(f^{-1}(1))}$$

여기서 $f^{-1}(1)$의 값은 $f(0)=1$이므로, $f^{-1}(1)=0$이다. 또한 f의 도함수는 $f'(x)=2-\sin x$이므로, 다음을 얻는다.

$$(f^{-1})'(1) = \frac{1}{f'(f^{-1}(1))} = \frac{1}{f'(0)} = \frac{1}{2-\sin 0} = \frac{1}{2}$$

로그함수의 도함수

이제 자연로그함수의 도함수에 대한 공식을 찾고, 이를 이용해서 로그함수, 지수함수의 도함수를 알아본다. 먼저, 자연로그함수의 도함수를 구하기 위해 극한을 이용해 다음과 같이 정의된 자연상수(e)라 불리는 값을 기억하자.

$$e = \lim_{x\to 0}(1+x)^{\frac{1}{x}}$$

$\ln x = \log_e x$

정리 4.7.3 자연로그함수의 미분법

자연로그함수 $f(x)=\ln x$는 미분가능하고, 그 도함수는 다음과 같다.

$$f'(x)=\frac{d}{dx}(\ln x)=\frac{1}{x}$$

증명 도함수의 정의를 이용하면 다음과 같다.

$$f'(x)=\lim_{h\to 0}\frac{f(x+h)-f(x)}{h}=\lim_{h\to 0}\frac{\ln(x+h)-\ln x}{h}$$

로그법칙을 이용해 다음과 같이 식을 고쳐 쓸 수 있다.

$$\begin{aligned}\lim_{h\to 0}\frac{\ln(x+h)-\ln x}{h}&=\lim_{h\to 0}\left[\frac{1}{h}\cdot\ln\frac{x+h}{x}\right] && \text{(로그법칙)}\\&=\lim_{h\to 0}\ln\left(1+\frac{h}{x}\right)^{\frac{1}{h}} && \text{(로그법칙)}\\&=\lim_{h\to 0}\ln\left(1+\frac{h}{x}\right)^{\frac{x}{h}\cdot\frac{1}{x}} && \text{(분모 분자에 }x\text{곱함)}\\&=\lim_{h\to 0}\left[\frac{1}{x}\cdot\ln\left(1+\frac{h}{x}\right)^{\frac{x}{h}}\right] && \text{(로그법칙)}\\&=\frac{1}{x}\cdot\ln\left[\lim_{h\to 0}\left(1+\frac{h}{x}\right)^{\frac{x}{h}}\right] && \text{(극한, 연속함수 성질)}\\&=\frac{1}{x}\cdot\ln\left[\lim_{h\to 0}\left(1+\frac{h}{x}\right)^{\frac{1}{h/x}}\right] && \left(x/h=\frac{1}{h/x}\right)\end{aligned}$$

여기서 $h\to 0$일 때 $h/x\to 0$이므로, $\theta=h/x$라 놓으면, 다음 식이 성립한다.

$$\lim_{h\to 0}\left(1+\frac{h}{x}\right)^{\frac{1}{h/x}}=\lim_{\theta\to 0}(1+\theta)^{\frac{1}{\theta}}=e$$

따라서 다음 결과를 얻는다.

$$f'(x)=\frac{d}{dx}(\ln x)=\frac{1}{x}\cdot\ln e=\frac{1}{x}$$ ■

자연로그함수 $f(x)=\ln x$는 $x>0$에서만 정의되므로, 다음과 같이 $x\neq 0$으로 정의역을 확장시켜 생각해 보자.

예제 4.7.5 $f(x) = \ln|x|$**일 때, 도함수** $f'(x)$**를 구하라.**

풀이

먼저, 절댓값 기호를 풀어주면 다음과 같다.

$$f(x) = \begin{cases} \ln x, & (x > 0) \\ \ln(-x), & (x < 0) \end{cases}$$

따라서 각 구간에서의 도함수를 각각 구하면 다음을 얻는다.

$$f'(x) = \begin{cases} \dfrac{1}{x}, & (x > 0) \\ \dfrac{1}{-x}(-1) = \dfrac{1}{x}, & (x < 0) \end{cases}$$

도함수는 각 구간에서 같으므로 도함수는 정의역 전체에서 $f'(x) = \dfrac{1}{x}$이다.

이제 연쇄법칙을 적용하면 다음과 같이 미분가능한 함수 $f(x)$와 자연로그함수의 합성으로 정의되는 함수에 대한 미분법도 말할 수 있다.

정리 4.7.4 일반적인 자연로그함수 미분법

함수 $f(x)(\neq 0)$가 미분가능한 함수이면, 다음 공식이 성립한다.

$$\frac{d}{dx}(\ln|f(x)|) = \frac{f'(x)}{f(x)}$$

증명 함수 $g(x) = \ln|x|$라 정의하자. 그러면 $\ln|f(x)| = g(f(x)) = (g \circ f)(x)$이다. 따라서 예제 4.7.5와 연쇄법칙에 의해 다음과 같이 도함수를 구할 수 있다.

$$\frac{d}{dx}(\ln|f(x)|) = (g \circ f)'(x) = g'(f(x)) \cdot f'(x) = \frac{f'(x)}{f(x)}$$ ■

정리 4.7.4를 적용하여 다음 예제의 함수들의 도함수를 구하여 보자.

예제 4.7.6 $g(x) = \ln(x^3 + 1)$**을 미분하라.**

풀이

$f(x) = x^3 + 1$이라 놓고, 정리 4.7.4을 적용하면 다음과 같이 도함수를 얻는다.

$$\frac{dy}{dx}=\frac{d}{dx}(\ln f(x))=\frac{f'(x)}{f(x)}=\frac{3x^2}{x^3+1}$$

예제 4.7.7 $\frac{d}{dx}(\ln(\sin x))$을 구하라.

풀이

$f(x)=\sin x$라 놓고, 정리 4.7.4을 적용하면 다음과 같이 도함수를 얻는다.

$$\frac{d}{dx}(\ln(\sin x))=\frac{d}{dx}(\ln f(x))=\frac{f'(x)}{f(x)}=\frac{\cos x}{\sin x}=\cot x$$

예제 4.7.8 $f(x)=\sqrt{\ln x}$을 미분하라.

풀이

함수 $f(x)$는 제곱근함수와 자연로그함수의 합성함수이므로, 연쇄법칙을 적용하면 다음과 같이 도함수를 구할 수 있다.

$$f'(x)=\frac{d}{dx}\sqrt{\ln x}=\frac{1}{2\sqrt{\ln x}}\cdot\frac{1}{x}=\frac{1}{2x\sqrt{\ln x}}$$

예제 4.7.9 $\frac{d}{dx}\ln\left(\frac{x+1}{\sqrt{x-2}}\right)$을 구하라.

풀이

(방법 1) $f(x)=\frac{x+1}{\sqrt{x-2}}$라 놓고, 정리 4.7.4을 적용하면 다음과 같이 도함수를 얻는다.

$$\frac{d}{dx}\ln\left(\frac{x+1}{\sqrt{x-2}}\right)=\frac{1}{\frac{x+1}{\sqrt{x-2}}}\cdot\frac{d}{dx}\left(\frac{x+1}{\sqrt{x-2}}\right) \quad \text{(정리 4.7.4)}$$

$$=\frac{\sqrt{x-2}}{x+1}\cdot\frac{\sqrt{x-2}-(x+1)\cdot\frac{1}{2\sqrt{x-2}}}{x-2} \quad \text{(몫의 미분법)}$$

$$=\frac{(x-2)-\frac{1}{2}(x+1)}{(x+1)(x-2)}=\frac{(x-5)}{2(x+1)(x-2)}$$

(방법 2) 미분하기 전에 로그법칙을 먼저 적용하고 정리 4.7.4을 이용하면 좀 더 쉽게 도함수를 구할 수 있다.

$$\frac{d}{dx}\ln\left(\frac{x+1}{\sqrt{x-2}}\right) = \frac{d}{dx}\left[\ln(x+1) - \frac{1}{2}\ln(x-2)\right] \qquad \text{(로그법칙)}$$

$$= \frac{1}{x+1} - \frac{1}{2}\left(\frac{1}{x-2}\right) \qquad \text{(정리 4.7.4)}$$

$$= \frac{x-5}{2(x+1)(x-2)}$$

이제 밑이 1이 아닌 양수에 대한 모든 로그함수의 도함수를 알아보자. 밑을 원하는 값으로 바꾸어주는 밑변환 공식을 알고 있으므로, 모든 로그함수는 밑이 e인 자연로그함수로 바꾼 후에 도함수를 구한다.

$$\log_a b = \frac{\ln b}{\ln a}$$

정리 4.7.5 로그함수의 미분법

양수 $a(a \neq 1)$에 대해서 로그함수 $f(x) = \log_a x$의 도함수는 다음과 같다.

$$\frac{d}{dx}(\log_a x) = \frac{1}{x \ln a}$$

증명 밑이 1이 아닌 양수 a인 경우에 대하여, 밑변환 공식을 이용하여 자연로그함수로 바꿔 표현하면

$$\log_a x = \frac{\ln x}{\ln a}$$

이므로, 다음과 같이 도함수를 구한다.

$$\frac{d}{dx}(\log_a x) = \frac{d}{dx}\left(\frac{1}{\ln a} \cdot \ln x\right) = \frac{1}{\ln a} \cdot \frac{1}{x} = \frac{1}{x \ln a}$$ ■

예제 4.7.10 $f(x) = \log_{10}(2 + \sin x)$을 미분하라.

풀이

정리 4.7.5를 적용하고 연쇄법칙을 이용하여 도함수를 구하면 다음을 얻는다.

$$f'(x) = \frac{d}{dx}\log_{10}(2+\sin x) = \frac{1}{(2+\sin x)\ln 10} \cdot \frac{d}{dx}(2+\sin x)$$

$$= \frac{\cos x}{(2+\sin x)\ln 10}$$

로그 미분법

곱셈, 나눗셈, 거듭제곱이 복잡하게 포함된 함수에 대하여, 도함수를 구함에 있어서 바로 미분법을 적용하는 것은 매우 복잡하고 지루한 계산을 요구하게 된다. 이러한 경우에 계산을 쉽게 하는 방법으로 먼저 함수에 로그를 취하고 로그법칙을 적용한 다음에 미분법을 적용하면 간단히 구할 수 있다(예제 4.7.11 참조). 이를 로그미분법(logarithmic differentiation)이라 부른다. 먼저 다음 예제를 통하여 그 방법을 설명한다.

예제 4.7.11 $y=\dfrac{x^{3/4}\sqrt{x^2+1}}{(3x+2)^5}$ 을 미분하라.

풀이

$y=\dfrac{x^{3/4}\sqrt{x^2+1}}{(3x+2)^5}$ 의 식에 바로 미분법을 적용하면, 곱, 몫, 거듭제곱의 미분법을 여러 번 적용해야 하고, 그 계산량도 매우 많아지므로, 로그 미분법을 적용해보자.

먼저, y에 자연로그를 취하여, 로그 법칙을 이용하여 정리해주면 다음을 얻는다.

$$\ln y=\ln\left(\frac{x^{3/4}\sqrt{x^2+1}}{(3x+2)^5}\right)=\frac{3}{4}\ln x+\frac{1}{2}\ln(x^2+1)-5\ln(3x+2)$$

이제 음함수 미분법을 적용하여 양변을 x에 관하여 미분하면 다음을 얻는다.

$$\frac{1}{y}\cdot y'=\frac{3}{4}\cdot\frac{1}{x}+\frac{1}{2}\cdot\frac{2x}{x^2+1}-\frac{15}{3x+2}$$

$$\text{즉, } y'=y\left(\frac{3}{4x}+\frac{x}{x^2+1}-\frac{15}{3x+2}\right)$$

따라서 y를 대입하면 도함수는 $y'=\dfrac{x^{3/4}\sqrt{x^2+1}}{(3x+2)^5}\left(\dfrac{3}{4x}+\dfrac{x}{x^2+1}-\dfrac{15}{3x+2}\right)$이다.

정리 4.7.6 로그 미분법

1. $y=f(x)$의 양변에 자연로그를 취하고 로그법칙을 사용하여 간단히 한다.
2. 음함수 미분법을 적용하여 양변을 x에 관하여 미분한다.
3. y'에 대하여 정리해준다.

참고

$f(x)<0$인 곳에서는 $\ln f(x)$가 정의되지 않는다. 이런 경우에는 양변에 절댓값을 취하여 $|y|=|f(x)|$에 로그를 취하면 $\ln|y|=\ln|f(x)|$와 같이 되어 위 정리를 적용할 수 있게 된다.

이제 로그 미분법을 적용하여 거듭제곱함수의 미분법을 지수 n이 모든 실수인 경우에서도 쉽게 증명할 수 있다.

정리 4.7.7 거듭제곱함수의 미분법

n이 임의의 실수라 하자. 함수 $f(x)=x^n$의 도함수는 다음과 같다.

$$f'(x)=nx^{n-1}$$

증명 함수 $y=x^n$의 양변에 자연로그를 취하면 $\ln y=n\ln x$이다. 이제 음함수 미분법을 적용하여 양변을 x에 관하여 미분하면

$$\frac{1}{y}\cdot y'=n\cdot\frac{1}{x}$$

이고, 양변에 y를 곱하여 정리하면 거듭제곱함수의 도함수를 구할 수 있다.

$$y'=n\cdot\frac{y}{x}=nx^{n-1}$$ ■

예제 4.7.12 $y=x^{\sqrt{x}}$을 미분하라.

풀이

이 함수는 거듭제곱함수도 아니고 지수함수도 아니므로, 로그 미분법을 적용하여 미분한다. 먼저 $y=x^{\sqrt{x}}$의 양변에 자연로그를 취하면 다음과 같다.

$$\ln y=\sqrt{x}\ln x$$

위 식을 음함수 미분법을 적용하여 양변을 x에 관하여 미분하고 곱의 미분법을 이용하면 다음과 같은 식을 얻는다.

$$\frac{1}{y}\cdot y'=\frac{1}{2\sqrt{x}}\ln x+\sqrt{x}\cdot\frac{1}{x}$$

이제 y'에 관하여 정리하면 다음과 같은 도함수를 얻는다.

$$y'=y\left(\frac{\ln x+2}{2\sqrt{x}}\right)=x^{\sqrt{x}}\left(\frac{\ln x+2}{2\sqrt{x}}\right)$$

지수함수의 도함수

먼저 자연지수함수 $f(x)=e^x$의 도함수를 구해 보자. 자연지수함수는 자연로그함수 $f(x)=\ln x$의 역함수이다. 자연로그함수의 도함수를 알고 있으므로, 역함수의 미분법을 적용하여 자연지수함수의 도함수를 구할

수 있다.

정리 4.7.8 자연지수함수의 미분법

자연지수함수의 도함수는 다음과 같다.

$$\frac{d}{dx}(e^x) = e^x$$

로그 미분법을 이용해서도 자연지수함수 $y = e^x$의 도함수를 구할 수 있다.

증명 먼저 자연로그함수 $f(x) = \ln x$를 생각해 보자. 이 함수의 역함수는 자연지수함수 $f^{-1}(x) = e^x$이다. 따라서 역함수 미분법를 적용하면

$$(f^{-1})'(x) = \frac{1}{f'(f^{-1}(x))}$$

이다. 자연로그함수 $f(x) = \ln x$의 도함수는 $f'(x) = \frac{1}{x}$이므로

$$(f^{-1})'(x) = \frac{1}{f'(f^{-1}(x))} = f^{-1}(x) = e^x$$

이다. 따라서 자연지수함수의 도함수는 $\frac{d}{dx}(e^x) = e^x$이다. ■

정리 4.7.8에 의하면 자연지수함수는 도함수가 자기 자신이 되는 함수임을 알 수 있다. 이제 연쇄법칙을 이용하여 일반적인 자연지수함수의 도함수를 구할 수 있다.

정리 4.7.9 일반적인 자연지수함수의 미분법

함수 $u = f(x)$를 미분가능하다고 가정하자. 그러면 다음이 성립한다.

$$\frac{d}{dx}(e^u) = e^u\frac{du}{dx} = e^{f(x)} \cdot f'(x)$$

예제 4.7.13 $y = e^{\tan x}$을 미분하라.

풀이

함수 $u = \tan x$는 미분 가능하므로 정리 4.7.9에 의해 다음과 같이 도함수를 구할 수 있다.

$$\frac{dy}{dx} = e^{\tan x} \cdot (\tan x)' = e^{\tan x} \cdot \sec^2 x$$

예제 4.7.14 $y = e^{-4x}\sin 5x$일 때, y'를 구하라.

풀이

두 함수의 곱이므로, 곱의 미분법과 정리 4.7.9에 의해

$$\frac{dy}{dx} = \left(e^{-4x}\right)' \cdot \sin 5x + e^{-4x} \cdot (\sin 5x)'$$

$$= -4e^{-4x}\sin 5x + 5e^{-4x}\cos 5x$$

이므로 도함수는 $\frac{dy}{dx} = e^{-4x}(-4\sin 5x + 5\cos 5x)$이다.

정리 4.7.10 지수함수의 미분법

1이 아닌 양수 a를 밑으로 하는 지수함수 $y = a^x$의 도함수는 다음과 같다.

$$\frac{d}{dx}(a^x) = a^x \ln a$$

로그 미분법을 이용해서도 지수함수 $y = a^x$의 도함수를 구할 수 있다.

증명 지수함수 $y = a^x$를 밑이 e인 자연지수함수의 꼴로 변형시켜보자. 양변에 자연로그를 취하면 $\ln y = \ln a^x = x\ln a$이다. 이 식으로부터 지수와 로그 변환식을 적용하면

$$y = e^{x\ln a}$$

를 얻는다. 여기서 함수 $u = x\ln a$라 놓으면, u는 x에 대한 일차식이고, $u' = \ln a$이므로, 정리 4.7.9에 의해 다음과 같이 도함수를 구할 수 있다.

$$\frac{dy}{dx} = \frac{d}{dx}(e^u) = e^u \cdot \frac{du}{dx} = e^{x\ln a} \cdot \ln a$$

다시 $e^{x\ln a}$를 a^x로 환원하면, 도함수는 $\frac{d}{dx}(a^x) = a^x \ln a$이다. ■

정리 4.7.11 일반적인 지수함수의 미분법

함수 $u = f(x)$를 미분가능하다고 가정하자. 그러면 다음이 성립한다.

$$\frac{d}{dx}(a^u) = \left(a^u \ln a\right) \cdot \frac{du}{dx} = \left(a^{f(x)} \ln a\right) \cdot f'(x) \quad (\text{단, } a \neq 1\text{인 양수})$$

예제 4.7.15

(a) $\frac{d}{dx}(5^x) = 5^x \ln 5$

(b) $\frac{d}{dx}(10^{\sin x}) = (10^{\sin x} \ln 10) \cdot \cos x$

참고

거듭제곱함수의 미분법과 지수함수의 미분법을 잘 구별해야 한다. a와 b를 실수라 하고, 함수 $f(x)$와 $g(x)$를 미분가능하다고 하자. 함수가 지수 또는 밑에 위치하는 방법에 따라 다음 4가지의 경우에 어떤 미분법이 적합한지를 살펴보자.

(a) $\frac{d}{dx}(a^b) = 0$: a와 b가 상수이므로 상수함수의 도함수는 0이다.

(b) $\frac{d}{dx}[f(x)]^b = b[f(x)]^{b-1} \cdot f'(x)$: 일반적인 거듭제곱함수의 미분법을 적용

(c) $\frac{d}{dx}[a^{g(x)}] = a^{g(x)} \cdot \ln a \cdot g'(x)$: 일반적인 지수함수의 미분법을 적용

(d) $\frac{d}{dx}[f(x)]^{g(x)}$: 로그 미분법을 적용

연습문제 4.7

[1~3] 다음 함수의 $(f^{-1})'(a)$를 구하라.

1. $f(x) = x^3 + 5x + 2,\ a = 2$

2. $f(x) = 3x + \sin x + 5,\ a = 5$

3. $f(x) = 3 + x + e^x,\ a = 4$

4. $g(x)$는 $f(x)$의 역함수이고, $f(3) = 7,\ f'(3) = 2$일 때 $g'(7)$을 구하라.

[5~6] 다음을 계산하라.

5. $\frac{d}{dx}\left(\ln(1 + x^2)\right)$

6. $\frac{d}{dx}\left(\ln\left(x + \sqrt{x^2 + 1}\right)\right)$

[7~11] 로그 미분법을 이용하여 다음 주어진 함수의 도함수 $\frac{dy}{dx}$를 구하라.

7. $y = (x^2 + 2)^2(x^4 + 4)^4$

8. $y = \sqrt{\frac{x - 1}{x^4 + 1}}$

9. $y = \frac{e^{-x}\cos^2 x}{x^2 + x + 1}$

10. $y = x^x$

11. $y = x^{\cos x}$

[12~23] 다음 주어진 함수의 도함수 $\dfrac{dy}{dx}$를 구하라.

12. $y = 2^{3^{x^2}}$

13. $y = (\cos x)^x$

14. $y = e^{e^x}$

15. $y = \sqrt{1 + 2e^{3x}}$

16. $y = x^2 e^x$

17. $y = \log_{10}(x^3 + 1)$

18. $y = x\ln x - x$

19. $y = \sin(\ln x)$

20. $y = \ln(\sin^2 x)$

21. $y = \sin x \ln(5x)$

22. $y = \dfrac{1}{\ln x}$

23. $y = \ln\left(x\sqrt{x^2 - 1}\right)$

24. $e^{x^2 y} = x + y$에 대하여, y'을 구하라.

25. $x = 3$에서, 함수 $y = \ln(x^2 - 3x + 1)$의 접선의 방정식을 구하라.

26. $x = 1$에서, 함수 $y = \dfrac{e^x}{x}$의 접선의 방정식을 구하라.

27. 함수 $y = e^{2x}\cos\pi x$에 대하여, 점 $(0, 1)$에서 접선의 방정식을 구하라.

[28~30] 다음 주어진 함수의 2계 도함수 y''를 구하라.

28. $y = \dfrac{\ln x}{x^2}$

29. $y = x\ln x$

30. $y = \ln(\sec x + \tan x)$

4.8 역삼각함수의 미분법

역삼각함수

삼각함수는 잘 알고 있듯이 전단사함수가 아니다. 하지만 전단사함수가 되도록 정의역 또는 치역을 제한함으로써 역삼각함수를 정의할 수 있다는 것 또한 잘 알려진 사실이다. 역삼각함수를 정의할 때 제한된 정의역과 치역은 자주 사용하는 구간을 대표적으로 자주 말하지만, 가끔은 필요에 따라 원하는 다른 구간이 정의역과 치역으로 사용될 수 있음을 주목하자.

이 절에서는 간단히 역삼각함수를 살펴보고 역삼각함수의 도함수를 구하는 방법을 알아볼 것이다. 여기서도 우선은 대표적인 정의역과 치역이 사용되지만, 물론 필요에 따라 정의역과 치역을 원하는 구간으로 사용할 수도 있다.

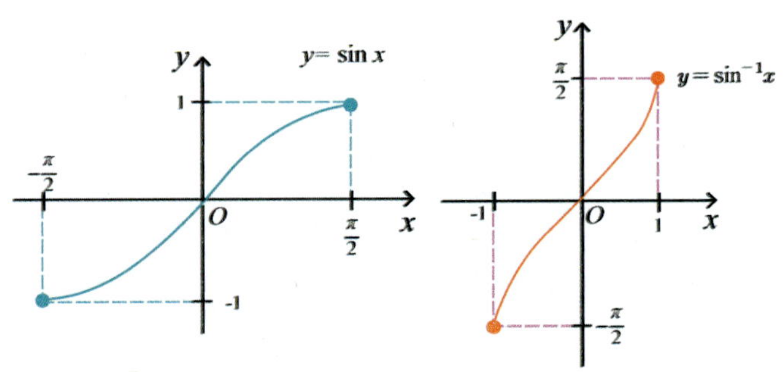

[그림 4.18]

함수 $y = \sin x$의 정의역을 $-\pi/2 \le x \le \pi/2$로 제한하면 치역이 $[-1, 1]$인 전단사함수가 된다. 따라서 역함수를 정의할 수 있고, 이 역함수를 기호로는 $y = \sin^{-1}x$ 또는 $y = \arcsin x$로 나타내고, 각각을 역사인함수(inverse sine function),

아크사인 함수(arcsine function)라 한다. 역사인함수 $y=\sin^{-1}x$는 [그림 4.18]에서 보는 것처럼 정의역은 $-1 \le x \le 1$이고 치역은 $-\frac{\pi}{2} \le x \le \frac{\pi}{2}$이며, $y=\sin x$의 그래프를 직선 $y=x$를 기준으로 대칭시켜 얻을 수 있다.

역함수의 정의에 따라, 다음과 같이 쓸 수 있다.

$$\sin^{-1}x = y \Leftrightarrow \sin y = x, \text{ 여기서 } -\frac{\pi}{2} \le y \le \frac{\pi}{2}$$

역 사인함수 $y=\sin^{-1}x = \arcsin x$는 정의역이 $[-1, 1]$이고, 치역은 $\left[-\frac{\pi}{2}, \frac{\pi}{2}\right]$이다.

사인함수에 대한 소거방정식은 다음과 같이 표현된다.

$$\sin^{-1}(\sin x) = x, \quad -\frac{\pi}{2} \le x \le \frac{\pi}{2}$$
$$\sin(\sin^{-1}x) = x, \quad -1 \le x \le 1$$

$$\sin^{-1}x \ne \frac{1}{\sin x} \text{ 임을 유의하자. } (\sin x)^{-1} = \frac{1}{\sin x} = \csc x$$

예제 4.8.1 다음을 계산하라.

(1) $\sin^{-1}\left(\frac{1}{2}\right)$

(2) $\tan\left(\arcsin\frac{1}{5}\right)$

풀이

(1) $\sin\left(\frac{\pi}{6}\right)=\frac{1}{2}$ 이고 $\frac{\pi}{6}$는 $-\frac{\pi}{2}$와 $\frac{\pi}{2}$ 사이에 있으므로

$$\sin^{-1}\left(\frac{1}{2}\right)=\frac{\pi}{6}$$

이다.

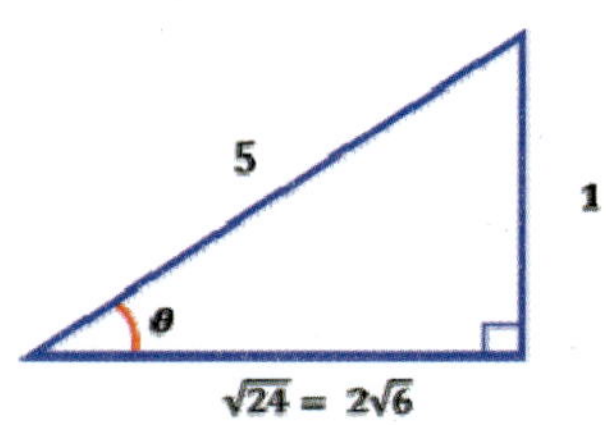

[그림 4.19]

(2) $\theta = \arcsin\frac{1}{5}$이라하면 $\sin\theta = \frac{1}{5}$이다.

그러면 [그림 4.19]에서처럼 각 θ를 갖는 직각삼각형을 그릴 수 있다. 피타고라스 정리를 이용해 밑변의 길이를 구하면 $\sqrt{25-1}=\sqrt{24}=2\sqrt{6}$이다.

이 직각삼각형으로부터 다음을 얻는다.

$$\tan\left(\arcsin\left(\frac{1}{5}\right)\right) = \tan\theta = \frac{1}{2\sqrt{6}}$$

예제 4.8.2 $f(x) = \sin^{-1}(x^2 - 1)$**의 정의역을 구하라.**

풀이

역사인함수 $y = \sin^{-1}x$의 정의역이 $-1 \le x \le 1$이므로, 함수 $f(x) = \sin^{-1}(x^2 - 1)$은 $-1 \le x^2 - 1 \le 1$에서 정의된다.

$$-1 \le x^2 - 1 \le 1 \quad \Leftrightarrow \quad 0 \le x^2 \le 2 \quad \Leftrightarrow \quad |x| \le \sqrt{2} \quad \Leftrightarrow \quad -\sqrt{2} \le x \le \sqrt{2}$$

이므로, 함수 $f(x)$의 정의역은 $[-\sqrt{2}, \sqrt{2}]$이다.

사인함수의 역함수를 구했던 방법으로 코사인함수의 역함수도 구해 보자. 코사인함수 $f(x) = \cos x$에서는 정의역을 $0 \le x \le \pi$로 제한하게 되면, 치역이 $[-1, 1]$인 전단사함수가 된다[그림 4.20 참조]. 따라서 역함수를 정의할 수 있고, 이 역함수는 기호로는 $\cos^{-1}x$ 또는 $\arccos x$으로 나타내고, 각각을 역코사인함수(inverse cosine function), 아크코사인 함수(arccosine function)라 한다. 역함수의 정의에 따라, 다음과 같이 쓸 수 있다.

$$\cos^{-1}x = y \Leftrightarrow \cos y = x, \quad 0 \le y \le \pi$$

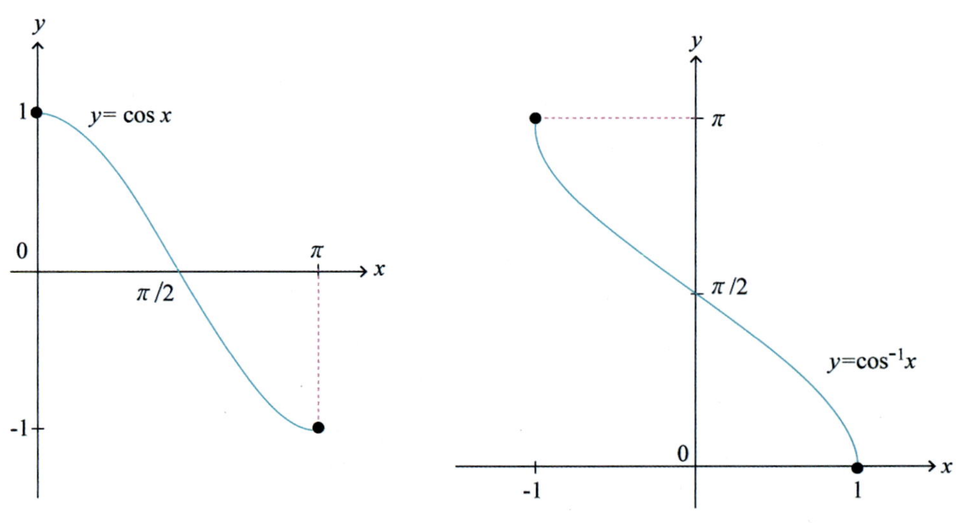

[그림 4.20]

역코사인함수 $y=\cos^{-1}x=\arccos x$는 정의역이 $[-1,1]$이고, 치역은 $[0,\pi]$이다. 소거방정식을 나타내면 다음과 같다.

$$\cos^{-1}(\cos x)=x, \quad 0\le x\le \pi$$
$$\cos(\cos^{-1}x)=x, \quad -1\le x\le 1$$

탄젠트함수 $f(x)=\tan x$는 구간을 $-\frac{\pi}{2}<x<\frac{\pi}{2}$로 제한함으로써 전단사함수가 되도록 만들 수 있다. 따라서 역함수를 정의할 수 있고, 역함수인 역탄젠트함수(inverse tangent function) $\tan^{-1}x$ 또는 아크탄젠트 함수(arctangent function) $\arctan x$를 다음과 같이 정의할 수 있다[그림 4.21 참조].

$$\tan^{-1}x=y \Leftrightarrow \tan y=x, \quad -\frac{\pi}{2}<y<\frac{\pi}{2}$$

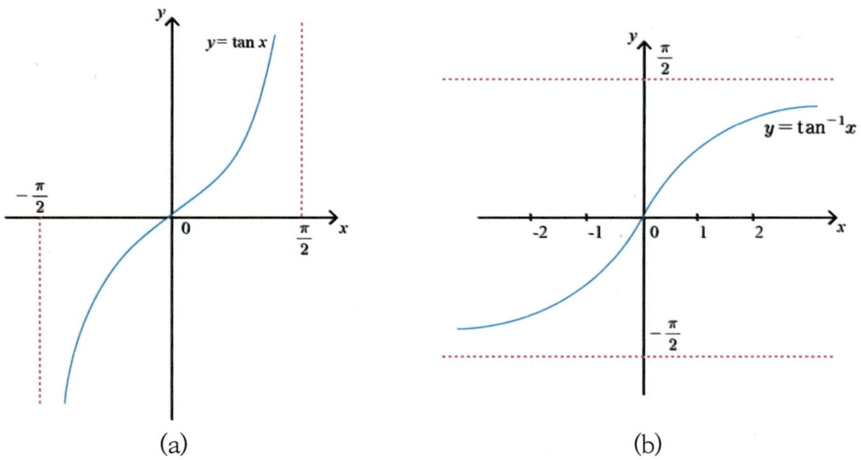

[그림 4.21]

이미 알고 있는 대로 다음이 성립한다.

$$\lim_{x\to\left(\frac{\pi}{2}\right)^-}\tan x=\infty, \quad \lim_{x\to\left(-\frac{\pi}{2}\right)^+}\tan x=-\infty$$

$y=\tan^{-1}x$의 그래프 [그림 4.21(b)]에서 보듯이

$$\lim_{x\to\infty}\tan^{-1}x=\frac{\pi}{2}, \quad \lim_{x\to-\infty}\tan^{-1}x=-\frac{\pi}{2}$$

임을 알 수 있다.

그 외의 역삼각함수들을 간단히 정리하면 [그림 4.22]과 같다.

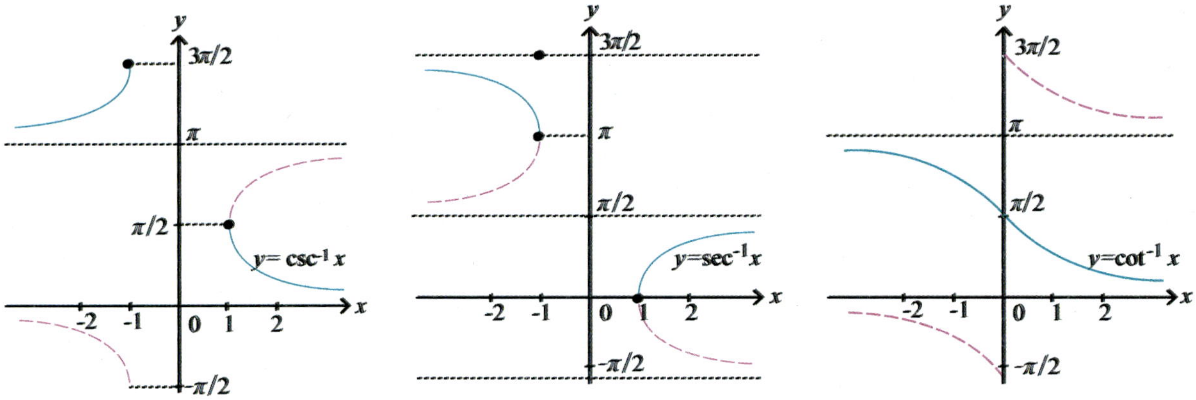

$y=\csc^{-1}x$
정의역 : $x \le -1$ 또는 $x \ge 1$
치역 : $\left(0,\ \frac{\pi}{2}\right] \cup \left(\pi,\ \frac{3}{2}\pi\right]$

$y=\sec^{-1}x$
정의역 : $x \le -1$ 또는 $x \ge 1$
치역 : $\left[0,\ \frac{\pi}{2}\right) \cup \left[\pi,\ \frac{3}{2}\pi\right)$

$y=\cot^{-1}x$
정의역 : $-\infty < x < \infty$
치역 : $(0,\ \pi)$

[그림 4.22]

〈주의〉 역삼각함수를 정의할 때 필요에 따라 삼각함수에 대한 정의역을 다른 구간으로 할 수도 있다. 정의역이 달라지더라도 전단사함수가 될 수 있기 때문이다. 그러한 경우에 역삼각함수의 치역이 달라질 수도 있다.

역삼각함수의 정의역과 치역

역삼각함수	정의역	치역
(a) $y=\sin^{-1}x$	$[-1,\ 1]$	$\left[-\frac{\pi}{2},\ \frac{\pi}{2}\right]$
(b) $y=\cos^{-1}x$	$[-1,\ 1]$	$[0,\ \pi]$
(c) $y=\tan^{-1}x$	$(-\infty,\ \infty)$	$\left(-\frac{\pi}{2},\ \frac{\pi}{2}\right)$
(d) $y=\cot^{-1}x$	$(-\infty,\ \infty)$	$(0,\ \pi)$
(e) $y=\sec^{-1}x$	$(-\infty,-1]\cup[1,\infty)$	$\left[0,\frac{\pi}{2}\right)\cup\left[\pi,\ \frac{3\pi}{2}\right)$
(f) $y=\csc^{-1}x$	$(-\infty,-1]\cup[1,\infty)$	$\left(0,\frac{\pi}{2}\right]\cup\left(\pi,\ \frac{3\pi}{2}\right]$

예제 4.8.3 $\cos(\tan^{-1}x)$를 간단히 표현하라.

풀이

1. $y=\tan^{-1}x$라 하면 $\tan y=x$이고 $-\frac{\pi}{2}<y<\frac{\pi}{2}$이다.

   $\cos y$를 구하기 위해 다음과 같이 먼저 $\sec y$를 구하는 것이 더 쉽다.

   $$\sec^2 y = 1+\tan^2 y = 1+x^2$$

   $$\sec y = \sqrt{1+x^2} \quad \left(-\frac{\pi}{2}<y<\frac{\pi}{2}\text{일 때, } \sec y>0\text{이므로}\right)$$

   따라서 다음을 얻는다.

   $$\cos(\tan^{-1}x) = \cos y = \frac{1}{\sec y} = \frac{1}{\sqrt{1+x^2}}$$

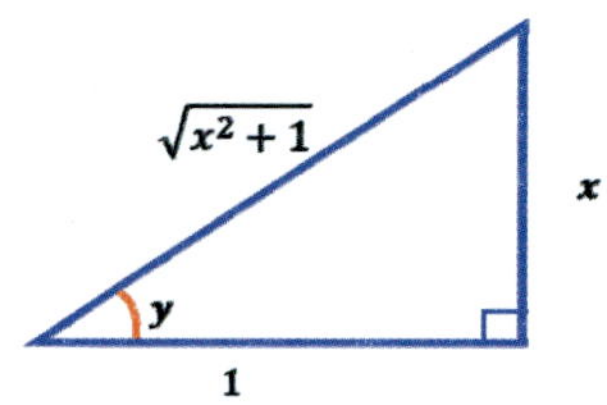

[그림 4.23]

2. 풀이1에서와 같이 삼각함수의 항등식을 사용하는 대신 그림 4.23로부터

   $$\cos(\tan^{-1}x) = \cos y = \frac{1}{\sqrt{1+x^2}}$$

예제 4.8.4 $\lim_{x\to 3^+}\arctan\left(\frac{1}{x-3}\right)$을 계산하라.

풀이

$\frac{1}{x-3}=t$로 치환하자.

$x\to 3^+$에 따라 $\frac{1}{x-3}\to\infty$이므로

$$\lim_{x\to 3^+}\arctan\left(\frac{1}{x-3}\right) = \lim_{t\to\infty}\arctan t = \frac{\pi}{2}$$

이다.

역삼각함수의 도함수

먼저 역사인, 역코사인, 역탄젠트함수의 도함수는 역함수 미분법을 적용하여 구할 수 있지만 음함수 미분법을 이용하여 구할 수도 있다.

정리 4.8.1 역삼각함수의 미분법

(a) 역사인함수 $y = \sin^{-1}x$ $(-1 < x < 1)$의 도함수는 다음과 같다.

$$\frac{d}{dx}(\sin^{-1}x) = \frac{1}{\sqrt{1-x^2}}$$

(b) 역코사인함수 $y = \cos^{-1}x$ $(-1 < x < 1)$의 도함수는 다음과 같다.

$$\frac{d}{dx}(\cos^{-1}x) = -\frac{1}{\sqrt{1-x^2}}$$

(c) 역탄젠트함수 $y = \tan^{-1}x$ $(-\infty < x < \infty)$의 도함수는 다음과 같다.

$$\frac{d}{dx}(\tan^{-1}x) = \frac{1}{1+x^2}$$

증명 (a) 역사인함수의 도함수는 음함수 미분법 또는 역함수 미분법으로 구할 수 있다.

(방법 1) - 음함수 미분법 이용

역사인함수 $y = \sin^{-1}x$는 다음과 같이 음함수적으로 표현할 수 있다.

$$\sin y = x$$

이제 음함수 미분법을 적용하여 양변을 x에 관하여 미분하면 다음을 얻는다.

$$\frac{d}{dx}(\sin y) = \frac{d}{dx}(x) \qquad \text{즉,} \qquad \cos y \cdot \frac{dy}{dx} = 1$$

이 식을 $\frac{dy}{dx}$에 관해 풀면 y에 의해 표현된 도함수가 얻어진다.

$$\frac{dy}{dx} = \frac{1}{\cos y}, \quad \cos y \neq 0$$

이를 x에 의한 식으로 표현하기 위해 [그림 4.24]와 같이 $x = \sin y$의 관계로부터 직각삼각형을 그려서 $\cos y$에 해당하는 x의 식을 구하면 $\cos y = \sqrt{1-x^2}$ 이다.

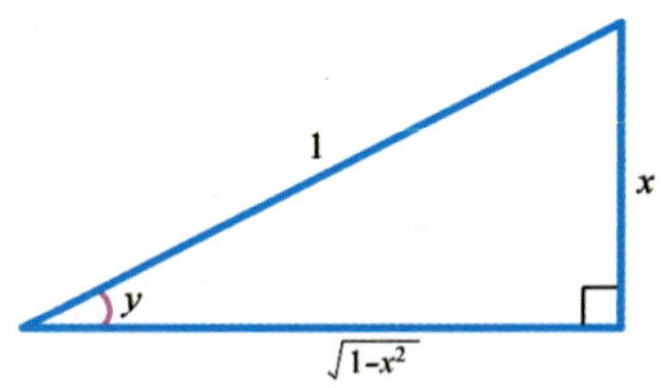

[그림 4.24]

따라서 역사인함수의 도함수는 다음과 같다.

$$\frac{d}{dx}(\sin^{-1}x) = \frac{1}{\sqrt{1-x^2}}$$

■

(방법 2) - 역함수 미분법 이용

사인함수 $f(x)=\sin x$의 역함수인 역사인함수 $f^{-1}(x)=\sin^{-1}x$의 도함수는 역함수 미분법에 의해

$$(f^{-1})'(x) = \frac{1}{f'(f^{-1}(x))}$$

이다. 사인함수의 도함수는 $f'(x)=\cos x$이고, $y=f^{-1}(x)$라고 놓으면, 도함수는 다음과 같다.

$$(f^{-1})'(x) = \frac{1}{\cos y}$$

y의 범위에서는 $\cos y$의 값이 양수이므로, 삼각함수 항등식 $\cos y = \sqrt{1-\sin^2 y}$을 이용하면 $\cos y = \sqrt{1-x^2}$ 이다. 따라서 역사인함수의 도함수는 다음과 같다.

$$\frac{d}{dx}(\sin^{-1}x) = \frac{1}{\sqrt{1-x^2}}$$ ■

(b) (a)와 비슷한 방법으로 쉽게 얻을 수 있다.

(c) 음함수 미분법을 적용하여 역탄젠트함수의 도함수를 구하여보자.

역탄젠트함수 $y=\tan^{-1}x$는 음함수적으로 $\tan y = x$와 같이 표현할 수 있으며 이를 음함수 미분법을 적용하여 양변을 x에 관하여 미분하면 다음을 얻는다.

$$\sec^2 y \cdot \frac{dy}{dx} = 1$$

이 식을 $\frac{dy}{dx}$에 관해 풀면

$$\frac{dy}{dx} = \frac{1}{\sec^2 y}$$

를 얻는다. 이제 $\sec y$를 x의 식으로 나타내기 위해, [그림 4.25]와 같이 $\tan y = x$로부터 직각삼각형을 그려보자. 이 직각삼각형으로부터 $\cos y = \frac{1}{\sqrt{1+x^2}}$임을 쉽게 알 수 있다.

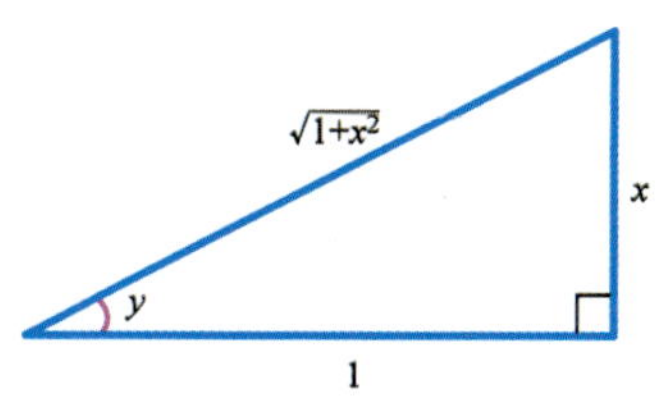

[그림 4.25]

따라서 역탄젠트함수의 도함수는 다음과 같다.

$$\frac{d}{dx}(\tan^{-1}x) = \frac{1}{1+x^2}$$ ■

이제 나머지 역삼각함수의 도함수도 다음과 같이 구할 수 있다.

정리 4.8.2 역삼각함수의 미분법

(a) 역코탄젠트함수 $y = \cot^{-1}x\ (-\infty < x < \infty)$의 도함수는 다음과 같다.

$$\frac{d}{dx}(\cot^{-1}x) = -\frac{1}{1+x^2}$$

(b) 역시컨트함수 $y = \sec^{-1}x\ (|x| > 1)$의 도함수는 다음과 같다.

$$\frac{d}{dx}(\sec^{-1}x) = \frac{1}{x\sqrt{x^2-1}}$$

(c) 역코시컨트함수 $y = \csc^{-1}x\ (|x| > 1)$의 도함수는 다음과 같다.

$$\frac{d}{dx}(\csc^{-1}x) = -\frac{1}{x\sqrt{x^2-1}}$$

증명 (a) 역코탄젠트 함수 $y = \cot^{-1}x$는 $\cot y = x$와 같은 표현이므로 이 식에 음함수 미분법을 적용하여 양변을 x에 관하여 미분하면 다음을 얻는다.

$$-\csc^2 y \cdot \frac{dy}{dx} = 1$$

이 식으로부터 $\frac{dy}{dx}$을 풀면

$$\frac{dy}{dx} = -\frac{1}{\csc^2 y}, \qquad 즉, \qquad \frac{dy}{dx} = -\sin^2 y$$

이다. 이제 $\sin y$를 x의 식으로 나타내기 위해, [그림 4.26]과 같이 $\cot y = x$로부터 직각삼각형을 그려보자. 이 직각삼각형으로부터 $\sin y = \frac{1}{\sqrt{1+x^2}}$임을 쉽게 알 수 있다.

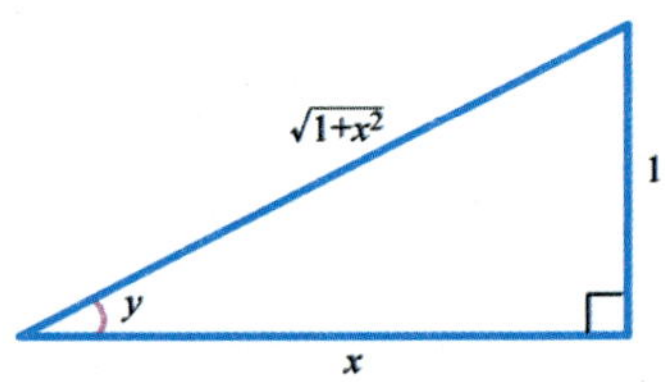

[그림 4.26]

따라서 역코탄젠트함수의 도함수는 다음과 같다.

$$\frac{d}{dx}(\cot^{-1}x) = -\sin^2 y = -\frac{1}{1+x^2}$$

(b) 역시컨트 함수 $y = \sec^{-1}x$는 $\sec y = x$와 같은 표현이므로 이 식에 음함수 미분법을 적용하여 양변을 x에 관하여 미분하면 다음을 얻는다.

$$\sec y \tan y \cdot \frac{dy}{dx} = 1$$

따라서 $\frac{dy}{dx}$를 풀면

$$\frac{dy}{dx} = \frac{1}{\sec y \tan y}$$

이다. 여기서 $\sec y = x$이며, 삼각함수 항등식에 의해 $\tan y = \pm\sqrt{\sec^2 y - 1}$이고, y의 범위에 따라 $\tan y$는 양수 값을 취하므로 $\tan y = \sqrt{\sec^2 y - 1} = \sqrt{x^2 - 1}$이다. 따라서 역시컨트함수의 도함수는 다음과 같다.

$$\frac{d}{dx}(\sec^{-1} x) = \frac{1}{x\sqrt{x^2 - 1}}$$

(c) 역코시컨트 함수 $y = \csc^{-1} x$는 $\csc y = x$와 같은 표현이므로 이 식에 음함수 미분법을 적용하여 양변을 x에 관하여 미분하면 다음을 얻는다.

$$-\csc y \cot y \cdot \frac{dy}{dx} = 1$$

따라서 $\frac{dy}{dx}$를 풀면

$$\frac{dy}{dx} = -\frac{1}{\csc y \cot y}$$

이다. 여기서 $\csc y = x$이며, 삼각함수 항등식에 의해 $\cot y = \pm\sqrt{\csc^2 y - 1}$이지만 y의 범위에 따라 $\cot y$는 양수 값을 취하므로 $\cot y = \sqrt{\csc^2 y - 1} = \sqrt{x^2 - 1}$이다. 따라서 역코시컨트함수의 도함수는 다음과 같다.

$$\frac{d}{dx}(\csc^{-1} x) = -\frac{1}{x\sqrt{x^2 - 1}}$$ ■

앞에서 구한 6개의 역삼각함수의 도함수를 요약하면 다음과 같이 정리할 수 있다.

요약 역삼각함수의 미분공식

$$\frac{d}{dx}(\sin^{-1} x) = \frac{1}{\sqrt{1 - x^2}} \qquad \frac{d}{dx}(\cos^{-1} x) = -\frac{1}{\sqrt{1 - x^2}}$$

$$\frac{d}{dx}(\tan^{-1} x) = \frac{1}{1 + x^2} \qquad \frac{d}{dx}(\cot^{-1} x) = -\frac{1}{1 + x^2}$$

$$\frac{d}{dx}(\sec^{-1} x) = \frac{1}{x\sqrt{x^2 - 1}} \qquad \frac{d}{dx}(\csc^{-1} x) = -\frac{1}{x\sqrt{x^2 - 1}}$$

예제 4.8.5 $f(x) = \sin^{-1}(x^2 - 1)$**에 대하여 다음을 구하라.**

(a) f의 정의역　　(b) 도함수 $f'(x)$　　(c) 도함수 f'의 정의역

풀이

(a) 역사인함수 $y = \sin^{-1}x$의 정의역이 $[-1,1]$이므로, f의 정의역은 다음을 만족하여야 한다.

$$-1 \le x^2 - 1 \le 1 \quad \Leftrightarrow \quad 0 \le x^2 \le 2 \quad \Leftrightarrow \quad -\sqrt{2} \le x \le \sqrt{2}$$

따라서 f의 정의역은 $[-\sqrt{2}, \sqrt{2}]$이다.

(b) $u = x^2 - 1$이라 놓으면, $f(x) = \sin^{-1}u$이다. 정리 4.8.1과 연쇄법칙을 적용하여 미분하면 다음을 얻는다.

$$f'(x) = \frac{d}{du}\sin^{-1}u \cdot \frac{du}{dx} = \frac{1}{\sqrt{1-u^2}} \cdot \frac{d}{dx}(x^2 - 1)$$

따라서 도함수는 $f'(x) = \left(\sin^{-1}(x^2-1)\right)' = \dfrac{2x}{\sqrt{1-(x^2-1)^2}}$ 이다.

(c) 앞의 문제(b)에서 도함수를 구할 때 함수 f는 분모가 0이 아니면, 즉 $\sqrt{1-u^2} \ne 0$이면, 항상 미분가능하다. 도함수의 정의역은 $u = \pm 1$이 되는 값만 제외된다. 만일 $u = -1$이면, $x = 0$이다. 또한, $u = 1$이면, $x^2 = 2$이므로 $x = \pm\sqrt{2}$이다. 즉, (a)에서 구한 함수 f의 정의역에서 이 세 점 $\{-\sqrt{2}, 0, \sqrt{2}\}$을 제외한 집합이 도함수 f'의 정의역이다. 그러므로 f'의 정의역은 $(-\sqrt{2}, 0) \cup (0, \sqrt{2})$이다.

예제 4.8.6 $f(x) = \sin^{-1}x^2$**의 도함수를 구하라.**

풀이

$y = \sin^{-1}x^2$이라 놓자. 양변을 사인함수를 취하여 소거방정식을 적용하면

$$\sin y = x^2$$

이다. 음함수 미분법을 적용하여, 양변을 x에 관하여 미분하면

$$\cos y \cdot \frac{dy}{dx} = 2x$$

이다. 따라서

$$\frac{dy}{dx} = \frac{2x}{\cos y}$$

이다. 삼각함수 항등식에 의해 $\cos y = \sqrt{1-\sin^2 y}$이므로 $\cos y = \sqrt{1-x^4}$이다. 따라서 도함수는 다음과 같다.

$$f'(x) = \frac{2x}{\sqrt{1-x^4}}$$

정리 4.8.3 일반적인 역삼각함수의 미분법

$u=u(x)$를 x에 관하여 미분가능한 함수라 하자. 그러면 역삼각함수에 대하여 다음이 성립한다.

$$\frac{d}{dx}(\sin^{-1}u)=\frac{1}{\sqrt{1-u^2}}\frac{du}{dx}\ (|u|<1),\qquad \frac{d}{dx}(\csc^{-1}u)=-\frac{1}{u\sqrt{u^2-1}}\frac{du}{dx}\ (|u|>1),$$

$$\frac{d}{dx}(\cos^{-1}u)=-\frac{1}{\sqrt{1-u^2}}\frac{du}{dx}\ (|u|<1),\qquad \frac{d}{dx}(\sec^{-1}u)=\frac{1}{u\sqrt{u^2-1}}\frac{du}{dx}\ (|u|>1),$$

$$\frac{d}{dx}(\tan^{-1}u)=\frac{1}{1+u^2}\frac{du}{dx},\qquad \frac{d}{dx}(\cot^{-1}u)=-\frac{1}{1+u^2}\frac{du}{dx}$$

예제 4.8.7 다음을 미분하라.

(a) $y=\dfrac{1}{\sin^{-1}x}$　　　(b) $f(x)=x\tan^{-1}\sqrt{x}$

풀이

(a) 지금까지 배운 여러 가지 방법으로 도함수를 구해 보자.

(방법 1)

함수 $y=\dfrac{1}{\sin^{-1}x}=(\sin^{-1}x)^{-1}$는 역사인함수의 거듭제곱함수이므로 $u=\sin^{-1}x$라 놓고, 일반적인 거듭제곱함수의 미분법과 역사인함수의 미분법을 적용하면, 다음과 같이 도함수를 얻는다.

$$\begin{aligned}y'&=(u^{-1})'=-u^{-2}\cdot u'\\&=-(\sin^{-1}x)^{-2}\cdot\frac{d}{dx}(\sin^{-1}x)=-(\sin^{-1}x)^{-2}\cdot\frac{1}{\sqrt{1-x^2}}\\&=-\frac{1}{(\sin^{-1}x)^2\sqrt{1-x^2}}\end{aligned}$$

(방법 2)

먼저 함수 $y=\dfrac{1}{\sin^{-1}x}$를 역사인함수를 위주로 $\dfrac{1}{y}=\sin^{-1}x$와 같이 고쳐 쓰고, 음함수 미분법과 역사인함수의 미분법을 적용하면, 다음 식을 얻는다.

$$\left(\frac{1}{y}\right)'=(\sin^{-1}x)',\quad 즉\quad -\frac{1}{y^2}\cdot y'=\frac{1}{\sqrt{1-x^2}}$$

이제 y'에 의해 풀면 다음과 같은 도함수를 구할 수 있다.

$$y'=-\frac{y^2}{\sqrt{1-x^2}},\quad 즉\quad y'=-\frac{1}{(\sin^{-1}x)^2\sqrt{1-x^2}}$$

(방법 3)

역삼각함수의 미분법을 모르겠다면, 주어진 함수 $y = \dfrac{1}{\sin^{-1}x}$를 $\dfrac{1}{y} = \sin^{-1}x$로 고쳐 쓴 후에, 양변에 사인함수를 취하여, $\sin\dfrac{1}{y} = \sin(\sin^{-1}x) = x$와 같이 삼각함수가 나타나도록 한다. 이제 음함수 미분법을 적용하여 양변을 x에 관하여 미분하면 다음을 얻는다.

$$\cos\frac{1}{y}\cdot\frac{d}{dx}\left(\frac{1}{y}\right) = 1 \Rightarrow \cos\frac{1}{y}\cdot\left(-\frac{1}{y^2}\right)\cdot\frac{dy}{dx} = 1$$

이 식을 $\dfrac{dy}{dx}$에 관하여 풀면

$$y' = -\frac{y^2}{\cos y^{-1}}$$

이다. 이제 삼각함수 항등식에 의해 $\cos y^{-1} = \sqrt{1-\sin^2 y^{-1}}$이므로 $\cos y^{-1} = \sqrt{1-x^2}$이다. 따라서 도함수는 $y' = -\dfrac{1}{(\sin^{-1}x)^2\sqrt{1-x^2}}$이다.

(b) 함수 f는 두 함수의 곱이므로, 곱의 미분법과 일반적인 역삼각함수의 미분법을 적용하면 다음과 같이 도함수를 구할 수 있다.

$$\begin{aligned}
f'(x) &= \frac{d}{dx}(x)\cdot\tan^{-1}\sqrt{x} + x\cdot\frac{d}{dx}(\tan^{-1}\sqrt{x}) \\
&= \tan^{-1}\sqrt{x} + x\cdot\frac{1}{1+x}\cdot\frac{d}{dx}(\sqrt{x}) \\
&= \tan^{-1}\sqrt{x} + \frac{x}{1+x}\cdot\frac{1}{2\sqrt{x}} \\
&= \tan^{-1}\sqrt{x} + \frac{\sqrt{x}}{2(1+x)}
\end{aligned}$$

예제 4.8.8 $y = \tan^{-1}\sqrt{x+1}$의 도함수를 구하라.

풀이

$u = \sqrt{x+1}$이라 놓고, 정리 4.8.3의 일반적인 역탄젠트함수의 미분공식을 이용하면 도함수는 다음과 같다.

$$\begin{aligned}
y' &= \frac{1}{(\sqrt{x+1})^2+1}\cdot\frac{d}{dx}(\sqrt{x+1}) = \frac{1}{x+2}\cdot\frac{1}{2\sqrt{x+1}} \\
&= \frac{1}{2(x+2)\sqrt{x+1}}
\end{aligned}$$

예제 4.8.9 $y = \sec^{-1}(-3x)$의 도함수를 구하라.

풀이

$u=-3x$라 놓고, 정리 4.8.3의 일반적인 역시컨트함수의 미분공식을 이용하면 도함수는 다음과 같다.

$$y' = \frac{1}{-3x\sqrt{(-3x)^2-1}} \cdot \frac{d}{dx}(-3x) = \frac{-3}{-3x\sqrt{9x^2-1}}$$
$$= \frac{1}{x\sqrt{9x^2-1}}$$

연습문제 4.8

1. 다음 식의 정확한 값을 찾아라.

   (a) $\sin^{-1}\left(\frac{\sqrt{3}}{2}\right)$ (b) $\arctan(-1)$

   (c) $\sec^{-1}(\sqrt{2})$

2. 다음 극한을 찾아라.

   (a) $\lim_{x\to -1^+} \sin^{-1}x$ (b) $\lim_{x\to 0^+} \tan^{-1}(\ln x)$

3. 함수 $g(x) = \cos^{-1}(3-2x)$의 도함수를 구하고 함수와 그 도함수의 정의역을 구하라.

4. $H(x) = (1+x^2)\tan^{-1}x$일 때, $\frac{dH}{dx}$ 구하라.

[5~35] 다음 주어진 함수의 $\frac{dy}{dx}$를 구하라.

5. $y = x\ln(\tan^{-1}x)$

6. $y = \tan^{-1}\left(x - \sqrt{x^2+1}\right)$

7. $y = (\tan^{-1}x)^2$ 8. $y = \tan^{-1}x^2$

9. $y = x\tan^{-1}(4x)$ 10. $y = \tan^{-1}\sqrt{x}$

11. $y = \tan^{-1}(\sin^{-1}\sqrt{x})$

12. $y = \arctan(\cos x)$ 13. $y = \tan^{-1}(e^{2x})$

14. $y = \tan^{-1}(1-x^2)$ 15. $y = (\cot^{-1}x)^2$

16. $y = \sin^{-1}(2x+1)$ 17. $y = \sqrt{\sin^{-1}2x}$

18. $y = \sin^{-1}\frac{x}{2}$ 19. $y = \sin^{-1}5x$

20. $y = \sin^{-1}(\ln x)$ 21. $y = \sin^{-1}(\cos 2x)$

22. $y = \sin^{-1}\sqrt{\sin x}$ 23. $y = \cos^{-1}(e^{2x})$

24. $y = \sin^{-1}(e^x)$ 25. $y = x\cos^{-1}x$

26. $y = \cos^{-1}\left(\frac{x^2-1}{x^2+1}\right)$, $x>0$

27. $y = \cos^{-1}(\sin^{-1}x)$

28. $y = \sqrt{1-x^2}\cos^{-1}x$

29. $y = \sqrt{x^2-1}\sec^{-1}x$

30. $y=\sec^{-1}(3\tan x)$ 31. $y=\sec^{-1}(\ln x)$

32. $y=\sec^{-1}(e^{\sin x})$ 33. $y=\csc^{-1}(x^2)$

34. $y=\tan x^2 \cdot \cot^{-1}(2x+1)$

35. $y=x^{\sin^{-1}x}$

36. $h(t)=\cot^{-1}t+\cot^{-1}\dfrac{1}{t}$일 때, $h'(t)$를 구하라.

37. 함수 $g(x)=x\sin^{-1}\left(\dfrac{x}{4}\right)+\sqrt{16-x^2}$일 때, $g'(2)$을 구하라.

38. $\tan^{-1}(xy)=1+x^2y$일 때, y'를 구하라.

Chapter 05 도함수의 활용

앞 장에서 미분계수와 도함수를 공부하였다. 다양한 종류의 함수에 대하여, 도함수를 구하는 미분법에 대해서도 알아보았다. 이 장에서는 도함수를 활용하여 도함수로부터 원함수의 함숫값에 관한 정보를 알아내거나, 근삿값을 구하거나, 또는 함수의 증가, 감소, 볼록성과 같은 그래프의 모양에 관한 사실을 알아내는 등 다양한 활용법을 공부하고자 한다.

5.1 선형 근사와 미분

이 절에서는 미분계수를 활용하여, 도함수로부터 원함수의 함숫값 또는 그의 근삿값을 어떻게 구할 수 있는지에 관하여 알아보자. 한 점 부근에서 함수의 값을 정확하게 구하기 어렵거나 불가능할 경우, 주어진 함수를 일차함수로의 근사를 통해 함숫값을 추정할 수 있다. 이때 사용되는 방법으로 접선을 이용하여 근사하는 방법과 미분을 이용하여 근사하는 방법을 알아보자.

접선을 이용한 선형 근사

미분가능한 함수의 그래프에 있는 한 점에서 접선을 그은 후, 그 점을 중심으로 점점 확대하여 보면 그 점 근방에서의 그래프가 접선과 거의 비슷함을 알 수 있다. 접선을 이용하여 함수를 근사하는 방법과 이러한 근사에 의해 함숫값의 근삿값을 구하고, 이때 발생하는 오차를 추정하는 방법을 알아본다.

예를 들어, $x=4$일 때, 함수 $f(x)=\sqrt{x}$의 값은 $f(4)=2$로 정확히 알 수 있다. 하지만 그 근방에 있는 x의 값, 즉, $x=3.98$이나 $x=4.013$, $x=4.021$등 에서는 함숫값을 정확히 알기 어렵다. 이 경우에 $f(4)$와 $f'(4)$를 안다면, 이를 활용하여 정확한 함숫값 대신에 이 함숫값의 근삿값을 구할 수 있다.

곡선 $y=f(x)$에 대하여, $x=a$ 근방에서의 근사를 위해 곡선에 있는 점 $(a, f(a))$에서 접선을 이용한다. 이 접선의 방정식은 $x=a$에서 함숫값과 미분계수에 의해 다음과 같이 나타낸다.

$$y=f(a)+f'(a)(x-a)$$

이때, 이 식에 의해 함수 $f(x)$를 근사시키는 다음과 같은 근사식을 함수 $f(x)$의 $x=a$에서 선형 근사(linear approximation) 또는 일차 근사라고 한다.

$$f(x) \approx f(a) + f'(a)(x-a)$$

그리고, $y=f(x)$의 접선을 그래프로 가지는 다음과 같은 일차함수를 $f(x)$의 $x=a$에서 선형화(linearization)라고 한다.

$$L(x) = f(a) + f'(a)(x-a)$$

미분가능한 함수 $y=f(x)$의 그래프에 있는 점 $(a, f(a))$에서 접선을 그래프로 가지는 일차함수 $L(x)$를 이용하여 함수 $f(x)$의 $x=a$의 근방에서 근삿값을 구할 수 있다. 다음 예제를 통해 설명해 보자.

예제 5.1.1 함수 $f(x) = \sqrt{x+2}$ 의 $x=2$에서 선형 근사를 구하고, 이를 이용하여 $\sqrt{3.99}$ 와 $\sqrt{4.021}$ 의 근삿값을 구하라.

풀이

함수 $f(x) = \sqrt{x+2} = (x+2)^{\frac{1}{2}}$의 도함수는 $f'(x) = \frac{1}{2}(x+2)^{-\frac{1}{2}} = \frac{1}{2\sqrt{x+2}}$ 이고, $x=2$에서 함숫값과 미분계수는 각각 $f(2)=2$, $f'(2) = \frac{1}{4}$ 이므로 함수 $f(x)$의 $x=2$에서 선형 근사는 다음과 같다.

$$f(x) \approx f(2) + f'(2)(x-2) = 2 + \frac{1}{4}(x-2) = \frac{1}{4}x + \frac{3}{2}$$

따라서 선형 근사식 $\sqrt{x+2} \approx \frac{1}{4}x + \frac{3}{2}$을 이용하여, 함수 $f(x)$의 $x=1.99$와 $x=2.021$에서 근삿값을 구하면 다음과 같다.

$$\sqrt{3.99} = \sqrt{1.99+2} = f(1.99) \approx \frac{1.99}{4} + \frac{3}{2} = \frac{7.99}{4} = 1.9975$$

$$\sqrt{4.021} = \sqrt{2.021+2} = f(2.021) \approx \frac{2.021}{4} + \frac{3}{2} = \frac{8.021}{4} = 2.00525$$

[그림 5.1]은 함수 $f(x) = \sqrt{x+2}$ 의 $x=2$에서 선형 근사를 보여준다. x가 2의 근방에 있을 때의 선형 근사가 주어진 함수에 대하여 적절함을 그림으로부터 알 수 있다. x가 2의 근방에 있을 때 선형 근사는 좋은 근삿값을 제공하는 데 반하여, x가 2로부터 멀어지면 근삿값의 정확도가 떨어짐을 알 수 있다.

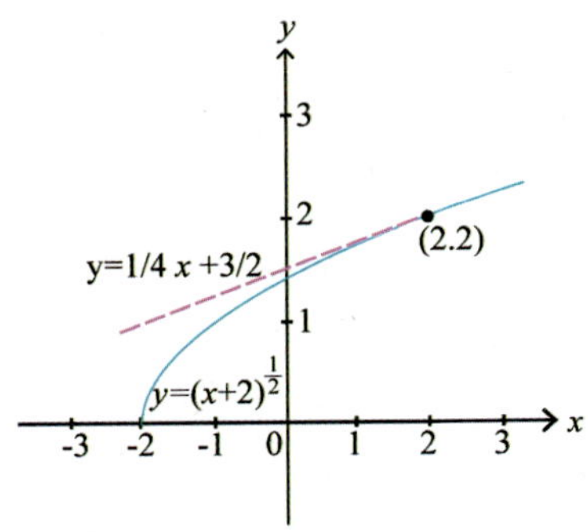

[그림 5.1]

선형 근사를 유용하게 활용하기 위해서는 값을 정확하게 알고 있는 점 $(a, f(a))$로부터 함수 $f(x)$를 선택하는 것이 중요하다. 다음 예제를 통해 함수 $f(x)$와 a를 어떻게 선택하는지를 살펴보자.

예제 5.1.2 선형 근사를 이용하여 $e^{0.05}$의 근삿값을 구하라.

풀이

함수 $f(x)=e^x$라 하고, $x=0$에서의 선형 근사를 이용해보자. $e^0=1$이라는 것은 잘 알고 있는 사실이다. 도함수는 $f'(x)=e^x$이고, $f(0)=1$과 $f'(0)=1$이므로, $f(x)$의 $x=0$에서 선형 근사는

$$f(x) \approx f(0)+f'(0)(x-0)=1+x$$

이다. 이를 이용하여 $x=0.05$일 때 근삿값을 다음과 같이 추정할 수 있다.

$$e^{0.05}=f(0.05) \approx 1+0.05=1.05$$

예제 5.1.3 선형화를 이용하여 $\sin(0.001)$의 근삿값을 구하라.

풀이

함수 $f(x)=\sin x$의 $x=0$에서 선형화를 구해 보자. 도함수는 $f'(x)=\cos x$이고, $f(0)=0$과 $f'(0)=1$이므로 함수 $f(x)$의 $x=0$에서 선형 근사는

$$f(x)=\sin x \approx f(0)+f'(0)(x-0)=x$$

이다. 따라서 $f(x)$의 $x=0$에서 선형화는 $L(x)=x$이고, 이를 이용하면 $\sin 0.001$의 근삿값을 $L(0.001)=0.001$로 추정할 수 있다.

방정식의 해를 분석할 때 종종 함수의 선형 근사를 이용하기도 한다. 예를 들어, 진자의 주기에 관한 공식을 유도할 때, 사인 함수에 대한 선형 근사를 이용하고, 광학 이론에서 광축에 대해 아주 작은 각도 θ로 도달하는 근축광선에 대해 $\sin\theta$와 $\cos\theta$는 선형 근사로 표현한다. 선형 근사 $\sin\theta \approx \theta$와 $\cos\theta \approx 1$에 의해 얻어진 계산 결과를 렌즈설계에 이용한다.

미분

점 $(a, f(a))$에서 곡선 $y=f(x)$의 접선 $y=f(a)+f'(a)(x-a)$를 $f(x)$의 근사식으로 활용하였다. 이때 선형 근사식을 다음과 같이 다시 쓸 수 있다.

$$f(x)-f(a) \approx f'(a)(x-a)$$

여기서, $x=a+\Delta x$일 때를 생각해 보면, $x-a$는 $x=a$에서 x의 변화량이므로 Δx라고 표현하고 좌변의

$f(x)-f(a)$는 y의 변화량이므로 Δy라고 표현한다[그림 5.2 참조].

이때 만일 변화량 Δx가 작은 값이라고 하면, Δy의 근삿값은

$$\Delta y = f(a+\Delta x)-f(a) \approx f'(a)\Delta x$$

와 같이 된다. 변화량 Δx가 작은 값일 때, 보통 작은 변화량을 미분(differential)이라고 말하며, 이때 $\Delta x = dx$로 나타내고, dx를 x의 미분(differential of x)이라 한다. 이 경우에 y의 변화량 Δy의 근삿값 $f'(a)\Delta x$도 작은 값이 되므로 $dy = f'(a)dx$로 나타내며, 이를 y의 미분(differential of y)이라 한다.

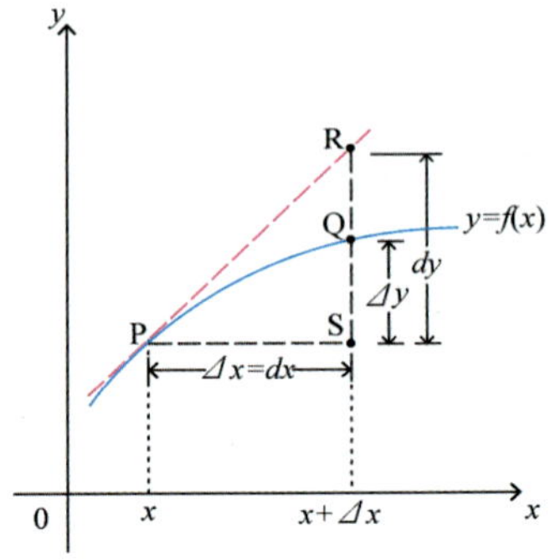

[그림 5.2]

정의 5.1.1 **미분**

함수 $y = f(x)$가 열린구간에서 미분가능할 때, x의 미분 dx가 임의의 영이 아닌 아주 작은 값일 때, y의 미분 dy는 다음과 같다.

$$dy = f'(x)dx$$

함수 $f(x)$가 미분가능한 함수이면, x의 변화량 Δx가 아주 작은 값일 때, 즉 $dx = \Delta x$일 때, y의 변화량 Δy도 작은 값이 되어 y의 미분 dy와 거의 근사하므로, 다음이 성립한다.

$$\Delta y \approx dy \quad \text{즉} \quad \Delta y \approx f'(x)dx$$

다음 예제를 통해 미분가능한 함수에 대하여, x의 변화량 Δx가 아주 작다고 가정할 때, y의 변화량과 미분이 어떻게 되는지를 살펴보자.

예제 5.1.4 함수 $y = x^3$에 대하여,

(a) $x=1$에서 $dx = 0.01$일 때 dy를 구하라.
(b) $x=1$에서 $\Delta x = 0.01$일 때 Δy를 구하고, dy의 값과 비교해보라.

풀이

(a) $f(x) = x^3$이라 하면 $f'(x) = 3x^2$이므로, y의 미분은 $dy = f'(x)dx = 3x^2 dx$이다. 따라서 $x=1$에서 $dx = 0.01$일 때, dy는 다음과 같다.

$$dy = f'(x)dx = f'(1)(0.01) = 3(0.01) = 0.03$$

(b) 또한 $x=1$에서 $\Delta x = 0.01$일 때 y의 변화량 Δy는

$$\Delta y = f(x+\Delta x) - f(x) = f(1.01) - f(1) = (1.01)^3 - 1^3 = 0.030301$$

이다. 변화량 Δy는 (a)에서 구한 미분 dy와 상당히 가까운 값임을 알 수 있다. 만일 dx, 즉 Δx의 값이 0에 충분히 가깝다고 하면 dy와 Δy도 매우 가까운 값이 된다.

측량도구를 사용해서 측정할 때 발생하는 오차를 계산할 때, 미분 dy를 Δy의 근삿값으로 사용하기도 한다.

예제 5.1.5 쇠구슬의 반지름이 0.5cm로 측정되었다. 측정값이 0.01cm 이내로 정확하게 측정되었다고 한다면, 쇠구슬의 부피를 계산할 때 발생할 수 있는 오차는 얼마나 될까?

풀이

쇠구슬의 반지름을 x라 하면 $x=0.5$이고 이때 측정 오차 Δx는 $-0.01 \le \Delta x \le 0.01$의 범위에 있다. 반지름이 x일 때 구의 부피를 계산하는 함수는 $V(x) = \frac{4}{3}\pi x^3$이므로, 이때 도함수는 $\frac{dV}{dx} = 4\pi x^2$이고 부피 V의 미분은 $dV = 4\pi x^2 dx$이다. 따라서 측정값에 따른 부피의 오차 ΔV는 미분에 의해 근삿값으로 표현하면 다음과 같다.

$$\Delta V \approx dV = 4\pi x^2 dx \le 4\pi (0.5)^2 (0.01) = 0.01\pi \approx 0.0314$$

즉, 부피의 오차는 0.0314이내로 계산된다.

상대 오차(relative error)인 $\frac{\Delta V}{V} \approx \frac{dV}{V} = \frac{4\pi x^2 dx}{\frac{4}{3}\pi x^3} = 3\frac{dx}{x}$를 생각해 볼 수도 있다.

미분을 이용한 선형 근사

이제 앞에서 살펴본 y의 미분의 성질을 활용하여 $y=f(x)$의 근삿값을 구하는 방법에 대해 알아보자. 미분 가능한 함수 $y=f(x)$에 대하여 y의 변화량과 미분이 매우 근사하므로, 즉

$$\Delta y = f(x+\Delta x) - f(x) \approx dy$$

로부터 $f(x+\Delta x)$에 관한 근사식

$$f(x+\Delta x) \approx f(x) + dy = f(x) + f'(x)dx$$

을 바로 유도한다. 이 근사식을 이용하여 함수 $f(x)$의 값을 잘 알고 있는 경우에, $f(x+\Delta x)$의 근삿값을 쉽게 구할 수 있다. 다만 이 식을 이용할 때는 x를 어떤 값으로 선택하느냐 하는 것이 매우 중요한 요소가 될 것이다.

다음 예제를 통해 미분을 이용하여 어떻게 함숫값의 근삿값을 계산하는지를 살펴보자.

예제 5.1.6 미분을 이용하여 $\dfrac{1}{\sqrt{4.021}}$의 근삿값을 구하라.

풀이

함수 $f(x)=\dfrac{1}{\sqrt{x+2}}$라 하자. $f(2)=\dfrac{1}{\sqrt{4}}=\dfrac{1}{2}$임을 잘 알고 있으므로, $x=2$라 하고, $\Delta x=0.021$로 놓으면, 구하고자 하는 $\dfrac{1}{\sqrt{4.021}}$은 다음과 같이 $f(2.021)$이 되어 근사식을 이용하여 다음과 같이 근삿값을 계산할 수 있다.

$$\frac{1}{\sqrt{4.021}}=f(2+0.021)\approx f(2)+dy=f(2)+f'(2)\,dx$$

여기서 도함수는 $f'(x)=\dfrac{-1}{2(x+2)\sqrt{x+2}}$이고, $x=2$와 $dx=0.021$을 대입하면, $\dfrac{1}{\sqrt{4.021}}$의 근삿값은 다음을 얻는다.

$$\frac{1}{\sqrt{4.021}}=f(2+0.021)\approx\frac{1}{2}+\frac{-1}{2\cdot4\cdot2}\times0.021=\frac{7979}{16000}\approx0.49869$$

끝으로 몇 가지 함수에 대해 그들의 도함수와 미분을 비교해 보자.

예제 5.1.7 다음 함수의 도함수와 미분을 구하라.

(a) $y=x^3$ (b) $y=\sin 2x$
(c) $y=e^x$ (d) $y=\ln(x+1)$

풀이

함수	도함수	미분
(a) $y=x^3$	$\dfrac{dy}{dx}=3x^2$	$dy=3x^2\,dx$
(b) $y=\sin 2x$	$\dfrac{dy}{dx}=2\cos 2x$	$dy=2\cos 2x\,dx$
(c) $y=e^x$	$\dfrac{dy}{dx}=e^x$	$dy=e^x\,dx$
(d) $y=\ln(x+1)$	$\dfrac{dy}{dx}=\dfrac{1}{x+1}$	$dy=\dfrac{1}{x+1}\,dx$

연습문제 5.1

[1~5] 주어진 x의 값에서 다음 함수의 선형 근사를 구하라.

1. $f(x) = 2x^3 + x$, $x = 2$
2. $f(x) = \sqrt[4]{x}$, $x = 256$
3. $f(x) = \sin x$, $x = \frac{\pi}{6}$
4. $f(x) = \frac{1}{1+x^2}$, $x = 1$
5. $f(x) = \sqrt{1-x}$, $x = 0$

[6~10] 미분 또는 선형 근사를 이용하여 다음 근삿값을 구하라.

6. $\sqrt{101}$
7. $\sqrt[3]{65}$
8. $\sec\frac{4\pi}{17}$
9. $(1.999)^4$
10. $(8.06)^{2/3}$

[11~15] 다음 함수의 미분을 구하라.

11. $y = \sqrt{1+x^4}$
12. $y = \frac{1-x^2}{1+x^2}$
13. $f(x) = \sin(\cos x)$
14. $f(x) = \tan\sqrt{x}$
15. $f(x) = \ln\sqrt{4-x^2}$

[16~17] $x = 0$에서 주어진 선형 근사를 확인하라.

16. $\sqrt[4]{1+2x} \approx 1 + \frac{1}{2}x$
17. $\frac{1}{(1+2x)^4} \approx 1 - 8x$

[18~19] 선형 근사 또는 미분을 이용하여 다음 근삿값이 타당함을 설명하라.

18. $\sec 0.08 \approx 1$
19. $\sqrt{3.98} \approx 2 - \frac{1}{4}(0.02)$
20. $y = \frac{1}{2}x^2$에 대하여 $x = 2$, $\triangle x = dx = 0.1$일 때, $\triangle y$ 와 dy를 구하라.
21. $y = \tan x$ 에 대하여
    (a) 미분 dy를 구하라.
    (b) $x = \frac{\pi}{4}$, $dx = -0.1$일 때, dy를 구하라.
22. 미분을 이용하여 $x = 1.995$ 일 때 $y = x^3 - 4x^2 + 5x + 1$의 근삿값을 구하라.
23. 정육면체의 한 변의 길이가 x로 측정되고 각 변의 길이가 δ씩 증가할 때, 이 정육면체의 부피의 증가량을 미분을 이용하여 추정하고 추정치의 오차와 상대 오차를 각각 구하라.

5.2 함수의 극값

이 절에서는 최대화 또는 최소화 문제라 불리는 어떤 구간에서 정의된 함수의 최댓값 또는 최솟값을 결정해야하는 문제에 대해 공부한다. 이러한 문제를 최대화 또는 최소화 문제라고 하며, 자연과학, 공학, 경제학뿐 아니라 실생활에서도 흔히 볼 수 있는 중요한 문제 중의 하나이다. 이러한 문제를 해결하는 데 도함수가 필수 요소이다. 이 절에서는 미분 가능한 함수에 대하여 그 도함수를 이용하여 최댓값 또는 최솟값을 구하는 방법을 알아보자.

최댓값과 최솟값

우선 이 문제와 관련된 기본적인 용어를 정의한다.

정의 5.2.1

c가 함수 $f(x)$의 정의역 D에 속하고, D의 모든 x에 대해
(a) $f(x) \le f(c)$이면, $f(c)$는 함수 $f(x)$의 최댓값(absolute maximum)이다.
(b) $f(x) \ge f(c)$이면, $f(c)$는 함수 $f(x)$의 최솟값(absolute minimum)이다.

정의 5.2.2

c가 함수 $f(x)$의 정의역 D에 속하고, c의 어떤 근방에 속하는 모든 x에 대해
(a) $f(x) \le f(c)$이면, $f(c)$는 함수 $f(x)$의 극댓값(local maximum)이다.
(b) $f(x) \ge f(c)$이면. $f(c)$는 함수 $f(x)$의 극솟값(local minimum)이다.

f의 극솟값 또는 극댓값을 f의 극값(extreme value)이라 한다.

[그림 5.3]은 함수 $f(x)$의 그래프를 보여준다. 점 $(a, f(a))$는 그래프에서 가장 낮은 점($f(a)$: 최솟값)이고, 점 $(d, f(d))$는 그래프에서 가장 높은 점($f(d)$: 최댓값)이다. 또한, 점 b의 근방에서만 생각해 보면, 함숫값 $f(b)$는 근방에 속하는 모든 x에 대하여 $f(x)$의 값 중에 제일 큰 값이므로 $f(x)$의 극댓값이다. 마찬가지로 $f(c)$는 점 c의 근방에 속하는 모든 x에 대하여 $f(x)$의 값 중에 가장 작은 값이므로 $f(x)$의 극솟값이다. 함수 $f(x)$는 e에서 극솟값, d에서 극댓값을 가진다고 한다.

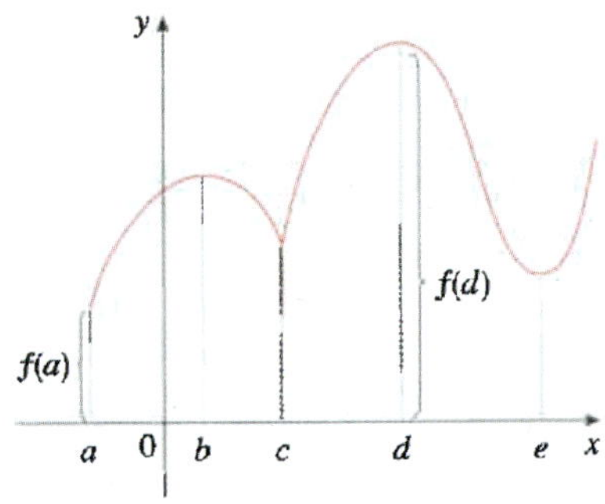

[그림 5.3]

다음 예제를 통해 여러 함수의 최댓값, 최솟값과 극값을 알아보자.

예제 5.2.1 함수 $f(x) = \sin x$의 최댓값과 그 때의 x를 구하라.

풀이

임의의 정수 n에 대해 $\sin\left(2n\pi + \frac{\pi}{2}\right) = 1$이고, 모든 실수 x에 대해 $-1 \le \sin x \le 1$이다. 따라서 함수 $f(x) = \sin x$는 $x = 2n\pi + \frac{\pi}{2}$에서 최댓값 1을 가진다.

예제 5.2.2 함수 $f(x) = x^2$의 최솟값과 그 때의 x를 구하라.

풀이

함수 $f(x) = x^2$는 모든 x에 대해 $x^2 \geq 0$이므로, $f(x) \geq f(0)$이다. 따라서 함수 $f(x)$는 $x = 0$에서 최솟값 0을 가진다.

예제 5.2.3 함수 $f(x) = x^3$의 최댓값을 구하라.

풀이

함수 $f(x) = x^3$ [그림 5.4 참조]는 x값이 커짐에 따라 함숫값이 계속 커짐을 알 수 있다. 따라서 최댓값을 가지지 않는다. 실제로 이 함수는 어떤 극값도 가지지 않는다.

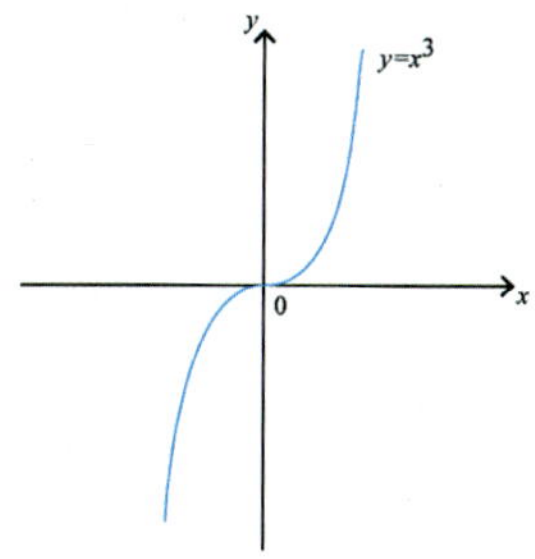

[그림 5.4]

예제 5.2.4 다음 함수의 극댓값, 극솟값, 최댓값, 최솟값을 구하라.

$$f(x) = 3x^4 - 16x^3 + 18x^2, \quad -1 \leq x \leq 4$$

풀이

함수 $f(x)$는 $x = -1$과 $x = 4$에서는 구간의 끝점이기 때문에 극값을 갖지 않는다. $f(-1) = 37$은 최댓값이다. $f(0) = 0$은 극솟값이고 $f(1) = 5$은 극댓값이고 $f(3) = -27$은 극솟값이며 최솟값이다[그림 5.5 참조].

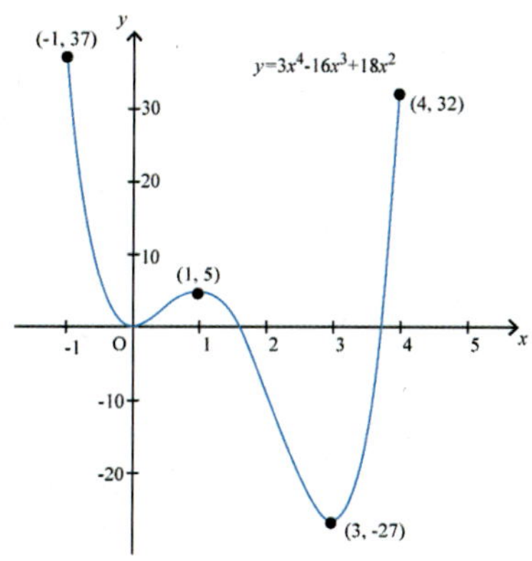

[그림 5.5]

다음 정리는 함수가 유계인 닫힌구간에서 연속이면 항상 최댓값과 최솟값을 가짐을 말해준다.

정리 5.2.3 최대 최소 정리

함수 $f(x)$가 유계인 닫힌 구간 $[a, b]$에서 연속이면, $[a, b]$의 어떤 수 c와 d에서 $f(x)$는 최댓값 $f(c)$와 최솟값 $f(d)$를 가진다.

증명 여기서는 증명은 생략한다. ■

대신 그림을 통하여 최대 최소 정리를 직관적으로 살펴보자. [그림 5.6]과 [그림 5.7]은 각각 함수가 연속 또는 닫힌 구간에 대한 가정 중 어느 하나를 만족하지 않는다면 최댓값 또는 최솟값을 갖지 않을 수 있음을 보여준다.

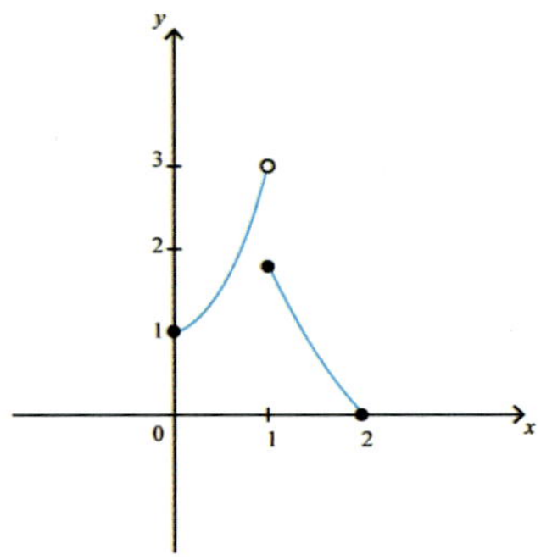

[그림 5.6]

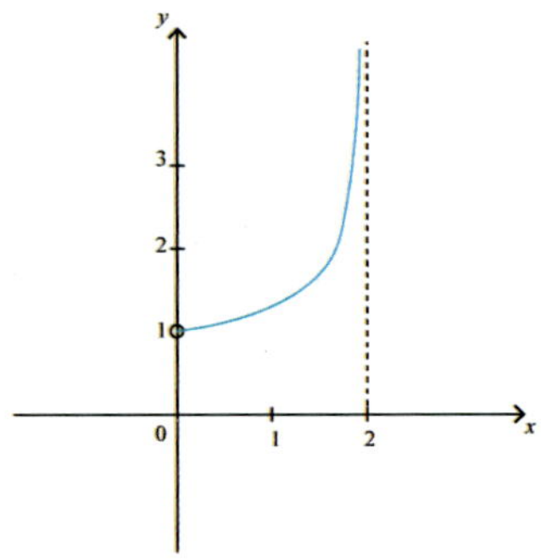

[그림 5.7]

예제 5.2.5 다음 함수가 주어진 정의역에서 최댓값 또는 최솟값을 갖는지 확인하라.

(a) $f(x) = x^2 + 1, \quad [-1, 2]$

(b) $g(x) = x^2 + 1, \quad (-1, 2)$

(c) $h(x) = \begin{cases} x^2 + 1, & x \neq 0 \\ 2, & x = 0 \end{cases}, \quad [-1, 2]$

(d) $i(x) = \begin{cases} x^2 + 1, & x \neq 0 \\ 0, & x = 0 \end{cases}, \quad [-1, 2]$

풀이

(a) 함수 $f(x)$는 닫힌 구간에서 연속이므로 최댓값과 최솟값을 가진다. $x = 0$에서 최솟값은 $f(0) = 1$이고, $x = 2$에서 최댓값은 $f(2) = 5$이다.

(b) 함수 $g(x)$는 연속이지만 열린 구간 $(-1, 2)$에서 정의되며, 이 함수는 $x = 0$에서 최솟값은 $g(0) = 1$이지만 최댓값은 가지지 않는다.

(c) 함수 $h(x)$는 닫힌 구간에서 정의되었으나 연속이 아니며, $x = 2$에서 최댓값은 $h(2) = 5$를 갖지만, 최솟값은 가지지 않는다.

(d) 함수 $i(x)$는 연속이 아니지만, $x = 2$에서 최댓값은 $i(2) = 5$이고, $x = 0$에서 최솟값은 $i(0) = 0$이다. 따라서 최댓값과 최솟값을 모두 가진다.

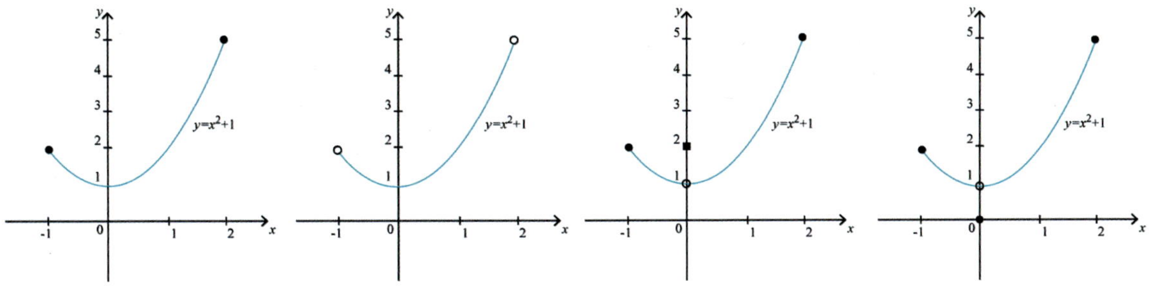

[그림 5.8]

극값을 갖기 위한 필요조건

최대 최소 정리는 유계인 닫힌 구간에서 연속인 함수가 최댓값과 최솟값을 항상 가짐을 말하지만, 그 값을 구하는 방법을 알려주지는 않는다. 이를 구하기 전에, 먼저 극값의 성질을 살펴보는 것부터 시작해 보자.

예를 들어, [그림 5.9]에서 보는 것처럼, 함수 $f(x) = x^3 - 3x^2\ (-1 \le x \le 3)$는 $x = 0$에서 극댓값을 가지고, $x = 2$에서 극솟값을 가진다. 극댓점과 극솟점에서의 접선은 x축과 평행이고, 따라서 기울기는 0이다. 접선의 기울기는 그 점에서의 미분계수이므로 $f'(0) = 0$이고 $f'(2) = 0$ 이다.

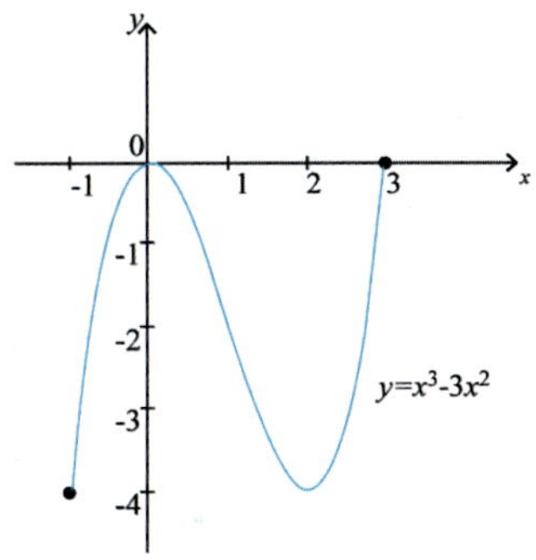

[그림 5.9]

또한 함수 $f(x) = |x|$는 $x = 0$에서 극솟값을 갖는다. 그런데 우리는 극솟점에서 접선을 찾을 수 없다. 즉, 함수 $f(x)$는 $x = 0$에서 미분가능하지 않으며, 즉, $f'(0)$은 존재하지 않는다. 위의 두 함수의 예를 통하여 극점에서 미분계수가 0이거나 존재하지 않음을 살펴보았다. 이러한 경우의 점을 특별한 이름을 붙여 정의한다.

정의 5.2.4 임계수

함수 $f(x)$가 $x = c$에서 정의되어 있고 $f'(c) = 0$이거나 $f'(c)$가 존재하지 않으면, $x = c$를 $f(x)$의 임계수(critical number)라 한다. 이 경우에, 점 $(c, f(c))$를 임계점이라 한다.

앞에서 논의한 내용을 임계수를 이용하여 다음과 같은 정리로 말할 수 있다.

정리 5.2.5 페르마의 정리

함수 $f(x)$가 $x = c$에서 극댓값 또는 극솟값을 가지면, $x = c$는 $f(x)$의 임계수이다.

증명 함수 $f(x)$가 $x=c$에서 극값을 가진다고 하자. 이제 $x=c$가 $f(x)$의 임계수임을 보이자.

경우 1) 함수 $f(x)$가 $x=c$에서 미분불가능하면, 바로 $x=c$는 $f(x)$의 임계수이다.

경우 2) 함수 $f(x)$가 $x=c$에서 미분가능하면, $x=c$가 임계수이기 위해서는 $f'(c)=0$임을 보이면 된다. 결과를 부정하여 $f'(c)\neq 0$이라 하자.

먼저, $f'(c)<0$인 경우에 대해 살펴보자. 미분계수의 정의로부터

$$f'(c)=\lim_{x\to c}\frac{f(x)-f(c)}{x-c}<0$$

이다. 극한의 정의로부터 c를 포함하는 어떤 구간 (a,b)에 속하는 $x(\neq c)$에 대하여

$$\frac{f(x)-f(c)}{x-c}<0$$

이 성립하여야 한다. 이 식으로부터 $f(x)-f(c)$의 값과 $x-c$의 값은 서로 다른 부호를 가지고 있다.

$x<c$에서는 $x-c<0$이므로 $f(x)>f(c)$이다. 따라서 $f(c)$는 극댓값이 아니다.

$x>c$에서는 $x-c>0$이므로 $f(x)<f(c)$이다. 따라서 $f(c)$는 극솟값이 아니다.

이것은 $f(x)$가 $x=c$에서 극댓값 또는 극솟값을 가진다는 가정에 모순이다.

마찬가지로, $f'(c)>0$인 경우에 대해서도 같은 방법으로 모순임을 알 수 있다.

그러므로 $f'(c)=0$이며, $x=c$는 $f(x)$의 임계수이다. ■

한편, 이 정리의 역은 성립하지 않음을 반례를 들어 보일 수 있다. 즉 함수 $f(x)=x^3$을 살펴보면, $x=0$에서 $f'(0)=0$이므로 $x=0$은 임계수이지만. $f(0)=0$은 $f(x)$의 극값이 아니다. 왜냐하면, 0의 어떤 근방에서 $x>0$이면 $f(x)>0=f(0)$이고, $x<0$이면 $f(x)<0=f(0)$이므로, 극댓값도 극솟값도 될 수 없기 때문이다. 이와 같이 $f'(c)=0$이어도 $x=c$에서 $f(x)$가 반드시 극값을 갖는 것은 아니다. 이런 이유로 $x=c$가 함수 $f(x)$의 임계수임은 $f(x)$가 $x=c$에서 극값을 갖기 위한 필요조건이라고 할 수 있다.

예제 5.2.6 함수 $f(x)=x^{3/5}(4-x)$ 의 임계수를 구하라.

풀이

함수를 곱의 미분법을 적용하여 미분하면 다음과 같이 도함수를 얻는다.

$$f'(x)=x^{3/5}(-1)+\frac{3}{5}x^{-2/5}(4-x)$$

$$=-x^{3/5}+\frac{3(4-x)}{5x^{2/5}}$$

$$= \frac{-5x+3(4-x)}{5x^{2/5}} = \frac{12-8x}{5x^{2/5}}$$

따라서 $x=0$일 때 분모가 0이므로 미분계수가 존재하지 않는다. 또한 $f'(x)=0$이 되는 x를 구하면, $12-8x=0$이므로 $x=\frac{3}{2}$이다. 그러므로 임계수는 $x=\frac{3}{2}$ 또는 $x=0$이다.

이제 닫힌 구간에서 연속함수의 최댓값과 최솟값을 구하는 과정을 정리해 보자.

닫힌 구간에서 연속함수의 최댓값과 최솟값 구하는 방법

닫힌 구간 $[a, b]$에서 연속함수 $f(x)$의 최댓값과 최솟값을 구하기 위해 다음 단계를 따른다.

1. (a, b)에 속하는 $f(x)$의 임계수와 임계수에서 $f(x)$의 값을 구한다.
2. 구간의 끝점에서 $f(x)$의 값을 구한다.
3. 1, 2단계에서 구한 값 중에서 가장 큰 값이 함수의 최댓값이고, 가장 작은 값이 함수의 최솟값이다.

이 단계를 따라 닫힌 구간에서 정의된 연속함수의 최댓값과 최솟값을 구하여 보자.

예제 5.2.7 **함수 $f(x)=x^3-3x^2+1,\ -\frac{1}{2} \le x \le 4$의 최댓값과 최솟값을 구하라.**

풀이

먼저 도함수는 $f'(x) = 3x^2-6x = 3x(x-2)$이므로, 임계수는 $f'(x)=0$이 되는 수, 즉 $x=0$ 또는 $x=2$이다. 임계수에서 $f(x)$의 값을 구하면 각각 $f(0)=1$과 $f(2)=-3$이다.

또한, 구간의 끝점에서 $f(x)$의 값은 각각 $f\left(-\frac{1}{2}\right)=\frac{1}{8}$과 $f(4)=17$이다.

여기서 구한 네 개의 값을 비교하면 최댓값은 $f(4)=17$이고 최솟값은 $f(2)=-3$이다. 따라서 함수 $f(x)$는 $x=4$에서 최댓값 17을, $x=2$에서 최솟값 -3을 가진다.

예제 5.2.8 **주어진 구간에서 함수의 최댓값과 최솟값을 구하라.**

$$f(x) = 2\sin x - \cos 2x, \qquad [0, 2\pi]$$

풀이

함수 $f(x)$의 도함수를 구하면 다음과 같다.

$$f'(x) = 2\cos x + 2\sin 2x = 2\cos x + 4\sin x \cos x$$
$$= 2\cos x(1+2\sin x)$$

이 도함수로부터 $f'(x)=0$이 되기 위해서는 $\cos x=0$ 또는 $1+2\sin x=0$이다. 구간 $[0, 2\pi]$에서 이를 만족하는 값을 구하면 다음을 얻는다.

1) $\cos x=0$이면, $x=\frac{\pi}{2}$ 또는 $x=\frac{3\pi}{2}$이다.

2) $\sin x=-\frac{1}{2}$이면, $x=\frac{7\pi}{6}$ 또는 $x=\frac{11\pi}{6}$이다.

따라서 임계수에서 함숫값을 구하면 다음과 같다.

$$f\left(\frac{\pi}{2}\right)=3,\quad f\left(\frac{3\pi}{2}\right)=-1,\quad f\left(\frac{7\pi}{6}\right)=-\frac{3}{2},\quad f\left(\frac{11\pi}{6}\right)=-\frac{3}{2}$$

또한 구간의 끝점에서 함숫값은 다음과 같다.

$$f(0)=-1,\quad f(2\pi)=-1$$

따라서 최댓값은 $f\left(\frac{\pi}{2}\right)=3$, 최솟값은 $f\left(\frac{7\pi}{6}\right)=f\left(\frac{11\pi}{6}\right)=-\frac{3}{2}$이다.

연습문제 5.2

1. 다음 그래프에서 함수의 최댓값, 최솟값, 극댓값, 극솟값을 찾아라.

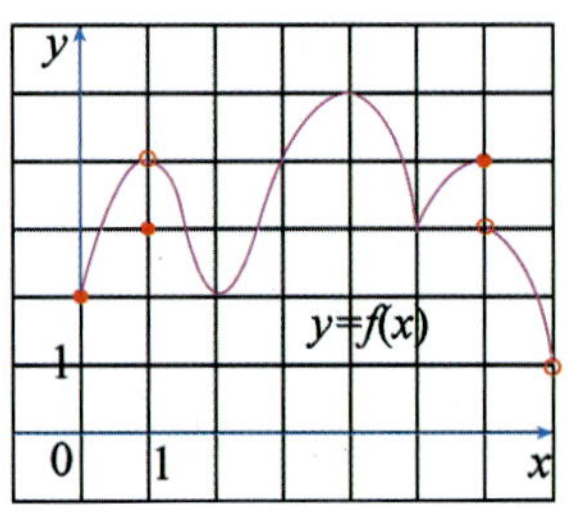

[2~6] 함수 f의 그래프를 그리고, 그 그래프를 이용해서 f의 최댓값, 최솟값, 극댓값, 극솟값을 구하라.

2. $f(x)=2(1-3x)$, $x\geq -2$

3. $f(x)=\cos x$, $0\leq x\leq \pi$

4. $f(x)=7-(x+2)^2$, $-1<x\leq 2$

5. $f(x)=2-\sqrt{x-2}$

6. $f(x)=e^x-2$, $-1\leq x<2$

[7~13] 다음 함수의 임계수를 구하라.

7. $f(x)=x\sqrt{x-x^2}$

8. $f(x)=x^5-x^3+3$, $-1\leq x\leq 1$

9. $f(x)=2\cos x+\sin 2x$, $[0, 2\pi]$

10. $f(x)=\dfrac{9(x^2-3)}{x^3}$

11. $f(x)=x^2\log_2(x^2+1)$

12. $f(x)=x^{4/5}(x-4)^2$

13. $f(x)=2x-3x^{2/3}$, $-1\leq x\leq 3$

[14~20] 주어진 구간에서 f의 최댓값과 최솟값을 구하라.

14. $f(x)=6+2x-x^2$, $[0, 5]$

15. $f(x)=x\sqrt{4-x^2}$, $[-1,\ 2]$

16. $f(x)=\dfrac{x-1}{x^2-x+1}$, $[-1, 3]$

17. $f(x)=3x^{2/3}-2x$, $[-2, 1]$

18. $f(x)=e^x\sin x$, $[0, \pi]$

19. $f(x)=2\cos x+\sin^2 x$, $[0, 2\pi]$

20. $f(x)=\cos\pi x$, $[0, 2]$

21. 함수 $f(x)=x^{11}+x^5+x^3+1$이 극값을 갖지 않음을 보여라.

5.3 평균값 정리

평균값 정리(Mean Value Theorem)는 미적분학에서 가장 중요한 역할을 하는 정리 중의 하나로서, 미적분학의 많은 결과들이 이 정리로부터 비롯되어 있음을 알 수 있다.

롤의 정리

먼저, 평균값 정리를 이야기하기 전에, 그의 기초가 되는 다음 정리를 소개한다.

정리 5.3.1 롤의 정리(Rolle's theorem)

함수 $f(x)$가 다음 세 가지 조건
(a) 닫힌 구간 $[a, b]$에서 연속이고,
(b) 열린 구간 (a, b)에서 미분가능하며,
(c) $f(a)=f(b)$
를 만족하면, $f'(c)=0$인 c가 구간 (a, b)에 존재한다.

증명 함수 $f(x)$를 닫힌 구간 $[a, b]$에서 다음 세 가지 경우로 구분하여 증명한다.

경우 1. 열린 구간 (a, b)에 속하는 모든 x에서 $f(x)=f(a)=f(b)$인 경우 :
이 경우는 함수 $f(x)$가 상수함수이므로 구간 (a, b)의 모든 x에 대하여, $f'(x)=0$이므로, c를 (a, b)의 어떠한 값으로 선택하여도 $f'(c)=0$이다.

경우 2. 열린 구간 (a, b)에 $f(x)>f(a)=f(b)$인 어떤 x가 존재하는 경우 :
이 경우는 함수 $f(x)$가 $[a, b]$에서 연속이므로, 5.2절의 최대 최소 정리(정리 5.2.3)에 의해 $f(c)$가 $[a, b]$에서 최댓값이 되는 c가 존재한다.

$$f(c)\ge f(x)>f(a)=f(b)$$

이므로, 이 식으로부터 c는 구간 (a, b)에 존재하고, $f(c)$는 극댓값이 된다. 조건으로부터 $f(x)$가 열린 구간 (a, b)에서 미분가능하므로 $f'(c)$가 존재한다. 따라서 페르마 정리(정리 5.2.5)에 의해 $f'(c)=0$이다.

경우 3. 열린 구간 (a, b)에 $f(x) < f(a) = f(b)$인 어떤 x가 존재하는 경우 :

이 경우는 함수 $f(x)$가 $[a, b]$에서 연속이므로, 5.2절의 최대 최소 정리(정리 5.2.3)에 의해 $f(c)$가 $[a, b]$에서 최솟값이 되는 c가 존재한다.

$$f(c) \le f(x) < f(a) = f(b)$$

이므로, 이 식으로부터 c는 구간 (a, b)에 존재하고, $f(c)$는 극솟값이다. 조건으로부터 $f(x)$가 열린 구간 (a, b)에서 미분가능하므로 $f'(c)$가 존재한다. 그러므로 페르마 정리(정리 5.2.5)에 의해 $f'(c)=0$이다. ■

[그림 5.10]에서 (a)는 경우 1, (b)는 경우 2, (c)는 경우 3, (d)는 경우 2와 경우 3에 동시에 적용된다.

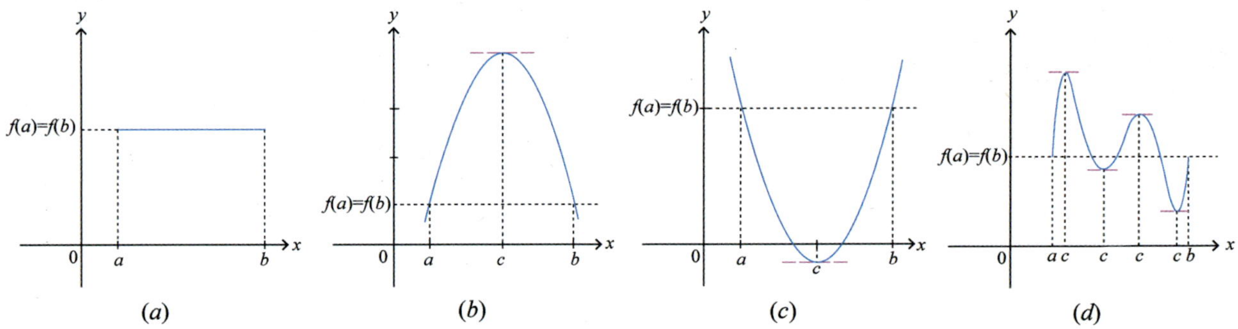

[그림 5.10]

롤의 정리를 기하학적인 의미로 살펴보면 함수 $f(x)$가 구간 $[a, b]$에서 연속이고 구간 (a, b)에서 미분가능하며 $f(a)=f(b)$이면, 그래프에서 x축에 평행한 접선을 그을 수 있는 점이 (a, b)에 반드시 존재한다는 것이다[그림 5.10 참조].

예제 5.3.1 함수 $f(x)=x^2-4x+1$가 구간 $[0, 4]$에서 롤의 정리의 조건을 만족함을 보이고, 수평접선을 가지는(롤의 정리의 결과에 해당하는) c를 구하라.

풀이

함수 $f(x)=x^2-4x+1$는 다항함수이므로

(a) $[0, 4]$에서 연속이고,

(b) $(0, 4)$에서 미분가능하며,

(c) $f(0) = 1 = f(4)$이므로

롤의 정리의 모든 조건을 만족한다. 그러므로 롤의 정리로부터 수평접선을 가지는 즉, $f'(c) = 0$인 c가 $(0, 4)$에 반드시 존재함을 알 수 있다. 도함수는 $f'(x) = 2x - 4$이고, 수평접선을 가지려면 $f'(c) = 2c - 4 = 0$이므로 $c = 2$이다.

롤의 정리를 이용하면, 방정식의 근이 오직 하나만 존재함을 보일 수 있다.

예제 5.3.2 방정식 $x^3 + x - 1 = 0$이 단 하나의 실근을 가짐을 보이라.

증명 함수 $f(x) = x^3 + x - 1$이라 놓으면, $f(x)$는 다항함수이므로 실수 전체에서 연속이다. 또한 $f(0) = -1 < 0 < f(1) = 1$이므로, 함수 $f(x)$에 사잇값 정리를 적용하면 방정식 $f(x) = 0$이 $(0, 1)$에서 적어도 하나의 실근 s를 가짐을 알 수 있다.

여기서 방정식 $f(x) = 0$이 $(0, 1)$에서 s외에 또 다른 실근 t를 갖는다고 가정하자. 이때 일반성을 잃지 않고 $s < t$라고 가정할 수 있다. 그러면 함수 $f(x)$는 다항함수이므로

(a) $[s, t]$에서 연속이고,

(b) (s, t)에서 미분가능하며,

(c) $f(s) = 0 = f(t)$

이므로, 롤의 정리의 세 조건을 모두 만족한다. 따라서 롤의 정리로부터 $f'(c) = 0$인 c가 구간 (s, t)에 반드시 존재하여야 한다. 하지만 모든 x에 대해 $x^2 \geq 0$이므로 f의 도함수는 다음을 만족한다.

$$f'(x) = 3x^2 + 1 \geq 1 > 0$$

그러므로 $f'(x)$는 결코 0이 될 수 없으므로 롤의 정리의 결과와 모순이다. 따라서 방정식은 두 개의 실근을 가질 수 없다. 즉, 방정식 $x^3 + x - 1 = 0$는 단 하나의 실근만을 가진다. ■

[사잇값 정리(중간값 정리)] 함수 $f(x)$가 닫힌 구간 $[a, b]$에서 연속이고 $f(a) \neq f(b)$이면, $f(a)$와 $f(b)$ 사이의 임의의 값 k에 대하여 $f(c) = k$가 되는 c가 열린 구간 (a, b)에 반드시 존재한다.

평균값 정리

이제, 평균값 정리를 소개하고, 롤의 정리를 이용하여 정리를 증명한다.

정리 5.3.2 평균값 정리(Mean Value Theorem)

함수 $f(x)$가
(a) 닫힌 구간 $[a, b]$에서 연속이고
(b) 열린 구간 (a, b)에서 미분가능하면

다음 관계식

$$f'(c) = \frac{f(b)-f(a)}{b-a} \quad \text{또는} \quad f(b)-f(a) = f'(c)(b-a)$$

을 만족하는 c가 구간 (a, b)에 반드시 존재한다.

증명 곡선 $y = f(x)$에 있는 두 점 $(a, f(a))$와 $(b, f(b))$를 지나는 할선의 방정식을 $y = g(x)$라 할 때,

$$g(x) = f(a) + \frac{f(b)-f(a)}{b-a}(x-a)$$

이므로, $g(x)$는 $[a, b]$에서 연속이고, (a, b)에서 미분가능하다. 이때 새로운 함수를

$$F(x) = f(x) - g(x)$$

라고 정의하면, 함수 f와 g가 $[a, b]$에서 연속이고 (a, b)에서 미분가능하므로 $F(x)$도 역시 $[a, b]$에서 연속이고, (a, b)에서 미분가능하며, 또한

$$F(a) = f(a) - g(a) = f(a) - f(a) - \frac{f(b)-f(a)}{b-a}(a-a) = 0$$

$$F(b) = f(b) - g(b) = f(b) - f(a) - \frac{f(b)-f(a)}{b-a}(b-a) = 0$$

즉, $F(a) = F(b) = 0$이므로, $F(x)$는 롤의 정리의 세 가지 조건을 모두 만족한다. 따라서 롤의 정리로부터 $F'(c) = 0$인 c가 (a, b)에 반드시 존재한다. 그런데, F의 도함수는

$$F'(x) = f'(x) - g'(x) = f'(x) - \frac{f(b)-f(a)}{b-a}$$

이므로, $F'(c) = 0$, 즉

$$f'(c) = \frac{f(b)-f(a)}{b-a}$$

를 만족하는 c가 (a, b)에 반드시 존재한다. ■

평균값 정리를 기하학적인 의미로 설명하면 함수 $f(x)$가 닫힌 구간 $[a, b]$에서 연속이고 열린 구간 (a, b)에서 미분가능하면, 그래프에서 두 점 $(a, f(a))$와 $(b, f(b))$를 연결하는 할선과 평행한 접선을 그을 수 있는 점이 (a, b)에 반드시 존재한다는 것이다[그림 5.11 참조].

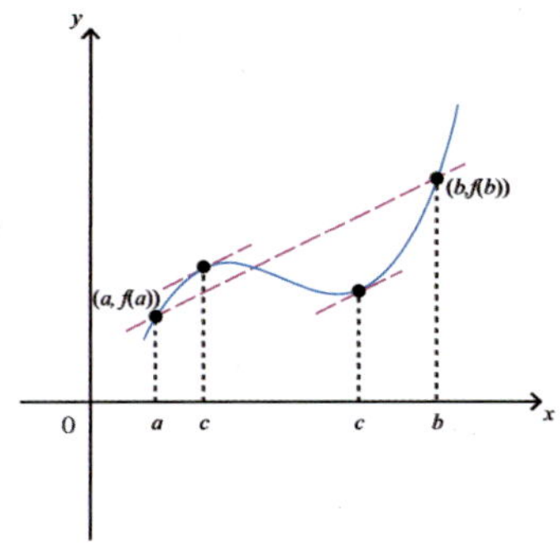

[그림 5.11]

예제 5.3.3 함수 $f(x) = x^3 - x^2 - x + 1$에 대해 구간 $[0, 2]$에서 평균값 정리의 결과에 해당하는 c를 구하라.

풀이

함수 $f(x) = x^3 - x^2 - x + 1$는 다항함수이므로

(a) 닫힌 구간 $[0, 2]$에서 연속이고,

(b) 열린 구간 $(0, 2)$에서 미분가능하다.

$f(0) = 1$과 $f(2) = 3$이므로 평균값 정리로부터

$$f'(c) = \frac{f(2) - f(0)}{2 - 0} = \frac{3 - 1}{2} = 1$$

를 만족하는 c가 $(0, 2)$에 존재한다. 함수 $f(x)$의 도함수는 $f'(x) = 3x^2 - 2x - 1$이므로 $3c^2 - 2c - 2 = 0$인 c를 찾으면, 근의 공식에 의해 $c = \frac{1 \pm \sqrt{7}}{3}$을 얻는다. 이 중 $(0, 2)$에 속하는 수는 $c = \frac{1 + \sqrt{7}}{3}$ 하나뿐이다. 즉, 두 점 $(0, f(0))$과 $(2, f(2))$을 연결하는 할선의 기울기와 $x = \frac{1 + \sqrt{7}}{3}$에서의 접선의 기울기는 같다[그림 5.12 참조].

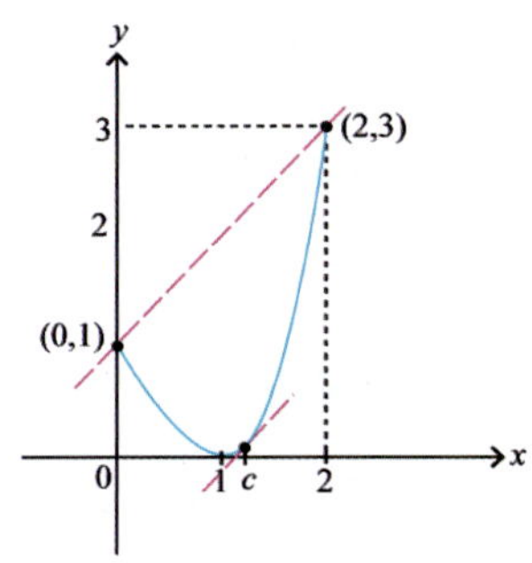

[그림 5.12]

평균값 정리의 활용

평균값 정리는 앞에서 언급한 대로 미적분학에서 매우 유용하게 활용되는 정리이다. 이제부터는 평균값 정리가 어떻게 활용되는가에 관심을 가지고 살펴보는 것도 좋을 것이다.

다음 예제에서는 평균값 정리를 활용하여 도함수에 관한 정보로부터 함수에 대한 정보를 어떻게 얻을 수 있는지를 보여준다.

예제 5.3.4 함수 $f(x)$가 $f(0)=-3$이고, 모든 x에 대해 $f'(x) \le 5$라고 하자. $f(2)$의 최댓값을 구하라.

풀이

함수 $f(x)$는 모든 x에서 미분가능하므로 연속이다. 특히
(a) 닫힌 구간 $[0,2]$에서 연속이고
(b) 열린 구간 $(0,2)$에서 미분가능하므로

평균값 정리를 적용하면 다음을 만족하는 c가 $(0,2)$에 반드시 존재함을 알 수 있다. 조건에 의해

$$\frac{f(2)-f(0)}{2-0} = \frac{f(2)-(-3)}{2} = f'(c) \le 5$$

이다. 이 식으로부터

$$f(2)+3 \le 2 \cdot 5, \text{ 즉 } f(2) \le 2 \cdot 5 - 3 = 7$$

이다. 따라서 $f(2)$가 가질 수 있는 가장 큰 값은 7이다.

다음 장에서부터 자세히 다룰 적분법의 기초가 되는 몇 가지 사실들이 또한 평균값 정리로부터 유도됨을 알 수 있다. 이런 기초적인 사실 중에서 가장 기본이 되는 정리가 다음 정리이다.

정리 5.3.3

함수 $f(x)$가 (a,b)의 모든 x에 대해 $f'(x)=0$이면, $f(x)$는 (a,b)에서 상수함수이다.

증명 x_1과 x_2를 (a,b)의 임의의 두 수라 하자. 편의상 $x_1 < x_2$이라 하자. $f(x)$가 (a,b)에서 미분가능하므로 $f(x)$는
(a) 닫힌 구간 $[x_1, x_2]$에서 연속이고,
(b) 열린 구간 (x_1, x_2)에서 미분가능하다.

그러므로 $[x_1, x_2]$에서 평균값 정리를 적용하면, $x_1 < c < x_2$인 c가 존재하여

$$f'(c) = \frac{f(x_2)-f(x_1)}{x_2-x_1}$$

을 만족한다. 조건으로부터 $f'(c)=0$이다. 따라서

$$\frac{f(x_2)-f(x_1)}{x_2-x_1} = 0$$

이고 $x_1 \ne x_2$이므로 $f(x_2)-f(x_1) = 0$, 즉 $f(x_2)=f(x_1)$이다.

그러므로 f는 (a, b)에 속하는 임의의 두 수 x_1, x_2에 대해 항상 함숫값이 같다. 즉, $f(x)$는 (a, b)에서 상수함수이다. ■

또한 다음 정리도 다음 장에서 부정적분을 공부할 때 자세히 다룰 내용이다. 어떤 함수들의 도함수(정리 5.3.4의 함수 f'과 g')가 서로 같다면, 그 원시함수(정리 5.3.4의 함수 f와 g)는 상수값 만큼의 차이만 있을 뿐이라는 내용의 정리이다. 이 또한 평균값 정리로부터 유도되는 정리이다. 증명은 정리 5.3.3을 이용하여 쉽게 보일 수 있다.

정리 5.3.4

구간 (a, b)에 속하는 모든 x 에서 $f'(x) = g'(x)$이면, 그 구간에서 $f(x) = g(x) + C$이다. 여기서, C는 적당한 상수이다.

증명 함수 $F(x) = f(x) - g(x)$ 라 놓으면, 구간 (a, b) 에 속하는 모든 x 에서

$$F'(x) = f'(x) - g'(x) = 0$$

이다. 그러면 정리 5.3.3에 의해 $F(x)$ 는 구간 (a, b) 에서 상수함수이다. 따라서 상수를 C 라 하면, 구간 (a, b) 에서

$$F(x) = C$$

이다. 따라서 $f(x) = g(x) + C$ 이다. ■

평균값 정리를 활용하면 어려운 부등식의 증명도 쉽게 할 수 있음을 알 수 있다. 자주 사용되는 유용한 부등식에 대하여, 평균값 정리를 사용하여 쉽게 증명하는 과정을 알아보자.

예제 5.3.5 모든 실수 x 에 대해 다음 부등식이 성립함을 보이라.

$$|\sin x| \le |x|$$

증명 우선 $x = 0$일 때에는 부등식이 성립함을 바로 알 수 있다. 이제, 임의의 양의 실수 $a > 0$에 대해 $f(x) = \sin x$ 는 $[0, a]$에서 연속이고, $(0, a)$에서 미분가능하므로 $[0, a]$에서 함수 $f(x)$에 대하여 평균값 정리를 적용하면

$$\frac{\sin a - \sin 0}{a - 0} = \frac{\sin a}{a} = f'(c) = \cos c$$

를 만족하는 c 가 $(0, a)$에 존재함을 알 수 있다. $|\cos c| \le 1$이므로, 양변에 절댓값을 취하고 정리하면

$$|\sin a| = |a||\cos c| \le |a|$$

을 얻는다. 또한, 음의 실수 $a<0$에 대해서도 같은 방법으로 보일 수 있다.
즉, 모든 실수 x 에 대해 $|\sin x| \leq |x|$이다. ■

정리 5.3.5 코시의 평균값 정리[(Cauchy's Mean Value Theorem)

함수 $f(x)$, $g(x)$가 구간 $[a, b]$에서 연속이고 구간 (a, b)에서 미분가능하다고 하자. 만일 $g'(x) \neq 0$ 이면

$$\frac{f(b)-f(a)}{g(b)-g(a)} = \frac{f'(c)}{g'(c)}$$

을 만족하는 c 가 (a, b) 에 반드시 존재한다.

증명 구간 (a, b)에서 $g'(x) \neq 0$이므로 평균값 정리에 의해

$$\frac{g(b)-g(a)}{b-a} = g'(\alpha) \neq 0$$

인 α 가 존재하므로 $g(a) \neq g(b)$ 이다. 이때, 새로운 함수

$$h(x) = f(x) - f(a) - \frac{f(b)-f(a)}{g(b)-g(a)}[g(x)-g(a)]$$

를 정의하면, $h(x)$도 역시 구간 $[a, b]$에서 연속이고 구간 (a, b)에서 미분가능하며 $h(a)=0=h(b)$ 이다, 따라서 롤의 정리에 의하여 $h'(c)=0$인 c가 (a, b)에 반드시 존재한다. 여기서 $h(x)$의 도함수를 구하면

$$h'(x) = f'(x) - \frac{f(b)-f(a)}{g(b)-g(a)} g'(x)$$

이고, $x=c$를 대입하면

$$h'(c) = f'(c) - \frac{f(b)-f(a)}{g(b)-g(a)} g'(c) = 0$$

이고, 또한 $g'(c) \neq 0$ 이므로, 이를 정리하면 c가

$$\frac{f(b)-f(a)}{g(b)-g(a)} = \frac{f'(c)}{g'(c)}$$

을 만족한다. ■

예제 5.3.6 $f(x) = 3x + 2$, $g(x) = x^2 + 1$ 일 때, $[1, 4]$ 에서 코시의 평균값 정리의 결과에 해당하는 c 를 구하라.

풀이

구간 $[1, 4]$ 에서 코시의 평균값 정리를 적용하면, $a = 1$, $b = 4$ 이므로 좌변은

$$\frac{f(b) - f(a)}{g(b) - g(a)} = \frac{f(4) - f(1)}{g(4) - g(1)} = \frac{9}{15} = \frac{3}{5}$$

이 되고, $f'(x) = 3$ 과 $g'(x) = 2x$ 이므로, 우변은 $\frac{f'(c)}{g'(c)} = \frac{3}{2c}$ 이다. 따라서 $\frac{3}{5} = \frac{3}{2c}$ 을 만족하는 c 를 구하면 $c = \frac{5}{2}$ 이다.

연습문제 5.3

[1~8] 다음 함수가 주어진 구간에서 롤의 정리의 세 가지 조건을 만족하는지 보여라. 그리고 롤의 정리의 결과에 해당하는 수 c를 모두 구하라.

1. $f(x) = 5 - 12x + 3x^2$, $[1, 3]$
2. $f(x) = x^3 - x^2 - 6x + 2$, $[0, 3]$
3. $f(x) = x^2 - 2x$, $[0, 2]$
4. $f(x) = \frac{x^3}{3} - 3x$, $[-3, 3]$
5. $f(x) = -\frac{1}{3}x + \sqrt{x}$, $[0, 9]$
6. $f(x) = -(x-2)^2$, $[0, 4]$
7. $f(x) = \sin x$, $[0, 2\pi]$
8. $f(x) = \cos 2x$, $[\frac{\pi}{8}, \frac{7\pi}{8}]$

[9~20] 다음 함수가 주어진 구간에서 평균값 정리의 두 가지 조건을 만족하는지 보여라. 그리고 평균값 정리의 결과에 해당하는 수 c를 모두 구하라.

9. $f(x) = 1 - 3x + 2x^2$, $[0, 2]$
10. $f(x) = x^3 - 3x + 2$, $[-2, 2]$
11. $f(x) = (x-1)^{10}$, $[0, 2]$
12. $f(x) = \frac{1}{x}$, $[1, 3]$
13. $f(x) = x^{\frac{2}{3}}$, $[0, 1]$
14. $f(x) = 2\sqrt{x}$, $[1, 4]$
15. $f(x) = \sqrt[3]{x}$, $[0, 1]$
16. $f(x) = \sqrt{1 - x^2}$, $[-1, 0]$
17. $f(x) = \sqrt{1 + \cos x}$, $[-\frac{\pi}{2}, \frac{\pi}{2}]$
18. $f(x) = \ln x$, $[1, 4]$
19. $f(x) = e^{-x}$, $[0, 1]$
20. $f(x) = \cos x$, $[\frac{\pi}{2}, \frac{3\pi}{2}]$
21. 함수 $f(x)$가 $f(1) = 10$ 이고 $1 \le x \le 4$ 에서 $f'(x) \le 2$ 라고 하자. $f(4)$ 의 최댓값을 구하라.

22. 모든 x 에 대해 $3 \leq f'(x) \leq 5$ 일 때 $f(8) - f(2)$ 의 범위를 구하라.

23. 함수 $f(x)$ 는 $f(0) = 1$ 이고 모든 x 에 대해 $3 \leq f'(x) \leq 4$ 를 만족한다고 한다. $f(2)$의 범위를 구하라.

24. $f(0) = -1$ 이고 $f(2) = 4$ 이며 모든 x 에 대해 $f'(x) \leq 2$ 를 만족하는 함수 f 가 존재하는가?

25. 함수 $f(x) = 1 - x^{\frac{2}{3}}$ 은 $f(-1) = f(1)$이지만, $f'(c) = 0$인 점 c는 구간 $(-1, 1)$에 존재하지 않는다. 이 사실이 롤의 정리에 모순되지 않음을 설명하라.

26. 함수 $f(x) = |x|$ 는 $f(-1) = f(1)$이지만, $f'(c) = 0$인 점 c는 구간 $(-1, 1)$에 존재하지 않는다. 이 사실이 롤의 정리에 모순되지 않음을 설명하라.

27. 함수 $f(x) = \begin{cases} x & 0 \leq x < 1 \\ 0 & x = 1 \end{cases}$ 은 $f(0) = f(1)$ 이지만, $f'(c) = 0$인 점 c는 구간 $(0, 1)$에 존재하지 않는다. 이 사실이 롤의 정리에 모순되지 않음을 설명하라.

28. 함수 $f(x) = (x-3)^{-2}$는 $f(4) - f(1) = f'(c)(4-1)$인 c가 구간 $(1, 4)$에 존재하지 않는다. 이 사실이 평균값 정리에 모순되지 않음을 설명하라.

29. 방정식 $x^4 + 3x + 1 = 0$ 이 $(-2, -1)$에서 단 하나의 실근을 가짐을 보이라.

30. 방정식 $x - \frac{2}{x} = 0$ 이 $(1, 3)$에서 단 하나의 실근을 가짐을 보이라.

31. 방정식 $x^3 + e^x = 0$이 단 하나의 실근을 가짐을 보이라.

32. n차 다항식은 기껏해야 n개의 실근을 갖는다는 것을 보이라.

33. 평균값 정리를 이용해서 임의의 두 실수 a, b에 대하여, $|\sin a - \sin b| \leq |a - b|$임을 보이라.

34. 함수 $f(x) = x^2 + 2x$, $g(x) = x^2 + x + 1$일 때, $[0, 1]$ 에서 코시의 평균값 정리의 결과에 해당하는 수 c 를 모두 구하라.

35. 함수 $f(x) = x$, $g(x) = \frac{1}{x}$ 일 때, $[1, 2]$에서 코시의 평균값 정리의 결과에 해당하는 수 c 를 구하라.

5.4 일계 도함수와 그래프

5.2절에서 함수 $f(x)$가 $x = c$에서 극값을 갖기 위한 필요조건은 $x = c$가 $f(x)$의 임계수이어야 함을 알았다. 하지만 모든 임계수에서 함수가 극값을 가지는 것은 아니었다. 그러므로 함수 $f(x)$가 임계수에서 극값을 가지는지 그렇지 않은지를 판정해야 할 필요가 있다. 이 절에서는 이를 판정하는 방법을 공부한다. 이를 위해 먼저 다음과 같은 개념을 알아보자.

정의 5.4.1 함수의 증가와 감소

(a) 함수 $f(x)$가 어떤 구간 I에 속하는 임의의 값 x_1과 x_2에 대하여

$$x_1 < x_2 \Rightarrow f(x_1) < f(x_2)$$

가 성립하면, 함수 $f(x)$는 구간 I에서 증가(increase)한다고 한다.

(b) 함수 $f(x)$가 어떤 구간 I에 속하는 임의의 값 x_1과 x_2에 대하여

$$x_1 < x_2 \Rightarrow f(x_1) > f(x_2)$$

가 성립하면, 함수 $f(x)$는 구간 I에서 감소(decrease)한다고 한다.

f'이 알려주는 f의 그래프의 성질

미분계수 $f'(a)$는 점 $(a, f(a))$에서 곡선 $y=f(x)$의 접선의 기울기를 나타내므로 이러한 성질을 통해 각 점에서 곡선이 증가하는지 감소하는지 알 수 있을 것이다. 이러한 사실로부터 $f'(x)$의 정보로 $f(x)$의 그래프에 관한 성질을 유추할 수 있을 것이라고 생각하는 것은 당연하다.

간단한 그림을 통해 함수 $f(x)$의 증가 또는 감소하는 구간과 도함수 $f'(x)$와의 사이에 어떤 연관성이 있는지를 먼저 알아보고자 한다. [그림 5.13]에서 보는 것처럼 증가하는 구간인, 점 A와 점 B의 사이, 점 C와 점 D의 사이의 구간에서 접선은 양의 기울기를 가지므로 $f'(x)>0$이다. 또한 감소하는 구간인, 점 B와 점 C의 사이의 구간에서 접선은 음의 기울기를 가지므로 $f'(x)<0$이다. 그러므로 $f'(x)$의 값이 양수인 구간에서 함수 $f(x)$는 증가하고, $f'(x)$의 값이 음수인 구간에서 함수 $f(x)$는 감소할 것으로 추측할 수 있다. 실제로 이 추측은 사실이며 자세한 내용은 다음 정리에서 소개한다. 물론 이 정리는 정확한 증명이 필요하며, 이를 보이기 위해 평균값 정리가 활용됨을 알 수 있다.

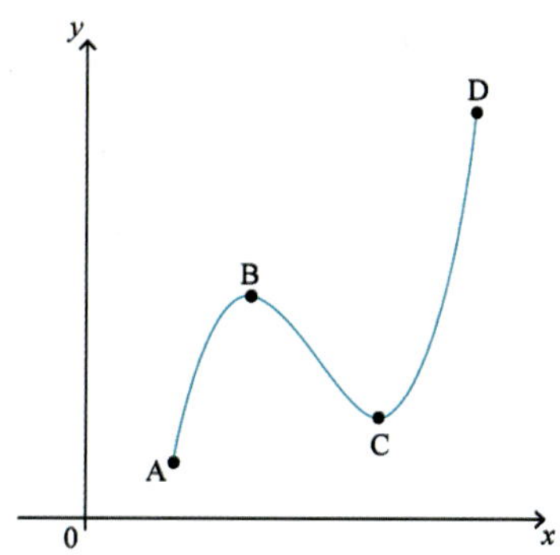

[그림 5.13]

정리 5.4.2 함수의 증가·감소 판정법

함수 $f(x)$가 구간 $[a, b]$에서 연속이고, 구간 (a, b)에서 미분가능하다고 가정하자.
(a) 구간 (a, b)에 속하는 모든 x에서 $f'(x)>0$이면, $f(x)$는 그 구간에서 증가한다.
(b) 구간 (a, b)에 속하는 모든 x에서 $f'(x)<0$이면, $f(x)$는 그 구간에서 감소한다.

증명 (a) 구간 (a, b)에 속하는 임의의 두 수를 x_1과 x_2라 하자. 이때 일반성을 잃지 않고 $x_1 < x_2$이라 가정할 수 있다. 함수 $f(x)$가 증가함을 보이기 위해 $f(x_1) < f(x_2)$임을 보이면 충분하다. 함수 $f(x)$는 구간 $[x_1, x_2]$에서 연속이고 (x_1, x_2)에서 미분가능하므로 평균값 정리에 의해 다음을 만족하는 c가 구간 (x_1, x_2)에 반드시 존재한다.

$$f(x_2)-f(x_1)=f'(c)(x_2-x_1)$$

가정으로부터 $f'(c)>0$이고, 또한 $x_1<x_2$이므로 $x_2-x_1>0$이다. 따라서 우변은 양수이고, 또한 좌변도 양수이다.

$$f(x_2)-f(x_1)>0,\ 즉\ f(x_1)<f(x_2)$$

그러므로 함수 $f(x)$는 구간 (a,b)에서 증가한다.

(b) (a)와 비슷한 방법으로 증명할 수 있다. ■

함수의 증가·감소 판정법을 사용하여 주어진 함수의 증가하는 구간과 감소하는 구간을 구하는 방법을 다음 예제에서 알아보자.

예제 5.4.1 함수 $f(x)=3x^4-4x^3-12x^2+5$가 증가하는 구간과 감소하는 구간을 구하라.

풀이

함수 $f(x)$는 실수 전체에서 연속이고 미분가능하다. $f(x)$의 도함수를 구하면

$$f'(x)=12x^3-12x^2-24x=12x(x-2)(x+1)$$

이므로, $f'(x)=0$으로부터 임계수는 $x=0,-1,2$이다. 실직선을 임계수 -1, 0, 2를 끝점으로 갖는 구간으로 나누고 이를 표 5.1과 같이 배열하고 각 구간에서 f'의 부호를 체크한다. 이때 각 구간에서 부호는 하나로만 결정된다. 이제 함수의 증가·감소 판정법을 적용하여, $f'(x)$의 부호에 따라 함수 $f(x)$의 그래프의 증가·감소를 표 5.1의 마지막 행과 같이 판정한다.

〈표 5.1〉

x	$-\infty<x<-1$	$-1<x<0$	$0<x<2$	$2<x<\infty$
$f'(x)$의 부호	$-$	$+$	$-$	$+$
$f(x)$의 그래프	감소	증가	감소	증가

따라서 f는 구간 $(-\infty,-1)$과 $(0,2)$에서 감소하고 구간 $(-1,0)$과 $(2,\infty)$에서 증가한다.

참고

예제 5.4.1에서 함수는 임계수인 $x=-1,0,2$에서 정지 상태에 있다고 한다.

[그림 5.14]에서 함수의 그래프는 〈표 5.1〉로 정리한 정보가 사실임을 보여준다. 그러므로 함수의 증가·감소 구간을 구하기 위해 다음의 순서를 따르도록 한다.

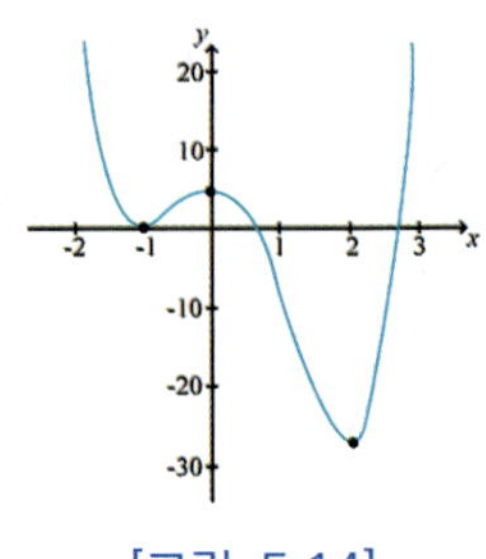

[그림 5.14]

함수의 증가·감소구간을 구하는 방법

함수 $f(x)$가 구간 (a, b)에서 연속이라 하자.

1. 구간 (a, b)에서 f의 임계수를 구하고 이를 끝 점으로 갖는 열린 구간을 구한다.
2. 각 구간에서 f'의 부호를 알아본다.
3. 함수의 증가·감소 판정법을 이용하여 함수 $f(x)$가 각 구간에서 증가하는지 감소하는지를 판정한다.

참고

함수가 구간 전체에서 증가 또는 감소하는 경우 이 함수를 단조(monotone)함수라 한다. 예를 들면 함수 $f(x) = \ln x$는 구간 $(0, \infty)$에서 단조함수이다.

일계 도함수 판정법

함수의 증가하는 구간과 감소하는 구간을 구하고 나면, 함수의 극값을 구하기는 쉽다. [그림 5.14]로부터 함수 $f(x)$는 $x=0$의 왼쪽에서 증가하고 $x=0$의 오른쪽에서 감소하므로 $f(0)=5$가 극댓값임을 알 수 있다. 또한 도함수를 이용하면 $-1<x<0$에서 $f'(x)>0$이고 $0<x<2$에서 $f'(x)<0$이다. 즉 $f'(x)$의 부호는 $x=0$을 기준으로 양에서 음으로 바뀐다. 이런 관찰은 다음 판정법의 기초가 된다.

정리 5.4.3 일계 도함수 판정법

$x=c$를 연속함수 $f(x)$의 임계수라 하고 $f(x)$는 $x=c$를 포함한 열린 구간에서 연속이라고 하자.

(a) $f'(x)$의 값이 $x=c$에서 양에서 음으로 바뀌면, $f(x)$는 $x=c$에서 극대이다.

(b) $f'(x)$의 값이 $x=c$에서 음에서 양으로 바뀌면, $f(x)$는 $x=c$에서 극소이다.

(c) $f'(x)$의 부호가 $x=c$에서 바뀌지 않으면(즉 $f'(x)$의 값이 $x=c$의 양쪽에서 모두 양이거나 모두 음이면), $f(x)$는 $x=c$에서 극대도 극소도 아니다.

일계 도함수 판정법은 [그림 5.15]에서와 같이 시각화하면 기억하기가 쉽다.

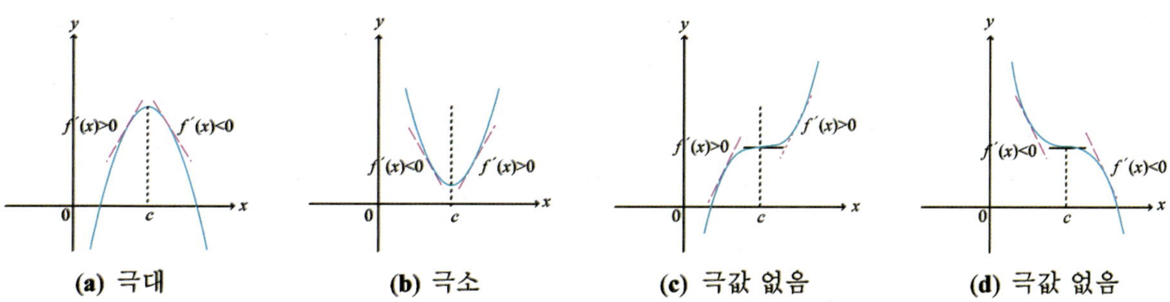

[그림 5.15]

예제 5.4.2 예제 5.4.1에서의 함수 $f(x) = 3x^4 - 4x^3 - 12x^2 + 5$의 극댓값과 극솟값을 구하라.

풀이

표 5.1로부터 $f'(x)$의 값은 $x = -1$에서 음에서 양으로 바뀌는 것을 알 수 있다. 따라서 일계 도함수 판정법(정리 5.4.3)에 의해 함수 $f(x)$는 $x = -1$에서 극솟값 $f(-1) = 0$을 가진다. 마찬가지로 $f'(x)$의 값이 $x = 2$에서 음에서 양으로 바뀐다. 따라서 $f(2) = -27$도 역시 극솟값이다. 또한 $x = 0$에서 $f'(x)$의 값은 양에서 음으로 바뀌므로, 함수 $f(x)$는 $x = 0$에서 극댓값 $f(0) = 5$를 가진다.

예제 5.4.3 $0 \le x \le 2\pi$에서 함수 $g(x) = x + 2\sin x$의 극댓값과 극솟값을 구하라.

풀이

함수 $g(x)$는 모든 실수에서 미분가능하다. 함수 $g(x)$의 도함수를 구하면

$$g'(x) = 1 + 2\cos x$$

이므로 임계수는 $g'(x) = 0$으로부터 $\cos x = -\frac{1}{2}$일 때이다. 따라서 $g(x)$의 임계수는 $x = \frac{2\pi}{3}$와 $x = \frac{4\pi}{3}$뿐이다. 그러므로 다음 표 5.2에서와 같이 $g(x)$에 증가·감소 판정법을 적용하여 각 구간에서의 그래프의 변화를 분석해 보자.

〈표 5.2〉

x	$0 < x < \frac{2\pi}{3}$	$\frac{2\pi}{3}$	$\frac{2\pi}{3} < x < \frac{4\pi}{3}$	$\frac{4\pi}{3}$	$\frac{4\pi}{3} < x < 2\pi$
$g'(x)$의 부호	$+$	0	$-$	0	$+$
$g(x)$의 그래프	증가	극대	감소	극소	증가

이제 일계 도함수 판정법을 적용하면, 도함수 $g'(x)$의 값이 $x = 2\pi/3$에서 양에서 음으로 바뀌므로 $x = 2\pi/3$에서 극대이고 그 극댓값은

$$g\left(\frac{2\pi}{3}\right) = \frac{2\pi}{3} + 2\sin\frac{2\pi}{3} = \frac{2\pi}{3} + 2\left(\frac{\sqrt{3}}{2}\right) = \frac{2\pi}{3} + \sqrt{3}$$

이다. 또한 도함수 $g'(x)$의 값이 $x = 4\pi/3$에서 음에서 양으로 바뀌므로 $x = 4\pi/3$에서 극소이고 이때 극솟값은

$$g\left(\frac{4\pi}{3}\right) = \frac{4\pi}{3} + 2\sin\frac{4\pi}{3} = \frac{4\pi}{3} - \sqrt{3}$$

임을 알 수 있다.

예제 5.4.4 함수 $f(x) = (x^2 - 4)^{2/3}$ 의 극값을 구하라.

풀이

함수 $f(x)$는 실수 전체에서 연속이고, 도함수를 구하면

$$f'(x) = \frac{2}{3}(x^2-4)^{-\frac{1}{3}}(2x) = \frac{4x}{3(x^2-4)^{\frac{1}{3}}}$$

이므로 $x^2=4$인 $x=\pm 2$에서 미분계수가 존재하지 않는다. 또한, $f'(x)=0$이 되는 $x=0$이다. 따라서 임계수는 $x=0$과 -2, 2이다. 함수의 증가·감소 판정법에 의해 〈표 5.3〉과 같은 표를 만들어 함수의 변화를 알아보자.

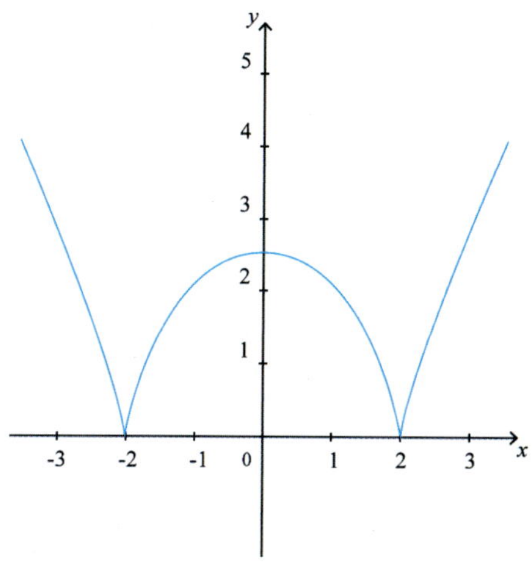

[그림 5.16]

〈표 5.3〉

x	$(-\infty, -2)$	-2	$(-2, 0)$
f'의 부호	$-$	없음	$+$
f의 그래프	감소	극소	증가

x	0	$(0, 2)$	2	$(2, \infty)$
f'의 부호	0	$-$	없음	$+$
f의 그래프	극대	감소	극소	증가

또한 일계 도함수 판정법을 적용하면 $x=0$에서 극댓값 $f(0) = \sqrt[3]{16}$을 가지며, $x=\pm 2$에서 극솟값 $f(\pm 2) = 0$을 가짐을 알 수 있다[그림 5.16 참조].

연습문제 5.4

[1~7] 다음 함수가 증가 또는 감소하는 열린 구간을 구하라.

1. $f(x) = 3x^2 - x^3$

2. $f(x) = \sin 2x \ [0, 2\pi]$

3. $f(x) = 2x^3 + 3x^2 - 12x - 3$

4. $f(x) = x\sqrt{4-x^2}$

5. $f(x) = 2\cos x - x$, $(0 < x < 2\pi)$

6. $f(x) = \dfrac{1}{x^2+1}$

7. $f(x) = \sin x + \cos x \ (0 < x < 2\pi)$

8. $0 < x \le \frac{\pi}{2}$ 일 때, 함수 $f(x) = \frac{a - \cos x}{x^2}$ 가 증가함수가 되기 위한 a 값의 범위를 구하라.

9. $0 < x < \frac{\pi}{2}$ 일 때, $\cos x > 1 - \frac{x^2}{2}$ 이 성립함을 보여라.

[10~15] 다음 함수의 극값을 구하라.

10. $f(x) = 4x^2 - \frac{1}{x}$

11. $f(x) = \sqrt{|x|+1}$

12. $f(x) = \frac{1}{\sqrt{x - x^2}}$

13. $f(x) = \frac{x}{16 + x^3}$

14. $f(x) = \frac{\cos x}{1 + \sin x}$

15. $f(x) = \cos x + \frac{x}{2}$

16. 삼차함수 $f(x) = 2ax^3 - 9x^2 + 12a^2x$ 가 $x = a$ 에서 극댓값을 가질 때 a 의 값을 구하라.

17. 함수 $f(x) = \sqrt[3]{x^2}(x^2 - 4)$ 가 구간 $[-3, 2]$ 에서 정의될 때, f 의 극값을 구하라. 또한 f 의 최댓값과 최솟값을 구하라.

18. 함수 $f(x) = ax^4 + bx^3 + cx^2$ 이 $(-\infty, \infty)$ 에서 증가함수가 되기 위한 조건을 구하라.

19. 함수 f가 구간 $[a, \infty)$ 에서 연속일 때, 모든 점 $x \in (a, \infty)$ 에서 $f'(x) \ge 0$ 이면, 임의의 점 $x \in [a, \infty)$ 에서 $f(x) \ge f(a)$ 임을 이용하여 다음 부등식이 성립함을 보여라.

$$x^4 - 4x \ge -3 \quad (x \ge 1)$$

20. 곡선 $y = \frac{3}{5}x^5 - x^4 + 2x^3 - 6x^2 + 12x + 1$에 접하는 직선 중 그 기울기가 최소인 직선의 방정식을 구하라.

5.5 이계 도함수와 그래프

앞 절에서는 1계 도함수를 이용하여 함수가 정의하는 곡선의 증가·감소를 판정하고 이로부터 함수의 극값을 판정하는 방법을 알아보았다. 이 절에서는 2계 도함수를 이용하여 함수가 정의하는 곡선의 휘어진 방향을 판정하고, 이를 이용하여 함수의 극값을 판정하는 또 하나의 방법을 공부한다.

곡선 위의 한 점에서 곡선의 휘어진 상태는 그 점에서 곡선에 대한 접선과 그 점 주변에 있는 곡선 부분의 위치관계에 의하여 구분할 수 있다.

f''이 알려주는 f 의 그래프의 성질

[그림 5.17]에서는 함수 $y = f(x)$와 $y = g(x)$의 그래프를 통해 구간 (a, b)에서 증가하는 두 가지의 형태를 보여준다. 두 그래프는 똑같이 점 A와 점 B를 연결하지만 서로 다른 방향으로 휘어져 있음을 바로 확인해 볼

수 있다. 두 가지 형태의 자취를 어떻게 구별할 수 있는지에 대해 알아보자. 이를 위해 [그림 5.18]에서는 두 함수 $y=f(x)$와 $y=g(x)$에 대해 여러 점에서 이 곡선들에 대한 접선을 그려 보았다. (a)에서와 같이 곡선이 모든 접선들의 위쪽에 놓여있으면, 함수 $f(x)$는 구간 (a,b)에서 아래로 볼록(convex downward)이라 하고, (b)에서와 같이 곡선이 모든 접선들의 아래쪽에 놓여 있으면, 함수 $g(x)$는 구간 (a,b)에서 위로 볼록(convex upward)이라 한다.

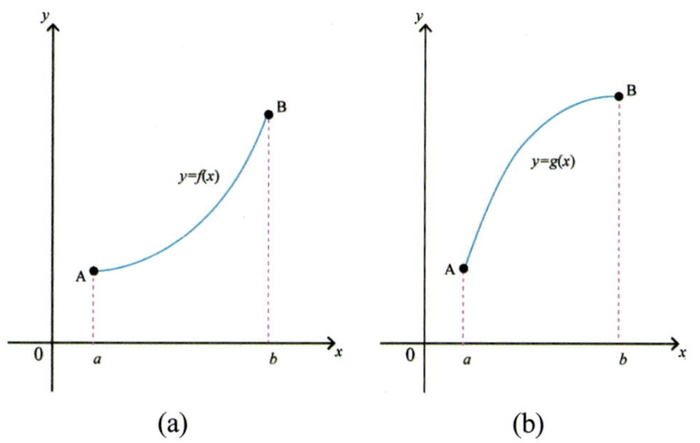

[그림 5.17]

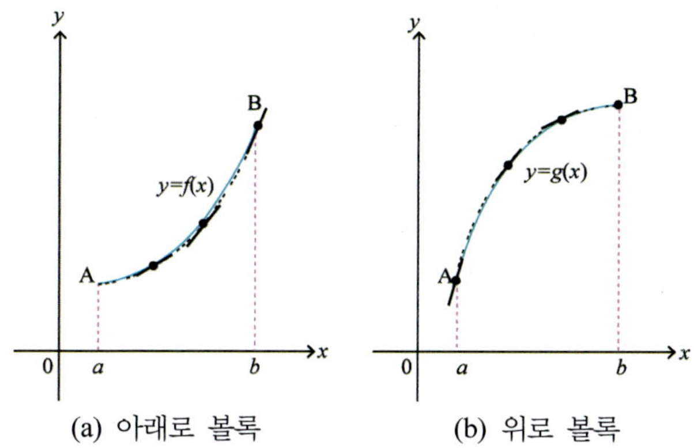

[그림 5.18]

정의 5.5.1 아래로 볼록, 위로 볼록

구간 I에서 함수 $y=f(x)$의 그래프가 모든 접선보다 위에 놓여 있으면, $f(x)$는 구간 I에서 아래로 볼록(convex downward) 또는 위로 오목(concave upward, CU)이라 한다.

구간 I에서 함수 $y=f(x)$의 그래프가 모든 접선보다 아래에 놓여 있으면, $f(x)$는 구간 I에서 위로 볼록(convex upward) 또는 아래로 오목(concave downward, CD)이라 한다.

함수 $f(x)$가 $x=c$에서 미분가능하고 점 $(c,f(c))$가 곡선 $y=f(x)$에 있는 점이라 할 때, c를 포함하는 적당한 열린 구간 I가 존재하여 $x\neq c$인 구간 I의 각 점 x에 대응하는 곡선에 있는 모든 점 $(x,f(x))$가 점 $(c,f(c))$에서의 곡선의 접선 위쪽에 있으면 곡선 $y=f(x)$는 점 $(c,f(c))$에서 아래로 볼록(위로 오목)하다고 하고, 접선의 아래쪽에 있으면 위로 볼록(아래로 오목)하다고 한다.

[그림 5.19]에서 보는 그래프는 구간 (b,c), (d,e), (e,p)에서 아래로 볼록하고, 구간 (a,b), (c,d), (p,q)에서 위로 볼록인 함수의 그래프를 보여준다.

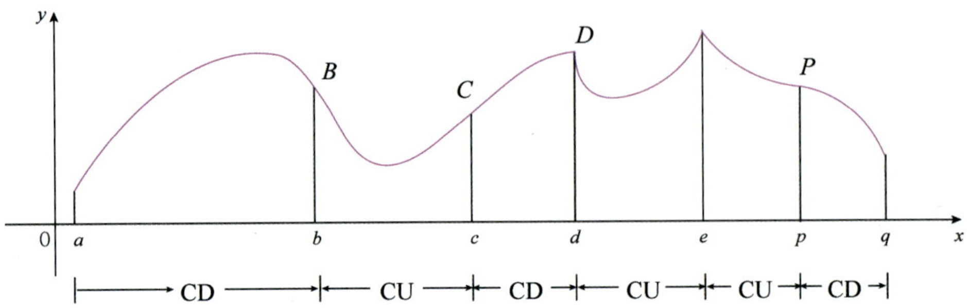

[그림 5.19]

정의 5.5.2 변곡점

함수 $f(x)$가 $x=a$에서 연속이고, 그에 해당하는 곡선의 점 $P(a, f(a))$에서 곡선이 아래로 볼록에서 위로 볼록으로 또는 위로 볼록에서 아래로 볼록으로 바뀐다면, 점 $P(a, f(a))$를 변곡점(inflection point)이라 한다.

예를 들어, [그림 5.19]의 그래프에서는 점 B, C, D와 P가 모두 변곡점이다. 변곡점에서 곡선의 접선이 존재한다면 곡선은 변곡점에서 접선과 교차하게 된다.

이제 함수 $y=f(x)$가 정의하는 곡선의 볼록성에 대하여 말하고자 할 때, 즉 아래로 볼록인 구간과 위로 볼록인 구간을 결정하는 데 함수 $f(x)$의 2계 도함수 $f''(x)$가 어떻게 도움을 주는지 알아보자.

이를 위해 다시 [그림 5.18]의 그래프를 자세히 살펴보자. [그림 5.18(a)]의 그래프를 보면, 접선의 기울기가 왼쪽에서 오른쪽으로 움직일 때 증가하고 있음을 알 수 있다. 이는 도함수 $f'(x)$의 값이 구간에서 증가하고 있음을 말하고 있으며, 증가·감소 판정법에 의해 이 도함수의 도함수 $f''(x)$, 즉 함수 $f(x)$의 2계 도함수의 값이 양의 값임을 의미하는 것이다. 이와는 반대로 [그림 5.18(b)]의 그래프에서는 접선의 기울기가 왼쪽에서 오른쪽으로 움직일 때 감소하는 것을 볼 수 있다. 이는 $f'(x)$의 값이 감소하는 것으로, 2계 도함수 $f''(x)$의 값은 음의 값임을 말해준다. 이런 추론은 당연히 참이며 이에 대한 역까지도 성립하고, 다음 정리를 제시할 수 있다.

정리 5.5.3 볼록성 판정법

(a) 구간 I에 속하는 모든 x에 대해 함수 $f(x)$의 2계 도함수가 $f''(x)>0$이면, $y=f(x)$의 그래프는 구간 I에서 아래로 볼록(위로 오목)이다.

(b) 구간 I에 속하는 모든 x에 대해 함수 $f(x)$의 2계 도함수가 $f''(x)<0$이면, $y=f(x)$의 그래프는 구간 I에서 위로 볼록(아래로 오목)이다.

증명 (a) 구간 I에 속하는 임의의 c에 대하여, 2계 미분계수는

$$f''(c) = \lim_{x \to c} \frac{f'(x) - f'(c)}{x - c} > 0$$

이다. 이 극한의 개념으로부터, 적당한 양수 $\delta > 0$에 대하여 열린 구간 $(c-\delta, c+\delta)$이 존재하여, 이 구간에 속하는 모든 점 x(단, $x \neq c$)에 대하여 부등식

$$\frac{f'(x) - f'(c)}{x - c} > 0$$

이 성립한다. 이제 구간 $(c-\delta, c+\delta)$에 속하는 임의의 점 x(단, $x \neq c$)를 택하여, 구간 $[c, x]$(또는 $[x, c]$)에서 함수 $f(x)$에 대하여 평균값정리를 적용하면

$$f(x) - f(c) = f'(z)(x - c)$$

를 만족하는 z가 c와 x 사이에 반드시 존재한다.

이때, 함수 $g(x)$를 $x = c$에서 접선의 방정식과 비교하여

$$g(x) = f(x) - (f(c) + f'(c)(x - c))$$

와 같이 정의하면, 함수 $g(x)$는 다음과 같이 z에 의해

$$g(x) = f'(z)(x-c) - f'(c)(x-c) = [f'(z) - f'(c)](x - c)$$

로 쓸 수 있다. 한편, z도 열린 구간 $(c-\delta, c+\delta)$에 속하므로, 부등식

$$\frac{f'(z) - f'(c)}{z - c} > 0$$

을 만족하고, z가 c와 x 사이에 있으므로 $(x-c)$와 $(z-c)$의 부호는 동일하다. 따라서 $g(x) > 0$이다. 그러므로 곡선은 점 $(c, f(c))$에서 아래로 볼록이다. 따라서 함수 $y = f(x)$의 그래프는 구간 I에서 아래로 볼록이다.

(b) (a)와 비슷하므로 생략한다. ■

볼록성 판정법에 따르면 2계 도함수의 부호가 바뀌는 곳에서 변곡점이 존재한다.

따름정리 5.5.4

함수 $f(x)$가 $x = c$에서 연속일 때, 곡선 위의 점 $(c, f(c))$가 f의 변곡점이면, $f''(c) = 0$이거나 $f''(c)$가 존재하지 않는다.

예제 5.5.1 곡선 $f(x) = x + \sin x \ (-2\pi \le x \le 2\pi)$가 아래로 볼록인 구간과 위로 볼록인 구간을 구하고, 변곡점을 구하라.

풀이

먼저 함수 $f(x)$의 1계, 2계 도함수를 구하면 다음과 같다.

$$f'(x) = 1 + \cos x, \ f''(x) = -\sin x$$

이므로 구간 $(-\pi, 0)$와 $(\pi, 2\pi)$에서는 $f''(x) > 0$이고, 구간 $(-2\pi, -\pi)$와 $(0, \pi)$에서는 $f''(x) < 0$이다. 따라서 주어진 곡선은 구간 $(-\pi, 0)$와 $(\pi, 2\pi)$에서 아래로 볼록이고, 구간 $(-2\pi, -\pi)$와 $(0, \pi)$에서 위로 볼록이다. 또한, $x = -\pi, 0, \pi$에서 $f''(x) = 0$이고, 이들 점에서 $f''(x)$의 부호가 바뀐다. 따라서 f의 변곡점은 $(-\pi, -\pi), (0, 0), (\pi, \pi)$ 이다. 표 5.4에서와 같이 각 구간에서 $f'(x) > 0$이므로 f는 전 구간에서 증가한다.

〈표 5.4〉

x	$(-2\pi, -\pi)$	$-\pi$	$(-\pi, 0)$	0	$(0, \pi)$	π	$(\pi, 2\pi)$
$f'(x)$의 부호	$+$	0	$+$	$+$	$+$	0	$+$
$f''(x)$의 부호	$-$	0	$+$	0	$-$	0	$+$

이계 도함수 판정법

이계 도함수의 또 다른 응용은 극댓값과 극솟값에 대한 다음 판정법이다. 이것은 볼록성 판정법의 결과이다.

정리 5.5.5 이계 도함수 판정법

함수 $f(x)$가 이계 도함수가 존재한다고 하고 c를 정의역의 원소라 하자. 이계 도함수 $f''(x)$가 $x = c$의 근방에서 연속이라 하자.

(a) $f'(c) = 0$이고 $f''(c) > 0$이면, 함수 $f(x)$는 $x = c$에서 극소이다.

(b) $f'(c) = 0$이고 $f''(c) < 0$이면, 함수 $f(x)$는 $x = c$에서 극대이다.

예를 들어 $x = c$의 근방에서 $f''(x) > 0$이면 함수 $f(x)$는 c 부근에서 아래로 볼록이므로 (a)는 참이다. 이것은 $x = c$에서 $y = f(x)$의 그래프가 수평접선 위에 있음을 의미하므로 $f(x)$는 $x = c$에서 극소이다.

참고

2계 도함수 판정법은 $f''(c) = 0$일 때 어떤 결론도 내리지 못한다. 다시 말해서 그런 점에서는 극대가 될 수도 있고 극소가 될 수도 있으며, 혹은 극값이 아닐 수도 있다(예제 5.5.2 참조). 또한 $f''(c)$가 존재하지 않을 때에도 이 판정법을 사용할 수 없다. 이런 경우에는 1계 도함수 판정법을 사용하면 해결할 수 있다. 실제로 두 판정법을 모두 적용할 수 있더라도 때로는 1계 도함수 판정법이 이용하기에 좀 더 쉬울 수 있다.

예제 5.5.2 곡선 $y = x^4 - 4x^3$의 볼록성, 변곡점, 극대와 극소에 대해 알아보라.

풀이

함수 $f(x) = x^4 - 4x^3$라 하자. 그러면 다음과 같이 도함수를 얻는다.

$$f'(x) = 4x^3 - 12x^2 = 4x^2(x-3)$$

$$f''(x) = 12x^2 - 24x = 12x(x-2)$$

임계수를 구하기 위해 $f'(x) = 0$이라 놓으면 $x = 0$ 또는 $x = 3$을 얻는다. 2계 도함수 판정법을 이용하기 위해서 임계수에서 2계 미분계수의 값을 계산하면 다음을 얻는다.

$$f''(0) = 0,\ f''(3) = 36 > 0$$

따라서 $x = 3$에서 $f'(3) = 0$이고 $f''(3) > 0$이므로 $f(3) = -27$은 극솟값이다. $x = 0$에서는 $f''(0) = 0$이므로 2계 도함수 판정법은 아무런 정보도 제공하지 않는다. 하지만 1계 도함수 판정법을 적용해 보면, $x < 0$과 $0 < x < 3$에서 도함수의 부호가 둘 다 $f'(x) < 0$이므로 $f(x)$는 $x = 0$에서 극대도 극소도 갖지 않음을 알게 해준다.

이제 변곡점을 구하기 위해 $f''(x) = 0$이 되는 점들을 구하면, $x = 0$ 또는 $x = 2$이다. 실직선을 이 두 값을 끝점으로 갖는 구간으로 분할하고, 각 구간에서 2계 도함수의 값의 부호를 구하여 다음과 같이 표 5.5를 작성한다.

〈표 5.5〉

구간	$(-\infty, 0)$	$(0, 2)$	$(2, \infty)$
$f''(x) = 12x(x-2)$	$+$	$-$	$+$
볼록성	아래로 볼록	위로 볼록	아래로 볼록

점 (0, 0)에서 곡선은 아래로 볼록에서 위로 볼록으로 바뀌므로 이 점은 변곡점이다. 또한 점 (2, -16)에서 곡선이 위로 볼록에서 아래로 볼록으로 바뀌므로 이 점도 변곡점이다.

지금까지 공부한 함수의 증가와 감소, 극점, 곡선의 볼록성, 변곡점 등을 토대로 함수의 그래프를 그리는 문제를 생각해 보자. 곡선의 개형을 효과적으로 그리기 위해 필요한 사항을 다음과 같이 정리한다.

곡선의 개형 그리기

1. **정의역** : 먼저 함수 $f(x)$의 정의역을 구한다.
2. **절편** : x절편과 y절편을 구한다.
3. **대칭성과 주기**
   (1) 정의역에 속한 모든 x에 대해 함수 $f(x)$가 짝함수(우함수)이면 곡선은 y축 대칭이고, 함수 $f(x)$가 홀함수(기함수)이면 곡선은 원점 대칭이다.

(2) 양의 상수 p가 존재하여 정의역에 속한 모든 x에 대해, $f(x+p)=f(x)$가 성립하면 함수 $f(x)$는 주기 함수라 하고, 이를 만족시키는 가장 작은 값 p를 주기라 한다.

4. **점근선** : 수평 점근선과 수직 점근선을 찾는다.
5. **증가, 감소구간** : 함수의 증가·감소 판정법(정리 5.4.2)을 이용하여, 함수 $f(x)$가 증가하는 구간과 감소하는 구간을 찾는다.
6. **극댓값과 극솟값** : 함수 $f(x)$의 임계수를 찾아서 일계 도함수 판정법(정리 5.4.3)을 이용하여 극댓값과 극솟값을 찾는다.
7. **볼록성과 변곡점** : 볼록성 판정법(정리 5.5.3)을 이용하여 위로 볼록인 구간과 아래로 볼록인 구간을 찾고, 변곡점의 정의(정의 5.5.2)를 이용하여 변곡점을 찾는다.
8. 이제 1~7 항목의 정보를 이용하여 곡선의 개형을 그린다.

[수직 점근선] 다음 중 적어도 하나가 성립할 때 직선 $x=a$를 곡선 $y=f(x)$의 수직 점근선이라 정의한다.

$$\lim_{x\to a} f(x)=\infty \qquad \lim_{x\to a^-} f(x)=\infty \qquad \lim_{x\to a^+} f(x)=\infty$$

$$\lim_{x\to a} f(x)=-\infty \qquad \lim_{x\to a^-} f(x)=-\infty \qquad \lim_{x\to a^+} f(x)=-\infty$$

[수평 점근선] 다음 중 적어도 하나가 성립할 때 직선 $y=L$을 곡선 $y=f(x)$의 수평 점근선이라 정의한다.

$$\lim_{x\to \infty} f(x)=L \qquad \lim_{x\to -\infty} f(x)=L$$

예제 5.5.3 함수 $f(x)=x^{2/3}(6-x)^{1/3}$의 그래프를 그리라.

풀이

1계, 2계 도함수는 다음과 같다.

$$f'(x)=\frac{4-x}{x^{1/3}(6-x)^{2/3}}, \quad f''(x)=\frac{-8}{x^{4/3}(6-x)^{5/3}}$$

$x=4$일 때 $f'(x)=0$이고, $x=0$ 또는 $x=6$일 때 $f'(x)$가 존재하지 않으므로 임계수는 0, 4, 6이다.

〈표 5.6〉

구간	$x<0$	$0<x<4$	$4<x<6$	$x>6$
$4-x$	+	+	−	−
$x^{1/3}$	−	+	+	+
$(6-x)^{2/3}$	+	+	+	+

구간	$x<0$	$0<x<4$	$4<x<6$	$x>6$
$f'(x)$의 부호	$-$	$+$	$-$	$-$
$f(x)$의 그래프	감소	증가	감소	감소

극값을 구하기 위해 1계 도함수 판정법을 이용한다. 0에서 f'이 음에서 양으로 바뀌므로 $f(0)=0$은 극솟값이다. 4에서 f'이 양에서 음으로 바뀌므로 $f(4)=2^{\frac{5}{3}}$은 극댓값이다. 6에서 f'의 부호가 바뀌지 않으므로 극대도 극소도 아니다. (2계 도함수 판정법을 4에서 이용할 수 있으나 0과 6에서는 f''이 존재하지 않으므로 이용할 수 없다.)

$f''(x)$에 대한 표현을 살펴보고 모든 x에 대해 $x^{4/3}\geq 0$임을 주목하면 $x<0$, $0<x<6$일 때 $f''(x)<0$이고, $x>6$일 때 $f''(x)>0$이다. 따라서 f는 구간$(-\infty,0)$과 $(0,6)$에서 위로 볼록이고, 구간$(6,\infty)$에서 아래로 볼록이며, 유일한 변곡점은 $(6,0)$이다.

이 그래프는 [그림 5.20]에 나타내었다. $x\to 0$일 때와 $x\to 6$일 때 $|f'(x)|\to\infty$이므로 곡선은 $(0,0)$과 $(6,0)$에서 수직 접선을 갖는다.

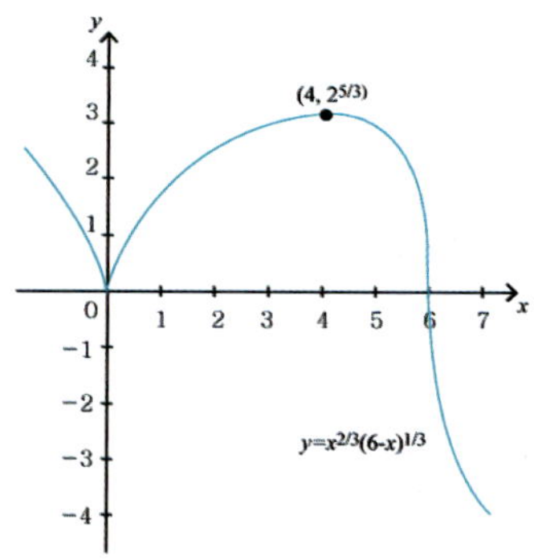

[그림 5.20]

예제 5.5.4 다음 조건을 만족하는 함수 f의 가능한 그래프를 그리라.

(a) 구간 $\left(-\infty,-\frac{1}{2}\right)$에서 $f'(x)>0$이고, 구간 $\left(-\frac{1}{2},\infty\right)$에서 $f'(x)<0$이다.

(b) 구간 $(-\infty,-2)$와 $(2,\infty)$에서 $f''(x)>0$이고, 구간 $(-2,2)$에서 $f''(x)<0$이다.

(c) $\lim_{x\to-\infty} f(x)=0$이고 $\lim_{x\to\infty} f(x)=-3$이다.

풀이

조건 (a)는 함수 $f(x)$가 구간 $\left(-\infty,-\frac{1}{2}\right)$에서 증가하고, 구간 $\left(-\frac{1}{2},\infty\right)$에서 감소함을 말한다. 조건 (b)는 구간 $(-\infty,-2)$와 $(2,\infty)$에서 $f(x)$가 아래로 볼록하고, 구간 $(-2,2)$에서 위로 볼록함을 말한다. 조건 (c)로부터 $f(x)$는 두 수평 점근선 $y=-3$과 $y=0$을 갖는다.

먼저 x축이 수평 점근선이다. 따라서 먼 왼쪽에서 x축에 근접하고, $x=-\frac{1}{2}$에서 극대점으로 증가하며, 먼 오른쪽에서 또 하나의 수평 점근선인 직선 $y=-3$을 향하여 감소하는 $f(x)$의 그래프를 그린다. 끝으로 $x=-2$, $x=2$가 그래프의 변곡점인 것을 나타내야 한다. 따라서 곡선을 그릴 때 $x<-2$와 $x>2$에서는 아래로 볼록하게, $-2<x<2$에서는 위로 볼록하게 해야 한다 [그림 5.21 참조].

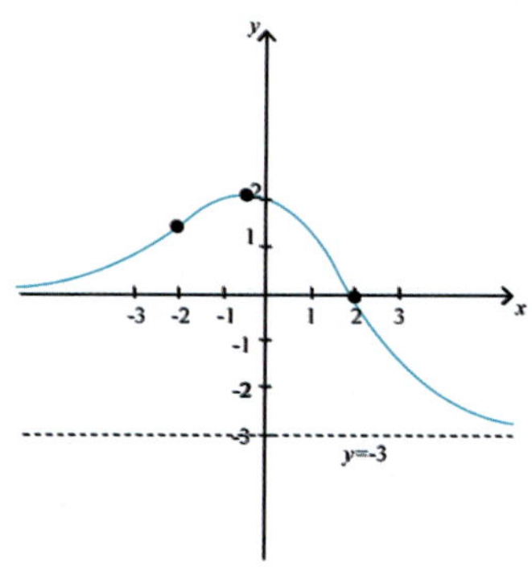

[그림 5.21]

연습문제 5.5

[1~5] 다음 함수의 그래프가 위로 볼록 또는 아래로 볼록인 열린 구간을 찾아라.

1. $y = x^3 - 3x^2 + 1$

2. $f(x) = x^4 - 2x^2 + 3$

3. $f(x) = \sin x + \cos x \ (0 \le x \le 2\pi)$

4. $g(x) = x\sqrt{6-x}$

5. $h(x) = x^{1/3}(x+4)$

[6~10] 다음 함수의 그래프의 변곡점을 구하고 볼록(오목)성을 판정하라.

6. $y = x(x-4)^3$

7. $f(x) = 2x^3 + 3x^2 - 36x$

8. $f(x) = 2\cos x + \cos^2 x \ (0 \le x \le 2\pi)$

9. $g(x) = 1 + \dfrac{1}{x} - \dfrac{1}{x^2}$

10. $h(x) = x - \ln x$

[11~18] 다음 함수의 극값을 모두 구하라. 이계 도함수 판정법을 적용할 수도 있다.

11. $f(x) = x^3 - 12x + 2$

12. $f(x) = 2 + 2x^2 - x^4$

13. $f(x) = (x+1)^5 - 5x - 2$

14. $f(x) = \sqrt{x^2+1} - x$

15. $f(x) = \dfrac{1+x}{1+x^2}$

16. $f(x) = \dfrac{x}{\ln x}$

17. $f(x) = x^2 e^{-x}$

18. $f(x) = \cos x - x \ [0, 4\pi]$

19. 다음 주어진 조건에 맞는 그래프를 그려라.

 $f(2) = f(6) = 0$, $x < 4$에서 $f'(x) < 0$, $f'(4)$는 존재하지 않는다. $x > 4$에서 $f'(x) > 0$, $x \ne 4$일 때 $f''(x) < 0$이다.

20. 주어진 조건을 만족하는 삼차함수 $f(x) = ax^3 + bx^2 + cx + d$를 구하라.

 극댓값 : $f(3) = 3$, 극솟값 : $f(5) = 1$, 변곡점 : $(4, 2)$

5.6 최적화 문제

이 장에서 배운 최댓값과 최솟값을 구하는 방법들은 실제로 여러 분야에서 응용된다. 특히, 경제 문제에서는 손실을 최소화하거나 이익을 극대화시키는데 이용되고 공학, 자연과학, 사회과학 분야에서도 원하는 양을 최대화하거나 최소화하는 방법에 이용되기도 한다.

앞 절에서도 언급하였지만 최댓값 또는 최솟값을 구하는 문제는 실생활 속에서 많이 찾아볼 수 있는 흔한 문제이다. 이러한 문제들은 주로 수식이 아닌 언어로 표현되기 때문에, 우선 문제의 속성을 수식에 의한 수학적 함수로 표현하는 방법이 문제 해결의 첫 번째 열쇠이다. 이를 수학적 모델화(mathematical modelling)라고 한다. 일단 풀어야 할 문제가 함수로 표현되고 난 후에는, 그 함수의 도함수를 이용하여 극댓값 또는 극솟값을 찾는 방법으로 귀착된다. 이렇게 해를 구하는 문제를 최적화 문제(optimization problem)라 한다. 이제 다루게 될 최적화 문제는, 무조건적으로 함수의 극값을 구하는 것과 달리, 변수들 사이에 주어진 제약 조건을 만족시키는 함수의 극값을 구하는 형태이다.

그러므로 이러한 문제들의 해결 방법에 익숙하지 않은 사람들을 위해 먼저 주어진 문제를 함수로 바꾸는 전략을 생각해보자.

〈최적화 문제의 풀이 단계〉

1단계 문제의 이해–그림 그리기 : 문제를 이해한다. 문제를 읽고 가능하면 그림으로 표현한다. 그림으로 표현하면 때로는 문제를 이해하기가 쉽다.

2단계 변수 도입 : 그림에 변수를 도입한다. 문제에서 주어진 정보를 이해하여, 그림에 변수를 표시하고 구하려고 하는 양을 문자로 표현한다. (주의: 변수를 상수로 표현하고 나면 문제를 풀 수 없다. 따라서 문제에서 주어진 양을 모두 변수로 표시하고, 변수가 아닌 경우 하나씩 확인하여 상수로 바꾸는 것도 좋은 방법이다.)

3단계 함수 표현 : 문자로 표현한 구하려는 양을 다른 변수들을 이용하여 함수로 표현한다. 이 과정에서는 관계식을 구할 수 있는 간단한 지식이 필요하다.

4단계 변수 소거 : 함수로 표현된 식이 변수가 2개 이상인 경우, 변수를 하나로 줄인다. 이 과정에서도 간단한 지식을 요하는 경우가 많다. 예를 들면, 두 점 사이의 거리, 도형의 넓이, 입체의 부피, 피타고라스 정리 또는 삼각함수의 간단한 성질 등이 많이 이용된다.

5단계 정의역 찾기 : 함수의 정의역을 구한다. 함수에서 독립변수에 허용된 최대 범위를 찾는다.

6단계 문제 풀기 : 문제에서 구하고자 하는 값을 찾는다. 이 과정에서 주로 미분법이 이용된다.

위 과정은 문제를 풀기 위한 하나의 전략일 뿐, 외울 필요는 없다. 문제를 풀어가면서 스스로에게 필요한 전략을 익히는 것이 중요하다. 먼저 간단한 예제로 시작하자.

예제 5.6.1 **길이가 $120\mathrm{m}$인 재료를 가지고 곧게 뻗은 담장이 있는 직사각형 땅에 울타리를 치려고 한다. 담장이 있는 부분은 울타리를 칠 필요가 없다. 울타리로 에워쌀 수 있는 넓이를 최대로 하는 가로와 세로의 길이를 구하라.**

풀이

(1단계 그림 그리기) [그림 5.22]와 같은 그림을 생각할 수 있다.
(2단계 변수 도입) 직사각형의 세로를 x, 가로를 y 라고 하자. 그리고 구하려는 넓이를 A 로 표시하자.

(3단계 함수 표현) 그러면 $A = xy$ 이다.

(4단계 변수 소거) 이제 함수에서 변수가 2개이므로 하나를 소거하자. 문제에서 울타리가 필요한 부분은 세로부분 2곳과 가로부분 1곳이다. 따라서 울타리를 치는 데 들어가는 총 길이는 $2x + y$ 이고, 이때 넓이를 최대로 하려면 가진 울타리 재료를 모두 사용해야 할 것이다. 그러므로

$$2x + y = 120$$

이어야 하고, $y = 120 - 2x$ 를 함수에 대입하면

$$A = x \cdot (120 - 2x) = 120x - 2x^2$$

을 얻는다.

(5단계 정의역 찾기) 그런데 울타리 재료는 120 m이고 세로부분은 두 곳에 울타리를 쳐야 하므로 $0 \le x \le 60$ 이다.

(6단계 문제 풀기) 이제 A 를 최대화 하는 것은 닫힌 구간에서 최댓값을 구하는 문제와 같다. $\frac{dA}{dx} = 120 - 4x$ 이므로 임계수는 $x = 30$ 이고 이때 $y = 60$이므로 $A = 1800\text{ m}^2$이다. x 의 양 끝점에 해당하는 점 0 과 60 에서 $A = 0$ 이므로 최댓값은 $A = 1800\text{ m}^2$ 이다.
즉, 최대 넓이를 갖는 세로의 길이는 30 m, 가로의 길이는 60 m이다.

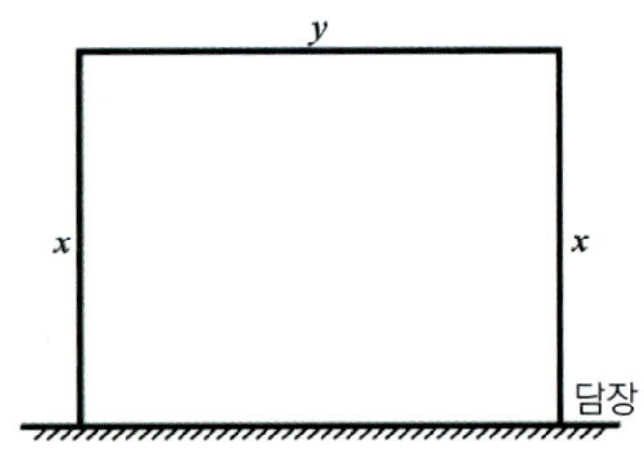

[그림 5.22]

예제 5.6.2 뚜껑이 없는 1 L가 들어가는 원통을 만들려고 한다. 모든 부분에 동일한 재료를 사용할 때, 사용되는 재료의 양을 최소화하기 위한 반지름과 높이를 구하라. 단, 접어서 잇는 부분은 무시한다.

풀이

(1단계 그림 그리기) [그림 5.23]과 같은 그림을 생각할 수 있다.

(2단계 변수 도입) 원통의 밑면의 반지름을 r 이라 하고, 높이를 h , 사용되는 재료의 양을 A 라 하자.

(3단계 함수 표현) 그러면 사용되는 재료의 양은 $A = \pi r^2 + 2\pi r h$ 이다.

(4단계 변수 소거) 변수가 2개이므로, 원통의 부피가 $V = \pi r^2 h = 1$ 임을 이용하여, $h = \frac{1}{\pi r^2}$ 을 얻고, 이것을 A 에 대입하여,

$$A = \pi r^2 + 2\pi r \cdot \frac{1}{\pi r^2} = \pi r^2 + \frac{2}{r}$$

를 얻는다.

(5단계 정의역 찾기) 여기서 r 은 원통의 반지름이므로, $r > 0$ 이다.

(6단계 문제 풀기) A의 도함수를 구한다. 즉,

$$A' = \frac{dA}{dr} = 2\pi r - \frac{2}{r^2} = \frac{2\pi r^3 - 2}{r^2}$$

이므로 임계수는 $r = \frac{1}{\sqrt[3]{\pi}}$ 이다. $0 < r < \frac{1}{\sqrt[3]{\pi}}$ 이면 $A' < 0$ 이고,

$r > \frac{1}{\sqrt[3]{\pi}}$ 이면 $A' > 0$ 이므로 일계 도함수 판정법에 의해

$r = \frac{1}{\sqrt[3]{\pi}} = \pi^{-\frac{1}{3}}$일 때, A가 최소가 됨을 알 수 있다. 이때

$h = \frac{1}{\pi r^2} = \frac{1}{\sqrt[3]{\pi}}$ 이다.

그러므로 사용되는 재료의 양이 최소가 되기 위한 반지름은 $\frac{1}{\sqrt[3]{\pi}}$ 이고,

높이는 $\frac{1}{\sqrt[3]{\pi}}$ 이다.

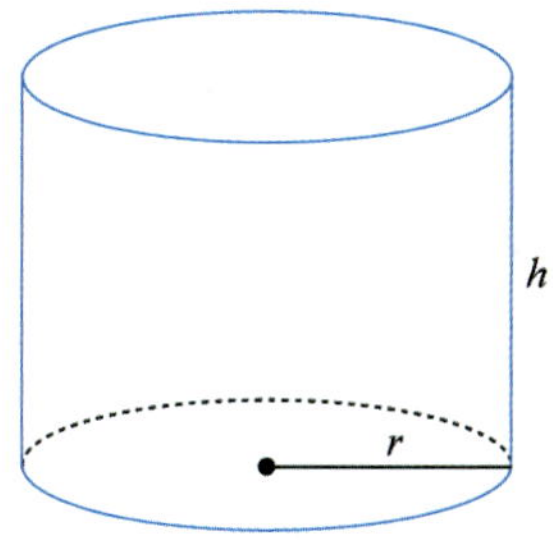

[그림 5.23]

예제 5.6.3 그림과 같이 전선을 설치하려고 한다. 전선의 일부는 A 에서부터 벽까지 직접 연결을 해야 하고 벽에서부터 B까지는 이미 벽에 설치되어 있는 전선을 사용하게 되어 있다. 직접 연결을 하는데 드는 전선의 비용은 1미터에 50,000원이고 벽에 설치되어 있는 전선을 사용하는데 드는 비용은 1미터에 30,000원이라고 한다. A 에서부터 B를 잇는 전선의 최소비용을 구하라.

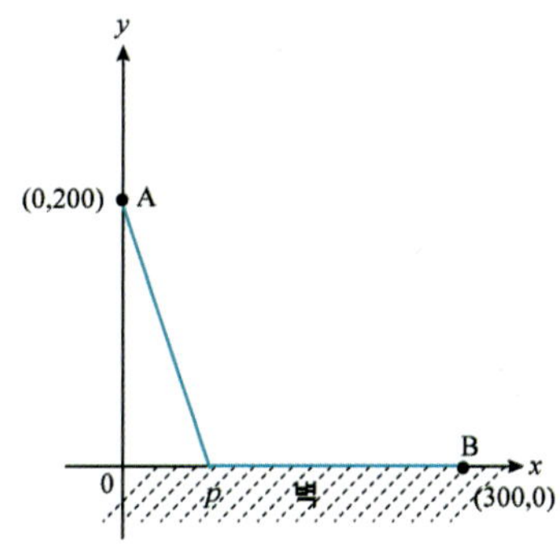

[그림 5.24]

풀이

(1단계 그림 그리기) [그림 5.24]와 같은 그림을 생각할 수 있다.

(2단계 변수 도입) 벽을 x 축이라고 생각하고 점 A의 위치는 $(0, 200)$이고, 점 B의 위치는 $(300, 0)$이라 하고, 전선은 xy 평면에 설치하는 것으로 하자.

점 A에서부터 직선으로 연결하는 벽 위의 점을 $P(x, 0)$이라 하고 A부터 P까지 연결하는 데 필요한 전선의 길이를 l 이라 하고, P부터 B까지 연결하는 전선의 길이를 m 이라 하고 A부터 P, P부터 B까지 연결하는 데 드는 전선의 비용을 $f(x)$라 하자.

(3단계 함수 표현) 그러면 $f(x) = 50000\,l + 30000\,m$ 이다.

(4단계 변수 소거) 피타고라스 정리에 의해 $l = \sqrt{x^2 + 200^2}$ 이고 $m = 300 - x$ 이므로

$$f(x) = 50000\,l + 30000\,m = 50000\sqrt{x^2 + 200^2} + 30000(300 - x)$$

를 얻는다.

(5단계 정의역 찾기) 여기서 $0 \le x \le 300$ 이다.

(6단계 문제 풀기) $f(x)$ 의 도함수를 구한다. 즉,

$$f'(x) = 50000\frac{x}{\sqrt{x^2 + 40000}} - 30000$$

이므로 임계수를 구하기 위해 $f'(x) = 0$ 을 풀어보면

$$5x = 3\sqrt{x^2 + 40000} \;\Rightarrow\; 25x^2 = 9(x^2 + 40000)$$

$$\Rightarrow 16x^2 = 360000 \;\Rightarrow\; x^2 = \frac{360000}{16}$$

$x \geq 0$ 이므로 $x = \dfrac{600}{4} = 150$

그러므로 임계수는 $x = 150$ 이다. 또한 $0 \leq x < 150$ 에서 $f'(x) < 0$ 이고, $x > 150$ 에서 $f'(x) > 0$ 이므로, 일계 도함수 판정법에 의해 $x = 150$ 일 때 $f(x)$ 는 최소가 됨을 알 수 있다. 따라서 A부터 벽까지 연결하는 전선의 길이는

$$l = \sqrt{150^2 + 200^2} = \sqrt{22500 + 40000} = \sqrt{62500} = 250 \text{ 미터이며,}$$

벽을 따라 B까지 연결하는 전선의 길이는 $m = 300 - 150 = 150$ 미터일 때, 비용이 최소가 되며 이렇게 설치할 때 드는 비용은

$$f(150) = 50000 \times 250 + 30000 \times 150 = 12{,}500{,}000 + 4{,}500{,}000 = 17{,}000{,}000$$

원이다.

예제 5.6.4 점 $(3, 0)$으로부터 가장 가까운 포물선 $y = x^2$ 위의 점을 찾아라.

풀이

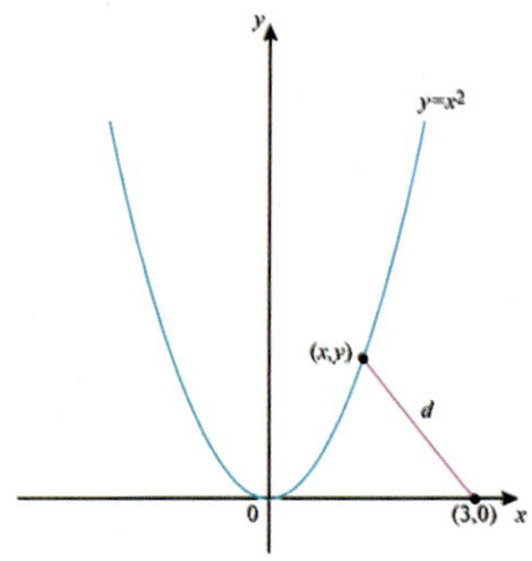

[그림 5.25]

(1단계 그림 그리기) [그림 5.25]와 같은 그림을 생각할 수 있다.

(2단계 변수 도입) 곡선 $y = x^2$ 위의 임의의 한 점을 (x, y) 라 하고 점 $(3, 0)$ 부터 점 (x, y) 까지의 거리를 d 로 표시하자.

(3단계 함수 표현) 그러면 $d = \sqrt{(x-3)^2 + y^2}$ 이다.

(4단계 변수 소거) 이 때 점 (x, y) 는 곡선 $y = x^2$ 위에 있으므로 $(x, y) = (x, x^2)$ 이다. 그러므로

$$d = \sqrt{(x-3)^2 + x^4} = \sqrt{x^4 + x^2 - 6x + 9}$$

이다.

(5단계 정의역 찾기) 여기서 점 (x, y)는 곡선 $y = x^2$ 위의 점이므로 x 의 범위에는 제한이 없다.

(6단계 문제 풀기) d 를 최소가 되게 하는 x 를 찾는 것은 d^2 을 최소가 되게 하는 x 를 찾는 것과 같다. d^2 을

$$f(x) = x^4 + x^2 - 6x + 9$$

로 놓고 최소화하자. 이제 도함수를 구하면

$$f'(x) = 4x^3 + 2x - 6 = 2(2x^3 + x - 3) = 2(x-1)(2x^2 + 2x + 3)$$

이므로 임계수는 $x = 1$ 이다. 이때 $f''(x) = 12x^2 + 2 > 0$ 이고 $f''(1) = 14 > 0$ 이므로 이계 도함수 판정법에 의해 $f(x)$는 $x = 1$ 에서 극소이자 최소임을 알 수 있다.

그러므로 점 $(3, 0)$ 으로부터 가장 가까운 포물선 $y = x^2$ 위의 점은 $(1, 1)$ 이다.

:연습문제 5.6

1. 한 변의 길이가 20cm 인 정사각형 모양의 판지의 네 모퉁이를 정사각형 모양으로 잘라내고 접어서 뚜껑이 없는 상자를 만들려고 한다. 상자의 부피가 최대가 되도록 하는 상자의 밑변의 길이와 높이를 구하라.

2. $y=\cos x$ 위의 점 중에서 점 $(0, 0)$와 가장 가까운 점을 구하라.

3. 포물선 $y^2 = 2x$ 위의 점 중에서 점 $(1, 4)$와 가장 가까운 점을 구하라.

4. 직선 $y = 2x + 3$ 위의 점 중에서 원점과 가장 가까운 점을 구하라.

5. 곡선 $y = \sqrt{x}$ 위의 점 중에서 점 $(3, 0)$과 가장 가까운 점을 구하라.

6. 타원 $4x^2 + y^2 = 4$ 위의 점 중에서 점 $(1, 0)$으로부터 가장 멀리 있는 점을 구하라.

7. 두 수의 곱이 100 일 때 두 수의 합이 최소가 되게 하는 두 양수를 구하라.

8. 두 수의 차가 100 일 때, 두 수의 곱이 최소가 되게 하는 두 수를 구하라.

9. 반지름이 r 인 반원에 내접하는 직사각형 중에서 넓이가 가장 큰 직사각형의 가로와 세로의 길이를 구하라.

10. 반지름이 r 인 구에 내접하는 원기둥이 최대 부피를 가질 때의 반지름의 길이와 최대 부피를 구하라.

11. 반지름이 r 인 원에 내접하는 넓이가 가장 큰 이등변 삼각형의 밑변의 길이와 높이를 구하라.

12. 한 변의 길이가 L 인 정삼각형에 내접하는 직사각형 중에서 직사각형의 한 변이 정삼각형의 한 변에 놓여 있으면 이 삼각형에 내접하는 넓이가 가장 큰 직사각형의 가로와 세로의 길이를 구하라.

13. 둘레의 길이가 100m 일 때 넓이가 가장 큰 직사각형의 가로와 세로의 길이를 구하라.

14. 넓이가 1000m^2 일 때, 둘레가 가장 작은 직사각형의 가로와 세로의 길이를 구하라.

15. 둘레의 길이가 L 인 이등변삼각형 중 넓이가 가장 큰 삼각형의 각 변의 길이를 구하라.

16. $-1 \le x \le 2$ 에서 직선 $y = x + 2$와 포물선 $y = x^2$ 사이의 최대 수직 거리는 얼마인지 구하라.

17. 두 포물선 $y = x^2 + 1$ 과 $y = x - x^2$ 사이의 수직 거리의 최솟값을 구하라.

18. 1200 cm^2 의 재료를 가지고 밑면이 정사각형이고 뚜껑이 없는 상자를 만든다고 할 때, 이 상자의 부피의 최댓값을 구하라.

19. 뚜껑이 없고 밑면이 정사각형이며 부피가 32000 cm^3 인 상자를 만든다고 할 때, 사용한 재료의 양을 최소화하기 위한 상자의 가로와 높이를 구하라.

20. 제1 사분면에 의해 절단되는 넓이가 가장 작으면서 점 $(3, 5)$를 지나는 직선의 방정식을 구하라.

21. 곡선 $y = \dfrac{3}{x}$ 의 접선이 제1 사분면에 의해 잘린 가장 짧은 선분의 길이를 구하라.

22. 반지름 R 인 원형 종이에서 부채꼴을 잘라내고 가장자리 CA 와 CB 를 붙여서 원뿔형 물컵을 만든다. 이 컵의 최대 부피를 구하라.

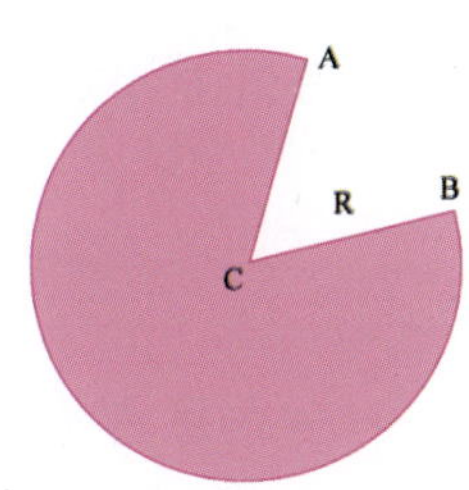

23. 동서로 흐르는 폭이 3 km인 어느 강의 북쪽 강변에 위치한 한 마을 A 로부터 남쪽으로 3 km, 동쪽으로 8 km 떨어진 곳의 남쪽 강변에 다른 마을 B 가 있다. 강을 가로질러 두 마을을 연결하는 도로를 건설하려고 한다. 강에 다리를 건설하는 데 드는 비용은 km당 10 억 원, 땅에 포장도로를 내는 데 드는 비용은 km당 7 억 원이 든다고 한다. 비용을 최소화하는 도로건설 방법을 제시하라.

5.7 로피탈 법칙

극한의 형태가 수렴할지 발산할지 직관적으로 단정할 수 없는 형태를 부정형이라 한다. 부정형으로는 다음과 같은 7가지 형태가 있다.

$$\frac{0}{0} \qquad \frac{\infty}{\infty} \qquad 0 \cdot \infty \qquad \infty - \infty \qquad 0^0 \qquad \infty^0 \qquad 1^\infty$$

참고

(1) 부정형의 형태에서 0 은 상수 0 이 아니고 0 으로 한없이 다가가는 극한 상태이다.
마찬가지로 1 역시 상수 1이 아니고 1로 한없이 다가가는 극한 상태이다.
(2) 위의 부정형에서 네 번째 형태를 제외하면 ∞ 대신 $-\infty$를 대입해도 여전히 부정형이다.
(3) 부정형은 수렴할 수도 있고 발산할 수도 있다. 정확하게 알기 위해서는 식을 계산하여 확인하여야만 한다.

예를 들면

1) $\lim\limits_{x \to 5} \dfrac{x^2 - 25}{x - 5}$ 는 $\dfrac{0}{0}$꼴의 부정형

2) $\lim\limits_{x \to \infty} \dfrac{x - 5}{x^2 + 4}$ 는 $\dfrac{\infty}{\infty}$꼴의 부정형

3) $\lim\limits_{x \to 0^+} x\ln x$ 는 $0 \cdot \infty$꼴의 부정형

4) $\lim\limits_{x \to \left(\frac{\pi}{2}\right)^-} (\sec x - \tan x)$ 는 $\infty - \infty$꼴의 부정형

5) $\lim\limits_{x \to 0^+} x^x$ 는 0^0꼴의 부정형이다.

반면

6) $\lim\limits_{x \to 3^+} \dfrac{5}{x-3} = \infty$로 부정형이 아니다.

$\frac{0}{0}$, $\frac{\infty}{\infty}$ 꼴의 부정형

이제는 $x \to a$ 일 때 $f(x) \to 0$, $g(x) \to 0$인 경우에 다음과 같은 극한을 구해 보자.

$$\lim_{x \to a} \frac{f(x)}{g(x)}$$

이 극한은 존재하지 않을 수도 있고, 존재하는 경우에도 다양한 값이 나올 수 있다. 이런 이유로 이와 같은 극한을 $\frac{0}{0}$ 꼴의 부정형(indeterminate form)이라 한다. 이와 같은 꼴의 극한은 인수분해나 통분, 유리화를 통해서 공통인수를 소거하여 구할 수 있고 기하학적인 논법을 이용하여 구할 수도 있다.

또한 $x \to a$ 일 때 $f(x) \to \infty$ (또는 $-\infty$)이고 $g(x) \to \infty$ (또는 $-\infty$)인 경우에 다음과 같은 극한을 구한다면

$$\lim_{x \to a} \frac{f(x)}{g(x)}$$

마찬가지로 이 극한은 존재하지 않을 수도 있고, 존재하는 경우에도 다양한 값이 나올 수 있다. 따라서 이와 같은 극한을 $\frac{\infty}{\infty}$ 꼴의 부정형(indeterminate form)이라 한다. 이와 같은 꼴의 극한은 분모에 들어 있는 x의 최고차로 분자와 분모를 나눔으로써 구할 수 있다.

예를 들면

1) $\lim_{x \to 1} \frac{x^2 - x}{x^2 - 1} = \lim_{x \to 1} \frac{x(x-1)}{(x-1)(x+1)} = \lim_{x \to 1} \frac{x}{x+1} = \frac{1}{2}$

2) $\lim_{x \to 0} \frac{\sin x}{x} = 1$

3) $\lim_{x \to \infty} \frac{x^2 - 1}{2x^2 + 1} = \lim_{x \to \infty} \frac{1 - \frac{1}{x^2}}{2 + \frac{1}{x^2}} = \frac{1-0}{2+0} = \frac{1}{2}$

그러나 모든 경우에 이러한 방법이 적용되는 것은 아니다. 예를 들어 $\lim_{x \to 1} \frac{\ln x}{x-1}$, $\lim_{x \to \infty} \frac{\ln x}{x-1}$와 같은 극한에는 적용될 수 없으므로 이 절에서는 부정형의 극한값을 구하기 위해 로피탈 법칙(L'Hospital's rule)이라

고 하는 일반적인 방법을 소개한다.

정리 5.7.1 로피탈 법칙(L'Hospital's Rule)

a 의 근방에서(a 는 제외 가능) 두 함수 $f(x)$와 $g(x)$가 미분가능하고, $g'(x) \neq 0$ 이라고 하자. 그리고

$$\lim_{x \to a} f(x) = 0 \text{ 이고 } \lim_{x \to a} g(x) = 0$$

이거나

$$\lim_{x \to a} f(x) = \pm\infty \text{ 이고 } \lim_{x \to a} g(x) = \pm\infty$$

라고 하자. 다시 말하면 $\lim_{x \to a} \dfrac{f(x)}{g(x)}$ 가 $\dfrac{0}{0}$ 또는 $\dfrac{\infty}{\infty}$ 꼴의 부정형이다. 그러면 극한 $\lim_{x \to a} \dfrac{f'(x)}{g'(x)}$ 가 존재하는 경우에 다음이 성립한다.

$$\lim_{x \to a} \frac{f(x)}{g(x)} = \lim_{x \to a} \frac{f'(x)}{g'(x)}$$

증명 증명은 부록에서 찾아볼 수 있다. ■

로피탈 법칙을 사용할 때 분모와 분자를 각각 미분한다. 몫의 미분법을 사용하지 않는다.

즉, $\lim_{x \to a} \dfrac{f'(x)}{g'(x)} \neq \lim_{x \to a} \left(\dfrac{f(x)}{g(x)}\right)'$

참고

1. 로피탈 법칙은 주어진 조건을 만족한다는 전제 하에 두 함수의 몫의 극한은 그 도함수들의 몫의 극한과 같음을 의미한다. 이 법칙을 이용하기 전에 f 와 g 의 극한에 대한 조건을 확인하는 것이 특히 중요하다. (예제 5.7.4 참조)
2. 로피탈 법칙은 한쪽 극한, 무한대, 음의 무한대에서의 극한에 대해서도 유효하다. 즉 '$x \to a$'를 $x \to a^+$, $x \to a^-$, $x \to \infty$, $x \to -\infty$ 중 어느 것으로도 바꿀 수 있다.

예제 5.7.1 $\lim_{x \to 0} \dfrac{2^x - 1}{x}$ 을 구하라.

풀이

$\lim_{x \to 0}(2^x - 1) = 0$, $\lim_{x \to 0} x = 0$이므로 주어진 극한은 $\dfrac{0}{0}$꼴의 부정형이고, 따라서 로피탈 법칙을 적용할 수 있다.

$$\lim_{x\to 0}\frac{2^x-1}{x}=\lim_{x\to 0}\frac{\frac{d}{dx}(2^x-1)}{\frac{d}{dx}(x)}=\lim_{x\to 0}\frac{2^x\ln 2}{1}=2^0\ln 2=\ln 2$$

따라서 $\lim_{x\to 0}\frac{2^x-1}{x}=\ln 2$ 이다.

예제 5.7.2 $\lim_{x\to\infty}\frac{\ln x}{\sqrt[3]{x}}$ 을 구하라.

풀이

$\lim_{x\to\infty}\ln x=\infty$, $\lim_{x\to\infty}\sqrt[3]{x}=\infty$ 이므로 $\frac{\infty}{\infty}$ 꼴의 부정형이다. 로피탈 법칙을 적용하여 극한을 구할 수 있다.

$$\lim_{x\to\infty}\frac{\ln x}{\sqrt[3]{x}}=\lim_{x\to\infty}\frac{\frac{d}{dx}(\ln x)}{\frac{d}{dx}(\sqrt[3]{x})}=\lim_{x\to\infty}\frac{\frac{1}{x}}{\frac{1}{3}x^{-\frac{2}{3}}}=\lim_{x\to\infty}\frac{3}{\sqrt[3]{x}}=0$$

따라서 $\lim_{x\to\infty}\frac{\ln x}{\sqrt[3]{x}}=0$ 이다.

위 예제의 마지막 단계에서 다시 로피탈 법칙을 적용하지 않고 로피탈 법칙을 적용한 식을 정리해서 간단하게 한 후 극한 값을 구하는 게 편하다.

예제 5.7.3 $\lim_{x\to 0^+}\frac{\ln x}{\csc x}$ 을 구하라.

풀이

$\lim_{x\to 0^+}\ln x=-\infty$, $\lim_{x\to 0^+}\csc x=\infty$ 이다. 따라서 이 극한은 $\frac{\infty}{\infty}$ 꼴의 부정형이 되어 로피탈 법칙을 적용할 수 있다.

$$\lim_{x\to 0^+}\frac{\ln x}{\csc x}=\lim_{x\to 0^+}\frac{\frac{d}{dx}(\ln x)}{\frac{d}{dx}(\csc x)}=\lim_{x\to 0^+}\frac{\frac{1}{x}}{-\csc x\cot x}$$

$$=-\lim_{x\to 0^+}\frac{\frac{1}{x}}{\frac{1}{\sin x}\cdot\frac{\cos x}{\sin x}}=-\lim_{x\to 0^+}\frac{\sin^2 x}{x\cos x}$$

$$=-\lim_{x\to 0^+}\frac{\sin x}{x}\cdot\lim_{x\to 0^+}\tan x=(-1)\cdot 0=0$$

따라서 $\lim_{x \to 0^+} \frac{\ln x}{\csc x} = 0$이다.

예제 5.7.4 $\lim_{x \to \pi^-} \frac{\sin x}{1 - \cos x}$을 구하라.

풀이

$\lim_{x \to \pi^-} \sin x = 0$, $\lim_{x \to \pi^-} (1 - \cos x) = 2 \neq 0$이므로 로피탈 법칙을 적용할 수 없다. 실제로 이 함수가 π에서 연속이고 분모가 0이 아니므로

$$\lim_{x \to \pi^-} \frac{\sin x}{1 - \cos x} = \frac{\sin \pi}{1 - \cos \pi} = \frac{0}{1 - (-1)} = 0$$

이다. 따라서 $\lim_{x \to \pi^-} \frac{\sin x}{1 - \cos x} = 0$이다.

참고

위 예제는 생각 없이 로피탈 법칙을 사용하면 다음과 같이 잘못된 결과를 얻을 수 있으므로 조건을 잘 확인하여야 한다.

$$\lim_{x \to \pi^-} \frac{\sin x}{1 - \cos x} = \lim_{x \to \pi^-} \frac{\frac{d}{dx}(\sin x)}{\frac{d}{dx}(1 - \cos x)} = \lim_{x \to \pi^-} \frac{\cos x}{\sin x} = -\infty$$

그 밖의 $0 \cdot \infty$, $\infty - \infty$, 0^0, ∞^0, 1^∞꼴의 부정형은 적당한 변형을 통하여 $\frac{0}{0}$ 또는 $\frac{\infty}{\infty}$꼴의 부정형으로 바꾸어 극한 값을 구할 수 있다.

$0 \cdot \infty$ 꼴의 부정형

$\lim_{x \to a} f(x) = 0$이고 $\lim_{x \to a} g(x) = \infty$(또는 $-\infty$)이면 $\lim_{x \to a} f(x)g(x)$의 값이 무엇인지 명확하지 않다. 이와 같은 극한을 $0 \cdot \infty$꼴의 부정형(indeterminate form)이라 한다.

곱 $f \cdot g$를 다음과 같은 나눗셈으로 변형할 수 있다.

$$f \cdot g = \frac{f}{\frac{1}{g}} \quad \text{또는} \quad f \cdot g = \frac{g}{\frac{1}{f}}$$

그러면 주어진 극한이 $\frac{0}{0}$ 또는 $\frac{\infty}{\infty}$ 꼴의 부정형으로 변형되므로 로피탈 법칙을 적용할 수 있다.

예제 5.7.5 $\lim_{x \to 0^+} x \ln x$을 구하라.

풀이

$\lim_{x \to 0^+} x = 0$, $\lim_{x \to 0^+} \ln x = -\infty$ 이므로 주어진 극한은 $0 \cdot \infty$ 꼴의 부정형이다. $x = \frac{1}{\frac{1}{x}}$ 로 쓰면 $x \to 0^+$ 일 때, $\frac{1}{x} \to \infty$ 이므로 $\frac{\infty}{\infty}$ 꼴의 부정형이 되므로 로피탈 법칙을 적용하여 극한을 구할 수 있다.

$$\lim_{x \to 0^+} x \ln x = \lim_{x \to 0^+} \frac{\ln x}{\frac{1}{x}} = \lim_{x \to 0^+} \frac{\frac{d}{dx}(\ln x)}{\frac{d}{dx}\left(\frac{1}{x}\right)} = \lim_{x \to 0^+} \frac{\frac{1}{x}}{-\frac{1}{x^2}} = \lim_{x \to 0^+}(-x) = 0$$

$$\therefore \lim_{x \to 0^+} x \ln x = 0$$

참고

위 예제를 풀 때, 다음과 같은 식으로 나타낼 수도 있다.

$$\lim_{x \to 0^+} x \ln x = \lim_{x \to 0^+} \frac{x}{\frac{1}{\ln x}}$$

이 극한은 $\frac{0}{0}$ 꼴의 부정형이지만, 로피탈 법칙을 적용하면 위 예제의 풀이보다 더 복잡한 식을 얻는다. 일반적으로 곱의 부정형을 다시 쓸 때는 더 간단한 극한을 얻을 수 있는 방법을 선택한다.

$\infty - \infty$ 꼴의 부정형

$\lim_{x \to a} f(x) = \infty$ 이고 $\lim_{x \to a} g(x) = \infty$ 일 때 다음과 같은 극한을 $\infty - \infty$ 꼴의 부정형(indeterminate form)이라 한다.

$$\lim_{x \to a} [f(x) - g(x)]$$

이 경우에 주어진 식을 공통분모를 사용하거나 유리화하거나 공통 인수로 인수분해하여 차의 형태를 몫의 형태로 바꾸어 $\frac{0}{0}$ 또는 $\frac{\infty}{\infty}$ 꼴의 부정형으로 변환한다.

예제 5.7.6 $\lim_{x \to 0^+} \left(\frac{1}{x} - \frac{1}{\sin x} \right)$을 구하라.

풀이

$\lim_{x \to 0^+} \frac{1}{x} = \infty$ 이고 $\lim_{x \to 0^+} \frac{1}{\sin x} = \infty$ 이므로 이 극한은 $\infty - \infty$ 꼴의 부정형이다. 이 식을 통분하면

$$\lim_{x \to 0^+} \left(\frac{1}{x} - \frac{1}{\sin x} \right) = \lim_{x \to 0^+} \frac{\sin x - x}{x \sin x}$$

를 얻는다. $\lim_{x \to 0^+} (\sin x - x) = 0$ 이고 $\lim_{x \to 0^+} x \sin x = 0$ 이므로 우변의 극한은 $\frac{0}{0}$ 꼴의 부정형이 되어 로피탈 법칙을 두 번 적용하여 극한을 구할 수 있다.

$$\begin{aligned} \lim_{x \to 0^+} \frac{\sin x - x}{x \sin x} &= \lim_{x \to 0^+} \frac{\cos x - 1}{\sin x + x \cos x} && \text{(로피탈 법칙 적용)} \\ &= \lim_{x \to 0^+} \frac{-\sin x}{\cos x + \cos x - x \sin x} && \text{(로피탈 법칙 또 적용)} \\ &= \frac{0}{2} = 0 \end{aligned}$$

$$\therefore \lim_{x \to 0^+} \left(\frac{1}{x} - \frac{1}{\sin x} \right) = 0$$

0^0, ∞^0, 1^∞ 꼴의 부정형

다음과 같은 극한

$$\lim_{x \to a} \{f(x)\}^{g(x)}$$

으로부터 아래와 같은 여러 가지 꼴의 부정형이 나타난다.

(a) $\lim_{x \to a} f(x) = 0$ 이고, $\lim_{x \to a} g(x) = 0$ 인 0^0 꼴

(b) $\lim_{x \to a} f(x) = \infty$ 이고, $\lim_{x \to a} g(x) = 0$ 인 ∞^0 꼴

(c) $\lim_{x \to a} f(x) = 1$ 이고, $\lim_{x \to a} g(x) = \pm\infty$ 인 1^∞ 꼴

이 세 가지 극한은 $y = f(x)^{g(x)}$ 라 하고 다음과 같이 자연로그를 취해서 구할 수 있다.

$$\ln y = g(x) \cdot \ln f(x)$$

또는 다음과 같이 함수를 지수로 나타내어 구할 수 있다.

$$\{f(x)\}^{g(x)} = e^{g(x) \cdot \ln f(x)}$$

두 방법 모두에서 $0 \cdot \infty$ 꼴의 부정형인 $g(x) \cdot \ln f(x)$ 을 얻게 된다.

0^0, ∞^0, 1^∞ 꼴은 부정형이지만, 0^∞ 꼴은 부정형이 아니다. 이 경우의 극한은 항상 0 이기 때문이다.

예제 5.7.7 $\lim_{x \to 0^+} (e^x + x)^{\frac{1}{x}}$ 을 구하라.

풀이

$\lim_{x \to 0^+} (e^x + x) = 1$ 이고 $\lim_{x \to 0^+} \frac{1}{x} = \infty$ 이므로 이 극한은 1^∞ 꼴의 부정형이다. $y = (e^x + x)^{\frac{1}{x}}$ 이라 하면 다음을 얻는다.

$$\ln y = \ln (e^x + x)^{\frac{1}{x}} = \frac{1}{x} \cdot \ln (e^x + x) = \frac{\ln (e^x + x)}{x}$$

이것은 $x \to 0^+$ 일 때 $\frac{0}{0}$ 꼴의 부정형이므로 로피탈 법칙을 적용하면

$$\lim_{x \to 0^+} \ln y = \lim_{x \to 0^+} \frac{\ln (e^x + x)}{x} = \lim_{x \to 0^+} \frac{\frac{e^x + 1}{e^x + x}}{1} = \frac{2}{1} = 2$$

$\ln y$ 의 극한이 2 이므로 y 의 극한은

$$\lim_{x\to 0^+}(e^x+x)^{\frac{1}{x}} = \lim_{x\to 0^+} y = \lim_{x\to 0^+} e^{\ln y} = e^2$$

따라서, $\lim_{x\to 0^+}(e^x+x)^{\frac{1}{x}} = e^2$

예제 5.7.8 $\lim_{x\to 0^+} x^x$ 을 구하라.

풀이

이 극한은 0^0꼴의 부정형이다. 극한을 위의 예제와 같이 구하거나 다음과 같이 지수로 나타내어 극한을 구할 수 있다.

$$x^x = (e^{\ln x})^x = e^{x\ln x}$$

$$\lim_{x\to 0^+} x^x = \lim_{x\to 0^+} e^{x\ln x} = e^{\lim_{x\to 0^+} x\ln x}$$

예제 5.7.5에서 $\lim_{x\to 0^+} x\ln x = 0$ 이므로

따라서, $\lim_{x\to 0^+} x^x = e^0 = 1$이다.

연습문제 5.7

[1~55] 다음 극한을 계산하라.

1. $\lim_{x\to 2}\dfrac{x^2+x-6}{x-2}$

2. $\lim_{x\to \infty}\dfrac{x}{\sqrt{x^2+1}}$

3. $\lim_{x\to 1}\dfrac{\ln x}{x-1}$

4. $\lim_{x\to 0}\dfrac{\tan x}{x}$

5. $\lim_{x\to 0^+} e^{-\frac{1}{x}}$

6. $\lim_{x\to 0}\dfrac{x}{x-\cos x}$

7. $\lim_{x\to 0}\dfrac{x-\sin x}{x^3}$

8. $\lim_{x\to \infty}\dfrac{e^x}{x^2}$

9. $\lim_{x\to \pi^-}\dfrac{\tan x}{1-\cos x}$

10. $\lim_{x\to 0}\dfrac{e^{2x}-1}{\sin x}$

11. $\lim_{x\to 0}\dfrac{\sqrt{x+9}-3}{x}$

12. $\lim_{x\to \left(\frac{\pi}{2}\right)^+}\dfrac{\cos x}{1-\sin x}$

13. $\lim_{x\to 0}\dfrac{\sin 4x}{\tan 5x}$

14. $\lim_{x\to \left(\frac{\pi}{2}\right)^-}\dfrac{\cos x}{\sqrt{\frac{\pi}{2}-x}}$

15. $\lim_{x\to 0}\dfrac{e^x+e^{-x}-2}{1-\cos 2x}$

16. $\lim_{x\to 1}\dfrac{\ln x}{\tan \pi x}$

17. $\lim_{x \to \frac{\pi}{2}} \frac{1 - \sin x}{\csc x}$

18. $\lim_{x \to 1} \frac{x^8 - 1}{x^5 - 1}$

19. $\lim_{x \to 0} \frac{x\, 3^x}{3^x - 1}$

20. $\lim_{x \to 0} \frac{8^x - 5^x}{x}$

21. $\lim_{x \to \infty} \frac{\frac{\pi}{2} - \tan^{-1}x}{\ln\left(1 + \frac{1}{x^2}\right)}$

22. $\lim_{x \to 0} \frac{\sqrt[3]{x+1} - 1 - \frac{x}{3}}{x^2}$

23. $\lim_{x \to 0} \frac{\sin^{-1}x - x}{x^3}$

24. $\lim_{x \to 0} \frac{x}{\tan^{-1}(4x)}$

25. $\lim_{x \to 1} \frac{x^a - ax + a - 1}{(x-1)^2}$

26. $\lim_{x \to \infty} \frac{\ln\sqrt{x}}{x^2}$

27. $\lim_{x \to \left(\frac{\pi}{2}\right)^-} \frac{\sec x}{\tan x}$

28. $\lim_{x \to \infty} \frac{(\ln x)^2}{x}$

29. $\lim_{x \to a^+} \frac{\cos x \ln(x - a)}{\ln(e^x - e^a)}$

30. $\lim_{x \to \infty} \frac{\sin x}{x}$

31. $\lim_{x \to \left(\frac{\pi}{2}\right)^-} (\sec x - \tan x)$

32. $\lim_{x \to 1^+} \left(\frac{x}{x-1} - \frac{1}{\ln x}\right)$

33. $\lim_{x \to 0^+} \left(\frac{1}{x} - \frac{1}{e^x - 1}\right)$

34. $\lim_{x \to 0} (\csc x - \cot x)$

35. $\lim_{x \to \infty} (x - \ln x)$

36. $\lim_{x \to 1^+} \{\ln(x^7 - 1) - \ln(x^5 - 1)\}$

37. $\lim_{x \to \infty} x\{\ln(x+5) - \ln x\}$

38. $\lim_{x \to \infty} x\left(1 - e^{\frac{1}{x}}\right)$

39. $\lim_{x \to \infty} x \sin\frac{1}{x}$

40. $\lim_{x \to 0} \cot 2x \sin 6x$

41. $\lim_{x \to \infty} \sqrt{x}\, e^{-\frac{x}{2}}$

42. $\lim_{x \to \infty} x^3 e^{-x^2}$

43. $\lim_{x \to 1^+} \ln x \tan\frac{\pi x}{2}$

44. $\lim_{x \to 0} x^{\sin x}$

45. $\lim_{x \to 0^+} (1 + \sin 4x)^{\cot x}$

46. $\lim_{x \to \left(\frac{\pi}{2}\right)^-} (\tan x)^{\cos x}$

47. $\lim_{x \to \infty} \left(1 - \frac{1}{x}\right)^x$

48. $\lim_{x \to \infty} x^{\frac{1}{x}}$

49. $\lim_{x \to \infty} e^{-x} \sin x$

50. $\lim_{x \to -\infty} (x^2 - x^3) e^{2x}$

51. $\lim_{x \to 0^+} x^{\sqrt{x}}$

52. $\lim_{x \to 0^+} (\tan 2x)^x$

53. $\lim_{x \to 0} (1 - 2x)^{\frac{1}{x}}$

54. $\lim_{x \to 1^+} x^{\frac{1}{1-x}}$

55. $\lim_{x \to \infty} \left\{x - x^2 \ln\left(\frac{1+x}{x}\right)\right\}$

56. f' 은 연속이고 $f(2) = 0$, $f'(2) = 7$ 일 때, $\lim_{x \to 0} \frac{f(2+3x) + f(2+5x)}{x}$ 의 값을 구하라.

57. $\lim_{x \to 0} \left(\frac{\sin 2x}{x^3} + a + \frac{b}{x^2}\right) = 0$ 일 때, a, b 의 값을 구하라.

부록

로피탈 법칙(L'Hospital's Rule)

a 의 근방에서(a 는 제외 가능) 두 함수 $f(x)$ 와 $g(x)$ 가 미분가능하고, $g'(x) \neq 0$ 이라고 하자. 그리고

$$\lim_{x \to a} f(x) = 0 \text{ 이고 } \lim_{x \to a} g(x) = 0$$

이거나

$$\lim_{x \to a} f(x) = \pm\infty \text{ 이고 } \lim_{x \to a} g(x) = \pm\infty$$

라고 하자.

(다시 말하면 $\frac{0}{0}$ 또는 $\frac{\infty}{\infty}$ 형의 부정형이다.) 그러면 극한

$\lim_{x \to a} \frac{f'(x)}{g'(x)}$ 가 존재하는 경우에 (또는 $\pm\infty$ 인 경우에) 다음이 성립한다.

$$\lim_{x \to a} \frac{f(x)}{g(x)} = \lim_{x \to a} \frac{f'(x)}{g'(x)}$$

증명 $\lim_{x \to a} f(x) = 0$ 이고 $\lim_{x \to a} g(x) = 0$ 이라 가정하고, 다음과 같이 놓자.

$$L = \lim_{x \to a} \frac{f'(x)}{g'(x)}$$

$\lim_{x \to a} \frac{f(x)}{g(x)} = L$ 임을 보여야 한다. 다음과 같이 정의하자.

$$F(x) = \begin{cases} f(x) & (x \neq a) \\ 0 & (x = a) \end{cases}, \quad G(x) = \begin{cases} g(x) & (x \neq a) \\ 0 & (x = a) \end{cases}$$

f 가 $\{x \in I \mid x \neq a\}$ (I는 a를 포함하는 열린 구간)에서 연속이므로, F는 I에서 연속이고 다음이 성립한다.

$$\lim_{x \to a} F(x) = \lim_{x \to a} f(x) = 0 = F(a)$$

마찬가지로 G는 I에서 연속이다. $x \in I$이고 $x > a$라 하자. 그러면 F와 G는 $[a, x]$ 에서 연속이고

(a, x)에서 미분 가능하며 ($F' = f'$이고 $G' = g'$이므로) 이곳에서 $G' \neq 0$이다. 따라서 코시의 평균값 정리에 의해 적당한 수 y가 존재해서 $a < y < x$이고 다음이 성립한다.

$$\frac{F'(y)}{G'(y)} = \frac{F(x) - F(a)}{G(x) - G(a)} = \frac{F(x)}{G(x)}$$

여기서 정의에 의해 $F(a) = 0$이고 $G(a) = 0$이라는 사실을 사용했다. 이제 $x \to a^+$이라 하면, ($a < y < x$이므로) $y \to a^+$이고 이에 따라 다음이 성립한다.

$$\lim_{x \to a^+} \frac{f(x)}{g(x)} = \lim_{x \to a^+} \frac{F(x)}{G(x)} = \lim_{y \to a^+} \frac{F'(y)}{G'(y)} = \lim_{y \to a^+} \frac{f'(y)}{g'(y)} = L$$

마찬가지 방법으로 좌극한도 L임을 보일 수 있다. 따라서 다음이 성립한다.

$$\lim_{x \to a} \frac{f(x)}{g(x)} = L$$

이것은 a가 유한인 경우에 대한 로피탈의 법칙을 증명한다.

a가 무한대이면, $t = \dfrac{1}{x}$이라 놓자. 그러면 $x \to \infty$일 때 $t \to 0^+$이므로 다음을 얻는다.

$$\lim_{x \to \infty} \frac{f(x)}{g(x)} = \lim_{t \to 0^+} \frac{f\left(\frac{1}{t}\right)}{g\left(\frac{1}{t}\right)}$$

$$= \lim_{t \to 0^+} \frac{f'\left(\frac{1}{t}\right)\left(-\frac{1}{t^2}\right)}{g'\left(\frac{1}{t}\right)\left(-\frac{1}{t^2}\right)} \quad \text{(유한인 } a \text{에 대한 로피탈의 법칙에 의해)}$$

$$= \lim_{t \to 0^+} \frac{f'\left(\frac{1}{t}\right)}{g'\left(\frac{1}{t}\right)} = \lim_{x \to \infty} \frac{f'(x)}{g'(x)}$$

■

대학에서 배우는

수학 II

Chapter 06 적분

6.1 넓이문제와 구분구적법

이 절에서는 곡선 아래에 있는 영역의 넓이를 구하고자 할 때에도 극한이 활용된다는 사실에 대해 알아본다.

넓이 문제

넓이 문제를 생각해보자. 넓이 문제는 다음과 같은 질문으로 시작한다. 넓이의 의미는 무엇인가? 변이 직선으로 이루어진 영역이면 이 질문에 대한 답은 간단하다. 예를 들어, 직사각형의 넓이는 가로와 세로의 곱으로 정의한다. 이로부터 삼각형의 넓이는 밑변과 높이를 곱한 값의 절반이며, 다각형의 넓이는, [그림 6.1(c)]에서 보는 것처럼, 여러 개의 삼각형으로 나누고 그 삼각형들의 넓이를 더한 값이다.

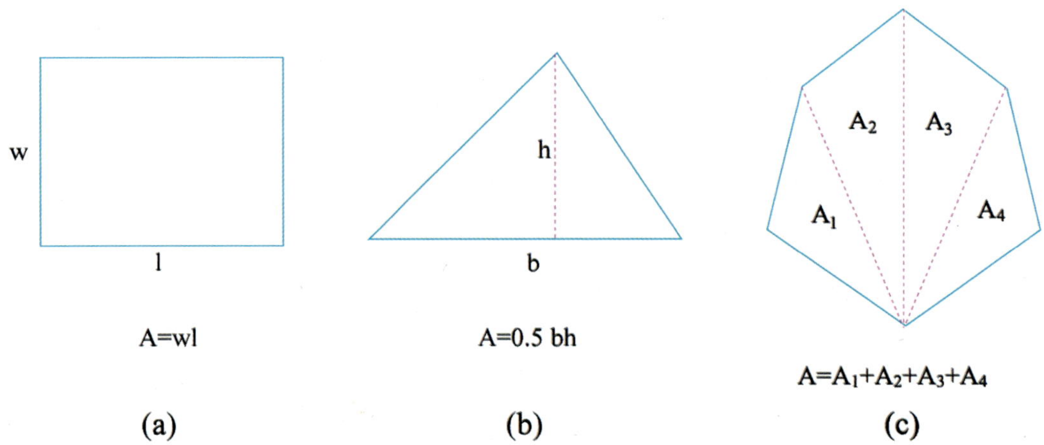

[그림 6.1]

그러나 영역의 변이 자유로운 곡선으로 이루어져 있다면, 그 넓이를 정의하기는 쉽지 않다. 이러한 영역의 넓이를 정의하기 위해서 극한의 개념을 도입한다. 먼저 영역을 유한개의 직사각형으로 근사시키고 그 직사각형들의 넓이의 합을 구하여 영역의 넓이의 근삿값을 얻는다. 그런 다음 직사각형의 수를 증가시킴으로써 넓이의 합에 대한 극한으로 영역의 넓이를 정의하고자 한다. 다음 예제를 통해 설명해 보자.

예제 6.1.1 직사각형을 이용해서 포물선 $y = x^2$ 아래에 있는 $x = 0$부터 $x = 1$까지 영역의 넓이를 추정하라.

풀이

[그림 6.2]에서 보는 것처럼 구하고자 하는 영역을 S라고 하자. 먼저, S는 한 변의 길이가 1인 정사각형 안에 있으므로 S의 넓이는 1보다 작은 값임을 쉽게 짐작할 수 있다. 하지만 이 값을 영역 S의 넓이라고 추정하기에는 적절하지 못하다는 것도 바로 알 수 있다.

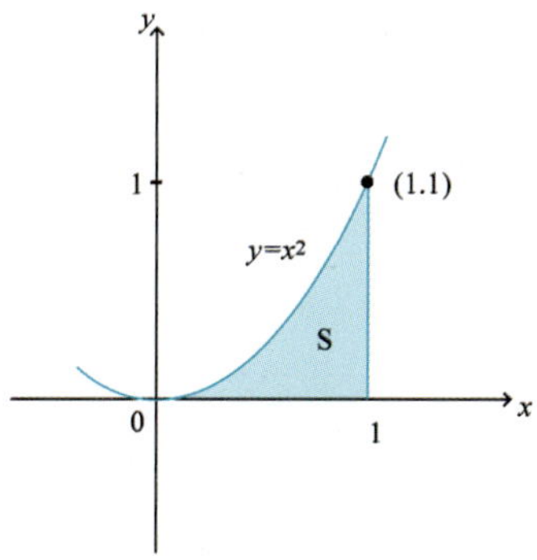

[그림 6.2]

이제는 이보다 더 가까운 근삿값을 추정해 보자. [그림 6.3(a)]에서 보는 것처럼, 수직선들 $x = \frac{1}{4}$, $x = \frac{1}{2}$, $x = \frac{3}{4}$을 그어 네 개의 가늘고 긴 부분 영역 S_1, S_2, S_3와 S_4로 나누어 보자.

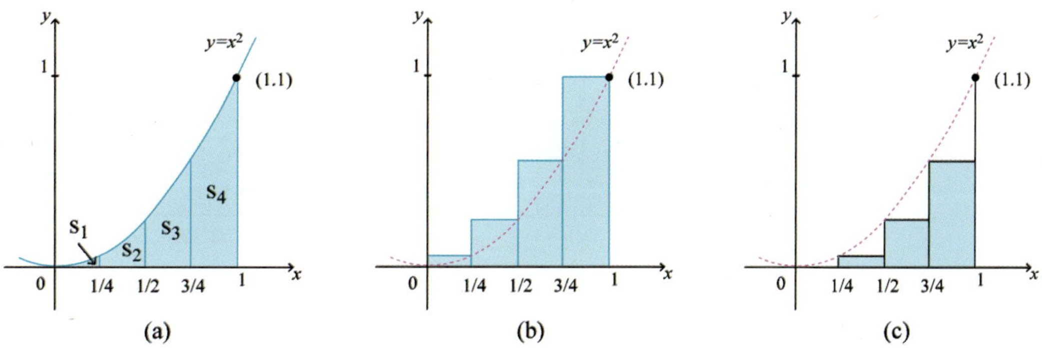

[그림 6.3]

각 부분 영역에 대해, [그림 6.3(b)]에서 보는 것처럼, 밑변은 각 부분 영역의 밑변이고 높이는 각 부분 영역의 오른쪽 변인 직사각형에 의해 각각의 부분 영역을 근사시킬 수 있다. 다시 말하면, 각 부분 구간 $\left[0, \frac{1}{4}\right]$, $\left[\frac{1}{4}, \frac{1}{2}\right]$, $\left[\frac{1}{2}, \frac{3}{4}\right]$과 $\left[\frac{3}{4}, 1\right]$의 오른쪽 끝점에서 함수 $f(x) = x^2$의 값이 직사각형의 높이가 된다. 따라서, 각 부분 영역은 너비가 $\frac{1}{4}$이고 높이가 $\left(\frac{1}{4}\right)^2, \left(\frac{1}{2}\right)^2, \left(\frac{3}{4}\right)^2, 1^2$인 직사각형에 의해 근사된다. 이 근사 직사각형들의 넓이의 합을 R_4라 하면

$$R_4 = \frac{1}{4} \cdot \left(\frac{1}{4}\right)^2 + \frac{1}{4} \cdot \left(\frac{1}{2}\right)^2 + \frac{1}{4} \cdot \left(\frac{3}{4}\right)^2 + \frac{1}{4} \cdot 1^2 = \frac{15}{32} = 0.46875$$

이고, 이 값은 [그림 6.3(b)]에서 알 수 있듯이 영역 S의 넓이 A보다 큰 값이다. 즉,

$$A < R_4 = 0.46875$$

또 다른 방법으로, 근사 직사각형들을 [그림 6.3(c)]에서 보는 것처럼 곡선 아래에 위치하도록 잡아줄 수도 있는데, 이때 근사 직사각형들의 높이는 각 부분 구간의 왼쪽 끝점에서 함수 $f(x) = x^2$의 값이 된다. 가장 왼쪽에 있는 직

사각형은 높이가 0이다. 이와 같은 근사 직사각형들의 넓이의 합을 L_4라 하면

$$L_4 = \frac{1}{4} \cdot 0^2 + \frac{1}{4} \cdot \left(\frac{1}{4}\right)^2 + \frac{1}{4} \cdot \left(\frac{1}{2}\right)^2 + \frac{1}{4} \cdot \left(\frac{3}{4}\right)^2 = \frac{7}{32} = 0.21875$$

이고, 이 값은 [그림 6.3(c)]에서 쉽게 알 수 있듯이 영역 S의 넓이 A보다 작은 값이므로 A의 값은 다음과 같은 구간에 속하는 값이라 말할 수 있다.

$$0.21875 = L_4 < A < R_4 = 0.46875$$

이와 같은 과정을 반복하여 부분 영역의 수를 계속 늘려나갈 수 있다. [그림 6.4]는 영역 S를 밑변의 길이가 $\frac{1}{8}$인 8개의 부분 영역으로 나누었을 경우, 오른쪽 끝점을 사용한 근사 직사각형[그림 6.4(a) 참조]과 왼쪽 끝점을 사용한 근사 직사각형[그림 6.4(b) 참조]을 보여준다.

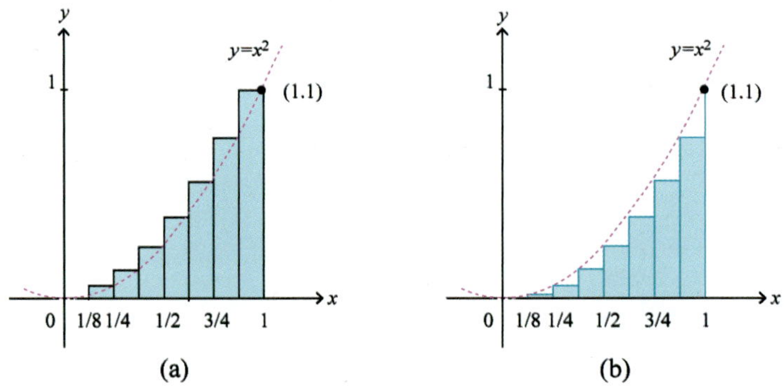

[그림 6.4]

오른쪽 끝점을 사용한 근사 직사각형들의 넓이의 합 R_8과 왼쪽 끝점을 사용한 근사 직사각형들의 넓이의 합 L_8을 계산하면 다음과 같이 이전보다 더 좁은 구간에 속하는 값으로 넓이 A를 추정할 수 있게 해준다.

$$0.2734375 = L_8 < A < R_8 = 0.3984375$$

따라서 질문에 대한 한 가지 가능한 답은 S의 넓이가 0.2734375와 0.3984375 사이에 있다고 말하는 것이다. 부분 영역의 수를 늘림으로써 더 가까운 추정 값을 얻을 수 있다. 〈표 6.1〉은 n개의 근사 직사각형을 이용하여, 부분 구간의 왼쪽 끝점을 사용하여 높이를 구한 넓이의 합 L_n과 오른쪽 끝점을 사용한 넓이의 합 R_n을 계산한 결과를 보여준다.

〈표 6.1〉

n	L_n	R_n	평균
10	0.2850000	0.3850000	0.3350000
20	0.3087500	0.3587500	0.3337500
30	0.3168519	0.3501852	0.3335186
50	0.3234000	0.3434000	0.3334000
100	0.3283500	0.3383500	0.3333500
1000	0.3328335	0.3338335	0.3333335

50개의 부분 영역으로 나누었을 때, 넓이가 0.3234와 0.3434 사이에 있음을 알 수 있다. 또한, 1,000개의 부분 영역으로 나누면, 넓이를 훨씬 더 좁은 범위로 추정할 수 있다. 즉 A는 0.3328335와 0.3338335사이에 있으며 이보다 더 근접한 추정 값은 이 수들의 평균인 $A \approx 0.3333335$이다.

예제 6.1.1의 〈표 6.1〉로부터 n이 증가함에 따라 R_n, L_n 또는 그 평균값이 $\frac{1}{3}$에 가까워지는 것처럼 보인다. 다음 예제에서 이 사실을 확인해보자.

예제 6.1.2 예제 6.1.1의 영역에 대해 오른쪽 끝점을 사용한 근사 직사각형들의 넓이의 합이 $\frac{1}{3}$에 가까워짐을 보이라. 즉 다음이 성립함을 보이라.

$$\lim_{n\to\infty} R_n = \frac{1}{3}$$

풀이

근사 직사각형들의 넓이의 합 R_n은 [그림 6.5]에서 볼 수 있는 n개의 직사각형들의 넓이의 합이다.

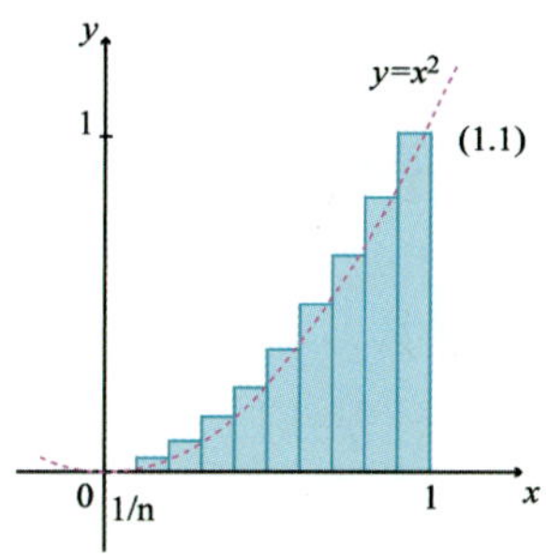

[그림 6.5]

각 직사각형의 너비는 $1/n$이고 높이는 각각 오른쪽 끝점 $x=1/n$, $x=2/n$, $\cdots$, $x=n/n$에서 함수 $f(x)=x^2$의 값이다. 즉 높이는 $(1/n)^2$, $(2/n)^2$, $\cdots$, $(n/n)^2$이다. 그러므로 다음을 얻는다.

$$R_n = \frac{1}{n}\left(\frac{1}{n}\right)^2 + \frac{1}{n}\left(\frac{2}{n}\right)^2 + \cdots + \frac{1}{n}\left(\frac{n}{n}\right)^2$$

이다. 이를 계산하면 다음을 얻는다.

$$R_n = \frac{1}{n}\cdot\frac{1}{n^2}(1^2+2^2+3^2+\cdots+n^2) = \frac{1}{n^3}(1^2+2^2+3^2+\cdots+n^2)$$

$$= \frac{1}{n^3}\cdot\frac{n(n+1)(2n+1)}{6} = \frac{(n+1)(2n+1)}{6n^2}$$

여기서 처음 n개의 양의 정수의 제곱에 대한 합의 공식을 사용하였다.

양의 정수의 제곱에 대한 합의 공식

$$\sum_{k=1}^{n} k^2 = 1^2+2^2+3^2+\cdots+n^2 = \frac{n(n+1)(2n+1)}{6}$$

이제 $n\to\infty$일 때, 극한을 구하면 다음을 얻는다.

$$\lim_{n\to\infty} R_n = \lim_{n\to\infty}\frac{(n+1)(2n+1)}{6n^2} = \lim_{n\to\infty}\frac{1}{6}\left(\frac{n+1}{n}\right)\left(\frac{2n+1}{n}\right)$$

$$= \lim_{n\to\infty}\frac{1}{6}\left(1+\frac{1}{n}\right)\left(2+\frac{1}{n}\right) = \frac{1}{6}\cdot 1\cdot 2 = \frac{1}{3}$$

왼쪽 끝점을 사용한 근사 직사각형의 넓이의 합 L_n도 역시 $\frac{1}{3}$에 접근하는 것을 알 수 있다.

$$\lim_{n\to\infty} L_n = \frac{1}{3}$$

n이 증가함에 따라 L_n과 R_n은 모두 S의 넓이에 더 가까운 근삿값이 된다. 그러므로 넓이 A는 근사 직사각형들의 넓이의 합의 극한에 의해 다음과 같다.

$$A = \lim_{n\to\infty} R_n = \lim_{n\to\infty} L_n = \frac{1}{3}$$

구분구적법

예제 6.1.1과 예제 6.1.2의 개념을 이제 좀 더 일반적인 영역에 적용해보자. 곡선 $y=f(x)$아래에 있는 $x=a$부터 $x=b$까지 영역 S의 넓이를 구해보자. [그림 6.6]에서 보는 것처럼 영역 S는 연속함수 $y=f(x)$의 그래프 (여기서 $f(x)\geq 0$이라 가정하자.)와 수직선 $x=a$와 $x=b$, 그리고 x축으로 둘러싸인 영역을 의미한다.

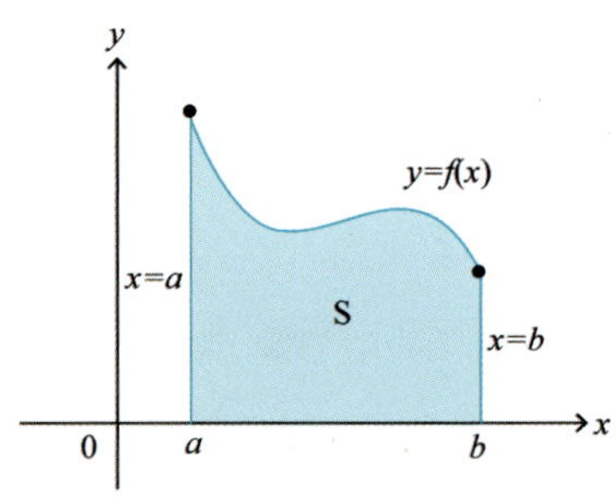

[그림 6.6]

먼저, 영역 S를 [그림 6.7]에서 보는 것처럼 너비가 일정한 n개의 가늘고 긴 부분 영역 S_1, S_2, $\cdots$, S_n으로 나눈다, 구간 $[a, b]$의 길이는 $b-a$이므로 n개로 나누어진 부분 영역의 너비는 다음과 같다.

$$\Delta x = \frac{b-a}{n}$$

또한 이 부분 영역들은 구간 $[a, b]$를 n개의 부분 구간 $[x_0, x_1]$, $[x_1, x_2]$, $[x_2, x_3]$, $\cdots$, $[x_{n-1}, x_n]$으로 나눈다. 여기서 $x_i = a + i\,\Delta x$ $(i=0, 1, 2, \cdots, n)$이다. 따라서 $x_0 = a$이고, $x_n = b$이다. 이제 각 부분 영역 S_i를

너비가 Δx이고 높이가 함수 $f(x)$의 오른쪽 끝점에서 값인 $f(x_i)$인 직사각형으로 근사시키자[그림 6.8 참조]. 이 근사 직사각형의 넓이는 $f(x_i)\Delta x$이다. 직관적으로 S의 넓이는 이와 같은 근사 직사각형들의 넓이의 합 R_n에 의해 근사되는 것으로 생각할 수 있다.

$$R_n = f(x_1)\Delta x + f(x_2)\Delta x + \cdots + f(x_n)\Delta x$$

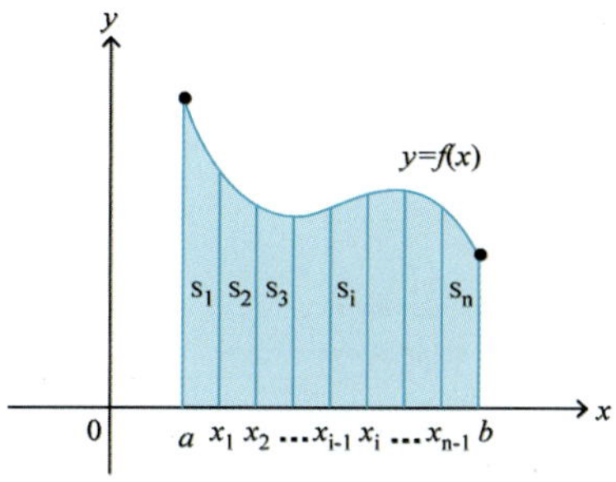

[그림 6.7]

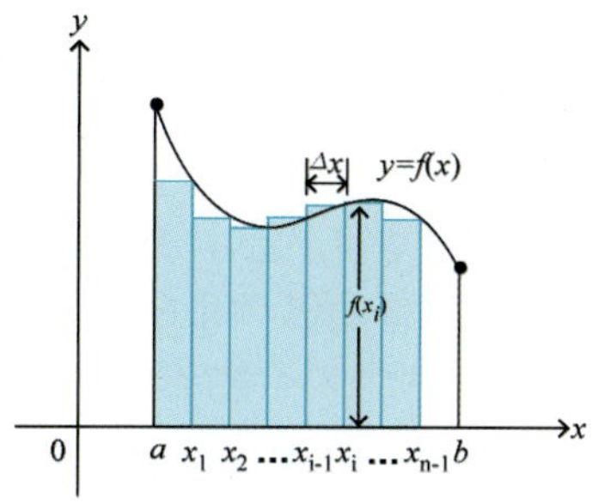

[그림 6.8]

이런 근삿값 R_n은 조각의 수가 증가함에 따라, 즉 $n \to \infty$일 때 영역 S의 넓이에 가까워짐을 알 수 있다. 그러므로 영역 S의 넓이 A를 다음과 같이 정의한다.

정의 6.1.1

연속함수 $y = f(x) \geq 0$의 그래프 아래에 있는 $x = a$부터 $x = b$까지 영역 S에 대하여 다음 극한이 존재한다면,

$$A = \lim_{n \to \infty} R_n = \lim_{n \to \infty} [f(x_1)\Delta x + f(x_2)\Delta x + \cdots + f(x_n)\Delta x]$$

극한 A는 영역 S의 넓이(area)라 한다. 여기서 $\Delta x = (b-a)/n$이고, $x_i = a + i\,\Delta x \ (i = 0, 1, 2, \cdots, n)$이다.

함수 $f(x)$가 연속이라고 가정하고 있으므로 정의 6.1.1의 극한은 항상 존재함을 증명할 수 있다. 또한 다음과 같이 왼쪽 끝점을 이용해도 동일한 값을 얻는다는 사실도 보일 수 있다.

$$A = \lim_{n \to \infty} L_n = \lim_{n \to \infty} [f(x_0)\Delta x + f(x_1)\Delta x + \cdots + f(x_{n-1})\Delta x]$$

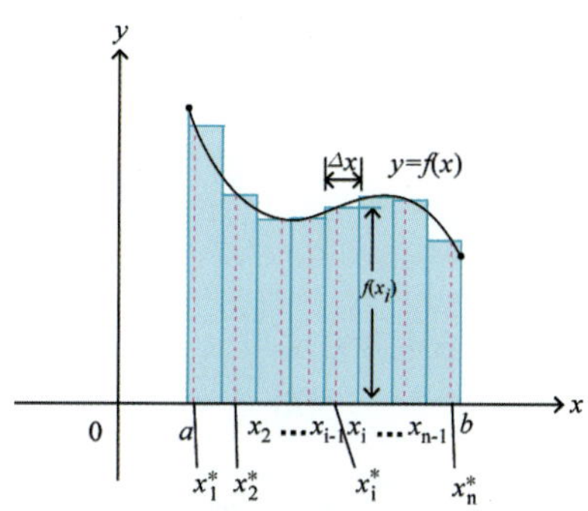

[그림 6.9]

실제로는 왼쪽 끝점이나 오른쪽 끝점을 이용하는 대신 각 부분 구간 $[x_{i-1}, x_i]$에 있는 임의의 값 x_i^*을 택하여 그 점에서 $f(x)$의 값을 직사각형의 높이로 택할 수도 있다. 이때 $x_1^*, x_2^*, \cdots, x_n^*$를 표본점(sample points)이라 한다. [그림 6.9]는 구간의 끝

점이 아닌 표본점을 택하였을 경우, 근사 직사각형들의 모습을 보여준다. 따라서 S의 넓이를 좀 더 일반적인 표현으로 다음과 같이 나타낼 수 있다.

$$A = \lim_{n\to\infty}\left[f(x_1^*)\Delta x + f(x_2^*)\Delta x + \cdots + f(x_n^*)\Delta x\right]$$

참고

1. 일반적으로 각 부분 구간에서 표본점 x_i^*를 $f(x_i^*)$가 최솟값(최댓값)이 되는 점으로 택하였을 경우의 근사 직사각형의 넓이의 합을 하합(상합)이라 한다[그림 6.10 참조].
2. 넓이에 대하여 다음이 성립한다. '넓이 A는 모든 상합보다 작고 모든 하합보다 큰 유일한 수이다.' 예를 들어 예제 6.1.1과 예제 6.1.2에서 구한 넓이($A=1/3$)는 모든 왼쪽 근사 직사각형 넓이의 합 L_n과 오른쪽 근사 직사각형 넓이의 합 R_n사이에 있었다. 이 예제들에서 함수 $f(x)=x^2$은 [0, 1]에서 증가한다. 따라서 하합은 왼쪽 끝점으로부터 나타나고, 상합은 오른쪽 끝점으로부터 나타난다.

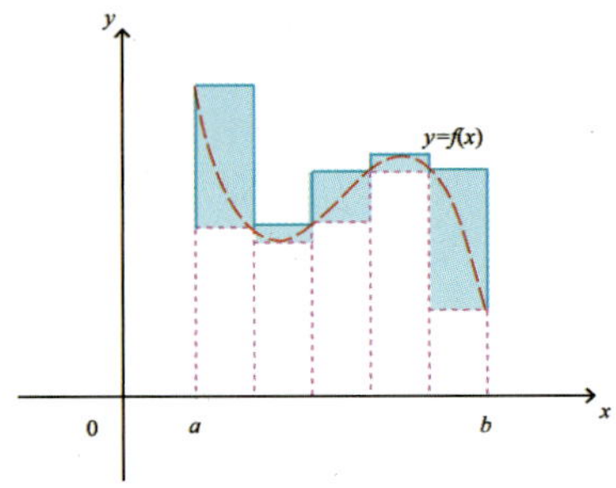

[그림 6.10]

많은 항들의 합을 좀 더 간단하게 나타내기 위해 시그마 기호($\sum$)를 자주 사용한다. 예를 들어 다음과 같다.

$$\sum_{i=1}^{n} f(x_i)\Delta x = f(x_1)\Delta x + f(x_2)\Delta x + \cdots + f(x_n)\Delta x$$

따라서 넓이에 대한 표현들은 모두 다음과 같이 쓸 수 있다.

$$A = \lim_{n\to\infty}\sum_{i=1}^{n} f(x_i)\Delta x$$

$$A = \lim_{n\to\infty}\sum_{i=1}^{n} f(x_{i-1})\Delta x$$

$$A = \lim_{n\to\infty}\sum_{i=1}^{n} f(x_i^*)\Delta x$$

예제 6.1.3 $0 \le b \le \pi/2$**에 대하여,** $f(x)=\cos x$**의 그래프 아래에 있는** $x=0$**부터** $x=b$**까지 영역의 넓이를** A**라 하자.**

(a) 오른쪽 끝점을 사용하여 A를 극한으로 표현하라.
(b) 구간 $[0, b]$를 네 개의 부분 구간으로 나누고 각 부분 구간의 중점을 표본점으로 택하여 $b=\pi/2$인 경우의 넓이를 추정하라.

풀이

(a) $a=0$이므로 부분 구간의 너비는

$$\Delta x = \frac{b-0}{n} = \frac{b}{n}$$

이고, $x_1 = b/n$, $x_2 = 2b/n$, $\cdots$, $x_i = ib/n$, $\cdots$, $x_n = nb/n = b$이다. 근사 직사각형들의 넓이의 합 R_n은 다음과 같다.

$$\begin{aligned} R_n &= f(x_1)\Delta x + f(x_2)\Delta x + \cdots + f(x_n)\Delta x \\ &= (\cos x_1)\Delta x + (\cos x_2)\Delta x + \cdots + (\cos x_n)\Delta x \\ &= \left(\cos\frac{b}{n}\right)\frac{b}{n} + \left(\cos\frac{2b}{n}\right)\frac{b}{n} + \cdots + \left(\cos\frac{nb}{n}\right)\frac{b}{n} \end{aligned}$$

정의 6.1.1에 따라 넓이는 다음과 같이 극한으로 표현된다.

$$A = \lim_{n\to\infty} R_n = \lim_{n\to\infty} \frac{b}{n}\left(\cos\frac{b}{n} + \cos\frac{2b}{n} + \cdots + \cos\frac{nb}{n}\right)$$

시그마 기호를 이용하면 다음과 같이 표현할 수 있다.

$$A = \lim_{n\to\infty}\left[\frac{b}{n}\sum_{i=1}^{n}\cos\frac{ib}{n}\right]$$

이 극한을 직접 손으로 계산하기는 매우 어렵다. 그러나 컴퓨터 대수체계를 이용하면 어렵지 않다. 6.4절에서는 다른 방법을 이용하여 A를 좀 더 쉽게 계산할 것이다.

(b) $n=4$이고 $b=\pi/2$이므로 $\Delta x = (\pi/2)/4 = \pi/8$이다. 그러므로 4개의 부분 구간들은 $[0, \pi/8]$, $[\pi/8, \pi/4]$, $[\pi/4, 3\pi/8]$, $[3\pi/8, \pi/2]$이다. 이 부분 구간들의 중점을 표본점으로 택하면 다음과 같다.

$$x_1^* = \frac{\pi}{16},\ x_2^* = \frac{3\pi}{16},\ x_3^* = \frac{5\pi}{16},\ x_4^* = \frac{7\pi}{16}$$

그리고 네 개의 근사 직사각형의 넓이의 합 M_4는 다음과 같다[그림 6.11 참조].

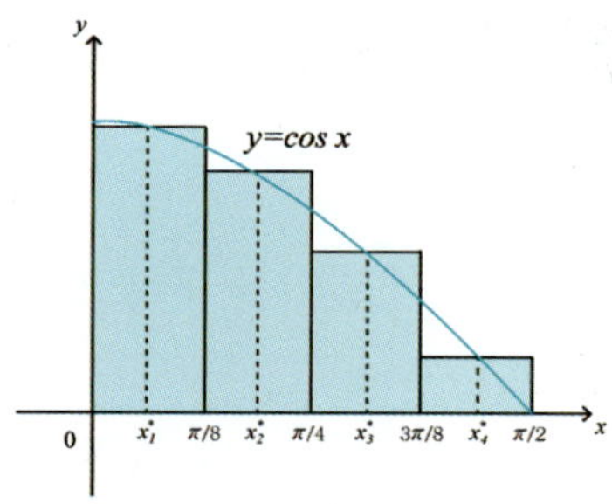

[그림 6.11]

$$\begin{aligned} M_4 &= \sum_{i=1}^{4} f(x_i^*)\Delta x \\ &= f\left(\frac{\pi}{16}\right)\Delta x + f\left(\frac{3\pi}{16}\right)\Delta x + f\left(\frac{5\pi}{16}\right)\Delta x + f\left(\frac{7\pi}{16}\right)\Delta x \\ &= \left(\cos\frac{\pi}{16}\right)\frac{\pi}{8} + \left(\cos\frac{3\pi}{16}\right)\frac{\pi}{8} + \left(\cos\frac{5\pi}{16}\right)\frac{\pi}{8} + \left(\cos\frac{7\pi}{16}\right)\frac{\pi}{8} \\ &= \frac{\pi}{8}\left(\cos\frac{\pi}{16} + \cos\frac{3\pi}{16} + \cos\frac{5\pi}{16} + \cos\frac{7\pi}{16}\right) \approx 1.006 \end{aligned}$$

따라서 넓이의 추정값은 $A \approx 1.006$이다.

연습문제 6.1

1. $1^2+2^2+3^2+\cdots+n^2=\dfrac{n(n+1)(2n+1)}{6}$을 증명하라.

2. $n=2,4,8$일 때 $f(x)=2+\sin x,\ 0\le x\le\pi$에 대한 상합과 하합을 추정하라. [그림 6.10]과 같은 그림으로 설명하라.

3. $n=3,4$일 때 $f(x)=1+x^2,\ -1\le x\le 1$에 대한 상합과 하합을 추정하라. [그림 6.10]과 같은 그림으로 설명하라.

4. $x=a$부터 $x=b$까지 증가하는 연속함수 $f(x)$의 그래프 아래의 넓이를 A라 하자. L_n과 R_n을 각각 n개의 부분 구간의 왼쪽 끝과 오른쪽 끝을 이용하여 계산한 A의 추정 값이라 하자.

(a) A, L_n, R_n은 어떤 관계가 있는가?

(b) 다음을 보이라.

$$R_n-L_n=\frac{b-a}{n}[f(b)-f(a)]$$

그리고 R_n-L_n을 나타내는 n개의 직사각형을 합하여 방정식의 우변을 넓이로 갖는 한 개의 사각형이 되게 할 수 있음을 보여줌으로써, 이 방정식을 설명하는 그림을 그리라.

(c) 다음을 추론하라.

$$R_n-A<\frac{b-a}{n}[f(b)-f(a)]$$

6.2 정적분

6.1절에서 넓이를 구하고자 할 때 다음 형태의 극한으로 계산할 수 있음을 알았다.

$$\lim_{n\to\infty}\sum_{i=1}^{n}f(x_i^*)\Delta x=\lim_{n\to\infty}\left[f(x_1^*)\Delta x+f(x_2^*)\Delta x+\ \cdots\ +f(x_n^*)\Delta x\right]$$

또한 $f(x)$가 반드시 양의 함수가 아니어도 이와 같은 형태의 극한이 매우 다양한 상황에서 나타나는 것이 사실이다. 이 절에서는 $f(x)$가 반드시 양이거나 연속일 필요도 없으며, 부분 구간도 꼭 등간격일 필요가 없는 극한에 대해 생각한다.

정적분

일반적으로 닫힌구간 $[a,b]$에서 정의된 함수 $f(x)$를 생각하자. 먼저 구간 $[a,b]$에서 다음과 같은 분할점 $x_0,\ x_1,\ x_2,\ \cdots,\ x_{n-1},\ x_n$을 택하여

$$a = x_0 < x_1 < x_2 < \cdots < x_{n-1} < x_n = b$$

구간 $[a, b]$를 n개의 부분 구간으로 나눈다. 이를 구간 $[a, b]$의 한 분할(partition)이라 하며, 이 결과로 다음과 같은 부분 구간들을 얻는다.

$$[x_0, x_1],\ [x_1, x_2],\ [x_2, x_3],\ \cdots,\ [x_{n-1}, x_n]$$

각 부분 구간 $[x_{i-1}, x_i]$의 길이 Δx_i는 다음과 같다.

$$\Delta x_i = x_i - x_{i-1}$$

그리고 각 부분 구간 $[x_{i-1}, x_i]$에 있는 한 점 x_i^*를 택하여 x_1^*, x_2^*, $\cdots$, x_n^*를 표본점(sample points)이라 하자. 이와 같은 표본점들은 구간에서 왼쪽 끝점 또는 오른쪽 끝점, 혹은 양 끝점 사이에 있는 임의의 수가 될 수 있다. [그림 6.12]는 분할과 표본점의 예를 보여준다.

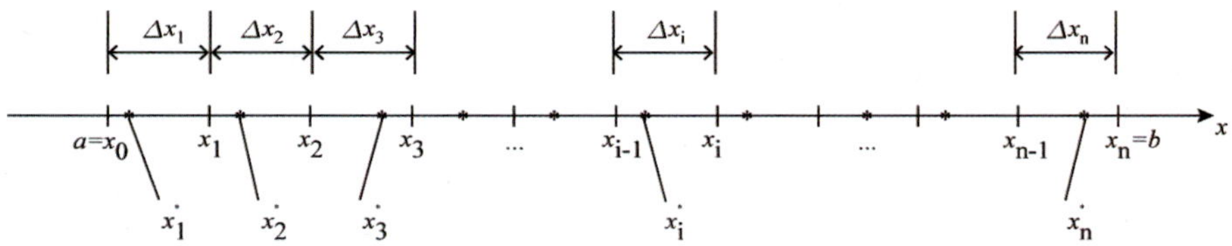

[그림 6.12]

구간 $[a, b]$의 한 분할 P에 대하여, 다음과 같이 분할 P의 표본점에서 함수 $f(x)$의 값을 계산하고 해당하는 부분 구간의 길이를 곱한 후에 모두 더하여 얻는 값

$$\sum_{i=1}^{n} f(x_i^*)\Delta x_i = f(x_1^*)\Delta x_1 + f(x_2^*)\Delta x_2 + \cdots + f(x_n^*)\Delta x_n$$

을 함수 $f(x)$의 리만합(Riemann sum)이라 한다. [그림 6.13]에서 보는 것처럼 함숫값 $f(x_i^*)$가 음이면 $f(x_i^*)\Delta x_i$도 음이 되므로 대응하는 직사각형의 넓이를 음의 넓이라 한다.

리만합은 분할 P와 분할의 표본점에 따라 값이 달라진다. 구간 $[a, b]$의 모든 가능한 분할과 분할 점의 선택을 고려하여 n이 커짐에 따라 모든 가능한 리만합의 극한을 생각해야 한다.

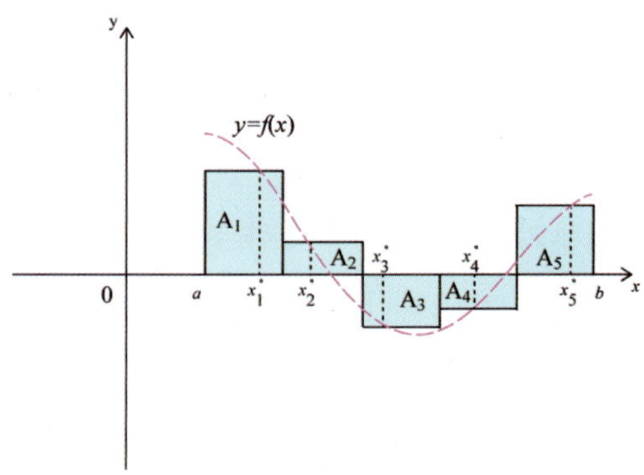

[그림 6.13]

여기에서는 길이가 일정하지 않은 부분 구간을 허용하므로 n이 커져도 부분 구간들의 길이 Δx_i가 모두 0에 가까워지는 것을 보장하지 못한다. 이런 문제를 해결하기 위해서 가장 긴 부분 구간의 길이를 나타내는 $\max \Delta x_i$를 분할의 크기 $\|P\|$라 정의하고, $\|P\|$가 0에 가까워진다고 하면 된다. 이 결과로부터 a부터 b까지 함수 $f(x)$의 정적분을 정의한다.

정의 6.2.1 정적분

함수 $f(x)$가 닫힌구간 $[a, b]$에서 정의되었다고 하자. 다음 극한이 존재할 때,

$$\lim_{\|P\| \to 0} \sum_{i=1}^{n} f(x_i^*) \Delta x_i$$

함수 $f(x)$는 구간 $[a, b]$에서 적분가능(integrable)하다고 한다. 이 극한값을 a부터 b까지 함수 $f(x)$의 정적분(definite integral)이라 하고, 기호로는 $\int_a^b f(x)dx$이라 나타낸다. 즉, 다음과 같이 쓸 수 있다.

$$\int_a^b f(x)dx = \lim_{\|P\| \to 0} \sum_{i=1}^{n} f(x_i^*) \Delta x_i$$

참고

1. 기호 $\int$는 라이프니츠가 도입한 적분 기호이다. 이 기호는 합(sum)을 의미하는 S를 길게 늘려 만든 것이다. $\int_a^b f(x)dx$ 전체가 정적분을 나타내는 하나의 기호이다. 기호 $\int_a^b f(x)dx$에서 $f(x)$는 피적분함수, a와 b는 적분 한계(limit), a는 하한(lower limit), b는 상한(upper limit)이라 한다. dx는 그 자체로는 아무 의미가 없으며 단순히 피적분함수의 독립변수가 x인 것을 나타낸다. 적분을 계산하는 과정을 적분법이라 한다.
2. 정적분 $\int_a^b f(x)dx$의 결과는 하나의 값이며, 변수 x에 의존하지 않는다. 실제로 다음과 같이 x를 다른 문자로 표현하여 사용해도 정적분의 값은 변하지 않는다.

$$\int_a^b f(x)dx = \int_a^b f(t)dt = \int_a^b f(r)dr$$

적분가능한 함수에 대한 정적분을 정의하였으나 모든 함수가 적분가능한 것은 아니다. 다음 정리는 가장 보편적으로 나타나는 함수들이 실제로 적분가능하다는 사실을 보여준다. 이 정리의 증명은 좀 더 고급 과정에서 할 수 있다.

정리 6.2.2

함수 $f(x)$가 구간 $[a, b]$에서 연속이거나 또는 유한개의 도약 불연속점만을 가지면, $f(x)$는 구간 $[a, b]$에서 적분가능하다. 즉 정적분 $\int_a^b f(x)dx$가 존재한다.

함수 $f(x)$가 구간 $[a, b]$에서 적분가능하면, 정의 6.2.1에 있는 리만합은 분할과 표본점을 어떻게 택하더라도, $\|P\| \to 0$일 때 $\int_a^b f(x)dx$에 가까워진다. 그렇기 때문에 정적분을 계산할 때에는 분할 P와 표본점 x_i^*를 극한 계산이 간단해지도록 택하면 된다. 따라서 분할 P를 균등 분할, 즉 모든 부분 구간이 다음과 같이 등간격 Δx가 되도록 택하는 것이 편리하다.

$$\Delta x = \Delta x_1 = \Delta x_2 = \cdots = \Delta x_n = \frac{b-a}{n}$$

그러면 분할은

$$x_0 = a,\ x_1 = a + \Delta x,\ x_2 = a + 2\Delta x,\ \cdots,\ x_n = a + n\Delta x = b$$

이고, 부분 구간 $[x_{i-1}, x_i]$의 오른쪽 끝점을 i번째 표본점 x_i^*로 택하면

$$x_i^* = x_i = a + i\Delta x = a + i\frac{b-a}{n}$$

이다. 이 경우 $n \to \infty$일 때, $\|P\| = \max \Delta x_i = \Delta x = (b-a)/n \to 0$이 되므로 정의 6.2.1로부터 다음을 얻는다.

$$\int_a^b f(x)dx = \lim_{\|P\| \to 0} \sum_{i=1}^{n} f(x_i^*)\Delta x_i = \lim_{n \to \infty} \sum_{i=1}^{n} f(x_i)\Delta x$$

따라서 $f(x)$가 구간 $[a, b]$에서 적분가능하면, 정의 6.2.1 대신에 다음 정리를 사용하면 정적분을 계산할 수 있다.

정리 6.2.3

함수 $f(x)$가 구간 $[a, b]$에서 적분가능하면, 다음이 성립한다.

$$\int_a^b f(x)dx = \lim_{n \to \infty} \sum_{i=1}^{n} f(x_i)\Delta x$$

여기서 $\Delta x = \dfrac{b-a}{n}$이고, $x_i = a + i\Delta x$이다.

예제 6.2.1 다음을 구간 $[0, \pi]$에서 적분 기호로 표현하라.

$$\lim_{n \to \infty} \sum_{i=1}^{n} (x_i^3 + x_i \sin x_i) \Delta x$$

풀이

함수 $f(x) = x^3 + x\sin x$라 하고, 주어진 극한을 정리 6.2.3의 극한과 비교해보면 이들이 일치하는 것을 알 수 있다. 여기서 $a=0$, $b=\pi$이다. 그러므로 정리 6.2.3에 의해 다음을 얻는다.

$$\lim_{n \to \infty} \sum_{i=1}^{n} (x_i^3 + x_i \sin x_i) \Delta x = \int_0^{\pi} (x^3 + x\sin x) dx$$

라이프니츠가 적분 기호를 선정했을 때 극한 과정을 떠올릴 수 있는 성분을 선정했다. 일반적으로 다음과 같이 쓸 때

$$\lim_{n \to \infty} \sum_{i=1}^{n} f(x_i^*) \Delta x = \int_a^b f(x) dx$$

$\lim \sum$는 $\int$로, x_i^*는 x로, Δx는 dx로 표현된다고 생각하면 기억하기 쉬울 것이다.

참고

함수 $f(x)$가 양의 함수이면 리만합은 근사 직사각형들의 넓이의 합으로 해석될 수 있다[그림 6.14 참조]. 정리 6.2.3을 6.1절의 넓이에 대한 정의 6.1.1과 비교하면 정적분 $\int_a^b f(x)dx$는 $f(x) \geq 0$일 때 곡선 $y = f(x)$아래에 있는 a부터 b까지 영역의 넓이로 해석할 수 있다[그림 6.15 참조].

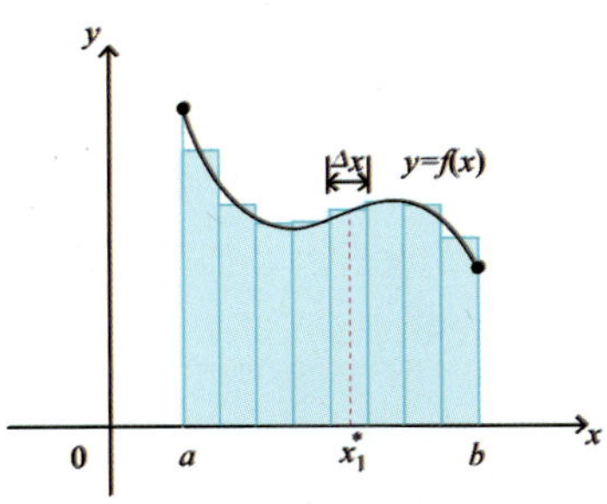

[그림 6.14]

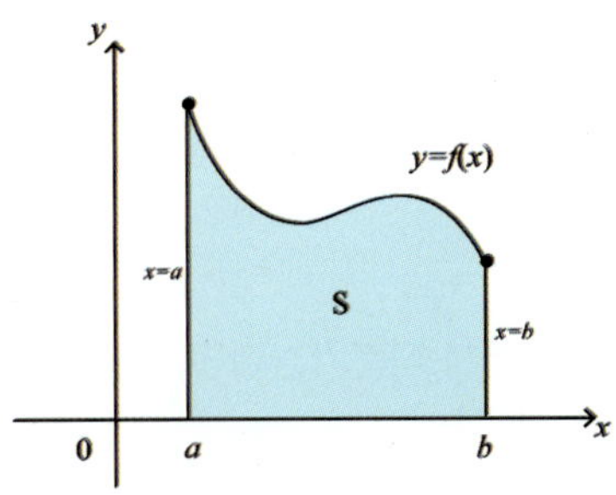

[그림 6.15]

함수 $f(x)$가 [그림 6.16]과 같이 양과 음의 값을 모두 갖는다면, 리만합은 x축 위에 있는 직사각형들의 넓이와 x축 아래에 있는 직사각형들의 넓이에 음의 부호를 붙여 더한 것이다. 리만합의 극한을 택하면 [그림 6.17]에 보여진 상황을 얻는다. 정적분은 실제 넓이, 즉 다음과 같은 넓이의 차로 해석할 수 있다.

$$\int_a^b f(x)dx = A_1 - A_2$$

여기서 A_1은 x축 위와 f 그래프 아래에 있는 영역의 넓이이고, A_2는 x축 아래와 f 그래프 위에 있는 영역의 넓이이다.

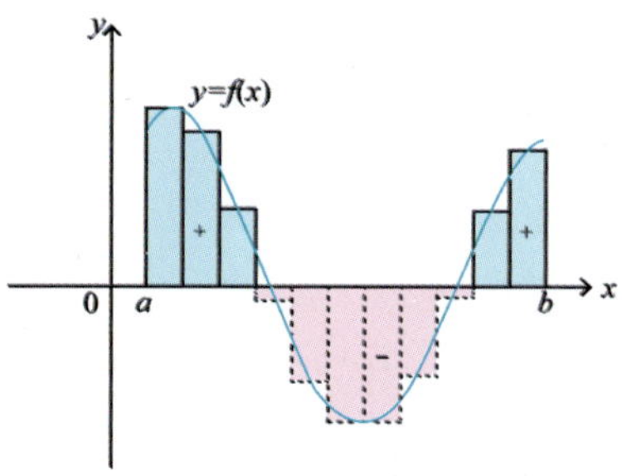

[그림 6.16]

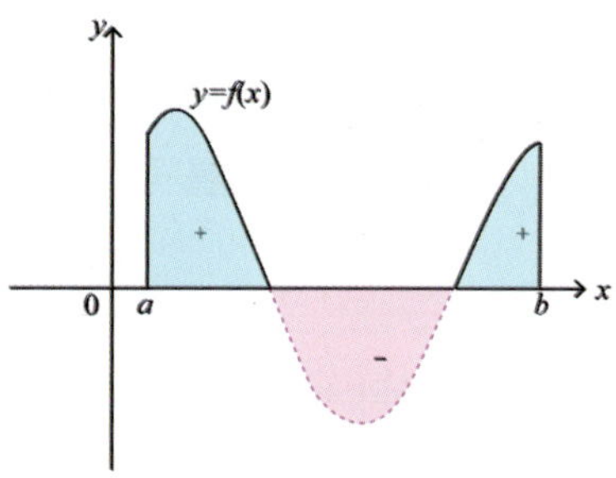

[그림 6.17]

정적분 계산하기

정의 6.2.1 또는 정리 6.2.3을 이용하여 정적분을 계산할 때는 리만합을 계산하고 극한을 구하여야 한다. 특히 합을 계산할 때 자주 나오는 공식을 알고 있으면 편리하다. 다음 세 식은 양의 정수의 거듭제곱의 합에 대한 공식이다. 공식 (a)는 자연수의 합을 구하는 공식이므로 익숙할 것이다.

(a) $\displaystyle\sum_{k=1}^{n} k = \frac{n(n+1)}{2}$

(b) $\displaystyle\sum_{k=1}^{n} k^2 = \frac{n(n+1)(2n+1)}{6}$

(c) $\displaystyle\sum_{k=1}^{n} k^3 = \left[\frac{n(n+1)}{2}\right]^2$

다음의 공식들은 시그마 기호를 사용하는 간단한 규칙들이다. 등식의 양변에서 시그마 기호를 전개하면 쉽게 보일 수 있다.

(d) $\sum_{i=1}^{n} c = nc$

(e) $\sum_{i=1}^{n} ca_i = c\sum_{i=1}^{n} a_i$

(f) $\sum_{i=1}^{n} (a_i + b_i) = \sum_{i=1}^{n} a_i + \sum_{i=1}^{n} b_i$

(g) $\sum_{i=1}^{n} (a_i - b_i) = \sum_{i=1}^{n} a_i - \sum_{i=1}^{n} b_i$

예제 6.2.2 (a) $a=0$, $b=3$, $n=6$에 대해 표본점을 오른쪽 끝점으로 택하여 $f(x)=x^3-6x$의 리만합을 계산하라.
(b) 정적분 $\int_0^3 (x^3-6x)dx$를 구하라.

풀이

(a) $n=6$일 때 부분 구간의 너비는 다음과 같다.

$$\Delta x = \frac{b-a}{n} = \frac{3-0}{6} = \frac{1}{2}$$

부분 구간의 오른쪽 끝점은 $x_1=0.5$, $x_2=1.0$, $x_3=1.5$, $x_4=2.0$, $x_5=2.5$, $x_6=3.0$이다. 따라서 리만합을 계산하면 다음을 얻는다.

$$\begin{aligned} R_6 &= \sum_{i=1}^{6} f(x_i)\Delta x \\ &= f(0.5)\Delta x + f(1.0)\Delta x + f(1.5)\Delta x \\ &\quad + f(2.0)\Delta x + f(2.5)\Delta x + f(3.0)\Delta x \\ &= \frac{1}{2}(-2.875 - 5 - 5.625 - 4 + 0.625 + 9) \\ &= -3.9375 \end{aligned}$$

f가 양의 함수가 아니므로 리만합이 직사각형들의 넓이의 합을 나타내지 않는다는 점에 주목하자. 이는 [그림 6.18]에서 보는 것처럼 x축 위에 있는 직사각형들의 넓이의 합에서 x축 아래에 있는 직사각형들의 넓이의 합을 뺀 값을 나타낸다.

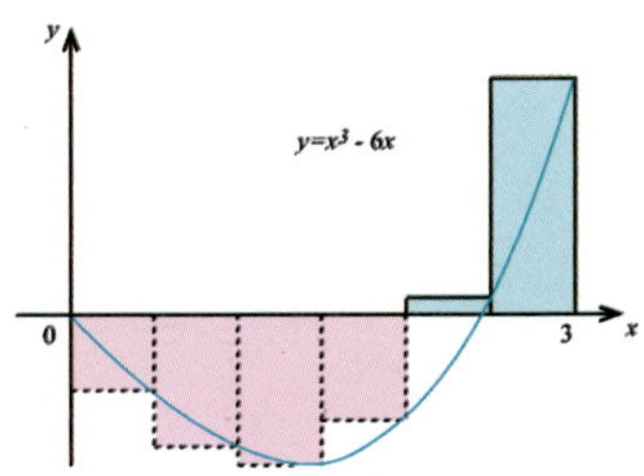

[그림 6.18]

(b) n개 부분 구간에 대해 다음을 얻는다.

$$\Delta x = \frac{b-a}{n} = \frac{3}{n}$$

그러므로 $x_0=0$, $x_1=\frac{3}{n}$, $x_2=\frac{6}{n}$, $x_3=\frac{9}{n}$, $\cdots$ 이다. 이를 일반화하면 $x_i=\frac{3i}{n}$이다. 오른쪽 끝점을 이용하

므로 정리 6.2.3을 이용하여 다음을 얻는다.

$$\begin{aligned}\int_0^3 (x^3-6x)dx &= \lim_{n\to\infty}\sum_{i=1}^{n} f(x_i)\Delta x \\ &= \lim_{n\to\infty}\sum_{i=1}^{n} f\left(\frac{3i}{n}\right)\frac{3}{n} \\ &= \lim_{n\to\infty}\frac{3}{n}\sum_{i=1}^{n}\left[\left(\frac{3i}{n}\right)^3 - 6\left(\frac{3i}{n}\right)\right] \quad (\text{식 (e)에서 } c=3/n) \\ &= \lim_{n\to\infty}\frac{3}{n}\sum_{i=1}^{n}\left[\frac{27}{n^3}i^3 - \frac{18}{n}i\right] \\ &= \lim_{n\to\infty}\left[\frac{81}{n^4}\sum_{i=1}^{n} i^3 - \frac{54}{n^2}\sum_{i=1}^{n} i\right] \quad (\text{식 (g)와 (e)}) \\ &= \lim_{n\to\infty}\left[\frac{81}{n^4}\left(\frac{n(n+1)}{2}\right)^2 - \frac{54}{n^2}\frac{n(n+1)}{2}\right] \quad (\text{식 (c)와 (a)}) \\ &= \lim_{n\to\infty}\left[\frac{81}{4}\left(1+\frac{1}{n}\right)^2 - 27\left(1+\frac{1}{n}\right)\right] \\ &= \frac{81}{4} - 27 = -\frac{27}{4} = -6.75\end{aligned}$$

$f(x)$가 양의 함숫값과 음의 함숫값을 모두 취하기 때문에 이 정적분은 넓이로 해석할 수 없다. 이는 [그림 6.19]에서 보는 것처럼 x축 위에 놓인 넓이 A_1에서 x축 아래에 놓인 넓이 A_2를 뺀 $A_1 - A_2$로 해석될 수 있다.

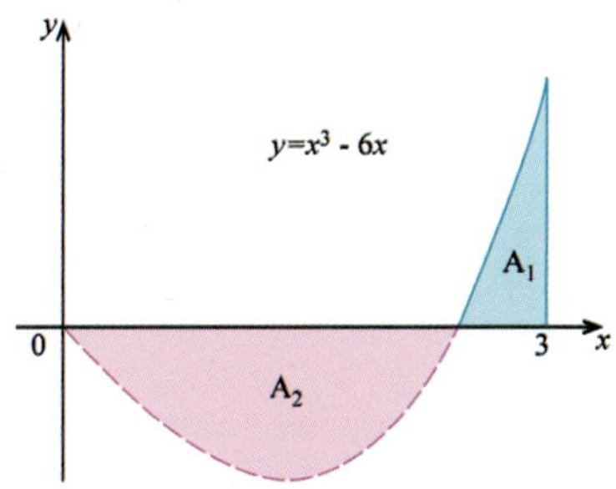

[그림 6.19]

[그림 6.20]에서는 $n=40$일 때 오른쪽 끝점을 이용한 리만합 R_{40}에서 양수 항과 음수 항을 보여줌으로써 이 계산 과정을 설명하고 있다. 〈표 6.2〉에서 보는 것처럼 $n\to\infty$일 때 리만합이 정확한 정적분 값인 -6.75에 가까워지고 있는 것을 알 수 있다.

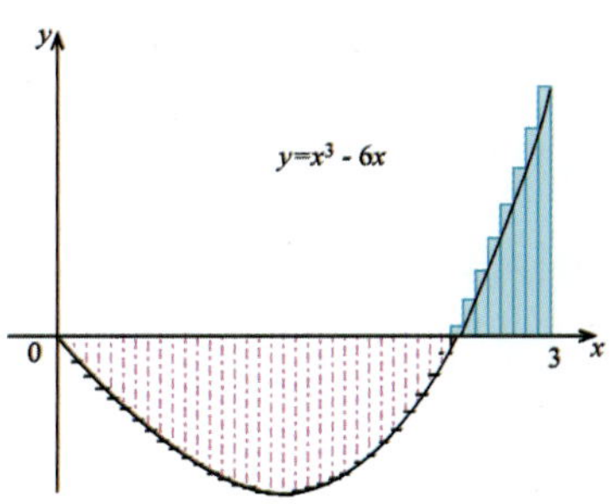

[그림 6.20]

〈표 6.2〉

n	R_n
40	-6.3998
100	-6.6130
500	-6.7229
1000	-6.7365
5000	-6.7473

예제 6.2.2에서 구한 정적분은 리만합과 극한을 사용하여 계산함으로써 여전히 어렵게 느껴진다. 이를 좀 더 쉽고 간단하게 계산하는 방법을 6.4절에서 기본정리를 증명한 후에 제시할 것이다.

예제 6.2.3 다음 정적분을 각각 넓이로 해석하여 구하라.

(a) $\int_0^1 \sqrt{1-x^2}\,dx$ (b) $\int_0^3 (x-1)dx$

풀이

(a) $f(x)=\sqrt{1-x^2} \ge 0$이므로 이 정적분은 곡선 $y=\sqrt{1-x^2}$ 아래에 있는 $x=0$부터 $x=1$까지 영역의 넓이로 해석할 수 있다. 곡선은 $y^2=1-x^2$이므로 $x^2+y^2=1$이고, [그림 6.21]에서 보는 것처럼 $y=f(x)$의 그래프는 중심이 원점이고 반지름이 1인 사분원이다. 그러므로 정적분은 다음과 같이 사분원의 넓이이다.

$$\int_0^1 \sqrt{1-x^2}\,dx = \frac{1}{4}\pi(1)^2 = \frac{\pi}{4}$$

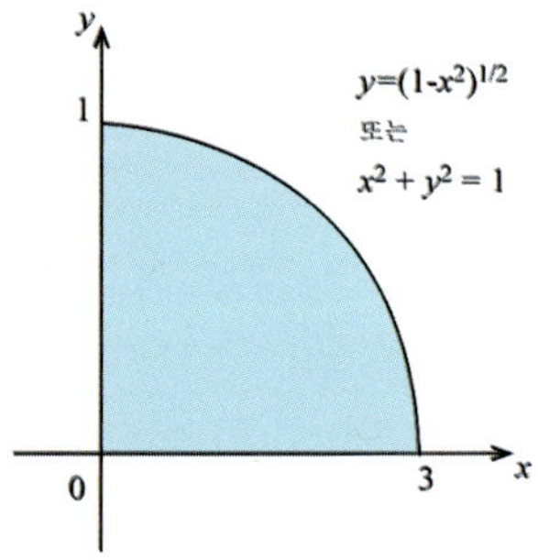

[그림 6.21]

(b) $y=x-1$의 그래프는 [그림 6.22]에서 보는 것처럼 기울기가 1인 직선이다. 이 정적분은 [그림 6.22]에서 보는 것처럼, 직선에 의해 만들어지는 두 삼각형의 넓이의 차로 해석할 수 있다.

$$\int_0^3 (x-1)dx = A_1 - A_2 = \frac{1}{2}(2\cdot 2) - \frac{1}{2}(1\cdot 1) = 1.5$$

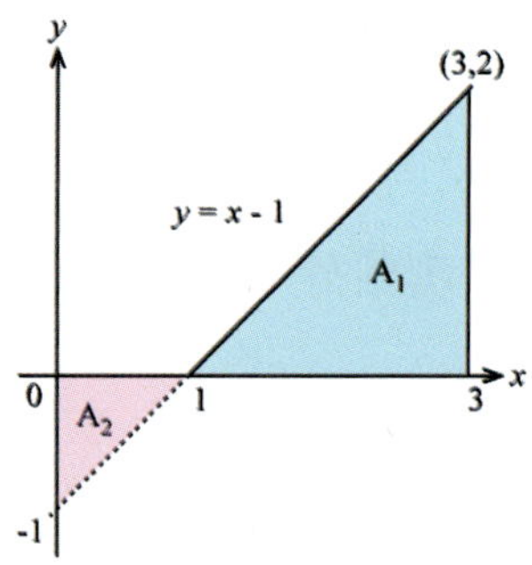

[그림 6.22]

리만합을 계산할 때 종종 i번째 부분 구간의 오른쪽 또는 왼쪽 끝점으로 표본점 x_i^*를 택하곤 한다. 그러나 정적분의 참값에 조금이라도 더 가까운 근삿값을 구하기 위해서라면 표본점 x_i^*를 부분 구간의 중점으로 택하여 리만합을 계산하는 편이 낫다. 부분 구간의 중점은 $\overline{x_i}$로 나타낸다. 임의의 리만합은 정적분의 근삿값이지만 등간격 분할과 중점을 이용하여 다음의 근사식을 얻는다.

정리 6.2.4 중점 법칙

$$\int_a^b f(x)dx \approx \sum_{i=1}^{n} f(\bar{x}_i)\Delta x = \Delta x\left[f(\bar{x}_1) + \cdots + f(\bar{x}_n)\right]$$

여기서 $\Delta x = \dfrac{b-a}{n}$이고, $\bar{x}_i = \dfrac{1}{2}(x_{i-1}+x_i)$는 부분 구간 $[x_{i-1}, x_i]$의 중점이다.

예제 6.2.4 $n=5$인 중점 법칙을 이용하여, 정적분 $\displaystyle\int_1^2 \frac{1}{x}dx$의 근삿값을 구하라.

풀이

구간 $[1,2]$을 $n=5$로 분할하면 $x_0=1$, $x_1=1.2$, $x_2=1.4$, $x_3=1.6$, $x_4=1.8$, $x_5=2.0$이고, 그에 따른 중점들은 $\bar{x}_1=1.1$, $\bar{x}_2=1.3$, $\bar{x}_3=1.5$, $\bar{x}_4=1.7$, $\bar{x}_5=1.9$이다. 부분 구간의 너비는 $\Delta x = \dfrac{2-1}{5} = \dfrac{1}{5}$이므로 중점 법칙에 의해 다음을 얻는다.

$$\int_1^2 \frac{1}{x}dx \approx \Delta x\left[f(1.1)+f(1.3)+f(1.5)+f(1.7)+f(1.9)\right]$$

$$= \frac{1}{5}\left(\frac{1}{1.1}+\frac{1}{1.3}+\frac{1}{1.5}+\frac{1}{1.7}+\frac{1}{1.9}\right) \approx 0.691908$$

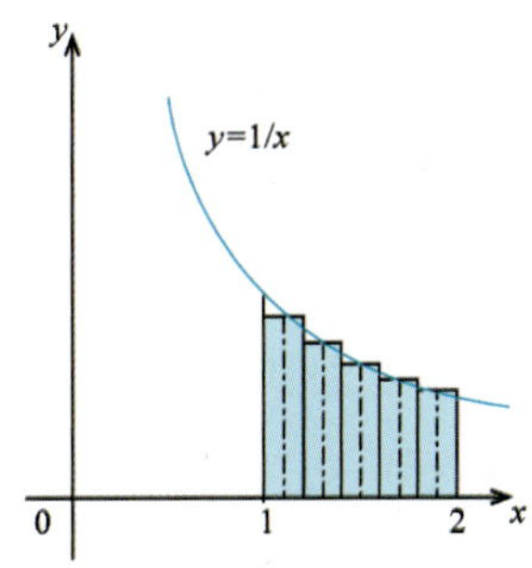

[그림 6.23]

$1 \le x \le 2$에서 $f(x)=1/x>0$이므로 정적분은 넓이를 나타내며, 중점 법칙에 의해 주어진 근삿값은 [그림 6.23]에서 보는 것처럼 직사각형들의 넓이의 합이다.

정적분의 성질

이제 정적분의 기본적인 성질 몇 가지를 소개한다. 이는 정적분의 계산을 간단하게 할 수 있도록 해준다. 함수 $f(x)$와 $g(x)$를 적분가능한 함수라 가정한다. 일반적으로 정적분 $\displaystyle\int_a^b f(x)dx$을 정의할 때 $a<b$일 것이라 생각한다. 하지만 넓이를 생각할 때 음의 부호의 넓이도 생각할 수 있으므로, $a>b$일 때도 의미가 있다. 정리 6.2.3에서 a와 b를 서로 바꾸면 Δx는 $(b-a)/n$에서 $(a-b)/n$으로 바뀐다. 그러므로 다음이 성립한다.

$$\int_b^a f(x)dx = -\int_a^b f(x)dx$$

또한, $a=b$이면 $\Delta x=0$이므로 다음이 성립한다.

$$\int_a^a f(x)dx = 0$$

정리 6.2.5 정적분의 성질

함수 $f(x)$와 $g(x)$를 적분가능한 함수라 가정하자. 임의의 실수 c에 대하여 다음이 성립한다.

(a) $\int_a^b c\,dx = c(b-a)$

(b) $\int_a^b [f(x)+g(x)]\,dx = \int_a^b f(x)\,dx + \int_a^b g(x)\,dx$

(c) $\int_a^b cf(x)\,dx = c\int_a^b f(x)\,dx$

(d) $\int_a^b [f(x)-g(x)]\,dx = \int_a^b f(x)\,dx - \int_a^b g(x)\,dx$

정리 6.2.5(a)는 상수함수 $f(x)=c$의 정적분이 상수와 구간의 길이의 곱임을 의미한다. $c>0$이고 $a<b$이면 $c(b-a)$는 [그림 6.24]에서 보는 것처럼 직사각형의 넓이이다.

정리 6.2.5(b)는 두 함수의 합에 대한 정적분은 각 함수의 정적분들의 합으로 구할 수 있음을 의미한다. 양의 함수들에 대해 $f(x)+g(x)$아래의 넓이는 $f(x)$아래의 넓이와 $g(x)$아래의 넓이를 합한 결과이다. [그림 6.25]를 보면 이 사실이 참일 것이라 이해할 수 있다. 일반적으로 정리 6.2.5(b)는 정리 6.2.3과 극한의 합의 법칙으로부터 증명할 수 있다.

$$\begin{aligned}\int_a^b [f(x)+g(x)]\,dx &= \lim_{n\to\infty}\sum_{i=1}^{n}[f(x_i)+g(x_i)]\Delta x \\ &= \lim_{n\to\infty}\left[\sum_{i=1}^{n} f(x_i)\Delta x + \sum_{i=1}^{n} g(x_i)\Delta x\right] \\ &= \lim_{n\to\infty}\sum_{i=1}^{n} f(x_i)\Delta x + \lim_{n\to\infty}\sum_{i=1}^{n} g(x_i)\Delta x \\ &= \int_a^b f(x)\,dx + \int_a^b g(x)\,dx\end{aligned}$$

유사한 방법으로 정리 6.2.5(c)를 증명할 수 있다. 함수의 상수 곱에 대한 정적분은 그 함수의 정적분에 상수를 곱한 것임을 의미한다. 다시 말하면 적분 기호 앞으로 상수(오로지 상수만)를 옮길 수 있다.

정리 6.2.5(d)는 $f(x)-g(x)=f(x)+(-g(x))$로 표현하며 정리 6.2.5(b)와 정리 6.2.5(c) ($c=-1$인 경우)를 이용하여 증명할 수 있다.

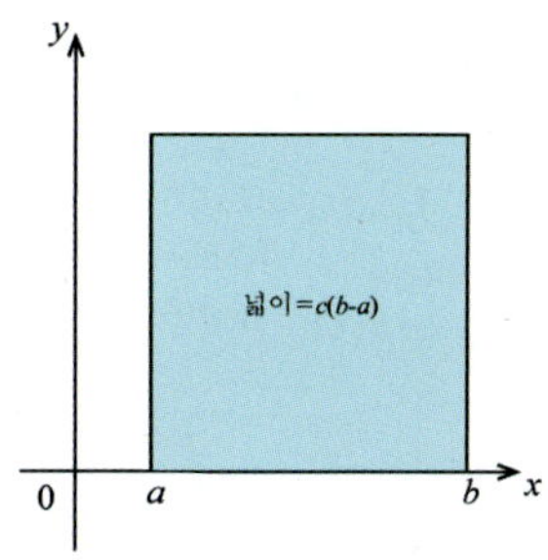

[그림 6.24]

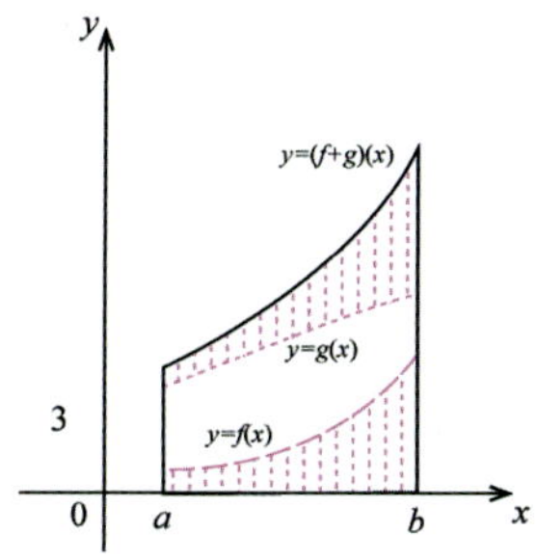

[그림 6.25]

예제 6.2.5 정적분의 성질을 이용하여 $\int_0^1 (4+3x^2)\,dx$를 구하라.

풀이

정적분의 성질 정리 6.2.5(b)와 정리 6.2.5(c)를 이용하여 다음을 얻는다.

$$\int_0^1 (4+3x^2)\,dx=\int_0^1 4\,dx+\int_0^1 3x^2\,dx=\int_0^1 4\,dx+3\int_0^1 x^2\,dx$$

정적분의 성질 정리 6.2.5(a)로부터 다음을 얻는다.

$$\int_0^1 4\,dx=4(1-0)=4$$

6.1절의 예제 6.1.2에서 $\int_0^1 x^2dx=\frac{1}{3}$임을 알았다. 따라서 다음을 얻는다.

$$\int_0^1 (4+3x^2)\,dx=\int_0^1 4\,dx+3\int_0^1 x^2\,dx=4+3\cdot\frac{1}{3}=5$$

다음 성질은 이웃한 구간에서 동일한 함수의 정적분을 결합하는 방법으로 가법성질(additivity)이라 부른다.

$$\int_a^c f(x)\,dx+\int_c^b f(x)\,dx=\int_a^b f(x)\,dx$$

$f(x)\geq 0$이고 $a<c<b$인 경우에는 [그림 6.26]에서 보는 것처럼 이를 설명할 수 있다. 즉 $y=f(x)$ 아래에 있는 a부터 c까지의 넓이와 c부터 b까지의 넓이의 합은 a부터 b까지의 전체 넓이와 같다. 실제로는 a, b와 c의 위치에 상관없이 이 공식이 성립한다.

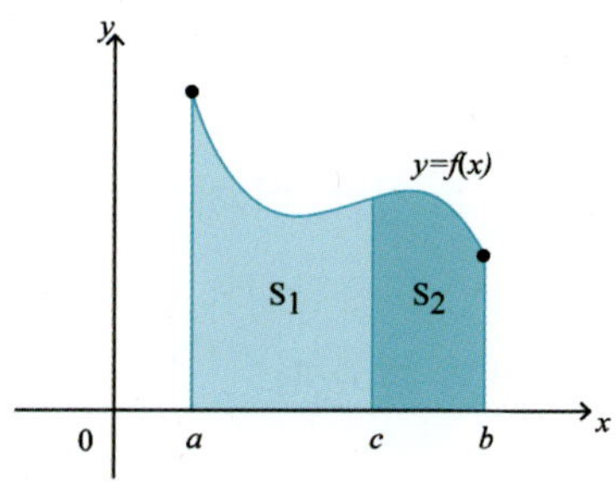

[그림 6.26]

예제 6.2.6 $\int_0^{10} f(x)dx = 17$이고 $\int_0^8 f(x)dx = 12$일 때 $\int_8^{10} f(x)dx$를 구하라.

풀이

가법성질에 의해 다음을 얻는다,

$$\int_0^8 f(x)dx + \int_8^{10} f(x)dx = \int_0^{10} f(x)dx$$

따라서 정적분은 다음과 같다.

$$\int_8^{10} f(x)dx = \int_0^{10} f(x)dx - \int_0^8 f(x)dx = 17 - 12 = 5$$

정리 6.2.6 정적분의 비교 성질

함수 $f(x)$와 $g(x)$를 적분가능한 함수라 가정하자.

(a) $a \le x \le b$에서 $f(x) \ge 0$이면 $\int_a^b f(x)dx \ge 0$이다.

(b) $a \le x \le b$에서 $f(x) \ge g(x)$이면 $\int_a^b f(x)dx \ge \int_a^b g(x)dx$이다.

(c) $a \le x \le b$에서 $m \le f(x) \le M$이면 $m(b-a) \le \int_a^b f(x)dx \le M(b-a)$이다.

$f(x) \ge 0$이면 $\int_a^b f(x)dx$는 $y = f(x)$의 그래프 아래의 넓이를 나타내므로 정리 6.2.6(a)는 단순히 넓이가 양수라고 해석할 수 있다. (관련된 모든 양들이 양수이므로 정의로부터 직접 얻는다.) 정리 6.2.6(b)는 위쪽에 있는 함수의 정적분이 더 큰 값을 가진다는 의미이다. 이는 $f(x) - g(x) \ge 0$이므로 정리 6.2.6(a)와 정리 6.2.5(d)로부터 바로 보일 수 있다.

$f(x) \ge 0$인 경우 정리 6.2.6(c)는 [그림 6.27]에서 보는 것으로 설명된다. 함수 $f(x)$가 구간 $[a, b]$에서 연속이면 $f(x)$의 최솟값 m과 최댓값 M을 찾을 수 있다. 이 경우에 정리 6.2.6(c)는 $f(x)$의 그래프 아래의 넓이는 높이 m인 직사각형의 넓이보다 크고, 높이 M인 직사각형의 넓이보다 작다는 것을 의미한다.

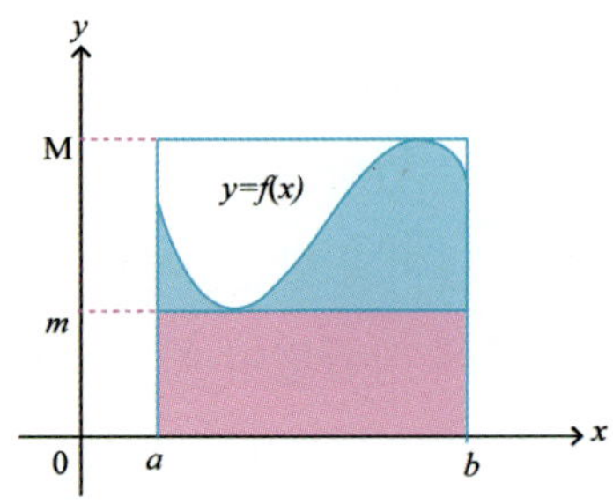

[그림 6.27]

일반적으로 $m \le f(x) \le M$이므로 정리 6.2.6(b)에 의해 다음을 얻는다.

$$\int_a^b m\,dx \le \int_a^b f(x)\,dx \le \int_a^b M dx$$

정리 6.2.5(a)를 이용하여 왼쪽과 오른쪽 변에 있는 정적분을 계산하면 다음을 얻는다.

$$m(b-a) \le \int_a^b f(x)\,dx \le M(b-a)$$

이 성질을 이용하여 정적분의 값을 대략적으로 추정할 수 있다.

예제 6.2.7 정리 6.2.6(c)를 이용하여 정적분 $\int_1^4 \sqrt{x}\,dx$의 값을 대략적으로 추정하라.

풀이

$f(x)=\sqrt{x}$는 증가함수이므로 $[1,4]$에서 최솟값은 $m=f(1)=1$이고 최댓값은 $M=f(4)=\sqrt{4}=2$이다. 따라서 정리 6.2.6(c)에 의해서 다음을 얻는다.

$$1(4-1) \le \int_1^4 \sqrt{x}\,dx \le 2(4-1)$$

즉, $3 \le \int_1^4 \sqrt{x}\,dx \le 6$이다.

예제 6.2.7의 결과를 [그림 6.28]에서 보여준다. $y=\sqrt{x}$ 아래에 있는 $x=1$부터 $x=4$까지의 넓이는 작은 직사각형의 넓이보다 크고 큰 직사각형의 넓이보다 작다.

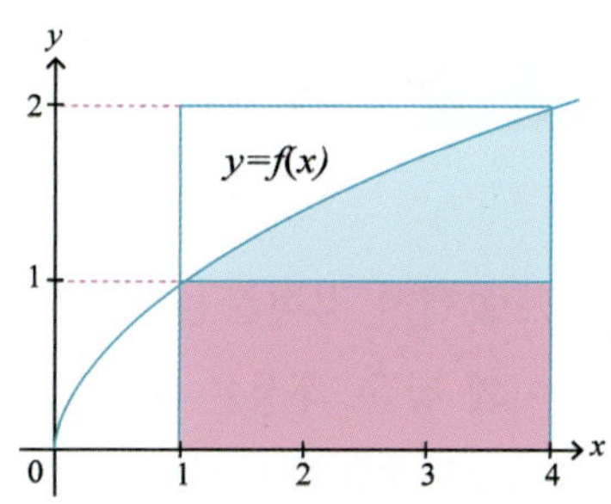

[그림 6.28]

연습문제 6.2

1. 왼쪽 끝점을 표본점으로 택한 6개 부분 구간을 갖는 $f(x)=3-\frac{1}{2}x \ (2 \le x \le 14)$ 에 대한 리만합을 계산하라. 리만합이 무엇을 나타내는지 그림을 그려서 설명하라.

2. $f(x)=\sqrt{x}-2 \ (1 \le x \le 6)$일 때 표본점을 중점으로 택한 $n=5$인 리만합을 소수점 아래 여섯째 자리까지 정확하게 구하라. 리만합은 무엇을 나타내는가? 그림을 그리라.

[3~5] 정리 6.2.3을 이용하여 다음 정적분을 구하라.

3. $\int_{2}^{5}(4-2x)\,dx$

4. $\int_{-2}^{0}(x^2+x)dx$

5. $\int_{0}^{1}(x^3-3x^2)dx$

[6~9] 다음 정적분을 넓이로 해석해서 그 값을 구하라.

6. $\int_{-1}^{2}(1-x)\,dx$

7. $\int_{-3}^{0}(1+\sqrt{9-x^2})dx$

8. $\int_{-1}^{2}|x|\,dx$

9. 정적분을 계산하지 않고 정적분의 비교 성질을 이용하여 다음 부등식을 증명하라.

$$2 \le \int_{-1}^{1}\sqrt{1+x^2}\,dx \le 2\sqrt{2}$$

[10~11] 정적분의 비교 성질을 이용하여 다음 정적분의 값을 추정하라.

10. $\int_{1}^{2}\frac{1}{x}dx$

11. $\int_{\frac{\pi}{4}}^{\frac{\pi}{3}}\tan x\ dx$

12. 다음 극한을 정적분으로 표현하라.

$$\lim_{n\to\infty}\sum_{i=1}^{n}\frac{i^4}{n^5}$$

6.3 부정적분

6.2절에서 정적분을 계산하기 위해서 정의에 따라 리만합을 구하고 그의 극한을 구하는 방법을 사용하였다. 이와 같은 과정은 때때로 시간이 많이 소요될 뿐 아니라, 계산하기도 어려운 것을 알았다. 따라서 정의를 사용하지 않고 정적분의 계산을 쉽고 간단하게 할 수 있는 방법을 찾아보고자 한다. 뉴턴은 적분을 계산하는 매우 간단한 방법을 발견했고, 몇 년 후에 라이프니츠도 같은 방법의 결과를 발견했다. 이를 위해 부정적분의 개념을 소개한다.

부정적분

우선 함수 $f(x)$에 대하여, 이를 도함수로 가지는 함수 $F(x)$를 찾는 것이 필요하다. 이런 함수 $F(x)$가 존재하면, 이를 함수 $f(x)$의 역도함수(antiderivative)라 한다.

정의 6.3.1 역도함수

함수 $f(x)$가 구간 I에서 정의되었다고 하자. I에 있는 모든 x에 대해, $F'(x)=f(x)$가 성립하면, 이때 함수 $F(x)$를 구간 I에서 함수 $f(x)$의 역도함수(antiderivative)라 한다.

예를 들어, $f(x)=x^3$이라 하자. 거듭제곱 함수의 미분법을 잘 알고 있다면 $f(x)$의 역도함수를 쉽게 찾을 수 있다. 상수배의 미분법과 더불어, $F(x)=\frac{1}{4}x^4$이면 $F'(x)=x^3=f(x)$임을 쉽게 보일 수 있다. 또한 상수 함수와 합의 미분법을 사용하면 함수 $G(x)=\frac{1}{4}x^4+7$도 $G'(x)=x^3=f(x)$임을 알 수 있다. 실제로 모든 상수 C에 대해 $H(x)=\frac{1}{4}x^4+C$도 역시 $f(x)$의 역도함수이다.

이제는 함수 $H(x)$와 같은 꼴 외에 또 다른 함수가 $f(x)$의 역도함수가 될 수 있는가 하는 문제를 생각해보자. 이 질문의 답은 5.3절의 정리 5.3.4로부터 찾을 수 있다. 이 정리에 의하면 두 함수가 $f(x)$의 역도함수이면, 다시 말해 두 함수의 도함수가 모두 $f(x)$로 같으면, 두 함수의 차는 상수뿐이다. 그렇기 때문에, $F(x)=\frac{1}{4}x^4$가 $f(x)=x^3$의 한 역도함수이므로 모든 역도함수 $H(x)$는 $H(x)=F(x)+C=\frac{1}{4}x^4+C$일 수밖에 없다. 따라서 $H(x)$와 다른 꼴의 함수로는 $f(x)$의 역도함수가 될 수 없다. 이로부터 다음 정리를 얻는다.

정리 6.3.2

함수 $f(x)$가 구간 I에서 정의되었다고 하자. 함수 $F(x)$가 구간 I에서 $f(x)$의 하나의 역도함수이면, I에서 $f(x)$의 역도함수는 모두 다음과 같은 함수이다.

$$F(x)+C, \quad \text{여기서 } C\text{는 임의의 상수}$$

함수 $f(x)=x^3$의 역도함수는 $\frac{1}{4}x^4+C$이므로, 상수 C에 특정한 값을 대입함에 따라 역도함수에 해당하는 함수족을 얻는데, 각 그래프는 서로 수직방향으로 평행 이동하여 얻은 그래프가 된다[그림 6.29 참조].

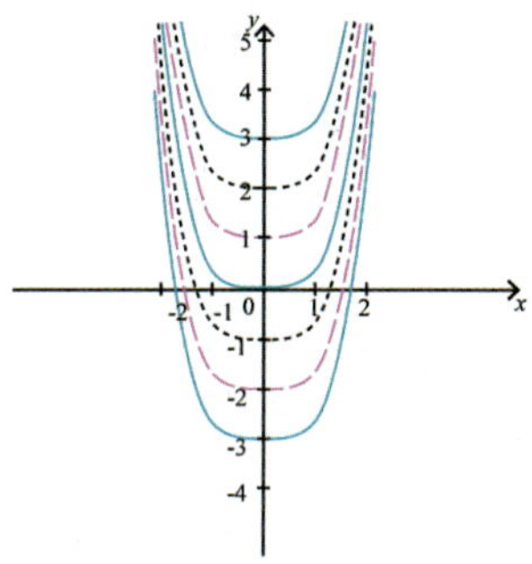

[그림 6.29]

예제 6.3.1 다음 함수의 역도함수를 구하라.

(a) $f(x)=\sin x$ (b) $f(x)=\dfrac{1}{x}$ (c) $f(x)=x^n$ $(n\neq -1)$

풀이

(a) $F(x)=-\cos x$이면, $F'(x)=\sin x$이다. 따라서 $-\cos x$는 $\sin x$의 하나의 역도함수이다. 정리 6.3.2에 의해 $f(x)=\sin x$의 역도함수는 $G(x)=-\cos x+C$이다. 여기서 C는 임의의 상수이다.

(b) 자연로그함수의 미분법에 의해 다음이 성립한다.

$$\frac{d}{dx}(\ln x)=\frac{1}{x}\quad (x>0)$$

그러므로 구간 $(0,\infty)$에서 $\dfrac{1}{x}$의 하나의 역도함수는 $\ln x$이다. $f(x)=\dfrac{1}{x}$의 정의역에 맞추어 x의 범위를 0을 제외한 실수 전체로 확장하면 다음 사실이 성립함을 알고 있다.

$$\frac{d}{dx}(\ln|x|)=\frac{1}{x}\quad (x\neq 0)$$

따라서 $\mathbb{R}\setminus\{0\}$에서 $f(x)=\dfrac{1}{x}$의 하나의 역도함수는 $\ln|x|$이다. 정리 6.3.2에 의해 $f(x)=\dfrac{1}{x}$의 역도함수는 $F(x)=\ln|x|+C$이다. 여기서 C는 임의의 상수이다.

(c) $f(x)=x^n$의 역도함수를 구하기 위해 거듭제곱함수의 미분법을 이용하여 보자. $n\neq -1$일 때, 다음과 같은 도함수 공식이 성립한다.

$$\frac{d}{dx}\left(\frac{x^{n+1}}{n+1}\right)=\frac{(n+1)x^n}{n+1}=x^n$$

따라서 정리 6.3.2에 의해 $f(x)=x^n$의 역도함수는 $F(x)=\dfrac{1}{n+1}x^{n+1}+C$이다. 여기서 C는 임의의 상수이다.

예제 6.3.1에서 살펴본 것처럼, 함수 $f(x)$를 사용하여 $f(x)$의 역도함수를 구하는 특별한 계산 방법이 없이, 오로지 무엇인가를 미분하여 $f(x)$가 되는 함수를 찾아야만 한다. 이런 이유로 역도함수를 잘 구하는 비결은 도함수를 많이 알고 있어야 한다고 말할 수 있다. 다음 예제에서는 역도함수를 한 번에 바로 알기 어려운 꼴의 함수에 대해 어떻게 역도함수를 구하는지에 대해 알아본다.

예제 6.3.2 다음 함수의 역도함수를 구하라.

$$g(x)=3\cos x+\frac{4x^4-\sqrt{x}}{x}$$

풀이

먼저 역도함수를 쉽게 알 수 있는 간단한 함수들에 의해 주어진 함수를 다음과 같이 나타내어 보자.

$$g(x) = 3\cos x + \frac{4x^4}{x} - \frac{\sqrt{x}}{x} = 3\cos x + 4x^3 - \frac{1}{\sqrt{x}}$$

각 항의 함수와 관련하여

$$\frac{d}{dx}(3\sin x) = 3\cos x,\ \frac{d}{dx}(x^4) = 4x^3, \frac{d}{dx}(2\sqrt{x}) = \frac{1}{\sqrt{x}}$$

임을 알고 있으므로, 다음 도함수 공식을 얻을 수 있다.

$$\frac{d}{dx}(3\sin x + x^4 - 2\sqrt{x}) = 3\cos x + 4x^3 - \frac{1}{\sqrt{x}} = g(x)$$

따라서 정리 6.3.2에 의해 함수 $g(x)$의 역도함수는 $G(x) = 3\sin x + x^4 - 2\sqrt{x} + C$이다. 여기서 C는 임의의 상수이다.

무수히 많은 수의 역도함수를 나타내기 위해서 새로운 표기법을 도입한다. 함수 $f(x)$의 역도함수를 표현하는 기호는 $\int f(x)dx$이고, $f(x)$의 부정적분(indefinite integral)이라 부른다. 앞에서 살펴본 대로 함수 $f(x)$의 역도함수는 $F'(x) = f(x)$를 만족하는 하나의 함수 $F(x)$를 포함하여 여기에 상수를 더한 무수히 많은 수의 함수가 존재하므로, $\{F(x) + C \mid C \in \mathbb{R}\}$와 같이 집합으로 명확하게 표현해야 하지만, 간단히

$$\int f(x)\,dx = F(x) + C$$

와 같이 나타내기로 한다. 여기서 C를 적분 상수라 하며, 모든 실수가 해당되므로 무한히 많은 수의 함수가 존재하여 부정(indefinite)이라 한다.

예를 들어 $\frac{d}{dx}\left(-\frac{1}{x}\right) = \frac{1}{x^2}$이므로 0을 포함하지 않는 임의의 구간에서 함수 $F(x) = -\frac{1}{x}$은 함수 $f(x) = \frac{1}{x^2}$의 하나의 역도함수이고, 부정적분에 의해 다음과 같이 표현한다.

$$\int \frac{1}{x^2}\,dx = -\frac{1}{x} + C$$

예제 6.3.1과 예제 6.3.2에서 다루었던 함수도 다음과 같이 부정적분으로 표현할 수 있다.

$$\int \sin x\,dx = -\cos x + C$$

$$\int \frac{1}{x}\,dx = \ln|x| + C$$

$$\int x^n\,dx = \frac{1}{n+1}x^{n+1} + C \;\; (n \neq -1)$$

$$\int \left(3\cos x + \frac{4x^4 - \sqrt{x}}{x}\right)dx = 3\sin x + x^4 - 2\sqrt{x} + C$$

또한 여러 함수들의 부정적분을 모아서 다음과 같이 표를 만들 수 있다.

기본적인 부정적분 표

$\int k\,dx = kx + C$	$\int \frac{1}{x}\,dx = \ln\vert x\vert + C$
$\int x^n\,dx = \frac{1}{n+1}x^{n+1} + C\,(n \neq -1)$	$\int e^x\,dx = e^x + C$
$\int \sin x\,dx = -\cos x + C$	$\int \cos x\,dx = \sin x + C$
$\int \sec^2 x\,dx = \tan x + C$	$\int \csc^2 x\,dx = -\cot x + C$
$\int \sec x \tan x\,dx = \sec x + C$	$\int \csc x \cot x\,dx = -\csc x + C$

모든 공식은 우변의 함수를 미분하여 피적분 함수를 얻음으로써 확인할 수 있다. 그러므로 부정적분 공식은 도함수의 공식과 더 친밀하게 되어 있다. 위 기본적인 부정적분 표에서 보듯이 로그함수나 탄젠트 또는 코탄젠트 함수의 부정적분을 구하는 공식은 없다. 로그함수나 탄젠트 또는 코탄젠트 함수의 부정적분을 구하는 방법은 제7장에서 다룰 것이다.

또한 부정적분에서도 다음과 같은 부정적분의 성질을 보일 수 있다. 이를 부정적분의 선형성이라 부르기도 한다.

정리 6.3.3 부정적분의 성질

함수 $f(x)$, $g(x)$와 상수 c에 대하여 다음이 성립한다.

(a) $\int [f(x) + g(x)]\,dx = \int f(x)\,dx + \int g(x)\,dx$

(b) $\int [f(x) - g(x)]\,dx = \int f(x)\,dx - \int g(x)\,dx$

(c) $\int cf(x)\,dx = c\int f(x)\,dx$

예제 6.3.3 다음 부정적분을 구하라.

$$\int (10x^4 - 2\sec^2 x)\,dx$$

풀이

정리 6.3.3과 부정적분 표를 이용하여 다음을 얻는다.

$$\begin{aligned}\int (10x^4 - 2\sec^2 x)\,dx &= 10\int x^4\,dx - 2\int \sec^2 x\,dx \\ &= 10\frac{x^5}{5} - 2\tan x + C \\ &= 2x^5 - 2\tan x + C\end{aligned}$$

예제 6.3.3.에서 구한 부정적분이 옳은지는 답으로 구한 함수를 미분하여 확인할 수 있다. 이 부정적분을 각각의 상수 C값에 따라 그래프를 그려보면 [그림 6.30]에서 볼 수 있다. 여기서 C의 값은 그래프의 y절편이다.

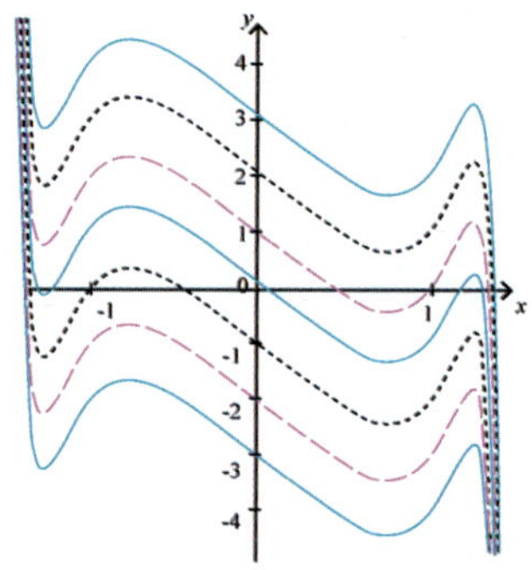

[그림 6.30]

여기서 새롭게 정의한 부정적분은 앞 절에서 공부한 정적분과의 차이를 신중하게 구별하여야 한다. 정적분 $\int_a^b f(x)dx$는 하나의 값으로 결정된 수이지만, 부정적분 $\int f(x)dx$는 무수히 많으므로 하나로 정해지지 않는 함수들이다. 또한 이름에서 알 수 있듯이 이들 사이에는 깊은 관계가 있다. 앞에서 언급한 것처럼 정적분을 쉽게 구하기 위해 활용되는 것이 부정적분이다. 이에 대한 자세한 내용은 다음 절에서 미적분학의 기본정리를 통해 살펴본다.

연습문제 6.3

[1~10] 다음 정적분을 계산하라.

1. $\int_{-1}^{3} x^5\,dx$

2. $\int_0^{\pi} (4\sin\theta - 3\cos\theta)\,d\theta$

3. $\int_1^4 \left(\frac{4+6u}{\sqrt{u}}\right)du$

4. $\int_0^1 x(\sqrt[3]{x} + \sqrt[4]{x})\,dx$

5. $\int_0^1 (\sqrt[4]{x^5} + \sqrt[5]{x^4})\,dx$

6. $\int_2^5 |x-3|\,dx$

7. $\int_{-1}^{2} (x - 2|x|)\,dx$

8. $\int_{\frac{1}{\sqrt{3}}}^{\sqrt{3}} \frac{8}{1+x^2}\,dx$

9. $\displaystyle\int_0^{\frac{\pi}{4}} \sec^2 t\, dt$

10. $\displaystyle\int_1^2 10^t dt$

11. 정적분 $\displaystyle\int_{-1}^2 x^3 dx$ 를 계산하고 넓이의 차로 해석하라. 그래프를 그려서 설명하라.

12. 다음 공식이 정확한지 미분하여 확인하라.

$$\int \frac{x}{\sqrt{x^2+1}}dx = \sqrt{x^2+1} + C$$

[13~14] 다음 적분을 구하라.

13. $\displaystyle\int (x^2 + x^{-2})dx$

14. $\displaystyle\int \frac{\sin x}{1-\sin^2 x}dx$

15. 탱크에서 기름이 시각 t에서 분당 $r(t)$리터의 비율로 새어 나오고 있다면, 적분 $\displaystyle\int_0^{120} r(t)\,dt$는 무엇을 나타내는가?

16. $0 \le t \le 10$ 에서 직선을 따라 움직이는 입자의 가속도가 $a(t) = t + 4(\mathrm{m/s^2})$이고, 초기 속도가 $v(0) = 5(\mathrm{m/s})$이다.

(a) 시간 t에서의 속도를 구하라.

(b) 주어진 시간 구간에서 이동한 거리를 구하라.

6.4 미적분학의 기본정리

이 절에서는 적분법과 미분법 사이의 관계를 알아보고, 이를 통해 정적분을 쉽게 계산하는 방법을 소개한다. 이제는 정적분을 계산하기 위해 리만합과 그에 대한 극한을 사용하는 대신에 부정적분을 사용하여 쉽게 계산할 수 있음을 알아본다.

미적분학의 제1 기본정리

먼저 미적분학의 두 분야인 미분학과 적분학 사이의 연관성을 알아보자. 미분학은 접선 문제로부터 발생했는데, 적분학은 그와 관련이 없어 보이는 넓이 문제로부터 발생했다. 뉴턴의 스승인 케임브리지대학교의 배로교수는 이 두 문제가 밀접한 관련이 있음을 발견했다. 그는 미분법과 적분법이 사실상 서로 역관계임을 밝혔으며, 이 사실을 말해주는 정리가 미적분학의 제1 기본정리(Fundamental Theorem for Calculus I)이다. 뉴턴과 라이프니츠는 이런 관계를 연구하였으며, 이로 인하여 미적분학이 체계적인 수학으로 발전하였다.

이를 알아보기 위해 다음과 같은 형태의 함수를 정의한다.

$$g(x) = \int_a^x f(t)\,dt,\ (a \le x \le b)$$

여기서 피적분함수 $f(t)$는 $[a, b]$에서 연속이고, $g(x)$는 적분의 상한에 변수가 나타나므로 x의 함수이다.

구간 $[a, b]$에서 x의 값이 정해지면, $f(t)$는 $[a, x]$에서 연속이므로 정적분 $\int_a^x f(t)dt$는 하나의 값으로 결정된다. 그러므로 $g(x)$는 구간 $[a, b]$에서 잘 정의된 함수이다.

우선 함수 $g(x)$의 의미를 알아보기 위해 다음과 같이 간단한 함수 $f(t)$를 살펴보자.

예제 6.4.1 **함수 $y = f(t)$의 그래프가 [그림 6.31]과 같고 $g(x) = \int_0^x f(t)\,dt$일 때, $g(0)$, $g(1)$, $g(2)$, $g(3)$, $g(4)$, $g(5)$의 값을 구하라. 그리고 대략적인 함수 $g(x)$의 그래프를 그리라.**

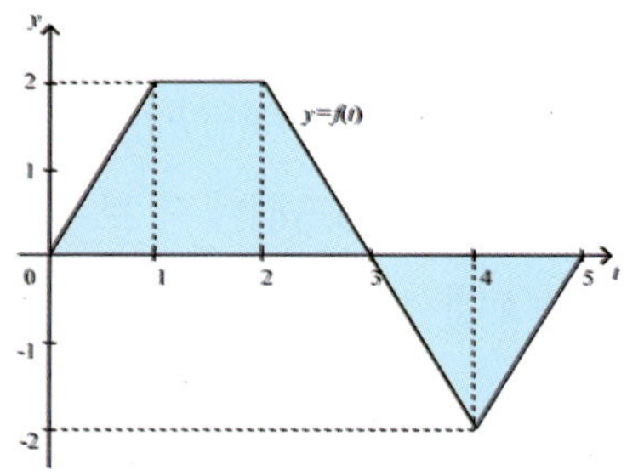

[그림 6.31]

풀이

먼저 $g(0) = \int_0^0 f(t)\,dt = 0$임에 주목하자. 그림 6.31에서 보는 것처럼 $g(1)$은 삼각형의 넓이이다. 따라서 $g(1) = \int_0^1 f(t)\,dt = \frac{1}{2}\cdot 1 \cdot 2 = 1$이다.

$g(2)$의 값을 구하기 위해 $g(1)$에 사각형의 넓이를 구하여 더한다. 따라서 $g(2) = \int_0^2 f(t)\,dt = \int_0^1 f(t)\,dt + \int_1^2 f(t)\,dt = 1 + (1\cdot 2) = 3$이다.

그래프 아래에 있는 $t = 2$부터 $t = 3$까지 영역은 또한 삼각형이며 그 넓이는 1이다. 따라서 $g(3) = g(2) + \int_2^3 f(t)dt = 3 + 1 = 4$ 이다.

$t > 3$에서 함숫값 $f(t)$가 음수이며, 영역은 넓이가 1인 삼각형이므로 다음과 같이 이 넓이를 뺀다.

$g(4) = g(3) + \int_3^4 f(t)\,dt = 4 + (-1) = 3$이고 $g(5) = g(4) + \int_4^5 f(t)\,dt = 3 + (-1) = 2$이다.

이 값들을 이용하여 [그림 6.32]와 같이 함수 $g(x)$의 그래프를 그릴 수 있다. $0 < t < 3$에서 $f(t)$가 양수이고 $t < 3$에서 넓이를 계속 더하므로, 함수 $g(x)$는 $0 \le x \le 3$에서 증가하며, $x = 3$일 때 최댓값을 가진다. $x > 3$이면 $f(t)$가 음수이므로 함수 $g(x)$는 감소한다.

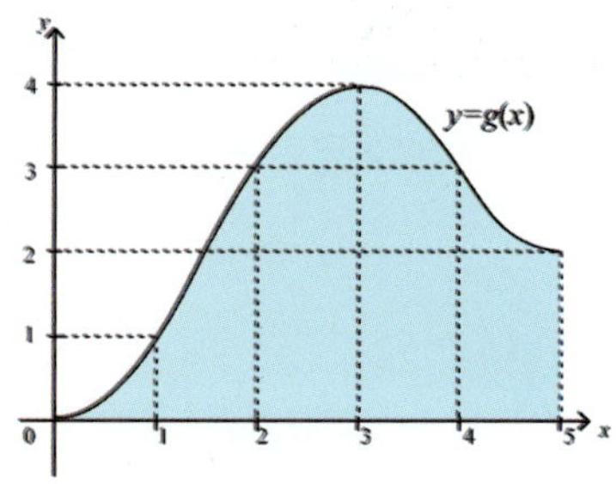

[그림 6.32]

이제는 $f(t) \ge 0$인 임의의 연속함수 $f(t)$를 생각한다.

그러면 $g(x)=\int_a^x f(t)\,dt$는 [그림 6.33]에서 보는 것처럼 $y=f(t)$의 그래프 아래에 있는 $t=a$부터 $t=x$까지 영역의 넓이로 해석될 수 있다. 여기서 x는 구간 $[a,b]$에서 변하는 값이다.

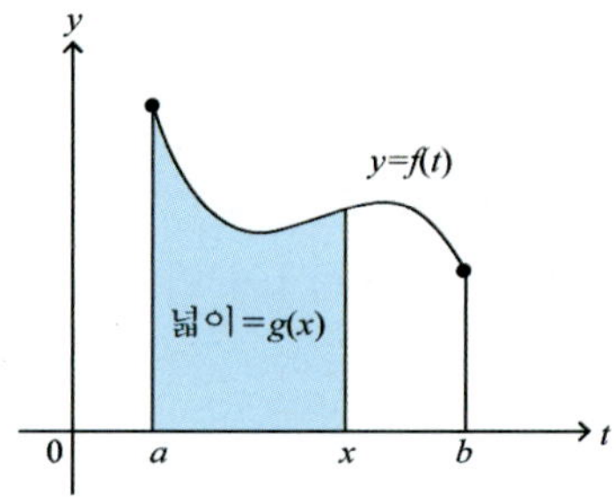

[그림 6.33]

이제 도함수의 정의를 사용하여 $g(x)$의 도함수 $g'(x)$를 구하여 보자. 먼저 $h>0$일 때 $g(x+h)-g(x)$의 값을 두 영역의 넓이의 차로 계산할 수 있는데, [그림 6.34]에서 보는 것처럼 이는 $y=f(t)$의 그래프 아래에 있는 $t=x$에서 $t=x+h$까지 영역의 넓이이다.

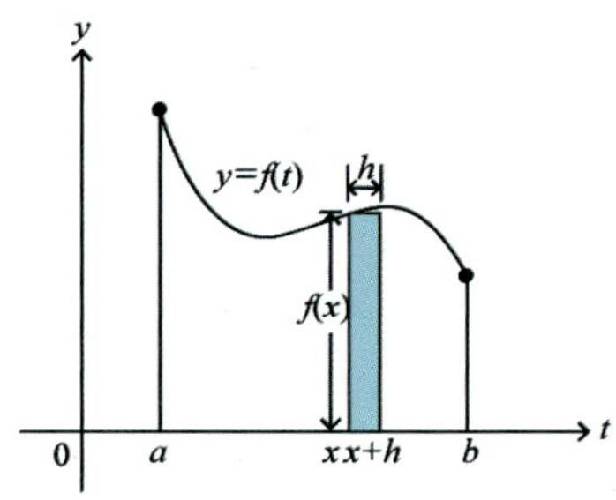

[그림 6.34]

그림에서 보듯이 h가 매우 작으면 이 넓이는 높이가 $f(x)$이고 너비가 h인 직사각형의 넓이와 거의 근사한 것을 알 수 있다.

$$g(x+h)-g(x)\approx hf(x),\ \text{즉}\ \frac{g(x+h)-g(x)}{h}\approx f(x)$$

따라서 직관적으로 다음을 예상할 수 있다.

$$g'(x)=\lim_{h\to 0}\frac{g(x+h)-g(x)}{h}=f(x)$$

실제로는 함수 $f(t)$가 반드시 양수가 아닐 때도 이 사실은 참이 된다. 이 사실은 미적분학의 제1 기본정리라고 하는 다음 정리를 이끌어 낸다.

정리 6.4.1 미적분학의 제1 기본정리

함수 $f(x)$가 닫힌구간 $[a,b]$에서 연속이면 다음과 같이 정의되는 함수 $g(x)$는 $f(x)$의 역도함수이다.

$$g(x)=\int_a^x f(t)\,dt\ \ (a\le x\le b)$$

즉 $a<x<b$에서 $g'(x)=f(x)$이다.

증명 x와 $x+h$가 구간 (a,b)에 있는 값이라고 하자. 그러면

$$g(x+h)-g(x)=\int_a^{x+h} f(t)\,dt-\int_a^x f(t)\,dt$$

$$= \left(\int_a^x f(t)\,dt + \int_x^{x+h} f(t)\,dt\right) - \int_a^x f(t)\,dt$$
$$= \int_x^{x+h} f(t)\,dt$$

이다. 따라서 $h \neq 0$에 대해 다음이 성립한다.

$$\frac{g(x+h)-g(x)}{h} = \frac{1}{h}\int_x^{x+h} f(t)\,dt$$

먼저 $h > 0$이라 하자. 함수 $f(x)$가 구간 $[x, x+h]$에서 연속이므로 최솟값 $m = f(u)$과 최댓값 $M = f(v)$이 되는 u와 v가 구간 $[x, x+h]$에서 존재한다[그림 6.35 참조].
정리 6.2.6(c)에 의해 다음이 성립한다.

$$mh \leq \int_x^{x+h} f(t)\,dt \leq Mh$$

즉

$$f(u)h \leq \int_x^{x+h} f(t)\,dt \leq f(v)h$$

가 된다.

$h > 0$이므로 양변을 h로 나누면 다음을 얻는다.

$$f(u) \leq \frac{1}{h}\int_x^{x+h} f(t)\,dt \leq f(v)$$

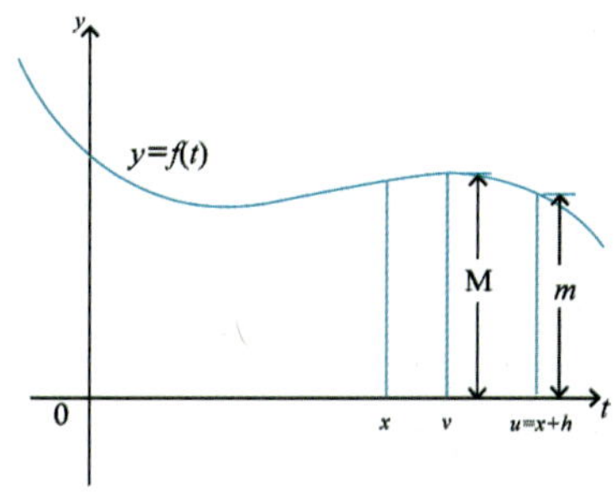

[그림 6.35]

따라서

$$f(u) \leq \frac{g(x+h)-g(x)}{h} \leq f(v)$$

이다. $h < 0$에 대해서도 비슷한 방법으로 이 부등식을 유도할 수 있다.

이제 $h \to 0$이라 하자. 이때 u와 v가 x와 $x+h$ 사이에 놓여 있으므로 $u \to x$이고 $v \to x$이다. 또한 $f(t)$가 연속함수이므로 다음이 성립한다.

$$\lim_{h\to 0} f(u) = \lim_{u\to x} f(u) = f(x),\ \lim_{h\to 0} f(v) = \lim_{v\to x} f(v) = f(x)$$

압축 정리에 의해 다음과 같은 결론을 얻는다.

$$g'(x) = \lim_{h\to 0}\frac{g(x+h)-g(x)}{h} = f(x)$$

■

도함수에 대한 라이프니츠의 기호를 이용하여 $f(x)$가 연속일 때 미적분학의 제1 기본정리는 다음과 같이 쓸 수 있다.

$$\frac{d}{dx}\int_a^x f(t)\,dt = f(x)$$

이 식의 의미는 함수 $f(x)$를 적분하고 그 결과를 미분하면 원래의 함수 $f(x)$로 돌아간다는 것을 말한다.

예제 6.4.2 함수 $g(x) = \int_0^x \sqrt{1+t^2}\,dt$의 도함수를 구하라.

풀이

함수 $f(t) = \sqrt{1+t^2}$ 이라 하면, 이 함수는 연속이다. 따라서 미적분학의 제1 기본정리에 의해 다음을 얻는다.

$$g'(x) = f(x) = \sqrt{1+x^2}$$

예제 6.4.3 복잡한 함수를 정의하는 데 있어서 $g(x) = \int_a^x f(t)dt$와 같은 꼴이 사용되기도 한다. 물리학, 화학, 통계학, 공학 등의 책에는 이런 종류의 함수들이 자주 보인다. 광학 분야에서 많은 업적을 남긴 프랑스의 물리학자 프레넬의 이름을 딴 프레넬 함수를 예로 들어보자.

풀이

$$S(x) = \int_0^x \sin\left(\frac{\pi}{2}t^2\right)dt$$

이 함수는 광파의 회절에 관한 프레넬 이론에서 처음으로 등장했으나, 최근에는 고속도로의 설계에도 응용되고 있다. 미적분학의 제1 기본정리는 프레넬 함수의 도함수를 바로 알게 해준다.

$$S'(x) = \sin\left(\frac{\pi}{2}x^2\right)$$

이것은 미분학의 모든 방법을 적용하여 S를 분석할 수 있음을 의미한다.

[그림 6.36]은 $f(x) = \sin\left(\frac{\pi}{2}x^2\right)$과 프레넬 함수 $S(x) = \int_0^x f(t)\,dt$의 그래프를 보여준다. 프레넬 함수의 그래프는 정적분의 계산이 어려우므로 함숫값을 구할 수 없기 때문에, 컴퓨터를 사용하여 수많은 x값에 대해 이 정적분의 값을 근사계산하여 그래프를 그린다. 그래프에서 보면 $S(x)$는 $y=f(t)$의 그래프 아래에 있는 $t=0$에서 $t=x$까지 영역의 넓이처럼 보인다. [그림 6.37]은 더 넓은 범위에서 $y=S(x)$의 그래프를 보여준다.
이제 [그림 6.36]에 있는 그래프 $y=S(x)$의 그래프로부터, 이것의 도함수가 어떻게 나타날까를 생각하면 $S'(x)=f(x)$는 타당한 것처럼 보인다. 예를 들어 $f(x)>0$이면 $S(x)$가 증가하고 $f(x)<0$이면 $S(x)$는 감소한다. 이는 미적분학의 제1 기본정리를 육안으로 확인하게 해준다.

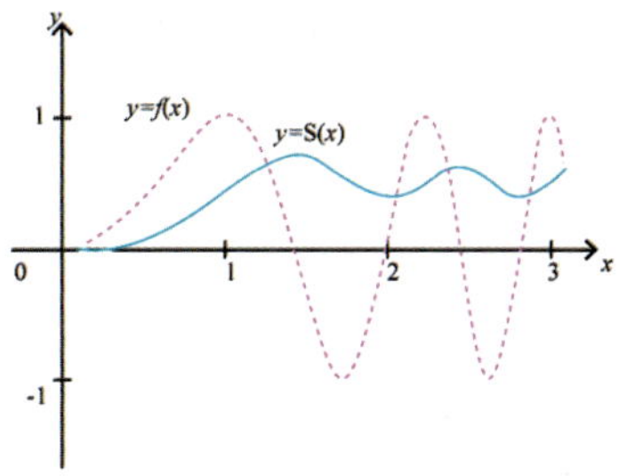

[그림 6.36]

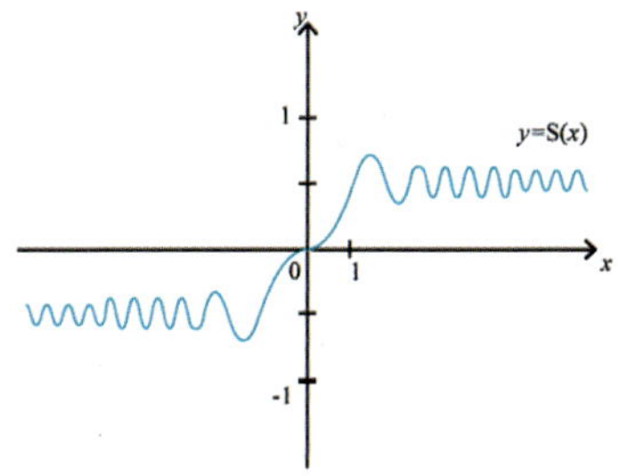

[그림 6.37]

예제 6.4.4 $\dfrac{d}{dx}\displaystyle\int_1^{x^4} \sec t\,dt$를 구하라.

풀이

미적분학의 제1 기본정리와 함께 연쇄법칙을 사용하여 미분한다. 즉, $u = x^4$으로 치환하면 다음을 얻는다.

$$\begin{aligned}\frac{d}{dx}\int_1^{x^4}\sec t\,dt &= \frac{d}{dx}\int_1^{u}\sec t\,dt && \text{(치환 } u = x^4\text{)}\\ &= \left(\frac{d}{du}\int_1^{u}\sec t\,dt\right)\cdot\frac{du}{dx} && \text{(연쇄법칙에 의해)}\\ &= \sec u\cdot\frac{du}{dx} && \text{(미적분학의 제1 기본정리)}\\ &= \sec(x^4)\cdot 4x^3 && (x\text{에 관한 함수로 정리하자})\end{aligned}$$

미적분학의 제2 기본정리

이제는 정적분을 쉽게 계산하는 방법으로 미적분학의 제2 기본정리(Fundamental Theorem for Calculus II)를 소개한다.

정리 6.4.2 미적분학의 제2 기본정리

함수 $f(x)$가 닫힌구간 $[a, b]$에서 연속이면 다음이 성립한다.

$$\int_a^b f(x)\,dx = F(b) - F(a)$$

여기서 $F(x)$는 $f(x)$의 하나의 역도함수이다. 즉 $F'(x) = f(x)$이다.

이 정리는 피적분함수 $f(x)$의 역도함수 $F(x)$를 안다면 정적분 $\int_a^b f(x)\,dx$의 값은 간단히 $[a,b]$의 양 끝점에서 함수 $F(x)$의 값을 구하여 $F(b)-F(a)$로부터 바로 구할 수 있다는 뜻이다. 정적분 $\int_a^b f(x)dx$은 $a \le x \le b$에서 모든 함수 $f(x)$의 값과 관련되어 정의되었지만 놀랍게도 단지 두 점 $x=a$와 $x=b$에서의 $F(x)$의 함숫값만으로 계산된다는 사실을 말해준다. 리만합을 구하는 과정과 비교하면 매우 단순한 과정이다.

예를 들어 $f(x)=x^2$의 역도함수는 $F(x)=\dfrac{x^3}{3}$이므로, 미적분학의 제2 기본정리에 의해 다음을 얻는다.

$$\int_0^1 x^2dx = F(1)-F(0) = \frac{1}{3}\cdot 1^3 - \frac{1}{3}\cdot 0^3 = \frac{1}{3}$$

포물선 $y=x^2$의 아래에 있는 $x=0$부터 $x=1$까지 영역의 넓이를 합의 극한으로 계산한 6.1절 예제 6.1.2의 계산과정과 비교해보면, 미적분학의 제2 기본정리는 매우 간단하면서도 아주 강력한 방법이라는 것을 바로 알 수 있다.

[미적분학의 제2 기본정리의 증명]

구간 $[a,b]$를 균등 분할에 의해 길이가 $\Delta x=(b-a)/n$인 n개의 부분 구간 $[x_{i-1},x_i]$으로 나눈다. 여기서 $x_i=a+i\Delta x,\ i=0,1,2,\cdots,n$이다. $F(x)$를 $f(x)$의 한 역도함수라 하자. 다음과 같이 같은 항을 빼고 더하여 F값들의 전체 차를 부분 구간에서 차의 합으로 표현할 수 있다.

$$\begin{aligned} F(b)-F(a) &= F(x_n)-F(x_0) \\ &= F(x_n)-F(x_{n-1})+F(x_{n-1})-+\ \cdots\ -F(x_1)+F(x_1)-F(x_0) \\ &= \sum_{i=1}^{n}\left[F(x_i)-F(x_{i-1})\right] \end{aligned}$$

이제 $F(x)$가 미분가능하므로 각 부분 구간 $[x_{i-1},x_i]$에서 $F(x)$에 평균값 정리를 적용하면 열린구간 (x_{i-1},x_i)에 적당한 x_i^*가 존재하여 다음을 만족한다.

$$F(x_i)-F(x_{i-1}) = F'(x_i^*)(x_i-x_{i-1}) = f(x_i^*)\Delta x$$

이를 위 식에 대입하여 다음을 얻는다.

$$F(b)-F(a) = \sum_{i=1}^{n} f(x_i^*)\Delta x$$

이제 이 방정식의 양변에 $n\to\infty$인 극한을 취하면, 좌변은 상수이고 우변은 함수 $f(x)$에 대한 리만합이 되어 다음과 같이 결론을 얻는다.

$$F(b)-F(a)=\lim_{n\to\infty}\sum_{i=1}^{n}f(x_i^*)\Delta x=\int_a^b f(x)\,dx$$ ■

미적분학의 제2 기본정리를 적용할 때 다음 기호

$$F(x)\Big]_a^b=F(b)-F(a)$$

를 사용하여 나타내면 다음과 같이 쓸 수 있다.

$$\int_a^b f(x)\,dx=F(x)\Big]_a^b \quad \text{또는} \quad \int_a^b f(x)\,dx=[\,F(x)]_a^b$$

이제 미적분학의 제2 기본정리를 적용하여 정적분을 계산해보자.

예제 6.4.5 정적분 $\int_{-2}^{1} x^3 dx$를 계산하라.

풀이

$f(x)=x^3$의 역도함수는 $F(x)=\dfrac{x^4}{4}$이므로 미적분학의 제2 기본정리를 적용하여 다음과 같이 정적분을 계산한다.

$$\int_{-2}^{1} x^3\,dx=\frac{x^4}{4}\Big]_{-2}^{1}=\frac{1^4}{4}-\frac{(-2)^4}{4}=-\frac{15}{4}$$

예제 6.4.6 $0\le b\le \pi/2$에 대해 코사인 곡선 아래에 있는 0부터 b까지 영역의 넓이를 구하고 0부터 $\dfrac{\pi}{2}$까지 영역의 넓이가 1임을 보이라.

풀이

$f(x)=\cos x$의 역도함수는 $F(x)=\sin x$이므로 영역의 넓이 A는 다음과 같다.

$$A=\int_0^b \cos x\,dx=\sin x\Big]_0^b=\sin b-\sin 0=\sin b$$

특히 $b=\pi/2$로 택하면 코사인 곡선 아래에 있는 0부터 $\pi/2$까지 영역의 넓이 A는 $\sin(\pi/2)=1$임이 증명된다[그림 6.38 참조].

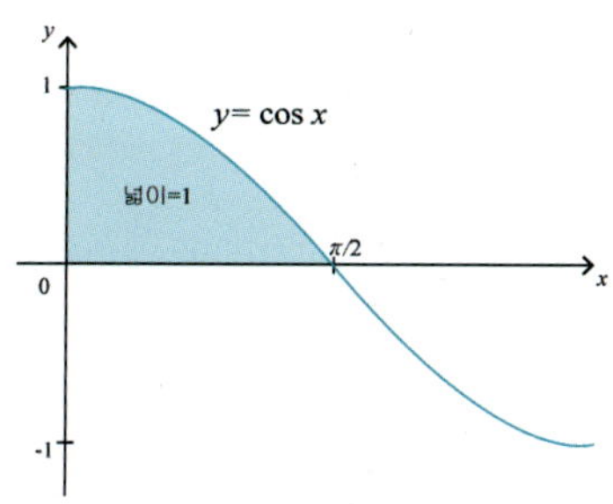

[그림 6.38]

예제 6.4.7 정적분 $\int_0^3 (x^3-6x)dx$를 계산하라.

풀이

미적분학의 제2 기본정리를 적용하여 다음과 같이 정적분을 계산한다.

$$\int_0^3 (x^3-6x)\,dx = \frac{x^4}{4} - 6\frac{x^2}{2}\Big]_0^3$$

$$= \left(\frac{3^4}{4} - 3\cdot 3^2\right) - \left(\frac{0^4}{4} - 3\cdot 0^2\right)$$

$$= \frac{81}{4} - 27 - 0 + 0 = -\frac{27}{4}$$

예제 6.4.7의 결과를 6.2절 예제 6.2.2(b)의 결과와 비교해보라.

예제 6.4.8 정적분 $\int_0^{12} (x - 12\sin x)dx$를 구하라.

풀이

미적분학의 제2 기본정리를 적용하면 정적분은 다음과 같이 계산된다.

$$\int_0^{12} (x - 12\sin x)\,dx = \frac{x^2}{2} - 12(-\cos x)\Big]_0^{12}$$

$$= \frac{12^2}{2} + 12\cos 12 - (0 + 12\cos 0)$$

$$= 72 + 12\cos 12 - 12 = 60 + 12\cos 12$$

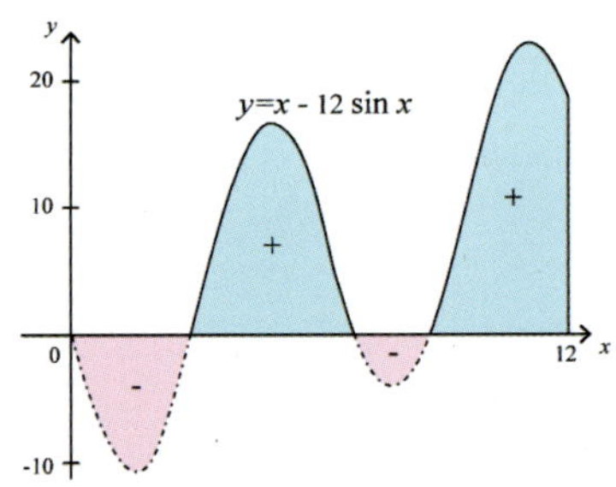

[그림 6.39]

예제 6.4.9 정적분 $\int_1^9 \frac{2t^2 + t^2\sqrt{t} - 1}{t^2}dt$를 계산하라.

풀이

우선 나눗셈을 해서 피적분 함수를 간단한 형태로 써야 한다.

$$\int_1^9 \frac{2t^2 + t^2\sqrt{t} - 1}{t^2}\,dt = \int_1^9 (2 + t^{1/2} - t^{-2})\,dt$$

$$= 2t + \frac{2}{3}t^{3/2} - (-1)t^{-1}\Big]_1^9$$

$$=\left(2\cdot 9+\frac{2}{3}(9)^{3/2}+\frac{1}{9}\right)-\left(2\cdot 1+\frac{2}{3}(1)^{3/2}+\frac{1}{1}\right)$$

$$=18+18+\frac{1}{9}-(2+\frac{2}{3}+1)=\frac{292}{9}$$

순변화 정리

미적분학의 제2 기본정리는 $f(x)$가 구간 $[a,b]$에서 연속이면 다음이 성립함을 말한다.

$$\int_a^b f(x)dx=F(b)-F(a)$$

여기서 $F(x)$는 $f(x)$의 임의의 역도함수이다. 즉, $F'(x)=f(x)$이므로 위 식을 다음과 같이 다시 쓸 수 있다.

$$\int_a^b F'(x)\,dx=F(b)-F(a)$$

$F'(x)$는 $y=F(x)$의 x에 관한 변화율을 나타내며, $F(b)-F(a)$는 x의 값이 a부터 b까지 변하였을 때 y의 값이 변한 량을 나타낸다. 여기서 y의 변화는 증가하였다가 감소할 수도 있고, 또다시 증가할 수도 있음에 주목하자. y의 값이 여러 방법으로 변할지라도 $F(b)-F(a)$는 y의 값의 최종 변화, 즉 순변화(net change)를 나타낸다. 따라서 미적분학의 제2 기본정리를 다음과 같이 말할 수 있다.

정리 6.4.3 순변화정리

변화율의 정적분은 순변화이다.

$$\int_a^b F'(x)\,dx=F(b)-F(a)$$

이 원리는 자연과학과 사회과학 분야의 모든 변화율에 적용할 수 있다. 여기에 이러한 개념에 대해 몇 가지를 소개한다.

$V(t)$가 시각 t에서 저수지에 있는 물의 부피라면 도함수 $V'(t)$는 시각 t에서 물이 저수지로 유입되는 비율이다. 따라서 시각 t_1과 t_2 사이에 저수지 안의 많은 물의 총량에 대한 변화는 다음과 같다.

$$\int_{t_1}^{t_2} V'(t)\,dt=V(t_2)-V(t_1)$$

어느 시점 t에서의 개체군의 수를 $n(t)$라 할 때, 개체군의 증가율이 dn/dt라면 t_1과 t_2 사이에 개체군의 순 변화는 다음과 같다.

$$\int_{t_1}^{t_2} \frac{dn}{dt}\, dt = n(t_2) - n(t_1)$$

미적분학의 기본정리는 미적분학에서 가장 중요한 정리 중 하나이다. 사실상 이것은 인류사에 있어 가장 큰 업적 중 하나로 자리매김하고 있다. 이것이 발견되기 전에는 에우독소스와 아르키메데스의 시대에서부터 갈릴레오와 페르마의 시대에 이르기까지 넓이, 부피, 곡선의 길이를 구하는 문제는 오로지 천재들만이 도전할 수 있는 매우 어려운 것이었다. 그러나 지금은 뉴턴과 라이프니츠가 기본정리로 만든 체계적인 방법을 갖추게 되어 누구든지 이와 같은 도전적인 문제들에 접근할 수 있음을 다음 장들에서 보게 될 것이다.

연습문제 6.4

1. $g(x) = \int_0^x (1+t^2)dt$로 표현되는 영역을 그리고 두 가지 방법으로 $g'(x)$를 구하라.
   (a) 미적분학의 제1 기본정리를 이용한다.
   (b) 미적분학의 제2 기본정리를 이용하여 적분을 계산하고 다시 미분한다.

[2~5] 미적분학의 제1 기본정리를 이용하여 다음 함수의 도함수를 구하라.

2. $g(s) = \int_5^s (t+t^2)^8 dt$

3. $h(x) = \int_2^{\frac{1}{x}} \sin^4 t\, dt$

4. $y = \int_0^{\tan x} \sqrt{t + \sqrt{t}}\, dt$

5. $g(x) = \int_{2x}^{3x} \frac{u^2-1}{u^2+1} du$

6. 어떤 구간에서 곡선 $y = \int_0^x \frac{t}{t^2+t+2} dt$ 가 위로 볼록인가?

Chapter 07 적분법

미적분학의 기본정리에 의하여, 함수의 역도함수 즉 부정적분을 알고 있다면 정적분을 구하는 문제가 매우 쉽게 해결됨을 알았다. 이 장에서는 기본적인 적분 공식을 이용하여 복잡한 함수의 적분을 구하고자 한다. 적분에서 가장 중요한 적분 방법인 치환적분법, 다른 일반적인 기법인 부분적분법을 다룬다. 그리고 삼각함수나 유리함수, 무리함수와 같은 특별한 종류에 해당하는 함수의 적분 방법을 배운다. 마지막으로 정적분을 정의할 수 없는, 적분 구간이 무한인 경우와 구간의 끝점에서 무한 불연속성을 갖는 경우의 이상적분을 다룬다.

7.1 치환적분법

앞 장에서 살펴본 미적분학의 기본정리로 인하여 역도함수를 구하는 문제는 매우 중요한 문제가 되었다. 또한 기본적인 미분법에 의해 다음 〈표 7.1〉과 같은 기본적인 부정적분 공식과 선형성을 알아보았다.

〈표 7.1〉

부정적분 선형성

$$\int [f(x) \pm g(x)]\, dx = \int f(x)\, dx \pm \int g(x)\, dx, \ \int c f(x)\, dx = c \int f(x)\, dx$$

부정적분표

$$\int x^n\, dx = \frac{x^{n+1}}{n+1} + C \ (n \neq -1), \ \int \frac{1}{x}\, dx = \ln|x| + C$$

$$\int e^x\, dx = e^x + C, \ \int a^x\, dx = \frac{a^x}{\ln a} + C$$

$$\int \sin x\, dx = -\cos x + C, \ \int \cos x\, dx = \sin x + C$$

$$\int \sec^2 x\, dx = \tan x + C, \ \int \csc^2 x\, dx = -\cot x + C$$

$$\int \sec x \tan x\, dx = \sec x + C, \ \int \csc x \cot x\, dx = -\csc x + C$$

$$\int \tan x\, dx = \ln|\sec x| + C, \ \int \cot x\, dx = \ln|\sin x| + C$$

$$\int \frac{1}{1+x^2}\,dx = \tan^{-1}x + C,\quad \int \frac{1}{\sqrt{1-x^2}}\,dx = \sin^{-1}x + C$$

$$\int \frac{1}{x\sqrt{x^2-1}}\,dx = \sec^{-1}x + C$$

하지만 복잡한 함수, 특별히 두 함수의 곱이나 몫으로 표현된 함수의 적분을 구하는 것은 그리 쉽지 않다. 예를 들어, 다음과 같은 적분을 계산하는 방법은 도함수 공식으로부터 쉽게 알 수가 없다.

$$\int 2x\,(1+x^2)^5\,dx$$

이 적분을 계산하기 위해서는 전략이 필요하다. 기본적인 전략으로 함수를 조작하여 부정적분표에서 쉽게 찾을 수 있는 꼴로 고쳐주는 것이다. 이를 위해서 변수 x를 새로운 변수 u로 바꾸어 줌으로써 피적분함수를 부정적분표에서 찾을 수 있는 함수의 꼴로 고쳐보자. 여기서는 피적분함수에서 괄호 안에 있는 식을 $u=1+x^2$로 치환(substitution)한다. 그러면 u의 미분은 $du=2x\,dx$이다. 적분 기호 안에 있는 dx를 미분으로 해석하여 미분 $2x\,dx$로 대치함으로써, 자세한 설명은 없이, 형식적으로 다음과 같이 쓸 수 있다.

$$\begin{aligned}\int 2x(1+x^2)^5\,dx &= \int (1+x^2)^5\,2x\,dx = \int u^5\,du \\ &= \frac{1}{6}u^6 + C = \frac{1}{6}(x^2+1)^6 + C\end{aligned}$$

이 적분 계산이 옳다는 것은 적분의 결과 함수를 연쇄법칙을 이용하여 다음과 같이 미분함으로써 확인할 수 있다.

$$\frac{d}{dx}\left\{\frac{1}{6}(x^2+1)^6 + C\right\} = \frac{1}{6}\cdot 6(x^2+1)^5 \cdot 2x = 2x(x^2+1)^5$$

일반적으로 $\int f(g(x))\,g'(x)\,dx$의 꼴로 나타낼 수 있는 적분은 이러한 방법을 적용하면 쉽게 계산할 수 있다. 간략하게 설명하면 함수 $f(x)$의 역도함수 $F(x)$를 알고 있다면, 즉 $F'(x)=f(x)$이면 다음과 같은 부정적분이 성립한다.

$$\int F'(g(x))\,g'(x)\,dx = F(g(x)) + C$$

이 역시 연쇄법칙을 이용하면 다음과 같은 식을 얻으므로 계산이 옳음을 확인할 수 있다.

$$\frac{d}{dx}\{F(g(x))\} = F'(g(x))g'(x)$$

이 적분법의 과정을 체계적으로 정리하여 보자. $u = g(x)$로 변수 변환 또는 치환하면 $du = g'(x)dx$이므로 부정적분을 다음과 같이 고쳐 쓸 수 있다.

$$\int f(g(x))g'(x)\,dx = \int f(u)\,du$$

여기서 $F'(x) = f(x)$임을 알고 있으므로 다음을 얻는다.

$$\int f(u)\,du = \int F'(u)\,du = F(u) + C = F(g(x)) + C$$

이와 같이 부정적분을 구하는 방법을 치환적분법(integration by substitution)이라 하며 다음과 같이 쓸 수 있다.

정리 7.1.1 치환적분법

$u = g(x)$가 미분가능한 함수이고 치역이 구간 I이며 $f(x)$는 I에서 연속이면, 다음이 성립한다.

$$\int f(g(x))g'(x)dx = \int f(u)du$$

치환적분법은 미분에 대한 연쇄법칙을 이용하여 증명되는 것에 주목하자. 또한 $u = g(x)$이면 $du = g'(x)dx$이므로 공식에 쓰인 dx와 du를 미분으로 생각하면 치환적분법을 기억하기 쉬워진다. 그러므로 치환적분법에 따라, 적분 기호 뒤에 나오는 dx와 du는 미분처럼 조작할 수 있다.

예제 7.1.1 $\int x^3 \cos(x^4 + 2)dx$를 구하라.

풀이

$u = x^4 + 2$로 치환하면 u의 미분이 $du = 4x^3dx$이므로 4로 양변을 나누어 주면 $x^3dx = \frac{1}{4}du$이다. 따라서 치환적분법을 적용하여 다음과 같이 적분을 고쳐 쓰고 부정적분을 구한다.

$$\begin{aligned}\int x^3 \cos(x^4+2)\,dx &= \int \cos u \cdot \frac{1}{4}\,du \\ &= \frac{1}{4}\int \cos u\,du = \frac{1}{4}\sin u + C \\ &= \frac{1}{4}\sin(x^4+2) + C\end{aligned}$$

주의 마지막 단계에서 치환하였던 변수 u를 원래 변수 x로 환원하는 것을 잊지 말자.

치환적분법의 기본 개념은 함수들의 곱과 몫으로 표현된 복잡한 적분을 간단한 적분으로 바꾸는 것이다. 이것은 원래의 변수 x로부터 x의 함수인 새로운 변수 u로 치환함으로써 이루어진다. 예제 7.1.1에서는 두 함수의 곱으로 표현된 부정적분 $\int x^3 \cos(x^4+2)\,dx$를 $u = x^4 + 2$로 치환하여 적분 $\frac{1}{4}\int \cos u\,du$으로 바꾸었다.

치환적분법을 적용하는 데 있어서 가장 중요한 문제는 어떤 함수를 선택하여 새로운 변수로 치환할지를 결정하는 것이다. 실제 적분에서는 치환할 대상을 항상 괄호로 묶어주지는 않는다. 이를 위해 가장 보편적인 방법으로는 피적분함수에서 도함수가 곱으로 나타나는(상수인수는 제외) 어떤 함수를 찾아 u로 치환하는 것이다. 예제 7.1.1에서는 x^4+2의 도함수 x^3이 곱해져 있기 때문에 $u=x^4+2$로 치환하였다.

또 다른 방법으로는 피적분함수를 합성함수로 볼 수 있는 경우에 내부함수에 해당하는 부분을 택하여 u로 치환해 보는 것이다. 하지만 적절한 치환을 구하기 위해서 약간의 시행착오를 겪어야 하는 경우도 많이 있다. 치환한 후에 적분이 더 어렵고 복잡해지는 경우도 많이 있으므로, 처음 치환한 것으로 적분할 수 없다면 다른 치환을 찾아보는 것도 매우 필요하다. 다양한 예제를 통해 치환적분법을 알아보자.

예제 7.1.2 $\int \sqrt{2x+1}\,dx$를 구하라.

풀이

(방법 1)

$u=2x+1$이라 치환하면 $du=2\,dx$이므로 $dx=\frac{1}{2}du$이다. 따라서 치환적분법을 적용하여 다음과 같이 적분을 구한다.

$$\begin{aligned}\int \sqrt{2x+1}\,dx &= \int \sqrt{u}\cdot\frac{1}{2}du = \frac{1}{2}\int \sqrt{u}\,du = \frac{1}{2}\int u^{1/2}du \\ &= \frac{1}{2}\cdot\frac{2}{3}u^{3/2}+C = \frac{1}{3}u^{3/2}+C \\ &= \frac{1}{3}(2x+1)^{3/2}+C\end{aligned}$$

(방법 2)

$u=\sqrt{2x+1}$이라 치환하면 $du=\dfrac{dx}{\sqrt{2x+1}}$이므로 $dx=\sqrt{2x+1}\,du=u\,du$

이다. (또는 $u^2=2x+1$이므로 $2u\,du=2\,dx$이다.) 따라서 다음을 얻는다.

$$\int \sqrt{2x+1}\,dx = \int u \cdot u\,du = \int u^2\,du$$

$$= \frac{1}{3}u^3 + C = \frac{1}{3}(2x+1)^{3/2} + C$$

예제 7.1.3 $\int x e^{x^2}\,dx$를 구하라.

풀이

$u = x^2$이라 치환하면 $du = 2x\,dx$이므로 $x\,dx = \frac{1}{2}du$이다. 따라서 다음을 얻는다.

$$\int x e^{x^2}\,dx = \int e^{x^2} x\,dx = \int e^u \frac{1}{2}\,du = \frac{1}{2}\int e^u\,du$$

$$= \frac{1}{2}e^u + C = \frac{1}{2}e^{x^2} + C$$

예제 7.1.4 $\int \cos 5x\,dx$를 구하라.

풀이

$u = 5x$이라 치환하면 $du = 5\,dx$이므로 $dx = \frac{1}{5}du$이다. 따라서 다음을 얻는다.

$$\int \cos 5x\,dx = \frac{1}{5}\int \cos u\,du = \frac{1}{5}\sin u + C = \frac{1}{5}\sin 5x + C$$

예제 7.1.5 $\int \cot x\,dx$를 구하라.

풀이

코탄젠트 함수는 역도함수를 알기 어려우며, 또한 치환을 찾기도 어렵다. 이런 경우에는 코탄젠트를 사인과 코사인으로 고쳐 쓴다.

$$\int \cot x\,dx = \int \frac{\cos x}{\sin x}\,dx$$

이제 $u = \sin x$로 치환하면 $du = \cos x\,dx$이다. 따라서 다음과 같이 적분을 구한다.

$$\int \cot x\,dx = \int \frac{\cos x}{\sin x}\,dx = \int \frac{1}{u}\,du = \ln|u| + C = \ln|\sin x| + C$$

피적분함수를 합성함수로 해석하여 외부함수의 도함수와 내부함수의 도함수의 곱의 꼴로 인식한다면 예제 7.1.1은 다음과 같이 적분할 수 있다.

$$\begin{aligned}\int x^3 \cos(x^4+2)\,dx &= \int \cos(x^4+2)\cdot x^3\,dx \\ &= \frac{1}{4}\int \cos(x^4+2)\cdot(4x^3)\,dx \\ &= \frac{1}{4}\int \cos(x^4+2)\cdot \frac{d}{dx}(x^4+2)\,dx \\ &= \frac{1}{4}\int \frac{d}{dx}\left[\sin(x^4+2)\right]dx \\ &= \frac{1}{4}\sin(x^4+2)+C\end{aligned}$$

유사한 방법으로 예제 7.1.4는 다음과 같이 구할 수 있다.

$$\begin{aligned}\int \cos 5x\,dx &= \frac{1}{5}\int 5\cdot\cos 5x\,dx \\ &= \frac{1}{5}\int \frac{d}{dx}(\sin 5x)\,dx = \frac{1}{5}\sin 5x + C\end{aligned}$$

정적분

치환적분법으로 정적분을 계산할 때 두 가지 방법을 사용할 수 있다. 한 가지 방법은 부정적분을 먼저 계산한 후에 미적분학의 기본정리를 이용하는 것이다. 예를 들어 예제 7.1.2의 결과를 이용하여 다음과 같이 계산한다.

$$\begin{aligned}\int_0^4 \sqrt{2x+1}\,dx &= \left(\int \sqrt{2x+1}\,dx\right)\Big]_0^4 = \frac{1}{3}(2x+1)^{3/2}\Big]_0^4 \\ &= \frac{1}{3}9^{3/2} - \frac{1}{3}1^{3/2} = \frac{1}{3}(27-1) = \frac{26}{3}\end{aligned}$$

다른 방법은 적분 변수를 치환한 변수로 바꿀 때 적분 한계도 같이 바꾸는 것으로, 보통 이 방법을 선호한다. $u = 2x+1$로 치환하면 $du = 2\,dx$이고 적분 구간도 다음과 같이 $x=0$은 $u=1$로, $x=4$는 $u=9$로 함께 바뀐다.

$$\int_0^4 \sqrt{2x+1}\,dx = \frac{1}{2}\int_1^9 \sqrt{u}\,du = \frac{1}{2}\cdot\frac{2}{3}u^{3/2}\Big]_1^9$$

$$= \frac{1}{3}9^{3/2} - \frac{1}{3}1^{3/2} = \frac{1}{3}(27-1) = \frac{26}{3}$$

정리 7.1.2 정적분의 치환적분법

함수 $g'(x)$가 구간 $[a, b]$에서 연속이고, 함수 $f(x)$가 $u = g(x)$의 치역에서 연속이면 다음이 성립한다.

$$\int_a^b f(g(x))\,g'(x)\,dx = \int_{g(a)}^{g(b)} f(u)\,du$$

증명 $F(x)$를 $f(x)$의 역도함수라고 하자. 그러면 $F(g(x))$는 $f(g(x))g'(x)$의 역도함수이므로 미적분학의 기본정리에 의해 다음을 얻는다.

$$\int_a^b f(g(x))\,g'(x)\,dx = F(g(x))\Big]_a^b = F(g(b)) - F(g(a))$$

또한 미적분학의 기본정리를 우변에 적용해도 역시 다음을 얻는다.

$$\int_{g(a)}^{g(b)} f(u)\,du = F(u)\Big]_{g(a)}^{g(b)} = F(g(b)) - F(g(a))$$

따라서 식이 성립한다. ■

예제 7.1.6 $\int_1^2 \frac{1}{(3-5x)^2}\,dx$**를 구하라.**

풀이

$u = 3-5x$라 치환하면 $du = -5dx$이므로 $dx = -\frac{1}{5}du$이다. 새로운 변수 u에 대한 적분 한계를 구하면 $x=1$일 때 $u=-2$이고 $x=2$일 때 $u=-7$이다. 따라서 다음과 같이 계산할 수 있다.

$$\int_1^2 \frac{1}{(3-5x)^2}\,dx = -\frac{1}{5}\int_{-2}^{-7}\frac{1}{u^2}\,du = -\frac{1}{5}\left[-\frac{1}{u}\right]_{-2}^{-7}$$

$$= \frac{1}{5}\left(-\frac{1}{7}+\frac{1}{2}\right) = \frac{1}{14}$$

정리 7.1.2를 이용할 때는 적분을 마친 후에 원래의 변수 x로 환원할 필요가 없다. 치환된 변수 u의 적절한 값들로부터 정적분을 계산하면 된다.

예제 7.1.7 $\int_1^e \frac{(\ln x)^2}{x}\,dx$를 구하라.

풀이

$u = \ln x$라 치환하면 $du = \frac{1}{x}dx$이다. 새로운 변수 u에 대한 적분 한계를 구하면 $x=1$일 때 $u = \ln 1 = 0$이고 $x = e$일 때 $u = \ln e = 1$이다. 따라서 다음을 얻는다.

$$\int_1^e \frac{(\ln x)^2}{x}\,dx = \int_0^1 u^2\,du = \left[\frac{1}{3}u^3\right]_0^1$$

$$= \frac{1}{3}(1-0) = \frac{1}{3}$$

대칭성

다음 정리는 우함수와 기함수에 대한 유용한 정적분 계산을 알려준다. 정리 7.1.3을 이용하면 대칭성을 갖는 함수의 대칭 구간에서 정적분 계산을 매우 쉽게 할 수 있다.

정리 7.1.3 대칭함수의 정적분

$f(x)$가 $[-a, a]$에서 연속이면 다음이 성립한다.

(a) $f(x)$가 우함수, 즉 $f(-x) = f(x)$일 때,

$$\int_{-a}^{a} f(x)\,dx = 2\int_0^a f(x)\,dx$$

(b) $f(x)$가 기함수, 즉 $f(-x) = -f(x)$일 때,

$$\int_{-a}^{a} f(x)\,dx = 0$$

증명 정적분의 가법성질을 이용하여 다음과 같이 쓸 수 있다.

$$\int_{-a}^{a} f(x)\,dx = \int_{-a}^{0} f(x)\,dx + \int_{0}^{a} f(x)\,dx$$

$$= -\int_{0}^{-a} f(x)\,dx + \int_{0}^{a} f(x)\,dx$$

첫 번째 항의 적분을 $u = -x$로 치환하여 고쳐 쓸 수 있다. $du = -dx$이고 $x = -a$일 때, $u = a$이다. 그러므로 이 정적분은 다음과 같다.

$$-\int_{0}^{-a} f(x)\,dx = -\int_{0}^{a} f(-u)(-du) = \int_{0}^{a} f(-u)\,du$$

또한 적분 변수를 다시 x로 바꾸어도 무방하다. 정리하면, 주어진 정적분은 다음과 같이 쓸 수 있다.

$$\int_{-a}^{a} f(x)\,dx = \int_{0}^{a} f(-x)\,dx + \int_{0}^{a} f(x)\,dx$$

(a) $f(x)$가 우함수이면 $f(-x) = f(x)$이므로

$$\int_{-a}^{a} f(x)\,dx = \int_{0}^{a} f(x)\,dx + \int_{0}^{a} f(x)\,dx = 2\int_{0}^{a} f(x)\,dx$$

(b) $f(x)$가 기함수이면 $f(-x) = -f(x)$이므로

$$\int_{-a}^{a} f(x)\,dx = -\int_{0}^{a} f(x)\,dx + \int_{0}^{a} f(x)\,dx = 0$$

이다. ■

정리 7.1.3의 결과 식을 [그림 7.1]에서 볼 수 있다. $f(x)$가 양의 우함수일 때, [그림 7.1(a)]는 $y = f(x)$의 그래프 아래에 있는 $x = -a$부터 $x = a$까지 영역의 넓이가 대칭성에 의해 $x = 0$부터 $x = a$까지 영역의 넓이의 두 배임을 보여준다. $f(x)$가 기함수일 때, [그림 7.1(b)]는 $x = -a$부터 $x = a$까지 $y = f(x)$의 그래프는 대칭성에 의해 x축 위와 아래에 똑같은 모양의 영역이 나타나며, 서로 같은 넓이의 영역이 위와 아래에 있으므로 적분 값이 0임을 보여준다.

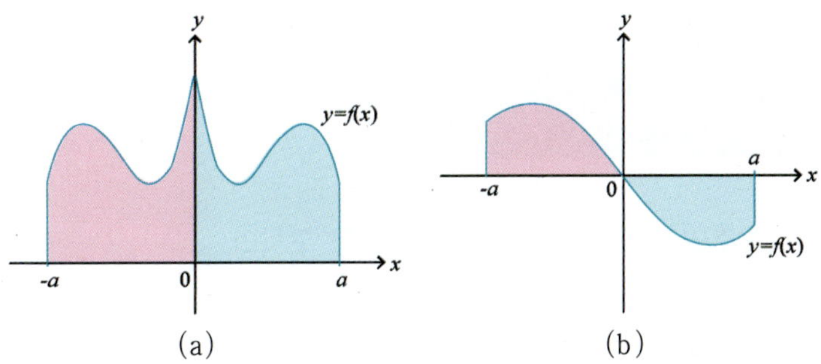

[그림 7.1]

예제 7.1.8 $\int_{-2}^{2}(x^6+1)\,dx$를 구하라.

풀이

$f(x)=x^6+1$라 하자. 그러면 $f(-x)=(-x)^6+1=x^6+1=f(x)$를 만족하므로 이 함수는 우함수이다. 따라서 다음과 같이 정적분을 계산한다.

$$\int_{-2}^{2}(x^6+1)dx=2\int_{0}^{2}(x^6+1)\,dx$$

$$=2\left[\frac{1}{7}x^7+x\right]_0^2=2\left(\frac{128}{7}+2\right)=\frac{284}{7}$$

정적분 $\int_{-a}^{a}f(x)\,dx$를 구하고자 할 때, 함수 $f(x)$가 기함수이면, $f(x)$의 역도함수를 구할 수 없을 때에도 정적분의 값을 구할 수 있다.

예제 7.1.9 $\int_{-1}^{1}\frac{\tan x}{1+x^2+x^4}\,dx$를 구하라.

풀이

$f(x)=\frac{\tan x}{1+x^2+x^4}$이라 하자. $f(-x)=\frac{\tan(-x)}{1+(-x)^2+(-x)^4}=\frac{-\tan x}{1+x^2+x^4}=-f(x)$를 만족하므로 이 함수는 기함수이다. 따라서 정적분은 $\int_{-1}^{1}\frac{\tan x}{1+x^2+x^4}\,dx=0$이다.

연습문제 7.1

[1~5] 주어진 치환을 이용하여 적분을 구하라.

1. $\int \sin \pi x\,dx,\ u=\pi x$

2. $\int x^2\sqrt{x^3+1}\,dx,\ u=x^3+1$

3. $\int \cos^3\theta \sin\theta\,d\theta,\ u=\cos\theta$

4. $\int \frac{\sec^2(1/x)}{x^2}\,dx,\ u=\frac{1}{x}$

5. $\int e^{3x}\,dx,\ u=3x$

[6~25] 다음 부정적분을 구하라.

6. $\int x\sin(x^2)dx$

7. $\int (1-2x)^{10}dx$

8. $\int (x+1)\sqrt{2x+x^2}\,dx$

9. $\int \sec 2t \tan 2t\,dt$

10. $\int \frac{a+bx^2}{\sqrt{3ax+bx^3}}dx$

11. $\int \sec^2\theta \tan^3\theta\, d\theta$

12. $\int (x^2+1)(x^3+3x)^4 dx$

13. $\int \frac{\cos x}{\sin^2 x}dx$

14. $\int \sqrt{\cot x}\csc^2 x\,dx$

15. $\int \sec^3 x \tan x\,dx$

16. $\int \frac{z^2}{\sqrt[3]{1+z^3}}dz$

17. $\int x(2x+5)^8 dx$

18. $\int \frac{-1}{\sqrt{1-x^2}\cos^{-1}x}dx$

19. $\int \frac{e^x}{2e^x+3}dx$

20. $\int \frac{\sin 2x}{1+\cos^2 x}dx$

21. $\int \frac{1-6x}{1+x^2}dx$

22. $\int 3^x \sin(3^x)\,dx$

23. $\int t\sqrt{t-1}\,dt$

24. $\int \frac{x}{9+x^4}dx$

25. $\int \frac{x^3}{\sqrt[3]{x^2+1}}dx$

[26~35] 다음 정적분을 구하라.

26. $\int_0^1 \cos(\pi t/2)\,dt$

27. $\int_0^1 \sqrt[3]{1+7x}\,dx$

28. $\int_0^{\pi} \sec^2(t/4)\,dt$

29. $\int_0^a x\sqrt{x^2+a^2}\,dx,\ (a>0)$

30. $\int_1^2 x\sqrt{x-1}\,dx$

31. $\int_{1/2}^1 \frac{\cos(x^{-2})}{x^3}dx$

32. $\int_{-\pi/4}^{\pi/4} (x^3+x^4\tan x)dx$

33. $\int_1^2 \frac{e^{1/x}}{x^2}dx$

34. $\int_e^{e^2} \frac{1}{x\sqrt{\ln x}}dx$

35. $\int_0^{1/2} \frac{\sin^{-1}x}{\sqrt{1-x^2}}dx$

36. $\int_0^1 x\sqrt{1-x^4}\,dx$를 치환하고 그 결과로 얻은 적분을 넓이로 해석해서, 그 값을 구하라.

37. 함수 $f(x)$가 연속이고 $\int_0^4 f(x)dx = 10$일 때 $\int_0^2 f(2x)dx$를 구하라.

38. a와 b가 양수이면 다음이 성립함을 보이라.

$$\int_0^1 x^a(1-x)^b dx = \int_0^1 x^b(1-x)^a dx$$

7.2 부분적분법

모든 미분법에는 그에 대응되는 적분법이 있다. 앞 절에서 살펴본 치환적분법은 미분법의 연쇄법칙과 대응함을 알았다. 이 절에서는 부분적분법이라 불리는, 곱의 미분법에 대응하는 적분법을 공부한다. 먼저 $f(x)$와 $g(x)$가 미분가능한 함수일 때, 곱의 미분법은 다음과 같다.

$$\frac{d}{dx}[f(x)g(x)] = f(x)g'(x) + f'(x)g(x)$$

이제 양변을 적분하면 다음 식을 얻는다.

$$f(x)g(x) = \int f(x)g'(x)\,dx + \int f'(x)g(x)\,dx$$

이다. 이 식을 다음과 같이 다시 정리할 수 있다.

정리 7.2.1 부분적분법

함수 $f(x)$와 $g(x)$가 미분가능하면, 다음이 성립한다.

$$\int f(x)g'(x)\,dx = f(x)g(x) - \int f'(x)g(x)\,dx$$

두 함수의 곱의 적분에 정리 7.2.1을 적용하여 계산하는 방법을 부분적분법(integration by part)이라 한다. 다음과 같이 미분을 사용하여 식을 고쳐 쓰면 더 쉽게 기억할 수도 있다.

두 함수를 $u = f(x)$, $v = g(x)$라 하자. 미분은 각각 $du = f'(x)\,dx$와 $dv = g'(x)\,dx$이므로 치환적분법에 의해 부분적분법은 다음과 같이 된다.

정리 7.2.2 부분적분법-미분형식

u와 v가 미분가능한 함수일 때, 다음이 성립한다.

$$\int u\,dv = uv - \int v\,du$$

부분적분법은 두 함수의 곱의 적분을 구할 때 사용하는 가장 일반적인 적분법이다. 하지만 이 적분법을 적용하면 완전한 적분이 구해지지 않고 또 하나의 적분이 나타남을 볼 수 있다. 이 새로운 적분이 원래 구하고자 하는 적분보다 계산하기 쉽도록 나타내는 것이 핵심 요소이다.

예제 7.2.1 $\int x \sin x\, dx$를 구하라.

풀이

(방법 1) - 정리 7.2.1 적용

$f(x)=x$, $g'(x)=\sin x$라 하자. 그러면 $f'(x)=1$과 $g(x)=-\cos x$이다. ($g'(x)$에 대한 하나의 역도함수 $g(x)$를 택한다.) 따라서 정리 7.2.1 부분적분법을 적용하여 다음과 같이 적분을 구한다.

$$\begin{aligned}\int x \sin x\, dx &= f(x)\,g(x) - \int f'(x)\,g(x)\,dx \\ &= x(-\cos x) - \int (-\cos x)\,dx \\ &= -x\cos x + \int \cos x\, dx \\ &= -x\cos x + \sin x + C\end{aligned}$$

(방법 2) - 정리 7.2.2 적용

$u=x$, $dv=\sin x\, dx$라 하자. 그러면 $du=dx$, $v=-\cos x$이다. 따라서 다음과 같다.

$$\begin{aligned}\int x \sin x\, dx = x(-\cos x) - \int (-\cos x)\,dx &= -x\cos x + \int \cos x\, dx \\ &= -x\cos x + \sin x + C\end{aligned}$$

참고

이 결과를 미분하여 답을 확인하는 것이 바람직하다. 그렇게 한다면 예상한 대로 $x \sin x$를 얻는다.

부분적분법은 주어진 적분을 완전히 구해주지는 않지만, 부분적분법을 통하여 주어진 적분보다 조금 더 구하기 쉬운 꼴의 적분을 얻을 수 있다. 예제 7.2.1에서는 곱의 적분 $\int x \sin x\, dx$에 부분적분법을 적용하여 기본함수의 적분 $\int \cos x\, dx$를 얻을 수 있었다. 하지만 $u=\sin x$, $dv=x\,dx$로 선택한다면 $du=\cos x\, dx$, $v=\dfrac{x^2}{2}$이므로 부분적분법을 적용하면 다음을 얻는다.

$$\int x \sin x\, dx = (\sin x)\frac{x^2}{2} - \frac{1}{2}\int x^2 \cos x\, dx$$

이 결과는 틀리지는 않았다. 하지만 새롭게 나타난 적분 $\int x^2 \cos x\, dx$이 원래 구하고자 하는 적분보다 더 계산하기 어려워졌으므로 이 결과는 부분적분법의 의도와는 반대로 나타났다. 일반적으로 u와 dv를 선택할 때 $u=f(x)$는 미분하여 더 간단하게 되는 함수(또는 적어도 더 복잡하지 않은 함수)로, $dv=g'(x)dx$는 적분하여도 더 복잡하지 않은 함수(또는 반복적으로 나타나는 함수)를 선택한다.

다음 예제는 $\ln x$의 부정적분으로써, 어떤 함수를 미분하면 $\ln x$가 되는지를 알지 못하지만, 이를 부분적분법을 적용하여 적분을 구할 수 있다.

예제 7.2.2 $\int \ln x\,dx$를 구하라.

풀이

여기서는 u와 dv에 대한 선택이 많지 않다. $u=\ln x$, $dv=dx$라 선택하면 $du=\frac{1}{x}dx$, $v=x$이다. 부분적분법에 의해 다음을 얻는다.

$$\int \ln x\,dx = x\ln x - \int x\frac{1}{x}dx = x\ln x - \int dx = x\ln x - x + C$$

이 예제에서 함수 $f(x)=\ln x$의 도함수 $f'(x)=\frac{1}{x}$가 $f(x)$보다 더 간단하다고 볼 수 있으므로 부분적분법이 효과적이다. 어떤 경우에는 부분적분법을 적용하여도 적분하기 쉽지 않을 수 있다. 하지만 여러 번 반복 적용하여 원하는 결과를 얻을 수 있다.

예제 7.2.3 $\int t^2 e^t\,dt$를 구하라.

풀이

t^2은 미분하면 더 간단해진다. 반면에 e^t은 적분하여도 변하지 않으므로 더 복잡해지지는 않는다. 그러므로 다음과 같이 선택한다.

$$u=t^2,\ dv=e^t\,dt$$

그러면 $du=2t\,dt$와 $v=e^t$이 된다. 부분적분법을 적용하여 다음을 얻는다.

$$\int t^2e^t\,dt = t^2e^t - 2\int te^t\,dt$$

여기서 $\int te^t\,dt$는 원래의 적분보다 조금 더 간단해졌지만, 아직도 곱의 적분으로 남아 있다. 이 적분 $\int te^t\,dt$에 $u=t$, $dv=e^t\,dt$를 사용하여 한 번 더 부분적분법을 적용한다. 그러면 $du=dt$, $v=e^t$이고 다음을 얻는다.

$$\int te^t\,dt = te^t - \int e^t\,dt = te^t - e^t + C_1$$

이 결과를 이용하면 구하고자 하는 적분은 다음과 같이 계산한다.

$$\int t^2 e^t\,dt = t^2 e^t - 2\int t e^t\,dt = t^2 e^t - 2(te^t - e^t + C_1) = t^2 e^t - 2te^t + 2e^t + C$$

여기서 $C = -2C_1$이다.

예제 7.2.4 $\int e^x \sin x\,dx$를 구하라.

풀이

(방법 1)

e^x나 $\sin x$는 미분해도 더 간단해지지 않지만 일단 $u = e^x$, $dv = \sin x\,dx$로 선택하여 시도해 보자. 그러면 $du = e^x\,dx$, $v = -\cos x$이므로 부분적분법을 적용하여 다음을 얻는다.

$$\int e^x \sin x\,dx = -e^x \cos x + \int e^x \cos x\,dx$$

(새롭게 얻은 적분 $\int e^x \cos x\,dx$는 원래 적분보다 더 간단해지지는 않았지만, 더 복잡해지지도 않았다. 앞의 예제에서 부분적분법을 두 번 적용하여 성공한 것처럼, 여기서도) 적분 $\int e^x \cos x\,dx$에 $u = e^x$, $dv = \cos x\,dx$로 놓고 또 한 번 부분적분법을 적용해보자. $du = e^x\,dx$, $v = \sin x$이므로 다음을 얻는다.

$$\int e^x \cos x\,dx = e^x \sin x - \int e^x \sin x\,dx$$

언뜻 보기에는 처음 시작했던 $\int e^x \sin x\,dx$로 되돌아간 것처럼 보이지만, 두 적분 식으로부터 구하고자 하는 적분 $\int e^x \sin x\,dx$에 관하여 정리하면 다음과 같은 식을 얻는다.

$$\int e^x \sin x\,dx = -e^x \cos x + e^x \sin x - \int e^x \sin x\,dx$$

즉,

$$2\int e^x \sin x\,dx = -e^x \cos x + e^x \sin x$$

이고, 적분 상수를 더하면 다음을 얻는다.

$$\int e^x \sin x\,dx = \frac{1}{2}e^x(\sin x - \cos x) + C$$

(방법 2)

$\sin x$나 e^x는 미분해도 더 간단해지지 않지만 일단 $u = \sin x$, $dv = e^x\,dx$를 선택하여 시도해보자. 그러면 $du = \cos x\,dx$, $v = e^x$이므로 부분적분법을 적용하여 다음을 얻는다.

$$\int e^x \sin x\,dx = e^x \sin x - \int e^x \cos x\,dx$$

(새롭게 얻은 적분 $\int e^x \cos x\, dx$는 원래 적분보다 더 간단해지지는 않았지만, 더 복잡해지지도 않았다. 앞의 예제에서 부분적분법을 두 번 적용하여 성공한 것처럼, 여기서도) 적분 $\int e^x \cos x\, dx$에 $u=\cos x$, $dv=e^x\, dx$로 놓고 또 한 번 부분적분법을 적용해보자. $du=-\sin x\, dx$, $v=e^x$이므로 다음을 얻는다.

$$\int e^x \cos x\, dx = e^x \cos x + \int e^x \sin x\, dx$$

언뜻 보기에는 처음 시작했던 $\int e^x \sin x\, dx$로 되돌아간 것처럼 보이지만, 두 적분 식으로부터 구하고자 하는 적분 $\int e^x \sin x\, dx$에 관하여 정리하면 다음과 같은 식을 얻는다.

$$\int e^x \sin x\, dx = e^x \sin x - e^x \cos x - \int e^x \sin x\, dx$$

즉,

$$2\int e^x \sin x\, dx = e^x \sin x - e^x \cos x$$

이고, 적분 상수를 더하면 다음을 얻는다.

$$\int e^x \sin x\, dx = \frac{1}{2} e^x (\sin x - \cos x) + C$$

정적분

부분적분법을 정적분에도 적용할 수 있다. $f'(x)$와 $g'(x)$가 연속이라 가정하고 정리 7.2.1의 부정적분을 구간 $[a, b]$에서 정적분으로 바꾸어주면 다음을 얻는다.

정리 7.2.3 부분적분법-정적분

$$\int_a^b f(x) g'(x)\, dx = f(x) g(x) \Big]_a^b - \int_a^b f'(x) g(x)\, dx$$

예제 7.2.5 $\int_0^1 \tan^{-1} x\, dx$를 구하라.

풀이

$f(x)=\tan^{-1}x$, $g'(x)=1$라 하면 $f'(x)=\dfrac{1}{1+x^2}$, $g(x)=x$이다. 그러므로 정리 7.2.3에 의해 다음을 얻는다.

$$\int_0^1 \tan^{-1} x\, dx = x\tan^{-1}x \Big]_0^1 - \int_0^1 \frac{x}{1+x^2}\, dx$$
$$= 1\cdot\tan^{-1}1 - 0\cdot\tan^{-1}0 - \int_0^1 \frac{x}{1+x^2}\, dx = \frac{\pi}{4} - \int_0^1 \frac{x}{1+x^2}\, dx$$

이제 적분 $\int_0^1 \frac{x}{1+x^2}dx$을 계산하기 위해 $t=1+x^2$으로 치환한다. 그러면 $dt=2x\,dx$, 즉 $x\,dx=\frac{1}{2}dt$이다. $x=0$일 때 $t=1$이고, $x=1$일 때 $t=2$이므로 다음과 같다.

$$\int_0^1 \frac{x}{1+x^2}\,dx=\frac{1}{2}\int_1^2 \frac{dt}{t}=\frac{1}{2}\ln|t|\Big]_1^2=\frac{1}{2}(\ln 2-\ln 1)=\frac{1}{2}\ln 2$$

그러므로 다음을 얻는다.

$$\int_0^1 \tan^{-1}x\,dx=\frac{\pi}{4}-\int_0^1 \frac{x}{1+x^2}\,dx=\frac{\pi}{4}-\frac{\ln 2}{2}$$

$x\geq 0$에서 $\tan^{-1}x\geq 0$이므로 예제 7.2.5의 정적분은 그래프 아래에 있는 $x=0$부터 $x=1$까지 영역의 넓이로 해석할 수 있다[그림 7.2 참조].

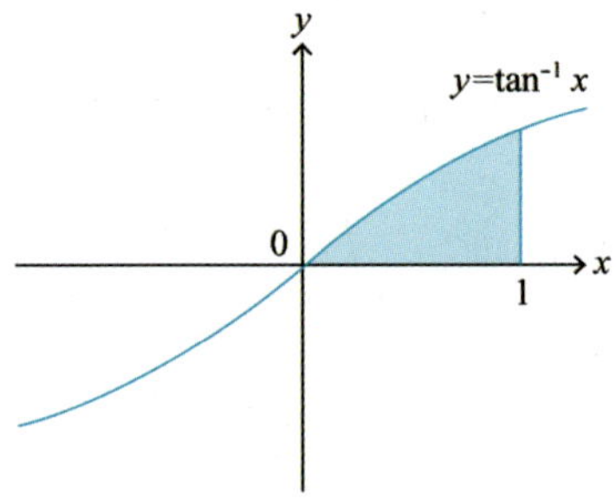

[그림 7.2]

점화공식

하나의 항으로 이루어진 $\sin^n x$의 적분 $\int \sin^n x\,dx$도 공식을 쉽게 찾을 수 없다. 이를 적분하기 위해 부분적분법을 적용하여 차수가 2만큼 줄어든 다음과 같은 적분 관계식을 구할 수 있다. 이를 점화공식(recursion formula)이라 한다.

예제 7.2.6 다음 점화공식을 증명하라. 이때 $n\geq 2$는 정수이다.

$$\int \sin^n x\,dx=-\frac{1}{n}\cos x\sin^{n-1}x+\frac{n-1}{n}\int \sin^{n-2}x\,dx$$

풀이

$u=\sin^{n-1}x$, $dv=\sin x\,dx$라 하면 다음을 얻는다.

$$du=(n-1)\sin^{n-2}x\cos x\,dx,\quad v=-\cos x$$

따라서 부분적분법에 의해 다음을 얻는다.

$$\int \sin^n x\,dx=-\cos x\sin^{n-1}x+(n-1)\int \sin^{n-2}x\cos^2 x\,dx$$

$\cos^2 x=1-\sin^2 x$이므로 다음을 얻는다.

$$\int \sin^n x\,dx=-\cos x\sin^{n-1}x+(n-1)\int \sin^{n-2}x\,dx-(n-1)\int \sin^n x\,dx$$

적분 $\int \sin^n x\,dx$에 관하여 정리하면 다음을 얻는다.

$$n\int \sin^n x\,dx = -\cos x \sin^{n-1} x + (n-1)\int \sin^{n-2} x\,dx$$

즉

$$\int \sin^n x\,dx = -\frac{1}{n}\cos x \sin^{n-1} x + \frac{n-1}{n}\int \sin^{n-2} x\,dx$$

이다. ■

적분 $\int \sin^n x\,dx$를 계산하고자 할 때, 점화공식은 유용하다. 점화공식을 적용하여 거듭제곱 차수를 2만큼 줄이고, 계속 반복하여 2만큼씩 줄여나가면, 궁극적으로 마지막 적분은 n이 홀수일 때는 $\int \sin x\,dx$, n이 짝수일 때는 $\int (\sin x)^0\,dx = \int dx$이 나타나므로 적분을 구할 수 있다. 이런 이유로 이 공식을 차수 줄임(reduction of order) 공식이라 부르기도 한다.

연습문제 7.2

1. $u = \ln x$, $dv = x^2\,dx$를 이용하여 적분 $\int x^2 \ln x\,dx$를 부분적분법으로 구하라.

2. $u = \theta$, $dv = \sec^2\theta\,d\theta$를 이용하여 적분 $\int \theta \sec^2\theta\,d\theta$를 부분적분법으로 구하라.

[3~11] 다음 부정적분을 구하라.

3. $\int x\cos 5x\,dx$

4. $\int te^{-3t}\,dt$

5. $\int (x^2+2x)\cos x\,dx$

6. $\int \ln(2x+1)\,dx$

7. $\int \arctan 4t\,dt$

8. $\int e^{2\theta}\sin 3\theta\,d\theta$

9. $\int \frac{xe^{2x}}{(1+2x)^2}\,dx$

10. $\int \sin^{-1} x\,dx$

11. $\int \sqrt{t}\ln t\,dt$

[12~16] 다음 정적분을 구하라.

12. $\int_0^{1/2} x\cos \pi x\,dx$

13. $\int_1^3 r^3 \ln r\,dr$

14. $\int_0^{1/2} \cos^{-1} x\,dx$

15. $\int_1^2 (\ln x)^2\,dx$

16. $\int_1^{\sqrt{3}} \tan^{-1}\left(\frac{1}{x}\right)dx$

[17~19] 치환을 한 후에 부분적분법으로 다음 적분을 구하라.

17. $\int \cos \sqrt{x}\, dx$

18. $\int_{\sqrt{\pi/2}}^{\sqrt{\pi}} \theta^3 \cos(\theta^2) d\theta$

19. $\int_1^4 e^{\sqrt{x}}\, dx$

20. (a) 예제 7.2.6의 점화공식을 이용하여 다음을 보이라.

$$\int \sin^2 x dx = \frac{x}{2} - \frac{\sin 2x}{4} + C$$

(b) (a)의 결과와 점화공식을 이용하여 $\int \sin^4 x\, dx$를 구하라.

21. (a) $n \geq 2$인 정수일 때 예제 7.2.6의 점화공식을 이용하여 다음을 보이라.

$$\int_0^{\pi/2} \sin^n x\, dx = \frac{n-1}{n} \int_0^{\pi/2} \sin^{n-2} x\, dx$$

(b) (a)의 결과를 이용하여 $\int_0^{\pi/2} \sin^3 x dx$와 $\int_0^{\pi/2} \sin^5 x\, dx$를 구하라.

22. (a) 다음 점화공식을 증명하라. $(n \geq 2)$

$$\int \cos^n x\, dx = \frac{1}{n} \cos^{n-1} x \sin x + \frac{n-1}{n} \int \cos^{n-2} x\, dx$$

(b) (a)의 결과를 이용하여 $\int \cos^2 x\, dx$를 구하라.

(c) (a)의 결과를 이용하여 $\int \cos^3 x\, dx$를 구하라.

[23~25] 부분적분법을 이용하여 다음 점화공식을 증명하라.

23. $\int (\ln x)^n dx = x(\ln x)^n - n\int (\ln x)^{n-1} dx$

24. $\int \sec^n x\, dx$

$$= \frac{\tan x \sec^{n-2} x}{n-1} + \frac{n-2}{n-1} \int \sec^{n-2} x\, dx$$

$(n \neq 1)$

25. $\int x^n e^x = x^n e^x - n\int x^{n-1} e^x\, dx$

26. 연습문제 23을 이용하여 $\int (\ln x)^3 dx$를 구하라.

27. 연습문제 25을 이용하여 $\int x^3 e^x\, dx$를 구하라.

28. 직선을 따라 움직이는 입자의 t초 후 속도는 $v(t) = t^2 e^{-t}\,(m/s)$이다. 입자가 처음 t초 동안 움직인 거리는 얼마인가?

29. $f(1) = 2$, $f(4) = 7$, $f'(1) = 5$, $f'(4) = 3$이며 f''이 연속이라 하자. $\int_1^4 x f''(x)\, dx$를 구하라.

30. 부분적분법을 이용하여 다음을 증명하라.

$$\int f(x) dx = x f(x) - \int x f'(x)\, dx$$

7.3 삼각함수의 적분법

앞 절에서 부분적분법을 적용하여 삼각함수 거듭제곱의 적분을 구하는 방법에 대하여 알아보았다. 하지만 삼각함수의 다양한 결합 형태에 대해서는 부분적분법이 적합하지 않을 수도 있다. 이 절에서는 여러 삼각함수의 결합을 적분하는 방법을 알아본다. 여기서는 다양한 삼각항등식을 이용할 것이다.

먼저 간단한 꼴인 사인과 코사인 거듭제곱의 적분을 구하는 것부터 시작해보자.

코사인 거듭제곱의 적분 $\int \cos^n x\,dx$

먼저 코사인 거듭제곱함수 $\cos^n x$의 적분법에 대해 살펴보자. n의 값에 따라 적절한 방법을 찾아 적분을 구할 수 있다.

(a) $n=1$인 경우 : 기본 공식 적용

$$\int \cos x\,dx = \sin x + C$$

(b) $n=2$인 경우 : 반각 공식 사용

$$\int \cos^2 x\,dx = \int \frac{1+\cos 2x}{2}\,dx = \frac{1}{2}\int (1+\cos 2x)\,dx$$

(c) $n \geq 3$인 경우 :

① 차수 줄임 공식 적용

$$\int \cos^n x\,dx = \frac{1}{n}\cos^{n-1}x\sin x + \frac{n-1}{n}\int \cos^{n-2}x\,dx$$

② $n=2k+1$이 홀수인 경우, 치환적분법 적용

$$\begin{aligned}\int \cos^n x\,dx &= \int \cos^{2k+1}x\,dx = \int (\cos^2 x)^k \cos x\,dx \\ &= \int (1-\sin^2 x)^k \cos x\,dx\end{aligned}$$

로 변환 후, $u=\sin x$로 치환하여 적분

③ $n=2k$ 이 짝수인 경우, 반각공식 사용

$$\int \cos^n x\,dx = \int (\cos^2 x)^k\,dx = \frac{1}{2^k}\int (1+\cos 2x)^k\,dx$$

로 변환 후, 전개하여 항별로 ② 또는 ③을 반복 적용

사인 거듭제곱의 적분 $\int \sin^n x\,dx$

다음으로 사인 거듭제곱함수 $\sin^n x$의 적분법에 대해 살펴보자. n의 값에 따라 적절한 방법을 찾아 적분을 구할 수 있다.

(a) $n=1$인 경우 : 기본 공식 적용

$$\int \sin x\,dx = -\cos x + C$$

(b) $n=2$인 경우 : 반각 공식 사용

$$\int \sin^2 x\,dx = \int \frac{1-\cos 2x}{2}\,dx = \frac{1}{2}\int (1-\cos 2x)\,dx$$

(c) $n \ge 3$인 경우:

① 차수 줄임 공식 적용

$$\int \sin^n x\,dx = -\frac{1}{n}\sin^{n-1} x\cos x + \frac{n-1}{n}\int \sin^{n-2} x\,dx$$

② $n=2k+1$이 홀수인 경우, 치환적분법 적용

$$\int \sin^n x\,dx = \int \sin^{2k+1} x\,dx = \int (\sin^2 x)^k \sin x\,dx$$
$$= \int (1-\cos^2 x)^k \sin x\,dx$$

로 변환 후, $u=\cos x$로 치환하여 적분

③ $n=2k$ 이 짝수인 경우, 반각공식 사용

$$\int \sin^n x\,dx = \int (\sin^2 x)^k\,dx = \frac{1}{2^k}\int (1-\cos 2x)^k\,dx$$

로 변환 후, 전개하여 항별로 ② 또는 ③을 반복 적용.

사인과 코사인 거듭제곱의 곱의 적분 $\int \sin^m x \cos^n x\,dx$

이제, 사인과 코사인 거듭제곱의 곱 $\sin^m x \cos^n x$의 적분법을 알아보자. 각 함수의 거듭제곱 차수인 m과 n에 따라 적절한 적분법을 찾아 계산할 수 있다. 먼저 홀수 거듭제곱이 있는지를 확인하여 그에 해당하는 함수를 변환하는 것이 편리하다. m이 홀수, 또는 n인 홀수인 경우는 (a)와 (b)의 방법으로, 둘 다 짝수인 경우는 (c)의 방법으로 적분한다. 특별한 경우로 $m=n$인 경우는 (d)의 적분법을 적용할 수도 있다.

(a) $m=2k+1$ 이 홀수인 경우, 치환적분법 적용

$$\begin{aligned}\int \sin^m x \cos^n x\,dx &= \int (\sin^2 x)^k \cos^n x \sin x\,dx \\ &= \int (1-\cos^2 x)^k \cos^n x \sin x\,dx\end{aligned}$$

로 변환 후, $u=\cos x$로 치환하여 적분

(b) $n=2l+1$이 홀수인 경우, 치환적분법 적용

$$\begin{aligned}\int \sin^m x \cos^n x\,dx &= \int \sin^m x\,(\cos^2 x)^l \cos x\,dx \\ &= \int \sin^m x\,(1-\sin^2 x)^l \cos x\,dx\end{aligned}$$

로 변환 후, $u=\sin x$로 치환하여 적분

(c) $m=2k$과 $n=2l$이 모두 짝수인 경우, 반각공식 사용

$$\begin{aligned}\int \sin^m x \cos^n x\,dx &= \int (\sin^2 x)^k (\cos^2 x)^l\,dx \\ &= \frac{1}{2^{k+l}}\int (1-\cos 2x)^k (1+\cos 2x)^l\,dx\end{aligned}$$

로 변환 후, 전개하여 항별로 $\cos^n x$의 적분법을 적용

(d) $m=n$의 경우, 삼각함수의 배각 공식 $\sin x \cos x = \frac{1}{2}\sin 2x$를 이용하여 적분할 수도 있다.

예제 7.3.1 $\int \cos^3 x\,dx$를 구하라.

풀이

피적분함수 $\cos^3 x$가 코사인의 홀수 거듭제곱이므로, 코사인 하나를 분리하고, 나머지 $\cos^2 x$은 항등식 $\sin^2 x + \cos^2 x = 1$을 이용하여 다음과 같이 변형한다.

$$\cos^3 x = \cos^2 x \cdot \cos x = (1 - \sin^2 x)\cos x$$

이제 $u = \sin x$로 치환하여 적분한다. $du = \cos x\,dx$이므로 다음과 같이 계산할 수 있다.

$$\begin{aligned}\int \cos^3 x\,dx &= \int (1 - \sin^2 x)\cos x\,dx \\ &= \int (1 - u^2)\,du = u - \frac{1}{3}u^3 + C \\ &= \sin x - \frac{1}{3}\sin^3 x + C\end{aligned}$$

참고

1. $u = \cos x$라 하면 $du = -\sin x\,dx$이므로 단순히 이렇게 치환하는 것은 적분에 도움이 되지 않는다.
2. 코사인의 거듭제곱을 적분하기 위해 별도의 $\sin x$ 인수가 필요할 것이다. 마찬가지로 사인의 거듭제곱을 위해서는 별도의 $\cos x$ 인수가 필요하다.
3. 일반적으로 사인과 코사인의 홀수 거듭제곱을 포함하는 피적분함수는 단 하나의 사인 인수(나머지는 코사인으로 표현) 또는 코사인 인수(나머지는 사인으로 표현)의 형태로 쓴다. 그리고 항등식 $\sin^2 x + \cos^2 x = 1$을 이용해서 사인과 코사인의 짝수 거듭제곱을 다른 것으로 변환한다.

예제 7.3.2 $\int \sin^5 x \cos^2 x\,dx$를 구하라.

풀이

($\cos^2 x$를 $1 - \sin^2 x$로 변환할 수 있으나 추가적인 $\cos x$ 인수 없이 $\sin x$의 표현만 남으므로 이러한 방법을 사용하지 않고, 이 대신에) 사인의 홀수 거듭제곱이 있으므로 $\sin^5 x$에서 사인 하나를 분리하고 나머지 $\sin^4 x$를 다음과 같이 변형한다.

$$\sin^5 x \cos^2 x = (\sin^2 x)^2 \cos^2 x \sin x = (1 - \cos^2 x)^2 \cos^2 x \sin x$$

$u = \cos x$로 치환하면 $du = -\sin x\,dx$이므로 다음을 얻는다.

$$\begin{aligned}\int \sin^5 x \cos^2 x\,dx &= \int (1 - \cos^2 x)^2 \cos^2 x \sin x\,dx \\ &= \int (1 - u^2)^2 u^2 (-du)\end{aligned}$$

$$= -\int (u^2 - 2u^4 + u^6)\, du$$

$$= -\left(\frac{1}{3}u^3 - \frac{2}{5}u^5 + \frac{1}{7}u^7\right) + C$$

$$= -\frac{1}{3}\cos^3 x + \frac{2}{5}\cos^5 x - \frac{1}{7}\cos^7 x + C$$

앞의 예제에서와 같이 사인 또는 코사인의 홀수 거듭제곱은 하나의 인수를 분리하고, 나머지는 짝수 거듭제곱으로 변환하여 치환적분법으로 적분한다. 그러나 피적분함수가 사인과 코사인 모두 짝수 거듭제곱을 포함하면 이 방법을 쓸 수 없다. 이 경우에 다음 반각공식을 사용하면 도움이 된다.

$$\sin^2 x = \frac{1}{2}(1 - \cos 2x),\ \ \cos^2 x = \frac{1}{2}(1 + \cos 2x)$$

예제 7.3.3 $\int_0^{\pi} \sin^2 x\, dx$를 구하라.

풀이

$\sin^2 x$에 대한 반각공식을 이용하면 다음을 얻는다.

$$\int_0^{\pi} \sin^2 x\, dx = \frac{1}{2}\int_0^{\pi} (1 - \cos 2x)\, dx = \frac{1}{2}\left(x - \frac{1}{2}\sin 2x\right)\Bigg]_0^{\pi}$$

$$= \frac{1}{2}\left(\pi - \frac{1}{2}\sin 2\pi\right) - \frac{1}{2}\left(0 - \frac{1}{2}\sin 0\right) = \frac{1}{2}\pi$$

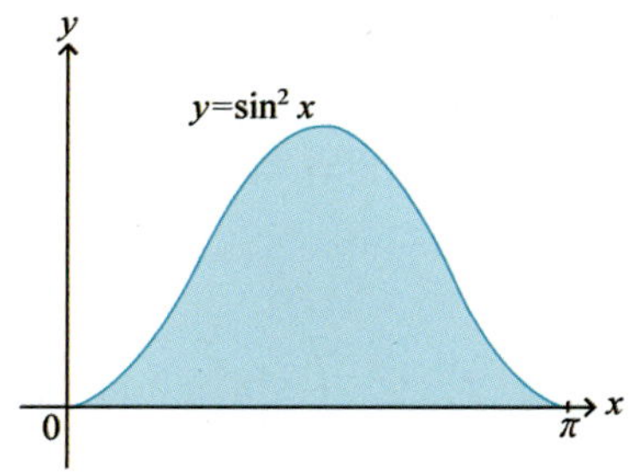

[그림 7.3]

[그림 7.3]에서는 예제 7.3.3의 정적분에 해당하는 영역을 보여준다.

참고

1. 예제 7.3.3에서 $n = 2$인 경우이므로 예제 7.2.6.의 점화공식을 이용하여 이 적분값을 구할 수도 있다.

$$\int \sin^n x\, dx = -\frac{1}{n}\cos x \sin^{n-1} x + \frac{n-1}{n}\int \sin^{n-2} x\, dx$$

2. 또한, $\sin^2 x = 1 - \cos^2 x$를 사용하여 변환하더라도 적분이 쉬워지지 않는다.

예제 7.3.4 $\int \sin^4 x\, dx$를 구하라.

풀이

(예제 7.2.6의 $\int \sin^n x\, dx$에 대한 점화공식을 이용하여 이 적분을 계산할 수 있으나 또 다른 방법은) $\sin^4 x = (\sin^2 x)^2$으로 쓰고 반각공식을 이용하여 다음을 얻는다.

$$\int \sin^4 x\, dx = \int (\sin^2 x)^2 dx = \int \left(\frac{1-\cos 2x}{2}\right)^2 dx$$
$$= \frac{1}{4}\int (1-2\cos 2x + \cos^2 2x)\, dx$$

$\cos^2 2x$는 반각공식을 다시 한 번 이용하여 다음과 같이 나타낸다.

$$\cos^2 2x = \frac{1}{2}(1+\cos 4x)$$

따라서 다음과 같이 적분을 계산한다.

$$\int \sin^4 x\, dx = \frac{1}{4}\int \left[1-2\cos 2x + \frac{1}{2}(1+\cos 4x)\right] dx$$
$$= \frac{1}{4}\int \left[\frac{3}{2} - 2\cos 2x + \frac{1}{2}\cos 4x\right] dx$$
$$= \frac{1}{4}\left(\frac{3}{2}x - \sin 2x + \frac{1}{8}\sin 4x\right) + C$$

탄젠트 거듭제곱의 적분 $\int \tan^n x\, dx$

이제 탄젠트 거듭제곱 $\tan^n x$의 적분법을 알아보자. 코탄젠트 거듭제곱 $\cot^n x$의 적분도 이와 비슷한 방법의 적분법이 적용된다.

(a) $n=1$인 경우 : 기본 공식 적용

$$\int \tan x\, dx = -\ln|\cos x| + C = \ln|\sec x| + C$$

(b) $n=2$인 경우 : 항등식 사용

$$\int \tan^2 x\, dx = \int (\sec^2 x - 1)\, dx = \tan x - x + C$$

(c) $n=3$인 경우 : 치환적분 적용

$$\int \tan^3 x\,dx = \int \tan x \tan^2 x\,dx = \int \tan x\,(\sec^2 - 1)dx$$

$$= \int \tan x \sec^2 x\,dx - \int \tan x\,dx$$

$$= \frac{1}{2}\tan^2 x - \ln|\sec x| + C$$

(d) $n \ge 2$인 경우 : 차수 줄임 공식 이용하기

$\tan^n x$에서 $\tan^2 x$를 분리하여 $\tan^2 x = \sec^2 x - 1$을 사용하여

$$\int \tan^n x\,dx = \int \tan^{n-2} x \tan^2 x\,dx$$

$$= \int \tan^{n-2} x\,(\sec^2 x - 1)\,dx$$

$$= \int \tan^{n-2} x \sec^2 x\,dx - \int \tan^{n-2} x\,dx$$

로 변환 후, 첫 번째 적분은 $u=\tan x$로 치환하여 적분하면 다음과 같은 차수 줄임 공식을 얻는다.

$$\int \tan^n x\,dx = \frac{1}{n-1}\tan^{n-1} x - \int \tan^{n-2} x\,dx$$

시컨트 거듭제곱의 적분 $\int \sec^n x\,dx$

또한, 시컨트 거듭제곱 $\sec^n x$의 적분법을 알아보자. 코시컨트 거듭제곱 $\csc^n x$의 적분도 이와 비슷한 방법의 적분법을 적용한다.

(a) $n=1$인 경우 : 기본 공식 이용

$$\int \sec x dx = \int \frac{\sec x\,(\sec x + \tan x)}{\sec x + \tan x}\,dx$$

$$= \ln|\sec x + \tan x| + C$$

(b) $n=2$인 경우 : 기본 공식 이용

$$\int \sec^2 x\,dx = \tan x + C$$

(c) $n \geq 2$인 경우 : 차수 줄임 공식

$\sec^n x$에서 $\sec^2 x$를 분리하여 부분적분법을 적용하면

$$\begin{aligned}\int \sec^n x\,dx &= \int \sec^{n-2} x \sec^2 x\,dx \\ &= \sec^{n-2} x \tan x - (n-2)\int \sec^{n-2} x \tan^2 x\,dx\end{aligned}$$

이다. $\tan^2 x = \sec^2 x - 1$을 사용하여 차수 줄임 공식을 얻는다.

$$\int \sec^n x\,dx = \frac{1}{n-1}\sec^{n-2} x \tan x + \frac{n-2}{n-1}\int \sec^{n-2} x\,dx$$

탄젠트와 시컨트 거듭제곱의 곱의 적분 $\int \tan^m x \sec^n x\,dx$

마지막으로 탄젠트와 시컨트 거듭제곱의 곱 $\tan^m x \sec^n x$의 적분법에 대해 알아보자. 코탄젠트와 코시컨트 거듭제곱의 곱의 적분도 이와 비슷한 방법의 적분법을 적용한다.

(a) $m=2k+1$이 홀수인 경우 : 치환적분법 적용

$\tan x \sec x$를 분리하고, $\tan^2 x = \sec^2 x - 1$을 사용하여

$$\begin{aligned}\int \tan^m x \sec^n x\,dx &= \int \tan^{2k} x \sec^{n-1} x \tan x \sec x\,dx \\ &= \int (\sec^2 x - 1)^k \sec^{n-1} x \tan x \sec x\,dx\end{aligned}$$

로 변환 후, $u = \sec x$로 치환하여 적분

(b) $n=2l$이 짝수인 경우 : 치환적분법 적용

$\sec^2 x$를 분리하고, $\sec^2 x = \tan^2 x + 1$을 사용하여

$$\int \tan^m x \sec^n x\,dx = \int \tan^m x \sec^{2l-2} x \sec^2 x\,dx$$

$$= \int \tan^m x\,(\tan^2 x + 1)^{l-1} \sec^2 x\,dx$$

로 변환 후, $u = \tan x$로 치환하여 적분

(c) $m = 2k$이 짝수, $n = 2l+1$이 홀수인 경우:

① $\tan^2 x = \sec^2 x - 1$을 사용하여

$$\int \tan^m x \sec^n x\,dx = \int (\sec^2 x - 1)^k \sec^n x\,dx$$

로 변환 후, 각 항별로 $\sec^n x$의 적분법을 적용

② 또는 피적분함수를 $\sin x$와 $\cos x$만으로 표현하여 유리함수의 적분

$$\int \tan^m x \sec^n x\,dx = \int \frac{\sin^m x}{\cos^{m+n} x}\,dx = \int \frac{\sin^m x \cos x}{\cos^{m+n+1} x}\,dx$$

로 변환 후, $\cos^2 x = 1 - \sin^2 x$를 이용하고 $u = \sin x$로 치환하여 적분

예제 7.3.5 $\int \tan^6 x \sec^4 x\,dx$를 구하라.

풀이

$\sec^2 x$를 분리하면, 나머지 $\sec^2 x$는 항등식 $\sec^2 x = 1 + \tan^2 x$를 이용하여 탄젠트로 나타낼 수 있다.

$$\int \tan^6 x \sec^4 x\,dx = \int \tan^6 x \sec^2 x \sec^2 x\,dx$$

$$= \int \tan^6 x\,(1 + \tan^2 x) \sec^2 x\,dx$$

이제 $u = \tan x$로 치환하면 $du = \sec^2 x\,dx$이므로 다음과 같이 적분을 계산할 수 있다.

$$\int \tan^6 x \sec^4 x\,dx = \int u^6 (1 + u^2)\,du = \int (u^6 + u^8)\,du$$

$$= \frac{u^7}{7} + \frac{u^9}{9} + C$$

$$= \frac{1}{7}\tan^7 x + \frac{1}{9}\tan^9 x + C$$

예제 7.3.6 $\int \tan^5\theta \sec^7\theta \, d\theta$를 구하라.

풀이

$\sec\theta\tan\theta$를 분리하면 항등식 $\tan^2\theta = \sec^2\theta - 1$을 이용하여 다음과 같은 표현으로 변환할 수 있다.

$$\begin{aligned}\int \tan^5\theta\sec^7\theta\,d\theta &= \int \tan^4\theta\sec^6\theta\sec\theta\tan\theta\,d\theta \\ &= \int (\sec^2\theta - 1)^2\sec^6\theta\sec\theta\tan\theta\,d\theta\end{aligned}$$

이제 $u = \sec\theta$로 치환하면 $du = \sec\theta\tan\theta\,d\theta$이므로 다음과 같이 적분을 계산할 수 있다.

$$\begin{aligned}\int \tan^5\theta\sec^7\theta\,d\theta &= \int (u^2-1)^2u^6\,du \\ &= \int (u^{10} - 2u^8 + u^6)\,du \\ &= \frac{u^{11}}{11} - 2\frac{u^9}{9} + \frac{u^7}{7} + C \\ &= \frac{1}{11}\sec^{11}\theta - \frac{2}{9}\sec^9\theta + \frac{1}{7}\sec^7\theta + C\end{aligned}$$

참고

예제 7.3.6에서는 예제 7.3.5에서와 같이 $\sec^2\theta$를 분리하면 $\sec^5\theta$가 남지만, 이것은 탄젠트로 변환하기가 쉽지 않다.

예제 7.3.7 $\int \tan^2 x \sec^3 x \, dx$를 구하라.

풀이

항등식 $\tan^2 x = \sec^2 x - 1$을 이용하여 시컨트 거듭제곱 형태로 표현할 수 있다.

$$\begin{aligned}\int \tan^2 x\sec^3 x\,dx &= \int (\sec^2 x - 1)\sec^3 x\,dx \\ &= \int (\sec^5 x - \sec^3 x)\,dx \\ &= \int \sec^5 x\,dx - \int \sec^3 x\,dx\end{aligned}$$

여기서

$$u = \sec^3 x \quad dv = \sec^2 x\,dx$$

$$du = 3\sec^3 x\tan x\,dx \quad v = \tan x$$

이라 하고 부분적분법을 적용하면 다음을 얻는다.

$$\begin{aligned}\int \sec^5 x\,dx &= \int \sec^3 x \sec^2 x\,dx \\ &= \sec^3 x \tan x - 3\int \sec^3 x \tan^2 x\,dx \\ &= \sec^3 x \tan x - 3\int \sec^3 x\,(\sec^2 x - 1)\,dx \\ &= \sec^3 x \tan x - 3\int \sec^5 x\,dx + 3\int \sec^3 x\,dx \\ 4\int \sec^5 x\,dx &= \sec^3 x \tan x + 3\int \sec^3 x\,dx\end{aligned}$$

즉 $\int \sec^5 x\,dx = \frac{1}{4}\sec^3 x \tan x + \frac{3}{4}\int \sec^3 x\,dx$이다.

한편, 위 식은 시컨트 거듭제곱의 적분에서 차수 줄임 공식을 사용하여 바로 얻을 수도 있다. 또한 $\sec^3 x$의 적분을 차수 줄임 공식을 이용하여 계산하여 다음을 얻는다.

$$\begin{aligned}\int \sec^3 x\,dx &= \frac{1}{2}\sec x \tan x + \frac{1}{2}\int \sec x\,dx \\ &= \frac{1}{2}(\sec x \tan x + \ln|\sec x + \tan x|) + C\end{aligned}$$

이를 대입하여 정리하면 다음과 같이 적분을 구한다.

$$\begin{aligned}\int \tan^2 x \sec^3 x\,dx &= \int \sec^5 x\,dx - \int \sec^3 x\,dx \\ &= \frac{1}{4}\sec^3 x \tan x - \frac{1}{4}\int \sec^3 x\,dx \\ &= \frac{1}{4}\sec^3 x \tan x - \frac{1}{8}\sec x \tan x - \frac{1}{8}\ln|\sec x + \tan x| + C\end{aligned}$$

적분 $\int \cot^m x \csc^n x\,dx$은 항등식 $1 + \cot^2 x = \csc^2 x$를 이용하여 비슷한 적분법으로 계산할 수 있다.

연습문제 7.3

[1~20] 다음 부정적분을 구하라.

1. $\int \sin^2 x \cos^3 x\, dx$

2. $\int \sin^6 x \cos^3 x\, dx$

3. $\int t \sin^2 t dt$

4. $\int x \cos^2 x dx$

5. $\int \cos^2 x \tan^3 x dx$

6. $\int \cot^5 \theta \sin^4 \theta d\theta$

7. $\int \frac{1-\sin x}{\cos x} dx$

8. $\int \cos^2 x \sin 2x dx$

9. $\int \tan x \sec^3 x dx$

10. $\int \tan^2 \theta \sec^4 \theta d\theta$

11. $\int \tan^2 x dx$

12. $\int \tan^4 x dx$

13. $\int \tan^5 x \sec^3 x dx$

14. $\int \tan^3 x \sec x\, dx$

15. $\int \tan^5 x dx$

16. $\int \tan^4 x \sec^6 x dx$

17. $\int \csc^4 x \cot^6 x\, dx$

18. $\int \csc x\, dx$

19. $\int \frac{1-\tan^2 x}{\sec^2 x} dx$

20. $\int \frac{1}{\cos x - 1} dx$

[21~35] 다음 정적분을 구하라.

21. $\int_0^{\pi/2} \sin^7 \theta \cos^5 \theta\, d\theta$

22. $\int_0^{\pi/2} \cos^5 x\, dx$

23. $\int_0^{\pi/2} \cos^2 \theta\, d\theta$

24. $\int_0^{2\pi} \sin^2\left(\frac{1}{3}\theta\right) d\theta$

25. $\int_0^{\pi} \cos^4(2t)\, dt$

26. $\int_0^{\pi/2} \sin^2(2\theta)\, d\theta$

27. $\int_0^{\pi/2} \sin^2 x \cos^2 x dx$

28. $\int_0^{\pi} \cos^6 \theta d\theta$

29. $\int_0^{\pi/4} \sec^4 \theta \tan^4 \theta d\theta$

30. $\int_0^{\pi/3} \tan^5 x \sec^4 x dx$

31. $\int_0^{\pi/3} \tan^5 x \sec^6 x dx$

32. $\int_{\pi/6}^{\pi/2} \cot^2 x\, dx$

33. $\int_{\pi/4}^{\pi/2} \cot^3 x\, dx$

34. $\int_{\pi/4}^{\pi/2} \cot^5 \theta \csc^3 \theta\, d\theta$

35. $\int_0^{\pi/6} \sqrt{1+\cos 2x}\, dx$

36. (a) $\cos(A+B)$와 $\cos(A-B)$에 대한 공식을 이용해서 다음이 성립함을 보이라.

$$\sin A \sin B = \frac{1}{2}\{\cos(A-B) - \cos(A+B)\}$$

(b) (a)를 이용해서 $\int \sin 5x \sin 2x\, dx$를 구하라.

37. (a) $\sin(A+B)$와 $\sin(A-B)$에 대한 공식을 이용해서 다음이 성립함을 보이라.

$$\sin A \cos B = \frac{1}{2}\{\sin(A-B) + \sin(A+B)\}$$

(b) (a)를 이용해서 $\int \sin 3x \cos x\, dx$를 구하라.

38. 입자가 속도함수 $v(t) = \sin wt \cos^2 wt$로 움직인다. $f(0)=0$일 때, 위치함수 $s=f(t)$를 구하라.

7.4 삼각치환법

이 절에서는 무리함수, 특히 이차함수를 포함하고 있는 제곱근 함수의 적분법을 살펴보고자 한다. 앞에서 $\sqrt{ax+b}$ 와 같이 근호 안에 일차식이 포함된 제곱근 함수의 적분을 구하기 위해 치환적분법을 적용하는 적분법을 공부하였다. 이제는 근호 안에 이차식이 포함된 제곱근 함수의 적분을 구하는 적분법을 공부한다.

삼각치환 $\sqrt{a^2-x^2}$

원이나 타원의 넓이를 구할 때 $\int \sqrt{a^2-x^2}\,dx$와 같은 꼴의 적분을 구할 필요가 있다. 만일 $\int x\sqrt{a^2-x^2}\,dx$ 이라면 $u=a^2-x^2$으로 치환하는 방법을 적용하면 쉽게 계산되지만, 이 치환적분법은 적분 $\int \sqrt{a^2-x^2}\,dx$ 를 구하는 데에는 도움이 되지 않는다. 따라서 이러한 꼴의 적분에는 $x=a\sin\theta$로 치환하고 항등식 $1-\sin^2\theta=\cos^2\theta$를 사용하여 변수 x대신에 새로운 변수 θ로 변환하면 제곱근 기호를 없앨 수 있고 다음과 같이 무리함수가 아닌 삼각함수로 나타낼 수 있다.

$$\sqrt{a^2-x^2}=\sqrt{a^2(1-\sin^2\theta)}=\sqrt{a^2\cos^2\theta}=a|\cos\theta|$$

이와 같이 삼각함수를 사용하여 치환하는 적분법을 삼각치환법이라 한다. 이때 치환 $x=a\sin\theta$가 일대일 함수로 정의되어야 하므로, θ의 범위를 $[-\pi/2, \pi/2]$로 제한하여야 할 필요가 있다.

삼각치환법이 효과적으로 이루어지기 위해서는 주어진 무리함수에 따라 어떤 삼각함수로 치환할지를 결정해야 하는데, 〈표 7.2〉에 무리함수의 유형에 따라 치환을 정의하는 삼각함수와 그의 정의역의 예, 그리고 무리함수의 변환에 사용되는 항등식을 나열하였다. 각 경우에 치환을 정의하는 함수가 일대일이면서 계산이 쉬워지도록 θ의 범위를 제한한 것이다.

〈표 7.2〉

무리함수	치환	항등식
$\sqrt{a^2-x^2}$	$x=a\sin\theta,\ -\frac{\pi}{2}\le\theta\le\frac{\pi}{2}$	$1-\sin^2\theta=\cos^2\theta$
$\sqrt{a^2+x^2}$	$x=a\tan\theta,\ -\frac{\pi}{2}<\theta<\frac{\pi}{2}$	$1+\tan^2\theta=\sec^2\theta$
$\sqrt{x^2-a^2}$	$x=a\sec\theta,\ 0\le\theta<\frac{\pi}{2}$ 또는 $\pi\le\theta<\frac{3\pi}{2}$	$\sec^2\theta-1=\tan^2\theta$

근호 안에 이차식을 포함하는 무리함수의 일반적인 꼴 $\sqrt{ax^2+bx+c}$ 에 대하여, 완전제곱 꼴로 고쳐주면 〈표 7.2〉의 세 가지 유형 중의 하나로 반드시 분류됨을 알 수 있다.

예제 7.4.1 $\int \frac{\sqrt{9-x^2}}{x^2}\,dx$를 구하라.

풀이

$x=3\sin\theta$이라 치환하고 $-\pi/2 \le \theta \le \pi/2$라 하자. 그러면 $dx=3\cos\theta\,d\theta$이므로 피적분함수는 다음과 같이 변환된다.

$$\sqrt{9-x^2}=\sqrt{9-9\sin^2\theta}=\sqrt{9\cos^2\theta}=3\,|\cos\theta|=3\cos\theta$$

여기서 $-\pi/2 \le \theta \le \pi/2$ 에서는 $\cos\theta \ge 0$이므로 마지막 식이 성립한다. 따라서 삼각치환법을 적용하여 다음을 얻는다.

$$\begin{aligned}\int \frac{\sqrt{9-x^2}}{x^2}\,dx &= \int \frac{3\cos\theta}{9\sin^2\theta}\,3\cos\theta\,d\theta \\ &= \int \frac{\cos^2\theta}{\sin^2\theta}\,d\theta = \int \cot^2\theta\,d\theta \\ &= \int (\csc^2\theta-1)\,d\theta = -\cot\theta-\theta+C\end{aligned}$$

주어진 부정적분이 x에 관한 적분이므로 적분의 결과도 변수 x로 나타내어야 한다. 이를 위해 삼각항등식을 이용하거나, 또는 θ를 하나의 각으로 가지는 직각삼각형으로부터 x와의 관계식을 구한다. $\sin\theta=x/3$이므로 [그림 7.4]에서 보는 것처럼 대변과 빗변의 길이가 각각 x와 3이고 한 각이 θ인 직각삼각형을 생각할 수 있다. 피타고라스 정리에 의해 밑변의 길이는 $\sqrt{9-x^2}$이므로 $\cot\theta$는 다음과 같이 나타낼 수 있다.

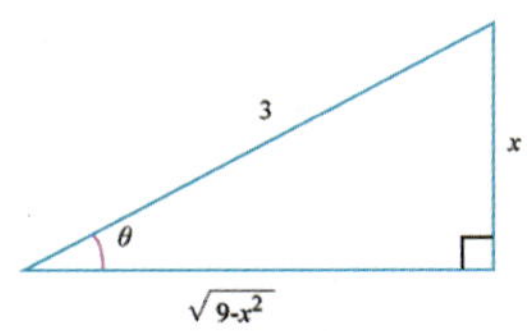

[그림 7.4]

$$\cot\theta=\frac{\sqrt{9-x^2}}{x}$$

[그림 7.4]에서는 $0<\theta<\pi/2$이지만 그렇지 않은 경우에도 $\cot\theta$에 대한 식은 마찬가지로 성립한다. 이제 $\sin\theta=x/3$으로부터 $\theta=\sin^{-1}(x/3)$로 표현하여 적분을 구한다.

$$\int \frac{\sqrt{9-x^2}}{x^2}\,dx = -\frac{\sqrt{9-x^2}}{x}-\sin^{-1}\!\left(\frac{x}{3}\right)+C$$

예제 7.4.2 타원 $\frac{x^2}{a^2}+\frac{y^2}{b^2}=1$로 둘러싸인 영역의 넓이를 구하라. 여기서 $a, b>0$이다.

풀이

타원의 방정식을 y에 대해 풀면 다음을 얻는다.

$$\frac{y^2}{b^2}=1-\frac{x^2}{a^2}=\frac{a^2-x^2}{a^2} \quad \text{즉} \quad y=\pm\frac{b}{a}\sqrt{a^2-x^2}$$

타원은 두 좌표축을 기준으로 대칭이므로 영역의 넓이는 제1 사분면에 있는 넓이의 4배이다[그림 7.5 참조]. 제1 사분면에 있는 타원은 다음 함수로 주어진다.

$$y=\frac{b}{a}\sqrt{a^2-x^2},\ 0\le x\le a$$

그러므로 넓이 A는 다음과 같은 적분으로 표현된다.

$$\frac{1}{4}A=\int_0^a \frac{b}{a}\sqrt{a^2-x^2}\,dx$$

이 적분은 삼각치환법을 적용하여 $x=a\sin\theta$로 치환한다. 그러면 $dx=a\cos\theta\,d\theta$이다. 적분의 한계를 바꾸어 주면 $x=0$일 때 $\sin\theta=0$이므로 $\theta=0$이고, $x=a$일 때 $\sin\theta=1$이므로 $\theta=\pi/2$이다. 또한 $0\le\theta\le\pi/2$이므로

$$\sqrt{a^2-x^2}=\sqrt{a^2-a^2\sin^2\theta}=\sqrt{a^2\cos^2\theta}=a\,|\cos\theta|=a\cos\theta$$

이고, 다음과 같이 적분하여 타원의 넓이를 구한다.

$$\begin{aligned} A&=4\frac{b}{a}\int_0^a\sqrt{a^2-x^2}\,dx=4\frac{b}{a}\int_0^{\pi/2}a\cos\theta\cdot a\cos\theta\,d\theta \\ &=4ab\int_0^{\pi/2}\cos^2\theta\,d\theta=4ab\int_0^{\pi/2}\frac{1}{2}(1+\cos2\theta)\,d\theta \\ &=2ab\left[\theta+\frac{1}{2}\sin2\theta\right]_0^{\pi/2}=2ab\left(\frac{\pi}{2}+0-0\right)=\pi ab \end{aligned}$$

양의 x축 절편과 y축 절편이 각각 a와 b인 타원의 넓이는 πab임을 보였다. 특히 $a=b=r$일 때 반지름이 r인 원의 넓이가 πr^2이라는 공식을 얻는다.

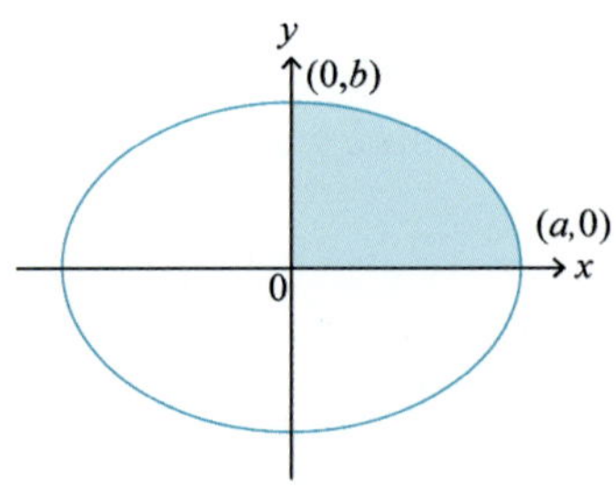

[그림 7.5]

참고

예제 7.4.2에 있는 적분이 정적분이므로 적분 한계만 바꿔서 계산하고, 원래 변수 x로 되돌리지는 않는다.

삼각치환 $\sqrt{a^2+x^2}$

예제 7.4.3 $\displaystyle\int \frac{1}{x^2\sqrt{x^2+4}}\,dx$를 구하라.

풀이

$x = 2\tan\theta$이라 치환하고, $-\pi/2 < \theta < \pi/2$라 하자. 그러면 $dx = 2\sec^2\theta\, d\theta$이고 다음과 같은 식을 얻는다.

$$\sqrt{x^2+4} = \sqrt{4(\tan^2\theta+1)} = \sqrt{4\sec^2\theta} = 2|\sec\theta| = 2\sec\theta$$

그러면 삼각치환법을 적용하여 다음과 같이 고쳐 쓸 수 있다.

$$\int \frac{1}{x^2\sqrt{x^2+4}}\,dx = \int \frac{2\sec^2\theta}{4\tan^2\theta\cdot 2\sec\theta}\,d\theta = \frac{1}{4}\int \frac{\sec\theta}{\tan^2\theta}\,d\theta$$

이제 이 삼각함수 적분을 계산하기 위해 피적분함수를 다음과 같이 $\sin\theta$와 $\cos\theta$를 사용하여 나타낸다.

$$\frac{\sec\theta}{\tan^2\theta} = \frac{1}{\cos\theta}\cdot\frac{\cos^2\theta}{\sin^2\theta} = \frac{\cos\theta}{\sin^2\theta}$$

그러므로 삼각함수의 적분법에 의해 $u = \sin\theta$로 치환하여 다음과 같이 적분을 구한다.

$$\begin{aligned}\int \frac{1}{x^2\sqrt{x^2+4}}\,dx &= \frac{1}{4}\int \frac{\cos\theta}{\sin^2\theta}\,d\theta = \frac{1}{4}\int \frac{1}{u^2}\,du \\ &= \frac{1}{4}\left(-\frac{1}{u}\right) + C = -\frac{1}{4\sin\theta} + C \\ &= -\frac{1}{4}\csc\theta + C\end{aligned}$$

[그림 7.6]에서 보는 것처럼 직각삼각형으로부터 $\csc\theta = \sqrt{x^2+4}/x$임을 알고, 따라서 적분은 다음과 같다.

$$\int \frac{1}{x^2\sqrt{x^2+4}}\,dx = -\frac{\sqrt{x^2+4}}{4x} + C$$

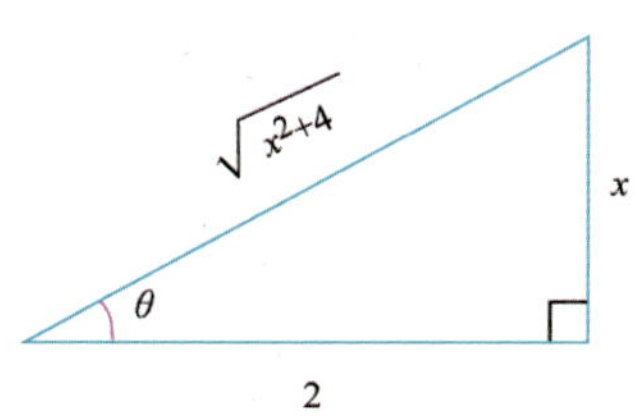

[그림 7.6]

이 절의 첫 부분에서 언급하였듯이, 이차식의 제곱근을 포함하는 적분에서 무조건 삼각치환법을 이용하기보다는 더 쉬운 치환 방법이 있는지도 살펴보는 것이 좋다. 다음 예제에서 살펴보자.

예제 7.4.4 $\int \frac{x}{\sqrt{x^2+4}}\,dx$를 구하라.

풀이

예제 7.4.3과 같이 삼각치환 $x=2\tan\theta$를 사용하여 적분을 구할 수도 있다. 그러나 직접적으로 $u=x^2+4$로 치환하면, $du=2x\,dx$이므로, 계산을 훨씬 쉽게 할 수 있다. 다음과 같이 적분을 구한다.

$$\int \frac{x}{\sqrt{x^2+4}}\,dx = \frac{1}{2}\int \frac{1}{\sqrt{u}}\,du = \sqrt{u}+C = \sqrt{x^2+4}+C$$

삼각치환 $\sqrt{x^2-a^2}$

예제 7.4.5 $\int \frac{1}{\sqrt{x^2-a^2}}\,dx$를 구하라. (단 $a>0$)

풀이

$x=a\sec\theta$로 치환하고 $0<\theta<\pi/2$ 또는 $\pi<\theta<3\pi/2$라 하면 $dx=a\sec\theta\tan\theta\,d\theta$이므로 다음과 같은 식을 얻는다.

$$\sqrt{x^2-a^2} = \sqrt{a^2(\sec^2\theta-1)} = \sqrt{a^2\tan^2\theta} = a|\tan\theta| = a\tan\theta$$

따라서 삼각치환법을 적용하여 적분을 구한다.

$$\begin{aligned}\int \frac{1}{\sqrt{x^2-a^2}}\,dx &= \int \frac{a\sec\theta\tan\theta}{a\tan\theta}\,d\theta \\ &= \int \sec\theta\,d\theta = \ln|\sec\theta+\tan\theta|+C_1\end{aligned}$$

[그림 7.7]에서 보는 것처럼 직각삼각형으로부터 $\tan\theta=\sqrt{x^2-a^2}/a$임을 알고, 이를 이용하여 다음을 얻는다.

$$\begin{aligned}\int \frac{1}{\sqrt{x^2-a^2}}\,dx &= \ln\left|\frac{x}{a}+\frac{\sqrt{x^2-a^2}}{a}\right|+C_1 \\ &= \ln\left|x+\sqrt{x^2-a^2}\right|-\ln a+C_1\end{aligned}$$

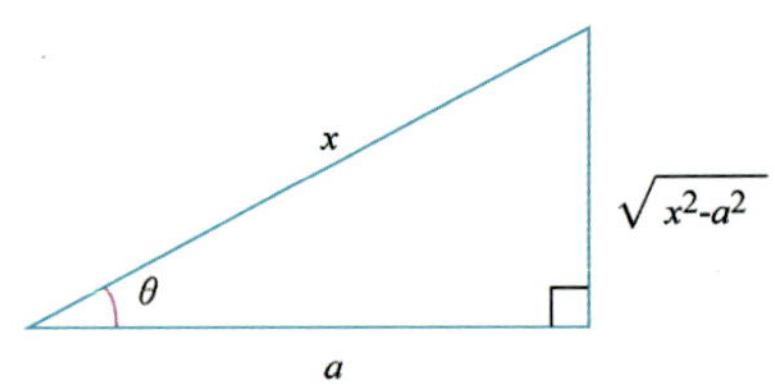

[그림 7.7]

여기서, $\ln a$도 상수이므로 $C=C_1-\ln a$로 쓰면 구하고자 하는 적분은 다음과 같다.

$$\int \frac{1}{\sqrt{x^2-a^2}}\,dx = \ln\left|x+\sqrt{x^2-a^2}\right|+C$$

예제 7.4.6 $\displaystyle\int_0^{3\sqrt{3}/2} \frac{x^3}{(4x^2+9)^{3/2}}\,dx$를 구하라.

풀이

(방법 1) - 삼각치환법 적용

먼저 $(4x^2+9)^{3/2}=(\sqrt{4x^2+9})^3$이므로 삼각치환을 어떻게 사용할지에 대해 알아보자. 비록 $\sqrt{4x^2+9}$가 삼각치환표에 있는 유형과 완전히 일치하지는 않지만, 먼저 상수배를 고려하여 $\sqrt{4x^2+9}=\sqrt{4(x^2+9/4)}=2\sqrt{x^2+(3/2)^2}$로 고쳐 쓰면 삼각치환을 적용할 수 있게 해준다. 이제 $x=\dfrac{3}{2}\tan\theta$로 치환하면, $dx=\dfrac{3}{2}\sec^2\theta\,d\theta$이고 다음과 같은 식을 얻는다.

$$\sqrt{4x^2+9}=\sqrt{9\tan^2\theta+9}=3\sec\theta$$

치환에 따른 새로운 적분 한계를 구하면 $x=0$일 때 $\tan\theta=0$이므로 $\theta=0$이고, $x=\dfrac{3\sqrt{3}}{2}$일 때 $\tan\theta=\sqrt{3}$이므로 $\theta=\dfrac{\pi}{3}$이다. 이를 대입하여 다음과 같이 고쳐 쓸 수 있다.

$$\begin{aligned}\int_0^{3\sqrt{3}/2}\frac{x^3}{(4x^2+9)^{3/2}}\,dx &= \int_0^{\pi/3}\left(\frac{27/8\tan^3\theta}{27\sec^3\theta}\cdot\frac{3}{2}\sec^2\theta\right)d\theta\\ &=\frac{3}{16}\int_0^{\pi/3}\frac{\tan^3\theta}{\sec\theta}\,d\theta\\ &=\frac{3}{16}\int_0^{\pi/3}\frac{\sin^3\theta}{\cos^2\theta}\,d\theta\\ &=\frac{3}{16}\int_0^{\pi/3}\frac{1-\cos^2\theta}{\cos^2\theta}\sin\theta\,d\theta\end{aligned}$$

이제 $u=\cos\theta$로 치환하면 $du=-\sin\theta\,d\theta$이다. 새로운 적분 한계는 $\theta=0$일 때 $u=1$이고, $\theta=\pi/3$일 때 $u=\dfrac{1}{2}$이므로 적분은 다음과 같다.

$$\begin{aligned}\int_0^{3\sqrt{3}/2}\frac{x^3}{(4x^2+9)^{3/2}}\,dx &= -\frac{3}{16}\int_1^{1/2}\frac{1-u^2}{u^2}\,du\\ &=\frac{3}{16}\int_1^{1/2}(1-u^{-2})\,du\\ &=\frac{3}{16}\left[u+\frac{1}{u}\right]_1^{1/2}=\frac{3}{16}\left(\frac{5}{2}-2\right)=\frac{3}{32}\end{aligned}$$

(방법 2) - 치환적분법 적용

$u=4x^2+9$로 치환하면 $du=8x\,dx$이다. $x=0$일 때 $u=9$이고, $x=\dfrac{3\sqrt{3}}{2}$일 때

$u=36$이다. 이를 대입하여 다음과 같이 고쳐 쓸 수 있다.

$$\int_0^{3\sqrt{3}/2} \frac{x^3}{(4x^2+9)^{3/2}}\,dx = \frac{1}{8}\int_9^{36} \frac{(u-9)/4}{u^{3/2}}\,du$$

$$= \frac{1}{32}\int_9^{36} (u^{-1/2} - 9u^{-3/2})\,du$$

$$= \frac{1}{32}\left(2u^{1/2} + 18u^{-1/2}\right)\Big]_9^{36} = \frac{3}{32}$$

연습문제 7.4

[1~3] 주어진 삼각치환을 이용하여 적분을 구하라.

1. $\int \frac{1}{x^2\sqrt{4-x^2}}dx$, $x=2\sin\theta$

2. $\int \frac{x^3}{\sqrt{x^2+4}}dx$, $x=2\tan\theta$

3. $\int \frac{\sqrt{x^2-4}}{x}dx$, $x=2\sec\theta$

[4~14] 다음 부정적분을 구하라.

4. $\int \frac{1}{t^2\sqrt{t^2-16}}\,dt$

5. $\int \frac{1}{\sqrt{x^2+16}}\,dx$

6. $\int \frac{t^5}{\sqrt{t^2+2}}dt$

7. $\int \sqrt{1-4x^2}\,dx$

8. $\int \frac{1}{u\sqrt{5-u^2}}\,du$

9. $\int \frac{\sqrt{x^2-9}}{x^3}dx$

10. $\int \frac{x}{\sqrt{1+x^2}}dx$

11. $\int \frac{1}{\{(ax)^2-b^2\}^{3/2}}\,dx$

12. $\int \frac{x}{\sqrt{x^2-7}}dx$

13. $\int \frac{\sqrt{1+x^2}}{x}dx$

14. $\int x\sqrt{1-x^4}\,dx$

[15~21] 다음 정적분을 구하라.

15. $\int_0^{2\sqrt{3}} \frac{x^3}{\sqrt{16-x^2}}dx$

16. $\int_{\sqrt{2}}^{2} \frac{1}{t^3\sqrt{t^2-1}}dt$

17. $\int_0^2 x^3\sqrt{x^2+4}\,dx$

18. $\int_0^a \frac{1}{(a^2+x^2)^{3/2}}\,dx$ $(a>0)$

19. $\int_0^1 \sqrt{x^2+1}\,dx$

20. $\int_0^1 \frac{1}{(x^2+1)^2}\,dx$

21. $\int_0^{\pi/2} \frac{\cos t}{\sqrt{1+\sin^2 t}}dt$

[22~24] 완전제곱 꼴을 사용하여 다음 적분을 구하라.

22. $\int \frac{x^2}{\sqrt{(3+4x-4x^2)^3}}\,dx$

23. $\int \sqrt{5+4x-x^2}\,dx$

24. $\int \frac{x^2+1}{(x^2-2x+2)^2}dx$

25. 쌍곡선 $9x^2-4y^2=36$과 직선 $x=3$으로 둘러싸인 영역의 넓이를 구하라.

26. 다음 적분을 먼저 완전제곱 꼴로 나타내고 치환 $u=3x+1$을 이용해서 구하라.

$$\int \frac{1}{\sqrt{9x^2+6x-8}}\,dx$$

27. 반지름이 r이고 중심각이 θ인 원형 부채꼴의 넓이에 대한 공식 $A=\frac{1}{2}r^2\theta$를 증명하라.

(힌트: $0<\theta<\pi/2$라 가정하고 원의 중심을 원점에 놓는다. 그러면 방정식 $x^2+y^2=r^2$을 얻고, A는 삼각형 POQ의 넓이와 그림에 있는 영역 PQR의 넓이의 합이다.)

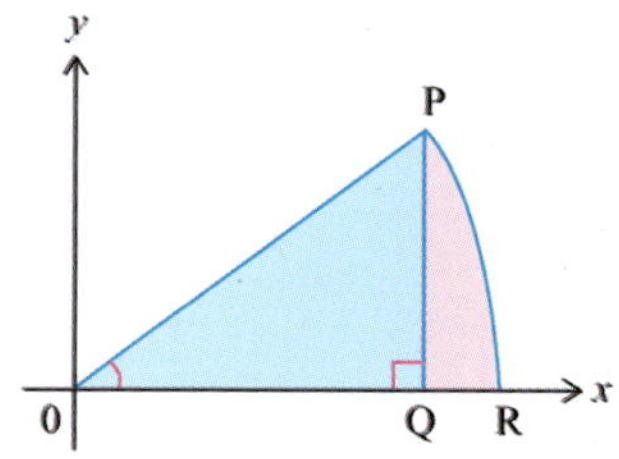

7.5 부분분수 적분법

이 절에서는 분수함수(다항함수들의 몫)의 적분을 구하는 적분법을 공부한다. 특히 분모 다항함수의 차수가 큰 분수함수를 부분분수들의 합으로 표현한 다음에 적분하는 방법을 알아본다. 이러한 방법을 부분분수 적분법이라 하는데, 이 방법을 간략히 설명하기 위해 우선 두 개의 분수함수 $\frac{2}{x-1}$와 $\frac{1}{x+2}$를 생각해보자. 이 두 분수함수의 차는 공통분모 $(x-1)(x+2)$에 의해 다음과 같이 계산됨을 알고 있다.

$$\frac{2}{x-1}-\frac{1}{x+2}=\frac{2(x+2)-(x-1)}{(x-1)(x+2)}=\frac{x+5}{x^2+x-2}$$

이제 이 과정을 역으로 활용하고자 한다. 식의 우변에 있는 분수함수의 적분을, 다음과 같이 두 분수함수의 차로 나타내어 각 함수의 적분을 빼므로 써 구하는 것이다.

$$\int \frac{x+5}{x^2+x-2}\,dx=\int\left(\frac{2}{x-1}-\frac{1}{x+2}\right)dx$$
$$=2\ln|x-1|-\ln|x+2|+C$$

분모가 낮은 차수인 두 분수함수를 더하거나 빼면, 공통분모에 의해 분모가 고차인 분수함수가 되므로, 이를 역으로 이용하면 분모가 높은 차수인 분수함수를 분모가 낮은 차수인 분수함수의 합 또는 차로 표현할 수 있다. 이렇게 표현한 합 또는 차를 부분분수(partial fraction) 식이라 한다.

진분수함수

부분분수 적분법을 일반적으로 어떻게 적용하는지 알아보자. 이를 위해 다항함수 $P(x)$와 $Q(x)$에 대해 다음과 같은 분수함수를 생각하자.

$$f(x)=\frac{P(x)}{Q(x)}$$

다항함수 $P(x)$가 다음과 같다고 하자.

$$P(x)=a_nx^n+a_{n-1}x^{n-1}+\cdots+a_1x+a_0$$

여기서 $a_n \neq 0$이면, $P(x)$의 차수는 n이고, 기호로는 $\deg P(x) = n$이다. 분자 $P(x)$의 차수가 분모 $Q(x)$의 차수보다 작으면 이와 같은 분수함수를 진분수함수라 한다.

만약 $f(x)$가 진분수함수가 아니면, 즉 $\deg P(x) \geq \deg Q(x)$이면 예비단계로서 나머지 $R(x)$가 $\deg R(x) < \deg Q(x)$가 될 때까지 (장제법(long division)에 의해) $P(x)$를 $Q(x)$로 나누어 준다. 그러면 나눗셈 결과로부터 몫에 해당하는 적당한 다항함수 $S(x)$가 존재하여

$$P(x)=Q(x)\cdot S(x)+R(x)$$

와 같이 쓸 수 있고, 이로부터 함수 $f(x)$를 다음과 같이 다시 쓸 수 있다.

$$f(x)=\frac{P(x)}{Q(x)}=S(x)+\frac{R(x)}{Q(x)}$$

여기서 $S(x)$는 다항함수이고, $\deg R(x) < \deg Q(x)$이므로 $\dfrac{R(x)}{Q(x)}$는 진분수함수이다. 이러한 분수함수 $f(x)$를 앞에서 예를 들어 살펴본 대로 분모의 차수가 분모의 차수보다 더 낮은 분수들의 합 또는 차로 나타낼 수 있다. 또한, 진분수함수의 덧셈과 뺄셈도 진분수함수가 된다.

부분분수 적분법이란 피적분함수가 분수함수 $f(x)=\dfrac{P(x)}{Q(x)}$($P(x)$와 $Q(x)$가 다항함수)인 적분 $\displaystyle\int f(x)\,dx$을 계산하는 방법으로 다항함수 $Q(x)$가 2차 이하의 인수들에 의해 완전하게 인수 분해되는 경우, 피적분함수를 각 인수들을 분모로 가지는 부분분수 식으로 표현하여 각 부분분수의 적분을 구한 후, 합 또는 차로 적분을 구한다.

먼저, 분수함수 $f(x)$가 진분수함수가 아닌 경우에, 분자를 분모로 나누어 몫과 나머지를 구하고, 분수함

수를 몫에 해당하는 다항식과 나머지를 분자로 갖는 진분수함수로 분리하여 적분법을 적용하는 예제를 살펴보자.

예제 7.5.1 $\int \frac{x^3+x}{x-1}\,dx$를 구하라.

풀이

분자의 차수가 분모의 차수보다 크므로 먼저 장제법에 의해 나눗셈을 한다. 그럼 다음과 같이 쓸 수 있다.

$$\frac{x^3+x}{x-1}=x^2+x+2+\frac{2}{x-1}$$

따라서 다음과 같이 양변을 적분하여 계산한다.

$$\int \frac{x^3+x}{x-1}\,dx=\int \left(x^2+x+2+\frac{2}{x-1}\right)dx$$

$$=\frac{x^3}{3}+\frac{x^2}{2}+2x+2\ln|x-1|+C$$

다음 단계로는 분수함수 $f(x)$가 진분수함수 $\frac{R(x)}{Q(x)}$이고, $Q(x)$가 고차이면 가능한 끝까지 분모 $Q(x)$를 인수 분해하는 것이다. 임의의 다항함수 $Q(x)$는 1차 인수($ax+b$인 꼴)와 기약인 2차 인수(ax^2+bx+c이고, $b^2-4ac<0$인 꼴)의 곱으로 인수분해 되는 것을 생각할 수 있고, 예를 들어 $Q(x)=x^4-16$이면 다음과 같이 인수분해 할 수 있다.

$$Q(x)=(x^2-4)(x^2+4)=(x-2)(x+2)(x^2+4)$$

부분분수식 구하기

이제 세 번째 단계에서는 분모의 인수분해된 결과로부터, 진분수함수 $\frac{R(x)}{Q(x)}$를 다음과 같은 꼴의 분수들을 사용하여 합으로 표현하는 것이다.

$$\frac{A}{(ax+b)^i} \text{ 또는 } \frac{Ax+B}{(ax^2+bx+c)^j}$$

이러한 표현이 가능할 수 있음은 대수학의 한 정리로부터 잘 알려져 있다. 이에 대한 표현법은 분모인 $Q(x)$가 인수분해되는 꼴에 따라 다음 네 가지 경우로 나누어 자세히 설명한다.

경우 1 : 서로 다른 1차 인수의 곱인 경우

반복되는 인수가 없다면 (인수가 다른 인수의 상수배가 아닐 때) 다음과 같이 쓸 수 있다.

$$Q(x) = (a_1x + b_1)(a_2x + b_2)\cdots(a_kx + b_k)$$

이 경우에 부분분수 식은 적당한 상수 A_1, A_2, $\cdots$, A_k가 존재하여 다음과 같이 표현할 수 있다.

$$\frac{R(x)}{Q(x)} = \frac{A_1}{a_1x + b_1} + \frac{A_2}{a_2x + b_2} + \cdots + \frac{A_k}{a_kx + b_k}$$

여기서 상수는 좌변의 분수함수로부터 결정하면 된다. 다음 예제를 통해 결정하는 방법을 설명한다.

예제 7.5.2 $\int \frac{x^2 + 2x - 1}{2x^3 + 3x^2 - 2x}\,dx$를 구하라.

풀이

분자의 차수가 분모의 차수보다 낮으므로 진분수함수이다. 따라서 바로 부분분수 식으로 표현한다. 다음과 같이 분모의 인수분해가 구해지므로

$$2x^3 + 3x^2 - 2x = x(2x^2 + 3x - 2) = x(2x - 1)(x + 2)$$

분모가 세 개의 서로 다른 1차 인수를 가진다는 것을 볼 수 있다. 피적분함수는 분모의 세 인수에 의해 다음과 같은 꼴의 부분분수 식으로 표현할 수 있다.

$$\frac{x^2 + 2x - 1}{x(2x - 1)(x + 2)} = \frac{A}{x} + \frac{B}{2x - 1} + \frac{C}{x + 2}$$

이제 상수 A, B, C의 값을 결정하기 위해 우변을 공통분모인 $x(2x-1)(x+2)$를 사용하여 더하고 양변의 분자를 비교하면 다음을 얻는다.

$$x^2 + 2x - 1 = A(2x - 1)(x + 2) + Bx(x + 2) + Cx(2x - 1) \tag{1}$$

즉,

$$x^2 + 2x - 1 = (2A + B + 2C)x^2 + (3A + 2B - C)x - 2A$$

이다. 위 식은 다항함수의 항등식이므로 각 차수에 해당하는 계수들이 서로 같아야 한다. 그러므로 우변의 x^2의 계수 $2A + B + 2C$는 좌변의 x^2의 계수 1과 같아야 한다. 마찬가지로 x의 계수들과 상수항들도 각각 같아야 한다. 따라서 A, B, C에 대한 다음 연립방정식을 얻는다.

$$\begin{cases} 2A + B + 2C = 1 \\ 3A + 2B - C = 2 \\ -2A = -1 \end{cases}$$

이를 풀면 $A=\frac{1}{2}$, $B=\frac{1}{5}$, $C=-\frac{1}{10}$이다. 따라서 부분분수 식을 구하고, 각 항을 적분하여 다음과 같이 적분을 구할 수 있다.

$$\int \frac{x^2+2x-1}{2x^3+3x^2-2x}dx = \int \left(\frac{1}{2}\frac{1}{x}+\frac{1}{5}\frac{1}{2x-1}-\frac{1}{10}\frac{1}{x+2}\right)dx$$

$$=\frac{1}{2}\ln|x|+\frac{1}{10}\ln|2x-1|-\frac{1}{10}\ln|x+2|+K$$

가운데 항을 적분할 때 $u=2x-1$로 치환하고 $du=2\,dx$, $dx=du/2$임을 이용하여 구한다.

참고

예제 7.5.2에서 부분분수 식의 계수 A, B, C를 좀 더 쉽게 계산하기 위해 다음과 같은 방법을 사용하기도 한다. 식 (1)은 항등식이어서 모든 x의 값에 대해 등식이 성립하므로 방정식을 간단하게 하는 x의 값을 선택하여 대입한다. 식 (1)에서 $x=0$을 대입하면 우변의 둘째 항과 셋째 항이 없어지고 방정식은 $-2A=-1$, 즉 $A=\frac{1}{2}$이 된다. 같은 방법으로 $x=\frac{1}{2}$을 대입하면 $\frac{5B}{4}=\frac{1}{4}$, 즉 $B=\frac{1}{5}$이고, $x=-2$를 대입하면 $10C=-1$, 즉 $C=-\frac{1}{10}$을 얻는다.

경우 2 : 1차 인수가 중복되는 경우

먼저 1차 인수 (a_1x+b_1)가 r번 중복된다고 하자. 즉 $(a_1x+b_1)^r$이 $Q(x)$의 인수분해에 나타난다고 하자. 그러면 경우 1에서 $\frac{R(x)}{Q(x)}$에 대한 부분분수 식에서 단일 항 $\frac{A_1}{a_1x+b_1}$ 대신에 다음과 같은 표현을 이용한다.

$$\frac{A_1}{a_1x+b_1}+\frac{A_2}{(a_1x+b_1)^2}+\cdots+\frac{A_r}{(a_1x+b_1)^r}$$

예를 들어, 분모가 $Q(x)=x^2(x-1)^3$인 분수함수라면 다음과 같은 부분분수 식으로 표현할 수 있다.

$$\frac{x^3-x+1}{x^2(x-1)^3}=\frac{A}{x}+\frac{B}{x^2}+\frac{C}{x-1}+\frac{D}{(x-1)^2}+\frac{E}{(x-1)^3}$$

참고로 여기서 적분 $\int \frac{A}{(ax+b)^k}dx$는 $u=ax+b$로 치환하여 $du=a\,dx$를 이용하여 적분한다. 간단한 예를 들어 적분법을 알아보자.

예제 7.5.3 $\displaystyle\int \frac{x^4 - 2x^2 + 4x + 1}{x^3 - x^2 - x + 1}\,dx$를 구하라.

풀이

피적분함수가 진분수함수가 아니므로 먼저 나눗셈을 통해 다음과 같이 고쳐 쓴다.

$$\frac{x^4 - 2x^2 + 4x + 1}{x^3 - x^2 - x + 1} = x + 1 + \frac{4x}{x^3 - x^2 - x + 1}$$

다음 단계로, 분모 $Q(x) = x^3 - x^2 - x + 1$를 인수분해한다. $Q(1) = 0$이므로 $x - 1$이 인수이고 계속하여 다음과 같이 인수분해를 얻는다.

$$\begin{aligned} x^3 - x^2 - x + 1 &= (x-1)(x^2-1) = (x-1)(x-1)(x+1) \\ &= (x-1)^2(x+1) \end{aligned}$$

1차 인수 $x - 1$이 두 번 나타나므로 부분분수 식은 다음과 같이 표현할 수 있다.

$$\frac{4x}{(x-1)^2(x+1)} = \frac{A}{x-1} + \frac{B}{(x-1)^2} + \frac{C}{x+1}$$

공통분모 $(x-1)^2(x+1)$을 양변에 곱하여 계산하면 다음과 같은 식을 얻는다.

$$\begin{aligned} 4x &= A(x-1)(x+1) + B(x+1) + C(x-1)^2 \\ &= (A+C)x^2 + (B-2C)x + (-A+B+C) \end{aligned}$$

이 식에서 양변의 각 계수가 같아야 하므로 다음 연립방정식을 얻는다.

$$\begin{cases} A \qquad\;\; + \;C = 0 \\ \qquad B - 2C = 4 \\ -A + B + \;C = 0 \end{cases}$$

이 방정식을 풀면 $A = 1$, $B = 2$, $C = -1$을 얻는다. 따라서 부분분수 식을 이용하여 피적분함수를 다시 쓰고 각 항별로 적분하면 다음을 얻는다.

$$\begin{aligned} &\int \frac{x^4 - 2x^2 + 4x + 1}{x^3 - x^2 - x + 1}\,dx \\ &= \int \left[x + 1 + \frac{1}{x-1} + \frac{2}{(x-1)^2} - \frac{1}{x+1}\right] dx \\ &= \frac{x^2}{2} + x + \ln|x-1| - \frac{2}{x-1} - \ln|x+1| + K \\ &= \frac{x^2}{2} + x - \frac{2}{x-1} + \ln\left|\frac{x-1}{x+1}\right| + K \end{aligned}$$

경우 3 : 반복되지 않는 기약 2차 인수를 포함하는 경우

$Q(x)$가 $b^2-4ac<0$인 인수 ax^2+bx+c를 가지면, 경우 1에서 1차 인수에 의해서만 표현된 $\dfrac{R(x)}{Q(x)}$의 부분분수 식에 덧붙여서 다음과 같은 꼴의 부분분수 항을 포함하게 된다.

$$\frac{Ax+B}{ax^2+bx+c}$$

이제는 분모가 2차식이기 때문에 분자는 일차식으로 놓으며, 여기서 A와 B는 결정해야 할 상수이다. 예를 들어, 분모가 $Q(x)=(x-2)(x^2+1)(x^2+4)$인 분수함수라 하면 다음과 같은 부분분수 식으로 표현할 수 있다.

$$\frac{x}{(x-2)(x^2+1)(x^2+4)}=\frac{A}{x-2}+\frac{Bx+C}{x^2+1}+\frac{Dx+E}{x^2+4}$$

이와 같이 분모가 이차식인 경우일 때에는, 완전제곱 꼴로 변형하여 다음과 같은 역탄젠트 적분 공식을 활용하면 쉽게 적분할 수 있다.(이 식의 증명은 치환적분법을 적용하여 쉽게 할 수 있으므로 생략한다.)

역 탄젠트 적분 공식

$$\int\frac{1}{x^2+a^2}\,dx=\frac{1}{a}\tan^{-1}\left(\frac{x}{a}\right)+C$$

예제 7.5.4 $\displaystyle\int\frac{2x^2-x+4}{x^3+4x}\,dx$를 구하라.

풀이

$x^3+4x=x(x^2+4)$는 더 이상 인수분해 할 수 없으므로 다음과 같이 부분분수식으로 나타낼 수 있다.

$$\frac{2x^2-x+4}{x(x^2+4)}=\frac{A}{x}+\frac{Bx+C}{x^2+4}$$

$x(x^2+4)$를 양변에 곱하면 다음을 얻는다.

$$\begin{aligned}2x^2-x+4&=A(x^2+4)+(Bx+C)x\\&=(A+B)x^2+Cx+4A\end{aligned}$$

양변의 계수를 비교하면 $A+B=2$, $C=-1$, $4A=4$이어야 한다. 따라서 $A=1$, $B=1$, $C=-1$이므로 부분분수 식을 구함으로써 다음과 같이 적분을 계산할 수 있다.

$$\int\frac{2x^2-x+4}{x^3+4x}\,dx=\int\left(\frac{1}{x}+\frac{x-1}{x^2+4}\right)dx$$

$$= \int \frac{1}{x}\,dx + \int \frac{x-1}{x^2+4}\,dx$$

$$= \int \frac{1}{x}\,dx + \int \frac{x}{x^2+4}\,dx - \int \frac{1}{x^2+4}\,dx$$

우변의 두 번째 항의 적분은 $u = x^2+4$로 치환하면 $du = 2x\,dx$이므로 치환적분을 적용하여 구하고, 세 번째 항의 적분은 $a = 2$인 역 탄젠트 적분 공식에 의해 적분을 구하면 다음과 같이 계산된다.

$$\int \frac{2x^2-x+4}{x(x^2+4)}\,dx = \ln\left(|x|\sqrt{x^2+4}\right) - \frac{1}{2}\tan^{-1}\left(\frac{x}{2}\right) + K$$

예제 7.5.5 $\int \frac{4x^2-3x+2}{4x^2-4x+3}\,dx$를 구하라.

풀이

분자의 차수가 분모의 차수보다 작지 않아 진분수함수가 아니므로 먼저 나누어서 다음과 같은 식을 얻는다.

$$\frac{4x^2-3x+2}{4x^2-4x+3} = 1 + \frac{x-1}{4x^2-4x+3}$$

이차식 $4x^2-4x+3$은 그 판별식이 $D=b^2-4ac= -32 < 0$이므로 더 이상 인수분해되지 않는다. 그러므로 부분분수 식으로 고칠 필요가 없이 바로 적분한다. 주어진 함수를 적분하기 위해 분모를 완전제곱 꼴로 나타내면 다음과 같다.

$$4x^2-4x+3 = (2x-1)^2+2$$

이제 $u=2x-1$로 치환하면 $du=2\,dx$이고 $x=(u+1)/2$이다. 따라서 다음과 같이 적분을 구한다.

$$\begin{aligned}
\int \frac{4x^2-3x+2}{4x^2-4x+3}\,dx &= \int \left(1 + \frac{x-1}{4x^2-4x+3}\right)dx \\
&= x + \frac{1}{2}\int \frac{(2x-1)-1}{(2x-1)^2+2}\,dx \\
&= x + \frac{1}{4}\int \frac{u-1}{u^2+2}\,du \\
&= x + \frac{1}{4}\int \frac{u}{u^2+2}\,du - \frac{1}{4}\int \frac{1}{u^2+2}\,du \\
&= x + \frac{1}{8}\ln(u^2+2) - \frac{1}{4}\cdot\frac{1}{\sqrt{2}}\tan^{-1}\left(\frac{u}{\sqrt{2}}\right) + C \\
&= x + \frac{1}{8}\ln(4x^2-4x+3) - \frac{1}{4\sqrt{2}}\tan^{-1}\left(\frac{2x-1}{\sqrt{2}}\right) + C
\end{aligned}$$

참고

예제 7.5.5는 다음과 같이 분모가 이차함수로 되어 있는 진분수함수의 적분을 구하는 일반적인 과정을 보여준다.

$$\frac{Ax+B}{ax^2+bx+c} \quad (\text{단, 여기서 } b^2-4ac<0)$$

분모를 완전제곱 꼴로 표현하고 다음 형태의 적분이 되도록 치환한다.

$$\int \frac{Cu+D}{u^2+a^2}du = C\int \frac{u}{u^2+a^2}du + D\int \frac{1}{u^2+a^2}du$$

이때 첫 번째 적분은 로그, 두 번째 적분은 역 탄젠트로 나타난다.

경우 4 : 기약 2차 인수가 중복되는 경우

분모 $Q(x)$가 $b^2-4ac<0$인 인수 $(ax^2+bx+c)^r$을 가지면 분수함수 $\frac{R(x)}{Q(x)}$의 부분분수 식에서 단일 항 $\frac{A_1x+B_1}{ax^2+bx+c}$ 대신에 다음과 같은 꼴을 포함하게 된다.

$$\frac{A_1x+B_1}{ax^2+bx+c}+\frac{A_2x+B_2}{(ax^2+bx+c)^2}+\cdots+\frac{A_rx+B_r}{(ax^2+bx+c)^r}$$

여기서 A_i와 B_i는 결정해야 할 상수이다. 각 항은 필요하면 먼저 완전제곱 꼴로 바꾸고 치환하여 적분할 수 있다.

예제 7.5.6 다음 함수를 부분분수 식의 꼴로 표현하라.

$$\frac{x^3+x^2+1}{x(x-1)(x^2+x+1)(x^2+1)^3}$$

풀이

분모는 두 개의 일차식과 하나의 이차식과 중복되는 이차식 하나로 이루어졌다. 따라서 다음과 같은 부분분수 식으로 표현할 수 있다.

$$\frac{A}{x}+\frac{B}{x-1}+\frac{Cx+D}{x^2+x+1}+\frac{Ex+F}{x^2+1}+\frac{Gx+H}{(x^2+1)^2}+\frac{Ix+J}{(x^2+1)^3}$$

예제 7.5.7 $\int \frac{1-x+2x^2-x^3}{x(x^2+1)^2}dx$를 구하라.

풀이

이 함수의 부분분수 식의 형태는 다음과 같다.

$$\frac{1-x+2x^2-x^3}{x(x^2+1)^2}=\frac{A}{x}+\frac{Bx+C}{x^2+1}+\frac{Dx+E}{(x^2+1)^2}$$

양변에 공통분모 $x(x^2+1)^2$을 곱하면 다음을 얻는다.

$$\begin{aligned}&-x^3+2x^2-x+1\\&=A(x^2+1)^2+(Bx+C)x(x^2+1)+(Dx+E)x\\&=(A+B)x^4+Cx^3+(2A+B+D)x^2+(C+E)x+A\end{aligned}$$

양변의 각 계수끼리 같아야 하므로 다음 연립방정식을 얻는다.

$$A+B=0,\ C=-1,\ 2A+B+D=2,\ C+E=-1,\ A=1$$

즉, $A=1$, $B=-1$, $C=-1$, $D=1$, $E=0$이므로 이를 대입하여 부분분수 식을 얻고, 각 항을 적분하여 다음과 같이 적분을 구한다.

$$\begin{aligned}\int \frac{1-x+2x^2-x^3}{x(x^2+1)^2}dx&=\int\left(\frac{1}{x}-\frac{x+1}{x^2+1}+\frac{x}{(x^2+1)^2}\right)dx\\&=\ln|x|-\frac{1}{2}\ln(x^2+1)-\tan^{-1}x-\frac{1}{2(x^2+1)}+K\end{aligned}$$

연습문제 7.5

[1~3] 다음 함수를 부분분수 식의 형태로 나타내라. 계수의 값은 결정하지 않는다.

1. $\frac{1+6x}{(4x-3)(2x+5)}$

2. $\frac{1}{(x^2-9)^2}$

3. $\frac{x^4}{(x^2-x+1)(x^2+2)^2}$

[4~14] 다음 부정적분을 구하라.

4. $\int \frac{x^4}{x-1}dx$

5. $\int \frac{5x+1}{(2x+1)(x-1)}dx$

6. $\int \frac{ax}{x^2-bx}dx$

7. $\int \frac{x^2+1}{(x-3)(x-2)^2}dx$

8. $\int \frac{x^3+4}{x^2+4}dx$

9. $\int \frac{10}{(x-1)(x^2+9)}dx$

10. $\int \frac{x^3+x^2+2x+1}{(x^2+1)(x^2+2)}dx$

11. $\int \frac{x+4}{x^2+2x+5}dx$ 12. $\int \frac{1}{x^3-1}dx$

13. $\int \frac{1}{x(x^2+4)^2}dx$ 14. $\int \frac{x-3}{(x^2+2x+4)^2}dx$

[15~18] 다음 정적분을 구하라.

15. $\int_0^1 \frac{2}{2x^2+3x+1}dx$ 16. $\int_0^1 \frac{2x+3}{(x+1)^2}dx$

17. $\int_0^1 \frac{x}{x^2+4x+13}dx$

18. $\int_1^2 \frac{4y^2-7y-12}{y(y+2)(y-3)}dy$

[19~21] 피적분함수를 치환하여 유리함수로 표현하고 적분을 구하라.

19. $\int_9^{16} \frac{\sqrt{x}}{x-4}dx,\ u=\sqrt{x}$

20. $\int_0^1 \frac{1}{1+\sqrt[3]{x}}dx,\ u=\sqrt[3]{x}$

21. $\int \frac{e^{2x}}{e^{2x}+3e^x+2}dx,\ u=e^x$

[22~23] 부분적분법과 부분분수 적분법을 이용하여 다음을 구하라.

22. $\int \ln(x^2-x+2)\,dx$ 23. $\int x\tan^{-1}x\ dx$

24. $f(x)$는 이차 함수로 $f(0)=1$이며 다음은 유리함수라 하자.

$$\int \frac{f(x)}{x^2(x+1)^3}dx$$

이때, $f'(0)$의 값을 구하라.

7.6 이상적분

앞에서 정적분 $\int_a^b f(x)\,dx$를 정의할 때, 함수 $f(x)$가 유계이면서 닫힌구간 $[a,b]$에서 정의되었다고 가정하였다. 이 절에서는 그렇지 않은 경우, 즉, 정적분을 정의할 수 없는 경우를 생각해보고자 한다. 다시 말해, 적분 구간이 유계가 아닌 무한 구간에서 적분을 어떻게 정의할 수 있을까? 또는 닫힌구간 $[a,b]$의 끝점에서 정의되지 않는, 즉 $[a,b)$나 $(a,b]$와 같은 구간에서 어떻게 적분을 정의할 수 있을까에 대해 생각해보자. 이러한 적분은 정적분이라 할 수 없으므로 이상적분(improper integral)이라 한다.

이상적분 : 제1 유형

위에서 설명한 두 가지 유형 중에서 정의역이 무한 구간인 경우의 적분을 제1 유형의 이상적분이라 한다.

곡선 $y=\frac{1}{x^2}$와 x축의 사이에서 직선 $x=1$의 오른쪽에 놓인 영역 S를 생각하자[그림 7.8 참조]. S의 밑변인 x축과 곡선이 만나지 않기 때문에, 열린 무한 영역이 되므로 이 영역의 넓이를 정적분으로 정의할 수 없지

만 이를 적분의 꼴처럼 나타내면

$$\int_1^{\infty} \frac{1}{x^2}\,dx$$

라 표현하고, 이를 함수 $f(x)=\dfrac{1}{x^2}$의 $[1, \infty)$에서 이상적분이라 한다. 또한, 이 넓이를 계산할 수 없다고 하거나 아니면 이 값이 무한일 것이라고 말하기 쉽다. 하지만 좀 더 자세히 관찰해보자. 먼저 $t>1$를 택하여, S의 일부분에 해당하는, 즉, $x=1$부터 $x=t$까지의 영역[그림 7.8 참조]의 넓이를 구해보면 이는 정적분으로 정의되며 다음과 같이 계산할 수 있다.

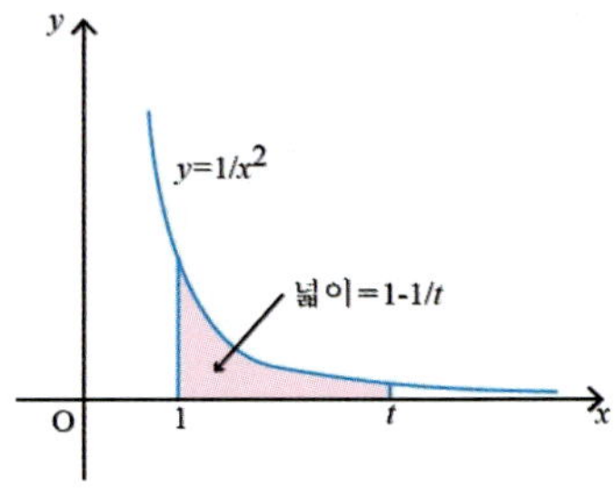

[그림 7.8]

$$A(t)=\int_1^t \frac{1}{x^2}\,dx = -\frac{1}{x}\Big]_1^t = 1-\frac{1}{t}$$

아무리 큰 t를 선택해도 $A(t)<1$이며 다음과 같은 극한이 존재함을 알 수 있다.

$$\lim_{t\to\infty} A(t)=\lim_{t\to\infty}\left(1-\frac{1}{t}\right)=1$$

[그림 7.9]에서 보는 것처럼 영역의 넓이는 $t\to\infty$일 때 점점 커져 1에 가까워진다. 그러므로 열린 영역 S의 넓이는 1이라고 말하는 것이 타당하며, 기호로는 다음과 같이 나타낸다.

$$\int_1^{\infty} \frac{1}{x^2}\,dx = \lim_{t\to\infty}\int_1^t \frac{1}{x^2}\,dx = 1$$

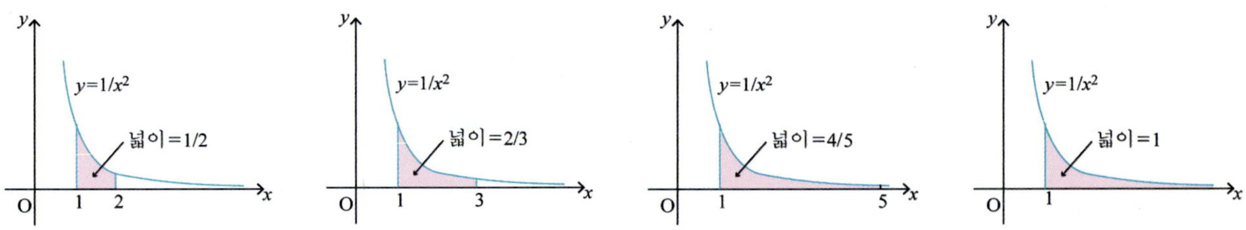

[그림 7.9]

이와 비슷한 유형에 대하여, 무한 구간에서 (반드시 양수일 필요는 없는) 함수 $f(x)$의 이상적분을 유한 구간에서의 정적분의 극한으로 정의하자.

정의 7.6.1 **제1 유형의 이상적분**

(a) 구간 $[a, \infty)$에서 정의된 함수 $f(x)$에 대하여, 함수 $f(x)$의 $[a, \infty)$에서 이상적분은 다음과 같이 정의한다.

$$\int_a^\infty f(x)\,dx = \lim_{t\to\infty}\int_a^t f(x)\,dx$$

(b) 구간 $(-\infty, b]$에서 정의된 함수 $f(x)$에 대하여, 함수 $f(x)$의 $(-\infty, b]$에서 이상적분은 다음과 같이 정의한다.

$$\int_{-\infty}^b f(x)\,dx = \lim_{t\to-\infty}\int_t^b f(x)\,dx$$

이상적분 $\int_a^\infty f(x)dx$와 $\int_{-\infty}^b f(x)dx$는 정의하는 정적분과 극한이 존재할 때 수렴한다고 하며, 그렇지 않으면 발산한다고 한다.

(c) 구간 $(-\infty, \infty)$에서 정의된 함수 $f(x)$에 대하여, 함수 $f(x)$의 $(-\infty, \infty)$에서 이상적분은 다음과 같이 정의한다.

$$\int_{-\infty}^\infty f(x)dx = \int_{-\infty}^a f(x)dx + \int_a^\infty f(x)dx$$

여기서, a를 아무 값이나 선택할 수 있으며 두 이상적분 $\int_a^\infty f(x)\,dx$ 와 $\int_{-\infty}^a f(x)\,dx$가 모두 수렴할 때에만 이 이상적분은 수렴한다.

정의 7.6.1에서 정의한 모든 이상적분은 $f(x)$가 양의 함수인 경우는 넓이로 해석할 수 있다, 예를 들면, (a)의 경우에 $f(x) \geq 0$이고 이상적분 $\int_a^\infty f(x)\,dx$가 수렴하면, [그림 7.10]에서 보는 것처럼 직선 $x=a$의 오른쪽에서 함수 $y=f(x)$의 그래프와 x축 사이에 놓여 있는 영역 S의 넓이를 이상적분의 값으로 정의한다.

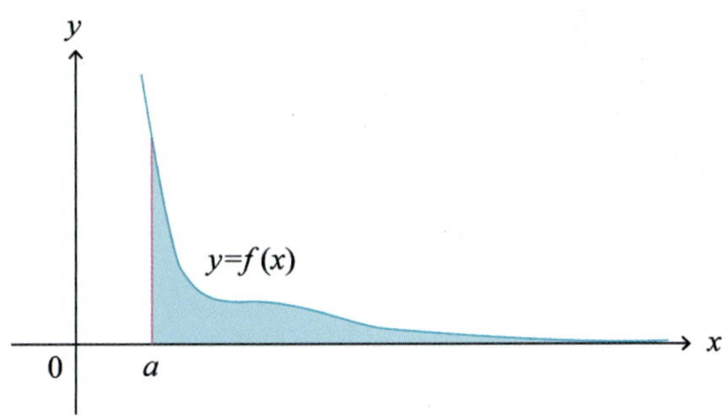

[그림 7.10]

이 이상적분 $\int_a^\infty f(x)\,dx$은 $f(x)$의 그래프 아래에 놓인 a부터 t까지 넓이 $\int_a^t f(x)\,dx$에 대한 $t\to\infty$일 때의 극한이기 때문에 적절하다.

예제 7.6.1 이상적분 $\int_1^\infty \frac{1}{x}dx$가 수렴하는지 발산하는지 판정하라.

풀이

제1 유형의 이상적분이므로, 정의 7.6.1(a)에 따라 다음과 같이 계산한다.

$$\int_1^\infty \frac{1}{x}\,dx = \lim_{t\to\infty}\int_1^t \frac{1}{x}\,dx = \lim_{t\to\infty}\ln|x|\Big]_1^t$$

$$= \lim_{t\to\infty}(\ln t - \ln 1) = \lim_{t\to\infty}\ln t = \infty$$

따라서 이상적분 $\int_1^\infty \frac{1}{x}dx$는 발산한다.

예제 7.6.1의 결과를 이번 절의 앞부분에서 살펴본 예와 비교하여 정리하면 다음과 같이 말할 수 있다. $\int_1^\infty \frac{1}{x^2}dx$는 수렴하고, $\int_1^\infty \frac{1}{x}dx$는 발산한다.

기하학적으로 $x>0$일 때 두 곡선 $y=\frac{1}{x^2}$과 $y=\frac{1}{x}$은 매우 비슷해 보이지만, [그림 7.11(a)]에서 보는 것처럼 $x=1$의 오른쪽에 있는 $y=\frac{1}{x^2}$ 아래 영역은 넓이가 유한이지만, [그림 7.11(b)]에서 보는 것처럼 $y=\frac{1}{x}$ 아래의 대응하는 영역은 넓이가 무한대이다. $x\to\infty$일 때 $\frac{1}{x^2}$과 $\frac{1}{x}$은 모두 0에 가까워지지만, $\frac{1}{x^2}$이 $\frac{1}{x}$보다 빨리 0에 가까워지기 때문이다. $\frac{1}{x}$의 값은 그 적분이 유한인 값이 될 만큼 충분히 빨리 감소하지 않는다.

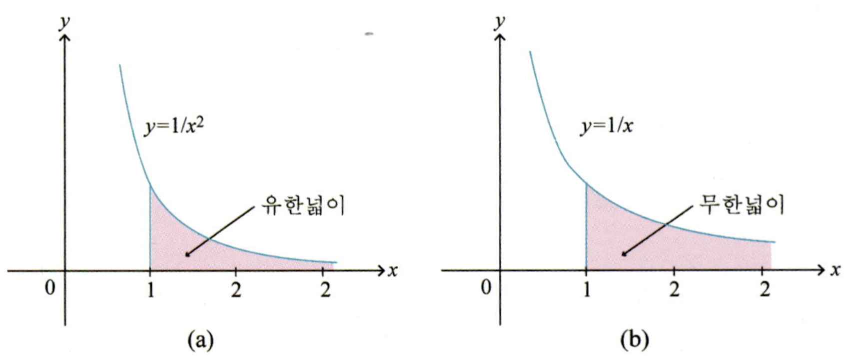

[그림 7.11]

예제 7.6.2 $\int_{-\infty}^{0} x e^x \, dx$를 구하라.

풀이

제1 유형의 이상적분이므로, 정의 7.6.1(b)에 의해 다음과 같이 정의한다.

$$\int_{-\infty}^{0} x e^x \, dx = \lim_{t \to -\infty} \int_{t}^{0} x e^x \, dx$$

우변의 정적분을 계산하기 위해 $u = x$와 $dv = e^x dx$로 놓고 부분적분법을 적용하면, $du = dx$이고 $v = e^x$이므로, 다음을 얻는다.

$$\int_{t}^{0} x e^x \, dx = x e^x \Big]_t^0 - \int_t^0 e^x \, dx = -t e^t - 1 + e^t$$

$t \to -\infty$일 때 $e^t \to 0$이므로 로피탈의 법칙에 의해 다음이 성립한다.

$$\lim_{t \to -\infty} t e^t = \lim_{t \to -\infty} \frac{t}{e^{-t}} = \lim_{t \to -\infty} \frac{1}{-e^{-t}}$$

$$= \lim_{t \to -\infty} (-e^t) = 0$$

따라서 다음을 얻는다.

$$\int_{-\infty}^{0} x e^x \, dx = \lim_{t \to -\infty} (-t e^t - 1 + e^t) = -0 - 1 + 0 = -1$$

예제 7.6.3 $\int_{-\infty}^{\infty} \frac{1}{1+x^2} \, dx$를 구하라.

풀이

제1 유형의 이상적분이므로, 정의 7.6.1(c)에서 간편하게 $a = 0$을 택하면 다음과 같이 정의할 수 있다.

$$\int_{-\infty}^{\infty} \frac{1}{1+x^2} \, dx = \int_{-\infty}^{0} \frac{1}{1+x^2} \, dx + \int_{0}^{\infty} \frac{1}{1+x^2} \, dx$$

우변에 있는 두 이상적분을 다음과 같이 계산할 수 있다.

$$\int_{0}^{\infty} \frac{1}{1+x^2} \, dx = \lim_{t \to \infty} \int_0^t \frac{dx}{1+x^2} = \lim_{t \to \infty} \tan^{-1} x \Big]_0^t$$

$$= \lim_{t \to \infty} (\tan^{-1} t - \tan^{-1} 0) = \lim_{t \to \infty} \tan^{-1} t = \frac{\pi}{2},$$

$$\int_{-\infty}^{0} \frac{1}{1+x^2}\,dx = \lim_{t\to-\infty}\int_{t}^{0}\frac{dx}{1+x^2} = \lim_{t\to-\infty} \tan^{-1}x\Big]_{t}^{0}$$

$$= \lim_{t\to-\infty}(\tan^{-1}0 - \tan^{-1}t) = 0-\left(-\frac{\pi}{2}\right) = \frac{\pi}{2}$$

두 이상적분이 모두 수렴하므로, 주어진 이상적분은 수렴하고 다음을 얻는다.

$$\int_{-\infty}^{\infty} \frac{1}{1+x^2}\,dx = \frac{\pi}{2}+\frac{\pi}{2} = \pi$$

$$\int_{-\infty}^{\infty} f(x)\,dx \neq \lim_{t\to\infty}\int_{-t}^{t} f(x)\,dx$$

참고

$\dfrac{1}{1+x^2} > 0$이므로, 예제 7.6.3의 이상적분을 곡선 $y=\dfrac{1}{1+x^2}$와 x축 사이에 놓인 무한 영역의 넓이로 해석할 수 있다[그림 7.12 참조].

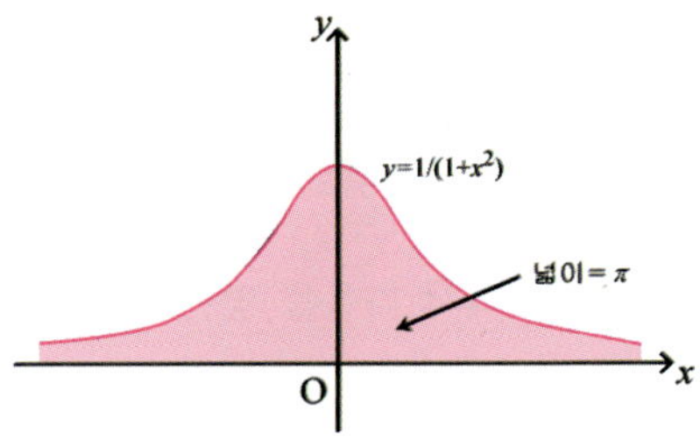

[그림 7.12]

예제 7.6.4 이상적분 $\displaystyle\int_{1}^{\infty} \frac{1}{x^p}\,dx$가 수렴하기 위한 p의 값을 구하라.

풀이

예제 7.6.1에 의해 $p=1$일 때 이 적분은 발산한다. 이제 $p \neq 1$이라 하자. 그러면 다음이 성립한다.

$$\int_{1}^{\infty} \frac{1}{x^p}\,dx = \lim_{t\to\infty}\int_{1}^{t} x^{-p}\,dx = \lim_{t\to\infty}\frac{x^{-p+1}}{-p+1}\Big]_{1}^{t}$$

$$= \lim_{t\to\infty}\frac{1}{1-p}\left(\frac{1}{t^{p-1}}-1\right)$$

$p>1$이면 $p-1>0$이므로, $t\to\infty$일 때 $t^{p-1}\to\infty$이고 $\dfrac{1}{t^{p-1}}\to 0$이다. 그러므로 이상적분은 다음과 같이 수렴한다.

$$\int_{1}^{\infty} \frac{1}{x^p}\,dx = \frac{1}{p-1}$$

하지만 $p<1$이면 $p-1<0$이므로 $t\to\infty$일 때 $\frac{1}{t^{p-1}}=t^{1-p}\to\infty$이다. 그러므로 이상적분은 발산한다. 따라서 이상적분 $\int_1^\infty \frac{1}{x^p}\,dx$가 수렴하기 위해서는 $p>1$이어야 한다.

예제 7.6.4의 결과를 다음과 같이 정리한다.

정리 7.6.2

이상적분 $\int_1^\infty \frac{1}{x^p}\,dx$은 $p>1$일 때 수렴하고 $p\le 1$일 때 발산한다.

이상적분 : 제2 유형

이상적분의 두 번째 유형은 닫힌구간 $[a,b]$의 끝점이 빠져 있는, 즉 $[a,b)$나 $(a,b]$와 같은 구간에서 정의되는 함수의 적분을 말한다. 특히 그 점에서 극한이 무한인 경우를 중심으로 다룬다.

함수 $f(x)$는 유계인 구간 $[a,b)$에서 정의된 양의 값을 가지는 연속 함수이지만, $x=b$에서 수직 점근선을 가진다고 하자. $y=f(x)$의 그래프, x축과 두 직선 $x=a$와 $x=b$로 둘러싸인 영역을 S라 하자. 직선 $x=b$와 함수의 그래프가 만나지 않으므로 이 영역 S는 열린 영역이 된다. 제1 유형의 영역이 수평 방향으로 한없이 확장되는 반면에, 제2 유형의 영역은 수직 방향으로 무한히 확장된다. 이제 $a\leqq t<b$에 대하여, a와 t사이의 S의 일부 영역[그림 7.13 참조]의 넓이를 구해보면, 이는 다음과 같이 정적분으로 정의하여 계산할 수 있다.

$$A(t)=\int_a^t f(x)\,dx$$

$t\to b^-$일 때, $A(t)$가 극한값 A를 가지면, 영역 S의 넓이는 A라고 말하는 것이 타당하며, 기호로는 다음과 같이 나타낸다.

$$\int_a^b f(x)\,dx=\lim_{t\to b^-}\int_a^t f(x)\,dx$$

함수 $f(x)$가 양의 값만 가지지 않을지라도, 그리고 $x=b$에서 $f(x)$의 불연속 형태가 어떠한 경우에서도, 이와 같이 제2 유형의 이상적분을 정의한다.

정의 7.6.3 **제2 유형의 이상적분**

(a) $f(x)$가 $[a, b)$에서 연속이고 $\lim_{x \to b^-} f(x) = \pm\infty$일 때 [그림 7.13 참조], 함수 $f(x)$의 $[a, b)$에서 이상적분은 다음과 같이 정의한다.

$$\int_a^b f(x)\,dx = \lim_{t \to b^-} \int_a^t f(x)\,dx$$

(b) $f(x)$가 $(a, b]$에서 연속이고 $\lim_{x \to a^+} f(x) = \pm\infty$일 때 [그림 7.14 참조], 함수 $f(x)$의 $(a, b]$에서 이상적분은 다음과 같이 정의한다.

$$\int_a^b f(x)\,dx = \lim_{t \to a^+} \int_t^b f(x)\,dx$$

(a)와 (b)의 이상적분 $\int_a^b f(x)dx$는 정의하는 극한이 존재할 때 수렴한다고 하며, 극한이 존재하지 않을 때 발산한다고 한다.

(c) $f(x)$가 (a, b)에서 연속이고 $\lim_{x \to b^-} f(x) = \lim_{x \to a^+} f(x) = \pm\infty$일 때 [그림 7.15 참조], 함수 $f(x)$의 (a, b)에서 이상적분은 다음과 같이 정의한다.

$$\int_a^b f(x)\,dx = \int_a^c f(x)\,dx + \int_c^b f(x)\,dx$$

여기서 $a < c < b$인 c를 아무거나 택할 수 있으며, $\int_a^c f(x)\,dx$는 (b)의 이상적분이고 $\int_c^b f(x)\,dx$는 (a)의 이상적분이다. 우변의 두 이상적분이 둘 다 수렴할 경우에만 이 이상적분은 수렴한다고 한다.

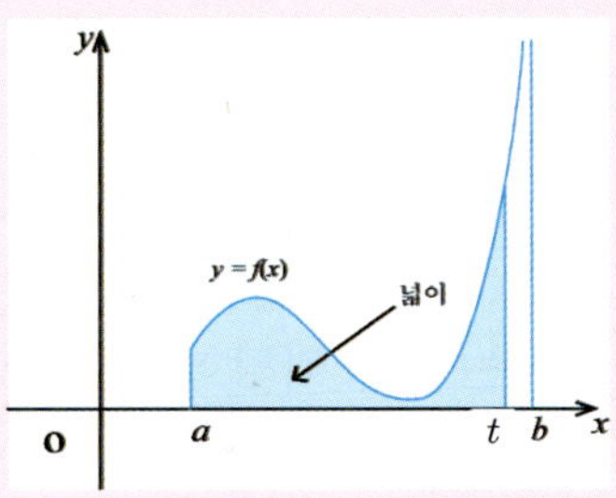

[그림 7.13]

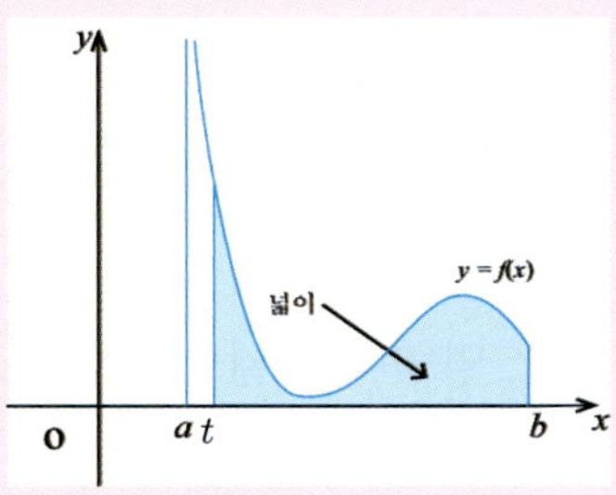

[그림 7.14]

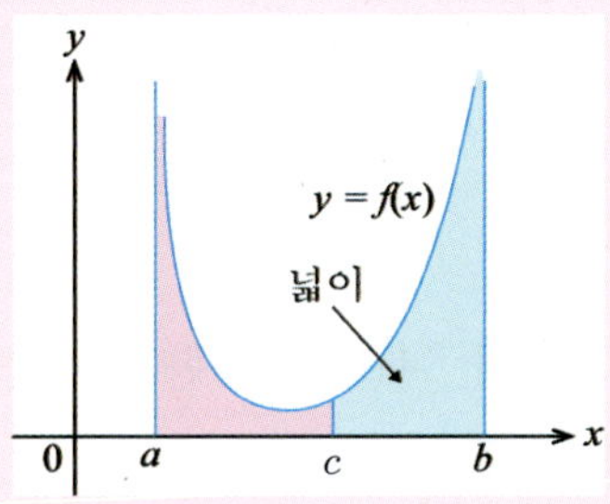

[그림 7.15]

예제 7.6.5 이상적분 $\int_2^5 \frac{1}{\sqrt{x-2}}\,dx$를 구하라.

풀이

먼저 $x=2$에서 $f(x) = \frac{1}{\sqrt{x-2}}$가 수직 점근선을 가지므로, 주어진 적분은 함수 $f(x)$의 $(2, 5]$에서 이상적분이다. $x=2$에서 무한 불연속이므로, 정의 7.6.3(b)를 적용하여 이상적분이 정의되며, 다음과 같이 계산한다.

$$\int_2^5 \frac{dx}{\sqrt{x-2}} = \lim_{t\to 2^+}\int_t^5 \frac{dx}{\sqrt{x-2}} = \lim_{t\to 2^+} 2\sqrt{x-2}\Big]_t^5$$

$$= \lim_{t\to 2^+} 2(\sqrt{3}-\sqrt{t-2}) = 2\sqrt{3}$$

참고

예제 7.6.5의 이상적분은 수렴하고 피적분 함수가 양의 함수이므로, 적분의 값을 [그림 7.16]에서 보는 것처럼 영역의 넓이로 해석할 수 있다.

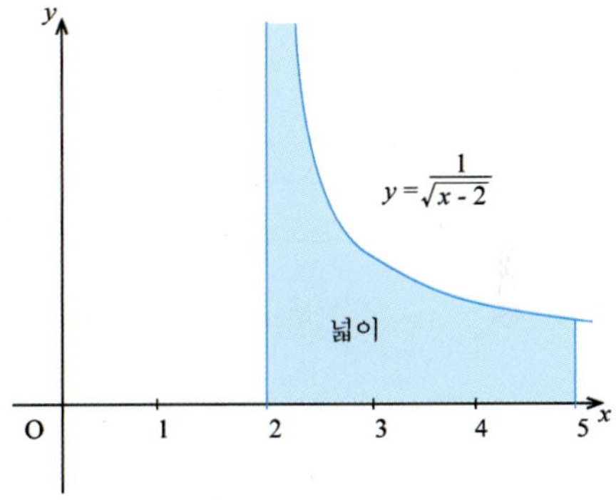

[그림 7.16]

예제 7.6.6 이상적분 $\int_0^{\pi/2} \sec x\,dx$가 수렴하는지 발산하는지 판정하라.

풀이

$\lim_{t\to(\pi/2)^-} \sec x = \infty$이므로, 주어진 적분은 제2 유형의 이상적분이다. 정의 7.6.3(a)를 이용하면, $t\to(\pi/2)^-$일 때 $\sec t\to\infty$이고 $\tan t\to\infty$이므로 다음을 얻는다.

$$\int_0^{\pi/2} \sec x\,dx = \lim_{t\to(\pi/2)^-}\int_0^t \sec x\,dx$$

$$= \lim_{t\to(\pi/2)^-} \ln|\sec x+\tan x|\Big]_0^t$$

$$= \lim_{t\to(\pi/2)^-} \ln(\sec t+\tan t) - \ln 1 = \infty$$

그러므로 주어진 이상적분은 발산한다.

예제 7.6.7 이상적분 $\int_0^3 \frac{1}{x-1}\,dx$의 값을 구하라.

풀이

함수 $f(x)=\frac{1}{x-1}$은 $x=1$에서 정의되지 않는다. 따라서 정적분이 아니므로 다음과 같이 두 이상적분의 합으로 고쳐서 쓴다.

$$\int_0^3 \frac{1}{x-1}\,dx = \int_0^1 \frac{1}{x-1}\,dx + \int_1^3 \frac{1}{x-1}\,dx$$

여기서 $t \to 1^-$일 때 $(1-t) \to 0^+$이므로 다음을 얻는다.

$$\begin{aligned}\int_0^1 \frac{dx}{x-1} &= \lim_{t\to 1^-}\int_0^t \frac{dx}{x-1} = \lim_{t\to 1^-} \ln|x-1|\Big]_0^t \\ &= \lim_{t\to 1^-}(\ln|t-1| - \ln|-1|) \\ &= \lim_{t\to 1^-}\ln(1-t) = -\infty\end{aligned}$$

그러므로 $\int_0^1 \frac{dx}{x-1}$는 발산한다. 이에 따라 ($\int_1^3 \frac{dx}{x-1}$에 상관없이) $\int_0^3 \frac{dx}{x-1}$도 발산한다.

주의 예제 7.6.7에서 점근선 $x=1$을 인식하지 못하고 주어진 적분을 정상적인 정적분으로 착각하면, 다음과 같이 잘못 계산하게 된다.

$$\int_0^3 \frac{dx}{x-1} = \ln|x-1|\Big]_0^3 = \ln 2 - \ln 1 = \ln 2$$

이는 틀린 계산이다. 주어진 적분은 이상 적분이므로 극한을 이용해서 구해야 하기 때문이다.

적분 $\int_a^b f(x)\,dx$와 구간 $[a,b]$에서 $f(x)$의 정의역을 잘 살펴보고 이것이 정적분인지 이상적분인지를 먼저 결정해야 한다.

이상적분에 대한 비교판정법

때로는 이상적분의 정확한 값을 구하는 것이 매우 어렵지만, 이상적분의 수렴 여부를 알고 싶어 하는 경우가 있다. 이런 경우에 다음 정리가 유용하다. 이 정리는 제1 유형의 이상적분을 나타내지만 제2 유형의 이상적분에서도 유사하게 적용할 수 있다.

정리 7.6.4 이상적분의 비교 판정법

함수 $f(x)$와 $g(x)$가 $x \geq a$에서 연속이며, $f(x) \geq g(x) \geq 0$이라 하자.

(a) $\int_a^\infty f(x)\,dx$가 수렴하면, $\int_a^\infty g(x)\,dx$도 수렴한다.

(b) $\int_a^\infty g(x)\,dx$가 발산하면, $\int_a^\infty f(x)\,dx$도 발산한다.

정리 7.6.4의 증명은 생략하겠지만 이 정리가 타당함을 쉽게 알 수 있다. [그림 7.17]에서 보는 것처럼, 위쪽에 놓여 있는 곡선 $y = f(x)$아래의 넓이가 유한하면 아래쪽에 놓여 있는 곡선 $y = g(x)$아래의 넓이 역시 유한하다. 반대로 $y = g(x)$아래의 넓이가 무한하면 $y = f(x)$아래의 넓이도 무한하다. 그러나 이 정리의 역은 반드시 참이 아닐 수 있다. $\int_a^\infty g(x)\,dx$가 수렴한다고 해도, $\int_a^\infty f(x)\,dx$는 수렴할 수도 있고 발산할 수도 있다.

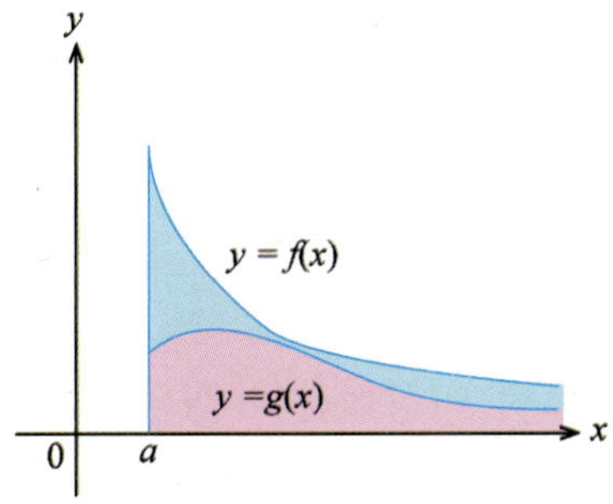

[그림 7.17]

또한 $\int_a^\infty f(x)\,dx$가 발산하는 경우에서도 $\int_a^\infty g(x)\,dx$는 수렴할 수도 있고 발산할 수도 있다.

예제 7.6.8 이상적분 $\int_0^\infty e^{-x^2}\,dx$가 수렴함을 보이라.

풀이

e^{-x^2}의 역도함수는 초등함수가 아니므로 부정적분을 직접 구할 수 없다. 우선 다음과 같이 나타내자.

$$\int_0^\infty e^{-x^2}\,dx = \int_0^1 e^{-x^2}\,dx + \int_1^\infty e^{-x^2}\,dx$$

우변의 첫 번째 적분은 일반적인 정적분이므로 하나의 값이 된다. 두 번째 적분은 이상적분이므로, 비교판정법을 적용한다. $x \geq 1$에서 $x^2 \geq x$이다. 따라서 $-x^2 \leq -x$이고 $e^{-x^2} \leq e^{-x}$이다[그림 7.18 참조]. 그런데 e^{-x}는 $[1, \infty)$에서 이상적분을 계산할 수 있으며, 다음과 같이 극한값이 존재하므로 수렴한다.

$$\int_1^\infty e^{-x}\,dx = \lim_{t\to\infty}\int_1^t e^{-x}\,dx = \lim_{t\to\infty}(e^{-1} - e^{-t}) = e^{-1}$$

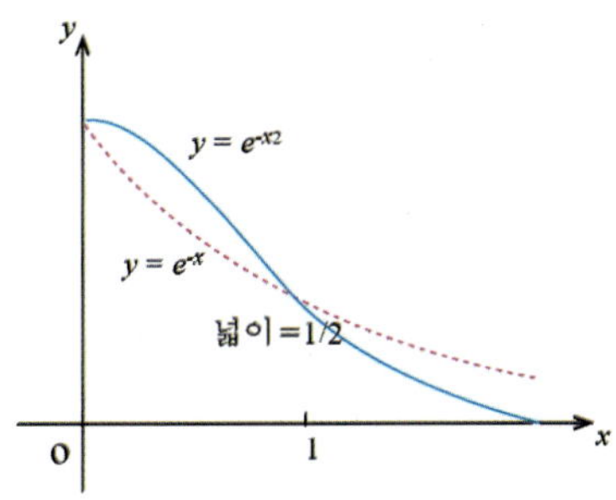

[그림 7.18]

이제 $f(x)=e^{-x}$, $g(x)=e^{-x^2}$이라 하면, $x \ge 1$에서 $f(x) \ge g(x) \ge 0$이므로 정리 7.6.4(a)로부터 이상적분 $\int_1^{\infty} e^{-x^2}\,dx$가 수렴하는 것을 알 수 있다. 따라서 $\int_0^{\infty} e^{-x^2}\,dx$도 수렴한다.

예제 7.6.8에서 $\int_0^{\infty} e^{-x^2}\,dx$는 실제 값을 모르는 채로 단지 수렴한다는 것만 알았다. 이 적분의 실제값은 근사적으로 0.8862이며, 확률론에서는 이 적분의 정확한 값을 아는 것이 매우 중요하다. 이변수 미적분학의 방법을 이용하면 이 적분의 정확한 값이 $\frac{1}{2}\sqrt{\pi}$임을 보일 수 있다. 〈표 7.3〉은 t가 커짐에 따라 $\int_0^{t} e^{-x^2}\,dx$의 (컴퓨터로 근사계산한) 값이 $\frac{1}{2}\sqrt{\pi}$에 접근하는 것을 보임으로써 이상적분의 정의를 잘 설명해주고 있다. $x \to \infty$일 때 매우 빠르게 $e^{-x^2} \to 0$이 되므로, 실제로 이 값들은 매우 빠르게 수렴하는 것을 볼 수 있다.

〈표 7.3〉

t	$\int_0^{t} e^{-x^2}\,dx$
1	0.7468241328
2	0.8820813908
3	0.8862073483
4	0.8862269118
5	0.8862269255
6	0.8862269255

예제 7.6.9 **이상적분 $\int_1^{\infty} \frac{1+e^{-x}}{x}\,dx$가 발산함을 보이라.**

풀이

$x \ge 1$에서 $\frac{1+e^{-x}}{x} > \frac{1}{x}$이고, 예제 7.6.1(또는 정리 7.6.2에서 $p=1$인 경우)에 의하면 $\int_1^{\infty} \frac{1}{x}\,dx$가 발산하기 때문에 정리 7.6.4(b)로부터 이상적분 $\int_1^{\infty} \frac{1+e^{-x}}{x}\,dx$도 발산한다.

〈표 7.4〉는 예제 7.6.9의 적분이 발산하는 것을 잘 설명해주고 있다. 이 값들은 어떤 고정된 수로 접근하지 않고, 계속 커지고 있다.

〈표 7.4〉

t	$\int_1^{t} [(1+e^{-x})/x]\,dx$
2	0.8636306042
5	1.8276735512
10	2.5219648704
100	4.8245541204
1000	7.1271392134
10000	9.4297243064

:연습문제 7.6

1. 다음이 이상적분인 이유를 설명하라.

(a) $\int_1^2 \frac{x}{x-1}dx$ (b) $\int_0^{\infty} \frac{1}{1+x^3}dx$

(c) $\int_{-\infty}^{\infty} x^2 e^{-x^2}dx$ (d) $\int_0^{\pi/4} \cot x\,dx$

2. $x=1$부터 $x=t$까지 곡선 $y=\frac{1}{x^3}$ 아래의 넓이를 구하고, $t=10, 100$에 대해 계산하라. $x \geq 1$에 대해 이 곡선 아래의 전체 넓이를 구하라.

[3~17] 다음 이상적분이 수렴하는지 아니면 발산하는지 판정하라. 수렴하면 그 값을 구하라.

3. $\int_3^{\infty} \frac{1}{(x-2)^{3/2}}dx$ 4. $\int_{-\infty}^{0} \frac{1}{3-4x}dx$

5. $\int_2^{\infty} e^{-5p}dp$ 6. $\int_0^{\infty} \frac{x^2}{\sqrt{1+x^3}}dx$

7. $\int_{-\infty}^{\infty} x e^{-x^2}dx$ 8. $\int_{-\infty}^{0} ze^{2z}dz$

9. $\int_1^{\infty} \frac{\ln x}{x}dx$ 10. $\int_1^{\infty} \frac{1}{x^2+x}dx$

11. $\int_{-\infty}^{\infty} \frac{x^2}{9+x^6}dx$ 12. $\int_0^1 \frac{3}{x^5}dx$

13. $\int_{-2}^{14} \frac{1}{\sqrt[4]{x+2}}dx$ 14. $\int_0^9 \frac{1}{\sqrt[3]{x-1}}dx$

15. $\int_{-1}^{1} \frac{e^x}{e^x-1}dx$ 16. $\int_0^2 z^2 \ln z\,dz$

17. $\int_0^{0.6} \frac{x^2}{\sqrt{9-25x^2}}dx$

[18~20] 다음 영역의 넓이를 구하라.

18. $S=\{(x,y) \mid x \geq 1,\ 0 \leq y \leq e^{-x}\}$

19. $S=\left\{(x,y) \mid x \geq 1,\ 0 \leq y \leq \frac{1}{x^3+x}\right\}$

20. $S=\left\{(x,y) \mid 0 \leq x < \frac{\pi}{2},\ 0 \leq y \leq \sec^2 x\right\}$

[21~23] 이상적분의 비교정리를 이용하여 다음 이상적분이 수렴하는지 아니면 발산하는지 결정하라.

21. $\int_0^{\infty} \frac{x}{x^3+1}dx$ 22. $\int_1^{\infty} \frac{2+e^{-x}}{x}dx$

23. $\int_0^{\pi} \frac{\sin^2 x}{\sqrt{x}}dx$

24. 이상적분 $\int_0^{\infty} \frac{1}{\sqrt{x}(1+x)}dx$는 다음 두 가지 이유에서 이상적분이다. 구간 $[0, \infty)$는 무한 구간이고, 피적분함수가 0에서 무한 불연속이다. 이것을 다음과 같이 제1 유형과 제2 유형의 이상적분의 합으로 표현하여 구하라.

$$\int_0^{\infty} \frac{1}{\sqrt{x}(1+x)}dx = \int_0^1 \frac{1}{\sqrt{x}(1+x)}dx + \int_1^{\infty} \frac{1}{\sqrt{x}(1+x)}dx$$

25. 이상적분 $\int_0^1 \frac{1}{x^p}dx$가 수렴하기 위한 p의 범위를 구하고, 수렴하는 경우에 적분을 구하라.

26. (a) 이상적분 $\int_{-\infty}^{\infty} x\,dx$가 발산함을 보이라.

(b) $\lim_{t\to\infty}\int_{-t}^{t} x\,dx = 0$ 임을 보이라. 이는 다음과 같이 정의할 수 없음을 보여준다.

$$\int_{-\infty}^{\infty} f(x)dx = \lim_{t\to\infty}\int_{-t}^{t} f(x)dx$$

27. $\int_0^{\infty} x^2 e^{-x^2} dx = \frac{1}{2}\int_0^{\infty} e^{-x^2} dx$ 임을 보이라.

28. 다음이 수렴하기 위한 a의 값을 구하라. 그리고 상수 a에 대해 적분을 구하라.

$$\int_0^{\infty}\left(\frac{x}{x^2+1} - \frac{a}{3x+1}\right)dx$$

Chapter 08 적분의 활용

이 장에서는 정적분이 여러 문제에 어떻게 활용되는가를 공부한다. 곡선이 여러 변을 차지하는 도형의 넓이, 곡선을 회전시켜 얻은 입체의 부피 또는 그 곡면의 넓이, 호의 길이, 함수의 평균값을 정적분에 의해 표현하고 계산함으로써 몇 가지 정적분의 응용을 탐구한다.

대부분의 이러한 응용에 있어 기초적으로 사용되는 방법은, 앞에서 공부한 곡선 아래의 넓이를 구할 때 사용한 정적분과 유사한 일반적인 방법이다. 즉 하나의 양 Q를 수많은 작은 부분으로 나눈다. 그리고 나눈 각각의 작은 부분을 $f(x)\Delta x$ 형태로 근사하여 구한 양들을 모두 더한 리만 합으로 Q를 근사시킨다. 그런 후 Q에 극한을 취하여 정적분으로 표현하고, 미적분학의 기본정리를 비롯한 적절한 적분법을 사용하여 적분을 계산한다.

8.1 곡선 사이의 넓이

제6장에서 함수의 그래프 아래에 놓인 영역의 넓이를 정적분으로 정의하고 계산하는 방법을 공부하였다. 여기에서는 [그림 8.1]에서 보는 것처럼 두 함수의 그래프 사이에 놓인 영역의 넓이를 구하는 방법을 생각해 보자.

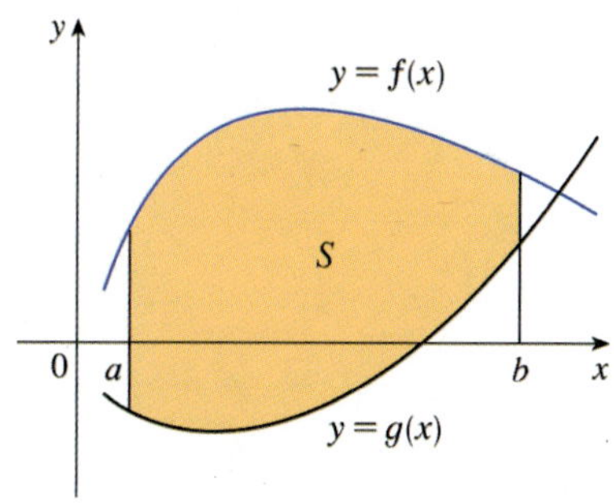

$S=\{(x, y)|a \le x \le b,\ g(x) \le y \le f(x)\}$

[그림 8.1]

두 곡선 $y=f(x)$, $y=g(x)$와 두 직선 $x=a$, $x=b$사이에 놓인 영역을 S라 하자. 이때 함수 $f(x)$와 $g(x)$는 닫힌 구간 $[a, b]$에서 연속이고, 구간의 모든 x에서 $f(x) \ge g(x)$라 가정하자.

영역 S의 넓이를 구하기 위해, 6.1절에서 그래프 아래에 놓인 영역의 넓이를 구할 때와 같은 방법을 적용하여, 너비가 일정한 n개의 부분 영역으로 나누고, i번째 부분 영역 S_i를 밑변이 Δx이고 높이가 $f(x_i^*)-g(x_i^*)$인 직사각형으로 근사시킨다[그림 8.2 참조]. 그러면 영역 S의 넓이는 다음과 같은 근사 직사각형들의 넓이를 모두 더한 리만 합에 의해 근사되는 값으로 생각할 수 있다.

$$\sum_{i=1}^{n}\left[f(x_i^*)-g(x_i^*)\right]\Delta x$$

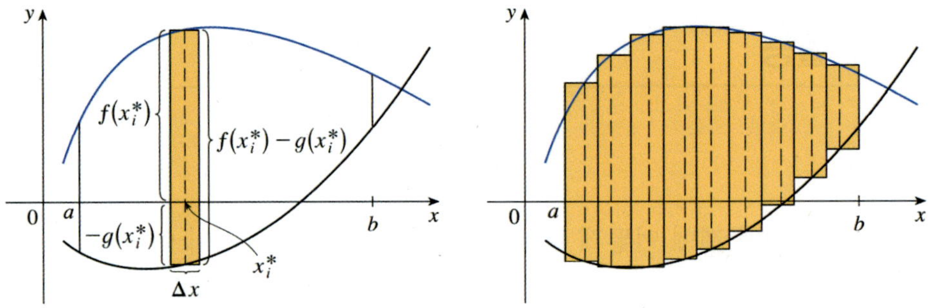

(a) 대표적인 직사각형 (b) 근접한 직사각형들

[그림 8.2]

$n\to\infty$일 때, 이 근삿값은 영역 S의 넓이에 점점 더 가까워질 것이다. 따라서 S의 넓이(area)를 다음과 같이 근사 직사각형들의 넓이의 합의 극한으로 정의한다.

$$A=\lim_{n\to\infty}\sum_{i=1}^{n}\left[f(x_i^*)-g(x_i^*)\right]\Delta x$$

또한 이 극한은 $(f-g)(x)$의 구간 $[a,b]$에서 정적분이다. 이로부터 넓이를 다음과 같이 정의한다.

정의 8.1.1 곡선 사이의 넓이

두 함수 $f(x)$와 $g(x)$는 닫힌 구간 $[a,b]$에서 연속이고, 구간의 모든 x에서 $f(x)\ge g(x)$라 가정하자. 두 곡선 $y=f(x)$, $y=g(x)$와 두 직선 $x=a$, $x=b$로 둘러싸인 영역의 넓이 A는 다음과 같다.

$$A=\int_a^b[f(x)-g(x)]\,dx$$

여기서 $g(x)=0$이면, 넓이 A는 곡선 $y=f(x)$와 x축, $x=a$와 $x=b$로 둘러싸인 영역의 넓이이므로, 이 새로운 정의는 우리가 알고 있었던 정적분의 정의를 위아래 모두가 곡선인 영역의 넓이로 확장시킨 것으로 생각할 수 있다.

$f(x)$, $g(x)$가 모두 양의 함수인 경우, [그림 8.3]에서 보는 것처럼 기하학적으로 설명할 수 있고, 일반적인 경우에서도 쉽게 설명할 수 있다.

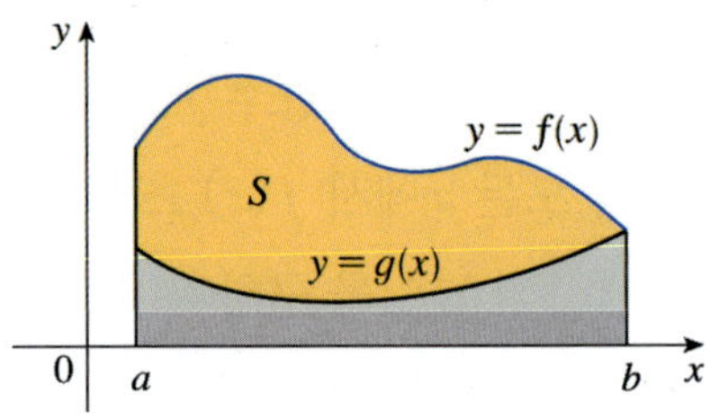

$A=\int_a^b f(x)dx-\int_a^b g(x)dx$

[그림 8.3]

$A=$[곡선 $y=f(x)$아래의 넓이] - [곡선 $y=g(x)$아래의 넓이]

$$= \int_a^b f(x)\,dx - \int_a^b g(x)\,dx = \int_a^b [f(x) - g(x)]\,dx$$

예제 8.1.1 위로 $y = e^x$, 아래로 $y = x$이고, 두 직선 $x = 0$, $x = 1$에 의해 둘러싸인 영역의 넓이를 구하라.

풀이

위쪽 곡선은 $y = e^x$, 아래쪽 곡선은 $y = x$이므로 $f(x) = e^x$, $g(x) = x$, $a = 0$, $b = 1$라 놓고, 정의 8.1.1을 이용하여 영역의 넓이를 구하면 다음과 같다.

$$\int_0^1 (e^x - x)\,dx = e^x - \frac{1}{2}x^2 \Big]_0^1 = e - \frac{1}{2} - 1 = e - 1.5$$

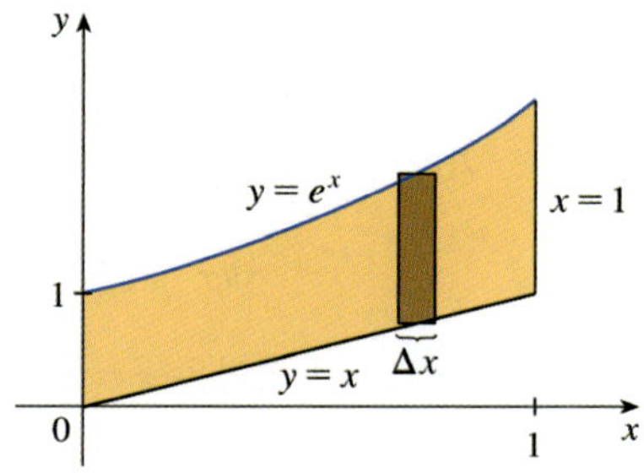

[그림 8.4]

예제 8.1.1에서 영역의 리만 합을 정의하는 과정에서 너비가 Δx인 대표 근사 직사각형을 사용하였다. 일반적으로 넓이에 관한 적분 식을 구할 때 [그림 8.5]에서 보는 것처럼 위쪽 곡선 y_T, 아래쪽 곡선 y_B를 나타내는 영역과 대표 근사 직사각형을 그려보는 것이 큰 도움이 된다. 이때 대표 직사각형의 넓이는 $(y_T - y_B)\Delta x$이고, 다음과 같이 이를 모두 더하여 넓이를 구하게 된다.

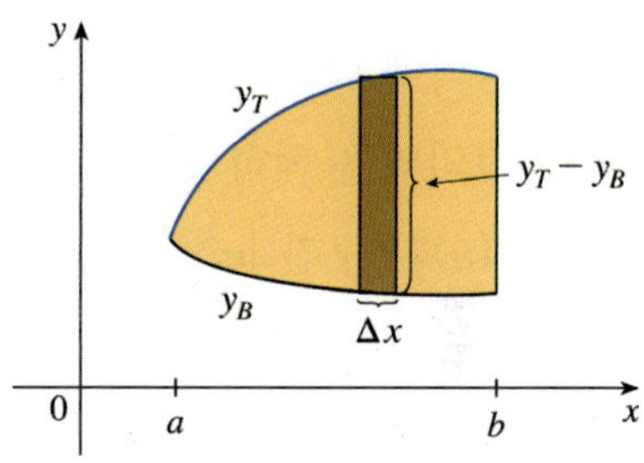

[그림 8.5]

$$A = \lim_{n \to \infty} \sum_{i=1}^{n} (y_T - y_B)\Delta x = \int_a^b (y_T - y_B)\,dx$$

다음 예제는 적분 구간이 주어진 두 곡선에 의해서 결정된다. 즉, 영역의 경계 옆면이 직선이 아닌 한 점으로 축소될 수도 있다. ([그림 8.5]에서는 왼쪽 경계가 한 점으로, [그림 8.3]에서는 오른쪽 경계가 한 점으로 축소되었다.) 이 경우 정의 8.1.1은 그대로 적용된다. 다만, 이런 경우에 곡선 사이의 넓이를 구하기 위해서는, 경계가 되는 a와 b를 먼저 구해야 한다.

예제 8.1.2 직선 $y=x$와 포물선 $y=3x-x^2$으로 둘러싸인 영역의 넓이를 구하라.

풀이

먼저 직선과 포물선의 교점을 구하기 위해 방정식을 연립하여 푼다. 따라서 $x=3x-x^2$이고 $x(x-2)=0$이므로 $x=0$ 또는 $x=2$이다. 그러므로 교점은 $(0,0)$과 $(2,2)$이다[그림 8.6 참조]. 위쪽 곡선 y_T와 아래쪽 곡선 y_B는 다음과 같다.

$$y_T=3x-x^2,\ y_B=x$$

따라서 대표 직사각형의 넓이는 다음과 같다.

$$(y_T-y_B)\Delta x=(3x-x^2-x)\Delta x=(2x-x^2)\Delta x$$

그리고 이 영역은 $x=0$과 $x=2$사이에 놓여 있다. 따라서 구하는 넓이는 다음과 같다.

$$A=\int_0^2(2x-x^2)\,dx=x^2-\frac{x^3}{3}\Big]_0^2=4-\frac{8}{3}=\frac{4}{3}$$

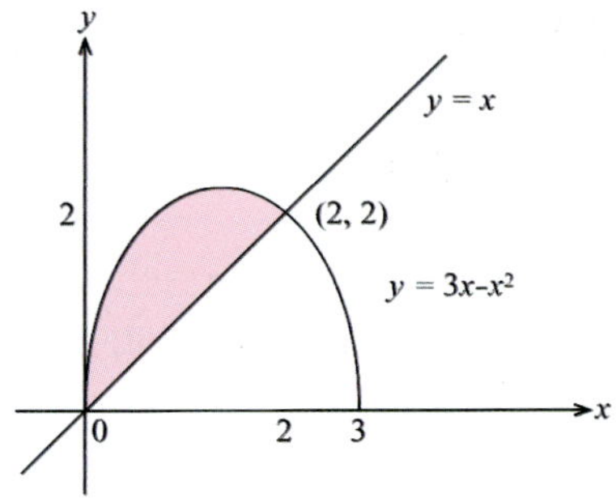

[그림 8.6]

어떤 영역에 대해서는 곡선을 표현할 때, x를 y의 함수로 나타내면(즉, y축에서 정의역을 택하면) 계산이 훨씬 간단해질 수 있다. 두 함수 $x=f(y)$와 $x=g(y)$가 구간 $[c,d]$에서 연속이고, $c\le y\le d$에서 $f(y)\ge g(y)$일 때, [그림 8.7]에서 보는 것처럼 두 곡선 $x=f(y)$, $x=g(y)$와 두 직선 $y=c$, $y=d$로 둘러싸인 영역의 넓이는 다음과 같다.

$$A=\int_c^d[f(y)-g(y)]\,dy$$

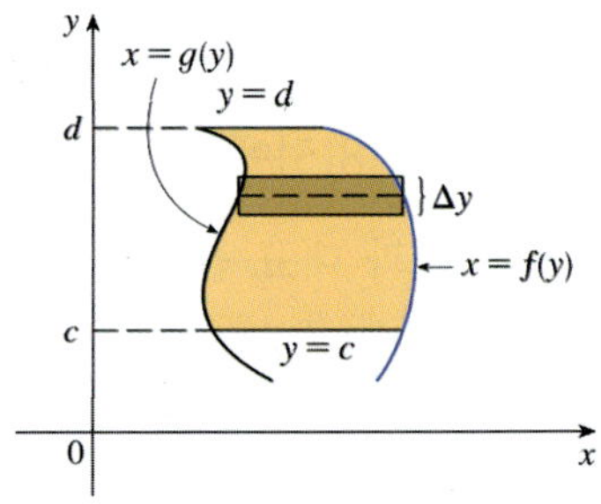

[그림 8.7]

오른쪽 경계를 x_R, 왼쪽 경계를 x_L로 나타내면, 영역의 넓이는 다음과 같이 나타낼 수 있다[그림 8.8 참조].

$$A=\int_c^d(x_R-x_L)\,dy$$

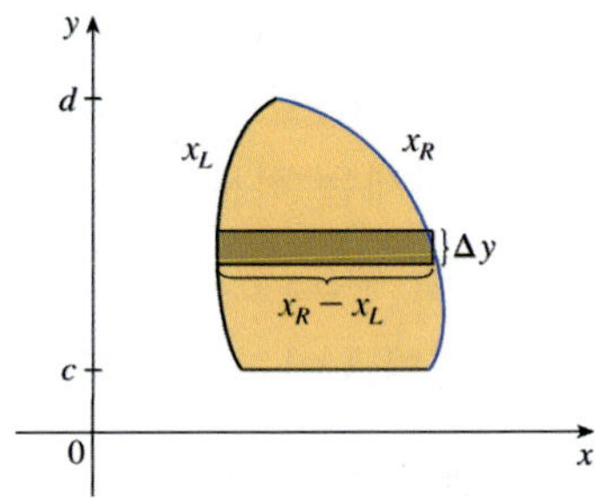

[그림 8.8]

예제 8.1.3 직선 $y=x+1$과 포물선 $y^2=x+3$으로 둘러싸인 영역의 넓이를 구하라.

풀이

두 방정식을 연립하여 풀면 교점의 좌표는 $(-2,-1)$과 $(1,2)$이다. 주어진 영역의 왼쪽 경계와 오른쪽 경계는 두 곡선을 y의 함수로 표현하여 다음과 같이 나타낼 수 있다[그림 8.9 참조].

$$x_L=y^2-3,\ \ x_R=y-1$$

또한 이 영역은 $y=-1$과 $y=2$사이에 놓여 있으므로, 다음과 같이 영역의 넓이를 구할 수 있다.

$$A=\int_{-1}^{2}(x_R-x_L)\,dy=\int_{-1}^{2}[(y-1)-(y^2-3)]\,dy$$

$$=\int_{-1}^{2}[-y^2+y+2]\,dy=-\frac{y^3}{3}+\frac{y^2}{2}+2y\Big]_{-1}^{2}=\frac{9}{2}$$

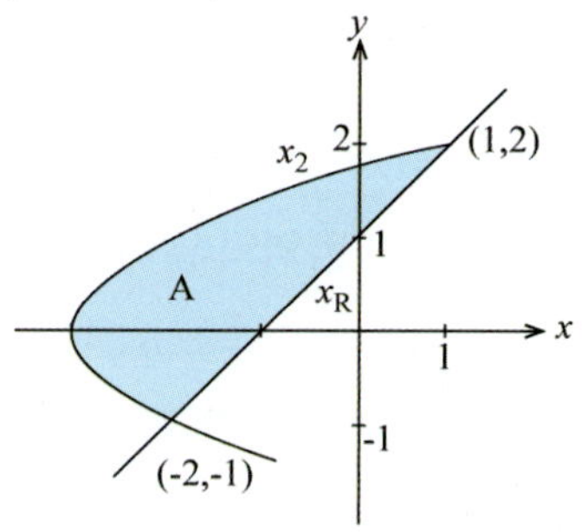

[그림 8.9]

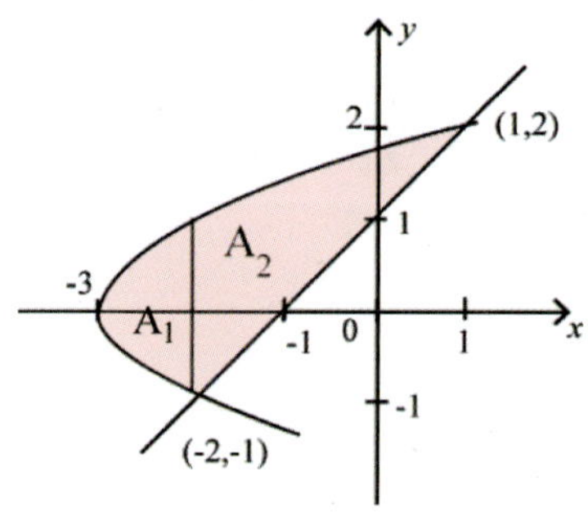

[그림 8.10]

참고

예제 8.1.3에서 영역의 넓이는 정의 8.1.1을 적용하여 적분 변수를 y대신 x를 사용하여 적분할 수도 있다. 하지만 이렇게 적분하면 계산이 훨씬 복잡해지는데, 이것은 영역을 [그림 8.10]에서 보는 것처럼 A_1과 A_2로 표시된 두 영역의 넓이를 따로따로 계산해야하기 때문이다. 따라서 예제 8.1.3에서 이용한 방법이 훨씬 더 간편하고 쉽다.

$$A=A_1+A_2=\int_{-3}^{-2}2\sqrt{x+3}\,dx+\int_{-2}^{1}[\sqrt{x+3}-x-1]\,dx$$

:연습문제 8.1

[1~5] 주어진 곡선으로 둘러싸인 영역의 넓이를 구하라.

1. $y=e^x,\ y=x^2,\ x=0,\ x=1$

2. $y=\cos x,\ y=e^x,\ x=\pi/2$

3. $y=\cos 2x\ ,\ y=\sin x\ ,\ x=0,\ x=\dfrac{\pi}{6}$

4. $x=2y^2\ ,\ x+y=3$

5. $2x+y^2=15\ ,\ x=y$

[6~12] 다음 곡선으로 둘러싸인 영역의 넓이를 구하라.

6. $y=x\ ,\ y=\sqrt{x}$

7. $y=x^2\ ,\ y=4x-x^2$

8. $y=20-x^2\ ,\ y=x^2-12$

9. $y=\sin(\pi x/2)\ ,\ y=x^2-2x$

10. $y=1/x\ ,\ y=x^2\ ,\ y=0\ ,\ x=e$

11. $y=1-2x^2\ ,\ y=|x|$

12. $x+y=0\ ,\ x=y^2+3y$

[13~23] 주어진 곡선들로 둘러싸인 영역의 넓이를 구하라.

13. $y=6-x^2\ ,\ y=x^2-2$

14. $y=2x^2\ ,\ y=4x-x^2$

15. $y=e^x\ ,\ y=x^2e^x$

16. $y=\sin x\ ,\ y=2-\sin x\ (0\le x\le \dfrac{\pi}{2})$

17. $x=y^2\ ,\ x=2y^2-1$

18. $y=\sqrt{x}\ ,\ y=1+\dfrac{1}{2}x\ ,\ x=0\ ,\ x=1$

19. $y=\sin \pi x\ ,\ y=x^2-1\ ,\ x=0$

20. $y=|x|\ ,\ y=-x^2+2$

21. $y=1/x\ ,\ y=x\ ,\ y=4x\ (x>0)$

22. $y=\sin x\ ,\ y=e^x\ ,\ 0\le x\le \pi$

23. $y=\cos x\ ,\ y=1-\dfrac{2}{\pi}x$

24. 두 곡선 $y=\cos x$ 와 $y=\sin 2x$ 및 두 직선 $x=0$ 과 $x=\pi/2$ 사이에 놓인 영역의 넓이를 구하라.

25. 두 곡선 $y=x^2-x$ 와 $y=x^3-4x^2+3x$ 로 둘러싸인 영역의 넓이를 구하라.

26. 연립 부등식 $x-2y^3\ge 0\ ,1-2x-y\ge 0,\ y\ge 0$ 으로 정의된 영역의 넓이를 구하라.

27. 두 포물선 $y=2x^2-2a^2$과 $y=2a^2-2x^2$으로 둘러싸인 영역의 넓이가 144이다. 이때 양수 a의 값은 얼마인가?

28. 곡선 $y=\tan\dfrac{x}{2}$과 곡선에 있는 점 $\left(\dfrac{\pi}{2},1\right)$에서의 접선 및 x 축으로 둘러싸인 영역의 넓이를 구하라.

29. 세 점 $(0,5)$, $(5,1)$, $(2,-2)$을 꼭짓점으로 하는 삼각형의 넓이를 구하라.

30. 직선 $y=a$가 곡선 $y=x^3$과 두 직선 $y=8,\ x=0$으로 둘러싸인 영역을 이등분한다고 할 때, a 의 값을 구하라

31. 음이 아닌 값을 갖는 연속 함수 $f(x)$중에서, 모든 $t>0$ 에 대해 곡선 $y=f(x)$아래에 놓인 $x=0$부터 $x=t$까지 영역의 넓이가 $A(t)=t^3$인 함수를 찾아라.

8.2 회전체의 부피

부피 문제

여기서는 3차원 공간에 있는 특별한 입체도형의 부피를 구하는 방법을 알아본다.

입체도형의 부피를 구하고자 할 때에도, 넓이를 구할 때 경험했던 것과 같은 문제를 먼저 마주하게 된다. 따라서 입체의 부피의 개념을 분명하게 하기 위하여 미적분학의 관점에서 정확하게 정의하는 것으로부터 시작하자.

기둥(cylinder)(정확하게는 직각기둥)이라 부르는 간단한 형태의 입체를 생각해 보자. 그림 8.11(a)에서 볼 수 있는 기둥의 부피는 밑면(base)이라고 부르는 평면 영역 B_1과 이와 평행이고 합동인 영역 B_2로 둘러싸여 있다. 기둥은 밑면에 수직이고 영역 B_1과 B_2를 연결하는 선분에 있는 모든 점으로 구성된다. 따라서 밑면의 넓이가 A이고 기둥의 높이(즉, B_1으로부터 B_2까지 거리)가 h라 할 때 이 기둥의 부피 V는 다음과 같이 정의된다.

$$V = Ah$$

특히 밑면이 원인 기둥을 원기둥이라 부르며, 이 밑면의 반지름이 r이고, 높이가 h인 원기둥의 부피는 $V = \pi r^2 h$이다[그림 8.11(b) 참조]. 또한 밑면이 직사각형인 기둥은 직사각기둥(또는 직육면체)이라 부르며, 이 밑면의 길이가 l, 너비가 w이고, 높이가 h인 직사각기둥의 부피는 $V = lwh$이다[그림 8.11(c) 참조].

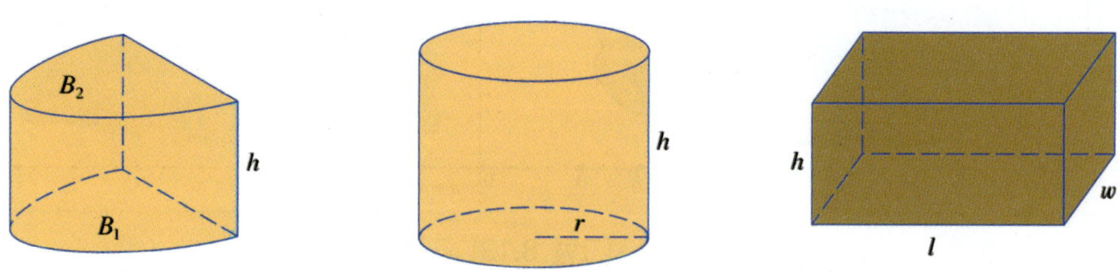

(a) 기둥 $V = Ah$　(b) 원기둥 $V = \pi r^2 h$　(c) 직사각기둥 $V = lwh$

[그림 8.11]

절단면 방법

이제 일반적인 형태로, 기둥이 아닌 임의의 입체도형 S의 부피를 구하는 방법에 대해 살펴보자. 먼저 S를 여러 개의 얇은 조각으로 '잘라 나누고' 각 조각을 앞에서 설명한 기둥의 모양으로 근사시킨다. 이때 S의 부피는 이렇게 근사시킨 기둥들의 부피의 합으로 추정한다. 그러면 조각의 개수를 무한히 증가시킴으로, 부피의 합에 대한 극한 과정을 통하여 S의 정확한 부피를 얻을 수 있다.

평면으로 S를 자르면 S의 절단면(cross-section)이라 부르는 평면 영역을 얻는다. $a \le x_0 \le b$일 때 점 x_0를 지나고 x축에 수직인 평면 P_{x_0}로 자른 S의 절단면의 넓이를 $A(x_0)$라 하자[그림 8.12 참조]. 그러면 절단면의 넓이로부터 함수 $A(x)$를 x가 a부터 b까지 정의역으로 하여 정의할 수 있다.

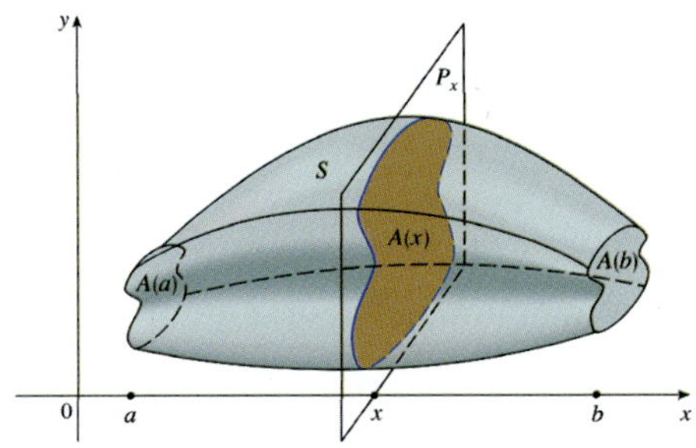

[그림 8.12]

이제 정적분에서 했던 것처럼, 닫힌구간 $[a, b]$를 n개의 부분 구간으로 나누고 분할점이 $x_0, x_1, \cdots, x_n$인 분할을 생각하자. 그러면 [그림 8.13]에서 보는 것처럼 각 분할점에서 평면 $P_{x_1}, P_{x_2}, \cdots, P_{x_n}$으로 S를 자르면, 이 입체 영역 S는 너비가 $\Delta x_i = x_i - x_{i-1}$인 n개의 부분 영역 S_i로 분할된다. 각 부분 구간 $[x_{i-1}, x_i]$에서 표본점 x_i^*를 선택하자. 그러면 임의의 i번째 부분 영역 S_i를 밑면의 넓이가 $A(x_i^*)$이고 높이가 Δx_i인 기둥으로 근사시킬 수 있다.

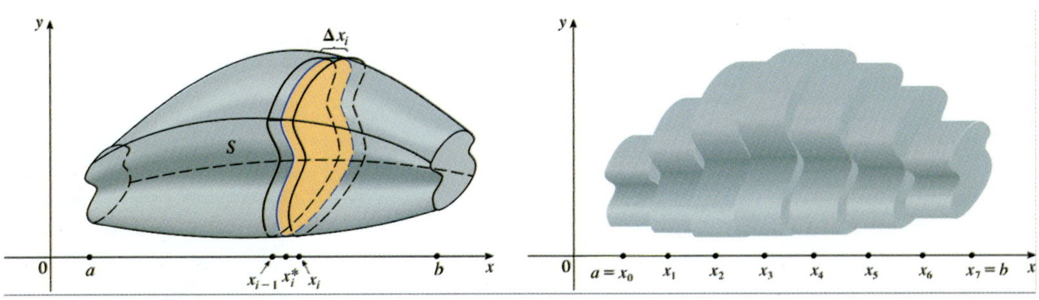

[그림 8.13]

이 근사 기둥의 부피는 $A(x_i^*)\Delta x_i$이므로 i번째 부분 영역 S_i의 부피 $V(S_i)$는 근사적으로 다음과 같이 나타낼 수 있다.

$$V(S_i) \approx A(x_i^*)\Delta x_i$$

이런 n개의 부분 영역들의 부피를 모두 더하여 얻은 다음과 같은 리만 합은 S의 부피에 대한 근삿값이 된다.

$$V \approx \sum_{i=1}^{n} A(x_i^*)\Delta x_i$$

이러한 부분 영역이 더욱 더 얇아질수록 이 리만 합은 S의 실제 부피에 더욱 가까워진다. 따라서 분할의 크기 $\|P\| \to 0$임에 따라 이 리만 합의 극한으로 부피를 구한다. 또한 리만 합의 극한은 정적분을 정의하므로, 다음을 얻는다.

정의 8.2.1 절단면 방법

S를 $x=a$와 $x=b$사이에 놓여 있는 입체라고 하자. x를 지나고 x축에 수직인 평면 P_x로 S를 잘라서 얻어지는 절단면의 넓이가 $A(x)$이고, 함수 $A(x)$가 적분 가능할 때, S의 부피(volume)는 다음과 같다.

$$V = \lim_{\|P\| \to 0} \sum_{i=1}^{n} A(x_i^*)\Delta x_i = \int_a^b A(x)\,dx$$

이 정의에서 x축에 대해 S가 어떤 위치에 있더라도 같은 결과를 얻는다는 사실을 증명할 수 있다. 다시 말해, S를 평행면들로 어떻게 자르더라도 부피 V는 같은 값을 얻는다.

부피 공식 $V=\int_a^b A(x)\,dx$를 이용할 때, $A(x)$는 x를 지나고 x축에 수직인 평면으로 S를 잘라서 얻어지는 절단면의 넓이로써, x의 함수라는 사실을 기억하는 것은 매우 중요하다. 기둥의 경우 밑면을 x축에 수직이 되게 놓으면, 각 단면은 모두 밑면과 합동이므로 모든 단면의 넓이는 일정하다. 즉, 모든 x에 대해 $A(x)=A$이다. 그러므로 정의 8.2.1에 의해 $V=\int_a^b A(x)\,dx = A(b-a)$이며, 이는 공식 $V=Ah$와 일치한다.

예제 8.2.1 반지름이 r인 구의 부피가 $V=\frac{4}{3}\pi r^3$임을 보이라.

풀이

구의 중심이 원점에 있다고 하자[그림 8.14 참조]. 이때 평면 P_x는 구를 잘라서 얻어지는 절단면으로 반지름이

$y=\sqrt{r^2-x^2}$ 인 원이다. 그러므로 절단면의 넓이는 다음과 같다.

$$A(x)=\pi y^2=\pi(r^2-x^2)$$

또한 x의 범위는 $a=-r$부터 $b=r$까지이므로, 정의 8.2.1을 이용하여 다음과 같이 부피를 계산할 수 있다.

$$V=\int_{-r}^{r} A(x)\,dx=\int_{-r}^{r} \pi(r^2-x^2)\,dx$$

$$=2\pi\int_{0}^{r}(r^2-x^2)\,dx=2\pi\left[r^2x-\frac{x^3}{3}\right]_0^r=\frac{4}{3}\pi r^3$$

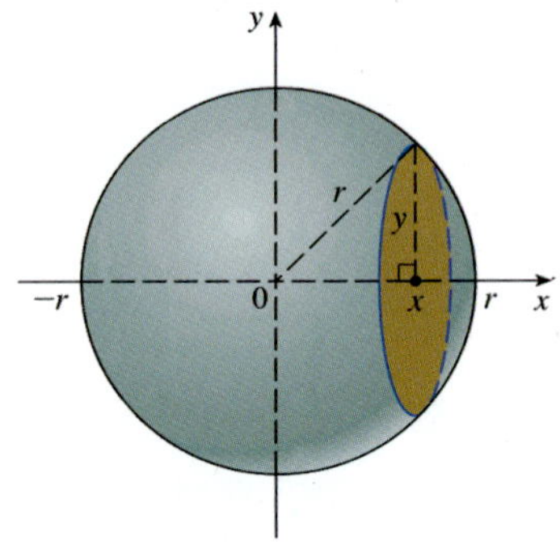

[그림 8.14]

(a) 원반 5개 $V\approx 4.2726$ (b) 원반 10개 $V\approx 4.2097$ (c) 원반 20개 $V\approx 4.1940$

[그림 8.15]

[그림 8.15]는 입체가 반지름이 $r=1$인 구일 때 부피의 정의를 설명하고 있다. 예제 8.2.1의 결과로부터 구의 부피가 $\frac{4}{3}\pi\approx 4.18879$임을 알 수 있다. 여기서 조각은 원기둥 또는 얇은 원판이고, [그림 8.15]는 정규분할을 이용하고 표본점 x_i^*를 중점 $\overline{x_i}$로 선택한 경우 $n=5,\ 10,\ 20$일 때의 다음과 같은 리만 합의 기하학적인 해석을 보여준다.

$$\sum_{i=1}^{n} A(\overline{x_i})\Delta x=\sum_{i=1}^{n}\pi(1^2-\overline{x_i}^2)\Delta x$$

근사시키는 기둥의 개수가 많아질수록, 그에 대응하는 리만 합은 실제 부피에 더 가까워진다.

예제 8.2.1의 풀이에서는 적분 가능한 함수로 단면의 넓이를 찾아 그 넓이 함수를 $-r$부터 r까지의 적분을 사용하여 답을 구했다. 이것은 반지름이 r인 원을 x축 또는 y축을 중심으로 회전시켜서 구를 얻을 수 있다는 사실의 근거가 되는 것으로, 결국 원의 방정식을 알면, 이를 이용하여 구의 부피를 구하는 방법을 얻을 수 있음을 알게 해준다. 이렇게 어떤 직선을 회전축으로 하여 한 영역을 회전시켜서 얻은 입체를 회전체(solid of revolution)라 한다. 일반적으로, 회전체의 부피는 다음과 같은 기본적인 적분 공식으로 정의하는데, 이 공식은 회전축이 무엇이냐에 따라 적분 변수가 달라짐에 유의하여야 한다.

회전축	x축 또는 x축과 평행한 직선	y축 또는 y축과 평행한 직선
부피 공식	$V=\int_a^b A(x)\,dx$	$V=\int_c^d A(y)\,dy$

여기서 단면의 넓이 $A(x)$또는 $A(y)$는 다음 방법 중에서 하나를 사용하면 쉽게 찾을 수 있다.

① 단면이 원판(disk)이면. x또는 y의 식으로 원판의 반지름을 찾는다. 그리고 원의 넓이 공식을 이용한다.

$$A=\pi(\text{반지름})^2$$

② 단면이 원환(ring)이면, [그림 8.16]에서 보는 것처럼 안쪽 원의 반지름 r_i와 바깥쪽 원의 반지름 r_o을 찾고, 다음과 같이 바깥 원판의 넓이로부터 안쪽 원판의 넓이를 빼는 것으로 원환의 넓이를 계산한다.

$$A=\pi(\text{바깥 반지름})^2-\pi(\text{안쪽 반지름})^2=\pi(r_o^2-r_i^2)$$

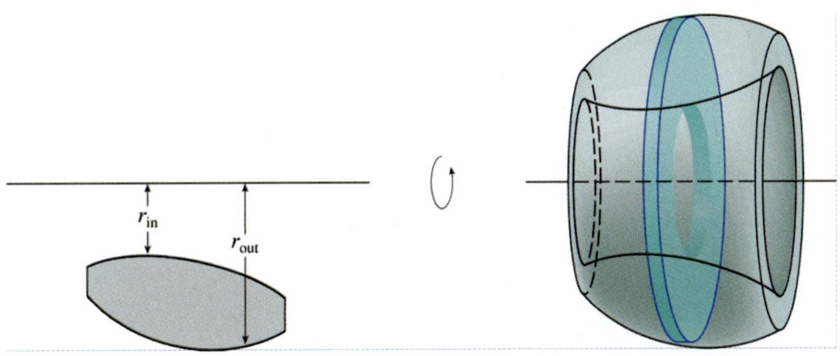

[그림 8.16]

다음 예제들에서 절단면 방법을 적용하여 다양한 회전체의 부피를 구하는 방법을 알아보자.

예제 8.2.2 곡선 $y=x^2$아래에 놓여 있는 $x=0$부터 $x=1$까지 영역을 x축을 회전축으로 회전시켜 얻은 입체의 부피를 구하라.

풀이

영역은 [그림 8.17(a)]에서 보는 것과 같다. 이 영역을 x축을 회전축으로 회전시키면, [그림 8.17(b)]에서 보는 것과 같은 입체를 얻는다. 점 x를 지나는 평면으로 입체를 잘라 반지름이 x^2인 원판을 단면으로 얻는다. 따라서 이 단면의 넓이는 다음과 같다.

$$A(x) = \pi(x^2)^2 = \pi x^4$$

그리고 근사시키는 기둥(높이가 Δx인 원기둥)의 부피는 다음과 같다.

$$A(x)\Delta x = \pi x^4 \Delta x$$

입체가 $x=0$부터 $x=1$까지 놓여 있으므로, 부피는 절단면 방법에 의해 다음과 같이 구한다.

$$V = \int_0^1 A(x)\,dx = \int_0^1 \pi x^4\,dx = \pi\left[\frac{x^5}{5}\right]_0^1 = \frac{\pi}{5}$$

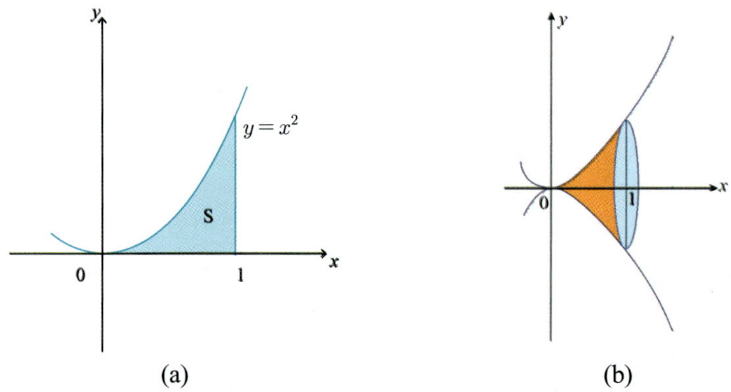

[그림 8.17]

예제 8.2.3 곡선 $y = x^3$과 두 직선 $y = 4$, $x = 0$으로 둘러싸인 영역을 y축을 회전축으로 회전시켜 얻은 입체의 부피를 구하라.

풀이

주어진 영역은 [그림 8.18(a)]에서 보는 것과 같으며, 영역을 y축을 회전축으로 회전시켜 얻은 입체는 [그림 8.18(b)]에서 볼 수 있다. 이 회전체의 부피는 입체를 y축에 수직인 평면으로 잘라 얻은 단면을 y에 관하여 적분하여 구한다. 이에 따라 높이 y에서 입체를 잘라 얻은 단면은 반지름이 x인 원판이다. 이 원판의 반지름은 $x = \sqrt[3]{y}$이므로 단면의 넓이는 다음과 같다.

$$A(y) = \pi x^2 = \pi(\sqrt[3]{y})^2 = \pi y^{2/3}$$

그리고 [그림 8.18(b)]에서 보는 것과 같은 근사시키는 원기둥의 부피는 다음과 같다.

$$A(y)\Delta y = \pi y^{2/3}\Delta y$$

입체가 $y=0$과 $y=4$사이에 놓여 있으므로, 절단면 방법을 이용하여 부피를 다음과 같이 구할 수 있다.

$$V=\int_0^4 A(y)\,dy=\int_0^4 \pi y^{2/3}\,dy=\pi\left[\frac{3}{5}y^{5/3}\right]_0^4=\frac{24\sqrt{2}\,\pi}{5}$$

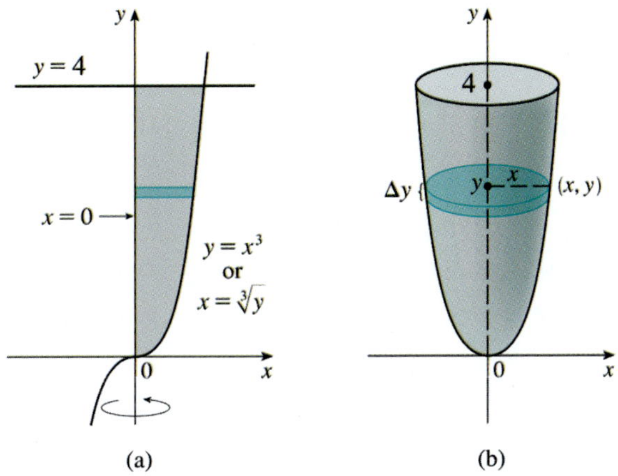

[그림 8.18]

예제 8.2.4 직선 $y=x$와 곡선 $y=x^2$으로 둘러싸인 영역을 x축을 회전축으로 회전시켜서 얻은 입체의 부피를 구하라.

풀이

두 곡선은 점 $(0,0)$과 $(1,1)$에서 만나며, 단면이 원환이므로 두 곡선이 만나는 두 점 사이에서 바깥 원과 안쪽 원을 찾아야 한다. x축을 회전축으로 회전하므로, 적분 변수는 x가 되며, 반지름은 y, 즉 바깥 반지름은 $y=x$, 안쪽 반지름은 $y=x^2$이 된다[그림 8.19 참조]. 따라서 단면의 넓이는 다음과 같다.

$$A(x)=\pi x^2-\pi(x^2)^2$$

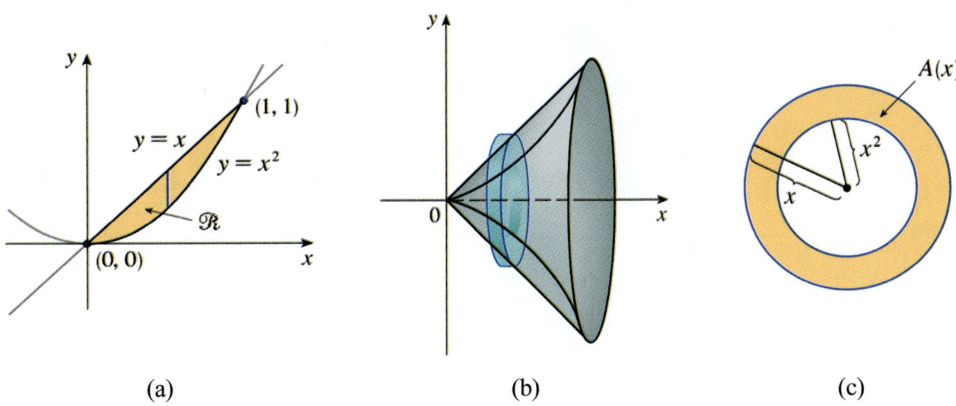

[그림 8.19]

따라서 부피는 다음과 같다.

$$V=\int_0^1 A(x)\,dx=\int_0^1 \pi(x^2-x^4)\,dx=\frac{2\pi}{15}$$

예제 8.2.5 예제 8.2.4의 영역을 직선 $y=2$를 회전축으로 회전시켜 얻은 입체의 부피를 구하라.

풀이

x축에 평행한 직선을 회전축으로 회전하므로 적분 변수는 x이고, 단면은 원환이다. 회전축이 직선 $y=2$이므로, 안쪽 반지름은 $2-x$, 바깥쪽 반지름은 $2-x^2$이 됨을 알 수 있다[그림 8.20 참조]. 이로부터 단면의 넓이를 구하면 다음을 얻는다.

$$A(x)=\pi(2-x^2)^2-\pi(2-x)^2$$

따라서 부피는 다음과 같다.

$$V=\int_0^1 A(x)\,dx=\int_0^1 \left[\pi(2-x^2)^2-\pi(2-x)^2\right]dx$$

$$=\pi\int_0^1 (x^4-5x^2+4x)\,dx=\pi\left[\frac{x^5}{5}-\frac{5x^3}{3}+\frac{4x^2}{2}\right]_0^1=\frac{8\pi}{15}$$

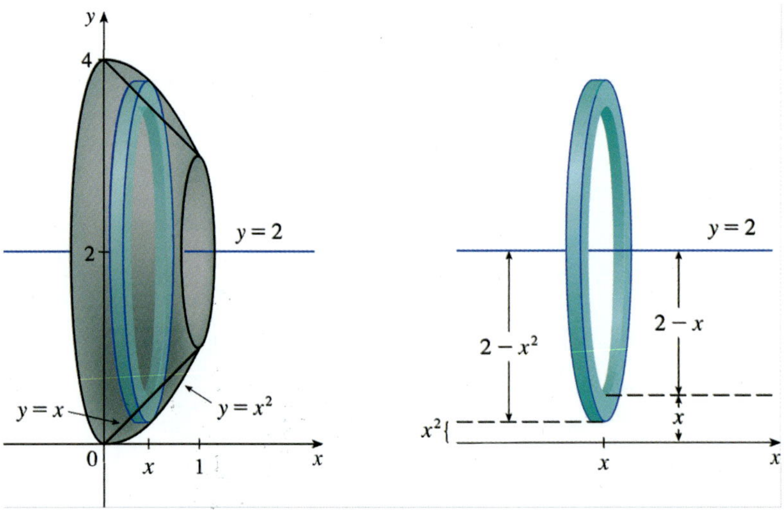

[그림 8.20]

예제 8.2.6 예제 8.2.4의 영역을 직선 $x = -1$을 회전축으로 회전시켜 얻은 입체의 부피를 구하라.

풀이

회전축이 y축과 평행한 직선이므로 적분 변수는 y이고, 단면은 원환이다. 회전축이 $x = -1$이므로, 안쪽 반지름이 $1+y$이고 바깥쪽 반지름이 $1+\sqrt{y}$이다[그림 8.21 참조].

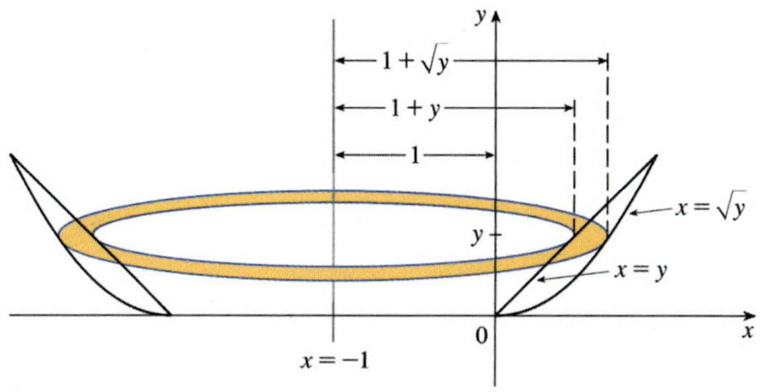

[그림 8.21]

이로부터 단면의 넓이를 구하면 다음을 얻는다.

$$A(y) = \pi(1+\sqrt{y})^2 - \pi(1+y)^2$$

이를 이용하여 부피를 다음과 같이 구할 수 있다.

$$V = \int_0^1 A(y)\,dy = \int_0^1 \left[\pi(1+\sqrt{y})^2 - \pi(1+y)^2\right] dy$$

$$= \pi\int_0^1 (2\sqrt{y} - y - y^2)\,dy = \pi\left[\frac{4y^{3/2}}{3} - \frac{y^2}{2} - \frac{y^3}{3}\right]_0^1 = \frac{\pi}{2}$$

이제는 회전체가 아닌 도형에 대해 생각해 보자. 지금까지 방법을 확장하면 회전체가 아닌 입체도형의 부피도 구할 수 있다. 회전체가 아니므로 단면의 넓이 $A(x)$를 구하는 방법을 알아야 한다. 다음 예제들을 살펴보자.

예제 8.2.7 [그림 8.22]에 나타낸 입체도형의 밑면은 반지름이 1인 원이다. 밑면에 수직이고 서로 평행인 단면들이 모두 정삼각형일 때 이 입체도형의 부피를 구하라.

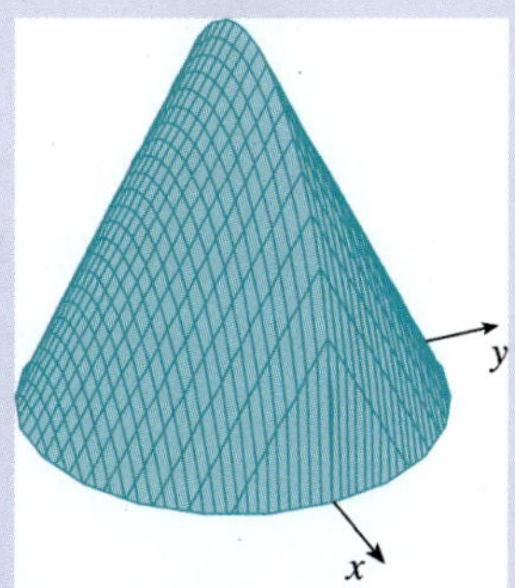

컴퓨터로 생성한 예제 8.2.7의 입체

[그림 8.22]

풀이

원의 방정식을 $x^2+y^2=1$이라 하자. [그림 8.23]에 이 입체와 그 밑면 및 원점으로부터의 거리가 x인 대표적인 단면을 나타냈다. 점 B가 원에 있으므로, $y=\sqrt{1-x^2}$이고 이에 따라 삼각형 ABC의 밑변은 $|AB|=2\sqrt{1-x^2}$이다. 이것은 정삼각형이므로, [그림 8.23(c)]에서 보는 것처럼 그 높이는 $\sqrt{3}y=\sqrt{3}\sqrt{1-x^2}$이다. 따라서 단면의 넓이는 다음과 같다.

$$A(x)=\frac{1}{2}\cdot 2\sqrt{1-x^2}\cdot\sqrt{3}\sqrt{1-x^2}=\sqrt{3}(1-x^2)$$

그러므로 입체의 부피는 다음과 같다.

$$V=\int_{-1}^{1}A(x)\,dx=\int_{-1}^{1}\sqrt{3}(1-x^2)\,dx$$

$$=2\int_{0}^{1}\sqrt{3}(1-x^2)\,dx=2\sqrt{3}\left[x-\frac{x^3}{3}\right]_0^1=\frac{4\sqrt{3}}{3}$$

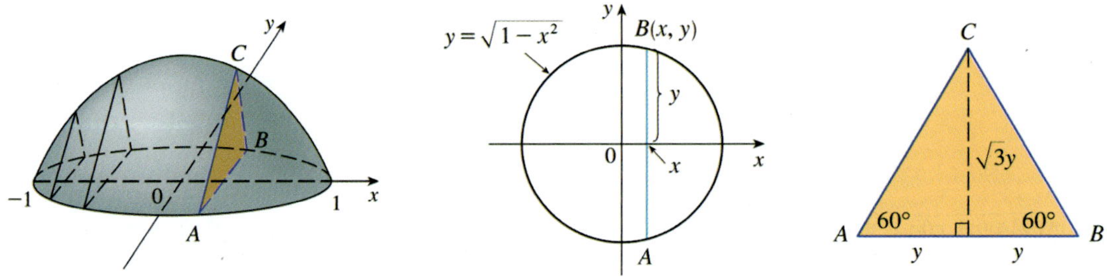

(a) 입체 (b) 밑면 (c) 단면

[그림 8.23]

예제 8.2.8 밑면이 정사각형으로 각 변의 길이가 L이고 높이가 h인 사각뿔의 부피를 구하라.

풀이

[그림 8.24]에서 보는 것처럼, 각뿔의 꼭짓점을 원점 O에 놓고 x축을 중심축으로 택하여 위치시킨다. 점 x를 지나면서 x축에 수직인 임의의 평면 P_x가 사각뿔을 잘라 생기는 단면은 정사각형이다. 이 정사각형의 한 변의 길이를 s라 하면, [그림 8.25]에서 보는 것처럼 닮은 삼각형들로부터 s를 x로 표현할 수 있다.

$$\frac{x}{h}=\frac{s/2}{L/2}=\frac{s}{L}$$

그러므로 $s=\frac{Lx}{h}$이다. (또 다른 방법은 직선 OP의 기울기가 $L/2h$이므로 그 방정식이 $y=Lx/2h$라는 결과를 이용한다.) 이에 따라 단면의 넓이는 다음과 같다.

$$A(x) = s^2 = \frac{L^2}{h^2}x^2$$

사각뿔이 $x=0$ 과 $x=h$ 사이에 놓여 있으므로, 그 부피는 다음과 같다.

$$V = \int_0^h A(x)\,dx = \int_0^h \frac{L^2}{h^2}x^2\,dx = \frac{L^2}{h^2}\frac{x^3}{3}\bigg]_0^h = \frac{L^2 h}{3}$$

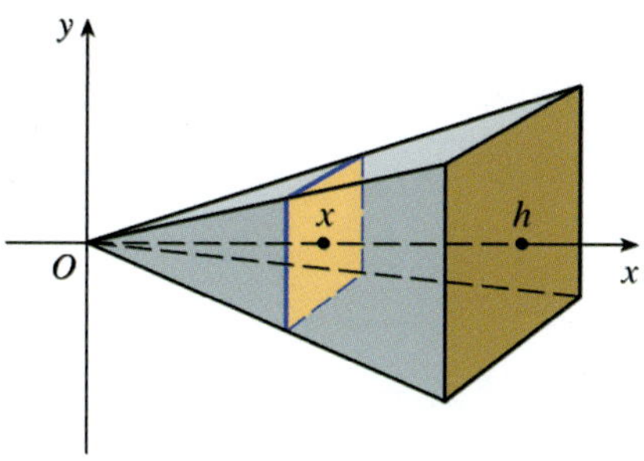

[그림 8.24]

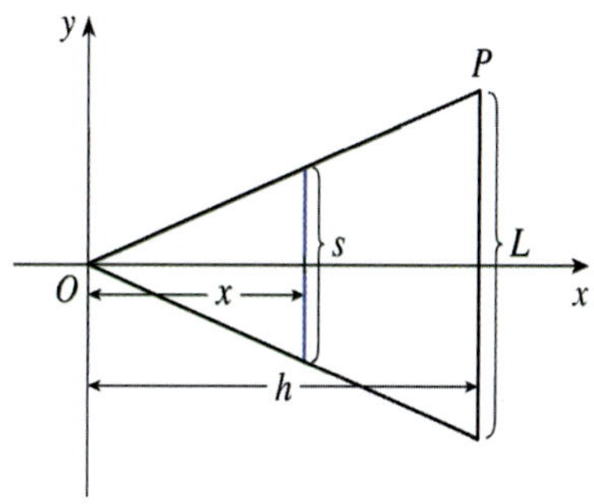

[그림 8.25]

참고

예제 8.2.8은 식을 간단히 하기 위하여 꼭짓점을 원점에 위치시키고 높이가 x 축이 되게 하였다. 그러나 사각뿔의 꼭짓점을 반드시 원점에 위치시킬 필요는 없다. [그림 8.26]에서 보는 것처럼 밑면의 중심을 원점에 위치시키고 꼭짓점을 양의 y 축에 위치시키면, 다음과 같은 적분이 얻어짐을 알 수 있다.

$$V = \int_0^h A(y)\,dy = \int_0^h \frac{L^2}{h^2}(h-y)^2\,dy = \frac{L^2 h}{3}$$

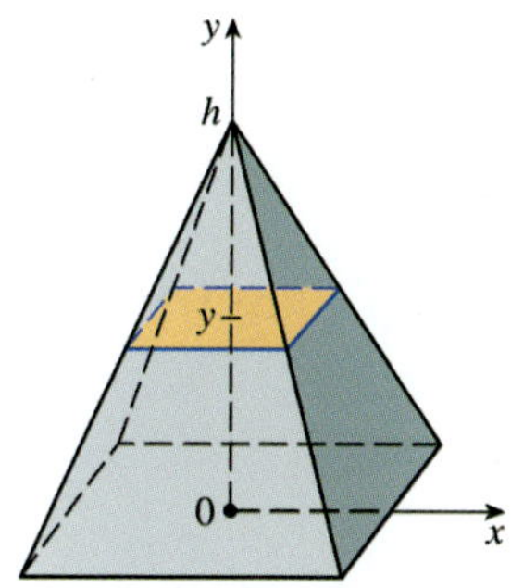

[그림 8.26]

원통껍질 방법

회전체의 부피를 구하기 위하여 절단면 방법으로 계산하기 어려운 문제가 종종 있을 수 있다. 예를 들어 두 곡선 $y=3x^2-x^3$과 $y=0$으로 둘러싸인 영역을 y축을 회전축으로 회전시켜 얻은 입체의 부피를 구하는 문제를 생각해 보자[그림 8.27 참조]. 원환의 방법을 적용하기 위하여 y축에 수직인 평면으로 자르면 원환을 얻는다. 그런데 원환의 바깥 반지름과 안쪽 반지름을 찾으려면, 삼차방정식 $y=3x^2-x^3$을 x에 관하여 풀어서 x를 y의 식으로 나타내어야 하는데 그것은 쉽지 않다. 이러한 경우에 다른 방법을

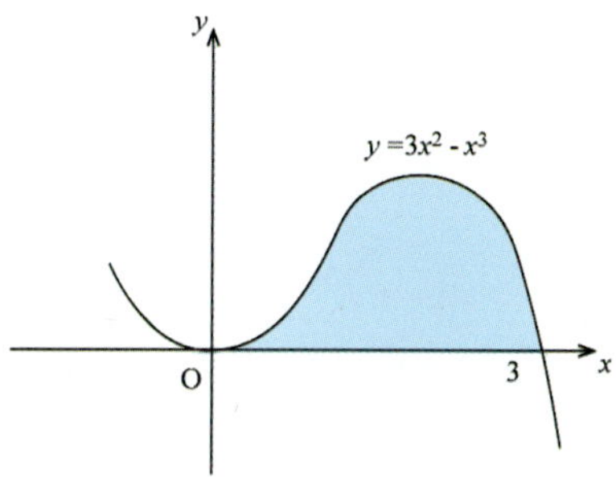

[그림 8.27]

모색해 보아야 한다.

회전체의 부피를 구하기 위한 또 하나의 방법으로 원통껍질 방법(method of cylindrical shells)이 있다. 원통껍질이란 [그림 8.28]에서 보는 것처럼 원통의 얇은 두께의 껍질이라 생각할 수 있으며, 이를 안쪽 반지름이 r_1이고 바깥 반지름이 r_2이며 높이가 h인 원통껍질이라 한다. 이 원통껍질의 부피 V는 다음과 같이 바깥 기둥의 부피 V_2에서 안쪽 기둥의 부피 V_1을 빼서 구한다.

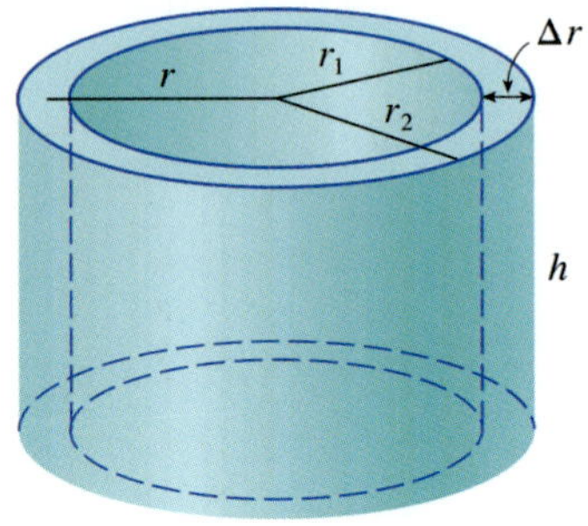

[그림 8.28]

$$V = V_2 - V_1 = \pi r_2^2 h - \pi r_1^2 h$$
$$= \pi(r_2 + r_1)(r_2 - r_1) = 2\pi \frac{r_2 + r_1}{2} h(r_2 - r_1)$$

위 식에서 원통껍질의 두께를 $\Delta r = r_2 - r_1$, 원통껍질의 평균 반지름을 $r = \dfrac{r_2 + r_1}{2}$이라 하면, 원통껍질의 부피에 대한 공식은 다음과 같다.

$$V = 2\pi r h \Delta r$$

그리고 이 공식은 기억하기 쉽도록 다음과 같이 다시 나타낼 수 있다.

$$V = (\text{원주}) \times (\text{높이}) \times (\text{두께})$$

함수 $f(x)$를 닫힌 구간 $[a, b]$에서 연속이며 $f(x) \geq 0$이라 하자. 이때 S를 곡선 $y = f(x)$과 x축 및 $x = a$와 $x = b$로 둘러싸인 영역을 y축을 회전축으로 회전시켜 얻은 입체라 하자[그림 8.29 참조].

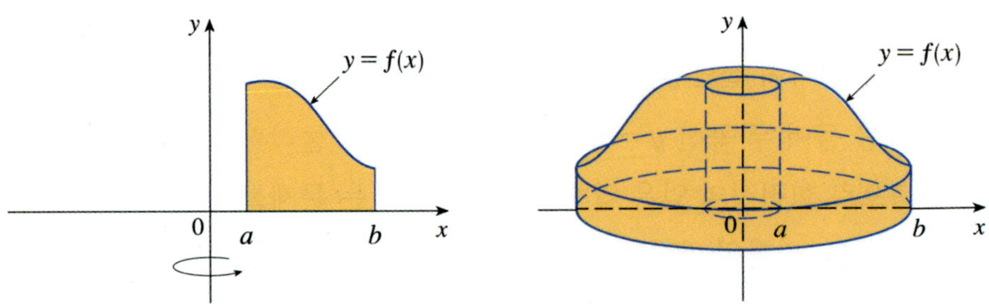

[그림 8.29]

구간 $[a, b]$를 너비가 Δx인 n개의 부분 구간 $[x_{i-1}, x_i]$으로 나누고, i번째 부분 구간의 중점을 $\bar{x}_i$라 하자. 밑변이 $[x_{i-1}, x_i]$이고 높이가 $f(\bar{x}_i)$인 직사각형을 y축을 회전축으로 회전시키면 원통껍질을 얻는데, 이것의 평균 반지름은 $\bar{x}_i$이고 높이는 $f(\bar{x}_i)$이며 두께는 Δx이다. 그러므로 공식에 의해 i번째 원통껍질의 부피 V_i는 다음과 같다.

$$V_i = 2\pi \bar{x}_i f(\bar{x}_i)\Delta x$$

따라서 S의 부피 V에 대한 근삿값은 다음과 같이 껍질들의 부피의 합으로 구한다.

$$V \approx \sum_{i=1}^{n} V_i = \sum_{i=1}^{n} 2\pi \bar{x}_i f(\bar{x}_i)\Delta x$$

이 근삿값은 $n\to\infty$일 때 더 정확해지고, 정적분의 정의에 의해 다음이 성립한다[그림 8.30].

$$\lim_{n\to\infty}\sum_{i=1}^{n} 2\pi \bar{x}_i f(\bar{x}_i)\Delta x = \int_a^b 2\pi x f(x)\,dx$$

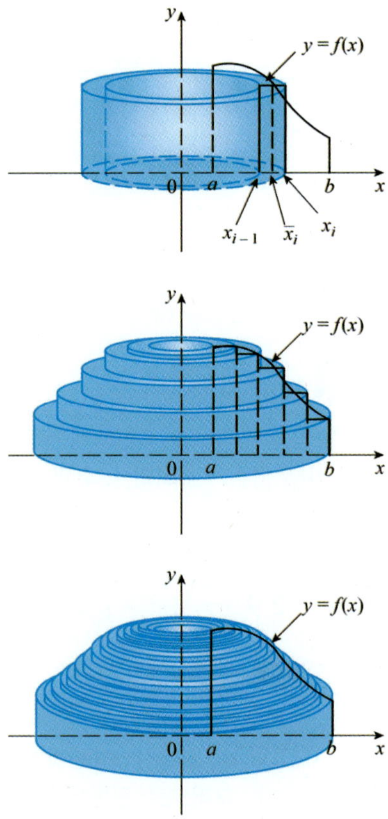

[그림 8.30]

그러므로 다음과 같은 공식을 얻을 수 있다.

정의 8.2.2 원통껍질 방법

$x = a$부터 $x = b$까지 곡선 $y = f(x)$아래의 영역 S를 y축을 회전축으로 회전시켜 얻은 입체의 부피는 다음과 같다.

$$V = \int_a^b 2\pi x f(x)\,dx$$

이 적분 공식을 기억하기에 좋은 방법은, 반지름이 x이고 원주가 $2\pi x$이며 높이가 $f(x)$이고 두께가 Δx 또는 dx인 대표적인 원통껍질을 [그림 8.31]에서 보는 것과 같이 자르고 펼쳐놓은 것을 생각하는 것이다.

$$\int_a^b \underbrace{(2\pi x)}_{\text{원주}}\ \underbrace{\{f(x)\}}_{\text{높이}}\,dx$$

이러한 논리는 y축이 아닌 다른 직선을 중심으로 회전시키는 상황에서도 비슷하게 적용된다.

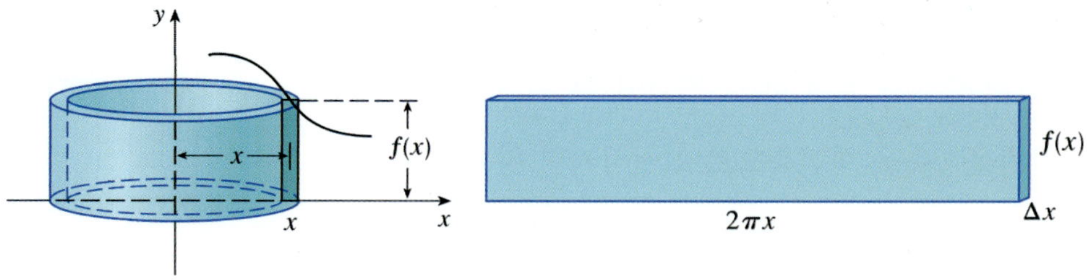

[그림 8.31]

참고

원통껍질 방법으로 회전체의 부피를 구할 때, y축과 평행한 직선을 회전축으로 회전시켜 얻은 회전체의 부피를 구할 때의 적분 변수가 x이며, x축과 평행한 직선을 회전축으로 회전시킬 때의 적분 변수는 y가 된다.

예제 8.2.9 $y=3x^2-x^3$과 $y=0$으로 둘러싸인 영역을 y축을 회전축으로 회전시켜 얻은 입체의 부피를 구하라.

풀이

[그림 8.32]에서 보는 것처럼 대표 원통껍질은 반지름이 x, 원주는 $2\pi x$이며, 높이는 $f(x)=3x^2-x^3$임을 알 수 있다. 그러므로 원통껍질 방법을 이용하여 부피를 다음과 같이 구한다.

$$V=\int_0^3 2\pi x(3x^2-x^3)\,dx=2\pi\int_0^3(3x^3-x^4)\,dx$$

$$=2\pi\left[\frac{3x^4}{4}-\frac{x^5}{5}\right]_0^3=\frac{243}{10}\pi$$

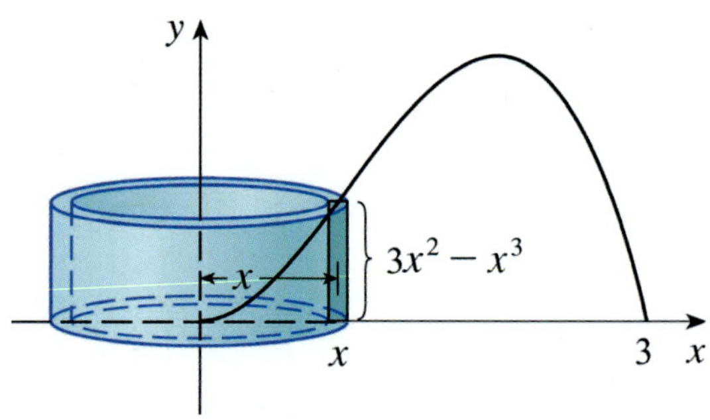

[그림 8.32]

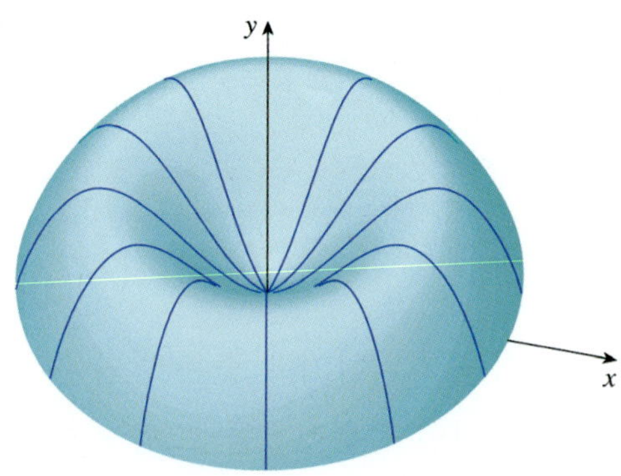

[그림 8.33]

참고

앞에서 언급했던 것처럼, 예제 8.2.9의 문제에 대해서는 원통껍질 방법이 절단면 방법보다 훨씬 더 쉽다는 것을 알 수 있다. 그것은 극댓값의 좌표를 찾을 필요도 없고, y축을 회전축으로 회전시켰지만 식을 x에 대해 풀어서 y의 식으로 나타낼 필요도 없기 때문이다. 하지만, 다른 예에서는 절단면 방법이 더 쉬울 수 있다. 따라서 어떤 방법이 유리한지 잘 선택하는 것이 중요하다.

예제 8.2.10 직선 $y=x$와 곡선 $y=\sqrt{x}$ 사이의 영역을 y축을 회전축으로 회전시켜 얻은 입체의 부피를 구하라.

풀이

[그림 8.34]에 영역과 대표 원통껍질을 나타냈다. 이 껍질의 반지름은 x,
원주는 $2\pi x$이며 높이는 $\sqrt{x}-x$이다. 그러므로 부피는 다음과 같다.

$$V=\int_0^1 2\pi x(\sqrt{x}-x)\,dx=2\pi\int_0^1 (x^{3/2}-x^2)\,dx$$

$$=2\pi\left[\frac{2}{5}x^{5/2}-\frac{x^3}{3}\right]_0^1=\frac{2\pi}{15}$$

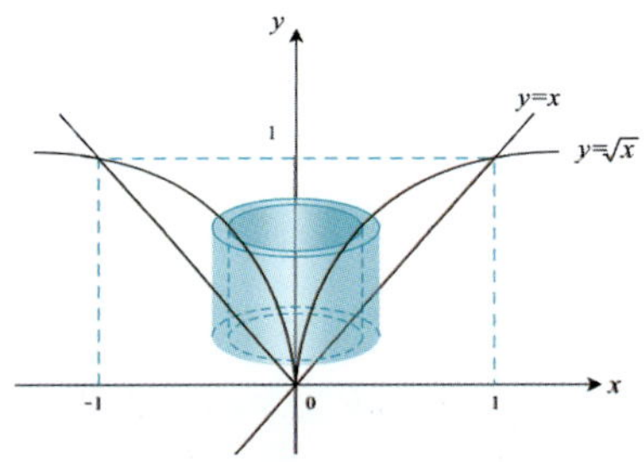

[그림 8.34]

다음 예제는 원통 껍질 방법을 x축을 회전축으로 회전시켜 얻은 입체에 어떻게 적용하는지를 보여준다.

예제 8.2.11 원통 껍질 방법을 이용해서 $x=0$부터 $x=1$까지 곡선 $y=x^2$아래의 영역을 x축을 회전축으로 회전시켜 얻은 입체의 부피를 구하라.

풀이

원통 껍질 방법을 이용하기 위해 [그림 8.35]에서 보는 것처럼 곡선 $y=x^2$을 $x=\sqrt{y}$로 나타내자. x축을 회전축으로 회전시켰으므로, 대표 원통 껍질의 반지름은 y, 원주는 $2\pi y$, 높이는 $1-\sqrt{y}$이다. 따라서 부피는 다음과 같다.

$$V=\int_0^1 2\pi y(1-\sqrt{y})\,dy=2\pi\int_0^1 (y-y^{3/2})\,dy$$

$$=2\pi\left[\frac{y^2}{2}-\frac{2}{5}y^{5/2}\right]_0^1=\frac{\pi}{5}$$

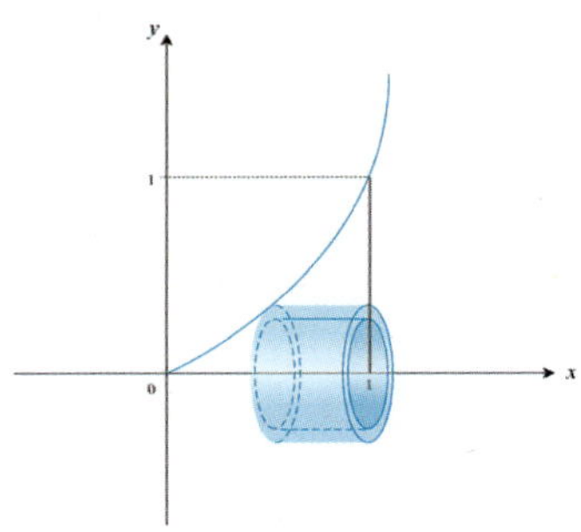

[그림 8.35]

참고

이 예제 8.2.11에서의 부피를 예제 8.2.2에서는 절단면 방법으로 풀었다. 이 부피의 경우 절단면 방법이 더 간단함을 알 수 있다.

예제 8.2.12 곡선 $y=x-x^2$과 $y=0$으로 둘러싸인 영역을 직선 $x=1$을 회전축으로 회전시켜 얻은 입체의 부피를 구하라.

풀이

[그림 8.36]은 영역과 직선 $x=1$을 회전축으로 회전시켜 얻은 대표 원통껍질을 보여준다. 원통껍질은 반지름이 $1-x$, 원주는 $2\pi(1-x)$이고 높이는 $x-x^2$이다. 따라서 주어진 입체의 부피는 다음과 같다.

$$V=\int_0^1 2\pi(1-x)(x-x^2)\,dx=2\pi\int_0^1(x^3-2x^2+x)\,dx$$

$$=2\pi\left[\frac{x^4}{4}-\frac{2}{3}x^3+\frac{1}{2}x^2\right]_0^1=\frac{\pi}{6}$$

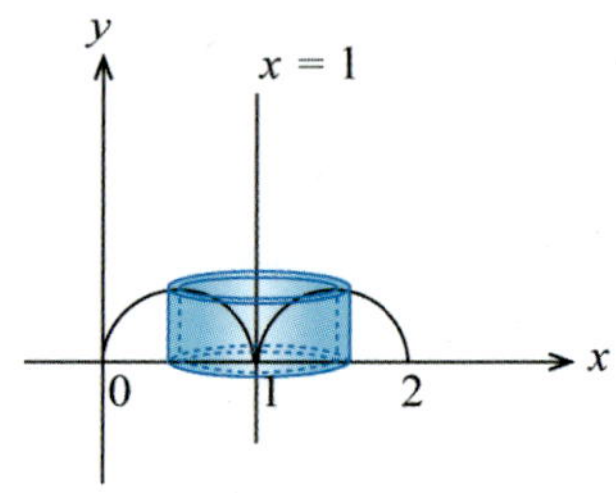

[그림 8.36]

연습문제 8.2

[1~22] 다음 곡선들로 둘러싸인 영역을 지정된 직선을 회전축으로 회전시켜 얻은 입체의 부피를 구하라.

1. $y=-\frac{1}{2}x,\ y=0,\ x=1,\ x=2;x$ 축
2. $y=2-2x^2,\ y=0;x$ 축
3. $x=3\sqrt{y},\ x=0,\ y=3;y$ 축
4. $y=\ln x,\ y=0,\ y=1,\ x=0;y$ 축
5. $y=x^3,\ y=2x\ (x\geq 0);x$ 축
6. $y=x^3,\ y=2x\ (x\geq 0);y$ 축
7. $y=\frac{1}{2}x^2,\ y=3-x^2;x$ 축
8. $y=\frac{1}{2}x^2,\ y=3-x^2;y$ 축
9. $y=\frac{1}{x},\ y=0,\ x=1,\ x=2;y=-1$
10. $y=x^2,\ x=y^2;x=2$
11. $y=x,\ y=\sqrt{x};x=-1$
12. $y=x,\ y=\sqrt{x};x=2$
13. $y=x^3,\ x=1,\ y=0;y=1$
14. $y=x^3,\ x=1,\ y=0;x=1$
15. $y=2x-x^2;x$ 축
16. $y=\sqrt[3]{x},\ x=0,\ y=1;x$ 축
17. $y=\sqrt[3]{x},\ x=0,\ 0\leq y\leq 1;x=-1$
18. $y=x^2+4x+6,\ y=2x+6;x$ 축
19. $y=x^2+4x+6,\ y=2x+6;y=2$
20. $x=y^2+1,\ x=3-y^2;y$ 축
21. $x=y^2,\ x=y+2;y$ 축
22. $y=(x-3)^2,\ x=0,\ y=0;y$ 축

[23~25] 다음 곡선들로 둘러싸인 영역을 지정된 직선을 회전축으로 회전시켜 얻은 입체의 부피를 구하는 적분 식을 세워라.

23. $y = 0$, $y = \cos^2 x$ $(-\pi/2 \le x \le \pi/2)$

(a) x 축　　(b) 직선 $y = 1$

24. $x^2 + 4y^2 = 4$

(a) 직선 $y = 2$　　(b) 직선 $x = 2$

25. $y = |x|$, $x^2 + y^2 = 1 \, (y \ge 0)$

(a) x 축　　(b) y 축

[26~28] 다음과 같은 입체의 부피를 구하라.

26. 높이가 h 이고 밑면의 반지름이 r 인 직원뿔

27. 높이가 h 이고 밑면의 반지름이 R 이며 윗면의 반지름이 r 인 직원뿔대

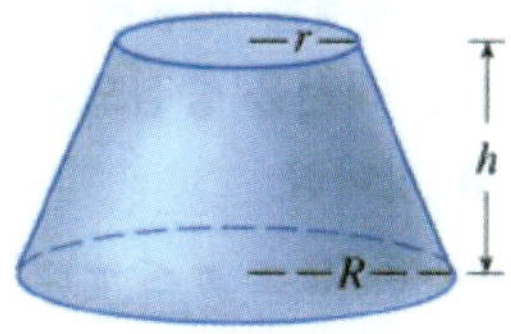

[그림 8.2.1]

28. 밑면은 경계 곡선이 타원 $9x^2 + 4y^2 = 36$ 인 영역이고 x 축에 수직인 단면은 밑변이 빗변인 직각 이등변 삼각형인 입체

29. 쐐기는 반지름이 4인 원기둥을 다음과 같은 두 개의 평면으로 잘라서 만든다. 한 평면은 원기둥의 축에 수직이다. 다른 평면은 원기둥의 지름을 지나며 처음 평면과 30° 의 각을 이룬다. 이 쐐기의 부피를 구하라.

30. $y^2 = x$와 $y = x^2$으로 둘러싸인 영역을 y축을 회전축으로 회전시켜 얻은 입체의 부피를 V라 하자. V를 절단면 방법과 원통 껍질 방법으로 모두 구하라. 각 경우를 그림으로 나타내어 계산 방법을 설명하라.

[31~41] 원통 껍질 방법을 이용해서 다음 곡선들로 둘러싸인 영역을 지정된 직선을 회전축으로 회전시켜 얻은 입체의 부피를 구하라.

31. $x = 1 + (y-2)^2$, $x = 2$; x 축

32. $y = 3 + 2x - x^2$, $x + y = 3$; y 축

33. $y = x^2 - 4x + 7$, $y = 4(x-2)^2$; y 축

34. $x = 1 + y^2$, $x = 2$; x 축

35. $x = 4y^2 - y^3$, $x = 0$; x 축

36. $y = 4x^2$, $2x + y = 6$, $x \ge 0$; y 축

37. $x = 4 - (y-1)^2$, $x + y = 3$; x 축

38. $y = x^2$, $y = 0$, $1 \le x \le 2$; y 축

39. $y = x^2$, $y = 0$, $-2 \le x \le -1$; y 축

40. $y = x^2$, $y = 0$, $1 \le x \le 2$; $x = 4$

41. $y = 8x - 2x^2$, $y = 4x - x^2$; $x = -2$

[42~45] 원통 껍질 방법을 이용하여 다음 곡선들로 둘러싸인 영역을 주어진 회전축으로 회전시켜 얻은 입체의 부피를 구하는 적분식을 세워라.

42. $y = \sqrt[3]{x}$, $y = 0$, $x = 1$

(a) y 축　　(b) x 축　　(c) $x = -1$

43. $y = x^2$, $y = 0$, $x = 1$

(a) y 축　　(b) x 축　　(c) $x = 1$

44. $xy = 1$, $x = 0$, $y = 1$, $y = 3$

(a) y 축　　(b) x 축　　(c) $x = -1$

45. $y = x^2$, $y = 2 - x^2$

(a) y 축　　(b) x 축　　(c) $x = 1$

[46~47] 원통 껍질을 이용하여 다음 입체의 부피를 구하는 식을 찾고 부피를 구하라. 절단면 방법과 비교해 보아라.

46. 반지름이 r 인 구

47. 높이가 h 이고 밑면이 r 인 직원 뿔

8.3 호의 길이

호의 길이

앞 절에서 넓이와 부피를 구하기 위해 적분이 어떻게 활용되는가를 공부하였다. 이 절에서는 곡선의 길이를 구하는 방법을 알아본다. 곡선의 길이는 무엇을 의미하는가? 직선의 길이는 자를 이용하여 잴 수 있지만, 곡선의 길이를 잴 수 있는 도구는 없다. 대신에 [그림 8.37]에서 보는 것과 같은 곡선의 경우에는 그 길이를 구하기 위해, 끈을 이용하여 곡선과 똑같이 맞춘 다음, 이를 쭉 펴서 끈의 길이를 자로 잴 수 있다. 그러나 이 방법도 곡선이 복잡한 경우에는 적용하기 어려울 수 있다. 따라서 넓이와 부피에 적용했던 것과 같이 적분을 활용하여, 곡선의 길이 또는 호의 길이를 구하는 적분을 찾아보고자 한다.

[그림 8.37]

우선, 곡선이 꺾인 직선이라면 그 길이는 쉽게 구할 수 있다. 거리 공식을 이용하여 각 선분의 두 끝점 사이의 거리를 구해 더해주면 된다. 이제 일반적인 곡선의 경우에 대해서는 이와 같은 꺾인 직선의 길이를 이용하여 구하여보자. 먼저 곡선을 꺾인 직선으로 근사시킨 후에 꺾인 직선을 이루는 선분의 개수를 증가시킴으로써 그 길이를 극한의 개념으로 구할 수 있다. 예를 들어, 원의 둘레의 길이를 원에 내접하는 다각형의 둘레의 길이의 극한으로 이해할 수 있다[그림 8.38 참조].

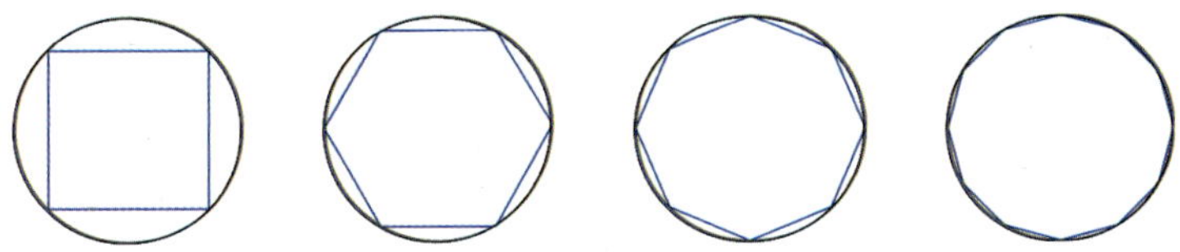

[그림 8.38]

이제 적분의 개념을 활용하여 일반적으로 곡선의 길이를 정의해보자. 곡선 C를 $y = f(x)$로 정의되며, 함수 $f(x)$는 구간 $[a, b]$에서 연속이라 하자. 곡선 C에 근사하는 꺾인 직선을 찾기 위해, 구간 $[a, b]$를 길이가 Δx로 서로 같은 n개의 부분 구간으로 분할하자.

분할점을 각각 x_0, x_1, $\cdots$, x_n이라 하고, 그 점에서의 함숫값을 $y_i = f(x_i)$라 하면, 두 값을 좌표로 하는 점 $P_i(x_i, y_i)$이 구해진다. 이렇게 구한 점 P_0, P_1, $\cdots$, P_n는 모두 곡선 C에 있는 점이다. 이 점들을 선분으로 연결하면, 곡선 C에 근사하는 꺾인 직선이 구해진다[그림 8.39 참조].

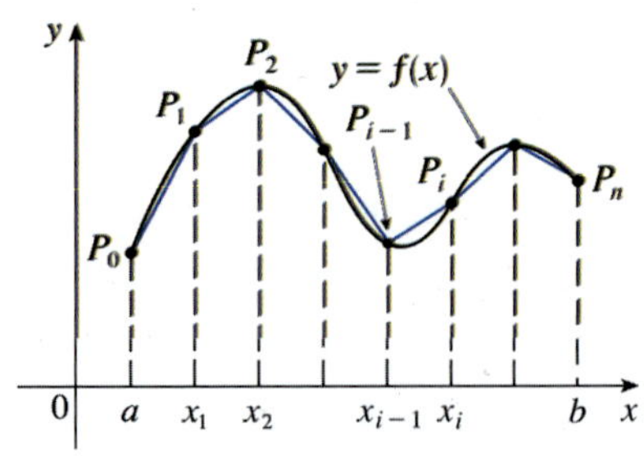

[그림 8.39]

꺾인 직선의 길이의 합은 구하고자 하는 곡선의 길이의 근삿값이 된다. 이때 Δx가 아주 작은 값이라 하자.

즉 $\Delta x \to 0$(곧 $n \to \infty$와 같은 의미)일 때, 꺾인 직선은 곡선과 일치할 것이고, 그 근삿값의 극한은 구하고자 하는 곡선의 길이와 거의 같게 될 것이다[그림 8.40 참조]. 따라서 함수 $y=f(x)$, $a \le x \le b$에 의해 정의되는 곡선 C의 길이 L은 다음과 같이 꺾인 직선의 길이의 극한으로(극한이 존재할 때) 정의한다.

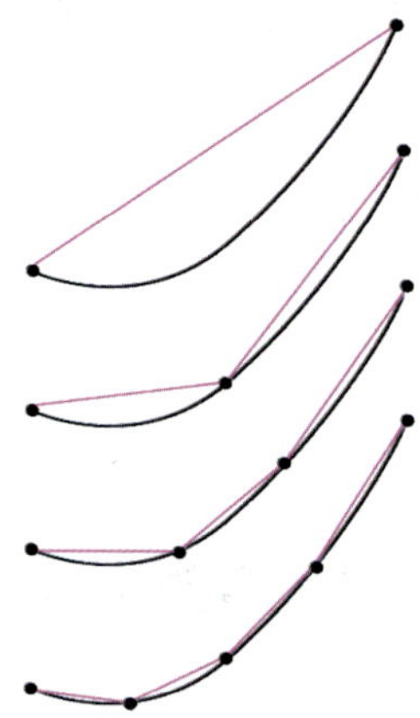

[그림 8.40]

$$L=\lim_{n \to \infty}\sum_{i=1}^{n}|P_{i-1}P_i|$$

위 식의 극한 계산은 직접 하지 않고 적분의 개념을 도입하면 쉽게 구할 수 있다. $f(x)$의 도함수가 연속이라면 이 식으로부터 L을 구할 수 있는 적분 공식을 유도할 수 있다. 이런 함수 $f(x)$는 x 의 변화가 작을 때에 도함수 $f'(x)$의 변화도 작으므로 매끄러운(smooth)함수라고 한다. 앞에서 했던 방법을 유사하게 적용하여 이 극한을 적분으로 나타내어 보자.

호의 길이 공식

$\Delta y_i = y_i - y_{i-1}$이라 놓고, 직선들의 길이 $|P_{i-1}P_i|$를 계산하면 다음을 얻는다.

$$|P_{i-1}P_i| = \sqrt{(x_i - x_{i-1})^2 + (y_i - y_{i-1})^2} = \sqrt{(\Delta x_i)^2 + (\Delta y_i)^2}$$

부분 구간 $[x_{i-1}, x_i]$에서 함수 $f(x)$에 평균값 정리를 적용하면 x_{i-1}과 x_i사이에 어떤 값 x_i^*가 존재하여 다음 식을 만족한다.

$$f(x_i) - f(x_{i-1}) = f'(x_i^*)(x_i - x_{i-1})$$

즉 $\Delta y_i = f'(x_i^*)\Delta x$이다. 이로부터 다음을 얻는다.

$$\begin{aligned}|P_{i-1}P_i| &= \sqrt{(\Delta x_i)^2 + (\Delta y_i)^2} = \sqrt{(\Delta x)^2 + [f'(x_i^*)\Delta x]^2} \\ &= \sqrt{1+[f'(x_i^*)]^2}\sqrt{(\Delta x)^2} = \sqrt{1+[f'(x_i^*)]^2}\,\Delta x\end{aligned}$$

따라서 곡선의 길이는 다음과 같이 다시 쓸 수 있다.

$$L=\lim_{n \to \infty}\sum_{i=1}^{n}|P_{i-1}P_i| = \lim_{n \to \infty}\sum_{i=1}^{n}\sqrt{1+[f'(x_i^*)]^2}\,\Delta x$$

이 식은 정적분의 정의에 의해 다음과 같이 적분으로 표현할 수 있다.

$$\int_a^b \sqrt{1+[f'(x)]^2}\,dx$$

이때 피적분함수 $g(x)=\sqrt{1+[f'(x)]^2}$ 이 연속이므로 이 적분은 항상 존재한다. 따라서 다음 정리와 같이 호의 길이 공식이 만들어진다.

정리 8.3.1 호의 길이 공식

함수 $f'(x)$가 구간 $[a,b]$에서 연속이면 곡선 $y=f(x)$, $a \le x \le b$의 길이는 다음과 같다.

$$L=\int_a^b \sqrt{1+[f'(x)]^2}\,dx$$

참고

도함수에 대한 라이프니츠 기호를 이용하면, 호의 길이 공식을 다음과 같이 나타낼 수 있다.

$$L=\int_a^b \sqrt{1+\left(\frac{dy}{dx}\right)^2}\,dx$$

예제 8.3.1 포물선 $y^2=4x^3$을 따라 두 점 $(0,0)$과 $(1,2)$사이에 있는 호의 길이를 구하라.

풀이

두 점이 곡선의 x축 위쪽 부분에 있으므로[그림 8.41 참조] 다음과 같은 위쪽 절반을 나타내는 함수와 그 도함수를 사용한다.

$$y=f(x)=2x^{3/2}, f'(x)=3x^{1/2}$$

정리 8.3.1의 호의 길이 공식을 이용하여 다음과 같이 호의 길이를 구할 수 있다.

$$L=\int_0^1 \sqrt{1+[f'(x)]^2}\,dx=\int_0^1 \sqrt{1+9x}\,dx$$

이제 $u=1+9x$로 치환하면 $du=9dx$이며, $x=0$일 때 $u=1$이고, $x=1$일 때 $u=10$이다. 치환 적분법을 사용하여 다음과 같이 호의 길이를 구한다.

$$L=\frac{1}{9}\int_1^{10}\sqrt{u}\,du=\frac{1}{9}\cdot\frac{2}{3}u^{3/2}\Big]_1^{10}$$

$$=\frac{2}{27}[10^{3/2}-1^{3/2}]=\frac{2}{27}(10\sqrt{10}-1)$$

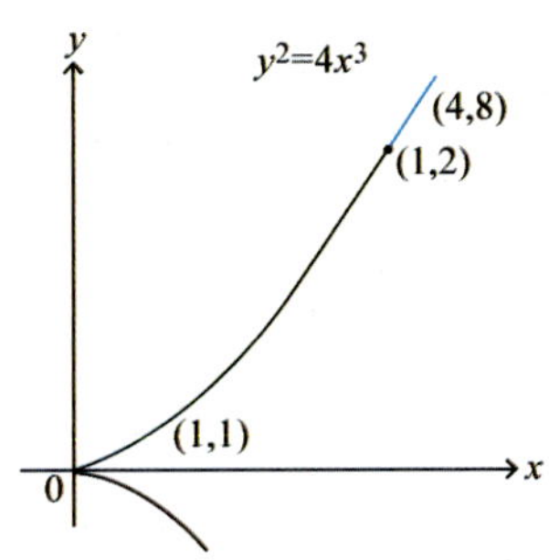

[그림 8.41]

곡선을 정의하는 함수가 $x=g(y)$, $c \le y \le d$이고, 그 도함수 $g'(y)$가 연속이면, 호의 길이 공식은 다음과 같이 x와 y가 서로 바뀐 또 다른 호의 길이 공식을 얻는다.

$$L=\int_c^d \sqrt{1+[g'(y)]^2}\,dy = \int_c^d \sqrt{1+\left(\frac{dx}{dy}\right)^2}\,dy$$

예제 8.3.2 포물선 $y^2=x$를 따라 점 $(0,0)$부터 점 $(1,1)$까지 호의 길이를 구하라.

풀이

포물선을 정의하는 함수는 $x=y^2$이므로, 그 도함수는 $\frac{dx}{dy}=2y$ 이다. 호의 길이 공식으로부터 다음을 얻는다.

$$L=\int_0^1 \sqrt{1+\left(\frac{dx}{dy}\right)^2}\,dy=\int_0^1 \sqrt{1+4y^2}\,dy$$

이제 $y=\frac{1}{2}\tan\theta$로 치환하면 $dy=\frac{1}{2}\sec^2\theta\,d\theta$이고, $\sqrt{1+4y^2}=\sqrt{1+\tan^2\theta}=\sec\theta$이다. $y=0$일 때 $\tan\theta=0$이므로 $\theta=0$이고, $y=1$일 때 $\tan\theta=2$이므로 $\theta=\tan^{-1}2(=:\alpha)$이다. 삼각 치환법을 사용하여 적분을 구하면 다음을 얻는다.

$$\begin{aligned} L&=\int_0^\alpha \sec\theta\cdot\frac{1}{2}\sec^2\theta\,d\theta=\frac{1}{2}\int_0^\alpha \sec^3\theta\,d\theta \\ &=\frac{1}{2}\left[\frac{1}{2}(\sec\theta\tan\theta+\ln|\sec\theta+\tan\theta|)\right]_0^\alpha \\ &=\frac{1}{4}(\sec\alpha\tan\alpha+\ln|\sec\alpha+\tan\alpha|) \end{aligned}$$

$\tan\alpha=2$로부터 $\sec^2\alpha=1+\tan^2\alpha=5$, 즉, $\sec\alpha=\sqrt{5}$이다. 따라서 호의 길이는 다음과 같다.

$$L=\frac{\sqrt{5}}{2}+\frac{\ln(\sqrt{5}+2)}{4}$$

참고

[그림 8.42]는 예제 8.3.2에서의 포물선의 호와 $n=1$과 $n=2$인 선분을 갖는 근사 꺾인 직선을 보여주고 있다. $n=1$에 대한 근사 길이는 $L_1=\sqrt{2}$이다. 표 8.2는 $[0,1]$을 길이가 동일한 n개의 부분 구간으로 분할하여 얻은 근삿값 L_n을 보여준다. 근사 꺾인 직선의 선분의 수를 2배로 할 때마다 정확한 호의 길이에 더 가까운 값을 얻는다는 것을 확인하자.

$$L=\frac{\sqrt{5}}{2}+\frac{\ln(\sqrt{5}+2)}{4}\approx 1.478943$$

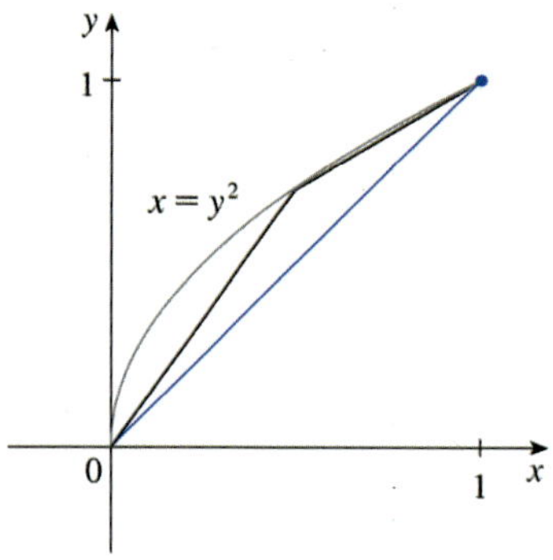

[그림 8.42]

〈표 8.2〉

n	L_n
1	1.414
2	1.445
4	1.464
8	1.472
16	1.476
32	1.478
64	1.479

호의 길이 공식을 보면 근호가 있다. 그렇기 때문에 호의 길이를 계산하다 보면 정확한 값을 구하기가 어렵거나 심지어 불가능한 경우에 이르기도 한다. 그러므로 다음 예제에서 보는 것처럼 호의 길이에 대한 적분식을 구하는 것으로 만족해야 하는 경우가 종종 있다.

예제 8.3.3 쌍곡선 $xy=1$을 따라 점 $(1, 1)$에서 점 $\left(3, \frac{1}{3}\right)$까지 호의 길이를 구하는 적분식을 찾아라.

풀이

$y=\frac{1}{x}$, $\frac{dy}{dx}=-\frac{1}{x^2}$이므로 호의 길이는 다음과 같다.

$$L=\int_1^3\sqrt{1+\left(\frac{dy}{dx}\right)^2}\,dx=\int_1^3\sqrt{1+\frac{1}{x^4}}\,dx=\int_1^3\frac{\sqrt{x^4+1}}{x^2}\,dx$$

호의 길이 함수

곡선에 있는 특정한 출발점으로부터 임의의 다른 점까지의 호의 길이를 알게 해주는 함수가 있다면 매우 유용하게 사용될 것이다. 매끄러운 곡선 C를 정의하는 함수가 $y=f(x)$, $a \le x \le b$이고, 출발점 $P_0(a, f(a))$부터 임의의 점 $Q(x, f(x))$까지 C를 따라 측정한 거리를 $s(x)$라 하자. 즉, 거리 $s(x)$는 x의 값에 따라 변하는 함수가 되는데, 이를 호의 길이 함수(arc length function)라 부르고, 호의 길이 공식으로부터 다음과 같이 정의된다.

$$s(x)=\int_a^x\sqrt{1+[f'(t)]^2}\,dt$$

피적분함수가 연속이므로, 미적분학의 제1 기본정리를 이용해서 다음과 같은 도함수를 구할 수 있다.

$$\frac{ds}{dx} = \sqrt{1+[f'(x)]^2} = \sqrt{1+\left(\frac{dy}{dx}\right)^2}$$

이 식은 x에 관한 s의 변화율이 언제나 1보다 크거나 같고, 특히 곡선의 기울기 $f'(x)$가 0일 때 1임을 보여준다. 호의 길이의 미분은 다음과 같다.

$$ds = \sqrt{1+\left(\frac{dy}{dx}\right)^2}\,dx$$

그리고 이 식은 종종 다음과 같은 대칭적인 꼴로 표현함으로써, 기억하는 데 훨씬 도움이 된다.

$$(ds)^2 = (dx)^2 + (dy)^2$$

참고

[그림 8.43]은 호의 길이 미분의 기하학적 해석을 보여준다. 이 식으로부터 호의 길이의 미분 ds를 얻을 수도 있고 호의 길이 공식을 바로 얻을 수 있다. 또한 다음과 같은 또 다른 호의 길이 미분 ds에 대한 공식을 쉽게 얻을 수 있다.

$$ds = \sqrt{1+\left(\frac{dx}{dy}\right)^2}\,dy$$

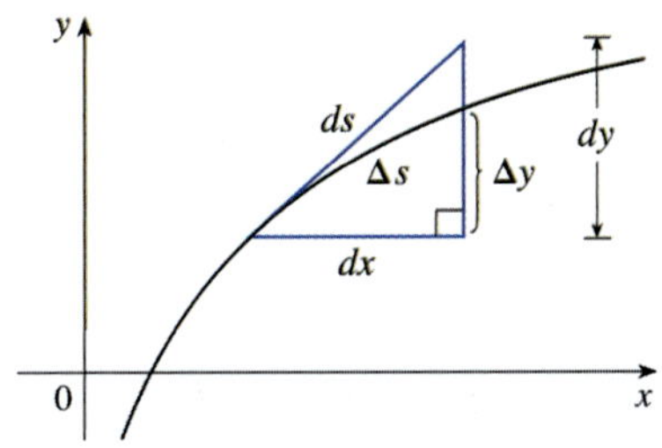

[그림 8.43]

[그림 8.44]는 예제 8.3.4에 있는 호의 길이 함수에 대한 해석을 보여주고, [그림 8.45]는 이 호의 길이함수의 그래프를 보여준다. x가 1보다 작을 때 $s(x)$가 음수인 이유는 무엇일까?

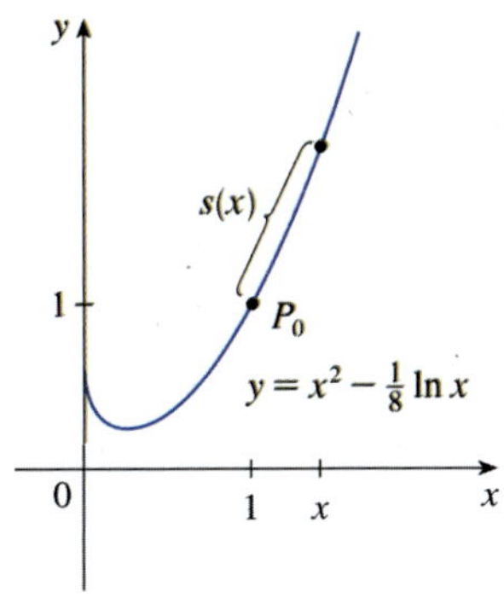

[그림 8.44]

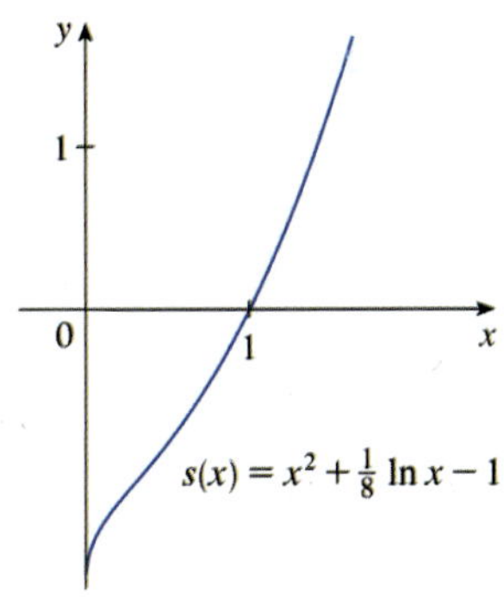

[그림 8.45]

예제 8.3.4 $P_0(1, 1)$을 출발점으로 택했을 때 곡선 $y = x^2 - \frac{1}{8}\ln x$에 대한 호의 길이 함수를 찾아라.

풀이

함수 $f(x) = x^2 - \frac{1}{8}\ln x$라 놓으면 도함수는 $f'(x) = 2x - \frac{1}{8x}$이므로, 다음을 얻을 수 있다.

$$1+[f'(x)]^2 = 1+\left(2x-\frac{1}{8x}\right)^2$$
$$= 1+4x^2-\frac{1}{2}+\frac{1}{64x^2}$$
$$= 4x^2+\frac{1}{2}+\frac{1}{64x^2} = \left(2x+\frac{1}{8x}\right)^2$$

그러므로 호의 길이 함수는 다음과 같이 구할 수 있다.

$$s(x) = \int_1^x \sqrt{1+[f'(t)]^2}\,dt = \int_1^x \left(2t+\frac{1}{8t}\right)dt$$
$$= \left[t^2+\frac{1}{8}\ln t\right]_1^x = x^2+\frac{1}{8}\ln x - 1$$

예를 들어 점 $(1,1)$부터 점 $(3, f(3))$까지 곡선을 따르는 호의 길이는 호의 길이 함수를 이용하여 다음과 같이 구할 수 있다.

$$s(3) = 3^2+\frac{1}{8}\ln 3 - 1 = 8+\frac{\ln 3}{8} \approx 8.1373$$

:연습문제 8.3

1. 호의 길이 공식을 이용하여 곡선 $y = x+2$, $(-2 \le x \le 0)$의 길이를 구하라. 이 곡선이 선분임에 주목하고 거리 공식으로 그 길이를 찾아서, 위의 답과 비교하라.

2. 호의 길이 공식을 이용하여 곡선 $y = \sqrt{1-x^2}$, $(0 \le x \le 1)$의 길이를 구하라. 이 곡선이 사분원인 것을 확인하고, 위의 답을 검토하라.

[3~7] 다음 곡선의 길이를 구하는 적분식을 찾아라.

3. $y = \cos x,\ (0 \le x \le \pi)$

4. $y = e^{-x},\ (0 \le x \le 2)$

5. $y = \ln x + x^2,\ (1 \le x \le 3)$

6. $x = 2\sqrt{y} - y,\ (1 \le y \le 2)$

7. $y = \tan^{-1}x,\ (0 \le x \le \frac{\pi}{2})$

[8~19] 다음 곡선의 정확한 길이를 구하라.

8. $y = 1+2x^{2/3},\ (0 \le x \le 1)$

9. $y^2 = (x+1)^3,\ (0 \le x \le 2,\ y > 0)$

10. $y = \dfrac{x^3}{3} + \dfrac{1}{4x},\ (1 \le x \le 3)$

11. $x = \dfrac{y^4}{4} + \dfrac{1}{8y^2},\ (1 \le y \le 2)$

12. $x = \dfrac{1}{3}\sqrt{y}\,(y-3),\ (1 \le y \le 9)$

13. $y = x^{\frac{3}{2}},\ (0 \le x \le 4)$

14. $y = \ln(\sec x), (0 \le x \le \pi/4)$

15. $y = \ln x - \dfrac{x^2}{8}, (1 \le x \le 2)$

16. $y = \dfrac{1}{2}x^2 - \dfrac{1}{4}\ln x, (1 \le x \le 3)$

17. $y = e^x, (0 \le x \le 1)$

18. $y^2 = 4x, (0 \le y \le 2\sqrt{2})$

19. $y = \ln x, (1 \le x \le \sqrt{3})$

20. 곡선 $x^{2/3} + y^{2/3} = 1$ 을 그리고, 대칭성을 이용하여 그 길이를 구하라.

21. (a) 곡선 $y^3 = x^2$ 을 그리라.

(b) 두 가지 호의 길이 공식을 이용하여 점 $(0,0)$부터 점 $(1,1)$까지의 호의 길이를 구하는 두 가지 적분을 찾아라. 이 중 하나는 특이 적분임을 확인하고, 두 적분의 값을 각각 계산하라.

(c) 이 곡선을 따라 점 $(-1,1)$부터 점 $(8,4)$까지의 호의 길이를 구하라.

22. 시점이 $P_0(1,2)$ 인 곡선 $y = 2x^{3/2}$ 에 대한 호의 길이 함수를 구하라.

23. 곡선 $y = \displaystyle\int_0^x \sqrt{\cos 2t}\, dt$ 에 대해 $x = 0$ 부터 $x = \dfrac{\pi}{4}$ 까지 곡선의 길이를 구하라.

24. 곡선의 길이를 나타내는 적분이 다음과 같다.

$$L = \int_1^4 \sqrt{1 + \frac{1}{4x}}\, dx$$

(a) 양의 도함수를 가지며 점 $(1,1)$ 을 지나는 곡선을 구하라.

(b) 그러한 곡선이 몇 개 존재하는가? 그 이유를 설명하라.

8.4 회전면의 넓이

회전면의 넓이

8.2절에서 한 영역을 지정된 직선을 회전축으로 회전시켜 얻은 회전체를 살펴보고, 그 부피를 구하는 방법을 공부하였다. 이 절에서는 회전체의 옆면에 해당하는 회전면(surface)이라 하는 곡면을 살펴본다. 이 회전면을 직접적으로 정의하면 한 곡선을 지정된 직선을 회전축으로 회전시켜 얻어지는 곡면이다.

먼저 회전면의 넓이를 직관적인 방법으로 정의해보자. 회전면을 칠하는 데 소요되는 물감의 양과 넓이가 A인 평면을 칠하는 데 소요되는 양이 동일하다고 하면, 이 회전면의 넓이를 A라고 할 수 있다. 하지만, 여기서는 이 곡면의 넓이를 적분을 활용하여 구하는 방법을 공부한다.

적분을 도입하기 전에 먼저 간단한 곡면 몇 개를 살펴보자. 회전면이 밑면의 반지름이 r이고 높이가 h인 원기둥의 옆면과 같은 꼴이라면, 그 넓이는 $2\pi rh$임을 쉽게 알 수 있다[그림 8.46 참조]. 또한 회전면이 밑면의 반지름이 r이고 측면의 길이가 l인 원뿔과 같은 꼴이라면, [그림 8.47]에서 보는 것처럼, 점선을 따라 자르고 이를 펼치면 반지름이 l이고 중심각이 $\theta = \dfrac{2\pi r}{l}$인 부채꼴이 됨을 알 수 있다. 일반적으로, 반지름이 l이고 중심각이 θ인 부채꼴의 넓이 공식인 $\dfrac{1}{2}l^2\theta$를 이용하면, 회전면을 펼쳐 얻은 부채꼴의 넓이는 다음과 같다.

$$A = \frac{1}{2}l^2\theta = \frac{1}{2}l^2\frac{2\pi r}{l} = \pi rl$$

따라서 회전면의 넓이는 $A = \pi rl$이다.

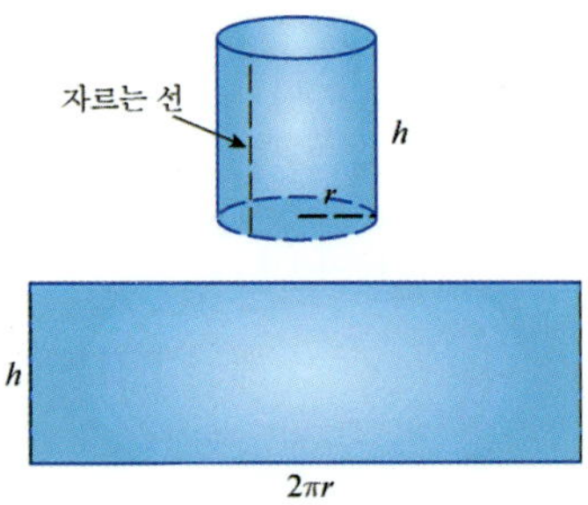

[그림 8.46]

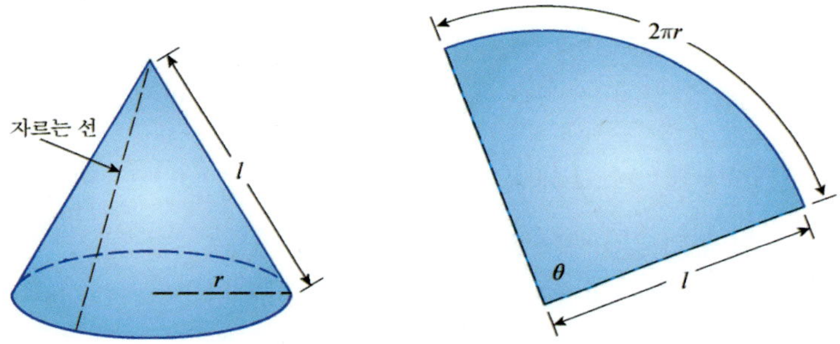

[그림 8.47]

앞의 두 예는 직선을 회전시켰을 때 얻어지는 회전면의 경우이다. 이제 일반적인 곡선을 회전시켰을 때 얻어지는 회전면의 넓이는 어떻게 구할 수 있을지에 대해 생각해 보자.

앞 절에서 호의 길이를 구할 때 이용한 적분 방법을 생각해 보면, 주어진 곡선을 꺾인 직선으로 근사시킬 수 있었다. 이렇게 얻은 근사 꺾인 직선을 동일한 회전축으로 회전시키면, 구하고자 하는 회전면의 근사 회전면이 얻어진다. 이런 근사 회전면의 넓이는 구하고자 하는 회전면의 넓이의 근삿값이 된다.

여기에 극한을 계산함으로써 정확한 옆넓이를 구할 수 있다.

이 근사 회전면은 여러 개의 띠로 이루어지는데, 각 띠는 꺾인 직선의 각 선분을 동일한 회전축으로 회전시켜 얻어진 것이다. 이런 띠 각각은 [그림 8.48]에서 보는 것처럼 원뿔대의 옆면의 꼴을 하고 있으므로 넓이를 계산할 수 있다.

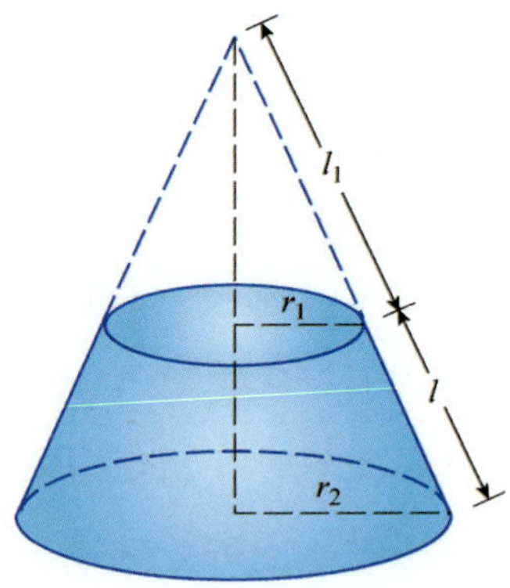

[그림 8.48]

측면의 길이가 l이고 윗면과 아랫면의 반지름이 각각 r_1과 r_2인 띠(즉, 원뿔대의 옆면)의 넓이는 다음과 같이 두 원뿔의 옆면의 넓이의 차로 구할 수 있다.

$$A = \pi r_2(l_1 + l) - \pi r_1 l_1 = \pi[(r_2 - r_1)l_1 + r_2 l]$$

그리고 닮은 두 삼각형으로부터 다음과 같은 비례식을 얻는다.

$$\frac{l_1}{r_1} = \frac{l_1 + l}{r_2}$$

이 식으로부터 다음 관계식을 얻을 수 있다.

$$r_2 l_1 = r_1 l_1 + r_1 l$$

$$(r_2 - r_1) l_1 = r_1 l$$

이 식으로부터 띠의 넓이는 다음과 같다.

$$A = \pi(r_1 l + r_2 l) = \pi(r_1 + r_2) l$$

또한, 띠의 윗면과 아랫면의 평균 반지름을 $r = \frac{1}{2}(r_1 + r_2)$이라 하면 다음과 같은 띠의 넓이를 얻는다.

$$A = 2\pi r l$$

이제 이 띠의 넓이 공식을 지금까지 사용한 적분 방법을 적용하여 회전면의 넓이를 구해 보자. [그림 8.49]에서 보는 것과 같은 회전면을 생각하자. 이것은 양수이고 이의 도함수가 연속인 함수 $y = f(x)$ $(a \le x \le b)$에 의해 정의되는 곡선을 x축을 회전축으로 회전시켜 얻은 것이다. 이 회전면의 넓이를 정의하기 위해 구간 $[a, b]$를 끝점이 $x_0, x_1, \cdots, x_n$이고 너비가 Δx로 동일한 n개의 부분 구간으로 분할한다. 각 끝점에서의 함숫값을 $y_i = f(x_i)$라 놓으면, 점 $P_i(x_i, y_i)$는 곡선에 있는 점이다. x_{i-1}과 x_i사이에 놓여 있는 회전면의 각 부분 조각은 선분 $P_{i-1}P_i$를 택하여 이 직선을 x축을 회전축으로 회전시켜서 얻은 띠로 근사시킨다. 앞에서 살펴본 대로, 이 띠는 측면의 길이가 $l = |P_{i-1}P_i|$이고 윗면과 아랫면의 평균 반지름이 $r = \frac{1}{2}(y_{i-1} + y_i)$인 원뿔대의 옆면이므로, 앞에서 구한 공식을 이용하면 각 부분 조각의 근사 띠의 넓이 A는 다음과 같다.

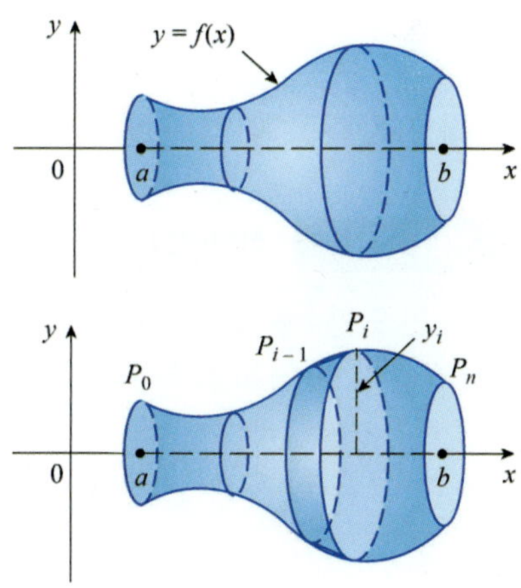

[그림 8.49]

$$A=2\pi\frac{y_{i-1}+y_i}{2}\left|P_{i-1}P_i\right|$$

또한 선분의 길이 $\left|P_{i-1}P_i\right|$는 정리 8.3.1의 증명에서 살펴본 것처럼 다음과 같다.

$$\left|P_{i-1}P_i\right|=\sqrt{1+\left[f'(x_i^*)\right]^2}\,\Delta x$$

여기서 x_i^*는 구간 $[x_{i-1}, x_i]$에 속한 어떤 값이다. 함수 $f(x)$가 연속이므로 Δx가 아주 작은 값일 때 $y_i=f(x_i)\approx f(x_i^*)$이고 또한 $y_{i-1}=f(x_{i-1})\approx f(x_i^*)$이 된다. 따라서 근사 띠의 넓이는 다음과 같다.

$$A\approx 2\pi f(x_i^*)\sqrt{1+\left[f'(x_i^*)\right]^2}\,\Delta x$$

그러므로 각 근사 띠의 넓이를 다음과 같이 모두 더한 합은 구하고자 하는 회전면의 넓이의 근삿값이 된다.

$$\sum_{i=1}^{n}2\pi f(x_i^*)\sqrt{1+\left[f'(x_i^*)\right]^2}\,\Delta x$$

이 근삿값의 $n\to\infty$일 때 극한은 회전면의 넓이가 되며, 다음과 같이 정적분으로 표현할 수 있다.

$$\lim_{n\to\infty}\sum_{i=1}^{n}2\pi f(x_i^*)\sqrt{1+\left[f'(x_i^*)\right]^2}\,\Delta x=\int_a^b 2\pi f(x)\sqrt{1+[f'(x)]^2}\,dx$$

그러므로 다음과 같이 회전면의 넓이를 정의할 수 있다.

정리 8.4.1 회전면의 넓이

연속인 도함수를 갖는 함수 $f(x)$에 대하여, 곡선 $y=f(x)$ $(a\le x\le b)$를 x축을 회전축으로 회전시켜 얻은 **회전면의 넓이**(surface area)는 다음과 같다.

$$S=\int_a^b 2\pi f(x)\sqrt{1+[f'(x)]^2}\,dx$$

또한, 도함수를 라이프니츠 기호로 표현하면 이 공식은 다음과 같이 쓸 수 있다.

$$S=\int_a^b 2\pi f(x)\sqrt{1+\left(\frac{dy}{dx}\right)^2}\,dx$$

여기서 8.3절에서 공부한 호의 길이 미분을 사용하면 더욱 간단하고 편리하게 이용할 수 있다.

$$S=\int 2\pi y\,ds$$

만일 곡선이 $x=g(y)$ $(c\le y\le d)$에 의해 정의되면, 이를 y축을 회전축으로 회전시켜 얻은 회전면의 넓이 공식은 다음과 같다.

$$S=\int_c^d 2\pi g(y)\sqrt{1+\left(\frac{dx}{dy}\right)^2}\,dy$$

그리고 이 경우에도 호의 길이 미분을 사용해서 다음과 같이 간단히 나타낼 수 있다.

$$S=\int 2\pi x\,ds$$

여기에서도 호의 길이 미분 ds는 다음과 같이 두 가지 방법으로 표현됨을 볼 수 있다.

$$ds=\sqrt{1+\left(\frac{dy}{dx}\right)^2}\,dx,\quad ds=\sqrt{1+\left(\frac{dx}{dy}\right)^2}\,dy$$

이런 공식들은 $2\pi y$와 $2\pi x$를 그 곡선에 있는 점 (x,y)가 각각 x축과 y축을 회전축으로 회전할 때 그리는 원의 둘레로 생각해서 기억할 수 있다 [그림 8.50 참조].

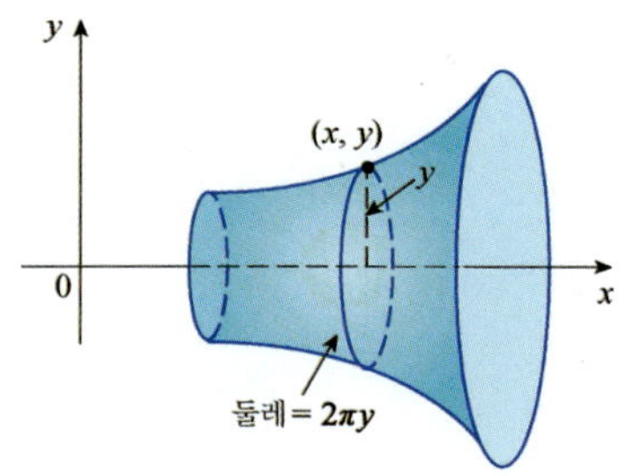

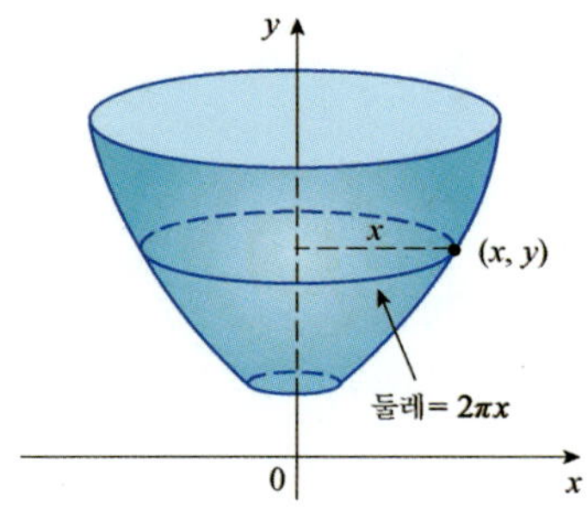

[그림 8.50]

예제 8.4.1 곡선 $y=\sqrt{9-x^2}$, $(-1\le x\le 1)$은 원 $x^2+y^2=9$의 호이다. 이 호를 x축을 회전축으로 회전시켜서 얻은 회전면의 넓이를 구하라.(이 회전면은 반지름이 2인 구면의 일부이다. [그림 8.51 참조])

풀이

$\frac{dy}{dx}=-\frac{x}{\sqrt{4-x^2}}$ 이므로, 회전면의 넓이 공식에 의해 이 회전면의 넓이는 다음과 같다.

$$S=\int 2\pi y\,ds=\int_{-1}^{1}2\pi y\sqrt{1+\left(\frac{dy}{dx}\right)^2}\,dx$$

$$=2\pi\int_{-1}^{1}\sqrt{9-x^2}\sqrt{1+\frac{x^2}{9-x^2}}\,dx$$

$$=2\pi\int_{-1}^{1}\sqrt{9-x^2}\frac{3}{\sqrt{9-x^2}}\,dx=6\pi\int_{-1}^{1}1\,dx=6\pi(2)=12\pi$$

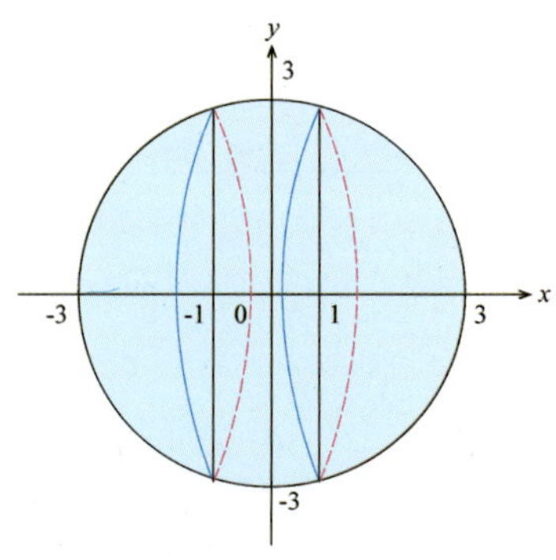

[그림 8.51]

예제 8.4.2 포물선 $y=x^2$에서 점 $(1,1)$부터 점 $(3,9)$까지의 호를 y축을 회전축으로 회전시킨다. 이렇게 해서 얻은 회전면의 넓이를 구하라.

풀이

(방법 1) $y=x^2$, $\dfrac{dy}{dx}=2x$이므로, 회전면의 넓이 공식으로부터 다음을 얻는다.

$$S=\int 2\pi x\,ds=\int_1^3 2\pi x\sqrt{1+\left(\frac{dy}{dx}\right)^2}\,dx$$

$$=2\pi\int_1^3 x\sqrt{1+4x^2}\,dx$$

$u=1+4x^2$으로 치환하면, $du=8x\,dx$이다. 적분 구간을 바꾸고 적분하면, 다음을 얻는다.

$$S=\frac{\pi}{4}\int_5^{37}\sqrt{u}\,du=\frac{\pi}{4}\left[\frac{2}{3}u^{3/2}\right]_5^{37}$$

$$=\frac{\pi}{6}(37\sqrt{37}-5\sqrt{5})$$

(방법 2) $x=\sqrt{y}$, $\dfrac{dx}{dy}=\dfrac{1}{2\sqrt{y}}$이므로 다음을 얻는다.

$$S=\int 2\pi x\,ds=\int_1^9 2\pi x\sqrt{1+\left(\frac{dx}{dy}\right)^2}\,dy$$

$$=2\pi\int_1^9\sqrt{y}\sqrt{1+\frac{1}{4y}}\,dy=\pi\int_1^9\sqrt{4y+1}\,dy$$

$$=\frac{\pi}{4}\int_5^{37}\sqrt{u}\,du\quad(u=1+4y\text{로 치환})$$

$$=\frac{\pi}{6}(37\sqrt{37}-5\sqrt{5})$$

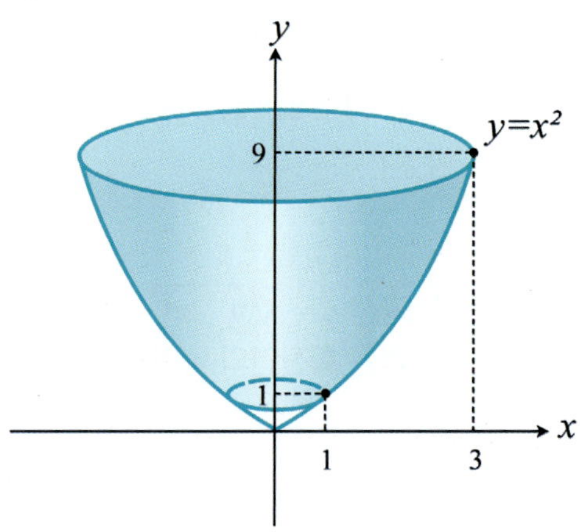

[그림 8.52]

:연습문제 8.4

[1~2] 주어진 곡선을 (a) x축과 (b) y축을 회전축으로 회전시켜 얻은 회전면의 넓이를 구하는 적분을 세워라.

1. $y = \tan x,\ (0 \le x \le \pi/3)$

2. $y = x^{-2},\ (1 \le x \le 2)$

[3~10] 주어진 곡선을 x축을 회전축으로 회전시켜 얻은 회전면의 넓이를 구하라.

3. $y = x^3,\ (0 \le x \le 1)$

4. $9x = y^2 + 18,\ (2 \le x \le 6)$

5. $y = \sqrt{x},\ (4 \le x \le 9)$

6. $y = \sqrt{1+e^x},\ (0 \le x \le 1)$

7. $y = \sqrt{2x+1},\ (0 \le x \le 3)$

8. $y = \dfrac{x^3}{6} + \dfrac{1}{2x},\ \left(\dfrac{1}{2} \le x \le 1\right)$

9. $y = \dfrac{x^4}{16} + \dfrac{1}{2x^2},\ (1 \le x \le 2)$

10. $x = 1 + 2y^2,\ (1 \le y \le 2)$

[11~17] 주어진 곡선을 y축을 회전축으로 회전시켜 얻은 회전면의 넓이를 구하라.

11. $x = \sqrt{4y-y^2},\ (1 \le y \le 2)$

12. $x = \sqrt{y},\ (2 \le y \le 6)$

13. $x = \sqrt{a^2 - y^2},\ (0 \le y \le a/2)$

14. $x = \dfrac{1}{3}y^{\frac{3}{2}} - y^{\frac{1}{2}},\ (1 \le y \le 3)$

15. $x = 2\sqrt{4-y},\ \left(0 \le y \le \dfrac{15}{4}\right)$

16. $x = \dfrac{e^y + e^{-y}}{2},\ (0 \le y \le \ln 2)$

17. $x = \sqrt{2y-1},\ \left(\dfrac{5}{8} \le y \le 1\right)$

18. 곡선 $y = f(x)$, $a \le x \le b$를 수평선 $y = c$를 회전축으로 회전시키자. 여기서 $f(x) \le c$이다. 이 결과로 얻은 회전면의 넓이를 구하라.

19. 연습문제 18의 결과를 이용해서 곡선 $y = \sqrt{x}$, $0 \le x \le 4$를 직선 $y = 4$를 회전축으로 회전시켜서 얻은 회전면의 넓이를 찾는 적분을 세워라.

20. 원 $x^2 + y^2 = r^2$을 직선 $y = r$을 회전축으로 회전시켜서 얻은 회전면의 넓이를 구하라.

8.5 함수의 평균값

유한개의 값 $y_1,\ y_2,\ \cdots,\ y_n$의 평균값은 다음과 같이 합을 이용하여 정의한다.

$$y_{ave} = \frac{y_1 + y_2 + \cdots + y_n}{n}$$

그렇다면 예를 들어 하루 동안 연속적으로 온도를 측정하였다면, 즉 측정된 온도가 무한히 많은 경우, 이

온도의 평균온도는 어떻게 계산할지를 생각해 보자. [그림 8.53]은 하루 동안 측정된 온도를 나타내는 온도함수 $T(t)$의 그래프와 추측한 평균온도 T_{ave}를 보여준다.

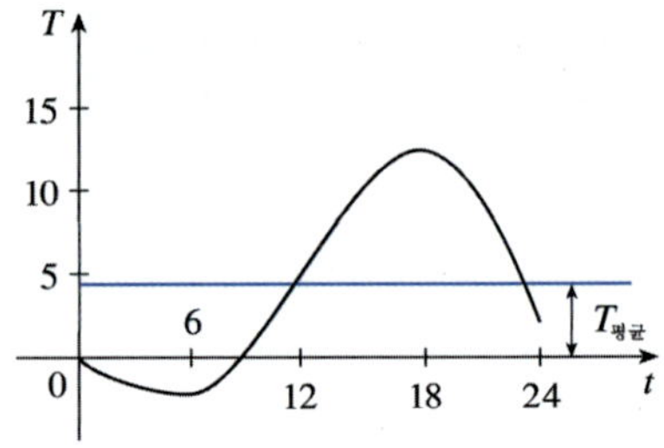

[그림 8.53]

일반적인 방법으로 함수 $y=f(x)$, $a \le x \le b$의 평균값을 계산해 보자. 구간 $[a, b]$를 길이가 $\Delta x=(b-a)/n$인 n개의 부분 구간으로 분할한다. 그리고 각 부분 구간에서 점 x_1^*, x_2^*, $\cdots$, x_n^*를 선택하여 다음과 같이 유한개의 함숫값 $f(x_1^*)$, $f(x_2^*)$, $\cdots$, $f(x_n^*)$의 평균값을 계산할 수 있다.

$$\frac{f(x_1^*)+f(x_2^*)+\cdots+f(x_n^*)}{n}$$

예를 들어 함수 $f(x)$가 하루 동안의 온도를 나타내는 함수라 하고, $n=24$라 하면, 이 평균은 매시간 중의 한 시각에서의 온도를 택하여 이들의 평균값을 계산한 것을 의미한다. $\Delta x=(b-a)/n$이므로 $n=(b-a)/\Delta x$로 쓸 수 있다. 따라서 이 평균값은 다음과 같이 다시 쓸 수 있다.

$$\frac{f(x_1^*)+f(x_2^*)+\cdots+f(x_n^*)}{n}=\frac{f(x_1^*)+f(x_2^*)+\cdots+f(x_n^*)}{\dfrac{b-a}{\Delta x}}$$

$$=\frac{1}{b-a}\left[f(x_1^*)\Delta x+f(x_2^*)\Delta x+\cdots+f(x_n^*)\Delta x\right]=\frac{1}{b-a}\sum_{i=1}^{n} f(x_i^*)\Delta x$$

이로부터 $n\to\infty$일 때 극한을 구하면, 매우 짧은 간격의 무수히 많은 값의 평균값을 계산하게 된다. 예를 들어 매분 또는 매초 마다 기록한 평균온도가 될 것이다. 정적분의 정의를 적용하면, 이 극한은 다음과 같이 정적분에 의해 나타낼 수 있다.

> 양의 함수에 대해 이 정의를 다음과 같이 말할 수 있다.
>
> $$\frac{\text{넓이}}{\text{너비}} = \text{평균 높이}$$

$$\lim_{n\to\infty}\frac{1}{b-a}\sum_{i=1}^{n} f(x_i^*)\Delta x=\frac{1}{b-a}\int_a^b f(x)\,dx$$

이로부터 구간 $[a, b]$에서 정의되는 함수의 평균값을 다음과 같이 정의할 수 있다.

정의 8.5.1 **함수의 평균값**

함수 $f(x)$가 구간 $[a, b]$에서 정의되었을 때, 구간 $[a, b]$에서 f 의 평균값(average value)을 다음과 같이 정의한다.

$$f_{ave} = \frac{1}{b-a}\int_a^b f(x)\,dx$$

예제 8.5.1 구간 $[-1, 2]$에서 함수 $f(x) = 1 + 3x^2$의 평균값을 구하라.

풀이

$a = -1$, $b = 2$라 하면 다음과 같이 함수 $f(x)$의 평균값을 얻는다.

$$f_{ave} = \frac{1}{b-a}\int_a^b f(x)\,dx$$

$$= \frac{1}{2-(-1)}\int_{-1}^2 (1+3x^2)\,dx = \frac{1}{3}\left[x+x^3\right]_{-1}^2 = 4$$

함수 $T(t)$가 시각 t에서의 온도라 하면 특정 시각에서 온도가 평균온도와 같아지는지 궁금해질 것이다. [그림 8.53]에 그려진 온도함수에서 정오 전과 자정 전에 두 번 평균온도와 같아지는 시각이 있음을 볼 수 있다. 일반적으로 함수 $f(x)$의 평균값과 같아지는 함숫값, 즉 $f(c) = f_{ave}$가 되는 c가 존재하는지는 매우 흥미롭고 중요한 문제이다. 다음 정리는 연속함수에 대해 이것이 참이라는 것을 보여준다. 이 정리를 적분의 평균값 정리(mean value theorem for integral)라 한다.

정리 8.5.2 **적분의 평균값 정리**

함수 $f(x)$가 닫힌 구간 $[a, b]$에서 연속이면, 다음을 만족하는 c가 $[a, b]$에 존재한다.

$$f(c) = f_{ave} = \frac{1}{b-a}\int_a^b f(x)\,dx$$

즉, $\int_a^b f(x)\,dx = f(c)(b-a)$이다.

증명 $a \le x \le b$에서 함수 $F(x) = \int_a^x f(t)\,dt$를 정의하자. 그러면 $F(x)$는 구간 $[a, b]$에서 연속이고, (a, b)에서 미분 가능하므로 도함수에 대한 평균값 정리에 의해 다음을 만족하는 수 c가 a와 b사이에 존재한다.

$$F(b)-F(a)=F'(c)(b-a)$$

또한, 미적분학의 제1 기본정리로부터 $F'(x)=f(x)$이므로, 다음이 성립한다.

$$\int_a^b f(t)\,dt-0=f(c)(b-a)$$

■

언제나 어떤 높이의 산(2차원)의 정상 부분을 잘라낼 수 있으며, 잘라낸 부분으로 계곡을 메워 정상 부분을 완전히 평평하게 만들 수 있다.

적분의 평균값 정리의 기하학적인 의미는 양의 함수 $f(x)$에 대해, $y=f(x)$의 그래프 아래에 놓인 $x=a$부터 $x=b$까지의 영역과 동일한 넓이를 갖게 하는 직사각형-밑변이 $[a,b]$이고 높이가 $f(c)$인 직사각형-을 만드는 값 c가 존재한다는 것이다[그림 8.54 참조].

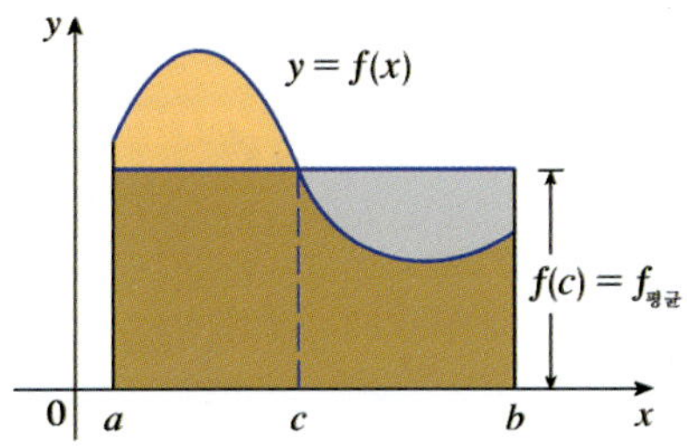

[그림 8.54]

예제 8.5.2 닫힌 구간 $[-1,2]$에서 함수 $f(x)=1+3x^2$가 적분의 평균값 정리를 만족하는 수를 구하라.

풀이

함수 $f(x)=1+3x^2$는 다항함수이므로 구간 $[-1,2]$에서 연속이다. 따라서 다음을 만족시키는 수 c가 $[-1,2]$에 존재한다.

$$f(c)=f_{ave}=\frac{1}{2-(-1)}\int_{-1}^{2}(1+3x^2)\,dx$$

예제 8.5.1에서 $f_{ave}=4$임을 보였으므로, c의 값은 다음을 만족한다.

$$f(c)=4$$

즉 $1+3c^2=4$에서 $c^2=1$이다. 따라서 구간 $[-1,2]$에서 적분의 평균값 정리를 만족하는 수는 $c=\pm1$이다.

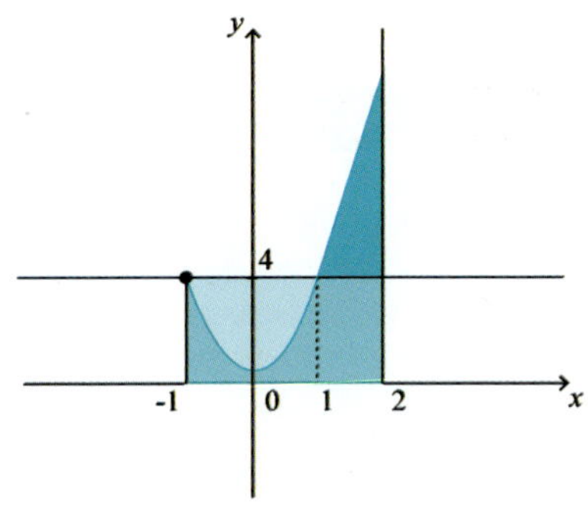

[그림 8.55]

:연습문제 8.5

[1~14] 주어진 구간에서 다음 함수의 평균값을 구하라.

1. $f(x) = 3x^2 + 8x$, $[-1, 2]$

2. $f(x) = \sqrt{x}$, $[0, 4]$

3. $g(x) = 3\cos x$, $[-\pi/2, \pi/2]$

4. $g(x) = x^2\sqrt{1+x^3}$, $[0, 2]$

5. $f(t) = te^{-t^2}$, $[0, 5]$

6. $f(x) = x^2/(x^3+3)^2$, $[-1, 1]$

7. $h(x) = \cos^4 x \sin x$, $[0, \pi]$

8. $h(u) = (\ln u)/u$, $[1, 5]$

9. $f(x) = \sqrt[3]{x}$, $[1, 8]$

10. $f(x) = \sin x$, $[0, \frac{\pi}{2}]$

11. $f(x) = \sin x$, $[0, 2\pi]$

12. $g(x) = \sqrt{2x+1}$, $[4, 12]$

13. $h(x) = 1 + x^2$, $[-1, 2]$

14. $f(x) = \sqrt{49 - x^2}$, $[0, 7]$

[15~16] (a) 주어진 구간에서 f 의 평균값을 구하라.
(b) $f_{ave} = f(c)$ 를 만족하는 c 를 구하라.

15. $f(x) = (x-3)^2$, $[2, 5]$

16. $f(x) = 1/x$, $[1, 3]$

17. 구간 $[-1, 1]$ 에서 함수 $f(x) = mx + b$ 의 평균값을 구하라. 구간 $[-k, k]$ 에서의 평균값은 무엇인가?

18. $[0, 3]$ 에서 $y = \sqrt{3x}$ 의 평균값을 구하라.

19. $[0, a]$ 에서 $y = \sqrt{ax}$ 의 평균값을 구하라.

20. 구간 $[0, b]$ 에서 $f(x) = 2 + 6x - 3x^2$ 의 평균값이 3일 때 b 의 값을 구하라.

21. f 가 연속이고 $\int_1^3 f(x)dx = 10$ 을 만족하면, f 는 구간 $[1, 3]$ 에서 적어도 한 번 함숫값 5를 가짐을 보이라.

Chapter 09 거듭제곱 급수

이 장에서는 특정한 형태의 함수를 "등비급수를 조작하거나 그런 급수를 미분 또는 적분해서 거듭제곱함수의 합으로 표현하는 방법"을 알아본다. 이런 전략은 초등적인 역도함수가 없는 함수를 적분하고 미분 방정식을 풀며 다항 함수로 함수를 근사시킬 때 유용하다.

9.1 거듭제곱 급수

다음과 같이 거듭제곱 함수들을 무한 번 더하여 얻은 형태

$$c_0 + c_1 x + c_2 x^2 + \cdots + c_n x^n + \cdots = \sum_{n=0}^{\infty} c_n x^n \tag{1}$$

를 x 의 거듭제곱 급수(power series)라 한다.

여기서 c_n 들은 이 급수의 계수(coefficient)라 부르는 상수이다.

이 절에서는 어떤 함수를 식 (1)과 같은 형태의 거듭제곱 급수로 표현할 수 있는지, 표현할 수 있다면 어떻게 표현하는지와 표현하였을 때 얻을 수 있는 장점 및 활용에 대해 공부한다.

다음과 같은 급수의 합은 이 급수가 수렴하는 x 의 값 전체의 집합을 정의역으로 하는 함수이다.

$$f(x) = c_0 + c_1 x + c_2 x^2 + \cdots + c_n x^n + \cdots = \sum_{n=0}^{\infty} c_n x^n$$

이와 같이 어떤 함수를 x 의 거듭제곱 급수로 표현한 것을 함수의 급수전개(series expansion of funtion)라 한다.

먼저 다음과 같은 가장 간단한 거듭제곱 급수에 대한 성질을 알아보는 것으로 시작해 보자.

예제 9.1.1 모든 n 에 대하여 $c_n = 1$ 인 거듭제곱 급수, 즉

$$\sum_{n=0}^{\infty} x^n = 1 + x + x^2 + \cdots + x^n + \cdots$$

가 수렴하는 조건을 구하라.

풀이

이 거듭제곱 급수는 첫째 항이 1 이고 공비가 x 인 기하급수로 볼 수 있으므로, $|x| < 1$ 일 때 $\frac{1}{1-x}$ 로 수렴하고, 그 이외의 경우는 발산함을 알 수 있다.

위 예제의 결과에서 $|x| < 1$ 일 때, 기하급수의 합의 공식으로부터

$$\sum_{n=0}^{\infty} x^n = 1 + x + x^2 + \cdots + x^n + \cdots = \frac{1}{1-x}$$

라 할 수 있다.

좀 더 일반적으로 다음과 같은 꼴의 급수

$$\sum_{n=0}^{\infty} c_n (x-a)^n = c_0 + c_1 (x-a) + c_2 (x-a)^2 + \cdots + c_n (x-a)^n + \cdots \tag{2}$$

를 $(x-a)$ 의(또는 a 에 관한 또는 중심이 a 인) 거듭제곱 급수(power series)라 한다.

식 (2)에서 $n = 0$ 에 대응하는 항을 나타낼 때, $x = a$ 인 경우에도 $(x-a)^0 = 1$ 로 한다. 또 $x = a$ 일 때, $n \geq 1$ 에 대해 모든 항이 0 이다. 이에 따라 거듭제곱 급수 (2)는 $x = a$ 일 때 c_0 로 항상 수렴한다.

거듭제곱 급수가 주어지면, 급수가 어디에서 수렴하고, 발산하는지를 먼저 알아보아야 한다. 다음 정리에서는 수렴 반지름에 관한 매우 유용한 내용을 설명한다.

정리 9.1.1

거듭제곱 급수 $\sum_{n=0}^{\infty} c_n (x-a)^n$ 에 대하여 다음 세 가지 중에서 하나만 성립한다.

(a) 급수는 $x = a$ 일 때만 수렴한다.

(b) 급수는 모든 x 의 값에 대해 수렴한다.

(c) 적당한 양수 R 이 존재해서 급수는 $|x-a| < R$ 에서 수렴하고, $|x-a| > R$ 에서 발산한다.

(c)의 경우에 R을 거듭제곱 급수의 수렴 반지름(radius of convergence)이라 한다. 수렴 반지름을 모든 경우에 적용하기 위해 (a)의 경우에는 수렴 반지름을 $R = 0$이라 하고, (b)의 경우에는 수렴 반지름을 $R = \infty$라 한다.

거듭제곱 급수가 수렴하는 x의 모든 값으로 구성된 구간을 거듭제곱 급수의 수렴 구간이라 한다. (a)의 경우에 수렴 구간은 단일 점 $\{a\}$로 구성되며, (b)의 경우에 수렴 구간은 $(-\infty, \infty)$이다. (c)의 경우에 부등식 $|x-a| < R$은 $a-R < x < a+R$이다. 또한 $|x-a| = R$일 때에는 수렴할 수도 있고, 발산할 수도 있다. 따라서 (c)의 경우에 가능한 수렴 구간은 다음 네 가지가 있다.

$$(a-R,\ a+R),\ (a-R,\ a+R],\ [a-R,\ a+R),\ [a-R,\ a+R]$$

대부분의 경우에 비율 판정법 또는 근 판정법을 이용하여 거듭제곱 급수의 수렴 반지름 R을 결정한다. x가 수렴 구간의 끝점일 때는 비율 판정법과 근 판정법으로 판정할 수 없으므로 다른 판정법을 이용해야 한다. [3장 참고]

예제 9.1.2 급수 $\sum_{n=0}^{\infty} n!(x-1)^n$의 수렴 반지름을 구하라.

풀이

비율 판정법을 적용하자. $a_n = n!(x-1)^n$이라 하면

$$\left|\frac{a_{n+1}}{a_n}\right| = \left|\frac{(n+1)!(x-1)^{n+1}}{n!(x-1)^n}\right| = (n+1)|x-1|$$

이다. 이 때, $x=1$이면 $\lim_{n\to\infty}\left|\frac{a_{n+1}}{a_n}\right| = 0 < 1$이므로 급수는 수렴하고, $x \neq 1$이면 $\lim_{n\to\infty}\left|\frac{a_{n+1}}{a_n}\right| = \infty$ 이므로 급수는 발산한다. 따라서 주어진 급수는 $x=1$일 때만 수렴한다. 그러므로 수렴 반지름은 $R=0$이다.

예제 9.1.3 급수 $\sum_{n=0}^{\infty} \frac{(-1)^n x^{2n}}{2^{2n}(n!)^2}$의 수렴 반지름을 구하라.

풀이

비율 판정법을 적용하자. $a_n = \frac{(-1)^n x^{2n}}{2^{2n}(n!)^2}$이라 하면

$$\lim_{n\to\infty}\left|\frac{a_{n+1}}{a_n}\right| = \lim_{n\to\infty}\left|\frac{(-1)^{n+1}x^{2(n+1)}}{2^{2(n+1)}[(n+1)!]^2}\cdot\frac{2^{2n}(n!)^2}{(-1)^n x^{2n}}\right| = \lim_{n\to\infty}\frac{x^2}{4(n+1)^2} = 0 < 1$$

이다. 따라서 비율 판정법에 의해 주어진 급수는 모든 x에 대해 수렴한다. 그러므로 수렴 반지름은 $R=\infty$ 이다.

예제 9.1.4 급수 $\sum_{n=1}^{\infty}\left(1+\frac{1}{n}\right)^n(x-3)^n$ 의 수렴 반지름을 구하라.

풀이

근 판정법을 적용하자. $a_n=\left(1+\frac{1}{n}\right)^n(x-3)^n$ 이라 하면

$$\lim_{n\to\infty}\sqrt[n]{|a_n|}=\lim_{n\to\infty}\sqrt[n]{\left|\left(1+\frac{1}{n}\right)^n(x-3)^n\right|}=\lim_{n\to\infty}\left(1+\frac{1}{n}\right)|x-3|=|x-3|$$

이다. 따라서 근 판정법에 의해 주어진 급수는 $|x-3|<1$일 때 즉, $2<x<4$일 때 절대수렴하고, $|x-3|>1$일 때 발산한다. 그러므로 수렴 반지름은 $R=1$이다.

예제 9.1.5 급수 $\sum_{n=1}^{\infty}\frac{(x-2)^n}{n}$ 의 수렴 반지름을 구하라.

풀이

비율 판정법을 적용하자. $a_n=\frac{(x-2)^n}{n}$ 이라 하면

$$\lim_{n\to\infty}\left|\frac{a_{n+1}}{a_n}\right|=\lim_{n\to\infty}\left|\frac{(x-2)^{n+1}}{n+1}\cdot\frac{n}{(x-2)^n}\right|=\lim_{n\to\infty}\frac{n}{n+1}|x-2|=\lim_{n\to\infty}\frac{1}{1+\frac{1}{n}}|x-2|=|x-2|$$

이다. 따라서 비율 판정법에 의해 주어진 급수는 $|x-2|<1$일 때 즉, $1<x<3$일 때 절대수렴하고, $|x-2|>1$일 때 즉, $x<1$ 또는 $x>3$일 때 발산한다. 그러므로 수렴 반지름은 $R=1$이다.

위 예제에서 $\sum_{n=1}^{\infty}\frac{(x-2)^n}{n}$ 의 수렴 구간을 구해보면 예제의 결과로부터 급수는 $|x-2|<1$일 때 즉, $1<x<3$ 일 때 절대수렴하고, $|x-2|>1$일 때 즉, $x<1$ 또는 $x>3$일 때 발산한다. 그러나 $|x-2|=1$일 때, 비율 판정법으로 결정할 수 없으므로 $x=1$과 $x=3$일 때는 직접 판정해야 한다.

$x=1$이면 급수는 $\sum_{n=1}^{\infty}\frac{(-1)^n}{n}$ 이고 교대급수 판정법에 의해 급수는 수렴한다.

$x = 3$이면 급수는 $\sum_{n=1}^{\infty} \frac{1}{n}$ 이고 조화급수 판정법에 의해 급수는 발산한다.

따라서, 주어진 급수의 수렴 구간은 $[1, 3)$이다.

연습문제 9.1

[1~20] 다음 급수의 수렴 반지름을 구하라.

1. $\sum_{n=1}^{\infty} \frac{x^n}{\sqrt{n}}$

2. $\sum_{n=1}^{\infty} n!\, x^n$

3. $\sum_{n=1}^{\infty} (-1)^n n^2 x^n$

4. $\sum_{n=1}^{\infty} \frac{n^n x^n}{n!}$

5. $\sum_{n=0}^{\infty} \frac{(3x)^n}{2^{n+1}}$

6. $\sum_{n=0}^{\infty} \frac{x^{2n}}{n!}$

7. $\sum_{n=1}^{\infty} \frac{(-1)^{n+1} x^n}{n}$

8. $\sum_{n=1}^{\infty} \frac{x^n}{2^n}$

9. $\sum_{n=1}^{\infty} \frac{n x^n}{3^n}$

10. $\sum_{n=1}^{\infty} \frac{x^n}{n^n}$

11. $\sum_{n=2}^{\infty} \frac{x^n}{n \ln n}$

12. $\sum_{n=0}^{\infty} \frac{\ln n\, (x-5)^n}{n^2}$

13. $\sum_{n=0}^{\infty} \frac{2^n x^n}{3^n}$

14. $\sum_{n=1}^{\infty} n^n (x-1)^n$

15. $\sum_{n=1}^{\infty} n\, 2^n x^n$

16. $\sum_{n=1}^{\infty} n!\, (3x-1)^n$

17. $\sum_{n=1}^{\infty} \frac{(2x-1)^n}{5^n \sqrt{n}}$

18. $\sum_{n=1}^{\infty} \frac{(-1)^n \cdot 1 \cdot 3 \cdot 5 \cdots (2n-1)\, x^{2n+1}}{2 \cdot 4 \cdot 6 \cdots (2n)}$

19. $1 + 2x + \frac{4x^2}{2!} + \frac{8x^3}{3!} + \frac{16x^4}{4!} + \frac{32x^5}{5!} + \cdots$

20. $1 + 2x + \frac{4!\, x^2}{(2!)^2} + \frac{6!\, x^3}{(3!)^2} + \frac{8!\, x^4}{(4!)^2} + \frac{10!\, x^5}{(5!)^2} + \cdots$

[21~22] 다음 급수의 수렴 반지름과 수렴 구간을 구하라.

21. $\sum_{n=0}^{\infty} \frac{(-3)^n x^n}{\sqrt{n+1}}$

22. $\sum_{n=0}^{\infty} \frac{n(x+2)^n}{3^{n+1}}$

23. $\sum_{n=0}^{\infty} c_n x^n$ 이 $x = -3$일 때 수렴하고, $x = 5$일 때 발산한다고 하자. 다음 급수의 수렴 여부를 판정하라.

(a) $\sum_{n=0}^{\infty} c_n$ (b) $\sum_{n=0}^{\infty} c_n 6^n$

(C) $\sum_{n=0}^{\infty} c_n (-2)^n$ (d) $\sum_{n=0}^{\infty} (-1)^n c_n 7^n$

9.2 함수를 거듭제곱 급수로 표현하기

거듭제곱 급수를 사용하는 주된 목적은 수학, 물리학, 화학 등에서 사용하는 중요한 몇몇 함수들을 표현하기 위한 것이다.

앞에서 알아본 다음 식을 보자.

$$\frac{1}{1-x} = 1 + x + x^2 + \cdots + x^n + \cdots = \sum_{n=0}^{\infty} x^n \quad (|x| < 1) \tag{3}$$

식 (3)을 함수 $f(x) = \dfrac{1}{1-x}$ 을 거듭제곱 급수로 표현한 것으로 생각한다.

예제 9.2.1 함수 $f(x) = \dfrac{1}{1+x^2}$ 을 거듭제곱 급수로 표현하고 수렴 반지름을 구하라.

풀이

식 (3)에서 x 를 $-x^2$ 으로 바꾸면

$$\frac{1}{1+x^2} = \frac{1}{1-(-x^2)} = \sum_{n=0}^{\infty} (-x^2)^n$$
$$= \sum_{n=0}^{\infty} (-1)^n x^{2n} = 1 - x^2 + x^4 - x^6 + x^8 - \cdots$$

이것은 기하급수이므로 $|-x^2| < 1$ 일 때, 곧 $|x| < 1$ 일 때 수렴한다. 따라서 수렴 반지름은 $R = 1$ 이다.

예제 9.2.2 함수 $f(x) = \dfrac{1}{3+x}$ 을 거듭제곱 급수로 표현하고 수렴 반지름을 구하라.

풀이

이 식을 식 (3)의 좌변 형태로 만들기 위해 분모에서 3을 묶어낸다.

$$\frac{1}{3+x} = \frac{1}{3\left(1+\frac{x}{3}\right)} = \frac{1}{3\left[1-\left(-\frac{x}{3}\right)\right]} = \frac{1}{3}\sum_{n=0}^{\infty}\left(-\frac{x}{3}\right)^n = \sum_{n=0}^{\infty}\frac{(-1)^n x^n}{3^{n+1}}$$

이 급수는 $\left|-\dfrac{x}{3}\right| < 1$ 일 때, 즉 $|x| < 3$ 일 때 수렴한다. 따라서 수렴 반지름은 $R = 3$ 이다.

예제 9.2.3 함수 $f(x) = \dfrac{x^3}{1+x}$ 을 거듭제곱 급수로 표현하고 수렴 반지름을 구하라.

풀이

식 (3)에서 x 를 $-x$ 로 바꾸면

$$\frac{1}{1+x} = \frac{1}{1-(-x)} = \sum_{n=0}^{\infty}(-x)^n = \sum_{n=0}^{\infty}(-1)^n x^n = 1 - x + x^2 - x^3 + \cdots$$

$$\frac{x^3}{1+x} = x^3 \cdot \frac{1}{1+x} = x^3 \sum_{n=0}^{\infty}(-1)^n x^n = \sum_{n=0}^{\infty}(-1)^n x^{n+3}$$

$$= x^3 - x^4 + x^5 - x^6 + \cdots = \sum_{n=3}^{\infty}(-1)^{n-1} x^n$$

이 급수는 $|-x| < 1$ 일 때, 즉, $|x| < 1$ 일 때 수렴한다. 따라서 수렴 반지름은 $R = 1$ 이다.

정리 9.2.1 거듭제곱 급수의 항별 미분

수렴 반지름이 $R > 0$ 인 거듭제곱 급수 $\sum_{n=0}^{\infty} c_n (x-a)^n$ 에 의하여 정의된 함수

$$f(x) = c_0 + c_1(x-a) + c_2(x-a)^2 + \cdots = \sum_{n=0}^{\infty} c_n (x-a)^n$$

는 구간 $(a-R,\ a+R)$ 에서 미분가능하고, 다음이 성립한다.

$$f'(x) = c_1 + 2c_2(x-a) + 3c_3(x-a)^2 + \cdots = \sum_{n=1}^{\infty} n\, c_n (x-a)^{n-1}$$

즉,

$$\frac{d}{dx}\left\{\sum_{n=0}^{\infty} c_n (x-a)^n\right\} = \sum_{n=0}^{\infty} \frac{d}{dx}\{c_n (x-a)^n\}$$

또한, 미분한 거듭제곱 급수의 수렴 반지름은 R 이다.

참고

급수로 표현된 함수의 도함수가 항상 항별로 미분해서 얻어지는 것은 아니다. 즉, 정리 9.2.1은 $\sum_{n=0}^{\infty} c_n x^n$ 이나 $\sum_{n=0}^{\infty} c_n (x-a)^n$ 형태의 거듭제곱 급수에 적용되는 것이지 일반적인 급수에 항상 적용되는 것은 아니다.

예제 9.2.4 함수 $f(x) = \dfrac{1}{(1-x)^2}$ 을 식 (3)을 미분해서 거듭제곱 급수로 나타내고 수렴 반지름을 구하라.

풀이

$$\frac{1}{1-x} = 1 + x + x^2 + \cdots = \sum_{n=0}^{\infty} x^n \quad (|x| < 1)$$

양변을 미분하면

$$\frac{1}{(1-x)^2} = 1 + 2x + 3x^2 + \cdots = \sum_{n=1}^{\infty} nx^{n-1} \quad (|x| < 1)$$

n 을 $n+1$ 로 바꾸면 $\dfrac{1}{(1-x)^2} = \displaystyle\sum_{n=0}^{\infty} (n+1)x^n$ 로 나타낼 수 있다.

정리 9.2.1에 따라 미분해서 얻은 급수의 수렴 반지름은 원래 급수의 수렴 반지름과 같으므로 $R = 1$ 이다.

정리 9.2.2 거듭제곱 급수의 항별 적분

수렴 반지름이 $R > 0$ 인 거듭제곱 급수 $\displaystyle\sum_{n=0}^{\infty} c_n (x-a)^n$ 에 의하여 정의된 함수

$$f(x) = c_0 + c_1(x-a) + c_2(x-a)^2 + \cdots = \sum_{n=0}^{\infty} c_n (x-a)^n$$

는 구간 $(a-R,\ a+R)$ 에서 적분가능하고 다음이 성립한다.

$$\int f(x)\,dx = C + c_0(x-a) + c_1\frac{(x-a)^2}{2} + c_2\frac{(x-a)^3}{3} + \cdots$$

$$= C + \sum_{n=0}^{\infty} c_n \frac{(x-a)^{n+1}}{n+1}$$

즉,

$$\int \left\{ \sum_{n=0}^{\infty} c_n (x-a)^n \right\} dx = \sum_{n=0}^{\infty} \int c_n (x-a)^n\,dx$$

또한, 적분한 거듭제곱 급수의 수렴 반지름은 R 이다.

정리 9.2.2에서 $\int c_0\,dx = c_0 x + C_1 = c_0(x-a) + C$ 로 썼는데, 여기서 $C = c_0 a + C_1$ 이다. 그러므로 급수의 모든 항은 같은 꼴이다.

예제 9.2.5 $f(x)=\ln(1+x)$에 대한 거듭제곱 급수 표현과 그것의 수렴 반지름을 구하라.

풀이

$$\frac{1}{1+x}=\frac{1}{1-(-x)}=1-x+x^2-x^3+\cdots$$

$$=\sum_{n=0}^{\infty}(-x)^n=\sum_{n=0}^{\infty}(-1)^n x^n \quad (|x|<1)$$

양변을 적분하면,

$$\ln(1+x)=\int\frac{1}{1+x}dx=\int(1-x+x^2-x^3+\cdots)dx$$

$$=x-\frac{x^2}{2}+\frac{x^3}{3}-\frac{x^4}{4}+\cdots+C$$

$$=\sum_{n=1}^{\infty}(-1)^{n-1}\frac{x^n}{n}+C \quad (|x|<1)$$

C의 값을 결정하기 위해서 이 식에 $x=0$을 대입하면,

$$C=\ln(1+0)=0$$

를 얻고 다음이 성립한다.

$$\ln(1+x)=x-\frac{x^2}{2}+\frac{x^3}{3}-\frac{x^4}{4}+\cdots=\sum_{n=1}^{\infty}(-1)^{n-1}\frac{x^n}{n} \quad (|x|<1)$$

수렴 반지름은 원래 급수 $\frac{1}{1+x}=\sum_{n=0}^{\infty}(-1)^n x^n$와 같이 $R=1$이다.

예제 9.2.6 $-\frac{1}{2}-\frac{1}{2\cdot 2^2}-\frac{1}{3\cdot 2^3}-\frac{1}{4\cdot 2^4}-\cdots$ 의 합을 구하라.

풀이

위 식을 급수로 표현하면

$$\sum_{n=1}^{\infty}-\left(\frac{1}{n\cdot 2^n}\right)$$

$\ln(1+x)$의 거듭제곱 급수 표현 $\ln(1+x)=\sum_{n=1}^{\infty}(-1)^{n-1}\frac{x^n}{n}$ $(R=1)$에

$x=-\frac{1}{2}$을 대입하면

$$\sum_{n=1}^{\infty}(-1)^{n-1}\frac{\left(-\frac{1}{2}\right)^n}{n}=\sum_{n=1}^{\infty}-\left(\frac{1}{n\cdot 2^n}\right)$$

$$=-\frac{1}{2}-\frac{1}{2\cdot 2^2}-\frac{1}{3\cdot 2^3}-\frac{1}{4\cdot 2^4}-\cdots=\ln\left(1-\frac{1}{2}\right)=\ln\frac{1}{2}=-\ln 2$$

이다.

예제 9.2.7 $f(x)=\tan^{-1}x$ 에 대한 거듭제곱 급수 표현과 그것의 수렴 반지름을 구하라.

풀이

$$f'(x)=\frac{1}{1+x^2}=\frac{1}{1-(-x^2)}=1-x^2+x^4-x^6+x^8-\cdots$$

$$=\sum_{n=0}^{\infty}(-x^2)^n=\sum_{n=0}^{\infty}(-1)^n x^{2n}\quad(|x|<1)$$

양변을 적분하면

$$f(x)=\tan^{-1}x=\int\frac{1}{1+x^2}\,dx=\int(1-x^2+x^4-x^6+x^8-\cdots)\,dx$$

$$=C+x-\frac{x^3}{3}+\frac{x^5}{5}-\frac{x^7}{7}+\cdots=C+\sum_{n=0}^{\infty}(-1)^n\frac{x^{2n+1}}{2n+1}\quad(|x|<1)$$

C의 값을 결정하기 위해서 이 식에 $x=0$ 을 대입하면, $C=\tan^{-1}0=0$ 을 얻는다. 따라서

$$\tan^{-1}x=x-\frac{x^3}{3}+\frac{x^5}{5}-\frac{x^7}{7}+\cdots=\sum_{n=0}^{\infty}(-1)^n\frac{x^{2n+1}}{2n+1}\quad(|x|<1)$$

$\dfrac{1}{1+x^2}$ 에 대한 급수의 수렴 반지름이 1 이므로, $\tan^{-1}x$ 에 대한 급수의 수렴 반지름도 $R=1$ 이다.

예제 9.2.8 거듭제곱 급수를 이용해서 $\displaystyle\int\frac{1}{1+x^5}\,dx$ 의 값을 구하라.

풀이

$$\frac{1}{1+x^5}=\frac{1}{1-(-x^5)}=\sum_{n=0}^{\infty}(-x^5)^n=\sum_{n=0}^{\infty}(-1)^n x^{5n}=1-x^5+x^{10}-\cdots$$

양변을 적분하면

$$\int\frac{1}{1+x^5}\,dx=\int\sum_{n=0}^{\infty}(-1)^n x^{5n}\,dx=C+\sum_{n=0}^{\infty}(-1)^n\frac{x^{5n+1}}{5n+1}$$

$$= C + x - \frac{x^6}{6} + \frac{x^{11}}{11} - \frac{x^{16}}{16} + \cdots$$

이 급수는 $|-x^5| < 1$ 일 때, 즉 $|x| < 1$ 일 때 수렴한다.

:연습문제 9.2

[1~14] 다음 함수에 대해 거듭제곱 급수 표현을 찾고, 수렴 반지름을 구하라.

1. $f(x) = \dfrac{1}{1+x}$

2. $f(x) = \dfrac{5}{1-4x^2}$

3. $f(x) = \dfrac{1}{1-2x}$

4. $f(x) = \dfrac{2}{3-x}$

5. $f(x) = \dfrac{x^3}{x+2}$

6. $f(x) = \dfrac{x}{9+x^2}$

7. $f(x) = \dfrac{1+x}{1-x}$

8. $f(x) = \dfrac{3}{x^2-x-2}$

9. $f(x) = \dfrac{x+2}{2x^2-x-1}$

10. $f(x) = \dfrac{1}{(1+x)^2}$

11. $f(x) = \ln(1-x)$

12. $f(x) = \tan^{-1}(2x)$

13. $f(x) = \ln(4+x^2)$

14. $f(x) = \ln\left(\dfrac{1+x}{1-x}\right)$

[15~18] 다음 부정 적분을 거듭제곱 급수로 찾고 수렴 반지름을 구하라.

15. $\displaystyle\int \frac{x}{1-x^6}\,dx$

16. $\displaystyle\int x^3 \ln(1+x)\,dx$

17. $\displaystyle\int \frac{\tan^{-1}x}{x^3}\,dx$

18. $\displaystyle\int x^3 \tan^{-1}(3x)\,dx$

[19~20] 다음 급수의 합을 구하라.

19. $\displaystyle\sum_{n=1}^{\infty} \frac{4^n}{n \cdot 5^n}$

20. $\dfrac{1}{2} - \dfrac{1}{2 \cdot 2^2} + \dfrac{1}{3 \cdot 2^3} - \dfrac{1}{4 \cdot 2^4} + \cdots$

9.3 테일러 급수와 매클로린 급수

앞에서 등비 급수를 이용하여 함수들의 거듭제곱 급수 표현을 찾을 수 있었다. 이제 일반적인 함수들, 예를 들어 e^x, $\sin x$, $\cos x$ 등의 함수가 주어졌을 때, 함수를 직접 활용하여 어떻게 거듭제곱 급수로 나타낼 수 있는지를 알아보자.

먼저 $f(x)$가 다음과 같이 거듭제곱 급수로 표현되고, 수렴반지름이 R 임의의 미분 가능한 함수라고 가정하자.

$$f(x) = c_0 + c_1(x-a) + c_2(x-a)^2 + c_3(x-a)^3 + c_4(x-a)^4 + \cdots \tag{4}$$

이 함수의 n 계 도함수를 차례로 구하면 다음과 같은 거듭제곱 급수로 표현되며, 여전히 수렴 반지름은 R 이다.

$$f'(x) = c_1 + 2c_2(x-a) + 3c_3(x-a)^2 + 4c_4(x-a)^3 + 5c_5(x-a)^4 + \cdots \tag{5}$$

R과 같다.

$$f''(x) = 2c_2 + 2\cdot 3c_3(x-a) + 3\cdot 4c_4(x-a)^2 + 4\cdot 5c_5(x-a)^3 + \cdots \tag{6}$$

$$f'''(x) = 2\cdot 3c_3 + 2\cdot 3\cdot 4c_4(x-a) + 3\cdot 4\cdot 5c_5(x-a)^2 + \cdots \tag{7}$$

위 식들의 양변에 $x = a$ 를 대입하면 첫째 항 뒤의 모든 항이 0 이고, 다음을 얻는다.

$$f(a) = c_0 \quad\Rightarrow\quad c_0 = f(a)$$

$$f'(a) = c_1 \quad\Rightarrow\quad c_1 = f'(a)$$

$$f''(a) = 2c_2 \quad\Rightarrow\quad c_2 = \frac{f''(a)}{2!}$$

$$f'''(a) = 2\cdot 3\,c_3 = 3!c_3 \quad\Rightarrow\quad c_3 = \frac{f'''(a)}{3!}$$

미분하고 $x = a$ 를 대입하는 과정을 반복하면 다음을 얻는다.

$$f^{(n)}(a) = 2\cdot 3\cdot 4\cdot \cdots \cdot n\,c_n = n!c_n \quad\Rightarrow\quad c_n = \frac{f^{(n)}(a)}{n!}$$

관례에 따라 $0! = 1$ 과 $f^{(0)} = f$ 로 나타내면, 위의 식은 $n = 0$ 인 경우에도 유효하다. 이에 따라 다음 정리가 증명된다.

정리 9.3.1

$f(x)$ 가 a 에 관한 거듭제곱 급수로 표현된다고 하면

$$f(x) = \sum_{n=0}^{\infty} c_n (x-a)^n \quad (|x-a| < R)$$

$$= \sum_{n=0}^{\infty} \frac{f^{(n)}(a)}{n!}(x-a)^n$$

$$= f(a) + \frac{f'(a)}{1!}(x-a) + \frac{f''(a)}{2!}(x-a)^2 + \frac{f'''(a)}{3!}(x-a)^3 + \cdots \quad (8)$$

식 (8)의 급수를 a 에서(또는 a에 관한 또는 중심이 a인) $f(x)$의 테일러 급수(Taylor series)라 한다.

$a = 0$ 인 특별한 경우에 테일러 급수는 다음과 같다.

$$f(x) = \sum_{n=0}^{\infty} \frac{f^{(n)}(0)}{n!} x^n$$

$$= f(0) + \frac{f'(0)}{1!}x + \frac{f''(0)}{2!}x^2 + \frac{f'''(0)}{3!}x^3 + \cdots \quad (9)$$

식 (9)의 급수를 매클로린 급수(Maclaurin series)라 한다.

참고

1. 매클로린 급수로 전개되려면 $x = 0$ 일 때의 함숫값과 미분계수 값이 존재해야 한다.
   예를 들면, $\frac{1}{x}$, $\ln x$, $\cot x$ 등은 매클로린 급수로 전개할 수 없다.
2. $f(x)$ 를 a 에 관한 거듭제곱 급수로 표현할 수 있다면, 대부분의 함수는 그것의 테일러 급수의 합과 같다. 그런데 함수 중에는 그것의 테일러 급수의 합과 같지 않은 것이 있다. 이 책에서는 그런 함수는 다루지 않는다.

예제 9.3.1 함수 $f(x) = e^x$ 의 매클로린 급수와 이의 수렴 반지름을 구하라.

풀이

$f(x) = e^x$ 이면, 모든 n 에 대해 $f^{(n)}(x) = e^x$ 이므로, $f^{(n)}(0) = e^0 = 1$ 이다. 그러므로 $f(x)$ 의 매클로린 급수는 다음과 같다.

$$f(x) = e^x = \sum_{n=0}^{\infty} \frac{f^{(n)}(0)}{n!} x^n = \sum_{n=0}^{\infty} \frac{x^n}{n!} = 1 + \frac{x}{1!} + \frac{x^2}{2!} + \frac{x^3}{3!} + \cdots$$

수렴 반지름을 찾기 위해서 $a_n = \frac{x^n}{n!}$ 이라 하고, 비율 판정법을 적용한다.

$$\lim_{n\to\infty}\left|\frac{a_{n+1}}{a_n}\right| = \lim_{n\to\infty}\left|\frac{x^{n+1}}{(n+1)!}\cdot\frac{n!}{x^n}\right| = \lim_{n\to\infty}\left|\frac{x}{n+1}\right| = 0 < 1$$

이므로, 이 급수는 모든 x 에 대해 수렴하고 수렴 반지름은 $R = \infty$ 이다.

참고

위 예제로부터 $e^x = \sum_{n=0}^{\infty} \frac{x^n}{n!}$ 이 모든 x 에 대해 수렴하므로 모든 실수 x 에 대해 $\lim_{n\to\infty} \frac{x^n}{n!} = 0$ 이다.

예제 9.3.2 $1 + \frac{1}{1!} + \frac{1}{2!} + \frac{1}{3!} + \cdots$ 의 값을 구하라.

풀이

위 식을 급수로 표현하면 $\sum_{n=0}^{\infty} \frac{1}{n!}$

e^x 의 거듭제곱 급수표현 $e^x = \sum_{n=0}^{\infty} \frac{x^n}{n!}$ 에 $x = 1$ 을 대입하면

$$e = \sum_{n=0}^{\infty} \frac{1}{n!} = 1 + \frac{1}{1!} + \frac{1}{2!} + \frac{1}{3!} + \cdots$$

따라서, $1 + \frac{1}{1!} + \frac{1}{2!} + \frac{1}{3!} + \cdots = e$ (10)

위 예제의 결과는 e 의 무한급수 표현을 보여준다.

예제 9.3.3 $a = 3$ 에서 $f(x) = e^x$ 의 테일러 급수를 구하고 이의 수렴 반지름을 구하라.

풀이

모든 n 에 대해 $f^{(n)}(x) = e^x$ 이므로 $f^{(n)}(3) = e^3$ 이다.
테일러 급수 식 (8)에 $a = 3$ 를 대입하면 다음을 얻는다.

$$f(x) = e^x = \sum_{n=0}^{\infty} \frac{f^{(n)}(3)}{n!}(x-3)^n = \sum_{n=0}^{\infty} \frac{e^3}{n!}(x-3)^n$$

$a_n = \frac{e^3(x-3)^n}{n!}$ 이라 하면

$$\lim_{n\to\infty}\left|\frac{a_{n+1}}{a_n}\right| = \lim_{n\to\infty}\left|\frac{e^3(x-3)^{n+1}}{(n+1)!} \cdot \frac{n!}{e^3(x-3)^n}\right| = \lim_{n\to\infty}\left|\frac{x-3}{n+1}\right| = 0 < 1$$

이므로 비율 판정법에 의해 이 급수는 모든 x 에 대해 수렴하고 수렴 반지름은 $R = \infty$ 이다.

참고

0 근방의 x 의 값에 관심이 있으면 매클로린 급수가 더 좋고 3 근방의 x 의 값에 관심이 있으면 예제 9.3.3에서 구한 급수가 더 좋다.

예제 9.3.4 $f(x) = \sin x$ 의 매클로린 급수를 구하고 이의 수렴 반지름을 구하라.

풀이

$$\begin{aligned} f(x) &= \sin x & f(0) &= 0 \\ f'(x) &= \cos x & f'(0) &= 1 \\ f''(x) &= -\sin x & f''(0) &= 0 \\ f'''(x) &= -\cos x & f'''(0) &= -1 \\ f^{(4)}(x) &= \sin x & f^{(4)}(0) &= 0 \end{aligned}$$

도함수는 네 개씩 반복되면서 순환하므로, 매클로린 급수를 다음과 같이 쓸 수 있다.

$$\begin{aligned} f(x) = \sin x &= \sum_{n=0}^{\infty} \frac{f^{(n)}(0)}{n!} x^n \\ &= f(0) + \frac{f'(0)}{1!} x + \frac{f''(0)}{2!} x^2 + \frac{f'''(0)}{3!} x^3 + \cdots \\ &= 0 + 1x + \frac{0}{2!} x^2 + \frac{-1}{3!} x^3 + \frac{0}{4!} x^4 + \frac{1}{5!} x^5 + \cdots \\ &= x - \frac{x^3}{3!} + \frac{x^5}{5!} - \frac{x^7}{7!} + \cdots = \sum_{n=0}^{\infty} (-1)^n \frac{x^{2n+1}}{(2n+1)!} \end{aligned}$$

$a_n = \dfrac{(-1)^n x^{2n+1}}{(2n+1)!}$ 이라 하면

$$\lim_{n \to \infty} \left| \frac{a_{n+1}}{a_n} \right| = \lim_{n \to \infty} \left| \frac{(-1)^{n+1} x^{2n+3}}{(2n+3)!} \cdot \frac{(2n+1)!}{(-1)^n x^{2n+1}} \right| = \lim_{n \to \infty} \left| \frac{-x^2}{(2n+3)(2n+2)} \right| = 0 < 1$$

이므로 비율 판정법에 의해 이 급수는 모든 x^2 에 대해 수렴하고 또한 모든 x 에 대해 수렴하므로 수렴 반지름은 $R = \infty$ 이다.

예제 9.3.5 $f(x)=\cos x$의 매클로린 급수를 구하고 이의 수렴 반지름을 구하라.

풀이

(방법 1)

$$f(x) = \cos x \qquad f(0) = 1$$
$$f'(x) = -\sin x \qquad f'(0) = 0$$
$$f''(x) = -\cos x \qquad f''(0) = -1$$
$$f'''(x) = \sin x \qquad f'''(0) = 0$$
$$f^{(4)}(x) = \cos x \qquad f^{(4)}(0) = 1$$

도함수는 네 개씩 반복되면서 순환하므로, 매클로린 급수는 다음과 같다.

$$f(x) = \cos x = \sum_{n=0}^{\infty} \frac{f^{(n)}(0)}{n!} x^n$$
$$= f(0) + \frac{f'(0)}{1!}x + \frac{f''(0)}{2!}x^2 + \frac{f'''(0)}{3!}x^3 + \cdots$$
$$= 1 - \frac{x^2}{2!} + \frac{x^4}{4!} - \frac{x^6}{6!} + \cdots = \sum_{n=0}^{\infty} (-1)^n \frac{x^{2n}}{(2n)!}$$

$a_n = \dfrac{(-1)^n x^{2n}}{(2n)!}$ 이라 하면

$$\lim_{n\to\infty}\left|\frac{a_{n+1}}{a_n}\right| = \lim_{n\to\infty}\left|\frac{(-1)^{n+1}x^{2n+2}}{(2n+2)!} \cdot \frac{(2n)!}{(-1)^n x^{2n}}\right| = \lim_{n\to\infty}\left|\frac{-x^2}{(2n+2)(2n+1)}\right| = 0 < 1$$

이므로 비율 판정법에 의해 이 급수는 모든 x^2에 대해 수렴하고 또한 모든 x에 대해 수렴하므로 수렴 반지름은 $R=\infty$ 이다.

(방법 2) 앞의 예제의 결과인

$$\sin x = \sum_{n=0}^{\infty} (-1)^n \frac{x^{2n+1}}{(2n+1)!} = x - \frac{x^3}{3!} + \frac{x^5}{5!} - \frac{x^7}{7!} + \cdots \quad (R=\infty)$$

의 양변을 미분하면

$$\cos x = \frac{d}{dx}(\sin x) = \frac{d}{dx}\left(x - \frac{x^3}{3!} + \frac{x^5}{5!} - \frac{x^7}{7!} + \cdots\right)$$
$$= 1 - \frac{3x^2}{3!} + \frac{5x^4}{5!} - \frac{7x^6}{7!} + \cdots = 1 - \frac{x^2}{2!} + \frac{x^4}{4!} - \frac{x^6}{6!} + \cdots$$

$$= \sum_{n=0}^{\infty} (-1)^n \frac{x^{2n}}{(2n)!}$$

$\sin x$ 의 매클로린 급수의 수렴 반지름이 $R = \infty$ 이므로, 정리 9.2.1에 의해 미분해서 얻은 $\cos x$ 의 매클로린 급수의 수렴 반지름도 $R = \infty$ 이다.

예제 9.3.6 함수 $f(x) = x \sin x$ 의 매클로린 급수를 구하라.

풀이

$\sin x$ 의 매클로린 급수에 x 를 곱하면

$$x \sin x = x \sum_{n=0}^{\infty} (-1)^n \frac{x^{2n+1}}{(2n+1)!} = \sum_{n=0}^{\infty} (-1)^n \frac{x^{2n+2}}{(2n+1)!} \qquad (R = \infty)$$

[중요한 매클로린 급수]

$$\frac{1}{1-x} = \sum_{n=0}^{\infty} x^n = 1 + x + x^2 + \cdots, \quad R = 1$$

$$e^x = \sum_{n=0}^{\infty} \frac{x^n}{n!} = 1 + \frac{x}{1!} + \frac{x^2}{2!} + \frac{x^3}{3!} + \cdots, \quad R = \infty$$

$$\sin x = \sum_{n=0}^{\infty} (-1)^n \frac{x^{2n+1}}{(2n+1)!} = x - \frac{x^3}{3!} + \frac{x^5}{5!} - \frac{x^7}{7!} + \cdots, \quad R = \infty$$

$$\cos x = \sum_{n=0}^{\infty} (-1)^n \frac{x^{2n}}{(2n)!} = 1 - \frac{x^2}{2!} + \frac{x^4}{4!} - \frac{x^6}{6!} + \cdots, \quad R = \infty$$

$$\tan^{-1} x = \sum_{n=0}^{\infty} (-1)^n \frac{x^{2n+1}}{2n+1} = x - \frac{x^3}{3} + \frac{x^5}{5} - \frac{x^7}{7} + \cdots, \quad R = 1$$

$$\ln(1+x) = \sum_{n=1}^{\infty} (-1)^{n-1} \frac{x^n}{n} = x - \frac{x^2}{2} + \frac{x^3}{3} - \frac{x^4}{4} + \cdots, \quad R = 1$$

테일러 급수가 중요한 이유 중 하나는 적분할 수 없었던 함수들을 다룰 수 있다는 점이다.

예제 9.3.7 무한급수를 이용해서 $\int e^{-x^2}dx$ 을 구하라.

풀이

먼저 $f(x) = e^{-x^2}$ 에 대한 매클로린 급수를 찾자.
e^x 에 대한 매클로린 급수

$$e^x = \sum_{n=0}^{\infty} \frac{x^n}{n!}$$

에서 x 를 $-x^2$ 으로 바꾸어 간단히 찾자.

$$e^{-x^2} = \sum_{n=0}^{\infty} \frac{(-x^2)^n}{n!} = \sum_{n=0}^{\infty} (-1)^n \frac{x^{2n}}{n!} = 1 - \frac{x^2}{1!} + \frac{x^4}{2!} - \frac{x^6}{3!} + \cdots \quad (R = \infty)$$

양변을 적분하면

$$\begin{aligned}\int e^{-x^2}dx &= \int\left(1 - \frac{x^2}{1!} + \frac{x^4}{2!} - \frac{x^6}{3!} + \cdots\right)dx \\ &= C + x - \frac{x^3}{3 \cdot 1!} + \frac{x^5}{5 \cdot 2!} - \frac{x^7}{7 \cdot 3!} + \cdots = \sum_{n=0}^{\infty} (-1)^n \frac{x^{2n+1}}{(2n+1) \cdot n!} + C\end{aligned}$$

e^x 에 대한 급수의 수렴 반지름은 $R = \infty$ 이므로, 적분한 이 급수의 수렴 반지름도 $R = \infty$ 이다.

테일러 급수의 또 다른 용도는 극한을 급수를 이용해서 구할 수 있다는 것이다.

예제 9.3.8 $\lim_{x \to 0} \dfrac{\sin x - x + \dfrac{x^3}{3!}}{x^4}$ 의 값을 구하라.

풀이

로피탈 법칙으로 구할 수 있지만 급수를 이용하여 극한을 찾아보자.

$$\sin x = \sum_{n=0}^{\infty} (-1)^n \frac{x^{2n+1}}{(2n+1)!} = x - \frac{x^3}{3!} + \frac{x^5}{5!} - \frac{x^7}{7!} + \cdots$$

이므로

$$\begin{aligned}\lim_{x \to 0} \frac{\sin x - x + \frac{x^3}{3!}}{x^4} &= \lim_{x \to 0} \frac{\left(x - \frac{x^3}{3!} + \frac{x^5}{5!} - \frac{x^7}{7!} + \cdots\right) - x + \frac{x^3}{3!}}{x^4} \\ &= \lim_{x \to 0} \frac{\frac{x^5}{5!} - \frac{x^7}{7!} + \frac{x^9}{9!} + \cdots}{x^4} = \lim_{x \to 0}\left(\frac{x}{5!} - \frac{x^3}{7!} + \frac{x^5}{9!} + \cdots\right) = 0\end{aligned}$$

거듭제곱 급수가 연속 함수이므로 이 결과가 성립한다.

[오일러 공식(Euler's formula)]

e^z 를 매클로린 급수로 전개하면

$$e^z = \sum_{n=0}^{\infty} \frac{z^n}{n!} = 1 + \frac{z}{1!} + \frac{z^2}{2!} + \frac{z^3}{3!} + \frac{z^4}{4!} + \frac{z^5}{5!} + \cdots$$

이므로 $z = ix$ 로 치환하면

$$\begin{aligned} e^{ix} &= 1 + ix + \frac{(ix)^2}{2!} + \frac{(ix)^3}{3!} + \frac{(ix)^4}{4!} + \frac{(ix)^5}{5!} + \cdots \\ &= 1 + ix - \frac{x^2}{2!} - i\frac{x^3}{3!} + \frac{x^4}{4!} + i\frac{x^5}{5!} + \cdots \\ &= \left(1 - \frac{x^2}{2!} + \frac{x^4}{4!} - \cdots\right) + i\left(x - \frac{x^3}{3!} + \frac{x^5}{5!} - \cdots\right) \\ &= \cos x + i\sin x \end{aligned}$$

이다. 즉,

$$e^{ix} = \cos x + i\sin x$$

을 오일러 공식(Euler's formula)이라 하며 이로부터 다음과 같은 성질도 얻을 수 있다.

(a) $e^{-ix} = \cos(-x) + i\sin(-x) = \cos x - i\sin x$

(b) $(\cos x + i\sin x)^n = (e^{ix})^n = e^{i(nx)} = \cos nx + i\sin nx$

$\therefore\ (\cos x + i\sin x)^n = \cos nx + i\sin nx$

(c) $e^{ix} - e^{-ix} = (\cos x + i\sin x) - (\cos x - i\sin x) = 2i\sin x$

$$\therefore\ \sin x = \frac{e^{ix} - e^{-ix}}{2i}$$

(d) $e^{ix} + e^{-ix} = (\cos x + i\sin x) + (\cos x - i\sin x) = 2\cos x$

$$\therefore\ \cos x = \frac{e^{ix} + e^{-ix}}{2}$$

연습문제 9.3

[1~5] 다음 함수에 대해 0 에 관한 거듭제곱 급수 표현(매클로린 급수)을 찾고, 수렴 반지름을 구하라.

1. $f(x) = e^{-2x}$
2. $f(x) = x\cos x$
3. $f(x) = \sin x^4$
4. $f(x) = \sin^2 x$
5. $f(x) = e^{1-x}$

[6~9] 다음 부정 적분을 거듭제곱 급수로 찾고, 수렴 반지름을 구하라.

6. $\int e^{x^2}\,dx$
7. $\int \sin(x^2)\,dx$
8. $\int \cos(\sqrt{x})\,dx$
9. $\int \dfrac{e^x - 1}{x}\,dx$

[10~13] 다음 함수의 a 에 관한 테일러 급수를 찾아라.

10. $f(x) = x^4 - 2x^2 - 1, \quad a = -1$
11. $f(x) = \ln x, \quad a = 2$
12. $f(x) = e^{2x}, \quad a = 3$
13. $f(x) = \sin x, \quad a = \dfrac{\pi}{2}$

[14~19] 다음 급수의 합을 구하라.

14. $\displaystyle\sum_{n=0}^{\infty} \frac{(-1)^n \pi^{2n+1}}{4^{2n+1}(2n+1)!}$
15. $3 + \dfrac{9}{2!} + \dfrac{27}{3!} + \dfrac{81}{4!} + \cdots$
16. $1 - \ln 2 + \dfrac{(\ln 2)^2}{2!} - \dfrac{(\ln 2)^3}{3!} + \dfrac{(\ln 2)^4}{4!} + \cdots$
17. $1 - \dfrac{1}{3} + \dfrac{1}{5} - \dfrac{1}{7} + \cdots$
18. $\dfrac{1}{2!} - \dfrac{1}{3!} + \dfrac{1}{4!} - \dfrac{1}{5!} + \cdots$
19. $1 - \dfrac{1}{3 \cdot 3} + \dfrac{1}{5 \cdot 3^2} - \dfrac{1}{7 \cdot 3^3} + \cdots$

[20~24] 급수를 이용해서 다음 극한을 구하라.

20. $\displaystyle\lim_{x \to 0} \frac{e^x - 1 - x}{x^2}$
21. $\displaystyle\lim_{x \to 0} \frac{x - \tan^{-1} x}{x^3}$
22. $\displaystyle\lim_{x \to 0} \frac{1 - \cos x}{x^2}$
23. $\displaystyle\lim_{x \to 0} \frac{x - \ln(1 + x)}{x^2}$
24. $\displaystyle\lim_{x \to 0} \frac{\sin x - x + \frac{x^3}{6}}{x^5}$

Chapter 10 매개변수와 극좌표

이 장에서는 함수의 또 다른 표현 방법과 그에 대한 미적분을 공부한다. 지금까지는 함수를 $y=f(x)$나 $x=f(y)$와 같은 양함수 꼴이나 $f(x,y)=0$과 같은 음함수 꼴로 표현하였다. 하지만 가끔은 함수를 또 다른 꼴로 표현하는 것이 더 편리할 수도 있다. 새로운 표현법으로는 매개변수를 사용하는 표현법과 우리에게 익숙한 직교좌표인 $(x,\ y)$대신에 새로운 극좌표를 사용하여 표현하는 방법이 있다. 이에 대한 표현법과 새롭게 표현한 함수에 대한 미분과 적분은 어떻게 구하는지에 대해 살펴보고자 한다.

10.1 매개변수 방정식

먼저, 한 입자가 [그림 10.1]에서의 곡선 C를 따라 이동한다고 할 때, 이 입자의 이동 자취(trace) 또는 궤적, 즉 곡선 C의 방정식을 $y=f(x)$나 $f(x,y)=0$의 꼴로 표현하기는 어렵다. 하지만 이 자취의 x, y좌표는 시간에 따른 입자의 위치를 나타내므로, 시간을 나타내는 변수 t를 도입하여, 각각 $x=f(t)$, $y=g(t)$로 표현하면 된다.

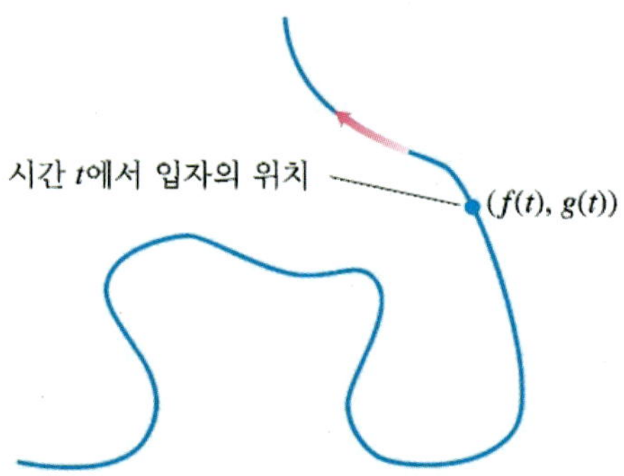

[그림 10.1]

따라서 이 두 개로 이루어진 한 쌍의 방정식이 하나의 곡선을 나타내는 방정식이 된다. 이처럼 표현된 방정식

$$x=f(t),\ \ y=g(t)$$

를 매개변수 방정식(parametric equation)이라 한다. 이때 x와 y를 표현하기 위해 사용된 하나의 변수 t를 매개변수(parameter)라 한다.

이제, 이러한 방정식에 의해 표현되는 곡선은 어떤 모양인지 알아보자. 곡선에 있는 각 점 (x,y)에 대하여 x와 y의 값이 $x=f(t)$와 $y=g(t)$에 의해 결정되므로, 하나의 t값이 결정됨에 따라 t에 해당하는 곡선에서의 위치 (x,y)가 결정되고, t값이 변함에 따라 곡선을 따라 이동하는 점들을 그려 나갈 수 있다. 이러한 방정식은 여러 종류의 곡선에 활용되어 편리하게 사용될 수 있다. 또한 시간에 따라 움직이는 곡선에만 활용되는 것이 아니므로, 매개변수 t는 꼭 시간을 나타내는 것만은 아니며, 다른 s나 θ와 같은 문자가 매개변수로 사용되어도 된다.

정의 10.1.1

x와 y가 구간 I에 속한 t에서 정의된 다음의 함수에 의해

$$x = f(t),\ y = g(t)$$

일 때, 이 식들로부터 정의되는 점 $(x,y) = (f(t),\ g(t))$들의 집합을 매개변수 곡선(parametric curve)이라 한다.

예제 10.1.1 매개변수 방정식 $x = t^2 - 2t,\ y = t$에 의해 정의되는 곡선을 따라 입자가 이동한다고 하자. 이 입자의 운동을 설명하라.

풀이

먼저 매개변수 t에 따른 x, y값들의 표를 작성한다. 〈표 10.1〉 참조. 여기서. $t=1$일 때 $x=-1$과 $y=1$이므로, 이에 대응하는 입자의 위치가 $(-1,1)$임을 알 수 있다. 또한 이동하는 입자의 위치는 t의 값이 변함에 따라 구해나갈 수 있다. t의 값이 증가하는 방향으로 따라가면 입자의 이동 방향도 알 수 있다. 또한 매개변수 t의 값이 일정한 간격으로 변할지라도 곡선위의 점들 사이를 연결하는 호의 길이는 똑같지 않을 수 있음을 볼 수 있다. 동일한 시간 간격에서의 길이의 차이는 속도의 차이를 나타낸다. 즉, 아래쪽을 이동할 때 점점 느리게 이동하다가 다시 위쪽을 이동하면서 점점 빠르게 이동하는 것을 알 수 있다[그림 10.2] 참조.

〈표 10.1〉

t	x	y
-2	8	-2
-1	3	-1
0	0	0
1	-1	1
2	0	2
3	3	3
4	8	4

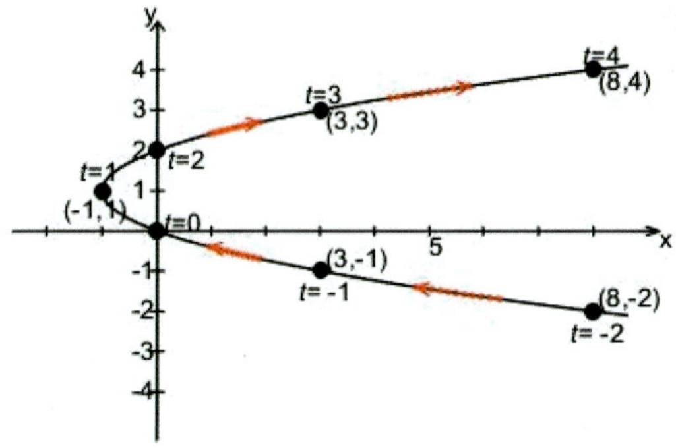

[그림 10.2]

예제 10.1.2 매개변수 방정식 $x = t^2 - 2t,\ y = t$에 의해 정의되는 곡선이 포물선임을 확인하라.

풀이

종종 매개변수 방정식에서는 매개변수 t를 소거함으로써, 곡선의 대수방정식을 구할 수 있다. $y=t$로부터 $t=y$이므로 이를 x의 함수에 대입하면

$$x = t^2 - 2t = y^2 - 2y$$

을 얻는다. 이 식은 $x = (y-1)^2 - 1$이므로, [그림 10.2]의 곡선이 포물선임을 쉽게 알 수 있다.

하지만, 모든 매개변수 방정식으로부터 쉽게 매개변수를 소거할 수는 없다. 매우 어렵고 복잡하거나 불가능한 경우도 있다.

예제 10.1.1에서는 매개변수에 대한 제약이 없이 모든 실수를 나타내므로 무한한 매개곡선을 얻는다. 만일 t의 범위에 제한을 두면 곡선의 일부분만을 나타낼 수 있다. 다음과 같이 정의되는 매개변수 방정식

$$x = t^2 - 2t,\ y = t,\ 0 \le t \le 3$$

은 [그림 10.3]과 같이 점 $(0,0)$에서 시작하여 점 $(-1,1)$, $(0,2)$를 지나 $(3,3)$에서 끝나는 곡선을 나타낸다. 일반적으로 매개변수 방정식

$$x = f(t),\ y = g(t),\ a \le t \le b$$

로 정의되는 매개변수 곡선에서 구간 $[a,b]$를 매개구간(parametric interval)이라 하며, 매개구간이 유한폐구간인 경우, 매개변수 곡선은 점 $(f(a), g(a))$을 시점(initial point)으로, 점 $(f(b), g(b))$를 끝점(terminal point)으로 가진다고 한다. 또한 시점에서 끝점으로 향하는 방향을 곡선의 진행방향(orientation)이라 한다. 이와 같이 곡선을 매개변수 방정식과 그에 따른 매개구간으로 표현하는 것을 매개화(parametrization)라고 한다.

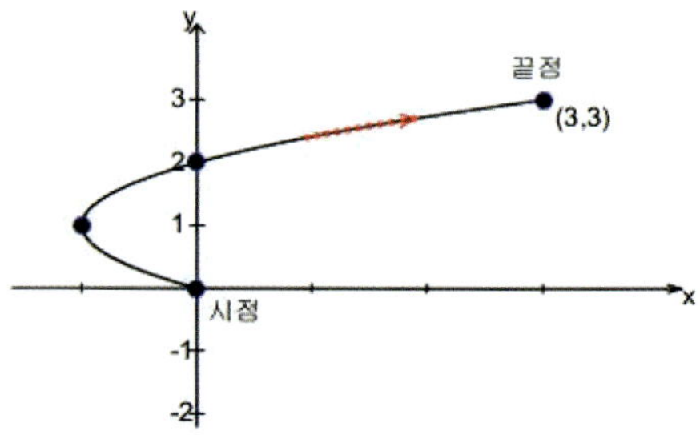

[그림 10.3]

다음 예제들은 하나의 곡선에 대해 매개변수 방정식의 다양한 표현법이 가능함을 보여준다.

예제 10.1.3 다음 매개변수 방정식에 의해 정의되는 곡선을 그리라.

$$x = 2\cos t,\ y = 2\sin t,\ 0 \le t \le 2\pi$$

풀이

매개변수 t를 소거해 보면, $x^2 + y^2 = 4(\cos^2 t + \sin^2 t) = 4$이므로, 중심이 0이고 반지름이 2인 원이다. 이 곡선이 나타내는 점은 원 위에 위치한다. [그림 10.4]에서 보는 것과 같이 $t = 0$일 때 점 $(2,0)$을 시점으로 하여 원 위를 시계반대방향으로 진행하여 $t = 2\pi$일 때 다시 점 $(2,0)$을 끝점으로 한 바퀴 회전한다.

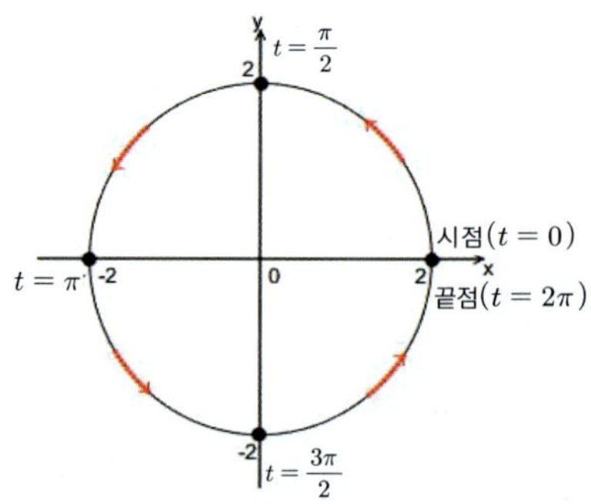

[그림 10.4]

예제 10.1.4 다음 매개변수 방정식에 의해 정의되는 곡선을 그리라.

$$x = 2\cos 2t,\ y = 2\sin 2t, 0 \le t \le 2\pi$$

풀이

매개변수 t를 소거해 보면, $x^2+y^2=4(\cos^2 2t+\sin^2 2t)=4$이므로, 예제 10.1.3에서와 같이 중심이 0이고 반지름이 2인 원이다. 이 곡선이 나타내는 점은 원 위에 위치한다. 하지만 [그림 10.5]에서 보는 것과 같이 $t=0$일 때 점 (2,0)을 시점으로 하여 원 위를 시계반대방향으로 진행하여, $t=\pi$일 때 다시 점 (2,0)을 지나고, 또 다시 $t=2\pi$일 때 점 (2,0)을 끝점으로 두 바퀴 회전한다.

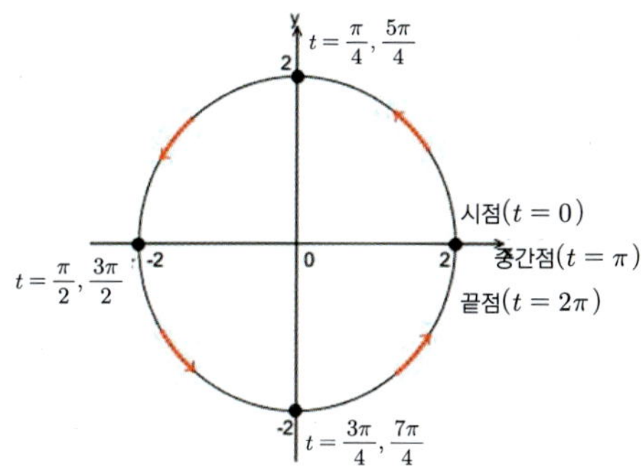

[그림 10.5]

예제 10.1.5 다음 매개변수 방정식에 의해 정의되는 곡선을 그리라.

$$x = 2\cos 2t,\ y = 2\sin 2t, 0 \le t \le \pi$$

풀이

매개변수 방정식이 예제 10.1.4와 같으므로, 중심이 0이고 반지름이 2인 원이다. 이 곡선이 나타내는 점은 원 위에 위치한다. 하지만 매개구간이 다르므로 [그림 10.6]에서 보는 것과 같이 $t=0$일 때 점 (2,0)을 시점으로 하여 원 위를 시계반대방향으로 진행하여, $t=\pi$일 때 다시 점 (2,0)을 끝점으로 한 바퀴 회전한다. 이 방정식이 정의하는 곡선은 예제 10.1.3에서의 곡선과 동일하다.

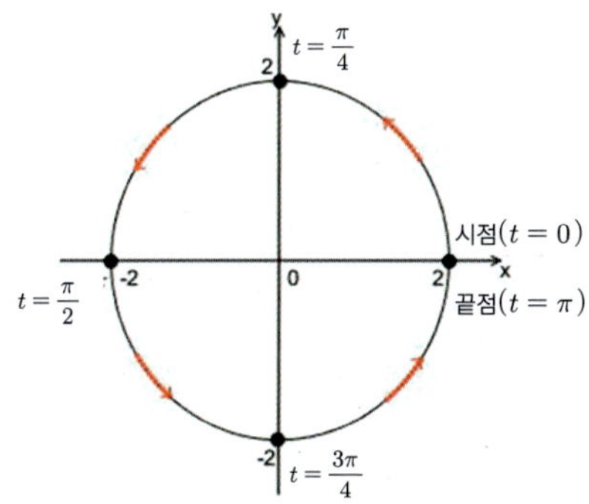

[그림 10.6]

예제 10.1.6 다음 매개변수 방정식에 의해 정의되는 곡선을 그리라.

$$x = 2\sin t,\ y = 2\cos t, 0 \le t \le 2\pi$$

풀이

매개변수 t를 소거해 보면, $x^2+y^2=4(\sin^2 t+\cos^2 t)=4$이므로, 중심이 0이고 반지름이 2인 원이다. 이 곡선이 나타내는 점은 원 위에 위치한다. 하지만 [그림 10.7]에서 보는 것과 같이 $t=0$일 때 점 (0,2)를 시점으로 하여 원 위를 시계방향으로 진행하여 $t=2\pi$일 때 다시 점 (0,2)를 끝점으로 한 바퀴 회전한다.

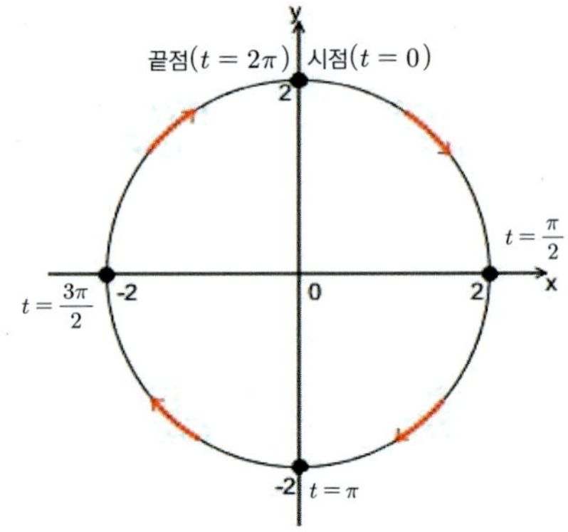

[그림 10.7]

사이클로이드

한 직선 위를 구르는 원 위의 한 점 $P(x,y)$가 이동하는 자취(trace)를 사이클로이드(cycloid)라 한다. [그림 10.8]에서 보는 것처럼 반지름이 a인 원이 x축 위를 구른다고 하자. 원 위의 점 $P(x,y)$가 원점에서부터 시작하여 구른다고 할 때, 이 점이 이동하는 자취를 매개변수를 사용하여 방정식으로 나타내어 보자.

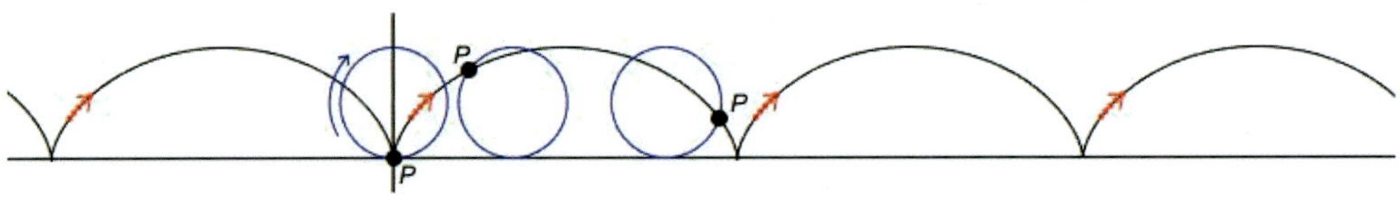

[그림 10.8]

방정식을 구하기 위해, 먼저 매개변수로 원이 회전한 각 θ(라디안)을 선택한다. (이 때, 기호로는 θ말고도 다른 것을 사용하여도 무방하다.) 시작하는 위치가 원점이므로, 이 때 원의 지름은 y축 위에 놓여있고 $\theta=0$이다. [그림 10.9]에서 보는 것과 같이 원이 θ(라디안)만큼 회전하였을 때, 원위의 호 PE와 x축 위의 선분 OE는 같은 길이임을 알 수 있다. 따라서 점 $P(x, y)$의 좌표를 구하면, 각각

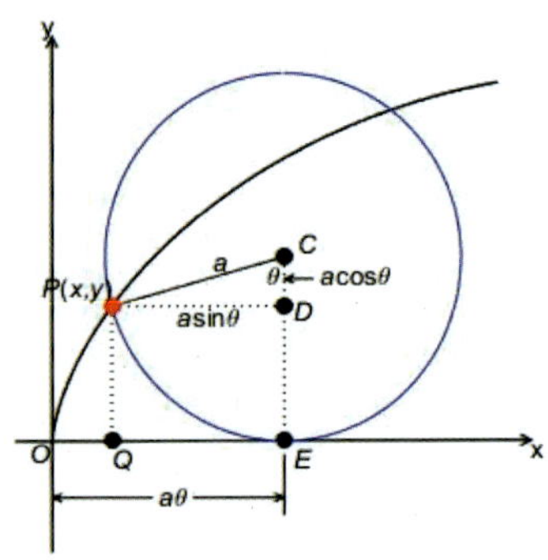

[그림 10.9]

$$x=\overline{OE}-\overline{QE}=a\theta-a\sin\theta$$

$$y=\overline{CE}-\overline{CD}=a-a\cos\theta$$

이 된다. 따라서 사이클로이드의 매개변수 방정식은 다음과 같다.

$$x = a(\theta - \sin\theta), y = a(1 - \cos\theta)$$

(사이클로이드에서 a는 암묵적으로 양의 실수이다.) 매개변수 방정식에서 매개구간을 $0 \le \theta \le 2\pi$로 제한하면, 원이 한 바퀴 회전하는 것을 의미하므로, 사이클로이드의 한 호가 정의된다. 이 때, 원이 x축 위를 한 바퀴 구르면, 원둘레만큼 이동하게 되므로 끝점의 좌표는 $(2\pi a, 0)$이다.

사이클로이드가 주목받는 이유는 다음 두 가지 문제와 관련된 성질 때문이다. 첫 번째 문제는 1696년 요한 베르누이가 제기한 최단강하선(brachistochrone)문제이다. 두 점 A와 (A의 바로 밑이 아닌) B에 연결되어 고정된 매끄러운(마찰이 없는) 철사에 달려있는 구슬이 점 A의 위치에서 철사를 미끄러져 내려가는 것을 생각해보자[그림 10.10(a) 참조]. 점 A에서 점 B까지 가장 짧은 시간에 내려가게 하는 철사는 어떤 모양일까? 또 하나의 문제는 호이겐스가 제기한 등시곡선(tautochrone)문제이다. 점 P의 위치에서 철사를 미끄러져 내려가는 것을 생각해보자[그림 10.10(b) 참조]. 구슬이 철사위의 어느 점에서 시작하는 지와 무관하게 점 B에 도착하는 시간이 항상 같게 하는 특별한 철사의 모양이 있는가? 이 두 가지 문제의 답은 사이클로이드의 한 호의 반을 뒤집어 놓은 것임이 증명되었다.

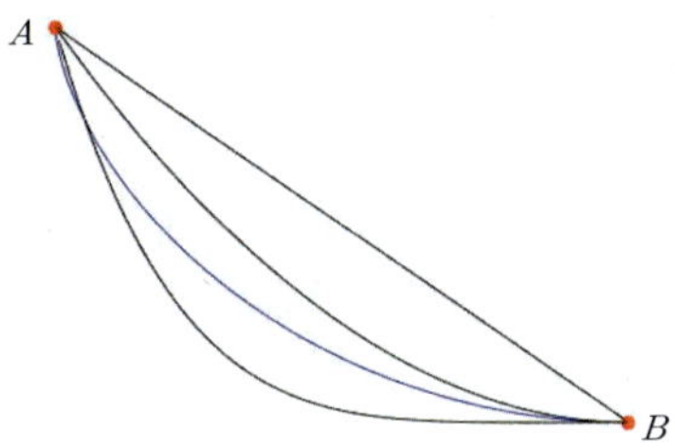

(a)

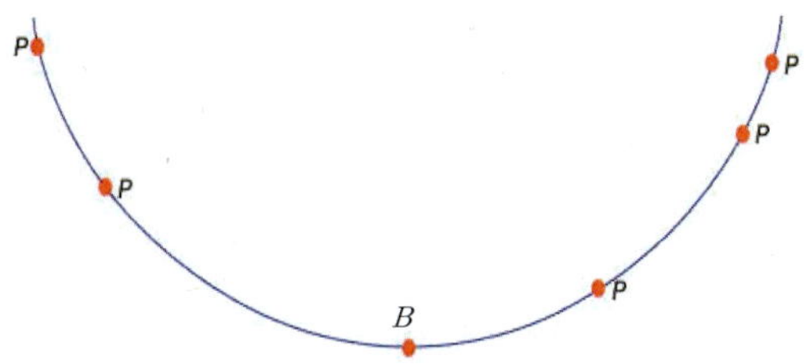

(b)

[그림 10.10]

연습문제 10.1

[1~2] 다음 매개변수 방정식에 의해 정의되는 곡선을 그리라.

1. $x = 1 + \sqrt{t},\ y = t^2 - 4t,\ 0 \le t \le 5$
2. $x = \cos^2 t,\ y = 1 - \sin t,\ 0 \le t \le \pi/2$

[3~9] 다음 매개변수 방정식에 의해 정의되는 곡선을 그리라. 또한 매개변수를 소거하여 직교방정식을 구하라.

3. $x = 3 - 4t,\ y = 2 - 3t$
4. $x = 1 - t^2,\ y = t - 2,\ -2 \le t \le 2$
5. $x = \sqrt{t},\ y = 1 - t$
6. $x = \sin\frac{1}{2}\theta,\ y = \cos\frac{1}{2}\theta,\ -\pi \le \theta \le \pi$
7. $x = \sin t,\ y = \csc t,\ 0 < t < \pi/2$
8. $x = e^{2t},\ y = t + 1$

9. $x = \dfrac{e^t - e^{-t}}{2}$, $y = \dfrac{e^t + e^{-t}}{2}$

[10~11] 다음 매개변수 방정식에 의해 정의되는 곡선을 따라 입자가 이동한다고 할 때, 이 운동을 설명하라.

10. $x = 3 + 2\cos t$, $y = 1 + 2\sin t$, $\pi/2 \le t \le 3\pi/2$

11. $x = 5\sin t$, $y = 2\cos t$, $-\pi \le t \le 5\pi$

12. 곡선이 매개변수 방정식 $x = f(t)$, $y = g(t)$에 의해 정의된다고 하자. f의 치역이 $[1, 4]$이고 g의 치역이 $[2, 3]$일 때, 어떤 곡선인지를 설명하여라.

[13~14] $x = f(t)$와 $y = g(t)$의 그래프가 각각 다음과 같을 때, 매개변수 방정식 $x = f(t)$, $y = g(t)$에 의해 정의되는 곡선을 그리라.

13. $x = f(t)$

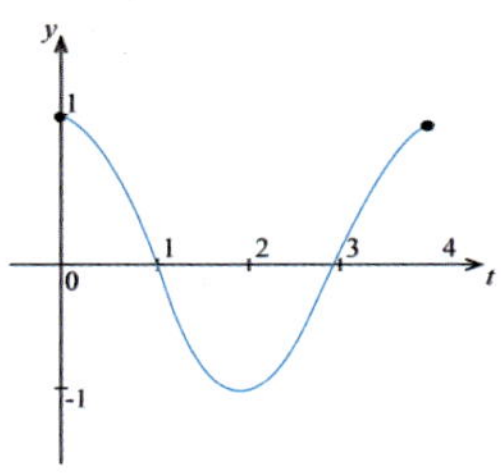

$y = g(t)$

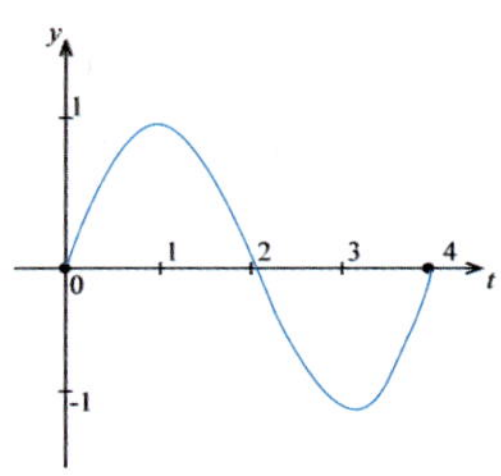

14. $x = f(t)$

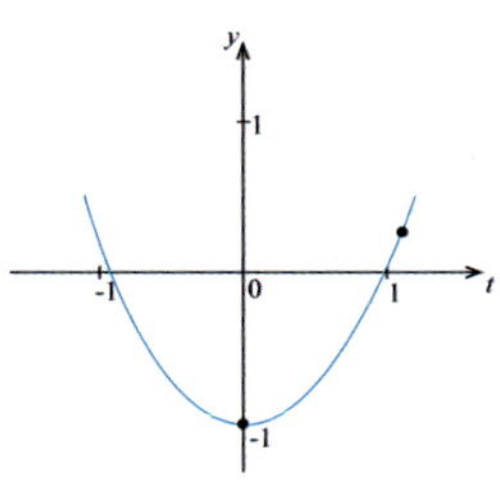

$y = g(t)$

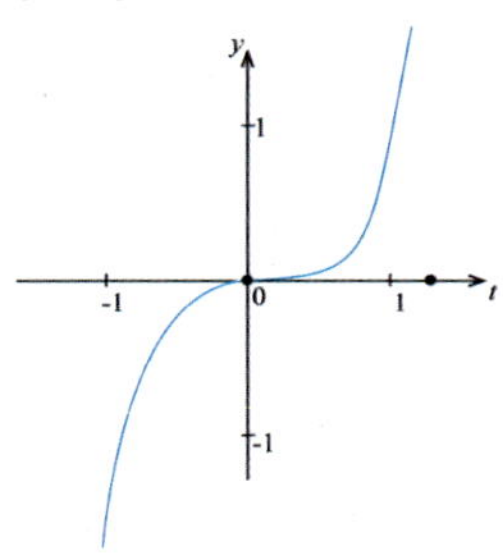

15. 다음과 같은 매개변수 방정식에 의해 정의되는 곡선은 무엇인가?

$$x = x_1 + (x_2 - x_1)t,$$
$$y = y_1 + (y_2 - y_1)t,\ 0 \le t \le 1$$

16. 점 $(-2, 7)$부터 점 $(3, -1)$까지의 선분을 정의하는 매개변수 방정식을 구하라.

17. 입자가 원 $x^2 + (y-1)^2 = 4$ 위를 따라 다음과 같은 방법으로 이동한다고 할 때, 이 입자의 운동을 정의하는 매개변수 방정식을 구하라.

(a) 점 $(2, 1)$을 시점으로 시계방향으로 한 바퀴

(b) 점 $(2, 1)$을 시점으로 시계반대방향으로 세 바퀴

(c) 점 $(0, 3)$을 시점으로 시계반대방향으로 반 바퀴

18. 다음과 같은 매개변수 방정식에 의해 정의되는 곡선을 그리라. 이 곡선을 아네시의 마녀(witch of Maria Agnesi)라 부른다.

$$x = 2a\cot\theta,\ y = 2a\sin^2\theta$$

19. 다음과 같은 매개변수 방정식에 의해 정의되는 곡선을 그리라. 이 곡선을 리사주 그림(Lissajous figure)라 부른다.

$$x = a\sin nt,\ y = b\cos t$$

10.2 매개변수 방정식의 미적분

이 절에서는 매개변수 방정식으로 정의한 곡선에 대한 접선의 방정식, 호의 길이, 넓이 등을 구하기 위한 미적분에 대해 공부한다.

접선의 기울기

함수 f와 g가 미분가능한 함수라 하자. 곡선이 다음과 같은 매개변수 방정식

$$x = f(t),\ y = g(t)$$

에 의해 정의된 곡선이라 하자. 함수 f와 g가 $t = t_0$에서 미분가능하면, 매개변수 곡선도 $t = t_0$에서 미분가능하다. 즉, 점$(f(t_0),\ g(t_0))$에서 곡선은 미분가능하다. 또한 y도 x에 관하여 $x = x_0 = f(t_0)$에서 미분가능하고, 연쇄법칙에 의하여 다음이 성립한다.

$$\frac{dy}{dt} = \frac{dy}{dx} \cdot \frac{dx}{dt}$$

여기서 $dx/dt \neq 0$이면, 위 식을 dx/dt로 나누어서 dy/dx를 구할 수 있다.

$$\frac{dy}{dx} = \frac{\dfrac{dy}{dt}}{\dfrac{dx}{dt}}, \quad \text{단, } \frac{dx}{dt} \neq 0$$

이 식을 이용하면, 매개변수 방정식에 의해 정의된 매개변수 곡선에 대한 접선의 기울기를 구할 때에, 방정식에서 t를 소거하여 y를 x에 대한 식으로 표현하지 않아도 됨을 알 수 있다. 이 식에 의하면 $dx/dt \neq 0$인 조건에서 $dy/dt = 0$을 만족하는 점에서 곡선은 수평접선을 가지고, $dx/dt = 0$을 만족하는 점에서 (단, $dy/dt \neq 0$일 때) 곡선은 수직접선을 가진다. 이러한 정보는 매개변수 곡선을 그리는 데 유용하게 사용된다.

이제 매개변수 방정식에 의해 정의된 곡선이 2번 미분가능할 때, 2계도함수를 구하는 공식을 알아보자. 함수 f와 g가 2번 미분가능하면, 이 또한 앞에서와 마찬가지로 y대신에 dy/dx를 사용하여 구할 수 있다. 먼저, 연쇄법칙에 의해 다음이 성립한다.

$$\frac{d}{dt}\left(\frac{dy}{dx}\right) = \frac{d}{dx}\left(\frac{dy}{dx}\right) \cdot \frac{dx}{dt}$$

위 식을 dx/dt로 나누어서 다음을 얻는다.

$$\frac{d^2y}{dx^2} = \frac{d}{dx}\left(\frac{dy}{dx}\right) = \frac{\frac{d}{dt}\left(\frac{dy}{dx}\right)}{\frac{dx}{dt}}$$

이 식을 이용하면, 매개변수 방정식에 의해 정의된 매개변수 곡선에 대한 2계 도함수를 구할 수 있다.

$\frac{d^2y}{dx^2} \neq \frac{\frac{d^2y}{dt}}{\frac{d^2x}{dt}}$ 임을 주의하라.

예제 10.2.1 매개변수 방정식 $x = t^2 - 2,\ y = t^3 - 2t$ 에 의해 정의되는 곡선을 생각하자.

(a) 원점에서의 접선의 방정식을 구하라.
(b) 수직접선이나 수평접선을 가지는 점을 구하라.
(c) 곡선이 아래로 볼록인 구간과 위로 볼록인 구간을 찾아라.
(d) 곡선의 개형을 그리라.

풀이

(a) 먼저 $x = 0$일 때 $t = \pm\sqrt{2}$이고 $y = 0$일 때 $t = 0$ 또는 $\pm\sqrt{2}$이므로, 원점에 해당하는 매개변수 t의 값은 $\sqrt{2}$와 $-\sqrt{2}$ 두 개이다. 매개변수 곡선에 대한 dy/dx는

$$\frac{dy}{dx} = \frac{\frac{dy}{dt}}{\frac{dx}{dt}} = \frac{3t^2-2}{2t}$$

이므로, $t = \sqrt{2}$일 때 접선의 기울기는 $\sqrt{2}$이고, $t = -\sqrt{2}$일 때 접선의 기울기는 $-\sqrt{2}$이다. 따라서 원점에서 $t = \sqrt{2}$일 때 접선의 방정식이 $y = \sqrt{2}x$이고, $t = -\sqrt{2}$일 때 접선의 방정식은 $y = -\sqrt{2}x$이다. 즉, 원점에서 이 곡선은 두 개의 접선을 가진다.

(b) 먼저, $dx/dt = 2t = 0$이면 $t = 0$이다. 또한 $dy/dt = 3t^2 - 2 = 0$이면 $t = \pm\sqrt{2/3}$이다. 따라서 매개곡선은 $dx/dt = 0$이고 $dy/dt \neq 0$일 때, 즉, $t = 0$일 때 점$(-2,0)$에서 수직접선을 가진다. 또한 $dx/dt \neq 0$이고 $dy/dt = 0$일 때, 즉, $t = \pm\sqrt{2/3}$일 때 점 $\left(-\frac{4}{3}, -\frac{4}{3}\sqrt{\frac{2}{3}}\right)$과 점$\left(-\frac{4}{3}, \frac{4}{3}\sqrt{\frac{2}{3}}\right)$에서 수평접선을 가진다.

(c) 볼록성을 알아보기 위해서 2계도함수를 구한다.

$$\frac{d^2y}{dx^2} = \frac{\dfrac{d}{dt}\left(\dfrac{dy}{dx}\right)}{\dfrac{dx}{dt}} = \frac{\dfrac{d}{dt}\left(\dfrac{3}{2}t - \dfrac{1}{t}\right)}{2t} = \frac{3t^2+2}{4t^3}$$

이로부터 $t > 0$일 때 곡선은 아래로 볼록하고, $t < 0$일 때 곡선은 위로 볼록하다.

(d) (a), (b)와 (c)에서 얻은 정보로부터 그래프의 개형을 그리면, [그림 10.11]과 같은 곡선을 얻는다.

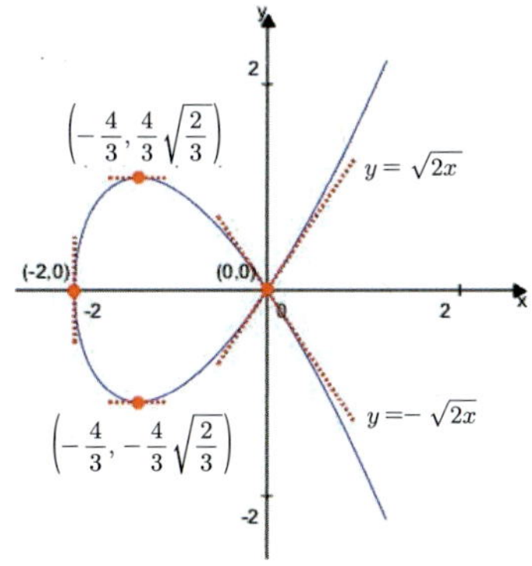

[그림 10.11]

예제 10.2.2 사이클로이드 $x = 2(\theta - \sin\theta),\ y = 2(1 - \cos\theta),\ 0 \le \theta \le 2\pi$에 대하여, $\theta = \pi/4$에 해당하는 점에서 접선의 방정식을 구하라. 또 어떤 점에서 수평접선을 가지고, 어떤 점에서 수직접선을 가지는가?

풀이

사이클로이드에 대한 도함수는 다음과 같다.

$$\frac{dy}{dx} = \frac{dy/d\theta}{dx/d\theta} = \frac{2\sin\theta}{2(1-\cos\theta)} = \frac{\sin\theta}{1-\cos\theta}$$

$\theta = \pi/4$일 때, 곡선위의 점의 좌표는

$$x = 2\left(\frac{\pi}{4} - \frac{\sqrt{2}}{2}\right) = \frac{\pi}{2} - \sqrt{2},\quad y = 2\left(1 - \frac{\sqrt{2}}{2}\right) = 2 - \sqrt{2}$$

이고, 접선의 기울기는

$$\left.\frac{dy}{dx}\right|_{\theta=\pi/4} = \frac{\sin\dfrac{\pi}{4}}{1-\cos\dfrac{\pi}{4}} = \sqrt{2}+1$$

이다. 따라서 접선의 방정식은 다음과 같다.

$$y - (2-\sqrt{2}) = (\sqrt{2}+1)\left(x - \left(\frac{\pi}{2} - \sqrt{2}\right)\right),\ \text{즉},\ y = (\sqrt{2}+1)\left(x - \frac{\pi}{2}\right) + 4$$

이다. 또한 $dy/d\theta = 0$일 때는 $\theta = 0,\ \pi,\ 2\pi$이고, $dx/d\theta = 0$일 때는 $\theta = 0,\ 2\pi$이다. 따라서 $\theta = \pi$일 때 $dy/d\theta = 0$이고 $dx/d\theta \ne 0$이므로, 점 $(2\pi, 4)$에서 수평접선을 가지고, $\theta = 0$과 2π일 때 점 $(0, 0)$과 $(4\pi, 0)$에서 수직접선을 가진다.(이 경우 $dy/d\theta = 0$이고 $dx/d\theta = 0$이지만 로피탈의 법칙을 이용하면 $\lim\limits_{\theta \to 0+} \dfrac{dy}{dx} = \infty$, $\lim\limits_{\theta \to 2\pi-} \dfrac{dy}{dx} = -\infty$임을 보일 수 있다) [그림 10.12] 참조.

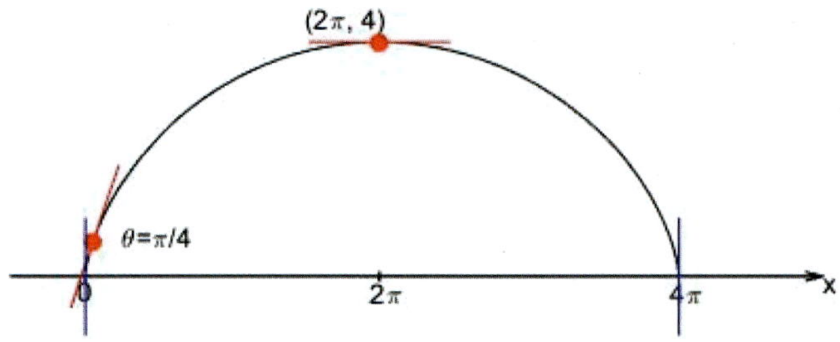

[그림 10.12]

넓이

$F(x) \geq 0$일 때, 함수 $y = F(x)$, $a \leq x \leq b$로 정의되는 곡선과 x축 사이의 영역의 넓이를 정적분 $\int_a^b F(x)\,dx$를 사용하여 구하였다. 이제는 곡선이 다음과 같은 매개변수 방정식

$$x = f(t),\ y = g(t),\ \alpha \leq t \leq \beta$$

에 의해 정의되었을 때, 곡선과 x축 사이의 영역의 넓이를 구하는 방법을 공부한다. 기존의 정적분 방법에서는 독립변수 x에 의해 피적분함수를 표현해야 했지만, 매개변수 표현에서는 그럴 필요가 없다. 즉, $F(x)$대신에 y를 직접 사용하여 $\int_a^b y\,dx$와 같이 나타낸다. 따라서 만일 $f(\alpha) = a$이고 $f(\beta) = b$이며, $\alpha \leq t \leq \beta$에서 x의 값이 단 한 번씩만 나온다면, 곡선과 x축 사이의 영역의 넓이는 매개변수 방정식과 치환법을 사용하여 다음과 같이 다시 쓸 수 있다.

$$A = \int_a^b y\,dx = \int_\alpha^\beta g(t)f'(t)\,dt$$

[또는 $f(\alpha) = b$이고, $f(\beta) = a$이면, $\int_\beta^\alpha g(t)f'(t)\,dt$이다.]

예제 10.2.3 다음과 같이 정의된 곡선(이를 성망형이라 부른다)으로 둘러싸인 영역의 넓이를 구하라.

$$x = \cos^3 t,\ y = \sin^3 t,\ 0 \leq t \leq 2\pi$$

풀이

[그림 10.13]에서 보는 것처럼 대칭성에 의해 구하고자 하는 전체 넓이는 1사분면에서 곡선 아래에 있는, 즉 매개 구간 $0 \le t \le \pi/2$에 해당하는 곡선과 x축 사이의 영역의 넓이의 4배가 된다. 이 영역의 넓이 A는 위의 정적분 공식을 사용하여 구하면 다음과 같다.

$$\begin{aligned}
A &= 4\int_0^1 y\,dx \\
&= 4\int_0^{\pi/2} \sin^3 t \cdot 3\cos^2 t \cdot \sin t\,dt \\
&= 12\int_0^{\pi/2}\left(\frac{1-\cos 2t}{2}\right)^2\left(\frac{1+\cos 2t}{2}\right)dt \\
&= \frac{3}{2}\int_0^{\pi/2}(1-2\cos 2t+\cos^2 2t)(1+\cos 2t)\,dt \\
&= \frac{3}{2}\int_0^{\pi/2}(1-\cos 2t-\cos^2 2t+\cos^3 2t)\,dt \\
&= \frac{3}{2}\left[\int_0^{\pi/2}(1-\cos 2t)\,dt-\int_0^{\pi/2}\cos^2 2t\,dt+\int_0^{\pi/2}\cos^3 2t\,dt\right] \\
&= \frac{3}{2}\left[\left(t-\frac{1}{2}\sin 2t\right)-\left(\frac{t}{2}+\frac{1}{8}\sin 4t\right)+\frac{1}{2}\left(\sin 2t-\frac{1}{3}\sin^3 2t\right)\right]_0^{\pi/2} \\
&= \frac{3}{2}\left[\left(\frac{\pi}{2}-0-0+0\right)-\left(\frac{\pi}{4}+0-0-0\right)+\frac{1}{2}(0-0-0+0)\right] \\
&= \frac{3\pi}{8}
\end{aligned}$$

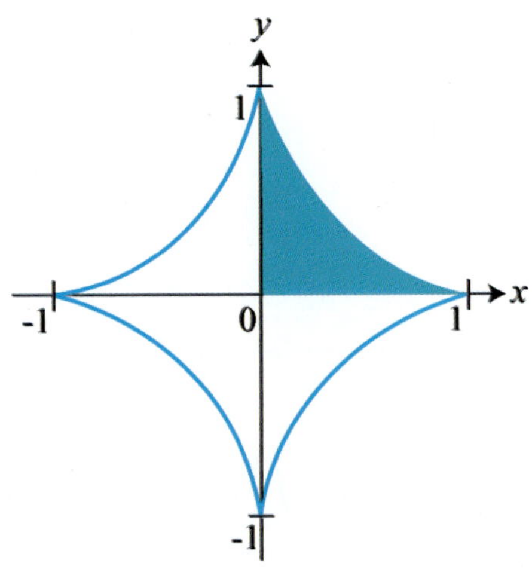

[그림 10.13]

예제 10.2.4 사이클로이드 $x = a(t - \sin t)$, $y = a(1 - \cos t)$의 한 호 아래의 넓이를 구하라.

풀이

사이클로이드의 매개구간 $0 \le t \le 2\pi$에 해당하는 한 호를 택한다. [그림 10.14] 참조. 이 호 아래의 넓이는 정적분 공식에 의해 계산하면 다음과 같다.

$$\begin{aligned} A &= \int_0^{2\pi a} y\,dx \\ &= \int_0^{2\pi} a(1-\cos t)a(1-\cos t)\,dt \\ &= a^2\int_0^{2\pi}(1-\cos t)^2\,dt \\ &= a^2\int_0^{2\pi}(1-2\cos t+\cos^2 t)\,dt \\ &= a^2\int_0^{2\pi}\left[1-2\cos t+\frac{1}{2}(1+\cos 2t)\right]dt \\ &= a^2\left[\frac{3}{2}t-2\sin t+\frac{1}{4}\sin 2t\right]_0^{2\pi} \\ &= a^2\left(\frac{3}{2}\cdot 2\pi-0\right) = 3\pi a^2 \end{aligned}$$

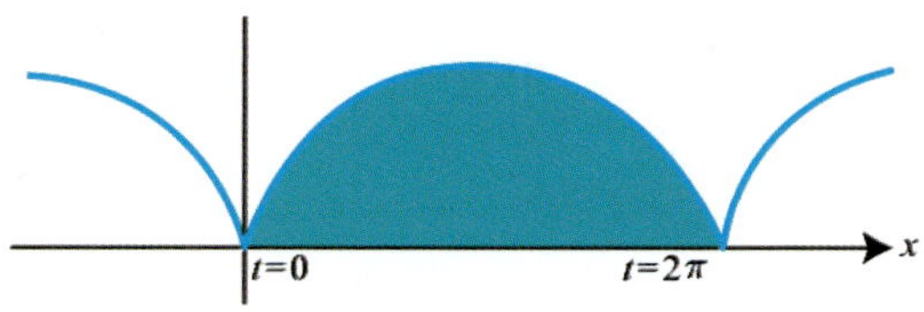

[그림 10.14]

호의 길이

함수 $y = F(x)$, $a \le x \le b$로 정의되는 곡선 C의 길이 L을 구하기 위한 정적분 공식은 앞에서 공부하였다. 호의 길이 공식으로부터 도함수 F'가 연속이면 호의 길이는 다음과 같다.

$$L = \int_a^b \sqrt{1+\left(\frac{dy}{dx}\right)^2}\,dx$$

이제는 곡선이 다음과 같은 매개변수 방정식

$$x = f(t),\ y = g(t),\ \alpha \le t \le \beta$$

에 의해 정의되었을 때, 곡선의 길이를 구하는 방법을 공부한다. 앞에서와 같이 매개변수 t에 의해 정적분을 표현해보자. 만일 $f(\alpha) = a$이고, $f(\beta) = b$이라 하면, 곡선의 길이는 매개변수 곡선의 도함수 공식과 치환법을 이용하여 다음과 같이 다시 쓸 수 있다.

$$L = \int_a^b \sqrt{1+\left(\frac{dy}{dx}\right)^2}\, dx = \int_\alpha^\beta \sqrt{1+\left(\frac{dy/dt}{dx/dt}\right)^2}\, \frac{dx}{dt}\, dt$$

만일 $dx/dt > 0$이면, 다음과 같이 쓸 수 있다.

$$L = \int_\alpha^\beta \sqrt{\left(\frac{dx}{dt}\right)^2 + \left(\frac{dy}{dt}\right)^2}\, dt$$

이 공식은 곡선 C가 $y = F(x)$형태로 표현되지 않는다 할지라도, 전체 곡선을 구분적으로 연속인 함수 형태로 표현되는 근사 다각형으로 표현할 수 있다면 여전히 타당한 의미를 가진다. 다음의 정리를 얻는다.

정리 10.2.1

곡선 C가 매개변수 방정식 $x = f(t),\ y = g(t),\ \alpha \le t \le \beta$에 의해 정의되고, 도함수 $f'(t)$과 $g'(t)$가 $\alpha \le t \le \beta$에서 연속이라 하자. 곡선 C가 단 한 번 그려지는 곡선이면, 곡선 C의 길이는 다음과 같다.

$$L = \int_\alpha^\beta \sqrt{\left(\frac{dx}{dt}\right)^2 + \left(\frac{dy}{dt}\right)^2}\, dt = \int_\alpha^\beta \sqrt{[f'(t)]^2 + [g'(t)]^2}\, dt$$

이 공식은 8.3절에서의 일반적인 정적분 공식 $L = \int ds$와 호의 길이 미분 공식 $ds^2 = dx^2 + dy^2$과 일치한다.

예제 10.2.5 단위원의 매개변수 방정식 $x = \cos t,\ y = \sin t,\ 0 \le t \le 2\pi$표현을 이용하여 반지름이 1인 원의 둘레의 길이를 구하라.

풀이

정리 10.2.1에 의해 원의 둘레의 길이를 계산하면 다음과 같다.

$$\begin{aligned} L &= \int_0^{2\pi} \sqrt{\left(\frac{dx}{dt}\right)^2 + \left(\frac{dy}{dt}\right)^2}\, dt \\ &= \int_0^{2\pi} \sqrt{\sin^2 t + \cos^2 t}\, dt = \int_0^{2\pi} dt = 2\pi \end{aligned}$$

예제 10.2.6 사이클로이드 $x = a(t - \sin t)$, $y = a(1 - \cos t)$의 한 호의 길이를 구하라.

풀이

사이클로이드의 매개구간 $0 \le t \le 2\pi$에 해당하는 한 호를 택한다. 이 호의 길이는 정리 10.2.1에 의해 계산하면 다음과 같다.

$$\begin{aligned} L &= \int_0^{2\pi} \sqrt{\left(\frac{dx}{dt}\right)^2 + \left(\frac{dy}{dt}\right)^2}\, dt \\ &= \int_0^{2\pi} \sqrt{a^2(1-\cos t)^2 + a^2\sin^2 t}\, dt \\ &= \int_0^{2\pi} \sqrt{a^2(1-2\cos t+\cos^2 t+\sin^2 t)}\, dt \\ &= a\int_0^{2\pi} \sqrt{2(1-\cos t)}\, dt \end{aligned}$$

이 정적분의 계산을 위해 항등식 $\sin^2\theta = \dfrac{1-\cos 2\theta}{2}$와 $t = 2\theta$를 이용하면, $1-\cos t = 1-\cos 2\theta = 2\sin^2\theta = 2\sin^2\dfrac{t}{2}$가 되고, $0 \le t \le 2\pi$에서 $\sin\dfrac{\theta}{2} \ge 0$이므로, 다음을 얻는다.

$$\begin{aligned} L &= a\int_0^{2\pi} \sqrt{2(1-\cos t)}\, dt \\ &= 2a\int_0^{2\pi} \sin\frac{t}{2}\, dt = 2a\left[-2\cos\frac{t}{2}\right]_0^{2\pi} = 2a(2+2) = 8a \end{aligned}$$

연습문제 10.2

1. 매개변수 방정식 $x = t\sin t$, $y = t^2 + t$에 대해 dy/dx를 구하라.

[2~3] 다음 곡선 위의 주어진 매개변수의 값에 해당하는 점에서 접선의 방정식을 구하라.

2. $x = t^4 + 1$, $y = t^3 + t$; $t = -1$

3. $x = t\cos t$, $y = t\sin t$; $t = \pi$

4. 곡선 $x = 1 + \ln t$, $y = t^2 + 2$에 대하여 점 $(1, 3)$에서 접선의 방정식을 구하라.

[5~7] 다음 매개변수 방정식에 대하여 dy/dx, d^2y/dx^2을 구하라. 또한 방정식에 의해 정의되는 곡선이 아래로 볼록인 t의 구간을 구하라.

5. $x = t^2 + 1$, $y = t^2 + t$

6. $x = e^t$, $y = te^{-t}$

7. $x = 2\sin t$, $y = 3\cos t$, $0 < t < 2\pi$

[8~9] 다음 매개변수 방정식에 의해 정의되는 곡선이 수평접선 또는 수직접선을 가지는 점을 구하라.

8. $x = t^3 - 3t$, $y = t^2 - 3$

9. $x = \cos\theta$, $y = \cos 3\theta$ $(0 \le \theta \le \pi)$

10. 매개변수 방정식 $x = \cos t$, $y = \sin t \cos t$에 의해 정의되는 곡선이 원점에서 두 개의 접선을 가짐을 보이고, 각 접선의 방정식을 구하라.

11. 매개변수 방정식 $x = 2t^3$, $y = 1 + 4t - t^2$에 의해 정의되는 곡선에 대해 접선의 기울기가 1이 되는 곡선 위의 점을 구하라.

12. 타원을 정의하는 다음 매개변수 방정식 $x = a\cos\theta$, $y = b\sin\theta$, $0 \le \theta \le 2\pi$을 이용하여, 타원의 넓이를 구하라.

13. 매개변수 방정식 $x = 1 + e^t$, $y = t - t^2$에 의해 정의되는 곡선과 x축으로 둘러싸인 영역의 넓이를 구하라.

[14~16] 다음 매개변수 방정식에 의해 정의되는 곡선의 호의 길이를 구하라.

14. $x = 1 + 3t^2$, $y = 4 + 2t^3$, $0 \le t \le 1$

15. $x = t\sin t$, $y = t\cos t$, $0 \le t \le 1$

16. $x = e^t \cos t$, $y = e^t \sin t$, $0 \le t \le \pi$

[17~19] 다음 매개변수 방정식에 의해 정의되는 곡선의 길이를 적분으로 나타내라.

17. $x = t + e^{-t}$, $y = t - e^{-t}$, $0 \le t \le 2$

18. $x = t - 2\sin t$, $y = 1 - 2\cos t$, $0 \le t \le 4\pi$

19. $x = \sin^2 t$, $y = \cos^2 t$, $0 \le t \le 3\pi$

10.3 극좌표계

이 절에서는 곡선을 표현하기 위한 또 하나의 방법을 소개한다. 2차원 좌표평면상에 놓여있는 곡선을 표현하기 위해 지금까지는 두 개의 직교하는 축, 즉, 횡축(x축)과 종축(y축)을 사용하여 좌표를 (x, y)로 표현하는 직교좌표계를 사용하였다. 하지만 곡선의 모양에 따라서는 이러한 직교좌표계보다 훨씬 쉽게 표현할 수 있는 새로운 좌표계가 필요하다. 기준점으로부터의 거리와 기준축으로부터 회전한 각도를 사용하면 쉽게 표현할 수 있게 된다.

이러한 개념으로 새롭게 정의하는 좌표계를 극좌표계(polar coordinate system)라 한다. [그림 10.15]에서 보는 것처럼 극좌표계에서는 기준점이 되는 점을 극(pole)이라 부르며, 보통 직교좌표계에서 원점 O이 극이다. 그리고 기준축은 극에서 시작하는 극축(polar axis)이라 부르는 반직선이며, 극에서 오른쪽으로 향하는 수평선, 즉, 직교좌표계에서 원점의 오른쪽에 위치한 양의

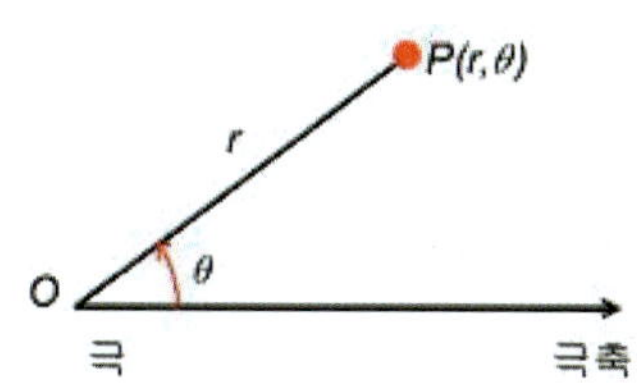

[그림 10.15]

x축에 해당하는 반직선이 극축이다. 극좌표계에서는 2차원 평면상의 한 점 P의 좌표를 극으로부터의 거리 r과 극축으로부터의 시계반대방향으로 회전한 각(편향각) θ, 즉, 두 개의 극좌표(polar coordinate)에 의한 순서쌍 (r, θ)로 표기한다. 하지만 실제로는 r과 θ는 음의 실수까지를 포함한 모든 실수에 의해 표현이 가능하다.

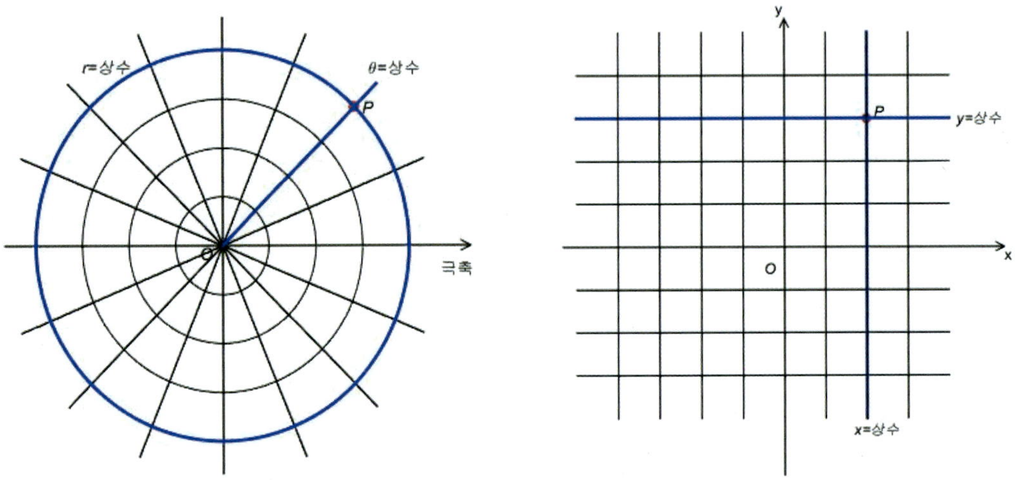

[그림 10.16]

극좌표계에서 두 점 $(-r, \theta)$와 (r, θ)는 극 O을 지나는 한 직선위에 놓이면서 O로부터 같은 거리에 있고 각각 O를 중심으로 반대쪽에 놓인다. 또한 편향각을 극축으로부터 시계방향으로 회전한 각으로 표현하면 음수가 된다. 즉, 두 점 (r, θ)와 $(r, -\theta)$는 극 O로부터 같은 거리에 있으면서 x축에 대칭인 점이 된다. 이러한 이유로 극좌표계에서는 한 점의 좌표를 여러 방법으로 표현할 수 있다. 특히 극 O는 원점이므로 모든 실수 θ에 의해 $(0,\theta)$로 무한히 많은 표현이 가능하다.

예제 10.3.1 다음 극좌표의 점을 평면 위에 나타내라.

(a) $(2, \pi/4)$　　(b)$(3, -3\pi/4)$　　(c) $(-2, -\pi/4)$　　(d) $(-1, -3\pi)$

풀이

(a) 점 $(2, \pi/4)$는 극으로부터 거리가 2이고, 반직선이 x축으로부터 $\pi/4$만큼 시계반대방향으로 회전하여 1사분면에 위치한다.

(b) 점 $(3, -3\pi/4)$는 극으로부터 거리가 3이고, 반직선이 x축으로부터 $3\pi/4$만큼 시계방향으로 회전하여 3사분면에 위치한다.

(c) 점 $(-2, -\pi/4)$는 반직선이 x축으로부터 $\pi/4$만큼 시계방향으로 회전하여 4사분면에 위치하지만 $r=-2$이므로 반대방향으로 2사분면에 거리가 2인 위치에 있다.

(d) 점 $(-1, -3\pi)$는 반직선이 x축으로부터 3π만큼 시계방향으로 회전하여 음의 x축에 위치하지만 $r=-1$이므로 반대방향으로 양의 x축 위의 거리가 1인 위치에 있다.

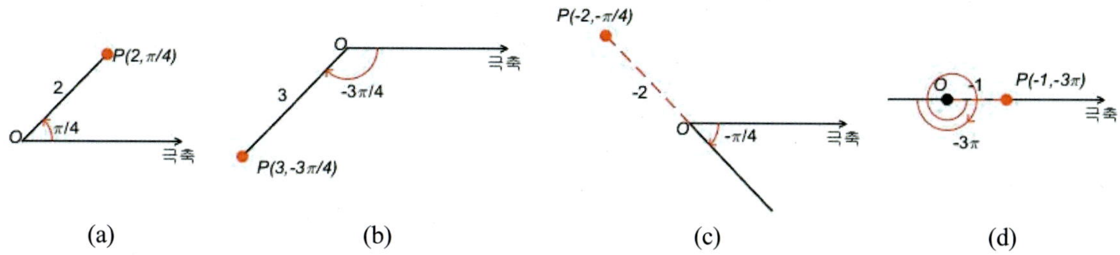

[그림 10.17]

극좌표계에서는 앞에서 언급했듯이 한 점에 대한 표현이 무수히 많다. 실제로, 다음 좌표들은 모두 같은 점을 나타내는 극좌표이다.

$$(r, \theta),\ (r, \theta+2n\pi),\ (-r, \theta+\pi),\ (-r, \theta+(2n+1)\pi)\ (\text{여기서, } n\text{은 정수})$$

예제 10.3.2 다음 극좌표 표현들은 $(1, \pi/4)$와 같은 점을 나타내는 다른 표현이다.

$$(1, 9\pi/4),\ (1, -7\pi/4),\ (-1, 5\pi/4),\ (-1, -3\pi/4)$$

극좌표계를 사용하면, 평면 위에 직교좌표로 표현되었던 점들이 또 다른 꼴에 의해 극좌표로 표현될 수 있음을 알았다. 이러한 두 좌표 사의의 관계를 알아보자. 먼저, 극은 원점과 극축은 양의 x축과 일치한다. 하나의 점 P를 직교좌표로는 (x, y)로, 극좌표로는 (r, θ)로 표현된다고 하면, 다음과 같은 관계식을 얻는다. [그림 10.18] 참조.

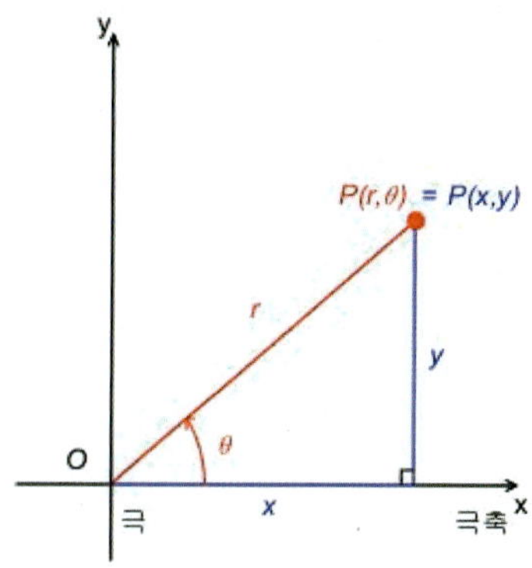

[그림 10.18]

$$\cos\theta = \frac{x}{r},\ \sin\theta = \frac{y}{r}$$

따라서 극좌표 (r, θ)로 표현된 점의 직교좌표를 구하기 위해 사용하는 다음 식을 얻는다.

$$x = r\cos\theta,\ y = r\sin\theta$$

이 식은 r과 θ가 모든 실수에 대해서 성립한다.

또한 한 점이 직교좌표 (x, y)로 표현되었을 때, 이로부터 극좌표를 구하기 위해서는 다음 식을 사용할 수 있다.

$$r^2 = x^2 + y^2, \ \tan\theta = \frac{y}{x}$$

하지만, 이 식을 사용할 때에는 주의가 필요하다. 주어진 x와 y로부터 r은 두 개의 값이 나오며, θ는 무수히 많이 나오므로 점이 위치한 사분면에 따라 적절한 r과 θ를 결정하여야만 한다.

예제 10.3.3 극좌표 $(2, -\pi/4)$로 표현되는 점의 직교좌표를 구하라.

풀이

$r = 2$와 $\theta = -\frac{\pi}{4}$로부터 직교좌표를 구하면 다음과 같다.

$$x = r\cos\theta = 2\cos\left(-\frac{\pi}{4}\right) = 2 \cdot \frac{\sqrt{2}}{2} = \sqrt{2}$$

$$y = r\sin\theta = 2\sin\left(-\frac{\pi}{4}\right) = 2 \cdot \left(-\frac{\sqrt{2}}{2}\right) = -\sqrt{2}$$

따라서 이 점의 직교좌표는 $(\sqrt{2}, -\sqrt{2})$이다.

예제 10.3.4 직교좌표 $\left(\frac{\sqrt{3}}{2}, \frac{1}{2}\right)$로 표현되는 점의 극좌표를 구하라.

풀이

$x = \frac{\sqrt{3}}{2}$과 $y = \frac{1}{2}$로부터 극좌표를 구하면 다음과 같다.

$$r^2 = x^2 + y^2 = \frac{3}{4} + \frac{1}{4} = 1, \text{ 즉 } r = \pm 1$$

$$\tan\theta = \frac{y}{x} = \frac{1/2}{\sqrt{3}/2} = \frac{1}{\sqrt{3}}, \text{ 즉, } \theta = \cdots, -\frac{11\pi}{6}, -\frac{5\pi}{6}, \frac{\pi}{6}, \frac{7\pi}{6}, \frac{13\pi}{6}, \cdots,$$

이 점은 1사분면에 있으므로, $\left(1, \frac{\pi}{6}\right)$, $\left(1, -\frac{11\pi}{6}\right)$, $\left(-1, \frac{7\pi}{6}\right)$, $\left(-1, -\frac{5\pi}{6}\right)$, …와 같이 무수히 많은 좌표들을 구할 수 있지만, $\left(-1, \frac{\pi}{6}\right)$, $\left(1, \frac{7\pi}{6}\right)$, …등은 해당되지 않으므로 주의해야 한다. 이러한 좌표들은 3사분면의 점들을 나타내기 때문이다.

:연습문제 10.3

[1~3] 다음 극좌표의 점을 좌표평면에 표시하라. 또한 이 점에 대한 다른 극좌표 표현을 두 개 구하라.

1. $\left(2,\ \dfrac{\pi}{3}\right)$

2. $\left(1,\ -\dfrac{2\pi}{3}\right)$

3. $\left(-1,\ \dfrac{\pi}{2}\right)$

[4~6] 다음 극좌표의 점을 좌표평면에 표시하라. 또한 이 점의 직교좌표를 구하라.

4. $(1,\ \pi)$

5. $\left(2,\ -\dfrac{2\pi}{3}\right)$

6. $\left(-2,\ \dfrac{3\pi}{4}\right)$

[7~8] 다음 직교좌표의 점을 극좌표로 표현하라. 단, $r>0$인 경우와 $r<0$인 경우로 두 가지 방법으로 표현하라.

7. $(2,\ -2)$

8. $(-1,\ \sqrt{3})$

[9~11] 다음 극좌표의 조건을 만족하는 영역을 좌표평면에 그리라.

9. $1 \le r \le 2$

10. $r \ge 0,\ \pi/4 \le \theta \le 3\pi/4$

11. $2 < r < 3,\ 5\pi/3 \le \theta \le 7\pi/3$

12. 극좌표가 $(2,\ \pi/3)$와 $(4,\ 2\pi/3)$인 두 점 사이의 거리를 구하라.

Chapter 11 편도함수

이 장에서는 어떤 양이 두 개 이상의 독립변수에 의해 표현되는 함수로 나타내어질 때, 이 함수의 미적분을 통해 변수 사이의 변화율의 관계를 살펴보고자 한다.

지금까지 공부하였던 미적분은 독립변수가 한 개이므로 일변수 미적분이라 하고, 이제 공부하는 독립변수가 여러 개인 함수의 미적분은 다변수 미적분이라 부르며, 일변수와 매우 다른 개념을 가지고 있다. 하지만 변수가 2개인 이변수와 더 많은 변수는 그리 큰 차이가 없다.

따라서 우리는 이변수를 중심으로 다변수 미적분을 설명하고자 한다.

11.1 이변수 함수

지금까지는 독립변수가 한 개인 함수의 미적분만을 다루었으나 이 장에서는 독립변수가 2개인 이변수 함수의 미적분에 대하여 공부하고자 한다.

먼저 이변수 함수에 대해 예를 들어서 살펴보고자 한다. 시각이 주어진 상태에서 지표면의 한 점에서 온도 T는 그 점의 위치인 경도 x와 위도 y에 의해 나타낼 수 있다. 즉, 온도 T는 두 변수 x와 y의 함수, 다시 말해, 순서쌍 (x,y)의 함수로 생각할 수 있다. 이런 함수 관계를 $T=f(x,y)$로 나타낼 수 있으며, 이를 이변수 함수라 부른다. 이변수 함수의 자세한 정의는 다음과 같다.

정의 11.1.1 이변수 함수

f는 집합 $D\subseteq\mathbb{R}^2$에 속하는 실수의 각 순서쌍 (x, y)에 단 하나의 실수를 대응시키는 규칙으로 $f(x,y)$와 같이 나타난다. 이러한 함수 f를 이변수 함수라 하고, 집합 D는 f의 정의역(domain)이고 치역(range)은 f에 의해 대응되는 값들의 집합, 즉 $\{f(x,y)\,|\,(x,y)\in D\}$이다.

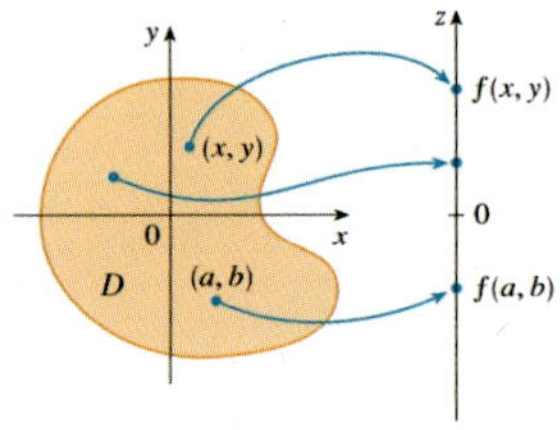

[그림 11.1]

임의의 점 (x, y)에서 f에 대응하는 값을 하나의 종속변수에 의해 표현하여 흔히 $z=f(x,y)$와 같이 쓴다. 이때 변수 x와 y는 독립변수이고 z는 종속변수이다.

이변수 함수는 정의역이 $\mathbb{R}^2$의 부분집합이고 치역이 $\mathbb{R}$의 부분집합이다. 이와 같은 함수를 시각적으로 나타내는 방법 중의 하나는 [그림 11.1]과 같이 화살표를 이용하여 두 영역의 원소들 사이의 대응관계를 나타내는 것이다. 이때 정의역

D는 xy평면의 부분집합이고 치역은 z축으로 표시된 실직선 위의 수들의 집합이다.

함수 f가 식으로 정의되고 정의역이 특별히 지정되지 않았다면 f의 정의역은 주어진 식이 실수로 잘 정의되는 순서쌍 (x,y)전체의 집합으로 이해한다.

예제 11.1.1 다음 함수의 정의역을 구하고, $f(2,3)$을 계산하라.

(a) $f(x,y)=\dfrac{\sqrt{x+y+1}}{x-1}$ (b) $f(x,y)=x\ln(y^2-x)$

풀이

(a) 정의역은 분모가 0이 아니고 제곱근 안이 음이 아닐 때 정의된다. 그러므로 f의 정의역은 다음과 같다.

$$D=\{(x,y)\mid x+y+1\ge 0,\ x\ne 1\}$$

부등식 $x+y+1\ge 0$, 즉 $y\ge -x-1$은 직선 $y=-x-1$에 있거나 그보다 위쪽에 있는 점들을 나타낸다. 반면에 $x\ne 1$은 직선 $x=1$에 있는 점들을 제외한 모든 점을 의미한다[그림 11.2 참조]. 점 $(2,3)$은 정의역에 포함되며, $f(2,3)$은 다음과 같이 계산된다.

$$f(2,3)=\frac{\sqrt{2+3+1}}{2-1}=\sqrt{6}$$

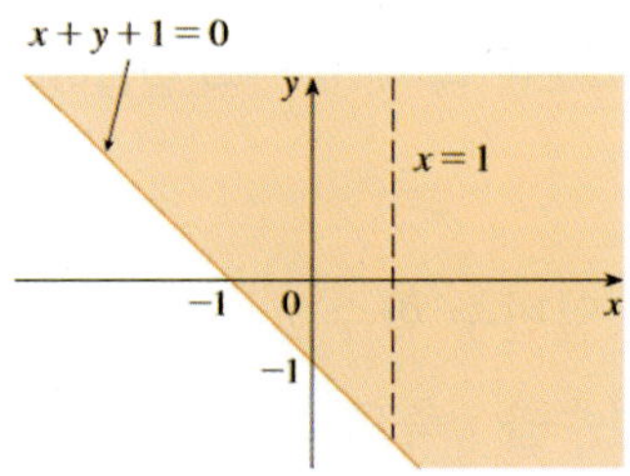

[그림 11.2]

(b) $\ln(y^2-x)$는 $y^2-x>0$일 때, 즉 $x<y^2$일 때 정의된다. 따라서 f의 정의역은 $D=\{(x,y)\mid x<y^2\}$이다. 이것은 포물선 $x=y^2$의 왼쪽에 있는 점들의 집합이다[그림 11.3 참조]. 점 $(2,3)$은 정의역에 포함되며, $f(2,3)$은 다음과 같이 계산된다.

$$f(2,3)=2\ln(3^2-2)=2\ln 7$$

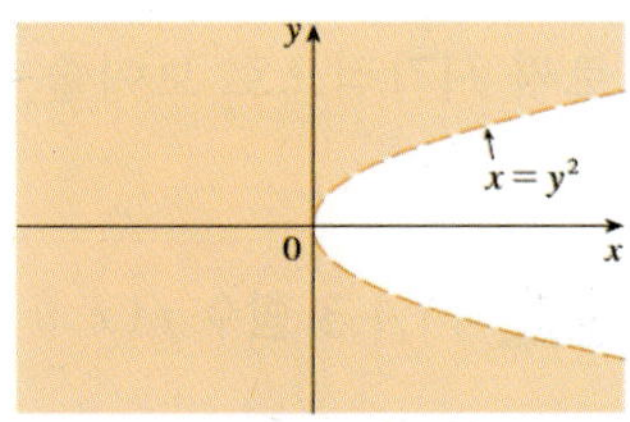

[그림 11.3]

예제 11.1.2 $f(x,y)=\sqrt{9-x^2-y^2}$ 의 정의역과 치역을 구하라.

풀이

f의 정의역은 다음과 같다.

$$D=\{(x,y)\mid 9-x^2-y^2\ge 0\}=\{(x,y)\mid x^2+y^2\le 9\}$$

이것은 중심이 $(0,0)$이고 반지름이 3인 원판이다[그림 11.4 참조]. f의 치역은 다음과 같다.

$$\{z \mid z = \sqrt{9-x^2-y^2},\ (x,y) \in D\}$$

z는 양의 제곱근이기 때문에 $z \ge 0$이다. 또한 $9-x^2-y^2 \le 9$이므로 다음을 얻는다.

$$0 \le \sqrt{9-x^2-y^2} \le 3$$

따라서 치역은 다음과 같다.

$$\{z \mid 0 \le z \le 3\} = [0,3]$$

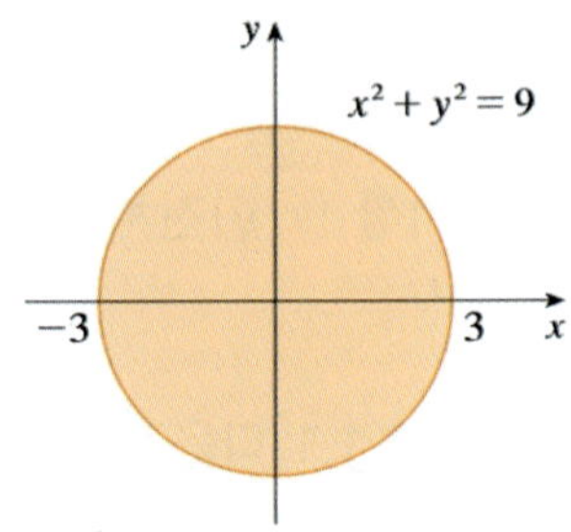

[그림 11.4]

정의 11.1.2 그래프

f가 정의역이 $D \subseteq \mathbb{R}^2$인 이변수 함수이면, f의 그래프(Graph)는 (x,y)가 D에 속하고 $z=f(x,y)$인 $\mathbb{R}^3$에 속하는 모든 점 (x,y,z)의 집합이다.

일변수 함수 $y=f(x)$의 그래프를 나타내기 위해 독립변수를 x축, 종속변수를 y축으로 하는 xy평면에서 (x,y)를 연결한 곡선으로 표현하는 것처럼, 이변수 함수 $z=f(x,y)$의 그래프는 독립변수 x, y를 나타내는 xy평면 위에 종속변수 z를 나타내는 z축을 xy평면과 수직이 되도록 세운 xyz 공간에 [그림 11.5]와 같이 표현한 (x,y,z)를 연결한 곡면 S로 나타내어진다. f의 그래프 S는 xy평면에 있는 정의역 D의 바로 위 또는 아래에 놓음으로써 시각적으로 보여줄 수 있다.

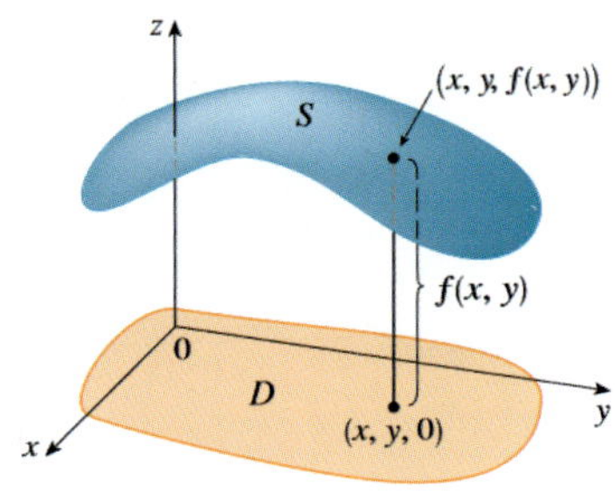

[그림 11.5]

예제 11.1.3 함수 $f(x,y) = 6-3x-2y$의 그래프를 그리라.

풀이

f의 그래프의 방정식은 $z=f(x,y)=6-3x-2y$ 즉 $3x+2y+z=6$인 평면이다. 평면을 그리기 위해서는 먼저 각 축과의 절편을 구해야 한다. 방정식에서 $y=z=0$으로 놓으면 x축과의 절편 $(2,0,0)$을 얻는다. 마찬가지로 y축과의 절편 $(0,3,0)$과 z축과의 절편 $(0,0,6)$을 얻는다. 이로써 제1 팔분공간에 놓여 있는 그래프의 일부를 [그림 11.6]과 같이 그릴 수 있다.

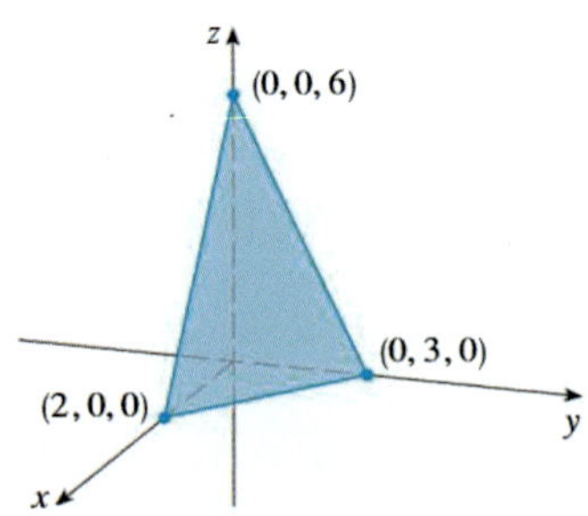

[그림 11.6]

예제 11.1.3의 함수 f는 다음과 같이 정의되는 선형 함수(linear function)의 하나의 예이다.

$$f(x,\ y) = ax + by + c$$

선형 함수의 그래프는 $z = ax + by + c$ 또는 $ax + by - z + c = 0$과 같은 방정식을 갖는 평면이다. 일변수의 선형 함수들이 일변수 미적분학에서 기본인 것처럼 이변수 함수의 선형 함수도 다변수 함수의 미적분학에서 기본적인 역할을 함을 알게 될 것이다.

예제 11.1.4 $f(x,y) = \sqrt{9 - x^2 - y^2}$ **의 그래프를 그리라.**

풀이

$z = f(x,y)$의 양변을 제곱하면 $z^2 = 9 - x^2 - y^2$, 즉 $x^2 + y^2 + z^2 = 9$를 얻는다. 이것은 중심이 원점이고 반지름이 3인 구의 방정식이다. 그러나 치역이 $\{z \mid z \geq 0\}$이므로 그래프는 [그림 11.7]과 같이 구의 위쪽 반이 된다.

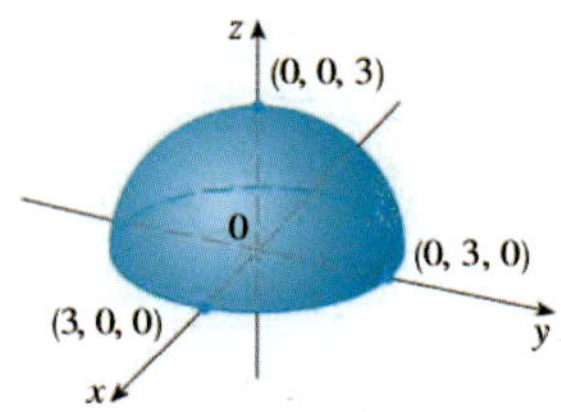

[그림 11.7]

지금까지 이변수 함수를 가시화하는 두 가지 방법을 소개하였다. 또 다른 하나의 방법은 그래프를 xy평면에만 나타내는 방법으로, 등고선(contour lines) 또는 등위곡선이라 부르는 일정한 값 또는 높이에 해당하는 정의역의 점들을 연결한 경로들을 정의역을 포함하는 2차원 평면에 그리는 것이다. 이러한 그래프는 지도나 일기예보에서 쉽게 찾아볼 수 있다.

정의 11.1.3 등위곡선

k가 (f의 치역 안에 있는) 상수일 때 방정식 $f(x,y) = k$를 만족하는 곡선을 이변수 함수 f의 등위곡선(level curve)이라 한다.

등위곡선 $f(x,y) = k$는 주어진 값 k를 갖는 f의 정의역에 있는 모든 점들의 집합이다. 다시 말해, 이 곡선에서 f의 그래프는 높이가 k이다.

등위곡선 $f(x,y) = k$는 수평면 $z = k$에서 xy평면으로 투영한 f의 그래프의 자취들이다. 그래서 함수의 등위곡선을 그리고 정해진 높이만큼 곡면을 들어 올려진 것으로 등위곡선을 시각화하면 이 그래프의 모양을 머릿속으로 형상화할 수 있을 것이다. 등위곡선들이 서로 인접해 있다면 곡면은 가파름을, 멀리 떨어져 있다면 곡면은 다소 평평함을 의미한다.

예제 11.1.5 $k=-6, 0, 6, 12$에 대하여, 함수 $f(x,y)=6-3x-2y$의 등위곡선을 그리라.

풀이

함수 $f(x,y)$의 값이 k인 등위곡선은 다음과 같다.

$$6-3x-2y=k,\ \text{즉}\ 3x+2y+(k-6)=0$$

이는 xy평면에서 기울기가 $-\dfrac{3}{2}$인 직선들로 표현된다. f의 그래프가 평면이므로, 이 등위곡선은 [그림 11.8]과 같이 등간격의 평행선이 된다.

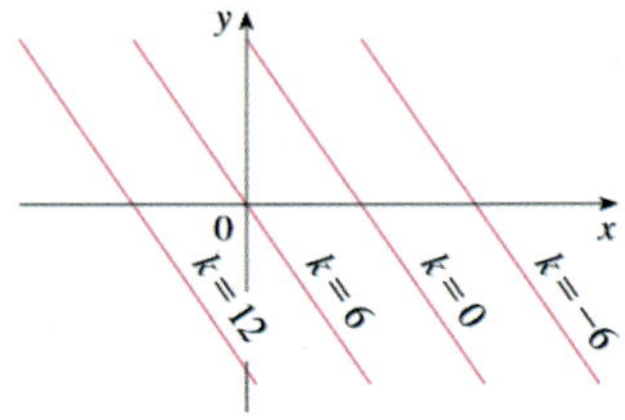

[그림 11.8]

예제 11.1.6 $k=0, 1, 2, 3$에 대하여, 함수 $f(x,y)=\sqrt{9-x^2-y^2}$의 등위곡선을 그리라.

풀이

함수 $f(x,y)$의 값이 k인 등위곡선은 다음과 같다.

$$\sqrt{9-x^2-y^2}=k,\ \text{즉}\ x^2+y^2=9-k^2$$

이것은 중심이 $(0,0)$이고 반지름이 $\sqrt{9-k^2}$인 동심원들이다. $k=0, 1, 2, 3$일 때 등위곡선은 [그림 11.9]와 같다. 이런 등위곡선들을 k만큼 들어 올려서 면을 만들고, [그림 11.7]의 f의 그래프(반구)와 비교해보자.

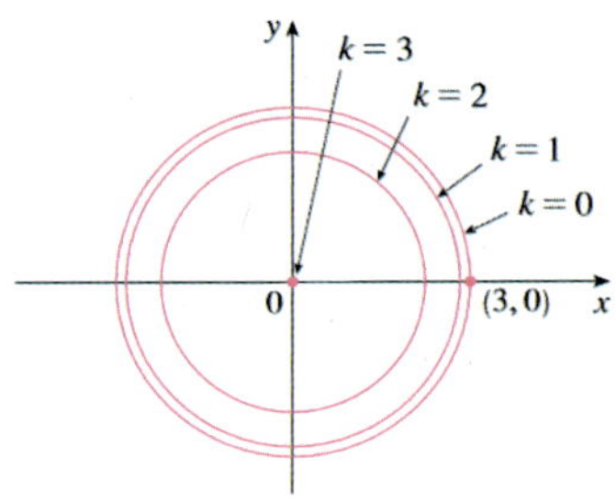

[그림 11.9]

예제 11.1.7 함수 $f(x,y)=4x^2+y^2+1$의 등위곡선을 몇 개 그리라.

풀이

함수 $f(x,y)$의 값이 k인 등위곡선은 다음과 같다.

$$4x^2+y^2+1=k,\ \text{즉}\ \frac{x^2}{\frac{1}{4}(k-1)}+\frac{y^2}{(k-1)}=1$$

단축과 장축이 $\dfrac{1}{2}\sqrt{k-1}$과 $\sqrt{k-1}$인 타원들로 나타내어진다 $(k>1)$. [그림 11.10]은 f의 등위곡선 그림이다. [그림 11.11]은 이 등위곡선을 k만큼 들어 올리면 f의 그래프의 수평자취와 일치하게 됨을 보여준다.

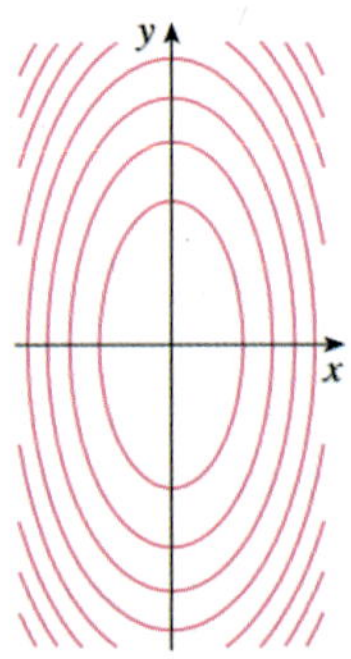

[그림 11.10]

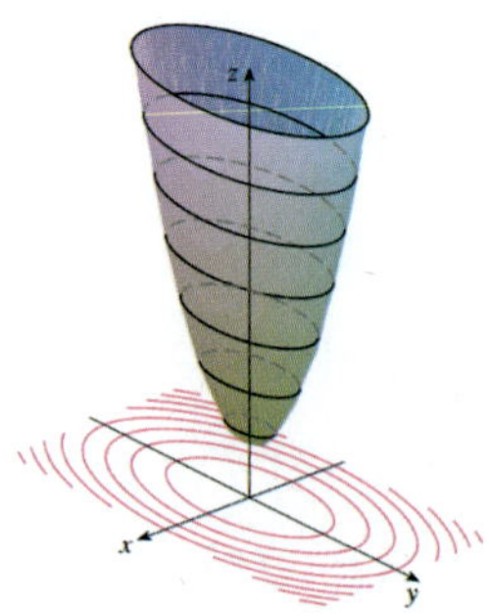

[그림 11.11]

연습문제 11.1

[1~6] 다음 함수의 정의역을 구하고 주어진 점에서의 함숫값을 찾아라.

1. $f(x,y)=\sin(x+2y)$, $(2,-1)$, $(0,\pi)$
2. $f(x,y)=\ln(x+y-1)$, $(1,1)$, $(e,1)$
3. $f(x,y)=\dfrac{x+y}{x^2+y^2-1}$, $(1,1)$, $(-1,1)$
4. $f(x,y)=\dfrac{2xy}{x^2+y^2}$, $(1,1)$, $(-1,1)$
5. $f(x,y)=\dfrac{2x-\sin y}{1+\cos x}$, $\left(0,\dfrac{\pi}{4}\right)$, $\left(\dfrac{\pi}{4},\pi\right)$
6. $f(x,y)=\dfrac{e^x-e^y}{1+\sin x}$, $(0,1)$, $\left(\dfrac{\pi}{4},-1\right)$

[7~11] 다음 함수의 정의역을 구하고, 이를 그래프로 나타내라.

7. $f(x,y)=\sqrt{2x-y}$
8. $f(x,y)=\sqrt{xy}$
9. $f(x,y)=\ln(9-x^2-9y^2)$
10. $f(x,y)=\sqrt{y-x}\ln(y+x)$
11. $f(x,y)=\dfrac{\sqrt{y-x^2}}{1-x^2}$

[12~20] 다음 함수의 그래프를 그리라.

12. $f(x,y)=10-4x-5y$
13. $f(x,y)=x$
14. $f(x,y)=y^2+1$
15. $f(x,y)=\cos x$
16. $f(x,y)=3-x^2-y^2$
17. $f(x,y)=x-y$
18. $f(x,y)=|y|$
19. $f(x,y)=\sqrt{9-x^2-9y^2}$
20. $f(x,y)=\sqrt{x^2+y^2}$

[21~30] 다음 함수의 등위 곡선을 몇 개 그리라.

21. $f(x,y)=(y-2x)^2$
22. $f(x,y)=x^3-y$
23. $f(x,y)=\sqrt{x}+y$
24. $f(x,y)=\ln(x^2+4y^2)$
25. $f(x,y)=ye^x$
26. $f(x,y)=y\sec x$
27. $f(x,y)=xy$
28. $f(x,y)=x^2-y^2$
29. $f(x,y)=x-y^2$
30. $f(x,y)=\sqrt{x+y}$

11.2 이변수 함수의 극한과 연속

이변수 함수의 극한의 개념은 일변수 함수의 극한과 유사한 방법으로 다음과 같이 말할 수 있다. 다만, 이변수 함수의 정의역이 이차원 영역이므로, 정의역에 속하는 (x,y)가 (a,b)에 가까워질 때, 함수 $f(x,y)$의 값이 L에 가까워짐을 말하며, 기호로 다음과 같이 나타낸다.

$$\lim_{(x,y)\to(a,b)} f(x,y)=L$$

다시 말해서 (x,y)를 (a,b)와 같지는 않으면서 충분히 가깝게 택할수록 $f(x,y)$의 값을 L에 원하는 만큼 가깝게 할 수 있음을 말한다. 여기서 주의해야 할 점은 f의 정의역에서 (x,y)가 (a,b)에 가까워질 수 있는 경로가 매우 많고 다양하게 존재한다는 것이다. 이러한 내용을 포함하여 좀 더 명확한 정의를 다음과 같이 할 수 있다.

정의 11.2.1 이변수 함수의 극한

f를 (a,b)에 임의로 가까운 점들을 포함하는 집합 D를 정의역으로 갖는 이변수 함수라 하자. 임의의 $\varepsilon>0$에 대하여, $(x,y)\in D$이고 $0<\sqrt{(x-a)^2+(y-b)^2}<\delta$일 때 $|f(x,y)-L|<\varepsilon$을 만족하는 $\delta>0$이 존재한다면, (x,y)가 (a,b)에 가까워질 때 $f(x,y)$의 극한(limit)은 L이라고 말하며, 기호로는 다음과 같이 나타낸다.

$$\lim_{(x,y)\to(a,b)} f(x,y)=L$$

정의 11.2.1의 극한을 다음과 같은 기호로 나타내기도 한다.

$$\lim_{\substack{x\to a\\ y\to b}} f(x,y)=L$$

또는

$$(x,y)\ \to\ (a,b)\text{일 때},\ f(x,y)\ \to\ L$$

$|f(x,y)-L|$은 두 값 $f(x,y)$와 L사이의 거리이고 $\sqrt{(x-a)^2+(y-b)^2}$은 두 점 (x,y)와 (a,b)사이의 거리이므로, 정의 11.2.1은 (x,y)로부터 (a,b)까지의 거리를 0은 아니면서 충분히 작게 함으로써 $f(x,y)$와 L사이의 거리를 충분히 작게 할 수 있음을 말한다. [그림 11.12]는 정의 11.2.1을 화살표 그림으로 설명한 것이다. L부근에 임의로 작은 구간 $(L-\varepsilon,\ L+\varepsilon)$이 주어졌을 때, 중심이 (a,b)이고, 반지름이 $\delta>0$인 원판 D_δ를 찾을 수 있고, 이때 f는 D_δ에 속한 모든 점(여기서, (a,b)는 제외 가능)을 구간 $(L-\varepsilon,\ L+\varepsilon)$의 점들에 대응시킨다.

또한 [그림 11.13]에서 처럼 3차원 그래프를 사용하여 설명할 수 있다. 곡면 S를 f의 그래프라 하자. $\varepsilon>0$이 주어졌을 때, (x,y)를 원판 D_δ의 점(여기서, $(x,y)\neq(a,b)$일 수 있음)이라 하고 함수 f에 의해 이 점들이 대응하는 S의 부분 곡면이 두 수평면 $z=L-\varepsilon$과 $z=L+\varepsilon$사이에 놓이도록 하는 양수 $\delta>0$을 찾아낼 수 있음을 의미한다.

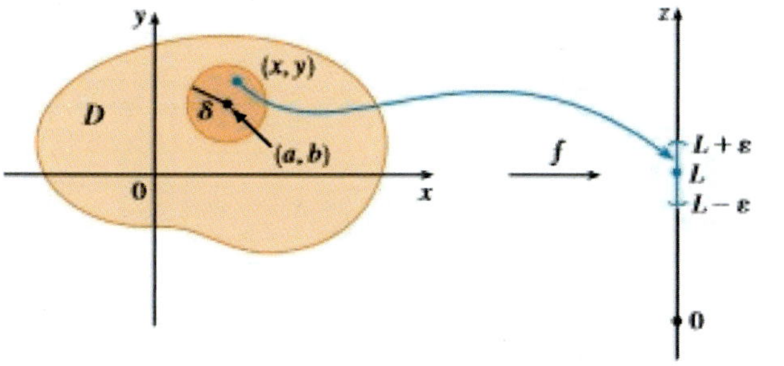

[그림 11.12]

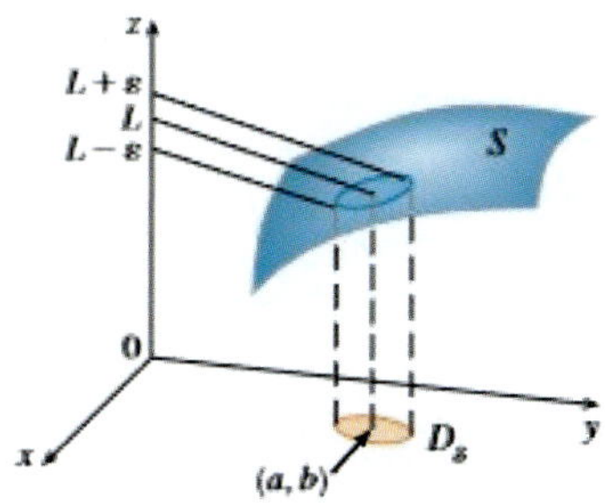

[그림 11.13]

정의는 일변수 함수와 비슷하게 했지만 이변수 함수가 극한을 가짐을 보이는 것은 그리 쉽지는 않다. 이변수 함수가 극한을 가지지 못하는 경우를 살펴보기 위해, 우선, 일변수 함수의 경우부터 복습해 보고자 한다.

일변수 함수에서 x가 a에 접근할 때, 단지 두 방향, 즉 왼쪽 또는 오른쪽에서 접근하는 경우만 생각하면 된다. 즉, 좌극한과 우극한을 구하여, $\lim_{x\to a^-} f(x) = \lim_{x\to a^+} f(x)$이 성립하지 않으면 극한 $\lim_{x\to a} f(x)$는 존재하지 않는다는 것을 알고 있다.

이변수 함수에서는 상황이 복잡하다. 왜냐하면 (x,y)가 f의 정의역에 있으면서, (a,b)로 접근할 수 있는 방향과 방법이 무수히 많기 때문이다[그림 11.14 참조].

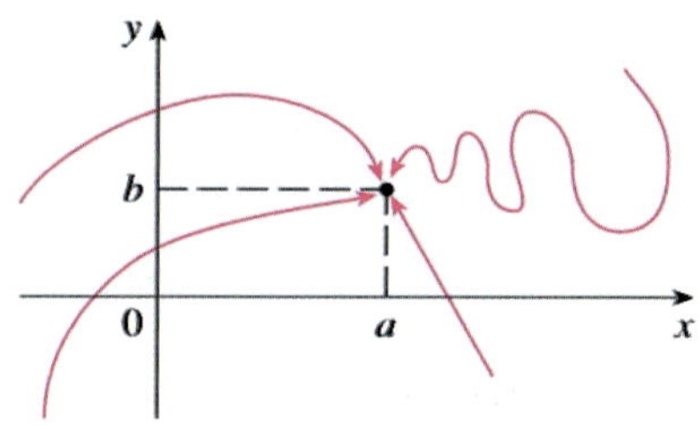

[그림 11.14]

또한 정의 11.2.1에서는 (x,y)를 (a,b)까지의 거리가 0은 아니면서 충분히 작은 값이 되도록 택함으로 $f(x,y)$와 L사이의 거리를 임의로 작게 할 수 있음을 말한다. 즉, (x,y)와 (a,b)사이의 거리만을 말하였을 뿐이지, 접근하는 방법에 대해서는 아무런 말이 없다는 것이다. 따라서 극한이 존재하려면, (x,y)를 (a,b)에 접근시키는 모든 방법에 대하여 $f(x,y)$는 같은 극한을 가져야 한다. 그러므로 $f(x,y)$가 다른 극한을 갖게 하는 서로 다른 접근 방법이 존재한다면 함수 $f(x,y)$의 (a,b)에서의 극한은 존재하지 않음을 바로 말할 수 있다. 즉, 경로 C_1을 따라 $(x,y)\to(a,b)$일 때 $f(x,y)\to L_1$이고, 경로 C_2를 따라 $(x,y)\to(a,b)$일 때 $f(x,y)\to L_2$이며 $L_1 \neq L_2$이 되는 두 경로가 존재하면, 극한 $\lim_{(x,y)\to(a,b)} f(x,y)$는 존재하지 않는다.

예제 11.2.1 $\displaystyle\lim_{(x,y)\to(0,0)}\frac{x^2-y^2}{x^2+y^2}$이 존재하지 않음을 보이라.

풀이

$f(x,y)=\dfrac{x^2-y^2}{x^2+y^2}$이라 하자. 먼저 (x,y)를 x축을 따라 $(0,0)$에 접근하는 점이라 하자[그림 11.15 참조]. 이 경우 $y=0$이고, 모든 $x\neq 0$에 대해 $f(x,y)=f(x,0)=\dfrac{x^2}{x^2}=1$이다. 따라서 다음과 같은 극한을 가진다.

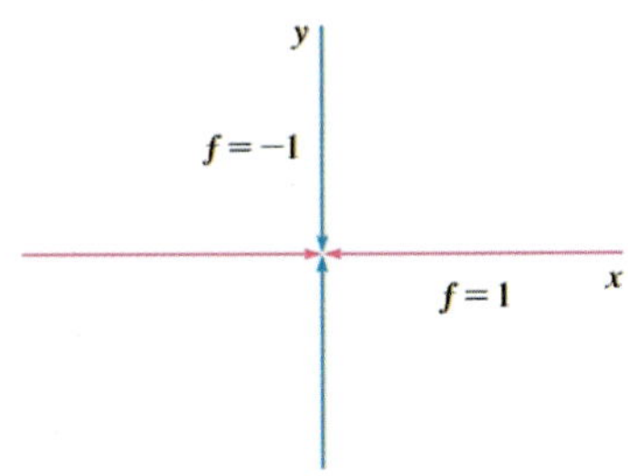

[그림 11.15]

$$x\text{축을 따라 } (x,y)\to(0,0)\text{이면 } f(x,y)\to 1$$

이제 (x,y)를 y축을 따라 $(0,0)$에 접근해보자[그림 11.15 참조]. 이 경우에는 $x=0$이고, $y\neq 0$인 모든 y에 대해 $f(x,y)=f(0,y)=-\dfrac{y^2}{y^2}=-1$이다. 따라서 다음과 같은 극한을 가진다.

$$y\text{축을 따라 } (x,y)\to(0,0)\text{이면 } f(x,y)\to -1$$

f는 서로 다른 경로에 대하여 다른 극한을 가지므로, 주어진 함수 f의 $(0,0)$에서 극한은 존재하지 않는다.

예제 11.2.2 $f(x,y)=\dfrac{xy}{x^2+y^2}$일 때, $\displaystyle\lim_{(x,y)\to(0,0)}f(x,y)$는 존재하는가?

풀이

먼저, x축을 따라 $(x,y)\to(0,0)$이면, $y=0$이고 $f(x,y)=f(x,0)=\dfrac{0}{x^2}=0$이므로

$$x\text{축을 따라 } (x,y)\to(0,0)\text{이면 } f(x,y)\to 0$$

이다. 또한 y축을 따라 $(x,y)\to(0,0)$이면, $x=0$이고 $f(x,y)=f(0,y)=\dfrac{0}{y^2}=0$이므로

$$y\text{축을 따라 } (x,y)\to(0,0)\text{이면 } f(x,y)\to 0$$

이다. 두 좌표축을 따라 동일한 극한을 얻었지만, 이것만으로는 주어진 함수의 극한이 0이라 말할 수는 없다. 또 다른 경로인 직선 $y=x$를 따라 $(0,0)$으로 접근해보자[그림 11.16 참조]. 이 경우 $y=x$이고, 모든 $x\neq 0$에 대해 다음을 얻는다.

$$f(x,y)=f(x,x)=\frac{x^2}{x^2+x^2}=\frac{1}{2}$$

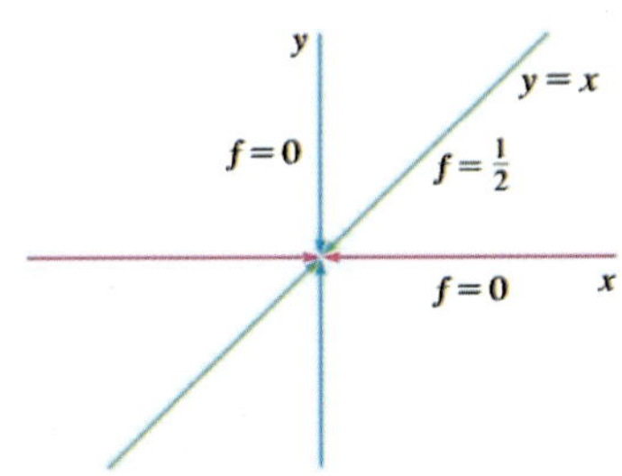

[그림 11.16]

그러므로

직선 $y=x$를 따라 $(x,y)\to(0,0)$이면 $f(x,y)\to\frac{1}{2}$이다.

따라서 $(x,y)\to(0,0)$일 때 다른 극한값을 가지는 서로 다른 경로가 존재하므로 함수 f는 $(0,0)$에서 극한을 갖지 않는다.

[그림 11.17]에서 보는 것처럼 $f(x,y)=\dfrac{xy}{x^2+y^2}$의 그래프는 직선 $y=x$에서 나타나는 능선은 원점을 제외한 그 직선에 있는 모든 점 (x,y)에서 함숫값이 $f(x,y)=\dfrac{1}{2}$이라는 사실을 알 수 있게 해준다.

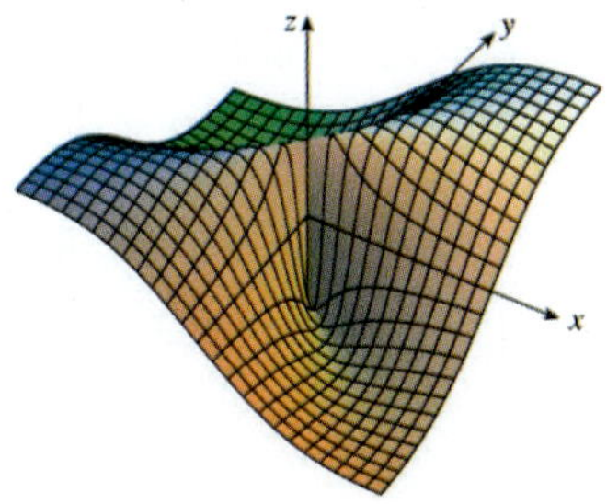

$f(x,y)=\dfrac{xy}{x^2+y^2}$

[그림 11.17]

예제 11.2.3 $f(x,y)=\dfrac{xy^2}{x^2+y^4}$ **일 때,** $\displaystyle\lim_{(x,y)\to(0,0)} f(x,y)$**는 존재하는가?**

풀이

예제 11.2.2의 풀이를 참조해서 원점을 지나는 임의의 직선 $y=mx$(m은 기울기)을 따라 $(x,y)\to(0,0)$이라 하자. 그러면 $y=mx$이고, 주어진 함수는

$$f(x,y)=f(x,mx)=\frac{x(mx)^2}{x^2+(mx)^4}=\frac{m^2x^3}{x^2+m^4x^4}=\frac{m^2x}{1+m^4x^2}$$

이다. 따라서 다음을 얻는다.

직선 $y=mx$를 따라 $(x,y)\to(0,0)$이면 $f(x,y)\to0$이다.

그러므로 f는 원점을 지나는 임의의 직선을 따라 동일한 극한을 갖는다. 그렇지만 역시 이것만으로는 주어진 함수의 극한이 0임을 말할 수 없다. 포물선 $x=y^2$을 따라 $(x,y)\to(0,0)$이라 하면, 이 경우 $x=y^2$이고, 함수는

$$f(x,y)=f(y^2,y)=\frac{y^2y^2}{(y^2)^2+y^4}=\frac{y^4}{2y^4}=\frac{1}{2}$$

이다. 그러므로 다음을 얻는다.

포물선 $x=y^2$을 따라 $(x,y)\to(0,0)$이면 $f(x,y)\to\frac{1}{2}$이다.

따라서 $(x,y)\to(0,0)$일 때 다른 극한값을 가지는 서로 다른 경로가 존재하므로 주어진 함수 $f(x,y)$는 $(0,0)$에서 극한이 존재하지 않는다.

[그림 11.18]은 예제 11.2.3의 함수의 그래프를 나타낸다. 포물선 $x=y^2$ 위로 능선을 이루고 있음을 알 수 있다.

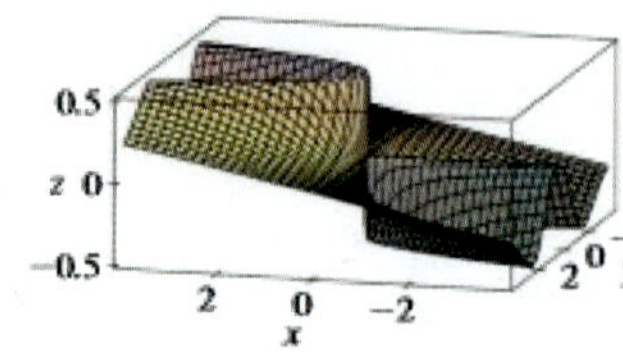

[그림 11.18]

이제는 극한이 존재하는 경우를 살펴보자. 일변수 함수일 때와 똑같이 이변수 함수일 때에도 극한 공식을 이용하면 매우 간단하게 극한을 구할 수 있다. 일변수 함수에서 적용했던 극한 법칙을 이변수 함수로 확장해 보자.

우선 다음과 같은 기본적인 함수에 대해서는 정의에 의해 간단히 증명할 수 있다. 여기서 증명은 생략한다. 여전히 정의에 의해 극한을 증명하는 것은 매우 어렵다.

$$\lim_{(x,y)\to(a,b)} x=a,\quad \lim_{(x,y)\to(a,b)} y=b,\quad \lim_{(x,y)\to(a,b)} c=c$$

그리고 합, 차, 곱, 상수배의 극한은 극한의 합, 차, 곱, 상수배가 되고, 몫의 극한은 분모의 극한이 0이 아니라면, 극한의 몫이 되며. 제곱근과 절댓값에 대해서도 일변수와 마찬가지로 성립한다.

또한 압축 정리도 성립한다. 분모의 극한이 0인 경우는 조금 더 복잡하다.

예제 11.2.4 $\displaystyle\lim_{(x,y)\to(0,0)} \frac{3x^2y}{x^2+y^2}$ **가 존재하면 그 값을 구하라.**

풀이

이 경우는 극한 법칙의 적용이 안 되므로, 정의를 사용하여 증명하여야 한다. 이 증명은 매우 어려우므로 다음과 같이 치환에 의해 증명해보자. 예제 11.2.3에서처럼 원점을 지나는 임의의 직선을 따라 극한은 0임을 보일 수 있으나, 원주 위의 임의의 점이 원점에 가까워지는 경우를 생각하자.

$x=r\cos\theta,\ y=r\sin\theta$라 할 때 $(x,y)\to(0,0)$이면 $r\to0^+$이므로 주어진 극한은 다음과 같다.

$$\lim_{(x,y)\to(0,0)} \frac{3x^2y}{x^2+y^2} = \lim_{r\to0^+}\frac{3r^3\cos^2\theta\sin\theta}{r^2} = \lim_{r\to0^+} 3r\cos^2\theta\sin\theta = 0$$

일변수 연속함수의 극한은 계산하기 쉽다는 것을 알고 있다. 연속함수를 정의하는 성질은 $\lim_{x\to a} f(x)=f(a)$ 이므로 이는 변수 x에 a를 직접 대입해서 계산할 수 있다. 이변수 함수의 연속성도 이와 비슷한 성질로 정의한다.

정의 11.2.2 이변수 함수의 연속

이변수 함수 f에 대해 다음이 성립하면, f는 (a,b)에서 연속(continuous)이라 한다.

$$\lim_{(x,y)\to(a,b)} f(x,y) = f(a,b)$$

D에 속하는 모든 점 (a,b)에서 f가 연속이면 f는 영역 D에서 연속이라 한다.

연속의 개념을 직관적으로 말하면, (x,y)가 작은 양만큼 변할 때, 함수 $f(x,y)$의 값도 작은 양만큼만 변한다고 말할 수 있다. 또한 그래프를 사용하여 말하면, 연속함수의 그래프인 곡면에는 구멍이나 갈라진 틈이 없음을 뜻한다.

극한의 성질을 이용하여 연속 함수의 합, 차, 곱, 몫은 그들의 정의역에서 연속 함수임을 알 수 있다. 이와 같은 사실을 이용해 연속함수의 예를 찾아보자.

이변수 다항 함수는 $cx^m y^n$꼴의 항들의 합이다. 여기서 c는 상수이고 m과 n은 음이 아닌 정수이다. 유리 함수는 다항 함수의 몫이다. 예를 들면, $f(x,y) = x^4 + 5x^3y^2 + 6xy^2 + 7y + 6$은 다항 함수이고 $g(x,y) = \dfrac{2xy+1}{x^2+y^2}$은 유리 함수이다.

극한의 성질에 의해, 세 함수 $h(x,y) = x$, $r(x,y) = y$, $k(x,y) = c$는 연속이다. 모든 다항 함수는 이 기본적인 세 연속 함수 h, r, k를 곱하고 더해서 얻을 수 있으므로 모든 다항 함수는 $\mathbb{R}^2$에서 연속이다. 또한 모든 유리 함수도 연속 함수의 몫이므로 정의역에서 연속이다.

예제 11.2.5 $\displaystyle\lim_{(x,y)\to(1,2)} (x^2y^3 - x^3y^2 + 3x + 2y)$의 값을 구하라.

풀이

$f(x,y) = x^2y^3 - x^3y^2 + 3x + 2y$가 다항 함수이므로, 이는 모든 점에서 연속이고 이에 따라 다음과 같이 (x,y)에 $(1,2)$를 직접 대입하여 극한을 구할 수 있다.

$$\lim_{(x,y)\to(1,2)} (x^2y^3 - x^3y^2 + 3x + 2y) = 1^2 \cdot 2^3 - 1^3 \cdot 2^2 + 3 \cdot 1 + 2 \cdot 2 = 11$$

예제 11.2.6 함수 $f(x,y) = \dfrac{x^2-y^2}{x^2+y^2}$은 어디에서 연속인가?

풀이

함수 f는 $(0,0)$에서 정의되지 않으므로 이 점에서 불연속이다. f가 유리 함수이므로 정의역 $D = \{(x,y) | (x,y) \neq (0,0)\}$에서 연속이다.

예제 11.2.7 함수 $g(x,y)=\begin{cases}\dfrac{x^2-y^2}{x^2+y^2}, & (x,y)\neq(0,0)\\ 0, & (x,y)=(0,0)\end{cases}$ 는 어디에서 연속인가?

풀이

함수 g는 $(0,0)$에서 정의되지만 $\lim_{(x,y)\to(0,0)} g(x,y)$가 존재하지 않으므로 역시 $(0,0)$에서 불연속이다. (예제 11.2.1 참고)

예제 11.2.8 함수 $f(x,y)=\begin{cases}\dfrac{3x^2y}{x^2+y^2}, & (x,y)\neq(0,0)\\ 0, & (x,y)=(0,0)\end{cases}$ 은 어디에서 연속인가?

풀이

f는 유리함수이므로 $(x,y)\neq(0,0)$에서 정의된다. 따라서 원점을 제외한 곳에서 연속임을 알고 있다. 또한 예제 11.2.4로부터 다음을 얻었다.

$$\lim_{(x,y)\to(0,0)} f(x,y)=\lim_{(x,y)\to(0,0)}\frac{3x^2y}{x^2+y^2}=0=f(0,0)$$

그러므로 f는 $(0,0)$에서 연속이므로 $\mathbb{R}^2$에서 연속이다.

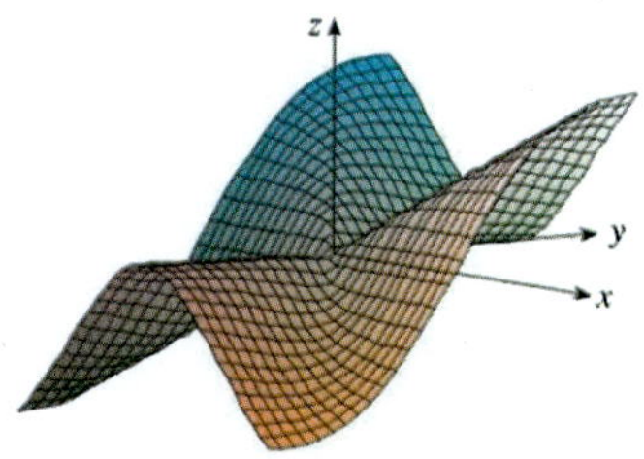

[그림 11.19]

일변수 함수와 같이 두 연속 함수를 결합하여 새로운 함수를 얻는 또 다른 방법이 합성이다. f가 연속인 이변수 함수이고, g는 f의 치역에서 정의되는 연속인 일변수 함수이면, $h(x,y)=g(f(x,y))$로 정의되는 합성함수 $h=g\circ f$ 도 역시 연속이다.

예제 11.2.9 함수 $h(x,y)=\arctan(y/x)$는 어디에서 연속인가?

풀이

함수 $f(x,y)=\dfrac{y}{x}$는 유리 함수이므로 직선 $x=0$을 제외한 곳에서 연속이다. 또한 $g(t)=\arctan t$는 모든 점에서 연속이다. 따라서 다음과 같은 합성 함수는 $x=0$을 제외하고 연속이다.

$$g(f(x,y))=\arctan(y/x)=h(x,y)$$

[그림 11.20]은 h의 그래프가 y축 위의 부분에서 단절되어 있음을 보여준다.

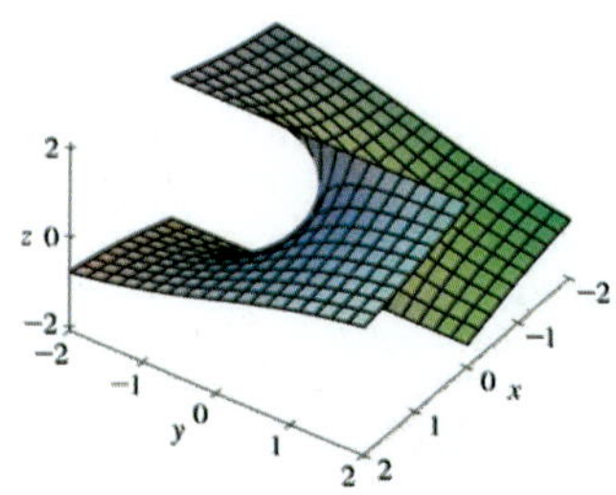

[그림 11.20]

연습문제 11.2

[1~18] 다음 극한값이 존재하는지 알아보고, 존재하면 그 값을 구하라.

1. $\lim_{(x,y)\to(1,2)} (5x^3 - x^2y^2)$

2. $\lim_{(x,y)\to(6,3)} xy\cos(x-2y)$

3. $\lim_{(x,y)\to(0,0)} \dfrac{3x^2 - y^2 + 3}{x - y^2 - 5}$

4. $\lim_{(x,y)\to(2,3)} \left(\dfrac{1}{x} + \dfrac{1}{y}\right)^2$

5. $\lim_{(x,y)\to(0,0)} \dfrac{x^4 - 4y^2}{x^2 + 2y^2}$

6. $\lim_{(x,y)\to(0,0)} \dfrac{x^2 + \sin^2 y}{2x^2 + y^2}$

7. $\lim_{(x,y)\to(0,0)} \dfrac{e^y \sin x}{x}$

8. $\lim_{(x,y)\to(0,0)} \dfrac{xy}{\sqrt{x^2 + y^2}}$

9. $\lim_{(x,y)\to(0,0)} \dfrac{2x^2y}{x^4 + y^2}$

10. $\lim_{(x,y)\to(0,0)} \dfrac{xy}{\sqrt{x^2 + y^2}}$

11. $\lim_{(x,y)\to(0,0)} \dfrac{2x}{x^2 + x + y^2}$

12. $\lim_{(x,y)\to(0,0)} \dfrac{x^{3+y^3}}{x^2 + y^2}$

13. $\lim_{(x,y)\to(0,0)} \dfrac{y^2 \sin^2 x}{x^4 + y^4}$

14. $\lim_{(x,y)\to(1,0)} \dfrac{xy - y}{(x-1)^2 + y^2}$

15. $\lim_{(x,y)\to(0,0)} \dfrac{x^2 y e^y}{x^4 + 4y^2}$

16. $\lim_{(x,y)\to(0,0)} \dfrac{xy^4}{x^2 + y^8}$

17. $\lim_{(x,y)\to(0,0)} \dfrac{x^2 + y^2}{\sqrt{x^2 + y^2 + 1} - 1}$

18. $\lim_{(x,y)\to(0,0)} \dfrac{x^4 - y^4}{x^2 + y^2}$

[19~26] 다음 함수가 연속인 점의 집합을 구하라.

19. $f(x,y) = \dfrac{1 + x^2 + y^2}{1 - x^2 - y^2}$

20. $f(x,y) = \cos\sqrt{1 + x - y}$

21. $f(x,y) = \ln(x^2 + y^2 - 16)$

22. $f(x,y) = e^{x^2 y} + \sqrt{x + y^2}$

23. $f(x,y) = \begin{cases} \dfrac{x^2y^3}{2x^2 + y^2}, & (x,y) \neq (0,0) \\ 1, & (x,y) = (0,0) \end{cases}$

24. $f(x,y) = \begin{cases} \dfrac{xy}{x^2 + xy + y^2} & (x,y) \neq (0,0) \\ 0 & (x,y) = (0,0) \end{cases}$

25. $f(x,y) = \dfrac{\sin(xy)}{e^x - y^2}$

26. $f(x,y) = \dfrac{y}{x^2 + 1}$

[27~30] 극좌표를 이용해서 다음 극한을 구하라.

27. $\lim_{(x,y)\to(0,0)} \dfrac{x^3 + y^3}{x^2 + y^2}$

28. $\lim_{(x,y)\to(0,0)} x^2y^2 \ln(x^2 + y^2)$

29. $\lim_{(x,y)\to(0,0)} \dfrac{e^{-x^2 - y^2} - 1}{x^2 + y^2}$

30. $\lim_{(x,y)\to(0,0)} \dfrac{\sin(x^2 + y^2)}{x^2 + y^2}$

11.3 편도함수

일변수 함수 $f(x)$가 $x=a$에서 연속일 때, 그 점에서 미분계수를 정의하였고 그에 관한 성질을 공부하였다. 이제 일변수에서와 같은 개념을 이변수 함수 $f(x,y)$가 (a,b)에서 연속일 때, 그 점에서 미분계수를 어떻게 정의할 수 있을 지를 생각해보자. 독립변수 (x,y)가 (a,b)에서 다른 값으로 변했을 때, 변화한 양, 즉 증분을 계산해야 하는데, 변하는 방향도 고려해야 하고 계산도 쉽지 않다. 따라서 이변수 함수에서는 단순한 경우로부터 생각해보자. 먼저, 이변수 연속 함수 $f(x,y)$에 대하여, 독립변수 (x,y)가 (a,b)에서 y는 고정된 상태로 (즉, $y=b$로 고정, b는 상수) 오직 x만 변한다고 하자. 이 경우에는 이변수 함수 $f(x,y)$를 마치 일변수 x의 함수, 즉 $g(x)=f(x,b)$로 볼 수 있다. 이제 $g(x)$가 $x=a$에서 미분계수가 정의되면 이 미분계수를 이변수 함수 $f(x,y)$의 (a,b)에서 x에 관한 편미분계수(partial derivative)라 하고, 기호로는 $f_x(a,b)$로 나타낸다. 이 값은 함수 $g(x)$로부터 다음과 같이 구한다.

$$f_x(a,b)=g'(a)$$

$g'(a)$는 미분계수 정의로부터

$$g'(a)=\lim_{h\to 0}\frac{g(a+h)-g(a)}{h}$$

이므로, $g(x)=f(x,b)$를 이용하면 편미분계수는 다음과 같이 정의할 수 있다.

$$f_x(a,b)=\lim_{h\to 0}\frac{f(a+h,b)-f(a,b)}{h}$$

마찬가지로, 독립변수 (x,y)가 (a,b)에서 x는 고정된 상태로 (즉, $x=a$로 고정, a는 상수) 오직 y만 변하는 경우에는 $f(x,y)$의 (a,b)에서 y에 관한 편미분계수 $f_y(a,b)$를 정의할 수 있으며, 함수 $f(x,y)$의 x에 $x=a$를 대입하여 얻은 일변수 함수 $h(y)=f(a,y)$의 $y=b$에서 미분계수를 구함으로써 다음과 같이 정의할 수 있다.

$$f_y(a,b)=\lim_{h\to 0}\frac{f(a,b+h)-f(a,b)}{h}$$

이제 두 편미분계수 $f_x(a,b)$와 $f_y(a,b)$가 존재하는 모든 점 (a,b)에 대하여, 변수 (x,y)를 사용하여 얻은 두 함수 $f_x(x,y)$와 $f_y(x,y)$를 정의하면, 이 이변수 함수는 각각 x에 관한 편도함수와 y에 관한 편도함수라고 한다.

정의 11.3.1 편도함수

$f(x,y)$가 이변수 함수이면 x에 관한 편도함수(partial derivative function)와 y에 관한 편도함수는 각각 다음과 같이 정의한다.

$$f_x(x,y) = \lim_{h\to 0}\frac{f(x+h,y)-f(x,y)}{h}$$

$$f_y(x,y) = \lim_{h\to 0}\frac{f(x,y+h)-f(x,y)}{h}$$

편도함수의 기호

편도함수를 나타내는 기호는 여러 가지가 있다. 예를 들어 f_x 대신 f_1 또는 $D_1 f$(첫 번째 변수에 대한 도함수) 또는 $\frac{\partial f}{\partial x}$로 쓸 수 있다. 다만, $\frac{\partial f}{\partial x}$는 일변수 함수에서와 다르게 미분의 몫으로 해석할 수 없다.

$z = f(x,y)$일 때 다음과 같이 쓴다.

$$f_x(x,y) = f_x = \frac{\partial f}{\partial x} = \frac{\partial}{\partial x}f(x,y) = \frac{\partial z}{\partial x} = f_1 = D_1 f = D_x f$$

$$f_y(x,y) = f_y = \frac{\partial f}{\partial y} = \frac{\partial}{\partial y}f(x,y) = \frac{\partial z}{\partial y} = f_2 = D_2 f = D_y f$$

일변수 도함수는 독립변수가 하나이므로 $'$(프라임)기호 만으로도 표현이 가능하지만, 편도함수에서는 독립변수가 하나가 아니어서, 어느 변수에 관하여 편미분하는지가 반드시 표기되어야 함을 명심하자.

편도함수를 계산하는 과정은 아주 단순하다. x에 관한 편도함수를 계산하기 위해서는 y를 고정하여 얻어지는 일변수 함수 $g(x)$의 일변수 도함수라는 사실을 기억해야 한다. 따라서 다음과 같은 편미분법을 얻는다.

$z = f(x,y)$의 편도함수를 구하는 방법

1. f_x를 구하기 위해 $f(x,y)$에서 y를 상수처럼 인식하고, x에 관하여 미분한다.
2. f_y를 구하기 위해 $f(x,y)$에서 x를 상수처럼 인식하고, y에 관하여 미분한다.

예제 11.3.1 $f(x,y)=x^3+x^2y^3-2y^2$일 때, $f_x(2,1)$, $f_y(2,1)$을 구하라.

풀이

y를 상수처럼 인식하고 x에 관하여 미분하면 다음과 같이 편도함수를 얻는다.

$$f_x(x,y)=3x^2+2xy^3$$

편도함수로부터 (x,y)에 $(2,1)$을 대입하여 다음을 얻는다.

$$f_x(2,1)=3\cdot 2^2+2\cdot 2\cdot 1^3=16$$

이제는 x를 상수처럼 인식하고 y에 관하여 미분하여 편도함수를 얻고 $(2,1)$을 대입하여 다음을 얻는다.

$$f_y(x,y)=3x^2y^2-4y$$

$$f_y(2,1)=3\cdot 2^2\cdot 1^2-4\cdot 1=8$$

편미분계수의 해석

이제 편미분계수가 갖는 의미를 알아보기 위해, 먼저, 일변수 미분계수에서 살펴본 것과 같이 $z=f(x,y)$의 그래프를 기하학적으로 살펴보자. 먼저 $z=f(x,y)$의 그래프를 곡면 S라고 하자[그림 11.21 참조]. $(x,y)=(a,b)$에서 함수값 $f(a,b)=c$라 하면 점 $P(a,b,c)$는 S에 놓여 있다. $y=b$를 고정하고 x의 값만 변하는 상황을 보기 위해, 수직평면 $y=b$가 S와 만나는 곡선 C_1을 생각해보자. 이 곡선 C_1은 (x,y)가 $y=b$로 고정하고 x의 값이 변하면서 그리는 함수 $g(x)=f(x,b)$의 그래프이다. 마찬가지로 수직평면 $x=a$가 S와 만나는 곡선 C_2는 함수 $h(y)=f(a,y)$의 그래프이다. 그리고 두 곡선 C_1과 C_2는 점 P를 지난다.

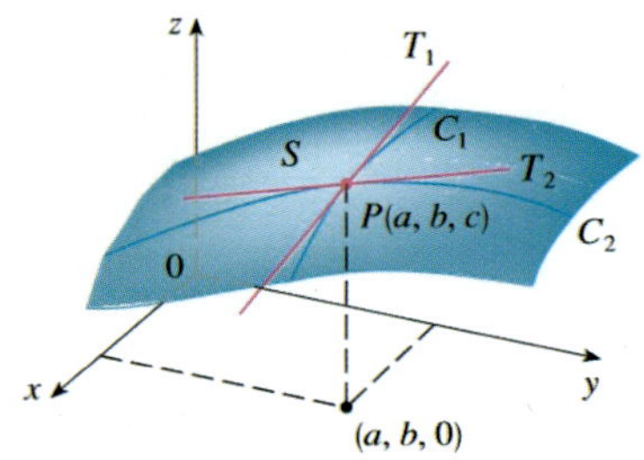

[그림 11.21]

수직평면 $y=b$에서 볼 때, 곡선 C_1이 함수 $g(x)=f(x,b)$의 그래프임에 주목하면 점 (a,c)에서 접선 T_1의 기울기는 $g'(a)=f_x(a,b)$이다. 또한 수직평면 $x=a$에서 볼 때, 곡선 C_2는 함수 $h(y)=f(a,y)$의 그래프이고, 점 (b,c)에서 접선 T_2의 기울기는 $h'(b)=f_y(a,b)$이다. 따라서 편미분계수 $f_x(a,b)$와 $f_y(a,b)$의 기하학적인 의미는 평면 $y=b$와 $x=a$에서의 S의 자취인 곡선 $C_1,$ C_2에 대한 점 P에서의 접선의 기울기임을 알 수 있다.

이제 편미분계수의 의미를 변화율로 살펴보자. $z=f(x,y)$이면 $\partial z/\partial x$는 y를 고정한 함수 $g(x)$의 미분계수이므로, x에 대한 $g(x)$의 변화율을 나타낸다. 즉, y가 고정된 상태에서 x값만의 변화에 따른 z의 변화율임을 알 수 있다. 마찬가지로 $\partial z/\partial y$는 x가 고정된 상태에서 y값만의 변화에 따른 z의 변화율임을 알 수 있다.

예제 11.3.2 $f(x,y)=4-x^2-2y^2$일 때, $f_x(1,1)$과 $f_y(1,1)$을 구하고, 이것을 기울기로 해석하라.

풀이

두 편도함수를 구하면 다음을 얻는다.

$$f_x(x,y) = -2x,\ f_y(x,y) = -4y$$

각각의 편도함수로부터 (x,y)에 $(1,1)$을 대입하여 다음을 얻는다.

$$f_x(1,1) = -2,\ f_y(1,1) = -4$$

$z=f(x,y)=4-x^2-2y^2$의 그래프는 포물면이고, 수직평면 $y=1$은 포물선 $z=2-x^2$, $y=1$에서 포물면과 만난다. 이 포물선을 C_1이라 하자[그림 11.22 참조]. 점 $(1,1,1)$에서 이 포물선에 대한 접선의 기울기는 $f_x(1,1)=-2$이다. 같은 방법으로 평면 $x=1$이 포물면과 만나는 곡선 C_2는 포물선 $z=3-2y^2$, $x=1$이다. 그리고 $(1,1,1)$에서 접선의 기울기는 $f_y(1,1)=-4$이다[그림 11.23 참조].

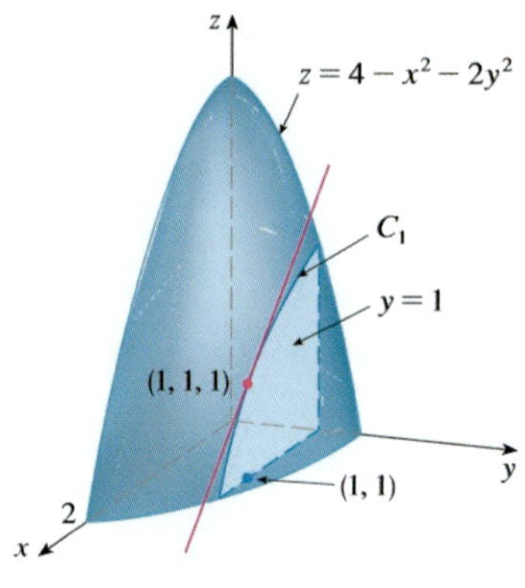

[그림 11.22]

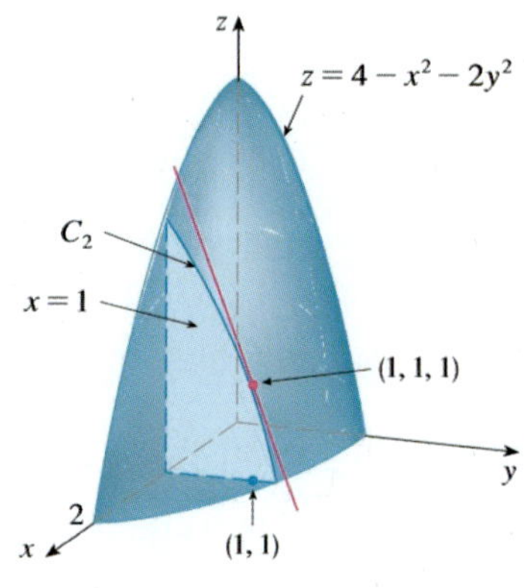

[그림 11.23]

예제 11.3.3 $f(x,y)=\sin\left(\dfrac{x}{1+y}\right)$일 때 $\dfrac{\partial f}{\partial x}$와 $\dfrac{\partial f}{\partial y}$를 계산하라.

풀이

연쇄법칙을 이용하여 다음을 얻는다.

$$\frac{\partial f}{\partial x}=\cos\left(\frac{x}{1+y}\right)\cdot\frac{\partial}{\partial x}\left(\frac{x}{1+y}\right)=\cos\left(\frac{x}{1+y}\right)\cdot\frac{1}{1+y}$$

$$\frac{\partial f}{\partial y}=\cos\left(\frac{x}{1+y}\right)\cdot\frac{\partial}{\partial y}\left(\frac{x}{1+y}\right)=-\cos\left(\frac{x}{1+y}\right)\cdot\frac{x}{(1+y)^2}$$

예제 11.3.4 방정식 $x^3+y^3+z^3+6xyz=1$에 의해 z가 x와 y에 대해 음함수로 정의될 때 $\partial z/\partial x$와 $\partial z/\partial y$를 구하라.

풀이

$\partial z/\partial x$를 구하기 위해 y를 상수처럼 인식하고 x에 관하여 음함수적으로 미분하여 다음을 얻는다.

$$3x^2+3z^2\frac{\partial z}{\partial x}+6yz+6xy\frac{\partial z}{\partial x}=0$$

이 식을 $\partial z/\partial x$에 대해 풀면 다음을 얻는다.

$$\frac{\partial z}{\partial x}=-\frac{x^2+2yz}{z^2+2xy}$$

[그림 11.24]

같은 방법을 사용하여 y에 관하여 음함수적으로 미분하면 다음을 얻는다.

$$\frac{\partial z}{\partial y}=-\frac{y^2+2xz}{z^2+2xy}$$

고계 편도함수

$f(x,y)$가 이변수 함수이면 편도함수 f_x와 f_y도 기본적으로 이변수 함수라 할 수 있다. 따라서 편도함수들의 편도함수를 생각할 수 있으며 이것을 f의 2계 편도함수(second partial derivative)라 한다. $z=f(x,y)$이면 2계 편도함수에 대해 다음 기호를 사용한다.

$$(f_x)_x=f_{xx}=f_{11}=\frac{\partial}{\partial x}\left(\frac{\partial f}{\partial x}\right)=\frac{\partial^2 f}{\partial x^2}=\frac{\partial^2 z}{\partial x^2}$$

$$(f_x)_y=f_{xy}=f_{12}=\frac{\partial}{\partial y}\left(\frac{\partial f}{\partial x}\right)=\frac{\partial^2 f}{\partial y\partial x}=\frac{\partial^2 z}{\partial y\partial x}$$

$$(f_y)_x=f_{yx}=f_{21}=\frac{\partial}{\partial x}\left(\frac{\partial f}{\partial y}\right)=\frac{\partial^2 f}{\partial x\partial y}=\frac{\partial^2 z}{\partial x\partial y}$$

$$(f_y)_y=f_{yy}=f_{22}=\frac{\partial}{\partial y}\left(\frac{\partial f}{\partial y}\right)=\frac{\partial^2 f}{\partial y^2}=\frac{\partial^2 z}{\partial y^2}$$

따라서 기호 f_{xy}(또는 $\frac{\partial^2 f}{\partial y\partial x}$)는 먼저 x에 대해 편미분한 다음에 y에 대해 편미분하는 것이고 반면 f_{yx}는 순서를 바꾸어서 편미분하는 것이다.

예제 11.3.5 $f(x,y)=x^3+x^2y^3-2y^2$의 2계 편도함수를 구하라.

풀이

예제 11.3.1에서 다음을 구했다.

$$f_x(x,y)=3x^2+2xy^3,\ f_y(x,y)=3x^2y^2-4y$$

그러므로 한 번 더 편미분하여 2계 편도함수를 구하면 다음과 같다.

$$f_{xx}=\frac{\partial}{\partial x}(3x^2+2xy^3)=6x+2y^3$$

$$f_{xy}=\frac{\partial}{\partial y}(3x^2+2xy^3)=6xy^2$$

$$f_{yx}=\frac{\partial}{\partial x}(3x^2y^2-4y)=6xy^2$$

$$f_{yy}=\frac{\partial}{\partial y}(3x^2y^2-4y)=6x^2y-4$$

예제 11.3.5에서 우리는 $f_{xy}=f_{yx}$임을 볼 수 있다. 두 편도함수 f_{xy}와 f_{yx}는 항상 일치하는 것은 아니다. 실제로 접하는 대부분의 함수에서 편도함수 f_{xy}와 f_{yx}가 일치함을 알 수 있다. 프랑스의 수학자 알렉시스 클레로는 다음 정리에서 $f_{xy}=f_{yx}$가 성립하기 위한 조건을 찾았다.

정리 11.3.2 클레로의 정리

$f(x,y)$가 점 (a,b)를 포함하는 원판 D에서 정의되는 함수라 하자. 함수 f_{xy}와 f_{yx}가 D에서 모두 연속이면 다음이 성립한다.

$$f_{xy}(a,b)=f_{yx}(a,b)$$

3계 이상의 편도함수도 정의할 수 있다. 예를 들어 다음과 같다.

$$f_{xyy}=(f_{xy})_y=\frac{\partial}{\partial y}\left(\frac{\partial^2 f}{\partial y\partial x}\right)=\frac{\partial^3 f}{\partial y^2\partial x}$$

클레로의 정리를 이용하여 f_{xyy}, f_{yxy}, f_{yyx}가 연속이면 $f_{xyy}=f_{yxy}=f_{yyx}$임을 밝힐 수 있다.

예제 11.3.6 $f(x,y,z)=\sin(3x+yz)$일 때 f_{xxyz}를 구하라.

풀이

$$f_x = 3\cos(3x+yz)$$

$$f_{xx} = -9\sin(3x+yz)$$

$$f_{xxy} = -9z\cos(3x+yz)$$

$$f_{xxyz} = -9\cos(3x+yz)+9yz\sin(3x+yz)$$

연습문제 11.3

[1~11] 다음 함수의 일계 편도함수를 구하라.

1. $f(x,y)=y^3-2xy$
2. $f(x,y)=e^{-y}\cos\pi x$
3. $f(x,y)=\dfrac{x}{(x+y)^2}$
4. $f(x,y)=\tan^{-1}(xy^2)$
5. $f(x,y)=x^y$
6. $f(x,y)=\sqrt{x^2+y^2}$
7. $f(x,y)=e^{-x^2-y^2}$
8. $f(x,y)=\ln(x^2+y^2-2)$
9. $f(x,y,z)=xy\sin^{-1}(yz)$
10. $f(x,y,z)=x^{\frac{y}{z}}$
11. $f(x,y,z)=e^x\cos(yz^2)$

[12~15] 지시된 편미분계수를 구하라.

12. $f(x,y)=2xy^2+3x^3y^2+e^{x^2y}$, $f_y(1,-1)$
13. $f(x,y)=\ln(x+\sqrt{x^2+y^2})$, $f_x(3,4)$
14. $f(x,y,z)=\dfrac{y}{x+y+z}$, $f_y(2,1,-1)$
15. $f(x,y)=\sin(2x+3y)$, $f_y(-6,4)$

[16~20] 음함수의 미분법을 이용해서 다음 함수의 $\dfrac{\partial z}{\partial x}$와 $\dfrac{\partial z}{\partial y}$를 구하라.

16. $x^3+y^3+z^3+6xyz=2$
17. $x^2+2y^2-3z^2=1$
18. $x^2-y^2+z^2-2x=1$
19. $e^z=xyz$
20. $\sin(xyz)=x+3y+2z$

[21~24] 다음 함수의 이계 편도함수를 구하라.

21. $f(x,y)=x^4y^3-x^8+y^3$
22. $f(x,y)=\sqrt{x^2+y^2}$
23. $f(x,y)=y\tan 2x$
24. $f(x,y)=\dfrac{xy}{x-y}$

[25~27] 다음 함수에 대하여 클레로의 정리가 성립함을 보이라. (즉, $f_{xy}=f_{yx}$)

25. $f(x,y)=x\sin(2x+y)$
26. $f(x,y)=xye^y$
27. $f(x,y)=x^3y^4-x^3$

[28~30] 다음 함수에 대하여 지시된 편도함수를 구하라.

28. $f(x,y) = \cos(2x+5y)$, f_{yxy}

29. $f(x,y,z) = xy^2z^3 + \sin^{-1}(x\sqrt{z})$, f_{xzy}

30. $f(x,y,z) = \sqrt{1+xz} + \sqrt{1-xy}$, f_{xyz}

11.4 선형화와 미분

미분가능한 일변수 함수 $y=f(x)$의 그래프를 $x=x_0$을 중심으로 확대해보면 그 그래프는 접선과 거의 비슷해져서 그 차이를 구별할 수 없을 만큼 되는데, 그 접선에 해당하는 함수인 선형 함수 $y=f(x_0)+f'(x_0)(x-x_0)$를 함수 $y=f(x)$의 근사식으로 사용하는 선형화에 대해 공부하였다. 이제 이변수 함수에도 이와 같은 선형화를 적용해 보고자 한다. 미분가능한 이변수 함수의 그래프가 나타내는 곡면의 한 점을 향해 확대해 들어가면, 곡면은 점점 더 평면처럼 보이고 그 함수를 이변수 선형 함수로 근접시키는 방법을 이변수 함수의 선형화라 할 수 있다. 이를 위해 다음과 같이 이변수 함수 곡면의 접평면을 정의한다.

정의 11.4.1 접평면

함수 $z=f(x,y)$의 그래프인 곡면에 있는 점 $(x_0,y_0,f(x_0,y_0))$에서 주어진 두 접선 T_1과 T_2를 포함하는 평면을 접평면(tangent plane)이라 한다.

연속인 일계 편도함수를 가지는 이변수 함수 $z=f(x,y)$의 그래프인 곡면에 있는 점 $P(x_0,y_0,z_0)$에서 접평면의 방정식을 구해보자. 여기서 $z_0=f(x_0,y_0)$이다. 우선 $P(x_0,y_0,z_0)$를 지나는 평면 T의 방정식은 다음과 같은 형태이다.

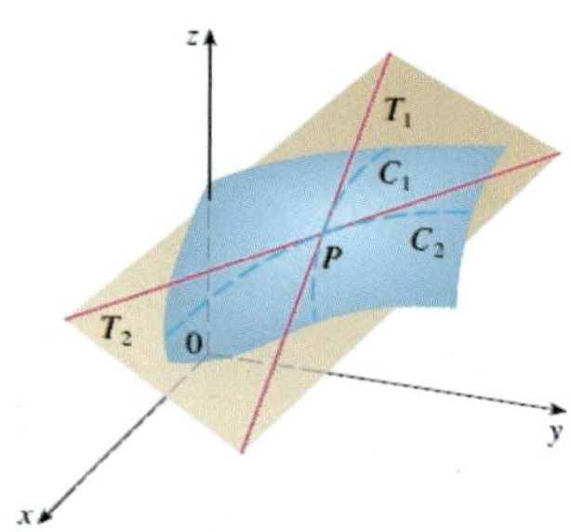

[그림 11.25]

$$A(x-x_0)+B(y-y_0)+C(z-z_0)=0, \quad (C\neq 0)$$

먼저, C로 양변을 나누어 주고 z에 관하여 풀면

$$z-z_0=a(x-x_0)+b(y-y_0)$$

을 얻는다. 여기서, $a=-\dfrac{A}{C}$, $b=-\dfrac{B}{C}$이다. 이 방정식이 점 P에서의 접평면이 되려면 반드시 평면 $y=y_0$

과의 교선은 접선 T_1이 되어야 한다. 다시 말해, $y=y_0$를 대입하여 얻어지는 식 $z-z_0=a(x-x_0)$은 접선 T_1의 식이 되어, 직선 식의 기울기는 a이고, 접선 T_1의 기울기는 $f_x(x_0,y_0)$이므로 $a=f_x(x_0,y_0)$이다.

마찬가지로 $x=x_0$를 대입하여 정리하면 $b=f_y(x_0,y_0)$임을 알 수 있다.

연속인 편도함수를 갖는 함수 $z=f(x,y)$의 그래프인 곡면에 있는 점 $P(x_0,y_0,z_0)$에서 접평면의 방정식은 다음과 같다.

$$z-z_0=f_x(x_0,y_0)(x-x_0)+f_y(x_0,y_0)(y-y_0)$$

예제 11.4.1 점 $(1,1,3)$에서 타원 포물면 $z=2x^2+y^2$에 대한 접평면의 방정식을 구하라.

풀이

$f(x,y)=2x^2+y^2$이라 하고 편미분하여 다음을 얻는다.

$$f_x(x,y)=4x,\ f_y(x,y)=2y$$

$$f_x(1,1)=4,\ f_y(1,1)=2$$

따라서 접평면의 방정식은 다음과 같다.

$$z-3=4(x-1)+2(y-1)$$

$$z=4x+2y-3$$

[그림 11.26]은 예제 11.4.1에서 구한 타원 포물면과 (1,1,3)에서의 접평면을 보여준다. 타원 포물면은 점 (1,1,3)을 향해 확대해갈수록 접평면과 일치하는 것을 알 수 있다. 예제 11.4.1과 [그림 11.26]에서 보는 것처럼 접평면 $z=4x+2y-3$은 포물면 $z=2x^2+y^2$의 점 (1,1,3)에서 좋은 근사라 할 수 있다.

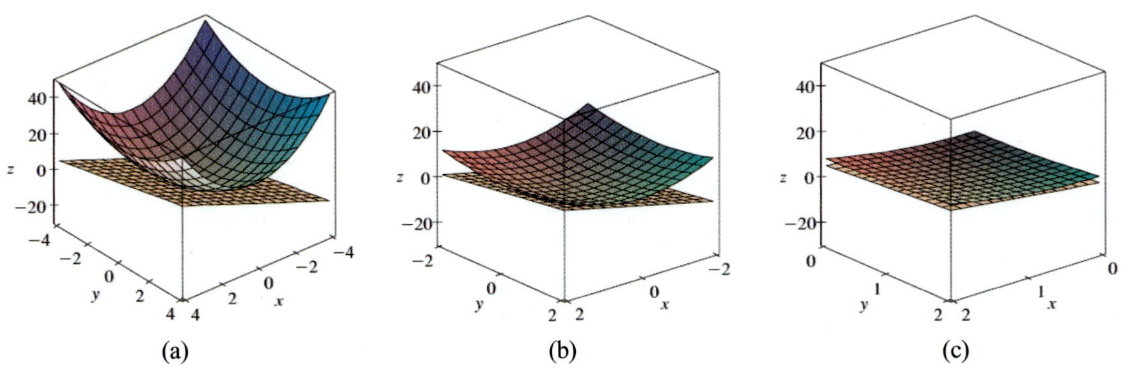

[그림 11.26]

일반적으로 점 $(a,b,f(a,b))$에서 이변수 함수 $z=f(x,y)$의 그래프인 곡면에 대한 접평면의 방정식은 f_x와 f_y가 연속일 때 다음과 같다.

$$z=f(a,b)+f_x(a,b)(x-a)+f_y(a,b)(y-b)$$

이러한 접평면을 그래프로 가지는 선형 함수 $z=L(x,y)$를 (a,b)에서 $f(x,y)$의 선형화 또는 선형 근사 함수라 한다.

$$L(x,y)=f(a,b)+f_x(a,b)(x-a)+f_y(a,b)(y-b)$$

그리고 다음과 같은 근사를 $f(x,y)$의 (a,b)에서 선형 근사 또는 접평면 근사라 한다.

$$f(x,y)\approx L(x,y)=f(a,b)+f_x(a,b)(x-a)+f_y(a,b)(y-b)$$

예제 11.4.2 $(0.99e^{0.02})^8$**의 근삿값을 구하라.**

풀이

$f(x,y)=(xe^y)^8$이라 놓자. 그러면 구하고자 하는 값은 $f(0.99, 0.02)$이므로, 이변수 함수 $f(x,y)$의 $(1,0)$에서 선형근사를 사용하여 근사값을 구하자. 먼저 편미분하면

$$f_x(x,y)=8e^y(xe^y)^7=8x^7e^{8y},\ \ f_y(x,y)=8xe^y(xe^y)^7=8x^8e^{8y}$$

$$f_x(1,0)=8,\ \ f_y(1,0)=8$$

이므로, 선형 근사를 구하면

$$f(x,y)\approx f(1,0)+f_x(1,0)(x-1)+f_y(1,0)(y-0)=1+8(x-1)+8(y-0)$$

$(x,y)=(0.99, 0.02)$를 대입하면, 다음과 같은 근사값을 얻는다.

$$(0.99e^{0.02})^8=f(0.99, 0.02)\approx 1+8(-0.01)+8(0.02)=1.08$$

일변수 함수 $y=f(x)$에서 x가 a로부터 $a+\Delta x$까지 변할 때 y의 증분은

$$\Delta y=f(a+\Delta x)-f(a)$$

이고, 미분계수 $f'(a)$가 존재한다면, 또한 다음과 같은 식이 성립한다.

$$\Delta y=f'(a)\Delta x+\varepsilon\Delta x$$

여기서 $\Delta x \to 0$일 때 $\varepsilon \to 0$이다. 따라서 일변수 함수 $f(x)$는 $f'(a)$가 존재하면, $x=a$에서 미분가능하며, 그 미분 dy는 다음과 같다.

$$dy = f'(a)\,dx$$

이제 이변수 함수 $z=f(x,y)$에 대하여 생각해보자. x는 a로부터 $a+\Delta x$까지 변하고 y는 b로부터 $b+\Delta y$까지 변한다고 할 때 z의 증분은 다음과 같다.

$$\Delta z = f(a+\Delta x,\, b+\Delta y) - f(a,b)$$

다시 말해, 증분 Δz는 (x,y)가 (a,b)로부터 $(a+\Delta x,\, b+\Delta y)$까지 변할 때 f의 값의 변화를 의미한다. 이로부터 이변수 함수에서도 일변수 함수와 유사하게 다음과 같은 방법으로 미분가능성을 정의한다.

정의 11.4.2 미분가능

$z=f(x,y)$일 때, f가 (a,b)에서 미분가능(differentialble)하다는 것은 Δz를 다음과 같이 표현할 수 있다는 것이다.

$$\Delta z = f_x(a,b)\Delta x + f_y(a,b)\Delta y + \varepsilon_1 \Delta x + \varepsilon_2 \Delta y$$

여기서 $(\Delta x, \Delta y) \to (0,0)$일 때, $\varepsilon_1 \to 0$이고 $\varepsilon_2 \to 0$이다.

여기서 일변수 함수와 다르게, 이변수 함수 $f(x,y)$는 편미분계수 $f_x(a,b)$와 $f_y(a,b)$가 둘 다 존재한다고 하더라도, (a,b)에서 미분가능하다고 말할 수 없다. 더 나아가 (a,b)에서 접평면이 존재하지 않을 수 있다.

예를 들어, 함수 $f(x,y) = \begin{cases} \dfrac{xy}{x^2+y^2}, & (x,y) \neq (0,0) \\ 0, & (x,y) = (0,0) \end{cases}$ 는 원점에서 $f_x(0,0)=0$이고 $f_y(0,0)=0$로 편미분계수가 둘 다 존재하므로, $L(x,y)=0$을 구할 수 있다. 즉, 선형 근사는 $f(x,y) \approx 0$이어야 하겠지만, 원점 근방의 점 (x,y)가 직선 $y=x$에 있는 점이라면 이 점에 해당하는 함숫값들은 모두 $f(x,y) = \dfrac{1}{2}$이다. 따라서 $L(x,y)=0$은 함수 $f(x,y)$의 원점에서의 선형 근사라 말할 수 없다. 즉, 이변수 함수는 그 편도함수가 둘 다 존재하는 경우에도 그래프의 행동이 거칠게 나타날 수 있다. 이 경우에 두 편도함수 f_x와 f_y는 연속이 아니라는 사실을 알 수 있다.

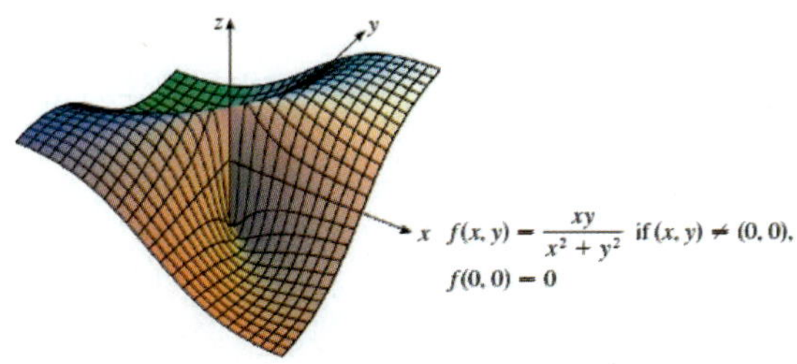

[그림 11.27]

또한 정의 11.4.2는 이변수 함수의 미분가능성을 확인하기 위해 직접 이용하는 것이 어려울 수 있다. 좀 더 간편하게 미분가능성을 판단하기 위한 방법을 다음 정리에서 말해준다. 이 교재에서 증명은 생략한다.

정리 11.4.3

(a,b)의 근방에서 두 편도함수 f_x와 f_y가 존재하고, 두 편도함수가 (a,b)에서 연속일 때, f는 (a,b)에서 미분가능하다.

예제 11.4.3 $f(x,y)=xe^{xy}$이 $(1,0)$에서 미분가능함을 보이고, 이 점에서의 선형화를 찾아라. 이를 이용해서 $f(1.1,-0.1)$의 근삿값을 찾아라.

풀이

편도함수와 편미분 계수를 구해보면 다음과 같다.

$$f_x(x,y)=e^{xy}+xye^{xy},\ \ f_y(x,y)=x^2e^{xy}$$

$$f_x(1,0)=1,\ \ f_y(1,0)=1$$

또한, 두 편도함수 f_x와 f_y는 연속 함수이므로, 정리 11.4.3에 의해 f는 미분가능하고, 선형화를 구하면 다음과 같다.

$$\begin{aligned} L(x,y) &= f(1,0)+f_x(1,0)(x-1)+f_y(1,0)(y-0) \\ &= 1+1(x-1)+1\cdot y = x+y \end{aligned}$$

이 식을 이용하면 다음과 같은 선형 근사식을 얻는다.

$$xe^{xy}\approx x+y$$

이 근사식으로부터 $f(1.1,-0.1)$의 근사값을 구하면 다음과 같다.

$$f(1.1,-0.1)=1.1-0.1=1$$

이는 참값 $f(1.1,-0.1)=1.1e^{0.11}\approx 0.98542$와 비교하면 매우 가까운 값이다.

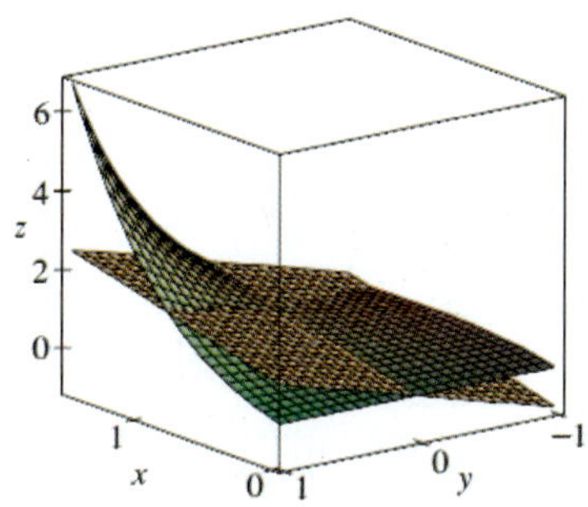

[그림 11.28]

전미분

미분가능한 일변수 함수 $y=f(x)$에 대해 미분 dx를 독립 변수로 사용하여 y의 미분을 다음과 같이 나타내었다.

$$dy=f'(x)\,dx$$

[그림 11.29]는 증분 Δy와 미분 dy사이의 관계를 보여준다. 곧, x가 $dx=\Delta x$ 만큼 변할 때 Δy는 곡선

$y=f(x)$의 높이로부터 구하고 dy는 접선의 높이로부터 구한다.

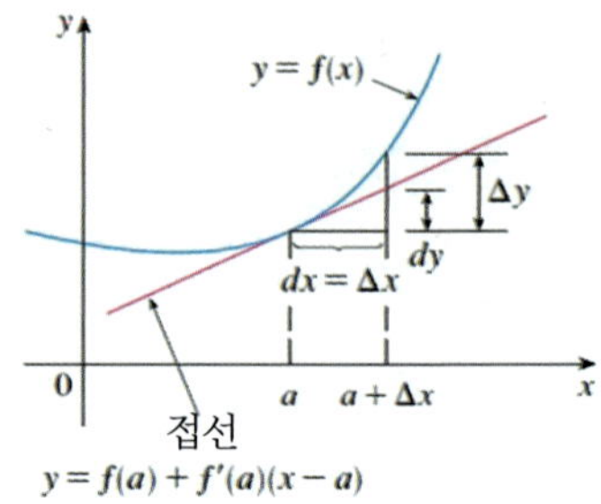

[그림 11.29]

미분가능한 이변수 함수 $z=f(x,y)$의 경우에는 x와 y가 두 개의 독립변수이므로, 두 미분 dx와 dy를 독립변수로 사용한다. 곧, 이것들은 임의의 값을 취할 수 있다. 그리고 전미분(total differential) dz는 다음과 같이 정의한다.

정의 11.4.4 전미분 dz

$$dz=f_x(x,y)dx+f_y(x,y)dy=\frac{\partial z}{\partial x}dx+\frac{\partial z}{\partial y}dy$$

$dx=\Delta x=x-a$와 $dy=\Delta y=y-b$로 택하면, z의 미분은 다음과 같다.

$$dz=f_x(a,b)(x-a)+f_y(a,b)(y-b)$$

그러므로 전 미분을 사용하면 선형 근사식을 다음과 같이 쓸 수 있다.

$$f(x,y)\approx f(a,b)+dz$$

[그림 11.30]은 [그림 11.29]에 대응하는 삼차원의 형태인데, 미분 dz와 증분 Δz를 기하학적으로 해석한 그림이다. 곧, (x,y)가 (a,b)로부터 $(a+\Delta x,b+\Delta y)$까지 변할 때 dz는 접평면의 높이의 변화량을 나타내고 Δz는 곡면 $z=f(x,y)$의 높이의 변화량을 나타낸다.

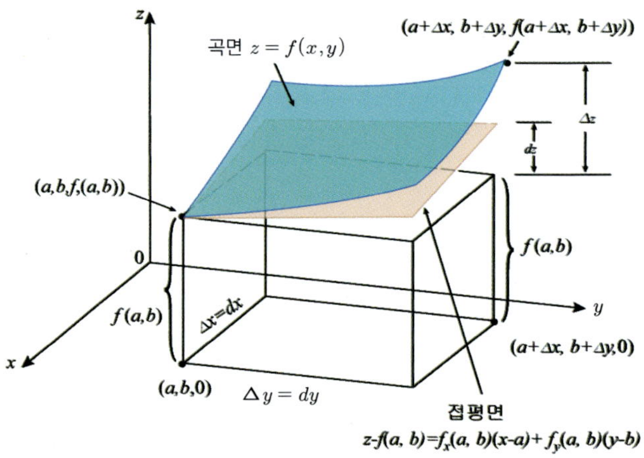

[그림 11.30]

예제 11.4.4 다음에 답하라.

(a) $z=f(x,y)=x^2+3xy-y^2$일 때, dz를 구하라.

(b) x가 2로부터 2.05까지 변하고 y는 3으로부터 2.96까지 변할 때, Δz와 dz의 값을 구하고 비교하라.

풀이

(a) 정의 11.4.4에 의해 다음을 얻는다.

$$dz = \frac{\partial z}{\partial x}dx + \frac{\partial z}{\partial y}dy = (2x+3y)dx + (3x-2y)dy$$

(b) $x=2$, $dx=\Delta x=0.05$, $y=3$, $dy=\Delta y=-0.04$를 대입하면, z의 미분 dz는 다음과 같다.

$$dz = (2\cdot2+3\cdot3)\cdot0.05+(3\cdot2-2\cdot3)(-0.04)=0.65$$

z의 증분 Δz는 다음과 같다.

$$\Delta z = f(2.05, 2.96) - f(2,3) = (2.05^2+3\cdot2.05\cdot2.96-2.96^2)-(2^2+3\cdot2\cdot3-3^2)=0.6449$$

$\Delta z \approx dz$이며, 계산하기는 dz가 조금 더 쉽다.

예제 11.4.5 직원뿔의 밑면의 반지름과 높이를 측정했더니 각각 10 cm와 25 cm이었다. 측정 오차는 각각 최대 0.1 cm이다. 미분을 이용해서 원뿔의 부피를 계산할 때의 최대 오차를 어림하라.

풀이

밑면의 반지름이 r이고 높이가 h인 원뿔의 부피는 $V=\dfrac{\pi r^2 h}{3}$이다. 이 식으로부터 V의 미분 dV는 다음과 같이 구할 수 있다.

$$dV = \frac{\partial V}{\partial r}dr + \frac{\partial V}{\partial h}dh = \frac{2\pi rh}{3}dr + \frac{\pi r^2}{3}dh$$

각 측정 오차가 최대 0.1 cm라고 했으므로, $|\Delta r| \le 0.1$이고 $|\Delta h| \le 0.1$이다. 부피의 최대 오차는 측정값 r과 h이 최대 오차일 때 발생하므로, $r=10$, $h=25$와 $dr=0.1$, $dh=0.1$을 대입하여 계산하면 다음을 얻는다.

$$dV = \frac{500\pi}{3}(0.1) + \frac{100\pi}{3}(0.1) = 20\pi$$

따라서 부피를 계산할 때의 최대 오차는 $20\pi\,\text{cm}^3$, 약 $63\,\text{cm}^3$이다.

연습문제 11.4

[1~5] 주어진 점에서 다음 곡면에 대한 접평면의 방정식을 구하라.

1. $z=3y^2-2x^2+x$, $(2,-1,-3)$

2. $z=\sqrt{xy}$, $(1,1,1)$

3. $z=\cos x \cdot \sin y$, $(0,\pi/2,1)$

4. $z=xe^{xy}$, $(2,0,2)$

5. $z=\ln(x-2y)$, $(3,1,0)$

[6~9] 다음 함수가 주어진 점에서 미분 가능한 이유를 설명하라. 그리고 그 점에서 다음 함수의 선형화 $L(x,y)$를 구하라.

6. $f(x,y)=1+x\ln(xy-5)$, $(2,3)$

7. $f(x,y)=x/y$, $(6,3)$

8. $f(x,y)=e^{-xy}\cos y$, $(\pi,0)$

9. $f(x,y)=\sqrt{x+e^{4y}}$, $(3,0)$

[10~12] 선형 근사를 이용하여 다음 값의 근삿값을 구하라.

10. $\tan\left(\dfrac{\pi+0.01}{3.97}\right)$

11. $(0.98)(0.99)(1.03)$

12. $\sqrt{(4.01)^2+(3.98)^2+(2.02)^2}$

[13~17] 다음 함수의 전미분을 구하라.

13. $z=y\cos xy$

14. $z=x^5y^3$

15. $u=\dfrac{y}{1+xyz}$

16. $T=xy^2\cos z$

17. $T=xye^{xz}$

18. $z=5x^2+y^2$이고 (x,y)가 $(1,2)$부터 $(1.05,2.1)$까지 변할 때, $\triangle z$와 dz의 값을 비교하라.

19. $z=x^2-xy+3y^2$이고 (x,y)가 $(3,-1)$부터 $(2.96,-0.95)$까지 변할 때, $\triangle z$와 dz의 값을 비교하라.

11.5 연쇄법칙

일변수 함수에서의 연쇄법칙은 합성함수에 대한 미분법이라고도 말한다. 즉, 함수 $y=f(x)$가 미분가능하고, 또한 함수 $x=g(t)$가 미분가능할 때, 두 함수의 합성함수 $y=(f\circ g)(t)=f(g(t))$도 또한 미분가능하고 도함수는 다음과 같이 구할 수 있다.

$$\frac{dy}{dt}=\frac{dy}{dx}\cdot\frac{dx}{dt} \tag{1}$$

이제 이변수 함수에서의 연쇄법칙을 알아보기로 하자. 이변수 함수는 변수가 두 개인 만큼 합성함수도 여러 가지로 나타나며, 연쇄법칙도 여러 가지 형태가 있으며, 각각은 합성함수를 미분하는 방법을 제공해 준다. 이 절에서는 미분가능한 이변수 함수 $f(x,y)$를 주로 다룬다. 즉, 미분가능한 함수란 두 편도함수 f_x와 f_y가 연속인 함수임을 기억하자.

연쇄법칙, 유형 1

첫 번째 유형(유형 1)은 가장 단순한 형태라 할 수 있으며, 이변수 함수 $z = f(x, y)$의 두 변수 x와 y가 하나의 변수 t에 관한 함수로 표현되는 경우이다. 이 경우에는 z가 결과적으로 t에 관한 함수로 나타나며, 이에 대한 연쇄법칙은 정리 11.5.1에서 보는 것처럼 t에 관한 일변수 함수 z를 미분하는 방법을 제공한다.

정리 11.5.1 연쇄법칙 (유형 1)

$z = f(x, y)$가 x와 y의 미분가능한 함수이고, $x = g(t)$와 $y = h(t)$는 모두 미분가능한 함수라고 하자. 그러면 함수 $z = f(x, y) = f(g(t), h(t))$는 t에 관하여 미분가능하고, 그 도함수는 다음과 같다.

$$\frac{dz}{dt} = \frac{\partial f}{\partial x}\frac{dx}{dt} + \frac{\partial f}{\partial y}\frac{dy}{dt}$$

증명 t가 Δt만큼 변할 때, x와 y는 각각 Δx와 Δy만큼 변하고 이에 따라 z는 Δz만큼 변한다고 하자. $z = f(x,y)$는 미분가능하므로 11.4절의 정의 11.4.2에 의해 다음과 같은 관계식으로 나타낼 수 있다.

$$\Delta z = \frac{\partial f}{\partial x}\Delta x + \frac{\partial f}{\partial y}\Delta y + \varepsilon_1 \Delta x + \varepsilon_2 \Delta y$$

여기서 $(\Delta x, \Delta y) \to (0, 0)$일 때, $\varepsilon_1 \to 0$이고 $\varepsilon_2 \to 0$이다. 이 식의 양변을 Δt로 나누면 다음을 얻는다.

$$\frac{\Delta z}{\Delta t} = \frac{\partial f}{\partial x}\frac{\Delta x}{\Delta t} + \frac{\partial f}{\partial y}\frac{\Delta y}{\Delta t} + \varepsilon_1 \frac{\Delta x}{\Delta t} + \varepsilon_2 \frac{\Delta y}{\Delta t}$$

이제 $\Delta t \to 0$일 때를 생각해보자. 이때 g가 미분가능하므로

$$\Delta x = g(t + \Delta t) - g(t) = g'(t)\Delta t \to 0$$

이다. 마찬가지로 h가 미분가능하므로 $\Delta y = h(t + \Delta t) - h(t) = h'(t)\Delta t \to 0$이다. 즉, $(\Delta x, \Delta y) \to (0, 0)$이므로 $\varepsilon_1 \to 0$이고 $\varepsilon_2 \to 0$임을 의미하며, 또한 $\lim_{\Delta t \to 0} \frac{\Delta x}{\Delta t} = \frac{dx}{dt}$와 $\lim_{\Delta t \to 0} \frac{\Delta y}{\Delta t} = \frac{dy}{dt}$ 임을 이용하면, 다음 식을 얻는다.

$$\begin{aligned}\frac{dz}{dt} &= \lim_{\Delta t\to 0}\frac{\Delta z}{\Delta t}\\ &= \frac{\partial f}{\partial x}\lim_{\Delta t\to 0}\frac{\Delta x}{\Delta t}+\frac{\partial f}{\partial y}\lim_{\Delta t\to 0}\frac{\Delta y}{\Delta t}+\lim_{\Delta t\to 0}\varepsilon_1\lim_{\Delta t\to 0}\frac{\Delta x}{\Delta t}+\lim_{\Delta t\to 0}\varepsilon_2\lim_{\Delta t\to 0}\frac{\Delta y}{\Delta t}\\ &= \frac{\partial f}{\partial x}\frac{dx}{dt}+\frac{\partial f}{\partial y}\frac{dy}{dt}+0\cdot\frac{dx}{dt}+0\cdot\frac{dy}{dt}\\ &= \frac{\partial f}{\partial x}\frac{dx}{dt}+\frac{\partial f}{\partial y}\frac{dy}{dt}\end{aligned}$$ ■

흔히 $\frac{\partial f}{\partial x}$ 대신에 $\frac{\partial z}{\partial x}$로 나타내므로 연쇄법칙을 다음과 같은 꼴로 다시 쓸 수 있다.

$$\frac{dz}{dt}=\frac{\partial z}{\partial x}\frac{dx}{dt}+\frac{\partial z}{\partial y}\frac{dy}{dt}$$

예제 11.5.1 $z=x^2+y^2$이고 $x=t^2$, $y=t$일 때, $\frac{dz}{dt}$를 구하라.

풀이

연쇄법칙에 의하여 다음을 얻는다.

$$\begin{aligned}\frac{dz}{dt} &= \frac{\partial z}{\partial x}\frac{dx}{dt}+\frac{\partial z}{\partial y}\frac{dy}{dt}\\ &= (2x)(2t)+(2y)(1)=4xt+2y=4t^3+2t\end{aligned}$$

예제 11.5.2 $z=x^3y+4xy^2$이고 $x=\sin 2t$, $y=\cos t$일 때, $t=0$에서 $\frac{dz}{dt}$를 구하라.

풀이

연쇄법칙에 의해 다음을 얻는다.

$$\begin{aligned}\frac{dz}{dt} &= \frac{\partial z}{\partial x}\frac{dx}{dt}+\frac{\partial z}{\partial y}\frac{dy}{dt}\\ &= (3x^2y+4y^2)(2\cos 2t)+(x^3+8xy)(-\sin t)\end{aligned}$$

이고, $t=0$일 때 $x=\sin 0=0$, $y=\cos 0=1$이므로 $t=0$에서 $\frac{dz}{dt}$의 값은 다음과 같다.

$$\left.\frac{dz}{dt}\right|_{t=0}=(0+4)(2\cos 0)+(0+0)(-\sin 0)=8$$

연쇄법칙, 유형 2

또 다른 유형(유형 2)으로 $z = f(x, y)$이고 x와 y가 각각 s와 t의 이변수 함수 $x = g(s, t)$, $y = h(s, t)$로 표현되는 경우를 생각하자. 그러면 z는 결과적으로 새로운 두 독립변수인 s와 t에 의해 변환된 이변수 함수가 되므로 그에 관한 두 편도함수 $\frac{\partial z}{\partial s}$와 $\frac{\partial z}{\partial t}$를 구할 수 있어야 한다. 편도함수 $\frac{\partial z}{\partial t}$를 계산할 때는 이변수 함수 z를 하나의 독립변수 s를 고정된 값으로 인식하고 t에 관하여 미분하면 된다. 그러므로 정리 11.5.1를 적용해서 다음을 얻을 수 있다.

$$\frac{\partial z}{\partial t} = \frac{\partial z}{\partial x}\frac{\partial x}{\partial t} + \frac{\partial z}{\partial y}\frac{\partial y}{\partial t}$$

유사한 방법으로 편도함수 $\frac{\partial z}{\partial s}$를 계산할 때는 독립변수 t를 고정된 값으로 인식하고 s에 관하여 미분하면 되므로 이 유형(유형 2)에 대한 연쇄법칙은 정리 11.5.2와 같이 말할 수 있다.

정리 11.5.2 연쇄법칙 (유형 2)

$z = f(x, y)$가 x와 y의 미분가능한 함수이고, $x = g(s, t)$, $y = h(s, t)$가 둘 다 s와 t의 미분가능한 함수라 하자. 그러면 z는 s와 t에 관하여 편미분가능하며, 다음과 같이 편도함수를 구할 수 있다.

$$\frac{\partial z}{\partial s} = \frac{\partial z}{\partial x}\frac{\partial x}{\partial s} + \frac{\partial z}{\partial y}\frac{\partial y}{\partial s}, \quad \frac{\partial z}{\partial t} = \frac{\partial z}{\partial x}\frac{\partial x}{\partial t} + \frac{\partial z}{\partial y}\frac{\partial y}{\partial t}$$

증명 정리 11.5.1의 증명과 유사하므로 각자 해보기로 한다. ■

예제 11.5.3 $z = e^x \sin y$이고 $x = st$, $y = s^2 t$일 때, $\frac{\partial z}{\partial s}$와 $\frac{\partial z}{\partial t}$를 구하라.

풀이

유형 2인 연쇄법칙(정리 11.5.2)을 적용하여 다음을 얻는다.

$$\begin{aligned}\frac{\partial z}{\partial s} &= \frac{\partial z}{\partial x}\frac{\partial x}{\partial s} + \frac{\partial z}{\partial y}\frac{\partial y}{\partial s} = (e^x \sin y)(t) + (e^x \cos y)(2st) \\ &= te^{st}\sin(s^2t) + 2ste^{st}\cos(s^2t),\end{aligned}$$

$$\begin{aligned}\frac{\partial z}{\partial t} &= \frac{\partial z}{\partial x}\frac{\partial x}{\partial t} + \frac{\partial z}{\partial y}\frac{\partial y}{\partial t} = (e^x \sin y)(s) + (e^x \cos y)(s^2) \\ &= s\,e^{st}\sin(s^2t) + s^2 e^{st}\cos(s^2t)\end{aligned}$$

유형 2의 연쇄법칙을 기억하기 쉽도록 각 변수를 세 가지 형태로 분류한다. 즉 s와 t는 독립변수(independent variable)이고 x와 y는 중간변수(intermediate variable)이며 z는 종속변수(dependent variable)이다. 이제 각 변수를 표현하기 위한 함수에서 사용된 독립변수를 아래층에 표현하여 나뭇가지를 그리는 수형도(tree diagram)를 [그림 11.31]과 같이 그릴 수 있다. 종속변수 z로부터 중간변수 x와 y까지 가지를 그림으로써 z가 x와 y의 함수임을 나타낸다. 마찬가지로 x와 y는 각각이 s와 t의 함수이므로 변수 x와 y로부터 독립변수 s와 t까지 가지를 각각 그린다. 이제 각 가지에 대응하는 편도함수를 적는다. 그러면 $\dfrac{\partial z}{\partial s}$를 구하기 위해 z부터 s까지 갈 수 있는 모든 경로를 찾아, 각 경로에서의 가지에 적힌 편도함수를 곱한 후. 모든 경로를 더하면 다음과 같은 식을 얻는다.

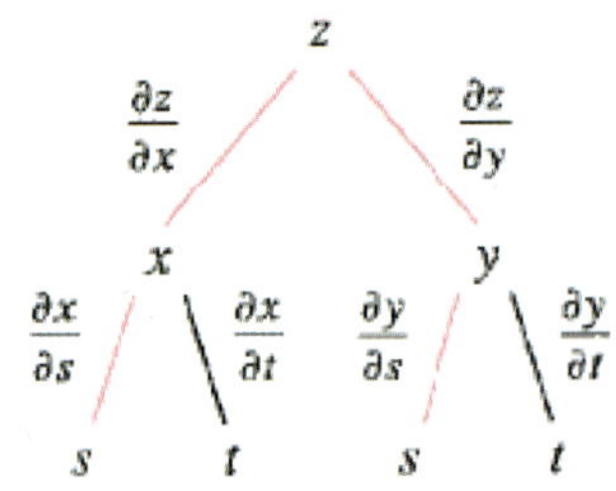

[그림 11.31]

$$\frac{\partial z}{\partial s} = \frac{\partial z}{\partial x}\frac{\partial x}{\partial s} + \frac{\partial z}{\partial y}\frac{\partial y}{\partial s}$$

유사한 방법으로 z부터 t까지 갈 수 있는 경로를 이용하면 $\dfrac{\partial z}{\partial t}$를 구할 수 있다.

연쇄법칙, 일반적인 유형

이제 종속변수 u가 n개의 중간변수 $x_1, x_2, \cdots, x_n$의 함수이고, 이들이 각각 m개의 독립변수 $t_1, t_2, \cdots, t_m$의 함수인 일반적인 상황을 생각하자. 각각의 중간변수에 대한 가지가 하나씩 모두 n개의 항이 있음에 주목한다.

정리 11.5.3 연쇄법칙 (일반적인 유형)

u가 n개의 변수 $x_1, x_2, \cdots, x_n$의 미분가능한 함수이고, 각 x_j는 m개의 변수 $t_1, t_2, \cdots, t_m$의 미분가능한 함수라 하자. 그러면 u는 $t_1, t_2, \cdots, t_m$에 관하여 각각 편미분가능하고 각 $i = 1, 2, \cdots, m$에 대해 다음이 성립한다.

$$\frac{\partial u}{\partial t_i} = \frac{\partial u}{\partial x_1}\frac{\partial x_1}{\partial t_i} + \frac{\partial u}{\partial x_2}\frac{\partial x_2}{\partial t_i} + \cdots + \frac{\partial u}{\partial x_n}\frac{\partial x_n}{\partial t_i}$$

예제 11.5.4 함수 $w = f(x, y, z)$가 연속인 1계 편도함수를 가지며, $x = x(u, v), y = y(u, v), z = z(u, v)$가 각각 u와 v에 연속함수이고 1계 편도함수를 가질 때, $\dfrac{\partial w}{\partial u}$와 $\dfrac{\partial w}{\partial v}$를 구하라.

풀이

정리 11.5.3에서 $n=3$이고 $m=2$인 경우에 적용하자. 이에 해당하는 수형도를 그려서 생각하면 도함수를 구하는 데 도움이 된다[그림 11.32 참조]. 이제 각 독립변수에 관한 편도함수는 다음과 같이 구할 수 있다.

$$\frac{\partial w}{\partial u} = \frac{\partial w}{\partial x}\frac{\partial x}{\partial u} + \frac{\partial w}{\partial y}\frac{\partial y}{\partial u} + \frac{\partial w}{\partial z}\frac{\partial z}{\partial u},$$

$$\frac{\partial w}{\partial v} = \frac{\partial w}{\partial x}\frac{\partial x}{\partial v} + \frac{\partial w}{\partial y}\frac{\partial y}{\partial v} + \frac{\partial w}{\partial z}\frac{\partial z}{\partial v}$$

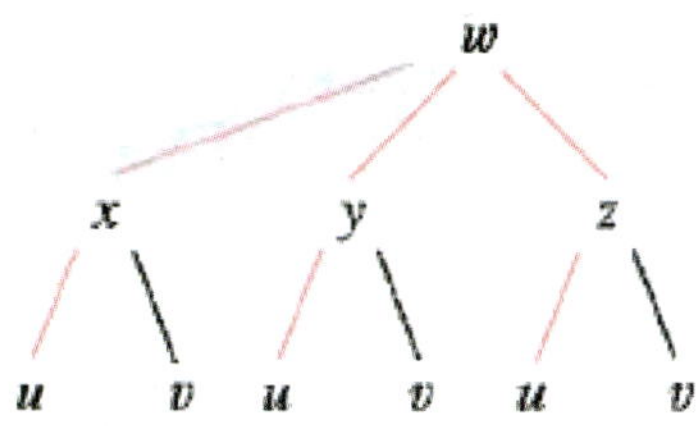

[그림 11.32]

예제 11.5.5 $u = x^3 y + y^4 z^2$이고 $x = rse^t$, $y = rse^{-t}$, $z = rs^2 \sin t$이면 $r=2,\ s=1,\ t=0$일 때 $\frac{\partial u}{\partial s}$의 값을 구하라.

풀이

수형도를 그려서 편도함수를 구해보면 다음을 얻는다[그림 11.33 참조].

$$\frac{\partial u}{\partial s} = \frac{\partial u}{\partial x}\frac{\partial x}{\partial s} + \frac{\partial u}{\partial y}\frac{\partial y}{\partial s} + \frac{\partial u}{\partial z}\frac{\partial z}{\partial s}$$

$$= (3x^2 y)(re^t) + (x^3 + 4y^3 z^2)(re^{-t}) + (2y^4 z)(2rs\sin t)$$

$r=2,\ s=1,\ t=0$일 때 $x=2, y=2, z=0$이므로 다음을 얻는다.

$$\frac{\partial u}{\partial s} = 24 \cdot 2 + 8 \cdot 2 + 0 \cdot 0 = 64$$

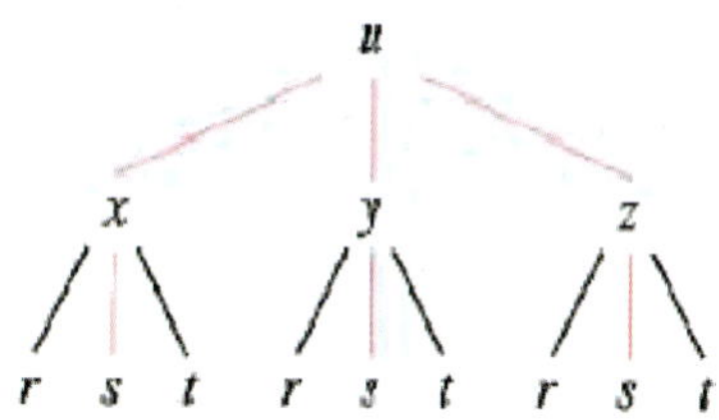

[그림 11.33]

예제 11.5.6 $z = x^3 y^2 - 3xy^4 + 2x^2 y^3$일 때, 다음 등식이 성립함을 보이라.

$$x\frac{\partial z}{\partial x} + y\frac{\partial z}{\partial y} = 5z$$

풀이

$\frac{\partial z}{\partial x} = 3x^2y^2 - 3y^4 + 4xy^3$, $\frac{\partial z}{\partial y} = 2x^3 y - 12xy^3 + 6x^2y^2$ 이므로 다음 식을 얻는다.

$$x\frac{\partial z}{\partial x} + y\frac{\partial z}{\partial y} = x(3x^2y^2 - 3y^4 + 4xy^3) + y(2x^3y - 12xy^3 + 6x^2y^2)$$

$$= 3x^3y^2 - 3xy^4 + 4x^2y^3 + 2x^3y^2 - 12xy^4 + 6x^2y^3$$

$$= 5x^3y^2 - 15xy^4 + 10x^2y^3 = 5(x^3y^2 - 3xy^4 + 2x^2y^3)$$

$$= 5z$$

예제 11.5.7 $z = f(x, y)$가 연속인 2계 편도함수를 가지고 $x = r\sin t$, $y = r\cos t$일 때, $\dfrac{\partial z}{\partial r}$와 $\dfrac{\partial^2 z}{\partial r^2}$를 구하라.

풀이

① $\dfrac{\partial z}{\partial r} = \dfrac{\partial z}{\partial x}\dfrac{\partial x}{\partial r} + \dfrac{\partial z}{\partial y}\dfrac{\partial y}{\partial r} = \dfrac{\partial z}{\partial x}\sin t + \dfrac{\partial z}{\partial y}\cos t$

② $\dfrac{\partial^2 z}{\partial r^2} = \dfrac{\partial}{\partial r}\left(\dfrac{\partial z}{\partial r}\right) = \dfrac{\partial}{\partial r}\left(\dfrac{\partial z}{\partial x}\sin t + \dfrac{\partial z}{\partial y}\cos t\right) = \dfrac{\partial}{\partial r}\left(\dfrac{\partial z}{\partial x}\right)\sin t + \dfrac{\partial}{\partial r}\left(\dfrac{\partial z}{\partial y}\right)\cos t$

이다. 여기서

$$\begin{aligned}\frac{\partial}{\partial r}\left(\frac{\partial z}{\partial x}\right) &= \frac{\partial}{\partial x}\left(\frac{\partial z}{\partial x}\right)\frac{\partial x}{\partial r} + \frac{\partial}{\partial y}\left(\frac{\partial z}{\partial x}\right)\frac{\partial y}{\partial r}\\ &= \frac{\partial^2 z}{\partial x^2}\frac{\partial x}{\partial r} + \frac{\partial^2 z}{\partial y\partial x}\frac{\partial y}{\partial r} = \frac{\partial^2 z}{\partial x^2}\sin t + \frac{\partial^2 z}{\partial y\partial x}\cos t\end{aligned}$$

이고,

$$\begin{aligned}\frac{\partial}{\partial r}\left(\frac{\partial z}{\partial y}\right) &= \frac{\partial}{\partial x}\left(\frac{\partial z}{\partial y}\right)\frac{\partial x}{\partial r} + \frac{\partial}{\partial y}\left(\frac{\partial z}{\partial y}\right)\frac{\partial y}{\partial r}\\ &= \frac{\partial^2 z}{\partial x\partial y}\frac{\partial x}{\partial r} + \frac{\partial^2 z}{\partial y^2}\frac{\partial y}{\partial r} = \frac{\partial^2 z}{\partial x\partial y}\sin t + \frac{\partial^2 z}{\partial y^2}\cos t\end{aligned}$$

이므로 이를 대입하여 다음을 얻는다.

$$\begin{aligned}\frac{\partial^2 z}{\partial r^2} &= \left(\frac{\partial^2 z}{\partial x^2}\sin t + \frac{\partial^2 z}{\partial y\partial x}\cos t\right)\sin t + \left(\frac{\partial^2 z}{\partial x\partial y}\sin t + \frac{\partial^2 z}{\partial y^2}\cos t\right)\cos t\\ &= \frac{\partial^2 z}{\partial x^2}\sin^2 t + \frac{\partial^2 z}{\partial y\partial x}\cos t\sin t + \frac{\partial^2 z}{\partial x\partial y}\sin t\cos t + \frac{\partial^2 z}{\partial y^2}\cos^2 t\\ &= \frac{\partial^2 z}{\partial x^2}\sin^2 t + \frac{\partial^2 z}{\partial x\partial y}2\sin t\cos t + \frac{\partial^2 z}{\partial y^2}\cos^2 t\end{aligned}$$

이다.

음함수의 미분법

이제 일변수 함수에서 공부하였던 음함수 미분법을 이변수 함수의 연쇄법칙을 이용하여 설명해보고자 한다. 미분가능한 함수 $y = f(x)$가 방정식 $F(x, y) = 0$와 같이 음함수 꼴로 정의되어 있다고 하자. y가 x의 함수 $f(x)$이므로, $f(x)$의 정의역에 속한 모든 x에 대해 $F(x, f(x)) = 0$이다. 따라서 유형 1에 해당한다. 이때 F가 (a, b)를 포함하는 원판에서 정의되고 $F(a, b) = 0$이며 $F_y(a, b) \neq 0$이고 F_x와 F_y가 그 원판에서 연속이면 방정식 $F(x, y) = 0$은 점(a, b)의 근방에서 다음 정리가 성립한다.

정리 11.5.4

미분가능한 함수 $y = f(x)$가 방정식 $F(x, y) = 0$와 같이 음함수 꼴로 정의되어 있고, 이변수 함수 F가 미분가능하면,

$$\frac{dy}{dx} = -\frac{\dfrac{\partial F}{\partial x}}{\dfrac{\partial F}{\partial y}} = -\frac{F_x}{F_y} \quad \left(\text{단, } \frac{\partial F}{\partial y} \neq 0\right)$$

증명 함수 F가 미분가능하므로, 연쇄법칙 유형 1을 적용하여 방정식 $F(x, y) = 0$의 양변을 x에 관해 미분하자. 여기에서 y는 방정식에 의해 음함수 꼴로 정의되는 x의 함수이므로 다음이 성립한다.

$$\frac{\partial F}{\partial x}\frac{dx}{dx} + \frac{\partial F}{\partial y}\frac{dy}{dx} = 0$$

이때, $\dfrac{dx}{dx} = 1$이고, $\dfrac{\partial F}{\partial y} \neq 0$이므로 $\dfrac{dy}{dx}$에 대해 풀면 다음을 얻는다.

$$\frac{dy}{dx} = -\frac{\dfrac{\partial F}{\partial x}}{\dfrac{\partial F}{\partial y}} = -\frac{F_x}{F_y}$$

■

예제 11.5.8 $2x^3 + 3x^2y = y^3 + 2$일 때, $\dfrac{dy}{dx}$를 구하라.

풀이

주어진 방정식을 다음과 같은 함수

$$F(x, y) = 2x^3 + 3x^2y - y^3 - 2$$

에 의해 $F = 0$이라 쓸 수 있다. 이때, $F_x = 6x^2 + 6xy$, $F_y = 3x^2 - 3y^2$이므로 정리 11.5.4를 적용하여 다음을 얻는다.

$$\frac{dy}{dx} = -\frac{F_x}{F_y} = -\frac{6x^2 + 6xy}{3x^2 - 3y^2} = \frac{2x}{y - x}$$

이제 이변수 함수의 음함수 미분법을 삼변수 함수의 연쇄법칙에 의해 설명해보고자 한다. 미분가능한 이변수 함수 $z=f(x,y)$가 방정식 $F(x,y,z)=0$와 같이 미분가능한 음함수 꼴로 정의되어 있다고 하자. 그러면 z가 x와 y의 함수이므로, $f(x,y)$의 정의역에 있는 모든 (x,y)에 대해 $F(x,y,f(x,y))=0$이다. 이때, F가 (a,b,c)를 포함하는 구면의 안쪽에서 정의되고 $F(a,b,c)=0$이며 $F_z(a,b,c)\neq 0$이고 F_x와 F_y 및 F_z가 그 구면의 안쪽에서 연속이면, 방정식 $F(x,y,z)=0$은 점 (a,b,c) 근방에서 다음 정리가 성립한다.

정리 11.5.5

미분가능한 함수 $z=f(x,y)$가 $F(x,y,z)=0$와 같이 음함수 꼴로 정의되어 있고, 삼변수 함수 $F(x,y,z)$가 미분가능할 때

$$\frac{\partial z}{\partial x}=-\frac{\frac{\partial F}{\partial x}}{\frac{\partial F}{\partial z}}=-\frac{F_x}{F_z},\quad \frac{\partial z}{\partial y}=-\frac{\frac{\partial F}{\partial y}}{\frac{\partial F}{\partial z}}=-\frac{F_y}{F_z}\quad (\text{단, } F_z\neq 0)$$

증명 F가 미분가능하면, 연쇄법칙을 이용해서 $F(x,y,z)=0$의 양변을 다음과 같이 x에 관하여 편미분할 수 있다.

$$\frac{\partial F}{\partial x}\frac{\partial x}{\partial x}+\frac{\partial F}{\partial y}\frac{\partial y}{\partial x}+\frac{\partial F}{\partial z}\frac{\partial z}{\partial x}=0$$

이때, x와 y는 각각 독립변수이기에 $\frac{\partial x}{\partial x}=1$, $\frac{\partial y}{\partial x}=0$이고, $\frac{\partial F}{\partial z}\neq 0$ 이므로 $\frac{\partial z}{\partial x}$에 대해 풀면 다음을 얻는다.

$$\frac{\partial z}{\partial x}=-\frac{\frac{\partial F}{\partial x}}{\frac{\partial F}{\partial z}}=-\frac{F_x}{F_z}$$

또한, 유사한 방법으로 방정식 $F=0$의 양변을 y에 관하여 편미분하여 $\frac{\partial z}{\partial y}$에 대한 식을 얻을 수 있다. ■

예제 11.5.9 $x^3+y^3+z^3+4xyz=2$일 때, $\frac{\partial z}{\partial x}$와 $\frac{\partial z}{\partial y}$를 구하라.

풀이

주어진 방정식을 다음과 같은 삼변수 함수를 이용하여

$$F(x,y,z)=x^3+y^3+z^3+4xyz-2$$

$F(x,y,z)=0$이라 쓸 수 있다. 이때, $F_x = 3x^2+4yz$, $F_y = 3y^2+4xz$, $F_z = 3z^2+4xy$이므로 정리 11.5.5를 적용하여 다음을 얻는다.

$$\frac{\partial z}{\partial x} = -\frac{F_x}{F_z} = -\frac{3x^2+4yz}{3z^2+4xy}$$

$$\frac{\partial z}{\partial y} = -\frac{F_y}{F_z} = -\frac{3y^2+4xz}{3z^2+4xy}$$

:연습문제 11.5

[1~5] 연쇄법칙을 이용하여 $\frac{dz}{dt}$ 또는 $\frac{dw}{dt}$를 구하라.

1. $z=\sin\frac{x}{y},\quad x=e^t,\quad y=t^3$

2. $z=x^2+y^2+xy,\quad x=\sin t,\quad y=e^t$

3. $w=x^2y,\quad x=t^2,\quad y=t^3$

4. $w=\arctan(xy),\quad x=\sin t,\quad y=\sec t$

5. $w=\ln(x^2+y^2+z^2),\ x=\sin t,$
   $y=\cos t,\ z=\tan t$

[6~8] 연쇄법칙을 이용하여 $\frac{\partial z}{\partial s}$와 $\frac{\partial z}{\partial t}$를 구하라.

6. $z=e^{xy},\quad x=2s+t,\quad y=\frac{s}{t}$

7. $z=x^2+y^2,\quad x=s+t,\quad y=s-t$

8. $z=\arcsin(x-y),\ x=s^2+t^2,\ y=1-2st$

9. $z=f(x,y)$는 x와 y의 미분가능한 함수이고, $x=e^s+\sin t$, $y=e^s+\cos t$라 하자.
   $s=0$, $t=0$에서 $\frac{\partial z}{\partial s}$의 값을 구하라.

[10~11] 수형도를 이용하여 각 독립변수에 관한 편도함수를 구하라. 모든 함수는 미분 가능하다고 가정한다.

10. $u=f(x,y),\quad x=x(r,s,t),\quad y=y(r,s,t)$

11. $w=f(r,s,t),\ r=r(x,y),\ s=s(x,y),$
    $t=(x,y)$

[12~14] 연쇄법칙을 이용하여 지시된 편미분계수를 구하라.

12. $z=e^x\sin y$이고 $x=st,\ y=s^2t;$
    $s=1,\ t=0$에서 $\frac{\partial z}{\partial s},\ \frac{\partial z}{\partial t}$

13. $w=xy+yz+zx$ 이고 $x=r\cos t,\ y=r\sin t,$
    $z=rt;\ r=2,\ t=\frac{\pi}{2}$에서 $\frac{\partial w}{\partial r},\ \frac{\partial w}{\partial t}$

14. $z=x^4+xy$ 이고 $x=s+2t+u,\ y=stu^2;$
    $s=1,\ t=2,\ u=1$에서 $\frac{\partial z}{\partial s},\ \frac{\partial z}{\partial t},\ \frac{\partial z}{\partial u}$

[15~17] 다음과 같은 방정식에 의해 음함수 꼴로 정의된 x의 함수 y에 대하여, $\frac{dy}{dx}$를 구하라.

15. $x^3+3x^2y-y^2=1$

16. $x\tan y + y\tan x = 5$

17. $\cos(xy) = 1 + \sin y$

[18~20] 다음과 같은 방정식에 의해 음함수 꼴로 정의된 x와 y의 함수 z에 대하여, $\frac{\partial z}{\partial x}$와 $\frac{\partial z}{\partial y}$를 구하라.

18. $x^2 + y^2 + z^2 = 4$

19. $yz + x\ln y = z^2$

20. $x^3 e^{y+z} = y\sin(x-z)$

21. $z = f(x,y)$에서 $x = r\cos\theta$, $y = r\sin\theta$일 때, 다음 등식이 성립함을 보이라.

$$\frac{\partial z}{\partial x} = \cos\theta \frac{\partial z}{\partial r} - \frac{\sin\theta}{r}\frac{\partial z}{\partial \theta}$$

22. 미분가능한 함수 $F(x, y, z) = xyz + x + y + z = 0$에서 $\frac{\partial x}{\partial y}\frac{\partial y}{\partial z}\frac{\partial z}{\partial x}$를 구하라.

23. $z = f(x,y)$, $x = s^2 - t^2$, $y = t^2 - s^2$이고 f가 미분가능한 함수일 때, z가 다음을 만족함을 보이라.

$$t\frac{\partial z}{\partial s} + s\frac{\partial z}{\partial t} = 0$$

11.6 방향도함수와 기울기 벡터

이변수 함수 $z = f(x,y)$에 대하여 $(x,y) = (x_0, y_0)$에서 두 편미분계수 f_x와 f_y는 다음과 같이 정의함을 공부하였다.

$$f_x(x_0, y_0) = \lim_{h\to 0}\frac{f(x_0+h, y_0) - f(x_0, y_0)}{h}$$

$$f_y(x_0, y_0) = \lim_{h\to 0}\frac{f(x, y_0+h) - f(x_0, y_0)}{h}$$

방향미분계수

두 편미분계수 f_x와 f_y는 각각 (x,y)가 x축 방향과 y축 방향, 즉 두 단위벡터 i와 j방향으로 변할 때, z의 변화율을 의미한다. 이 절에서는 (x,y)가 일반적으로 변할 때 z의 변화율에 대해 알아보고자 한다. 먼저, (x,y)가 (x_0,y_0)로부터 변하는 방향을 먼저 결정하고, 그 방향으로의 변화율을 구하여 보자.

(x,y)가 (x_0,y_0)로부터 변하는 방향을 $\mathbf{u} = \langle a,b \rangle$에 의해 나타내고, 그 방향으로 z의 변화율을 구하고자 한다[그림 11.34 참조]. 실제로는 (x,y)가 (x_0, y_0)로부터 $(x_0+\Delta x, y_0+\Delta y)$까지 변한다고 할 때, 변화량

$(\Delta x, \Delta y)$을 그의 방향을 나타내는 단위벡터 u에 그 크기를 곱하여 나타낼 수 있다.

이를 위해 함수 $z = f(x,y)$의 그래프인 곡면 S를 생각하자. $z_0 = f(x_0, y_0)$이라 하면 점 $P(x_0, y_0, z_0)$는 곡면 S에 있는 점이다. 이때 u방향으로 점 P를 지나는 수직평면이 곡면 S와 만나는 곡선을 C라 하자[그림 11.35 참조].

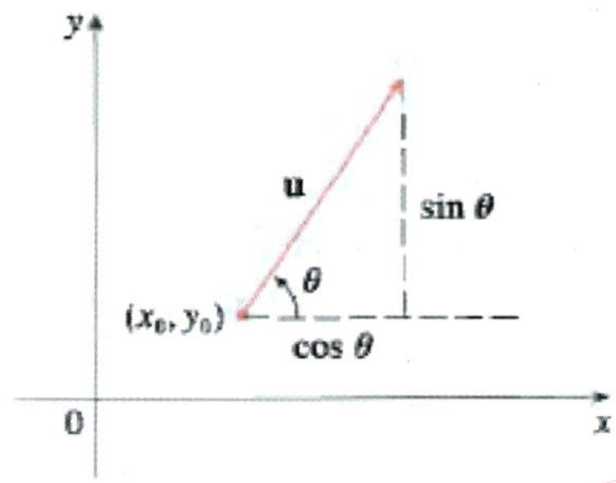

[그림 11.34]

곡선 C의 점 P에서 접선 T의 기울기가 단위벡터 $\mathbf{u} = < a,b >$방향으로 z의 변화율이 되므로 접선의 기울기를 구하면 된다. $Q(x,y,z)$가 곡선 C에 있는 또 다른 점이고, 점 P'과 Q'을 각각 xy평면 위로 P와 Q의 사영이라 하면 벡터 $\overrightarrow{P'Q'}$은 u와 평행이므로 적당한 스칼라 h에 의해 다음과 같이 나타낼 수 있다.

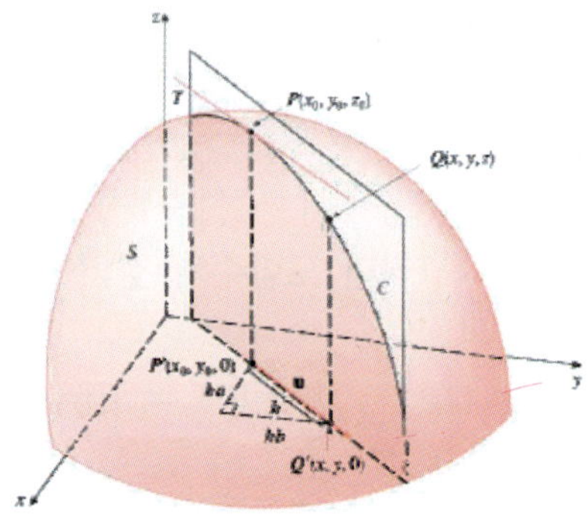

[그림 11.35]

$$\overrightarrow{P'Q'} = h\mathbf{u} = < ha, hb >$$

여기에서 $\overrightarrow{P'Q'} = \overrightarrow{OQ'} - \overrightarrow{OP'} = < x - x_0, y - y_0 >$이므로, $x - x_0 = ha$, $y - y_0 = hb$이고, h는 $\overrightarrow{P'Q'}$의 길이이다.

$x = x_0 + ha$, $y = y_0 + hb$이므로 다음이 성립한다.

$$\frac{\Delta z}{h} = \frac{z - z_0}{h} = \frac{f(x_0 + ha, \ y_0 + hb) - f(x_0, y_0)}{h}$$

$h \to 0$일 때의 극한을 취하면, u방향으로 z의 변화율을 얻는다. 이를 함수 $f(x,y)$의 $(x,y) = (x_0, y_0)$에서 u방향으로 방향미분계수라고 한다.

정의 11.6.1 방향미분계수

미분가능한 이변수 함수 $f(x,y)$의 $(x,y) = (x_0, y_0)$에서 단위벡터 $\mathbf{u} = < a,b >$방향으로 방향미분계수(directional derivative)는 다음과 같이 극한에 의해 정의한다. (단, 극한이 존재하는 경우에) 기호로는 $D_{\mathbf{u}} f(x_0, y_0)$로 나타낸다.

$$D_{\mathbf{u}} f(x_0, y_0) = \lim_{h \to 0} \frac{f(x_0 + ha, \ y_0 + hb) - f(x_0, y_0)}{h}$$

극한으로 정의된 함수의 방향미분계수를 계산할 때에는 극한 계산 대신에 일반적으로 다음 정리에서 말하는 방향도함수를 이용하면 쉽게 계산할 수 있다.

정리 11.6.2 방향도함수

이변수 함수 $f(x,\ y)$가 미분가능하면, 임의의 단위벡터 $\mathrm{u} = < a,b >$ 방향으로 $f(x,y)$의 방향도함수가 존재하고 다음과 같이 구한다.

$$D_{\mathrm{u}} f(x,y) = f_x(x,y)a + f_y(x,y)b$$

증명 임의의 점 $(x_0,\ y_0)$에서 한 개의 변수 h를 사용하여 함수 g를 다음과 같이 정의하자.

$$g(h) = f(x_0 + ha\ ,\ y_0 + hb)$$

그러면 도함수의 정의에 따라 다음의 관계식을 얻는다.

$$\begin{aligned} g'(0) &= \lim_{h\to 0}\frac{g(0+h)-g(0)}{h} = \lim_{h\to 0}\frac{f(x_0+ha\ ,\ y_0+hb) - f(x_0\ ,y_0)}{h} \\ &= D_{\mathrm{u}} f(x_0, y_0) \end{aligned}$$

$g(h) = f(x_0 + ha\ ,\ y_0 + hb)$로부터 $x = x_0 + ha\ ,\ y = y_0 + hb$라고 놓으면 $g(h) = f(x,y)$로 쓸 수 있다. 또한 연쇄법칙 정리 11.5.1를 적용하여 다음을 얻는다.

$$g'(h) = \frac{\partial f}{\partial x}\frac{dx}{dh} + \frac{\partial f}{\partial y}\frac{dy}{dh} = f_x(x,y)a + f_y(x,y)b$$

이제 $h = 0$을 대입하면 $x = x_0\ ,\ \ y = y_0$이고 위의 식으로부터 $g'(0)$을 얻는다.

$$g'(0) = f_x(x_0,y_0)a + f_y(x_0,y_0)b$$

위 두 식을 비교하면 $D_{\mathrm{u}} f(x_0,y_0) = f_x(x_0,y_0)a + f_y(x_0,y_0)b$ 이다.

따라서

$$D_{\mathrm{u}} f(x,y) = f_x(x,y)a + f_y(x,y)b$$

이다. ■

[그림 11.34]에서 보는 것처럼 단위벡터 u가 양의 x축과 이루는 각이 θ이면 $\mathrm{u} = < \cos\theta\ ,\ \sin\theta >$로 쓸 수 있고, 이때, $a = \cos\theta\ ,\ b = \sin\theta$이므로 정리 11.6.2의 공식은 다음과 같이 바꾸어 쓸 수 있다.

$$D_{\mathrm{u}} f(x,y) = f_x(x,y)\cos\theta + f_y(x,y)\sin\theta$$

예제 11.6.1 $f(x, y) = x^3 - 3xy + 4y^2$이고 단위벡터 u가 양의 x축과 이루는 각이 $\theta = \frac{\pi}{3}$일 때, 함수 $f(x,y)$의 u방향으로 방향도함수 $D_{\mathrm{u}} f(x, y)$와 방향미분계수 $D_{\mathrm{u}} f(1, 2)$를 구하라.

풀이

함수 $f(x,y)$의 두 편도함수는 $f_x(x, y) = 3x^2 - 3y$, $f_y(x,y) = -3x + 8y$이고, 단위벡터는 $\mathrm{u} = < \cos\frac{\pi}{3}, \sin\frac{\pi}{3} >$이므로, 방향도함수는 공식에 의해 다음과 같이 구한다.

$$\begin{aligned} D_{\mathrm{u}} f(x,y) &= f_x(x,y)\cos\frac{\pi}{3} + f_y(x,y)\sin\frac{\pi}{3} \\ &= (3x^2 - 3y)\cdot\frac{1}{2} + (-3x + 8y)\cdot\frac{\sqrt{3}}{2} \\ &= \frac{1}{2}\left[3x^2 - 3\sqrt{3}x + (8\sqrt{3} - 3)y\right] \end{aligned}$$

또한, $(1,2)$에서 방향미분계수는

$$D_{\mathrm{u}} f(1, 2) = \frac{1}{2}[(3)(1^2) - (3\sqrt{3})(1) + (8\sqrt{3} - 3)(2)] = \frac{1}{2}(13\sqrt{3} - 3)$$

이다.

기울기 벡터

이변수 함수 $f(x, y)$의 임의의 단위벡터 $\mathrm{u} = < a, b >$방향으로 방향도함수를 공부하였다. 임의의 방향임에도 불구하고 그 중심에는 x축 방향, y축 방향으로의 방향도함수에 해당하는 두 편도함수 $f_x(x, y)$, $f_y(x, y)$가 사용됨을 알았다. 또한 방향도함수는 이 편도함수들로 구성되는 벡터와 임의의 방향 단위벡터 $\mathrm{u} = < a, b >$에 의해 다음과 같이 두 벡터의 내적으로 표현됨을 알 수 있다.

$$\begin{aligned} D_{\mathrm{u}} f(x,y) &= f_x(x, y)a + f_y(x, y)b \\ &= < f_x(x, y), f_y(x, y) > \cdot < a,b > = < f_x(x, y), f_y(x, y) > \cdot \mathrm{u} \end{aligned}$$

두 편도함수로 구성되는 첫 번째 벡터를 $f(x,y)$의 기울기 벡터라 정의하고, 기호로는 $grad\, f$ 또는 ∇f로 나타내며, 각각 그래디언트 f, 또는 델f라 읽는다.

정의 11.6.3 기울기 벡터

미분가능한 이변수 함수 $f(x, y)$의 기울기 벡터(또는 경사도, 그래디언트, 물매 벡터)는 다음과 같이 정의되는 벡터 함수 ∇f이다.

$$\nabla f(x,y) = < f_x(x,y), f_y(x,y) > = \frac{\partial f}{\partial x}\mathrm{i} + \frac{\partial f}{\partial y}\mathrm{j}$$

예제 11.6.2 $f(x,y) = \sin x + e^{xy}$**일 때,** $\nabla f(0,1)$**를 구하라.**

풀이

먼저 두 편도함수를 구하면 $f_x = \cos x + ye^{xy}$, $f_y = xe^{xy}$이므로 기울기 벡터는 $\nabla f(x,y) = < f_x(x,y), f_y(x,y) >$ $= < \cos x + ye^{xy}, xe^{xy} >$이다. 여기에 $x=0$, $y=1$을 대입하면 다음을 얻는다.

$$\nabla f(0,1) = < 2, 0 >$$

방향도함수를 기울기 벡터의 기호를 사용하여 다음과 같이 나타낼 수 있다.

$$D_{\mathrm{u}} f(x,y) = \nabla f(x,y) \cdot \mathrm{u}$$

예제 11.6.3 함수 $f(x,y) = x^2y^3 - 4y$**의 점** $(3,-1)$**에서 벡터** $\mathrm{v} = 2\mathrm{i} + 5\mathrm{j}$ **방향으로 방향미분계수를 구하라.**

풀이

먼저, 함수 $f(x,y)$의 두 편도함수를 구하면 $f_x = 2xy^3$, $f_y = 3x^2y^2 - 4$이므로, 기울기 벡터는 $\nabla f(x,y) =$ $< f_x(x,y), f_y(x,y) > = \frac{\partial f}{\partial x}\mathrm{i} + \frac{\partial f}{\partial y}\mathrm{j} = 2xy^3\mathrm{i} + (3x^2y^2 - 4)\mathrm{j}$이다. 여기에 $x=3$, $y=-1$을 대입하면

$$\nabla f(3,-1) = -6\mathrm{i} + 23\mathrm{j}$$

이다. 또한 벡터 v가 단위벡터가 아니므로 v방향으로의 단위벡터를 구한다. $|\mathrm{v}| = \sqrt{29}$이므로, v 방향의 단위벡터는 $\mathrm{u} = \frac{\mathrm{v}}{|\mathrm{v}|} = \frac{2}{\sqrt{29}}\mathrm{i} + \frac{5}{\sqrt{29}}\mathrm{j}$이다.

$D_{\mathrm{u}} f(3,-1) = \nabla f(3,-1) \cdot \mathrm{u}$ 이므로 다음과 같이 계산된다.

$$D_{\mathrm{u}} f(3,-1) = (-6\mathrm{i} + 23\mathrm{j}) \cdot \left(\frac{2}{\sqrt{29}}\mathrm{i} + \frac{5}{\sqrt{29}}\mathrm{j}\right) = \frac{103}{\sqrt{29}}$$

삼변수 함수

삼변수 함수에 대해 유사한 방법으로 방향도함수를 정의할 수 있다. 또한 $D_{\mathrm{u}} f(x,y,z)$를 단위벡터 u방향으로 함수 $f(x,y,z)$의 변화율로 해석할 수 있다.

정의 11.6.4

미분가능한 삼변수 함수 $f(x,y,z)$의 (x_0, y_0, z_0)에서 단위벡터 $\mathbf{u} = <a,b,c>$방향으로 방향 미분계수는 다음과 같이 정의한다. (단, 극한이 존재하는 경우에)

$$D_{\mathbf{u}} f(x_0, y_0, z_0) = \lim_{h \to 0} \frac{f(x_0 + ha, y_0 + hb, z_0 + hc) - f(x_0, y_0, z_0)}{h}$$

$f(x, y, z)$가 미분가능하고 $\mathbf{u} = <a,b,c>$이면 정리 11.6.2을 증명할 때 이용한 것과 똑같은 방법으로 다음을 보일 수 있다.

정리 11.6.5

삼변수 함수 $f(x,y,z)$가 미분가능하면, 임의의 단위벡터 $\mathbf{u} = <a,b,c>$방향으로 f의 방향도함수가 존재하고 다음과 같다.

$$D_{\mathbf{u}} f(x, y, z) = f_x(x, y, z)a + f_y(x, y, z)b + f_z(x, y, z)c$$

삼변수 함수 $f(x,y,z)$에 대해 기울기 벡터는 똑같은 기호 ∇f 또는 $grad\, f$로 나타내고 다음과 같이 정의한다.

$$\nabla f(x, y, z) = < f_x(x, y, z), f_y(x, y, z), f_z(x, y, z) >$$

또는 간략하게 다음과 같이 나타낸다.

정의 11.6.6

미분가능한 삼변수 함수 $f(x,y,z)$의 기울기 벡터(또는 경사도, 그래디언트, 물매 벡터)는 다음과 같이 정의되는 벡터 함수 ∇f이다.

$$\nabla f(x, y, z) = < f_x, f_y, f_z > = \frac{\partial f}{\partial x}\mathbf{i} + \frac{\partial f}{\partial y}\mathbf{j} + \frac{\partial f}{\partial z}\mathbf{k}$$

그러면 이변수 함수에서와 마찬가지로, 방향도함수에 대한 정리 11.6.5를 다음과 같이 다시 쓸 수 있다.

$$D_{\mathbf{u}} f(x, y, z) = \nabla f(x, y, z) \cdot \mathbf{u}$$

예제 11.6.4 $f(x, y, z) = x\sin yz$일 때,

(a) 함수 $f(x,y,z)$의 기울기 벡터를 구하라.
(b) 점 $(1,3,0)$에서 벡터 $\mathbf{v} = \mathbf{i} + 2\mathbf{j} - \mathbf{k}$방향으로 $f(x,y,z)$의 방향미분계수를 구하라.

풀이

(a) 먼저 $f(x,y,z)$의 세 편도함수를 구하면 $f_x = \sin yz$, $f_y = xz\cos yz$, $f_z = xy\cos yz$ 이므로 $f(x,y,z)$의 기울기 벡터는

$$\nabla f(x,y,z) = \langle \sin yz, xz\cos yz, xy\cos yz \rangle$$

이다.

(b) $(1,3,0)$에서 기울기 벡터는 $\nabla f(x,y,z)$에 $x=1, y=3, z=0$을 대입하면 $\nabla f(1,3,0) = \langle 0,0,3 \rangle = 0\mathbf{i}+0\mathbf{j}+3\mathbf{k}$이다. 또한 $\mathbf{v}$가 단위벡터가 아니므로 $\mathbf{v}$방향으로의 단위벡터를 구한다. $|\mathbf{v}| = \sqrt{6}$이므로 단위벡터는

$$\mathbf{u} = \frac{\mathbf{v}}{|\mathbf{v}|} = \frac{1}{\sqrt{6}}\mathbf{i} + \frac{2}{\sqrt{6}}\mathbf{j} - \frac{1}{\sqrt{6}}\mathbf{k}$$

이다. $f(x,y,z)$의 $\mathbf{v}$방향으로 방향미분계수는 다음과 같다.

$$D_{\mathbf{u}}f(1,3,0) = \nabla f(1,3,0)\cdot\mathbf{u} = (3\mathbf{k})\cdot\left(\frac{1}{\sqrt{6}}\mathbf{i}+\frac{2}{\sqrt{6}}\mathbf{j}-\frac{1}{\sqrt{6}}\mathbf{k}\right) = -\frac{\sqrt{6}}{2}$$

방향도함수의 최대화

$f(x,y)$는 미분가능한 이변수 함수라 하자. 주어진 점에서 $f(x,y)$의 모든 방향으로 방향미분계수를 구할 수 있다. 이는 모든 방향으로의 함숫값 $f(x,y)$의 변화율을 의미한다. 여기서는 주어진 점에서 모든 방향 중 어느 방향으로의 함숫값 $f(x,y)$의 변화가 가장 빠른가(또는 큰가)? 또한 그 방향으로의 변화율, 즉 최대 변화율을 구하는 방법을 공부한다. 다음 정리는 함숫값 $f(x,y)$가 가장 빠르게 변화하는 방향과 그때의 변화율을 말해준다.

정리 11.6.7

$f(x,y)$가 미분가능한 이변수 함수라고 하자. 방향도함수 $D_{\mathbf{u}}f(x,y)$의 최댓값은 $|\nabla f(x,y)|$이고, 이는 $\mathbf{u}$와 기울기 벡터 $\nabla f(x,y)$의 방향이 같을 때 나타난다.

증명 방향미분계수는 내적의 성질을 이용하여 다음과 같이 쓸 수 있다.

$$D_{\mathrm{u}} f = \nabla f \cdot \mathrm{u} = |\nabla f|\,|\mathrm{u}|\cos\theta = |\nabla f|\cos\theta$$

여기서 θ는 기울기벡터 ∇f와 방향 벡터 u사이의 각이고, u는 단위벡터이므로 $|\mathrm{u}| = 1$이다. 따라서 변화율, 즉 방향미분계수가 최대값을 갖기 위해서는 $\cos\theta$의 값이 최대, 즉 $\cos\theta = 1$이어야 한다. 그러므로 변화율 $D_{\mathrm{u}} f$의 최댓값은 $|\nabla f|$이다. $\cos\theta = 1$일 때는 $\theta = 0$이므로, 이는 u와 기울기 벡터 $\nabla f(x,y)$의 방향이 같을 때 나타난다. ■

예제 11.6.5 $f(x,y) = x^2 e^y$**일 때,**

(a) 점 $P(-2,0)$에서 점 $Q(2,3)$방향으로 점 P에서 $f(x,y)$의 변화율을 구하라.
(b) 점 $P(-2,0)$에서 $f(x,y)$의 변화율이 최대인 방향과 그 변화율을 구하라.

풀이

(a) 먼저, $f(x,y)$의 두 편도함수를 구하면 $f_x = 2xe^y$, $f_y = x^2 e^y$ 이므로 기울기 벡터는

$$\nabla f(x,y) = < 2xe^y,\ x^2 e^y >$$

이다. 여기에 $x = -2, y = 0$를 대입하면, 점 $P(-2,0)$에서 기울기 벡터는 다음과 같다.

$$\nabla f(-2,0) = < -4, 4 >$$

또한 점 P에서 점 Q를 향하는 방향벡터 $\overrightarrow{PQ} = <4,3>$가 단위벡터가 아니므로, 이와 같은 방향으로의 단위벡터를 구한다. $|\overrightarrow{PQ}| = 5$이므로 단위벡터는 $\mathrm{u} = \dfrac{\overrightarrow{PQ}}{|\overrightarrow{PQ}|} = < \dfrac{4}{5}, \dfrac{3}{5} >$이다.

따라서 함수 $f(x,y)$의 변화율은 다음과 같이 구할 수 있다.

$$D_{\mathrm{u}} f(-2,0) = \nabla f(-2,0) \cdot \mathrm{u} = <-4,4> \cdot <\frac{4}{5}, \frac{3}{5}> = -\frac{4}{5}$$

(b) 정리 11.6.7에 의해 기울기 벡터 $\nabla f(-2,0) = <-4, 4>$의 방향일 때 함숫값 $f(x,y)$가 가장 빠르게 증가하며, 점 $P(-2,0)$에서 $f(x,y)$의 최대 변화율은 다음과 같다.

$$|\nabla f(-2,0)| = |< -4, 4 >| = \sqrt{32} = 4\sqrt{2}$$

등위곡면의 접평면

이변수 함수의 등위곡선과 비슷한 방법으로 삼변수 함수의 등위곡면을 생각해보자. 삼변수 함수 $F(x,y,z)$에서 함숫값을 같게 하는 점들의 집합, 즉 방정식 $F(x,y,z)=k$의 그래프를 가진 곡면 S를 삼변수 함수 F의 등위곡면(level surface)이라 한다.

점 $P(x_0, y_0, z_0)$를 등위곡면 S에 있는 점이라 하고, 곡선 C는 점 P를 지나고 곡면 S에 있는 곡선이라 하자. 이때 곡선 C는 연속인 벡터함수 $\mathrm{r}(t)=<x(t), y(t), z(t)>$에 의해 표현할 수 있다. 곡선 C가 지나는 점 P에 대응하는 매개변수의 값을 t_0라 하면

$$\mathrm{r}(t_0) = <x(t_0), y(t_0), z(t_0)> = <x_0, y_0, z_0>$$

이다. 또한 곡선 C가 곡면 S에 있으므로, 곡선에 있는 점은 S의 방정식을 만족한다. 즉,

$$F(x(t),\ y(t),\ z(t)) = k$$

이다. x , y , z가 t의 미분가능한 함수이고 F도 미분가능하면, 연쇄법칙을 이용하여 다음을 얻는다.

$$\frac{\partial F}{\partial x}\frac{dx}{dt} + \frac{\partial F}{\partial y}\frac{dy}{dt} + \frac{\partial F}{\partial z}\frac{dz}{dt} = 0$$

이 식은 다음과 같이 도함수와 내적에 의해 나타낼 수 있다.

$$\nabla F \cdot \mathrm{r}'(t) = 0$$

특히 $t=t_0$일 때 다음을 얻는다.

$$\nabla F(x_0, y_0, z_0) \cdot \mathrm{r}'(t_0) = 0$$

이 식은 F의 점 P에서 기울기 벡터 $\nabla F(x_0, y_0, z_0)$와 점 P에서 곡선 C에 대한 접선 벡터 $\mathrm{r}'(t_0)$는 직교함을 의미한다[그림 11.36 참조].

그러므로 $\nabla F(x_0, y_0, z_0) \neq 0$이면 $P(x_0, y_0, z_0)$에서 등위곡면 $F(x,y,z)=k$에 대한 접평면을 P를 지나고 법선벡터가 $\nabla F(x_0, y_0, z_0)$인 평면으로 정의할 수 있다.

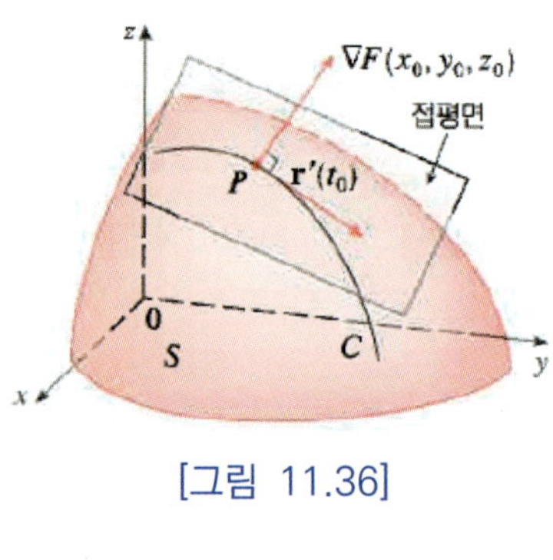

[그림 11.36]

정의 11.6.8

방정식 $F(x,y,z)=k$의 그래프인 곡면 S는 삼변수 함수 $F(x,y,z)$의 등위곡면이다. 곡면 S에 있는 점 $P(x_0,y_0,z_0)$에서 삼변수 함수 $F(x,y,z)$가 미분가능하고, $\nabla F(x_0,y_0,z_0)\neq 0$일 때, $P(x_0,y_0,z_0)$를 지나고 법선벡터가 $\nabla F(x_0,y_0,z_0)$인 평면을 P에서 등위곡면 $F(x,y,z)=k$에 대한 접평면이라 하고, 평면의 방정식은 다음과 같다.

$$F_x(x_0,y_0,z_0)(x-x_0)+F_y(x_0,y_0,z_0)(y-y_0)+F_z(x_0,y_0,z_0)(z-z_0)=0$$

점 $P(x_0,y_0,z_0)$에서 곡면 S에 대한 법선은 P를 지나고 접평면에 수직인 직선이다. 그러므로 법선의 방향은 기울기 벡터 $\nabla F(x_0,y_0,z_0)$로 주어진다. 따라서 법선의 대칭방정식은 다음과 같이 나타낼 수 있다.

$$\frac{x-x_0}{F_x(x_0,y_0,z_0)}=\frac{y-y_0}{F_y(x_0,y_0,z_0)}=\frac{z-z_0}{F_z(x_0,y_0,z_0)}$$

또한, 곡면 S의 방정식이 $z=f(x,y)$형태인 특별한 경우에 이 방정식을 다음과 같이 나타낼 수 있다.

$$F(x,y,z)=f(x,y)-z=0$$

다시 말해, 곡면 S를 $k=0$인 F의 등위곡면으로 볼 수 있다. 그러면 다음이 성립한다.

$$F_x(x_0,y_0,z_0)=f_x(x_0,y_0),$$
$$F_y(x_0,y_0,z_0)=f_y(x_0,y_0),$$
$$F_z(x_0,y_0,z_0)=-1$$

이 식을 접평면의 방정식

$$F_x(x_0,y_0,z_0)(x-x_0)+F_y(x_0,y_0,z_0)(y-y_0)+F_z(x_0,y_0,z_0)(z-z_0)=0$$

에 대입하면 다음을 얻는다.

$$f_x(x_0,y_0)(x-x_0)+f_y(x_0,y_0)(y-y_0)-(z-z_0)=0$$

즉

$$z=z_0+f_x(x_0,y_0)(x-x_0)+f_y(x_0,y_0)(y-y_0)$$

예제 11.6.6 점 $(2, 1, -1)$에서 다음 타원면에 대한 접평면의 방정식과 법선의 대칭방정식을 구하라.

$$\frac{x^2}{4} + y^2 + z^2 = 3$$

풀이

$F(x,y,z) = \dfrac{x^2}{4} + y^2 + z^2$이라 하면, 타원면은 $F=3$, 즉 $k=3$인 F의 등위곡면이다. 먼저, F를 편미분하여 다음을 구한다.

$$F_x(x,y,z) = \frac{x}{2},\ \ F_y(x,y,z) = 2y,\ \ F_z(x,y,z) = 2z$$

$$F_x(2,1,-1) = 1,\ \ F_y(2,1,-1) = 2,\ \ F_z(2,1,-1) = -2$$

정의 11.6.8로부터 점 $(2, 1, -1)$에서 접평면의 방정식은 다음과 같다.

$$1(x-2) + 2(y-1) - 2(z+1) = 0$$

$$x + 2y - 2z - 6 = 0$$

법선의 대칭방정식은 다음과 같다.

$$\frac{x-2}{1} = \frac{y-1}{2} = \frac{z+1}{-2}$$

기울기 벡터의 의미

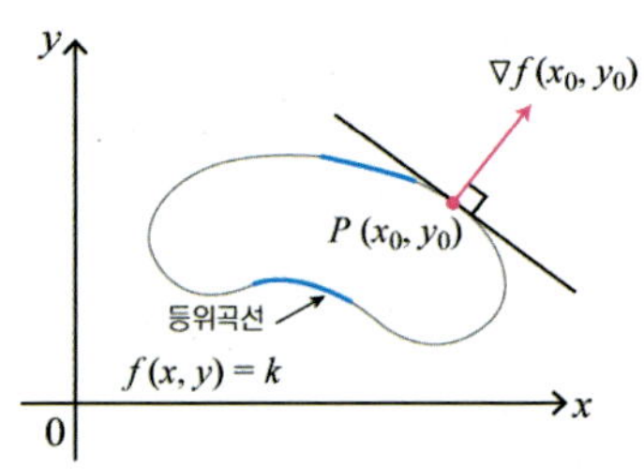

[그림 11.37]

먼저 점 $P(x_0, y_0, z_0)$를 삼변수 함수 $f(x,y,z)$의 정의역에 속하는 점이라 하자. 함수 $f(x,y,z)$의 점 P에서 기울기 벡터 $\nabla f(x_0, y_0, z_0)$는 함수 $f(x,y,z)$의 값이 가장 빠르게 증가하는 방향을 알려주는 것이라 공부하였다. 또한 $\nabla f(x_0, y_0, z_0)$는 점 P를 지나는 $f(x,y,z)$의 등위곡면 S에 수직임도 공부하였다. 이 두 가지 성질은 점 P가 등위곡면 S에서만 움직인다면 함수 $f(x,y,z)$의 값은 전혀 변하지 않기 때문에 직관적으로 둘 다 타당하다고 할 수 있다. 따라서 수직 방향으로 움직이면 최대로 증가하는 것이 타당해 보인다. 똑같은 방법으로 이변수 함수 $f(x,y)$와 그 정의역에 속하는 한 점 $P(x_0, y_0)$를 생각해 보자. 함수 f의 점 P에서 기울기 벡터 $\nabla f(x_0, y_0)$는 $f(x,y)$의 값이 가장 빠르게 증가하는 방향이다. 또한 $\nabla f(x_0, y_0)$는 P를 지나는 등위곡선 $f(x, y) = k$에 수직이다. 등위곡선을 따라 점 P가 움직일 때 함수 $f(x,y)$의 값이 동일하므로 이것도 역시 직관적으로 타당해 보인다.

연습문제 11.6

1. 점 $(0,4)$에서 각 $\theta = \frac{2\pi}{3}$가 가리키는 방향으로 $f(x,y) = y\,e^{-x}$의 방향미분계수를 구하라.

[2~4] (a) 함수 f의 기울기 벡터를 구하라.
(b) 점 P에서 기울기 벡터를 구하라.
(c) 벡터 $\mathbf{u}$ 방향으로 점 P에서 함수 f의 변화율을 구하라.

2. $f(x,y) = \sin(xy^2)$, $P\left(\frac{1}{\pi}, \pi\right)$
$\mathbf{u} = \frac{1}{\sqrt{10}}(\mathbf{i} - 3\mathbf{j})$

3. $f(x,y) = \frac{y^2}{x}$, $P(1,2)$, $\mathbf{u} = \frac{1}{3}(2\mathbf{i} + \sqrt{5}\mathbf{j})$

4. $f(x,y,z) = 3x - 2y + 4z$, $P(1, -1, 2)$,
$\mathbf{u} = \frac{1}{\sqrt{3}}(\mathbf{i} + \mathbf{j} + \mathbf{k})$

[5~7] 주어진 점에서 벡터 $\mathbf{v}$방향으로 함수의 방향미분계수를 구하라.

5. $f(x,y) = xy^2$, $(3,1)$, $\mathbf{v} = \mathbf{i} - 2\mathbf{j}$

6. $g(x,y) = x^4 - x^2y^3$, $(2,1)$, $\mathbf{v} = \langle 1,3 \rangle$

7. $f(x,y,z) = xe^{yz}$, $(2,1,0)$, $\mathbf{v} = \mathbf{i} - \mathbf{j} + \sqrt{2}\,\mathbf{k}$

8. $P(2,8)$에서 $Q(5,4)$방향으로 $f(x,y) = \sqrt{xy}$의 방향미분계수를 구하라.

9. $P(1,-1,3)$에서 $Q(2,4,5)$방향으로 $f(x,y,z) = xy + yz + zx$의 방향미분계수를 구하라.

[10~13] 주어진 점에서 함수의 최대 변화율과 그것이 나타나는 방향을 구하라.

10. $f(x,y) = \sin xy$, $\left(\frac{\pi}{3}, 1\right)$

11. $f(x,y) = 6 - 3x^2 + y^2$, $(1,2)$

12. $f(x,y) = x^2 + y^2 - 2x - 4y$, $(2,3)$

13. $f(x,y,z) = x^2 + y^2 + z^2$, $(3,6,-2)$

[14~17] 주어진 점에서 곡면에 대한 (a) 접평면과 (b) 법선의 방정식을 구하라.

14. $x^2 + y^2 + z^2 = 5$, $(-1, 1, \sqrt{3})$

15. $3(x-2)^2 + (y-1)^2 + (z-3)^2 = 8$, $(3,2,5)$

16. $x + y + z = e^{xyz}$, $(0,0,1)$

17. $xyz = 6$, $(1,2,3)$

18. 타원면 $\frac{x^2}{a^2} + \frac{y^2}{b^2} + \frac{z^2}{c^2} = 1$에 있는 점 (x_0, y_0, z_0)에서 접평면의 방정식을 다음과 같이 나타낼 수 있음을 보이라.

$$\frac{x_0 x}{a^2} + \frac{y_0 y}{b^2} + \frac{z_0 z}{c^2} = 1$$

19. 점 $(1,1,2)$에서 포물면 $z = x^2 + y^2$에 대한 법선이 이 포물면과 만나는 점을 구하라.

11.7 최댓값과 최솟값

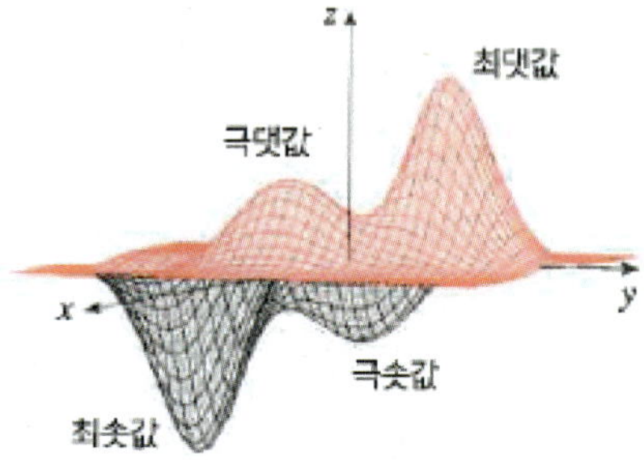

[그림 11.38]

일변수 함수의 도함수를 공부하는 목적 중에서 가장 중요한 것 중의 하나는 함수의 최댓값과 최솟값을 구하는 것이라 하겠다. 이변수 함수에서도 앞에서 공부한 편도함수를 이용하여 이변수 함수의 최댓값과 최솟값을 구할 수 있다. 이변수 함수 $z=f(x,y)$의 그래프를 살펴보면, 함수 $f(x,y)$의 극댓값과 극솟값을 쉽게 찾을 수도 있다. [그림 11.38]에서 그래프를 보면 $f(x,y)$가 극댓값을 갖는 점이 2개가 있음을 알 수 있다. 즉, 점 (a,b)의 어떤 근방에 속하는 모든 점 (x,y)에서의 함숫값 $f(x,y)$ 중에서 가장 큰 값인 함숫값 $f(a,b)$를 극댓값이라 하며, 이 두 점에서의 함숫값 중에서 제일 큰 값이 최댓값이다. 반대로 $f(a,b)$가 한 근방의 함숫값 중에서 가장 작은 값인 극솟값을 갖는 점도 2개를 갖는다. 이 두 값 중에서 제일 작은 값이 최솟값이다.

정의 11.7.1 극댓값, 극솟값, 최댓값, 최솟값

(a, b)의 어떤 근방에 속하는 모든 점 (x, y)에 대하여, $f(x,y) \le f(a,b)$를 만족하면, 이변수 함수 $f(x,y)$는 (a, b)에서 극대를 가진다고 한다. 즉, 중심이 (a, b)인 어떤 원판에 속하는 모든 점 (x, y)에 대해 $f(x,y) \le f(a,b)$임을 의미한다. 또한 $f(a,b)$를 이변수 함수 $f(x,y)$의 극댓값이라 한다. 마찬가지로 (a, b)의 어떤 근방에 속하는 모든 점 (x, y)에 대하여, $f(x,y) \ge f(a,b)$를 만족하면, 이변수 함수 $f(x,y)$는 (a, b)에서 극소를 가진다고 한다. 이 경우 $f(a,b)$를 이변수 함수 $f(x,y)$의 극솟값이라 한다.

$f(x,y)$의 정의역에 속한 모든 점 (x,y)에 대해 $f(x,y) \le f(a,b)$ 또는 $f(x,y) \ge f(a,b)$가 성립할 때, 함수 $f(x,y)$는 (a, b)에서 각각 최대 또는 최소를 가진다고 한다. 이 경우 $f(a,b)$를 각각 함수 $f(x,y)$의 최댓값 또는 최솟값이라 한다.

정리 11.7.2

함수 $f(x,y)$가 (a, b)에서 극대 또는 극소를 갖고, (a, b)에서 $f(x,y)$의 1계 편도함수가 존재하면, $f_x(a,b) = 0$이고 $f_y(a,b) = 0$이다.

증명 $g(x)=f(x, b)$라 하자. $f(x, y)$가 (a, b)에서 극대 또는 극소를 가지므로 $g(x)$는 a에서 극대 또는 극소를 갖는다. 따라서 페르마 정리에 의해 $g'(a)=0$이다. 그런데 $g'(a)=f_x(a, b)$이므로 $f_x(a, b) = 0$이다. 똑같은 방법으로 페르마 정리를 함수 $h(y)=f(a, y)$에 적용하면 $h'(b)=0$이다. 그런데 $h'(b)=f_y(a, b)$이므로 $f_y(a, b) = 0$이다. ■

따라서 정리 11.7.2를 기하학적으로 해석하면, $f(x,y)$가 극대 또는 극소인 점 $P(x_0, y_0, z_0)$에서 $z=f(x,y)$의 그래프가 나타내는 곡면이 접평면을 가진다면 접평면의 방정식 $z-z_0 = f_x(x_0, y_0)(x-x_0)+f_y(x_0, y_0)(y-y_0)$은 $f_x(a,b)=0$, $f_y(a,b)=0$이므로 접평면 $z=z_0$를 얻는다. 즉, 극대 또는 극소인 점에서 접평면은 xy평면에 수평이 됨을 의미한다.

점 (a, b)에서 두 편미분계수가 둘 다 $f_x(a,b)=0$, $f_y(a,b)=0$이거나 또는 두 편미분계수 중 어느 하나가 존재하지 않으면, 점 (a, b)를 $f(x,y)$의 임계점(critical point) 또는 정지점(stationary point)이라 한다.

정리 11.7.2는 $f(x,y)$가 (a, b)에서 극대 또는 극소를 가지면, (a, b)는 $f(x,y)$의 임계점임을 의미한다. 하지만, 일변수 미적분에서와 마찬가지로, 임계점이어도 항상 극대 또는 극소를 갖는 것은 아니다. 다시 말해, 함수는 임계점에서 극대 또는 극소를 가질 수도 있고, 그렇지 않을 수도 있다.

예제 11.7.1 $f(x, y)=x^2+y^2-2x-6y+13$**의 임계점을 구하고, 이 점에서 극값을 가짐을 보이라.**

풀이

먼저, 두 편도함수 $f_x(x,y)=2x-2$, $f_y(x,y)=2y-6$는 모든 (x,y)에서 존재하므로, $f_x=0$와 $f_y=0$를 동시에 만족하는 x와 y를 구하면 $x=1$, $y=3$이고, 따라서 오직 한 점 $(1,3)$이 임계점이다.
이 함수를 완전제곱 꼴로 변형하면 $f(x,y)=3+(x-1)^2+(y-3)^2$이다.

이때, $(x-1)^2 \geq 0$이고 $(y-3)^2 \geq 0$이므로 모든 x와 y의 값에 대해 $f(x,y) \geq 3$를 얻는다. 그러므로 $f(1,3)=3$는 $f(x,y)$의 극솟값이면서 최솟값이다.

예제 11.7.2 $f(x, y)=y^2-x^2$**일 때, 점** $(0, 0)$**이** $f(x,y)$**의 유일한 임계점이지만** $f(0,0)$**은 극값이 아님을 보이라.**

풀이

먼저, 두 편도함수 $f_x=-2x$, $f_y=2y$는 모든 (x,y)에서 존재하므로, 두 편도함수가 $f_x=0$, $f_y=0$를 동시에 만족하는 x와 y를 구하면, $x=0$, $y=0$을 얻는다. 따라서 점 $(0,0)$이 $f(x,y)$의 유일한 임계점이다.
$y=0$이고 $x \neq 0$인 x축에 있는 점에서는 $f(x,0)=-x^2<0$이다. 하지만 $x=0$이고 $y \neq 0$인 y축에 있는 점에서는 $f(0,y)=y^2>0$이다. 그러므로 $f(0,0)=0$이지만, 중심이 $(0,0)$인 모든 원판에는 $f(x,y)$가 양의 값을 갖는 점과 음의 값을 갖는 점이 항상 존재한다[그림 11.39 참조].
따라서 $f(0,0)=0$은 f에 대한 극값이 될 수 없으므로 $f(0,0)$는 극값이 아니다.

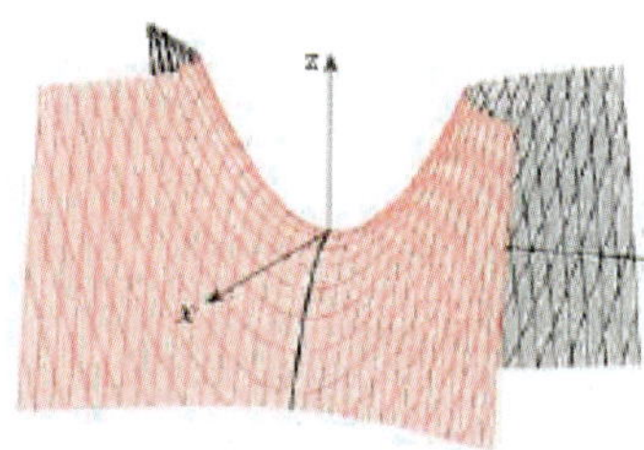

$z=y^2-x^2$

[그림 11.39]

예제 11.7.2는 임계점에서 함수가 반드시 극댓값 또는 극솟값을 가질 필요가 없다는 사실을 설명한다. [그림 11.39]에서 보면 $z=f(x,y)=y^2-x^2$의 그래프는 쌍곡포물면이고 원점에서 수평인 접평면($z=0$)을 갖는다. $f(0,0)=0$은 x축에 있는 점에서는 최대이지만 y축에 있는 점에서는 최소인 것을 알 수 있다. 그래프가 원점 부근에서 말안장 모양으로 나타나므로, 이 경우 원점 $(0,0)$을 $f(x,y)$의 안장점(saddle point)이라 한다.

임계점에서 함수의 극값에 대한 존재 여부를 쉽고 간단하게 판정하는 방법이 필요하다. 일변수 함수에 대한 2계 도함수 판정법과 유사한 다음 판정법을 알아보자.

정리 11.7.3 2계 도함수 판정법

$f_x(a,b)=0$, $f_y(a,b)=0$이라 하자. 즉, (a,b)는 $f(x,y)$의 임계점이다. 또한 중심이 (a,b)인 어떤 원판에서 $f(x,y)$의 2계 편도함수들이 연속이라 하자. 2계 편미분계수로부터 다음과 같이 D를 정의하자.

$$D=D(a,b)=f_{xx}(a,b)f_{yy}(a,b)-[f_{xy}(a,b)]^2$$

그러면 다음이 성립한다.

(a) $D>0$, $f_{xx}(a,b)>0$이면, $f(a,b)$는 극솟값이다.
(b) $D>0$, $f_{xx}(a,b)<0$이면, $f(a,b)$는 극댓값이다.
(c) $D<0$이면, $f(a,b)$는 극솟값도 극댓값도 아니다.

증명 (a) $\mathbf{u}=\langle h,k\rangle$방향으로 $f(x,y)$의 이계 방향도함수를 구하자. 일계 방향도함수는 정리 11.6.2에 의해 다음과 같다.

$$D_{\mathbf{u}}f=f_x h+f_y k$$

이 정리를 한 번 더 적용하면 다음을 얻는다.

$$\begin{aligned}D_{\mathbf{u}}^2 f=D_{\mathbf{u}}(D_{\mathbf{u}}f)&=\frac{\partial}{\partial x}(D_{\mathbf{u}}f)h+\frac{\partial}{\partial y}(D_{\mathbf{u}}f)k\\&=\frac{\partial}{\partial x}(f_x h+f_y k)h+\frac{\partial}{\partial y}(f_x h+f_y k)k\\&=(f_{xx}h+f_{yx}k)h+(f_{xy}h+f_{yy}k)k\\&=f_{xx}h^2+2f_{xy}hk+f_{yy}k^2\ \ (\because \text{클레로의 정리 } f_{xy}=f_{yx})\end{aligned}$$

이것을 완전제곱 꼴로 고치면 다음을 얻는다.

$$D_{\mathrm{u}}^2 f = f_{xx}\left(h^2 + 2\frac{f_{xy}}{f_{xx}}hk + \left(\frac{f_{xy}}{f_{xx}}\right)^2 k^2\right) - f_{xx}\left(\frac{f_{xy}}{f_{xx}}\right)^2 k^2 + f_{yy}k^2$$

$$= f_{xx}\left[h^2 + 2\frac{f_{xy}}{f_{xx}}hk + \left(\frac{f_{xy}}{f_{xx}}k\right)^2\right] - \left(\frac{(f_{xy})^2}{f_{xx}} - f_{yy}\right)k^2$$

$$= f_{xx}\left[h + \frac{f_{xy}}{f_{xx}}k\right]^2 + \frac{k^2}{f_{xx}}\left(f_{xx}f_{yy} - (f_{xy})^2\right) \quad (\text{단, } D(a,b) > 0,\ f_{xx} > 0)$$

그런데, 조건에서 f_{xx}와 $D = f_{xx}f_{yy} - f_{xy}^2$은 연속이다. 또한 어떤 원판을 중심이 (a,b)이고 반지름이 $\delta > 0$인 원판 B라 하면, 원판 B에 속한 모든 (x,y)에 대하여, $f_{xx}(x,y) > 0$이고 $D(x,y) > 0$이므로, $D_{\mathrm{u}}^2 f(x,y) > 0$이다. 그러므로 $z = f(x,y)$의 그래프와 점 $P(a,\ b,\ f(a,b))$를 지나는 u방향의 수직평면과의 교선인 곡선 C는 길이가 2δ인 구간에서 아래로 볼록이다. 이 사실은 모든 벡터 u방향에 대하여 성립하므로, 원판 B로 정의역을 제한한다면 $z = f(x,y)$의 그래프는 점 $P(a,\ b,\ f(a,b))$에서의 수평접평면의 위쪽에 놓여 있다. 그러므로 B에 속한 (x,y)에 대하여, $f(x,y) \geq f(a,b)$이고 함숫값 $f(a,b)$는 극솟값이다.

(b)와 (c)도 유사한 방법으로 증명한다. ■

참고

[1] (c)의 경우에, $(a,\ b)$를 $f(x,y)$의 **안장점**이라 하며, $z = f(x,y)$의 그래프와 $(a,\ b)$에서의 접평면은 서로 교차한다.

[2] $D = 0$일 때에는 이 판정법으로 어떠한 정보도 얻을 수 없다. $f(x,y)$는 $(a,\ b)$에서 극값을 가질 수도 있고, $(a,\ b)$가 $f(x,y)$의 안장점일 수도 있다.

[3] D에 대한 공식을 다음과 같이 행렬식을 이용하여 나타내면, 조금 더 쉽게 기억할 수 있게 해준다.

$$D = \begin{vmatrix} f_{xx} & f_{xy} \\ f_{yx} & f_{yy} \end{vmatrix} = f_{xx}f_{yy} - (f_{xy})^2$$

예제 11.7.3 $f(x,y) = x^4 + y^4 - 4xy + 1$**의 임계점, 극값, 안장점을 구하라.**

풀이

먼저 임계점을 구하기 위해 1계 편도함수를 구한다.

$$f_x = 4x^3 - 4y,\ \ f_y = 4y^3 - 4x$$

이는 모든 (x,y)에서 존재하므로, $f_x = 0\ \ f_y = 0$을 동시에 만족하는 x, y를 구한다. 즉,

$$4x^3-4y=0,\ 4y^3-4x=0$$

을 풀면, $x^3-y=0$, $y^3-x=0$ 에서 $y=x^3$을 $y^3-x=0$에 대입한다.

$$0=(x^3)^3-x=x^9-x=x(x^8-1)=x(x^4+1)(x^4-1)=x(x^4+1)(x^2+1)(x+1)(x-1)$$

이로부터 3개의 실근 $x=0, x=1, x=-1$이 존재하므로, 3개의 임계점이 $(0,0)$, $(1,1)$과 $(-1,-1)$이 얻어진다. 2계 도함수 판정법을 이용하여 극값과 안장점을 구한다.

$$f_{xx}=12x^2,\ f_{xy}=-4,\ f_{yy}=12y^2$$

$$D(x,y)=f_{xx}f_{yy}-(f_{xy})^2=144x^2y^2-16$$

(a) 임계점 $(x,y)=(0,0)$에서
$D(0,0)=-16<0$이므로, 2계 도함수 판정법 (c)에 해당하여 $(0,0)$에서 $f(x,y)$는 극값을 갖지 않는다. 즉, $(0,0)$은 안장점이다.

(b) 임계점 $(x,y)=(1,1)$에서
$D(1,1)=128>0$이고 $f_{xx}(1,1)=12>0$이므로, 2계 도함수 판정법 (a)에 해당하여 $f(1,1)=-1$은 극솟값이다.

(c) 임계점 $(x,y)=(-1,-1)$에서
$D(-1,-1)=128>0$이고 $f_{xx}(-1,-1)=12>0$이므로, 2계 도함수 판정법 (a)에 해당하여 $f(-1,-1)=-1$은 극솟값이다.

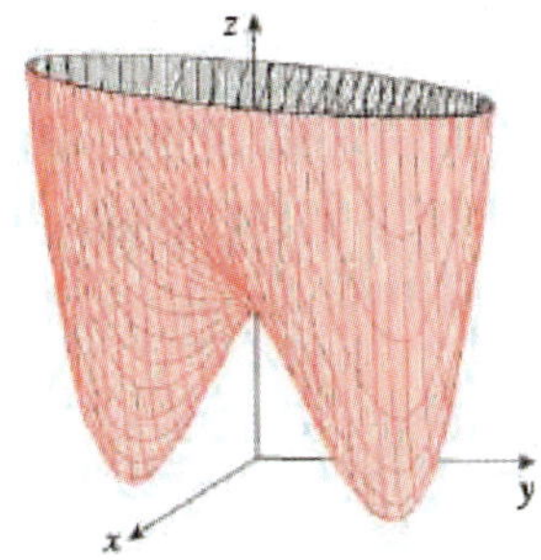

$z=x^4+y^4-4xy+1$

[그림 11.40]

$z=f(x,y)$의 그래프는 [그림 11.40]에서 볼 수 있다.

예제 11.7.4 점 $(1,0,2)$으로부터 평면 $x+y+z=1$까지 최단거리를 구하라.

풀이

임의의 점 (x,y,z)로부터 점 $(1,0,2)$까지 거리는 다음과 같다.

$$d=\sqrt{(x-1)^2+y^2+(z-2)^2}$$

그러나 점 (x,y,z)가 평면 $x+y+z=1$에 있는 점이면, $z=1-x-y$이므로 다음을 얻는다.

$$d=\sqrt{(x-1)^2+y^2+(-1-x-y)^2}$$

다음과 같이 근호를 없앤 d^2을 최소화함으로써 d를 최소화할 수 있다.

$$d^2=f(x,y)=(x-1)^2+y^2+(-1-x-y)^2$$

이제 극솟값을 구하기 위해, 2계 도함수 판정법을 이용하기 위하여 먼저 1계 편도함수로 임계점을 구한다.

$$f_x=2(x-1)+2(-1-x-y)(-1)=4x+2y$$

$$f_y = 2y + 2(-1-x-y)(-1) = 2x + 4y + 2$$

에서 $f_x = 0, f_y = 0$을 동시에 만족하는 (x,y)를 구하면 $x = \frac{1}{3}$, $y = -\frac{2}{3}$이므로, 임계점은 오직 한 점 $\left(\frac{1}{3}, -\frac{2}{3}\right)$이다. 또한 $f_{xx} = 4, f_{xy} = 2, f_{yy} = 4$이므로 임계점에서 다음을 얻는다.

$$D(x,y) = f_{xx}f_{yy} - (f_{xy})^2 = 4 \times 4 - (2)^2 = 12 > 0$$

$$f_{xx} = 4 > 0$$

따라서 2계 도함수 판정법에 의하여 $f\left(\frac{1}{3}, -\frac{2}{3}\right) = \frac{4}{3}$은 극솟값이다. 직관적으로 이 극솟값이 최솟값이라는 것을 알 수 있다. $x = \frac{1}{3}$, $y = -\frac{2}{3}$을 대입하면 다음과 같다.

$$d = \sqrt{\left(\frac{1}{3} - 1\right)^2 + \left(-\frac{2}{3}\right)^2 + \left(-1 - \frac{1}{3} - \left(-\frac{2}{3}\right)\right)^2} = \frac{2\sqrt{3}}{3}$$

따라서 점 $(1, 0, 2)$에서 평면 $x + y + z = 1$까지 최단거리는 $\frac{2\sqrt{3}}{3}$이다.

예제 11.7.5 마분지 27m^2를 이용하여 뚜껑이 없는 직육면체 상자를 만든다. 이 상자의 최대 부피를 구하라.

풀이

상자의 길이, 너비, 높이를 [그림 11.41]에서 보는 것처럼 x, y, z라 하자. 여기서 단위는 m이다. 그러면 상자의 부피 $V = xyz$이다.

상자의 네 옆면과 밑면의 넓이가 $2xz + 2yz + xy = 27$임을 이용하여 V를 두 변수 x와 y의 함수로 표현할 수 있다. $2xz + 2yz + xy = 27$을 z에 대해 풀면

$$z = \frac{27 - xy}{2(x+y)}$$

를 얻는다. 이 식을 $V = xyz$에 대입하면 $V = xy\frac{27 - xy}{2(x+y)} = \frac{27xy - x^2y^2}{2(x+y)}$이다. 편도함수를 구하면 다음과 같다.

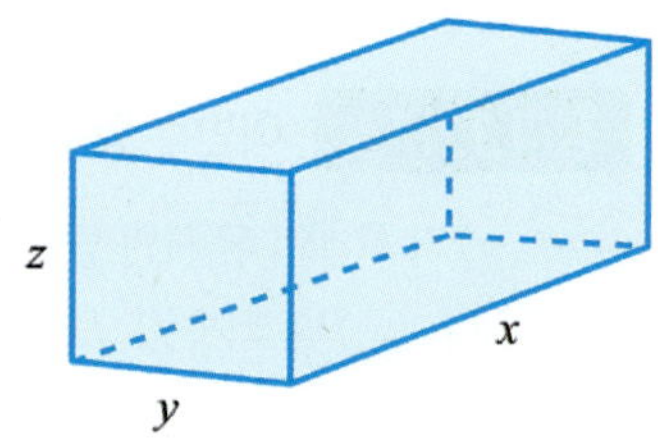

[그림 11.41]

$$V_x = \frac{y^2(27 - 2xy - x^2)}{2(x+y)^2}, \quad V_y = \frac{x^2(27 - 2xy - y^2)}{2(x+y)^2}$$

$V_x = 0$, $V_y = 0$을 동시에 만족하는 x, y를 구한다. $x > 0$, $y > 0$이어야 하므로 $27 - 2xy - x^2 = 0, 27 - 2xy - y^2 = 0$을 풀면 $x^2 = y^2$, $x = y$이다. $x = y$를 $27 - 2xy - x^2 = 0$에 대입하면 $27 - 3x^2 = 0$이므로 $x = 3$, $y = 3$과 $z = \frac{3}{2}$을 얻는다. 또한 2계 도함수 판정법에 의하여 $D(3,3) > 0$, $V_{xx}(3,3) < 0$ 이므로 극대임을 알 수 있다. 이는 또한 최대임을 알 수 있다.

따라서 $x=3,\ y=3,\ z=\frac{3}{2}$에서 상자의 최대 부피는 $V=3\times3\times\frac{3}{2}=\frac{27}{2}\ \mathrm{m}^3$이다.

최댓값과 최솟값

일변수 함수 $f(x)$에 대한 극값 정리(최대최소 정리)는 $f(x)$가 닫힌 구간 $[a,b]$에서 연속이면 $f(x)$는 반드시 최댓값과 최솟값을 갖는다는 것을 말한다. 임계수 뿐만 아니라 양 끝점 a와 b에서 함숫값 $f(a)$와 $f(b)$를 계산하여 최댓값과 최솟값을 구한다.

이변수 함수에 대해서도 유사한 방법이 있다. 닫힌 구간이 그 끝점들을 포함하는 것과 같이 $\mathbb{R}^2$에서 닫힌 집합은 모든 경계점을 포함하는 집합이다. 여기에서 점 (a, b)를 D의 경계점(boundary point)이라 함은 (a, b)를 중심으로 하는 모든 원판이 항상 D에 속하는 점과 D에 속하지 않는 점을 동시에 포함함을 말한다. 예를 들어 원 $x^2+y^2=1$에 있는 점과 내부의 모든 점으로 구성된 원판 $D=\{(x, y) \mid x^2+y^2\le 1\}$는 닫힌 집합이다. 왜냐하면 이 집합은 모든 경계점 즉, 원 $x^2+y^2=1$에 있는 모든 점을 포함하고 있기 때문이다. 그러나 경계 곡선에 있는 점이 하나라도 빠지면 그 집합은 닫힌 집합이 아니다[그림 11.42 참조].

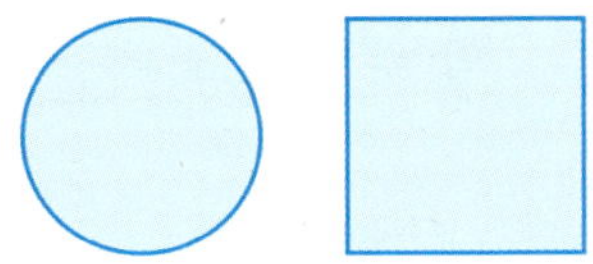
(a) 폐집합

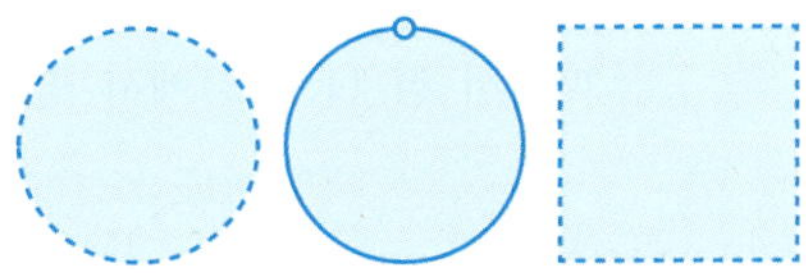
(b) 폐집합이 아닌 집합

[그림 11.42]

$\mathbb{R}^2$에서 유계집합은 어떤 원판 내부에 포함되는 집합이다. 다시 말해서 크기가 유한한 집합이다.

정리 11.7.4 이변수 함수에 대한 최대 최소 정리

$f(x,y)$가 $\mathbb{R}^2$의 유계인 닫힌 집합 D에서 연속이면, $f(x,y)$는 반드시 D에 속한 어떤 점 (x_1,y_1)과 (x_2,y_2)에서 최댓값 $f(x_1,y_1)$과 최솟값 $f(x_2,y_2)$를 갖는다.

D를 $\mathbb{R}^2$의 유계인 닫힌 집합이라 할 때, $f(x,y)$가 D에 속한 점(x_1,y_1)에서 극값을 가진다면, 점 (x_1,y_1)는 $f(x,y)$의 임계점이거나 D의 경계점이다. 따라서 닫힌 구간 방법을 다음과 같이 이변수 함수로 확장한다.

정리 11.7.5

유계인 닫힌 집합 D에서 연속인 함수 $f(x,y)$의 최댓값과 최솟값을 다음과 같이 구한다.

(a) D의 내부에 속한 $f(x,y)$의 임계점 (a,b)에서 함수값 $f(a,b)$를 구한다.

(b) D의 경계에서 $f(x,y)$의 최댓값과 최솟값을 구한다.

(c) (a)와 (b)에서 얻은 값 중에서 가장 큰 값이 최댓값이고, 가장 작은 값이 최솟값이다.

예제 11.7.6 직사각형 $D=\{(x,y)|0\le x\le 3,\ 0\le y\le 2\}$에서 함수 $f(x,y)=x^2-2xy+2y$의 최댓값과 최솟값을 구하라.

풀이

$f(x,y)$가 다항함수이므로 유계인 닫힌 사각형 D에서 연속이다. 정리 11.7.4로부터 최댓값과 최솟값이 모두 존재한다.
정리 11.7.5(a)에 따라 먼저 임계점을 구한다.
$f_x=2x-2y=0,\ f_y=-2x+2=0$에서 $x=1$이고 $y=1$이다. 점 $(1,1)$이 유일한 임계점이고, 이 점에서의 함수 $f(x,y)$의 값은 $f(1,1)=1$ 이다.
정리 11.7.5(b)에 따라 [그림 11.43]에서 보는 것처럼 4개의 선분 L_1,L_2,L_3,L_4로 구성된 D의 경계 직선에서 함수 $f(x,y)$의 최댓값과 최솟값을 구한다.

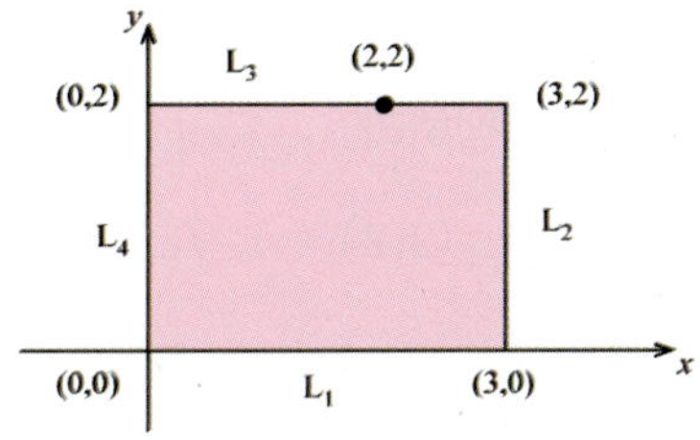

[그림 11.43]

(i) L_1에서,

$y=0$이므로, $f(x,0)=x^2,\ 0\le x\le 3$인데 이 함수는 $0\le x\le 3$에서 증가함수이므로 최솟값은 $f(0,0)=0$, 최댓값은 $f(3,0)=9$이다.

(ii) L_2에서,

$x=3$이므로, $f(3,y)=9-4y,\ 0\le y\le 2$인데 이 함수는 y의 감소함수이므로 최솟값은 $f(3,2)=1$이고 최댓값은 $f(3,0)=9$이다.

(iii) L_3에서,

$y=2$이므로, $f(x,2)=x^2-4x+4,\ 0\le x\le 3$인데, $f(x,2)=(x-2)^2$이므로 최솟값은 $f(2,2)=0$이고 최댓값은 $f(0,2)=4$이다.

(iv) L_4에서,

$x=0$이므로, $f(0,y)=2y,\ 0\le y\le 2$인데, 이 함수는 y의 증가함수이므로 최솟값은 $f(0,0)=0$이고 최댓값은 $f(0,2)=4$이다.

따라서 경계에서 $f(x,y)$의 최솟값은 $f(0,0)=f(2,2)=0$이고 최댓값은 $f(3,0)=9$이다.

정리 11.7.5(c)에 따라 경계에서 최솟값과 최댓값, 임계점에서 값 $f(1,1)=1$과 비교하면 D에서 최댓값은 $f(3,0)=9$이고 최솟값은 $f(0,0)=f(2,2)=0$이다.

연습문제 11.7

1. 연속인 2계 도함수를 갖는 $f(x,y)$의 임계점을 $(2,\ 2)$이라 하자. 각 경우에 극값을 갖는지 안장점을 갖는지 판정하라.

   (a) $f_{xx}(2,2)=4,\ f_{xy}(2,2)=1,\ f_{yy}(2,2)=2$

   (b) $f_{xx}(2,2)=4,\ f_{xy}(2,2)=3,\ f_{yy}(2,2)=2$

[2~7] 다음 함수의 극댓값, 극솟값, 안장점을 구하라.

2. $f(x,y)=x^2+x+y^2+y$

3. $f(x,y)=x^3-12xy+8y^3$

4. $f(x,y)=y^3+3x^2y-3x^2-3y^2+2$

5. $f(x,y)=e^x\cos y$

6. $f(x,y)=xy+\dfrac{x+y}{xy}$

7. $f(x,y)=\sin x\sin y\ (-\pi<x<\pi,\ -\pi<y<\pi)$

[8~11] 다음 집합 D에서 $f(x,y)$의 최댓값과 최솟값을 구하라.

8. $f(x,y)=x^2+y^2-2x$, D는 세 꼭짓점이 $(2,0)$, $(0,2)$, $(0,-2)$인 닫힌 삼각형 영역

9. $f(x,y)=x^2+y^2+x^2y+4$,
   $D=\{(x,y)\mid |x|\le 1, |y|\le 1\}$

10. $f(x,y)=x^2+2y^2, D=\{(x,y)\mid x^2+y^2\le 1\}$

11. $f(x,y)=x^4+y^4-4xy+2$,
    $D=\{(x,y)\mid 0\le x\le 2,\ 0\le y\le 2\}$

12. 점 $(1,2,3)$으로부터 평면 $x-y+z=4$까지 최단거리를 구하라.

13. 반지름이 r인 구에 내접하는 직육면체의 최대 부피를 구하라.

14. 뚜껑이 없는 마분지 상자의 부피는 $32\,\text{cm}^3$이라 하자. 사용되는 마분지의 크기를 최소로 하는 가로, 세로, 높이를 구하라.

11.8 라그랑주 승수법

11.7절의 예제 11.7.5에서 곡면 넓이가 $27\,\text{m}^2$라는 조건으로부터 $2xz+2yz+xy=27$을 제약조건으로 갖는 부피함수 $V=xyz$의 최대 부피를 구했다. 이 절에서는 $g(x,y,z)=k$와 같은 등식 형태의 제약조건이 있는 일반적인 함수 $f(x,y,z)$를 최대화 또는 최소화하는 라그랑주의 방법을 소개한다.

설명을 쉽게 하기 위해서, 이변수 함수를 사용하는 라그랑주 승수법을 공부해 보자. 다시 말해, 우선 $g(x,y)=k$꼴의 제약조건이 있는 함수 $f(x,y)$의 극값을 구하는 문제를 생각한다. 점 (x,y)가 제약조건을 만족하는, 즉 등위곡선 $g(x,y)=k$에 있는 점이라고 할 때 $f(x,y)$의 극값을 구해보자. [그림 11.44]는 이 곡선 $g(x,y)=k$와 더불어 $c=7,8,9,10,11$일 때 $f(x,y)$에 대한 여러 등위곡선 $f(x,y)=c$를 보여준다. $g(x,y)=k$

를 만족하는 모든 (x,y)에 대하여, $f(x,y)$의 최댓값은 $g(x,y)=k$와 교차하는 등위곡선 $f(x,y)=c$중 가장 큰 c의 값이 되는 것이다. [그림 11.44]로부터 곡선들이 서로 접할 때 즉, 공통접선을 가질 때 최댓값이 나타남을 예상할 수 있다. 그렇지 않으면 c의 값은 더욱 커질 수 있다. 바꾸어 말하면 곡선들이 접하는 점 (x_0,y_0)에서 법선들이 일치함을 의미하며, 같은 말로 기울기 벡터들은 평행함을 의미한다. 즉, $\nabla f(x_0, y_0)=\lambda\nabla g(x_0, y_0)$를 만족하는 스칼라 λ가 존재한다.

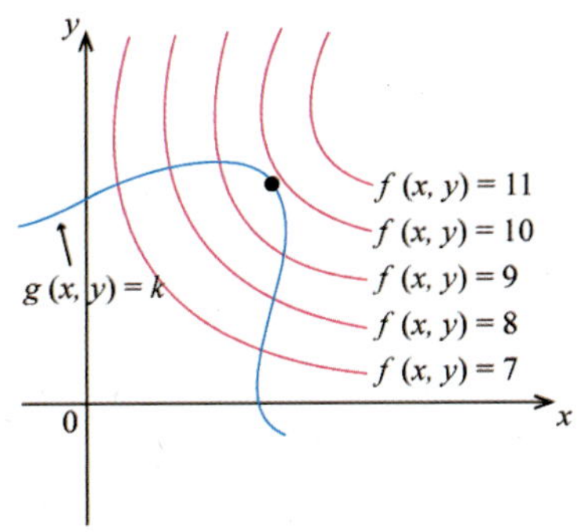

[그림 11.44]

이제 다시 삼변수 함수로 설명을 이어가자. 이변수 함수에서 설명했던 내용은 제약 조건 $g(x,y,z)=k$이 있는 함수 $f(x,y,z)$의 극값을 구하는 문제에 적용할 수 있다. 이제는 점 (x,y,z)를 방정식 $g(x,y,z)=k$인 등위곡면 S에 놓여 있는 점들로만 제한을 하고, [그림 11.44]에서 등위곡선 대신 등위곡면 $f(x,y,z)=c$를 생각한다. $f(x,y,z)$의 최댓값이 $f(x_0,y_0,z_0)=c$이면, 등위곡면 $f(x,y,z)=c$가 등위곡면 $g(x,y,z)=k$에 접하게 되고, 따라서 이에 대응되는 기울기 벡터들은 서로 평행하다. 이제는 앞에서 설명한 내용을 잘 정리해 보자. 함수 $f(x,y,z)$가 곡면 S에 있는 점 $P(x_0,y_0,z_0)$에서 극값을 갖는다고 가정하고, 점 P를 지나고 S에 놓인 곡선 C의 벡터방정식을

$$\mathbf{r}(t) = < x(t), y(t), z(t) >$$

라 하자. t_0가 점 P에 대응하는 매개 변수의 값이면

$$\mathbf{r}(t_0) = < x(t_0), y(t_0), z(t_0) > = < x_0, y_0, z_0 >$$

이다. 합성함수 $h(t)=f(x(t), y(t), z(t))$는 $f(x,y,z)$가 곡선 C의 점에서 정의되는 값을 나타낸다. $f(x,y,z)$가 $P(x_0,y_0,z_0)$에서 극값을 가지므로 h는 t_0에서 극값을 갖는다. 따라서 $h'(t_0)=0$ 이다. 또한 f가 미분가능하면 연쇄법칙을 이용하여 다음을 얻는다.

$$\begin{aligned} 0 &= h'(t_0) \\ &= f_x(x_0,y_0,z_0)x'(t_0) + f_y(x_0,y_0,z_0)y'(t_0) + f_z(x_0,y_0,z_0)z'(t_0) \\ &= \nabla f(x_0,y_0,z_0)\cdot\mathbf{r}'(t_0) \end{aligned}$$

이것은 기울기 벡터 $\nabla f(x_0,y_0,z_0)$가 곡선 C에 대한 접선벡터 $\mathbf{r}'(t_0)$에 수직임을 보여준다. 한편 11.6절로부터 $g(x,y,z)$의 기울기 벡터 $\nabla g(x_0,y_0,z_0)$ 또한 $\mathbf{r}'(t_0)$에 수직임을 이미 알고 있다. 이것은 기울기 벡터

$\nabla f(x_0, y_0, z_0)$와 $\nabla g(x_0, y_0, z_0)$가 서로 평행함을 뜻한다. 그러므로 $\nabla g(x_0, y_0, z_0) \neq 0$이면 다음 조건을 만족하는 수 λ가 존재한다.

$$\nabla f(x_0, y_0, z_0) = \lambda \nabla g(x_0, y_0, z_0)$$

위의 식에서 수 λ를 라그랑주 승수라 한다.

정리 11.8.1 라그랑주 승수법

제약조건 $g(x, y, z) = k$이 있는 함수 $f(x, y, z)$의 최댓값과 최솟값을 구하기 위해 이들 극값이 존재하고, 곡면 $g(x, y, z) = k$에서 $\nabla g \neq 0$ 라 할 때 다음 방법을 따른다.

(a) 다음을 만족하는 x, y, z, λ의 값을 모두 구한다.

$$\nabla f(x, y, z) = \lambda \nabla g(x, y, z), \quad g(x, y, z) = k$$

(b) (a)에서 구한 모든 점 (x, y, z)에서 f의 함숫값을 계산한다. 이 값들 중 가장 큰 것이 $f(x, y, z)$의 최댓값이고 가장 작은 것이 $f(x, y, z)$의 최솟값이다.

벡터방정식 $\nabla f = \lambda \nabla g$를 성분으로 나타내면 (a) 단계에서의 식은 다음과 같다.

$$f_x = \lambda g_x, \quad f_y = \lambda g_y, \quad f_z = \lambda g_z, \quad g(x, y, z) = k$$

이것은 네 미지수 x, y, z, λ에 대한 연립방정식이다. 그러나 정확한 λ를 구할 필요까지는 없다.

이변수 함수에 대한 라그랑주 승수법은 앞에서 설명한 방법과 비슷하다. 제약조건 $g(x, y) = k$이 있는 함수 $f(x, y)$의 극값을 구하기 위해 다음을 만족하는 x, y, λ를 구해야 한다.

$$\nabla f(x, y) = \lambda \nabla g(x, y), \quad g(x, y) = k$$

벡터방정식 $\nabla f = \lambda \nabla g$를 성분으로 나타내면 다음과 같다.

$$f_x = \lambda g_x, \quad f_y = \lambda g_y, \quad g(x, y) = k$$

이것은 세 미지수 x, y, λ에 대한 연립방정식이다.

11.7절의 예제 11.7.5에서 풀었던 문제를 다시 라그랑주 승수법으로 풀어 보자.

예제 11.8.1 마분지 $27\,\mathrm{m}^2$를 이용하여 뚜껑이 없는 직육면체 상자를 만든다. 이 상자의 최대 부피를 구하라.

풀이

11.7절의 예제 11.7.5에서와 같이 x, y, z를 각각 상자의 길이, 너비, 높이라 하자. 여기서 단위는 m이다. 다음과 같은 제약조건이 있는 함수 $V=xyz$의 최댓값을 구하고자 한다.

$$g(x,y,z)=2xz+2yz+xy=27$$

라그랑주 승수법을 이용하여 $\nabla V=\lambda\nabla g$ 이고 $g(x,y,z)=27$를 만족하는 $x,\ y,\ z,\ \lambda$를 구한다. $\nabla V=\lambda\nabla g$를 성분으로 나타내면 다음을 얻는다.

$$V_x=\lambda g_x,\ V_y=\lambda g_y,\ V_z=\lambda g_z,\ g(x,y,z)=2xz+2yz+xy=27$$

$V_x=yz,\ V_y=xz,\ V_z=xy$이고 $g_x=2z+y,\ g_y=2z+x,\ g_z=2x+2y$이므로, 이를 대입하면 다음을 얻는다.

$$yz=\lambda(2z+y),\quad xz=\lambda(2z+x),\quad xy=\lambda(2x+2y),\quad 2xz+2yz+xy=27$$

이 방정식들을 풀기 위한 일반적인 규칙은 없지만 때때로 특정한 기교가 필요할 수는 있다.

먼저, 위의 식에서 $\lambda=0$인 경우를 먼저 생각해 보면, $yz=0,\ xz=0,\ xy=0$이 되어 $2xz+2yz+xy=27$에 모순이다. 그러므로 $\lambda\neq0$이다.
이제, 위의 세 식에 각각 $x,\ y,\ z$를 곱하여 다음을 얻는다.

$$xyz=\lambda(2xz+xy),\quad xyz=\lambda(2yz+yx),\quad xyz=\lambda(2zx+2yz)$$

이 식에서 $2xz+xy=2yz+yx$이므로 $xz=yz$이다. $z\neq0$이므로 $x=y$이다. 또한 $2yz+yx=2zx+2yz$이므로 $yx=2zx$이다. $x\neq0$이므로 $y=2z$이다.

이제, $x=y=2z$를 $2xz+2yz+xy=27$에 대입하면 $4z^2+4z^2+4z^2=27$이 되므로, $z=\dfrac{3}{2}$을 얻는다. 이로부터 $x=3,\ y=3$를 얻는다. 따라서 상자의 최대 부피는 $V=3\times3\times\dfrac{3}{2}=\dfrac{27}{2}\mathrm{m}^3$이다.

예제 11.8.2 원 $x^2+y^2=1$에서 함수 $f(x,y)=x^2+2y^2$의 최댓값과 최솟값을 구하라.

풀이

제약조건 $g(x,y)=x^2+y^2=1$을 만족하는 함수 $f(x,y)$의 최댓값과 최솟값을 구하는 문제이므로, 라그랑주 승수법을 이용하여 방정식

$$\nabla f=\lambda\nabla g,\ g(x,y)=1$$

을 푼다. 먼저, $\nabla f=\lambda\nabla g$를 성분으로 나타내면 다음을 얻는다.

$$f_x=\lambda g_x,\ f_y=\lambda g_y,\ g(x,y)=1$$

$f_x = 2x$, $f_y = 4y$, $g_x = 2x$, $g_y = 2y$를 대입하면

$$2x = 2x\lambda,\ 4y = 2y\lambda,\ x^2 + y^2 = 1$$

이다.

$2x = 2x\lambda$에서 $x = 0$ 또는 $\lambda = 1$이다.

i) $x = 0$이면, $x^2 + y^2 = 1$에서 $y = \pm 1$이고,
ii) $\lambda = 1$이면, $4y = 2y\lambda$에서 $y = 0$이므로, $x^2 + y^2 = 1$에 대입하면 $x = \pm 1$이다.

그러므로 $f(x,y)$는 네 점 $(0,1),(0,-1),(1,0),(-1,0)$에서 최댓값 또는 최솟값을 가질 수 있다. 이 점에서 함숫값은 $f(0,1) = 2$, $f(0,-1) = 2$, $f(1,0) = 1$, $f(-1,0) = 1$이므로 제약조건 $x^2 + y^2 = 1$이 있는 함수 $f(x,y)$의 최댓값은 $f(0,1) = f(0,-1) = 2$이고 최솟값은 $f(-1,0) = f(1,0) = 1$이다.

예제 11.8.3 원판 $x^2 + y^2 \le 1$에서 함수 $f(x,y) = x^2 + 2y^2$의 최댓값과 최솟값을 구하라.

풀이

정리 11.7.5의 순서에 따라 임계점에서의 $f(x,y)$의 값과 경계점에서의 값을 비교한다. $f_x = 2x$, $f_y = 4y$이므로 유일한 임계점은 $(0,0)$이다. 임계점에서의 $f(0,0)$의 값과 예제 11.8.2에서 구한 경계에서의 최댓값과 최솟값을 다음과 같이 비교한다. $f(0,0) = 0$, $f(0,1) = f(0,-1) = 2$, $f(1,0) = f(-1,0) = 1$이므로 원판 $x^2 + y^2 \le 1$에서 $f(x,y)$의 최댓값은 $f(0,1) = f(0,-1) = 2$ 이고 최솟값은 $f(0,0) = 0$ 이다.

두 가지 제약조건

$g(x,y,z) = k$와 $h(x,y,z) = c$와 같은 등식 꼴의 두 가지 제약이 있는 함수 $f(x,y,z)$의 극값을 구한다고 가정하자. 이것은 기하학적으로 점 (x,y,z)가 등위곡면 $g(x,y,z) = k$와 $h(x,y,z) = c$의 교차곡선 C에 놓이는 것으로 제약이 있을 때, $f(x,y,z)$의 최댓값과 최솟값을 구하는 것을 의미한다.

$f(x,y,z)$가 점 $P(x_0,y_0,z_0)$에서 극값을 갖는다고 하자. ∇f는 P에서 곡선 C에 수직이다. 또한 ∇g는 $g(x,y,z) = k$에 수직이고 ∇h는 $h(x,y,z) = c$에 수직이다. 따라서 ∇g와 ∇h는 모두 C에 수직이다. 이것은 기울기 벡터 $\nabla f(x_0,y_0,z_0)$가 $\nabla g(x_0,y_0,z_0)$와 $\nabla h(x_0,y_0,z_0)$로 결정되는 평면에 놓여 있음을 의미한다. 이때, 기울기 벡터들은 0이 아니고 평행하지도 않다고 가정하자. 따라서 다음 방정식을 만족하는 수 λ와 μ(라그랑주 승수)가 존재한다.

$$\nabla f(x_0,y_0,z_0) = \lambda \nabla g(x_0,y_0,z_0) + \mu \nabla h(x_0,y_0,z_0)$$

이 경우에 라그랑주 승수법은 5개의 미지수 x,y,z,λ,μ 에 관한 다음 5개의 방정식을 풀어서 극값을 찾는다. 이런 방정식들은 제약조건 방정식을 이용하여 다음과 같은 성분으로 표현한다.

$$f_x = \lambda g_x + \mu h_x,\ \ f_y = \lambda g_y + \mu h_y,\ \ f_z = \lambda g_z + \mu h_z,$$
$$g(x,y,z) = k,\ \ h(x,y,z) = c$$

예제 11.8.4 평면 $x - y + z = 1$과 원기둥 $x^2 + y^2 = 1$이 만나는 교차곡선에서 함수 $f(x,y,z) = x + 2y + 3z$의 최댓값을 구하라.

풀이

두 제약조건 $g(x,y,z) = x - y + z = 1$과 $h(x,y,z) = x^2 + y^2 = 1$이 주어져 있는 함수 $f(x,y,z) = x + 2y + 3z$를 최대화한다. 라그랑주 조건은 $\nabla f = \lambda \nabla g + \mu \nabla h$이고 따라서 다음 식을

$$f_x = \lambda g_x + \mu h_x,\ \ f_y = \lambda g_y + \mu h_y,\ \ f_z = \lambda g_z + \mu h_z, \text{와 } g(x,y,z) = 1,\ \ h(x,y,z) = 1$$

을 함께 푼다.

$$1 = \lambda + 2x\mu,\ \ 2 = -\lambda + 2y\mu,\ \ 3 = \lambda \text{이고 } x - y + z = 1,\ \ x^2 + y^2 = 1$$

에서 $\lambda = 3$이므로 이 값을 $1 = \lambda + 2x\mu$, $2 = -\lambda + 2y\mu$에 대입하면 $x = -\dfrac{1}{\mu}$, $y = \dfrac{5}{2\mu}$를 얻는다. 이 두 식을 $x^2 + y^2 = 1$에 대입하면 $\mu^2 = \dfrac{29}{4}$, $\mu = \pm\dfrac{\sqrt{29}}{2}$을 얻으므로, 이로부터 $x = \mp\dfrac{2}{\sqrt{29}}$, $y = \pm\dfrac{5}{\sqrt{29}}$를 구하고, $x - y + z = 1$로부터 $z = 1 \pm \dfrac{7}{\sqrt{29}}$을 구한다. 이 점들에 대응하는 함수 $f(x,y,z)$의 값은 다음과 같다.

$$\mp\frac{2}{\sqrt{29}} + 2\left(\pm\frac{5}{\sqrt{29}}\right) + 3\left(1 \pm \frac{7}{\sqrt{29}}\right) = 3 \pm \sqrt{29}$$

따라서 구하고자 하는 함수 $f(x,y,z)$의 최댓값은 $3 + \sqrt{29}$ 이다.

연습문제 11.8

[1~3] 라그랑주 승수를 이용하여 주어진 제약이 있는 함수의 최댓값과 최솟값을 구하라.

1. $f(x,y)=x^2+y^2, \quad xy=1$

2. $f(x,y)=x^2y, \quad x^2+2y^2=6$

3. $f(x,y,z)=x^2+y^2+z^2, \quad x^4+y^4+z^4=1$

[4~5] 제약조건이 있는 함수의 극값을 구하라.

4. $f(x,y)=x+y, \quad x^2+y^2=1$

5. $f(x,y,z)=x+2y, \ x+y+z=1, \ y^2+z^2=4$

6. 부등식으로 주어진 영역에서 함수 $f(x,y)$의 극값을 구하라.

$$f(x,y)=e^{-xy}, \quad x^2+4y^2 \le 1$$

[7~8] 라그랑주 승수법을 이용하여 다음 문제의 해를 구하라.

7. 반지름이 r인 구에 내접하는 직육면체의 최대 부피를 구하라.

8. 마분지 $12\,\mathrm{m}^2$를 이용하여, 뚜껑이 없는 직육면체 상자를 만든다. 이 상자의 최대 부피를 구하라.

Chapter 12 이중적분

12.1 이중적분

다양한 모양의 평면도형의 넓이 문제를 해결하기 위해 일변수 함수에 대한 정적분 개념을 도입하여 활용하였는데, 같은 원리로 이변수 함수에서는 다양한 공간도형의 부피 문제를 해결하기 위해 이중적분의 개념을 도입한다.

부피와 이중적분

다음과 같은 닫힌 직사각영역 R 에서 정의된 음이 아닌 값을 갖는 이변수 함수 f 를 생각해보자.

$$R=[a,\ b]\times[c,\ d]\ =\ \{(x,\ y)\in\mathbb{R}^2\,|\,a\le x\le b,\ c\le y\le d\}$$

f 의 그래프는 방정식 $z=f(x,\ y)$을 만족하는 곡면으로 나타난다. S를 R의 위쪽과 f의 그래프 아래쪽에 놓여 있는 입체 도형이라 하자. 즉,

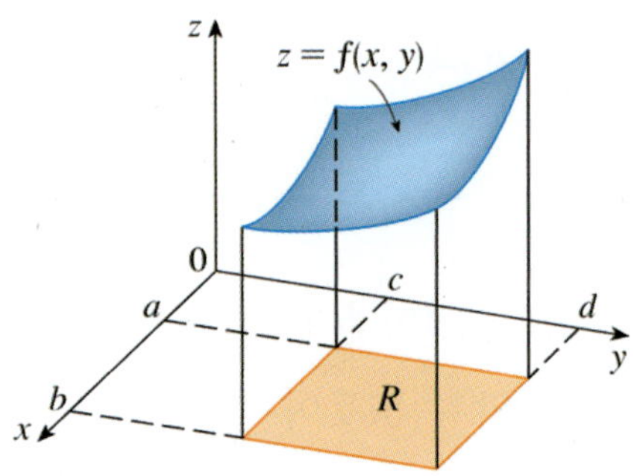

[그림 12.1]

$$S=\{(x,\ y,\ z)\in\mathbb{R}^3\,|\,0\le z\le f(x,\ y),\ (x,\ y)\in\mathbb{R}^2\}$$

여기서 S 의 부피를 구하는 방법을 알아보고자 한다.

이를 위하여 먼저 R 을 작은 직사각형들로 나누는 분할 P 를 생각해 보자.

우선 구간 $[a,\ b]$ 와 $[c,\ d]$ 에 다음과 같은 분할을 택하여 나누어 보자.

$$a = x_0 < x_1 < \cdots < x_{i-1} < x_i < \cdots < x_m = b$$

$$c = y_0 < y_1 < \cdots < y_{j-1} < y_j < \cdots < y_n = d$$

이를 이용하여 [그림 12.2]에서 보는 것과 같이 이러한 분할에서의 점들을 지나고 각 좌표축에 수직인 직선을 그리면 다음과 같은 부분 직사각형들이 만들어진다.

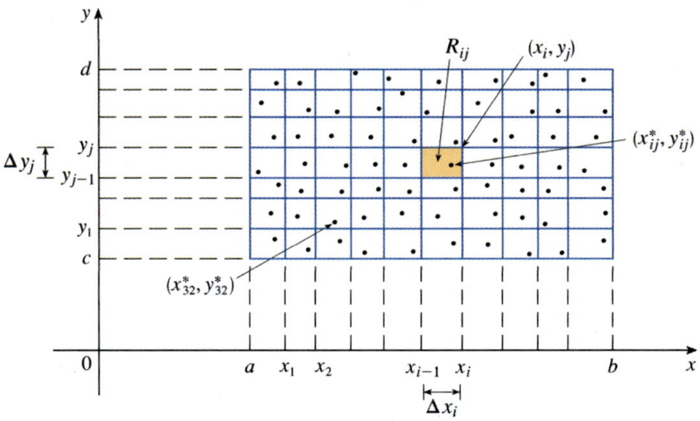

[그림 12.2]

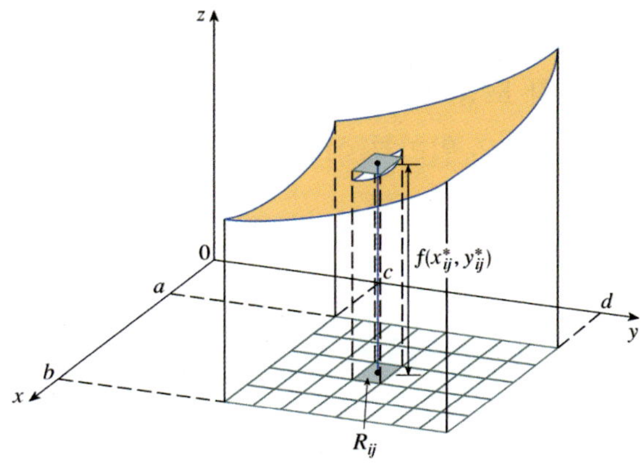

[그림 12.3]

$$R_{ij} = [x_{i-1}, x_i] \times [y_{j-1}, y_j] = \{(x, y) \mid x_{i-1} \le x \le x_i, \ y_{j-1} \le y \le y_j\}$$

그러면 R는 $m \times n$ 개의 부분 직사각형들로 구성된 분할 P에 의해 나누어진다. 편의상 $\Delta x_i = x_i - x_{i-1}$, $\Delta y_j = y_j - y_{j-1}$ 이라 하면, 부분 직사각형 R_{ij}의 넓이 ΔA_{ij}는 다음과 같다.

$$\Delta A_{ij} = \Delta x_i \Delta y_j$$

각각의 R_{ij}에서 표본점 (x^*_{ij}, y^*_{ij})를 택하여 밑면이 R_{ij}이고 높이가 $f(x^*_{ij}, y^*_{ij})$인 직육면체를 생각할 수 있다. 이 직육면체의 부피 V_{ij}는 [그림 12.3]에서 알 수 있듯이

$$V_{ij} = f(x^*_{ij}, y^*_{ij}) \Delta A_{ij}$$

이고 이러한 직육면체들은 $m \times n$개이므로 이들의 부피를 합하면 우리가 구하고자 하는 S의 부피에 근접함을 [그림 12.4]로 추측할 수 있다.

$$V \approx \sum_{i=1}^{m} \sum_{j=1}^{n} f(x^*_{ij}, y^*_{ij}) \Delta A_{ij}$$

이때 사용된 이중합은 이중 리만합(double Riemann sum) 이라 부르며, 이 값은 각 직사각형의 분할 P와 그의 직사각형 R_{ij} 에서 선택한 표본점들(x_{ij}^*, y_{ij}^*) 에 의해 달라짐을 알 수 있다. 직관적으로 생각해 볼 때 이중 리만합이 입체 S의 부피 V에 근접하려면 부분 직사각형들의 넓이가 작아져야 함을 알 수 있다. 모든 부분 구간들의 가장 큰 길이를 $\max \Delta x_i$와 $\max \Delta y_j$라 하면, 다음 식이 성립함을 예상 할 수 있다.

$$V = \lim_{\max \Delta x_i,\, \max \Delta y j \to 0} \sum_{i=1}^{m} \sum_{j=1}^{n} f(x_{ij}^*, y_{ij}^*) \Delta A_{ij} \quad \text{(단, 극한값이 존재할 때)}$$

위 식은 단지 부피를 나타낼 때 뿐 만 아니라 다양한 상황에서도 종종 나타난다. 특히, 함수 f가 음수값을 가질 때도 의미를 갖는다. 따라서 다음을 정의한다.

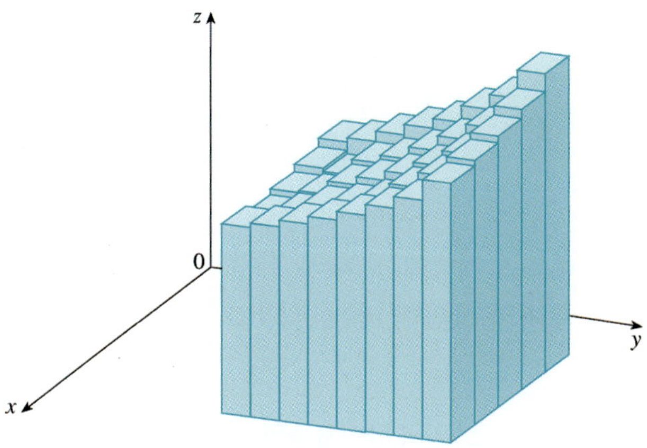

[그림 12.4]

정의 12.1.1

직사각형 R에서 f의 이중적분(double integral)을 다음과 같이 정의한다.

$$\iint_R f(x, y)\,dA = \lim_{\max \Delta x_i,\, \max \Delta y_j \to 0} \sum_{i=1}^{m} \sum_{j=1}^{n} f(x_{ij}^*, y_{ij}^*) \Delta A_{ij}$$

위 정의의 극한값이 존재할 때 함수 f는 영역 R에서 이중적분가능(double integrable)하다라고 한다. 실제로 알려진 바에 의하면, f가 R에서 유계이고 유한개의 매끄러운 곡선을 제외한 곳에서 연속이면 f는 R에서 이중적분가능하다.

f가 R에서 이중적분가능한 경우에, 적분값은 R의 분할 P를 정규분할(regular partition)로 선택하여 계산할 수 있다. 정규분할이란 모든 부분 직사각형 R_{ij}가 서로 합동이고 이에 따라 넓이가 모두 똑같이 $\Delta A = \Delta A_{ij}$

$= \Delta x_i \Delta y_j = \Delta x \Delta y$인 분할이다. 표본점 또한 임의의 점을 택할 수 있으므로 계산의 편리성을 위하여 각 부분 직사각형 R_{ij}의 오른쪽 위의 꼭짓점을 택하면 (즉, (x_i, y_j)) 이중적분은 다음과 같이 좀 더 간단히 표현될 수 있다.

$$\iint_R f(x, y)dA = \lim_{m, n \to \infty} \sum_{i=1}^{m} \sum_{j=1}^{n} f(x_i, y_j)\Delta A$$

이중적분의 정의와 정규분할로 정의된 두 식을 비교해 보면, 공간에서의 영역의 부피는 다음과 같이 이중 적분으로 간단히 표현할 수 있음을 알 수 있다.

정리 12.1.2

$f(x, y) \geq 0$ 일 때, 직사각영역 R 위와 곡면 $z = f(x, y)$ 아래에 놓인 영역의 부피 V는 다음과 같다.

$$V = \iint_R f(x, y)\,dA$$

이중 리만 합은 이중 적분의 근삿값으로 사용될 수 있다. f 가 양수값을 갖는 함수인 경우에는 이중 리만 합은 [그림 12.4]에 있는 직육면체들의 부피의 합인데 이는 f 의 그래프의 아래영역의 부피에 대한 근삿값이다.

예제 12.1.1 정사각영역 $R = [0, 2] \times [0, 2]$ 위와 타원포물면 $z = 16 - x^2 - 2y^2$ 아래에 놓인 공간영역의 부피를 추정하라. R 을 네 개의 동일한 정사각형으로 나누고 정사각형 R_{ij} 의 오른쪽 위의 모서리를 표본점으로 선택하라. 영역과 근사 직육면체를 그리라.

풀이

정사각영역 R을 정규분할한 R_{ij}들은 [그림 12.5]와 같다. 그러므로 각 R_{ij}의 넓이는 1 임을 알 수 있다.
$m = n = 2$인 이중 리만 합으로 부피의 근삿값을 구하면 다음을 얻는다.

$$\begin{aligned} V &\approx \sum_{i=1}^{2}\sum_{j=1}^{2} f(x_i, y_j)\Delta A \\ &= f(1, 1)\Delta A + f(1, 2)\Delta A + f(2, 1)\Delta A + f(2, 2)\Delta A \\ &= 13 \cdot 1 + 7 \cdot 1 + 10 \cdot 1 + 4 \cdot 1 = 34 \end{aligned}$$

이 값은 [그림 12.5]에 표시된 직육면체 부피들의 합이다.

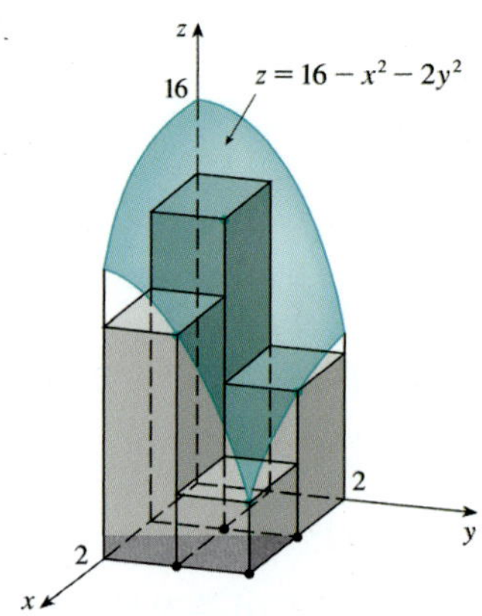

[그림 12.5]

예제 12.1.1에서 부분 정사각영역의 개수를 증가시키면 더 정확한 부피의 근삿값을 구할 수 있다. [그림 12.6]에서 부분 정사각영역의 개수를 16, 64, 256으로 증가시킬수록 직육면체들이 실제 입체와 더욱 비슷하게 보이므로 이에 대응하는 부피의 근삿값이 더욱 정확해지는 것을 알 수 있다.

이중적분의 값을 구하기 위해 정의 12.1.1을 사용하여 계산하는 것은 매우 어렵다. 계산을 하지 않고 부피를 이용하여 직접 구하거나, 좀 더 쉽게 구할 수 있는 다양한 방법을 알아보자.

1) 2) 3)

[그림 12.6]

예제 12.1.2 $R=\{(x,\ y)\mid -1 \le x \le 1,\ \ -2 \le y \le 2\}$ **일 때 다음 이중적분을 구하라.**

$$\iint_R \sqrt{1-x^2}\, dA$$

풀이

이중적분의 값을 정의를 이용하여 구하기란 대부분 매우 어렵다. 하지만 이 예제는 다행히 피적분함수가 $\sqrt{1-x^2} \ge 0$이므로 이 이중적분을 부피를 구하는 방법으로 계산할 수 있다. $z=\sqrt{1-x^2}$이라면, $x^2+z^2=1$이고 $z \ge 0$이다. 그러므로 주어진 이중적분은 원기둥 $x^2+z^2=1$ 아래와 직사각형 R 위에 놓인 도형 S 의 부피를 표현한 것이다[그림 12.7 참조]. S 의 부피는 반지름 1인 반원의 넓이와 기둥의 길이의 곱이므로 다음 결과를 얻게 된다.

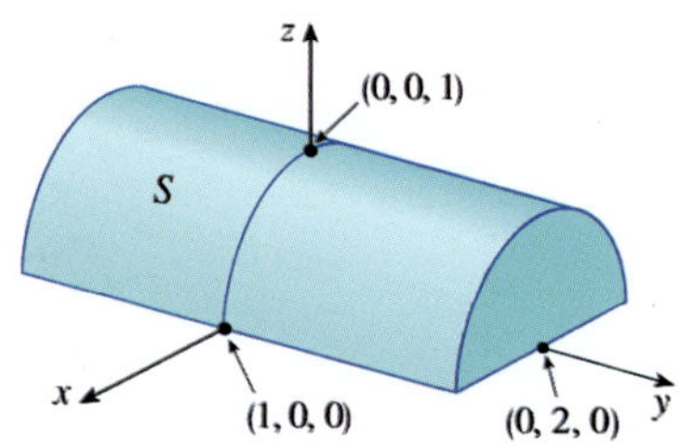

[그림 12.7]

$$\iint_R \sqrt{1-x^2}\, dA = \frac{1}{2}\pi \cdot 1^2 \cdot 4 = 2\pi$$

중점 법칙

일변수 함수의 적분값에 근사시키기 위해 사용한 다양한 방법들(중점 법칙, 사다리꼴 법칙, 심프슨의 법칙)은 모두 이중적분에 대해서도 사용할 수 있다. 여기서는 이중적분에 대한 중점 법칙만 소개하기로 한다. 이것은 이중적분에 근사시키기 위해 정규분할에 의한 이중 리만 합을 이용하는 것인데 이때, 모든 부분직사각영역 R_{ij} 의 넓이는 ΔA 이며 R_{ij} 안의 표본점 $\left(x_{ij}^*, y_{ij}^*\right)$ 는 R_{ij} 의 중점$\left(\overline{x_i}, \overline{y_j}\right)$ 로 택한다. 다시 말하면, $\overline{x_i}$ 는 구간 $[x_{i-1}, x_i]$ 의 중점이고 $\overline{y_j}$ 는 구간 $[y_{j-1}, y_j]$ 의 중점이다.

정리 12.1.3 이중적분에 대한 중점 법칙

$\overline{x_i}$가 $[x_{i-1}, x_i]$의 중점이고 $\overline{y_j}$가 $[y_{j-1}, y_j]$의 중점일 때 다음이 성립한다.

$$\iint_R f(x, y)dA \approx \sum_{i=1}^{m}\sum_{j=1}^{n} f\left(\overline{x_i}, \overline{y_j}\right)\Delta A$$

예제 12.1.3 $m=n=2$인 중점 법칙을 이용하여 $R=\{(x, y)|0 \le x \le 2,\ 1 \le y \le 2\}$일 때 이중적분 $\iint_R (x-3y^2)dA$의 근삿값을 구하라.

풀이

[그림 12.8]을 참조하면 $\overline{x_1}=\frac{1}{2}$, $\overline{x_2}=\frac{3}{2}$, $\overline{y_1}=\frac{5}{4}$, $\overline{y_2}=\frac{7}{4}$이고 $\Delta A=\frac{1}{2}$이다.

따라서,

$$\begin{aligned}\iint_R (x-3y^2)dA &\approx \sum_{i=1}^{2}\sum_{j=1}^{2} f\left(\overline{x_i}, \overline{y_j}\right)\Delta A \\ &= f\left(\overline{x_1}, \overline{y_1}\right)\Delta A + f\left(\overline{x_1}, \overline{y_2}\right)\Delta A + f\left(\overline{x_2}, \overline{y_1}\right)\Delta A + f\left(\overline{x_2}, \overline{y_2}\right)\Delta A \\ &= f\left(\frac{1}{2}, \frac{5}{4}\right)\Delta A + f\left(\frac{1}{2}, \frac{7}{4}\right)\Delta A + f\left(\frac{3}{2}, \frac{5}{4}\right)\Delta A + f\left(\frac{3}{2}, \frac{7}{4}\right)\Delta A \\ &= \left(-\frac{67}{16}\right)\frac{1}{2} + \left(-\frac{139}{16}\right)\frac{1}{2} + \left(-\frac{51}{16}\right)\frac{1}{2} + \left(-\frac{123}{16}\right)\frac{1}{2} \\ &= -\frac{95}{8} = -11.875\end{aligned}$$

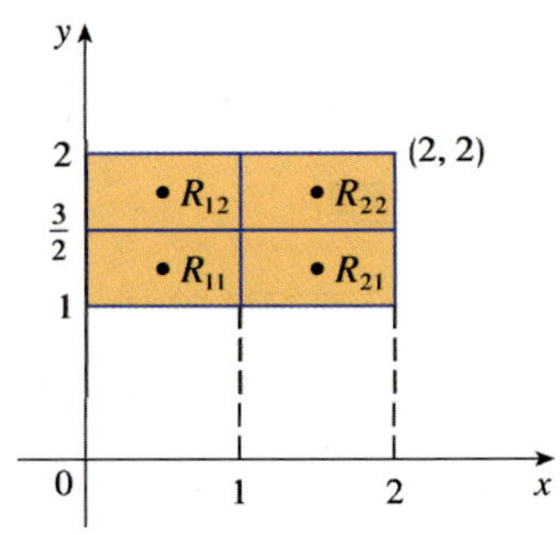

[그림 12.8]

따라서, $\iint_R (x-3y^2)dA \approx -11.875$ 이다.

:연습문제 12.1

1. 직사각영역 R에 m과 n이 다음과 같이 주어진 정규 분할에 대하여 Δx, Δy 그리고 ΔA를 구하라.

   (a) $R = \{(x, y) | 0 \le x \le 2,\ 0 \le y \le 6\}$, $m = 2,\ n = 3$

   (b) $R = \{(x, y) | -3 \le x \le 6,\ 2 \le y \le 14\}$, $m = 3,\ n = 4$

   (c) $R = [-3, 5] \times [-9, 4]$, $m = n = 5$

2. $R = [0, 2] \times [0, 4]$ 위와 곡면 $z = x^2 + y$ 아래에 놓여 있는 입체의 부피를 주어진 방법을 이용하여 근삿값을 구하라. $m = 2$이고 $n = 2$인 정규 분할과 각 부분직사각영역에서 오른쪽 위의 꼭짓점이 표본점인 리만합을 이용하라.

3. $R = [0, 2] \times [0, 4]$ 위와 곡면 $z = x^2 + y$ 아래에 놓여 있는 입체의 부피를 주어진 방법을 이용하여 근삿값을 구하라. $m = 2$이고 $n = 4$인 정규 분할과 각 부분직사각영역에서 왼쪽 아래의 꼭짓점이 표본점인 리만합을 이용하라.

4. $R = [0, \pi] \times [0, \pi]$ 위와 곡면 $z = \sin(x + y)$ 아래에 놓여 있는 입체의 부피를 주어진 방법을 이용하여 근삿값을 구하라. $m = 2$이고 $n = 2$인 정규 분할과 각 부분직사각영역에서 왼쪽 아래의 꼭짓점이 표본점인 리만합을 이용하라.

5. $R = [0, \pi] \times [0, \pi]$ 위와 곡면 $z = \sin(x + y)$ 아래에 놓여 있는 입체의 부피를 주어진 방법을 이용하여 근삿값을 구하라. $m = 2$이고 $n = 2$인 중점법칙을 이용하라.

[6~8] 다음 이중적분의 값을 입체의 부피를 이용하여 구하라.

6. $\iint_R 5\, dA$, $R = \{(x, y) | -1 \le x \le 1, 0 \le y \le 4\}$

7. $\iint_R (4 - x)\, dA$, $R = \{(x, y) | 0 \le x \le 4,\ 0 \le y \le 2\}$

8. $\iint_R \sqrt{4 - y^2}\, dA$, $R = [0, 3] \times [0, 2]$

12.2 반복적분

이중적분을 구함에 있어서 정의만으로 계산하는 것은 무척 어렵거나 불가능한 경우가 대부분이다. 그래서 이중적분의 값을 좀 더 쉽게 구하기 위해 각각의 변수에 대하여 일변수 함수의 미적분학의 기본정리를 두 번 연속적으로 적용하는 반복적분의 개념을 소개한다.

f를 직사각영역 $R = [a, b] \times [c, d]$ 에서 정의된 연속인 이변수 함수라 하자.

새로운 적분기호 $\int_c^d f(x, y)dy$ 는 x를 고정(상수로 취급)시킨 상태에서 $f(x, y)$를 y만의 함수로 보고 y 에 관하여 $[c, d]$에서 일변수 함수로 적분함을 뜻한다. 이를 y에 관한 편적분(partial integration)이라 한다. 이 적분값은 x에 의해 표현될 수 있으므로 다음과 같이 x에 관한 함수로 놓는다.

$$A(x) = \int_c^d f(x,\ y)dy$$

이제, $A(x)$를 x에 관해 $[a,\ b]$에서 적분하면 다음과 같은 식을 얻는다.

$$\int_a^b A(x)dx = \int_a^b \left\{ \int_c^d f(x,\ y)dy \right\} dx$$

위 식의 우변을 반복적분(iterated integral)이라 한다. 편의상 괄호는 생략하여 쓴다.

즉,

$$\int_a^b \int_c^d f(x,\ y)dydx = \int_a^b \left\{ \int_c^d f(x,\ y)dy \right\} dx$$

다시 말하면 위의 반복적분은 f를 c부터 d까지 y에 관하여 편적분한 후 다시 이 결과를 a부터 b까지 x에 관하여 적분함을 의미한다.

같은 원리로 x와 y의 순서만 바꾸면 다음 반복적분도 정의된다.

$$\int_c^d \int_a^b f(x,\ y)dxdy = \int_c^d \left\{ \int_a^b f(x,\ y)dx \right\} dy$$

반복적분은 안쪽으로부터 바깥쪽의 순서로 적분한다.

예제 12.2.1 다음 반복적분을 계산하라.

(a) $\int_0^2 \int_1^2 xy^2\,dydx$ (b) $\int_1^2 \int_0^2 xy^2\,dxdy$

풀이

(a) 우선 안쪽을 y에 관하여 편적분하면

$$\int_1^2 xy^2\,dy = \left[x\frac{y^3}{3} \right]_{y=1}^{y=2} = x\left(\frac{2^3}{3}\right) - x\left(\frac{1^3}{3}\right) = \frac{7}{3}x$$

이다. 이 값을 다시 x에 관하여 적분하면 다음을 얻는다.

$$\int_0^2\int_1^2 xy^2 dydx = \int_0^2 \frac{7}{3}xdx = \left[\frac{7}{6}x^2\right]_0^2 = \frac{14}{3}$$

(b) 안쪽을 x에 관하여 편적분한 후 다시 이 값을 y에 관하여 적분하면 다음을 얻는다.

$$\int_1^2\int_0^2 xy^2\, dxdy = \int_1^2\left[\frac{x^2}{2}y^2\right]_{x=0}^{x=2} dy = \int_1^2 2y^2\, dy = \left[\frac{2}{3}y^3\right]_1^2 = \frac{14}{3}$$

예제 12.2.1에서 두 적분은 동일한 피적분함수를 동일한 직사각영역에서 적분순서만 다르게 바꾸어 준 반복적분임을 알 수 있다. 이때, 두 적분의 값이 서로 같음을 알 수 있다. 그렇다면 반복적분은 적분순서를 바꾸어도 항상 그 값이 변하지 않는지에 대하여 생각해보고자 한다.

다음 정리는 반복적분은 적분순서를 바꾸어도 항상 같은 값을 가진다는 사실을 보여준다. 또한 직사각영역에서의 이중적분의 계산은 반복적분으로 계산할 수 있다는 것도 보여준다.

정리 12.2.1 푸비니 정리

f가 직사각영역 $R = [a, b] \times [c, d]$에서 연속이면 다음이 성립한다.

$$\iint_R f(x, y)dA = \int_a^b\int_c^d f(x, y)dydx = \int_c^d\int_a^b f(x, y)dxdy$$

이 정리는 f가 R에서 유계이고 기껏해야 유한개의 매끄러운 곡선에서만 불연속이고 두 반복적분이 존재할 때에도 여전히 성립한다.

푸비니 정리의 증명은 이 교재에서는 생략한다. 다만 $f(x, y) \geq 0$인 경우에 이 정리가 어떻게 성립하는지를 직관적으로 살펴보기로 한다. 12.1절에서 $f \geq 0$이면 R 위와 곡면 $z = f(x, y)$ 아래에 놓인 영역 S의 부피 V는 이중적분 $\iint_R f(x, y)dA$로 표현됨을 알았다. 이제 이 부피 V를 **제8장**에서 배운 단면적을 적분하는 방법으로 구하여 보자.

[그림 12.9]에서 보는 것처럼 부피 V는 다음과 같이 단면적의 적분으로 표현할 수 있다.

$$V = \int_a^b A(x)dx$$

여기서 $A(x)$ 는 x를 지나고 x 축에 수직인 평면에서 S 의 단면적이다. [그림 12.9]에서 알 수 있듯이 고정된 x 에 대하여 $A(x)$는 $c \leq y \leq d$에서 $z = f(x, y)$를 만족시키는 곡선 C아래의 넓이이다. 이를 일변수 적분으로 다음과 같이 표현할 수 있다.

$$A(x) = \int_c^d f(x, y)dy$$

따라서 다음 결과가 얻어진다.

$$\iint_R f(x, y)dA = V = \int_a^b A(x)dx = \int_a^b \int_c^d f(x, y)dydx$$

비슷한 방법으로 [그림 12.10]에서와 같이 y축에 수직인 단면을 적분하면 다음이 성립함을 보일 수 있다.

$$\iint_R f(x, y)dA = \int_c^d \int_a^b f(x, y)dxdy$$

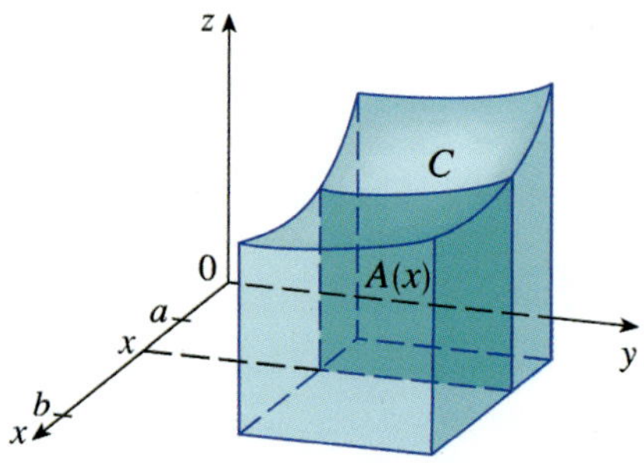

[그림 12.9]

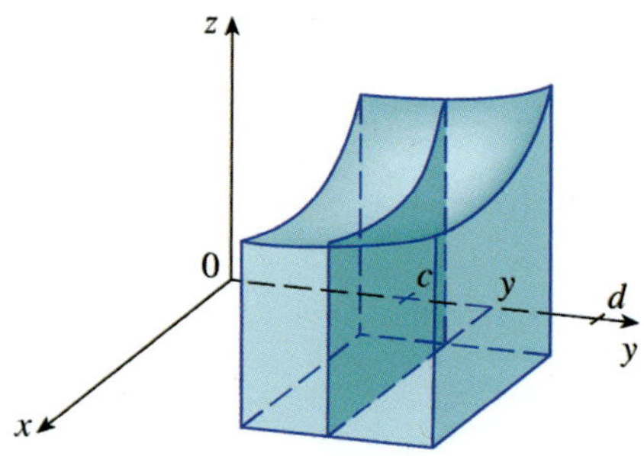

[그림 12.10]

예제 12.2.2 $R = [0, 2] \times [1, 2]$ 일 때, $\iint_R (x - 3y^2)dA$를 구하라. (이 값을 예제 12.1.3과 비교하여 보아라.)

풀이

반복적분을 사용하여 계산하면 다음을 얻는다.

$$\iint_R (x-3y^2)dA = \int_0^2 \int_1^2 (x-3y^2)dydx = \int_0^2 [xy - y^3]_{y=1}^{y=2} dx$$

$$= \int_0^2 (x-7)dx = \left[\frac{x^2}{2} - 7x\right]_0^2 = -12$$

또한 적분순서를 바꾸어 계산하여도, 다음과 같이 같은 결과를 얻는다.

$$\iint_R (x-3y^2)dA = \int_1^2 \int_0^2 (x-3y^2)dxdy = \int_1^2 \left[\frac{x^2}{2} - 3xy^2\right]_{x=0}^{x=2} dy$$

$$= \int_1^2 (2-6y^2)dy = [2y - 2y^3]_1^2 = -12$$

반복적분은 적분순서에 상관없이 같은 결과를 얻을 수 있지만, 계산하는 과정은 순서에 따라 쉬울 수도, 또는 복잡할 수도 있으므로, 신중하게 선택할 필요가 있다. 다음 예제에서 살펴보자.

예제 12.2.3 $R=[0,\ \pi]\times[1,\ 2]$**에서** $\displaystyle\iint_R x\sin(xy)dA$**를 계산하라.**

풀이

푸비니 정리를 적용하되 피적분함수를 고려하여 적분순서를 정하면 계산을 쉽게 할 수 있다. 이 경우는 y로 먼저 적분하는 것이 편리하다.

$$\begin{aligned}\iint_R x\sin(xy)dA &= \int_0^{\pi}\int_1^2 x\sin(xy)\,dy\,dx = \int_0^{\pi}[-\cos(xy)]_{y=1}^{y=2}dy\\ &= \int_0^{\pi}(-\cos 2x+\cos x)dx = \left[-\frac{1}{2}\sin 2x+\sin x\right]_0^{\pi} = 0\end{aligned}$$

이제 이중적분과 반복적분을 이용하여 부피를 계산해 보자.

예제 12.2.4 타원포물면 $2x^2+y^2+z=16$**, 평면** $x=2,\ y=2$**와 세 좌표평면으로 둘러싸인 영역** S**의 부피를 구하라.**

풀이

S가 곡면 $z=16-2x^2-y^2$아래쪽과 xy평면에서의 직사각영역 $R=[0,2]\times[0,2]$위쪽에 놓여 있으므로, 그 부피 V는 다음과 같이 이중적분에 의해 나타낼 수 있고 이는 푸비니 정리를 이용하여 계산할 수가 있다.

$$\begin{aligned}V &= \iint_R(16-2x^2-y^2)dA = \int_0^2\int_0^2(16-2x^2-y^2)\,dx\,dy\\ &= \int_0^2\left[16x-\frac{2}{3}x^3-y^2x\right]_{x=0}^{x=2}dy\\ &= \int_0^2\left(\frac{80}{3}-2y^2\right)dy = \left[\frac{80}{3}y-\frac{2}{3}y^3\right]_0^2 = 48\end{aligned}$$

x만의 함수와 y만의 함수의 곱으로 이루어진 함수의 이중적분에 대하여 다음과 같은 유용한 공식이 있다.

$$R=[a,\ b]\times[c,\ d] \text{ 일 때, } \iint_R g(x)h(y)dA = \int_a^b g(x)dx\int_c^d h(y)dy$$

이 공식은 푸비니 정리와 적분의 선형성으로 쉽게 증명할 수 있다.

예제 12.2.5 $R=[0,2]\times\left[0,\frac{\pi}{2}\right]$ 일 때, $\iint_R (x^2+1)\cos y\,dA$ 를 구하라.

풀이

$$\iint_R (x^2+1)\cos y\,dA=\int_0^2 (x^2+1)dx\int_0^{\frac{\pi}{2}}\cos y\,dy$$
$$=\left[\frac{1}{3}x^3+x\right]_0^2[\sin y]_0^{\frac{\pi}{2}}=\frac{14}{3}\cdot 1=\frac{14}{3}$$

다음과 같은 이중적분의 성질은 직관적으로도 이해할 수 있으므로, 증명없이 소개한다.

정리 12.2.2 직사각영역에서의 이중적분의 성질

f, g가 직사각영역 R에서 적분가능하고, c를 임의의 상수라 할 때,

(a) $\iint_R \{f(x,y)+g(x,y)\}dA=\iint_R f(x,y)dA+\iint_R g(x,y)dA$

(b) $\iint_R cf(x,y)dA=c\iint_R f(x,y)dA$(단, c 는 상수)

위의 두 성질을 이중적분의 선형성(linearity)이라 한다.

(c) R의 모든 (x,y) 에 대하여 $f(x,y)\ge g(x,y)$ 일 때,

$\iint_R f(x,y)dA \ge \iint_R g(x,y)dA$

연습문제 12.2

[1~10] 다음 편적분을 구하라.

1. $\int_0^5 12x^2y^3\,dx$
2. $\int_0^5 (y+xe^y)\,dx$
3. $\int_{-1}^3 (6xy-5e^y)\,dx$
4. $\int_1^2 \tan(xy)\,dy$
5. $\int_1^{3x} x^3e^{xy}\,dy$
6. $\int_{\sqrt{y}}^{y^3} (8x^3y-4xy^2)\,dx$
7. $\int_0^{2x} \frac{xy}{x^2+y^2}\,dy$
8. $\int_{x^3}^{x} e^{\frac{2y}{x}}\,dy$
9. $\int_{\tan y}^{\sec y} (2x+\cos y)\,dx$
10. $\int_{\sqrt{y}}^{1} y\ln x\,dx$

[11~18] 다음 반복적분을 구하라.

11. $\int_1^3\int_0^1 (1+4xy)\,dx\,dy$
12. $\int_0^{\frac{\pi}{2}}\int_0^{\frac{\pi}{2}} \sin x\cos y\,dy\,dx$

13. $\int_{\frac{\pi}{6}}^{\frac{\pi}{2}}\int_{-1}^{5}\cos y\,dx\,dy$

14. $\int_{0}^{2}\int_{0}^{1}(2x+y)^8\,dx\,dy$

15. $\int_{0}^{1}\int_{1}^{2}\frac{xe^x}{y}\,dy\,dx$

16. $\int_{0}^{1}\int_{0}^{1}(u-v)^5\,du\,dv$

17. $\int_{0}^{2}\int_{0}^{\pi}r\sin^2\theta\,d\theta\,dr$

18. $\int_{0}^{1}\int_{0}^{1}\sqrt{s+t}\,ds\,dt$

[19~27] 다음 이중적분을 구하라.

19. $\iint_R xy\,dA, \quad R=[0,\,4]\times[1,\,5]$

20. $\iint_R (6x^2y^3-5y^4)\,dA,$
$R=\{(x,\,y)\,|\,0\le x\le 3,\ 0\le y\le 1\}$

21. $\iint_R xe^y\,dA, \quad R=[1,\,2]\times[2,\,3]$

22. $\iint_R xye^{x^2y}\,dA,$
$R=\{(x,\,y)\,|\,0\le x\le 1,\ 0\le y\le 2\}$

23. $\iint_R \cos(2x+y)\,dA, \quad R=\left[0,\,\frac{\pi}{2}\right]\times[0,\,\pi]$

24. $\iint_R y\cos(\pi x)\,dA, \quad R=[1,\,3]\times[1,\,2]$

25. $\iint_R \{y\cos(\pi x)-xe^y\}\,dA, \quad R=[1,\,3]\times[1,\,2]$

26. $\iint_R \frac{x^2y}{y^2+1}\,dA, \quad R=[-3,\,3]\times[0,\,1]$

27. $\iint_R \frac{1+y^2}{1+x^2}\,dA, \quad R=[0,\,\sqrt{3}\,]\times[0,\,2]$

28. 직사각영역 $R=\{(x,\,y)|0\le x\le 1,\ -2\le y\le 3\}$ 위와 평면 $3x+2y+z-12=0$ 아래에 놓여 있는 영역의 부피를 구하라.

29. 쌍곡포물면 $z=4-x^2+y^2$ 아래와 정사각영역 $R=[-1,\,1]\times[0,\,2]$ 위에 놓여 있는 영역의 부피를 구하라.

30. 타원포물면 $\frac{x^2}{4}+\frac{y^2}{16}+z=1$ 아래와 직사각영역 $R=[-1,\,1]\times[-2,\,2]$ 위에 놓여 있는 영역의 부피를 구하라.

31. 곡면 $z=2+e^x\cos y$와 다섯 평면 $x=\pm 2$, $y=\pm\frac{\pi}{2}$, $z=0$으로 둘러싸인 영역의 부피를 구하라.

32. 곡면 $z=9-y^2$과 평면 $x=4$로 둘러싸이고 제1 팔분공간에 있는 영역의 부피를 구하라.

12.3 이중적분의 계산

지금까지 직사각영역에서 정의된 이변수 함수의 이중적분에 대하여 다루었다. 이제는 이 영역을 좀 더 확장하여 임의의 유계영역에서 정의된 이변수 함수의 이중적분에 대하여 다루어 보고자 한다.

정의 12.3.1 일반적인 영역에서의 이중적분

D는 $\mathbb{R}^2$상의 유계영역이고 R은 D를 포함하는 직사각영역이라 하자([그림 12.11] 참조). f는 D에서 정의된 이변수 함수이고 F를 다음과 같이 정의하자.

$$F(x,\,y)=\begin{cases} f(x,\,y) & ,\,(x,\,y)\in D \\ 0 & ,\,(x,\,y)\in R-D \end{cases}$$

R에서 F가 이중적분가능할 때 D에서 f의 이중적분은 다음과 같이 정의한다.

$$\iint_D f(x, y)dA = \iint_R F(x, y)dA$$

위 정의에서 직사각영역 R는 임의로 선택할 수 있다.

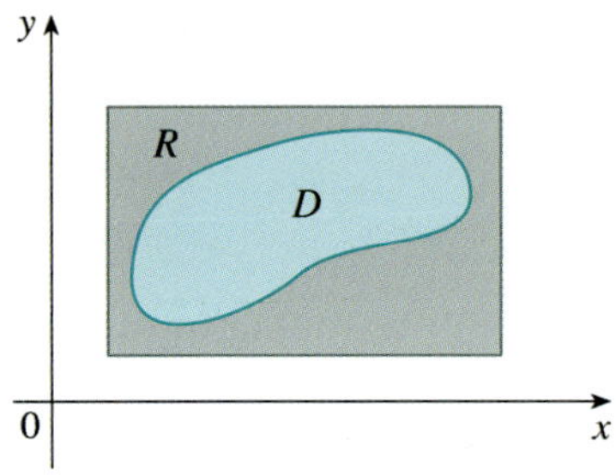

[그림 12.11]

직사각영역에서의 이중적분에서와 마찬가지로 임의의 유계영역 D에 대하여도 $f(x, y) \geq 0$인 경우에 $\iint_D f(x, y)dA$ 는 여전히 D위와 f의 그래프 아래에 놓여있는 영역의 부피를 의미한다. [그림 12.12]와 [그림 12.13]을 보면 이런 해석이 타당함을 알 수 있다.

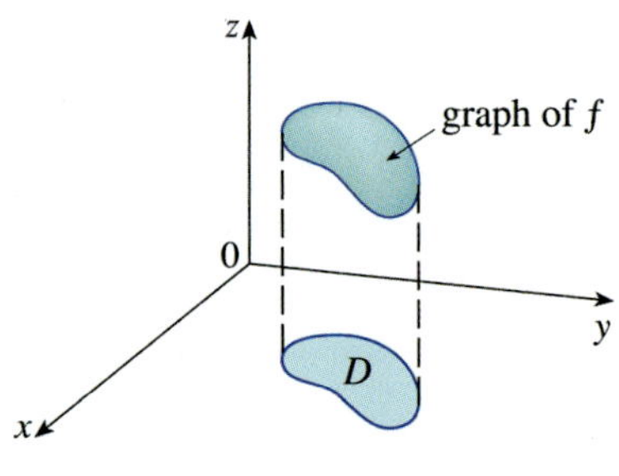

[그림 12.12]

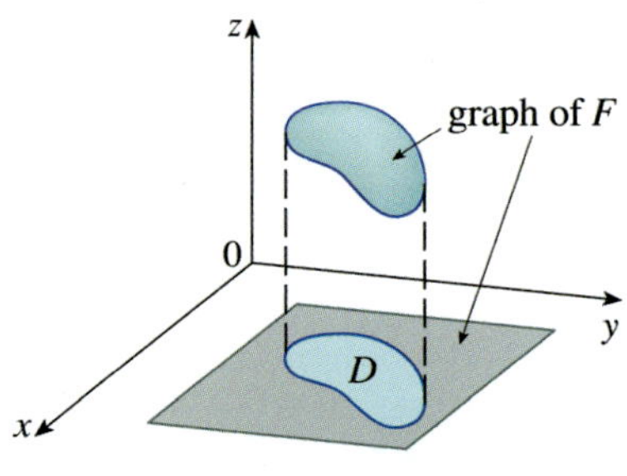

[그림 12.13]

실제로 일반적인 영역에서 이중적분을 계산하기 위해서는 다음과 같은 두 가지 유형에 대하여 살펴볼 필요가 있다. 이 두 가지 유형의 영역을 소개한다.

함수 $y = g_1(x)$와 $y = g_2(x)$가 구간 $[a, b]$에서 연속일 때 다음과 같은 두 곡선 사이에 있는 영역 D를 1형 영역(region of type 1)이라 한다.

$$D = \{(x, y) \mid a \leq x \leq b, \ \ g_1(x) \leq y \leq g_2(x)\}$$

1형 영역의 간단한 예들을 [그림 12.14]에서 볼 수 있다.

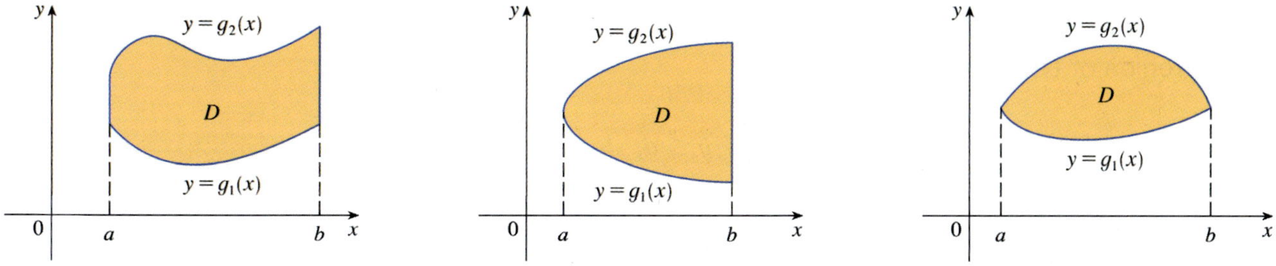

[그림 12.14]

D가 1형 영역일 때 이중적분 $\iint_D f(x, y)dA$를 계산하는 방법을 알아보자. 이를 위해 [그림 12.15]에서와 같이 D를 포함하는 직사각영역 $R=[a, b]\times[c, d]$에서 정의 12.3.1에서와 같이 함수 F를 정의하자. 그러면 푸비니 정리에 의해 다음이 성립한다.

$$\iint_D f(x, y)dA = \iint_R F(x, y)dA = \int_a^b \int_c^d F(x, y)\,dy\,dx$$

그런데 $y < g_1(x)$ 또는 $y > g_2(x)$인 경우에는 (x, y)는 D영역이 아니므로 $F(x, y) = 0$ 이다. 또한 $g_1(x) \le y \le g_2(x)$인 경우에는 $F(x, y) = f(x, y)$이므로 결국 y에 관한 편적분은 다음과 같이 계산한다.

$$\int_c^d F(x, y)dy = \int_{g_1(x)}^{g_2(x)} F(x, y)dy = \int_{g_1(x)}^{g_2(x)} f(x, y)dy$$

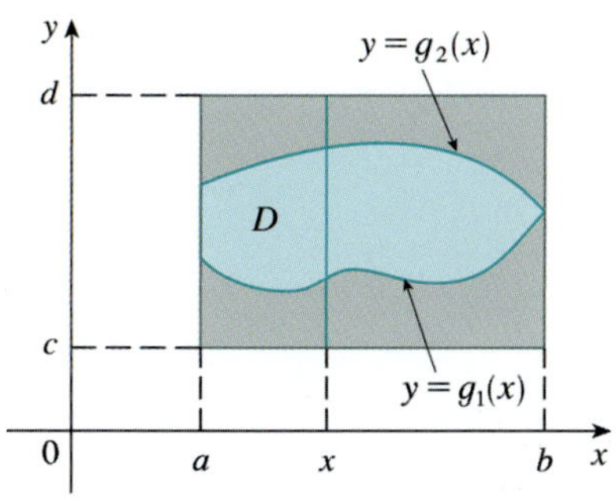

[그림 12.15]

따라서 $\iint_D f(x, y)dA = \int_a^b \int_{g_1(x)}^{g_2(x)} f(x, y)dy\,dx$이 성립한다.

비슷하게, $x=h_1(y)$와 $x=h_2(y)$가 구간 $[c, d]$에서 연속일 때 다음과 같이 두 곡선 사이에 있는 영역 D를 2형 영역(region of type 2) 이라 한다.

$$D=\{(x, y) \mid c \le y \le d,\ \ h_1(y) \le x \le h_2(y)\}$$

이때에도 $\iint_D f(x, y)dA = \int_c^d \int_{h_1(y)}^{h_2(y)} f(x, y)dx\,dy$ 이 성립함을 알 수 있다.

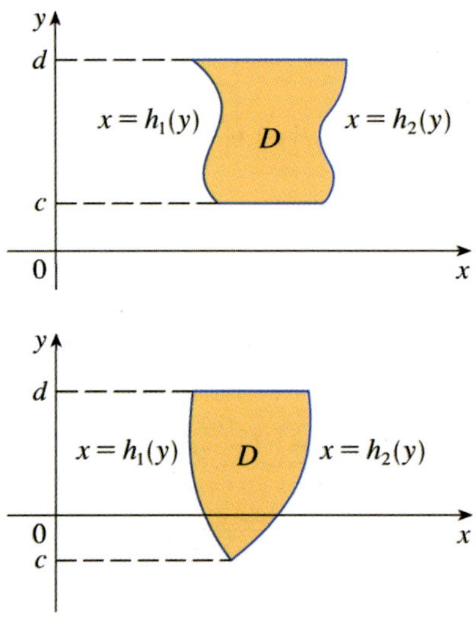

[그림 12.16]

직사각영역에서의 이중적분에 대한 반복적분과 다르게, 일반영역(1형 영역과 2형 영역)에서의 반복적분은 적분순서를 바꿀 수 없음에 주목하라.

위의 결과들을 다시 한 번 정리하자.

정리 12.3.2 일반적인 영역에서의 이중적분

(a) (1형 영역에서의 이중적분) f가 다음과 같은 1형 영역 D에서 연속인 이변수 함수라 하자.

$$D=\{(x, y) \mid a \le x \le b,\ g_1(x) \le y \le g_2(x)\}$$

그러면 다음이 성립한다.

$$\iint_D f(x, y)dA = \int_a^b \int_{g_1(x)}^{g_2(x)} f(x, y)dy\,dx$$

(b) (2형 영역에서의 이중적분) f가 다음과 같은 2형 영역 D에서 연속인 이변수 함수라 하자.

$$D=\{(x,\ y)\mid c\le y\le d,\ h_1(y)\le x\le h_2(y)\}$$

그러면 다음이 성립한다.

$$\iint_D f(x,\ y)dA=\int_c^d\int_{h_1(y)}^{h_2(y)} f(x,\ y)dx\,dy$$

예제 12.3.1 D가 두 곡선 $y=x^2$과 $y=4$으로 둘러싸인 영역일 때, $\iint_D(x^2+2xy)dA$를 구하라.

풀이

두 곡선은 $x=\pm 2$에서 교차하므로 D는 1형 영역임을 알 수 있다.
즉, $D=\{(x,\ y)\mid -2\le x\le 2,\ x^2\le y\le 4\}$이므로 정리 12.3.2(a)를 적용할 수 있다.

$$\begin{aligned}\iint_D(x^2+2xy)dA&=\int_{-2}^{2}\int_{x^2}^{4}(x^2+2xy)dy\,dx=\int_{-2}^{2}\left[x^2y+xy^2\right]_{y=x^2}^{y=4}dx\\&=\int_{-2}^{2}(4x^2+16x-x^4-x^5)dx\\&=2\int_0^2(4x^2-x^4)dx\\&=2\left[\frac{4}{3}x^3-\frac{1}{5}x^5\right]_0^2=2\left(\frac{32}{3}-\frac{32}{5}\right)=\frac{128}{15}\end{aligned}$$

예제 12.3.2 $D=\left\{(x,\ y)\mid -\frac{\pi}{2}\le y\le\frac{\pi}{2},\ -y\le x\le 1\right\}$일 때, $\iint_D x^2\cos y\,dA$를 구하라.

풀이

D는 2형 영역이므로 정리 12.3.2(b)를 적용할 수 있다.

$$\begin{aligned}\iint_D x^2\cos y\,dA&=\int_{-\frac{\pi}{2}}^{\frac{\pi}{2}}\int_{-y}^{1}x^2\cos y\,dx\,dy=\int_{-\frac{\pi}{2}}^{\frac{\pi}{2}}\left[\frac{1}{3}x^3\cos y\right]_{x=-y}^{x=1}dy\\&=\int_{-\frac{\pi}{2}}^{\frac{\pi}{2}}\frac{1}{3}(\cos y+y^3\cos y)dy\\&=\int_{-\frac{\pi}{2}}^{\frac{\pi}{2}}\frac{1}{3}(\cos y)dy=\frac{2}{3}\int_0^{\frac{\pi}{2}}\cos y\,dy\\&=\frac{2}{3}\left[\sin y\right]_0^{\frac{\pi}{2}}=\frac{2}{3}\end{aligned}$$

예제 12.3.3 포물면 $z=x^2+y^2$아래와 xy평면의 두 곡선 $y=2x$, $y=x^2$에 둘러싸인 영역 D위에 놓여있는 공간 영역의 부피를 구하라.

풀이

D를 그려보면 1형 영역이면서 동시에 2형 영역임을 알 수 있다. 따라서 구하는 방법도 2가지이다.

(방법-1) 먼저, 1형 영역으로 생각하고 풀어보자.

$D=\{(x,\,y)\,|\,0\le x\le 2,\ x^2\le y\le 2x\}$이므로 부피는 다음과 같다.

$$V=\iint_D (x^2+y^2)dA=\int_0^2\int_{x^2}^{2x}(x^2+y^2)dy\,dx$$

$$=\int_0^2\left[x^2y+\frac{y^3}{3}\right]_{y=x^2}^{y=2x}dx=\int_0^2\left\{2x^3+\frac{8x^3}{3}-x^4-\frac{x^6}{3}\right\}dx$$

$$=\int_0^2\left(-\frac{x^6}{3}-x^4+\frac{14x^3}{3}\right)dx=\left[\frac{-x^7}{21}-\frac{x^5}{5}+\frac{7x^4}{6}\right]_0^2$$

$$=\frac{216}{35}$$

(방법-2) 이번에는 D를 2형 영역으로 생각하고 풀어보자.

$D=\left\{(x,\,y)\,|\,0\le y\le 4,\ \frac{1}{2}y\le x\le\sqrt{y}\right\}$이므로 부피는 다음과 같다.

$$V=\iint_D (x^2+y^2)dA=\int_0^4\int_{\frac{1}{2}y}^{\sqrt{y}}(x^2+y^2)dx\,dy$$

$$=\int_0^4\left[\frac{x^3}{3}+y^2x\right]_{x=\frac{1}{2}y}^{x=\sqrt{y}}dy=\int_0^4\left(\frac{y^{\frac{3}{2}}}{3}+y^{\frac{5}{2}}-\frac{y^3}{24}-\frac{y^3}{2}\right)dy$$

$$=\left[\frac{2}{15}y^{\frac{5}{2}}+\frac{2}{7}y^{\frac{7}{2}}-\frac{13}{96}y^4\right]_0^4=\frac{216}{35}$$

예제 12.3.4 $D=\{(x,\,y)\,|\,y^2\le x\le 4,\ -2\le y\le 2\}$일 때, $\iint_D ye^{x^2}dA$를 구하라.

풀이

D가 2형 영역으로 표시되었으므로 정리 12.3.2(b)를 적용하면,

$$\iint_D ye^{x^2}dA=\int_{-2}^2\int_{y^2}^4 ye^{x^2}dx\,dy$$

인데 e^{x^2}의 역도함수를 구할 수 없으므로 $\int_{y^2}^4 ye^{x^2}dx$를 y의 함수로 표현할 수 없다. 다행히, D는 1형 영역으로도

표현이 가능하므로 다시 표현하면,

$$D=\{(x,\ y)\,|\,0 \le x \le 4,\ -\sqrt{x} \le y \le \sqrt{x}\}$$

이다. 따라서

$$\begin{aligned}\iint_D ye^{x^2}dA &= \int_0^4 \int_{-\sqrt{x}}^{\sqrt{x}} ye^{x^2}\,dy\,dx \\ &= \int_0^4 \left[\frac{1}{2}\ y^2e^{x^2}\right]_{y=-\sqrt{x}}^{y=\sqrt{x}} dx \\ &= \int_0^4 0\,dx = 0\end{aligned}$$

일반적인 영역에서 이중적분의 성질

직사각영역에서 성립했던 이중적분의 성질을 이용하여 일반적인 영역에서도 여전히 다음 성질이 성립함을 알 수 있다.

정리 12.3.3

D 는 임의의 닫힌 영역이고 다음의 함수들은 모두 D에서 이중적분이 가능하다고 하자. 그러면 다음 성질이 성립한다.

(a) $\iint_D \{f(x,\ y)+g(x,\ y)\}dA = \iint_D f(x,\ y)dA + \iint_D g(x,\ y)dA$

(b) $\iint_D cf(x,\ y)dA = c\iint_D f(x,\ y)dA$ (단, c 는 상수)

(c) D의 모든 $(x,\ y)$에 대하여 $f(x,\ y) \ge g(x,\ y)$일 때, 다음이 성립한다.

$$\iint_D f(x,\ y)dA \ge \iint_D g(x,\ y)dA$$

(d) D_1과 D_2가 기껏해야 경계를 제외하면 서로 겹치지 않고 $D=D_1 \cup D_2$일 때, 다음이 성립한다.

$$\iint_D f(x,\ y)dA = \iint_{D_1} f(x,\ y)dA + \iint_{D_2} f(x,\ y)dA$$

(e) $\iint_D dA = \iint_D 1\,dA = A(D)$ (단, $A(D)$는 D의 넓이이다.)

(f) D의 모든 $(x,\ y)$에 대하여 항상 $m \le f(x,\ y) \le M$일 때, 다음이 성립한다.

$$mA(D) \le \iint_D f(x,\ y)dA \le MA(D)$$

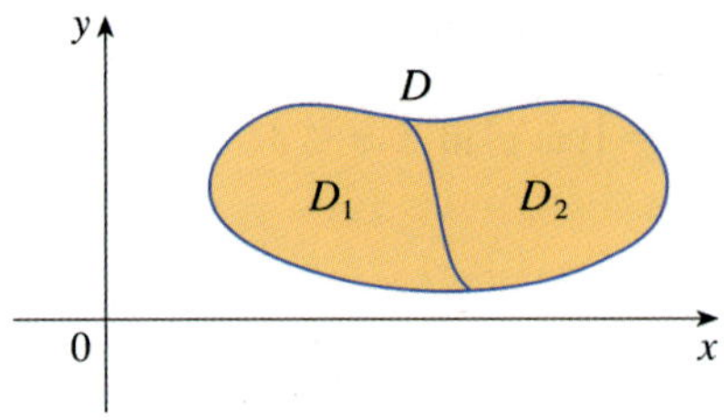

[그림 12.17]

정리 12.3.3(d)를 이용하면 1형도 2형도 아닌 영역에서 이중적분을 구할 때는 이 영역을 1형 또는 2형 영역들의 합집합으로 표현하여 그 합으로 얻어 낼 수 있다. (단, 각 영역들은 기껏해야 경계에서만 겹칠 수 있어야 한다)([그림 12.18] 참조).

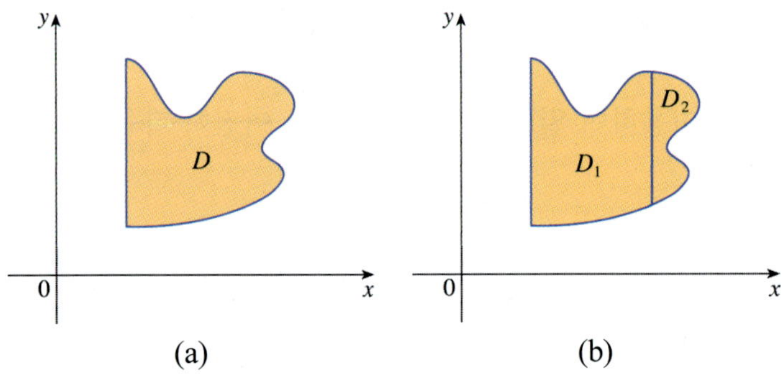

[그림 12.18]

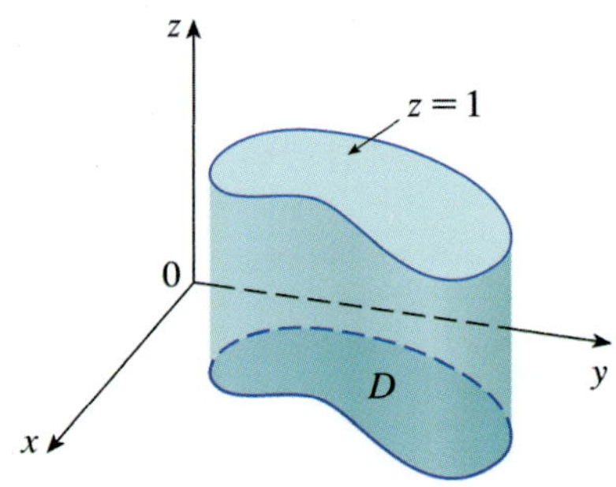

[그림 12.19]

예제 12.3.5 두 포물면 $z=x^2+y^2$과 $z=4-x^2-y^2$에 의하여 둘러싸인 영역의 부피를 구하라.

풀이

두 포물면의 교선의 방정식은 $\{(x, y, z) \mid x^2+y^2=2,\ z=2\}$임을 알 수 있다. 이 교선을 xy 평면에 사영시키면 원 $x^2+y^2=2$를 얻는다. 이 원과 원의 내부를 포함하는 영역을 D라 하면,

$$D=\{(x, y) \mid x^2+y^2 \le 2\}$$

이다. 이제 구하고자 하는 부피 V는 밑면이 D이고 윗면이 $z=4-x^2-y^2$인 영역의 부피 V_1에서 밑면이 D이고 윗면이 $z=x^2+y^2$인 영역의 부피 V_2를 뺀 값임을 알 수 있다. 즉,

$$\begin{aligned} V &= V_1 - V_2 \\ &= \iint_D (4-x^2-y^2)\,dA - \iint_D (x^2+y^2)\,dA \\ &= \iint_D (4-2x^2-2y^2)\,dA \end{aligned}$$

영역 D는 1영역으로 표시 가능하므로 다음과 같이 표현할 수 있다.

$$D=\left\{(x,y)\mid -\sqrt{2}\le x\le \sqrt{2},\ -\sqrt{2-x^2}\le y\le \sqrt{2-x^2}\right\}$$

따라서,

$$\begin{aligned}
V&=\int_{-\sqrt{2}}^{\sqrt{2}}\int_{-\sqrt{2-x^2}}^{\sqrt{2-x^2}}(4-2x^2-2y^2)\,dy\,dx\\
&=\int_{-\sqrt{2}}^{\sqrt{2}}2\int_{0}^{\sqrt{2-x^2}}(4-2x^2-2y^2)\,dy\,dx\\
&=\int_{-\sqrt{2}}^{\sqrt{2}}2\left[4y-2x^2y-\frac{2}{3}y^3\right]_{y=0}^{y=\sqrt{2-x^2}}dx\\
&=\int_{-\sqrt{2}}^{\sqrt{2}}2\left\{4\sqrt{2-x^2}-2x^2\sqrt{2-x^2}-\frac{2}{3}(2-x^2)^{\frac{3}{2}}\right\}dx\\
&=2\int_{0}^{\sqrt{2}}2\left\{4\sqrt{2-x^2}-2x^2\sqrt{2-x^2}-\frac{2}{3}(2-x^2)^{\frac{3}{2}}\right\}dx\\
&=\frac{16}{3}\int_{0}^{\sqrt{2}}(2-x^2)^{\frac{3}{2}}\,dx
\end{aligned}$$

여기서, $x=\sqrt{2}\sin\theta$라 놓으면, $dx=\sqrt{2}\cos\theta\, d\theta$이므로 다음을 얻는다.

$$\begin{aligned}
V&=\frac{16}{3}\int_{0}^{\frac{\pi}{2}}2\sqrt{2}\cos^3\theta\cdot\sqrt{2}\cos\theta\,d\theta\\
&=\frac{16\cdot 4}{3}\int_{0}^{\frac{\pi}{2}}\cos^4\theta\,d\theta\\
&=\frac{16\cdot 4}{3}\int_{0}^{\frac{\pi}{2}}\left(\frac{1+\cos 2\theta}{2}\right)^2 d\theta\\
&=\frac{16\cdot 4}{3}\int_{0}^{\frac{\pi}{2}}\frac{1}{8}(3+4\cos 2\theta+\cos 4\theta)\,d\theta\\
&=\frac{16\cdot 4}{3\cdot 8}\left[3\theta+2\sin 2\theta+\frac{1}{4}\sin 4\theta\right]_{0}^{\frac{\pi}{2}}\\
&=\frac{8}{3}\left(\frac{3\pi}{2}-0\right)=4\pi
\end{aligned}$$

연습문제 12.3

[1~6] 다음 반복적분을 구하라.

1. $\int_0^1 \int_0^{x^2} (x+2y)\,dy\,dx$

2. $\int_0^2 \int_y^1 xy^2\,dx\,dy$

3. $\int_1^2 \int_{x^2}^{x} (1+2y)\,dy\,dx$

4. $\int_0^3 \int_y^{2y} \sqrt{x}\,y^2\,dx\,dy$

5. $\int_0^{\frac{\pi}{2}} \int_0^{\cos\theta} e^{\sin\theta}\,dr\,d\theta$

6. $\int_0^1 \int_0^{v} \sqrt{1-v^2}\,du\,dv$

[7~13] 다음 이중적분의 값을 구하라.

7. $\iint_D x^3y^2\,dA$,
$D=\{(x,\ y)|0\le x\le 2,\ -x\le y\le x\}$

8. $\iint_D x^2y\,dA$,
$D=\{(x,\ y)|-1\le x\le 1,\ 0\le y\le x+1\}$

9. $\iint_D \frac{y}{x^3+1}\,dA$,
$D=\{(x,\ y)|1\le x\le 2,\ 0\le y\le 2x\}$

10. $\iint_D x\,dA$,
$D=\left\{(x,\ y)|0\le x\le \frac{\pi}{2},\ 0\le y\le \cos x\right\}$

11. $\iint_D y^2e^{xy}\,dA$,
$D=\{(x,\ y)|0\le y\le 4,\ 0\le x\le y\}$

12. $\iint_D x\sqrt{y^2-x^2}\,dA$,
$D=\{(x,\ y)|0\le y\le 1,\ 0\le x\le y\}$

13. $\iint_D y\cos x\,dA$,
$D=\{(x,\ y)|0\le y\le 1,\ 0\le x\le y^2\}$

[14~23] 다음 주어진 방정식의 그래프로 둘러싸인 영역 D에 대해 이중적분을 구하라.

14. $\iint_D x^3y^2\,dA;\quad y=x,\ y=0,\ x=1$

15. $\iint_D (x+1)\,dA;\quad y=x,\ x+y=4,\ x=0$

16. $\iint_D (2x+4y+1)\,dA;\quad y=x^2,\ y=x^3$

17. $\iint_D xe^y\,dA;\quad y=x,\ y=0,\ x=1$

18. $\iint_D 2xy\,dA;\quad y=x^3,\ y=8,\ x=0$

19. $\iint_D \frac{x}{\sqrt{y}}\,dA;\quad y=x^2+1,\ y=3-x^2$

20. $\iint_D \frac{y}{1+xy}\,dA;\quad y=0,\ y=1,\ x=0,\ x=1$

21. $\iint_D \sin\frac{\pi x}{y}\,dA;\quad x=y^2,\ x=0,\ y=1,\ y=2$

22. $\iint_D \sqrt{x^2+1}\,dA;\quad x=y,\ x=-y,\ x=\sqrt{3}$

23. $\iint_D x\,dA;\quad y=\tan^{-1}x,\ y=0,\ x=1$

[24~27] 다음 적분영역을 좌표평면에 나타내어 보고 적분순서를 바꾸라.

24. $\int_0^4 \int_0^{\sqrt{x}} f(x,\ y)\,dy\,dx$

25. $\int_0^2 \int_{2x}^{4} f(x,\ y)\,dy\,dx$

26. $\int_0^3 \int_{-\sqrt{9-y^2}}^{\sqrt{9-y^2}} f(x,\ y)\,dx\,dy$

27. $\int_1^3 \int_0^{\ln x} f(x,\ y)\,dy\,dx$

[28~33] 다음 적분 순서를 바꾸어 다음 적분값을 구하라.

28. $\int_0^1 \int_x^1 x^2 \sqrt{1+y^4}\, dy\, dx$

29. $\int_0^1 \int_{2y}^2 e^{-\frac{y}{x}}\, dx\, dy$

30. $\int_0^2 \int_{y^2}^4 \cos \sqrt{x^3}\, dx\, dy$

31. $\int_{-1}^1 \int_{-\sqrt{1-x^2}}^{\sqrt{1-x^2}} x\sqrt{1-x^2-y^2}\, dy\, dx$

32. $\int_0^1 \int_x^1 \frac{1}{1+y^4}\, dy\, dx$

33. $\int_0^4 \int_{\sqrt{y}}^2 \sqrt{x^3+1}\, dx\, dy$

[34~39] 다음 영역의 부피를 이중적분을 이용하여 구하라.

34. 곡면 $z=x^2+y^2$ 아래 및 $y=x^2$과 $x=y^2$으로 갇힌 영역 위에 놓인 영역

35. 곡면 $z=3x^2+y^2$ 아래 및 $y=x$와 $x=y^2-y$으로 갇힌 영역 위에 놓인 영역

36. $2x+y+z=6,\ x=0,\ y=0,\ z=0$으로 둘러싸인 제1팔분공간상의 영역

37. $z=4-y^2,\ x=3,\ x=0,\ y=0,\ z=0$으로 둘러싸인 제1팔분공간상의 영역

38. $x^2+y^2=4,\ x-y+2z=4,\ x=0,\ y=0, z=0$으로 둘러싸인 제1팔분공간상의 영역

39. $z=4-y^2,\ x^2+y^2=2x,\ z=0$으로 둘러싸인 영역

12.4 극좌표계에서의 이중적분

직사각영역에서의 이중적분과 그 계산법은 12.1절과 12.2절에서 이미 알아보았다. 또한 좀 더 일반화된 1형 영역, 2형 영역 그리고 이들의 경계이외에는 겹치지 않는 합집합 영역에서의 이중적분 역시 12.3절에서 다루었다. 이 절에서는 이 방법으로는 계산하기 어려운 특별한 영역에 대하여 이를 쉽게 표현하는 방법과 이를 이용하여 이중적분을 계산하는 법을 알아보고자 한다.

xy 평면에서 원판이나 원환 또는 이들을 부채꼴 모양으로 잘라낸 일부분으로 표현된 영역에서의 이중적분에 대해서 알아보자([그림 12.20] 참조).

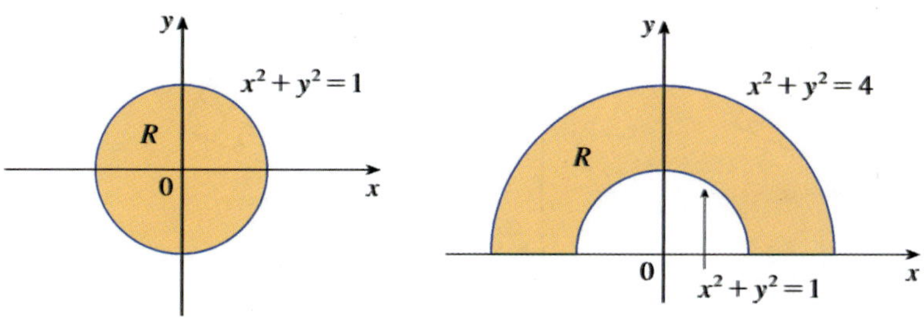

[그림 12.20]

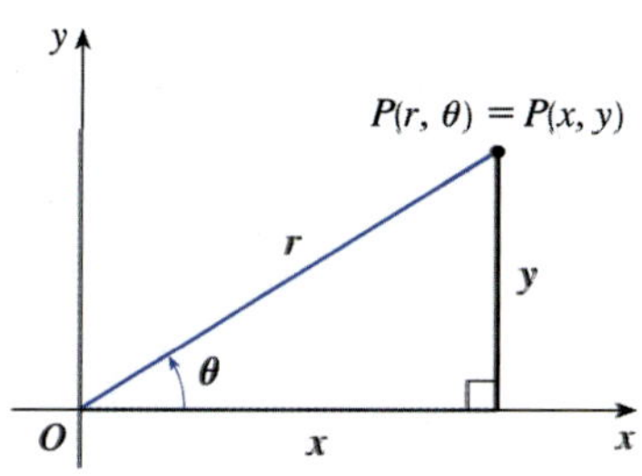

[그림 12.21]

이러한 영역의 경우는 xy 좌표평면에서 반복적분으로 표현하기는 매우 복잡하므로 극좌표 $r\theta$ 좌표계에서 표현하는 게 편리하다. 10.3절에 극좌표(r, θ)와 직교좌표(x, y)와는 다음과 같은 관계가 있다는 것을 이미 배웠다([그림 12.21] 참조).

$$r^2 = x^2 + y^2, \qquad x = r\cos\theta, \qquad y = r\sin\theta$$

정의 12.4.1

극좌표계에서 다음과 같이 표현되는 영역을 극직사각영역(polar rectangle)이라 한다.

$$R = \{(r, \theta) \mid a \le r \le b,\ \alpha \le \theta \le \beta\}$$

정리 12.4.2 이중적분에서 극좌표로의 변환

극직사각영역 $R = \{(r, \theta) \mid 0 \le a \le r \le b,\ \alpha \le \theta \le \beta\}$에서 정의된 연속함수 f에 대하여 다음이 성립한다. (단, $0 \le \beta - \alpha \le 2\pi$)

$$\iint_R f(x, y)dA = \int_\alpha^\beta \int_a^b f(r\cos\theta,\ r\sin\theta) r\,dr\,d\theta$$

증명 구간 $[a, b]$를 m개의 부분 구간 $[r_{i-1}, r_i]$로 나누고 구간 $[\alpha, \beta]$를 n개의 부분 구간 $[\theta_{j-1}, \theta_j]$로 나누자. 이때, 각 부분 구간의 길이는 각각 $\Delta r_i = r_i - r_{i-1}$과 $\Delta\theta_j = \theta_j - \theta_{j-1}$로 표시하자. 이 분할에 의해 극직사각영역 $R = \{(r, \theta) \mid 0 \le a \le r \le b,\ \alpha \le \theta \le \beta\}$는 $m \times n$ 개의 부분 극직사각영역

$$R_{ij} = \{(r, \theta) \mid r_{i-1} \le r \le r_i,\ \theta_{j-1} \le \theta \le \theta_j\}$$

로 나누어진다. 이 때 각 부분 극직사각영역의 중심 (r_i^*, θ_j^*)를 다음과 같이 정의한다.

$$r_i^* = \frac{1}{2}(r_{i-1} + r_i), \quad \theta_j^* = \frac{1}{2}(\theta_{j-1} + \theta_j)$$

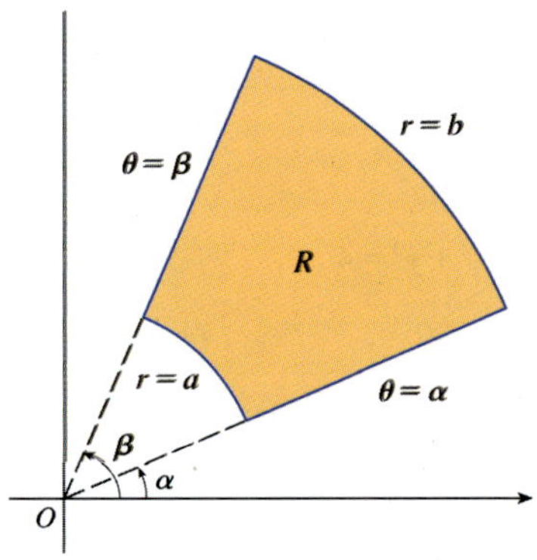

[그림 12.22]

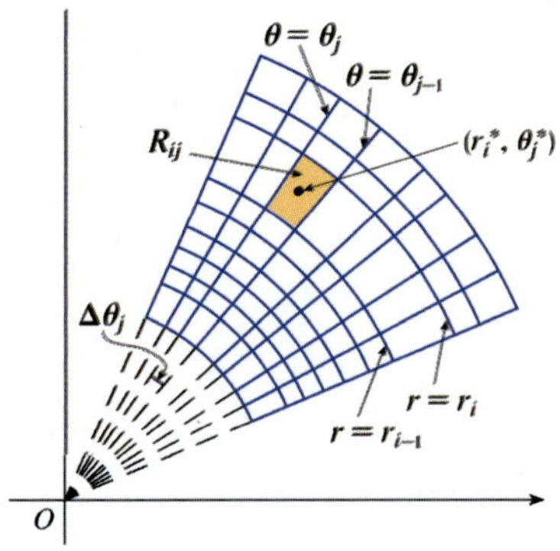

[그림 12.23]

이제 부분 극직사각영역 R_{ij}의 넓이 ΔA_{ij}를 구하기 위해 중심각이 $\Delta\theta_j$이고 반지름이 r_i인 바깥쪽 부채꼴의 넓이에서 중심각이 $\Delta\theta_j$이고 반지름이 r_{i-1}인 안쪽 부채꼴의 넓이를 빼보자.

$$\begin{aligned}\Delta A_{ij} &= \frac{1}{2}r_i^2\Delta\theta_j - \frac{1}{2}r_{i-1}^2\Delta\theta_j = \frac{1}{2}\left(r_i^2 - r_{i-1}^2\right)\Delta\theta_j \\ &= \frac{1}{2}(r_i + r_{i-1})(r_i - r_{i-1})\Delta\theta_j = r_i^*\Delta r_i\Delta\theta_j\end{aligned}$$

이제 이중적분의 정의를 이용하여 이중리만합의 극한으로 표현하면,

$$\begin{aligned}\iint_R f(x,\, y)dA &= \lim_{\max \Delta r_i,\, \Delta\theta_j \to 0} \sum_{i=1}^{m}\sum_{j=1}^{n} f\left(r_i^*\cos\theta_j^*,\, r_i^*\sin\theta_j^*\right)\Delta A_{ij} \\ &= \lim_{\max \Delta r_i,\, \Delta\theta_j \to 0} \sum_{i=1}^{m}\sum_{j=1}^{n} f\left(r_i^*\cos\theta_j^*,\, r_i^*\sin\theta_j^*\right)r_i^*\Delta r_i\theta_j\end{aligned}$$

여기서, $g(r,\, \theta) = rf(r\cos\theta,\, r\sin\theta)$ 라면, 다음과 같은 결과를 얻는다.

$$\begin{aligned}\iint_R f(x,\, y)dA &= \lim_{\max \Delta r_i,\, \Delta\theta_j \to 0} \sum_{i=1}^{m}\sum_{j=1}^{n} g\left(r_i^*,\, \theta_i^*\right)\Delta r_i\Delta\theta_j \\ &= \int_\alpha^\beta \int_a^b g(r,\, \theta)dr\,d\theta \\ &= \int_\alpha^\beta \int_a^b f(r\cos\theta,\, r\sin\theta)r\,dr\,d\theta\end{aligned}$$

■

위의 정리를 요약하면 이중적분에서 직교좌표를 극좌표로 변환할 때, $x = r\cos\theta$와 $y = r\sin\theta$로 쓰고, r과 θ에 관한 적절한 범위를 구하여 $dA = r\,dr\,d\theta$로 바꾸면 된다.

예제 12.4.1 극직사각영역 $R = \left\{(r,\, \theta) \mid 1 \le r \le 3,\ 0 \le \theta \le \frac{\pi}{4}\right\}$위와 곡면 $z = e^{x^2+y^2}$아래에 있는 영역의 부피 V를 구하라.

풀이

$z > 0$ 이므로 부피는 R에서 z의 이중적분이다. 또한 $x^2 + y^2 = r^2$이므로 정리 12.4.2에 의해,

$$\begin{aligned}V &= \int_0^{\frac{\pi}{4}}\int_1^3 e^{r^2}\cdot r\,dr\,d\theta = \int_0^{\frac{\pi}{4}}\left[\frac{1}{2}e^{r^2}\right]_{r=1}^{r=3} d\theta \\ &= \int_0^{\frac{\pi}{4}}\frac{1}{2}(e^9 - e)d\theta = \left[\frac{1}{2}(e^9 - e)\theta\right]_{\theta=0}^{\theta=\frac{\pi}{4}} \\ &= \frac{\pi}{8}(e^9 - e)\end{aligned}$$

예제 12.4.2 $R=\{(x,\ y)\,|\,y \geq 0,\ 1 \leq x^2+y^2 \leq 9\}$일 때, $\iint_R (3x+4y^2)dA$를 구하라.

풀이

R을 극좌표로 표시하면, $R=\{(r,\ \theta)\,|\,1 \leq r \leq 3,\ 0 \leq \theta \leq \pi\}$이므로

$$\begin{aligned}\iint_R (3x+4y^2)dA &= \int_0^{\pi}\int_1^3 (3r\cos\theta+4r^2\sin^2\theta)r\,dr\,d\theta \\ &= \int_0^{\pi}\int_1^3 (3r^2\cos\theta+4r^3\sin^2\theta)\,dr\,d\theta \\ &= \int_0^{\pi}\left[r^3\cos\theta+r^4\sin^2\theta\right]_{r=1}^{r=3}d\theta \\ &= \int_0^{\pi}\{27\cos\theta+81\sin^2\theta-\cos\theta-\sin^2\theta\}d\theta \\ &= \int_0^{\pi}(26\cos\theta+80\sin^2\theta)d\theta\end{aligned}$$

여기서,

$$\begin{aligned}26\cos\theta+80\sin^2\theta &= 26\cos\theta+40(1-\cos 2\theta) \\ &= 40+26\cos\theta-40\cos 2\theta\end{aligned}$$

이므로 다음이 성립한다.

$$\begin{aligned}\iint_R (3x+4y^2)dA &= \left[40\theta+26\sin\theta-20\sin 2\theta\right]_{\theta=0}^{\theta=\pi} \\ &= 40\pi\end{aligned}$$

일반화된 극영역

극직사각영역 보다 조금 더 일반화된 영역으로 정리 12.4.2를 확장하고자 한다. 다음 정리는 정리 12.4.2와 정리 12.3.2를 이용하여 증명할 수 있다. 이를 위해 다음 두 가지 형태의 극영역을 정의하자.

$r=g_1(\theta)$와 $r=g_2(\theta)$가 θ 구간 $[\alpha,\ \beta]$에서 연속일 때, 다음과 같은 두 곡선 사이에 있는 극영역 D를 1형 극영역(polar region of type 1)이라 한다([그림 12.24] 참조).

$$D=\{(r,\ \theta)\,|\,\alpha \leq \theta \leq \beta,\ g_1(\theta) \leq r \leq g_2(\theta)\}$$

비슷하게, $\theta=h_1(r)$와 $\theta=h_2(r)$가 r 구간 $[a,\ b]$에서 연속일 때, 다음과 같은 두 곡선 사이에 있는 영역 D를

2형 극영역(polar region of type 2)이라 한다([그림 12.25] 참조).

$$D=\{(r,\theta)\mid a\le r\le b,\ \ h_1(r)\le\theta\le h_2(r)\}$$

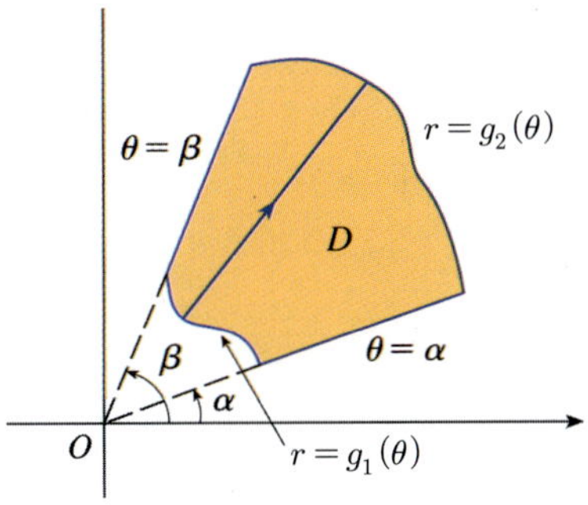

[그림 12.24]

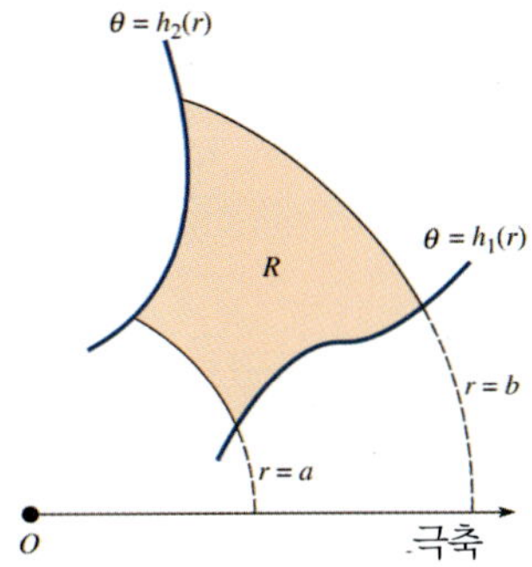

[그림 12.25]

정리 12.4.3 일반적인 극영역에서의 이중적분

(a) (1형 극영역에서의 이중적분) f가 다음과 같은 1형 극영역 D에서 연속인 이변수 함수라 하자.

$$D=\{(r,\theta)\mid \alpha\le\theta\le\beta,\ \ g_1(\theta)\le r\le g_2(\theta)\}$$

그러면 다음이 성립한다.

$$\iint_D f(x,y)\,dA=\int_\alpha^\beta\int_{g_1(\theta)}^{g_2(\theta)} f(r\cos\theta,\ r\sin\theta)\,r\,dr\,d\theta$$

(b) (2형 극영역에서의 이중적분) f가 다음과 같은 2형 극영역 D에서 연속인 이변수 함수라 하자.

$$D=\{(r,\theta)\mid a\le r\le b,\ \ h_1(r)\le\theta\le h_2(r)\}$$

그러면 다음이 성립한다.

$$\iint_D f(x,y)\,dA=\int_a^b\int_{h_1(r)}^{h_2(r)} f(r\cos\theta,\ r\sin\theta)\,r\,d\theta\,dr$$

예제 12.4.3 북반구 $z=\sqrt{1-x^2-y^2}$ 의 아래와 원 $x^2+y^2-x=0$의 경계를 포함한 내부영역 D위에 있는 입체의 부피 V를 구하라.

풀이

$D=\left\{(r,\theta)\mid -\frac{\pi}{2}\le\theta\le\frac{\pi}{2},\ \ 0\le r\le\cos\theta\right\}$는 1형 극영역이고, D에서 $z>0$이므로, 부피는 이중적분으로 표현할 수 있다. 정리 12.4.3(a)를 적용하면 다음을 얻는다.

$$V=\iint_D \sqrt{1-x^2-y^2}\,dA=\int_{-\frac{\pi}{2}}^{\frac{\pi}{2}}\int_0^{\cos\theta}\sqrt{1-r^2}\cdot r\,dr\,d\theta$$

$$=\int_{-\frac{\pi}{2}}^{\frac{\pi}{2}}\left[-\frac{1}{3}(1-r^2)^{\frac{3}{2}}\right]_{r=0}^{r=\cos\theta}d\theta$$

$$=\frac{1}{3}\int_{-\frac{\pi}{2}}^{\frac{\pi}{2}}\left\{(1-(1-\cos^2\theta)^{\frac{3}{2}}\right\}d\theta$$

$$=\frac{2}{3}\int_0^{\frac{\pi}{2}}(1-\sin^3\theta)d\theta$$

$$=\frac{2}{3}\left\{\int_0^{\frac{\pi}{2}}d\theta-\int_0^{\frac{\pi}{2}}\sin^3\theta\,d\theta\right\}$$

$$=\frac{2}{3}\left\{\frac{\pi}{2}-\int_0^{\frac{\pi}{2}}(1-\cos^2\theta)\sin\theta\,d\theta\right\}$$

$$=\frac{2}{3}\left\{\frac{\pi}{2}-\int_0^{1}(u^2-1)du\right\}$$

$$=\frac{2}{3}\left\{\frac{\pi}{2}-\left[\frac{u^3}{3}-u\right]_0^1\right\}$$

$$=\frac{2}{3}\left\{\frac{\pi}{2}-\left(-\frac{2}{3}\right)\right\}$$

$$=\frac{\pi}{3}-\frac{4}{9}$$

예제 12.4.4 D가 원 $r=2$의 바깥부분과 극곡선 $r=2(1+\cos\theta)$의 안쪽부분 그리고 제1 사분면의 공통부분일 때, $\iint_D y\,dA$를 구하라.

풀이

$D=\left\{(r,\theta)\,|\,0\le\theta\le\frac{\pi}{2},\ 2\le r\le 2(1+\cos\theta)\right\}$이므로 1형 극영역이므로 다음을 얻는다.

$$\iint_D y\,dA=\int_0^{\frac{\pi}{2}}\int_2^{2(1+\cos\theta)}r\sin\theta\cdot r\,dr\,d\theta$$

$$=\int_0^{\frac{\pi}{2}}\left[\frac{r^3}{3}\sin\theta\right]_{r=2}^{r=2(1+\cos\theta)}d\theta$$

$$= \frac{8}{3}\int_0^{\frac{\pi}{2}}\{(1+\cos\theta)^3\sin\theta - \sin\theta\}d\theta$$

$$= \frac{8}{3}\left[-\frac{1}{4}(1+\cos\theta)^4 + \cos\theta\right]_0^{\frac{\pi}{2}}$$

$$= \frac{22}{3}$$

:연습문제 12.4

[1~5] 다음 적분을 극좌표로 바꾸어 계산하라.

1. $\iint_D xy\,dA$, D는 중심이 원점이고 반지름이 3인 원판

2. $\iint_R (x+y)dA$, R은 x축 아래쪽 및 두 원 $x^2+y^2=1$과 $x^2+y^2=4$ 사이에 놓인 영역

3. $\iint_R \cos(x^2+y^2)\,dA$, R은 중심이 원점이고 반지름이 3인 원판의 위쪽 반

4. $\iint_R \sqrt{4-x^2-y^2}\,dA$, R은 중심이 원점이고 반지름이 2인 원판의 오른쪽 반

5. $\iint_D e^{-x^2-y^2}dA$, D는 중심이 원점이고 반지름이 2인 원판의 왼쪽 반

[6~13] 극좌표를 이용하여 다음 영역의 부피를 구하라.

6. 원뿔 $z=\sqrt{x^2+y^2}$ 아래와 원판 $x^2+y^2 \le 9$ 위에 놓인 영역

7. 포물면 $z=9-x^2-y^2$ 아래와 xy 평면 위에 놓인 영역

8. 쌍곡면 $-x^2-y^2+z^2=1$ 위와 평면 $z=2$ 아래에 놓인 영역

9. 구면 $x^2+y^2+z^2=25$ 안쪽과 원기둥 $x^2+y^2=9$ 바깥에 놓인 영역

10. 구면 $x^2+y^2+z^2=a^2$ 내부에 놓인 영역

11. 포물면 $z=1+2x^2+2y^2$ 위와 평면 $z=7$ 아래에 놓인 영역

12. $x^2+y^2=4$, $z=\sqrt{9-x^2-y^2}$, $z=0$에 둘러싸인 영역

13. $x^2+y^2=1$, $x^2+y^2=9$, $z=\sqrt{16-x^2-y^2}$, $z=0$에 둘러싸인 영역

[14~17] 이중적분을 이용하여 다음 영역의 넓이를 구하라.

14. 원 $r=3$에 둘러싸인 영역

15. 곡선 $r=4+3\cos\theta$에 둘러싸인 영역

16. 두 곡선 $r=\sin\theta$와 $r=\cos\theta$에 둘러싸인 영역

17. 두 곡선 $r=1+\cos\theta$와 $r=3\cos\theta$에 둘러싸인 영역

[18~24] 다음 반복적분을 극좌표로 변환하여 구하라.

18. $\displaystyle\int_{-3}^{3}\int_{0}^{\sqrt{9-x^2}}\sqrt{x^2+y^2}\,dy\,dx$

19. $\displaystyle\int_{0}^{\frac{\sqrt{2}}{2}}\int_{y}^{\sqrt{1-y^2}}\frac{y^2}{\sqrt{x^2+y^2}}\,dx\,dy$

20. $\displaystyle\int_{0}^{1}\int_{0}^{\sqrt{1-y^2}}e^{x^2+y^2}\,dx\,dy$

21. $\displaystyle\int_{-\sqrt{\pi}}^{\sqrt{\pi}}\int_{0}^{\sqrt{\pi-x^2}}\sin(x^2+y^2)\,dy\,dx$

22. $\displaystyle\int_{0}^{2}\int_{0}^{\sqrt{2y-y^2}}(1-x^2-y^2)\,dx\,dy$

23. $\displaystyle\int_{-5}^{5}\int_{0}^{\sqrt{25-x^2}}(4x+3y)\,dy\,dx$

24. $\displaystyle\int_{0}^{1}\int_{0}^{\sqrt{1-y^2}}\frac{1}{1+\sqrt{x^2+y^2}}\,dx\,dy$

12.5 이중적분의 변수변환

일변수 함수의 적분에서 여러 가지 적분 방법을 배웠는데 그 중 가장 기본이 되는 방법이 치환적분이었다. 치환적분은 변수를 변환시켜 피적분함수를 적분 가능한 형태로 바꾸는 방식이었다. 이때 원래 적분변수의 범위도 치환된 변수에서는 달라짐을 알 수 있었다. 식으로 다시 표현하면 다음과 같다.

$$\int_{a}^{b} f(g(x))\cdot g'(x)dx=\int_{\alpha}^{\beta} f(u)du$$

여기서, $u=g(x)$, $\alpha=g(a)$, $\beta=g(b)$ 이다.

이 치환적분에 해당하는 방법이 이중 적분에도 존재하는데 그것이 이 절에서 살펴보고자 하는 이중적분의 변수변환이다. 앞 절에서 살펴본 극좌표에서의 적분 역시 변수변환의 한 예이다. xy평면에서의 영역 R에서 정의된 연속함수 f의 이중적분을 다음과 같이 극좌표에서 얻은 새로운 변수 r과 θ로 변수 변환시켰다.

$$x=r\cos\theta,\quad y=r\sin\theta$$

그러면 xy평면에서의 영역 R는 $r\theta$평면에서 영역 S로 표시되었다. 즉,

$$\iint_R f(x,\,y)dA=\iint_S f(r\cos\theta,\,r\sin\theta)\cdot r\,dr\,d\theta$$

물론 극좌표를 이용한 이 변환에서는 영역 R가 원판, 원환 또는 이들의 부채꼴 모양의 부분영역일 때 의미를

가졌다.

이제 이 변환을 좀 더 일반화 시켜 보자.

T를 다음과 같이 uv평면에서 xy평면으로의 변수변환이라 하자.

$$T(u,\ v) = (x,\ y)$$

여기서 x와 y는 다음과 같이 u와 v로 표현된다.

$$x = g(u,\ v), \quad y = h(u,\ v)$$

이때, g와 h는 연속인 일계 편도함수들이 존재한다고 하자.

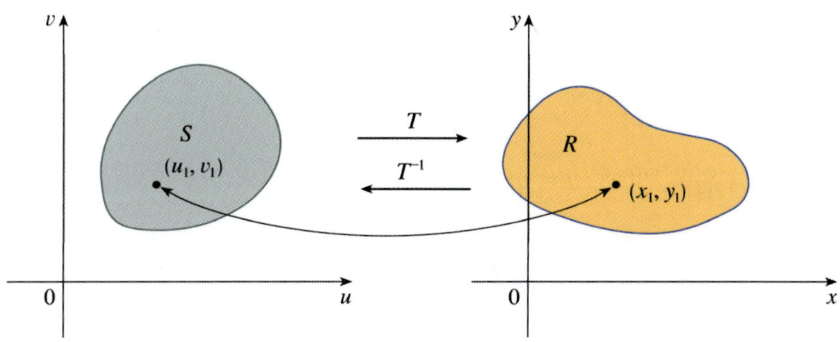

[그림 12.26]

만약, 변환 T가 일대일 변환이면 역변환 T^{-1}이 존재하고 u와 v는 다음과 같이 x와 y로 표현 할 수 있다.

$$u = G(x,\ y), \quad v = H(x,\ y)$$

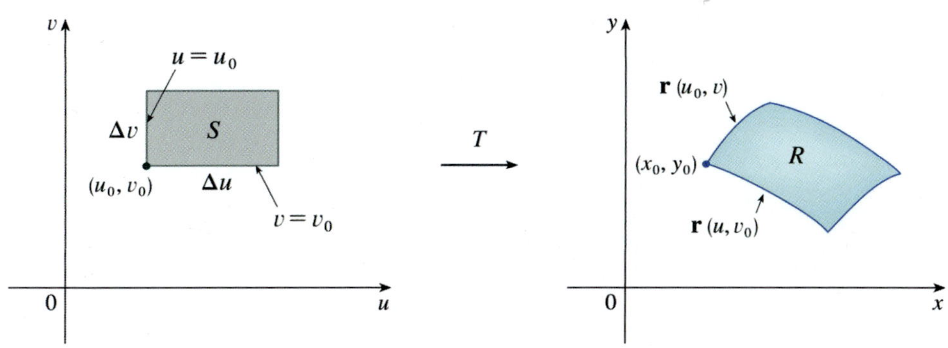

[그림 12.27]

S를 uv평면에서의 직사각영역이라 하자. 그리고 이 직사각영역의 왼쪽 아래 꼭짓점의 좌표를 (u_0, v_0)라 하고 이 직사각영역의 가로와 세로의 길이를 각각 Δu와 Δv라 하자.

$R = T(S)$는 xy평면에서의 영역이고 $(x_0, y_0) = T(u_0, v_0)$는 R의 경계위의 점이다.

벡터 $\mathbf{r}$을 다음과 같이 정의하자.

$$\mathbf{r}(u, v) = g(u, v)\mathbf{i} + h(u, v)\mathbf{j}$$

이는 $\mathbf{r}$이 점(u, v)의 변환 T에 의한 상의 위치벡터를 나타냄을 의미한다.

S의 아랫변의 방정식은 $v = v_0$이고 그 상은 벡터 $\mathbf{r}(u, v_0)$형태이다. 따라서 (x_0, y_0)에서 S의 아랫변에 대한 상 곡선에서의 접선 벡터는 다음과 같다.

$$\mathbf{r}_u = g_u(u_0, v_0)\mathbf{i} + h_u(u_0, v_0)\mathbf{j} = \frac{\partial x}{\partial u}\mathbf{i} + \frac{\partial y}{\partial u}\mathbf{j}$$

비슷하게, (x_0, y_0)에서 S의 왼쪽 변(즉, $u = u_0$)에 대한 상 곡선에서의 접선 벡터는 다음과 같이 얻을 수 있다.

$$\mathbf{r}_v = g_v(u_0, v_0)\mathbf{i} + h_v(u_0, v_0)\mathbf{j} = \frac{\partial x}{\partial v}\mathbf{i} + \frac{\partial y}{\partial v}\mathbf{j}$$

상 영역 $R = T(S)$는 다음과 같은 두 벡터로 결정되는 평행사변형에 근접시킬 수가 있다.

$$\mathbf{a} = \mathbf{r}(u_0 + \Delta u, v_0) - \mathbf{r}(u_0, v_0), \quad \mathbf{b} = \mathbf{r}(u_0, v_0 + \Delta v) - \mathbf{r}(u_0, v_0)$$

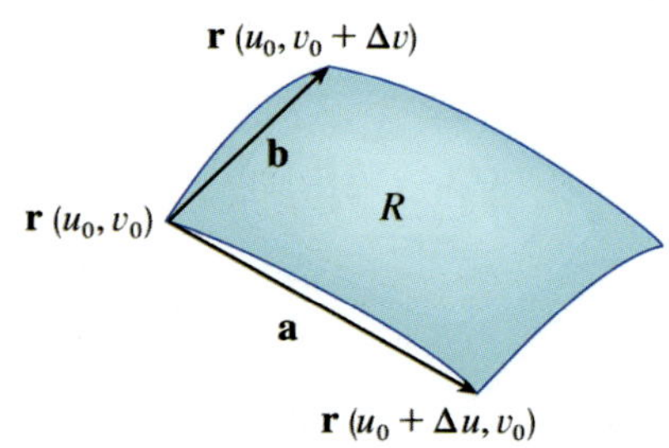

[그림 12.28]

그런데

$$\mathbf{r}_u = \lim_{\Delta u \to 0} \frac{\mathbf{r}(u_0 + \Delta u, v_0) - \mathbf{r}(u_0, v_0)}{\Delta u}$$

이므로

$$\mathbf{r}(u_0 + \Delta u, v_0) - \mathbf{r}(u_0, v_0) \approx \Delta u\,\mathbf{r}_u$$

임을 알 수 있다. 마찬가지로 다음이 성립한다.

$$\mathbf{r}(u_0, v_0 + \Delta v) - \mathbf{r}(u_0, v_0) \approx \Delta v\,\mathbf{r}_v$$

이로써 S의 상 R는 두 벡터 $\Delta u \mathbf{r}_u$와 $\Delta v \mathbf{r}_v$를 이웃하는 두 변으로 하는 평행사변형으로 근접시킬 수가 있다.

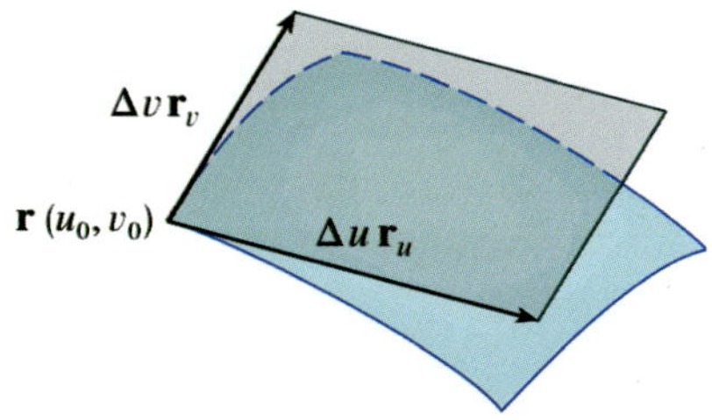

[그림 12.29]

따라서 R의 넓이 ΔA는 다음과 같은 평행사변형의 넓이로 근접시킬 수가 있다.

$$\Delta A \approx \left|(\Delta u \mathbf{r}_u)\times(\Delta v \mathbf{r}_v)\right| = \left|\mathbf{r}_u \times \mathbf{r}_v\right| \Delta u \Delta v$$

여기서,

$$\mathbf{r}_u \times \mathbf{r}_v = \begin{vmatrix} \mathbf{i} & \mathbf{j} & \mathbf{k} \\ \dfrac{\partial x}{\partial u} & \dfrac{\partial y}{\partial u} & 0 \\ \dfrac{\partial x}{\partial v} & \dfrac{\partial y}{\partial v} & 0 \end{vmatrix} = \begin{vmatrix} \dfrac{\partial x}{\partial u} & \dfrac{\partial y}{\partial u} \\ \dfrac{\partial x}{\partial v} & \dfrac{\partial y}{\partial v} \end{vmatrix} \mathbf{k} = \begin{vmatrix} \dfrac{\partial x}{\partial u} & \dfrac{\partial x}{\partial v} \\ \dfrac{\partial y}{\partial u} & \dfrac{\partial y}{\partial v} \end{vmatrix} \mathbf{k}$$

이므로 다음을 정의한다.

정의 12.5.1 야코비 행렬식 또는 야코비안

$x = g(u, v)$와 $y = h(u, v)$로 정의된 변환 T의 야코비 행렬식(Jacobian)은 다음과 같이 정의한다.

$$\frac{\partial(x, y)}{\partial(u, v)} = \begin{vmatrix} \dfrac{\partial x}{\partial u} & \dfrac{\partial x}{\partial v} \\ \dfrac{\partial y}{\partial u} & \dfrac{\partial y}{\partial v} \end{vmatrix} = \frac{\partial x}{\partial u}\frac{\partial y}{\partial v} - \frac{\partial x}{\partial v}\frac{\partial y}{\partial u}$$

이 정의를 이용하여 R의 넓이를 다시 표현할 수 있다.

$$\Delta A \approx \left|\frac{\partial(x, y)}{\partial(u, v)}\right| \Delta u \Delta v$$

여기서 실제 야코비 행렬식의 값은 (u_0, v_0)에서 구한다.

이제, uv평면상의 영역 S가 주어졌을 때, 이 영역을 정규부분직사각영역 S_{ij}로 나누고 이에 대응하는 T에 의한 xy평면에서의 상을 R_{ij}라 하자. 그러면 각 R_{ij}의 넓이 ΔA_{ij}는 다음과 같다.

$$\Delta A_{ij} \approx \left|\frac{\partial(x_i, y_j)}{\partial(u_i, v_j)}\right| \Delta u \Delta v$$

따라서 R에서 f의 이중적분은 다음과 같이 얻어진다.

$$\iint_R f(x, y)dA = \lim_{m, n\to\infty}\sum_{i=1}^{m}\sum_{j=1}^{n} f(x_i, y_j)\Delta A_{ij}$$

$$= \lim_{m, n\to\infty}\sum_{i=1}^{m}\sum_{j=1}^{n} f(g(u_i, v_j), h(u_i, v_j))\left|\frac{\partial(x, y)}{\partial(u, v)}\right|\Delta u\Delta v$$

$$= \iint_S f(g(u, v), h(u, v))\left|\frac{\partial(x, y)}{\partial(u, v)}\right| du\,dv$$

위의 설명을 정리하면 다음과 같은 정리를 증명 할 수 있다.

정리 12.5.2 이중적분의 변수변환

T는 uv평면상의 유한개의 매끄러운 곡선으로 이루어진 경계를 갖는 유계인 닫힌 영역 S에서 xy평면상의 영역 R로의 일대일 변환으로 성분함수가 연속인 일계편도함수를 갖는다고 하자. 그리고 T의 야코비 행렬식은 0이 아니고 함수 f는 R에서 연속이라 하자. 그러면 다음이 성립한다.

$$\iint_R f(x, y)dA = \iint_S f(x(u, v), y(u, v))\left|\frac{\partial(x, y)}{\partial(u, v)}\right| du\,dv$$

정리 12.4.3 역시 변수변환의 하나의 특별한 형태이므로 정리 12.5.2를 적용하여 설명할 수 있다. 여기서 $r\theta$평면으로부터 xy평면으로의 변환 T는 다음과 같다.

$$x = g(r, \theta) = r\cos\theta, \quad y = h(r, \theta) = r\sin\theta$$

T의 야코비 행렬식을 계산하면 다음과 같다.

$$\frac{\partial(x, y)}{\partial(r, \theta)} = \begin{vmatrix} \dfrac{\partial x}{\partial r} & \dfrac{\partial x}{\partial \theta} \\ \dfrac{\partial y}{\partial r} & \dfrac{\partial y}{\partial \theta} \end{vmatrix} = \begin{vmatrix} \cos\theta & -r\sin\theta \\ \sin\theta & r\cos\theta \end{vmatrix} = r\cos^2\theta + r\sin^2\theta = r > 0$$

따라서 정리 12.5.2를 적용하면 다음 결과를 얻는다.

$$\iint_R f(x, y)dx\,dy = \iint_S f(r\cos\theta, r\sin\theta)\left|\frac{\partial(x, y)}{\partial(r, \theta)}\right| dr\,d\theta$$

$$= \int_\alpha^\beta \int_a^b f(r\cos\theta, r\sin\theta)r\,dr\,d\theta$$

예제 12.5.1 다음과 같은 식으로 정의된 변환이 있다.

$$x = 2u + 3v,\ \ y = u - v$$

이 변환에 의한 영역 $S = \{(u,\ v)\,|\,0 \le u \le 3,\ 0 \le v \le 2\}$의 상 R을 구하라.

풀이

주어진 변환은 S의 경계를 R의 경계로 옮기므로 S의 경계에 해당하는 각 변에 대응하는 R의 대응변을 구하면 R의 경계가 구해지므로 영역 R이 구해진다.

S의 경계는 4개의 변으로 구성되어 있으므로 각 변을 원점에서 반시계 방향으로 S_1, S_2, S_3, S_4라 하자. 그리고 이에 대응하는 변을 R_1, R_2, R_3, R_4라 하자. 그러면

$$S_1 = \{(u,\ v)\,|\,0 \le u \le 3,\ v = 0\}$$

이므로 변환에 대입하여 정리하면, $x = 2u,\ y = u$, 즉 $x = 2y,\ 0 \le x \le 6$ 을 얻는다. 즉,

$$R_1 = \left\{(x,\ y)\,|\,y = \frac{1}{2}x,\ 0 \le x \le 6\right\}$$

이다. 즉, $(0, 0)$부터 $(6, 3)$까지의 선분이다.

이런 방법으로

$$S_2 = \{(u,\ v)\,|\,u = 3,\ 0 \le v \le 2\}$$

이므로 $x = 6 + 3v,\ y = 3 - v$, 즉 $x = 6 + 3(3 - y) = 15 - 3y,\ 6 \le x \le 12$ 즉,

$$R_2 = \left\{(x,\ y)\,|\,y = -\frac{1}{3}y + 5,\ 6 \le x \le 12\right\}$$

이므로 $(6, 3)$부터 $(12, 1)$까지의 선분이다.

$$S_3 = \{(u,\ v)\,|\,0 \le u \le 3,\ v = 2\}$$

에 대응하는

$$R_3 = \left\{(x,\ y)\,|\,y = \frac{1}{2}x - 5,\ 6 \le x \le 12\right\}$$

는 $(12, 1)$부터 $(6, -2)$까지의 선분이다.

마지막으로

$$S_4 = \{(u,\ v)\,|\,u = 0,\ 0 \le v \le 2\}$$

에 대응하는

$$R_4 = \left\{(x,\ y)\,|\,y = -\frac{1}{3}x,\ 0 \le x \le 6\right\}$$

는 $(6, -2)$부터 $(0, 0)$까지의 선분이다.

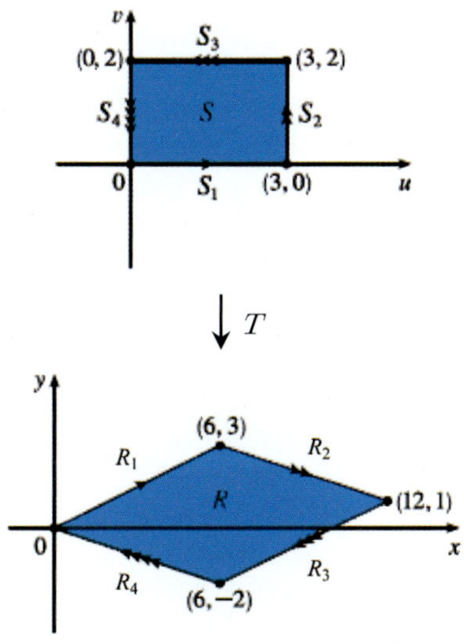

[그림 12.30]

따라서, R는 네 개의 선분 R_1, R_2, R_3, R_4에 둘러싸인 사각영역임을 알 수 있다.

예제 12.5.2 R이 다음 네 개의 직선에 둘러싸인 영역이라 하자.

$$x-2y=0,\quad x-2y=-4,\quad x+y=4,\quad x+y=1$$

$\iint_R 3xy\,dA$를 구하라.

풀이

$u=x+y,\ \ v=x-2y$로 변수변환을 하면, 이 변환에 의해 대응되는 영역 S는 다음과 같이 얻어진다. (예제 12.5.1의 과정을 거쳐야 한다.)

$$S=\{(u,\,v)\,|\,1\le u\le 4,\ \ -4\le v\le 0\}$$

또한 $x=\frac{2}{3}u+\frac{1}{3}v,\ \ y=\frac{1}{3}u-\frac{1}{3}v$임을 얻을 수 있으므로, 야코비행렬식을 구하면 다음과 같다.

$$\frac{\partial(x,\,y)}{\partial(u,\,v)}=\begin{vmatrix}\frac{\partial x}{\partial u} & \frac{\partial x}{\partial v}\\ \frac{\partial y}{\partial u} & \frac{\partial y}{\partial v}\end{vmatrix}=\begin{vmatrix}\frac{2}{3} & \frac{1}{3}\\ \frac{1}{3} & -\frac{1}{3}\end{vmatrix}=-\frac{1}{3}$$

따라서 정리 12.5.2에 의해 다음을 얻는다.

$$\begin{aligned}\iint_R 3xydA &= \iint_S 3\left\{\left(\frac{2}{3}u+\frac{1}{3}v\right)\left(\frac{1}{3}u-\frac{1}{3}v\right)\right\}\left|-\frac{1}{3}\right|du\,dv\\ &=\int_1^4\int_{-4}^0 \frac{1}{9}(2u^2-uv-v^2)dv\,du\\ &=\frac{1}{9}\int_1^4\left[2u^2v-\frac{1}{2}uv^2-\frac{1}{3}v^3\right]_{v=-4}^{v=0}du\\ &=\frac{1}{9}\int_1^4\left(8u^2+8u-\frac{64}{3}\right)du\\ &=\frac{1}{9}\left[\frac{8}{3}u^3+4u^2-\frac{64}{3}u\right]_{u=1}^{u=4}\\ &=\frac{164}{9}\end{aligned}$$

:연습문제 12.5

[1~6] 다음 변환의 야코비 행렬식을 구하라.

1. $x = 4u + v, \quad y = 2u - v$

2. $x = u^2 + v^2, \quad y = u^2 - v^2$

3. $x = uv, \quad y = \dfrac{u}{v}$

4. $x = \dfrac{u}{u+v}, \quad y = \dfrac{u}{u-v}$

5. $x = e^r \sin\theta, \quad y = e^{-r}\cos\theta$

6. $x = \alpha\cos\beta, \quad y = \alpha\sin\beta$

[7~10] 다음 변환에 의한 집합 S 의 상을 구하라.

7. $S = \{(u, v) \mid 0 \le u \le 2,\ 0 \le v \le u\}$;
$x = 2u + v,\ y = u - 3v$

8. $S = \{(u, v) \mid -1 \le u \le 4,\ 1 \le v \le 5\}$;
$u = x - y,\ v = x + 2y$

9. $S = \{(u, v) \mid 0 \le u \le 1,\ 0 \le v \le 2\}$;
$x = u^2 - v^2,\ y = uv$

10. $S = \{(u, v) \mid 1 \le u \le 2,\ 1 \le v \le 2\}$;
$x = uv,\ y = v^2$

[11~19] 다음 적분을 주어진 변수변환을 이용하여 계산하라.

11. $\displaystyle\iint_R (x+y)\,dA$,

R은 $x - 2y = -6,\ x - 2y = 6,\ x + y = -1,$
$x + y = 3$으로 둘러싸인 영역 ;
$u = x - 2y,\ v = x + y$

12. $\displaystyle\iint_R \frac{\cos\left(\frac{x-y}{2}\right)}{3x+y}\,dA$,

R은 $y = x,\ y = x - \pi,\ y = -3x + 3,$
$y = -3x + 6$으로 둘러싸인 영역 ;
$u = x - y,\ v = 3x + y$

13. $\displaystyle\iint_R \frac{y^2}{x}\,dA$,

R은 $y = x^2,\ y = \dfrac{1}{2}x^2,\ x = y^2, x = \dfrac{1}{2}y^2$으로 둘러싸인 영역 ; $u = \dfrac{x}{y},\ v = \dfrac{y}{x}$

14. $\displaystyle\iint_R (x^2+y^2)^{-3}\,dA$,

R은 $x^2 + y^2 = 2x,\ x^2 + y^2 = 4x,\ x^2 + y^2 = 2y,$
$x^2 + y^2 = 6y$로 둘러싸인 영역 ; $u = \dfrac{2x}{x^2+y^2},$
$v = \dfrac{2y}{x^2+y^2}$ [힌트 : $u^2 + v^2$의 형태로 만들어라.]

15. $\displaystyle\iint_R (x^2+y^2)\,dA$,

R은 제1사분면에서 $x^2 - y^2 = a,\ x^2 - y^2 = b,$
$2xy = c,\ 2xy = d$로 둘러싸인 영역 ;
$u = x^2 - y^2,\ v = 2xy$

16. $\displaystyle\iint_R (x^2+y^2)\sin xy\,dA$,

R은 $x^2 - y^2 = 1,\ x^2 - y^2 = 9,\ xy = 2,\ xy = -2$
로 둘러싸인 영역 ; $u = x^2 - y^2,\ v = xy$

17. $\displaystyle\iint_R \frac{x}{y+x^2}\,dA$,

R은 제1사분면에서 $x = 1,\ y = x^2,\ y = 4 - x^2$
으로 둘러싸인 영역 ; $x = \sqrt{v-u},\ y = v + u$

18. $\displaystyle\iint_R y\,dA$,

R은 꼭지점이 $(0, 0),\ (2, 3),\ (-4, 1)$인 삼각형 ;
$x = 2u - 4v,\ y = 3u + v$

19. $\iint_R y^4 \, dA$,

R은 제 1사분면에서 $xy=1$, $xy=4$, $y=x$, $y=4x$로 둘러싸인 영역 ; $u=xy$, $v=\dfrac{y}{x}$

[20~23] 다음 이중적분을 적절한 변수변환을 이용하여 계산하라.

20. $\displaystyle\int_0^1 \int_0^{1-x} e^{\frac{y-x}{y+x}} \, dy \, dx$

21. $\displaystyle\int_{-2}^0 \int_0^{x+2} e^{y^2-2xy+x^2} \, dy \, dx$

22. $\iint_R (6x+3y) \, dA$; R은 꼭지점이 $(1, 0)$, $(4, 0)$, $(2, 4)$, $\left(\dfrac{1}{2}, 1\right)$인 사다리꼴

23. $\iint_R (x+y)^4 e^{x-y} \, dA$; R은 꼭지점이 $(1, 0)$, $(0, 1)$, $(1, 2)$, $(2, 1)$인 정사각형

INDEX

찾아보기

ㄱ

ㄴ

ㄷ

ㄹ

ㅁ

ㅇ

ㅈ

ㅊ

ㅋ

ㅌ

ㅍ

ㅎ

수학교재편찬위원회 (가나다순)

고석현 · 곽지이 · 김선미
소회정 · 이광철 · 이용훈
이정승 · 정수미 · 최일선

개정판 대학에서 배우는 수학 I·II

초 판 발행 2024년 3월 5일
개정판 발행 2025년 3월 5일

저 자 고석현 · 곽지이 · 김선미 · 소회정
이광철 · 이용훈 · 이정승 · 정수미 · 최일선

펴낸이 오판근
펴낸곳 (주) 교우
주 소 서울시 동대문구 약령시로 8 교우빌딩 2층 (주)교우
전 화 02-925-2861 / 팩 스 070-7966-8610, 편집부 02-925-2825
홈페이지&북스토어 www.kyowoo.co.kr / 이메일 kyowoo@kyowoo.co.kr

등 록 1994년 3월 24일 제1994-000013호
ISBN 979-11-251-0389-9 (93410)

Published by Kyowoo Co., Ltd. Printed in Korea

가격 45,000원

교우미디어는 (주) 교우의 Imprint 사업입니다.
수학정원·과학정원은 (주) 교우의 새로운 브랜드명입니다.

잘못된 책은 구입하신 서점에서 교환해 드립니다.